合订本（68周年版·下）

目 录

入门 START WITH

教育 EDUCATION

史话 HISTORY

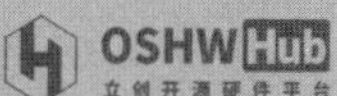

立创课堂

基于梁山派的瓦力机器人

刚建飞

基于GD32（梁山派）设计的瓦力机器人，配备蓝牙、2.4GHz、LoRa进行遥控通信，支持8路舵机控制关节活动，板载1.3英寸ISP LCD显示屏进行动画和电量显示，协配VC-02语音芯片进行语音交互，摄像头模块支持150m实时图传。

瓦力是电影《机器人总动员》中一个虚构角色，亦是该片的主角。他是一台虚构的、型号为 WALL-E的机器人。

瓦力机器人项目方案如图 1 所示，它描述了项目的目标、范围、进度等方面的细节。

梁山派选用的是 GD32F470ZGT6，梁山派功能引脚分配如图 2 所示。

瓦力机器人项目方案

功能需求	由需求确定具体方案	方案实施
电源 —— 24V——5V——3.3V 24V电机 —— AS4950直流电机驱动	PCB功能方案 —— 器件/模块选型；六层板	1月5日—1月7日 —— 完成梁山派开发板学习，完成一、二期作业
舵机活动 —— PCA9685多路舵机驱动 实时遥控 —— 蓝牙，Wi-Fi 显示屏电量 —— 1.3英寸LCD + ADC 1W眼灯 —— 串联电阻 蜂鸣器 —— 有源	程序功能方案 —— ADC读取电量；I²C舵机活动；SPI显示屏显示；UART通信；TIMER调节PWM	1月12日—1月18日 —— 完成瓦力原理图设计；遇到的问题 —— 24V驱动0805红色LED，电阻大小选配 —— 验证成功；眼灯LED，限阻选配 —— 验证成功；ESP32-CAM，图传 —— 舍弃，选用模块 1月18日—1月19日 —— 完成PCB布局
语音识别 —— VC-02	App功能方案 —— 蓝牙App	1月20日—1月25日 —— 完成PCB布线
Wi-Fi图传 —— 模块	3D外壳方案 —— 金银配色	1月26日—2月24日 —— 实物验证成功

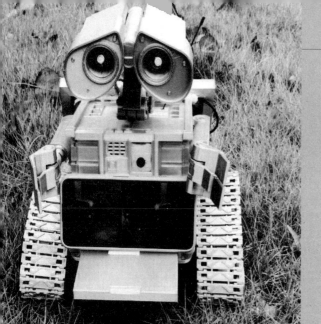

图 1 瓦力机器人项目方案

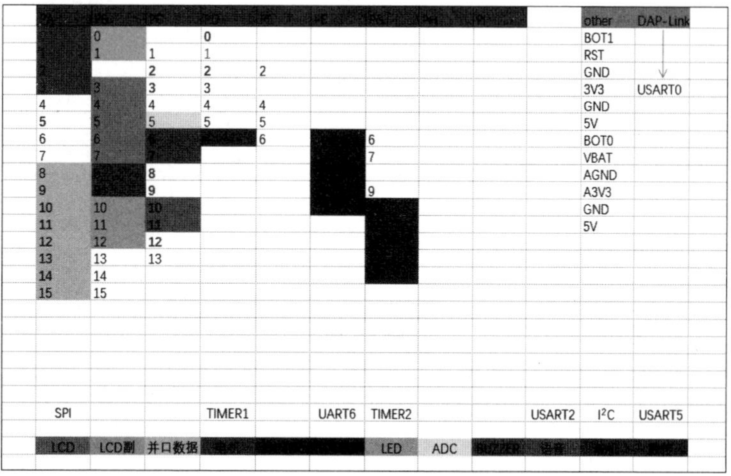

图 2 梁山派功能引脚分配

设计说明

原理图设计说明

本小节主要介绍 5 部分：电源降压设计、电源指示灯设计、电机驱动设计、眼灯设计、LCD 设计。瓦力机器人电路如图 3 所示。

（1）电源降压设计

TPS54331 器件的输出电压可从外部通过电阻分压器网络进行调节。分压器网络由 R3 和 R5 组成。式（1）和式（2）给出了输出电压与电阻分压器之间的关系。

$$Vout = Vref \times (R_3/R_5+1) \quad (1)$$

$$OUT\_5V = 0.8 \times (4700/900+1) = 4.978\,(V) \quad (2)$$

电压基准系统通过调节具有温度稳定

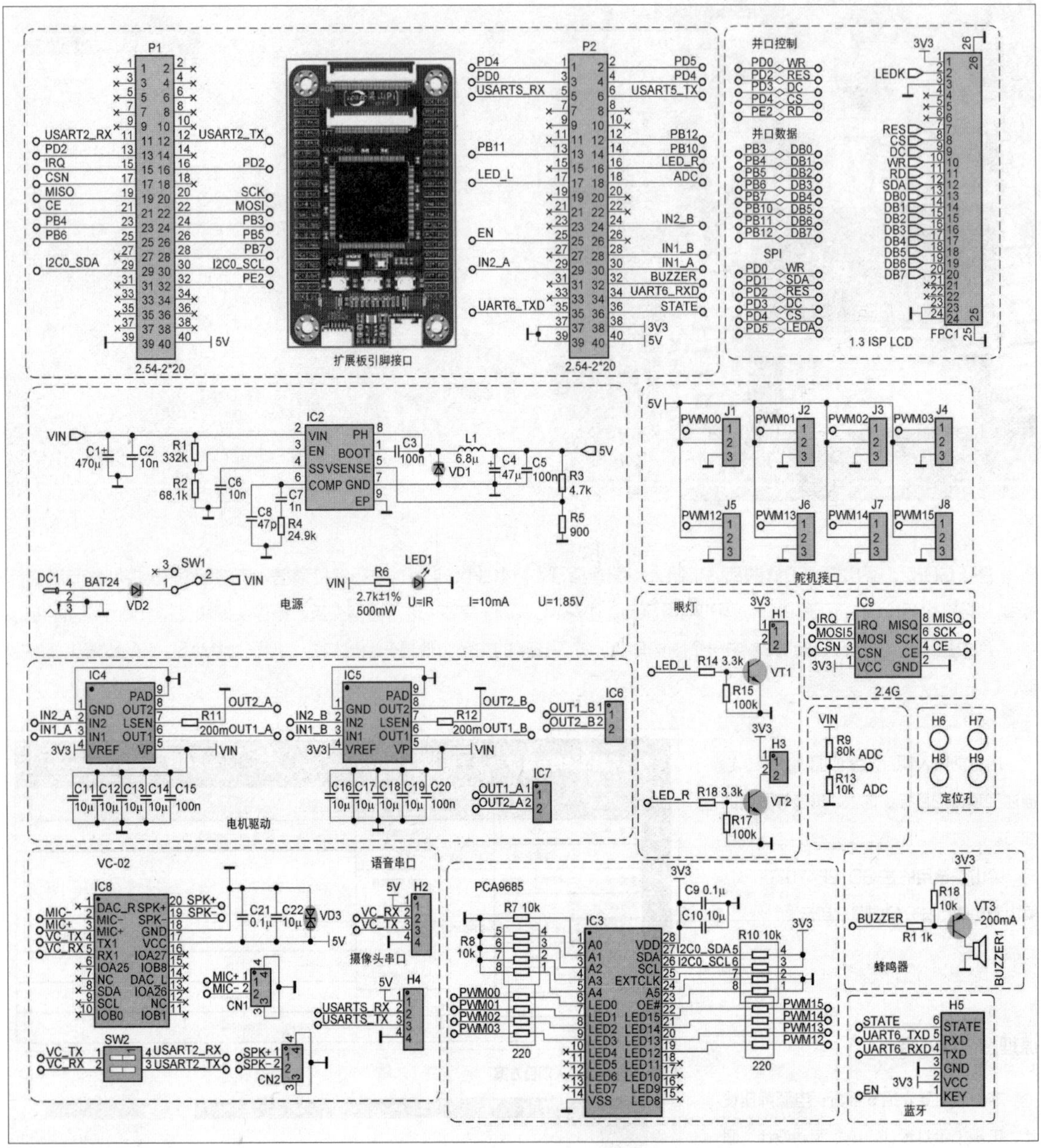

图 3 瓦力机器人电路

性的带隙电路，输出产生 ±2% 初始精度电压基准（±3.5% 过温）。典型电压基准 (*V*ref) 设计为 0.8V。电源降压电路如图 4 所示。

（2）电源指示灯设计

从以往的经验得知，设计一个 3.3V 的 LED 限流电阻大概用 4.7kΩ 的电阻，设计一个 7.4V 的大概用 10kΩ 的电阻，于是便想着，本次 24V 的项目怎么也得用几十 kΩ

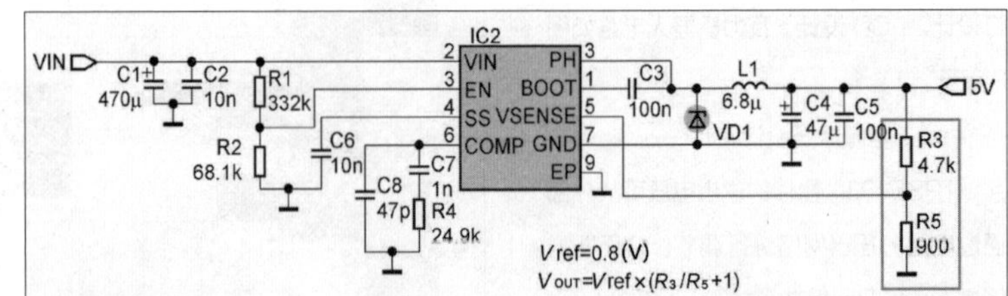

图 4 电源降压电路

的电阻吧。而根据式（3）计算出的电阻阻值最大只有 2.335kΩ（见图 5）。

限流电阻 =（供电电压 —LED 压降）/ 额定电流　　　　（3）

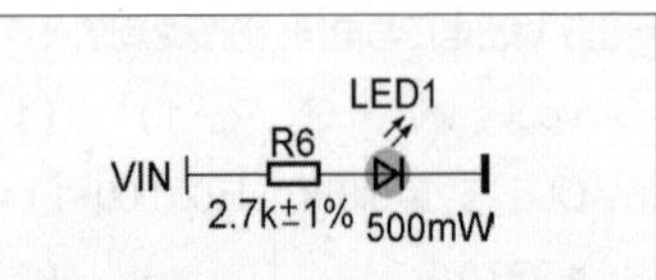

图 5 电源指示灯电路

模糊的概念促使我查到了这方面的资料，找到一个非常好用的工具，在这里分享给大家：发光二极管电阻阻值计算器（见图6）。

（3）电机驱动设计

电源VIN到芯片VP应有两个滤波电容，大电容容量为250μF，小电容容量为100nF。大电容可以用体积大的电解电容，却占了很大的面积。于是我选用4个10μF的普通贴片电容并联，以达到250μF的容量，经实物验证此设计可行。电机驱动电路如图7所示。

（4）眼灯设计

众所周知，单片机I/O接口输出电流有限，仅有70mA，而1W的LED灯珠需要额定350mA，于是使用了一个NPN型的三极管（最大输出500mA）以输出足够大的电流驱动负载。眼灯电路如图8所示。

（5）LCD设计

此1.3英寸的LCD可支持两种接口：并口和SPI。

为充分利用MCU资源，我采取了两种接口的连接画法，为程序实现提供了充足方式。LCD电路如图9所示。

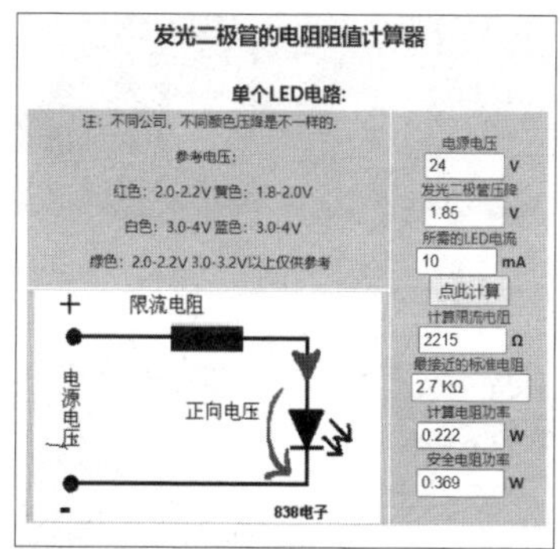

▌图6 发光二极管电阻阻值计算器

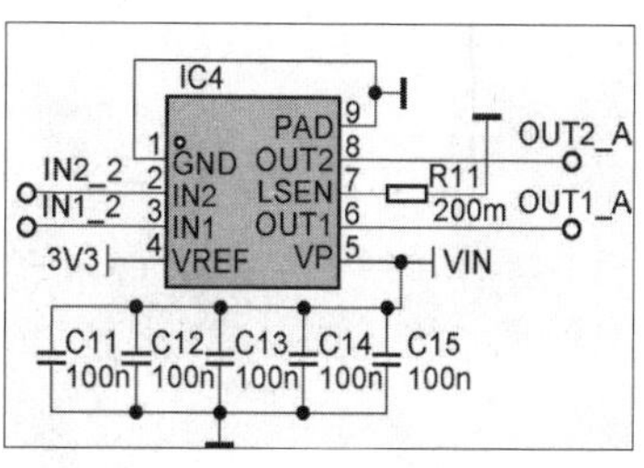

▌图7 电机驱动电路

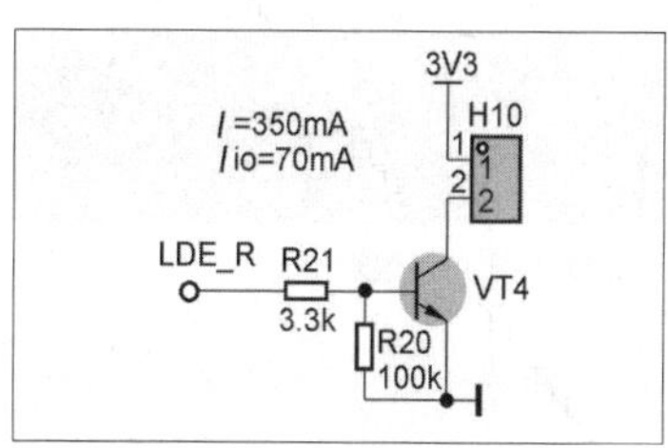

▌图8 眼灯电路

PCB设计说明

PCB整体采用6层板设计，面积配合梁山派，采用一样的边框、一样的大小。

为节省工艺，现已升级至4层板。PCB 3D外观如图10所示，焊接好的PCB实物如图11所示。

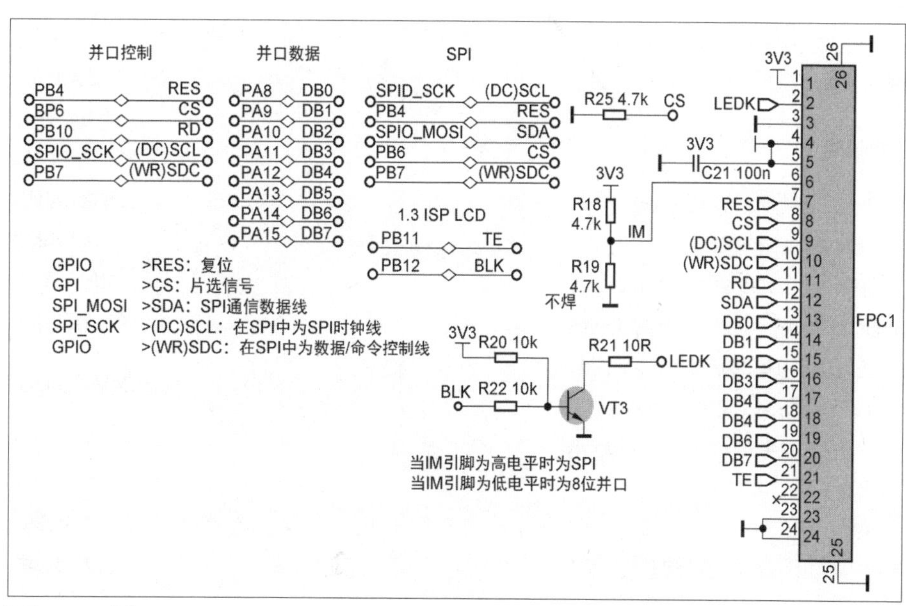

▌图9 LCD电路

3D模型说明

3D模型零件打印周期长，注意选好打印密度和支撑。履带的打印支撑，要用镊子一点

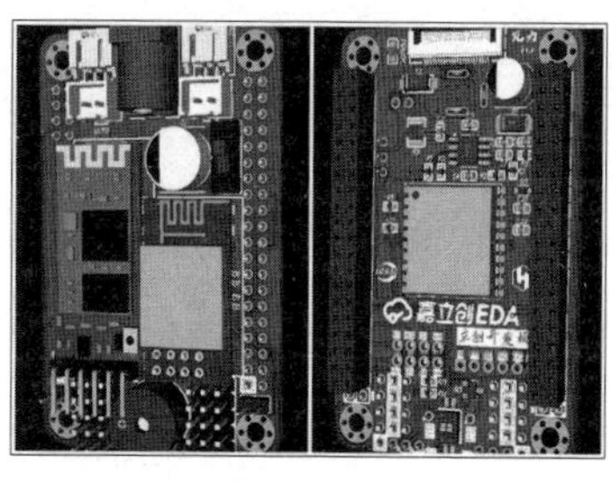
▌图10 PCB 3D外观

▌图11 焊接好的PCB实物

一点清理干净，否则会影响其他零件的安装。3D模型部分零件如图12所示。

蓝牙App说明

MIT App Inventor是一款用于创建应用程序的设计工具。它可以帮助开发者快速创建简单、高效的原型，并提供丰富的数据和信息，以便开发者更好地了解应用程序的功能和特点。

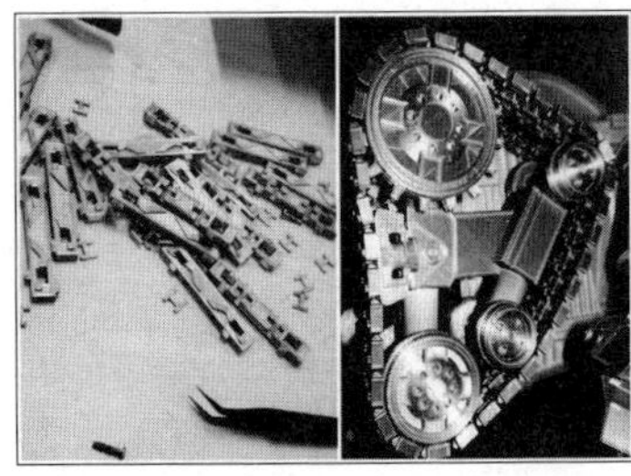

图12 3D模型部分零件

与传统的原型设计工具不同，MIT App Inventor采用了先进的技术，可以自动生成高保真度的原型，并能够根据用户的反馈和需求进行调整和优化。此外，该工具还支持多种语言，包括但不限于HTML、CSS、JavaScript等，使得开发者可以在任何地方都能够轻松地创建应用程序。

除了基本的原型设计功能之外，MIT App Inventor还具有许多其他的功能和特点。例如，它可以帮助开发者轻松地管理应用程序的版本控制、安全性和错误处理等。此外，该工具还支持程序编辑器，开发者可以在上面编写和修改应用程序，以确保程序的质量和可维护性。

总的来说，MIT App Inventor是一款非常出色的原型设计工具，可以帮助开发者快速构建高质量的应用程序，并提高开发效率和降低开发成本。蓝牙App说明如图13所示。

图13 蓝牙App说明

程序说明

机器人通过VC-02与GD32进行串口通信和语音交互控制命令。

语音MCU VC-02生成SDK时，只能通过串口发送十六进制数，而串口接收缓存数据为uint8_t型，因此要进行数据转换。

HexChar函数（见程序1）的功能是将十六进制字符由ASCII码转为相应大小的十六进制数。

程序1

```
char HexChar(char c)
{
if((c>='0')&&(c<='9'))
return c-'0';
  else if((c>='A')&&(c<='F'))
  return c-'A'+10;
  else if((c>='a')&&(c<='f'))
  return c-'a'+10;
  else
  return 0x10;
  }
//VC-02执行语句
if(strcmp((char *)g_recv_buff_2,str_vc1)==0)
BUZZER_ON;
else if(strcmp((char *)g_recv_buff_2,str_vc2)==0)
BUZZER_OFF;
else if(strcmp((char *)g_recv_buff_2,str_vc3)==0)
EYE_L_ON;
else if(strcmp((char *)g_recv_buff_2,str_vc4)==0)
EYE_L_OFF;
else if(strcmp((char *)g_recv_buff_2,str_vc5)==0)
EYE_R_ON;
else if(strcmp((char *)g_recv_buff_2,str_vc6)==0)
EYE_R_OFF;
else if(strcmp((char *)g_recv_buff_2,str_vc7)==0)
MOTOR_FORWARD;
else if(strcmp((char *)g_recv_buff_2,str_vc8)==0)
MOTOR_BACKWARD;
else if(strcmp((char *)g_recv_buff_2,str_vc9)==0)
MOTOR_LEFTWARD;
else if(strcmp((char *)g_recv_buff_2,str_vc10)==0)
MOTOR_RIGHTWARD;
else if(strcmp((char *)g_recv_buff_2,str_vc11)==0)
MOTOR_STOP;
else if(strcmp((char *)g_recv_buff_2,str_vc12)==0)  SERVO_WORK;
```

选型说明

选型直接影响项目的成本、时间、质量等方面的结果。瓦力的3D外壳整体高33cm，宽30cm，空壳重2.2kg，因此所搭载直流电机应有足够的驱动能力。

选型思路为：选择合适的电机→适配电机的电源，适配电机的驱动IC→适配电源的降压电源IC。

24V降压DC-DC电源IC

- 型号：TPS54331DDAR。
- 功能类型：降压型。
- 电压输入：3.5 ~ 28V。
- 电压输出：可调节输出电压低至0.8V。

舵机驱动IC

- 型号：PCA9685。
- 通信方式：I^{2}C。
- 工作电源电压：2.3 ~ 5.5V。
- 驱动数量：最多驱动 16 路 LED（舵机）。

电机驱动IC

- 型号：AS4950。
- 宽电压供电：8 ~ 40V。
- 3.5A 峰值驱动输出，2A 持续输出能力。

语音模块IC

- 型号：VC-02_CN。
- 供电电压：3.6 ~ 5V。
- 支持接口：UART / I^{2}C / PWM / SPI / GPIO。
- 可用 I/O 接口数量 :10 个。

通过 SDK 配置 GPIO_B2 为 UART1_TX，GPIO_B3 为 UART1_RX，使 VC-02 的 B2、B3 引脚复用为串口功能，以与 GD32 的 USART2 进行通信。

LCD：1.3英寸ISP显示屏

- 分辨率：240 像素 × 240 像素。
- 接口类型：SPI / 并口。
- 驱动芯片：ST7789V。
- 工作电压：3.3V。

24V直流电机

- 工作电压：24V。
- 驱动电流：350mA。

高亮LED灯珠

- 功率：1W。
- 空载转速：200rad/min。
- 额定扭力：13N · cm

普通的 LED 怎能配得上我的瓦力呢，我要找最闪耀的一颗。高亮 LED 灯珠说明如图 14 所示，眼灯照明展示如图 15 所示。

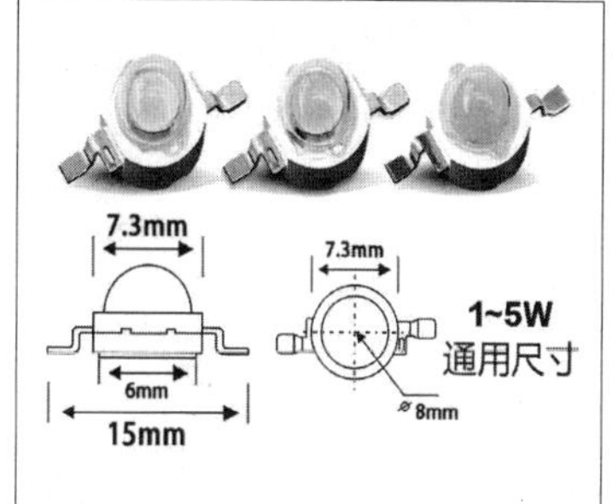

图 14 高亮 LED 灯珠说明

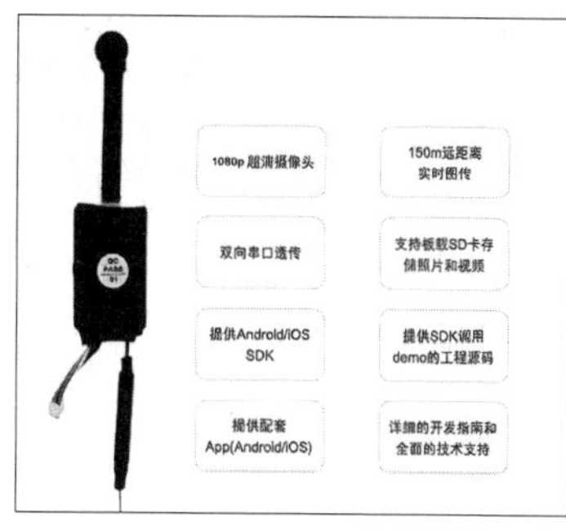

图 16 摄像头 Mlink-video 说明

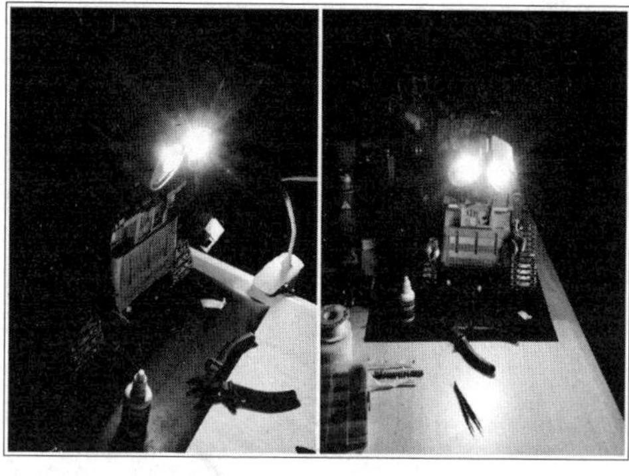
图 15 眼灯照明展示

摄像头Mlink-video

- 优点：体积小，画质高，配套 App。
- 缺点：最高仅支持 150m 图传，价格小贵。

我最初打算设计个图传模块，集成于扩展板上，可是能参考的方案只找到了 ESP32-CAM，而且加上板子后整体过于冗余，成功率不敢保证，于是便舍弃了自己设计图传模块的方案，选用 Mlink-video 的 Wi-Fi 图传模块（见图 16）。

实物展示

说了那么多，快来让我们欣赏可爱的瓦力吧（见图 17）！

图 17 实物展示

bbServer

Corebb

演示视频

bbServer 是一台高性能、低功耗、酷炫的迷你服务器，通过单板计算机特有的 GPIO 完成显示屏和灯带的控制，配合单面镜和半透镜形成深渊灯的效果。

我一直想 DIY 一台能够放在家里 24 小时开机的服务器。我希望这台服务器功耗足够低，性能也需要稍微好一点。然而，低功耗和高性能之间存在着矛盾，我只有选择能耗比更高的芯片。

我选择了香橙派 5 这类 ARM 架构的单板计算机，因为它省电、体积小、性能高，而且可以像单片机一样控制一些电子元器件。因此，我在服务器上添加 OLED 显示屏和 WS2812-2020 RGB 灯带，借助 CircuitPython 就可以根据自己的想法尽情发挥，制作出这样一台低功耗、迷你、好玩又酷炫的服务器。

物料准备

在开始制作 bbServer 之前，需要准备以下物料（见图 1）。

- 香橙派 5，这是一款性价比非常高的 RK3588S 单板计算机，RK3588S 是一个 8nm 制程 ARM 架构的 SoC，有 8 核心（6 大核 +2 小核），用来开发中小型服务器是非常稳妥且省电的。
- 2.42 英寸 OLED 显示屏（具有 4Pin 的 I^2C 接口的版本）。
- WS2812-2020 寻址 RGB 灯带。
- 3D 打印外壳。
- 单面镜和 30% 半透镜。
- M.2 硬盘（2230 或 2242）。
- 散热片（19mm × 19mm × 5mm）。
- 3007 涡轮散热风扇。
- 5V/4A 电源适配器。

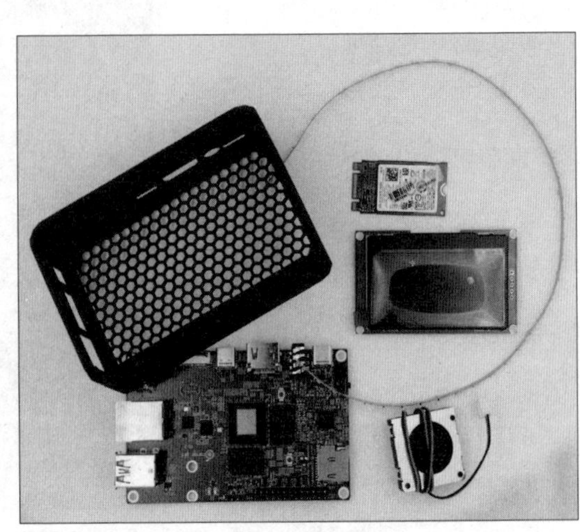

图 1 所需物料

硬件组装

硬件组装步骤如下。

1 将M.2硬盘插入香橙派5上的M.2插槽中。

2 将散热片安装在香橙派5的芯片上，然后将其插入3D打印的外壳中，并将四周的固定螺丝扭紧。香橙派5本身侧边有一个开关机的按键，如果需要使用的话，也可以3D打印一个较大的按钮模型，卡在外壳与开关按键之间。

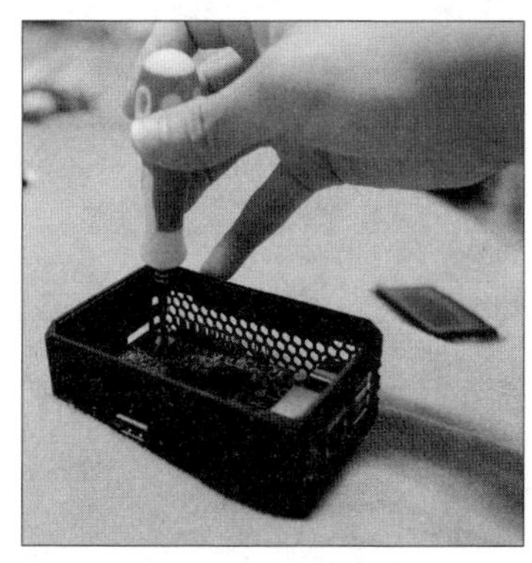

3 安装3007涡轮散热风扇，可以装在芯片旁边，出气口朝外，将正负极分别接到5V和GND。如果想要更安静一点，也可以接到3.3V。

4 将WS2812-2020 LED灯带与OLED显示屏连接到香橙派5的GPIO引脚上，确保连接正确。因为设计的外壳想尽量保持小巧、紧凑，所以用一般的2.54mm间距的杜邦线会太高，装不进去。解决办法就是将杜邦线的胶壳去掉（用镊子撬开卡口，把线拿出来即可），可以用热缩管或胶布套住端子部分，避免相互之间接触导电。

5 具体的I/O引脚和连线如下图所示。

6 组装好之后，可以先进行系统安装，测试一下LED和显示屏是否能正常使用，再完成最后的组装。在验证硬件正常后，将单面镜和30%半透镜组装到3D打印的外壳中，注意尽量戴上干净的手套，避免留下手指印。

7 OLED显示屏可以一边用胶布固定在RJ45网口上，另一边用杜邦线顶着。摆放在正中间靠后的位置，然后将单面镜卡进OLED显示屏与LED之间。

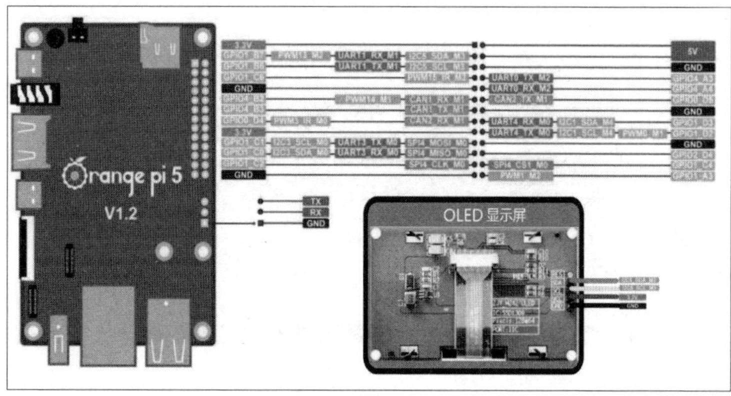

8 接着，再盖上半透镜就大功告成啦。

系统安装

香橙派5官方提供了Ubuntu、Debian、Android系统，也有在单板计算机上比较出名的Armbian系统。但目前的情况Armbian有一些Bug，导致I²C和SPI功能不正常，无法使用LED和OLED。所以这里选择的是官方的Ubuntu系统。完整的文档可以参考香橙派官方的使用说明书。

系统安装步骤如下。

（1）准备一张TF（Micro SD）卡，使用balenaEtcher软件将从官网下载的Ubuntu镜像文件写入TF卡中。

（2）插入TF卡、M.2硬盘，开机。连接网线，使用Xshell连接香橙派或使用HDMI连接显示器操作。默认用户名为root，密码为orangepi。

（3）在终端控制台输入指令nand-sata-install，选择“Install/Update the bootloader on SPI Flash”，等待几分钟直至出现“Done”（见图2）。

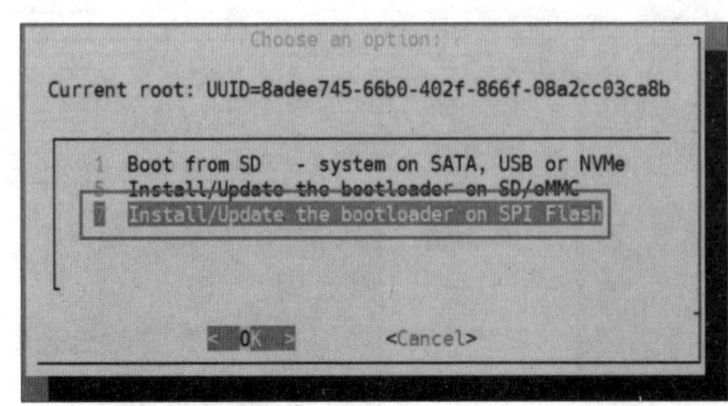

图2 终端控制台

将镜像写入M.2硬盘中，指令如下：

dd bs=1M if=<镜像路径> of=/dev/nvme0n1 status=progress

例如：

dd bs=1M if=Orangepi5_x.x.x_ubuntu.img of=/dev/nvme0n1 status=progress

写入完成后，就可以输入poweroff指令关机，拔掉TF卡，再开机，以后就都是用M.2硬盘作为系统盘开机了。M.2硬盘比起TF卡更耐用，更适合长时间运行，读写速度也更快。

配置环境

在完成以上内容后，这就是一台ARM架构的Ubuntu系统的计算机了，你可以使用绝大多数能在Linux上运行的软件。

除此之外，还可以利用上面的GPIO，让它能够像单片机一样控制一些电子零件。建议安装必要的软件包，包含Python、pip、CircuitPython等。前面两个大家都很熟悉，最后一个CircuitPython是一个能在Linux上运行的类似单片机功能的框架，由电子界著名的Adafruit出品。因为具体的步骤有点复杂，想要研究的朋友可以参考官方的文档。官方文档使用的是Armbian系统以及较老的香橙派，不过内容大致是相同的，需要修改一些东西让CircuitPython能够识别到我们使用的板子型号。

为此，我写了一个脚本，可以一键在香橙派Ubuntu系统下安装好CircuitPython以及我们使用的OLED显示屏和WS2812-2020 LED灯带相应的依赖库。在Github中搜索bbServer可以找到脚本的安装方式。

在安装成功后，需要重启一次。安装好后会把bbServer的Demo示例程序设为开机自启，所以重启后会看到LED灯带动画以及OLED显示屏显示的时间和CPU、内存信息了。

以下是Demo程序（程序1），可以看到使用CircuiPython比较容易上手发挥自己的想法。它有丰富的库，你能够立马上手。

程序1

```
import threading
import board
import neopixel_spi
from PIL import Image, ImageDraw,
ImageFont
from adafruit_led_animation.
animation.blink import Blink
from adafruit_led_
animation.animation.
sparklepulse import SparklePulse
from adafruit_led_animation.
animation.comet import Comet
from adafruit_led_animation.
animation.chase import Chase
from adafruit_led_animation.
animation.pulse import Pulse
from adafruit_led_animation.
animation.sparkle import Sparkle
from adafruit_led_
animation.animation.
rainbowchase import RainbowChase
from adafruit_led_
animation.animation.
rainbowsparkle import RainbowSparkle
from adafruit_led_
```

```
animation.animation.
rainbowcomet import RainbowComet
from adafruit_led_animation.
animation.
solid import Solid
from adafruit_led_animation.
animation.
colorcycle import ColorCycle
from adafruit_led_animation.
animation.
rainbow import Rainbow
from adafruit_led_animation.
animation.
customcolorchase import
CustomColorChase
from adafruit_led_animation.sequence
import AnimationSequence
from adafruit_led_animation.
color import PURPLE, WHITE, AMBER,
JADE, MAGENTA, ORANGE ,
BLACK ,
RED
import adafruit_ssd1306
import time
import psutil
import pathlib
dirPath = str(pathlib.Path(__file__).
parent.resolve())
font = ImageFont.truetype(dirPath+'
/fonts/Jorolks.ttf',24)
smallJorolks = ImageFont.truetype
(dirPath+'/fonts/Jorolks.ttf',12)
seledom = ImageFont.truetype
(dirPath+'/fonts/Seledom.otf',14)
bigSeledom = ImageFont.truetype
(dirPath+'/fonts/Seledom.otf',33)
pixelCorebb = ImageFont.truetype
(dirPath+'/fonts/PixelCorebb.
ttf',15)
pixelCorebbBig = ImageFont.truetype
(dirPath+'/fonts/PixelCorebb.
ttf',14)
player = Image.open(dirPath+'/icons/
steve24.png')
player16 = Image.open(dirPath+'/
icons/
steve16.png')
performance = Image.open(dirPath+'/
icons/performance.png')
# -WS2812 RGB LED-
# 更新以匹配连接到 NeoPixels 的引脚
pixel_pin = board.SPI()
# 更新以匹配您连接的 NeoPixel 数量
pixel_num = 40
pixels = neopixel_spi.NeoPixel_SPI
(pixel_pin, pixel_
num, brightness=0.1,
 auto_write=False)
blink = Blink(pixels, speed=0.5,
color=JADE)
redFastBlink = Blink(pixels,
speed=0.1, color=RED)
colorcycle = ColorCycle(pixels,
speed=0.4, colors
=[MAGENTA, ORANGE])
comet = Comet(pixels, speed=0.01,
color=PURPLE, tail_length=10,
bounce=True)
chase = Chase(pixels, speed=0.1,
size=3, spacing=6,
color=WHITE)
pulse = Pulse(pixels, speed=0.1,
period=3, color=AMBER)
sparkle = Sparkle(pixels, speed=0.1,
color=PURPLE,
num_sparkles=10)
solid = Solid(pixels, color=JADE)
black = Solid(pixels, color = BLACK)
rainbow = Rainbow(pixels, speed=0.1,
 period=2)
sparkle_pulse = SparklePulse(pixels,
speed=0.1, period=3,
color=JADE)
rainbow_comet = RainbowComet(pixels,
speed=0.05, tail_length=15,
bounce=True)
rainbow_chase = RainbowChase(pixels,
speed=0.1, size=3,
spacing=2, step=8)
rainbow_
sparkle = RainbowSparkle(pixels,
speed=0.1,
num_sparkles=15)
custom_color_chase = CustomColorChase(
    pixels, speed=0.1, size=2, s
pacing=3, colors
=[ORANGE, WHITE, JADE]
)
animations = AnimationSequence(
    comet,
    blink,
    rainbow_sparkle,
    chase,
    pulse,
    sparkle,
    rainbow,
    solid,
    rainbow_comet,
    sparkle_pulse,
    rainbow_chase,
    custom_color_chase,
    advance_interval=5,
    auto_clear=True,
)
# -SSD1306/SSD1309 OLED-
oled = None
# 为绘图创建空白图像
image = Image.new("1", (128, 64))
draw = ImageDraw.Draw(image)
def clear():
  global image
  draw.rectangle((0, 0, 128, 64),
fill="black")
  oled.fill(0)
def bootLogo():
  draw.text((5, 20), "bbServer",
```

```
fill="white", font = font)
  oled.image(image)
  oled.show()
def updateInfo():
  global oled
  i2c = board.I2C()  # 使用 board.SCL and board.SDA
  attempts = 0
  while attempts < 5:
    try:
    oled = adafruit_ssd1306.SSD1306_I2C(128, 64, i2c)
      break
      except:
      attempts += 1
      print('OLED not found, retrying...')
      time.sleep(1)
    # 清空显示屏
    oled.fill(0)
    oled.rotate(False)
    oled.show()
    clear()
    bootLogo()
    time.sleep(1)
    while True:
        cpu = int(psutil.cpu_percent(interval=1))
        ram = int(psutil.virtual_memory().percent)
        timeNow = time.strftime("%H:%M")
        clear()
  draw.rounded_rectangle((2,2,28,12), radius=3, fill="white")
  draw.text((5,3), "CPU", fill="black", font = smallJorolks)
  draw.text((32,0), str(cpu)+"%", fill="white",font = pixelCorebb)
  draw.rounded_rectangle((67,2,96,12), radius=3, fill="white")
  draw.text((70,3), "RAM", fill="black", font = smallJorolks)
  draw.text((100,0), str(ram)+"%", fill="white",font = pixelCorebb)
  draw.text((2,24), timeNow, fill="white",font = bigSeledom)
        oled.image(image)
  oled.show()
  time.sleep(1)
if __name__ == "__main__":
  oledThread = threading.Thread(target=updateInfo)
  oledThread.start()
  while True:
  time.sleep(0.01)
  animations.animate()
```

一些可能遇到的问题如下。

（1）在烧写系统进 TF 卡后，在 Windows 资源管理器里就找不到这张 TF 卡了。这是正常的，因为写入了 Linux 系统后，Windows 是读不了的。所以只能在像是 Balenaetcher 等烧写软件中看到，如果想变回原来的样子，在这类软件中单击一下“格式化”即可。不要以为是 TF 卡坏了（作者以前就以为是 TF 卡坏了）。

（2）不知道怎么连接服务器？官方的镜像文件有桌面版和服务器版 2 种，主要差别在于前者有图形化操作界面，也可以用 HDMI 连接显示器，后者只能连网线，计算机通过 SSH 控制。如果作为服务器使用，一般的使用场景是类似于后者的，但对于新手来说，建议安装桌面版，更容易上手。想了解的话，可以参考云服务器、普通 Linux 计算机的连接方式和工具，常用的免费工具有如下。

● Xshell：通过 SSH，输入 IP 地址、用户名、密码，即可连上服务器的终端控制台。

● Xftp：通过 SSH，可以在本地计算机与服务器之间传输文件。

（3）OLED 显示屏不亮。请注意，在某购物网站上有几款 2.42 英寸 OLED 显示屏模块，请确保购买的是 4/5 Pin 的 I²C 的版本，而不是 7Pin 的 SPI 版本。另外，我在几家店里买过，实际上它们是不一样的，请认准接线图上的那一款，4 个孔都是在板子边缘的，且是有 RES 引脚的，这款非常稳定，没遇到过什么问题。

（4）WS2812-2020 LED 不亮。唯一的可能性就是连接有问题了，请注意引脚定义，不要把正负极接反了。

（5）安装、固定不合适等问题。如上文所述，杜邦线需要去壳；OLED 显示屏模块要确保同款；散热风扇不能太高，需要使用 7mm 以下的，不然会撞到显示屏。

结语

这就是 bbServer 制作过程及经验分享啦。通过制作 bbServer，我们可以学到如下知识。

（1）如何使用单板计算机和 CircuitPython 来控制电子元器件。

（2）如何使用 Linux 系统和搭建自己想要的服务器。

（3）学习用 Python 简单、快速入门单片机领域。

在制作过程中，我们会了解一些基础知识，如单板计算机和 CircuitPython 的使用、GPIO 引脚的控制、3D 打印的设计和制作等。同时，我们也需要有耐心来调试和解决一些问题。

总之，bbServer 是一个非常有趣和有用的项目，通过它，我们可以学到很多东西，并且可以用它来运行自己喜欢的应用程序，通过编写程序发挥自己的无限创意。

用三极管制作CPU

林乃卫

自制CPU是一项极具挑战性的任务。在过去的两年里，我花费了大量时间和精力，利用三极管等元器件制作了一个完整的CPU。在这篇文章中，我将分享我的制作过程、遇到的挑战和解决方案。

这个制作项目的开始，可以追溯到我上大学的时候。我所学的专业不是计算机专业，那时我对计算机硬件这方面的知识仅限于会组装一台计算机。生活中我很喜欢捣鼓手工创作，对于好奇的事物，我喜欢在不了解它们工作原理时，自己想出一套办法去实现它。因为看到自己的想法最终得以实现，我觉得是一件非常开心的事情。而且这样经常能衍生出创新，甚至能梳理出我在书本上还没有学过的知识。

理论研究

在学了C语言、模拟电路、数字电路、单片机应用后，某天我打开了一个可执行的二进制文件，面对那一大串“0”和“1”陷入了沉思：计算机是怎么根据这么简单的两个数字运行那么复杂的功能的？

带着这个疑问，在分析了二进制文件数据的规律后，结合数字电路中的逻辑门电路，再配合计算机的硬件结构一起思考，我决定用自己浅薄的知识储备尝试去制造一个CPU。

简单来说，在CPU电路中的元器件主要由多个三极管组成，这些三极管按逻辑需求组成逻辑门，逻辑门再组合成更多功能的元器件，如控制器、加法器、寄存器等。由“0”和“1”控制这些元器件的状态，例如图1所示的8位输入逻辑门电路，它由8个三极管组合而成，当输入“01111110”时，逻辑门输出“1”，通过这个逻辑门就可以来控制加法器，从而实现使用“01111110”执行加法的动作。

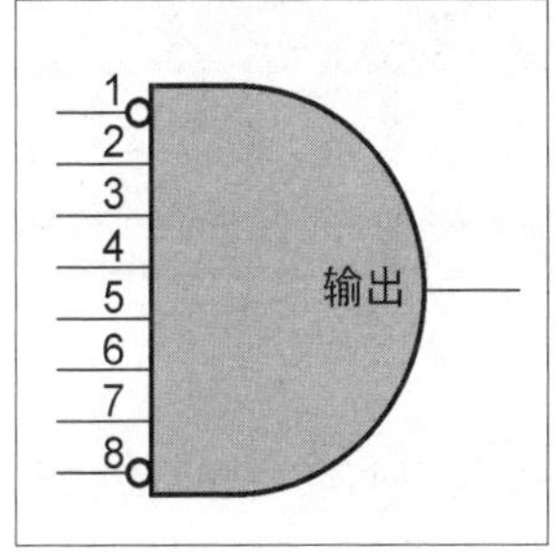

图1 8位输入逻辑门电路

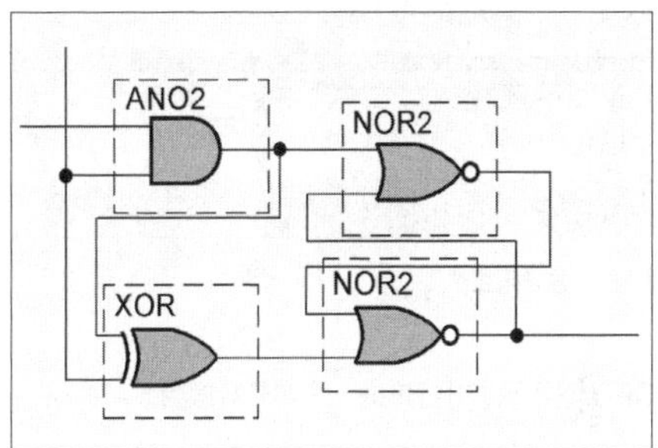

图2 位寄存器

寄存器是CPU的基础单元，CPU的工作依赖于寄存器。寄存器我用两个与非门作为RS触发器的设计，这个设计的好处是电路比较简洁（见图2）。

指令设计

本次项目制作的是一个8位的CPU，这个CPU可以驱动显示屏，使显示屏显示文字和图像。本项目针对显示屏的驱动程序设计专用的指令，缩短了CPU与显示屏之间完成通信的时间。例如，设置一条指令MOVT（见图3），该指令在

	A	B	C	D
1	助记符	指令代码	字节顺序	
106	ADD addr,#data	11111110		FE
107	ADD addr,Rn	11100110		E6
108	ADDC addr,Rn	10100110		A6
109	MOV addr,M+addr	11111100	倒置	FC
110	MOV M+addr,addr	01111100		7C
111	MOV M+Rn,Rn	10111100		BC
112	MOV Rn,M+Rn	00111100	倒置	3C
113	MOV Tn,Tn	11011100	倒置	DC
114	JNC Tn	01011100		5C
115	SUB @Rn,#data	01010011	53	
116	ANL @Rn,#data	11011101	DD	
117	SUB Rn,addr	01010111	57	
118	SUBC Rn,addr	10110110		B6
119	SUBC addr,addr	11010110	倒置	D6
120	MOV DPTR,#data,#data	10101011		
121	MOV DPTR,PC	00101011		

图3 指令表截图

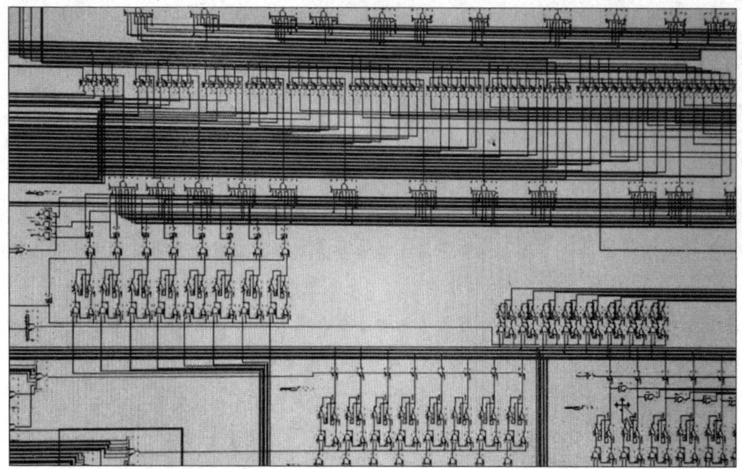

图 4 数字电路仿真

CPU 向显示屏并行传送一个字节数据后，自动指出下一个动作（显示屏写入），最后再恢复初始状态。这样就将原本需要 3 条指令的操作优化为只需一条指令就能完成对显示屏数据的写入操作。

我用 Proteus 把 CPU 的整个电路画出来进行仿真（见图 4），仿真结果验证了可行性，之后就可以开始焊接制作了。

电路设计

首先，我分别设计与、或、非基础逻辑门的模拟电路，将 CPU 划分为控制单元、算术逻辑单元、指令解析、I/O 和寄存器五大模块，经计算，大约会用到 6000 个三极管、10000 多个二极管和 10000 多个电阻，总共约 30000 个的分立元器件，焊点大约 100000 处。需要根据整个 CPU 晶体管的使用量来确定电阻的阻值，控制 CPU 的功耗。控制单元模块使用 RS 触发器组合而成，控制器单元是 CPU 的核心模块，其他模块均可以减少位宽甚至没有，CPU 也可以运行。如果少了控制器，CPU 就无法运行了，也不能叫 CPU 了。所以控制器的设计是相当重要的，它是 CPU 架构的核心，它的性能也决定了整个 CPU 的性能。

刚开始我没有示波器，对于电路的性能测试，我设计了一个 16 位自加器，通过不断自加的方法测试。用 NE555 做成方波发生器作为信号源，接入自加器的控制端，信号源从最低频率开始往上调，观察自加器的输出状态，当频率调高到某一个值且继续往上调时，自加器突然不再有规律地自加，则该频率可以作为自加器的最高工作频率。

材料与制作工具

我使用的材料和工具主要有三极管、二极管、电阻、洞洞板、电烙铁、焊锡、万用表、导线。三极管作为开关使用，一般来说有开关特性的元器件都可以用来做成 CPU，MOS 管也可以用来做开关，但是其价格比较高，而三极管的价格不到 MOS 管的 1/10，在需要控制成本的情况下，采用三极管是最适合的。

手工焊接

电路的焊接是非常需要耐心的，由于是手工焊接，面对如此大规模的电路更需要胆大、心细。电路工整有助于维修、修改，每一个元器件的焊接位置都需要精心设计和计算，一块宽 18cm 的洞洞板刚好能容纳一个 8 位模块的元器件，在不浪费空间的前提下，整体又显得格外有规律和震撼！电路焊接完成如图 5 所示。

图 5 电路焊接完成

各模块的组装

每个模块的电路焊完成后，22 块电路板上布满了约 30000 个分立元器件，纵横交错的导线密密麻麻。其中，指令解析模块 5 块、算数逻辑单元模块 3 块、寄存器模块 4 块、其他模块 10 块，共产生几百个接口。

组装 CPU 并进行调试是一个非常耗时和烦琐的过程，因为是手工焊接的，会有很多地方焊接不牢固甚至焊错。20000 多个元器件、100000 多个焊点，一旦出了问题，就犹如大海捞针。由于没有专业的设备进行调试，我需要设计出精巧的方法来找到问题所在。

我记忆最深刻的问题是一个二极管焊反了。在该 CPU 中，我统一使用了 4.7V 的稳压二极管，因为这种二极管由红色的玻璃管封装，焊上去会很美观。电源是 5V 的，被 20000 多个元器件分压之后，这种二极管也能正常工作。焊反的这个二极管刚好处于电涌出现的地方，当某个指令与某个数据同一时间出现时，这个二极管的下级电路全部输出高电平，与时钟源叠加，使电压超过了 4.7V，这个电压击穿了二极管，导致电路出错。需要一个很“苛刻”的条件才能触发这个错误，我用万用表找这个问题用了两个星期的时间。对于这个问题，我使用了“对半破坏法”找出这个焊反的二极管。“对半破坏法”是从中间剪断 CPU 的连接线，形成两个独立的个体，通过短路元器件测试是哪个独立个体出错，然后将出错的个体又从中间断开连接，直到定位到出问题的那块板子，再将板子从中间位置断开焊接点，以此重复，最终我用万用表找到了焊反的二极管。

整个 CPU 连接完毕之后，想要运行程序还需要添加必要的 ROM 和 RAM。我手工焊接了 64 个字节的 ROM 和 7 个字节的 RAM，这可以使 CPU 不需要运算芯片也能运行一些简单的程序。这个手工 ROM 引出地址总线和数据总线，对一些较大的存储设备进行读 / 写（见图 6）。

图 6 手工自制的 ROM

图 7 自制双通道内存管理模块

一般来说，8 位地址总线的 CPU 只能访问 256 个字节的内存，而这点内存是难以运行稍微复杂些的应用的。针对这个问题，我设计将 RAM 中的全局变量与局部变量物理分开存储，全局变量使用独立 8 位地址总线寻址的 256 字节，局部变量使用栈作为地址总线的高 8 位进行寻址的 64 字节。这样当程序转到另一个函数里运行时，会自动重新分配 256 个字节的局部变量供 CPU 使用。自制双通道内存管理模块如图 7 所示，自制的 CPU 完整实物如图 8 所示。

电路测试调试

接下来，我进行了一系列的性能测试和调试工作，以确保 CPU 的正常运行和稳定性。首先，我用 8 位拨码开关手动输入了一个包含所有指令的测试程序，每隔几行程序就把运行结果输出到 LED 中，通过对比手工计算的结果和 LED 显示的结果验证 CPU 能否正确执行指令。

为了能更好地测试 CPU，我采购了一台手持示波器，用示波器观察电路各个节点的波形。通过波形图对电路进行进一步优化，调整电阻阻值，使波形达到最优形状。

设计、焊接 CPU 的难度远远没有测试、维修的难度高，整个测试过程产生了

图 8 自制的 CPU 完整实物

大量的问题，这些问题都是相当难解决的，难点在于找到问题所在，在 10 万个焊点中寻到一处虚焊就已经相当不容易了，有时候一个简单的三极管烧毁也会牵连到附近一大片元器件，甚至对一小处的电路修改也要改动整套电路。我在设计、焊接的工作上花了半年的时间，但在测试、维修的工作上却花费了一年半的时间。

在这个过程中遇到的每一个问题都是一次新的挑战，我经常被困扰得焦头烂额，但是每当解决了一个问题的时候，会产生胜利的喜悦，这种感觉会贯穿全身，久久不能平静，正是这种喜悦让我拥有坚持不懈的动力。

在线编程下载器

在 CPU 初步组装好的时候只能手动输入测试程序，写入一个简单的流水灯程序也需要很长的时间，相当麻烦。如果需要写入显示屏驱动程序，就需要一个编程下载器执行写入和验证的操作。编程下载器我用了 51 单片机作为主控，将 51 单片机的引脚和 CPU 控制模块的引脚连接，用 C 语言编写编程器的控制程序，使编程器直接对储存器进行读取、写入数据操作，还可以对 CPU 进行控制，能够在计算机端对 CPU 进行重启、暂停、步进执行的操作。有了这个编程器，调试程序相当容易了。

汇编语言编译器

CPU 内部是数字电路，它只能接受二进制机器语言的程序，即只有“0”和“1”组成的程序。一个几百行代码的小型程序也会产生密密麻麻的“0”和“1”。读起来显然是难以接受的，这时就需要用到汇编语言，汇编语言用十分精简的特定格式的语言来描述 CPU 的一个动作，代替一串“0”和“1”，本质上其还是与机器语言一样的低级语言。

接下来开始制作该 CPU 的汇编 IDE（集成开发环境），采用 MFC 框架，将编辑器、编译器、写入、验证、操作等功能都集成在该程序中。汇编语言编译的原理比较简单，直接使用字符串替换就能完成从汇编程序到机器码的转换。程序 1 给出部分编译操作的程序，提供一个汇编语言编译的编程思路。

程序1

```
CString Line_Temp; //用于存储一行汇编程序
CStringArray CommandAnaData;
//行数组
ComandAnaData.ReMOVeAll();
CString Commad ; //指令
CString value; //操作数
if(LineText[i]!="RET"&&LineText[i]!="STOP"&&LineText[i]!="NULL"){
  Split(LineText[i],_T(""),CommandAnaData); //分割字符串得到指令码和操作数
  Commad = CommandAnaData[0].Trim();//得到指令，如MOV
  value=CommandAnaData[1].Trim();//得到操作数，如“01H，02H”
}else {
  Commad=LineText[i]; //当指令为无操作数指令时
}
  if(Commad=="RET"){//调用返回
LineText[i]=_T("7E");//将RET直接转换成7E
}else if(Commad=="STOP"){//停止
  LineText[i]=_T("4F");
}else if(Commad=="NULL"){//空指令
  LineText[i]=_T("00");
}else if(Commad=="MOV"){//数据移动指令
```

```
  if(value.GetLength()==0){
      AfxMessageBox(LineText[i]+_
T("处有错误"+"5"));// 检测错误
  return ;
}
  if(value.Find(_T(" "))>=0){
     AfxMessageBox(LineText[i]+_T("处
有错误"+"501"));
    return ;
}
  CStringArray caozuoshu; //操作数组，
用于存储多个操作数
  caozuoshu.ReMOVeAll();
  Split(value,_T(","),caozuoshu);
//分割操作数，以逗号为分割符
  if(caozuoshu.GetCount()!=2){ //MOV
指令后面都是需要两个操作数的
    AfxMessageBox(LineText[i]+_T("处
有错误"+"502"));
    return ;
}
  CString left=caozuoshu[0]; //前操作数
  CString rigth=caozuoshu[1]; //后操
作数
if(IsAdd(left)){//当左操作数为内存地址，
即：MOV addr, **
  left = Add2hex(left); //地址字符串转
十六进制
  if(left.GetLength()!=2){
    AfxMessageBox(LineText[i]+_T("处
有错误"+"51"));
    return ;
  }
  if(IsLiJiShu(rigth)){//当右操作数为
数字符串， 即指令为 MOV addr,#data
    rigth = LJS2hex(rigth); //立即将
数字符串转成十六进制字符串
  if(rigth.GetLength()!=2){
    AfxMessageBox(LineText[i]+_T("处
有错误"+"52"));
    return ;
  }
  LineText[i]=_T("FF")+left+rigth;
//将当前整行程序转换成十六进制存储
 }else if(IsAdd(rigth)){ //如果后操作
数是内存地址 ，即：MOV addr,addr
  rigth = CString2hex(rigth,2);
  if(rigth.GetLength()!=2){
    AfxMessageBox(LineText[i]+_T("处
有错误"+"53"));
    return ;
 }
    LineText[i]=_T("3F")+rigth+left;
//转换成十六进制存储
      }else if(IsRn(rigth)){ //如果后
操作数为局部变量地址 Rn
 rigth = Rn2hex(rigth); //将 Rn 转换成
十六进制存储
  if(rigth.GetLength()!=2){
    AfxMessageBox(LineText[i]+_T("处
有错误"+"56")+rigth);
    return ;
        }
      LineText[i]=_T("FB")+rigth
+left;
      }else if(Is_Rn(rigth)){
//如果后操作数为以临时变量作为偏移量的内
存指针，即：MOV addr,@Rn
      rigth = _Rn2hex(rigth);
  if(rigth.GetLength()!=2){
    AfxMessageBox(LineText[i]+_T("处有
错"+"MOV5"));
    return ;
}
LineText[i]=_T("FD")+rigth+left;
}else if(IsMn(rigth)){//如果后操作数以
DPTR 作为偏移量，即 MOV addr,Mn，此指令
将 ROM 中的一个字节转移到全局变量内存中
rigth = Mn2hex(rigth);
if(rigth.GetLength()!=2){
  AfxMessageBox(LineText[i]+_T("处有
错"+"MOV22"));
  return ;
}
LineText[i]=_T("3E")+left+rigth;
    }else if(IsM_Add(rigth)){
//如果后操作数以 DPTR 与全局变量的总和作为
偏移量，即 MOV addr,M+addr，此指令将 ROM
中的一个字节转移到全局变量内存中
    rigth = M_Add2hex(rigth);
    if(rigth.GetLength()!=2){
      AfxMessageBox(LineText[i]+_T("
处有错误"+"MOV23"));
      return ;
      }
      LineText[i]=_T("FC")+rigth+left;
      }else if(IsM_Rn(rigth)){//如果
后操作数以DPTR与局部变量的总和作为偏移量，
即 MOV addr,R+addr，此指令将 ROM 中的一
个字节转移到全局变量内存中
  rigth = M_Rn2hex(rigth);
  if(rigth.GetLength()!=2){
      AfxMessageBox(LineText[i]+_T(
"处有错误"+"MOV511"));
      return ;
    }
      LineText[i]=T("CC")+rigth+left;
}else{
      AfxMessageBox(LineText[i]+_T(
"处有错误"+"MOV5V4"));
      return ;
    }
  }else if(IsM_Add(left)){
//如果左操作数以 DPTR 与全局变量的总和作
为偏移量，即 MOV M+addr，** ，此指令是
将数据写入 ROM 中
  left = M_Add2hex(left);
if(left.GetLength()!=2){
    AfxMessageBox(LineText[i]+_T(
"处有错误"+"MOV5113"));
    return ;
  }if(IsAdd(rigth)){
    rigth = Add2hex(rigth);
    if(rigth.GetLength()!=2){
      AfxMessageBox(LineText[i]+_T(
"处有错误"+"MOV58_")+rigth);
      return ;
    }
    LineText[i]=_T("7C")+left+rigth;
```

```
    }
    else{
        AfxMessageBox(LineText[i]+
_T("处有错误"+"55"));
        return ;
    }
  }else if(IsM_Rn(left)){//如果左操
作数以 DPTR 与局部变量的总和作为偏移量，即
MOV M+Rn, ** ，此指令将数据写入到 ROM 中
    left = M_Rn2hex(left);
    if(left.GetLength()!=2){
    AfxMessageBox(LineText[i]+_T(
"处有错误"+"MOV511"));
    return ;
  }if(IsRn(rigth)){
      rigth = Rn2hex(rigth);
      if(rigth.GetLength()!=2){
      AfxMessageBox(LineText[i]+_T(
"处有错误"+"MOV58_")+rigth);
        return ;
      }
      LineText[i]=_T("BC")+left+rigth;
    }
    else{
      AfxMessageBox(LineText[i]+_T(
"处有错误"+"55"));
      return ;
    }
  } else{
    AfxMessageBox(LineText[i]+_T(
"处有错误"+"55"));
    return ;
  }
}
```

制作好之后的操作界面如图 9 所示。

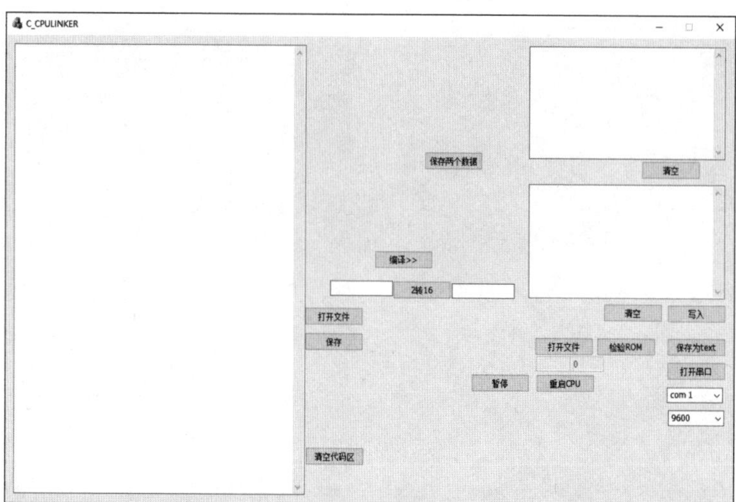

图 9 MFC 框架自制汇编 IDE

显示屏

显示屏与 CPU 的信号传输方式有串口通信、并口通信两种。串口通信每个振荡周期只能发送 1 位数据，但是支持自动发送和接收数据，CPU 可以在串口自动发送数据时执行其他任务，无须等待数据传输完毕，这样可以提高工作效率。但是我的自制 CPU 工作频率不高，最高只有 33kHz，市面上的显示屏传输速率都比它要快，在这里串口通信反而拖慢了 CPU 的运行速度，所以选择一款并口通信且较低分辨率的显示屏，有助于提高程序的运行速度。我选择了以 ST7789V 为驱动芯片的 1.3 英寸 TFT 显示屏（见图 10），分辨率为 240 像素 ×240 像素，使用 TTL 电平。由于 CPU 内部电路电平并没有统一的格式，在 CPU 的旁路输出 5V 为逻辑“1”，悬空为逻辑“0”，要想让 CPU 和显示屏可以正常通信，就要加上一个电平转换电路，把 CPU 的信号转换成 TTL 电平，就能进行通信了。CPU 电平转 TTL 电平电路如图 11 所示。

图 10 1.3 英寸 TFT 显示屏

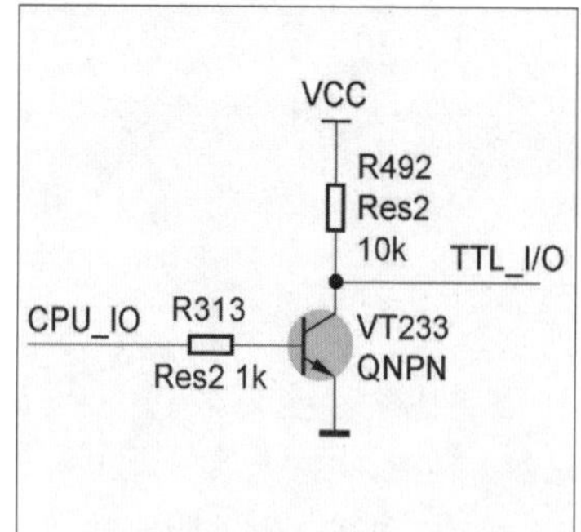

图 11 CPU 电平转 TTL 电平电路

解决完硬件上的所有问题后，可以开始编写显示屏的显示程序了。本次程序的目的是要在显示屏上显示“不忘初‘芯’来自广西北海 作者林乃卫”。这个 CPU 是我纯手工打造出来的，起这个标题我觉得很有意义。

CPU汇编编程

用 PCtoLCD 生成字模十六进制格式数据，每个汉字占用 128 字节。显示屏厂商已经给出 C 语言版的初始化程序和驱动程序，只需按照厂商给出的驱动程序逻辑编写汇编程序，把汉字字符数据发送到显示屏即可（见图 12），程序 2 是显示汉字的部分汇编程序，通过这些程序可以大概看出自制 CPU 与市面上的 CPU 的不同之处 。

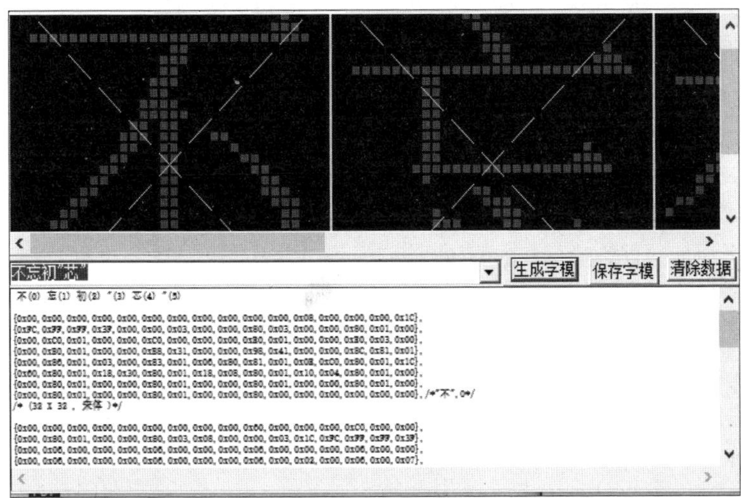

图12 生成字模

程序2

```
//SHOW_chinese 显示汉字的函数入口
SHOW_chinese:
//PAR_SHOW_chinese_index
//PAR_SHOW_chinese_x //字符起始位置横坐标
//PAR_SHOW_chinese_y
//字符起始位置纵坐标
//PAR_SHOW_chinese_color_H //画笔颜色高8位
//PAR_SHOW_chinese_color_L //画笔颜色低8位
//PAR_SHOW_chinese _size
//字符的位数大小
mov R1,#31
add R0,PAR_SHOW_chinese_x //局部变量接收传参
add R1,PAR_SHOW_chinese_y
MOV PAR_LCD_Address_Set_x1,PAR_SHOW_chinese_x
MOV PAR_LCD_Address_Set_y1,PAR_SHOW_chinese_y
MOV PAR_LCD_Address_Set_x2,R0
MOV PAR_LCD_Address_Set_y2,R1
//调用LCD_Address_Set(0,0,239,239);
//设置字符的起始位置
CALL LCD_Address_Set
mov R1,#31
add R0,PAR_SHOW_chinese_x
add R1,PAR_SHOW_chinese_y
MOV PAR_LCD_Address_Set_x1,PAR_SHOW_chinese_x
MOV PAR_LCD_Address_Set_y1,PAR_SHOW_chinese_y
MOV PAR_LCD_Address_Set_x2,R0
MOV PAR_LCD_Address_Set_y2,R1
CALL LCD_Address_Set //LCD_Address_Set(0,0,239,239); 设置显示位置
//如果字符是“不”则往下执行，否则跳转到SHOW_wang
CJNE PAR_SHOW_chinese_index,#0,SHOW_wang
//初始化静态数组指针到“不”的十六进制起始位置
MOVD CString_bu //初始化数组的指针
jmp SHOW_end
SHOW_wang:
CJNE PAR_SHOW_chinese_index,#1,SHOW_chu
MOVD CString_wang
jmp SHOW_end
SHOW_chu:
CJNE PAR_SHOW_chinese_index,#2,SHOW_yinhao
MOVD CString_chu
jmp SHOW_end
SHOW_yinhao:
CJNE PAR_SHOW_chinese_index,#3,SHOW_xin
MOVD CString_yinhao
jmp SHOW_end
SHOW_xin:
CJNE PAR_SHOW_chinese_index,#4,SHOW_end
MOVD CString_xin
SHOW_end:
MOV R2,#128
CJNE PAR_SHOW_chinese_color_size,#15,IF_R2_END
MOV R2,#64
IF_R2_END:
MOV R6,#0
SHOW_chinese_FOR1:
MOV R3,M+R6 //将数组以R6作为索引取出数据放到R3
MOV R4,#8
SHOW_chinese_FOR2:
MOV R5,R3
ANL R5,#1
CJNE R5,#0,SHOW_chinese_if1
MOV LCD_CTRL,#0xFA
MOV LCD_DATA,WHITE_H
MOV LCD_CTRL,#0xFE
MOV LCD_CTRL,#0xFA
MOV LCD_DATA,WHITE_L
MOV LCD_CTRL,#0xFE
jmp SHOW_chinese_end
SHOW_chinese_if1:
//以下原本需要3条指令的MOV，通过MOVT，只需要一条指令就能实现功能
/*MOV LCD_CTRL,#0xFA
MOV LCD_DATA,PAR_SHOW_chinese_color_H
MOV LCD_CTRL,#0xFE*/
//先把PAR_SHOW_chinese_color_H复制到LCD_DATA，然后将LCD_CTRL设置为0xFE，最后将LCD_CTRL设置为0xFA
MOVT LCD_DATA,PAR_SHOW_chinese_
```

```
color_H,LCD_CTRL,#0xFE,#0xFA
MOVT LCD_DATA,PAR_SHOW_chinese_color_
L,#0xFE,#0xFA
SHOW_chinese_end:
RL R3
DJNZ R4,SHOW_chinese_FOR2
INC R6
DJNZ R2,SHOW_chinese_FOR1
RET
```

编程调试的过程中也有很多问题产生，但软件上的 Bug 相对硬件来说简单很多，加上自制的在线编程下载器，可以逐步调试程序，使得程序编写非常快速。33kHz 的工作频率下，CPU 跑完这段程序用了 30s 左右。程序的开始先对 CPU 进行配置，使 CPU 能够操作 I/O 从而操作显示屏，然后初始化显示屏，使显示屏按照从左到右、从上到下的顺序进行渲染，最后 CPU 将字符和图片的数据解码后发送给显示屏，即可完成显示。CPU 控制显示屏显示字符如图 13 所示，在显示屏上还显示出了一个红色的小爱心图片。

在完成显示文字图像的目标后，我开始探索 CPU 的潜力。由于自制 CPU 的设计和性能有限，我主要将其应用于一些简单的任务和实验项目。例如，我编写了一些小型程序来进行图像处理、设备控制和模拟计算等。

在应用过程中，我逐渐发现自制 CPU 的一些局限性和需要改进的地方。例如，某些复杂的算法或大规模数据处理需要更高的计算性能和更大的内存容量，对于图像的处理，则需要更大的位宽来提高运行效率。我开始思考如何改进 CPU 的架构和设计，以提升其性能，满足更广泛的应用需求，并且也已经有了更加“先进”的设计思路。

结语

整个项目的制作过程是充满挑战和激情的。在两年里，我投入了大量的时间和精力，利用业余时间制作了一个完整的 CPU。经过不懈地努力，我终于成功将其完美地呈现出来。

性能测试和调试是制作 CPU 过程中至关重要的一步。我设计了各种测试方式和测试程序以及创造了一些很好用的工具，不断验证和优化 CPU 的功能和性能。每一次成功攻破难题都会让我对自己的努力感到鼓舞和欣慰，它意味着我距离创造出一个能够实现我梦想的作品又近了一步。这种成就感是无法用言语表达的，它激发了我进一步探索的渴望。

自制 CPU 不仅仅是一项技术的挑战，它也是一种激发创造力和追求卓越的方式。通过这个项目，我不仅获得了实践经验和最为宝贵的创新意识，还养成了解决问题的能力和持之以恒的品质。我相信，这种激情和热爱将继续推动我在未来获得更大的成就，并为我未来学习和职业发展铺平道路。这个过程是我人生中的一段宝贵经历，我将永远珍视并继续追求创新和突破的精神。也希望这种精神能够激励更多的人勇于挑战自己，追求卓越，为科技进步和社会发展做出贡献。

图 13 自制 CPU 控制显示屏显示字符

演示视频

赛博沙漏

卜开元

沙漏曾是古人主要的计时工具，随着时代的发展，更多更先进的计时工具逐渐取代了沙漏，从机械钟表到石英钟表，从数码管到电子表，再到现在的智能手机，时间的显示越来越精准，但我还是更喜欢沙漏，可以感受到时间流逝的感觉，那么能不能以现代的电子技术给沙漏赋予新的形态呢？

材料准备

沙子载体

既然要用电子的方式模拟沙子的流动，首先要确定一种载体来显示沙子。为了符合人们对沙粒的直观感受，载体的显示效果需要有颗粒感，并且这个沙漏的定位是桌面摆件，所以体积要尽可能小一些。综合考虑，我选择 MAX7219 驱动的 8×8 点阵屏（见图 1）作为模拟显示沙子的载体，类似户外广告使用的显示屏。

主控芯片

出于简单易用的考虑，要选一个适配 Arduino IDE 的芯片，目前比较流行的是 ESP32 和 RP2040，二者最大的区别是 ESP32 有 Wi-Fi 功能，但我制作的这个沙漏没有联网的需求，于是选择了 RP2040。开发板也尽可能找一款体积小巧的，便于沙漏整体的小型化，最后我选择了微雪 RP2040-zero（见图 2），它的长和宽只有 23.5mm 和 18mm，完美符合预期。

电子陀螺仪

赛博沙漏要和真的沙漏一样，整体翻转后沙子反向流动，这就需要有传感器来检查沙漏的姿态，以此为依据决定沙子的流向，这里我直接选择了简单易用的 MPU6050 模块（见图 3），该模块非常流行，实例丰富，可以很快上手使用。

图 2 微雪 RP2040-zero

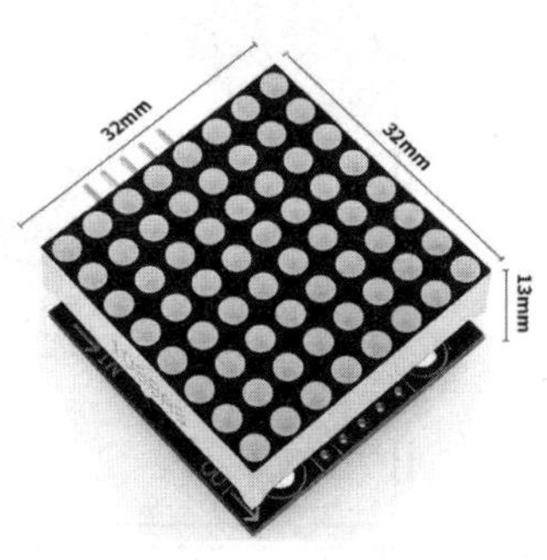

图 1 8×8 点阵屏

图 3 MPU6050 模块

图 4 锂电池

图 5 5V 充放电一体模块

电源部分

我希望电源是完全独立的，可以任意移动，这就需要使用电池进行供电。

任意的 3.7V 锂电池都可以，唯一的要求就是体积尽可能小一些。我选择了一块容量为 400mAh 的软包锂电池（见图 4），只有 20mm×37mm×5mm 的小巧体积。

另外还需要一个电源管理模块负责电池的充放电功能，这里我选用了 5V 充放电一体模块（见图 5），小小的体积集成了电压转换的功能，它可以直接给点阵屏模块输出 5V 的标准电压，非常方便。

外壳制作

外壳的设计思路是造型尽可能简单、体积尽可能小巧，我使用 SolidWorks 对外壳进行绘制，绘制的外壳模型如图 6 所示。

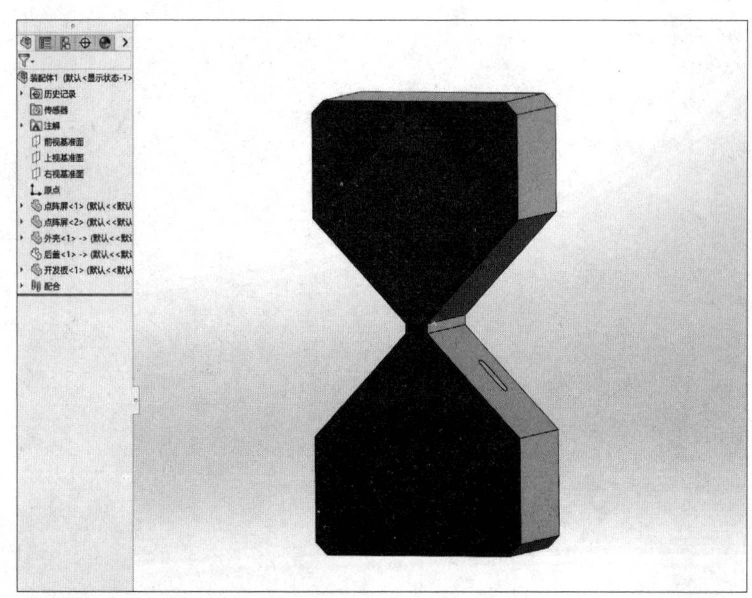

图 6 外壳模型

图 7 3D 打印的外壳

再用 3D 打印机将外壳制作出来，使用最普通的 PLA 耗材就可以，3D 打印的外壳如图 7 所示。

整体组装

赛博沙漏所需的元器件数量比较少，且都是成品模块，所以就不绘制 PCB 了，直接飞线连接即可。按照图 8 所示的模块连接示意将所有模块连接好，塞进外壳里就 OK 了。

实物连接如图 9 所示，在很小的空间里飞了 10 多根线，可能会有点乱，但没有关系，等盖上后盖就好了，眼不见心不烦。

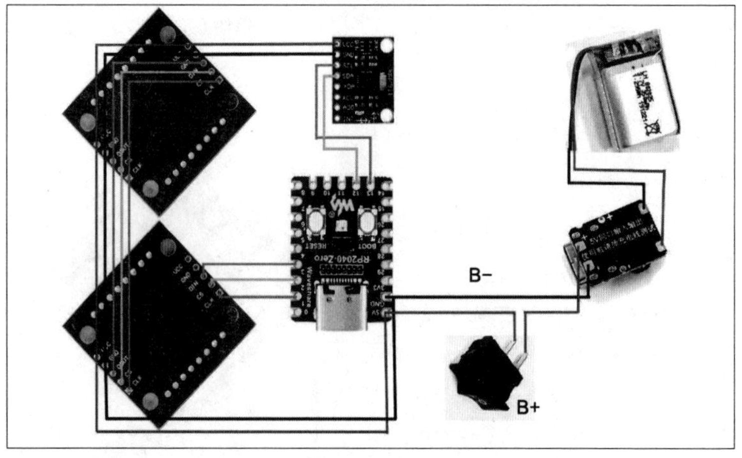

图 8 模块连接示意

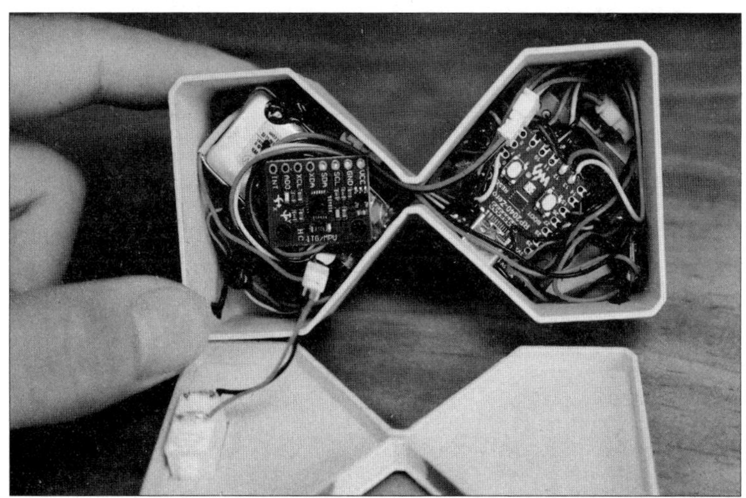

图9 实物连接

程序设计

有编码经验的读者可以自行更改引脚，或者改用其他开发板，如果完全按照我的方案制作，那么在Arduino IDE下，选择waveshare RP2040 ZERO开发板，直接编译程序1即可，具体说明已在程序注释中给出。

程序1

```
#include <Wire.h>
#include <MPU6050_tockn.h>
#include "Arduino.h"
#include "LedControl.h"
#include "Delay.h"
MPU6050 mpu6050(Wire);
#define MATRIX_A 1
#define MATRIX_B 0
// 点阵屏
#define PIN_DATAIN 3  // DIN 引脚
#define PIN_CLK 2     // CLK 引脚
#define PIN_LOAD 1    // CS 引脚
// 点阵屏安装方向
#define ROTATION_OFFSET 90
int last_direction = 0;  // 记录上一次的方向
int gravity;
LedControl lc = LedControl(PIN_DATAIN, PIN_CLK, PIN_LOAD, 2);
NonBlockDelay d;
int resetCounter = 0;
// 定义结构体，用于保存坐标
struct coord {
  int x;
  int y;
};
// 返回坐标点的下方坐标
coord getDown(int x, int y) {
  coord xy;
  xy.x = x - 1;
  xy.y = y + 1;
  return xy;
}
// 返回坐标点的左方坐标
coord getLeft(int x, int y) {
  coord xy;
  xy.x = x - 1;
  xy.y = y;
  return xy;
}
// 返回坐标点的右方坐标
coord getRight(int x, int y) {
  coord xy;
  xy.x = x;
  xy.y = y + 1;
  return xy;
}
// 判断位于某个坐标的点是否可以向左移动
bool canGoLeft(int addr, int x, int y) {
  if (x == 0) return false;
// 边界检查，如果在左边界，返回 false
  return !lc.getXY(addr, getLeft(x, y));
// 如果左侧的点没有点亮，则返回 true
}
// 判断位于某个坐标的点是否可以向右移动
bool canGoRight(int addr, int x, int y) {
  if (y == 7) return false;
// 边界检查，如果在右边界，返回 false
  return !lc.getXY(addr, getRight(x, y));  // 如果右侧的点没有点亮，则返回 true
}
// 判断位于某个坐标的点是否可以向下移动
bool canGoDown(int addr, int x, int y) {
  if (y == 7) return false;
// 边界检查，如果在底部，返回 false
  if (x == 0) return false;
// 边界检查，如果在左边界，返回 false
// 检查左下和右下两个点，如果它们都没有点亮，则返回 true
  if (!canGoLeft(addr, x, y)) return false;
  if (!canGoRight(addr, x, y)) return false;
  return !lc.getXY(addr, getDown(x, y)); // 如果下方的点没有点亮，则返回 true
}
// 将位于指定坐标的点下移一个单位
void goDown(int addr, int x, int y)
{
  lc.setXY(addr, x, y, false);
  lc.setXY(addr, getDown(x, y), true);
}
// 将位于指定坐标的点左移一个单位
void goLeft(int addr, int x, int y)
```

```
{
  lc.setXY(addr, x, y, false);
  lc.setXY(addr, getLeft(x, y), true);
}
// 将位于指定坐标的点右移一个单位
void goRight(int addr, int x, int y)
{
  lc.setXY(addr, x, y, false);
   lc.setXY(addr, getRight(x, y),
true);
}
// 统计指定地址的点阵屏上点亮的沙子数量
int countParticles(int addr) {
  int c = 0;
  for (byte y = 0; y < 8; y++) {
    for (byte x = 0; x < 8; x++) {
      if (lc.getXY(addr, x, y)) {
        c++;
      }
    }
  }
  return c;
}
// 移动指定点上的沙子
bool moveParticle(int addr, int x,
int y) {
  if (!lc.getXY(addr, x, y)) {
    return false; // 如果指定点上没有沙
子，则返回 false
  }
   bool can_GoLeft = canGoLeft(addr,
x, y);
  bool can_GoRight = canGoRight(addr,
x, y);
  if (!can_GoLeft && !can_GoRight) {
    return false;  // 如果左右两侧都不
能移动，则返回 false，表示沙子没地方去了
  }
   bool can_GoDown = canGoDown(addr,
x, y);
  if (can_GoDown) {
    goDown(addr, x, y);
  } else if (can_GoLeft && !can_
GoRight) {
    goLeft(addr, x, y);
  } else if (can_GoRight && !can_
GoLeft) {
    goRight(addr, x, y);
  } else if (random(2) == 1) {
// 随机向左或向右移动
    goLeft(addr, x, y);
  } else {
    goRight(addr, x, y);
  }
  return true;
}
// 在指定地址的点阵屏上填充指定数量的沙子
void fill(int addr, int maxcount) {
  int n = 8;
  byte x, y;
  int count = 0;
  for (byte slice = 0; slice < 2 * n
- 1; ++slice) {
    byte z = slice < n ? 0 : slice -
n + 1;
    for (byte j = z; j <= slice - z;
++j) {
      y = 7 - j;
      x = (slice - j);
      lc.setXY(addr, x, y, (++count
<= maxcount));
    }
  }
}
// 获取当前的加速度方向
int getGravity() {
  mpu6050.update();
  float x = mpu6050.getAccX();
// 获取 x 方向的加速度
  float y = mpu6050.getAccY();
// 获取 y 方向的加速度
  if (y > 0.8) {
    return 180;  // 加速度方向朝下
  } else if (x > 0.8) {
    return 90;   // 加速度方向朝左
  } else if (y < -0.8) {
    return 0;    //
  } else if (x < -0.8) {
    return 270;  // 加速度方向朝右
  } else {
     return last_direction; // 其他情
况保持上一次的方向
  }
}
// 获取上方的点阵屏地址
int getTopMatrix() {
   return  (getGravity() == 90) ?
MATRIX_A : MATRIX_B; // 如果加速度方向
是向左，返回 MATRIX_A，否则返回 MATRIX_B
}
// 获取下方的点阵屏地址
int getBottomMatrix() {
   return  (getGravity() != 90) ?
MATRIX_A : MATRIX_B; // 如果加速度方向不
是向左，返回 MATRIX_A，否则返回 MATRIX_B
}
// 重置时间并在上方的点阵屏上填充沙子
void resetTime() {
  for (byte i = 0; i < 2; i++) {
    lc.clearDisplay(i);
  }
  fill(getTopMatrix(), 64);
// 在上方的点阵屏上填充 64 粒沙子
  d.Delay(1 * 1000);
}
// 更新沙子的运动状态
bool updateMatrix() {
  int n = 8;
  bool somethingMoved = false;
  byte x, y;
  bool direction;
  for (byte slice = 0; slice < 2 * n
- 1; ++slice) {
    direction = (random(2) == 1);
// 随机确定运动方向
    byte z = slice < n ? 0 : slice -
n + 1;
    for (byte j = z; j <= slice - z;
++j) {
```

```
      y = direction ? (7 - j) : (7 - (slice - j));
      x = direction ? (slice - j) : j;
      if (moveParticle(MATRIX_B, x, y)) {
        somethingMoved = true;
      };
      if (moveParticle(MATRIX_A, x, y)) {
        somethingMoved = true;
      }
    }
  }
  return somethingMoved; // 返回是否有沙子移动
}
// 加速度方向朝上 / 下时，实现沙子的跨屏移动
bool dropParticle() {
  if (d.Timeout()) {
    d.Delay(1 * 1000);
    if (gravity == 0) { // 加速度方向朝上
      bool particleMoved = false;
      if (lc.getRawXY(MATRIX_A, 0, 0) && !lc.getRawXY(MATRIX_B, 7, 7)) {
        lc.invertRawXY(MATRIX_A, 0, 0);
        lc.invertRawXY(MATRIX_B, 7, 7);
        return true; // 发生了跨屏移动，返回 true
      }
    } else if (gravity == 180) {
// 加速度方向朝下
      bool particleMoved = false;
      if (!lc.getRawXY(MATRIX_A, 0, 0) && lc.getRawXY(MATRIX_B, 7, 7)) {
        lc.invertRawXY(MATRIX_A, 0, 0);
        lc.invertRawXY(MATRIX_B, 7, 7);
        return true; // 发生了跨屏移动，返回 true
      }
    }
  }
  return false; // 没有发生跨屏移动，返回 false
}
```

图10 制作完成的赛博沙漏

```
void setup() {
  Serial.begin(9600);
  Wire.setSDA(12);  // 更改 I2C 引脚，将 SDA 设置为 12 引脚
  Wire.setSCL(13);  // 更改 I2C 引脚，将 SCL 设置为 13 引脚
  Wire.begin();
  mpu6050.begin();
  // mpu6050.calcGyroOffsets(true);
  // 陀螺仪校准，需静止 3s，不用也行
  randomSeed(analogRead(14));
  // 读悬空引脚，获得随机数种子
  for (byte i = 0; i < 2; i++) {
    lc.shutdown(i, false);
    lc.setIntensity(i, 2);
  // 控制沙子的亮度
  }
  resetTime(); // 初始化点阵屏上的沙子
}
void loop() {
  delay(50);
  gravity = getGravity();
  // 获取当前加速度方向
  last_direction = gravity;
  // 保存当前加速度方向为上一次的方向
  lc.setRotation((ROTATION_OFFSET + gravity) % 360); // 设置点阵屏的显示方向
  bool moved = updateMatrix();
  // 更新沙子的运动状态
  bool dropped = dropParticle();
  // 实现沙子的跨屏移动
}
```

实现效果

最终的制作完成的赛博沙漏如图 10 所示，大家可以扫描文章开头的二维码观看演示视频。

结语

这个赛博沙漏基本达到了预期效果，通过电子技术实现了流沙效果，且直观效果很好，是个非常有意思的桌面摆件。不过该作品仍有可以改进的地方，目前一粒沙子流动的时间是 1s，翻转一次的时间就是 64s，考虑实用性的话，这个时间有点短。尽管可以通过修改源码调整时间间隔，但每次都改源码比较麻烦。之后可以考虑增加一些常用的预设时间间隔，再增加两个按键来切换间隔，并且在切换的时候通过点阵屏显示出当前的设置，最后长按该键应用设置，这样它就不仅是一个有趣的电子玩具，同时也是一个有实用价值的计时工具了。

DIY 万能遥控器

卜开元

当我们玩各种RC模型、机器人或其他玩具时，每一个被控设备都有各自的遥控器，这会导致有很多遥控器，于是我想制作一个通用的多功能遥控器，它不但可以控制众多不同的设备，还可以通过蓝牙连接计算机，当作游戏手柄玩3A游戏。我们甚至可以编写一些小游戏，在遥控器机身上玩，实现“一控在手，天下我有”的优雅！

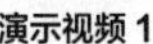

演示视频 1

演示视频 2

功能配置

该遥控器使用了 ESP32-S3 高性能芯片，为了方便制作，我使用了一款带显示屏的开发板，1.91 英寸的显示屏并具备 240 像素 ×536 像素的高分辨率，显示效果出色。遥控器有丰富的功能配置（见图 1），设有 4 个前端按键、4 个拨杆开关、2 个微调旋钮、2 个高精度摇杆、8 个功能按键、2 个板载功能按键以及 1 个 MPU-6050 6 轴运动传感器。通信模块采用 20dBm 的 nRF24L01 模块，配上 3dBi 的增益天线，遥控距离轻松达到 2km 以上。电源方面使用了两节 2600mAh 的大容量 18650 锂电池，保证了遥控器的长续航，且开发板集成了充放电模块，让用户摆脱电量焦虑，安心玩耍。

工作原理

遥控器的工作原理很简单，就是主控不断读取各个按键以及摇杆的状态，将按键值和摇杆的模拟值组合成一个自己设计的结构体数据，通过 nRF24L01 通信模块将这些数据发送给接收端，接收端收到数据分组后，解析出各个数据，并以此控制自身的灯光、电机、舵机等外设。在通信过程中，根据接收端的不同地址，可以分别控制各个设备，或者同时控制多个设备。并且遥控器可以将实时数据显示到自身的显示屏上，方便我们更直观地操作被控设备。

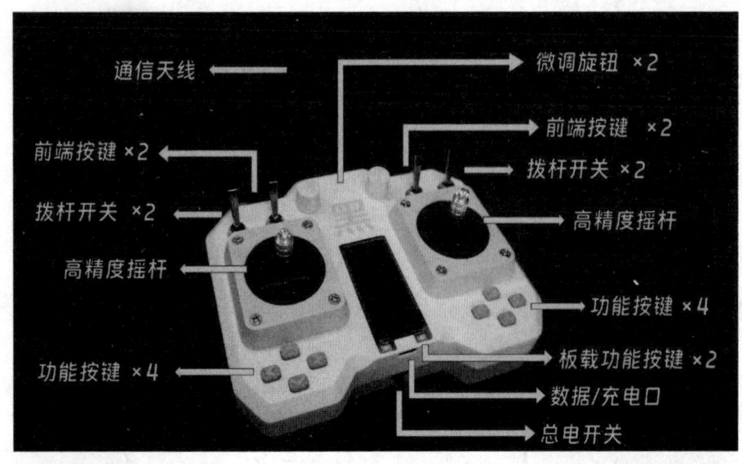

图 1 功能配置

器件选型

主控和显示屏

主控选用当前流行的 ESP32 芯片，简单易用，资料丰富。显示屏用来显示遥控器的参数设置，以及被控设备的工作状态，我们甚至可以编写几个小游戏在手柄显示屏上玩。选型原则是尽可能地选择集成度高的成品模块，以简化手柄的硬件设计。这里我选择了 LILYGO T-Display-S3 AMOLED 开发板，该开发板配置十分丰富（见图 2）。它基于 ESP32-S3 芯片，集成了一块 1.91 英寸 240 像素 ×536 像素的高分辨率 AMOLED 显示屏，显示的色彩鲜明，效果细腻。显示屏的数据传输采用高速的 QSPI 的方式，播放动画很丝滑，帧数可达 100 帧/秒，并且它还板载

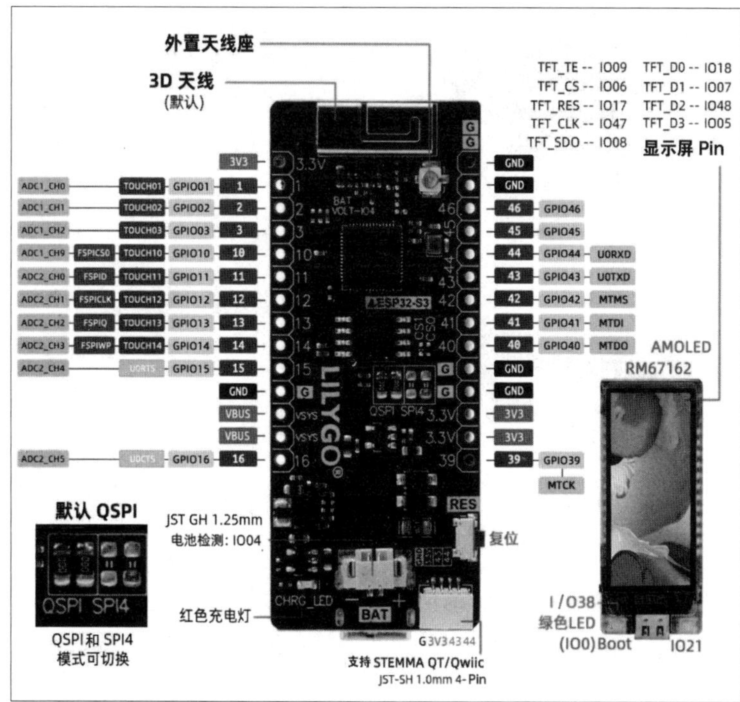

图 2 LILYGO T-Display-S3 AMOLED 开发板

了充电功能，以及一个充电指示灯，大大方便了手柄的 PCB 设计。

通信模块

当前可用的无线通信方式有很多种，如蓝牙、Wi-Fi，以及基于 ESP32 的 ESP-NOW，我最终选择了基于 nRF24L01 的无线通信方式，该通信模块常用于航模遥控中，稳定性高，功耗很低，且可选择不同版本的模块，通信距离可达 5km，这是一种非常理想的无线遥控的通信方式。

目前我不需要超视距的遥控，所以无线通信模块选择传输距离 2km 的版本就可以（见图 3），再配一个 6dBi 的增益天线就已经够用了。

摇杆与旋钮

摇杆是遥控器的核心部件，用于控制前进、后退、转向、翻滚等操作。它与旋钮的本质相同，都相当于一个滑动变阻器。摇杆一般有两种可选，一种是游戏手柄上的摇杆，类似 PS5 手柄上的那种；另一种是用于航模的，它的精度更高，体积更大，价格也相对高一些。这里我为了以后可以控制各种设备的通用性和精确性，选择了精度更高的航模摇杆（见图 4）。

旋钮也是遥控器必备的部件，常用于转向的纠偏，或者方向舵的纠偏。尽量选择精度高、质量好的旋钮电位器，避免零点漂移。

按键和开关

出于对通道数需求、便于操作、遥控器面板布局、遥控器美观等综合考虑，我设计了 4 个拨杆开关、4 个前端按键、8 个用于设置遥控器参数的功能按键。

- 拨杆开关选用两段式开关，因为我只需要它提供两种状态。
- 为了便于安装，前端按键开关选用 90° 卧式侧按开关（见图 5），并且还带有 LED，可以提供更直观的反馈。

图 4 航模摇杆

图 5 90° 卧式侧按开关

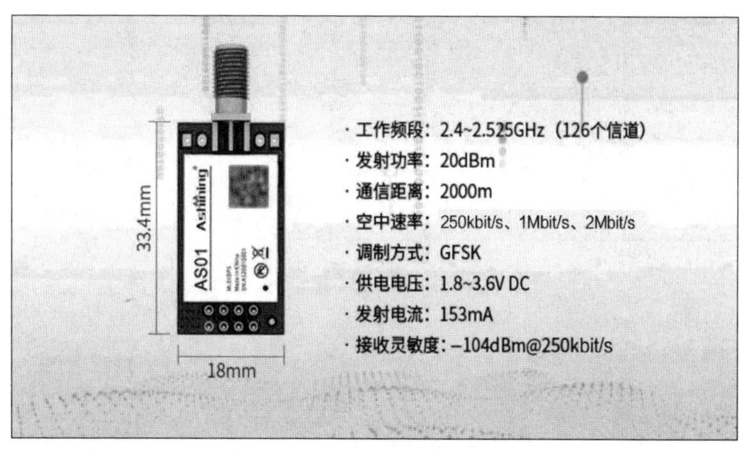

33.4mm
18mm
AS01
Ashining
· 工作频段：2.4~2.525GHz（126个信道）
· 发射功率：20dBm
· 通信距离：2000m
· 空中速率：250kbit/s、1Mbit/s、2Mbit/s
· 调制方式：GFSK
· 供电电压：1.8~3.6V DC
· 发射电流：153mA
· 接收灵敏度：−104dBm@250kbit/s

图 3 无线通信模块

图6 A6无声按键

图7 I/O扩展模块

图8 MPU-6050模块

图9 18650锂电池座

● 功能按键使用频率不高，所以尽量选择体积小巧的，以便缩减在遥控器面板上占用的面积。并且最好选用无声按键，增强使用体验，这里我选用了A6无声按键（见图6）。

I/O扩展模块

由于显示屏开发板占用了很多引脚，剩余的引脚不够用了，所以需要增加一个I/O扩展模块，扩展更多的I/O引脚用于更改遥控器的功能键，这里使用基于MCP23017的I/O扩展模块（见图7），该模块可通过一路I²C扩展出16个I/O引脚，足够满足按键的需求了。

MPU-6050模块

电子陀螺仪可以通过重力感应这种更接近现实的方式控制设备，比如小车的转向。这里我选择最常用的MPU-6050模块（见图8），它含陀螺仪和加速度计，资料丰富并且简单易用。

电源部分

开发板上已经集成了充放电管理功能，只需要再安装电池以及电池座就可以了。电池有聚合物电池和18650锂电池两种选择，这里我根据个人喜好选择了18650锂电池，因为它有一个小小的优势，可以直接安装在电池座上，而电池座（见图9）可以焊接到电路板上，这样就解决了电池固定的问题。

电路设计

电路设计在器件选型环节已经介绍得很清晰，这里不再赘述，设计完成的电路如图10所示。

PCB设计

设计PCB走线的时候要让线路尽可能短，并且遵循顶面与底面垂直走线的规则。PCB轮廓设计成一个通用的遥控器形状，方便之后根据PCB轮廓设计外壳。我采用了彩色丝印工艺，在PCB上印制了我喜欢的图片（见图11）。

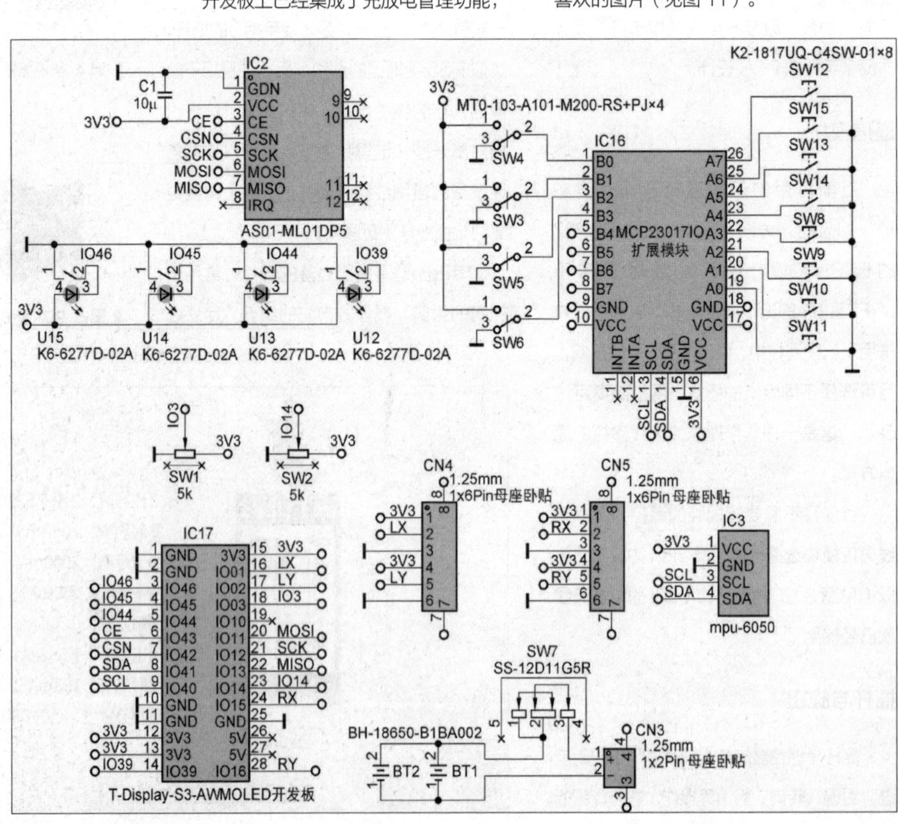

图10 设计完成的电路

图 11 PCB 设计

还可以在软件中直接预览制作后的 3D 效果（见图 12 和图 13），非常直观，顺便可以检查一下电路板有没有错误。一切正常后，就可以把用于制板的 Gerber 文件发给工厂生产了。

外壳设计

设计原则

外壳设计原则有 3 点。

（1）要握持舒适

通过大量的倒角、圆角来贴合手部，使其握持时不卡手，并且握得牢，不打滑。

（2）便于制作

通过分件的方式，将一些不规则形状分开，尽可能多地留出平面，便于之后的 3D 打印。同时分件也便于进行多色打印。

（3）颜值

在满足前两点的基础上，尽可能好看，可以增加一些属于自己的特色。

基于以上 3 点，我绘制出了遥控器的 3D 外壳（见图 14）。

外壳制作

制作外壳的方式有很多种，比如 FDM 原理 3D 打印、光固化 3D 打印、CNC 金属加工、激光切割亚克力板材等。这些加工方式各有各的特点。比如光固化 3D 打印的外壳精度很高，表面非常光滑，尽管韧性可能会差一些，比较脆，但这种成型方式可以制作出透明的外壳，从外边可以直接看到彩色丝印的电路板，也是很炫酷的。

CNC 可以加工出铝合金外壳，金属的强度非常高，金属光泽也会非常有质感，但这种方式的缺点就是造价高，并且制作时间长，对于一个受力比较小的遥控器外壳来说，显然是大材小用了。

激光切割亚克力板材，然后将各个板材叠起来也可以制作外壳，这种方式成本低廉，可以做成透明的，缺点是边角很难做得光滑，并且板与板之间会很明显，属于处在透明了但没完全透的尴尬情况。

出于成本和制作周期的考虑，我选择了 FDM 原理的 3D 打印，使用家用的 3D 打印机就可以制作出外壳（见图 15），仅需要最普通的 PLA 耗材就可以。同时我在

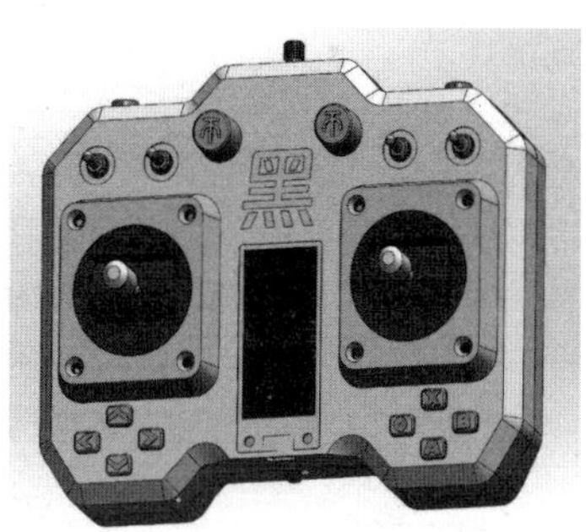

图 14 遥控器的 3D 外壳

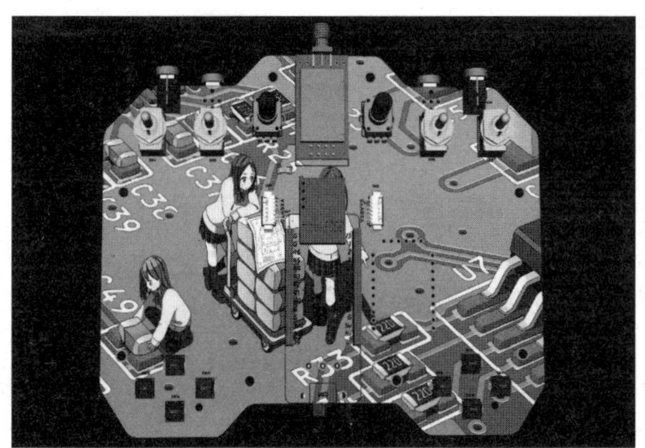

图 12 3D 预览正面

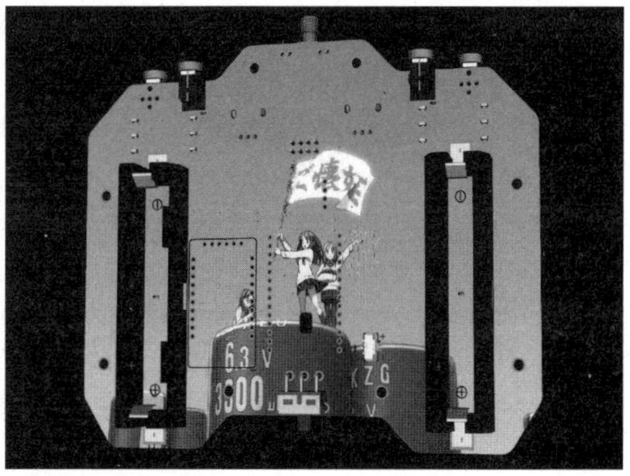

图 13 3D 预览反面

图 15 制作外壳

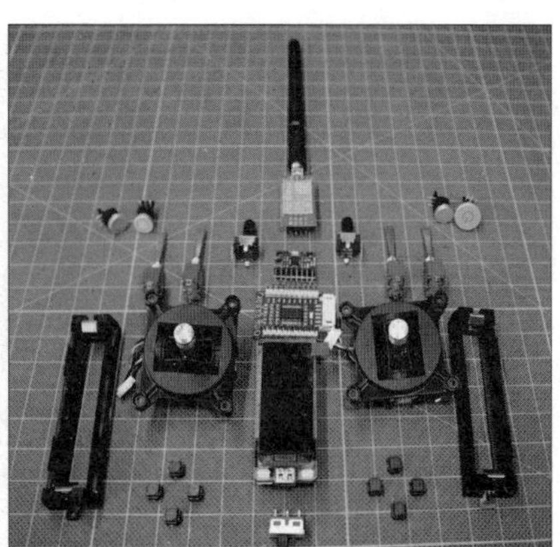

图 16 所有元器件

建模阶段进行了分件，所以还可以用不同颜色的耗材进行打印，最终也可以做成多色的外壳，比较漂亮。

制作过程

工具准备

本项目需要用到的工具都是电子制作中常用的，包括电烙铁及焊锡丝、热风枪或加热台、螺丝刀、钳子、镊子以及砂纸。如果是自己做外壳的话需要 3D 打印机和打印耗材（PLA），没有机器的话也可以从网络上获取 3D 打印服务。

材料清单

材料清单如附表所示，按照材料清单购齐所有元器件即可。

附表 材料清单

序号	名称	规格	数量
1	显示屏开发板	焊接排针版本	1 块
2	摇杆	小号万向（回中）带线轴承	2 个
3	通信模块	AS01-ML01DP5、带定位针	1 块
4	天线	2.4GHz 3dBi	1 根
5	前端按键	银色 10mm 标识：环形圆圈	4 个
6	电位旋钮	0932 电位器、直插立式、柄长 12.5mm	2 个
7	拨杆开关	长柄挡位：2 挡	4 个
8	插针座	1 × 14Pin 2.54mm 间距直插单排母黑色（10 个）	2 块
9	摇杆线母座	1.25mm-6Pin 款式、卧贴封装：编带	2 快
10	电容	1206 10 μ F 25V X5R 10% 10PCS	1 个
11	陀螺仪	GY-521 MPU-6050 模块	1 块
12	功能按键	6mm × 6mm × 5mm 贴片	8 个
13	电池座	18650 单节贴片电池盒	2 块
14	I/O 扩展模块	MCP23017	1 块
15	电源线	1.25mm-2Pin 型号、双头 / 反向长度：5cm	1 根
16	电源线座	1.25mm-2Pin 款式、卧贴封装：管装 / 散装	1 块
17	电源开关	SS-12D11G5R	1 个
18	外壳固定螺丝	M3 × 12mm	8 个
19	铜花螺母	M3 × 3mm × 4.5mm	8 个
20	沉头机械螺丝	M3 × 10mm	8 个
21	电池	平头 2600mAh	2 个

所有元器件都准备齐全（见图 16），就可以开始下一步了。

焊接元器件

焊接元器件难度不高，因为最主要的部分已经集成在开发板上了，剩下需要焊接的大多是直插元器件，只需要注意一下焊接顺序，尽量先焊接低矮的、体积小的元器件，后焊接大且高的元器件，反之很难进行焊接操作。

当把所有元器件焊接好后（见图 17），再把开发板和电池装到板子上，通过中间的孔，用线将开发板和 PCB 的电源连接起来（见图 18）。

图 17 焊接好的电路板

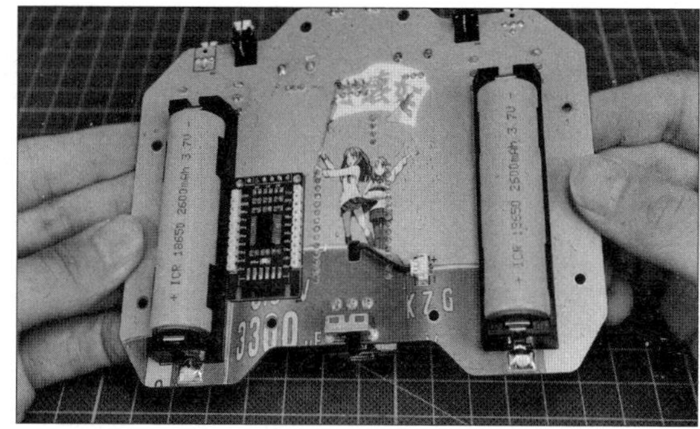

图 18 开发板和 PCB 的电源连接

外壳安装

1 准备好所有打印的外壳和零件。

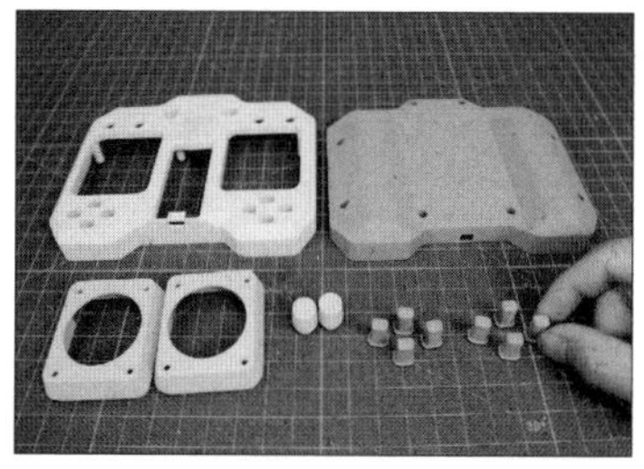

2 首先安装功能按键打印件，因为它是夹在上盖和电路板的无声按键之间的，所以需要把上盖倒过来安装。

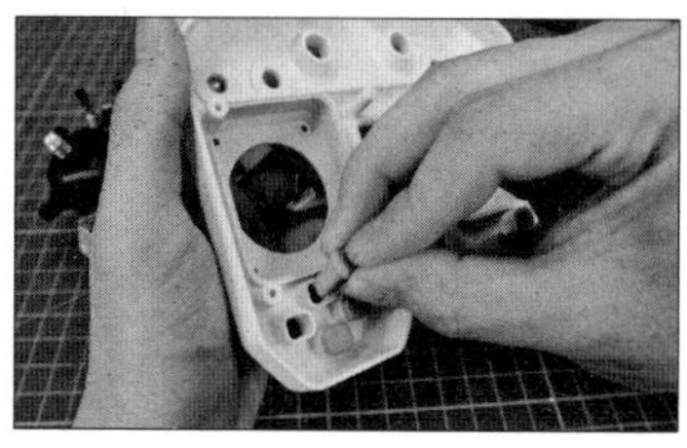

3 然后保持上盖正面向下的状态，把摇杆的线插到电路板上，再把摇杆卡到上盖的孔洞中，把电路板卡在上盖中。

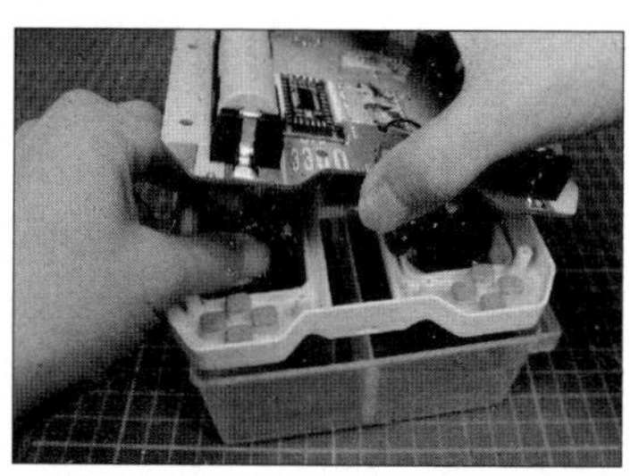

4 最后安装前端 4 个按键的键帽和天线。

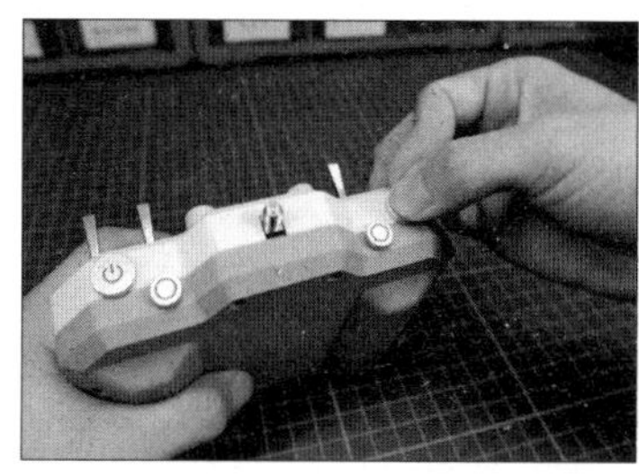

5 遥控器就安装完成了。

遥控器硬件测试

测试原理就是不断地轮询所有按键，然后将按键状态显示到显示屏上，以此证实所有按键均工作正常。编程基于 Arduino IDE，使用的是 TFT_eSPI 图形库。使用的开发板在 Arduino IDE 中选择 ESP32S3 Dev Module，然后根据图 19 对开发板进行配置。测试程序如程序 1 所示，大家可以扫描文章开头的二维码观看演示视频 1。

程序1

```
#include <TFT_eSPI.h>   // 图形库
#include <Wire.h>  //  I2C库
#include <MPU6050_tockn.h>
// 陀螺仪库
#include <MCP23017.h>  //I/O扩展库
#include "rm67162.h"  // 显示屏驱动
#include "controller_keys.h"
// 遥控器按键定义
TFT_eSPI tft = TFT_eSPI();
TFT_eSprite sprite = TFT_
eSprite(&tft);
MPU6050 mpu6050(Wire);
MCP23017 mcp;
int value_L_up = 1;
…
int value_board_R = 1;
uint8_t fun_up = 1;
…
uint8_t switch_R2 = 1;
int angleX = 485;
int angleY = 120;
void keys_update();
void keys_test_ui();
void setup()
{
  rm67162_init(); // 显示屏初始化
  lcd_setRotation(0); // 0~3, 1是横向
  sprite.createSprite(240, 536);
  // 改方向后这里长宽也要同步改
  sprite.setSwapBytes(1);
  Serial.begin(9600);
  Wire.setPins(41, 40);  // 设置
```

```
开发板: "ESP32S3 Dev Module"
Upload Speed: "921600"
USB Mode: "Hardware CDC and JTAG"
USB CDC On Boot: "Enabled"
USB Firmware MSC On Boot: "Disabled"
USB DFU On Boot: "Disabled"
Upload Mode: "UART0 / Hardware CDC"
CPU Frequency: "240MHz (WiFi)"
Flash Mode: "QIO 80MHz"
Flash Size: "16MB (128Mb)"
Partition Scheme: "Huge APP (3MB No OTA/1MB SPIFFS)"
Core Debug Level: "无"
PSRAM: "OPI PSRAM"
Arduino Runs On: "Core 1"
Events Run On: "Core 1"
```

图 19 Arduino IDE 配置

```
I²C引脚(SDA, SCL), 一共只有两个I²C资源, 另一个Wire1
  Wire.begin();
  mpu6050.begin(); // 自动与默认地址通信
  mcp.begin(7);  // 7:0x27, 6:0x26, 5:0x25, 4:0x24, 3:0x23, 2:0x22, 1:0x21, 0:0x20
   mcp.pinMode(MCP_PIN_L1, INPUT);// 配置扩展板的I/O为输入模式(不能用INPUT_PULL!)
   mcp.pinMode(MCP_PIN_L2, INPUT);//也可以是输出模式 mcp.pinMode(1, OUTPUT);
  …
   mcp.pullUp(MCP_PIN_L1, LOW);// 上/下拉需要单独使用pullUp()函数(内部上/下拉电阻)
  …
   mcp.pullUp(MCP_PIN_B, HIGH);
   pinMode(PIN_L_UP, INPUT_PULLUP);
   pinMode(PIN_L_DOWN, INPUT_PULLUP);
   pinMode(PIN_R_UP, INPUT_PULLUP);
   pinMode(PIN_R_DOWN, INPUT_PULLUP);
   pinMode(PIN_BOARD_L, INPUT_PULLUP);
   pinMode(PIN_BOARD_R, INPUT_PULLUP);
   keys_test_ui();
   //mpu6050.calcGyroOffsets(true);
}
void loop()
{
   keys_update();
   // 前端4个按键, 以上键为例
   value_L_up == 0 ? sprite.fillSmoothCircle(35, 75, 12, TFT_GREEN, TFT_BLACK) : sprite.fillSmoothCircle(35, 75, 12, TFT_BLACK, TFT_BLACK);
  …
   // 电位旋钮
   sprite.fillRect(36, 111, 73, 18, TFT_BLACK);
   sprite.fillRect(131, 111, 73, 18, TFT_BLACK);
   sprite.fillRect(value_L_knob - 2, 111, 4, 18, TFT_CYAN);
   sprite.fillRect(value_R_knob - 2, 111, 4, 18, TFT_CYAN);
   // 4个拨杆开关, 以左键第一个为例
   if (switch_L1 == 1) {
      sprite.fillRect(21, 151, 18, 13, TFT_PINK);
      sprite.fillRect(21, 166, 18, 13, TFT_BLACK);
   }
   else {
      sprite.fillRect(21, 151, 18, 13, TFT_BLACK);
      sprite.fillRect(21, 166, 18, 13, TFT_PINK);
   }
   if (switch_L2 == 1) {
      sprite.fillRect(61, 151, 18, 13, TFT_PINK);
      sprite.fillRect(61, 166, 18, 13, TFT_BLACK);
   }
   else {
      sprite.fillRect(61, 151, 18, 13, TFT_BLACK);
      sprite.fillRect(61, 166, 18, 13, TFT_PINK);
   }
   if (switch_R1 == 1) {
      sprite.fillRect(161, 151, 18, 13, TFT_PINK);
      sprite.fillRect(161, 166, 18, 13, TFT_BLACK);
   }
   else {
      sprite.fillRect(161, 151, 18, 13, TFT_BLACK);
      sprite.fillRect(161, 166, 18, 13, TFT_PINK);
   }
   if (switch_R2 == 1) {
      sprite.fillRect(201, 151, 18, 13, TFT_PINK);
      sprite.fillRect(201, 166, 18, 13, TFT_BLACK);
   }
   else {
      sprite.fillRect(201, 151, 18, 13, TFT_BLACK);
      sprite.fillRect(201, 166, 18, 13, TFT_PINK);
   }
   // 摇杆
   sprite.fillRect(11, 201, 98, 98, TFT_BLACK);
   sprite.fillRect(131, 201, 98, 98, TFT_BLACK);
   sprite.fillSmoothCircle(10 + value_LX, 200 + value_LY, 8, TFT_CYAN, TFT_BLACK);
   sprite.fillSmoothCircle(130 + value_RX, 200 + value_RY, 8, TFT_CYAN, TFT_BLACK);
   // 板载按键
   value_board_L == 0 ? sprite.fillRect(81, 321, 18, 8, TFT_WHITE) : sprite.fillRect(81, 321, 18, 8, TFT_BLACK);
   value_board_R == 0 ? sprite.fillRect(141, 321, 18, 8, TFT_WHITE) : sprite.fillRect(141, 321, 18, 8, TFT_BLACK);
   // 功能按键
   fun_up == 0 ? sprite.fillRect(41, 361, 18, 18, TFT_SILVER) : sprite.fillRect(41, 361, 18, 18, TFT_BLACK);
  …
   // 陀螺仪
   mpu6050.update();
```

```
  if (mpu6050.getAngleX() > -45 && mpu6050.getAngleX() < 45) {
    angleX = map(mpu6050.getAngleX(), -45, 45, 446, 524);
  }
  if (mpu6050.getAngleY() > -45 && mpu6050.getAngleY() < 45) {
    angleY = map(mpu6050.getAngleY(), -45, 45, 81, 159);
  }
  sprite.fillRect(76, 441, 88, 88, TFT_BLACK);
  sprite.fillRect(angleY - 5, angleX - 5, 10, 10, TFT_VIOLET);
  // 显示屏显示内容，改方向后这里长宽也要同步改
  lcd_PushColors(0, 0, 240, 536, (uint16_t*)sprite.getPointer());
  delay(1);
}
// 更新按键
void keys_update()
{
  // 前端 4 个按键
  value_L_up = digitalRead(PIN_L_UP);
  value_L_down = digitalRead(PIN_L_DOWN);
  value_R_up = digitalRead(PIN_R_UP);
  value_R_down = digitalRead(PIN_R_DOWN);
  // 电位旋钮
  value_L_knob = map(analogRead(PIN_L_KNOB), 0, 4095, 37, 108);
  value_R_knob = map(analogRead(PIN_R_KNOB), 0, 4095, 132, 203);
  // 4 个拨杆开关
  switch_L1 = mcp.digitalRead(MCP_PIN_L1);   // 左1-左2-右1-右2
  switch_L2 = mcp.digitalRead(MCP_PIN_L2);
  switch_R1 = mcp.digitalRead(MCP_PIN_R1);
  switch_R2 = mcp.digitalRead(MCP_PIN_R2);
  // 摇杆
  value_LX = (int)map(analogRead(PIN_LX), 0, 4095, 10, 90);
  value_LY = (int)map(analogRead(PIN_LY), 0, 4095, 10, 90);
  value_RX = (int)map(analogRead(PIN_RX), 4095, 0, 10, 90);
  value_RY = (int)map(analogRead(PIN_RY), 4095, 0, 10, 90);
  // 板载按键
  value_board_L = digitalRead(PIN_BOARD_L);
  value_board_R = digitalRead(PIN_BOARD_R);
  // 功能按键
  fun_up = mcp.digitalRead(MCP_PIN_UP);
…
  fun_b = mcp.digitalRead(MCP_PIN_B);
}
// 按键测试的固定UI
void keys_test_ui()
{
  // 清屏并绘制框架
  sprite.fillSprite(TFT_BLACK);
  sprite.drawString("controller test", 40, 20, 4);
  // 4 个前端按键
  sprite.drawSmoothCircle(35, 75, 15, TFT_GREEN, TFT_BLACK);
//抗锯齿的圆形
  sprite.drawSmoothCircle(80, 70, 10, TFT_GREEN, TFT_BLACK);
  sprite.drawSmoothCircle(150, 70, 10, TFT_GREEN, TFT_BLACK);
  sprite.drawSmoothCircle(205, 75, 15, TFT_GREEN, TFT_BLACK);
  // 电位器旋钮
  sprite.drawRect(35, 110, 75, 20, TFT_CYAN);
  sprite.drawRect(130, 110, 75, 20, TFT_CYAN);
  // 4 个拨杆开关
  sprite.drawRect(20, 150, 20, 30, TFT_PINK);
  sprite.drawRect(60, 150, 20, 30, TFT_PINK);
  sprite.drawRect(160, 150, 20, 30, TFT_PINK);
  sprite.drawRect(200, 150, 20, 30, TFT_PINK);
  // 摇杆
  sprite.drawRect(10, 200, 100, 100, TFT_CYAN);
  sprite.drawRect(130, 200, 100, 100, TFT_CYAN);
  // 板载按键
  sprite.drawRect(80, 320, 20, 10, TFT_WHITE);
  sprite.drawRect(140, 320, 20, 10, TFT_WHITE);
  // 功能键
  sprite.drawRect(40, 360, 20, 20, TFT_SILVER);
…
  sprite.drawRect(210, 380, 20, 20, TFT_SILVER);
  // 陀螺仪
  sprite.drawRect(75, 440, 90, 90, TFT_VIOLET);
  lcd_PushColors(0, 0, 240, 536, (uint16_t*)sprite.getPointer());
// 改方向后这里长宽也要同步改
}
```

菜单系统的搭建

菜单框架设计

我制作遥控器是为了遥控一些模型

和机器人，这就需要在菜单上预留出多个被控制设备的二级菜单，并且计划之后在遥控器上编写一些小游戏，也要为此预留出多个游戏子菜单，菜单结构设计如图 20 所示，具体如程序 2 所示。

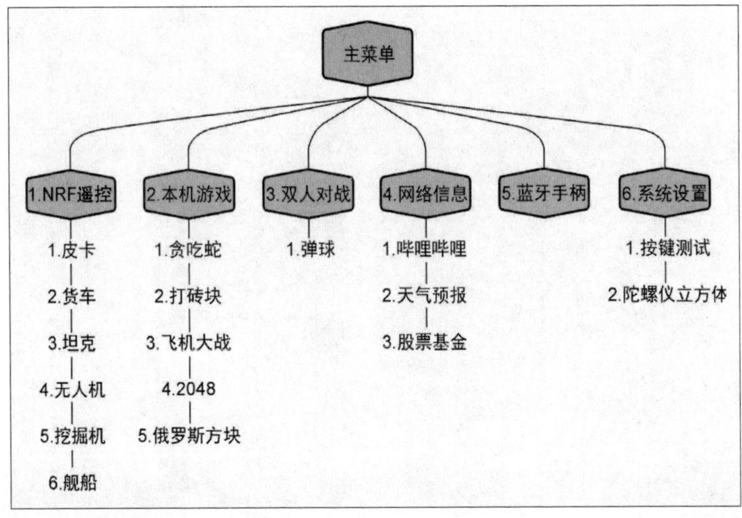

图 20 菜单结构设计

程序2

```
#include "NRF.h"
#include "Keys.h"
#include "Screen.h"
#include "Bluetooth.h"
#include "WIFI.h"
#include "LED.h"
#include "Buzzer.h"
#include "controller_keys.h" // 按键引脚定义
#include "chinese_32.h" // 中文字库
// 包含图标：一级菜单
#include "icons/1nrf.h"
#include "icons/2game.h"
#include "icons/3vs.h"
#include "icons/4info.h"
#include "icons/5ble.h"
#include "icons/6set.h"
// 包含图标：二级菜单
#include "icons/1nrf/1pickup.h"
#include "icons/1nrf/2truck.h"
#include "icons/1nrf/3tank.h"
#include "icons/1nrf/4drone.h"
#include "icons/1nrf/5excavator.h"
#include "icons/1nrf/6ship.h"
#include "icons/2game/2_1snake.h"
#include "icons/2game/2_2brick.h"
#include "icons/2game/2_3plane.h"
#include "icons/2game/2_4num2048.h"
#include "icons/2game/2_5tetris.h"
#include "icons/3vs/3_1_ball.h"
#include "icons/4info/4_1_bilibili.h"
#include "icons/4info/4_2_weather.h"
#include "icons/4info/4_3_stock.h"
#include "icons/6set/6_1_keysTest.h"
#include "icons/6set/6_2_cube.h"
int ID = 0;  // 遥控器 ID，0/1(默认 0)
NRF nrf;             // 通信模块
Keys keys;           // 按键
Screen screen;       // 显示屏
Bluetooth bt;        // 蓝牙
WIFI wifi;          // Wi-Fi
LED led;             // 板载 LED
void menu();           // 0. 主菜单
void NRFControl(); // 1. NRF 遥控
void localGame();  // 2. 本机游戏
void VSGame();       // 3. 双人对战
void netInfo();      // 4. 网络信息
void btGamepad();  // 5. 蓝牙手柄
void systemSet();  // 6. 系统设置
// 二级菜单
//1.nRF 遥控
void pickup();        // 1.1 皮卡
void truck();         // 1.2 货车
void tank();          // 1.3 坦克
void drone();         // 1.4 无人机
void excavator();   // 1.5 挖掘机
void ship();          // 1.6 舰船
//2.本机游戏
void snake();         // 2.1 贪吃蛇
void brick();         // 2.2 打砖块
void plane();         // 2.3 飞机大战
void num2048();      // 2.4 2048
void tetris();          // 2.5 俄罗斯方块
//3.双人对战
void ball();            // 3.1 弹球
//4.网络信息
void bilibili();      // 4.1 哔哩哔哩
void weather();       // 4.2 天气预报
void stock();         // 4.3 股票基金
//5.蓝牙手柄
//6.系统设置
void keysTest();     // 6.1 按键测试
void cube();     // 6.2 陀螺仪立方体
int getVolADC();      //立刻获取电压 ADC 值
int getVol();    //立刻获取电压值(mV)
void setup() {
  Serial.begin(9600);
  nrf.init(ID, 0); // 遥控器 ID
keys.init(ID);   // 按键初始化
  screen.init();   // 显示屏初始化
  led.init();       // 板载 LED 初始化
  screen.spr.loadFont(chinese_32);
// 加载自定义中文字库
  menu();                // 进入主菜单
}
void loop() {
  delay(1000);
}
```

图 21 一级菜单

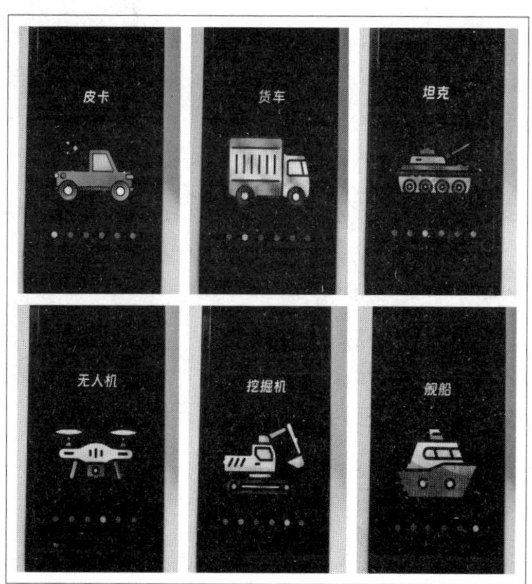

图 22 部分二级菜单

实机展示

制作完成的一级菜单和部分二级菜单分别如图 21 和图 22 所示。

遥控效果测试

为了进行遥控效果的实机测试，我翻出了以前做的履带底盘，底盘上带有两个 LED 和一个两自由度的云台，云台上是一个自制的纸牌发射器，如图 23 所示，正好可以用于测试遥控效果，大家可以扫描文章开头的二维码观看演示视频 2。

结语

项目总结

遥控器的硬件制作很理想，彩色丝印的 PCB 十分漂亮，外壳的颜值也让人赏心悦目。菜单系统的搭建比较顺利，菜单框架简单合理，UI 图标简约好看。

遥控效果非常理想，遥控端与被控设备端的连接速度很快，开机即连。并且双方之间通信稳定，被控端对控制的响应速度极快。

总之，该遥控器达到了预期效果，已实现的功能满足了当前需求，并且搭建好了程序框架，以后再扩展更多的被控设备也很方便。

改进计划

在本机游戏方面，计划将俄罗斯方块、贪吃蛇等经典的小游戏移植到本遥控器上，这样即使在没有计算机、断网断电的情况下，也能畅快地玩游戏。

实现一对多的控制，并且尝试实现两个遥控器之间的通信，以此为基础实现两个遥控器间的小游戏联机对战。

在蓝牙功能方面，计划增加蓝牙游戏手柄的功能，通过经典蓝牙与计算机进行连接，让计算机将其识别成一个普通的游戏手柄，以此实现用这个 DIY 手柄在计算机上玩 3A 游戏大作。

在 Wi-Fi 功能方面，利用 ESP32 自带的 Wi-Fi 功能，通过公共 API 服务联网获取信息，比如 B 站的粉丝数、当地的天气情况、温 / 湿度等数据，再将这些数据以一种美观的形式显示在遥控器中间的显示屏上。

图 23 纸牌发射器

立创课堂

桌面级 3 轴稳定航天器实物仿真平台

宋以拓

研究目的

在航天等重大科学工程实施前，常需要进行仿真。虚拟环境下的仿真接触不到实物，无法对实物性能做出测试。传统的航天器实物仿真多采用气浮式、悬吊式等架构，虽仿真效果好，但占地面积大、价格高，仅适合于研究所内的少数试验，难以推广。

本项目使用亚克力球作为基础，仿照 3 轴稳定航天器的控制方式，采用 3 个正交飞轮搭建桌面级 3 轴稳定航天器实物仿真平台，并在此基础上验证 3 轴 PID 控制、四元数 PID 控制等算法。

项目相比于传统的大型实物仿真平台，具有成本低廉、占地空间小、便于展示等特点。可广泛应用于航天器控制方法的教育与演示，也可帮助研究人员快速在实物上验证其控制算法。

主要内容

桌面级 3 轴稳定航天器实物仿真平台主要由机械系统、电路系统和控制算法组成。平台总体架构如图 1 所示。

（1）机械系统

平台的机械结构由仿真器主体与支撑台构成。仿真器主体呈球形，内置 3 个无刷电机驱动 3 个正交安装的反作用飞轮，并固定有硬件电路和电池；支撑台由 3 个的万向轮构成，将球形仿真器置于支撑台上方即可实现仿真器的自由旋转。

（2）电路系统

硬件电路设计分为主控板与驱动板两大部分。主控板负责完成无线通信、指令解析、信息显示等功能；驱动板负责收集主控板的运动指令，完成无刷电机的驱动。另外，项目设计了手持终端，以完成对球形仿真器的遥控。

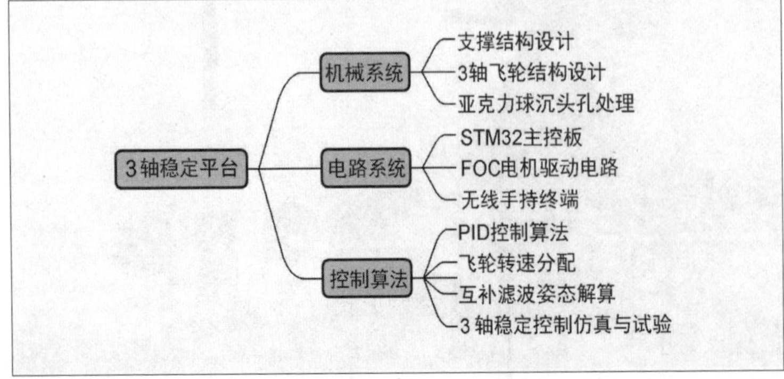

图 1 平台总体架构

（3）控制算法

我使用 Simulink 完成电机控制 PID 算法的仿真，并针对 3 轴稳定系统搭建了仿真模型；使用互补滤波方法进行姿态解算，获得实时姿态信息；最后，将上述算法部署到实物球形仿真器中，完成三维姿态随动实验。

机械结构设计

球形仿真器结构设计

项目的主体是球形仿真器，由外部的亚克力球壳与内部的结构构成。其内部固定有 3 轴飞轮、驱动板和电池。球形仿真器与 3 轴飞轮爆炸模型如图 2 所示，设计理念为将正方体的每个面投影到外接球上，每个面均是十字弓形的 3D 打印结构作为骨架，共 6 个。其中 3 个面固定飞轮，一个面安装电池，两个面安装电路板，以此形成了仿真器的整体结构。所有的骨架通过在亚克力球壳上钻孔，使用螺丝完成与亚克力球壳整体的固定。

我使用 3D 打印机打印了所有内部骨架零件，完成了球形仿真器实物模型（见图 3）的组装。

支撑结构设计

要模拟 3 轴稳定航天器的控制方式，需要将球形仿真器置于一个可以自由旋转

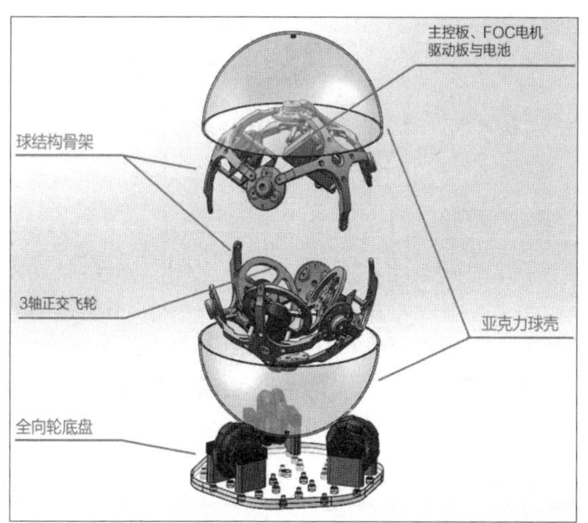

图 2 仿真器与 3 轴飞轮爆炸模型

图 3 仿真器实物模型

的平台上，项目选用如图 4 所示的万向轮搭建支撑平台。这种万向轮既可以实现绕轮轴无阻力转动，也可以实现沿轮轴方向的无阻力平移。

将3个万向轮各呈120° 角度拼装，并将球形仿真器置于其上方，即可实现球形仿真器的全方位自由转动。支撑架如图 5 所示。

图 4 万向轮

图 5 支撑架

亚克力球壳沉头孔处理

球形仿真器内部骨架需要由螺丝与外部球壳连接，然而使用一般的圆头螺丝会使亚克力球壳外部表面产生突起，破坏仿真平台整体运动的平滑性。

本项目使用钻台在亚克力球上钻出沉头孔，并使用沉头螺丝代替圆头螺丝完成固定，两者效果对比如图 6 所示。

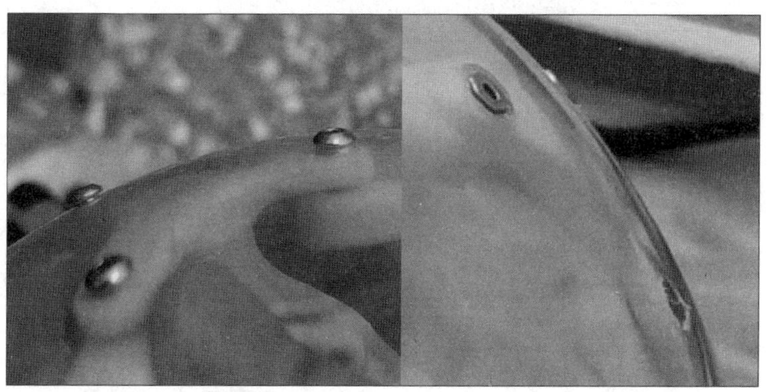

图 6 圆头螺丝与沉头螺丝安装效果对比

硬件电路设计

硬件电路主要由 STM32 主控板和无刷电机驱动板组成，主控制器选择 STM32 高性能微控制器，可通过串口模块与运行在 PC 端的上位机进行通信，并通过给无刷电机驱动板下发电机转速指令，控制反作用飞轮的转速，完成对仿真器姿态的控制。无刷电机驱动板接收到主控板的控制指令后，控制对应的无刷电机完成旋转。另外，主控板通过 SPI 总线读取陀螺仪板的实时姿态信息，FOC 电机驱动板通过 SPI 总线读取磁编码器板的电机实时位置信息。硬件电路拓扑如图 7 所示。

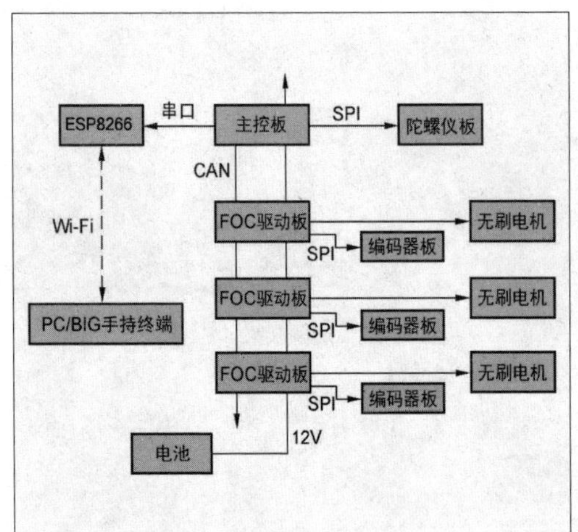

▌图 7 硬件电路拓扑

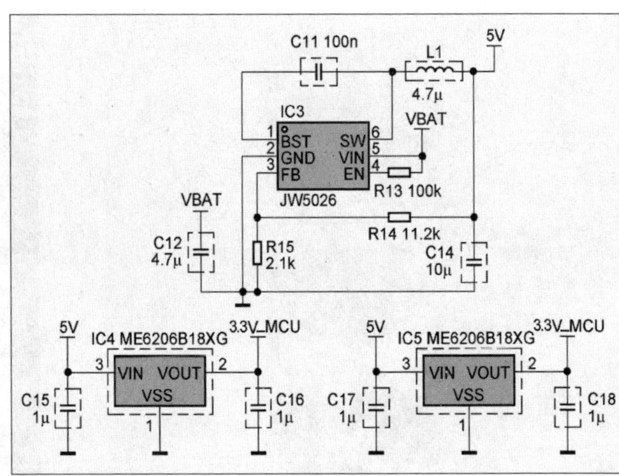

▌图 9 电源模块电路

表 1 主控板硬件选型

硬件	型号
主控制器	STM32F103C8T6
无线通信模块	ESP8266
开关电源	JW5026
线性稳压器	ME6206

STM32主控板

项目使用STM32搭建起主控板电路，主要完成指令解析、无线通信、运动控制等功能，主控板硬件选型见表 1，各部分电路如图 8 和图 9 所示，主控板三维图（正、反面）如图 10 所示。

FOC电机驱动板

无刷电机驱动方式比较复杂，简单的方式是使用航模电调完成开环控制。但是这种控制方式精确度较差，满足不了项目精确控制仿真器姿态的要求，故项目选用矢量控制算法 FOC（Field-Oriented Control，磁场导向控制）完成对无刷电机的控制。

FOC 是一种利用变频器（VFD）控制三相交流电机的技术，利用调整变频器的输出频率、电压和角度，控制电机的输出。它是目前无刷直流电机（BLDC）和永磁同步电机（PMSM）高效控制的最佳选择。

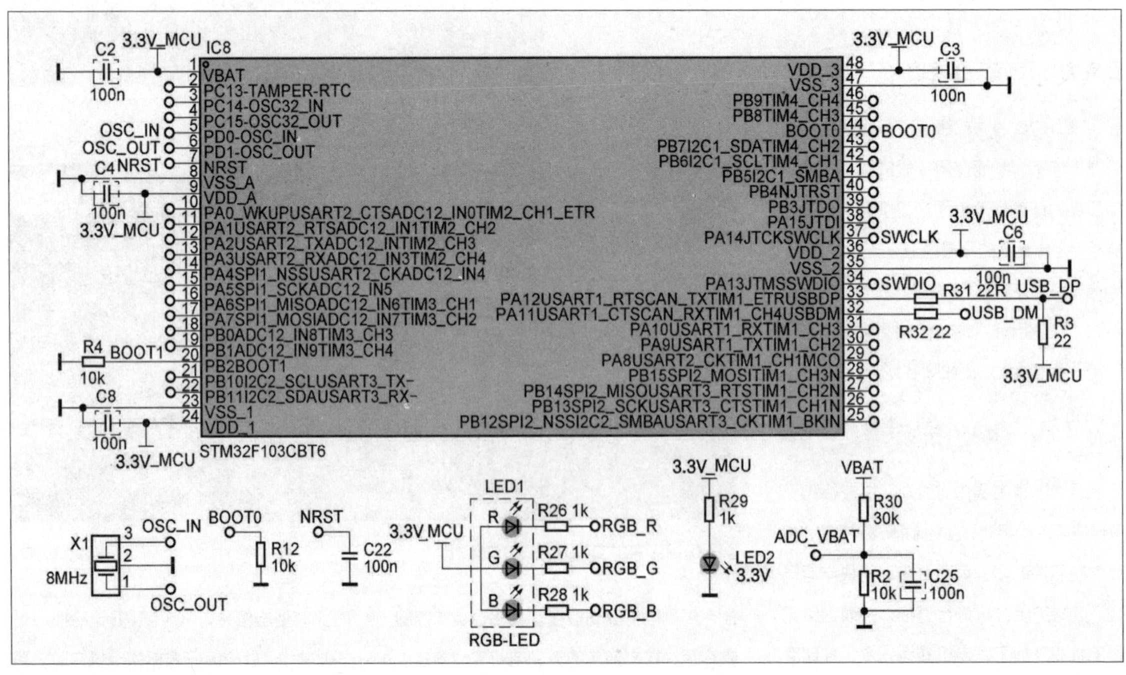

▌图 8 STM32 最小系统电路

▌图 10 主控板三维图（正、反面）

FOC 精确地控制磁场大小与方向，使电机转矩平稳、噪声小、效率高，并且动态响应迅速。

项目基于开源的 FOC 技术方案，FOC 电机驱动电路如图 11 所示。电机驱动板的硬件选型见表 2。

项目绘制的驱动板 PCB 的 3D 模型（正、反面）如图 12 所示。

无线手持终端

无线手持终端使用了 STM32F103C8T6 最小系统板、SSD1306 显示屏、MPU6050 姿态传感器等制作的扩展板。其主要完成远程改变控制模式、安全管理、实时状态显示、发布目标位姿等功能。

表 2 电机驱动板硬件选型

硬件	型号
主控制器	GD32C103C8T6
3 个半 H 桥栅极驱动器	FD6288T
电流采样芯片	LMV358
MOS 管	AON7544

▌图 12 FOC 驱动模块电路板 3D 模型（正、反面）

▌图 13 无线手持终端

项目制作的无线手持终端如图 13 所示。

控制算法设计

PID控制算法

PID（比例 - 积分 - 微分）控制算法是一种经典的控制方法，它是一种线性控制器，根据给定值 $r(t)$ 与实际输出值 $y(t)$ 构成偏差：$e(t)=r(t)-y(t)$。将偏差的比例 (P)、积分 (I) 和微分 (D) 通过线性组合构成控制量，对受控对象进行控制。PID 控制系统框架如图 14 所示。

项目基于 Simulink 搭建了 PID 控制无刷电机的仿真模型，实现了无刷电机的转速控制，无刷电机 PID 控制系统框架如图 15 所示。对其单位阶跃响应和抗扰动能力仿真，得出的仿真曲线如图 16 所示，由仿真曲线可知，设计控制器会使闭环系统的稳定性和快速性均较好。

基于互补滤波的姿态解算

在航空航天、机器人等领域，常使用

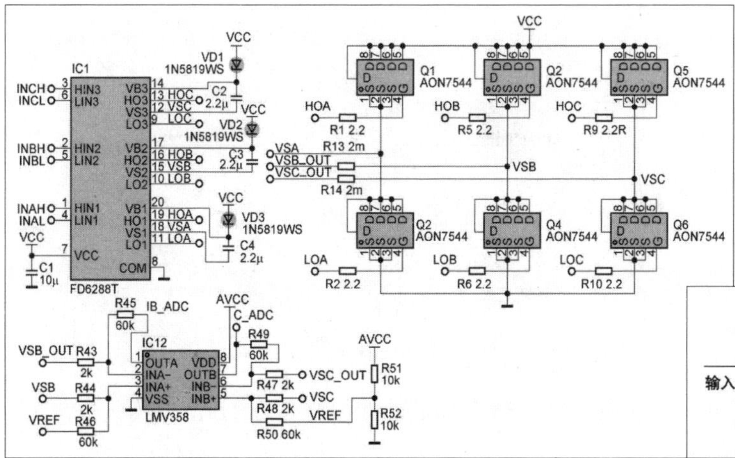

▌图 11 FOC 电机驱动电路

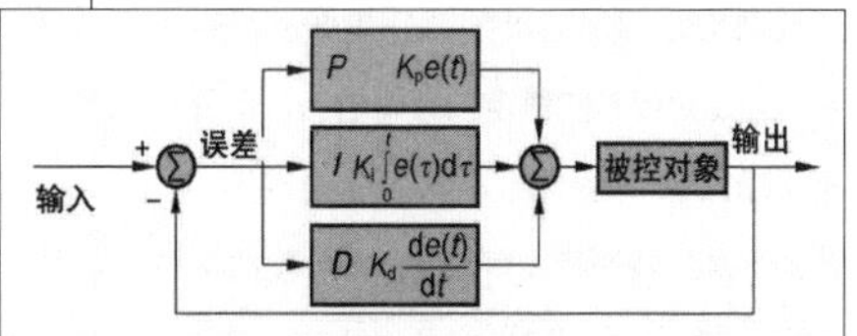

▌图 14 PID 控制系统框架

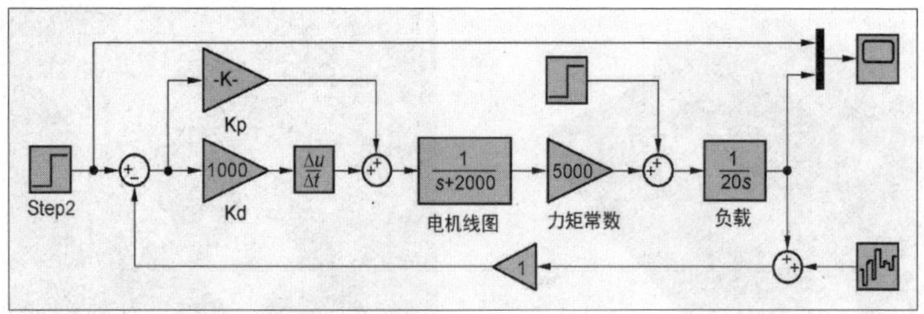

图 15 无刷电机 PID 控制系统框架

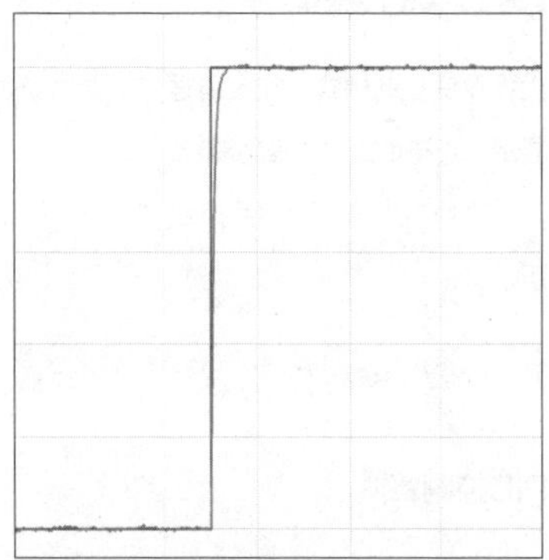

图 16 仿真曲线（横坐标：时间，纵坐标：转速）

姿态解算来估计物体的方向和旋转状态。姿态解算基于陀螺仪、加速度计等传感器的数据，通过算法和数学模型计算物体的姿态信息。姿态解算提供了对物体姿态的准确感知，为许多应用场景中的导航、定位、控制等问题提供了基础。它对于飞行器、机器人和虚拟现实等领域的技术发展和应用具有重要的推动作用。

Mahony 互补滤波是一种常用的姿态解算方法，用于估计飞行器的姿态信息。在实际使用中，一般加速度计存在较大的高频噪声，而陀螺仪则存在漂移（即低频噪声），Mahony 互补滤波方法基于四元数表示姿态，通过将加速度计的低频部分数据与陀螺仪的高频部分数据进行融合，实现对姿态的稳定和准确估计，其算法原理如图 17 所示。相较于其他方法，Mahony 互补滤波具有计算简单、实时性好的优点，并且对陀螺仪漂移具有一定的抑制作用。

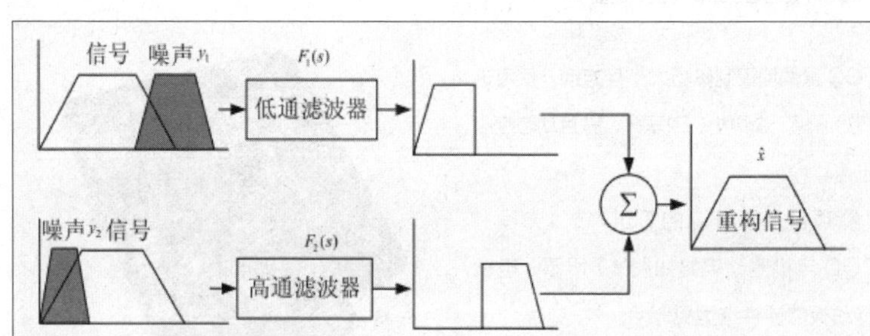

图 17 Mahony 互补滤波算法原理

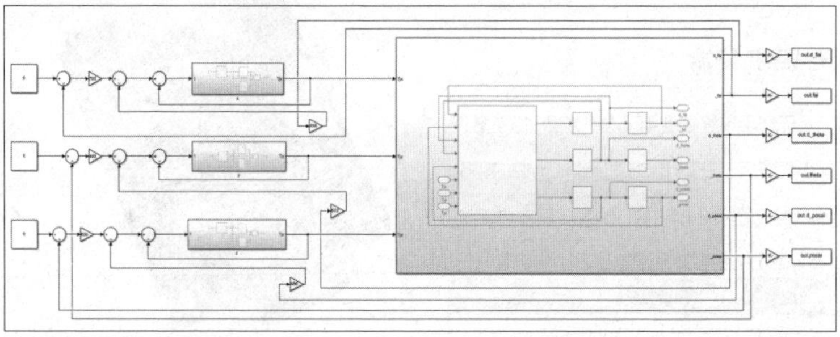

图 18 3 轴耦合控制系统 Simulink 仿真模型

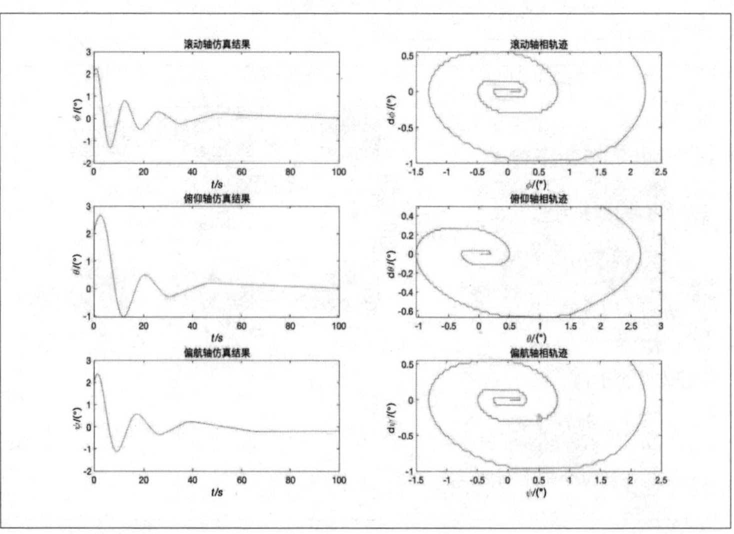

图 19 3 轴稳定控制系统仿真结果与相轨迹

3轴稳定刚体的Simulink仿真模型

本项目使用 Simulink 完成 3 轴稳定刚体的控制仿真。其中，分别编写俯仰、偏航、滚转 3 轴的飞轮控制 Simulink 子模块，并编写 3 轴稳定刚体的姿态动力学子模块，将其嵌入总体 Simulink 模型中，针对 3 个坐标轴分别设计 PID 控制器完成 3 轴稳定

图 20 球形仿真器

图 23 球形仿真器 3 轴姿态随动实验

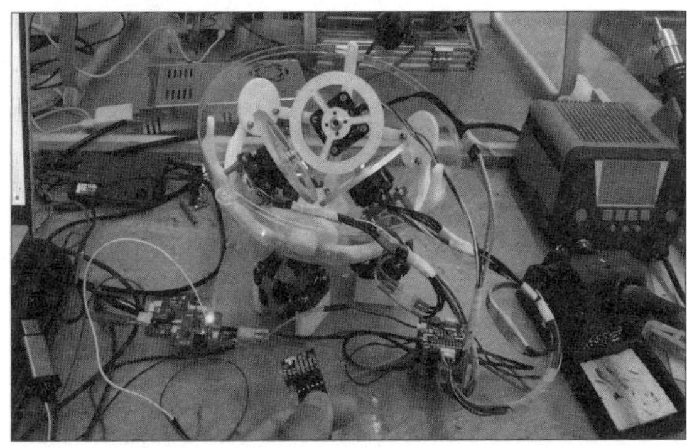

图 21 3 轴坐标系阻力效果调试

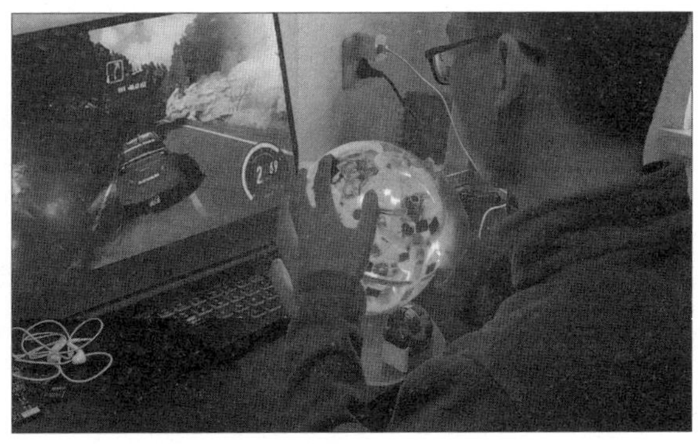

图 22 球形仿真器充当赛车方向盘演示

控制，最终得到的 Simulink 仿真模型如图 18 所示。

3 轴稳定控制系统仿真结果与相轨迹如图 19 所示。

实物效果

最终的球形仿真器如图 20 所示。

全姿态阻力效果

在主控板上建立 3 轴角速度 PID 反馈控制。每当某个轴上有角速度，通过 PID 算法在该轴上产生相反方向的控制输出。最终将 3 轴的 PID 控制输出叠加后，经由转速分配矩阵，将其解算成 3 个正交安装的飞轮转速，输出给 FOC 电机驱动板，即可在球的三自由度全姿态运动中产生阻力效果。3 轴坐标系阻力效果调试如图 21 所示。

使用球形仿真器充当赛车方向盘

使用 Wi-Fi 无线模块将球的三维姿态信息远程传输给计算机，并在计算机上运行 Python 程序，通过 vgamepad 库读取串口信息，并将三维姿态信息封装成虚拟 Xbox 游戏手柄的操作信息，即可使各种赛车游戏或其他游戏识别球形仿真器的姿态运动情况，以此使用球形仿真器充当赛车方向盘，达到电影《流浪地球》中的赛车方向盘的效果，如图 22 所示。

3轴姿态随动跟踪

在主控板上建立 3 轴角速度 PID 反馈控制的基础上，添加姿态角反馈，由手持终端收集自身姿态，作为平衡球姿态的目标值，与平衡球姿态的实际值做差，构成 PID 控制器，最终实现 3 轴姿态随动跟踪（见图 23）。由于全向轮底盘会引入较大的摩擦力，所以该功能比较适合在桌面或地面上进行。

漫谈国产仪器之数字万用表

杨法（BD4AAF）

台式数字万用表是万用表家族的一个类别，与常见的手持数字万用表相比，虽然主要测量功能大致相同，但其有自己的特点和应用领域。台式数字万用表与无线电和电子爱好者见面的机会远小于手持数字万用表，其高精度产品所蕴含的科技含金量颇高，高端产品的研发和制造门槛对企业来说比较高。

台式数字万用表按照性能和应用可分为普通台式表和高精度台式表。普通台式表可看成手持数字万用表的台式化产品。与手持数字万用表相比功能和性能相当，优势是支持市电连续供电，可长时间工作，无须依靠电池。通常台式表都会配置可读性更好的显示屏。与手持表相比缺点是移动性弱了很多，体积通常也比较大。普通台式数字万用表大多用于需要长时间连续工作的工厂生产线，不追求很高的测量分辨率和稳定度，大多为4.5位的配置。高精度台式表特点是具有高测量分辨率和高稳定度，很多产品还具有高速采集功能，主要用于科研、基准、计量等高端领域。高精度台式表一般5.5位分辨率起步，高端产品可高达8.5位，并具有远高于手持数字万用表的稳定度，测量准确度也高于手持数字万用表。高精度台式表的技术含量也远高于手持数字万用表和普通台式表，所以成为台式数字万用表的技术代表。不要小看高精度台式万用表，世界上能自主生产高端产品的厂商并不多，过去一些国外一线仪器仪表厂商靠收购老牌厂商才有了自己品牌的高精度台式万用表。如果关注一下仪器仪表界国外的经典高精度台式万用表，你会发现很多款产品外形极其相似，只是品牌不同，细究这些品牌与制造厂商之间都有收购和并购的关系。

国产台式数字万用表的沿革

我国台式数字万用表研制起步不晚，但由于市场和营销原因，高精度台式万用表一度都是进口品牌产品的天下。近十几年来，随着我国民营通用仪器仪表的崛起和壮大，高精度台式万用表作为通用基础仪表，有技术实力的民营仪器厂商都推出了自己的产品，完善了产品线，显示了中国制造的技术实力。手持数字万用表的国内知名制造企业也推出了自己的台式表产品，以市场需求大的实用性产品为主，在完善了产品线的同时展现了技术能力。5.5位和6.5位的台式数字万用表已有很多国产品牌可以选择，其中不乏高实用性、高可靠性的产品，完全可以替代进口产品，而且价格实惠。同时由于普通台式表制造技术要求不高，几乎所有的万用表生产企业都能设计、生产。

早在20世纪70年代，我国多家国营电表厂就开始了数字万用表的研发工作，并生产出了实体产品。早期的数字万用表都是台式表，设计台式仪表不用过分考虑功耗、体积、电池这些方面的因素。早期表还没有基于发光二极管的8字显示器，更没有彩色液晶屏，而是使用辉光电子管来显示每一位数字。早期哈尔滨无线电七厂成功研制了JSW-1，南京电表厂成功研制了PF-2。20世纪80年代，天津市无线电一厂研制了基于集成电路的DF6A。之后上海第四电表厂研制了荧光管显示、具备自动量程的PF11。这些早期产品虽然不是高精度万用表，但是体现了我国在数字化测量技术领域的成功探索。

制造高精度台式万用表的关键部件是高稳定度的基准单元和高稳定度、低温漂的元器件，在我国早期电子工业基础薄弱时期，这些技术限制了高精度万用表的进一步发展。早期的国外高精度万用表的关键电阻也都是专门定制的。制造高精度万用表还要有高准确度的校准标定系统和标准传递。另外电路设计方面，早期成品高性能集成电路少，主要靠分立元器件和小规模通用集成电路，增加了电路设计和制造的难度。高精度台式万用表向来都是指标要求高、技术难度大、成本高、销量低、亮点少，很多国际品牌仪器厂商对其兴趣不大。当时世界上著名的惠普/安捷伦34401A也是以价格和性能的平衡取得了销售成功，渐渐成为业界一代标杆。

随着科技的发展，高精度台式万用表实现难度大为下降。首先在单片的电压基准集成电路大大简化了电路设计的同时，稳定度也有了基本保证，LM399 和 LTZ1000 是在现代高级高精度台式万用表中使用最为普遍的电压基准 IC。6.5 位的安捷伦 34401A 用的就是 LM399。其次高稳定度的电阻和排阻如今早已容易购得，有专门的生产厂商和标准化产品。高性能的 MCU 和模数转换器现在也很多，有宽泛的选择，软件修正技术也降低了对硬件电路的要求。如今设计高精度台式万用表在现实电路、电路密度、关键元器件、制造工艺要求等方面都今非昔比。国内不少企业经过借鉴和研发都推出了定位不同的 5.5 位和 6.5 位台式数字万用表。

在常规生产应用中，5.5 位万用表性能基本够用，7.5 位和 8.5 位产品一般应用于高端计量和科研。当年标杆性的惠普 / 安捷伦 34401A 推动了 6.5 位表的应用。记得当时 34401A 的广告宣传语就是以 5.5 位表的价格买到 6.5 位表。经典的 34401A 并不是顶尖的设计，但整体设计在成本和性能方面取得了较好的平衡，也可以说是当年的高性价比万用表。

高精度台式万用表是一个通用仪器企业技术底蕴的代表。我国民营仪器生产企业在核心产品取得成功并向中高端产品进军的同时，也注重多元化系统化发展，包括高精度台式万用表、可编程电源等基础仪器。5.5 位和 6.6 位高精度台式万用表是我国民营仪器仪表企业的主力产品，市场需求相对较大且技术成熟，元器件容易买到。目前国产主流性能的 5.5 位高精度台式万用表价格在 3000~4000 元，低价位的可到 2000 元。6.5 位高精度台式万用表价格在 5000~6000 元，价格不到国外品牌同类产品的一半。

国产的高精度台式万用表紧随国际同类产品发展潮流，由一代产品向二代产品发展。一代产品注重基础测量，主打高分辨率和稳定度，兼顾测量速度，用户界面以数字化显示为主。早期产品主要使用室内环境下可读性好的 VFD 显示屏，后期一些产品采用显示灵活丰富的条形点阵单色液晶屏。二代产品主要在用户界面上进行了革新，引入了较大面积的彩色液晶屏，并结合了处理器性能的提升，提供了直方图、趋势图、条形图等数据可视化和数据趋势分析功能。新一代的产品虽然在稳定度和分辨率等基础性能方面没有大突破，但在测量速度、读数速度、数据接口类型等方面有所提升，在用户界面和数据处理功能方面令人耳目一新。

国产高精度台式万用表品牌

普源精电（RIGOL）

普源精电以数字示波器闻名业内，近年来在射频仪器信号发生器、频谱分析仪、适量网络分析仪方面又有所突破。在数字万用表方面，普源精电在很多年前就低调地推出了 5.5 位的 DM3058/E 和 6.5 位的 DM3068（见图 1）等主流性能配置的高精度台式万用表。这两款台式万用表外观设计新颖、界面漂亮、性能实用，其中文化界面受到国人喜爱。由于推出得较早，使用的是带背光的单色点阵液晶屏，显示测量数字效果还是很好的。6.5 位的 DM3068 提供 0.0035%DCV 准确度，性能不错，还支持主流的 USB、GPIB、LAN(LXI-C)、RS232 外部扩展连接。普源的台式万用表价格不到同类国外品牌产品的一半，价格奠定了国产产品的基础线。DM3068 和 DM3058/E 配置实用、性能稳定，加上金字招牌加持，被很多高校实验室和中小公司工程师所喜爱。

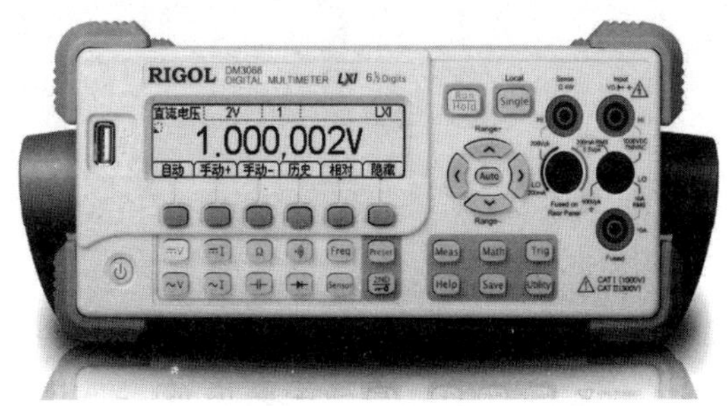

图 1　6.5 位的 DM3068

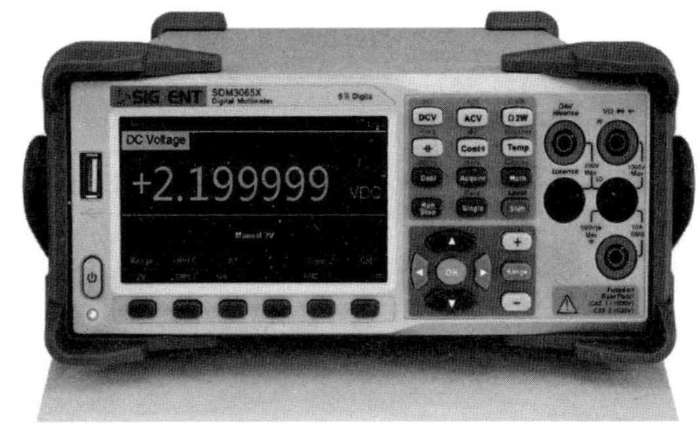

图 2　6.5 位的 SDM3065X

鼎阳（SIGLENT）

鼎阳以数字示波器和射频仪器闻名业内，在高精度台式万用表方面有 SDM3000 系列，包括 6.5 位的 SDM3065X（见图 2）和 5.5 位的 SDM3055/SDM3055X-E。SDM3000 系列外观豪华，科技感拉满，可能是颜值最高的国产台表。SDM3000 系列配置有时髦的 4.3 英寸彩色液晶屏，分辨率为 480 像素 ×272 像素，凭借大液晶屏提供直方图、趋势图、条形图等数据可视化功能（见图 3），令用户耳目一新，用户界面和功能可与进口品牌产品一较高下。高性能的 6.5 位 SDM3065X 具备 0.0035% 读

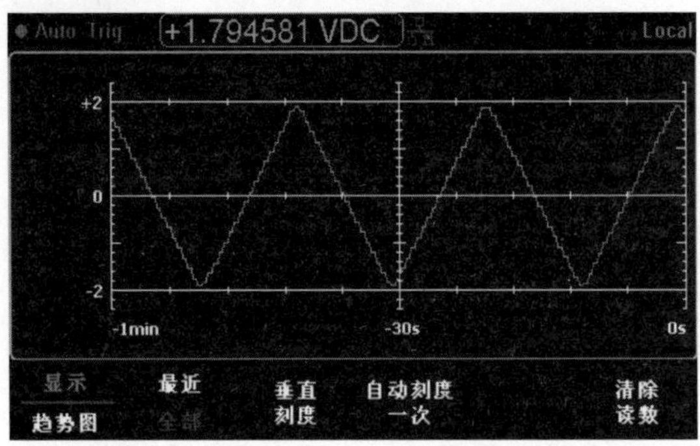

▌图 3 数据可视化功能

字 +0.0006% 量程年直流电压准确度，提供 200mV ~ 1000V 直流电压、200μA ~ 10A 直流电流、200mV ~ 750V 交流电压基础测量。SDM3065X 提供 ACV、ACI、DCV、DCI、2 线及 4 线电阻、电容、频率、周期、温度、二极管等多种测量功能。SDM3065X-SC 还能加装扫描卡实现 16 路通道数据采集（12 个多功能通道和 4 个电流通道），适合系统集成和自动化测量。

固纬（GWINSTEK）

固纬的仪器产品包括示波器、电源、负载产品等，在业内颇有名气，也是老牌仪器生产企业。在国产台式万用表方面，固纬也颇有建树。其早期产品 5.5 位 GDM-8352 和 6.5 位的 GDM-8261A 都可以对标国外品牌产品。新款 6.5 位的 GDM-9061（见图 4）显示漂亮，外观时髦，功能多样，性能稳定。GDM-9061 具备主流台表水平和性能，直流电压基本精度为 0.0035%，配置 4.3 英寸彩色液晶屏，提供直方图、条形图、趋势图等，双测量以同时执行两个选定测量。GDM-906X 系列提供丰富的测量功能，包括 DCV、ACV、DCI、ACI、2 线及 4 线电阻、频率、周期、二极管、连续性、温度、电容。固纬仪器产品品质优良，做工扎实，经久耐用，一分价钱一分货，颇得企业用户喜爱。

优利德（UNI-T）

优利德以手持数字万用表起家，位列国产手持表市场占有率前三甲。优利德的台式表系列不花哨，性能达到国内主流水平，主要产品是 UT-800 和 UT-800+ 系列。老款 UT-800 系列使用传统单色液晶屏，新款 UT-800+ 系列升级使用大彩色液晶屏并提升了最大显示能力。产品中 UT802、UT803、UT802+、UT803+ 主要针对工业生产线用途，定位属于普通台式表。UT805A+（见图 5）定位于主流 5.5 位高精度台式万用表，配备了 4.3 英寸彩色液晶屏，增加了主流的直方图、趋势图、条形图功能。UT8808A+ 是优利德最新产品，主要性能与 UT805A+ 类似，做了一些优化，

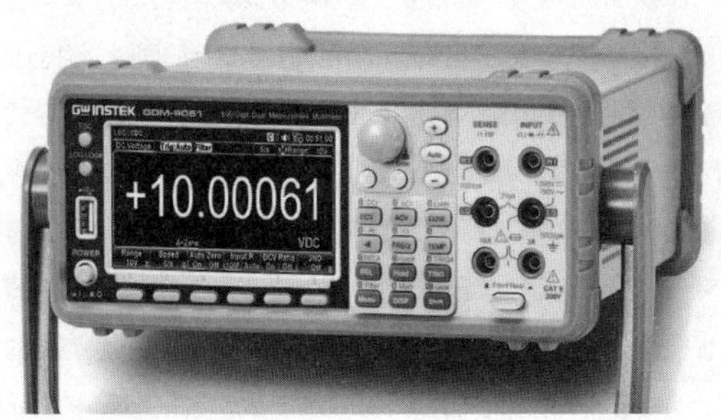

▌图 4 6.5 位的 GDM-9061

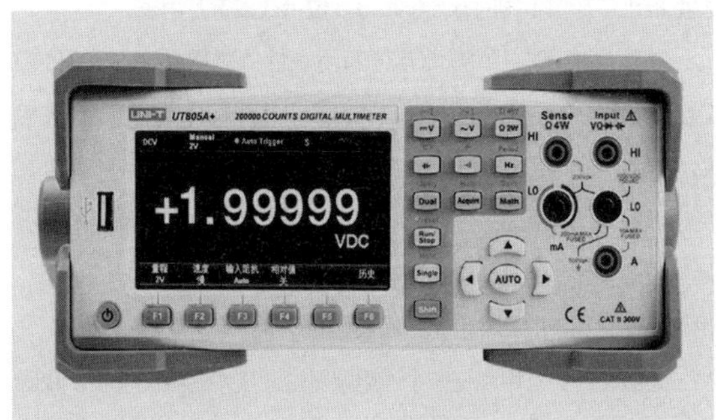

▌图 5 5.5 位的 UT805A+

价格也差不多。在测量速度方面，UT8808A+/UT805A+ 在同价位产品中有一定优势。虽然优利德台式表性能并不顶尖，但凭借手持表的良好品牌形象和工业级产品皮实耐用的口碑，依然受到工厂和企业用户的偏爱。

胜利（VICTOR）

胜利万用表在手持数字表市场占有率方面位列国产三甲，其台式表方面也有自己的产品。VC8045-II 是一款 4.5 位的普通台式表，适合商用和流水线长时间工作，液晶屏反显是其特色。VICTOR 8155 是一款 5.5 位的台式表，配置了 3.5 英寸大显示屏和双参数显示，显示简洁，价格便宜。VICTOR 8165/8165A 是 6.5 位的台式表，配置了 3.5 英寸大显示屏和双参数显示，具备常规高精度台表的基本功能，包括可选择 2 线或者 4 线电阻测量。8165A 具备 GPIB 接口和后面板信号输入，适合系统集成。

VICTOR 8265 是其目前主力的 6.5 位台式表（见图 6），基于 VFD 显示，最高显示读数 1200000，提供主流 6.5 位台式表的基本直流电压准确度指标，并可测量 2 线和 4 线电阻以及 10mF 电容。VICTOR 8265 与胜利其他仪表一样价格便宜，适合在生产线上低成本使用。此外胜利还有价格实惠的 4.5 位台表 8246A/8246B，提供 55000 字显示读数和 0.025% 直流电压准确度。

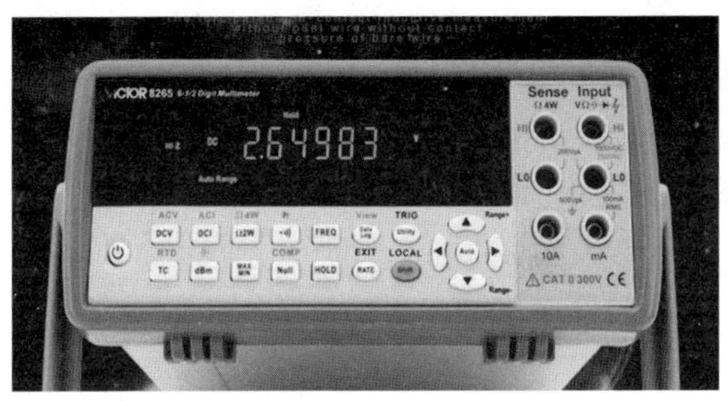

图6　6.5 位的 VICTOR 8265

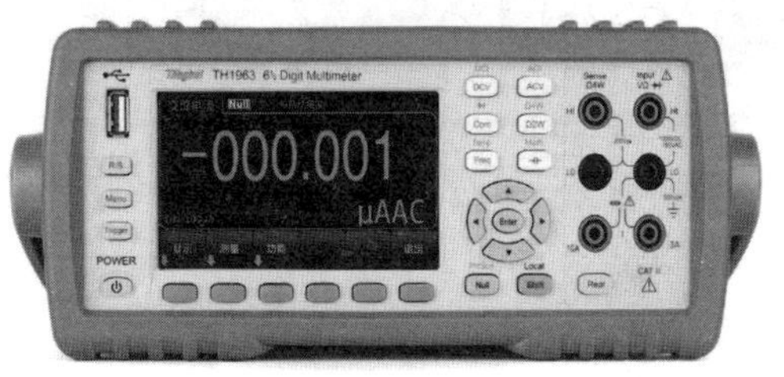

图7　6.5 位的 TH1963

同惠

同惠电子以 LCR 数字电桥和变压器综合测试仪闻名业内。同惠的台式数字万用表很久以前就在专业市场上占据一席之地，以价格便宜、功能实用著称。TH1941/1942 是同惠 4.5 位台式万用表，采用当时主流的 VFD 显示屏，提供了 2000 元价格水平线的选择，TH1942 具有较快的读数能力。TH1951/1961 为同惠 5.5 位和 6.5 位台式万用表，采用当时主流的 VFD 显示屏，具有主流的 0.0035%DCV 基本精度。TH1961 采用多项新技术以改进性能，如采用高速低噪声的 26 位模数转换，使仪表具备很好的线性度和低噪声特性，快速伺服响应放大器、浮动电源、低漂移缓冲放大器构成伺服前端，达到消除传统衰减、减小零点漂移、提高测量速度的效果。仪器采用专门的输入过载保护电路，过载后可快速恢复，保证仪器的安全性及可靠性。

6.5 位的 TH1963（见图 7）为同惠新款 6.5 位台式万用表，具有 1199999 字读数，升级了彩色大液晶屏，具备中英文菜单，TH1963A 为经济款，精度指标略低一些，电商价才 4000 元出头。TH1963 为标准款，具有主流的 0.0035%DCV 基本精度。另外，该系列产品具备电容测试和二极管测试的优化设计。

高柔韧性单晶硅太阳电池

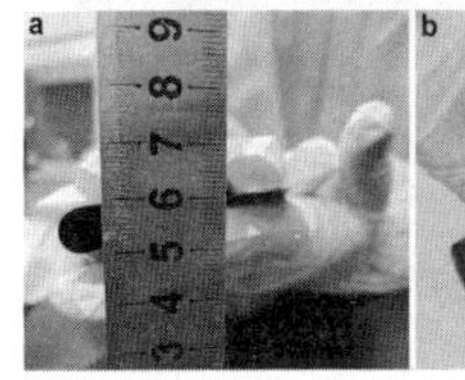

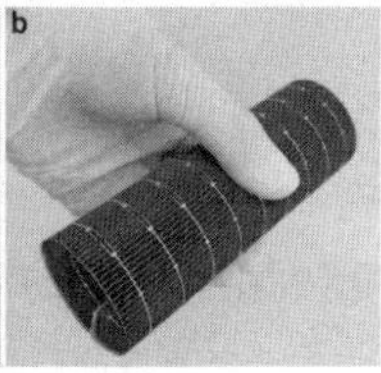

中国科学院上海微系统所的研究团队研制出可以像纸片一样弯曲，且不易断裂的高柔韧性单晶硅太阳电池。有纹理的晶体硅晶片总是从晶片边缘区域的表面金字塔之间的尖锐通道处开始破裂，研究人员通过钝化边缘区域的金字塔结构来提高硅晶片的柔韧性。就是将硅片边缘表面和侧面尖锐的“V”字形沟槽处理成平滑的“U”字形沟槽，从而改变了硅片边缘的微结构以及力学特性，在增强硅片柔韧性同时，并不影响硅片对光的吸收能力。

在实验中，研究人员通过采用两种用于处理半导体材料的技术来优化硅晶的介观对称性，即涉及酸的湿化学工艺和基于干等离子体的工艺。由此产生的晶圆可以剧烈摇晃，而不会破裂——就像一张柔韧的纸。目前，科研团队已经可以实现将硅片的厚度减薄为 50~60 μm。基于此技术生产的柔性单晶硅太阳电池与传统太阳能电池相比，光电转换效率基本维持不变。

人工智能勾勒脑内所想物

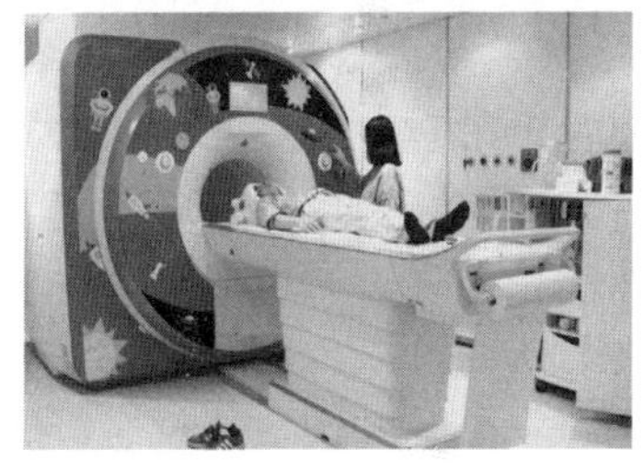

几家大学的研究人员组成的联合研究团队开发出一种能够通过脑部扫描记录大脑活动并生成视频的技术，能够准确重现梦中的动态场景。该团队利用了一种名为“心视模型”的技术实现了高质量的视频。这种技术旨在弥合图像和视频大脑解码之间的差距，使用图像数据库进行训练和微调。研究人员对参与者进行了脑部扫描，让他们在功能性磁共振成像机中观看 1000 多张图片，并记录了一段时间内产生的大脑信号。然后，研究人员将这些信号通过人工智能模型发送，训练它将特定的大脑模式与特定的图像联系起来。

当受试者在功能磁共振成像中看到新图像时，系统检测到受试者的脑电波，生成它认为这些脑电波对应的内容的速记描述，并使用人工智能图像生成器生成参与者所看到图像的最佳猜测。生成的图像在大约 84% 的时间里与原始图像的属性和语义相匹配。研究人员相信，这项研究有一天可能会被用来捕捉人类思想和梦境。

漫谈国产仪器之可调直流稳压电源

杨法（BD4AAF）

在电子实验室中，虽然可调直流稳压电源不如示波器和高精度万用表那样引人注目，但也是电子实验室配置不可或缺的基础仪器。可调直流稳压电源适用范围广泛，成为实验室里各类试验电路直流供电的全能手。在一些测量场景中，可调直流稳压电源的性能还会影响测试结果。新款的可调直流稳压电源在架构、功能、显示、响应速度、保护设定上都有所精进，向数字化、程控化、智能化方向发展。可编程直流稳压电源成为新一代高端仪器级可调直流稳压电源技术的代表之作，仪器级的可调直流稳压电源主要应用于科研实验室、企业产品研发、电子产品维修等领域。我国的可调直流稳压电源产品历史悠久，一直紧随世界仪器潮流，近些年来科技自主创新在可编程直流稳压电源上颇有建树，创出国产一番新天地。

国产可调直流稳压电源的演进

最早期的直流稳压电源为电子管电路，奠定了可调直流稳压电源的面板外观基本样式：以电压表和电流表为主监控显示界面，表头下方设置调节旋钮，在电源面板下方设置接线柱，供临时输出。实现电路是由电子管电路实现稳压功能，通过稳压电路中的可调电阻实现对输出电压的调节。当时的电子管可调直流稳压电源的电压、电流输出设计规格满足电子管电路供电需求，所以输出高电压（如400V）几乎是标配。20世纪50年代到20世纪60年代，国内不少无线电厂都会自行生产少量电子管可调直流稳压电源，但国外品牌占据主流。

随着晶体管的普及，可调直流稳压电源与时俱进，进入晶体管时代，电压、电流输出规格设计适应晶体管电路的需求，输出以低压直流电为主。随着稳压二极管的广泛应用，稳压二极管成为早期晶体管直流稳压电源电路的核心。当时还有简易可调的直流电源，电路上由工频变压器多个不同抽头得到不同的低压交流电，低压交流电通过简单的整流和电容滤波就直接输出低压直流电。这类简易直流电源没有稳压电路，输出电压随负载的变化大，主要用于低端场合。20世纪70年代至20世纪80年代，当时国营无线电大厂、集体所有制电子小厂、校办工厂等都有出品各式各样的定压和可调

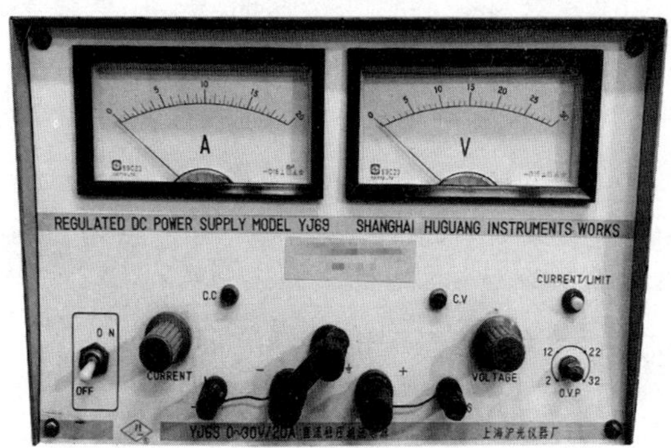

图1 20世纪80年代国产高级可调直流稳压电源

直流稳压电源。但除了无线电大厂的仪器级产品，大部分产品电路都很简单。

稳压集成电路的出现是现代可调直流稳压电源的分水岭。专业的稳压集成电路在简化电路、提高稳压稳定度、增强保护功能等方面都有显著提升。早期的稳压集成电路多是进口的，后来我国自行研制成功。典型产品是LM317三端稳压集成电路，我国生产的产品标号为W317。LM78xx和LM79xx则是应用很广泛的定压三端稳压集成电路。一个稳压集成电路芯片加上变压器、电容、可变电位器就能做出一台简单的可调直流稳压电源，通过附加大功率晶体管，能扩展输出电流成为大功率输出的稳压电源。以稳压集成电路为核心的可调直流稳压电源成为我国20世纪80年代后期直至21世纪初的主流产品。仪器大厂出品的高级产品在此基础上精进，附加各种保护电路和功能电路，提高可靠性和增加功能，同时使用

高等级的机械指针表头显示输出电压和电流，并使用精密调节机构提高设定分辨率和稳定度。20 世纪 80 年代国产高级可调直流稳压电源如图 1 所示，当时北京的大华电源和上海的沪光仪器厂的产品都是国产的翘楚。21 世纪初，一些南方电子维修工具企业也积极投入可调直流稳压电源的生产，主要针对电子制造流水线和手机维修市场，使得小型可调直流稳压电源样式丰富，价格廉价化。

早期的可调直流稳压电源主要靠电位器来调节输出电压，高档产品为了提高电压设定分辨率和稳定度，多采用多圈电位器。一般的旋转式电位器行程从开始到结束旋转不到 360°，多圈电位器利用特殊的内部结构，将旋转行程由一圈增加至数圈，大大增加了行程，由此提高电阻输出分辨率。市场上主流的多圈电位器行程可达 10 圈。多圈电位器价格不菲，不少电源产品为了节省成本，把一个大阻值的普通可调电位器和一个小阻值的普通可调电位器串联，大阻值电位器负责粗调电压，小阻值电位器负责细调电压。直流可调稳压电源靠电位器模拟电路调节电压和电流，一直延续到程控架构的到来。

程控电路可以提供更高的设定分辨率，并结合相关电路实现较高的输出稳定度，还可以结合单片机提供多组设定数据记忆，同时还方便远程控制和远程数据读取。程控电源经过几代演进，目前高端产品已是可编程直流电源的天下。主流产品电压、电流设定分辨率分别达到 1mV、1mA，远超模拟电位器控制架构产品。在 21 世纪初，我国就有民营企业制造程控电源，品质广为市场认可，在专业制造领域和高校实验室得到广泛应用。到了近 10 年，电源程控技术不再是中高端产品的专利，国产一些百元的电源也纷纷出现程控架构。可编程直流电源更是出现了很多名不见经传的国产品牌，价格也不再高高在上，不少产品摆上了电子爱好者的案头。这些低价位的可编程直流电源并不主打高精度和高性能，电路和性能与传统中高端产品有显著区别，更多的是以低成本程控技术实现的普通可调电源。随着核心处理器的发展、创新和选择多样化，可编程直流电源的数字技术和程控技术在国内正在走向大众化。

可调直流稳压电源的电压、电流显示机构，最早期产品是为电位器添加刻度来指示输出电压的，后来改用机械指针表头来测量输出电压和电流，准确度和分辨率有了很大提高。高档产品还使用大表面的高精度表头来提高指示精度。数字化时代，可调直流稳压电源的电压、电流指示结构发生了变化，机械指针表改为数字电压表、电流表，在读取方便程度和测量分辨率上都有明显提升。可编程直流电源进一步用显示屏替代了数字电压、电流表模块，配合单片机实现智能化控制，显示内容也更为丰富。现代很多可编程直流电源都增加了显示输出功率功能，省得用户自己默算电压乘以电流的数值了。显示屏由最初的单色条状点阵液晶屏发展为单色高分辨率大

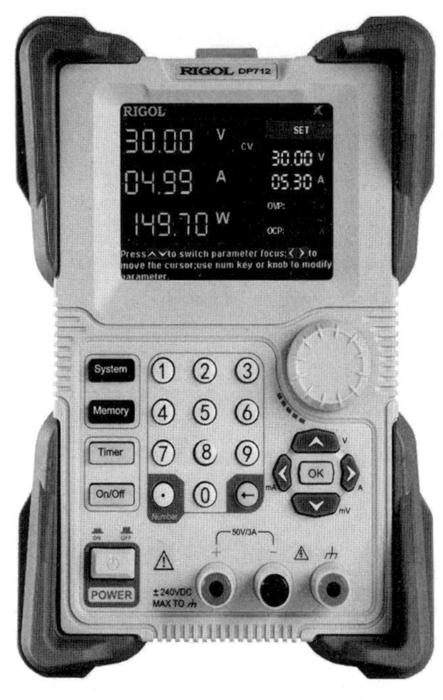

图 2 普源 DP712 可编程直流稳压电源

尺寸液晶屏，目前主流产品流行起了彩色液晶大屏，设计领先的产品还用上了触摸显示屏。我国一些厂商创新显示界面，率先引入彩色液晶触摸显示屏并结合图形显示，令人眼前一亮。

可调直流稳压电源电路架构有线性电路和开关电路。早期的直流稳压电源都采用线性电路，电路特征之一是需要工频变压器，当电源功率较大时，工频变压器体积硕大且笨重。开关电路则是全新的直流稳压电源架构，其工作在开关状态，不需要大体积的变压器，相比线性电源具有体积小、效率高的优点，在大功率场合优势尤为明显。开关电源经过数代精进，开关频率不断提高、噪声不断降低、效率不断提升，目前在大多数消费类电子领域，开关电源已全面取代线性电源。在一些需要极致性能的仪器级电源中，仍使用线性电源电路架构。我国在开关电源技术上与国际水平保持同步，拥有不少业内著名品牌，出口数量可观。尤其是小型开关电源，我国制造量与出口量都稳居世界第一。

直流稳压电源的核心半导体功率元器件——氮化镓元器件闪亮登场，预计会现身下一代可调直流稳压电源。氮化镓作为第三代半导体材料，使用其制造的电源功率半导体元器件较第二代砷化镓元器件和第一代硅基元器件，具有体积小、高频特性好、发热量低、效率高的优点，特别适合现代的高频开关电源。氮化镓元器件已在手机充电器和通信基站稳压电源上崭露头角。我国已有氮化镓元器件制造能力和丰富的制造经验。

可编程直流电源是目前可调直流稳压电源高级产品，电源以单

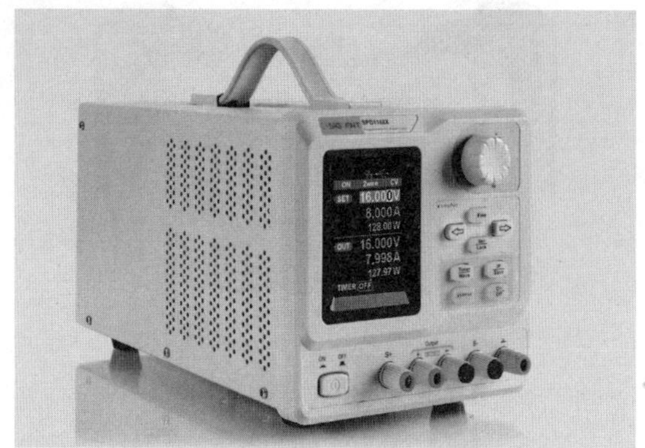

图 3 鼎阳 SPD1168X 可编程直流稳压电源

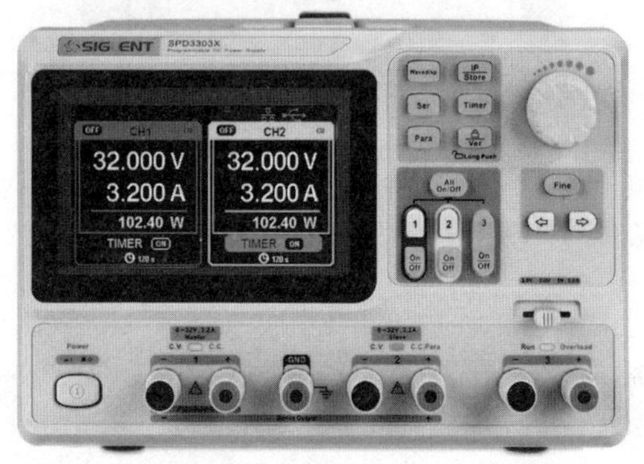

图 4 鼎阳 SPD3303X 多通道可编程直流稳压电源

片机和数控电路为控制核心，并具有数据和控制通信功能。电源具有全数字化设定、多种工作模式、高设定分辨率、高稳定度、高响应速度、多重可设定保护限值的特点。国产的新款可编程直流电源已完全自主创新，体现了中国制造仪器的特色。

国产可编程直流电源品牌

普源精电（RIGOL）

普源精电作为国内电子仪器领军企业，较早低调地推出了自主设计的 DP700 系列可编程线性直流电源。目前主力销售的多路电源已是第三代产品。普源的实验室级可编程直流电源为线性架构，主打提供超低的纹波噪声。DP700 系列为单通道产品，创新的立式外形节省桌面空间，彩色液晶显示屏提升产品颜值。普源 DP712 可编程直流稳压电源如图 2 所示，该电源在性能上具有低纹波噪声、快速瞬态响应、优秀的电源和负载调节率等特性。新款的 DP2000、DP900、DP800 将输出通道数扩展到 2 ~ 3 路，在编程分辨率、显示分辨率、回读分辨率等方面都有提高，增加了时髦的 USB 和 LAN 通信能力。高端的 DP2000 系列为高精度可编程直流电源，具有超低纹波噪声、瞬态响应、全隔离通道、高精度、高采样率等特性，其中小电流测量回读分辨率高达 1μA，年准确度达到 28μA。DP2000 系列还配置了领先的 4.3 英寸彩色触摸屏，并保留了最常用的实体按键，将交互操控界面提升到新境界。另外，普源精电还有基于开关电源架构的大功率直流电源，DP5000 系列最大输出可达 15kW。普源精电可编程直流电源在国内可谓颜值与性能并存，优质优价。

鼎阳（SIGLENT）

鼎阳是国内仪器界的新锐，在可编程直流电源方面亦有佳品。鼎阳单通道的鼎阳 SPD1168X 可编程直流稳压电源如图 3 所示，外观上采用 2.8 英寸 240 像素 ×320 像素高分辨率彩色液晶显示屏，显示内容丰富，设置数据和实时输出数据可同屏显示。配置最高 5 位电压和 4 位电流显示，最小分辨率可达 1mV 和 1mA。具备多输出通道的 SPD3303X（见图 4）/X-E/X-C 提供 3 路可独立控制的高精度输出通道，输出通道的串并联功能能够将两路电源合并成一路电源，扩充了单路电源的输出功率。同时用户界面方面配搭更大的 4.3 英寸彩色液晶显示屏，更好地显示多路数据。大功率的 SPS5000X 系列可编程直流开关电源

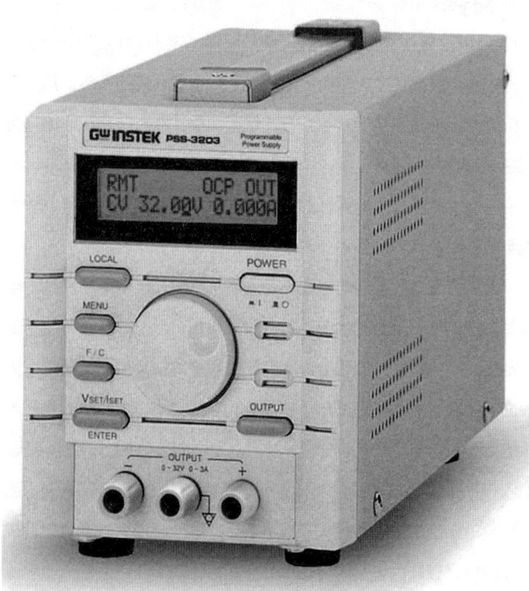

图 5 固纬 PSS-3203 可编程直流稳压电源

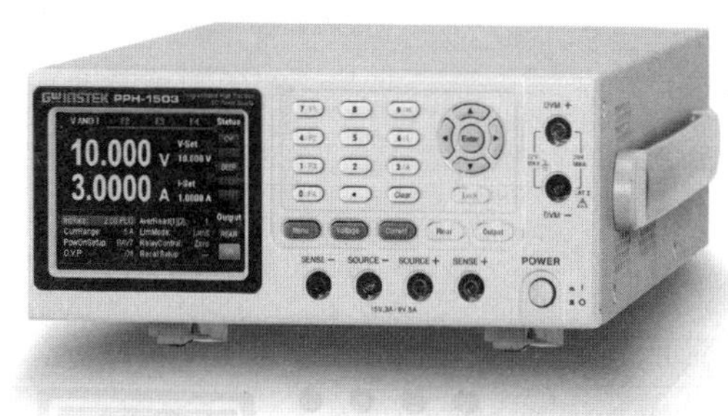

图 6 固纬 PPH-1503 可编程直流稳压电源

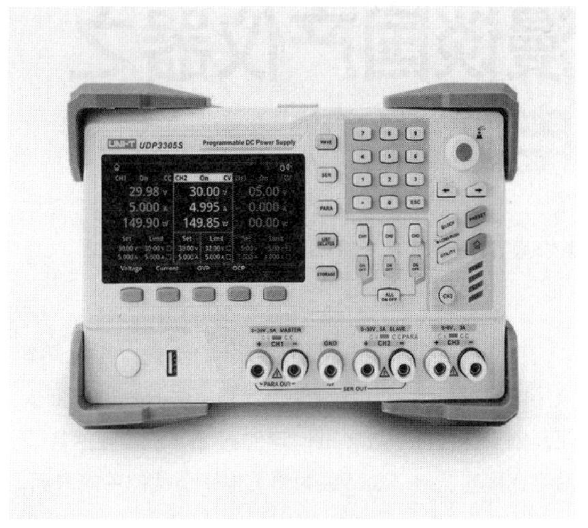

图 7 优利德 UDP3005S 可编程直流稳压电源

提供了宽电压范围，有 40V、50V、80V、160V 多款 1 ~ 3 通道配置可选，最大功率配置可达 1080W。机架型的 SPS6000X 系列宽范围可编程直流开关电源提供大功率和远程控制特性。SPS6000X 输出功率可达 1500W，具备 USB 和 LAN 通信功能。鼎阳可编程直流电源在国内可谓高性价比，在大功率产品和系统集成产品方面也有建树。

固纬（GWINSTEK）

固纬在国产电子仪器界堪称老字号，电源产品历来是固纬的强项，很多电子厂流水线和高校实验室用的都是固纬电源。固纬电源产品多样，有比较高端的可编程直流电源，也有价格便宜的普通数显可调直流电源，并且都有工业用大功率产品。固纬的 PSS 系列（PSS-3203 见图 5）和 PPH 系列（PPH-1503 见图 6）是久经市场验证的老型号，基于全面程控和多重可设定保护。精密的 PSS 系列提供 10mV、1mA 的分辨率。PPH-150X 系列为固纬新款可编程直流电源，采用时髦的 3.5 英寸彩色液晶作为显示器，提供 1mV、0.1mA（5A 挡位）和 1mV、0.1μA（5mA 挡位）高测量分辨率，具有高速瞬态响应特性。GPP 系列为固纬的高性能系列，配置了 4.3 英寸大彩色液晶屏。性能方面提供 1mV、0.1mA 的设定分辨率和 0.1mV、0.1mA 回读分辨率，瞬态响应时间小于 50μs。性能指标属于国产一流水平。PSW 系列为固纬的高功率系列，最大输出电压有 30V、40V、80V、160V、800V 多种规格，额定输出功率 360 ~ 1080W，并支持两台电源串联或 3 台电源并联工作。PSU 系列为固纬的机架型高功率系列，输出电压从 6V 到 600V 有诸多规格，额定功率 1200 ~ 1560W，支持串联和并联工作。

优利德（UNI-T）

优利德的电源产品也颇为丰富，技术前卫的可编程直流电源也跟得上主流。UDP3000S（UDP3005S 见图 7）系列是优利德基于线性电源架构的新款高端可编程直流电源，较上一代产品升级了彩色液晶屏，基本配置提供两路 30V、5A 输出，一路 6V、3A 输出和一路标准 USB 输出，支持电源串、并联工作，配置有 4.3 英寸彩色液晶显示屏，多路输出信息清晰。性能方面提供主流的 1mV、1mA 分辨率。实际销售还有经济型的 UDP3000S-E，提供 10mV、1mA 分辨率，性能稍加限制，价格更为实惠。UDP6730 系列是优利德新款的高端基于开关电源架构的可编程直流电源，提供一个输出通道，功率输出最大可达 360W（最大电压 80V，最大电流 30A）。UDP6730 采用立式小体积设计，配置有 2.8 英寸彩色液晶屏显示，提供 10mV、1mA 分辨率。性能类似，输出功率小一点的还有 UDP6721（额定功率 180W）和 UDP6720（额定功率 100W）。

大华（DAHUA）

大华可谓是中华老字号品牌，现为大华无线电仪器有限责任公司（原国营七六八厂）所使用。大华专注于电源生产和测试，在业内久负盛誉，在 20 世纪 80 年代，就出品诸多高级可调直流稳压电源，广为当时的科研院所和军队使用。随着时代进步和科技发展，大华电源也与时俱进，主力销售的 DH1790 系列小体积可编程直流电源和 DH1766 系列 3 路可编程直流电源，都是性能主流、品质可靠的产品，其 DH17800A 系列大功率可编程直流电源业界驰名，标准机架外形单台最大功率最高可达 15kW。

华夏智造：国产仪器仪表助力科技强国（6）

漫谈国产仪器之电子负载

杨法（BD4AAF）

直流电子负载广泛应用于现代电源类、新能源类、电力、自动化设备集成测试等领域。直流电子负载可以模拟用电负载特性，对被测供电元器件进行测试和测量。随着电池供电的电子产品的研究日益深化，直流电子负载仪器需求量也在增加，同时这对直流电子负载的性能、功率、功能、精度都提出了更高的要求。从技术上看，目前可编程直流电子负载成为直流电子负载的主流产品。

直流电子负载的演进

我国早期并没有十分重视直流电子负载，其不属于传统基础仪器的行列。需要使用模拟负载的场景主要用大功率电阻配合电流表监视电流，以前还有使用廉价灯泡来替代大功率电阻的，因为大功率电阻价格也不便宜。为了增加适用范围、调节耗电功率和电流，大功率试验模拟负载常常使用可调电阻，大功率的圆盘可调电阻是最常用的元器件。由于早期模拟负载大多用于简单的电源产品测试，所以对其功能和精度要求不高，也很少有厂商专门生产专业的仪器级产品。

直流电子负载是通过电子电路，利用半导体电子元器件吸收并消耗电能的一种负载，核心功率元器件为场效应管或晶体管。与早期使用的大功率可调电阻作为负载相比，更容易实现较高精度的调节和控制，同时具有较高的稳定性，定电流、定电阻、定功率、定电压成为基本功能，过电压、过电流、过功率、过热、极性反接等自身保护功能也逐步完善。现代通过数控技术，更是将直流电子负载控制精度提升到了新的层次，现代专业产品还能模拟一些用电器，如模拟 LED 的负载特性用于专项测试。渐渐地，直流电子负载已是一些制造企业和实验室不可或缺的高使用率仪器。

20 世纪 90 年代以前，直流电子负载主要是国外品牌的天下，在国内知名度高、应用量大的主要是日本菊水（KIKUSUI）的产品，与菊水同厂的高品质直流稳压电源一起进入中国。

后来，我国台湾的电子仪器制造企业在直流电子负载方面跟进，致茂（Chroma）、博计（PRODIGIT）、亚锐（ARRAY）、固纬（GWINSTEK）渐渐成为业内知名品牌。近年来，大陆民营仪器企业在直流电子负载方面颇有建树，有的建立了完整的仪器产品线，有的拓展仪器生产品类，专业电源厂商看到了这类仪器的市场前景，增加了研发投入。民营仪器的领头企业普源精电和鼎阳都有高水准的、可与进口产品媲美的实验室级直流电子负载产品。万用表知名企业优利德和胜利也有实用级的产品。此外，国内品牌贝奇、同惠、恩智（NGI）、艾维泰科（IVYTECH）都有不错的工业用和实验室用直流电子负载。

图 1 大华大功率直流电子负载

近些年来，一些小品牌的直流电子负载涌现，借助电商平台销售，这些产品主力为台式中小功率产品，提供常规功能，很多产品价格在千元以下。

专业的直流电子负载价格对于个人电子爱好者来说比较高，近年来，一些网购平台上出现一些 DIY 的直流电子负载制作，使得个人电子爱好者也能廉价用上现代功能的直流电子负载。虽然这些制作其貌不扬，但功能要比用单纯电阻强大得多，测量电池容量、测试最大放电电流都很方便，准确度也不差。这些制作普遍没有成品外壳，是用 PCB 搭建的功能成品，利用计算机的散热片和风扇作为散热器，有小型显示屏，具备成品直流电子负载的基本功能。

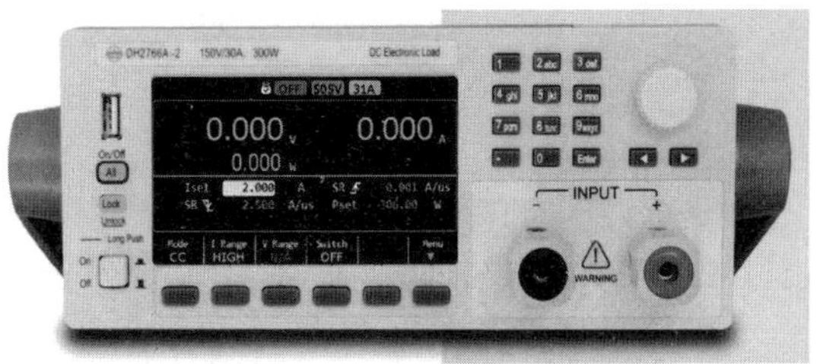

图 2 大华桌面型直流电子负载 DH2766A-2

图 3 Chroma 模块型直流电子负载

国产直流电子负载品牌

大华

北京大华无线电仪器有限责任公司是可调直流稳压电源的老字号，在直流电子负载方面，尤其大功率产品是国产产品的标杆。大华大功率直流电子负载如图 1 所示，目前主力产品已全面升级为可编程直流电子负载，提供了高精度、高分辨率、全面保护的功能。大华 DH27800E 系列大功率可编程直流电子负载可提供最高 1200V 电压输入和 60000W 功率。大华 DH27600E 和 DH28600A 系列均为机架型，各有特色，提供常规大功率应用。DH27600E 可以提供最高 3000W 功率和 150V/600V 电压等级。DH28600A 系列为高性能款，抗干扰性强，还具备高次谐波电流模拟功能，方便测试波峰电流，提供最高 6000W 功率和 400V 电压等级。作为高端产品，DH28600A 系列配备了 7 英寸彩色触摸屏，提供更直观的操作控制交互界面。DH2766 系列具备 150W/300W/600W 这 3 种功率等级和 150V/600V/1200V 这 3 种电压等级，其中桌面型直流电子负载 DH2766A-2 如图 2 所示，适合电子实验室作为通用仪器使用。

致茂（Chroma）

致茂电子成立于 1984 年，以自有品牌 Chroma 行销全球，其电源和电源电池测试类产品广为全球同行认可。致茂电子在国内上海、深圳、苏州、厦门等地都有分公司。Chroma 的直流电子负载在业内久负盛誉，工业级产品很久前就广泛应用于世界级制造大厂，其模块型产品（见图 3）最为有名。目前，致茂直流电子负载主要产品有桌面型 630000 系列、大功率 63200A 系列、经济型大功率 63200E 系列、模块型高速 6330A 系列，模块型多通道 63600 系列。

艾诺（Ainuo）

艾诺仪器公司位于山东青岛，创立于 1993 年，是一家高新技术企业，专注于电气测试仪器的研发和制造，还曾参与起草多项电气性能测试类国家标准。艾诺的核心产品有电气安全性能测试仪、交直流电子负载、交流电源、直流电源、电机综合测试系统、功率分析仪等。艾诺直流电子负载产品丰富、技术含量高、性能好，目前产品已经过多次升级，主力产品有桌面型中小功率的 AN23500 系列、大功率的 AN23600E 系列、大功率回馈式直流电子负载 ANEL 系列、燃料电池专用直流电子负载 ANELF 系列、交直流电子负载 AN29 系列等，其中桌面型直流电子负载 AN23512 如图 4 所示。

艾德克斯（ITECH）

艾德克斯电子（南京）有限公司的台式直流电子负载在国内有很高的知名度和应用量，广泛出现在各档次实验室和工厂生产线上。ITECH 总部位于中国江苏省南京市，是南京市百强高新技术企业，在南京和台北均设有研发中心和生产基地。直流电子负载是其核心产品之一，产品丰富，覆盖多个应用层次。产品大类有回馈直流电子负载、小功率实验室直流电子负载、大功率直流电子负载、多通道直流电子负载、LED 模拟直流负载。市场上有名的实验室中小功率直流电子负载有经济型桌面数控电子负载 IT8211 系列、基础款可编程直流电子负载 IT8500 系列、具有高分辨率和高精度的主

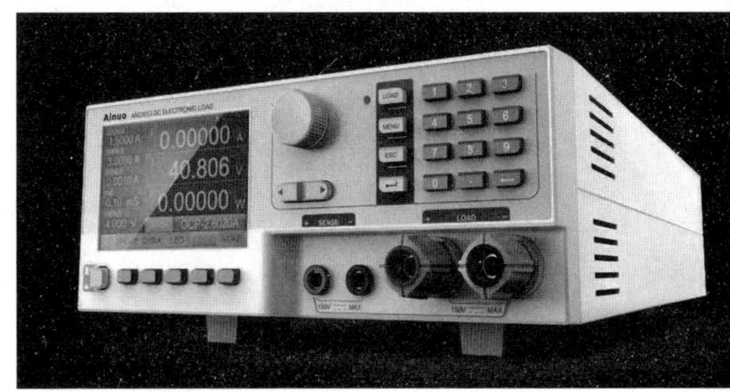

图 4 Ainuo 桌面型直流电子负载 AN23512

图5 ITECH 直流电子负载 IT8511

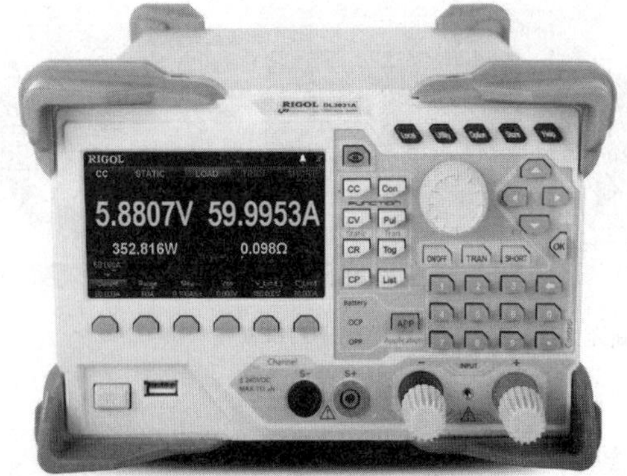

图6 普源直流电子负载 DL3031A

流性能可编程直流电子负载 IT8500+ 系列、升级版高性能多功能 IT8500G+ 系列、高速高精度可编程直流电子负载 IT8800 系列，其中直流电子负载 IT8511 如图 5 所示。

普源精电（RIGOL）

普源精电以数字示波器闻名业内，作为国内名列前茅的民营仪器公司，近些年来建设了完整通用仪器产品线，颇有国际一流仪器企业的风范。直流电子负载虽然不是其核心产品，但普源也有一款 DL3000 的产品主打实验室级仪器，其外形风格与同厂的可编程直流稳压电源相同，配对配置相映生辉，颜值爆棚。普源 DL3000 系列是一款高技术的可编程直流电子负载，具有 200W、350W 总功率，提供最大 150V 电压和 60A 电流，最小回读分辨率可达 0.1mV、0.1mA，具有 30kHz 动态模式和电池测试功能。DL3000 系列使用 4.3 英寸彩色液晶屏，可同时显示多个参数和状态，还具备波形显示功能，颜值和功能双双在线，直流电子负载 DL3031A 如图 6 所示。

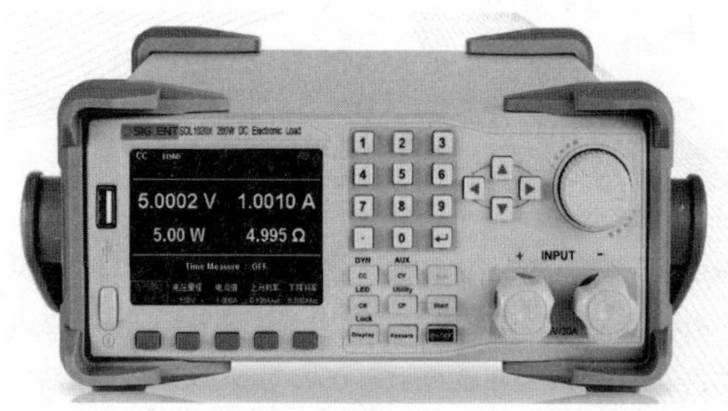

图7 鼎阳直流电子负载 SDL1020X

鼎阳

深圳市鼎阳科技股份有限公司是通用电子测试测量仪器民营企业的后起之秀，鼎阳仪器性价比高、功能多，为很多中小公司的一线工程师所喜爱。鼎阳科技在直流电子负载方面有 SDL1000X 系列高性能可编程电子负载，具有优良的动态特性，可仿真电流高速变化，主打实验室桌面高精度高性能应用。SDL1000X 在传统 CR 模式的基础上，增加了二极管的导通电压设置，可以模拟真实二极管的工作状态，测得 LED 测试时的涟波电流。SDL1000X 还具备电池测试功能，可以有效反映电池的可靠度及剩余寿命。使用 CC、CP、CR 模式，通过设置终止电压、放电容量和放电时间等终止条件，可对电池进行放电测试。SDL1000X 系列有 200W、300W 型号，支持最大 150V、30A 输入。直流电子负载 SDL1020X 如图 7 所示。

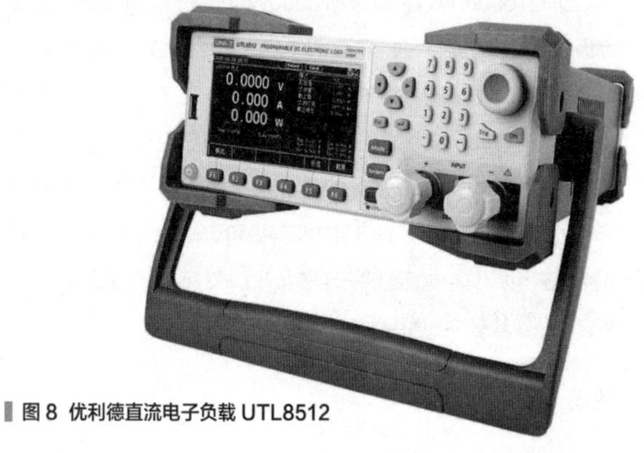

图8 优利德直流电子负载 UTL8512

优利德

优利德科技（中国）股份有限公司是一家以数字万用表闻名业内的仪器制造公司，近年来公司产品线不断拓展，囊括示波器、频谱仪、热成像设备、电气安全测试仪器等众多电子测量仪器。直流电子负载虽然不是优利德的核心产品，但也有所涉及，凭借品牌连带效应和售后口碑也赢得一众用户。优利德的直流电子负载主要是台式中小功率产品，自身并无太大特色，可谓中规中矩，市场上常见的有入门级的 UTL8211+、UTL8212+、UTL8511、UTL8512（见图 8），外形和配置紧随市场主流，很多产品不到 2000 元，颇具性价比。

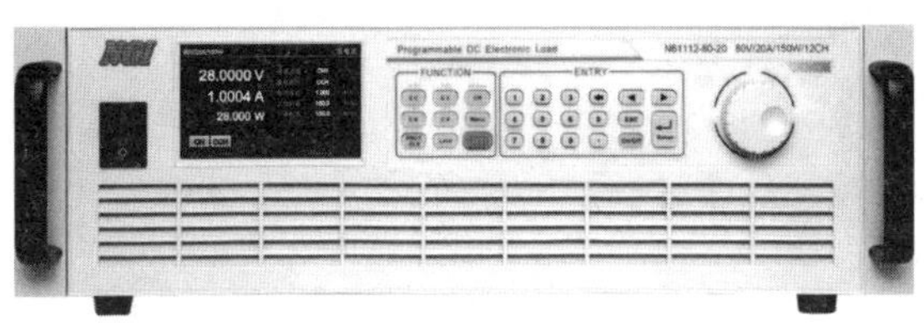

▌图 9 恩智多通道高性能直流电子负载 N61112

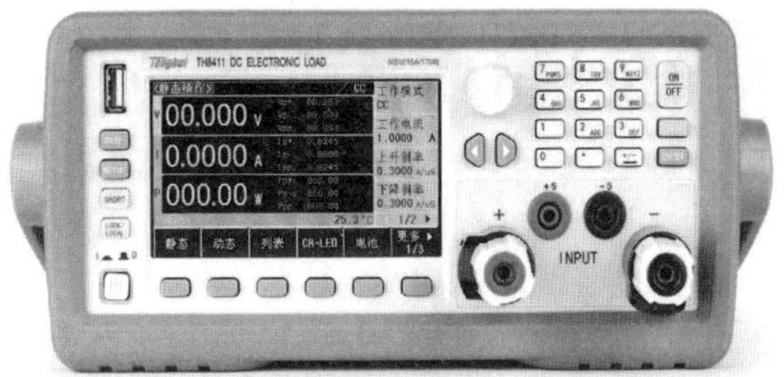

▌图 10 同惠中小功率直流电子负载 TH8411

恩智（NGI）

恩智（上海）测控技术有限公司是一家专业的电子电路与测控技术方案提供商，拥有广泛的测控和电子技术类产品线，包括半导体测试源表、直流电源和电子负载、电池模拟器、锂电池 / 超级电容测试产品等。NGI 的直流电子负载产品众多，主打工业高端应用，包括多种型号的多通道直流电子负载。代表产品是新款的 N61100 系列多通道高性能直流电子负载，产品为集成应用设计，具备通信速度快、集成度高、稳定性强的特点，多通道通信响应时间小于 10ms，单机集成度高标准机箱，最多可集成 12 通道。新款的 N69200 系列是高可靠性、高精度、多功能的高性能大功率可编程直流电子负载产品。N69200 系列有 150V、600V、1200V 这 3 种电压规格，标准机箱功率可高达 6000W，且支持主 / 从并机控制，可主 + 主、主 + 从多种方式实现功率扩展，多通道高性能直流电子负载 N61112 如图 9 所示。

同惠

常州同惠电子股份有限公司是一家集研发、制造、营销于一体的高新技术企业，在电力电子测试仪器中，同惠的直流电子负载和可编程直流电源有一定名气且产品丰富。同惠直流电子负载有高性能的 TH82XX 系列、模块型的 TH83XX 系列、桌面基础型的 TH84XX 系列。同惠的仪器品质优良、耐用，广为中小企业生产线用户所喜欢。同惠 TH8411（见图 10）是电子爱好者比较关注的一款桌面型仪器，其最大输入功率为 175W，支持最大 500V 和 15A 输入，拥有 4.3 英寸大彩屏显示，价格不到 2000 元。另外同惠 TH8412 为其高功率型号，最大输入功率为 350W。

贝奇

常州市贝奇电子科技有限公司是一家集研发、制造、营销于一体的民营高科技企业，主攻电源测试，其程控直流电子负载、快充自动测试仪、模拟电池测试仪产品设计实用，价格实惠。直流电子负载产品定位多样，多功能直流电子负载 CH6312A 如图 11 所示，除此之外还有推广型的 CH9720 系列和 CH9711+、CH9712+ 系列，经济型的 CH8710 系列、CH9710 系列，大功率的 CH9810、CH633X 系列。在电商平台上，贝奇 CH9720B 为其主打的桌面级产品，配置有 4.3 英寸彩色液晶屏，具有 150W 功率，支持最大 360V 和 30A 输入，颇受电子爱好者的关注。

艾维泰科（IVYTECH）

东莞市艾维泰科仪器仪表有限公司的直流电源、直流电子负载、大功率交流变频电源、数字电桥、电力功率计仪器等在业内相当有名气。直流电子负载也是其主力产品之一，艾维泰科直流电子负载有桌面型 IV8711（见图 12）和 IV8712，也有大功率千瓦级的 IV8713 ~ IV8719，拥有最大功率的 IV8719 功率可达 4800W，其桌面型产品中规中矩，价格实惠，操作简便。

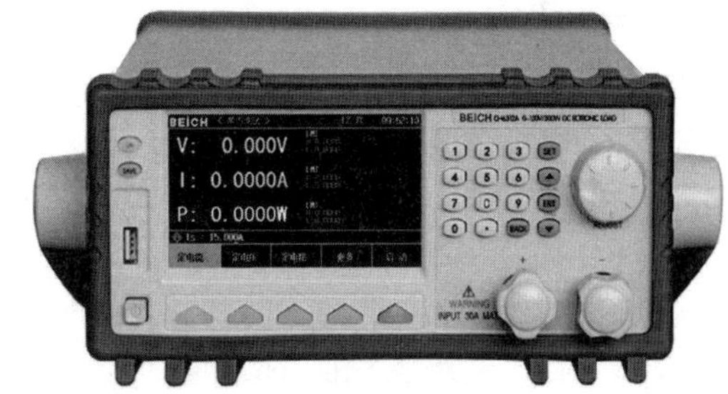

▌图 11 贝奇多功能直流电子负载 CH6312A

▌图 12 艾维泰科直流电子负载 IV8711

漫谈国产仪器之矢量网络分析仪

杨法（BD4AAF）

矢量网络分析仪是测量射频网络参数的测试仪器，是重要的射频和微波元器件测量工具。它能够提供传输测量、反射测量、阻抗和散射参数，广泛应用于分析滤波器、天线、功率放大器等各种无源和有源元器件。随着科技的突飞猛进，无线电设备使用密度不断增加，无线电应用种类不断推陈出新，无线电射频元器件相关的制造业、检测业、科研业、运维行业等都对矢量网络分析仪产生了巨大的需求，同时对矢量网络分析仪的工作频率范围、测量性能、端口数量、自动化智能测量、灵活性提出了更高的要求。矢量网络分析仪对于消费类电子通信、国防、航天等都是重要的高科技仪器，矢量网络分析仪器的国产化助力科技强国，对于关键仪器核心技术的自力更生和普及应用都有重大的意义。

国产矢量网络分析仪的演进

矢量网络分析仪是技术含量极高的射频和微波测量仪器，集信号源、频谱分析仪、相位测量技术于一身，世界上能生产高性能矢量网络分析仪的企业屈指可数。国内的民营仪器企业也是较晚才推出了矢量网络分析仪产品。

矢量网络分析仪核心架构由源信号和接收机组成。接收机根据输入射频网络的源信号，检测射频网络输出信号的变化，包括幅度和相位的变化和响应，实现传输测量（传输系数、插入损耗、增益）、反射测量（反射系数、电压驻波比、回波损耗）、阻抗和散射参数（S 参数）S11、S12、S21 和 S22 测量。

矢量网络分析仪的前辈为标量网络分析仪，标量网络分析仪仅可以测量幅度特性，而矢量网络分析仪还可以分析相位特性。标量网络分析仪相比矢量网络分析仪结构简单，主要由跟踪源和频谱分析仪构成，用于分析扫频测量幅度，实际主要用于测量元器件的频幅特性，也可以通过电桥测量单端口网络（如天线）的驻波特性。现代矢量网络分析仪可以采用更精密的校准程序，因此具有更出色的灵活性和准确性。

扫频仪算得上是国产矢量网络分析仪的鼻祖。扫频仪是一种用来测量射频网络频幅特性的仪器，广泛应用于收音机、电视机、接收机电路的调试。扫频仪的核心是扫频信号发生器，早期的扫频仪采用直接检波架构，所以性能不能与使用跟踪接收机中频检波技术的网络分析仪相比。我国代表型产品为 ZTT-A 型中频图示仪、BT-3 型频率特性测试仪、BT-8 型频率特性图示仪、BT-20 型扫频图示仪、XSQ-4 型 UHF 电视扫频仪。

ZTT-A 型中频图示仪是专为调试调幅广播收音机 465kHz 中频特性曲线设计的仪器，中心工作频率为 465kHz，扫频频偏正负 20kHz。

BT-3 型频率特性测试仪是一款基于电子管的扫频仪，能在示波管上直观显示被测元器件幅 - 频特性曲线的测量仪器，可快速测量工作频率在 1 ~ 300MHz 范围内的各种无线电设备、电路、网络和滤波器的幅 - 频特性。BT-3 产量多、应用广，是早期实验室和生产流水线上的主力射频图示测量仪器。后期 BT-3 有不少扩展型号，由多家企业继续生产，内部电路晶体管化、集成电路化、数控化，工作频率也有所提升。后期的 BT-3C 为晶体管版本，BT-3D 和 BT-3F 的工作频率都达到了 600 ~ 1000MHz。

BT-8 型频率特性图示仪是一款中心频率在 0.5 ~ 40MHz 的扫频仪，能产生扫频信号，将被测射频网络的频率特性显示在示波管显示屏上。当时广泛应用在电视机的中频放大器、视频放大器、伴音通道和收音机射频通道的测量与调试。

BT-20 型扫频图示仪主要测量和调试 300 ~ 1000MHz 范围内的电视机、雷达、卫星地面站设备和各种射频网络的幅 - 频特性。BT-20 扩展了能测量信号源频率的功能，附加合适的精密延长电缆，还能用来测量网络的阻抗特性并作为简易的信号源使用。BT-20 和 BT-3 组合工作频率为 1 ~ 1000MHz，可以满足当时绝大部分民用无线电应用的需要。

XSQ-4 型 UHF 电视扫频仪能产生中心频率为 460 ~ 870MHz 的扫频信号或点频信号，是专为调试 UHF 电视机设计的射频仪器。与 JDQ-1 显示器配合可测量或调试 UHF 调谐器的高放特性曲线、本振频率、混频曲线以及高频头的中特性曲线，也能调试或测量 UHF 频段电视机的中特性曲线和其他有源或无源网络的幅 - 频特性。

早期的扫频仪采用模拟控制架构，以现代眼光来看，其整体性能分辨率低、工作频率范围窄、测量精度差、用途单一。上海无线电二十六厂出品的高频率的 XSQ-4A、XSQ-14A UHF 电视扫频仪品质性能较好。上海无线电二十六厂是当时国内微波仪器专业生产定点厂，也是机械电子工业部的重点企业。

随着标量网络分析仪的兴起，老式的扫频仪慢慢淡出市场。当时很多国营无线电厂因为仪电行业的改制，在技术和精力上没有紧随国际科技发展的步伐，一些由原来国营企业分离出来的转民营企业，技术和资本有限，新品发展缓慢，慢慢地出现了代差，采用新技术、高性能的海外网络分析仪慢慢挤占国内市场。

在矢量网络分析仪的时代，功能较为单一的标量网络分析仪被淘汰，矢量网络分析仪的工作频率不断攀升，测量速度和测量精度显著提高，仪器向着软件化和智能化方向发展。由于制造矢量网络分析仪技术含量高，一开始国内仅有少数“国家队”企业有技术能力企及。随着科技的发展，国内其他仪器企业有了发展和追赶的新契机。一些高新技术民营仪器企业经过技术积累，包括前期开发频谱分析仪和信号源的经验，开始涉足矢量网络分析仪领域，攀登射频仪器领域新高峰。民营仪器企业的进入，给入门级市场带来了高性价比的新鲜气息，可能参数不耀眼、配置不突出，但性能实用、价格实惠，以前高高在上的矢量网络分析仪不再是中小企业眼中高不可攀的“神器”。“国家队”企业则凭借雄厚的技术实力瞄准中高端矢量网络分析仪市场，制造国际同步的高工作频率、高性能的产品，为国内使用单位提供国产平替仪器，不再受制于人，同时展现中国制造实力和科技研发能力。

国产矢量网络分析仪厂商

中国电子科技集团公司第四十一研究所

中国电子科技集团公司第四十一研究所（简称 41 所），是我国国防科技工业系统的专业电子测试技术研究所，也是国内著名的电子和射频测量仪器生产大厂，技术实力和生产规模绝对堪称“国家队”的领头羊。产品以中高端射频仪器为主，后期使用依爱品牌，其很多产品都可以与安捷伦、罗德与施瓦茨主流仪器对标。它早期就生产了 AV3617 标量网络分析仪，后期则全面转向生产矢量网络分析仪。其著名产品有 AV3656B 矢量网络分析仪（8.5GHz），可对标安捷伦 E5071C；AV3629 高性能微波一体化矢量网络分析仪，工作频率达 40GHz；AV3654 毫米波脉冲矢量网络分析仪，工作频率达 40GHz。另外 41 所还有 AV2020X 系列配套矢量网络分析仪用同轴校准件，频率最高至 40GHz。近年来 41 所在射频测量方面主要向高精尖的计量产品和服务发展。

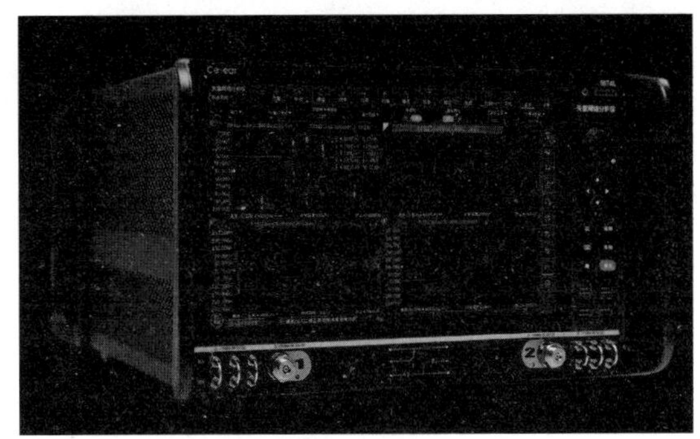

图 1 思仪 3674L 矢量网络分析仪

中电科思仪科技股份有限公司

中电科思仪科技股份有限公司是中国电子科技集团第一家二级单位股份制公司，与中科电 41 所同源，使用“思仪”品牌。其出品的射频测量仪器全国领先，代表产品堪称“国产之光”。中电科思仪不仅在频谱分析仪 / 信号分析仪方面造诣颇深，在网络分析仪方面同样技艺精湛、经验丰富。网络分析仪产品覆盖射频、微波、毫米波和太赫兹波段，具有系统动态范围大、迹线噪声低和测试精度高等特点，提供高性能多功能、经济型、手持式等网络分析测试解决方案。相关产品类型涵盖高性能多功能矢量网络分析仪、经济型矢量网络分析仪、天线与传输线分析仪、天馈线测试仪、S 参数测试模块、机械校准件、电子校准件等。

新款的 3674 系列矢量网络分析仪在性能和智能化方面更上一层楼，其具有出色的射频特性、灵活的硬件配置和丰富的软件功能，只需一次连接即可完成多种测量任务。创新的人机交互设计可帮助用户快速便捷地完成所需的测量设置，超大触摸屏为用户带来灵活、高效的操作体验。思仪 3674L 矢量网络分析仪如图 1 所示，频率覆盖范围 500Hz ~ 110GHz，系统动态范围 131dB@20GHz，谐波抑制 -60dBc@20GHz，系统迹线噪声 0.002dB@10GHz，综合性能能与国外高档产品媲美。

思仪主力产品有适合实验室的高性能的 3672 系列和 3671 系列矢量网络分析仪；适合无线电通信相关应用的 3656 系列矢量

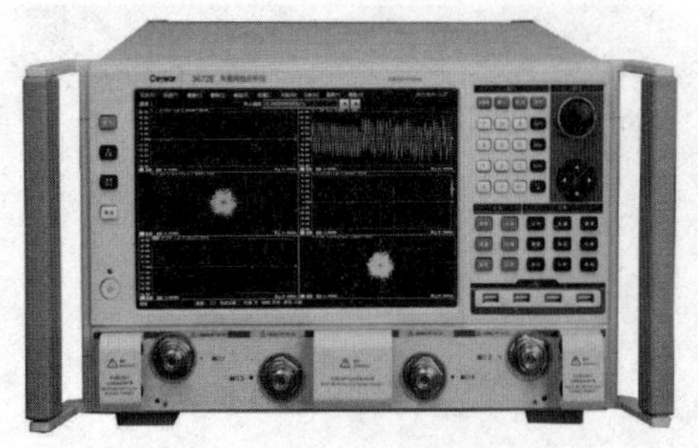

图 2 思仪 3672E 矢量网络分析仪

图 3 创远信科 T5260A-2KU 矢量网络分析仪

网络分析仪；主打多端口应用的 3650 系列矢量网络分析仪。思仪 3672E 矢量网络分析仪如图 2 所示。

手持射频测量仪器方面，思仪 36211 手持式天线与传输线测试仪具有频率范围宽、测量速度快、测量精度高、结构先进、体积小、质量轻、电池供电等特点，可以媲美国外同类产品，可用于通信基站和雷达系统的现场维护。其采用先进的射频与微波混合集成设计技术、宽带基波混频技术、数字化中频处理技术等，可测量回波损耗、驻波比、阻抗、DTF（不连续点定位）等网络参数，适合现场的电缆、天线、传输线等的驻波比测试。

天津德力仪器设备有限公司

德力仪器在仪器领域颇有名气，也是中国仪器的老字号。1989 年，多名从事无线电导航、电视监测技术的资深工程师创立了天津市德力无线电技术公司，1999 年天津市德力电子仪器有限公司正式成立，随着公司的业务发展以及产品涉及领域的扩展，2019 年，公司更名为天津德力仪器设备有限公司。在广电系统的技术运维部门，提起德力的电视场强仪和便携仪器可谓无人不知，当年是可以和日本同类产品媲美的国产精品。现今德力仪器业务扩展覆盖信号分析、频谱监测、广电信息监测、光通信网络测试、IPTV 测试、5G 直播背包等，在仪器方面，除了手持频谱仪和天线分析仪，德力仪器在矢量网络分析仪方面也颇有建树，较早地推出了国产化的矢量网络分析仪，以及适合广电领域使用的 75Ω 射频阻抗的矢量网络分析仪。

德力仪器提供高性价比的矢量网络分析仪和高便携性的手持矢量网络分析仪，为不少中小企业用户所看好。德力仪器的矢量网络分析仪产品丰富、价格覆盖范围广，有高性能的 NA7600E 系列、为 5G 通信器件测试优化的 NA768x C 系列、高性价比的 NA766x C 系列、基于 Windows 系统的入门级 NA763x C 系列、75Ω 端口特性的 NA763x B 系列、手持型的 E7200A 等。

创远信科（上海）技术股份有限公司

创远信科是一家 2005 年成立，位于上海的高新科技企业，是上海无线电检测行业联盟核心单位，获国家级专精特新“小巨人”企业称号。矢量网络分析仪是其核心产品，目前其高端产品为 40GHz 的 T5260A-2KU（见图 3），低价位、高性价比产品为 C5+，主力产品为 T5260A（8.5GHz）。

创远信科的矢量网络分析仪价格不凡，屡次震惊业内，以前 6.5GHz 的 C5+ 广告价不到 3 万元，近期高频率的 40GHz T5260A-2KA 网络宣传价不到 30 万元。

鼎阳科技股份有限公司

鼎阳科技是民营仪器企业的后起之秀，在示波器和射频仪器方面颇有建树。其产品设计新颖、技术前卫、功能多、性能不错、价格实惠，颇受中小公司的工程师的喜爱。在矢量网络分析仪方面，鼎阳科技近年来有所突破，在高频率、高动态、时域分析功能、便携机方面都有进步，电子校准件和开关矩阵也紧随其后，可见鼎阳科技在射频仪器设计制造功力方面有不少精进之处。

SNA6000A 是鼎阳新款旗舰机型，从仪器外形到性能都令人

图 4 鼎阳 SNA6134A 新旗舰矢量网络分析仪

刮目相看，展现了民营仪器厂家的技术实力的进步。SNA6134A（见图 4）的 12.1 英寸液晶屏和外形设计，给人的第一感觉就是正宗专业的矢量网络分析仪，不再是频谱分析仪多功能机型，可支持最高频率为 26.5GHz，支持 2/4 端口、脉冲测量功能、TDR 增强时域分析功能，这些功能都是中高档机型的配置。

鼎阳提供了 SVA1000X 系列矢量网络与频谱分析仪一体化机，体积小巧、性能够用、价格实惠。1.5GHz 版本的 SVA1015X 网上售价不到 2 万元，使得个人业余无线电爱好者也能轻松拥有。针对需要高频率使用的用户，该系列也有 7.5GHz 版本的 SVA1075X。

另外，鼎阳的手持矢量网络分析仪 SHN926A（见图 5）也上市开卖，兼具小巧便携和出色的射频性能。SHN900A 系列集矢量网络分析仪、频谱分析仪、电缆与天线分析仪于一身，堪称无线电爱好者的射频万用表。

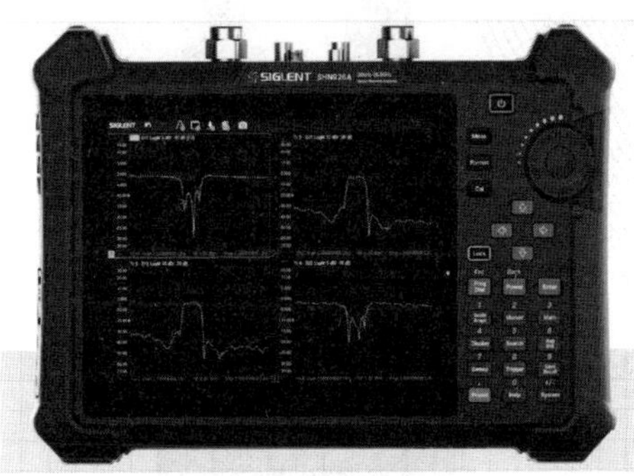

图 5 鼎阳 SHN926A 手持矢量网络分析仪

普源精电科技股份有限公司

普源精电以数字示波器起家并以数字示波器闻名业内，是国内数字示波器的领头羊企业，也是民营仪器科技企业的代表。普源精电并没有专门信号的矢量网络分析仪，而是其高端型号的频谱仪具备 VNA 功能。普源精电高端的 RSA5000N（见图 6）和 RSA3000N 实时频谱仪提供 VNA 矢量网络分析模式，可以实现对元器件、电路网络的 S11、S21 以及故障点定位的测量，通过史密斯圆图、极坐标等精确地表征被测元器件的网络特性，总体适合矢量网络测试的轻度应用。

图 6 普源 RSA5000N 多功能频谱分析仪

猕猴桃自动授粉机

杨凌国际猕猴桃创新创业园里开来了新装备，由西北农林科技大学机械与电子工程学院傅隆生教授团队研制的猕猴桃自动授粉机首次下田试验，标志着科研成果从实验室走进农田。该团队研制的这台猕猴桃自动授粉机，由摄像头、控制器、机械臂、末端执行器、电池等部分组成，并从传统的图像处理算法发展到了运用最新的 AI 技术，智能机械臂性能也不断创新，目前已获得 3 项专利、3 项软件著作权。

目前，机器人对花的识别率可以达到 95% 以上，而且还能够精确识别出花开的程度。随后再根据结果枝和花的空间位置分布关系和被赋予的农艺知识，来自主挑选优势花朵进行授粉，准确率达到 90% 左右，结果率达到 85% 以上，节省花粉量 20% 左右。这台机器人只需要更换不同对象的识别算法和末端执行器，就能实现果实采摘和疏蕾等工作，通过“一机多用”为猕猴桃发展和我国农业现代化提供技术支撑。未来，研究团队还将增加喷头，并结合目前我国不断发展的先进底盘技术，设置多个机械臂，进一步提高工作效率。

2023 年年末 业余无线电台设备盘点

杨法（BD4AAF）

转眼间我们又将告别 2023 年，2023 年对于业余无线电台活动来说是“重启”的一年，各项传统业余无线电台活动有序恢复，新人新鲜血液继续增加，老资格业余无线电台爱好者也不断精进技术，追求更高的目标。中国无线电协会业余无线电分会（CRAC）主办的“无线电技术观摩交流大会暨业余无线电应急通信及无线电测向演练”继 2019 年后于 2023 年在江苏苏州继续成功举办。国家体育总局航空无线电模型运动管理中心与中国无线电和定向运动协会主办的“2023 年全国青少年无线电通信锦标赛”“2023 年全国青少年无线电测向锦标赛”在上海和广东韶关成功举办。CRAC 在全国各地举办了多场最高等级的“C 类业余电台操作技术能力验证考核”，每场都考生爆棚。

业余无线电台活动人气恢复，相关无线电器材厂商也不落人后。无论是国际业余无线电器材厂商，还是国内对讲机厂商和国内相关仪器公司都新品迭出，使业余无线电有了新玩法、新器材、新体验，体现了业余无线电技术的与时俱进，增强了业余无线电台活动的吸引力。价廉物美的国产对讲机、国产便携短波电台、国产天线射频测量仪器降低了玩业余无线电台的入门门槛，也让国外 HAM 惊讶中国业余无线电技术的发展水平。越来越多的中国设计、中国出品、中国制造的业余无线电器材出现在国外 HAM 手中，并受到广泛认可。早期出现在欧美市场的中国业余无线电器材以低价吸引眼球，近年来的新品已是技术含量和性价比并重，产品也从廉价手持对讲机向高技术含量的短波电台、天线射频测量仪器等扩展。今年的新款国产手持对讲机将航空频段接收、自动对频、USB Type-C 充电作为新特性全面引入，引领对讲机新玩法。

国内业余无线电台设备管理日趋规范和严格，体现保护合法电台、打击非法电台的原则。没有获得无线电发射设备型号核准的设备在销售和使用上均面临法律问题。国内作坊制造和从国外购置的未取得无线电发射设备型号核准证的设备不能以自制或改装名义申请业余无线电台执照。遵循国际惯例，我国无线电管理机构依然允许和鼓励 HAM 真正自制设备，提高无线电技能。

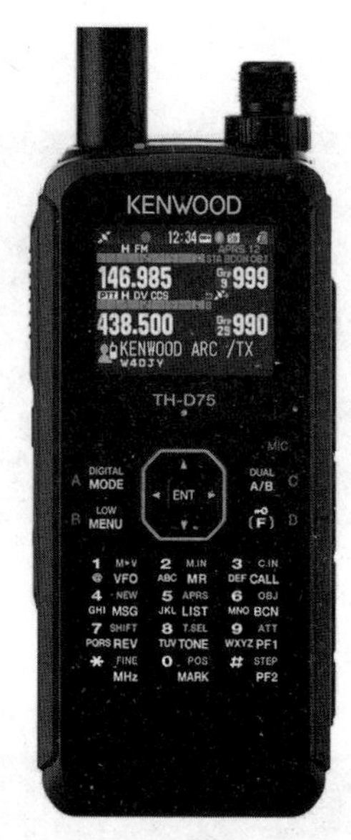

图 1 建伍新旗舰手持对讲机 TH-D75

JVC/KENWOOD

JVC/KENWOOD 建伍很早以前就是业余无线电台设备的老大哥，也是曾经的技术先锋，很多老 HAM 以使用建伍高级电台为荣。近年来，建伍在业余无线电台业务方面不太给力，产品更新缓慢，主要做高端产品。建伍在商用对讲机上倒是新品迭出。今年建伍终于更新了其业余电台手持对讲机 TH-D75（见图 1），从很多年前的 TH-D72 开始，该系列一直是玩 APRS 的王者。TH-D75 是一款 APRS+DPRS+D-STAR 的手持对讲机，支持 SSB 和 CW 接收，支持 USB Type-C 充电。建伍的高端短波电台依然是 TS-990S 和 TS-890S。另外，建伍推出了 10 周年纪念版的 TS-990，使用建伍早期的 TRIO 商标，彰显曾经的王者风范。

ICOM

ICOM 的电台产品以精工细制出名，短波电台的设计与制造有口皆碑。ICOM 主导的业余无线电台数字模式是 D-STAR，提供多个价位的产品供用户选择。D-STAR 中继在日本和欧美部署广泛，但在国内不多。ICOM 新产品中彩屏的 ID-52 手持对讲机最吸引眼球（见图 2），彩色显示屏 + 瀑布图可谓引领业余电台手持对讲机发展方向。虽然国内使用 D-STAR 较少，但 ID-52 还是很多器材发烧友必买的压箱底好机器，ICOM 今年最新产品是 ID-50 手持对讲机（见图 3），它可以被认为是 ID-52 的单色屏紧凑型版本。ID-50 体积小巧、功能不打折，支持 USB Type-C 接口充电，给出差时充电省了不少事。

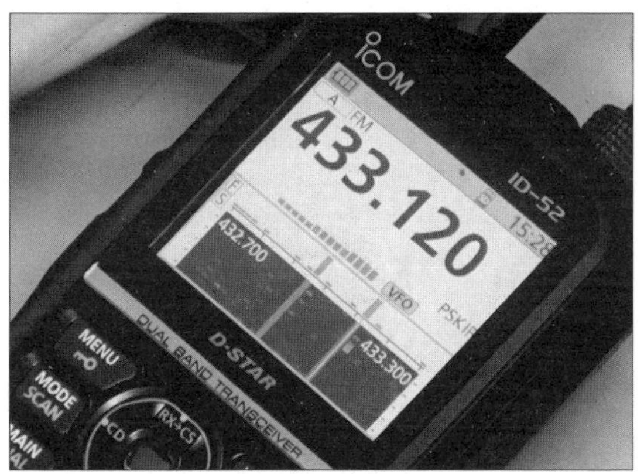

▌图 2 ICOM 旗舰 ID-52 手持对讲机

ICOM 的 IC-705 上市已经多年但依然是热门机型，市场上几乎没有对手。IC-705 虽然不是大功率机型，但其颜值高、功能丰富、玩法多，为新老 HAM 所喜欢。攀登频段新高峰的 IC-905（见图 4）是大家最期盼的新产品，虽然国内还没有开卖，但讨论者络绎不绝。IC-905 是一款新概念架构主打超短波和微波的设备，除了传统的 144MHz 和 430MHz，还支持 1.2GHz、2.4GHz、5.6GHz，选件支持 10GHz。IC-905 的射频单元与控制单元分体安装，颇有电信基站的架构。IC-905 的国外参考价约 3 万元，比 IC-705 贵得多，令不少 HAM 玩家敬而远之。

▌图 3 ICOM 新款 ID-50 手持对讲机

▌图 4 攀登频段新高峰的 IC-905

▌图 5 ICOM IC-PW2 1000W 功率放大器

ICOM 的短波电台目前主打的型号是 IC-7300 和 IC-7610。IC-7300 曾经是入门级的首选，不过今年涨价后被友商新品抢了风头。IC-7610 是老款 IC-7600（DSP 架构）的升级型号，全面使用 SDR 架构。作为 ICOM 的铁杆粉丝，IC-7600 的老用户升级大多还是会选 IC-7610。

ICOM 第二代短波功率放大器 IC-PW2（见图 5）开售，IC-PW2 设计功率 1000W，SO2R 功能支持连接两台短波电台。IC-PW2 颜值、性能、功能、品质并存，是 IC-7610 以上档次短波站升级配置的首选。

ICOM 手持接收机 IC-R30 停产，新款的手持接收机 IC-R15（见图 6）在国外展会上发布。这款接收机指标看起来档次定位并不高，只是加入了时髦的元素，讲究实用。IC-R15 接收频率范围为 75 ~ 500MHz，支持 FM/AM 解调模式，有两个 VFO 可同时工作，提供 SD 卡录音和蓝牙音频附件连接功能。作为新款产品，IC-R15 配备彩色显示屏，支持 USB Type-C 充电。

射频模块

▌图 6 ICOM 新款彩屏手持接收机 IC-R15

图 7 YAESU FTM-500D 车载电台

YAESU

YAESU（日本八重洲公司）今年上市了 FTM-500D 车载电台（见图 7）新品，作为已经上市很多年的旗舰车载电台的更新，得益于八重洲公司在国内 YSF/C4FM 数字中继的多年经营，其手持对讲机和车载电台颇受国内 HAM 新人的喜爱。FTM-500D 设计独特，没有沿着数码大触摸屏的主流设计，而是将车载电台带上了小桌面电台的韵味。实际上，也确实有相当一部分 HAM 购买车载电台放在家里作为 VU 基地电台使用，专门的 VU 台式机如 FT-991A、IC-9700、IC-9100 虽然高大上，但都比较贵。我身边不少 HAM 购买或升级了 FTM-500D，放在家里当基地电台都说好。FT-991A 为多波段多模式电台，被业余无线电台爱好者称为“万金油”电台。FT-991A 虽然短波界面和频谱性能逊色于当红的 FTDX10 和 FT710，但作为多模式的 VU 基地电台是很棒的，野外架台也不错。FT-991A 从去年年末在国内就没有货，失去了才知道珍贵，同等级没有可平行替换的产品，还好全新的 FT-991A 在日本还能买到，成为 HAM 老手手里的“香饽饽”。

图 8 YAESU FT5D 手持对讲机

YAESU FT5D 手持对讲机（见图 8）虽然与 FT3DR 相差不大，但作为八重洲的新一代手持电台旗舰机型颜值还是不错，音质也有改进，配合 YSF/C4FM 数字中继是高端唯一的选择。

图 9 YAESU FTDX10 和 FT710 短波电台

图 10 YAESU FT-891

YAESU 的 FTDX10 和 FT710 两款短波电台（见图 9）推出都非常成功，带来了很高的销量，很多成为新 HAM 人生第一台短波电台。最新推出的 FT710 AESS 从颜值、界面、价格、技术卖点都满足新老 HAM 的喜好，销售方面几乎已无敌手。近日八重洲公司还推出了不含外置扬声器的FT710 Field版本，价格更为实惠。

YAESU FT-891（见图 10）原为车载电台设计，但其体积小巧、价格便宜，被很多喜欢野外架台的 HAM 所看中。FT-891 上市多年，一直被很多爱好者奉为性价比最高的进口短波电台。FT-891 短波输出功率为 5 ~ 100W，野外架台大小功率都适用，小功率输出有余量，大功率输出随时拿得出手。FT-891 虽然频谱显示较FT710弱，但胜在不到5000元的价格。大厂产品无明显短板，操作舒适度非小作坊出品能比。

YAESU 定位中高端的 FTDX101MP 在国内可谓名不见经传，高端机的销售不像跑量机那么大张旗鼓，很多资深老 HAM 和集体台都默默地升级了 FTDX101MP，空中通联听到越来越多

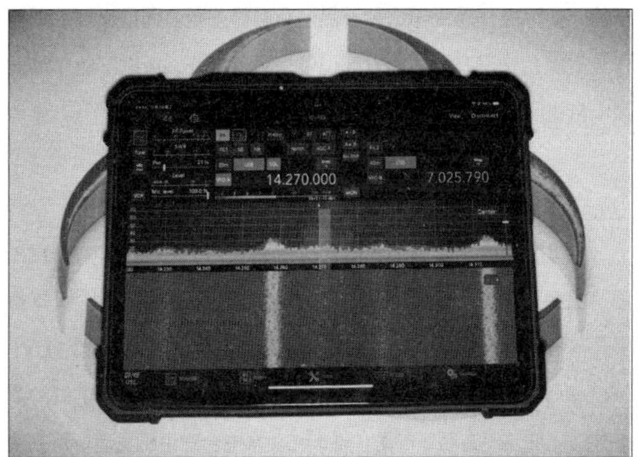

图 11 在 iPad 上遥控操作电台

图 12 协谷 X6100 高颜值便携式短波电台

的 FTDX101 在工作，上海 BY4AA 集体电台就先后买了两台。FTDX101MP 具有 200W 功率、7 英寸显示屏，支持外接显示器、高级窄带滤波器等都是吸引人的地方，3 万多元的价格要比以前的 FTDX5000/9000 容易接受得多，再考虑到使用周期，很多发烧友一咬牙也就买了。

远程遥控电台新玩法

远程遥控电台是近年来业余无线电台流行的新玩法，在 iPad 上遥控操作电台如图 11 所示。VU 段超短波电台由于家里没有高度或不在市中心，抑或是天线不能架设在屋顶，将电台架设到市中心区域和高楼顶上远程遥控操作就是个好方法。HF 短波城市居民区底噪高、在楼顶架设天线困难，在市郊别墅或临近山区、海边架设短波天线，即便是一条简单的端馈拉线天线都可能取得意想不到效果。

远程电台通过计算机、iPad、手机都能随时操控和使用。现代的短波电台和多波段电台很多都支持远程遥控。Flexradio 系列原生支持 IP 远程操控。有些原厂商提供方案，如 ICOM 公司的 IC-705、IC-7610、IC-7700、IC-7851 内建服务器，直连网线配

图 13 国赫 PMR-171 SDR 背负式多频段多模式电台

合原厂控制软件就能远程操作。IC-7300、IC-7600 主机端需要计算机配合。YAESU 公司 FTDX-101、FTDX10、FT710 配合原厂接口盒也能实现远程操作。除了原厂方案，还有第三方软件和硬件也能实现远程操作。RcForb 是一款功能强大的远程电台控制应用，支持众多新老电台，也是目前国内 HAM 使用很多的软件。纯硬件的“马工盒子”能实现 IC-7100、TS-480、FT-891、IC-2720/2730、FT7800\7900\8800\8900 原机控制器与主机分体远程操作。

国产精品——协谷电台

协谷电台是东莞维胜通信技术有限公司的产品。协谷科技在国内业余无线电短波电台制造领域可谓位列三甲。协谷电台在外壳制造和内部工艺上都远胜国内小厂。其 G90S 和 X6100 便携式短波电台（见图 12）都是国内业余无线电台界知名度很高的产品。G90S 体积小巧功能实用，是很多野外架台 HAM 的心爱之物。X6100 颜值爆棚，可谓千呼万唤始出来，虽然在实际使用中有很多小问题，在二手市场上转手率也较高，但高颜值和适宜的价格让新机销量依然不错。X6100 作为一款便携式短波电台，性能自然不能与万元级的固定台短波机相比，一些用户购买国产机，妄想花

图 14 Wolf 开源电台

很少的钱购买到顶级性能电台，那是不现实的。协谷的 XPA125B 100W 功率放大器一直是我很喜欢的一款高品质产品，几乎每年盘点都会提及，多年来国产同级别功放中少有能超越它的产品。虽然 XPA125B 功放设计是为自家便携式电台使用，但稍加改装，不难搭配 IC-705 之类机器使用。新款产品方面，协谷 G106 是一款基于 SDR 架构的 5W 短波电台，它价格便宜、功能实用、体积小巧，是入门业余电台的好选择。协谷科技的新款旗舰短波电台已在路上，会吸收 X6100 的设计经验，国外已放出相关介绍，让我们拭目以待。

国产之光——国赫电子

国赫电子是一家致力于 SDR 软件定义无线电短波产品的公司，其 Q900 电台在国内外 HAM 圈子里颇有名气，目前软件已升级到第 4 代。今年其最耀眼的是新品 PMR-171 SDR 背负式多频段多模式电台（见图 13）上市。PMR-171 基于 SDR 核心，接收频率为 100kHz ~ 2GHz，最引人瞩目的是其外形，很多国内 HAM 都有很深的军警情节，这款电台的外形一定很符合口味。现在国赫的这款 PMR-171 价格不贵，颜值拉满，操作方便，可谓填补 HAM 界空白。另外，国赫还有一款 TBR-119 也已发布。

DIY电台新星——Wolf

Wolf 开源电台（见图 14）是今年最受国内技术焊机派关注的机型。此款电台由国外 HAM 设计并开源，电台功能定位堪称强大，甚至高于 IC-705 和 X6100 等著名机型，功能齐全，甚至堪称强大。显示界面漂亮。国内有作坊厂商制作成品，网上售价四五千元，但大部分在外壳和旋钮按键的精致程度上有所欠缺，内部做工也一般，实际操作感受与成熟产品还有明显差距。而且作坊厂商制作该款电台均没有无线电发射设备型号核准证，所以不能申请业余电台执照。

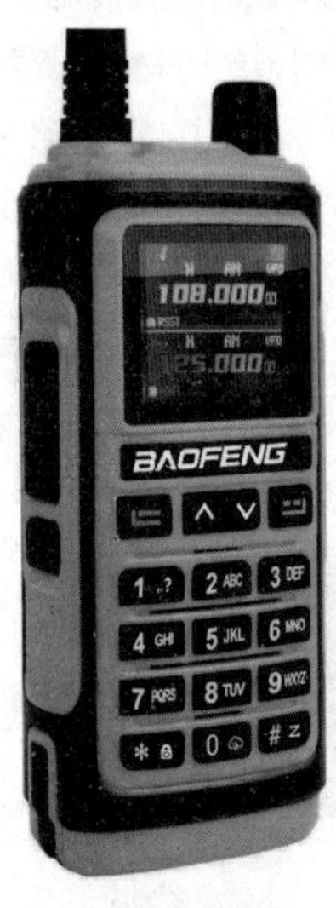

图 15 宝锋 UV-17

图 16 泉盛 UV-K6 对讲机

国产神机——宝锋对讲机

福建宝锋电子有限公司出品的宝锋 UV-5R 很多年来一直是国产业余电台入门级对讲机的性价比之王。UV-5R 衍生版本很多，有各色外壳和加强电池版等。宝锋业余电台机型新品为 UV-9R/9R plus，这是一款全新设计的对讲机，兼具商用对讲机的商务外观、高品质音质、高防护性能和业余电台对讲机灵活设置。宝锋 UV-17（见图 15）为其时髦新品，广为业余电台和户外用户所喜爱，UV-17 配置 LED 彩色显示屏、防摔外壳、大容量电池，支持 USB Type-C 充电，底部增设照明手电筒功能，整体美观实用耐用。UV-17 具有三频段工作，提供自动对频功能，适用性广，不论是业余电台用户还是户外登山用户都适用。

新一代神机——泉盛K5对讲机

福建泉盛电子有限公司早期以大金刚、小金刚对讲机风靡国内业余电台界，后来大功率 10W 版的 TG-K10AT 大金刚再次成为业余电台界对讲机热点。如今售价 99 元的泉盛 UV-K5 又成为 2023 年的性价比之王和最具开发潜力的对讲机。泉盛 UV-K5 价格低廉，在众多国内外玩家的挖掘下，通过第三方固件扩展了工作频率和众多新功能、新界面、新特性，就连国外 HAM 也感到惊叹，泉盛 UV-K5 当之无愧成为 2023 年业余电台国产神机。继 UV-K5 之后，下半年泉盛推出了 UV-K6 对讲机（见图 16），虽然厂家加强了控价，价格涨了一些，但改进了外壳和电路硬件，外观更加硬朗，音质有所改善。UV-K6 具有中文菜单、一键对频、USB Type-C 充电、金属前盖等配置，性价比依然很高。

AnyTone AT-D878UV DMR神机

AnyTone AT-D878UV 在 DMR 数字模式玩家中鼎鼎大名，D878UV 功能开放，把 DMR 制式的商用机做成玩家机，被 HAM 玩家尊为 DMR 神机，发烧友几乎人手一台。AnyTone 是泉州市琪祥电子科技有限公司所使用品牌，主要做外贸业务，国内销售主要靠 HAM 经销商网络销售和 HAM 爱好者团购推广。AT-D878UV 系列为手持对讲机，AT-D578 系列为车载对讲机。今年原厂推出了 D878UV，支持 USB Type-C 接口直接充电。

不断发展的Nano廉价矢量网络分析仪

Nano 矢量网络分析仪自从面世，就给业余无线电台天线和射

图 17 科创 KC901K 双端口矢量网络分析仪

图 18 科创 KC1050 测向信标台

频测试仪器市场带来了巨大冲击。过去的 MFJ-259/269、CAA-500、AW07A、KVE60C、KC901、S331L、N9918B 在 Nano 矢量网络分析仪面前都失去了性价比。只要几百元的 Nano 矢量网络分析仪就能看驻波比曲线，看史密斯圆图，看传输线衰减。2023 年 Nano 矢量网络分析仪在国内高手的深度挖掘下，新功能、新工作频率攀登新高峰，挑战低成本矢量网络分析仪极限性能。新版高配的 Nano 矢量网络分析仪包括衍生产品，工作频率上限由前期的 3GHz 提升到 6GHz，101 ~ 801 扫描点，扫描速度 200 点 / 秒，扩展上位机软件、中文固件、4.3 英寸触控显示屏、全面金属机身、USB Type-C 接口。对于一般入门级 HAM 来说，1.5GHz 4 英寸屏版本的 NanoVNA 价格在 300 元出头，实惠又实用。

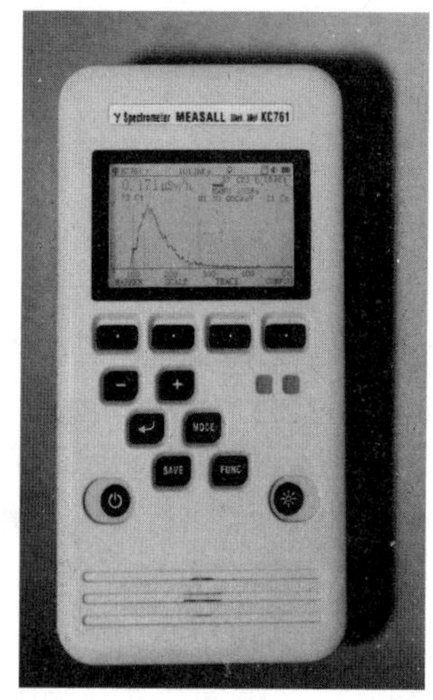

图 19 KC761 放射多用表

HAM仪器之光——科创论坛仪器

由国内著名技术派 HAM 刘虎先生（BD8AAA）创办的科创论坛今年也有多款新品。在射频测量仪器方面，科创的 KC901 系列一直是业余无线电界的标杆和国产仪器的荣耀，从最早的 KC901H 到后来的 KC901C/S/V/M/Q，再到后来的 KC901C+/S+ 广为资深 HAM 认可和赞赏。用过 KC901 产品的业余电台爱好者一致评价“除了价格不便宜，没毛病”。从专业仪器的角度，KC901 系列与同等功能的商用品牌仪器相比，价格只是零头的零头。科创仪器使非专业人士能以个人容易承担的花费，一窥国际主流仪表的测量体验。新款的 KC901K 双端口矢量网络分析仪增大了显示屏，改善了键盘，改进了电路，增强了性能。KC901K（见图 17）是基波混频的网络分析仪，可以作为简易信号源、场强仪、比较仪和频谱仪使用。KC901K 是第 4 代产品的首款产品，工作频率覆盖 5kHz ~ 4GHz，可平行替代上一代的 KC901S+。同系列其他型号（不同工作带宽）也在路上。

科创 KC1050 测向信标台（见图 18）有重大功能升级，从早期产品单一连续发射模式出发，增加了随机断续发射模式和随机变换功率模式，更贴近测向训练和比赛的实际需求。好消息是早期的 KC1050 可通过固件升级获得新版全部新功能。

此外科创推出一款跨界产品 KC761 放射多用表（见图 19），它是一款专业核辐射分析仪器，适用于 X 射线、γ 射线、β 射线的日常测量，在揭开窗口后也可以测量 α 射线。对于兴趣广泛和猎奇心强的 HAM，KC761 放射多用表标配 2.54cm 3CsI 闪烁探测器和 9mm 2Pin 传感器，以适宜的价格提供探索电离辐射世界的入门装备。KC761 的功能和玩法要比传统盖革计数器多得多。

2023 年年末
通用电子测量仪器大盘点

▌杨法（BD4AAF）

转眼间又是2023年年末，今年的电子市场元器件短缺状况有所缓解，很多仪器厂商逐渐恢复了往日的活力，不少新款仪器与大家见面。国产仪器也有显著的精进，在主流仪器和中档产品中展现风采。国内民营仪器动作频繁、新品迭出，填补了国产市场一些应用的空白，降低了小微企业仪器配置的门槛。6G、毫米波、USB 4应用蓄势待发，对相应测量仪器提出了更高的要求。

万用表

在手持万用表方面，业内公认的标杆 FLUKE（福禄克）在高端产品方面依然主打 289C，高端现场应用王牌依然是 87V MAX，高安全级别有具备防爆认证的是 28II Ex 本安型。欧美高端仪器讲究稳定性，更新周期长。5000 元一块的高端福禄克手持数字万用表可谓信念和性能并存。福禄克也没有放弃入门级市场，FLUKE 15B/17B MAX（见图 1）是实用的经济型基础型号，够用的性能加可靠的安全性是这一档次万用表的设计理念。较新款的 FLUKE 15B/17B MAX 具备了误操作声光报警、任意按键唤醒、大电容量程等新功能，配备了新款 1mm 特尖表笔。福禄克以手持万用表出名，其在红外热成像、温 / 湿度监测、超声波探伤领域也颇有建树，有很多技术和观念领先的产品。

优利德手持数字万用表在国内久负盛名。优利德以手持数字万用表起家，目前已发展为通用仪器门类齐全的仪器品牌，涵盖示波器、频谱分析仪、电力工具、红外热成像仪、电能分析仪表等。优利德手持万用表种类多样，从中高端的高性能表到廉价的入门表，总有一款满足用户需求。优利德 UT61 系列是颇受电子爱好者喜欢的万用表，自动量程、真有效值、通断蜂鸣、模拟条都是实用的配置，业余爱好和维修商用两相宜。4.5 位的 UT61E、UT61E+、UT61E PRO（见图 2）更是懂行人士的所爱，性能、功能、价格之间有很好的平衡，在电商平台上销量领先。在百元级万用表中，UT136 系列一直深受欢迎，业余家用十分稳妥。

▌图 1 FLUKE 17B MAX 万用表

众仪手持数字万用表设计新颖、功能实用、品质有保障，在电子爱好者和行业用户中有良好的口碑。众仪 ZT-X（见图 3）、ZT219 都是很有特色的万用表，为不少新一代电子爱好者所喜欢。众仪 ZT100/ZT101/ZT102 高性价比产品，是不到百元的实用款佳品。

台式高精度万用表方面，鼎阳科技的 6.5 位 SDM3065X（见图 4）和 5.5 位 SDM3055/SDM3055X-E 是兼具颜值、性能、功能、性价比的国产精品。尤其是 SDM3055X-E 性价比颇高，拥有 240000 计数 5.5 位读数分辨率、0.060% 年直流电压准确度、4.3 英寸彩色 TFT 显示屏，为不少小微公司研发人员所青睐。

▌图 2 优利德 UT61E PRO 万用表

▌图 3 众仪 ZT-X 按键式万用表

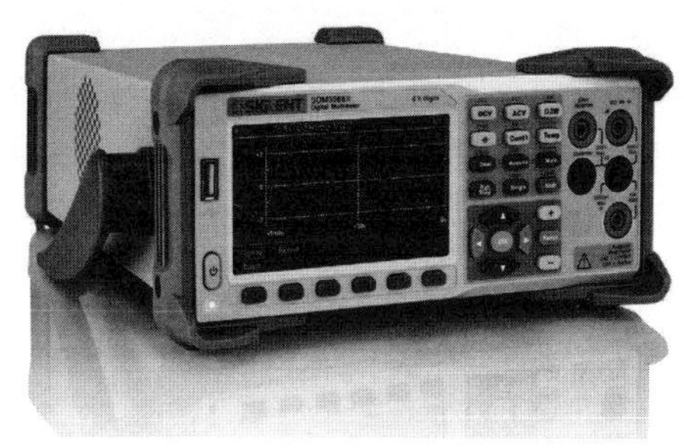

▌图 4 鼎阳科技 6.5 位 SDM3065X 台式高精度万用表

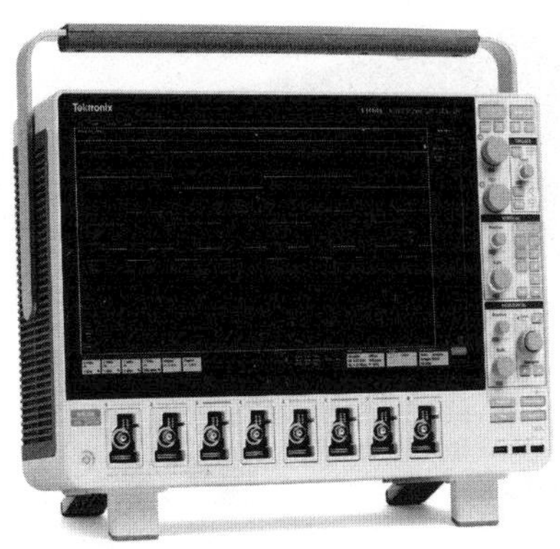

▌图 5 泰克 5 系列 B MSO 混合信号示波器

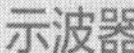

示波器

今年的示波器新概念主打高分辨率、触摸显示屏操作、8 通道输入、电池供电、高分率彩色液晶屏。

示波器界的标杆泰克在入门级市场的产品依然是 TBS1000C 和 TBS2000B 系列数字存储示波器，它们提供基本传统示波器功能满足初级应用和教学需求。2 系列 MSO 混合信号示波器主打轻薄便携，实际上它是一台电池供电的触摸屏平板示波器。高端市场是泰克的 6 系列 B MSO 混合信号示波器、MSO/DPO70000DX 混合信号 / 数字荧光示波器，它们都能提供 10GHz 以上的带宽和 50GSa/s 以上的超高采样率。顶级产品为 DPO70000SX ATI 高性能示波器，提供 13~70GHz 超级带宽和 50~200GSa/s 超高采样率。

泰克示波器的新概念新品是 5 系列 B MSO 混合信号示波器（见图 5），该系列机型不追求更高的带宽和采样率，而是具有 12bit 垂直电压分辨率（传统主流机型为 8bit）、内置 DDC 支持多通道同步高性能频谱分析、配置多达 8 个 FlexChannel 输入支持多达 8 个模拟信号或 64 个数字信号。15.6 英寸、1920 像素 ×1080 像素彩色电容多点触摸液晶屏带来高端示波器操控新体验。5 系列 B MSO 混合信号示波器支持广泛的特定应用测量，支持超过 25 种串行协议，可加载先进的单相和三相功率分析程序包，以及信号完整性和电源完整性的测量工具。

是德科技的示波器入门级产品为 1000X 系列和 2000X 系列，以配置扎实、价格实惠著称，无论性能还是颜值都满足基础配置的需求，还特别提供减配的教育机型。是德科技提供的中高端型号有 Infiniium EXR、Infiniium MXR、Infiniium S 系列，提供了 GHz 级别的带宽和主流的高性能。Infiniium MXR 为多功能产品，堪称 8 合 1 仪器，集示波器、逻辑分析仪、协议分析仪、数字电压表、计数器、实时频谱分析仪、波特图仪、波形发生器于一身。其实时频谱分析仪性能相当强悍，不输于入门级专业频谱分析仪。另外 Infiniium MXR 还配置有 8 个独立通道。是德科技的顶级产品有新款的 Infiniium UXR-B 和老款的 Infiniium V 系列和 Z 系列，都提供了超大的带宽和采样率。UXR-B 带宽可配置 5 ~ 110GHz。

是德科技 InfiniiVision 3000GX 系列示波器（见图 6）是新款接地气的进阶型示波器，用户以入门级的预算就能享受到中档机的体验。InfiniiVision 3000GX 系列配置了 20 种型号，分别提供 100MHz ~ 1GHz 的带宽，配有 8.5 英寸电容式触摸屏和直观的用户界面。3000G X 系列为硬件 8bit 分辨率机型，测量时可通过软件将分辨率提升至 12bit，同时它具有每秒 1000000 个波形的超快波形捕获率，通过加载嵌入式软件套件能够对各种常用的串行总线进行协议触发和解码。

罗德与施瓦茨的示波器向来独树一帜，年末之际其发布了新款示波器 MXO 5（见图 7）。MXO 5 定位中档产品，高低配置兼顾，带宽范围为 100MHz ~ 2GHz，有 4 通道和 8 通道配置可选，每个通道提供 500M 深存储，是电源类测量理想的示波器。MXO 5 的核心硬件处理器是前期上市的 MXO 4 的两倍，并且使用硬件 12bit ADC 芯片，性能指标耀眼。基于 12bit ADC 芯片，MXO 5

▌图 6 InfiniiVision 3000GX 系列示波器

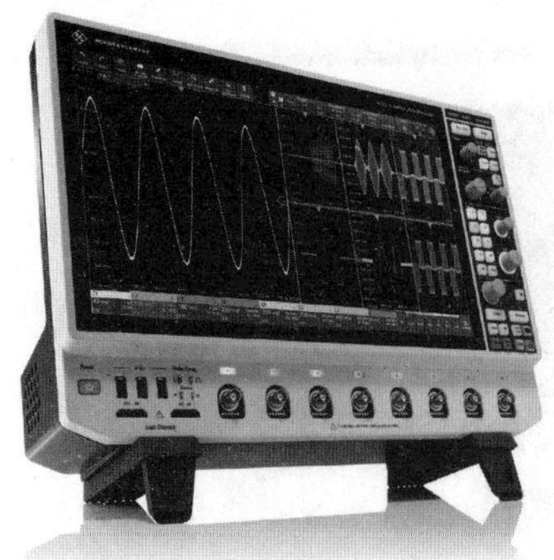

图7 罗德与施瓦茨新款示波器 MXO 5

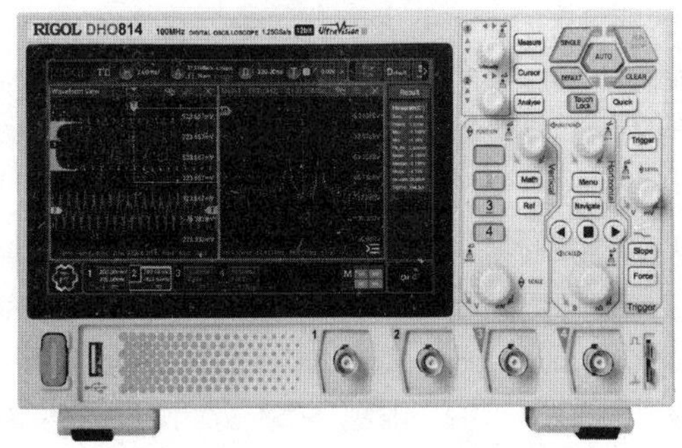

图8 普源精电 DHO814 示波器

全程提供 12bit 分辨率，在 HD 模式下通过算法可将分辨率进一步提升到 18bit。MXO 5 虽然不是罗德与施瓦茨最强的示波器，但展示了新一代示波器的发展趋势和罗德与施瓦茨在射频微波领域的深厚底蕴。

普源精电一直是国产示波器的领头羊，多款接地气产品都深受国内外电子爱好者好评。今年普源精电继去年推出 12bit 高分辨率示波器 DHO1000 系列后，再次重磅推出 DHO800 系列。DHO800 系列主打 7 英寸触摸屏、12bit 高分辨率、轻薄外形、USB Type-C 供电接口设计，普源精电 DHO814 示波器如图 8 所示。最诱人的地方是这样的新概念高颜值产品，入门配置仅 1999 元（70MHz 带宽），100MHz 带宽 4 通道高配置机型也仅 2999 元。如果需要性能更高的机型还有 DHO900 系列，对于行业用户，价格很容易接受。新款 DHO800/900 集颜值、亮点、实用性、价格于一身，对于业余的电子爱好者还是专业的工程师都充满诱惑。DHO800/900 系列性能并不出众，最大的亮点在于体积轻薄和外部 USB Type-C 供电，整机可以说是一台真正的便携型示波器，可摆脱市电供电的羁绊，移动使用超实惠。

频谱分析仪

频谱分析仪是射频和微波领域信号测量最重要的仪器，随着无线通信和 5G 通信的迅猛发展，以及毫米波应用深入，各类频谱分析仪的需求大增。市场要求新型频谱仪具有更高的工作频率、更快的测量速度、更智能化的自动测量功能。实时频谱功能越来越被看好，中高端应用中，实时频谱的应用份额大增。在一些专业领域，传统功能的频谱仪已不能满足应用需求，能搭载专业分析软件、执行自动测量数据分析的信号分析仪成为频谱仪产品高端新宠。电池供电手持频谱仪需求量剧增，新增的大量现场无线电基站维护、干扰排查应用都需要用到高移动性的频谱分析仪。

是德科技的频谱仪一直是国人心目中的老大。今年其基础型频谱分析仪 BSA 更新了 N9321C（见图 9）、N9322C、N9323C。相比老款的 N9320B，N9321C 起始配置工作频率从 3GHz 提升到 4GHz，同样可选配跟踪发生器和内置 VSWR 桥，通过 AM/FM、ASK/FSK 解调分析套件可用于物联网发射机表征。BSA 系列频谱仪作为台式机产品，体积相对小巧，性能和功能能满足基础射频应用需求，价格便宜，适宜低预算的初级常规应用（包括高校教学）。

图9 KEYSIGHT N9321C 基础型频谱分析仪

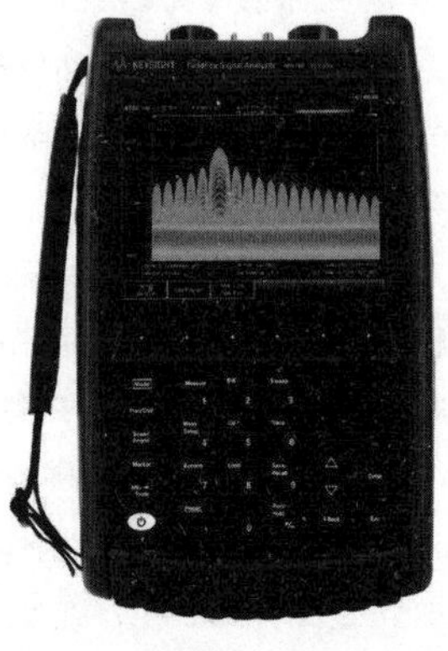

图10 KEYSIGHT FieldFox N9918B 手持分析仪

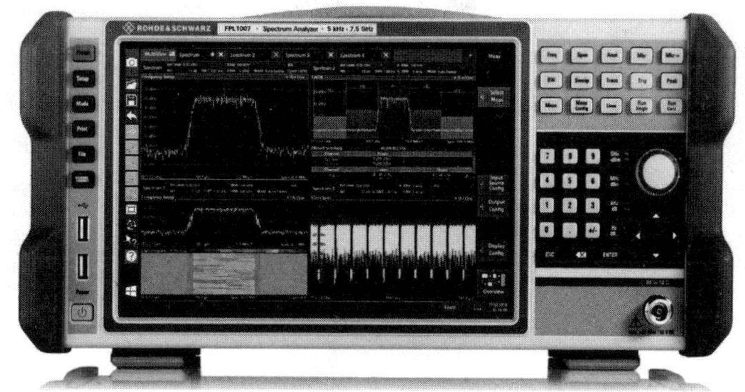

图 11 罗德与施瓦茨 FPL1007 频谱分析仪

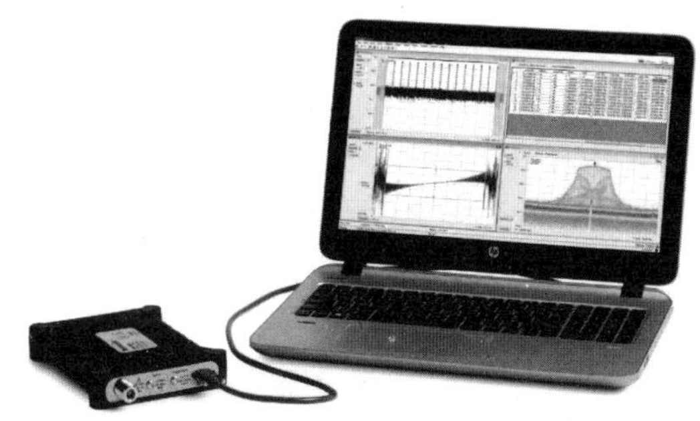

图 12 泰克 RSA306B USB 频谱分析仪

是德科技注重新科技，大量新款频谱仪配置了实时频谱分析功能，一些老款产品也有升级方案。高端的 UXA 系列不但具备超高的工作频率，还提供 GHz 级别的分析带宽和实时带宽，满足下一代高吞吐量带宽通信应用。

KEYSIGHT FieldFox N9918B 手持分析仪（见图 10）上市以来以其卓越的便携性、多样的功能、不错的性能深受一线现场射频工程师和中小公司研发工作室的喜爱。FieldFox 是一款结合硬件平台和软件应用的新概念仪器，多年来经过多次软 / 硬件升级，功能和性能都更上一层楼，目前 FieldFox 提供超过 25 款应用软件，可实现扫频频谱分析、实时频谱分析、电缆和天线测试、矢量网络分析、功率测量、5G/LTE 外场测试等诸多功能。多台 FieldFox 甚至还能实现 TDOA 无线电信号测向定位功能。不少业余无线电高手人手一台 FieldFox ，可见好产品受欢迎程度。新款高配产品最高工作频率可达 54GHz。目前主力销售的 FieldFox 有 N99XXA 和 N99XXB 两个系列。A 系列为相对早期硬件产品，带宽设计为 10MHz，可满足常规现场测量需求；B 系列采用新款硬件设计，支持最高 120MHz 带宽和时髦的 5G NR 解调，在相位噪声和底噪指标方面都有精进。非专业的无线电爱好者拥有一台 FieldFox，几乎就拥有了一个无线电射频实验室。

频谱分析仪业界另一巨头罗德与施瓦茨也提供了顶尖的产品。很多年来 FSW 台式分析仪一直是罗德与施瓦茨的旗舰产品，提供卓越的性能和多样的功能。很多厂商的 5G 开发都伴随着 FSW。FSW 的软件和硬件不断与时俱进，不要看 FSW 是老型号，但软 / 硬件配置实现的功能大为不同。罗德与施瓦茨仪器很早就注重硬件平台的性能储备和软件应用的可升级性。近年来罗德与施瓦茨备受瞩目的频谱分析仪是 FPL1000 系列，罗德与施瓦茨 FPL1007 频谱分析仪如图 11 所示，这是一款相对轻便小巧的高性能便携型频谱仪，便于搬运和车载使用。FPL1000 系列提供主流的性能，最高工作频率可达 26.5GHz，具备 40MHz 分析带宽，可满足用户常规应用。

泰克上市多年的 RSA306B USB 频谱分析仪（见图 12）一直是小微公司射频工作室的最爱。RSA306B 6.2GHz 的频率覆盖、40MHz 实时带宽，历经多年性能依然能满足大多数常规应用需求。6 万元左右的价格使它在进口品牌频谱仪中堪称性价比王，况且还是实时频谱仪。泰克的软件多年来一直在升级，可见大厂对产品负责的态度。泰克 RSA500 系列可满足需要更高工作频率和跟踪源应用的用户，但性价比就没有那么出色了。

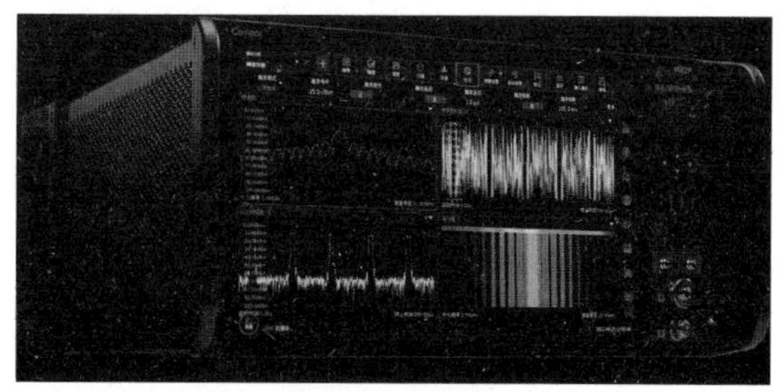

图 13 Ceyear 4082 系列信号 / 频谱分析仪

图 14 鼎阳 SHA852A 系列手持频谱分析仪

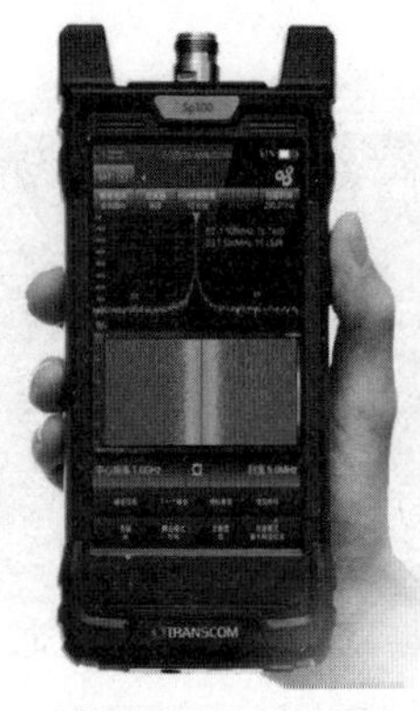

图 15 创远信科 SP100 频谱分析仪

图 16 是德科技 ENA 矢量网络分析仪

国产频谱分析仪中，电科思仪科技股份有限公司是国内产品的代表。电科思仪全新旗舰级 Ceyear 4082 系列信号 / 频谱分析仪（见图 13）在显示平均噪声电平、相位噪声、互调抑制、动态范围、幅度精度和测试速度等方面具备极佳的射频性能。测量频率范围可覆盖 2Hz ~ 110GHz，具备最大 1.2GHz 实时频谱分析和 2GHz 分析带宽。它作为信号分析仪提供丰富的 5G NR 测量功能，搭配 Ceyear 专用的协议分析软件，可对 LTE、LTE-Advanced、NB-IoT、WCDMA、GSM、EDGE 通信信号进行带内调制分析，提供 EVM、星座图、频率误差等多种测量结果。同是新款的 4052 系列信号 / 频谱分析仪具备出色的测试动态范围、相位噪声、幅度精度和测试速度，测量频率范围最大可覆盖 2Hz ~ 50GHz，具备最大 1.2GHz 的瞬时分析带宽。作为信号分析仪，Ceyear 4052 的移动通信协议分析选件能够快速直观地测试 5G NR、LTE、NB-IoT、WCDMA、GSM 等多种无线通信标准的信号特性。

Ceyear 4025D 频谱分析仪是思仪科技推出的新一代高性能手持式频谱分析仪，采用时髦的 10.1 英寸电容触摸液晶屏，频率测量范围覆盖 9kHz ~ 20GHz，电池可续航 4.5h。Ceyear 4025D 可升级 40MHz 带宽实时频谱分析和自动信号定向分析扩展应用。

鼎阳科技 SHA850A 系列是很接地气的手持频谱分析仪，具体有两个型号：3.6GHz 的 SHA851A 和 7.5GHz 的 SHA852A（见图 14）。SHA850A 系列配备 8.4 英寸 800 像素 ×600 像素分辨率多点触摸屏，电池供电可续航 4h，具备实用的矢量网络分析模式和电缆 / 天线测量模式。SHA850A 系列选配高级测量套件提供信道功率、邻道功率比、占用带宽、时域功率、载噪比、谐波分析，三阶交调分析、瀑布图多种功能。与进口同类产品相比，功能、性能类似，价格优势明显。配合定向天线，它是运营商理想的低成本干扰排查设备。

天津德力仪器设备有限公司在手持频谱分析仪方面颇有造诣，新款的 E8600 轻便型频谱信号分析仪质量为 2.5 ~ 2.7kg，频率工作范围为 6 ~ 26.5GHz，平均噪声电平为 -164dBm/Hz，电池可工作 5h，支持 2G/4G LTE/5G NR 通信解调分析。E8900A 5G NR 信号分析仪为 5G 系统无线侧测试全面优化，拥有 9GHz 全频段扫描范围、100MHz 实时分析带宽，扫描速度更是普通扫频设备的 10 倍。

微型手持频谱仪是新概念超便携仪器，外形比传统常见手持频谱仪小得多，早期见于 TTI 的产品。上海创远信科上市了新款的 SpecMini/SP100（见图 15）频谱分析仪，基于 Android 系统，电池可续航 4h，产品质量为 0.9kg。SpecMini 频率测量范围 9kHz ~ 6GHz，分析带宽 100MHz，有很高的灵敏度，适合应用于干扰排查和秘密信号侦测。

矢量网络分析仪

在无线电通信迅猛发展的时代，能对射频和微波元器件进行测量和调校的矢量网络分析仪是主流仪器。随着科技的发展，矢量网络分析仪价格不再高高在上，很多仪器厂商都推出了经济型型号，即便是小微公司也能用上矢量网络分析仪。国外品牌中是德科技和罗德与施瓦茨在矢量网络分析仪领域久负盛名，提供顶级性能的产品。

是德科技主力矢量网络分析仪有经济型的 ENA 系列和高性能的 PNA 系列，另外还有手持型多功能的 FieldFox 和 USB 精简系列模块化矢量网络分析仪。是德科技 ENA 矢量网络分析仪（见图 16）提供适当的性能、实惠的价格降低测量成本，可在生产线和高校实验室大量配置。典型型号 E5061B 提供 2 个端口、最高 3GHz 工作频率、120dB 动态范围。需要更高工作频率还有

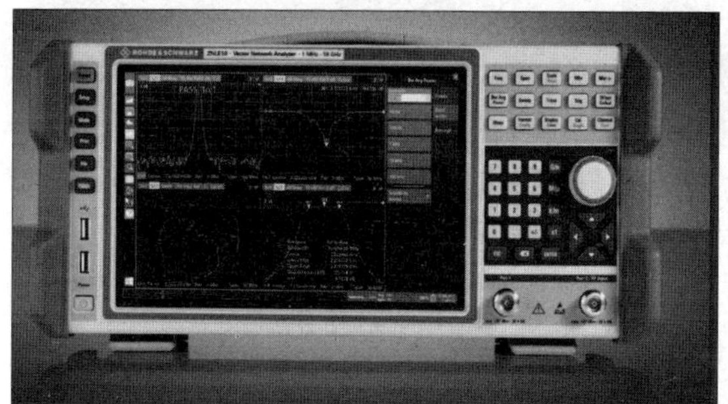

图 17 ZNLE18 矢量网络分析仪

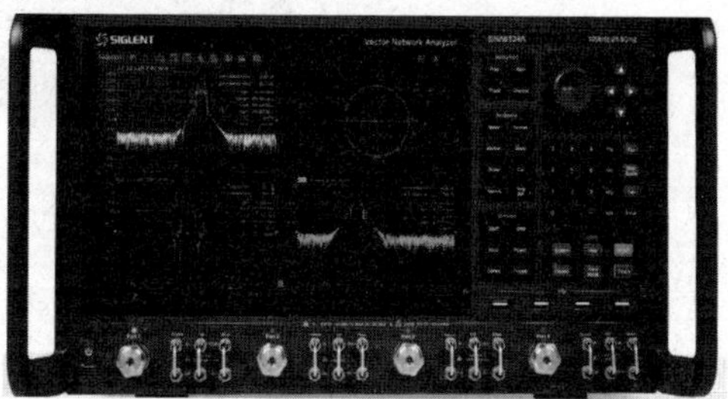

图 19 鼎阳 SNA6134A 矢量网络分析仪

图 18 思仪 3674L 矢量网络分析仪

18GHz 的 E5063A 和 53GHz 的 E5080B。在二手市场上，早期的 E5071C 非常热门，不少是 8.5GHz 的配置。高端的 PNA 系列矢量网络分析仪有顶尖性能的 PAN-X 系列、高性能的 PNA 系列、价格实惠的 PNA-L 系列，适合不同级别射频实验室配置。

罗德与施瓦茨矢量网络分析仪高端型号有 ZNA，通用型有 ZNB，经济型有 ZND/ZNL/ZNLE，还有手持型的 ZNH。顶级的 ZNA 面板可配置 4 个端口，内部可集成最多 4 个集成式信号源，提供最高 67GHz 的工作频率。ZNL 和 ZNLE 采用小体积设计，便于搬运，占用桌面空间小，ZNLE18 矢量网络分析仪如图 17 所示。ZNLE 价格较低，适合生产和教育领域。ZNL 扩展功能强，可增加频谱分析和功率探头功能。

国产矢量网络分析仪有很大突破，中电科思仪科技股份有限公司 Ceyear 是国内高端产品的代表。新款的 3674 系列是其新一代巅峰之作，思仪 3674L 矢量网络分析仪如图 18 所示，工作频率为 500Hz ~ 110GHz，系统动态为 131dB@20GHz，系统迹线噪声为 0.002dB@10GHz（IFBW:1kHz）。主力款 3657 系列具有 12.1 英寸液晶显示屏，工作频率为 4.5GHz 或 9GHz，动态范围高达 140dB, 可进行 4μs/point 高速测试。

鼎阳科技推出的新一代高档矢量网络分析仪 SNA6000A，技术上跻身国内一流水平。SNA6000A 系列工作频率最大覆盖 100kHz ~ 26.5GHz，低配为 13.5GHz，可配置 2 端口和 4 端口，动态范围为 135dB。SHN900A 系列是鼎阳手持矢量网络分析仪，具有 8.4 英寸 800 像素 ×600 像素多点触摸彩色液晶屏，内部集成电桥具备天线和电缆测量功能，也可作为频谱分析仪使用。SHN900A 系列工作频率配置为 14GHz/20GHz/26.5GHz，鼎阳 SNA6134A 矢量网络分析仪如图 19 所示。

上海创远信科在经济型矢量网络分析仪领域具有相当大的实力，多次推出高性价比的产品。新款 40GHz T5260A-2KA 矢量网络分析仪（见图 20）媒体价只要 298000 元。性能方面，迹线噪声为 8mdB rms，测量速度为 70μs/point，功率范围为 -30 ~ 10dBm，都属于经济型机型的主流水平。

图 20 新款 40GHz T5260A-2KA 矢量网络分析仪

五合一的多面手
——德生 M-601 多功能收音机评测

▌收音机评论译介

今年年初，德生收音机家族中又增添了一名新丁，它就是 M-601 多功能收音机（见图 1）。有人说它是德生在多功能插卡收音机领域的又一次“进击”，也有人说它是德生推出 NR100 智能网络收音机前的过渡产品。究竟哪个才是 M-601 的真实面孔？请跟随我的文字，揭开它的面纱。

功能差异化塑造的多面手

平日里，大家常说“买的没有卖的精”。但是，请不要小觑当今消费者借助互联网进行货比三家的能力。互联网在一定程度上消除了厂家、商家和消费者之间的信息差，帮助消费者看清自己花的每一分钱是否物有所值、物超所值。

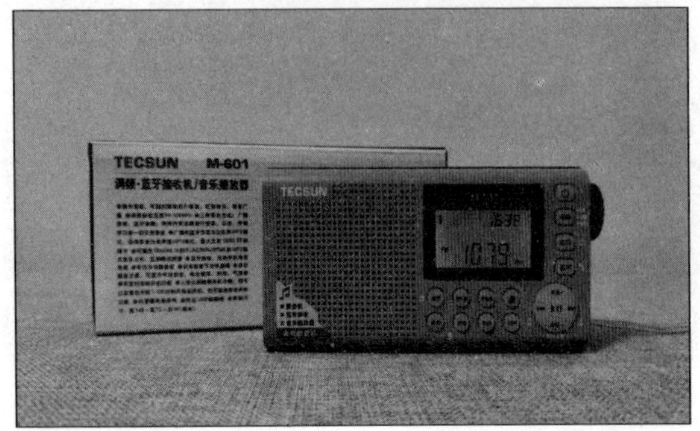

▌图 1　M-601 多功能收音机

在这种消费背景下，集多功能于一身的高性价比产品自然广受欢迎。花同样的钱，买一款单功能的产品还是多功能的产品？想必小朋友都能给出答案。德生 M-601 就是这种消费趋势推动下的产物。其实，多年前，德生公司就着手在这个方面进行产品布局，寻求突围。例如，在“调频收音机 + 插卡功能”方向，先后推出了 D3、X3、A3 等产品；在“调频收音机 + 录音机 + 插卡功能”方向，精心打造了 ICR-100、Q3、ICR-110 等产品。

相比于上述功能“二合一”“三合一”的产品，M-601 着实又向前迈进了一大步，实现了“调频收音机 + 录音机 + 蓝牙 + 音箱 + 插卡功能”的“五合一”，目标群体更宽广，实用性更强。可以说，M-601 是德生公司基于产品功能差异化塑造的新型多面手。

外表观感典雅

德生 M-601 的外观设计较为典雅大方，机壳造型走的是当下主流的圆润路线，单手或双手持拿时，机壳周身与手掌的贴合度较好，没有硌手的感觉。

正面机壳（见图 2）等分为扬声器区域和功能操控区域。

▌图 2 正面机壳

▌图 3 机身右侧

4cm×2.2cm 见方的显示屏配有橘色背光照明灯，可显示电台频率、电池电量、工作模式、当前时间等实用信息。13 个形状、大小不一的功能按键以半包围的形状分布在显示屏的右侧和下方，方便右手操控。机身右侧（见图 3）配备了硕大的外凸式多功能旋钮、3.5mm 立体声耳机插口、USB Type-C 型充电 / 声卡插口和一根兼作腕带的调频接收天线。后机壳（见图 4）中央部位有用于改善音质的导音孔，没有支撑背板。机身底部（见图 5）设有 Micro SD 卡槽和两个防滑减震的橡胶触脚。黑色的机身中框将橙色的前后壳一分为二，避免了配色方案的单调、乏味，增添了一丝多样、灵动的气息。这款机型的外壳共有橙色、白色和灰色 3 种颜色。

总体来说，与德生自家的 D3、A5、X3、A3 等同类横版手持多功能收音机相比，M-601 的外观设计明显上了一个档次，更加典雅、惹眼和讨人喜欢。

5种功能实测

靓丽的外观确实能在第一时间吸引他人的注意力，但最后能否真正得到大家的青睐还得看机器自身的硬实力，德生 M-601 是不是一个绣花枕头？还得靠真实的测试来验证。

首先，测试调频收音机功能。M-601 没有使用传统的外置式拉杆天线，也没有采用天线完全内置的方案，而是在平衡接收性能与易用性的基础上，折衷地选择了腕带式的调频天线。这样做的好处在于，既避免了抽出拉杆天线时不利于携带、容易折断的情况，又修正了天线完全内置时接收性能牺牲太大的缺点。然而，实事求是地讲，在追求绝对灵敏度方面，M-601 的腕带天线还是略逊于传统的拉杆天线。我在北侧书房用 M-601 收听 89.5MHz、101.8MHz、103.8MHz 和 107.1MHz 这 4 个调频弱台时，沙沙的背噪声明显比其他配备拉杆天线的收音机更大。所以，M-601 接收中等及强信号电台毫无压力，不过，面对弱信号会显得力不从心。在这种情况下，建议把 M-601 摆放在靠近窗口的位置或者携带收音机在室外使用。

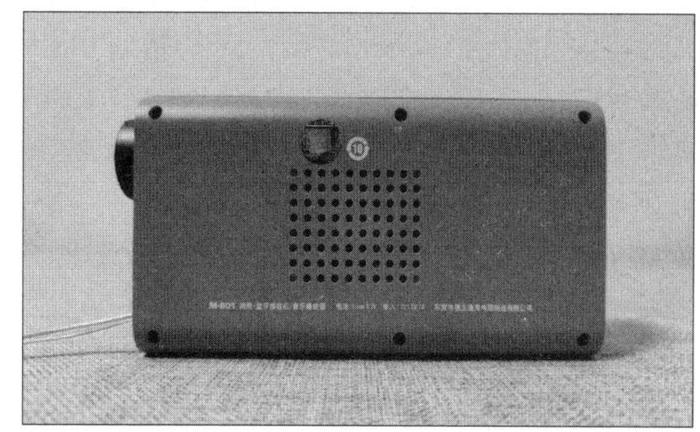

▌图 4 后机壳

▌图 5 机身底部

其次，测试蓝牙功能。M-601 搭载了 5.0 版本的蓝牙功能，我分别使用安卓手机、iPhone、荣耀笔记本计算机与 M-601 进行蓝牙配对，全部成功，连接稳定。但我发现，在蓝牙工作模式下，M-601 有间歇性或持续的轻微“吱吱”声。大音量播放时不明显，在小音量下收听时，侧耳可闻。蓝牙连接成功后，M-601 的实体按键支持反向操控音源端的某些功能，例如播放、暂停、切换曲目、调整音量大小等。另外，它也支持免提接听电话。

再次，测试录音功能。应该说录音是一个比较小众，但在收音机爱好者群体内部需求比较大的功能。例如，我平时喜欢收听中央人民广播电台经济之声的《财经夜读》节目。为了方便回听与欣赏，就能使用 M-601 的录音功能。它不仅可以录制调频广播节目，还能通过自带的内置话筒进行现场录音，也能在蓝牙模式下录制蓝牙设备传送的音频信号。这里提醒大家一下，善用 M-601 的蓝牙录音功能，你能收藏很多宝贵的音频资源。请大家脑洞大开，尽情发挥吧！需要注意的是，M-601 没有设置录音码率的功能，说明书上也没有相关介绍。现场录音时，不要按动任何实体按键，以免产生噪声。每个录音文件的时间最长为 60min，超过 60min，会自动生成另一个录音文件。此外，要使用录音功能，请先插入 Micro SD 卡，M-601 支持的最大容量为 128GB。

然后，测试插卡播放功能。除了因为显示屏所限不能显示中文字符，M-601 的插卡播放功能可以说非常健全与完善了。它支持 16bit/44.1kHz 的 FLAC/WAV/WMA 和 320kbit/s 的 MP3 格式音频。抛开常规操作不谈，它还支持切换文件夹、选段循环播放、设定一首音乐为“喜爱的音乐”、删除单个音频文件、批量删除音频文件等高阶功能。但不支持循环播放所有文件夹内的曲目，也不能选择文件夹内子文件夹内的音乐。在我看来，它能满足我们大部分的插卡播放需求。

最后，测试音箱功能。打开 M-601 的电源，用 USB 数据线连接计算机，此时它的显示屏上显示“PC”字符，表明进入计算机音箱工作模式。我们可利用 M-601 的实体按键反向操控计算机切换曲目、播放、暂停、调节音量大小等。由于荣耀笔记本计算机 USB 插口数量不多，我又外接了一个接口扩展器，通过扩展器来连接计算机与 M-601，它照样能顺利进入计算机音箱工作模式，不会因为扩展器的中介途径而失效。

音质是亮点

现如今，我已使用德生 M-601 足足 10 个月了。如果你问我对它哪里最满意？答案就是扬声器外放音质。其实，在收音机爱好者圈子里，大家对德生系列插卡音箱的音质有个刻板印象，那就是低频过重，听上去闷闷的；高音欠缺，对语音的还原度不高，不太适合收听评书、相声、有声读物等以语音为主的音频文件。但是，我可以负责任地讲，M-601 的出现打破了这个刻板印象。它内置的 4Ω/3W 扬声器在高、中、低频的表现都不错，那种闷闷的感觉一扫而光，人声语音有种清亮、通透的感觉了，良好地兼顾了语音类和音乐类的节目。由衷希望德生公司将这种音质风格保持下去。

至于耳机输出音质，在插卡播放模式下，立体声效果很出彩。佩戴德生 E-50 立体声耳塞，收听德生公司附赠 Micro SD 卡里的高品质音乐，当我听到手风琴伴奏的《洗衣歌》女生小合唱时，情不自禁地手舞足蹈，完全沉浸在优美的音乐世界里。细心的玩家可能会察觉到，从 2021 年年初问世的德生 M-301 多功能收音机开始，德生类似产品的耳机输出音质已经很优秀了，真的能让我们欣赏音乐，而不是简单地听听而已。

操控人性化，但有改进空间

套用当下较为流行的一句话：你可以质疑德生收音机的某个方面，但不要质疑它的操控人性化。我用过索尼、根德、伊顿、山进、松下、乐信、德劲等多个品牌的产品之后，还是感觉德生收音机的操控人性化程度更高。这并非我的个人感觉，也是收音机圈内的普遍共识。

我欣喜地看到，德生 M-601 继承了这个优良传统，在不同工作模式下的操控性都不错，易用性也很强。只要你是德生的忠实用户，即便不看使用说明书，也能玩转 M-601 的大多数功能。一些功能设计也让人倍感亲切，例如：正面机壳上的 13 个橡胶按键都有夜光功能，在伸手不见五指的黑夜里，它们散发着淡绿色的荧光，指示用户正确地操控机器；用户可以开启或关闭切换不同工作模式时的语音提示，一方面满足了视力不好人群的实际需求，另一方面又迎合了那些喜欢“免打扰”的人群的需要；按键使用中文标识，各种功能一目了然，不熟悉英文的老年人朋友应该会对此拍手称快。

但是，也应当指出，M-601 的某些操控还有改进的空间。大体说来，多功能旋钮是光面的，周身没有增加摩擦力的横纹或菠萝纹，转动时，手指容易打滑；圆形的 5 维按键容易引起误操作，当你按动音量 +、音量 -、上一曲或下一曲时，表现正常，按动正中间的播放 / 暂停时，非常容易引发连键，你能清晰地听到两三个按键的触点反馈声接连响起，使用体验不佳；在插卡播放模式下，使用飞梭切换文件夹之后，显示屏会一直显示文件夹名称，而且背光照明灯常亮，不熄灭，除非按动一下播放 / 暂停，或者上一曲 / 下一曲，显示屏背光照明才会自动熄灭。

M-601 配备了完全内置的 104050 型锂电池，标称容量为 2500mAh，不是可拆卸、更方便的 18650 型锂电池。如果选用后者，肯定更受欢迎。至于电池的续航时间，我没有进行严格测试，基本上随用随充，没有直观感觉到 M-601 很费电。电池电量耗尽后，使用 5W 的充电器，大约 4 个小时就能充满电。

结语

作为一款官方售价 180 元的产品，德生 M-601 的 5 个主打功能表现良好，扬声器音质出彩，操控人性化程度高。尽管在蓝牙工作模式下有轻微的“吱吱”声、5 维键使用体验不佳等方面还存在不足，但 M-601 不失为一款高性价比的数码产品。最后，我心中还有一个期待，期待德生的工程师们再接再厉，早日推出配有能显示中文字符的点阵屏的同类产品。

业余卫星通信（2）概论二

▍李英华 纽丽荣 张宁 戴慧玲

业余卫星通信频段

业余卫星通信频段划分

业余卫星通信需要在地球站与卫星之间进行通信，信号必须穿越大气层，如果信号频率太低则会被电离层反射回来。业余卫星通信需要一台能够在转发器上行频率上使用的发射机和在下行频率上使用的收信机，使用的频率越高，收发信机制作难度越大，但通信质量越好。现在主流的业余卫星通信频率为 144MHz 和 430MHz，还有 1.2GHz 以上的，不过其对设备的要求太高，不适于普及。表 1 所示是 2018 年 7 月 1 日起施行（2018 年 2 月 7 日发布）的《中华人民共和国无线电频率划分规定》中划分给业余业务和卫星业余业务的频段，可以看到我国内地、澳门地区和国际电联 3 区的划分是基本一致的，香港地区的划分情况与国际电联 3 区的划分区别较大，尤其是在 134GHz 以上频段，香港地区没有明确业余业务的划分。还要注意的是，在一些已划分给业余业务和卫星业余业务的频段中，还以脚注的形式，对该频段应用于业余业务和卫星业余业务的具体条件做出规定。例如，在 135.7~137.8kHz 频段标注了 5.67A 脚注，对使用 135.7~137.8kHz 频段内频率的业余业务台站，规定其最大辐射功率（等效全向辐射功率）不得超过 1W，且不应对在第 5.67 款所列国家和地区内运行的无线电导

表 1 2018 年 7 月 1 日起施行的《中华人民共和国无线电频率划分规定》中划分给业余业务和卫星业余业务的频段

频段	业务划分			
	我国内地	我国香港地区	我国澳门地区	国际电联Ⅲ区
1.8 ~ 2MHz	业余	业余	业余	业余
3.5 ~ 3.9MHz	业余	业余	业余	业余
5.3515 ~ 5.3665MHz	[业余]	[业余]	[业余]	[业余]
7 ~ 7.1MHz	业余	业余	业余	业余
7.1 ~ 7.2MHz	业余 卫星业余	业余 卫星业余	业余 卫星业余	业余 卫星业余
10.1 ~ 10.15MHz	[业余]	[业余]	[业余]	[业余]
14 ~ 14.25MHz	业余 卫星业余	业余 卫星业余	业余 卫星业余	业余 卫星业余
14.25 ~ 14.35MHz	业余	业余	业余	业余
18.068 ~ 18.168MHz	业余 卫星业余	业余 卫星业余	业余 卫星业余	业余 卫星业余
21 ~ 21.45MHz	业余 卫星业余	业余 卫星业余	业余 卫星业余	业余 卫星业余
24.89 ~ 24.99MHz	业余 卫星业余	业余 卫星业余	业余 卫星业余	业余 卫星业余
28 ~ 29.7MHz	业余 卫星业余	业余 卫星业余	业余 卫星业余	业余 卫星业余
50 ~ 52.85MHz	业余	业余	业余	业余
52.85 ~ 54MHz	业余	—	业余	业余
144 ~ 146MHz	业余 卫星业余	业余 卫星业余	业余 卫星业余	业余 卫星业余
146 ~ 148MHz	业余	—	—	业余
430 ~ 440MHz	[业余]	[业余]	[业余]	[业余]
1240 ~ 1300MHz	[业余]	—	[业余]	[业余]
2300 ~ 2450MHz	[业余]	—	[业余]	[业余]
3300 ~ 3500MHz	[业余]	—	[业余]	[业余]
5650 ~ 5725MHz	[业余]	—	[业余]	[业余]
5725 ~ 5830MHz	[业余]	[业余]	[业余]	[业余]
5830 ~ 5850MHz	[业余] [卫星业余（空对地）]	[业余]	[业余] [卫星业余（空对地）]	[业余] [卫星业余（空对地）]
10 ~ 10.45GHz	[业余]	—	[业余]	[业余]
10.45 ~ 10.5GHz	[业余] [卫星业余]	[业余] [卫星业余]	[业余] [卫星业余]	[业余] [卫星业余]

续表

频段	业务划分			
	我国内地	我国香港地区	我国澳门地区	国际电联Ⅲ区
24 ~ 24.05GHz	业余 卫星业余	[业余]	业余 卫星业余	业余 卫星业余
24.05 ~ 24.25GHz	[业余]	[业余]	[业余]	[业余]
47 ~ 47.2GHz	业余 卫星业余	业余 卫星业余	业余 卫星业余	业余 卫星业余
76 ~ 77.5GHz	[业余] [卫星业余]	[业余] [卫星业余]	[业余] [卫星业余]	[业余] [卫星业余]
77.5 ~ 78GHz	业余 卫星业余	业余 卫星业余	业余 卫星业余	业余 卫星业余
78 ~ 81GHz	[业余] [卫星业余]	[业余] [卫星业余]	[业余] [卫星业余]	[业余] [卫星业余]
81 ~ 81.5GHz	[业余] [卫星业余]	—	—	[业余] [卫星业余]
122.25 ~ 123GHz	[业余]	—	[业余]	[业余]
134 ~ 136GHz	业余 卫星业余	—	业余 卫星业余	业余 卫星业余
136 ~ 141GHz	[业余] [卫星业余]	—	[业余] [卫星业余]	[业余] [卫星业余]
241 ~ 248GHz	[业余] [卫星业余]	—	[业余] [卫星业余]	[业余] [卫星业余]
248 ~ 250GHz	业余 卫星业余	—	业余 卫星业余	业余 卫星业余

链接

表中带方括号的内容，表示次要划分。关于“主要”和“次要”划分：根据《中华人民共和国无线电频率划分规定》，一个频段被标明划分给多种业务时，这些业务按“主要业务”和“次要业务”的顺序排列。次要业务台站不得对已经指配或将来可能指配频率的主要业务电台产生有害干扰，不得对已经指配或将来可能指配频率的主要业务电台的有害干扰提出保护要求，但可以要求保护不受来自将来可能指配频率的同一业务或其他次要业务电台的有害干扰。当发现主要业务频率受到次要业务频率的有害干扰时，次要业务的有关主管或使用部门应积极采取有效措施，尽快消除干扰。

航业务台站产生有害干扰。各频段涉及的脚注，可查阅《中华人民共和国无线电频率划分规定》。

业余无线电常用频段

业余无线电使用的频段分布在很宽的频率范围内，从低频到高频被划分为很多不连续的频段，但常用的主要集中在HF、VHF和UHF频段，频率很高的微波频段可用于业余卫星通信和微波通信实验。各业余频段的电波传播方式具有不同的特征，以下对常用的业余无线电频段进行介绍。

1. 1.8~2.0MHz频段

这是属于中波中频（MF）的业余频段，是业余电台允许使用的最低频段，业余无线电通信的前辈们就是从这些低频段开始为人类做出巨大贡献的。这个频段白天主要靠地波进行近距离的通信，一般地波传播的最大距离为250km。晚上可以通过电离层D层反射进行远距离通信，最佳的通信时间是双方都处于日出日落的交界时间。冬天的傍晚和黎明时分是用该频段进行远距离通信的时段。由于这个频段频率比较低，需要架设庞大的天线，电离层的衰减也比较大，需要较大的功率才能实现远距离通信。

2. 3.5~3.9MHz频段

这是属于短波高频（HF）中频率最低的业余频段，是最有利于初学者以较低成本自制收发信机的频段。这个频段的传播规律和1.8~2.0MHz频段相似，主要是以电离层F层和E层混合传播为主。夏天的白天，由于D层和E层的电子密度高，频率在这个频段以下的电波会被吸收掉，不能经电离层反射，只能进行一两百米距离的通信。在冬天的傍晚和黎明时分，这个频段进行远距离通信的效果比1.8~2.0MHz频段好，通联到远距离电台的概率也大。这个频段的天线规模也比较庞大，但比起1.8~2.0MHz频段的天线已经缩小了很多。1.8~2.0MHz和3.5~3.9MHz频段在夏季都会受到几百千米之内雷电的干扰及非业余电台的干扰。

3. 5.3515~5.3665MHz频段

这是最新的业余无线电的HF频段，是目前唯一频点化的频段。将频段内信道频点化以后，只能在这个频段的5个指定频点上通信，分别是：5330.5kHz、5346.5kHz、5366.5kHz、5371.5kHz和5340.5kHz。此外，通信模式限定为上边带语音模式，最大输出功率为15W。

4. 7.0~7.1MHz频段

这是一个专用的业余频段，是业余电台工作的主要频段。在太阳黑子活动水平较低的年份，白天这个频段可以很好地用于省内或邻近省份的业余电台通信。到了太阳黑子活动高峰年，有可能只能用于本地电台通信。傍晚或黎明时分，可以用于实现远距离通信，能联络到世界各地的电台。这个频段操作范围比较窄，许多电台在狭窄的频段内互相拥挤，会使频段内产生严重的杂音。

5. 14.0～14.35MHz频段

这是一个很好的远距离通信频段，是各国业余爱好者使用最多的“黄金”频段，许多国家规定了只有拥有高等级执照的爱好者才能在这个频段工作。这个频段主要是靠电离层 F 层进行全球通信的，传播比较稳定，太阳活动和季节的变化对传播影响比较小，电离层 F 层是反射无线电信号或影响无线电波传播条件的主要区域，其上边界与磁层相接。大多数国际比赛和无线电远征活动可在这个频段操作，同时大多数使用这个频段的电台以进行远距离通信为目的，因此这个频段是“狩猎珍稀电台”的最佳频段。但这个频段开始出现“越距现象”，即出现了一个地波传播到达不了，而天波一次单跳又超越过去的电波无法到达的“寂静区”，受越距现象影响的主要是省内或邻近省的电台之间的联络。由于电离层是不断变化的，“寂静区”的范围不是固定的。

6. 21.0～21.45MHz频段

这是业余无线电通信的专用频段，也是短波初学者的入门频段，世界范围内大量的新手活跃在这个频段。这个频段主要靠电离层 F2 层反射进行通信，太阳活动、昼夜和四季等的变化对这个频段的影响较大，当太阳黑子活动比较活跃时，这个频段是远距离通信的主要频段，但在太阳黑子活动水平较低的年份，远距离通信比较困难。该频段背景杂音比较小，加上天线尺寸比较小，用小功率就可以进行远距离通信。这个频段的越距现象更加明显，尤其是在隆冬和盛夏季节，收听本省或国内电台是很困难的。

7. 28.0～29.7MHz频段

这是短波 HF 频段中频率最高的频段，是一个理想的低功率远距离通信频段。这个频段的传播特性介于 HF 和 VHF 之间，主要特点是受太阳活动的影响大，有突发电离层 E 层传播现象，一旦开通传播，电离层衰减小，频率杂音较小，天线增益容易变高。由于频率比较高，晚上较小密度的电离层已不能对其形成反射，所以这个频段的远距离通信一般只能在白天进行。在这个频段中的 29.4~29.5MHz 是业余卫星通信通常使用的频率。

8. 50～54MHz频段

这是属于甚高频（VHF）的业余频段，被称为“魔术频段”。这个频段的传播特性介于 HF 和 VHF 之间，在太阳活动的活跃期，电离层会产生突发 E 层传播现象，电波通过突发 E 层异常传播，电台可以用很小的功率进行全球的远距离通信，这是爱好者进行猎奇的频段。在这个频段的前端，业余无线电爱好者在全世界各个地方设立了信标台，这些信标台 24 小时不停地轮流发射信标信号，我们只要通过接收这些信标台的信标信号，就可以实时地了解频段的开通情况，也有爱好者通过收听、记录这些信标台的信号情况去探索突发 E 层电波传播的神奇规律。

9. 144～148MHz频段

这是属于典型的 VHF 频段的业余频段，是一个非常活跃的本地通信频段。对这个频段的信号，电离层基本不产生反射，电波以直射波视距传播为主，传输中遇到有大楼房或山体等，会产生反射波，因此一般只能用于近距离通信。许多国家在这个频段上建有中继台，通过中继台中转实现远距离通信。和 1.8~2.0MHz 频段一样，这个频段也有不可思议的近 7000km 的远距离通信纪录，这个频段的对流层传播受气候变化影响较大，利用突发 E 层的可能性也更大一些。144~148MHz 频段是业余爱好者进行各种空间通信实验的常用波段，业余卫星通信的下行频率一般使用该频段。

10. 430～440MHz频段

这是属于特高频（UHF）的业余频段，直射波传播比 144~148MHz 频段更甚，反射和折射现象更明显，但空气衰减更大，更不适合远距离通信。这个频段带宽较宽，使用 FM 方式的电台最多，因此使用手持电台或车载电台等移动通信设备通信很方便。业余卫星通信的上行频率一般使用该频段。

11. 1260～1300MHz频段

这个频段属于微波频段，主要是直射波传播，业余爱好者利用这个频段进行流星余迹反射和对流层散射等超距离通信实验，也有业余通信卫星工作在这个频段。

业余卫星通信相关无线电管理政策

无线电电波传播不受国境、边界限制，国际协调必不可少。ITU（国际电信联盟）就是主管信息通信技术事务的联合国机构，下设电信标准化（ITU-T）、无线电通信（ITU-R）和电信发展（ITU-D）3 个部门，协调各国开展相关工作。我们耳熟能详的 4G、5G 移动通信标准的制定就是在 ITU 的协调下开展并最终确定的。《无线电规则》是 ITU 对国际无线电通信管理的基本法规之一，它按区域和业务种类划分了 9kHz ~ 400GHz 频段，规定了各种无线电台（站）使用频率、协调、通知和登录国际频率总表的程序，以及这些台（站）的技术和操作标准，并对安全通信（包括遇险呼救信号）的操作和电台的识别等做了特别规定。

国内层面，《中华人民共和国无线电管理条例》是我国无线电管理的基本条例。我国由国家无线电管理机构负责全国无线电管理工作，各省、自治区、直辖市设立地方无线电管理机构，在国家无线电管理机构和省、自治区、直辖市人民政府领导下，负责本行政区域除军事系统外的无线电管理工作，并根据工作需要在本行政区域内设立派出机构。目前，我国基本形成了以《中华人民共和国无线电管理条例》为主体，配以《中华人民共和国无线电频率划分规定》《无线电台站执照管理规定》《业余无线电台管理办法》等部门规章，辅以《无线电管理收费规定》《无线电频率占用费管理办法》等规范性文件的无线电管理法规体系，用于规范国内无线电频率使用、无线通信网和电台设置等活动。

ITU 为业余卫星通信定义了一类“卫星业余业务”，在《无线电规则》频率划分表中分别明确了Ⅰ、Ⅱ、Ⅲ区可用于卫星业余业务的频率，并以脚注的形式明确了相关频段的使用条件。

除明确工作频率外，《无线电规则》在第 6 章第 25 条“业余业务”中对业余电台的应用、信号传输和操作人员相关要求进行了说明，并对卫星业余业务应当“确保在空间电台发射前建设足够的地面控制电台”提出要求。需要说明的是，作为空间业务的一类，《国际电信联盟组织法》《国际电信联盟公约》和《无线电规则》所有相关条款均适用于业余电台，包括作为业余卫星通信中继器的卫星（空间电台）和作为业余卫星通信终端的地面站(地球站)。此外，国际电联还制定了一系列的建议书（Recommendation）、报告（Report）及手册（Handbook），明确业余业务和卫星业余业务相关应用和技术要求。例如，M.1024 建议书描述了业余业务和卫星业余业务在减灾救灾通信中的应用。

近年来，航天产业蓬勃发展，对卫星频率和轨道资源的使用日益增多，我国除前文提到的《中华人民共和国无线电管理条例》外，还制定了一系列与空间无线电业务相关的管理法规和规章，对卫星通信系统所涉及的星（卫星）、网（卫星通信网）和站（卫星地球站）的设置、使用各方面做了明确规定。此外，工业和信息化部以部长令的形式发布了《业余无线电台管理办法》，对于业余无线电台的设置审批程序、使用管理、呼号管理等做出了详细规定。成立于 2009 年 3 月的中国无线电协会，针对业余无线电台操作技术能力验证考核、操作证书申请等，也制定了一系列的规范性文件。

《中华人民共和国无线电管理条例》

《中华人民共和国无线电管理条例》（以下简称“《条例》”）是我国对无线电频率资源、无线电台站进行管理的根本依据，现行《条例》是 2016 年 11 月 11 日由国务院、中央军委共同签发的，自 2016 年 12 月 1 日起施行。

《条例》对业余无线电台的应用范围和操作人员有明确要求：业余无线电台只能用于相互通信、技术研究和自我训练，并在业余业务或者卫星业余业务专用频率范围内收发信号，但是参与重大自然灾害等突发事件应急处置的除外；申请设置、使用业余无线电台的，应当熟悉无线电管理规定，具有相应的操作技术能力，所使用的无线电发射设备应当符合国家标准和国家无线电管理的有关规定。

同时，《条例》对申请使用无线电频率和申请设置、使用无线电台（站）做了一般性规定，需要注意的是，根据《条例》第十四条第（一）款，业余无线电台的无线电频率是免许可的，但是申请设置、使用业余无线电台需满足第二十九条的规定。

卫星通信相关管理规定

我国对卫星网络空间电台的相关规章制度，除特殊说明外，均适用于业余卫星通信卫星的管理。目前，我国现行的卫星网络相关管理规章制度主要有《设置卫星网络空间电台管理规定》《建立卫星通信网和设置使用地球站管理规定》《卫星网络申报协调与登记维护管理办法（试行）》等。

根据上述制度规定，卫星（空间电台）发射前需开展卫星网络资料的国际申报、协调，设置空间电台、在我国境内建立卫星通信网，须经工业和信息化部审批。设置使用地球站的，根据地球站的设置地点、使用范围等分别由工业和信息化部及各省、自治区、直辖市无线电管理机构审查批准。业余卫星通信系统相关卫星（空间电台）和地球站的设置、使用也应按照相关要求开展。同时，在卫星网络国际申报环节明文规定，涉及使用卫星业余无线电业务的，还应当符合国际业余无线电联盟有关技术和使用要求，即在卫星业余业务相关频段开展业余卫星通信活动的，应满足该频段脚注说明的和建议书明确的技术和应用要求。

《业余无线电台管理办法》及相关规范性文件

2012 年 11 月 5 日，工业和信息化部以部长令的形式发布了《业余无线电台管理办法》，对于业余无线电台的设置审批程序、使用管理、呼号管理等做出了详细规定。

该办法首先明确了“业余无线电台”的范围，是指开展《中华人民共和国无线电频率划分规定》确定的业余业务和卫星业余业务所需的发信机、收信机或者发信机与收信机的组合（包括附属设备）。并明确“设置业余无线电台，应当按照本办法的规定办理审批手续，取得业余无线电台执照”，如此“依法设置的业余无线电台受国家法律保护”。

与其他大多数无线电台站的设置审批条

图 1 业余电台操作证书样式

表 2 中国无线电协会业余电台操作证书类别

类别	通过标准 / 总题数	业余电台操作限制	备注
A	25/30	业余无线电台可以在 30 ~ 3000MHz 范围内的各业余业务和卫星业余业务频段内发射，最大发射功率不大于 25W	初级操作证书
B	40/50	业余无线电台可以在各业余业务和卫星业余业务频段内发射，30 MHz 以下频段最大发射功率不大于 100W，30MHz 以上频段最大发射功率不大于 25W	中级操作证书
C	60/80	业余无线电台可以在各业余业务和卫星业余业务频段内发射，30MHz 以下频段最大发射功率不大于 1000W，30MHz 以上频段最大发射功率不大于 25W	最高级别的操作证书

件不同，一是业余无线电台的操作者需具备国家无线电管理机构规定的操作技术能力；二是电台呼号和电台执照是绑定的，在核发业余无线电台执照时会同时指配电台呼号，在注销电台执照时同时注销电台呼号。

根据中国无线电协会制定的《业余无线电台操作技术能力验证暂行办法》和《关于修订各类别业余无线电台操作技术能力验证考核暂行标准的通知》等规范性文件，有兴趣开展业余无线电通信的人员，可参加由各省、自治区、直辖市无线电管理机构委托的考试机构组织的闭卷考试，达到各类别合格标准后可取得《中国无线电协会业余电台操作证书》。

业余无线电台操作技术能力验证考试分为 A、B、C 这 3 类，考核内容大致分为无线电管理相关法规、无线电通信方法、无线电系统原理、与业余无线电台有关的安全防护技术、电磁兼容技术以及射频干扰的预防和消除方法 6 个部分。其中，A 类能力验证考试主要侧重于对法律法规和基本操作的考核，B 类和 C 类能力验证考试则更侧重于实际通联操作及无线电方面的理论知识。对于刚入门的爱好者，首先要获得 A 类操作证书，取得 A 类证书 6 个月后，可以申请参加 B 类考试；取得 B 类证书并且设置 B 类业余无线电台两年后，可以申请参加 C 类考试。中国无线电协会业余电台操作证书类别见表 2。

在获取操作证书（见图 1）后，若具备《业余无线电台管理办法》关于设置业余无线电台的各项要求，可向所在地无线电管理机构或国家无线电管理机构递交电台设置申请，待获得业余无线电台执照和相应电台呼号后，即可开展业余无线电通信活动。

野外足式机器人感知和导航新技术

哈尔滨工业大学高海波教授团队在野外足式机器人环境认知学习与自主导航方面取得重要进展，相关成果可用于自主星球探测、野外救援等任务。动物可通过对物理特征的理解去适应不断变化的地形环境，为足式机器人的环境认知学习提供了仿生学启示。团队采用足地接触模型表征地形的触觉参数，让机器人“摸一摸”地面就知道柔软度和摩擦程度。在机器视觉方面，团队提出无监督视觉特征提取方法，只需机器人自动对比视野中不同地形纹理，即可自主完成。团队还将机器人实时采集的触觉、视觉特征聚类为知识群集，并通过映射网络将视觉特征和触觉特征联系起来。

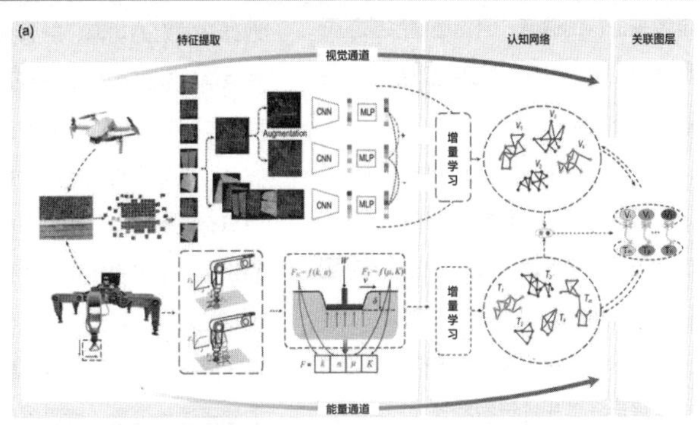

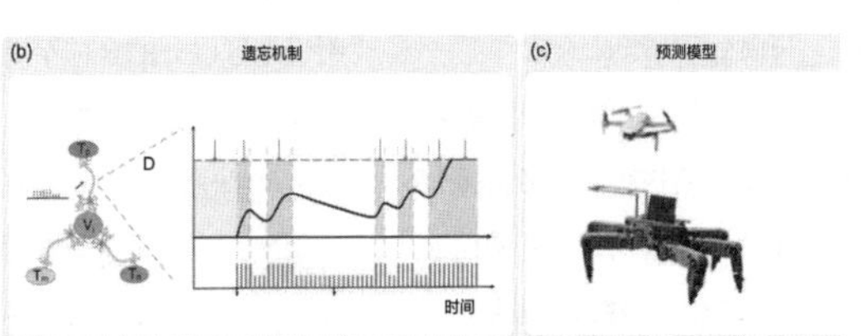

由于环境的变化，从前认识的地形可能和当前的触觉感受不一致。为解决这样的认知冲突，团队采用模拟生物脑神经的带泄漏整合发放模型，对不同模态进行信息连接，动态调整连接强度，使得机器人更加聪明、智能。最后，团队开展了丰富的室内外感知和导航试验，证明该方法可有效助力机器人实现地面物理特征感知与预测。

业余卫星通信（3）

卫星通信简述（一）

杨旭 张宁 刘明星 纽丽荣 戴慧玲

业余卫星通信需要通过在太空中运行的卫星接收和转发信号才能成功。本章将介绍卫星通信系统、卫星设备，以及卫星在轨运行的基本概念和一般规律，帮助业余卫星通信爱好者更好地理解开展业余卫星通联过程中可能遇到的基本概念、设备选取和参数设置，以及卫星跟踪、信号识别等基本操作。

卫星通信系统

系统组成

卫星通信指地球上的两个或多个无线电台（地球站），利用人造地球卫星上装载的无线电设备作为中继台转发或反射无线电波来进行的通信，卫星通信系统主要由地球站、通信卫星、跟踪遥测指令系统和监控系统组成。

用户通过地球站接入卫星线路进行通信。发射端地球站对需要发射的内容进行信源编码和信道编码，然后将信号调制到上行频率，再经射频功率放大器、双工器和天线发射向卫星。接收端地球站接收到下行信号后，首先进行射频放大，再经过变频和解调，将信号送给接收端用户。

卫星一般由专用系统和保障系统组成。专用系统是指与卫星所执行的任务直接有关的系统，也称为有效载荷，对于通信卫星而言，其有效载荷为一个或多个转发器，每个转发器能同时接收和转发多个地球站的信号。业余卫星所采用的有效载荷，与商业通信卫星相比要“简陋”许多，但其主要组成部分基本相同。保障系统是指保障卫星和专用系统在空间正常工作的系统，也称为服务系统，主要有结构系统、电源系统、热控制系统、姿态控制系统和轨道控制系统、无线电测控系统等。

跟踪遥测指令系统负责对卫星上的运行数据及指标进行跟踪测量，控制其准确进入轨道上的指定位置，并在卫星正常运行后，定期对卫星进行轨道位置修正和姿态保持。

监控系统负责对进入轨道指定位置的卫星在业务开通前后进行通信性能，例如卫星转发器功率、卫星天线增益，以及各地球站发射的功率、射频频率和带宽等基本通信参数的监控，以保证正常通信。

与短波、超短波等无线通信方式或者光纤、电缆等有线通信方式相比，卫星通信具有很多优点，包括通信距离远、覆盖面积大、系统容量大、业务种类多、通信地球站可以自发自收、便于进行质量监测等。原则上，只需放置3颗地球静止轨道卫星于适当位置，就可以建立除地球两极附近地区以外的全球不间断通信。而且卫星通信可提供的频带很宽，特别是新技术、新器件的出现，使一颗通信卫星的容量大大增加，除了光缆和毫米波通信，其他的通信方式是无法提供如此巨大的通信容量的。此外，卫星通信可以同时传输多种业务、多种通信体制信号，整个系统的综合利用效率可以非常高。

与此同时，卫星通信也存在一些缺点，限制了其应用场景。第一，卫星发射技术复杂，卫星造价高，星上系统设备复杂、精密，要求器件质量高、稳定可靠。第二，卫星信号传播路径远、损耗大，加上星上能源有限、发射功率小，地面站接收到的信号非常微弱，对地面接收系统的灵敏度要求较高。第三，卫星信号传输时延大，电波从地球站至地球静止轨道卫星再返至地球站，一个来回约80000km，时延0.27s，限制了其在实时控制等领域的应用。第四，卫星通信对空间电磁环境要求很高，存在特有的星蚀和日凌中断。第五，卫星的频率轨位资源有限，尤其是地球静止轨道，有且仅有一条，后续低轨卫星海量发射时，可用的频率轨位日渐稀少。

测控系统

测控（TT&C）系统是卫星的核心系统之一，它负责测定卫星在空间的位置和轨道参数，对卫星系统进行操作和监控，测控站的天线随时瞄准卫星，为星地交换信息提供服务做准备。与其他分系统不同，测控系统必须由星上部分和地面部分组成一个整体，星地同时配套进行才能达到目的。卫星测控系统组成如图1所示，包括遥测、遥控、跟踪子系统，其中遥测、遥控子系统安装在卫星上，跟踪子系统在地面站运行。

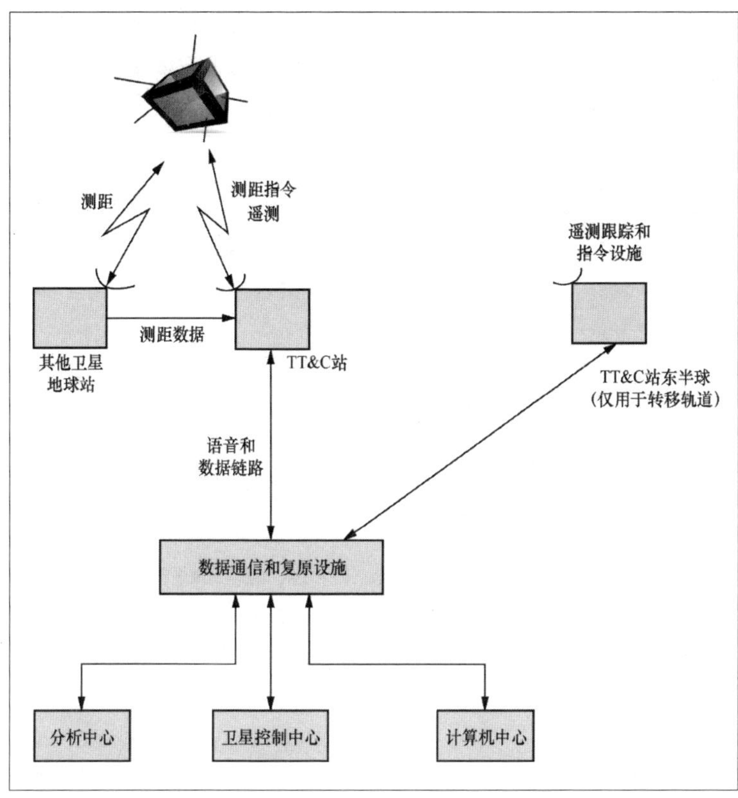

图1　卫星测控系统组成

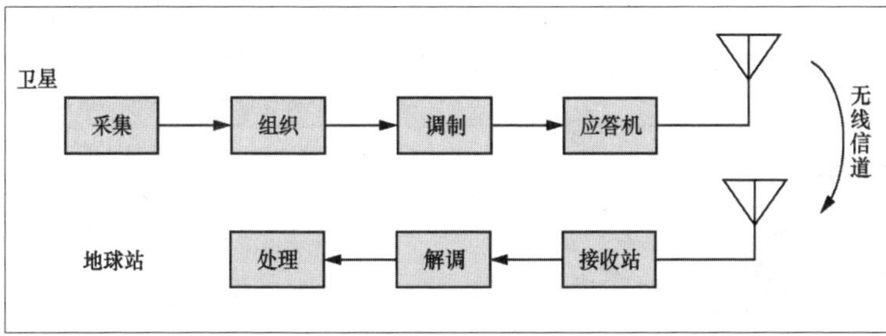

图2 业余卫星遥测子系统

遥测子系统（见图2）的主要功能是获取星上各分系统运行数据和星内外环境参数，以便地面操作人员准确判断卫星是否工作正常，该功能可以被理解为远距离测量。卫星将生成遥测信号，并将其传送到地球站。遥测信号传送的数据包含从空间环境和星载传感器得到的磁场强度、方向和陨石效应频率等环境信息，还有温度、电源电压、存储燃料压力等卫星信息。

跟踪子系统（见图3）是由安装在地面站的观测系统通过向卫星发送信标信号，并由测控地球站接收卫星转发的信标信号来实现跟踪功能的，用于长期连续跟踪、测定卫星的空间位置和轨道参数，并向卫星发送遥控信息。用于追踪的信标信号可在遥测信道上发送，也可在业务信道上发送。跟踪数据的获取，可以通过专门的跟踪天线来实现，也可以通过测量信号的传播时延，经过一系列算法仿真来实现。

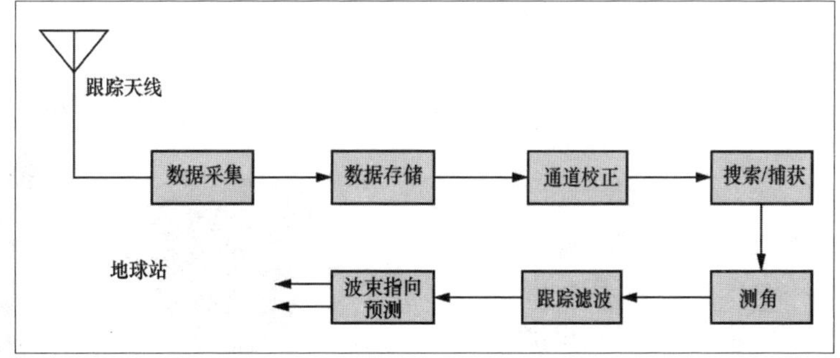

图3 业余卫星跟踪子系统

遥控子系统（见图4）装载于卫星上，用于接收和分配来自地球站的指令信号。遥控子系统对指令信号进行解调、译码，最后将信号传送到适当的设备，执行对应的操作。和商业卫星使用专门的测控站不同，经授权的业余无线电爱好者的地面站，在配备所需设备后，可以对业余卫星进行控制。

电源系统

电源系统是卫星上进行电能产生、存储、变换、调节和分配的分系统，其主要的功能是通过一定的物理或化学变化手段，将光能、化学能或核能等形式的能量转化为电能，并根据具体的需求进行存储、调节和变换，然后向卫星其他子系统提供电能。

目前大部分业余卫星为微卫星或纳卫星，这类卫星的电源系统具有可靠性高、体积小、质量轻、效率高等特点，主要由太阳能电池、蓄电池模块、电源控制系统

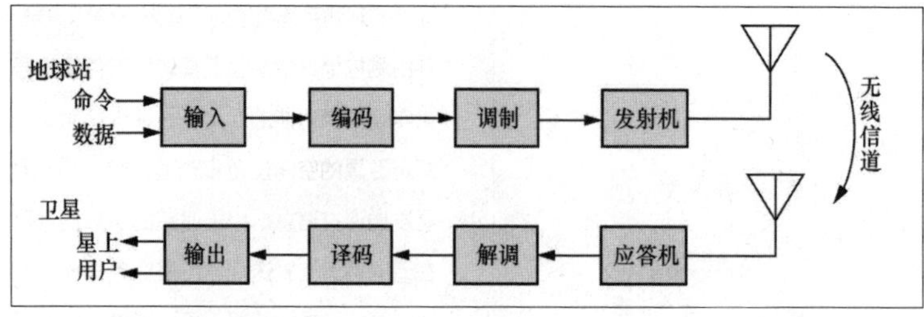

图 4 业余卫星遥控子系统

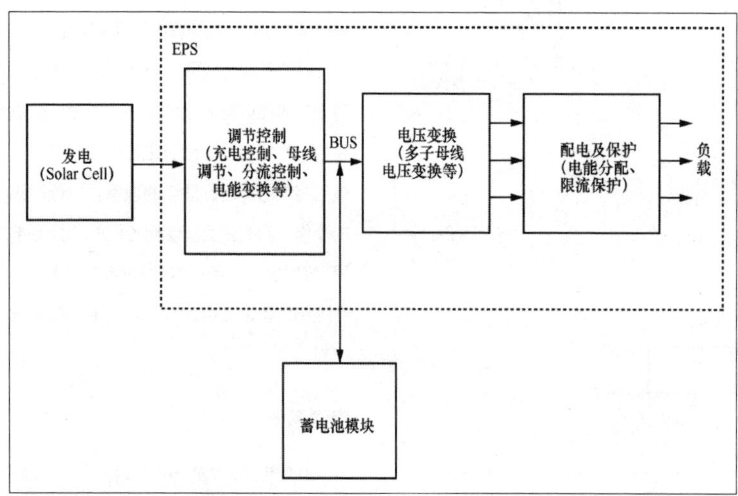

图 5 立方体卫星电源系统组成

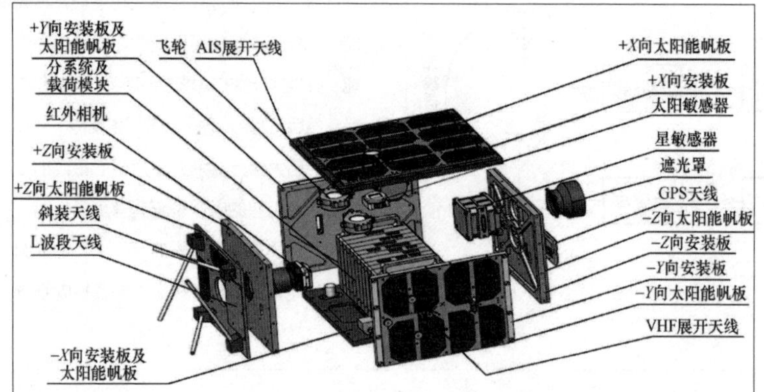

图 6 “紫丁香二号”卫星

等组成。其中，电源控制系统由调节控制、电压变换、配电及保护模块组成，实现对太阳能电池阵输出电能的控制、调节、变换、分配与保护，是立方体卫星电源系统的核心部分。蓄电池模块实现对蓄电池组的管理与控制。太阳能电池的布装形式是立方体卫星电源系统设计的重要部分。常用立方体卫星电源系统组成如图 5 所示。下面分别介绍电源子系统各分部件。

1. 太阳能电池

自从用硅成功研制太阳能电池后，太阳能电池迅速成为卫星的主要供电来源。相比于化学能和核能电池，太阳能电池发电价格不贵，产生的废热少，并且功率质量比较好。

考虑到业余卫星系统简单、体积小、受热面积有限，太阳能电池成为星上唯一可行的主能源，同时考虑到光电转换效率，目前太阳能电池片均选用光电转换效率高于 26% 的三结砷化镓单体电池，采用体装式的太阳能电池阵或展开式的太阳能电池翼。

例如，哈尔滨工业大学学生团队研制的“紫丁香二号”技术试验纳卫星，该卫星的 6 面（$+X$、$-X$、$+Y$、$-Y$、$+Z$、$-Z$）均贴有太阳能帆板，如图 6 所示。

太阳能电池片除了采用体装式布装外，还有多种展开式太阳能电池翼。设计者可以根据立方体卫星的应用布局选取合适的太阳能电池翼种类。国外业余卫星通常采用三结砷化镓太阳能电池，转换效率能达到 30%，常用太阳能电池的布装形式如图 7 所示。

2. 蓄电池模块

业余卫星的运行轨道大部分在低地球轨道，轨道周期较短，一般为 90min 左右，每圈都会有 30min 左右的时间进入地球阴影，因此需要储能电源为卫星提供稳定可靠的能量供应。对于大部分业余卫星来说，

图 7 国外业余卫星常用太阳能电池布装形式

▌图 8　集成锂离子电池组模块

▌图 9　锂聚合物电池组模块

通常采用锂离子电池或者锂聚合物电池。

锂聚合物电池是锂离子电池的一种，与传统锂离子电池的区别是，其正极或电解质采用高分子材料替代。因此与传统锂离子电池相比，其体积更小，可软包装，具有可薄型化、任意面积化与任意形状化等特点，可以配合产品需求，做成任意形状与容量的电池。在充放电特性上，锂聚合物电池能量密度可比目前的锂离子电池高 50%。锂聚合物电池电压特性与锂离子电池没有本质区别，同一颗卫星的电源系统，既可以选用锂离子电池作为储能装置，也可选用装有锂聚合物电池的模块作为能量装置。图 8 所示是一种集成锂离子电池组模块。国外多家公司开发了可用于立方体卫星的锂聚合物电池的货架产品。图 9 所示是 VARTA 生产、Clyde Space 公司集成的锂聚合物电池组模块，单体额定容量为 1.25Ah。这种装有锂聚合物电池的模块厚度符合 PC/104 的 15mm 标准，质量比锂离子电池组更轻。

3. 电源控制系统

电源控制系统实现对电能的控制、分配，以及对系统的测控保护等功能，该部分技术水平的高低直接反映了卫星电源水平的高低。考虑到业余卫星一般为微卫星或者纳卫星，体积小，受照面积有限，一般很少采用专门的放电调节器，而是采用蓄电池组输出端直接与母线连接，以减小卫星的体积和减轻质量。

最大功率点跟踪电源拓扑是当前最先进，也是国外使用最多的立方体卫星电源拓扑。该拓扑具有一个带最大功率点跟踪的充电调节模块，能实时跟踪太阳电池阵的最大功率工作点，并能对蓄电池充放电等进行全面保护，搭配立方体卫星级的可展开微型太阳能电池翼技术，可形成一个完备、高效的立方体卫星电源系统。该系统拓扑如图 10 所示，电路原理如图 11 所示。

随着立方体卫星的发展趋于标准模块化、智能化，其集成度越来越高，功能越

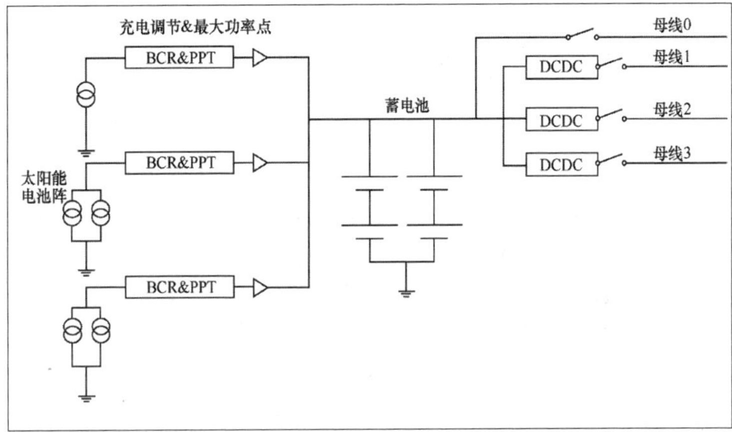

▌图 10　立方体卫星最大功率点跟踪电源拓扑

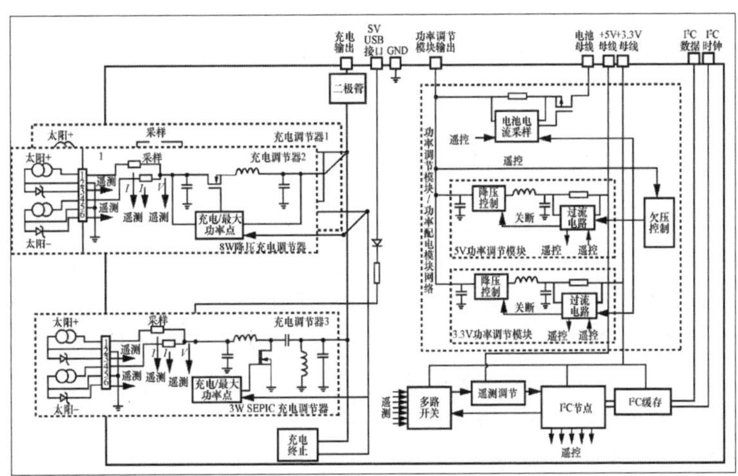

▌图 11　立方体卫星最大功率点跟踪电源拓扑电路原理图

来越复杂，功率密度也越来越高。配电与电源管理系统利用 CPU、固态功率开关等智能化元器件，通过系统总线连接，实现系统智能化。一块电路板上集成了电源管理、传感器、通信模块、存储器等功能模块。

姿态控制系统

卫星的姿态控制系统的任务包括姿态确定和姿态控制两方面，主要用于控制卫星在太空中绕质心旋转的姿态，通过对卫星施加绕质心的旋转力矩，保持或按需改变卫星在空间的定位，以确保卫星所携带设备的指向适当。一般而言，卫星姿态控制系统的硬件包括姿态敏感器、控制器和执行机构 3 部分（见图 12），软件包括测量信息处理算法和控制逻辑算法。

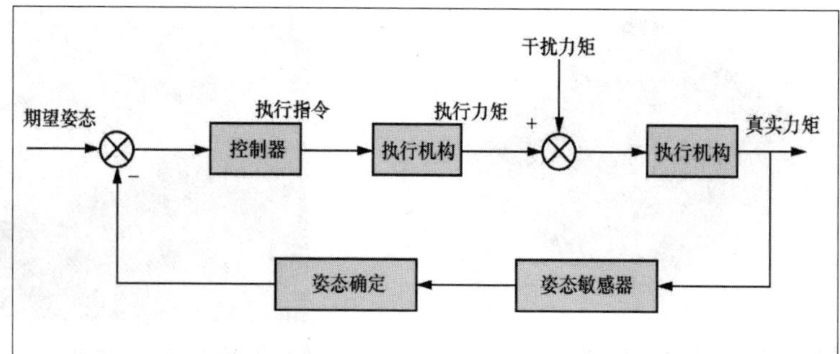

图 12 卫星姿态控制系统

姿态控制系统需要完成两个主要姿态指向任务：一是长期在轨状态下保证太阳能电池面对准太阳，以保证星上电源供应；二是执行对地任务时按照要求的侧摆角进行侧摆，以对目标区域进行推扫。

姿态控制处理通常发生在卫星上，但是控制信号也有可能是基于卫星得到姿态数据，再从地面传送到卫星上的。当希望对卫星的姿态进行调整时，卫星测控人员就会进行姿态机动，这时就会从地球站向卫星传送控制信号。

有效载荷

理解卫星的有效载荷，是我们从业余卫星通信中获取最大效用和乐趣的关键。业余卫星的有效载荷主要分为信标发射机和转发器两部分，一般采用的是商用卫星缩小规模后的有效载荷。

1. 信标发射机

业余卫星信标发射机通常具备以下几个功能：在遥测模式下，信标传送星上系统的信息（太阳能电池面板电流、各节点温度、电池状况等）；在通信模式下，信标可以用来存储并发送无线电信号；在任何模式下，信标都可以用来跟踪，用来测量电波传播特性，以及用作参数一致性比较的参考信号，并在测试地面站的信号接收设备中发挥重要作用。业余爱好者们历年来使用过几种遥测编码方法，从用户的角度看，每种方法具备不同的数据传输速率，同时地面站所需解码设备的复杂程度也不相同。很大程度上来说，这两种因素互为取舍。

最早的业余卫星使用简单的 CW 遥测信标，信息采用莫尔斯码传输。例如，OSCAR-1 卫星通过改变 CW 中“HI”的发送速度来传送温度信息。莫尔斯码遥测在此后的卫星中变得更加先进。由于莫尔斯码信息非常易于解码，解码只需 1 个接收机、1 张纸和 1 支笔，编码限制在纯数字格式，通常每分钟 25 或 50 个数字（每分钟 10 ~ 20 个汉字），这使未经训练的人也可以较快地学会如何解码传输内容。也正是由于这个原因，至今一些业余无线电卫星仍在使用莫尔斯码。

数字数据信标最早出现在 20 世纪 70 年代，例如 OSCAR-7 就使用了数字数据信标。这些早期的信标采用无线电传（RTTY）作为传输更为复杂遥测信息的方法，它具备更高的数据传输速率。然而随着技术水平的发展，无线电传最终被替代，没能成为下行传送卫星数据的主要方法。由于一些用户已经拥有 RTTY 接收设备，为了用户接收便利，RTTY 在 20 世纪 70 年代中期被选为卫星数据传输的编码方法。Phase Ⅲ 卫星和 UoSAT（萨里大学卫星）系列卫星，要求具备更高速、更高效的链路。这一需求产生的同时，微型计算机也在地面站得到广泛的普及。由于新的航天器都由星载计算机控制，转为使用计算机之间通信的编码技术也顺理成章。一旦地面站采用微型计算机捕获遥测信号，计算机就能处理原始遥测信号，进行存储并自动检测那些能说明问题的数值，检测历史数据图形等。Phase Ⅲ 卫星和 UoSAT 系列卫星都采用 ASCII 编码，但采用了不同的调制方案。

20 世纪 80 年代，业余无线电分组通信逐步流行，一些卫星遥测系统采用了 AX.25 协议。这些卫星以 1200bit/s 或 9800bit/s 的速率下载信息。随着分组无线电终端节点控制器（TNC）的增长，只要有一台计算机，绝大多数人能接收卫星信息。DOVE-OSCAR 17 大量使用其分组无线电信标作为教育工具。一定数量的业余卫星至今仍然使用分组无线遥测链路。

一些业余卫星还使用了数字语音作为遥测方式。在数字语音模式下，遥测信号是简单的语音，这为地面站解码带来了极大的便利。在为公众做示范，以及由初学者使用时，语音遥测都很出色，但极低的传输速率使它不适合实际传输需求。采用数字语音遥测系统的 OSCAR-9 和 OSCAR-11，能够存储并回放听感更加真实的语音，用于信标和存储－转发通信。这类设备也曾装配在DO-17、RS-14/AO-21、AO-27和DO-29卫星上。

在遥测或存储－转发广播模式下，具有稳定的强度和频率的信标信号有多种用途。比如，可以用于多普勒效应研究、电波传播测量，以及测试基于地面的接收设备。另外，通过比较转发器的下行信号和卫星信标信号，可以调校合适的上行发射功率。

2. 转发器

转发器是一系列交叉相连的单元，组成了卫星上从接收天线到发射天线的通信信道。目前业余卫星上搭载的转发器主要有3种类型："弯管"转发器、线性转发器和数字转发器。

（1）"弯管"转发器

"弯管"转发器从功能上来说是最简单的转发器，这个名字的来源是形容它像个U形管一样，一头捕获物品并从另一头把它送回原来的地方，即它在一个频率上接收信号并在另一个频率上重新传输信号，如图13所示。

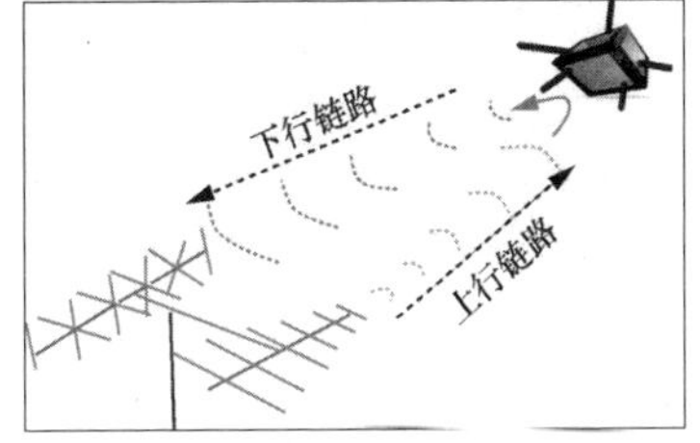

图13 "弯管"转发器

"弯管"转发器的主要优势在于它可以很容易地与普通的业余无线电调频收发机兼容，主要劣势在于它只能同时中继一路信号，若上行频率上有多个信号，信号会互相干扰，把下行信号变成奇怪的杂音，即调频接收的"俘获效应"。因此，搭载"弯管"转发器的业余卫星只能准确地收到最强的信号。当它在低地球轨道运行时（时间约为10min），若有一个经验不够丰富的操作者使用大功率信号，那么他通过"俘获效应"可以独占这个卫星，而把其他所有地面站排除在外。

（2）线性转发器

线性转发器能够接收无线电频谱的一小段信号，并转换频率，线性地放大信号，然后把一段频率中的信号完整地发送出去，它能同时中继很多路信号。线性转发器可以用于任何调制模式的信号转发，从节约宝贵的航天资源（比如能量和带宽）的角度，用户首选SSB和CW调制模式。转发器的规格以输入频率和输出频率命名，比如，一个146/435MHz的转发器，是指该转发器输入通带中心位于146MHz，输出通带中心位于435MHz，另外，该转发器还可以根据波长命名为2m/70cm转发器。

为了使线性转发器的规格尽可能简单，卫星爱好者通常用所谓的"模式"称谓来代表转发器规格。在业余卫星运行早期，这些称谓的指定相当随意，和转发器实际使用的频率没有多大关系。幸好业余卫星爱好者们随后就转发器规格达成一致，这一系列命名规则更加直观(见附表)。2m频段以字母"V"表示，70cm频段以字母"U"来表示。这样一来，监听2m频段并以70cm频段发送的转发器信号，现在就叫作V/U转发器。

线性转发器组成见图14。而实际中，因其他因素的存在，星载转发器的设计比图14所示更复杂。

（3）数字转发器

数字转发器与我们刚才讨论的线性转发器有很大区别。数字转发器解调输入信号，数据可以通过PACSAT（信息包卫星）邮箱存储在卫星上，或者立即利用

附表 卫星转发器频段与模式命名

卫星频带	常见运行模式（上行/下行）
10m（29MHz）：H	V/H（2m/10m）
2m（145MHz）：V	H/V（10m/2m）
70cm（435MHz）：U	U/V（70cm/2m）
23cm（1260MHz）：L	V/U（2m/70cm）
13cm（2.4GHz）：S	U/S（70cm/13cm）
5cm（5.6GHz）：C	U/L（70cm/23cm）
3cm（10GHz）：X	L/S（23cm/13cm）

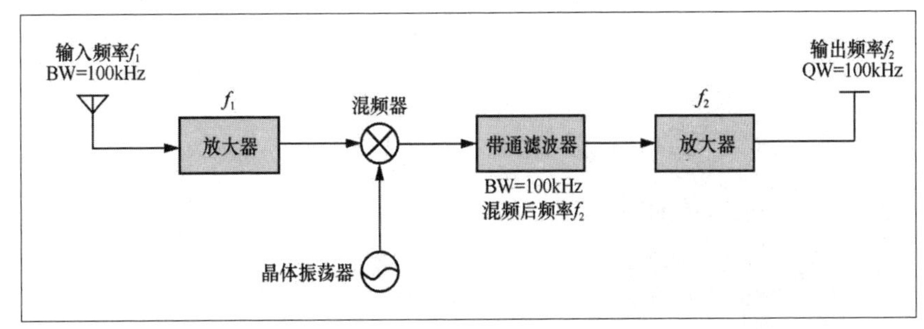

图14 线性转发器组成

RUDAK（数字业余通信转发器）生成数字下行信号。PACSAT 邮箱服务最适用于低轨道地球卫星，而 RUDAK 数字中继器在高轨道地球卫星上最有效。

与线性转发器一样，数字转发器的下行速率很有限，设计过程的关键是选择能够使下行容量最大化的调制技术和速率。对 PACSAT 和 RUDAK 的分析显示，由于存在数据冲突，上行数据容量应该为下行数据容量的 4～5 倍。

对于 PACSAT 邮箱的运行，业余无线电爱好者的地面站需要使用被称为终端节点控制器（TNC）的分组无线电调制解调器和调频收发信机，终端节点控制器能够生成曼彻斯特编码的频移键控上行信号。PACSAT 下行采用输出功率为 1.5W 或 4W 的二进制相移键控信号。之所以选择这种调制方法，是因为在给定的功率电平和比特率下，它的误码率比其他参考方案要低得多。在地面接收下行信号的方法之一是使用单边带接收机，并把音频输出到一台相移键控解调器上，这时单边带接收机只是作为一台线性降频器。

在 PACSAT 的全盛期，有几种专门为其设计的终端节点控制器。然而随着 PACSAT 逐渐被淘汰，这些专用终端节点控制器也从市场上消失了。余下的数字转发器采用 1200bit/s 音频频移键控（AFSK），或者 9600bit/s 频移键控进行上下行数字传输。这意味着那些目前用在各种地面设备上的普通分组无线电终端控制器，也可以用在数字卫星上。

早期的 RUDAK 系统采用不同方式实现所需的上行和下行速率。例如，OSCAR-13 星载 RUDAK 采用多上行通道、单下行通道模式，上行通道速率为 2400bit/s，是下行通道速率 400bit/s 的 6 倍。选择 400bit/s 下行通道速率，是因为这是 20 世纪 70 年代以后 Phase Ⅲ 遥测信号的标准下行速率。能够捕获 Phase Ⅲ 遥测信号的用户，在 RUDAK 一开始传输就应该能够捕获它。然而 OSCAR-13 星载的 RUDAK 设备在发射时失效了。

2000 年发射的 OSCAR-40 上携带的 RUNDAK-U 系统包括两块中央处理器、一台 153.6kbit/s 的调制解调器、4 台固定的 9600bit/s 调制解调器和 8 台运行于 56kbit/s 速率的数字信号处理调制解调器。新型 RUDAK 系统的最大优势在于其非凡的灵活性。通过数字信号处理技术的应用，RUDAK 能够把自己配置成所需的任何数字系统。

目前立方体卫星研制、试验等标准初步形成，出现了较成熟的市场化产品，各个系统都有现成的商业化产品出售，也出现了以工业级元器件构建的立方体卫星电源系统，只要通过组装、测试就能够完成立方体卫星研制，使研制周期更短，费用更低，应用更简单便捷。比如 UoSAT-12（英国）、UKube-1（英国）、AO-73（FUNcube-1，英国和荷兰）、QB50P1 和 QB50P2（比利时）等业余卫星均基于模块化微卫星平台的经验和技术，其中 QB50P1 和 QB50P2 作为 QB50 项目的两个先驱卫星，成功验证了立方体卫星一站式服务。后续文章将介绍卫星研制的基本概念。

会流汗的机器人

美国亚利桑那州立大学科学家研制出了一个能像人类一样出汗、颤抖和呼吸的户外行走机器人模型。该机器人名为“ANDI”，可通过合成孔隙和流量传感器模拟人类对热量的反应，有助科学家了解人体对热量的反应。

ANDI 被安置在一个加热室内，接受狂风、太阳辐射和 60℃高温的“洗礼”。它可被重新编程，根据体重、年龄和其他因素扮演不同角色，对上述环境作出反应。研究团队解释说，糖尿病患者的热调节与健康人不同，他们可用定制模型来揭示其中的区别。此外，研究人员也可调节房间内的温度等，以模拟全球各地各种热暴露场景。科研团队在 ANDI 表面 35 个不同区域安装了合成孔隙，以配置人工出汗装置、温度和热通量传感器。他们指出，这款机器人会出汗，拥有新颖的内部冷却通道，使冷水能在全身循环，同时模拟和记录人类对复杂环境热量的反应。

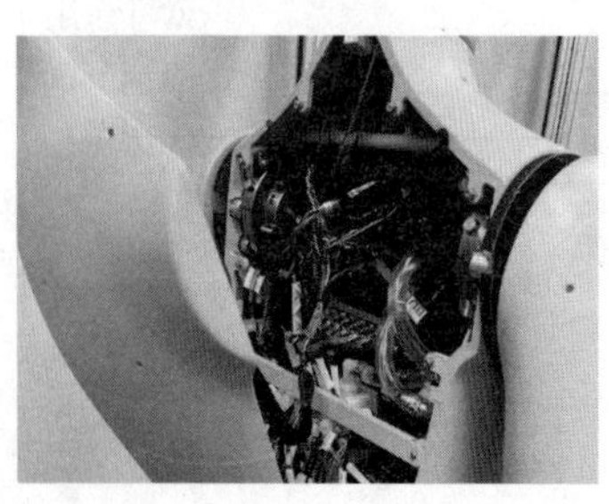

能多向稳定飞行的蜜蜂机器人

美国华盛顿州立大学的研究人员成功开发了一种蜜蜂机器人，它可以像真正的蜜蜂一样飞行。机器人被称为 Bee++，原型机拥有 4 个由碳纤维和聚酯薄膜制成的机翼，以及 4 个控制机翼的轻型驱动器，这种设计使蜜蜂机器人能够模拟自然飞虫的 6 个自由度运动。这是首款能够在各个方向稳定飞行的原型机。蜜蜂机器人重 95mg，远远超过自然存在的蜜蜂，后者重约 10mg。机器人一次只能自主飞行约 5min。该机器人可以部署在自然授粉媒介稀缺的地区，进行人工授粉等活动，甚至可以协助密闭空间的搜救行动。

该研究工作由华盛顿州立大学机械与材料工程学院副教授 Nstor O. Prez-Arancibia 领导，他在过去 30 年中一直致力于开发人造昆虫。他早期的工作重点是开发一种有两只翅膀的机器蜜蜂，但它的活动能力有限。2019 年，他的研究团队通过建造一个足够轻的四翼机器人来实现升空，取得了突破。

业余卫星通信（4）
卫星通信简述（二）

杨旭 张宁 刘明星 纽丽荣 戴慧玲

卫星轨道

开普勒定律

德国天文学家约翰尼斯·开普勒（1571—1630）根据多年观测行星运动及丹麦天文学家第谷·布拉赫等人观察与收集的精确观测数据，推导出行星运动的三大定律，即开普勒定律。宇宙空间中星体之间在万有引力的作用下相互运动，星体之间的运动规律普遍遵循开普勒三大定律，人造卫星同样遵从空间天体学规律。

通俗来讲，开普勒三大定律的意思是，地球是在不断运动的；行星围绕恒星公转的轨道不是正圆形而是椭圆形的；行星公转的速度也不恒定，而是在近恒星处速度快，在远恒星处速度慢。开普勒定律的具体描述如下。

根据开普勒第一定律，即轨道定律，卫星环绕地球运动，运动轨道都是椭圆形的，并且地球质心位于椭圆轨道的一个焦点处。如图 1 所示，C 为椭圆轨道中心；O 为地球质心，是椭圆轨道的一个焦点；a 为椭圆轨道的半长轴；b 为椭圆轨道的半短轴；f 为椭圆轨道的半轴距；Φ 为卫星与地球球心连线和近地点之间的夹角。可得到描述椭圆轨道形状的重要参数偏心率 e，表示为：

$$e=\frac{\sqrt{a^2-b^2}}{a}$$

偏心率和半长轴是描述卫星围绕地球旋转的两个轨道参数，e 的大小决定轨道的形状，e 越大，轨道越扁平；当 e=0 时，卫星轨道为圆形轨道。

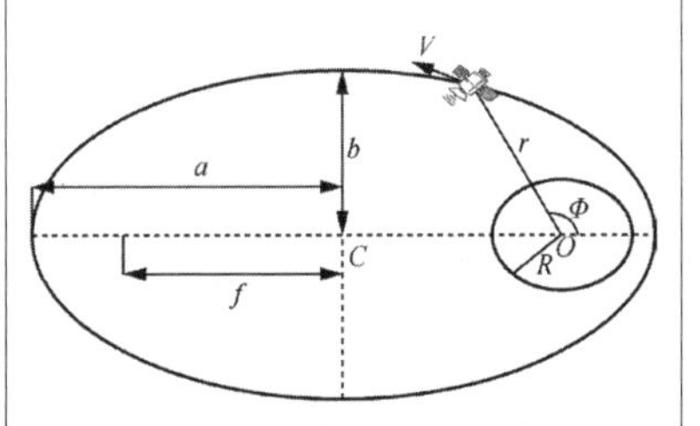

图 1 开普勒第一定律示意图

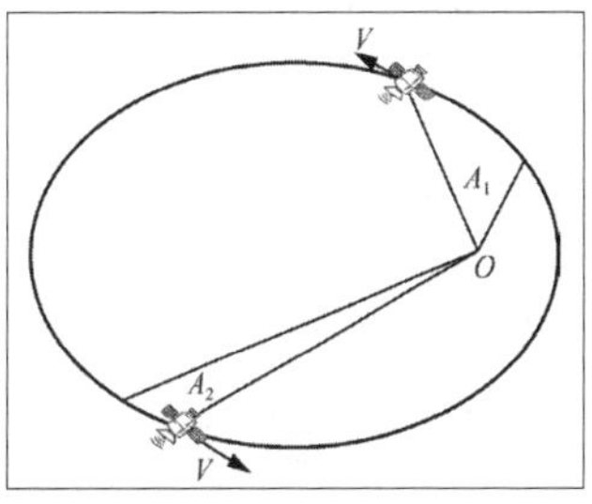

图 2 开普勒第二定律示意图

根据开普勒第二定律，即面积定律，卫星在轨道上运行相同时间所扫过的面积相等。如图 2 所示，在相同时间内卫星扫过的面积 A_1=A_2。这表明卫星在轨道上的运动是非匀速的，卫星距离地球越近，移动速度越快；距离地球越远，移动速度越慢。

根据开普勒第三定律，即周期定律，卫星围绕地球运转的周期 T 的平方与椭圆半长轴 a 的三次方成正比，表达式为：

$$T^2=\frac{4\pi^2a^3}{k}$$

其中，k 为开普勒常量。假设卫星的平均角速度为 n_0，则 n_0 可表示为：

$$n_0=\frac{2\pi}{T}=\sqrt{\frac{k}{a^3}}$$

由此可见，卫星的平均角速度只与椭圆的半长轴 a 有关，与偏心率 e 无关。

卫星轨道参数

卫星的运动轨迹是一个平面，通常用 6 个轨道参数来描述卫星椭圆轨道的形状、大小及其在空间的指向，并能够确定任一时刻卫星的空间位置。地心赤道直角坐标系中的卫星轨道参数如图 3 所示。图中涉及的术语解释如下。

- 春分点：当太阳从地球的南半球向北半球运行时，穿过地球赤道平面的点就是春分点。
- 近地点：卫星距离地球最近的点，值为 $a(1-e)$。
- 远地点：卫星距离地球最远的点，值为 $a(1+e)$。
- 升交点：卫星由南向北运动，其轨道与赤道面的交点。
- 降交点：卫星由北向南运动，其轨道与赤道面的交点。
- 交点线：通过地心连接升交点和降交点的线。

6 个轨道参数（开普勒轨道根数）如下。

- 半长轴 a：卫星绕地球运行的轨道为椭圆轨道，卫星轨道的半长轴为椭圆轨道的长轴的一半。
- 偏心率 e：描述椭圆轨道的扁平程

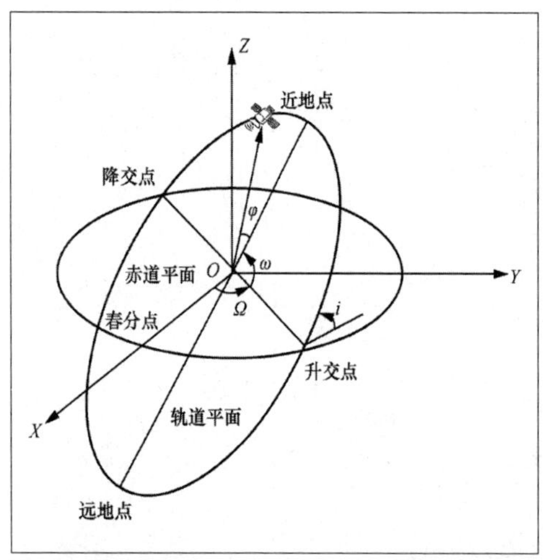

图 3 卫星轨道参数

度，等于椭圆两个焦点之间的距离与轨道长轴的比值，$0 \leqslant e \leqslant 1$，当 e=0 时轨道为圆形轨道。

● 轨道倾角 i：卫星轨道平面与赤道平面的交角，在升交点处从赤道平面逆时针方向量到卫星轨道平面的角度，决定了轨道的倾斜程度。i=0° 时，卫星运行轨道即为地球赤道平面轨道；0° < i < 90° 时，卫星运行轨道为顺行轨道，与地球自转方向一致；90° < i < 180° 时，卫星运行轨道为逆行轨道，与地球自转方向相反。

● 升交点赤经 Ω：由春分点沿着赤道平面到卫星升交点的角度，也是升交点的经度，取值范围为 0° ~ 360°。

● 近地点幅角 ω：沿卫星运行方向在轨道平面内，轨道近地点和升交点之间对地心的张角，从升交点测量到近地点，取值范围为 0° ~ 360°。若卫星运行轨道为圆形轨道，则 ω=0°。

● 真近点角 ϕ：某一个时刻，从卫星运行中心即地球中心测量，卫星当前所在轨道位置与近地点之间的夹角，用来描述卫星在不同时刻的相对位置。

根据卫星的 6 个轨道参数可以确定任何时刻卫星的位置，其中，偏心率 e 和半长轴 a 决定了卫星运行轨道的形状和大小；轨道倾角 i 和升交点赤经 Ω 两个参数确定了卫星轨道平面与地球之间的相对定向；近地点幅角 ω 描述了开普勒椭圆在轨道平面上的运动方向；真近点角 ϕ 是时间的函数，确定任何时刻卫星在轨道上的瞬时位置。

卫星轨道类型

根据卫星 6 个轨道参数可知，卫星半长轴、偏心率、轨道倾角的变化均会引起卫星运动轨道的变化，根据这些参数，可对卫星轨道进行如下分类。

（1）按不同偏心率分类

偏心率为 0，卫星轨道为圆形轨道；偏心率不为 0，轨道为椭圆轨道。

（2）按不同轨道倾角分类

轨道倾角为 0° 时，卫星轨道与地球赤道平面重合，称为赤道轨道；轨道倾角为 90° 时，称为极地轨道；否则，称为倾斜轨道。

（3）按不同半长轴分类

轨道高度不同，卫星被分为低轨道地球卫星（LEO）、中轨道地球卫星（MEO）、地球静止轨道（GEO）卫星。

理论上，通过各种轨道参数的组合可以得到无数个卫星轨道，但实际中由于范艾伦辐射带（一个由高能粒子聚集形成的高能辐射带，会对卫星电子设备造成极大的损害）的存在，常用的卫星轨道非常有限，通常以轨道高度来简单区分卫星轨道类型。

● 低地球轨道：高度一般为 700 ~ 1500km，运动周期一般为 1.4 ~ 2.5h。优点是成本低、传播时延低、链路损耗小，缺点是多普勒频移明显。该轨道对卫星移动通信应用极为重要，全球移动卫星通信系统 Iridium（铱星）采用的就是该轨道。

● 中地球轨道：高度一般为 8000 ~ 20000km，运动周期一般为 6 ~ 12h，位于范艾伦辐射带之上。优点是中度成本、传播时延低，缺点是卫星体系复杂、有多普勒频移。运行于中轨道的卫星大多是导航卫星，如美国的 GPS、俄罗斯的 GLONASS、中国的北斗等卫星导航系统。

● 地球静止轨道：位于赤道上空，高度约为 35786km，卫星在这条轨道上自西向东绕地球旋转，与地球自转一周的时间相等，从地面看卫星对地静止。优点是单颗卫星覆盖区域大、对地静止、无多普勒频移，缺点是传播时延大、轨道位置有限。对地静止轨道广泛应用于卫星遥感、卫星广播、卫星侦察等领域。

业余通信卫星大多属于中地球轨道、低地球轨道卫星，这是因为一般业余卫星的发射器、转发器的功率比较小，在中地球轨道、低地球轨道运行便于全球的业余无线电爱好者使用。然而，自 20 世纪 60 年代初第一次发射 OSCAR 卫星以来，国际间 AMSAT 的爱好者已经进行了许多技术创新，业余卫星的轨道特征也经历了 3 个阶段的演变。

第 1 阶段的业余卫星主要是低地球轨道卫星，如 OSCAR-1 ~ OSCAR-4 和 Iskra-2 系列，卫星寿命比较短。第 2 阶段的 OSCAR 仍然是低地球轨道卫星，但卫星会被发射进更高的轨道，如 OSCAR-6 ~ OSCAR-8 和 UoSAT-OSCAR 9，且卫星寿命周期也明显变长。第 3 阶段的卫星被设计发射入高椭圆轨道，也被叫作高轨道，如 OSCAR-10、13 和 40，可以为使用者提供更长的时间、更高的能量和更多样的通信转发器，并为使用者提供更大的卫星通信覆盖范围。业余卫星通信轨道的突破是第 4 阶段——地球同步轨道，卫星可以覆盖地球大部分区域并提供连续不断的通信服务。Es'hail-2 的新卫星是为卡塔尔电信公司 Es'hailSat 建造的，2018 年 11 月 14 日在美国佛罗里达州肯尼迪航天中心发射升空，主要用于向中东和非洲提供直接数字电视服务。它是地球同步轨道上的第一个业余无线电转发器，也是太空中第一个 DATV 应答器。

业余卫星轨道也经常按照其与地球赤道的几何关系分为斜角轨道、太阳同步轨道和高倾角轨道。斜角轨道是指与地球赤道相交成斜角的轨道，斜角越小，卫星穿越低纬地区所需时间越长，且存在被地球遮挡、需要依靠电池工作的情况。斜角为 90° 的轨道也被叫作太阳同步轨道，卫星围绕着两极运转，对地球上任何地方，卫星都至少以极高的高度出现一次，OSCAR-27/51 等业余卫星就采用此类轨道。高倾角轨道能把卫星带到可行范围的离地最远点，从地面看，卫星在同一地点停留数个小时然后迅速下降，其优势是业余无线电爱好者可以在卫星的远地点开展长时间通联（可惜的是，目前没有可用的高倾角轨道业余卫星）。

另外，卫星和地球之间的空间特性决定了单颗卫星的可视范围受限，地面终端用户只能在卫星波束覆盖范围内与卫星建立点对点的无线连接，因此，在大多数情况下，单颗卫星难以实现全球或特定区域的不间断通信，解决问题的一个最直接方法就是利用多颗卫星协同工作，通过不同轨道面和空间位置的卫星部署组成卫星星座。在星座中，每一颗卫星都有自己的运行轨迹，使对目标区域的覆盖能够实现补充和衔接。但目前业余卫星还没有发展到组成星座运行的程度，本文便不再赘述关于卫星星座的相关内容。

卫星信号的传输损耗

无线电信号是卫星与地面设备通信的载体，当空间电台和地面电台通信时，无线电信号必然在空间传输的过程中形成一定的损耗，这些损耗有空间通信距离产生的路径损耗，也有大气层、电离层及气候因素形成的环境损耗，还有接收条件变化而形成的多径和折射。

卫星通信中的无线电信号在空间路径中的损耗与距离和频率有关，一般用自由空间传播模型：

$$L_{fs} = 32.45 + 20\lg f + 20\lg d$$

上式中，频率的单位为 MHz，距离 d 的单位为 km。除了在真空环境中距离和频率变化引起的自由空间损耗外，在非真空的环境中，有大气层引起的损耗，还有大气电离后形成的电离层效应；此外，无线电波传播的环境中出现的雨雪天气也会对信号造成衰减。

空间高度与大气层、电离层关系如图 4 所示。

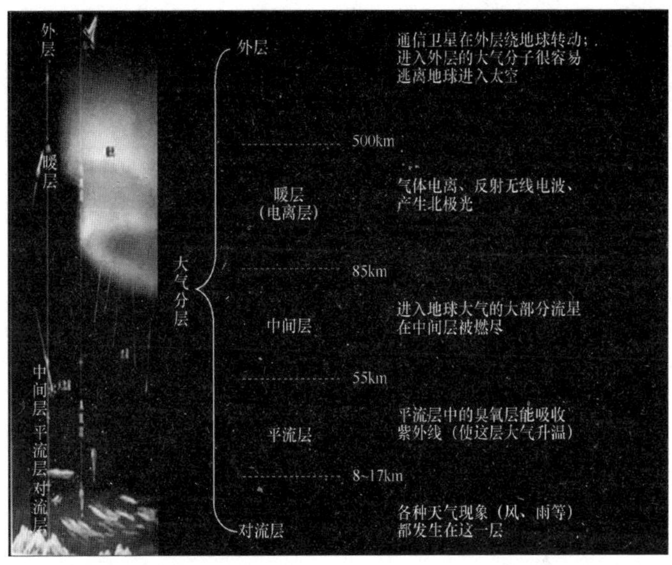
外层
暖层
中间层平流层对流层
大气分层
外层
通信卫星在外层绕地球转动；进入外层的大气分子很容易逃离地球进入太空
500km
暖层（电离层）
气体电离、反射无线电波、产生北极光
85km
中间层
进入地球大气的大部分流星在中间层被燃尽
55km
平流层
平流层中的臭氧层能吸收紫外线（使这层大气升温）
8~17km
对流层
各种天气现象（风、雨等）都发生在这一层

图 4 空间高度与大气层、电离层关系

大气吸收损耗

无线电信号在传播的过程中，会因大气吸收而损耗一部分射频能量，通常将损耗的这部分能量称为大气吸收损耗。这种损耗不同于气候和天气变化引起的大气损耗，在电波传播损耗的描述中，一般将天气影响产生的损耗称为大气衰减，如雨雪衰减。

图 5 给出了 ITU 的建议书 P.676-6（无线电波在大气中的衰减）中的统计数据，横坐标为频率，单位是 GHz；纵坐标为衰减，单位是 dB。

可以看出大气吸收所导致的损耗随着频率的变化而变化。根据图 5，0 ~ 100GHz 范围内干燥空气和标准空气的两条曲线基本重合，在此频段内有两个吸收的峰值，第一个吸收的峰值出现在 22.3GHz 处，这是水分子对能量的吸收所导致的；第二个峰值出现在 60GHz 处，则是氧分子的吸收所引起的。除这两个峰值频率外，其他地方的损耗处于较低的水平。一般情况下，卫星通信的上下行频率均应避开大气吸收损耗的峰值频段，业余卫星通信更是如此。

除了大气吸收引起的传播损耗，无线电信号在大气中传播还会出现大气闪烁现象，这是大气层中存在不同的折射因子导致的，这种不同会使无线电波在大气中传播时出现聚焦和散焦现象，从而导致许多不同传播路径的出现而引发信号衰落，衰

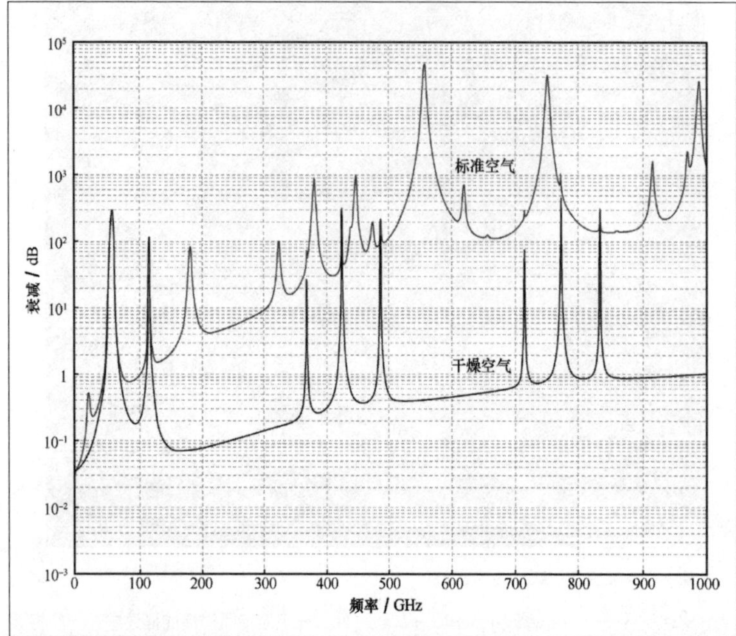

图 5 大气气体造成的天顶衰减，以 1GHz 为步长，包括线中心（标准：在海平面 7.5g/m³；干燥：0g/m³）

落周期可达数十秒。另外，卫星通信链路上的雨雪天气也会对信号造成衰减。雨水衰减与降水量有关。

电离层效应

电离层是地球大气受太阳高能辐射及宇宙线的激励而部分电离的区域，从离地面约 50km 处开始一直伸展到约 1000km 高度的地球高层大气空域，其中存在相当多的自由电子和离子，能使无线电波改变传播速度，发生折射、反射和散射，产生极化面的旋转并受到不同程度的吸收。

无线电波在卫星和地面电台之间传播，必须经过电离层。电离层的自由电子不是均匀的，而是分布成层状，不同高度的电离层的电子浓度不同，主要有 3 层：D 层、E 层和 F（F1 与 F2）层，对无线电波的作用也不同。电离层中，大约在 300km 处，电子密度达到最大值，再往上电子密度缓慢下降，在约 1000km 处同磁层衔接。

电离层对无线电波的作用一般被称为电离层效应，电离层效应包括闪烁、吸收、到达方向变化、传播延迟、散射、频率波动、极化旋转等，所有这些衰减都会随着频率的增加而减小，而且多数与频率的平方成反比。上述电离层效应中，极化旋转和闪烁对卫星通信的影响比较大。

无线电波在空间传播的极化旋转由电离层在地球磁场的影响下起作用，在地球不同区域尤其是极地或赤道上空，电离层的浓度不同，再加上日出日落的影响，偏转角会有非常明显的变化，电离层引起的极化旋转也被称为法拉第旋转。为更直接表示电波在不同频率穿透电离层时的法拉第旋转角数值大小，此处引用在（20° N,75° E）经纬度下采用国际参考电离层模型提供的计算结果，见表 1。

表 1 不同频率下的法拉第旋转角

序号	频率 /GHz	法拉第旋转角 /°
1	0.02	10800
2	0.144	720
3	0.432	360
4	1.4	12.1
5	6.8	0.51
6	10.7	0.21
7	18.7	0.07
8	23.8	0.04
9	37	0.02

注：表中太阳活动强度中等，太阳黑子指数为 50.9，入射角为 50° ，方位角为 18° 。

可以看出，随着频率的增大，法拉第旋转带来的影响逐渐减小。在业余卫星通信常用的 144MHz 和 432MHz 频率处，法拉第旋转角为 360° 的整数倍，此时电离层带来的极化旋转角度的影响可以忽略。

其他损耗

除了基本的路径损耗，以及传播环境中大气层、电离层及气候因素造成的雨水衰减，还有其他的一些影响因素，详见表 2。

表 2 传播影响因素

传播问题	物理原因	主要影响
天空噪声和衰减增加	云、大气、雨	10GHz 以上的频率
信号去极化	冰结晶体、雨	Ku 频段和 C 频段的双极化系统
大气多径和折射	大气	低仰角通信和跟踪
信号闪烁	电离层和对流层折射扰动	对流层：仰角低和频率高于 10GHz 电离层：频率低于 10GHz
反射阻塞和多径	地球表面和表面上物体	探测器的跟踪
传播变化、延迟	电离层和对流层	精确定位、定时系统

注：K 衰落是多径传输产生的衰落，反射波和直射波在到达接收端时存在行程差，导致相位不同，在叠加时产生电波衰落。这种衰落在湖泊、水面、平滑的地面显得特别严重。

业余卫星通信（5）卫星通信简述（三）

杨旭 张宁 刘明星 纽丽荣 戴慧玲

主要卫星通信技术

卫星通信可突破常规通信手段瓶颈，不受地理位置的影响，易于实现大范围广播和多址通信，不易受自然灾害影响。但是，卫星通信所需的电磁频谱和轨道资源都是有限的，要采用适合卫星通信特点的编码、调制、多址、组网等技术，充分利用卫星频谱和轨道资源，提高卫星通信的有效性和可靠性。

卫星通信编码方式

通信系统的作用是在信源与信宿之间提供一条快速、可靠、安全的交换信息的通道。但是，通信系统中电子设备及传输介质等引入的各种噪声和干扰降低了通信的可靠性。在各种限制条件及噪声干扰下如何实现可靠而高效的信息传输是通信系统设计的关键问题。

通常，发送端对信息进行信源编码和信道编码，其中信源编码是为了提高信息传输的有效性，而信道编码是为了提高信息传输的可靠性。信源编码也被称为数据压缩，它是将信源输出信号有效地映射成符号序列的过程。与信源编码的数据压缩相反，信道编码是人为地按照一定规则增加冗余，以克服信息传递过程中受到的噪声和干扰的影响，使恢复的信源信息的错误概率尽可能小。

1. 信源编码

为了减少信源输出符号序列中的冗余、提高符号的平均信息量，对信源输出的符号序列所施行的变换被称作信源编码。具体说，就是针对信源输出符号序列的特性来寻找某种方法，把信源输出符号序列变换为最短的码字序列，使后者的各码元所载荷的平均信息量最大，同时又能保证无失真地或者较好地恢复原来的符号序列。卫星通信常用数据格式包括通用数据格式、语音、静态图像、传真、视频等类型，附表给出了卫星通信中常见的信源编码方式。

2. 信道编码

信道编码的主要原理是在传输信息的同时，加入信息冗余，通过信息冗余来达到信道差错控制的目的。由于干扰等各种原因，数字信号在传输中会产生误码，从而使接收端产生图像跳跃、不连续、马赛克等现象。我们通过信道编码这一环节，对数码流进行相应的处理，使系统具有一定的纠错能力和抗干扰能力，可极大地避免码流传送中误码的产生。减小干扰的处理技术有纠错、交织、线性内插等。

卫星通信中常用的信道编码方式有两类，一类是前向纠错（FEC）码，其特点是当接收机利用冗余信息进行译码时，不需要反馈信道。另一类是自动重传请求（ARQ），接收机利用冗余信息对传输信息进行差错检验，并将检验结果反馈给发送端，发送端根据反馈结果决定是否重发信息。此外，还可以将FEC和ARQ混合使用，即混合自动重传请求（HARQ），这是一种折中的方案，在纠错能力范围内自动纠正错误，超出纠错范围则要求发送端重新发送，既增加了系统的可靠性，又提高了系统的传输效率。

卫星通信调制方式

为使数字信号能在带通信道中传输，必须对数字信号进行调制处理。调制方式的选择与所用的信道有密切关系。卫星信道的主要特点是功率受限（有时也会频带受限），同时可能还具有非线性特性、衰落特性和多普勒频移。功率受限主要是由于卫星转发器的EIRP（等效全向辐射

附表 卫星通信信源编码方式

数据格式	信源编码方式
通用数据格式	曼彻斯特编码、哈夫曼编码、LZ编码、算术编码
语音数据	G.711、G.721、G.722、G.723、G.728、G.729、G.729.1、G.729a、MPEG-1、MPEG-2 Audio Layer
静态图像数据	SSTV、JPEG、JPEG2000
传真数据	RTTY、MH、MR、MMR、JBIG
视频数据	MEPG-2、MPEG-3、MEPG-4、MPEG-7、MPEG-21、H.261、H.264

功率）相对较小，传输损耗很大，但接收终端的天线增益相对较小，导致解调器输入端的信噪比很低（通常低于10dB），远远低于有线/光纤通信系统及地面移动通信系统的Eb/N0值（通常为30～40dB）。

卫星通信信道的非线性来自高功率放大器，为了充分利用发射机的功率，其行波管放大器或固态功率放大器常常工作在非线性的饱和区，产生一些互调产物，信号会发生幅度失真和相位偏移，这就要求所采用的调制方式尽量具有恒定的包络（或者包络起伏很小）。卫星通信经常使用的模拟调制方式包括CW、SSB（单边带）和FM等，数据调制方式包括FSK（频移键控）、PSK，以及信息传输速率更高的高阶APSK和QAM等。

卫星通信多址方式

多址连接是指多个地球站通过同一颗卫星，同时建立各自的信道，从而实现各地球站相互之间通信卫星多址通信方式的一种方式。为了使多个地球站共用一颗通信卫星同时进行多址通信，又要求各地球站发射的信号互不干扰，需要合理地划分传输信息所必需的频率、时间、波形和空间，并合理地分配给各地球站。按照划分的对象，在卫星通信中应用的基本多址方式主要有4种：频分多址（FDMA）、时分多址（TDMA）、码分多址（CDMA）、空分多址（SDMA）。

卫星通信组网形式

卫星通信组网主要完成系统无线资源的分配、用户的管理与控制、业务的路由与交换等功能，另外还提供与地面网络的互联互通及业务接入点。常用的组网方式包括采用透明转发的星状网和网状网，以及采用再生转发的网状网。与透明转发方式相比，再生转发采用星上处理和星上交换，实现系统内终端的全网状通信。

业余卫星通信常用技术

截至目前，业余卫星的使用大多采用抢占、独占的模式，也有一些按照过境时间和爱好者的地理分布编制使用计划进行，不建设业务中心，不使用多址、组网等复杂通信技术。同时，业余卫星均采用较为简单、成熟并广泛应用的编码和调制方式，以向最大范围的业余无线电爱好者提供服务。业余卫星常用的编码方式包括RTTY、曼彻斯特编码和SSTV等，调制方式包括CW、SSB、FM、PSK和FSK等。

1. 业余卫星常用编码方式

（1）RTTY编码

RTTY是业余无线电界最早出现的数据通信方式，在第二次世界大战期间，原本用于有线电传打字的技术被转移到无线电来传输文字，战后业余无线电爱好者就利用一些淘汰下来的装备开始进行通联。RTTY最早采用纸带打孔的方式编码，数据1打孔，0则不打孔。随着技术的发展，RTTY也可以与FSK结合，使用较高的频率代表1，较低的频率代表0。

（2）曼彻斯特编码

曼彻斯特编码又被称为裂相码、同步码、相位编码，是一种用电平跳变来表示1或0的编码方法，其变化规则很简单，即每个码元均用两个不同相位的电平信号表示，也就是一个周期的方波，但0码和1码的相位正好相反。由于曼彻斯特编码在每个时钟位都必须有一次变化，其编码的效率仅可达到50%左右。在曼彻斯特编码中，每一位的中间有一跳变，该跳变既可作为时钟信号，又可作为数据信号。因此，发送曼彻斯特编码信号时无须另发同步信号，这降低了编码成本，适用于业余无线电等应用场景。

（3）SSTV编码

慢扫描电视（SSTV，Slow-Scan Television）也被称为窄带电视，普通广播电视由于帧速为25～30f/s，需要6MHz的带宽，而SSTV的带宽只有3kHz，每帧需要持续8s或若干分钟，因此通常用于静态图像传输。SSTV编码中每一个亮度在图像中得到一个不同的频率值，换句话说，信号频率的变化标示了像素的亮度（通常是红色、绿色和蓝色）。业余无线电爱好者经常采用SSTV编码传输和接收单色或彩色静态图片。

2. 业余卫星常用调制方式

（1）CW

CW的实质是通断键控（OOK），是幅移键控（ASK）的特例，属于调幅（AM）的一种极端情况，即通过对一个固定频率的连续波的通断控制来实现信息的调制。这种调制特别适合与莫尔斯码结合，将莫尔斯码中的点、划和间隔转化为CW的通断。而且CW信号占用的带宽较窄，能量比较集中，适合在频谱资源有限、设备简易的业余无线电通信中使用。

（2）SSB

SSB信号从本质上来说也是一种调幅信号。由于调幅波要发射出去3个频率分量（载波、上边带、下边带），其中不携带有用信息的载波在发射功率中占用了大部分功率份额，所以调幅波的利用效率是比较低的。在调幅波频谱中的上下两个边带都含有相同的信息，为了提高发射功率的效率，而把其中一个边带和载波都消除掉，这个过程就叫作单边带调制，而最终输出的无线电信号就叫作SSB信号。根据发送边带的不同，单边带信号可分为上边带（USB）信号和下边带（LSB）信号。

（3）FM

产生FM信号的方法有两种：一种是直接调频法，另一种是间接调频法。直接调频法是用调制信号直接改变载波频率，间接调频法是用倍频法产生FM信号。倍频法首先利用窄带调频器来产生窄带FM信号，接着将产生的窄带FM信号变换成宽带信号。FM解调器中的包络检波器和微分器则起到鉴相器的作用，而限幅器则是用来保持中频载波包络恒定的。经由微分器输出的调频信号经过包络检波器，被滤除直流分量，最后经过分路复用器得到频分多路复用信号。

（4）PSK

PSK信号用载波的相位携带信息。MPSK信号的载波相位共有M个可能的取值，每一个载波相位对应着M个符号集中的一个符号，在某一个符号间隔内，载波的相位取该符号对应的相位值。调制的过程就是将待传输的符号转换为载波的相位，而解调的过程则是将载波的相位转换为所传输的符号。通常待传输的信息流是二进制比特流，这时取$M=2^n$，$n=1,2,3,\cdots$，即每n个二进制比特对应于一个符号。因此，在调制时还需要将二进制比特流转换为相应的符号，解调时再还原为二进制比特流。当$M=2$时是BPSK信号，$M=4$时是QPSK信号，$M=8$时是8PSK信号，以此类推。随着M的增加，已调信号的频谱效率增加，而功率效率则下降。

（5）FSK

FSK用不同频率的载波来表示0和1，在数据或频率变化时，一般的FSK信号波形（相位）是不连续的，因此高频分量比较多。如果在码元转换时刻FSK信号的相位是连续的，则称之为连续相位的FSK信号（CPFSK）。CPFSK信号的有效带宽比一般的FSK信号小，最小相位频移键控（MSK）就是一种特殊的CPFSK，属于恒包络调制方式，能够产生相位连续、包络恒定的调制信号。MSK的频谱主瓣能量集中，旁瓣滚降衰减快，频带内的利用率比较高，因此被广泛应用在CDMA、GSM、数字电视、卫星通信等方面。

人工智能家务机器人

普林斯顿大学和哥伦比亚大学的研究人员联合研制了一款可以洗衣服和打扫家务的机器人，被称为TidyBot，适用于日常清洁。TidyBot能够有效地从地上收拾物品，并根据特定的命令将物品放置到指定位置。研究人员首先创建了一个特定命令的文本数据集，然后让GPT-3按照这些命令执行。命令包括“把黄色衬衫放在抽屉里”等。机器人在不同的房间中经历了24种场景，每种场景中都展示了2~5个物品可能的放置位置。为了更好地了解软件的记忆能力，物品被描述为可见或不可见。

最终，研究人员得出结论，大型语言模型符合个人机器人的“广义要求”。本质上，它能够按照命令执行任务，在所有场景中对未见过的物品放置准确度达到91.2%。在实际测试场景中，TidyBot能够成功收拾85%的物品。在TidyBot开始清洁之前，用户必须提供一些特定物品的摆放示例，这些大型语言模型会总结这些任务。然后，机器人将重复拾起物品，识别它们，并将它们移动到目标位置，完成清理任务。

光流体力硅藻机器人

暨南大学纳米光子学研究院教授李宝军、辛洪宝等在光控微纳生物机器人领域取得重要进展，提出了一种生物相容的光流体力硅藻机器人策略。传统的紫外杀菌和酒精消毒可以有效移除细胞培养前的生物威胁物，但如果用于消除细胞培养和操作过程中产生的污染，这些方法会直接伤害目标细胞。此外，由于病毒、致病菌等具有强大的繁殖能力，极少的污染也会迅速破坏目标细胞。目前国际上虽然可以利用纳米材料来完成这一任务，但这种方法同样缺乏主动性。

受自然界中船尾乘浪效应的启发，研究人员提出了一种基于光学导航旋转的光流体力硅藻机器人，可直接用于神经细胞等珍贵细胞培养过程中病毒、支原体和致病菌等纳米生物威胁物的非侵入捕获、收集与移除。他们通过光力将三角褐指藻旋转起来，构建成硅藻机器人，其周围局部流场产生的光水动力可轻松收集、捕获尺寸小至100nm的目标物。该方法为细胞培养中生物威胁物的移除提供了新工具，助力基于活细胞研究的生物制造、疫苗研制等生物医学应用。

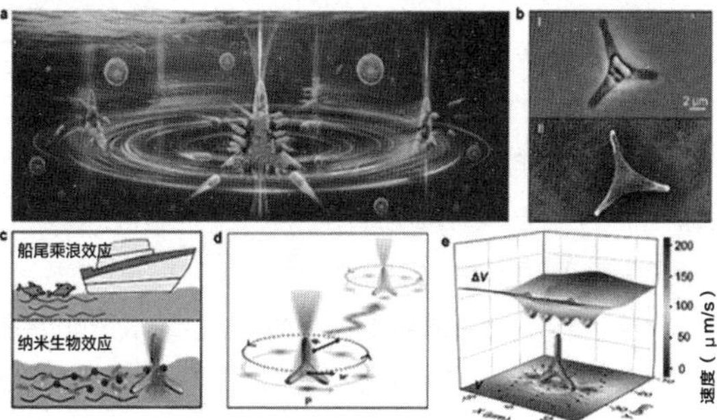

业余卫星通信（6）卫星研制和发射

▌魏梅英 马晓莹 王孟

随着微电子技术和微电子机械技术的发展，以及微纳卫星社会价值和商业价值的不断展现，业余卫星的设计、制造、发射也日渐增多。接下来我们简要介绍了卫星设计的主要考虑因素，罗列全球著名的卫星发射场和运载火箭，着重介绍卫星网络资料国际申报、协调、维护的相关知识，以供有志于研制和发射卫星系统的业余爱好者参考。

卫星研制

卫星设计

卫星的研制是一项非常庞大、复杂的工程。简单来讲，主要可以分为卫星设计、平台选择、载荷制造3个部分。其中，卫星设计是重中之重。

如图1所示，要做卫星的整体设计，首先要明确卫星上天的任务或目标。这个目标包括主要目标和从属目标。主要目标就是卫星的主要任务，所谓的从属目标指的是为了分担成本而搭载的其他任务。主要目标是通过实现具体的功能要求来满足的，功能要求直接决定了载荷的设计。另外，约束条件，比如资金方面的约束、搭载火箭方面的要求、应用空间的约束等，都要全面进行考虑。然后根据载荷设计提出的空间要求开展轨道的设计。这一过程是为了应对空间产生的约束来开展设计的。轨道的设计几乎包括了卫星生命周期里的方方面面。根据任务确定轨道以后，还要进行相应的能源分析、测控通信分析等。

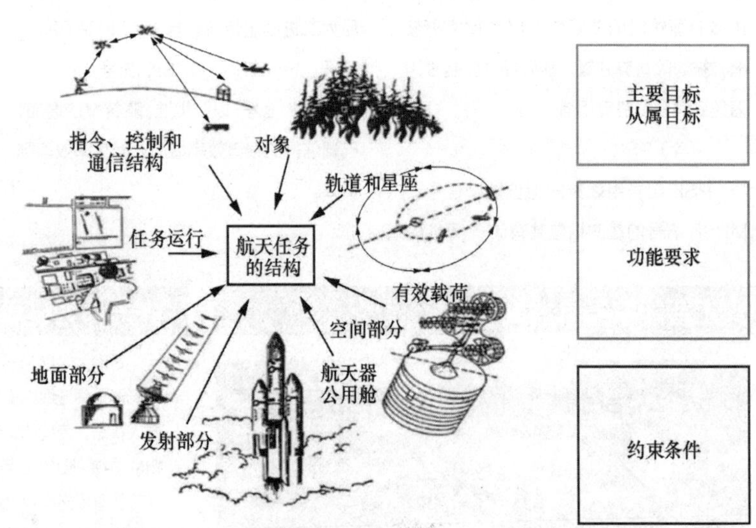

▌图1 卫星的整体设计

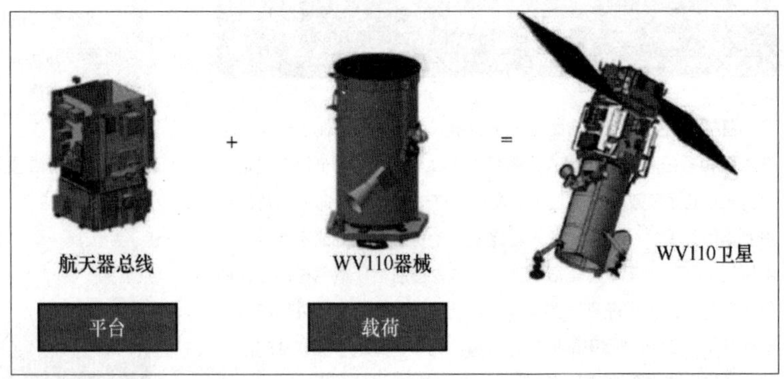

▌图2 卫星平台

设计完成后，从分工的角度来讲，卫星的研制可以分为平台选择和载荷制造两个大部分。不同的卫星有着不同的任务，如遥感、气象探测、通信等。卫星上装载的用于执行任务的设备一般被称为载荷，为载荷提供支撑、供电、机动能力、数据传输等要求的部分被称为卫星平台，如图2所示。我们从平台选择和载荷制造两个方面切入讲述卫星的研制。

平台选择

卫星平台在英文中被形象地称为“Bus”，我们可以把不同的载荷理解成这辆“Bus”里的乘客。跟搭载乘客一样，一个平台里可以搭载多个载荷，完成不同的任务。平台的设计需要根据搭载载荷的需求进行综合考虑，如载荷的大小、需要的空间、用电量、质量、电磁兼容要求等。

最初的卫星制造，如最早的 Sputnik、我国的东方红卫星等，实际上都没有明确的载荷和平台概念。随着卫星数量的不断增加，为载荷提供支撑的这些单机基本上会形成一些非常接近的设计，这样一来就不需要每次进行重复的设计，而是面向类型的需求完成一个固定的平台的设计方案，在确定了载荷的设计之后，再根据对资源的具体需要选择不同的平台。打个比方，可以将乘客的数量类比为载荷的多少，如果乘客有两人，那么就选择小型的“商务车”；如果乘客有 20 个人，“商务车”就不能满足出行要求，就需要选择“大巴车”。

当然这不是唯一的划分方法，也有用卫星的敏捷程度来划分平台的更细化的划分方法，而且卫星平台本身也不是百分百定型的，也能做一些局部的调整。

载荷制造

如前文所述，卫星上装载的用于执行任务的设备一般被称为载荷，是直接执行特定卫星任务的仪器、装置或分系统。有效载荷的种类很多，即使是同一种类型的有效载荷，性能差别也很大。

需要根据卫星任务的目标选择不同的载荷进行购买或定制。比如，通信卫星的有效载荷包括通信转发器和天线；导航卫星的有效载荷包括卫星时钟、导航数据存储器及数据注入接收机；侦察卫星的有效载荷包括可见光胶片型相机、可见光电荷耦合器件（CCD，Charge Coupled Device）相机、雷达信息信号接收机（信道化接收机、测向接收机）、天线阵及大幅面测量相机等。

单一用途的卫星一般装有几种有效载荷。随着航天技术的不断发展，有效载荷也在逐步向低功耗、小质量和小体积的方向发展，从而为提高卫星有效载荷比提供基础。对于对地观测卫星而言，把多种遥感器安装在一颗卫星上完成不同的任务，将是提高费效比的主要方式。

业余卫星制造

在轨的通信、导航、遥感类卫星，绝大部分是由专业的卫星制造机构或企业制造的，但是业余卫星属于其中的“异类”。不同于这些专业的卫星，业余卫星有自己的技术特点，这些技术特点也决定了业余卫星的制造更简单、更快速，部分卫星甚至是由业余卫星爱好者自己设计并制造完成的。

首先，从总体设计角度来讲，业余卫星的任务比较简单，这决定了卫星的质量和体积相对较小，大多属于微型、小型卫星，因此可以在卫星的总体上打破传统大卫星的分系统界限，以任务为中心强调功能集成和硬件系统集成，采用多功能结构并充分发挥软件功能。业余卫星的设计思想主张任务专一，简化设计，采用成熟技术和模块化、标准化硬件，形成公用卫星平台，在可靠性设计方面尽量减少冗余，或采用无冗余设计。

在卫星姿态控制系统的设计方面，专业卫星一般有通信质量要求，因此在卫星过境的时候，需要由姿态控制系统控制卫星姿态，以便星载天线指向方向在地面通信系统的通联范围里。而业余卫星的通联任务并没有强制性通信质量等方面的要求，携带的通信设备也比较简单，通信系统通信频段较低，天线波束角度宽，所以对卫星在过境时的姿态要求不高，不需要其以很精确的姿态与地面电台进行通信。因此，卫星任务对姿态稳定方式的适应性非常强。

在卫星和载荷制造方面，业余卫星的成本相对较低。业余卫星计划所需经费都由业余无线电卫星爱好者个人、业余无线电卫星组织和有关社会团体资助，卫星制造在满足任务需求的情况下大量使用廉价的商业级元器件以降低成本。业余无线电卫星爱好者是狂热的探索者，卫星项目管理层次简单，效率极高，有些小的卫星计划只有几个人运作，项目周期通常为 2 ~ 3 年，最短的只有半年。

在轨道选择方面，对于业余卫星来讲，卫星任务对轨道的适应性很强，一般不会特别指定轨道高度和类型，因此非常适合“搭便车”。目前对于商业卫星来讲，发射费用是一笔不小的开支，一般在 15 万元 /kg 的量级。一颗 100kg 的小卫星发射费用大约为 1500 万元。由于业余卫星的经费有限，一般采用“搭便车”的方式去解决发射费用。航天部门免费或只象征性地收取少量费用来搭载业余卫星发射。

第一颗业余卫星 OSCAR-1，作为“雷神 - 阿金纳 B”火箭末级配重，在 1961 年 12 月 12 日发射专业卫星时一起进入太空。卫星质量为 4.5kg，有一部工作在 145MHz 业余无线电频段的信标机，输出功率为 140mW，采用化学电池供电，卫星轨道的远地点分别为 372km 和 211km，倾角为 81.2°，运行周期为 91.8min，正常工作了 22 天，总共有 28 个国家超过 570 名业余无线电卫星爱好者提交了卫星无线电信号接收报告。

OSCAR-1 的成功充分证明了：业余无线电爱好者有能力设计和制造能可靠工作的人造卫星，与航天部门进行技术协调，跟踪人造卫星并采集和处理相关的科学和工程数据。

目前，业余卫星的制造、发射和应用

技术已经比较成熟，一方面，微电子技术和微电子机械技术的发展使以前难以实现的技术变得简单；另一方面，许多政府部门和商业机构逐渐了解到微小型卫星潜在的社会价值和商业价值，业余无线电爱好者的探索得到更多的支持。此外，专业应用卫星技术已经成熟，国际商业发射如日中天，空间技术的飞速发展使业余卫星有更多的搭载机会。

从 1961 年至今，全世界研制和发射的业余卫星超过 100 颗，参与策划、设计和制造业余卫星的国家既有发达国家，也有发展中国家，参加业余卫星通信活动的业余无线电爱好者遍及世界上的大多数地方。

卫星发射

卫星发射概述

人造卫星到达预定轨道开展任务，离不开运载火箭这个具有高技术含量的交通工具，发射场的选择也颇有讲究。

1. 全球发射场概述

航天发射场是专门供运载火箭发射航天器的场所，是航天器工程大系统的重要组成部分，用来支持航天器发射前的各种准备工作和发射操作。航天发射场的纬度具有十分重要的意义，研究表明纬度越低地球自转速度越大，火箭可以利用惯性离心力，节省推力以携带更大的载荷。同时，当低纬度发射场发射地球同步轨道卫星时，由于夹角偏小，卫星到地球同步轨道所需燃料较少。发射场的选址还应具备天气干燥、降水少，多晴朗天气、大气可见度高，地势平坦等特点。

世界十大航天发射场地包括美国肯尼迪航天中心、西部航天和导弹试验中心，俄罗斯拜科努尔航天发射场（哈萨克斯坦租借给俄罗斯）、普列谢茨克航天发射基地，中国酒泉卫星发射中心、西昌卫星发射中心，日本种子岛宇宙中心，欧洲航天发射中心，意大利圣马科发射场和印度斯里哈里科塔发射场。半个世纪以来，各航天大国建立了功能齐备、设施完善的航天发射中心。

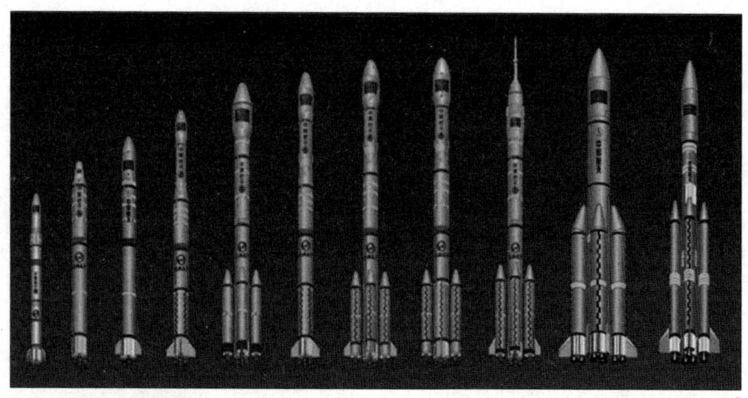

图 3 我国航天火箭图谱

我国的航天发射场一共有 5 个，分别是酒泉卫星发射中心、西昌卫星发射中心、太原卫星发射中心、文昌航天发射场、中国东方航天港（海上发射中心母港）。

2. 全球运载火箭概述

运载火箭是由多级火箭组成的航天运载工具，通常由 2~4 级火箭组成，按不同属性可分为一次性运载火箭和可重复使用运载火箭；单级运载火箭和多级运载火箭；固体火箭、液体火箭、固液混合火箭和混合动力火箭。运载火箭的主要技术指标包括以下几项。

- 运载能力：指能够送入预定轨道的有效载荷质量。
- 入轨精度：指有效载荷实际运动轨道和预定轨道的偏差。
- 可靠性：指在规定环境下按预定程序将载荷送入预定轨道的概率。

全球主流的运载火箭如下。

美国：宇宙神 -5 运载火箭、德尔塔 -2 运载火箭、德尔塔 IV 型重型火箭、米诺陶 1 号 /4 号 /5 号火箭、“金牛座”运载火箭、飞马座号运载火箭、猎鹰 9 号火箭、安塔瑞斯号运载火箭。

俄罗斯：安加拉号运载火箭、第聂伯号运载火箭（与乌克兰合作）、天箭号运载火箭、静海号运载火箭、质子 -M/K 运载火箭、呼啸号运载火箭、起飞号运载火箭、联盟号运载火箭、波浪号运载火箭、天顶 -2/3SL/3F 运载火箭。

中国：长征二号丙 / 二号丁 / 二号 F/ 三号甲 / 三号乙 / 三号丙 / 四号乙 / 四号丙 / 五号 / 六号 / 七号 / 十一号、快舟一号 / 一号甲。

欧洲航天局：阿丽亚娜 5 型运载火箭、织女星运载火箭。

日本：H-IIA 运载火箭、H-IIB 运载火箭。

以色列：沙维特运载火箭。

巴西：卫星运载火箭。

韩国：罗老号运载火箭。

朝鲜：银河 2 号 /3 号运载火箭。

伊朗：信使号运载火箭。

我国航天火箭图谱如图 3 所示。

3. 卫星搭载火箭约束条件

运载火箭负责将卫星送到预定轨道，运载火箭的推力由其发动机和燃料决定，因此运载火箭将目标物体送入预定轨道的载荷质量是有上限的。卫星质量超过运载能力时无法将卫星送入预定轨道，卫星发射首要考虑的就是选择合适的火箭型号。

除了首要考虑的质量问题，卫星和火箭的匹配还需要考虑以下因素。

（1）卫星质量特性的约束

卫星质量特性的约束主要包括质心约束和转动惯量约束。由于需要考虑运载火箭姿态控制的要求，如果卫星质量特性偏差较大，容易影响入轨精度和分离姿态偏差。

（2）频率约束

主动段飞行中卫星与运载火箭不能发生共振现象，需要将卫星和运载的振动主频率错开，一般要求卫星的频率高于运载火箭的频率，并保留一定的余量。

（3）静态环境约束

由于发动机的推力，主动段飞行过程中卫星会受到一定的静过载，卫星需要有足够的强度来承受静过载。

（4）动态环境约束

卫星的正弦振动环境主要发生在发动机启动 / 关机过程、跨声速过程和级间分离过程。卫星受到最大的噪声影响发生在起飞段和跨音速段，卫星要能够承受振动环境和噪声环境。

（5）冲击环境约束

星箭分离时卫星会受到较大的冲击，其一般采用的火工品解锁会产生较大的冲击，特别是晶体振荡器等敏感设备容易受到影响。

（6）包络和机械接口约束

卫星的包络尺寸需要小于整流罩的包络尺寸，卫星安装接口满足火箭的机械接口要求。

（7）功率约束

采用上面级直接入轨的情况下，卫星在联合飞行过程中需要上面级供电，因此卫星的功率不能超过上面级的供电能力。

（8）搭载主星约束

对于业余小卫星来说，通常其发射时会以搭载的形式和主星一起入轨，因此选择火箭时需要考虑与主星的兼容问题，做到不影响主星和搭载星的正常入轨。

4. 卫星发射方式

火箭将卫星送入预定轨道，视搭载载荷预计轨道类型的不同，可将发射方式简单分为以下几种类型。

（1）直接入轨

这种入轨方式将卫星直接送到预定的运行轨道，通过运载火箭各级发动机的接力工作，最后一级发动机工作结束后，卫星进入预定轨道。这种入轨方式适合发射低地球轨道卫星。

（2）滑行入轨

这种入轨方式是指，运载火箭各级发动机工作结束，脱离卫星后，卫星会依靠惯性自由飞行一段再进入预定轨道。滑行入轨分为发射段、自由飞行段和加速段 3 部分，适用于中地球轨道卫星和高地球轨道卫星的发射。

（3）过渡入轨

这种入轨方式是指，运载火箭各级发动机工作结束，脱离卫星后，卫星会有一段时间处于“停泊”的状态，然后通过加速，过渡到预定的轨道。过渡入轨分为发射段、停泊轨道段（通常“停泊”在距地球表面 200km 左右的圆轨道上）、加速段、过渡轨道段（远地点距离地球表面 36000km 的椭圆轨道）和远地点加速段。这种入轨方式适用于发射地球同步轨道卫星。

卫星网络资料申报、协调、维护

当前，全球卫星产业发展如火如荼，卫星频率轨道资源越发紧缺，特别是地球同步轨道的频率轨道资源更是如此，没有卫星频率轨道资源就无法正常开展无线电业务，因此卫星频率轨道资源是一种战略性和稀缺性资源。

卫星网络资料的申报、协调、维护是获得频率轨道资源国际地位的必要条件，ITU（国际电信联盟，简称国际电联）在《国际电信联盟组织法》和《无线电规则》的框架下，制定了具体、完备的频率轨道资源获取流程。对于业余卫星来说，获取卫星频率轨道资源主要有以下 3 个程序：国内卫星网络资料的申报、国际业余无线电联盟（IARU）的频率协调和国际电联的卫星网络资料维护。

1. 国内卫星网络资料的申报

在我国，各卫星操作者依据自身卫星发展规划向国家主管部门提出申报申请，经主管部门审查和批准后，由国家主管部门向国际电联进行申报，卫星网络资料的成本由操作者承担。我国的无线电主管部门为工业和信息化部，具体负责部门为无线电管理局，相关资料的技术审查由国家无线电监测中心负责。

卫星网络可分为规划频段卫星网络和非规划频段卫星网络。自 2017 年 1 月 1 日起，申报阶段将正式变为协调阶段（提前公布资料和协调资料）和通知登记阶段（通知资料）两个阶段，卫星网络资料的有效期为从协调资料收到的日期起算的 7 年内。国内关于申报卫星网络资料的法律法规有以下 3 个。

- 《卫星无线电频率使用可行性论证办法（试行）》，其中第十条规定了卫星无线电频率使用可行性论证报告应当包含的内容，诸如工程背景、频轨资源需求分析、合规性检查、协调态势分析、兼容共用分析和风险应对策略等内容。
- 《卫星网络申报协调与登记维护管理办法（试行）》，其中第七条规定了卫星操作单位在申请卫星网络资料时应向工业和信息化部提交的材料清单。
- 《卫星网络国际申报简易程序规定（试行）》，按照该规定第二条的“（二）拟申报遥感和空间科学非静止轨道卫星网络”，业余卫星可以依据简易程序进行资料申报，可以简化卫星网络的申报流程。

2. 国际业余无线电联盟的频率协调

随着业余和商业卫星数目的增加，频率协调变得至关重要。按照我国业余无线

业余卫星通信（7）
业余卫星地球站（一）

▍徐国强 李安平 王孟

业余无线电爱好者们如果想利用业余卫星实现通联，就必须要借助卫星地球站。业余卫星地球站指标的高低直接关系到业余卫星通信的效果。所以，作为一名业余无线电爱好者，应当深入了解业余卫星地球站的工作原理，以便能更好地使用业余卫星地球站进行通联。本文首先简要介绍了通用卫星地球站的基本结构、常见技术指标，然后重点讲解了业余卫星地球站的组成及各组成部分的主要功能，并对业余卫星通信中的常用天线、收发信机、卫星跟踪和天线控制软件做了详细介绍。

基本结构

卫星通信地球站是卫星通信系统的重要组成部分，主要实现地面和卫星之间无线电信号的发射与接收、信息传递、卫星在轨管理与维护等功能。本节中，我们将介绍通用卫星地球站的基本结构和用于业余通联活动的地球站的基本组成。

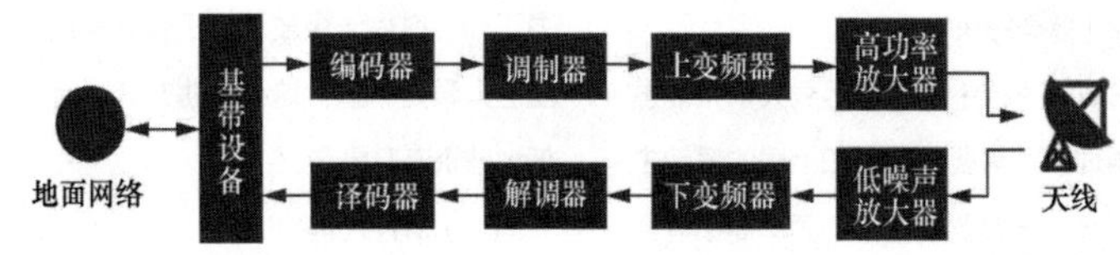

▍图 1 地球站基本原理

卫星通信地球站

卫星通信地球站（Earth Station of Satellite），是指卫星通信系统中设置在地球上（包括大气层中）的通信终端站。用户通过卫星通信地球站接入卫星通信线，进行相互间的通信。主要业务为电话、电报、传真、电传、电视和数据传输。

1. 基本原理

卫星通信地球站负责处理来自地面的信息，将处理后的信息发送到卫星，并将

电的相关流程，在申报业余业务卫星网络资料前需要获得业余无线电协会的书面同意，并完成国际业余无线电联盟的频率协调。IARU 的主要任务是在非商业基础上保护合格运营商的频谱访问。

国际电联和区域电信组织承认 IARU 是业余和业余卫星服务的代表，它们在 WRC（世界无线电通信大会）进程中发挥了重要作用。IARU 的会员协会有责任代表 IARU 向其国家电信管理机构和监管机构报告。

开展 IARU 的协调需要向 IARU 卫星协调顾问发起协调请求，填写频率协调请求的表格，该表格的主要内容有卫星信息、业余业务操作证信息、申请单位信息、电台任务和频率信息、测控遥测信息、典型地球站信息和发射计划。IARU 的协调状态主要内容包括正在频率协调的卫星、已经完成频率协调的卫星和一些常用的工具表格。

所有历史业余卫星的频率信息包含卫星名称、编号、上行频率、下行频率、信标、调制方式和呼号。

3. 国际电联卫星网络资料维护

卫星网络资料还需依据《无线电规则》相应的条款，维护卫星网络资料的有效性，主要包括以下 4 个方面的工作。

（1）卫星网络协调

卫星操作单位应当按照有关要求，及时、准确、积极地开展卫星网络协调等信函处理工作。在信函处理工作中，卫星操作单位应草拟完整的信函处理意见并附上相关说明材料，由工业和信息化部回复相关国家主管部门或国际电联。

（2）国际电联周报处理

卫星操作单位应按有关要求，及时、准确处理国际电联频率信息通报。卫星操作单位应就国外卫星网络对中方卫星网络的干扰情况、双方协调完成状态等信息进行分析并提出协调意见。

（3）参数变更处理

卫星投入使用后，卫星操作单位应按卫星网络资料规定的参数范围及达成的协调协议开展工作。超出卫星网络资料参数范围的，应当向工业和信息化部报送卫星网络的修改资料或重新报送资料。

（4）国际电联来函和回函工作

卫星操作单位应及时回复国际电联就申报卫星网络资料完整性、有效性等有回复时间限制的来函，发布有效性文件投入使用、暂停使用、恢复使用和延期使用等信息的信函。

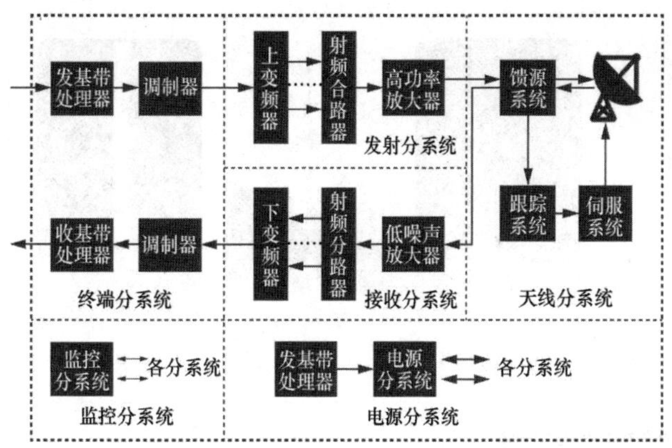

图 2 地球站的分系统组成框图

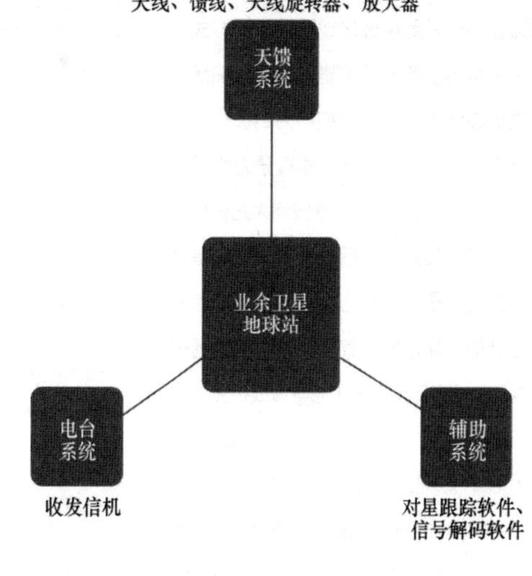

图 3 业余卫星地球站的功能

接收到的来自卫星的信息，分发给相应的地面网络用户。一般情况下，通信业务地球站主要由地面网络接口、基带设备、编/译码器、调制/解调器、上/下变频器、高功率/低噪声放大器和天线组成，基本原理如图 1 所示。

地球站的发送端将来自地面网络的电话、电视、数据等业务信息，经过电缆、光缆或微波中继等地面通信线路汇聚，经用户接口转到基带处理器，变换成基带信号，并通过编码器加入适合卫星通信链路传输的纠错编码，由调制器将其调制为中频载波，经上变频器转换为适用卫星链路传输的射频信号，再通过高功率放大器，将射频信号放大到适当的电平，由天线发送到卫星上。整个通路也被称为卫星的上行链路。

地球站的接收端将地球站天线接收到的电平很低的卫星发射的射频信号，经过低噪声放大器放大后，由下变频器将射频信号变为中频信号，然后将中频信号再次放大后送达解调器，经过解调和译码后恢复出基带信息，再由基带设备处理后传送到地面网络。这个从卫星到地面用户的信息转换过程也被称为卫星的下行链路处理过程。

地球站用到的设备种类较多，一般可将它们分为两大类：一类是上/下变频器、高功率/低噪声放大器和天线等射频终端设备；另一类是基带设备、编/译码器、调制/解调器等基带终端设备。这两类设备一般通过中频电缆线连接。

标准的卫星地球站由天线分系统、发射分系统、接收分系统、终端分系统、监控分系统和电源分系统 6 部分组成，如图 2 所示。

天线分系统：负责发送和接收无线电信号，完成卫星的跟踪任务。

发射分系统：将终端分系统送来的基带信号进行调制，经上变频和功率放大后由天线发送至卫星。

接收分系统：将天线分系统接收到的从卫星传来的微弱信号进行放大，经过下变频和解调后，变成基带信号送至终端分系统。

终端分系统：主要处理经地面接口线路传来的各类信息，形成适合卫星信道传输的基带信号，以及将接收系统收到并解调的基带信号进行与上述相反的处理，再经地面接口线路送到各有关用户。

监控分系统：主要可分为监测与控制两部分，前者负责设备与信号的数据采集、报警、呈现等工作；后者则负责处理监测数据与报警信息，对系统设备进行控制而达到正常输出。

电源分系统：主要用来为站内设备提供电源，但是公用交流市电会引入杂波，并且不稳定，所以必须采取稳压和滤除杂波干扰的措施。地球站的大功率发射机所需电源必须是定电压、定频率并且高可靠的不中断电流。

2. 常见技术指标

规范地球站设备的性能，并提出相应的技术指标的目的是为用户所需要的通信传输能力（传输速率）、通信质量和系统的电磁兼容性提供保障。

表征地球站性能的主要指标包括工作频段、极化方式、发射系统的等效全向辐射功率（EIRP）、接收系统的品质因数（*G/T*）等。

工作频段：规定地球站应覆盖所链接的通信卫星某一或某几种工作频段，便于系统对卫星频率资源的分配。静止轨道卫星的地球站一般是单频段工作的，经常工作于 C 频段，或 Ku 频段、Ka 频段。

极化方式：地球站天线发射和接收的电磁波，可采用线极化或圆极化的方式。极化是指电磁波电场矢量末端轨迹曲线，若轨迹曲线为直线，则被称为线极化（按电场方向与地表面平行或垂直分为水平或垂直极化）；若为圆形，则被称为圆极化。从电磁波的传播方向看去，电场矢量是顺时针方向旋转画圆称为右旋圆极化；若是逆时针的，便称为左旋圆极化。电磁场理论表明，相互正交（水平与垂直线极化、右旋与左旋圆极化等）的极化波没有能量交换，即为相互隔离的，利用此特性可实现频率复用，如采用水平线极化和垂直线极化来使用同一微波频率，使通信容量加倍。地球站的极化方式要与卫星的相匹配，并根据需要设置为具有单极化或双极化的功能。

发射系统的等效全向辐射功率（EIRP）：将天线的定向辐射能力和地球站的发射机综合，用以表征地球站的发射能力，通常用分贝数（dBW）表示。地球站的 EIRP 值应该保持在规定值 ±0.5 的范围以内。

接收系统的品质因数（*G/T*）：指地球站天线的接收增益 *G* 和接收系统的噪声温度 *T* 的比值，用以表征地球站对无线电信号的接收能力。

业余卫星地球站

目前，业余无线电爱好者大多通过使用和特高频（UHF）与甚高频（VHF）收发信机相匹配的高增益定向天线，与跟踪到的业余无线电卫星进行通联。受到发射成本的限制，大多数业余无线电卫星被发射到距地球较近的非静止轨道，因此业余爱好者通联的时间通常非常有限。

一个功能齐备的业余卫星地球站通常由以下部件组成，分别是天线、馈线、天线旋转器、放大器、收发信机、对星跟踪软件、信号解码软件等（见图3）。

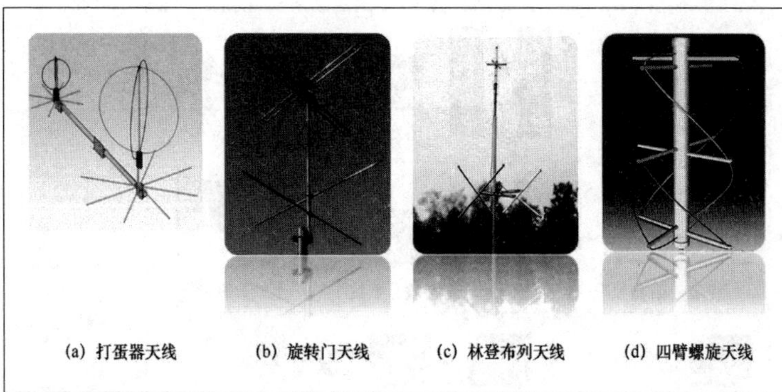
(a) 打蛋器天线　(b) 旋转门天线　(c) 林登布列天线　(d) 四臂螺旋天线

图 4 业余卫星通联中常用的全向天线

天线选择

天线是通信系统至关重要的部分，天线性能的好坏直接关系到通联的成败。如果使用性能很差的天线，功能再齐全、性能再好的收发信机也几乎毫无价值。天线系统是业余卫星地球站最关键的部分之一，其性能指标直接影响地球站的通联效果。

业余卫星通联过程中，除使用双波段天线外，大多数爱好者使用两副天线，分别用于发射（上行链路）和接收（下行链路）。

增益和方向性是天线的重要指标，一副天线在某个频率上的辐射图和增益取决于这副天线的尺寸和形状，以及天线的位置和相对于地球的方位。圆极化天线相对于线极化天线，能够减少地球站天线与卫星天线的极化冲突对接收效果的影响，但水平极化或者垂直极化同样可以用于业余卫星通信。

全向天线

全向天线增益较低，在使用时无须对准目标，不需要天线旋转器，对于具有高灵敏度接收机和具备较大功率发射机的低地球轨道卫星比较实用。对于全向天线，获取最佳通联效果的是具有能够最大限度减少极化冲突和无效辐射的区域。

下面介绍几种在业余卫星通信中常用的全向天线。

1. 打蛋器天线

如图 4（a）所示，打蛋器天线一般由两个互成 90° 的全波长刚性金属丝或管状金属环组成，产生一个圆极化的辐射图。在金属环下方，可以使用一个或者多个无源反射振子，使辐射图更大幅度地向上调

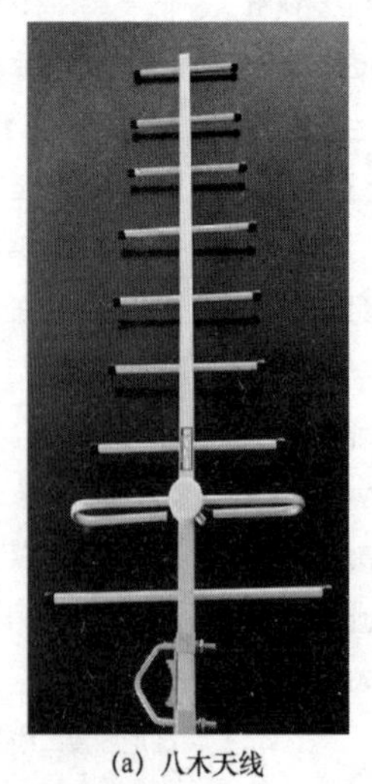
(a) 八木天线

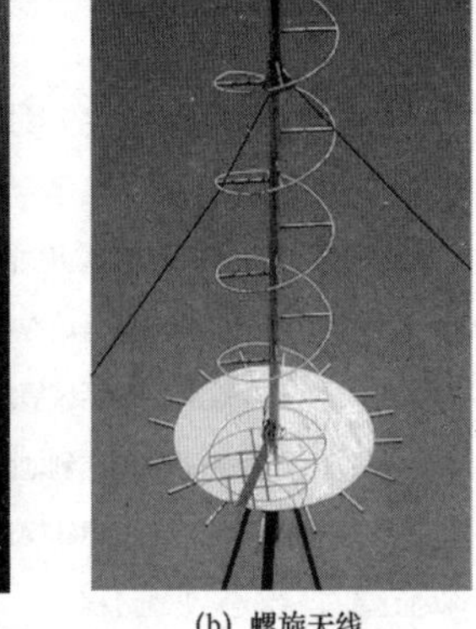
(b) 螺旋天线

图 5 定向天线

整。经验表明，当反射振子安装在金属环正下方时，天线垂直方向增益最高；在水平方向，天线呈现出水平线性极化，可以接收地面 VHF/UHF 频段的微弱信号。随着仰角增加，辐射图呈现出更明显的右旋圆极化，这使打蛋器天线成为业余卫星通信的理想天线。自制打蛋器天线相对比较容易，但也有一些可用的成品天线。

2. 旋转门天线

如图 4（b）所示，旋转门天线可由两副互成 90° 的水平半波偶极天线及其下方反射器组成，并且“十字”振子和反射器之间最好保持 3/8 波长的距离，从而获得更好的圆形辐射图。旋转门天线比较容易自制，但很少有成品提供。

3. 林登布列天线

如图 4（c）所示，林登布列天线主要采用 4 根偶极子，每根偶极子与水平面倾斜 30°，等距安放在 1/3 波长直径的圆内，每根偶极子天线同相等效接入，当所有信号组合在一起时，偶极子天线的间距和倾斜角形成了所需要的辐射图。林登布列天线虽然比打蛋器天线或旋转门天线更复杂，但它形成的均匀圆极化模式在业余卫星通联应用中更高效。

4. 四臂螺旋天线

如图 4（d）所示，四臂螺旋天线由 4 根等长的导线缠绕在螺旋形上组成，形成近乎完美的圆极化模式，是这 4 种天线中最好的全向卫星天线。四臂螺旋天线的自制具有挑战性，有成品供应，但是价格昂贵。

定向天线

定向天线具有更高的增益和更好的方向性，能够接收到更高质量、更稳定的信号。但其缺点也在于方向性，需要手动或使用天线旋转器来调整天线实时指向通联的卫星。典型的定向天线有八木天线、螺旋天线和抛物面天线。

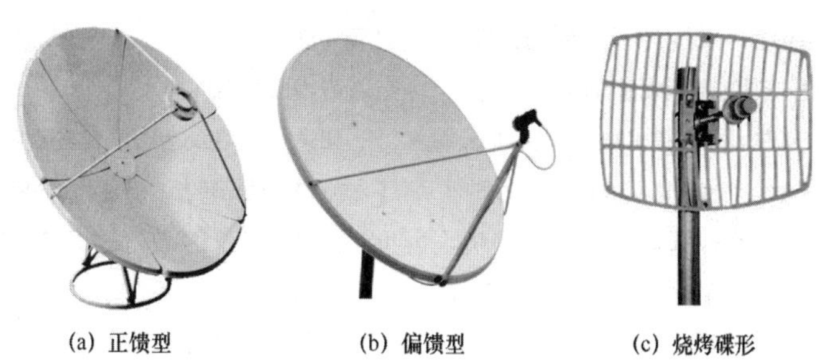

图 6 抛物面天线

1. 八木天线

如图 5（a）所示，八木天线由一个偶极子和多个紧密耦合的寄生振子（通常是一个反射器和一个或多个引向器）组成，比偶极子长大约 5% 的反射器在偶极子的后面，引向器在偶极子的前面，相位通过反射器的相消和引向器的增强，形成一个指向性辐射图。因此，八木天线的引向器越多，方向性越强，增益越高，天线的方向图越汇聚。相应地，瞄准卫星时需要的角度更精确，对于快速通过的低轨小卫星是一个不小的挑战。两副分别安放成水平极化和垂直极化的八木天线，以 90° 相位差结合起来就成为圆极化天线，这种阵列设计也被称为“十字”八木天线。

另外，还可以将两副独立波段的线性八木天线安装在同一主杆，形成双波段八木天线，最常见的是 2m 和 70cm 波段天线，使用两根独立馈线或单根馈线和天线共用器连接。此外，还有环形振子八木天线，在微波频率上最实用也最常见。

2. 螺旋天线

螺旋天线是另一种圆极化天线，并且具有较大的带宽和较高的增益。线圈逆时针方向绕线离开反射面时螺旋天线产生左旋圆极化，顺时针方向绕线则产生右旋圆极化。工作于 70cm 波段的大型螺旋天线如图 5（b）所示。

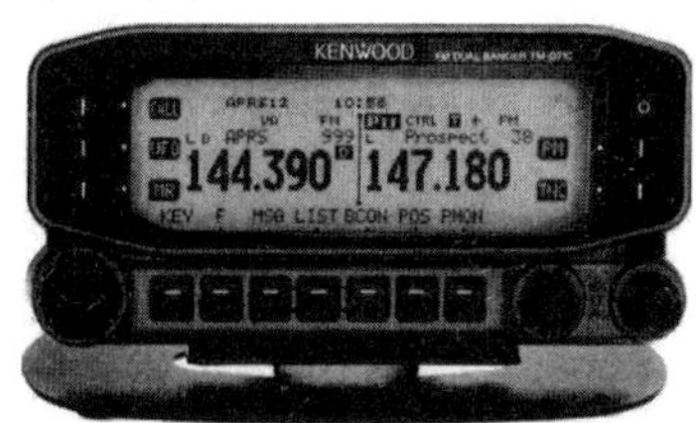

图 7 KENWOOD 的 TM-D710 双波段收发信机

3. 抛物面天线

抛物面天线是常见的用于业余卫星无线电在微波频段通信的高性能天线，根据馈源位置分为正馈型和偏馈型，分别如图 6（a）、图 6（b）所示。可以通过改造卫星电视天线等方法自制抛物面天线，此外，还可以购买受到业余卫星通联爱好者欢迎的烧烤碟形天线，如图 6（c）所示。

附表对业余无线电爱好者经常使用的天线的性能进行了简单归纳总结，读者可根据收发信机、通联卫星等情况选择合适的天线。

收发信机

收发信机硬件设备

大多数业余无线电爱好者使用包含 UHF、VHF 频段及 HF 频段的收发信机与业余无线电卫星进行通联。绝大多数在 2m 和 70cm 波段具有独立接收和发射的双频段调频收发信机可以接收和发送经卫星转发器转发的调频信号，大多数双频段设备提供 30～50W 的大功率输出，足以使用全向天线将信号发送到卫星。

一般的业余收信机能支持 29MHz、145MHz、435MHz、2.4GHz、10GHz 和 24GHz 频率，发信机能支持 21MHz、146MHz、435MHz、1.2GHz、2.4GHz 和 5.7GHz 频率。

通常业余无线电卫星通过转发器来工作，转发器主要分为数字信号转发器和模拟信号转发器，对应到地面的发射和接收设备为数字收发信机和模拟收发信机。

1. 数字收发信机

如果要接收和发送经数字信号转发器转发的信号，则需要选择带有数据接口的调频收发信机，这样更容易连接外置无线调制解调器，或是像 KENWOOD 的 TM-D710 内置无线分组终端节点控制器（TNC），如图 7 所示。此外，如果经费有限，可以使用一个双波段调频电台和卫星中继通联。

2. 模拟收发信机

如果发信机接收和发送经与模拟信号转发器进行通信转发的信号，因为单边带（SSB）和连续波（CW）信号频带非常窄，通过卫星线性转发器工作时还要与其他信号分享带宽，就需要不断调节下行频率防止漂移来接收信号。最好的方法是使用能同时在不同频段发射和接收的全双工电台，保证发射上行信号时，能听到通过卫星传来的自己的信号。但是如果经费有限，还可以使用计算机控制全波段收发信机，用计算机补偿多普勒频移，很多卫星跟踪软件在跟踪卫星时能自动改变电台频率。

另外，还可以使用一台收发信机发射信号，另一台收发信机或接收机接收信号。有的爱好者甚至将 VHF 或 UHF 下变频和老式的短波接收机一起使用，用 2m 或 70cm 单边带（SSB）电台发射上行信号，而用短波接收机和下变频器同时接收下行信号。

对于卫星线性转发器，如果其上行频率是 1.2GHz 或更高频段，那么即使收发信机提供 1.2GHz 模块选择，可能也需要使用收发变频器进行工作。不过一般卫星转发器会配置 2m 波段或 70cm 波段的上行链路，这样一台 VHF/UHF 的收发信机，只需要在天线接收端增加下变频器就能够去接收微波频段的下行信号了。

3. 射频电缆

射频电缆通常被称为馈线，是连接天线和收发信机的重要渠道，同轴电缆在通联中使用较多。馈线的主要问题是损耗，其损耗随频率增高和长度增加而增加，当天线的阻抗和馈线的阻抗不匹配时，损耗同样增加，造成驻波比（SWR）升高。馈线损耗虽然不能消除，但可以通过使用低损耗馈线并减少馈线长度来降低，或者通过调整天线和馈线的连接，使天馈的驻波比最小等方式来降低。

一般而言，业余卫星微波频段的通信电缆损耗较大，并且损耗低的电缆价格较昂贵。对于微波站，一个好的解决办法是采用较低的频率进行工作，并通过设置天线上的收发变频器和下变频器等装置，将信号频率转换成微波或将微波转换过来。

4. VHF/UHF射频功率放大器

一般在收发信机发射信号达到 50W 输出时，就可以实现与低轨卫星通联。但是如果使用全向天线，则需要更大功率，比如通联目标是轨道在 50000km 高度的 Phase Ⅲ / Ⅳ卫星时，就需要使用外置射频功率放大器去提高收发信机的输出功率。

对于发射 VHF/UHF 频段的信号，大多情况下选择 100W 或 150W 射频功率放大器即可，但是要注意输入和输出的规格，也就是电台能够提供射频功率放大器输出功率所对应的输入功率。

附表 业余卫星天线主要特性

天线名称	方向性	增益	极化类别	主要特点
垂直地网天线	全向	低	线极化	成本低；使用简单，不需要对准目标；增益低，顶部正上方范围内为无效区域
打蛋器天线	全向	较低	圆极化	易于制作，使用时不需要对准目标，具有向上的辐射图；低仰角性能较差
四臂螺旋天线	全向	较低	圆极化	波阵面传播倾斜方向的不同引起信号的衰落，在全向卫星天线中排名最高，制作难度较大
旋转门天线	全向	较低	圆极化	易于制作，方向图近似圆形，辐射图幅度较宽，具有向上的辐射图
林登布列天线	全向	较低	圆极化	创造一个均匀的圆极化模式，更高效；在较低的仰角具有较大的增益；制作复杂，难度大
盘锥天线	全向	较低	线极化	具有很好的低仰角捕获范围，接收信号过程中会出现零点衰落
对数周期天线	定向	较高	线极化	400MHz 时增益约为 10dB，方向图波束宽度一般为几十度，天线效率较高，工作频带宽，阵子数越多，方向性越强，半功率角越小
八木天线	定向	高	线极化	引向器越多，方向性越强，增益越高，方向性越好，天线方向图更狭窄，瞄准卫星时天线必须有更高的精确角度；频带宽度窄
轴向螺旋天线	定向	高	圆极化	螺旋天线的一种。沿轴线方向有最大辐射，输入阻抗近似为纯电阻，工作频带较宽
抛物面天线	定向	高	由所用馈源决定	方向性强，能向一个特定的方向汇聚无线电波到狭窄的波束，或从一个特定的方向接收无线电波；主要用于微波波段

探索智能世界：ChatGPT 互动打印终端

▍常席正

在《无线电》2023 年第 4 月期刊登的《探索智能世界：ChatGPT 存储交互终端》中，我非常荣幸和大家分享了基于 Cloud Pixel 的 ChatGPT 应用开发流程。ChatGPT 存储交互终端的设计思路是通过 Cloud Pixel 调用 ChatGPT 的 API，获得对话流程并存储在 Micro SD 卡中，同时通过显示屏循环显示对话流程。在使用中，面对 ChatGPT 对话的妙语连珠，我又在想，可不可以用更直接的方式将对话过程保存下来，比如打印出来，这样更方便回顾和互动。我也询问了 ChatGPT 的意见，如图 1 所示，得到了 ChatGPT 的肯定和建议之后，我就开始本项目“ChatGPT 互动打印终端”的设计制作，也就是新硬件 Cloud Printer 的由来。

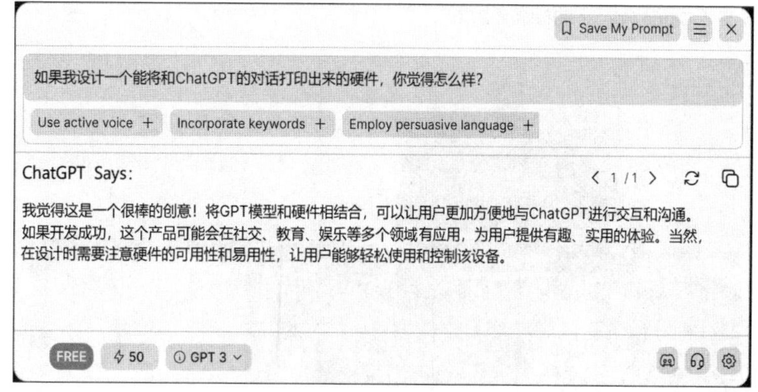

▍图 1 询问 ChatGPT 有关 Cloud Printer 项目的可行性

有了 Cloud Pixel 的开发经验。在嵌入式方案的选择上，我依然使用树莓派的 RP2040 芯片作为 MCU；使用 WizFi360 无线局域网模块作为 HTTP 客户端，向 ChatGPT API 发送请求并获取 ChatGPT 应答；板载 Micro SD 卡接口，用来存储 ChatGPT 对话信息；集成了一个 SH1106 的 1.3 英寸 128 像素 ×64 像素的 OLED 显示屏用来显示运行状态，最后通过一个嵌入式的热敏打印机将 ChatGPT 对话流程打印出来。软件方面，除了嵌入式热敏打印机的打印过程需要开发外，其余部分在 ChatGPT 互动存储终端中都有详细的解释说明，况且在 Arduino IDE 中都有相关的库可以调用。如图 2 所示，我重新设计了硬件，并将其命名为 Cloud Printer。

▍图 2 ChatGPT 互动打印终端

这次我依然选择了使用 PCB 作为设备外壳材料，PCB 硬件设计是本项目的一个重点，要在保证易用性的同时，尽可能减少使用的 PCB 种类，在苦思冥想之后，只需要采用图 3 所示的 2 种 PCB 就可以形成壳体的 6 个面及布置电路的核心板。

图 3 中左边的 PCB 是设计的难点，主要分为两个部分：外框部分和中间的核心板部分。这块完整的 PCB 可以作为底板，放置 USB Type-C 接口电路用来供电和调试，并通过焊接焊盘的方式和核心板通信，核心板在放置所有的核心电路的同时兼作左右侧板，去掉核心板之后的外框部分旋转 180° 可以作为顶板，用来固定热敏打印机模块。而图 3 中右边的 PCB 完整部分作为后挡板，下方的椭圆形小开孔容纳 USB 接口，去掉中间部分并旋转 180° 作为前挡板，中间的长方形窗口设计用来放置一个透明黑色亚克力挡板以方便显示屏显示，原先的椭圆形小开孔覆盖透明亚克力挡板，作为板载 WS2812 灯的开孔。图 4 所示是方便理解的 PCB 壳体结构图（内部），板和板之间有凹凸的结构，用来辅助定位。

为了保证壳体的美观，我的所有电路元器件都设计在内部。焊接之后，壳体外部没

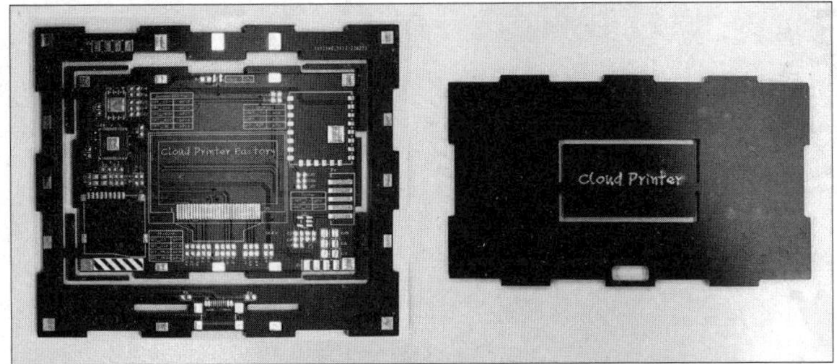

▌图 3 Cloud Printer 采用的两种 PCB

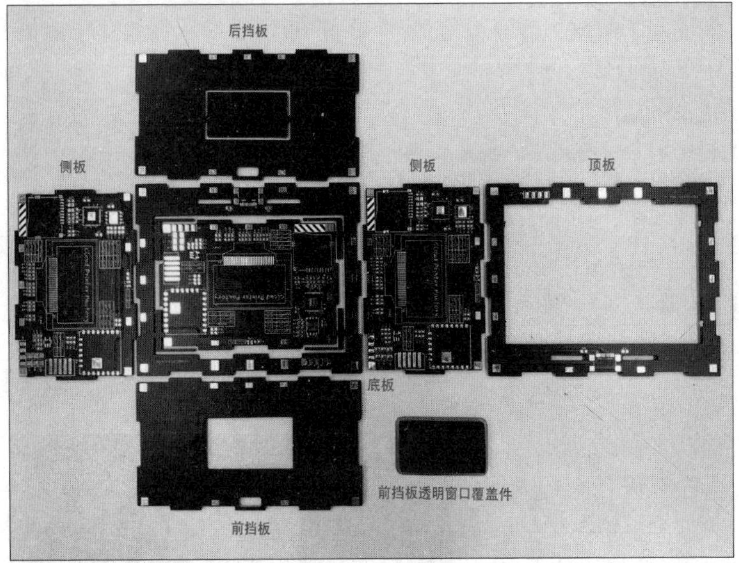

▌图 4 PCB 壳体结构（内部）

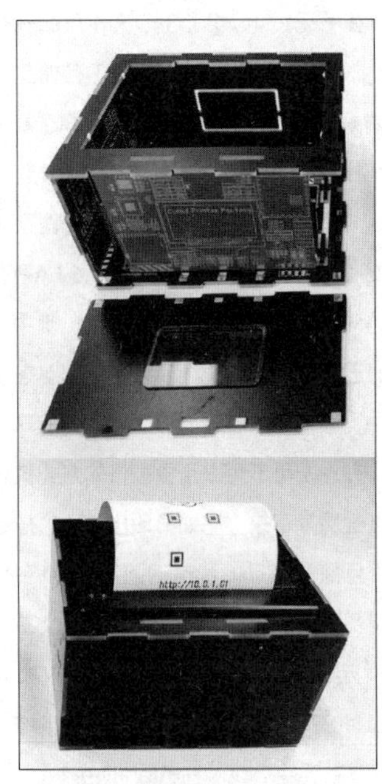

▌图 6 Cloud Printer 安装示意图

有任何元器件，因为左右壳体是核心板兼用的设计，不可避免地会有部分走线露在壳体外面，但是主要外壳的表面都是光洁的 PCB 磨砂黑外观，也别有一番极客范儿。外壳的 6 个表面设计如图 5 所示。

外壳的每个相邻 PCB 的连接部位都设计了 4 个 PCB 焊盘，可以用焊锡连接相邻的 PCB。经过摸索，最合适的安装顺序是：先把顶板、前挡板、后挡边、左侧板和右侧板焊接在一起，然后安装热敏打印机模块，接着将底板和核心板焊接在一起，最后组合在一起。如图 6 上部分所示，核心板和底板除了通过右下的 4 个焊盘和 USB 接口进行供电和通信外，还通过设置

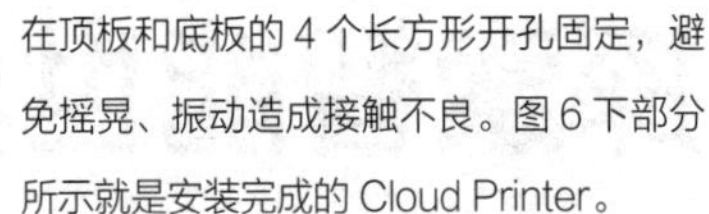

在顶板和底板的 4 个长方形开孔固定，避免摇晃、振动造成接触不良。图 6 下部分所示就是安装完成的 Cloud Printer。

Cloud Printer 安装完成之后，壳体后部只有一个 USB 接口，非常简洁，如图 7 所示。

容纳核心电路的核心板（见图 8），

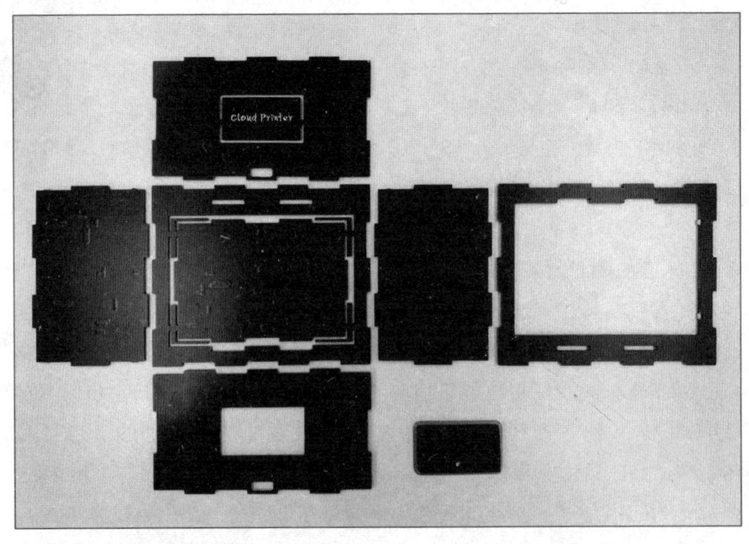

▌图 5 PCB 壳体结构（外部）

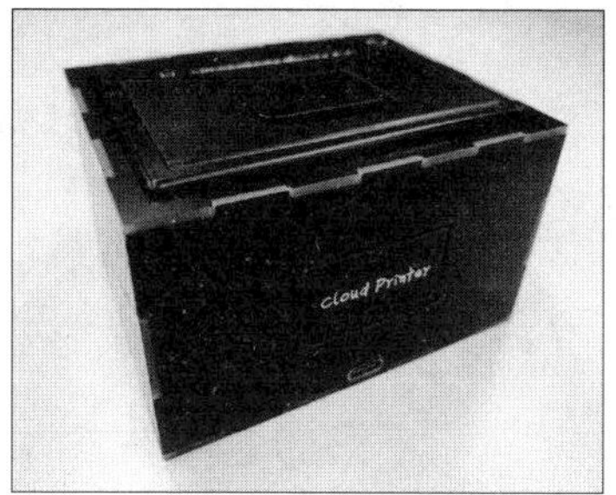

图 7 Cloud Printer 后部图

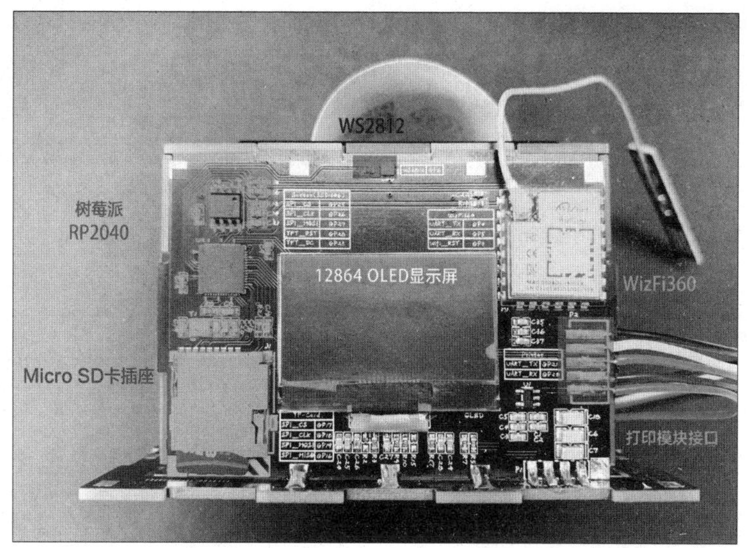

图 8 Cloud Printer 核心板 PCB

分别用不同的颜色示意不同的组成部分，采用的 1.3 英寸 OLED 位于中心位置，然后在剩余的位置分别布置 RP2040 电路、WizFi360 模块、TF（Micro SD）卡插座、WS2812 指示灯以及打印机接口等，并在 PCB 上分别标示了相关组成部分，采用 I/O 引脚定义。

图 9 所示是 Cloud Printer 的电路，USB Type-C 接口部分布置在底板的边框部分，核心电路布置在底板的核心部分。

整个项目概括起来就是以树莓派的 RP2040 作为 MCU，使用 WizFi360 无线模块连接网络，通过内置的 Web Server 获取 ChatGPT 的问题，并通过 ChatGPT 的开放 API 获取应答，对数据进行处理之后将应答结果存储在 Micro SD 卡中，并通

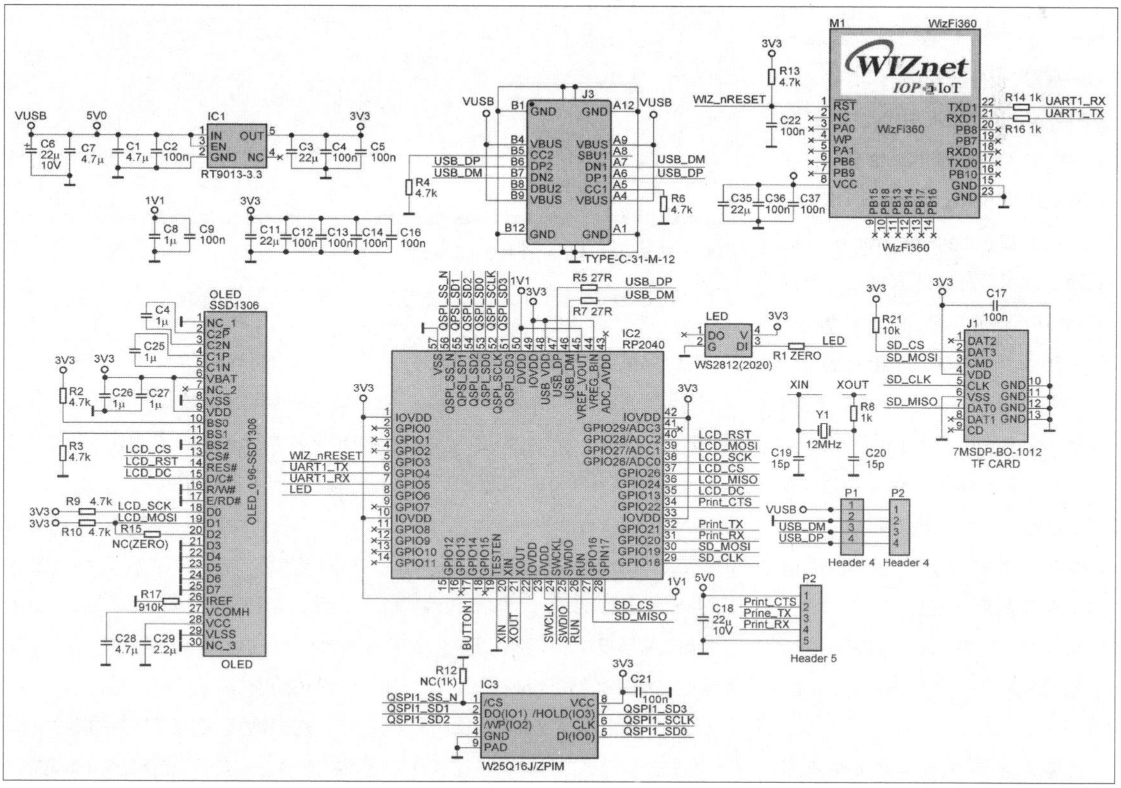

图 9 Cloud Printer 的电路

过嵌入式热敏打印机模块将会话打印出来。

下面，我将把整个项目分解为5个步骤，并分步详细介绍开发过程。

第一步：在ChatGPT网站上创建新帐户并获得API KEY。

首先，需要在OpenAI的网站上申请账号。在“Personal”→“View API keys”页面，可以申请你的API keys。

单击“Create new secret key”之后就可以得到我们的SECRET KEY，请记录下来，因为之后的API交互都需要它。

API keys提供查看和修改“Personal”的完全访问权限。请将其视为密码，分享时务必小心谨慎。

第二步：在Arduino IDE中安装库文件和器件支持。

这个ChatGPT互动打印终端是基于Arduino IDE开发的，我在硬件设计部分参考了WIZnet的WizFi360-EVB-PICO的硬件架构，所以，软件开发首先需要在Arduino IDE中添加“WIZnet WizFi360-EVB-PICO”支持。

打开Arduino IDE并转到“File”→“Preferences”，弹出对话框后，在“Additional Boards Manager URLs”字段中添加Earle Philhower开发的arduino-pico库的软件源URL（搜索“Earle Philhower”和“arduino-pico”两个关键词即可获得Github源地址链接）。

如图10所示，在Arduino IDE中增加“Additional Boards Manager URLs”。

然后，在Board Manager中通过搜索“wizfi360”安装“Raspberry Pi Pico/RP2040”，增加模块支持，如图11所示。

安装完成后，通过“Tool”→“Board:***”→“Raspberry Pi RP2040 Boards(2.6.1)”选择“WIZnet WizFi360-EVB-PICO”。

此后，就可以用Arduino来开发RP2040了。

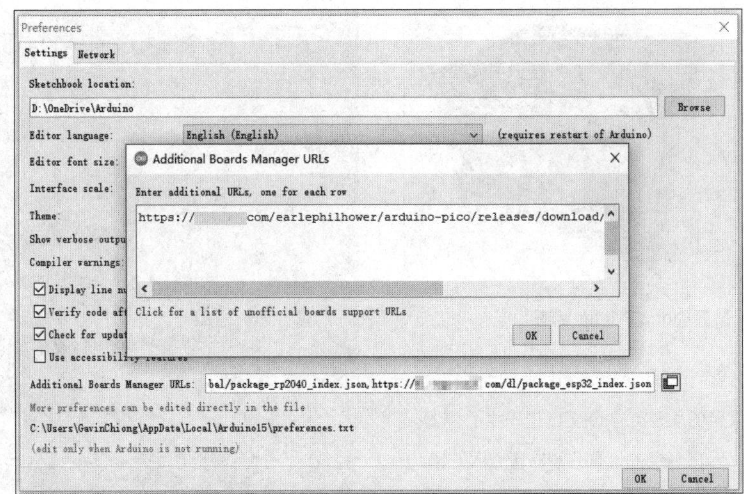

图10 Arduino IDE中增加“Additional Boards Manager URLs”

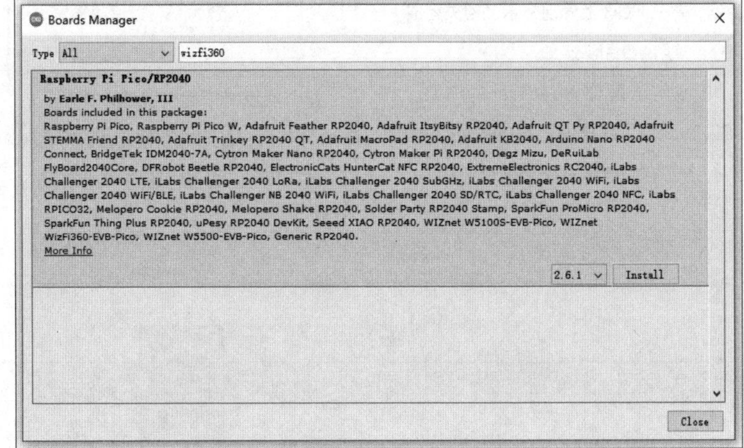

图11 在Board Manager中增加模块支持

这个库中还有WizFi360模块的支持，用起来非常方便。在“library Manager”中安装Adafruit_SH110X和Adafruit_GFX，以支持SH1106的OLED显示屏显示。由于还要将文件存储到Micro SD卡中，需要安装Micro SD卡支持库和文件系统库LittleFS，以及软串口库SoftwareSerial来支持热敏打印模块，WS2812FX这个库用来支持WS2812指示运行状态。

至此，准备工作便完成了。

第三步：通过内置HTTP网页提交问题。

Cloud Printer的硬件上没有输入设备，我的想法是建立一个内置网页，通过浏览器访问该网页，以此输入我们将向ChatGPT询问的问题。

首先，我们要将WizFi360连接上Wi-Fi网络，WizFi360的接口定义如图12所示。如要变更I/O定义，可以在WIZnet WizFi360-EVB-PICO库中的I/O定义文件中进行更改。

由于库中已有WizFi360的接口函数，这部分很方便实现，使用程序1即可完成调用。

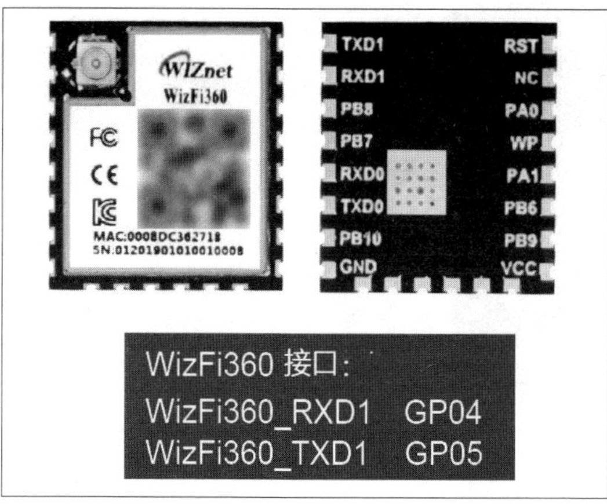

图 12 WizFi360 的接口定义

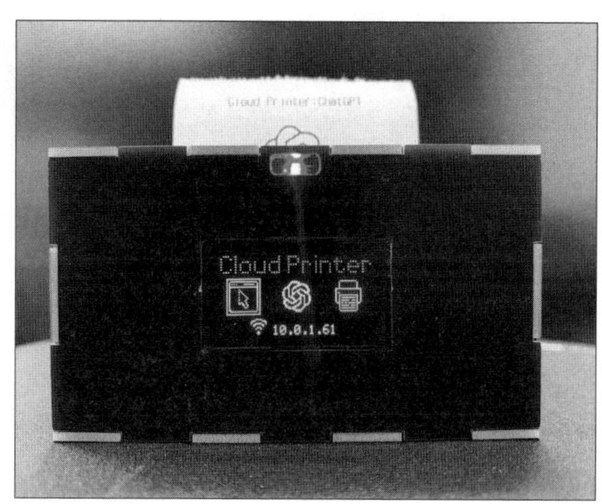

图 13 初始化完成时显示屏上的显示

程序1

```
#include "WizFi360.h"
// Wi-Fi 信息
char ssid[] = "WIZFI360";
// Wi-Fi 网络的 SSID
char pass[] = "********";
// Wi-Fi 网络的密码
int status = WL_IDLE_STATUS;
// Wi-Fi 网络的状态
WiFiClient client1;
WiFiClient client2;
WiFiServer server(80);
```

为尽快得到数据，可初始化 WizFi360 模块串口并将波特率更改为 2000000 波特（WizFi360 的最大波特率）。设置串口 FIFO 为 3072 字节，以降低串口丢失数据的概率。最后，在“void setup()”中查看 WizFi360 的Wi-Fi 连接状态，如程序2所示。

程序2

```
// 初始化 WizFi360 模块，设置串口 FIFO 为 3072 字节
Serial2.setFIFOSize(3072);
Serial2.begin(2000000);
WiFi.init(&Serial2);
// 检查硬件是否连接完好
if (WiFi.status() == WL_NO_SHIELD)
{
  // 如果硬件没有连接完好，不再继续
while (true);
}
// 尝试连接到 Wi-Fi 网络
while ( status != WL_CONNECTED)
{
  // 连接到 Wi-Fi 网络
  status = WiFi.begin(ssid, pass);
}
Serial.println("You're connected to the network");
```

正常情况下，这时候 Cloud Printer 应该已经连接上了 Wi-Fi 网络并获得 IP 地址。如图 13 所示，我们在显示屏上显示流程图标和获得的 IP 地址。

程序 3 是 SH1106 使用的软件 SPI 初始化过程和上电之后的显示过程，分别在指定位置显示“Cloud Printer”“brower_icon”“chatgpt_icon”“printer_icon”这 4 个图标。有关这 4 个图标。可以通过在线转换工具将单色位图转换为单片机可识别的图像点阵。每个图片点阵的大小是 24 像素 ×24 像素。

程序3

```
// SH1106 显示所使用软 SPI 的 I/O 定义
#define OLED_MOSI   27
#define OLED_CLK    26
#define OLED_DC     23
#define OLED_CS     25
#define OLED_RESET 28
Adafruit_SH1106G display(128, 64,
OLED_MOSI, OLED_CLK, OLED_DC,
OLED_RESET, OLED_CS);
display.begin(0, true);
// 清理显示缓存
display.clearDisplay();
display_logo(64,8);
display.drawBitmap( 8, 22, brower_icon, 24, 24, 1); //显示brower_icon图标
display.drawBitmap(52, 22, chatgpt_icon,24, 24, 1); //显示chatgpt_icon图标
display.drawBitmap(96, 22, printer_icon,24, 24, 1); //显示printer_icon图标
display_wifi_status(64,60);
```

除了显示屏显示，我们也会根据这个应用的特点，将设备的 IP 地址转换为二维码打印出来，程序 4 是上电之后的打印步骤处理过程。

程序4

```
/*
** 函数：Power_up_print(void)
** 功能：上电之后打印设备信息
*/
void Power_up_print(void)
```

```
{
  InitializePrint(); //初始化打印机
  Set_Align(0x01); //居中打印
  Set_Bold(0x01); //字体加黑
  mySerial.print("Cloud Printer:
  ChatGPT\r\n");
  select_lines(1); //换行打印
  InitializePrint();
  Set_Align(0x01);//居中打印
   PrintGratinmap(0,120,120,chatgpt_
icon_BIG); //打印光栅位图
  select_lines(2);  //换行打印
  InitializePrint();
  QR_code_print();
}
```

通过程序4的QR_code_print()函数，我们可以按照如下文本格式生成二维码并打印出来："HTTP://IP地址"。手机可以直接扫描这个二维码，如图14所示，手机会自动打开浏览器访问Cloud Printer的嵌入式网页服务器，当然也可以通过浏览器输入IP地址的方式访问。

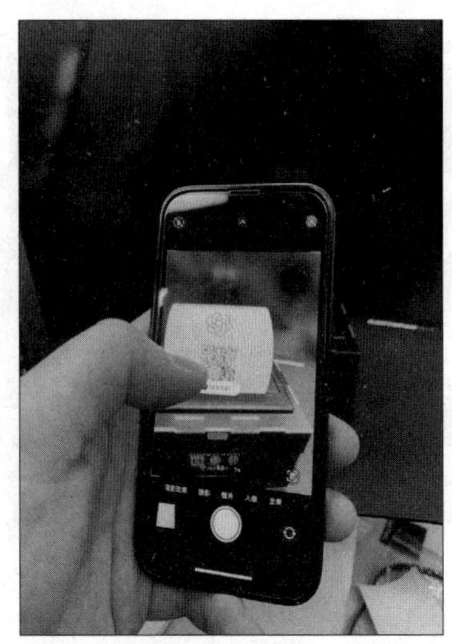

图14 扫描二维码打开浏览器

接下来，我们处理主要的业务逻辑，在主循环"void loop()"中的switch语句有5种case情况，如程序5所示。

程序5

```
typedef enum {
  do_webserver_index = 0,
  //处理嵌入式网页
  do_webserver_js,
  //处理网页返回，得到ChatGPT的问题
  send_chatgpt_request,
  //向ChatGPT API 提交问题
  get_chatgpt_reply,
  //处理ChatGPT应答信息
  do_print_work,
  //处理信息打印流程
} STATE_;
STATE_ currentState;
```

其中，do_webserver_index中是嵌入式网页服务器的处理流程，do_webserver_js是从浏览器获取ChatGPT问题的流程。程序6是嵌入式网页服务器处理流程。

程序6

```
case do_webserver_index:
 {
  client1 = server.available();
  if (client1) {
  // HTTP请求以空行结尾
    boolean currentLineIsBlank = true;
    while (client1.connected()) {
    if (client1.available()) {
    char c = client1.read();
    json_String += c;
    if (c == '\n' && currentLineIsBlank)
{ //收到连续两个换行
    dataStr = json_String.substring
(0, 4);
    Serial.println(dataStr);
  if (dataStr == "GET ") {
    client1.print(html_page); //发送
HTML页面内容
  } else if (dataStr == "POST") {
    json_String = "";
    while (client1.available()) {
    json_String += (char)client1.
read();
  } //获取ChatGPT问题
  Serial.println(json_String);
  ataStart = json_String.indexOf
("chatgpttext=")
  + strlen("chatgpttext=");
  chatgpt_Q = json_String.substring
(dataStart,
  json_String.length());
  client1.print(html_page);
  //关闭链接
  delay(10);
  client1.stop();
  currentState = send_chatgpt_request;
//跳到下个Case
  }
  json_String = "";
break;
  }
  if (c == '\n') {
    //收到一个换行字符
      currentLineIsBlank = true;
    } else if (c != '\r') {
      //你在当前行得到了一个字符
        currentLineIsBlank = false;
        }
      }
    }
  }
}
break;
```

收到浏览器的GET请求后，就会发送html_page页面，嵌入式网页的HTML如程序7所示。

程序7

```
const char html_page[] PROGMEM = {
  "HTTP/1.1 200 OK\r\n"
  "Content-Type: text/html\r\n"
  "Connection: close\r\n"
  // 完成交互之后关闭Socket
  "Refresh: 1\r\n"
  // HTML页面的自动刷新时间
  "\r\n"
  "<!DOCTYPE HTML>\r\n"
  "<html>\r\n"
```

```
"<head>\r\n"
"<meta charset=\"UTF-8\">\r\n"
"<title>Cloud Printer: ChatGPT</
title>\r\n"
"<link rel=\"icon\" href=\"https://
seeklogo.com/images/C/chatgpt-
logo-02AFA704B5-****.com.png\"
type=\"image/x-
icon\">\r\n"
"</head>\r\n"
"<body>\r\n"
"<p style=\"text-align:center;\">\
r\n"
"<img alt=\"ChatGPT\"
src=\"https://****.com/images/C/
chatgpt-
logo-02AFA704B5-seeklogo.com.png\"
height=\"200\"
width=\"200\">\r\n"
"<h1 align=\"center\">Cloud
Printer</h1>\r\n"
"<h1 align=\"center\">ChatGPT</
h1>\r\n"
"<div style=\"text-
align:center;vertical-
align:middle;\">"
"<form action=\"/\"
method=\"post\">"
"<input type=\"text\"
placeholder=\"Please enter your
question\"
size=\"35\" name=\"chatgpttext\"
required=\"required\"/><br><br>\r\n"
"<input type=\"submit\"
value=\"Submit\" style=\"height:30px;
width:80px;\"/>"
"</form>"
"</div>"
"</p>\r\n"
"</body>\r\n"
"<html>\r\n"
};
```

如图15所示，在浏览器输入设备的IP地址10.0.1.62，即可访问该嵌入式页面。

在文本框中输入我们的问题后，单击“Submit”按钮，程序即可获取需查询的问题，并存储在字符串chatgpt_Q中。比如，我们这次输入经典问题“如果蒸一个馒头需要10min，蒸10个馒头需要多久？”“If it takes 10 minutes to steam a steamed bun, how long does it take to steam 10 steamed buns？”。

第四步：通过WizFi360从ChatGPT API获取答案并存储在Micro SD卡中。

根据ChatGPT的API参考文档，我们需要按照程序8所示格式发送ChatGPT请求。

程序8

```
curl https://****.com/v1/completions
\
-H 'Content-Type: application/json'
\
-H 'Authorization: Bearer YOUR_API_
KEY' \
-d '{
"model": "text-davinci-003",
"prompt": "Say this is a test",
"max_tokens": 7,
"temperature": 0
}'
```

在主循环void loop()的switch中，send_chatgpt_request处理的是向ChatGPT发送数据请求的流程，get_chatgpt_reply则是收到ChatGPT应答之后的处理流程。

其中，send_chatgpt_request的处理流程如程序9所示。

程序9

```
case send_chatgpt_request:
{
  // 与ChatGPT服务器建立连接
  if (client2.connectSSL(chatgpt_
server,443)) {
```

图15 嵌入式网页

```
delay(3000);
// 向ChatGPT服务器发送HTTP请求
client2.println(String("POST /v1/
completions HTTP/1.1"));
client2.println(String("Host: ")+
chatgpt_server);
client2.println(String("Content-
Type: application/json"));
client2.println(String("Content-
Length: ")+(73+chatgpt_Q.
length())); // 请求的总长度
client2.println(String("Authorization:
Bearer ")+
chatgpt_token); // 包含在HTTP头文件
中的KEY
client2.println("Connection:
close");
client2.println();
client2.println(String("{\"model\"
:\"text-davinci-003\",
\"prompt\":\"")+ chatgpt_Q +
String("\",
\"temperature\":0,\"max_
tokens\":100}"));
json_String= "";
currentState = get_chatgpt_reply;
} else {
  client2.stop();
  delay(1000);
}
}
break;
```

至此，我们将可以从 ChatGPT 服务器得到问题的应答信息。但是，应答信息里包含的数据很多，我们需要对应答信息进行整理，梳理出 ChatGPT 的应答文本。处理流程如程序 10 所示。

程序10

```
case get_chatgpt_reply:
{
  while (client2.available()) {
     json_String += (char)client2.
read();
    data_now =1;
  }
  if (data_now) {
    Serial.println(json_String);
    dataStart = json_String.
indexOf("\"text\":\"") + strlen(
"\"text\":\"");
    dataEnd = json_String.
indexOf("\",\"", dataStart);
    chatgpt_A = json_String.
substring(dataStart+4, dataEnd);
    Serial.println(chatgpt_A);
    chatgpt_Q.replace("+", " ");
    Serial.println(chatgpt_Q);
    myFile = SD.open("chatgpt_record.
txt", FILE_WRITE);// 打开文件
    if (myFile) {
      myFile.print("[N]{");
      myFile.print(chatgpt_num);
      myFile.print("}\r\n[Q]{");
      myFile.print(chatgpt_Q);
      myFile.print("}\r\n[A]{");
      myFile.print(chatgpt_A);
      myFile.print("}\r\n");
      myFile.close();
    }
    chatgpt_num++;
    SD_str = read_from_sd("chatgpt_
record.txt"); // 从文件中读取
    json_String = "";
    data_now =0;
    client2.stop();
    delay(1000);
    currentState = do_print_work;
// 转为打印处理流程
  }
}
break;
```

在程序 10 中，我们已将 ChatGPT 应答的文本存储在字符串 chatgpt_A 中。只需再按照程序 11 所示格式，将其写入 Micro SD 卡的 chatgpt_record.txt 文件中。

程序11

```
[N]{ chatgpt_num }  // 问题序号
[Q]{ chatgpt_Q }  //ChatGPT 问题
[A]{ chatgpt_A }  //ChatGPT 答复
```

我们存储在 Micro SD 卡中的最近几个 ChatGPT 问题和答复如图 16 所示。

值得一提的是，由于 ChatGPT 的服务器访问量巨大，有可能会得到“Too many requests”的错误应答。一般情况下，重发一次即可得到正确回复。

在处理 ChatGPT 会话时显示屏显示效果如图 17 所示。

第五步：热敏打印机打印 ChatGPT 会话流程。

我们接下来处理热敏打印机的打印步骤。本次使用的嵌入式热敏打印机模块的型号是 EM5822，这是一个体积非常小巧的打印模块，整体尺寸只有 78mm × 58mm × 44mm。我使用 TTL 软串口来和这个打印模块通信。在本文第三步中已经打印了一些信息，在本章节将会详细介绍如何使用这个热敏打印模块，EM5822 嵌入式打印模块使用的引脚定义如图 18 所示。

我们调用软串口库 SoftwareSerial，并按照打印机的引脚来初始化打印机的串口，如程序 12 所示。

程序12

```
#include "SoftwareSerial.h"
#define TX_PIN 21  // 串口 TX 引脚
#define RX_PIN 20  // 串口 RX 引脚
SoftwareSerial Printer(RX_PIN, TX_
PIN); // 实例化一个新串口
```

在前文提到，我们通过 QR_code_print() 函数打印了一个可扫描的二维码，程序 13 就是这个二维码的生成打印过程。

程序13

```
/*
** 函数：QR_code_print(void)
** 功能：二维码打印
*/
void QR_code_print(void)
{
```

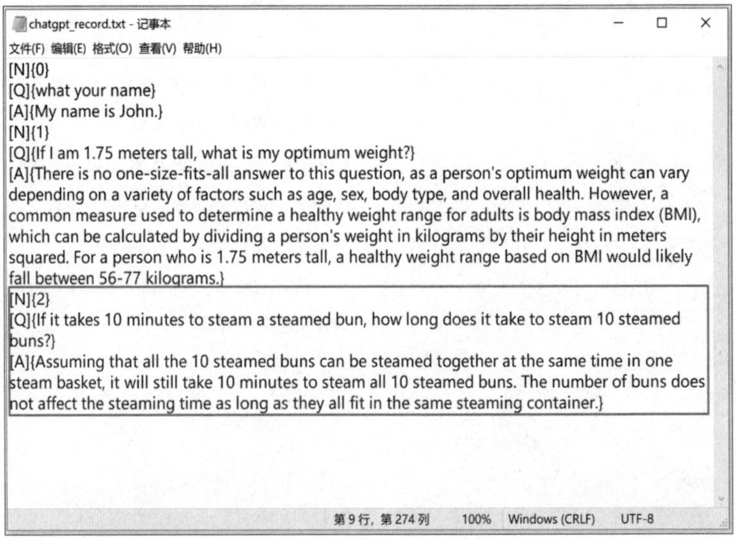

chatgpt_record.txt - 记事本

文件(F) 编辑(E) 格式(O) 查看(V) 帮助(H)

```
[N]{0}
[Q]{what your name}
[A]{My name is John.}
[N]{1}
[Q]{If I am 1.75 meters tall, what is my optimum weight?}
[A]{There is no one-size-fits-all answer to this question, as a person's optimum weight can vary
depending on a variety of factors such as age, sex, body type, and overall health. However, a
common measure used to determine a healthy weight range for adults is body mass index (BMI),
which can be calculated by dividing a person's weight in kilograms by their height in meters
squared. For a person who is 1.75 meters tall, a healthy weight range based on BMI would likely
fall between 56-77 kilograms.}
[N]{2}
[Q]{If it takes 10 minutes to steam a steamed bun, how long does it take to steam 10 steamed
buns?}
[A]{Assuming that all the 10 steamed buns can be steamed together at the same time in one
steam basket, it will still take 10 minutes to steam all 10 steamed buns. The number of buns does
not affect the steaming time as long as they all fit in the same steaming container.}
```

第 9 行，第 274 列　100%　Windows (CRLF)　UTF-8

图 16 存储在 Micro SD 卡中的 chatgpt_record.txt 文件

```
  /*  QR_code  */
  String ip_str = String("http://")+
ip2Str(ip)+String("\r\n");
  char QrcodeUrl[28];
  memcpy(QrcodeUrl,(char*)ip_str.c_
str(),
  ip_str.length());
  InitializePrint();
/* 初始化打印机 */
  Set_QRcodeMode(0x03);
/* 设置二维码大小 */
  Set_QRCodeAdjuLevel(0x49);
/* 设置二维码的纠错水平 */
  Set_QRCodeBuffer(strlen(QrcodeUrl),
(unsigned char*)QrcodeUrl);
/* 传输数据至编码缓存 */
  Set_Align(0x01);
/* 居中对齐 */
  PrintQRCode();
/* 打印编码缓存的二维条码 */
  select_lines(1);
/* 换行 */
  InitializePrint();
  Set_Align(0x01);
 /* 居中打印 */
  Set_Bold(0x01);
/* 加黑打印 */
  Printer.print(ip_str);
/* 打印 IP 地址字符串 */
```

图 18 嵌入式热敏打印模块的引脚定义

```
  select_lines(1);
}
```

我们在第四步时已经得到 ChatGPT 会话的提问句 chatgpt_Q 和应答 chatgpt_A，我们按照程序 14 所示的处理流程就可以按照格式输出到打印模块。

程序14

```
case do_print_work:
{
  display.drawRect(94, 20, 28, 28,
SH110X_WHITE);
  display.display();
  ws2812fx.setColor(ORANGE);
  InitializePrint();
  Set_Align((byte)0x00);
```

图 19 打印 ChatGPT 会话的效果

```
  Set_Bold(0x01);
  Printer.print("[Q]\r\n");
  Printer.print(chatgpt_Q);
  Printer.print("\r\n[A]\r\n");
  Printer.print(chatgpt_A);
  select_lines(2);
  display.drawRect(94, 20, 28, 28,
SH110X_BLACK);
  currentState = do_webserver_index;
}
break;
```

最终打印效果如图 19 所示。

至此，整个开发过程即告完成。

作为最早发布的 AI 产品之一，ChatGPT 无疑是非常成功的，但就用户体验而言，目前还有很多不足之处。比如，开放使用地域有限、不能回复实时性问题、聊天交互方式单一等。希望经过产品迭代，它能更方便用户使用。

至于此次开发经历，也有很多遗憾的地方。比如，虽然我已经尽量简化，但是通过嵌入式网页输入问题的步骤还是比较烦琐。如果能用自然语音语义处理引擎，实现与 ChatGPT 进行语音聊天，无疑会更理想一些。后续我将继续跟进，希望能有机会与大家分享更多、更便捷的与 ChatGPT 进行交互的方式。

图 17 在处理 ChatGPT 会话时，显示屏的显示效果

立创课堂

基于 ESP32-S3 的桌面收音机

▍野生程序员

项目介绍

闲暇之余我制作了一台桌面收音机。本项目使用 ESP32-S3 作为主控，FM 芯片使用 RDA5807，它集成的 CS4344 I^2S 音频芯片可以播放音频，集成的 INA199 可以采集整机工作电流。人机交互采用一个旋转编码器完成，目前已完成功能如下。

- 网络时钟。
- FM 广播。
- 天气预报。
- B 站数据统计。
- 中国传统日历。
- 背光调节。
- 定时关机。

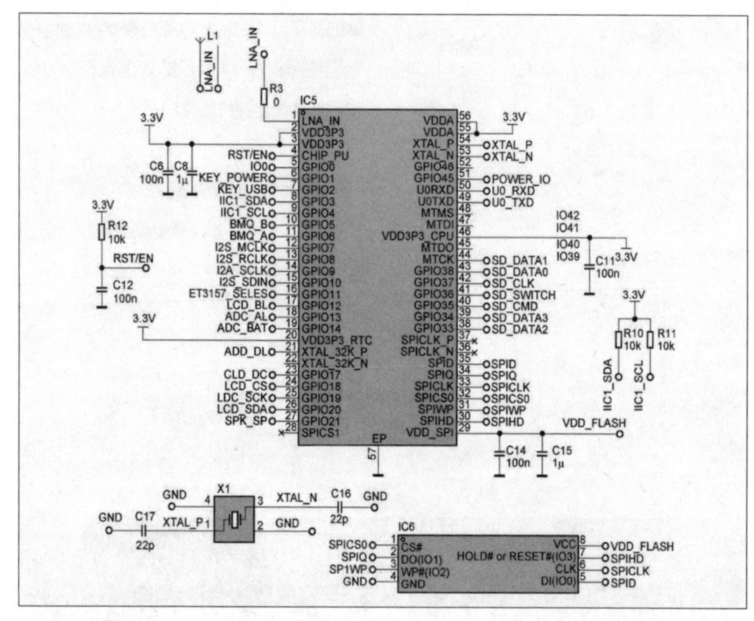

▍图 1 主控电路

硬件介绍

ESP32-S3电路

ESP32-S3 主控电路如图 1 所示，芯片选用内部 8MB RAM+ 外接 16MB Flash。

电源自动切换电路

电源自动切换电路如图 2 所示，VT1 是一个 PMOS 管，BAT+ 是电池，5V 是充电器输入，当充电器未接入时 VT1 导通，BAT+ 流过 VT1 给 VCC 供电；当充电器介入时 VT1 截至，5V 流过 VD1 给 VCC 供电。

软件开/关机电路

软件开 / 关机电路如图 3 所示，IC1 是一个输出为 3.3V 的稳压芯片，该芯片

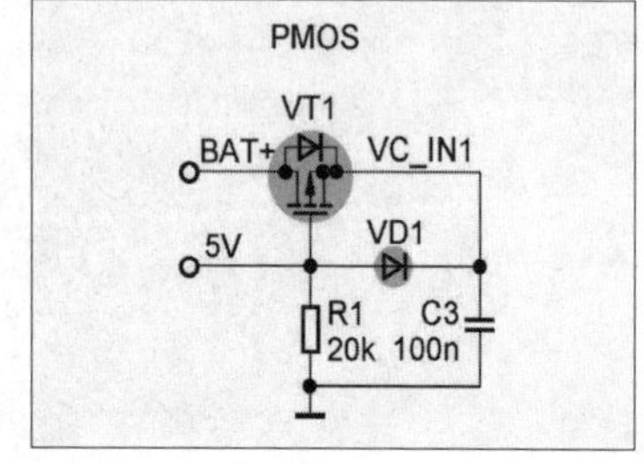

▍图 2 电源自动切换电路

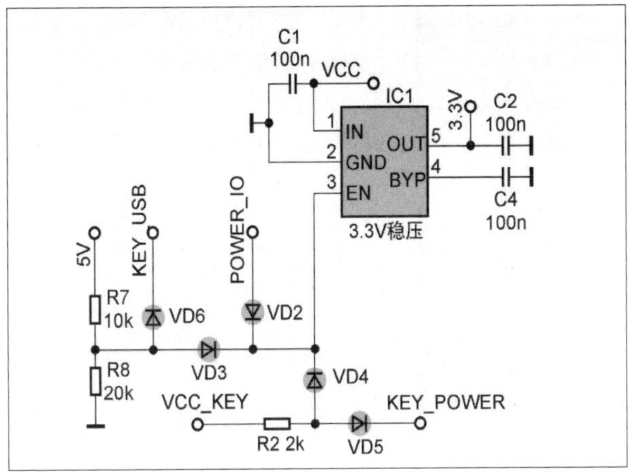

图 3 软件开 / 关机电路

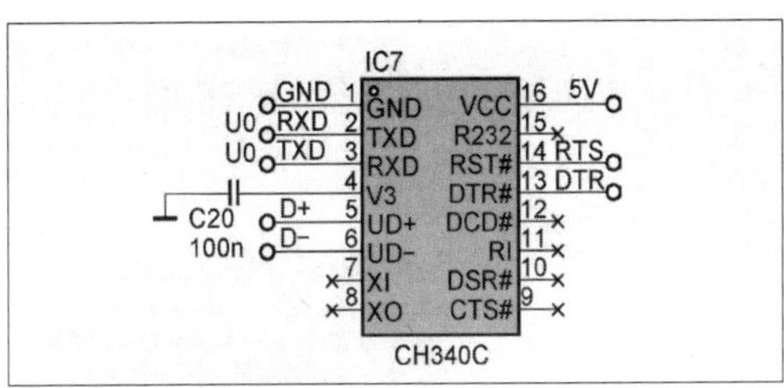

图 4 USB 转 TTL 串口电路

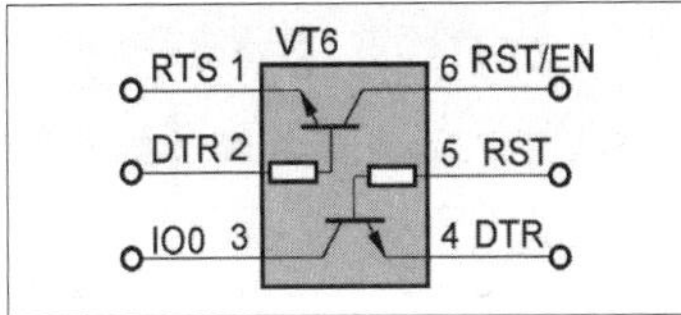

图 5 自动下载电路

带有使能功能引脚，即第 3 引脚，给该引脚输入高电平打开输出，输入低电平关闭输出；VCC_KEY 是按键引脚，一端接到电源（VCC），另一端连接到单片机引脚（KEY_POWER）和 IC1 使能引脚电路。

●按键开机过程：在未充电时，按键按下后，电流流过 VCC_KEY、VD4 给 CE 引脚一个高电平使能 3.3V 输出，此时整个系统得电，单片机开始运行。程序首先检测 KEY_POWER 引脚电平，如果该电压为高电平，说明按键开机控制 POWER_IO 引脚输出高电平，锁定 CE 引脚电平，这时松开手后由于POWER_IO引脚为高电平，会继续使能 IC1 引脚输出。

●充电开机过程：未按下按键时，插入充电器，此时 5V 得电经过 VD3 引脚给 CE 引脚高电平使能 3.3V 输出，单片机运行。程序开始检测 KEY_POWER 电平，由于内部配置下拉输入，识别到为低电平，程序判断事件为按下时即充电开机。

●关机过程：进入关机功能确认关机后，系统拉低 POWER_IO 引脚，使能 3.3V 输出。

USB转串口电路+自动烧录电路

ESP32-S3 支持串口下载，由于计算机没有 TTL 串口接口，所以需要一个 USB 转串口芯片，USB 转 TTL 串口电路如图 4 所示，IC7 型号是 CH340C，该芯片支持一路 USB 转串口 TTL，带有 RTS、DTR 控制引脚，内部集成晶体振荡器，大大简化了外部电路。

根据 ESP3S3 数据手册，进入串口下载模式需要在上电前拉低 IO0，CH340C 带有 RTS、DTR 引脚，可以在加入开关控制电路实现自动复位和拉低 IO0，自动下载电路如图 5 所示，VT6 芯片型号是 UMH3N，该芯片内部带有两个三极管并且集成偏置电压，如电路所示，利用 CH340C 的 RTS、DTR 引脚可以实现自动下载程序。

PCB设计

整个项目使用一个双层 PCB，PCB 背面和正面如图 6 和图 7 所示。

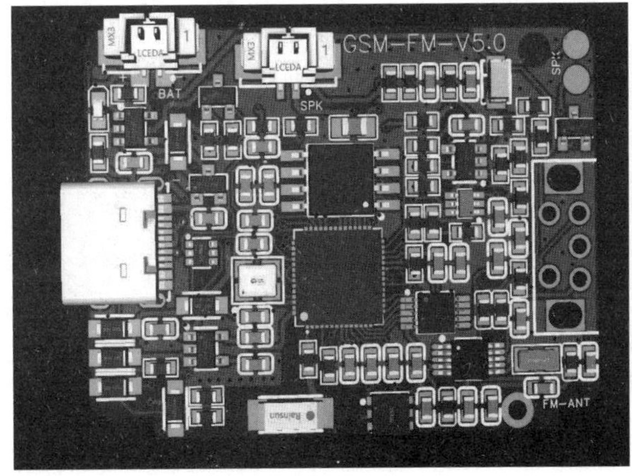

图 6 PCB 背面

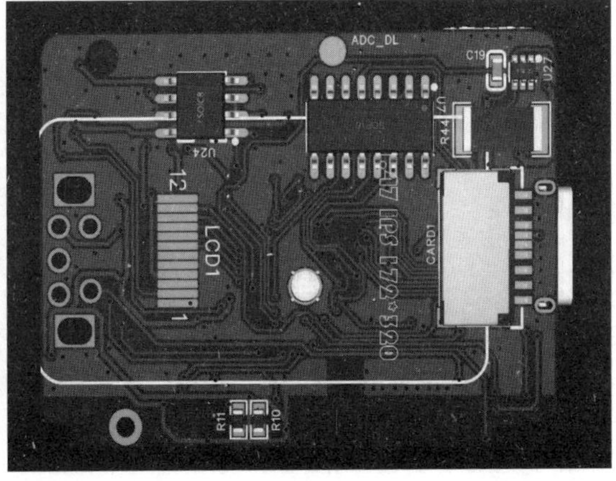

图 7 PCB 正面

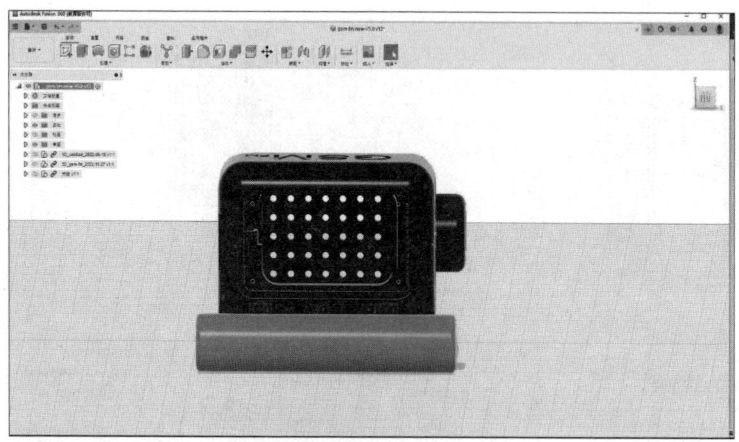

图8 外壳设计

外壳设计

外壳使用 Autodesk Fusion 360 设计，外壳设计如图 8 所示。

显示屏安装

显示屏通过双面胶贴在 PCB 上。

PCB安装

PCB 卡在外壳的内壁槽里，通过一颗螺丝固定（见图 9）。

天线安装

天线通过外壳孔槽插入内部，使用螺丝将导线固定到外壳上（见图 10）。

扬声器安装

扬声器直接卡在外壳槽里（见图 11）。

电池安装

电池放在内部空余空间（见图 12）。

外观颜色

设计好外壳后使用 3D 打印机打印，然后使用自喷漆更换外壳颜色（见图 13）。

软件设计

硬件电路设计并焊接完成后，就可以开始编写程序了。这个项目编程使用的是乐鑫官方的 ESP-IDF5.0。

程序就不全部展开介绍了，需要的朋友可以前往立创开源硬件平台搜索本项目（gsm-fm），项目描述中有完整带注释的程序，可以自行阅读，下面简单介绍两处。

开机动画

开机动画使用的 LVGL GIF 库，在开发过程中使用 VS 模拟器可以正常播放，可是移植到 ESP32 上播放开机动画时一直卡死，我以为是动画太长原因，把动画剪切成了两部分还是不行，经过多种 Bug 修复，最终使用预加载 PSRAM 解决了该问题，具体实现如程序 1 所示。

程序1

```
//1. 定义两个空指针
char *p_gif1 = NULL;
char *p_gif2 = NULL;
//2. 加载 GIF
load_gif(&p_gif1,"/spiffs/power_on_
gif_01.gif");
load_gif(&p_gif2,"/spiffs/power_on_
gif_02.gif");
//3. 加载过程
bool load_gif(char **p,char *file)
{
  bool r_dat = false;
  long size=0,r_size=0;
  main_debug(" 加载文件 :%s",file);
  FILE* f = fopen(file, "r");
  if (f != NULL)
  {
    main_debug(" 打开成功 ");
    size = get_file_size(f);
    main_debug(" 文件大小 :%ld",size);
    *p = malloc(size);
    if(*p != NULL)
    {
      main_debug(" 内存申请成功 ");
      r_size = fread(*p, 1, size, f);
      if(r_size == size)
      {
        main_debug(" 读取成功 ");
      }
      r_dat = true;
    }else
```

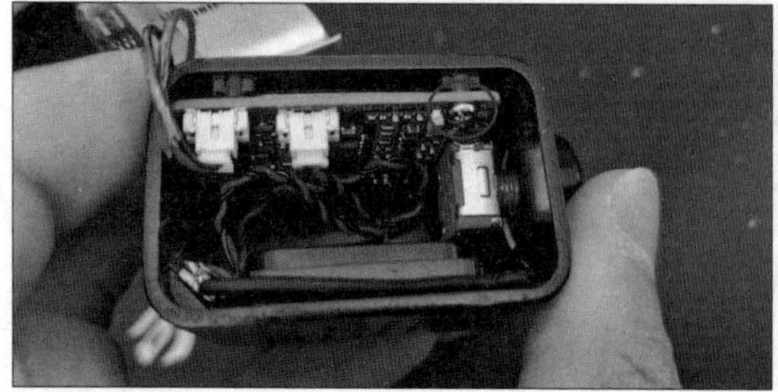

图9 PCB 安装

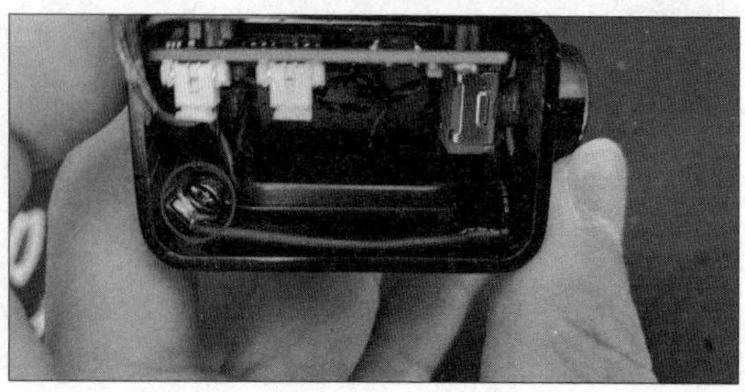

图10 天线安装

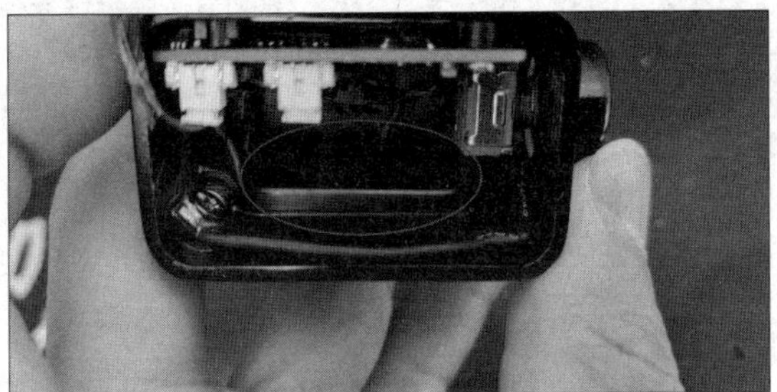

图11 扬声器安装

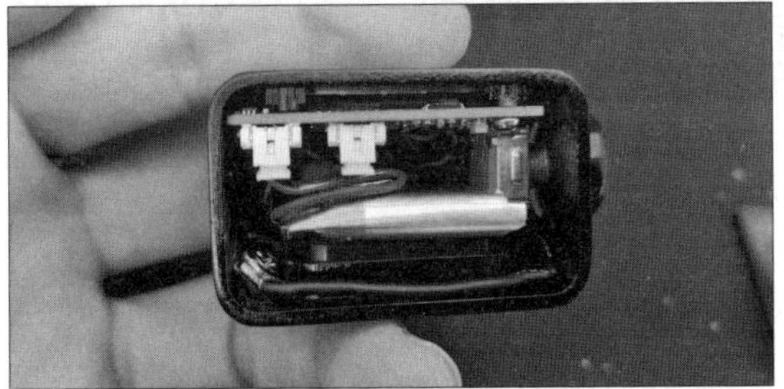

图12 电池安装

图13 外观配色

```
    {
      main_debug("内存申请失败");
    }
    fclose(f);
  }
  return r_dat;
}
//4.使用
lv_gif_create_from_data(lvgl_power_
on_data.cont_main, p_gif1);
lv_gif_create_from_data(lvgl_power_
on_data.cont_main, p_gif2);
//5.使用完释放内存
free(p_gif1);
free(p_gif2);
```

修改配置文件

整个系统通过 spiffs_image/system/config.json 配置文件配置参数，文件内容如程序 2 所示。

程序2

```
{
  "wifi":[
    {
      "name":"name",
      //Wi-Fi名
      "password":"pin",
      //Wi-Fi密码
      "auto connect":"true"
      //自动连接（暂未使用）
    }
  ],
  "system set":[
    {
      "Wi-Fi switch":"on",
      //Wi-Fi开关（暂未使用）
      "backlight":50,
      //背光强度
      "language":0,
      //语言
      "bilibili id":"430380301" //B站数据ID
    }
  ],
  "radio data":[
    {
      "background":1,
      //后台播放开关
      "p1":"89.1",   //存台1
      "p2":"93.1",   //存台2
      "p3":"95.7",   //存台3
      "p4":"102.8",  //存台4
      "p5":"104.8"   //存台5
    }
  ],
  "clock data":[
    {
      "type":1,//时钟主类型（模拟/数字）
      "style":1  //时钟样式
    }
  ]
}
```

结语

此次作品设计与制作历经 5 个月，外壳、硬件、软件、UI 都经历了多次改版才有了现在的模样。作为一个电子爱好者，我很庆幸在而立之年还能有时间折腾自己的电子“宠物”，希望该作品也能受到读者的喜爱。

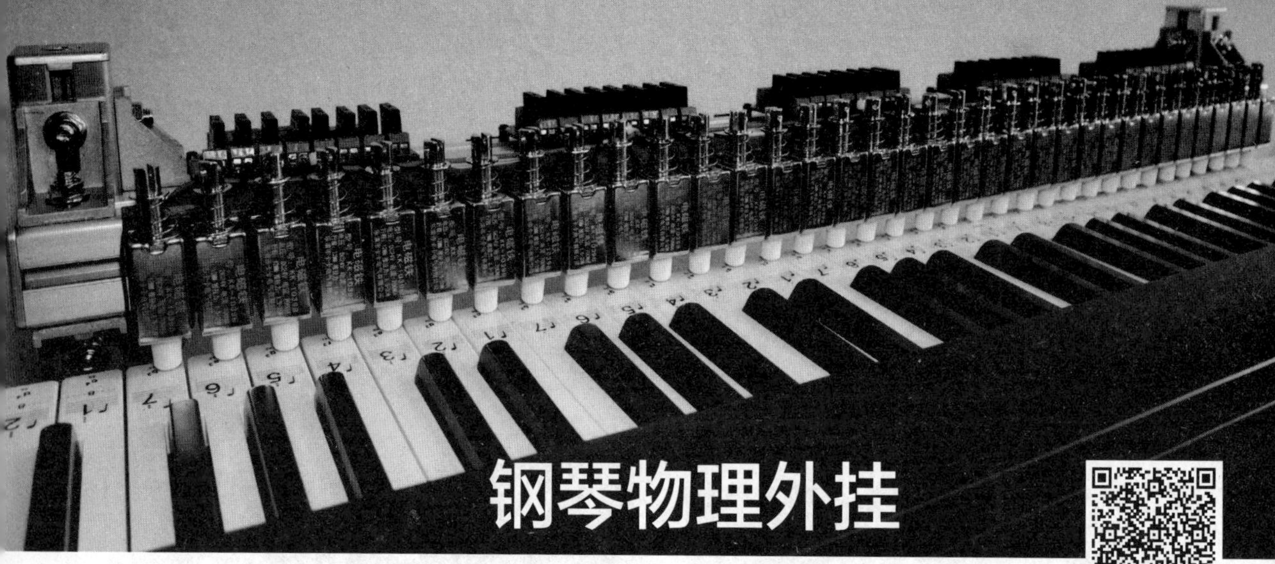

钢琴物理外挂

演示视频

▍卜开元

一次在浏览B站的时候，我偶然看到了有人做的音乐游戏《别踩白块》的物理外挂（见图1），在显示屏上贴了几个光敏电阻，通过光敏电阻判断显示屏上是否为黑块，如果是黑块，光敏电阻阻值会发生变化，代替手指触发对应位置的手机显示屏，能以超出人类极限的反应速度得到非常高的游戏分数。我一下子想起来了在地下室吃灰的钢琴，如果我也设计某个装置代替手指，再控制装置在特定的时间被按下，那岂不是可以实现全自动弹琴了，想一想就很有意思，于是我决定自己制作一款钢琴物理外挂。

材料准备

电机

我的目的是把琴键按下，现在有很多电机都可以用来按琴键，比如减速丝杆电机、舵机、步进电机等，我不可能把市面上所有的电机全部买回来一个一个测试，这就需要确定一下对外挂“手指”的具体要求。

●力量大：按下琴键所需的力量约为1N，外挂“手指”发出的力得比1N稍微大一些才能按动琴键。

●速度快：琴键被按得越快，声音越大；被按得越慢，声音越小；慢到一定程度，钢琴是不会发出声音的。

●行程长：琴键末端能被按下去大约10mm，行程太短的话，即便按得再快也按不响。

▍图1 《别踩白块》的物理外挂

●体积小：琴键宽22mm，外挂“手指”要与琴键一对一排布，太宽会对不齐。

●易控制：这个项目主要是用来娱乐的，操作起来不要太复杂。

最终我选择了电磁铁（见图2）作为外挂“手指”，电磁铁外面是线圈，里面有磁芯，线圈通电后产生磁场，使磁芯向下移动；线圈断电后释放磁芯，靠弹簧的弹力让磁芯复位，只要把电磁铁竖直放置即可。电磁铁按下的最小力量为1.5N，吸合动作瞬间完成，行程为12mm，宽度为20mm，只需通、断电就能控制，完美符合外挂“手指”的所有要求。

继电器

电磁铁需要单独的电路驱动，继电器是专门用来控制电路通断的元器件，常用

▍图2 电磁铁

图 3 机械继电器

图 4 固态继电器

图 5 MCP23017 I/O 扩展板

的继电器有机械继电器（见图 3）和固态继电器（见图 4）两种。

它们的主要区别是工作原理的不同，机械继电器靠线圈通电，吸引衔铁到触点实现闭合，这一过程会产生“咔哒咔哒”的声音，且需要几十毫秒的响应时间，这对速度较快的曲子有影响，达不到那么高的按键频率。而固态继电器通过半导体控制通断，完全无声且响应速度极快，响应时间一般在 1ms 左右，所以我毫无疑问地选择使用固态继电器。

I/O扩展板

这个项目中，我使用了 35 对电磁铁和继电器，也就需要 35 路控制信号来指挥

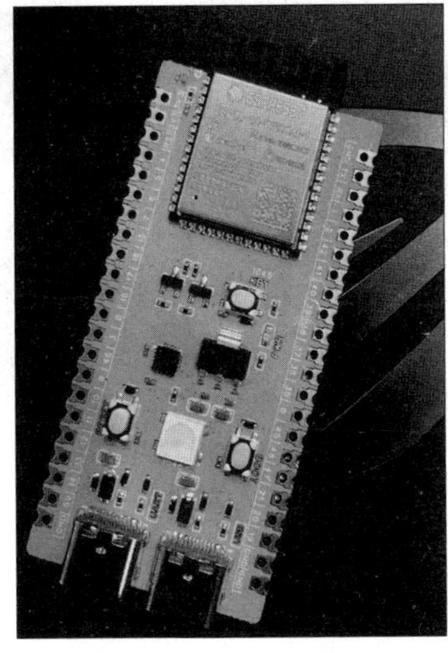
图 6 ESP32-S3

它们，未来还可能扩展更多按键。一般的控制芯片没有这么多路信号，不能直接一对一地对琴键进行控制，所以需要对信号线路的数量进行扩展，以便用少量的线路控制较多的信号。我选择了 MCP23017 I/O 扩展板（见图 5），使用两根线，最多可控制 128 路信号，钢琴一共才 88 个按键，足够用了。

主控板

这个项目对主控性能要求不高，所以常用的单片机都可以满足，选个自己喜欢的型号就好，这里我选择使用 ESP32-S3 主控板（见图 6）作为主控。

主体框架

因为项目使用了很多电磁铁、金属件和铜线圈，它们会很重，所以使用铝合金作为主体框架，这样比较结实，设计的主体框架如图 7 所示。整个项目中唯一运动的结构就是电磁铁，所以只要把电磁铁与琴键对齐，再将其他零件固定好就可以。在设计的时候，尽量使信号线路走线短。

其他材料

本项目中还使用了与电磁铁电压匹配的直流电源（24V）、电烙铁、电线等常用工具、材料。

组装过程

按照从强（高电压）到弱（低电压）的顺序安装，每装好一步都要进行测试，确保没问题再继续组装。

否则装到最后发现第一步错了，要全都拆了重装，那就太麻烦了。另一个要注意的点是走线尽可能要短、简洁，赏心悦目的同时也方便之后的维修升级。安装完成的驱动电路如图 8 所示，控制电路如图 9 所示。

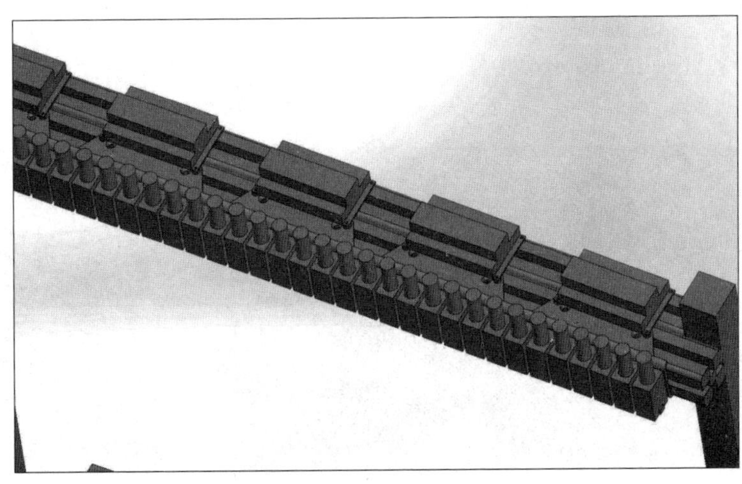
图 7 设计的主体框架

图8 驱动电路

图9 控制电路

程序设计

我使用 Python 进行程序设计，简单好用。首先需要设计一个数据结构保存乐谱，这里我用了字典中的键表示琴谱的键值，数字表示时值，也就是琴键被按下的时长，再将多个字典按顺序组成列表，这样就把旋律转化为了程序，按照这个逻辑，录入一段旋律，如程序 1 所示。

程序1

```
# 上学歌：曲速
song_speed = 250
# 上学歌：旋律
school_melody = [{"M1": 1}, {"M2": 1}, {"M3": 1}, {"M1": 1}, {"M5": 4}, {"M6": 1}, {"M6": 1}, {"H1": 1}, {"M6": 1}, {"M5": 4}, {"M6": 1}, {"M6": 1}, {"H1": 2}, {"M5": 1}, {"M6": 1}, {"M3": 2}, {"M6": 1}, {"M5": 1}, {"M3": 1}, {"M5": 1}, {"M3": 1}, {"M1": 1}, {"M2": 1}, {"M3": 1}, {"M1": 4}]
# 上学歌：和弦
school_chord = [{"L1": 4}, {"L3": 4}, {"L4": 4}, {"L3": 4}, {"L4": 4}, {"L3": 4}, {"L2": 4}, {"L5": 4}, {"L3": 4}]
```

接下来再写一个驱动程序，目的是把刚才的数据转化为对应电磁铁的动作，具体如程序 2 所示。

程序2

```
# 驱动函数
def key_val(key, val=1):
  if key[:2] == "LL": # 倍低音
    IO_L12[15 - int(key[-1])].output(val)
    elif key[:2] == "HH": # 倍高音
    IO_L5[7 - int(key[-1])].output(val)
  elif key[:1] == "L": # 低音
      IO_L12[7 - int(key[-1])].output(val)
  elif key[:1] == "M": # 中音
      IO_L34[15 - int(key[-1])].output(val)
  elif key[:1] == "H": # 高音
      IO_L34[7 - int(key[-1])].output(val)
  else:
    print("键值有误！")
# 将旋律和弦列表转为时间戳列表
def song_to_events(speed, *key_time_list):
  events = []
  for chord in key_time_list:
    # 设置起始时间为0
    start_event_time = 0
    for event in chord:
    events.append(dict(time=start_event_time, key=list(event.keys())
```

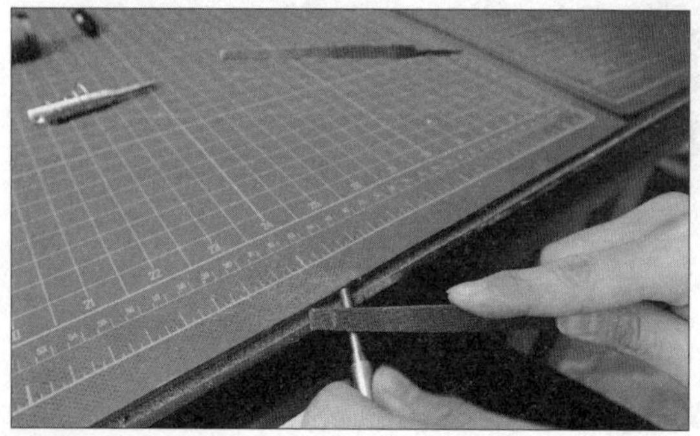
图10 打磨螺纹

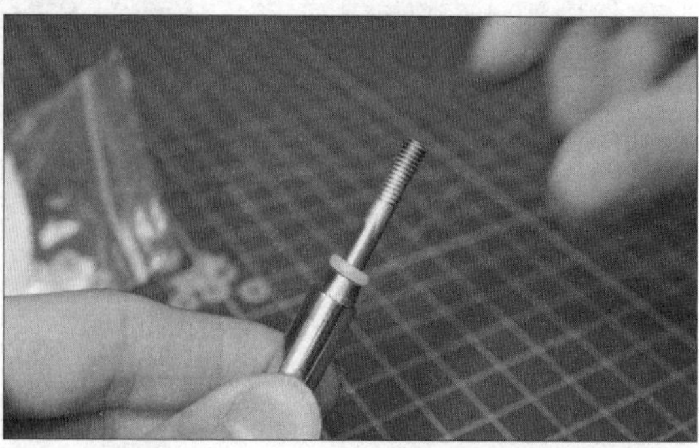
图11 减震胶圈

```
[0], val=1))
    events.append(dict(time=start_
event_time + speed * list(event.
values())[0] - up_time,
key=list(event.keys())[0], val=0))
    start_event_time += speed *
list(event.values())[0]
# 对事件列表按时间戳进行排序
    events.sort(key=lambda x:
x["time"])
  return events
# 演奏时间戳列表
def play(events):
  events_len = len(events)
  index = 0
  start_time = time.ticks_ms()  # 记
录当前时间
  while True:
    current_time = time.ticks_ms()
# 获取当前时间
    # 如果事件列表都跑完了，退出循环
    if index >= events_len:
    break
    # 数据结构：{'time': 544, 'key':
'M2', 'val': 0}
    if time.ticks_diff(current_time,
start_time) >= events[index]["time"]:
      key_val(events[index]["key"],
events[index]["val"])
      index += 1  # 切换到下一个旋律音符
```

测试与问题

经过测试，钢琴物理外挂功能正常，演奏的旋律非常精准。但出现了一个小小的问题，弹奏期间电磁铁的噪声太大。经过多次测试，我发现噪声主要来源于以下两点。

●铁芯的螺纹和外壳之间的摩擦。

●铁芯到底后与外壳间的撞击。

我的解决方式也很简单，先把螺纹打磨平（见图 10），然后在撞击的位置安装了一个减震的胶圈（见图 11）。再次测试后，噪声大大减弱了，但毕竟是机械运动，不可能完全静音，噪声方面目前已经达到了比较理想的状态。

成品展示

制作完成的钢琴物理外挂如图 12 所示，大家可以扫描文章开头的二维码观看演示视频。

结语

未来可能做的改进如下。

●增加黑键。缺少黑键，很多曲子无法演奏。

●增加延音踏板。没有延音踏板，和弦之间不是很连贯。

●增加显示屏和按键，用显示屏和按键做个控制系统。现在每次换曲子都要在计算机上控制，很不方便。

●升级电磁铁弹簧。如果同一个琴键连续被按两次，就需要增加间隔时间，否则只能听到一个声音。因为弹簧把铁芯弹起来需要一点时间，这个时间决定了演奏速度，目前有一些曲子是演奏不了的。这就需要换一个弹力更大的弹簧，来缩短这个时间，但弹力太大，又会导致电磁铁无法被按下，所以就需要测试多种不同的弹簧，找到平衡点，从而达到机械上的速度极限。

●修改程序，让它能直接读取 MIDI 文件。现在每首曲子都需手工录入比较麻烦，最好能直接把通用的乐曲文件，转换成我想要的数据格式。

图 12 钢琴物理外挂

基于 STM32 的智能灯光控制系统

▌姚志浩

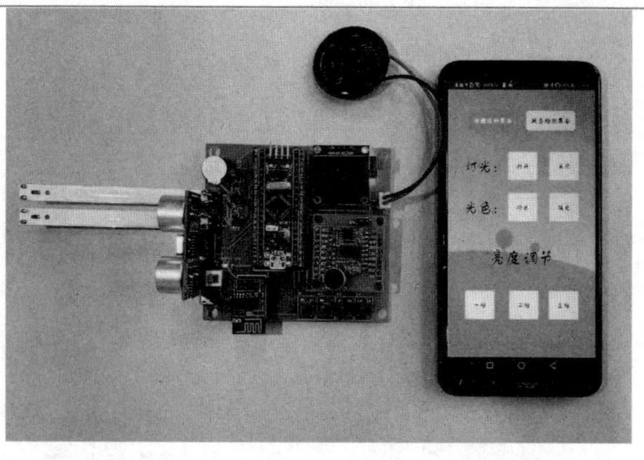

随着电子产品的快速发展，家用电器也越来越智能化，本文为大家介绍一款基于STM32的智能灯光控制系统。

回想一下，日常生活中是否经常有以下场景“帮我关一下灯，我够不着”“石头 · 剪刀 · 布，谁输了谁去关灯”，作为寝室中负责开关灯的同学，我深有感触。照明灯已是千家万户生活的必备品，本项目是一款智能灯光控制系统，具备用手机App远程控制和语音控制灯光等功能，更加方便快捷，解决了住在下铺的兄弟总要负责关灯的烦恼。

项目介绍

智能灯光控制系统使用 STM32 作为 MCU，由于单片机 I/O 接口驱动电流过小，无法满足灯光的供电需求，因此搭配三极管放大电流，并将单片机 I/O 接口配置成 PWM 输出，以便调节不同的灯光强度，分别为一挡、二挡、三挡。

在此基础上，我为系统增加了远程控制与语音控制功能。远程控制的开发思路是使用指定的手机 App 连接云平台，灯光控制系统通过 Wi-Fi 模块连接云平台，以云平台作为交互媒介，实现 App 端控制灯光的功能；语音控制的开发思路是使用 SU-03T 语音识别模块精准识别语音命令，将命令传输给 MCU。项目所需的材料清单如表 1 所示，本项目的系统组成如图 1 所示。

表 1 材料清单

序号	名称	数量
1	STM32 主控板	1 块
2	三极管	3 个
3	LED	2 个
4	ESP-01S Wi-Fi	1 块
5	SU-03T 语音识别模块	1 块
6	OLED 显示屏	1 块
7	超声波模块	1 块
8	按键	4 个
9	蜂鸣器	1 个

电子模块介绍

接下来介绍各个系统所使用的电子元器件，硬件结构如图 2 所示。

STM32主控板

STM32 是意法半导体生产的基于 Cortex-M3 内核的 32 位 MCU，其性能强大、资源丰富，被广泛应用于嵌入式系统开发。STM32 最小系统板如图 3 所示，由处理器、电源、复位、晶体振荡器电路等组成，可独立完成相应的控制任务。

三极管

三极管集电极电流受基极电流的控制，可以将集电极比喻成粗水管，基极比喻成细水管，粗水管内装有阀门，阀门由细水管中的水量控制其开启程度。如果细水管中没有水流，粗水管的阀门就会关闭。注入细水管中的水量越大，阀门就开得越大，相应地流过粗水管的水就越多。本项目对于三极管的使用较为简单，如图 4 所示，A 引脚输出高电平就能导通三极管，上方 VCC 的电源电流就能流过三极管。

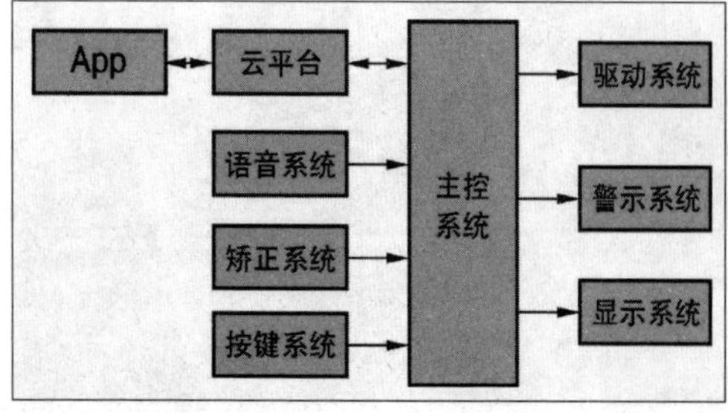

▌图 1 项目的系统组成

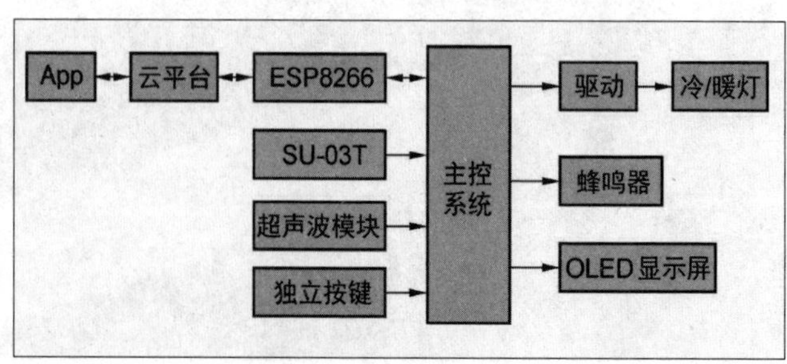

▌图 2 硬件结构

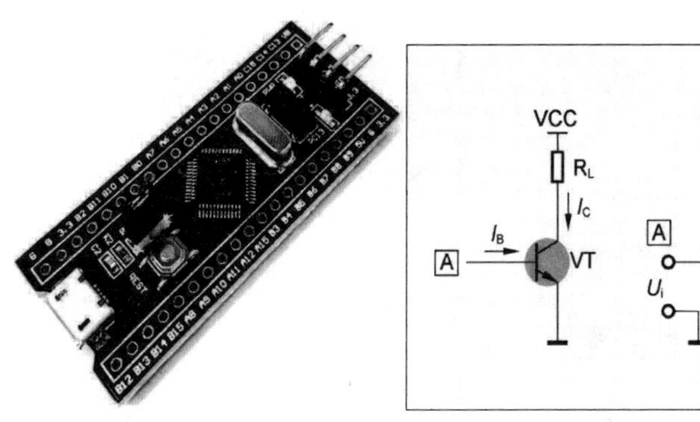

▌图 3 STM32 最小系统板

▌图 4 三极管内部电路

超声波模块

本项目使用的是 HC-SR04 超声波模块，如图 7 所示，该超声波测距模块可提供 2~400cm 的非接触式距离感测功能，测距精度可达 3mm，该模块采用 I/O 接口触发测距，触发信号输入引脚（Trig）输入一个 10μs 以上的高电平信号，超声发送口自动发送 8 个频率为 40Hz 的方波，当遇到阻碍物体时，超声波被反弹后被接收器接收到，根据时间间隔可以计算距离。

Wi-Fi模块

本项目使用的是 ESP-01S Wi-Fi 模块，可以连接环境中的Wi-Fi，使设备联网。Wi-Fi模块的串口与STM32主控板连接，Wi-Fi 模块通过周围环境中的 Wi-Fi 信号连接云平台，可以实现单片机与云平台之间的信息交互。Wi-Fi 模块与 STM32 引脚连接如图 5 所示。

SU-03T语音识别模块

SU-03T 是一款低成本、低功耗、小体积的离线语音识别模块，不需要编程，可以说是不擅长编程的伙伴的福音。模块识别到相应的语音命令后，通过串口向主控传输数据，主控板根据所得到的数据完成相应的控制。SU-03T 模块引脚如图 6 所示。

OLED显示屏

OLED 显示屏具有不需要背光源、对比度高、厚度薄、视角广、反应速度快等特点，比 LCD 显示屏显示效果更好，目前我们所使用的手机显示屏主要就是 OLED 显示屏，但由于现有技术限制，目前 OLED 显示屏无法做得很大。本项目主要使用 OLED 显示屏显示灯的当前状态、温/湿度信息，以及万年历时钟，时间显示页面如图 8 所示。

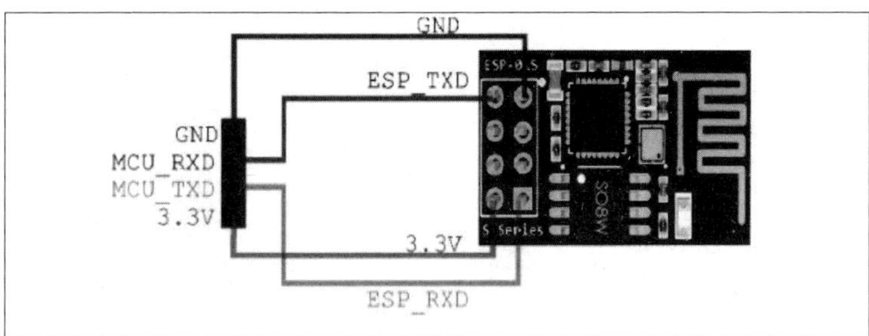

▌图 5 Wi-Fi 模块与 STM32 引脚连接

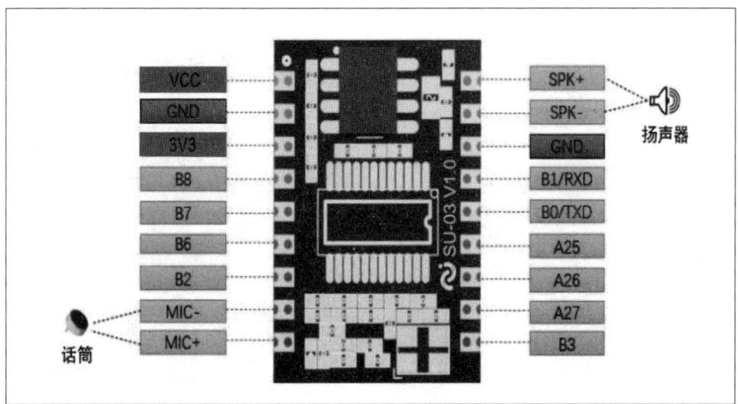

▌图 6 SU-03T 模块引脚

▌图 7 HC-SR04 超声波模块

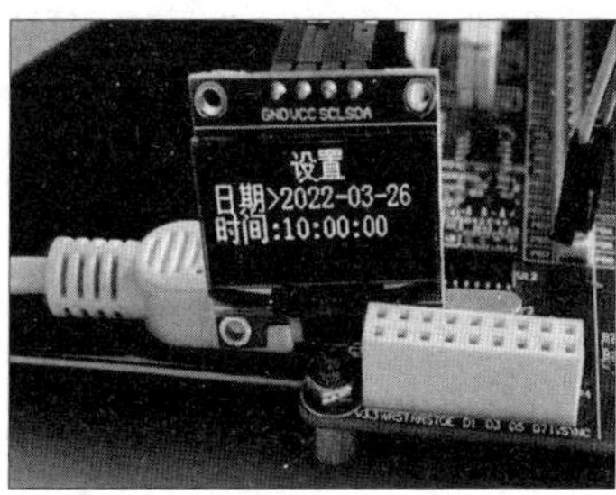

▌图 8 时间显示页面

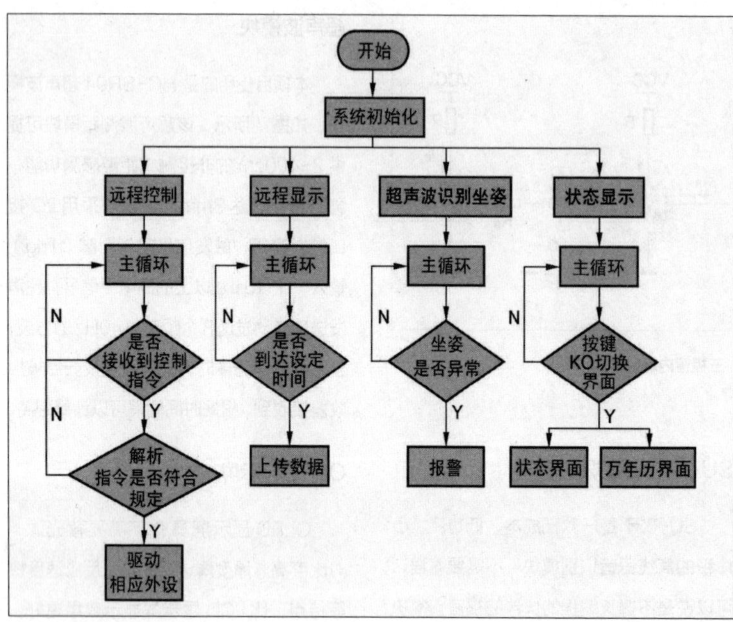

■ 图 9 项目功能

项目制作

本项目功能如图 9 所示，接下来将逐步完成这些功能的开发。

让灯带亮起来

灯带是通过三极管驱动的，单片机的 I/O 接口连接三极管基极，可以将其看成控制信号，当该引脚输出高电平时，三极管导通，由集电极所连的 VCC 提供电流，电源给灯带供电，这个电流远大于 I/O 接口直接输出的电流，足以满足灯带供电需求。

调节灯光亮度

将三极管看成一个“水龙头”，PWM 信号可以理解为我们拧水龙头的力。通过调节不同的占空比，使三极管“控制不同大小的水流”，控制逻辑为：PWM 占空比大→输出的电流大→灯带更亮；PWM 占空比小→输出的电流小→灯带更暗。

在程序中首先将 I/O 接口配置为 PWM 输出，本设计选用的定时器 4 的通道 3 和通道 4 产生 PWM 信号（两个灯，一个冷光，一个暖光，需要两路 PWM 输出），具体如程序 1 所示。

程序1

```
void Motor_PWM_Init(u16 arr,u16 psc)
{
  GPIO_InitTypeDef GPIO_InitStructure;
  TIM_TimeBaseInitTypeDef  TIM_TimeBaseStructure;
  TIM_OCInitTypeDef  TIM_OCInitStructure;
  RCC_APB1PeriphClockCmd(RCC_APB1Periph_TIM4, ENABLE);
  //使能定时器4时钟
  RCC_APB2PeriphClockCmd(RCC_APB2Periph_GPIOB|RCC_APB2Periph_AFIO,ENABLE);
  //使能GPIO外设和AFIO复用功能模块时钟
  /*输出TIM4_CH3和TIM4_CH4和的PWM脉冲波形*/
  GPIO_InitStructure.GPIO_Pin = GPIO_Pin_8|GPIO_Pin_9; //TIM_CH3和TIM_CH4
  GPIO_InitStructure.GPIO_Mode = GPIO_Mode_AF_PP;  //复用推挽输出
  GPIO_InitStructure.GPIO_Speed = GPIO_Speed_50MHz;
  GPIO_Init(GPIOB, &GPIO_InitStructure);
  //初始化GPIO
  /*始化TIM3*/
  TIM_TimeBaseStructure.TIM_Period = arr; //在下一个更新事件装入活动的自动重装载寄存器周期的值
  TIM_TimeBaseStructure.TIM_Prescaler =psc; //设置用来作为TIMx时钟频率除数的预分频值
  TIM_TimeBaseStructure.TIM_ClockDivision = 0;
//设置时钟分割：TDTS = Tck_tim
  TIM_TimeBaseStructure.TIM_CounterMode = TIM_CounterMode_Up;
//TIM向上计数模式
  TIM_TimeBaseInit(TIM4, &TIM_TimeBaseStructure); //根据TIM_TimeBaseInitStruct中指定的参数初始化TIMx的时间基数单位
    /*初始化TIM4 Channel3、TIM4 Channel4 PWM模式*/
  TIM_OCInitStructure.TIM_OCMode = TIM_OCMode_PWM2; //选择定时器模式：TIM脉冲宽度调制模式2
  TIM_OCInitStructure.TIM_OutputState = TIM_OutputState_Enable;
//比较输出使能
  TIM_OCInitStructure.TIM_OCPolarity = TIM_OCPolarity_Low; //输出极性：TIM
  TIM_OC3Init(TIM4, &TIM_OCInitStructure); //初始化外设TIM4 OC3
  TIM_OC4Init(TIM4, &TIM_OCInitStructure); //初始化外设TIM4 OC4
  /*使能预装载寄存器*/
  TIM_OC3PreloadConfig(TIM4, TIM_OCPreload_Enable);
  TIM_OC4PreloadConfig(TIM4, TIM_OCPreload_Enable);
  TIM_Cmd(TIM4, ENABLE);  //使能TIM4
}
```

这样 PWM 信号输出就配置好了，下面在主循环中调用修改 PWM 占空比函数即可，具体如程序 2 所示，该程序修改了 3 个不同的占空比，以对应灯光的一挡、二挡、三挡。

程序2

```
/* 两端都使能 1 挡 */
TIM_SetCompare3(TIM4,5000);
TIM_SetCompare4(TIM4,5000);
/* 两端都使能 2 挡 */
TIM_SetCompare3(TIM4,10000);
TIM_SetCompare4(TIM4,10000);
/* 两端都使能 3 挡 */
TIM_SetCompare3(TIM4,20000);
TIM_SetCompare4(TIM4,20000);
```

远程控制

远程控制功能实现的是通过手机 App 连接云平台，触发手机 App 相应的按键时，将控制指令上传至云平台，ESP-01S 通过周围的 Wi-Fi 信号连接云平台，获取云平台上的数据，并通过串口将该数据传输给 STM32 主控板，主控板解析数据并完成相应的驱动。接下来逐步进行开发，分为手机端 App 的制作、手机连接云平台和设备连接云平台。

1. 手机端App的制作

本项目使用一款开发安卓 App 的平台——App Inventor，该平台基于图形化编程，使用一些逻辑关系模块进行开发，不需要编写程序就可以完成 App。首先在主页面拖放好各种想要的按键，之后在编程界面拖放逻辑关系模块，完成开发（与 Labview 类似）。

2. 手机端连接云平台

在使用 App Inventor 开发的过程中，调用连接云平台接口连接云平台，我使用的是巴法云平台，在巴法云官网有详细的教程。打开巴法云官网，其界面如图 10 所示，单击图片中所圈的“实例指南”进入巴法云论坛，之后在论坛中找到《App Inventor 编写安卓 App 控制 ESP8266》这篇文章，如

图 10 巴法云界面

图 11 论坛文章

图 11 所示，里面有详细的制作过程。

需要注意的是连接云平台的接口 ClientSocketAI2Ext 不是 App Inventor 的原生组件，需要在 Extension 下自行导入。

3. 设备连接云平台

ESP-01S 也是一个 MCU，通过编程开发，本设计通过 Arduino IDE 平台开发相关的功能，值得注意的是 ESP-01s 通过 Wi-Fi 信号连接云平台，所以环境中必须要有 Wi-Fi，由于此处程序过多，仅展示核心部分。云平台定义及主题相关定义如程序 3 所示。

程序3

```
#include <ESP8266WiFi.h>
#include<SimpleDHT.h>
// 巴法云服务器地址
#define TCP_SERVER_ADDR "巴法云官方网址"
#define TCP_SERVER_PORT "8344"
//* 需要修改的部分 *//
#define DEFAULT_STASSID  "HUAWEI P30 Pro+"
//Wi-Fi 名称，区分大小写，不要写错
#define DEFAULT_STAPSW   "18253858772"
//Wi-Fi 密码
String UID = "23f9a5f2d3584dc8516409db14b4827c";
// 用户私钥，可在控制台获取，修改为自己的 UID
String TOPIC1 ="TD00light";
// 主题名字，可在控制台新建
String TOPIC2 = "TD00temp";
// 用户私钥，可在控制台获取，修改为自己的 UID
const int LED_Pin = 0;
// 单片机 LED 引脚，GPIO0 引脚
int pinDHT11 = 2;
```

接下来连接服务器，向服务器发送指令“cmd=1&uid="+UID+"&topic="+TOPIC1+"\r\n”，其中的 UID 与 TOPIC1 就是程序 3 中相关的定义，具体如程序 4 所示。

程序4

```
void startTCPClient()
{
  if(TCPclient.connect(TCP_SERVER_ADDR,atoi(TCP_SERVER_PORT)))
```

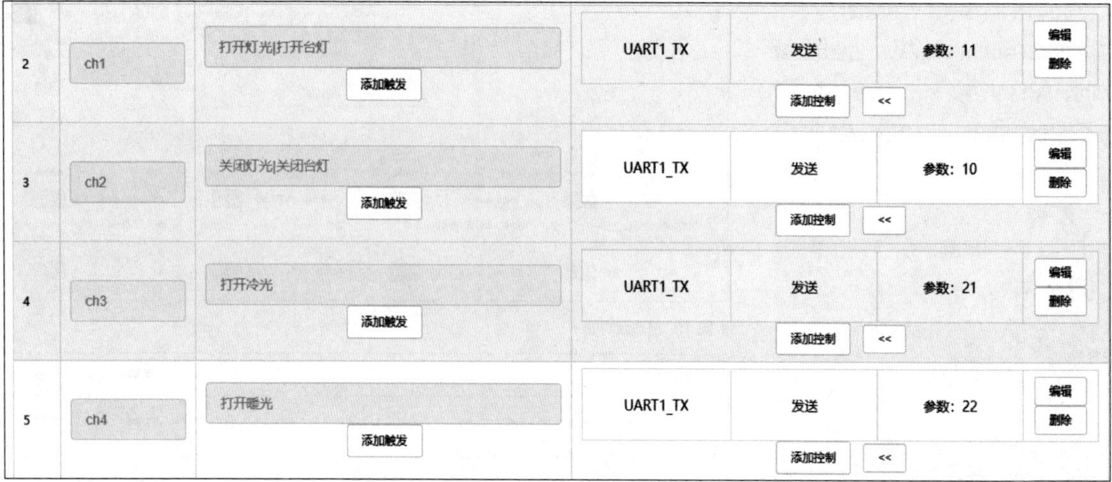

图 12 SU-03T 平台配置

```
  {
  Serial.print("\nConnected to server:");
   Serial.printf("%s:%d\r\n",TCP_
SERVER_ADDR,atoi(TCP_SERVER_POR T));
  String tcpTemp="";  //初始化字符串
  tcpTemp = "cmd=1&uid="+UID+"
&topic="+TOPIC1+"\r\n"; //构建订阅指令
   sendtoTCPServer(tcpTemp); //发送订
阅指令
  tcpTemp="";//清空
  preTCPConnected = true;
  preHeartTick = millis();
  TCPclient.setNoDelay(true);
  }
  Else
  {
    Serial.print("Failed connected
to server:");
    Serial.println(TCP_SERVER_ADDR);
    TCPclient.stop();
    preTCPConnected = false;
  }
  preTCPStartTick = millis();
}
```

获取云平台传来的数据，并通过串口传输给 STM32，具体如程序 5 所示。

程序5

```
if (TCPclient.available())
//若有数据传来
{
   char c =TCPclient.read();
   TcpClient_Buff +=c;  //数据存储
   TcpClient_BuffIndex++;
   TcpClient_preTick = millis();
   if(TcpClient_BuffIndex>=MAX_
PACKETSIZE - 1)
   {
    TcpClient_BuffIndex = MAX_
PACKETSIZE-2;
    TcpClient_preTick = TcpClient_
preTick - 200;
   }
  preHeartTick = millis();
 }
   if((TcpClient_Buff.length()
>= 1) && (millis() - TcpClient_
preTick>=200))
  {
   TCPclient.flush();
   Serial.println(TcpClient_Buff);
//串口传输
  if((TcpClient_Buff.indexOf("&msg
=11") > 0))
{
   turnOnLed();
   }else if((TcpClient_Buff.
indexOf("&msg=10") > 0))
{
  turnOffLed();
  }
  TcpClient_Buff="";
  TcpClient_BuffIndex = 0;
}
```

4. 语音识别功能

语音识别功能主要采用了 SU-03T 离线语音识别模块，这个模块不需要编程，使用厂商提供的云平台（智能公元）开发，当识别到相应的语音时，串口输出相应的控制指令给 STM32。在此我展示了打开灯光、关闭灯光、打开冷光、打开暖光对应的指令，分别为 0x11、0x10、0x21、0x22，相关配置如图 12 所示。

5. STM32解析指令并完成相关驱动

正如前文所说，Wi-Fi 模块与 SU-03T 模块都是使用串口与 STM32 单片机建立联系的，所以我们首先需要完成串口的相关配置，在此以 Wi-Fi 模块对应的 USART3 为例，配置串口，具体如程序 6 所示。

程序6

```
void usart3_init(u32 bound)
{
  NVIC_InitTypeDef NVIC_InitStructure;
```

```
  GPIO_InitTypeDef GPIO_
InitStructure;
  USART_InitTypeDef USART_
InitStructure;
/* 使能时钟 */
  RCC_APB2PeriphClockCmd(RCC_
APB2Periph_GPIOB, ENABLE);
  RCC_APB1PeriphClockCmd(RCC_
APB1Periph_USART3,ENABLE);
  USART_DeInit(USART3);  //复位串口3
/* 配置输出引脚 */
  GPIO_InitStructure.GPIO_Pin = GPIO_
Pin_10; //PB10
  GPIO_InitStructure.GPIO_Speed =
GPIO_Speed_50MHz;
  GPIO_InitStructure.GPIO_Mode =
GPIO_Mode_AF_PP;  //复用推挽输出
  GPIO_Init(GPIOB, &GPIO_InitStructure);
//初始化PB10
  /* 配置输入引脚 */
  GPIO_InitStructure.GPIO_Pin = GPIO_
Pin_11;
  GPIO_InitStructure.GPIO_Mode =
GPIO_Mode_IN_FLOATING;//浮空输入
  GPIO_Init(GPIOB, &GPIO_
InitStructure);  //初始化PB11
/* 串口相关配置 */
  USART_InitStructure.USART_BaudRate
= bound;//波特率一般设置为9600波特
  USART_InitStructure.USART_
WordLength = USART_WordLength_8b;
//字长为8位数据格式
  USART_InitStructure.USART_StopBits
= USART_StopBits_1;//一个停止位
  USART_InitStructure.USART_Parity =
USART_Parity_No;//无奇偶校验位
  USART_InitStructure.USART_
HardwareFlowControl = USART_
HardwareFl
owControl_None;//无硬件数据流控制
  USART_InitStructure.USART_Mode =
USART_Mode_Rx | USART_Mode_Tx;
  USART_Init(USART3, &USART_
InitStructure); //初始化串口3
  USART_Cmd(USART3, ENABLE);
//使能串口
  USART_ITConfig(USART3, USART_IT_
RXNE, ENABLE);//开启中断
/* 设置中断优先级 *
  NVIC_InitStructure.NVIC_IRQChannel
= USART3_IRQn;
  NVIC_InitStructure.NVIC_
IRQChannelPreemptionPriority=2 ;
//抢占优先级3
  NVIC_InitStructure.NVIC_
IRQChannelSubPriority = 3;
  //子优先级3
  NVIC_InitStructure.NVIC_
IRQChannelCmd = ENABLE;
  //IRQ通道使能
  NVIC_Init(&NVIC_InitStructure);
  //根据指定的参数初始化VIC寄存器
  TIM3_Int_Init(1000-1,7200-1);
  //10ms中断
  USART3_RX_STA=0;
  //清零
  TIM_Cmd(TIM3,DISABLE);
  //关闭定时器7
}
```

至此Wi-Fi模块对应的串口就配置完成，SU-03T模块对应的串口配置与该串口相似，Wi-Fi模块传输的数据是需要解析的，而SU-03T模块直接传输十六进制数据，不需要解析，所以接下来就是解析Wi-Fi模块通过串口传来的数据，具体如程序7所示。

程序7

```
if(USART3_RX_STA&0X8000)
//接收到一次数据了
{
  rlen=USART3_RX_STA&0X7FFF;
//得到本次接收到的数据长度
  USART3_RX_BUF[rlen]=0;
//添加结束符
//数据提取
  if(strncmp(USART3_RX_BUF,"cmd=2",5)
==0)
{
   for(i=0;i<strlen(USART3_RX_
BUF)+1;i++)
   {
     data_tiqu[s]=USART3_RX_BUF[i];
     s++;
   }
  printf("%s",data_tiqu);
  for(i=0;i<strlen(data_tiqu);i++)
   {
     if(data_tiqu[i]==cmd[0])
     {
       k=i;
       k++;
       for(j=1;j<strlen(cmd);j++)
       {
         if(data_tiqu[k]==cmd[j])
         {
            k++;
            flag=1;
          }
          else
          {
            flag=0;
          }
       }
     }
   }                              }
  s=0;
  //数据提取结束
printf("\r\n\r\n");
if(flag==1)
{
  for(i=k+1;i<strlen(data_tiqu)+1;i++)
//此时 i为传输接收数据的索引
  {
    data[s]=data_tiqu[i];
    s++;
   }
     printf("%s",data);
  printf("zaici"); //作用：程序定位
     printf("\r\n");
   }
```

```
  }
  if(strncmp(USART3_RX_BUF,"cmd=0&res=1",11)==0)
  {
    printf("%s",USART3_RX_BUF);
  }
  USART3_RX_STA=0;
}
```

解析好的数据存放在data数组中，接下来在主循环中判断data数组中存放的数据，以及SU-03T模块通过串口直接传来的十六进制指令即可，根据相应的指令完成相关外设的驱动，具体如程序8所示。

程序8

```
/* 驱动控制 */
// 判断指令，控制灯光开关
if((data[0]=='1'&&data[1]=='1') ||
(temp == 0x11))
{
  cold_light_flag = 1;
  warmth_light_flag = 0;
  TIM_SetCompare3(TIM4,5000);// 初始时冷光亮
  TIM_SetCompare4(TIM4,0);
  temp=0;
  state_flag_temp=11;
  state_flag[0]=1;  // 冷亮
  state_flag[2]=1;  // 一挡
  display_on[5] = 24;
// 已为您打开灯 (OLED 显示的汉字在数组中的索引)
  display_on[6] = 0;
// 已为您打开灯
}
// 判断指令，调节冷暖光
if(((data[0]=='2'&&data[1]=='1') ||
(temp == 0x21)) && (cold_light_flag
== 0)) // 冷亮暖灭
{
  cold_light_flag = 1;
  warmth_light_flag = 0;
  TIM_SetCompare3(TIM4,5000);
  TIM_SetCompare4(TIM4,0);
  temp=0;
  state_flag_temp=21;
  state_flag[0]=1;  // 冷亮
  state_flag[1]=0;  // 暖灭
  display_on[5] = 26;
  display_on[6] = 25;
}
// 判断指令，调节灯光的1、2、3挡位(在此只展示将挡位调节为2挡)
if((data[0]=='3'&&data[1]=='2')||
(temp == 0x32))
{
  if(warmth_light_flag == 1)
  {
    TIM_SetCompare3(TIM4,0);
    TIM_SetCompare4(TIM4,10000);
  }
  else if(cold_light_flag == 1)
  {
    TIM_SetCompare3(TIM4,10000);
    TIM_SetCompare4(TIM4,0);
  }
  temp=0;
  state_flag_temp=32;
  state_flag[2]=2;
  display_now[5] = 38;
}
```

至此灯带的控制功能已经全部开发完毕，实现了App远程控制、语音控制功能。

远程显示

远程显示功能与远程控制功能类似，都是借助云平台实现的，只不过其工作流程恰好与远程控制相反，STM32作为信号发射端，手机App作为信号接收端。首先设置上传时间间隔为2min，当达到上传时间时，单片机读取各个传感器的数值，并将该数值通过Wi-Fi模块上传至云平台，手机App读取云平台上的数据并显示。手机App的配置与前文介绍的远程控制功能类似，不再阐述。

在此介绍一下单片机端关于本功能的相关程序，首先调用DHT11_Read_Data()与Get_Adc_Average()函数读取环境温/湿度与可燃气体浓度数值，之后对数值格式进一步处理，将整数与小数分开存放在两个变量中，然后当上传时间到达时，将温度、湿度、可燃气体浓度通过Wi-Fi模块上传至云平台。具体如程序9所示。

程序9

```
DHT11_Read_Data(&temperature,
&humidity);
// 读取温 / 湿度值
adcx_yanwu=Get_Adc_Average(ADC_Channel_5,10);  // 读取可燃气体浓度
yanwu=(float)adcx_yanwu/4000;
adcx_yanwu=yanwu*10000;
yanwu_z=adcx_yanwu/100;
yanwu_x=adcx_yanwu%100;
if(temperature_time == 1500)
{
  temperature_time=0;
  sprintf((char*)data_state_buf,"%d#%d#%d",temperature,humidity,
yanwu_z);
  state_num=strlen((const char*)data_state_buf);
// 此次发送数据的长度
  for(j=0;j<state_num;j++)
// 循环发送数据
  {
    while(USART_GetFlagStatus
(USART3,USART_FLAG_TC)==RESET);
// 循环发送，直到发送完毕
  USART_SendData(USART3,data_state_buf[j]);
  }
    state_num=0;
}
```

超声波识别坐姿

把该系统做成台灯时使用，HC-SR04模块用于检测坐姿，若是开发家里

的照明灯，可不加该模块。该模块实现测距的主要原理是发射装置发射超声波，同时打开定时器，超声波遇到障碍物反弹，被接收装置接受，此时获取定时器的时间，然后根据速度计算距离。其坐姿判断逻辑：HC-SR04 测距低于阈值→坐姿不对，距离桌面过近→蜂鸣器报警；HC-SR04 测距高于阈值→坐姿正确，距离桌面适宜→蜂鸣器不响。获取超声波测距数据，两次测距之间需要相隔一段时间，隔断回响信号，为了消除影响，取 5 次数据的平均值进行加权滤波，具体如程序 10 所示。

程序10

```
float Hcsr04GetLength(void )
{
  u32 t = 0;
  int i = 0;
  float lengthTemp = 0;
  float sum = 0;
  while(i!=5)
  {
    TRIG_Send = 1;// 发送口高电平输出
    Delay_Us(20);
    TRIG_Send = 0;
    while(ECHO_Reci == 0);// 等待接收口高电平输出
    OpenTimerForHc();// 打开定时器
    i = i + 1;
    while(ECHO_Reci == 1);
    CloseTimerForHc();// 关闭定时器
    t = GetEchoTimer();// 获取时间，分辨率为1μs
    lengthTemp = ((float)t/58.0);//cm
    sum = lengthTemp + sum ;
    }
    lengthTemp = sum/5.0;
    return lengthTemp;
}
Hcsr_num++;
if(Hcsr_num == 5)
{
  Hcsr_num = 0;
   length_C = Hcsr04GetLength();
// 测距离
  printf(" 距离为 :%.3f\r\n",length_C);
  if(length_C < 20)
  {
    state_flag[3] =1;
    BEEP =~ BEEP;
    delay_ms(300);
  }
  else
  {
    state_flag[3] =0;
    BEEP = 0;
  }
  if(Hcsr_flag != state_flag[3])
  {
    Hcsr_flag = state_flag[3];
    display_all_flag=1;
  }
}
```

OLED显示屏显示状态

前文介绍了 OLED 显示模块，以及展示了相关时间显示图片，这部分实现的原理是，在前文介绍远程控制时会更改相应的标志位，在主程序中检查该标志位的状态，当标志位发生改变时，修改 OLED 显示屏的显示，具体如程序 11 所示。

程序11

```
switch(Dis_mode)
{
  case 0:  // 在显示控制状态界面
  switch(state_flag_temp)
// 定时显示界面
  {
    case 11:control_part_
display(2,6,display_1,display_
on);break;   // 显示已为您打开灯
    case 10:control_part_
display(2,6,display_1,display_
off);break;   // 显示已为您关闭灯
    case 21:control_part_display(1,7,
display_1,display_on);break;
// 显示已为您打开冷灯
    case 22:control_part_
display(1,7,display_1,display_
on);break;   // 显示已为您打开暖灯
    case 31:control_part_
display(1,7,display_1,display_
now);break;  // 显示当前亮度为一档
    case 32:control_part_
display(1,7,display_1,display_
now);break;  // 显示当前亮度为二档
    case 33:control_part_
display(1,7,display_1,display_
now);break;  // 显示当前亮度为三档
  }
  data[0]='0';// 清空控制指令
  data[1]='0';
  state_flag_temp=0;
  if(display_all_flag)// 状态整体显示界面
  {
  display_all_flag=0;
  control_all_display(state_flag);
  TIM_Cmd(TIM2,DISABLE);
  // 关闭 TIM2 定时器
  }
break;
case 1:  // 在始终显示界面
  RTC_Display();  // 显示时钟
  break;
```

至此，智能灯光系统的功能已全部开发完毕，电路板接上电源后系统开始工作，可使用手机 App 远程控制、语音控制两种方式，实现灯光的开关、一挡、二挡、三挡的调节、冷暖光的调节，以及姿势纠正等功能。

结语

题图所示是已经制作完成的设备，成功实现了对 LED 开关和光线强弱的连续控制，为智能家居的设计提供了一种新的方案。当然，本设计不仅限于智能家居应用场景，还可将其用于蔬菜大棚灯光控制、畜牧养殖灯光控制等领域。

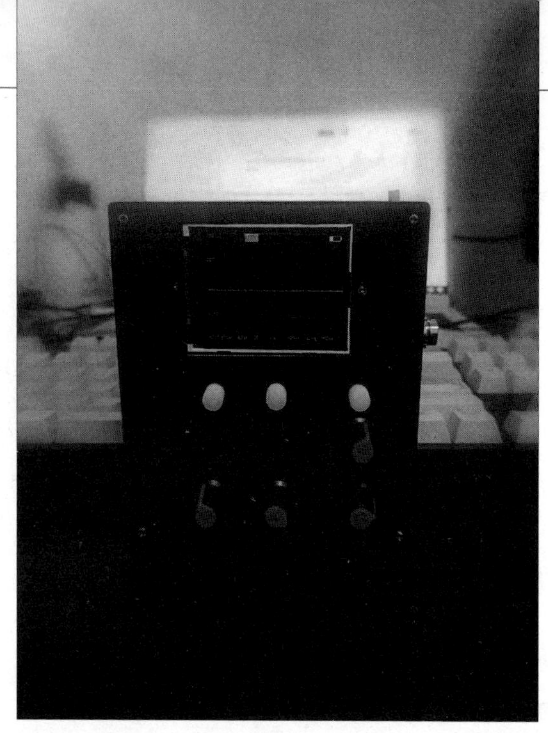

DIY 手持示波器

▌李金能

在日常工作和开发测试中，示波器作为一种高效且必不可少的仪器，其原理和检测各种波形的方法也逐渐成为了研究的重点。与此同时，学习RTOS操作系统的过程也让我深刻地认识到其在嵌入式系统开发中的重要性。因此，我决定将学到的RTOS操作系统应用到示波器项目中，以此将理论知识转化为实践技能，进一步提升自身的技术水平和工作效率。接下来我从电路设计、程序设计、结构设计3个方面来介绍制作过程。

电路设计

整体电路分为 5 个部分，分别是电源电路、主控电路、信号处理电路、ADC 以及数据缓存电路、辅助功能电路。

电源电路

电源电路如图 1 所示，在结构和功能上兼备了高效性和可靠性。电源电路的功能模块包括电池充电管理、电池电源升压、数字 5V、3.3V 电源、模拟 5V 电源、模拟 −5V 电源以及开机电路等多个模块。这些模块协同工作，以确保整个系统的高效能运转。

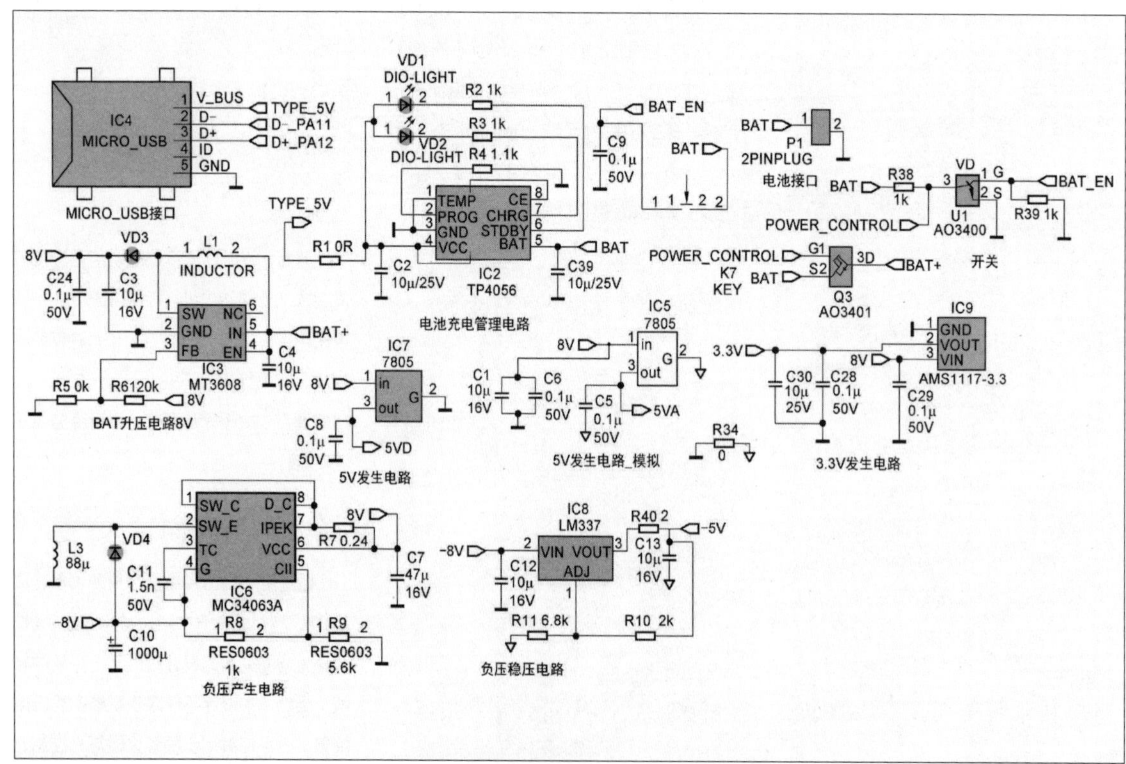

▌图 1 电源电路

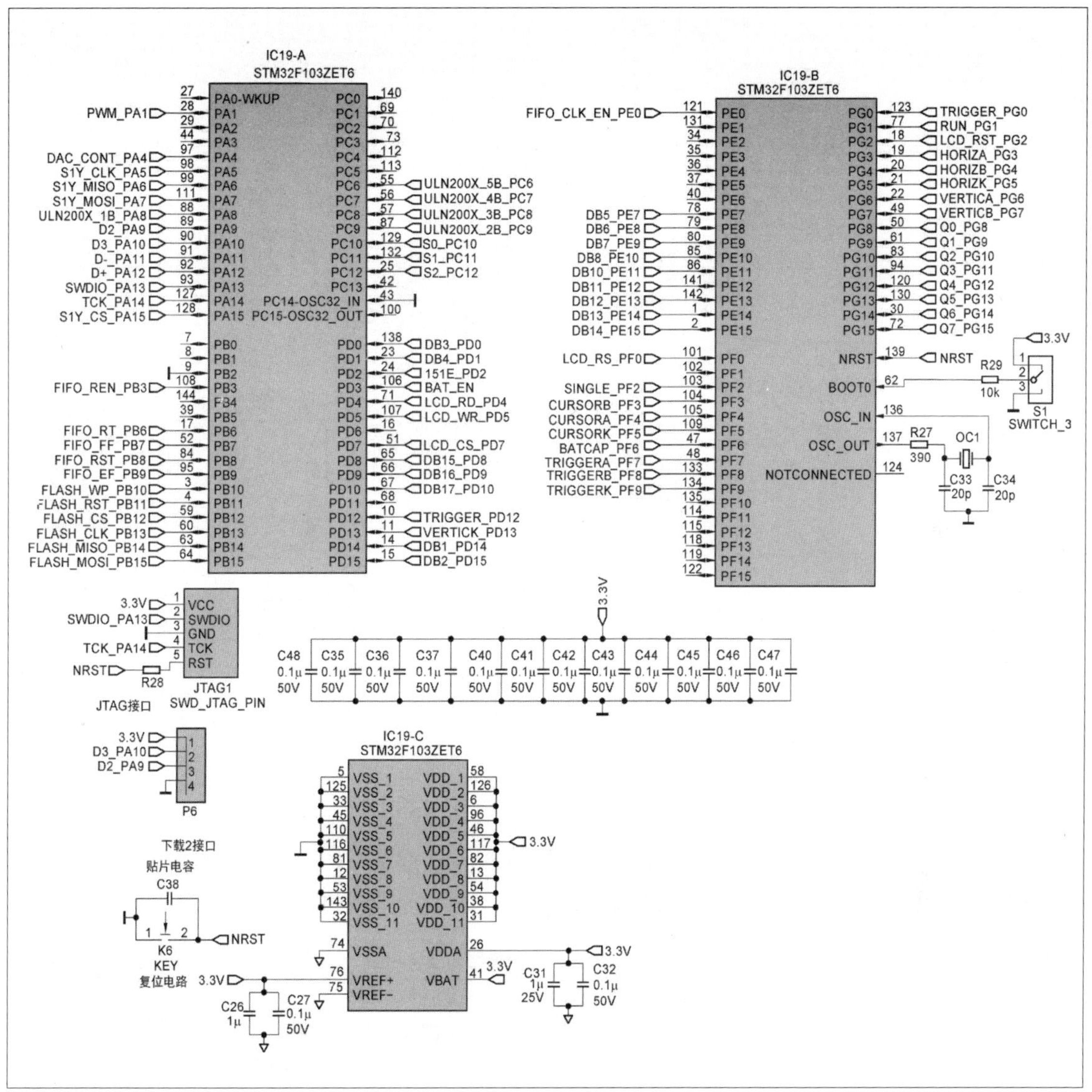

▌图 2 主控电路

其中，电池充电芯片采用 TP4056 充电管理芯片，其高效的充电控制和多重保护功能可以很大限度地延长电池寿命，保护电池安全。在电池充满电后，MT3608 芯片将电池电压升到 8V，并且通过 7805 和 AMS1117-3.3 芯片降压到所需电压，以保证系统各部分的电源供应稳定和可靠。

与以往不同的是，本项目采用轻触按键和软件控制开关机，这样做可以大大提高系统的可控性和稳定性。整体电源通过 AO3400 MOS 管进行控制，当按下轻触开关时，AO3400 接通，此时电流从 AO3400 流向 MT3608 进行升压，进而对系统进行供电，在主芯片得电后保持 AO3400 控制引脚处于开启状态，从而实现系统开机。

当系统接收到关机指令时，主控板通过控制该引脚关闭 AO3400 MOS 管，切断整个系统电源，这样做可以实现系统低电量自动关机，以及其他所需保护功能。整体电源电路的高效性和可靠性，为系统的长期稳定运行提供了保障。

主控电路

主控电路如图 2 所示，采用的是 STM32F103ZET6，该芯片有 144 个引脚以及丰富的外设，包括本次项目所需要的 FSMC、ADC、TIM、EXT 等。同时，采用的 CM3 内核涉及操作系统的资料非常多，对于学习应用操作系统非常有帮助。

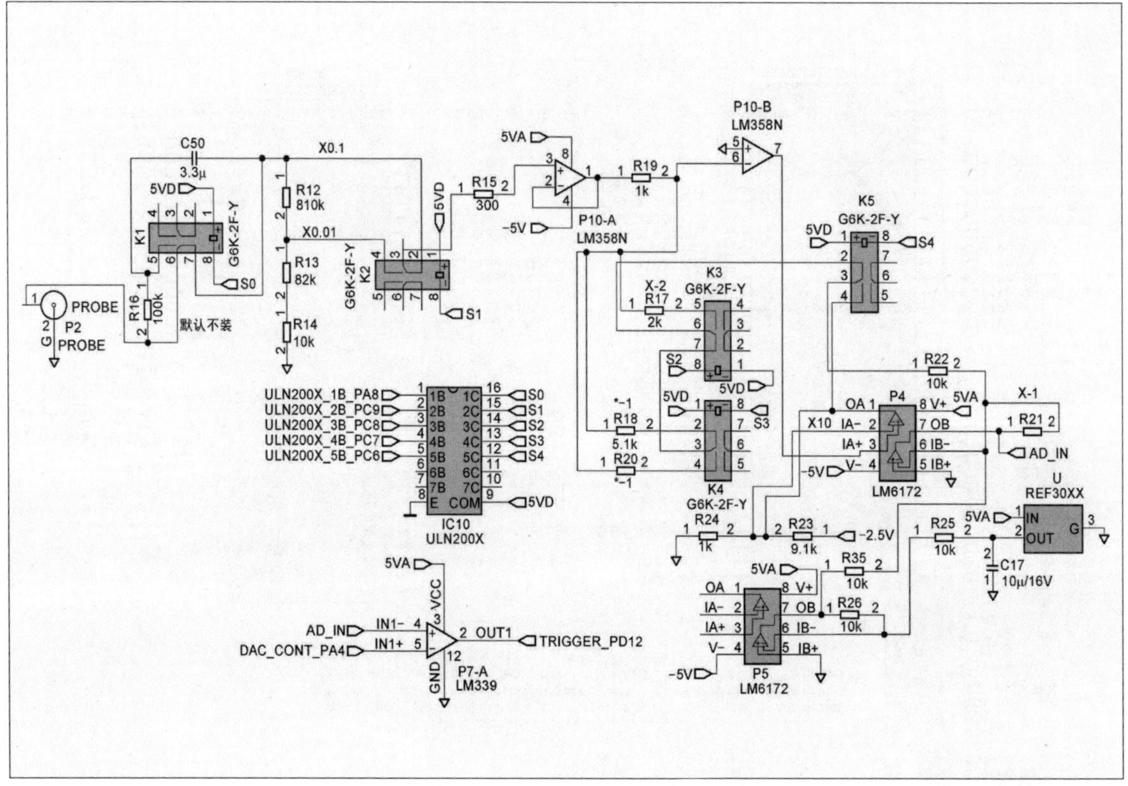

图 3 信号处理电路

信号处理电路

信号处理电路如图 3 所示，它决定了我们示波器的电压范围和带宽等关键参数。这里我使用的是 G6K-2F-Y 信号继电器作为信号放大倍数的选择，LM6172 双通道高速放大器进行信号放大。ULN2003A 作为继电器的驱动芯片。

另外，我还使用了高速比较器 LM339，其一个引脚连接放大信号输出接口，另一个引脚连接主控 DAC，其输出接口连接主控外部中断接口，作为触发功能。输入的信号首先通过直流 / 交流耦合继电器选择耦合方式，然后经过衰减选择继电器，用于选择是 10 倍衰减还是 100 倍衰减，然后经过后级放大器与信号继电器组成的放大倍数选择电路，选择最终的信号放大倍数。

ADC以及数据缓存电路

ADC 以及数据缓存电路如图 4 所示，ADC 采用的是 ADS830E，这款 ADC 拥有最大 50MHz 采样率以及 8 位数据宽度。ADC 的数据接口与 FIFO 缓存芯片数据输入口相连，它们的时钟信号均由 DS1085L 产生，DS1085L 能产生 10kHz~66MHz 的时钟信号。可以通过控制主控芯片 74F08 的输入，实现 FIFO 缓存芯片自动写入和时钟读取的启动与停止，从而实现触发功能的数据读取。

辅助功能电路

辅助功能电路如图 5 所示，主要用来实现产品的显示、电量检测等辅助功能。它具有 40Pin 显示接口和 20Pin 按键板接口，通过中文字库芯片实现中文字符的显示。可以实现 FAFTS 文件系统，结合主控的 USB 接口形成一个小型 U 盘，同时可以实现图像的截图存储，以及在计算机上查看文件。

程序设计

程序框架采用最简易的自制 RTOS 操作系统，只保留最基本的任务切换功能，所有程序在启动调度之前创建，包括显示程序、按键处理程序、电量处理程序、数据采集程序、文件系统操作程序。首先在初始化部分将各项任务加入对应的就绪链表中，如程序 1 所示。

程序1

```
void OS_Init(void)// 初始化
{
```

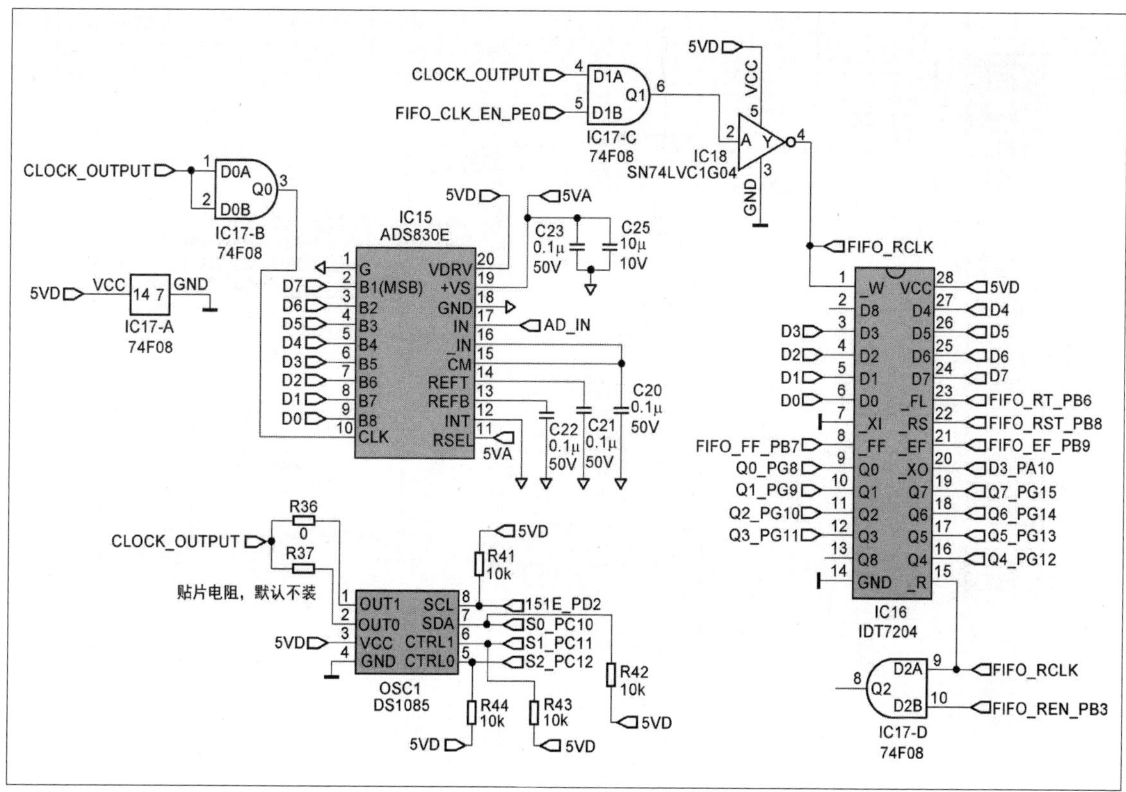

■ 图 4 ADC 以及数据缓存电路

```
//首先初始化链表
Init_Task_Lists();
Task1_Handle = Task_Creat_Static((void *)Task1_Function,"Task1",128,(void *)NULL,(uint32_t *)Task1_Stack,(TCB_t *)&Task1TCB,9);
…
Fafts_Operation_Handle = Task_Creat_Static((void *)Fafts_Operation,"FAFTS_OP",512,(void*)NULL,(uint32_t *)Fafts_Operation_Stack,(TCB_t *)&Fafts_Operation_TCB,8);
List_Insert_End(&(Ready_Task_List[Task1TCB.TCB_Priority]),&(((TCB_t *)(&Task2TCB))->xState_List_Item));
…
List_Insert_End(&(Ready_Task_List[Fafts_Operation_TCB.TCB_Priority]),&(((TCB_t *)(&Fafts_Operation_TCB))->xState_List_Item));
CurrentTCB = &Task1TCB;
Next_Task_Unblock_Cnt = List_Max_Delay;
SYSPRI2_Reg |= (((uint32_t)0xf0)<<16);// 配置 systick 优先级为最低
SYSPRI2_Reg |= (((uint32_t)0xf0)<<24);// 配置 PendingSVC 优先级为最低
Setup_Timer_Interrupt();
Start_First_Task();}
```

在按键程序中，对各类的按键进行识别并触发对应的动作，在按键的 .h 文件中定义各项按键的类型，包括旋钮时基正反旋、电压挡位正反旋、开始按键等，在任务函数中采用 switch 结构对识别到的按键进行处理，具体如程序 2 所示。

程序2

```
extern void* Key_Event_Handle;
extern TCB_t Key_Event_TCB;
extern uint8_t Menu_Switch_Flag ;
extern uint32_t Key_Event_Stack[];
typedef enum Key_Type_Define{
  KEY_NONE = 0x00,
  Time_Base_CounterClock ,
  Time_Base_Clock,
  Time_Base_Key,
  Vertical_CounterClock,
  Vertical_Clock,
  Key_Comfirm_Key,
  Start_Stop,
  Key_Push_Down,
```

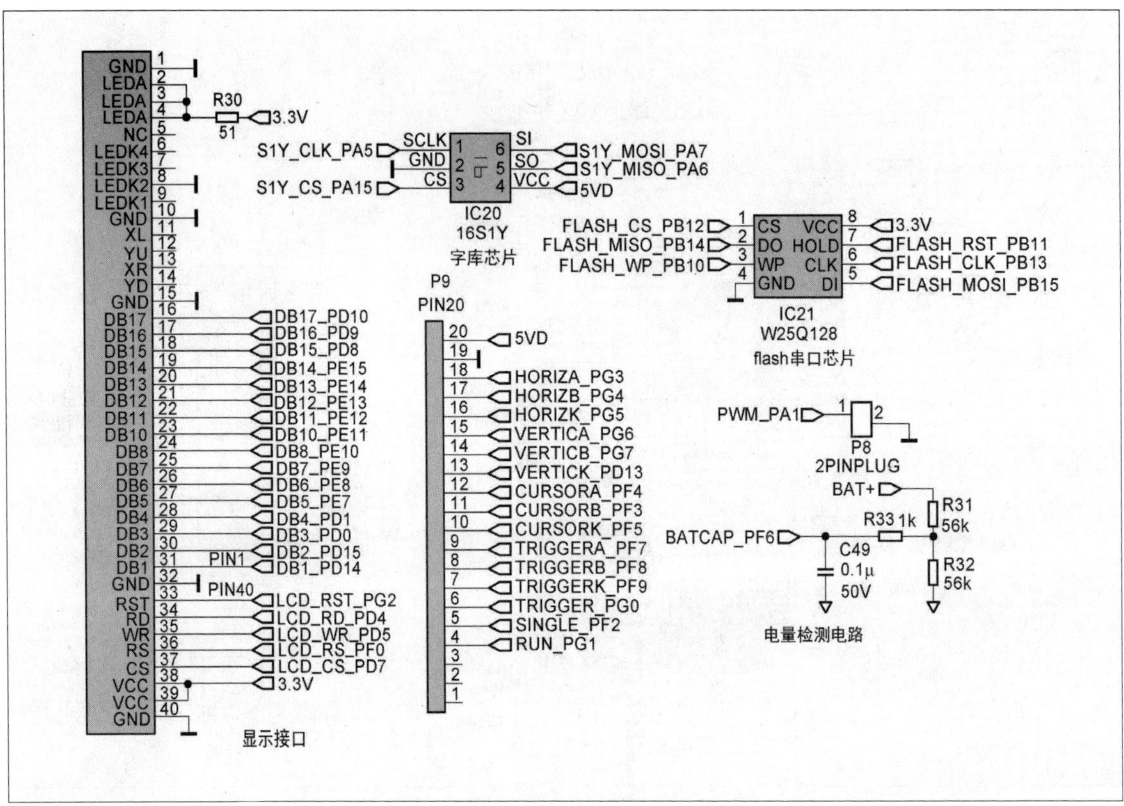

图 5 辅助功能电路

```
  Key_Cursor,
  Cursor_CounterClock,
  Cursor_Clock,
  Key_Single,
  Trigger_Clock,
  Trigger_CounterClock,
  Trigger_Key,
  Key_Cursor_Type
}Key_TypeDef;
typedef enum Key_Push_Type{
  No_Key_Push_Down = 0,
  Key_Start_Push_Down ,
  Key_Single_Push_Down,
  Key_Cursor_Push_Down,
  Key_Trigger_Push_Down,
  Key_Cursor_Type_Push_Down,
  Key_Comfirm_Push_Down,
  Key_Time_Base_Push_Down
}Key_Push_TypeDef;
typedef enum Cursor_TypeDefine{
  Cursor_1 = 0,
  Cursor_2
}Cursor_TypeDef;
typedef enum Menu_Function{
  MEAS =0,
  TOOL,
  SHUT_DOWN,
  MAX_VOLT,// 测量电压
  FREQ,// 频率
  Bat_Power_Detect,
  SCREEN_SHOT,
  FILE_CHECK,
  SAVE_MODE,
}Menu_Func_TypeDef;
```

按键的触发有两种方式，一种是中断，适用于编码器旋钮，如程序 3 所示，在引脚触发中断时，通过另一个引脚的高低电平来判断当前按键处于正旋还是反旋状态。

程序3

```
void HAL_GPIO_EXTI_Callback(uint16_t
GPIO_Pin)
{
  uint16_t i,Data_Buff = 0;
  if(GPIO_Pin == GPIO_PIN_7)
  {
    if(Key_Type == KEY_NONE)
    {
      if(HAL_GPIO_ReadPin(GPIOG,GPIO_
PIN_6) == 0)
{
Key_Type = Vertical_CounterClock;
  }else{
    Key_Type =Vertical_Clock ;
```

```
        }
    }
  }
}
```

另一种方式是在主函数中进行扫描，如程序 4 所示，判断该引脚的电平，当电平为低时，按键被按下。这类采集适用于按键触发的采集。

程序4

```
while(1)
{
if(HAL_GPIO_ReadPin(GPIOG,GPIO_PIN_1) == 0 )
{
Key_Type = Key_Push_Down;
Key_PushDown_Type = Key_Start_Push_Down;
}else if((HAL_GPIO_ReadPin(GPIOF,GPIO_PIN_5) == 0)&&(Cursor_Flag == 1))
{
Key_Type = Key_Push_Down;
Key_PushDown_Type =Key_Cursor_Type_Push_Down;
}else if(HAL_GPIO_ReadPin(GPIOF,GPIO_PIN_2) == 0 )//单次触发的功能
{
Key_Type = Key_Push_Down;
Key_PushDown_Type = Key_Single_Push_Down;
…
{
Key_Type = Key_Push_Down;
Key_PushDown_Type = Key_Comfirm_Push_Down;
}else if((HAL_GPIO_ReadPin(GPIOG,GPIO_PIN_5) == 0))
{
Key_Type = Key_Push_Down;
Key_PushDown_Type = Key_Time_Base_Push_Down;  }else{//在抬起之后进行类型的判定
switch (Key_PushDown_Type)
{
case No_Key_Push_Down://没有键被按下
break;
case Key_Start_Push_Down:
Key_Type = Start_Stop;
Key_PushDown_Type = No_Key_Push_Down;
break;
…
case Key_Time_Base_Push_Down:
Key_Type = Time_Base_Key;
Key_PushDown_Type = No_Key_Push_Down;
break;
}
}
```

接下来就是非常重要的显示程序，显示程序采用标志位来实现，在其他程序里面涉及显示更新时就启用标志位，当在显示任务中检测到该标志位时，就显示相应的板块，以电池图标为例，具体如程序 5 所示。要显示电池图标时，电池的图标更新标志位每 200ms 置位一次，也就是说电池图标每 200ms 就刷新一次。其他的图标均采用这种刷新方式。

程序5

```
if(Bat_Power_Detect_Flag == 1)
{
if(Bat_Display_Update_Flag == 1)
{
Bat_Display_Update_Flag = 0;
Draw_Bat(Bat_Power_Value);
}
}else{
if(Bat_Display_Update_Flag == 1)
{
POINT_COLOR = BLACK;
for(i=0;i<=25;i++)
{
LCD_DrawLine(287+i,5,287+i,15);
}
POINT_COLOR = BRRED;
}
}
```

最后是数据采集程序，如程序 6 所示，以“自动”功能为例，当数据存储满后，FIFO 的满触发引脚会拉低，此时我们就要在这个引脚上配置一个下降沿中断，当检测到此中断时，我们要做的就是先停止写入时钟，然后将数据根据时基需求读出来。

程序6

```
for(j = 0;j<4095;j++)//把数据存进数据区
{
HAL_GPIO_WritePin(GPIOB,GPIO_PIN_3,GPIO_PIN_RESET);
delay_us(1);
Data = GPIOG->IDR;
Data = (Data>>8);
HAL_GPIO_WritePin(GPIOB,GPIO_PIN_3,GPIO_PIN_SET);
delay_us(1);
FIFO_Data_Buffer[j] = 128-Data;
if(Time_Base_Gap != 0)
{
if(j%Time_Base_Gap ==0)//当时基间隔是1μs的时候，Gap是0
{
if(i<319)
{
Line_Data_Update[i] = 128-Data;
if(Line_Data_Update[i] >= 120)
{
Line_Data_Update[i] = 119;
Data_Value_Overflow_Flag = 1;
}
if(Line_Data_Update[i] <= -120)
{
Line_Data_Update[i]  = -120;
}
```

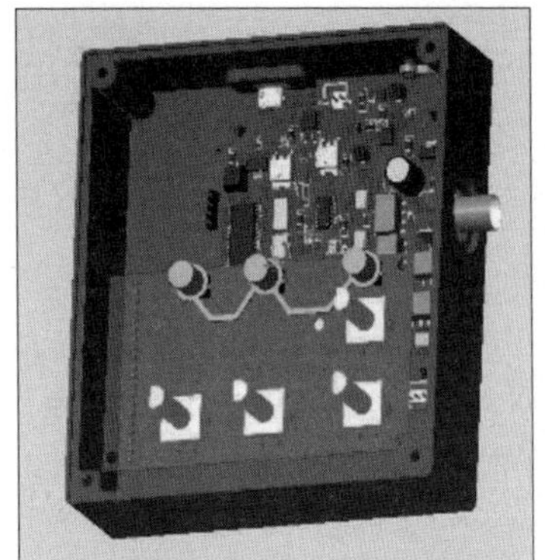

图 6 3D 结构模型

```
i++;
if(Data > Data_Max_Temp)
{
Data_Max_Temp = Data ;
}
Data_Buffer[i] = Data;
Total_Ad=Total_Ad+Data;
Data_Amount_Cnt++;
}
}
}else
{
if(i<319)//是 0 的话就直接一个一个地读
{
Line_Data_Update[i] = 128-Data;
if(Line_Data_Update[i] >= 120)
{
Line_Data_Update[i] = 119;
```

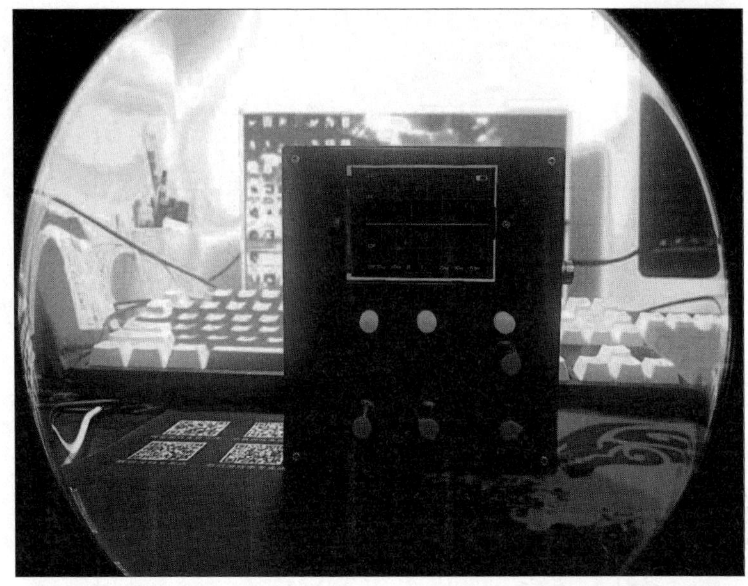

图 7 手持示波器

```
Data_Value_Overflow_Flag = 1;
}
if(Line_Data_Update[i] <= -120)
{
Line_Data_Update[i]  = -120;
}
i++;
if(Data > Data_Max_Temp)
{
Data_Max_Temp = Data ;
}
Data_Buffer[i] = Data;
Total_Ad=Total_Ad+Data;
Data_Amount_Cnt++;
}
}
}
```

结构设计

整体结构分为上盖和底座两个部分，主控板通过螺丝固定在底座上，并且增加了开关口和 USB 口，上盖用于安装按键旋钮电路，通过螺丝固定，3D 结构模型如图 6 所示。

成品展示

使用 3D 打印机打印结构件，将所有的结构件打印完后，安装在一起并烧录程序，手持示波器就制作完成啦！制作完成的手持示波器如图 7 所示。

结语

本次经过电路设计、程序设计和结构设计等步骤，成功完成了手持式简易示波器的制作。这款示波器包含了基本波形显示、时基选择、电压挡位选择、单次触发和普通触发等基本功能。此外，本次还成功应用了最简单的 RTOS 任务切换功能。

在自己动手制作的过程中，我们必须持续尝试，才能获得更多有用的知识，理解更多的原理，这将为我们的后续工作和生活提供方便。然而，这款示波器仍有一些不足之处。在方案构思方面，我使用的芯片并不是最优解，目前设备仅支持单通道输入，市场上很多示波器支持双通道甚至多通道输入。此外，这款示波器的带宽和采样率并不是很高，只适用于日常测试，对于更高端的测试场景，需要使用性能更优越的示波器。

四驱差速越野车

杨丽萌

图 1 四驱差速越野车

很早之前我在电影里面看到各种帅气的越野车，眼馋，想着什么时候能自己做一辆这样的越野车呢？奈何我不会使用三维设计软件，正好前段时间参与了 OSROBOT 开源机器人研修中心开设的“三维设计玩转激光造物”课程，主要内容是有关车辆模型类的。经过一个多月的学习，我从零开始学会了犀牛软件以及各种命令的使用，真是受益匪浅！课程结束后，我便把制作越野车这件事重新提上了议事日程，在网上大量查阅资料，找到一辆自己喜欢的四驱差速越野车作为造型参考（见图 1），然后便开始动手设计。

项目介绍

要想设计好一辆越野车，首先我们先了解一下什么是越野车以及它的主要特点。越野车是一种为越野而特别设计的汽车，主要指可在崎岖地面使用的车辆，主要特点是采用非承载式车身、大直径轮胎、四轮驱动、较高的底盘、较高的排气管、较大的动力和粗大结实的保险杠。

知道了越野车的特点，现在我们就可以开始构思越野车了。

首先有了参考造型之后，要选择一个合适的三维设计软件，本次设计使用的软件是 Rhino7，将越野车设计好后，用激光切割机加工出所需的零件，然后进行组装搭建，最后安装、调试电子设备并运行测试。

还要根据加工能力确定作品所需的材料。主要材料包括 3mm 厚的椴木板、3mm 厚的 EVA 泡沫垫、3mm 直径的圆木棍、4mm 边长的方碳管和 TT 减速电机、18650 锂电池及电池盒和开源机器人遥控板、接收板。

制作过程

制作思路

有了方案之后，我们设计了图 2 所示的思维导图。

我们已经介绍了参考造型和制作材料，接下来就按照思维导图进行。

建模软件

1. 软件介绍

Rhino7，中文名称叫犀牛，是一款功能强大的三维建模软件。

安装好软件后，首先观察软件界面，

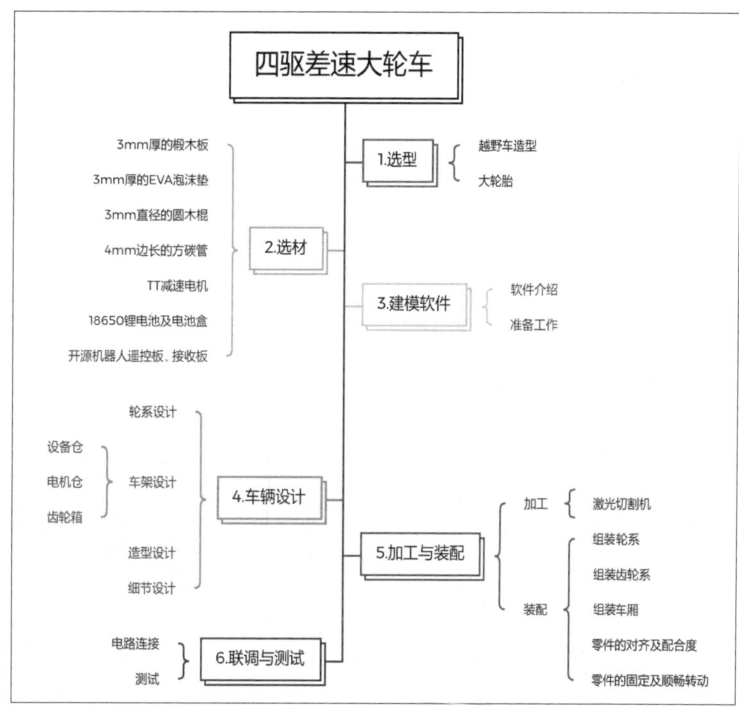

图 2 思维导图

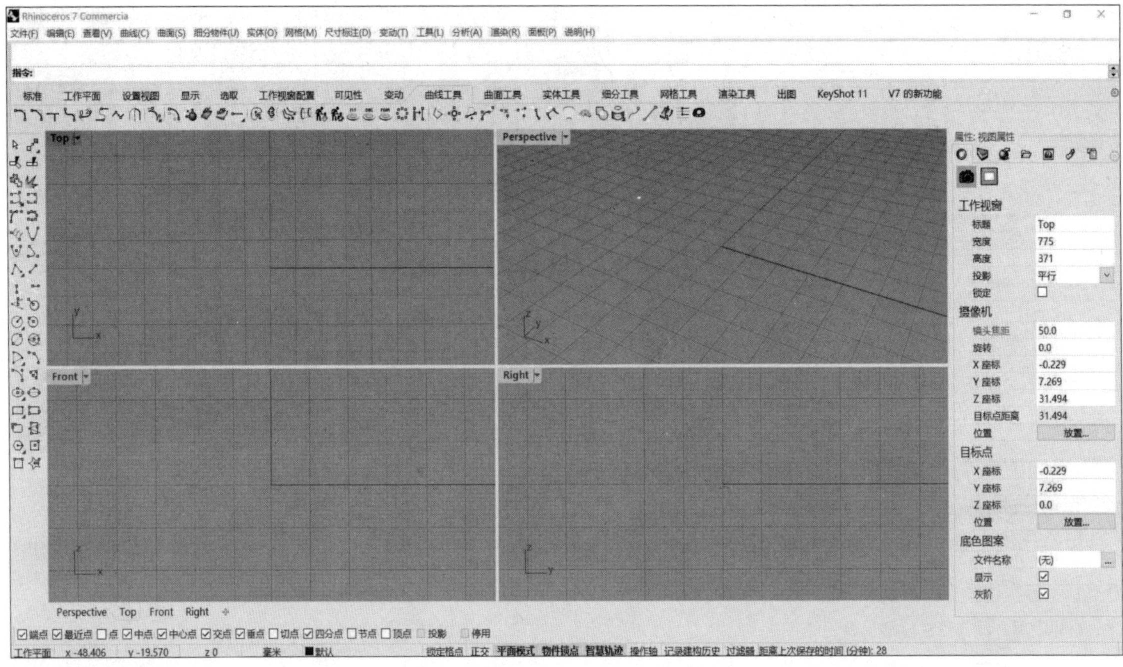

图 3 Rhino7 软件界面

如图 3 所示。有 4 个视图，分别为 Top（顶视图）、Front（前视图）、Perspective（透视图）、Right（右视图），滚动鼠标滚轮可以缩放视图，在设计过程中需要不断切换和缩放视图，观察设计图以达到我们所想呈现的效果。

2. 准备工作

（1）切换视图区域为着色模式

单击“Perspective”右侧的下拉按钮，找到“着色模式”并进行勾选。

（2）设置格线

同样单击“Perspective”右侧的下拉按钮单击“格线选项”，增大总格线数值。

（3）在界面底部打开“物锁点”

（4）导入背景图

在设计之前，我们最好能找到不同视图的图片导入犀牛软件，方便设计时做参考。以 Front 视图为例，导入图片方法如下：单击 Front 右侧的下拉按钮，单击“背景图”→“放置”，选择要放置的图片，然后看左上角的指令，根据指令提示操作，选择放置的第一角和第二角，放置好如图 4 所示。

（5）调整参考图大小

根据预设的车体大小调整图片大小。例如：预计车身的长度为 300mm，那就在 Front 视图的坐标原点使用多重线段命令绘制一条 300mm 的横线，然后将图片内车身最左侧移动至横线的左端点，并将车身缩放至和横线的长度相等，如图 5 所示（图 5 中高亮线为绘制好的 300mm 横线）。

图 4 图片导入示例

图 5 Front 视图大小调整

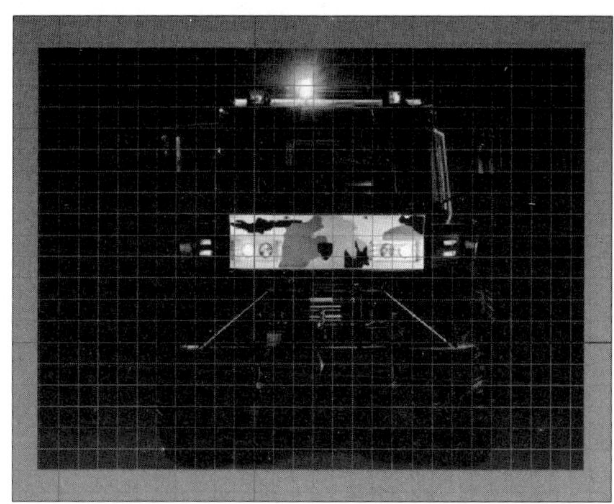
图 6 Right 视图

轮毂的设计同样也要先在 Front 视图根据车轮外框内径的大小确定，设计方法：根据内径使用多边形命令画出圆的内接正多边形，做出榫头并进行环形阵列，将它们使用曲线布尔运算命令形成一个封闭图形，再根据轮胎宽度绘制出内部支撑，同时为了保证轮胎的稳固性，我们可以增加一组如图 10 所示的结构，而且要在轮毂中心绘制方形孔用于插入方碳管。

至此，单个车轮的设计就完成了，可以使用镜像命令得到另一侧的车轮，镜像线为最初绘制的 300mm 横线，这时我们可以将这两个车轮使用群组命令组成一个整体，方便我们进行选择，再使用复制命令得到另外两个车轮，轮系结构就设计完成了，如图 11 所示。注：轮胎人字纹的方向朝向车头。

Right 视图如图 6 所示。

做好这些准备工作就正式开始设计车辆了，根据参考图片，模型车体的长、宽、高、轮距、轴距、轮径等主要参数都已确定。其中设备仓大小、齿轮箱大小预留之后，可以根据车辆主要特征进行设计。

车辆设计

1. 轮系设计

车轮分为轮胎和轮毂两部分。先在 Front 视图使用圆命令绘制圆环作为车轮外框，在合适的位置使用多重线段命令绘制卯孔并将卯孔进行环形阵列，如图 7 所示。注：此时需要在软件界面左下角开启中心点对象捕捉点以方便捕捉环绕中心点，同时使用命令时完成每一步操作后要看指令栏处的操作指示，根据指令提示操作即可完成命令。

将绘制好的车轮外框使用以平面曲线建立曲面命令生成曲面，再使用挤出曲面命令生成实体，我们此次使用材料厚度均为 3mm，所以挤出长度都为 3mm，如图 8 所示。

仅仅有单片车轮是不行的，还需要根据 Right 视图确定车轮的宽度，并通过环形阵列的方法，使用横向支撑将车轮外框连接，再画好轮胎花纹，如图 9 所示（轮胎花纹可根据自己的喜好完成）。

2. 车架设计

（1）设备仓设计

此次我们选用开源机器人遥控板和接收板作为控制系统，先根据车身宽度在内部预留出开源机器人遥控板的位置，并做出遥控板的固定孔。如图 12 所示。

图 7 环形阵列

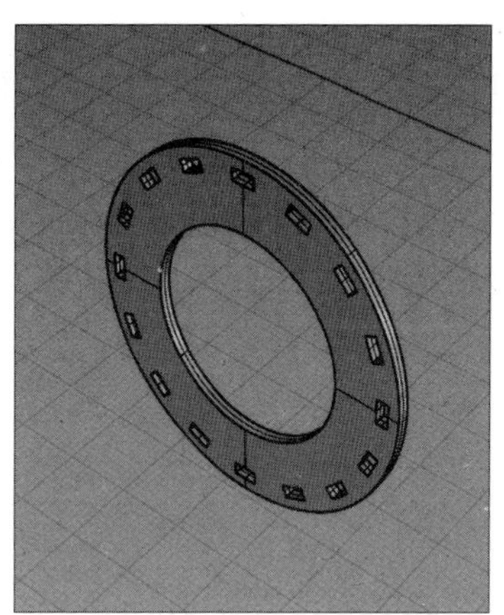
图 8 车轮外框

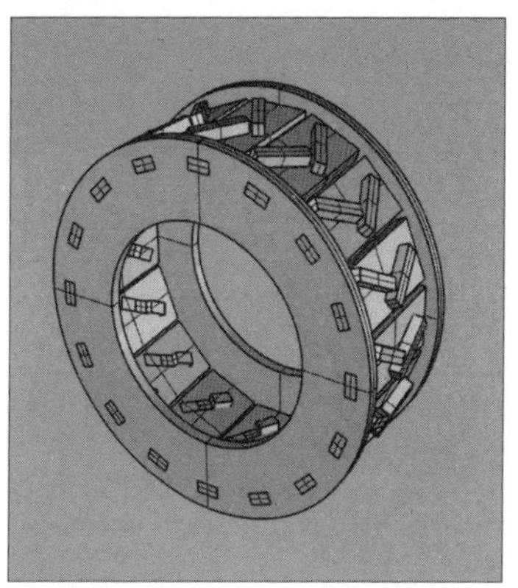
图 9 轮胎花纹

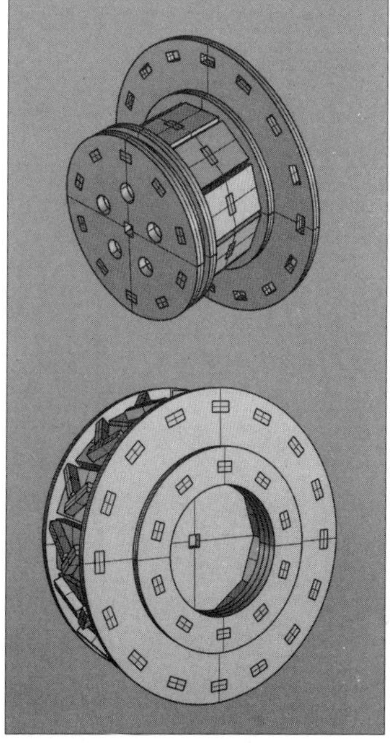
图 10 给轮胎增加结构

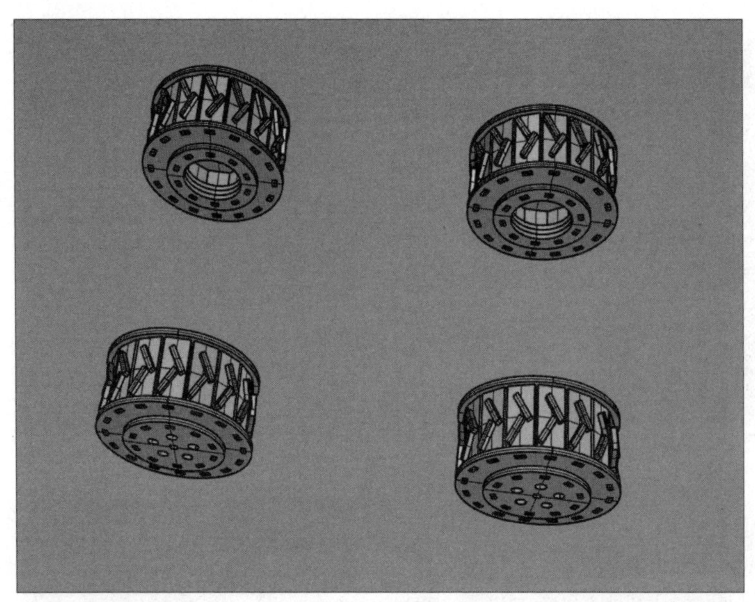
图 11 轮系结构

（2）电机仓设计

此次我们选用 TT 减速电机提供动力，同样需要预留好电机安装孔位，防止小车在运动过程中电机位置发生位移，这会影响小车的正常运行，也容易造成车体损坏。如图 13 所示。

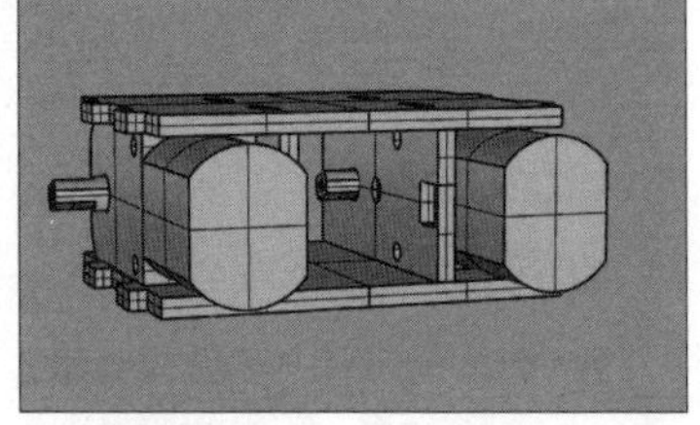
图 13 电机仓设计

（3）齿轮箱设计

对于一个可动作品来说，最重要的是动力组，此次我们选用的是齿轮传动结构。

先将齿轮组绘制好，在指令区输入 Gear 会弹出很多有关齿轮的命令，选择“InvoluteGear”，根据指令区提示，选择中心点，输入齿数 16 按 Enter 键，输入模数 2.5 按 Enter 键，压力角、输出选项按默认，再绘制一个齿数为 8、模数为 2.5 的小齿轮，使用全部圆角命令对齿牙进行圆角处理，把它们生成实体，如图 14 所示。

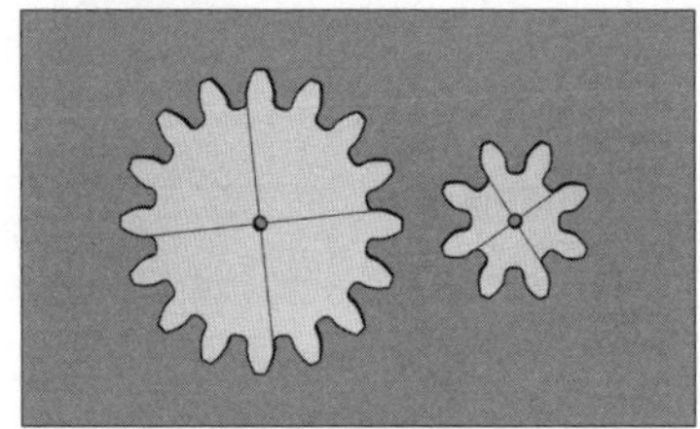
图 14 齿轮组

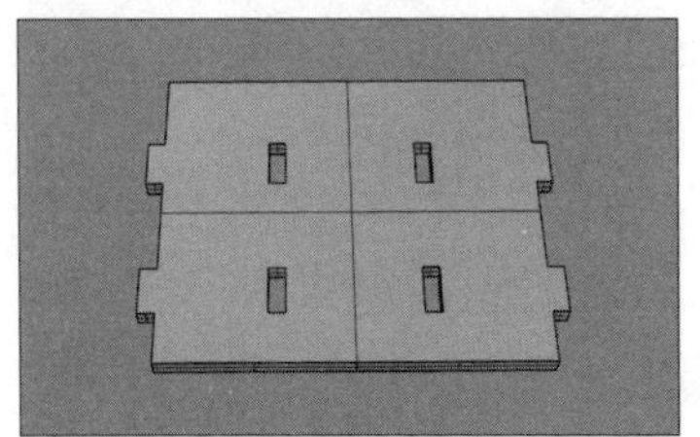
图 12 控制板的固定孔

注：齿数和模数可根据设计需要设置，大小齿轮的中心孔形状要根据实际情况而定。

把 TT 减速电机模型放置在前后车轮中间的位置，将大齿轮移动至与车轮中心对齐，小齿轮移动至与电机轴心对齐，如图 15 黄线部分所示。

然后根据整体布局确定惰轮的位置。这组齿轮是二级减速传动，所以用到了惰轮，在这里惰轮的主要作用是调整距离和换向，在设计齿轮组时齿轮啮合结构要精准且流畅，这就需要保证每个齿轮的分度圆相切，分度圆直径 = 齿数 × 模数，根据这个公式可以准确地绘制齿轮的分度圆。然后再使用旋转命令将每个齿轮调整至合适的位置，绘制出左半部分，右半部分使用镜像命令便可得到，如图 16 所示，这样可以提高制图效率。

齿轮组设计好之后，不能让它们裸露在外面，还需要将齿轮箱也一并设计好。齿轮箱的高度和宽度需要根据齿轮组以及车身的长度设计，齿轮箱形状如图 17 所示。

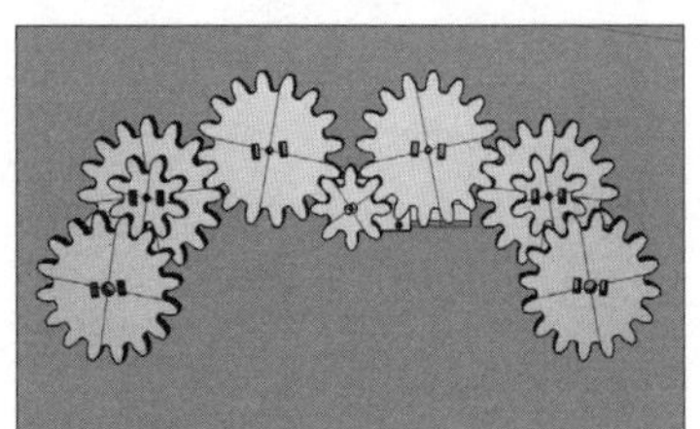
图 16 惰轮

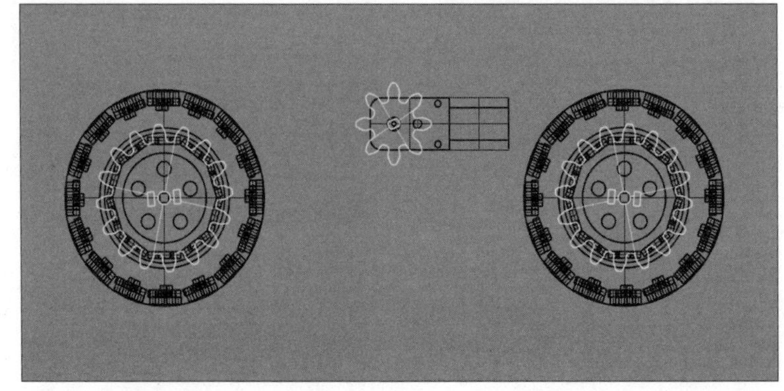
图 15 车轮布局

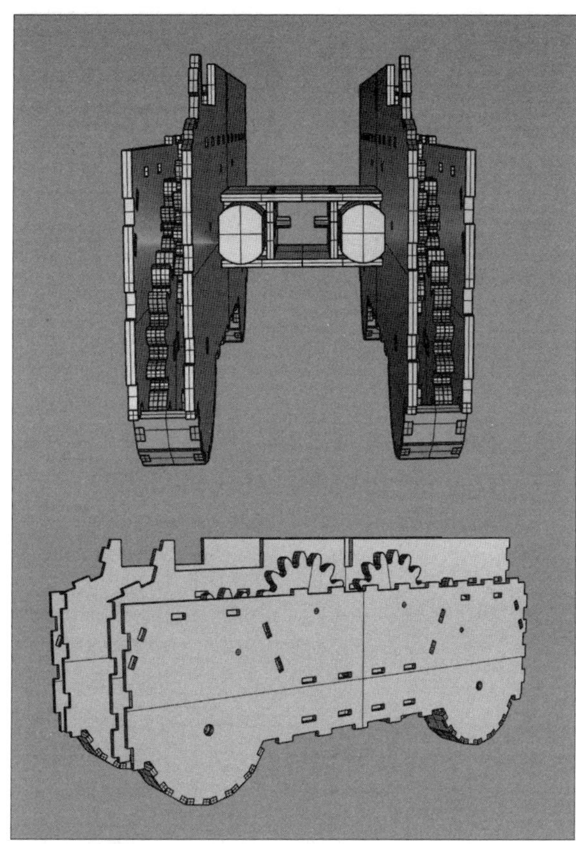

图 17 齿轮箱形状

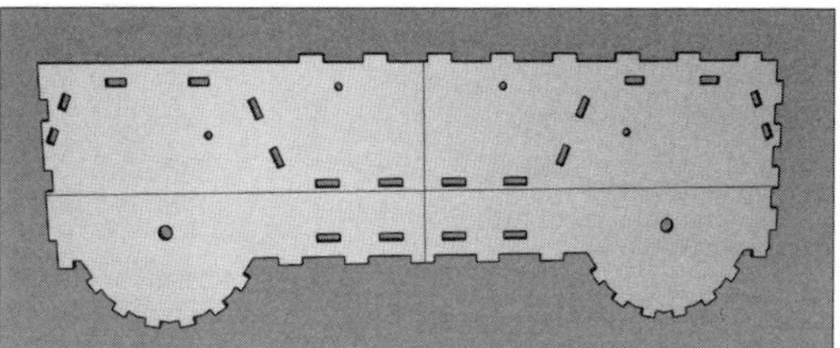

图 18 榫头设计

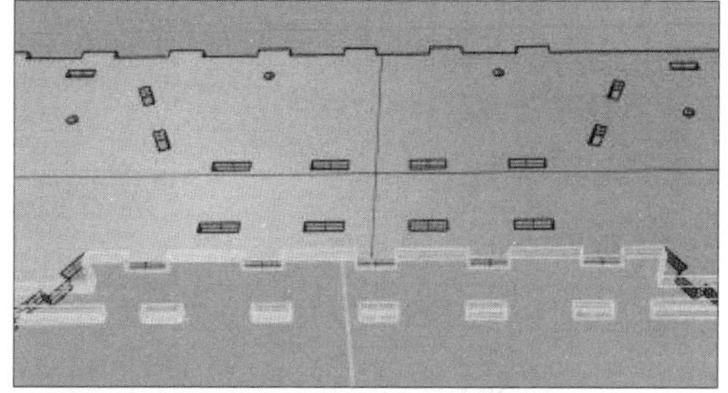

图 19 卯孔设计

图 20 主要造型

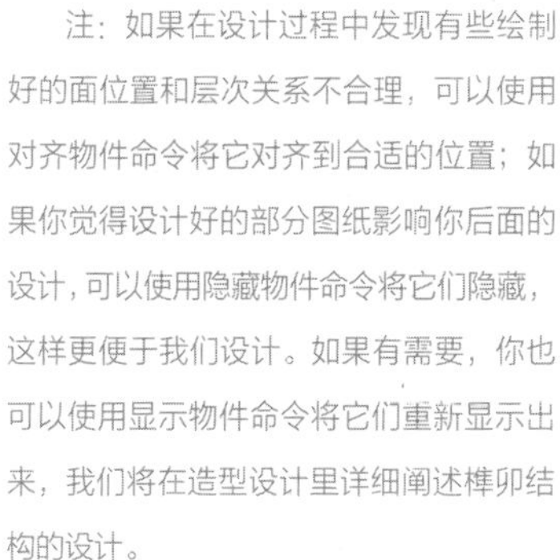

注：如果在设计过程中发现有些绘制好的面位置和层次关系不合理，可以使用对齐物件命令将它对齐到合适的位置；如果你觉得设计好的部分图纸影响你后面的设计，可以使用隐藏物件命令将它们隐藏，这样更便于我们设计。如果有需要，你也可以使用显示物件命令将它们重新显示出来，我们将在造型设计里详细阐述榫卯结构的设计。

3. 造型设计

造型的设计我们要多参考背景图，尽可能地把车辆的特点呈现。

（1）底盘设计

指定 3 或 4 个点使用曲面命令绘制一个曲面，再使用分割命令将曲面和齿轮箱互相重叠的部分删掉，然后生成实体。

接下来就是齿轮箱和底盘的榫卯结构设计。

先使用复制面的边框命令提取边框线绘制榫头，并将它们使用平均分布物件命令平均分布在曲线上，使用曲线布尔运算命令形成一个完整的封闭图形，最后再生成实体即可，如图 18 所示。

榫头设计好就可以设计卯孔了。

通过图 18，我们可以明显看到底盘和侧面板是有互相重叠部分的，借助侧面板的榫头使用布尔运算差集命令将底盘的卯孔制作出来，使用布尔运算差集命令时先选择被减去的多重曲面（底盘，即“肉”），再选择减去的多重曲面（侧面板，即“刀”），且要将指令栏里提示的删除输入物件改为“否”才可以保留侧面板，完成后如图 19 所示。

其他多重曲面的榫卯结构设计同理。

（2）车厢设计

先使用多重直线命令沿着背景图的车身外框画出主要造型，再进行更细致的设计，如图 20 所示。

车厢的设计需要注意的是车顶与侧面拐角处并不是直角，而是带有角度的斜面，这样看起来更自然，如图 21 所示。

（3）车头设计

仔细观察背景图，会发现不论从哪个角度看，车头相邻面之间都不是直角，所

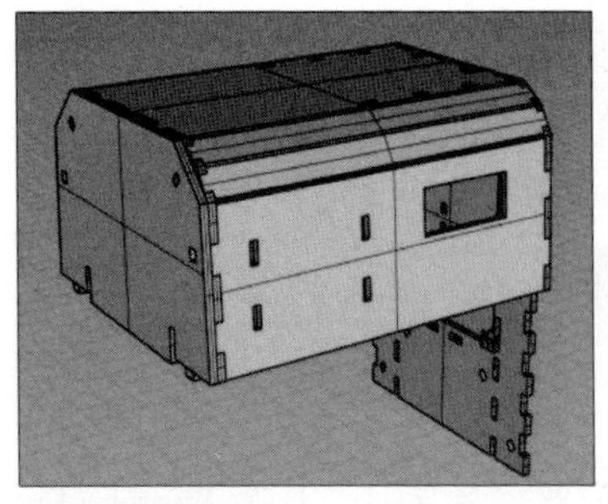

图 21 车厢设计

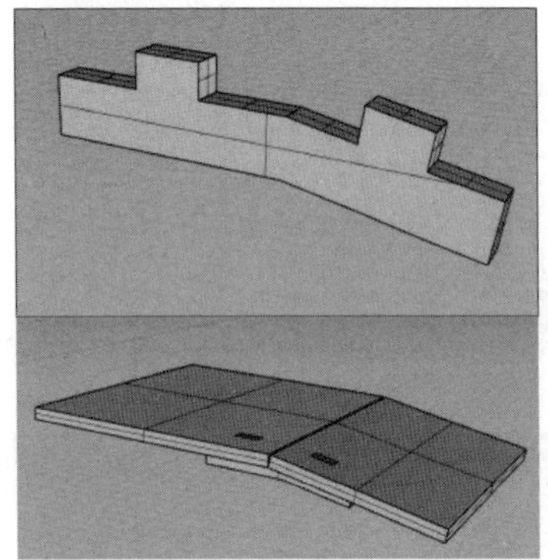

图 22 斜面榫卯结构

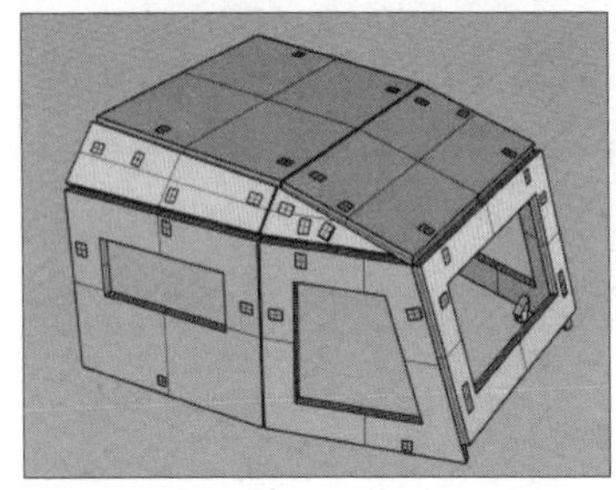

图 23 车头设计

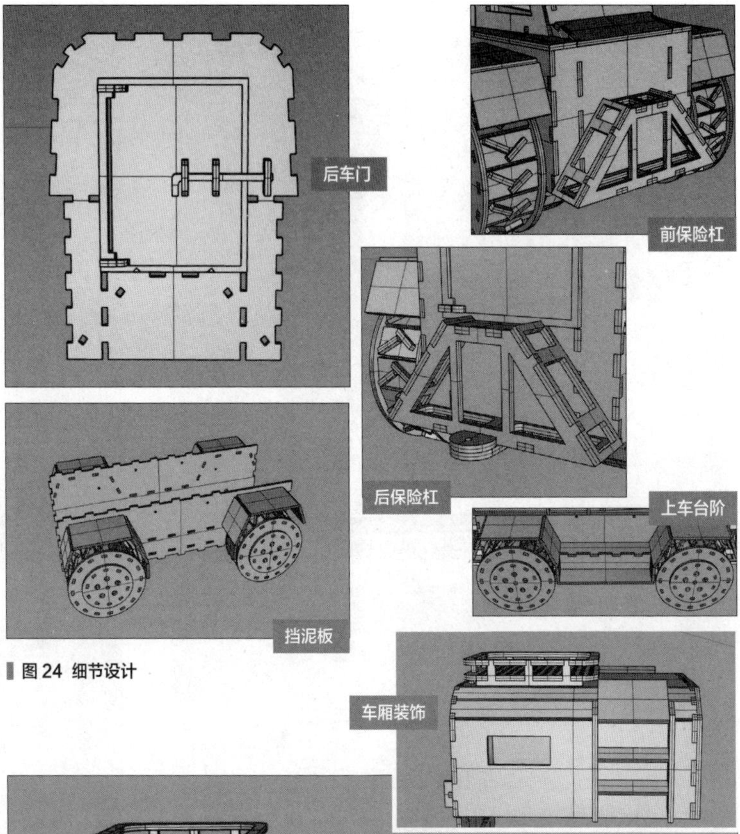

后车门

前保险杠

后保险杠

上车台阶

挡泥板

车厢装饰

图 24 细节设计

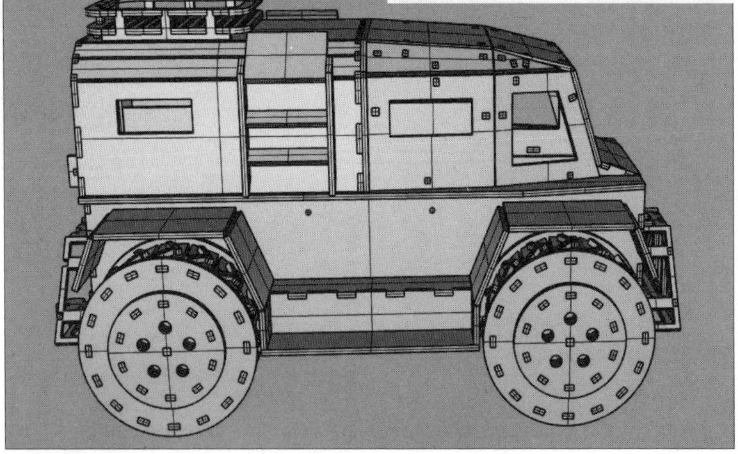

图 25 整体效果

以应该使用斜面榫卯结构，绘制方法是通过绘制两个相邻面的垂线，然后做出榫头并把它们形成封闭图形，如图 22 所示。

其他位置的斜面榫卯结构绘制方法相同，绘制完成后如图 23 所示。

更多细节设计如图 24 所示。

整体效果如图 25 所示。

加工与装配

1. 加工

设计完成之后是一个三维作品，要把每一个零件在犀牛软件里面使用摊开可展开的曲面命令展开成二维的平面图，再把它们排版，给每个零件加断点，断点的主要作用是防止切割过程中零件掉落在机器内部，不方便从切割机中取零件，二维的平面图如图 26 所示。

本次加工工具是激光切割机，将排好版的图纸导入激光切割机中进行加工，如图 27 所示，轮胎部分的加工材料是 EVA 泡沫垫，轮毂和其他部分的加工材料是椴木板。

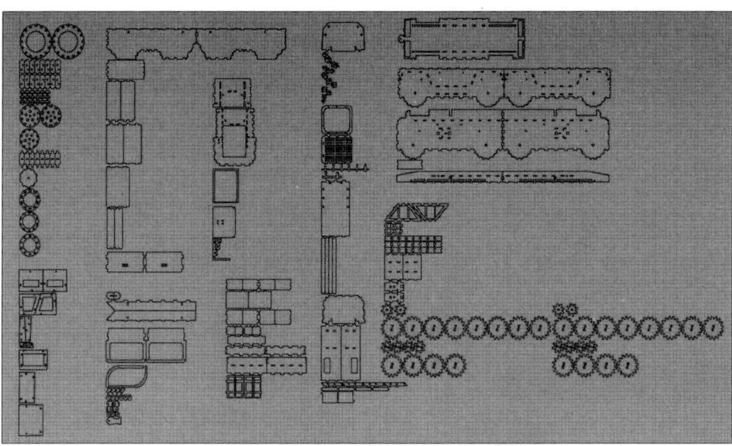

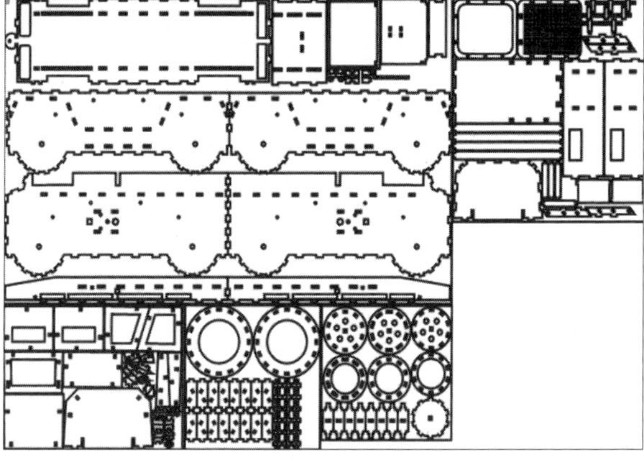

▌图 26 二维的平面图

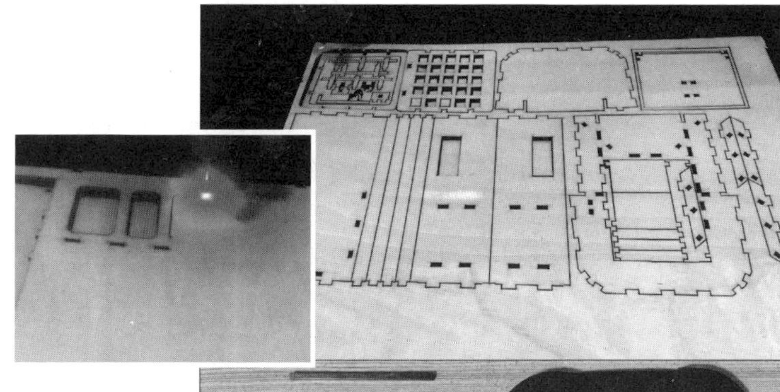

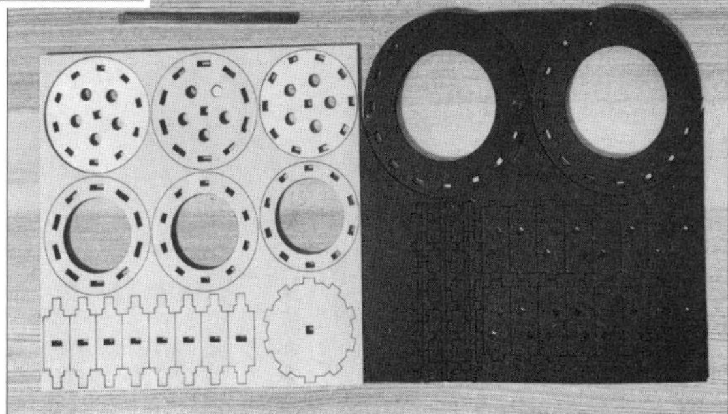

▌图 27 激光切割后成品

2. 装配

1 组装轮系

先搭建内部的轮毂，再搭建外围轮胎，而且下图所示结构中的方形孔搭建时一定要对齐。

2 组装齿轮系

先搭建齿轮组，并用圆木棍固定好，再把 TT 电机也用螺丝固定好。

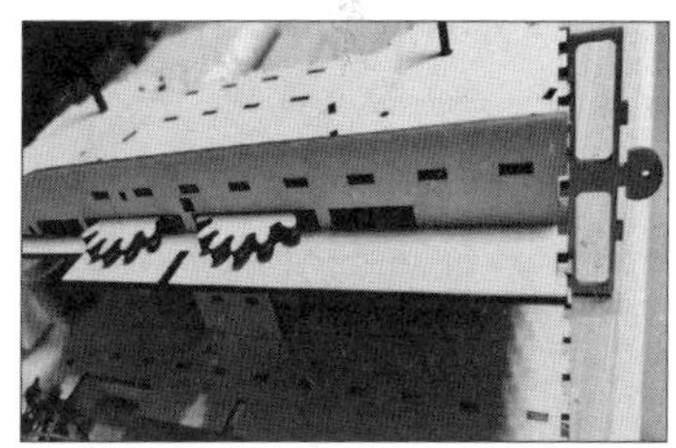

3 组装车厢

组装车厢时要先考虑好搭建步骤以及零件的特征，有些零件相似但又不完全相同，需要找到正确的安装位置。

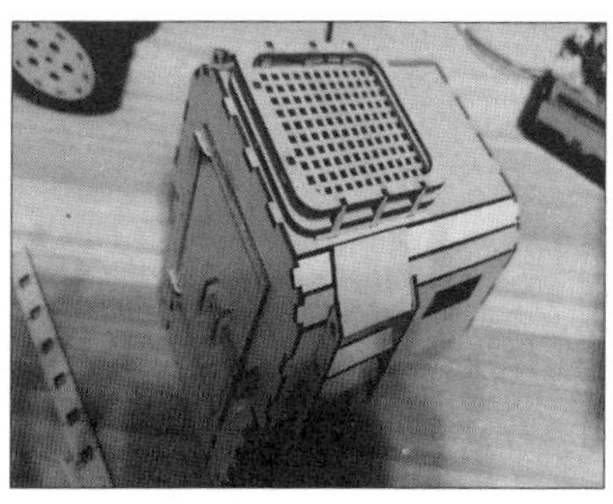

4 整体组装

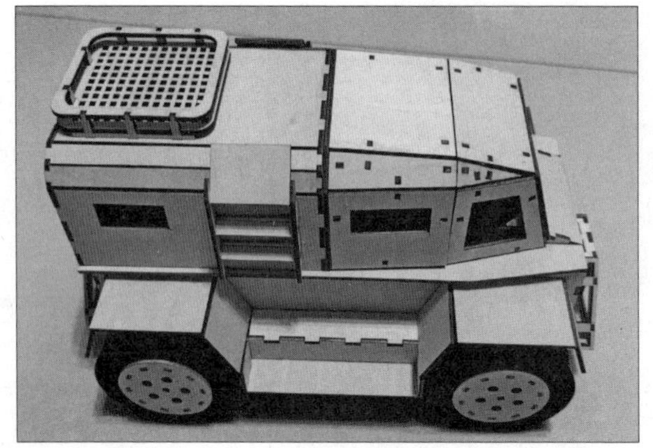

图 29 遥控板

联调与测试

在整体组装之前，还需要进行电路连接与测试。把两个 TT 电机连接在开源机器人接收板的左右电机接口处，再把两节 18650 锂电池连接在接收板的电源接口处。

接线方法：左右 TT 电机接线柱一侧是朝向车头的，再根据二级减速齿轮传动原理，用带有防呆接口的杜邦线与电机连接，左侧电机连接在控制板的左电机接口上，接线为黑色线在上、红色线在下；右侧电机连接在控制板的右电机接口上，接线为黑色线在下、红色线在上，同时也要注意电源正负极要相对应，如图 28 所示。

连接好电路后，使用开源机器人遥控板进行测试，打开接收板和遥控板开关，等待遥控板红灯从闪烁变为常亮，控制板红灯从闪烁变为常灭即配对成功，然后按遥控板上的左右电机按钮控制左右电机转动，检查齿轮组是否能顺畅运行。按下左右电机上按键小车前进；按下左右电机下按键小车后退；同时按下左上和右下按键，小车向右转弯；同时按下左下和右上按键，小车向左转弯。遥控板如图 29 所示，也可以给它设计一个手柄，手感会更好。

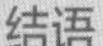

结语

回顾整个制作过程，从 0 到 1 制作这辆越野车，让我们对犀牛软件不再陌生；重复使用基本命令，逐渐掌握它们，也让我们不再惧怕三维设计软件，因为它们的部分功能和使用方法都是通用的；排版也很重要，好的排版既可以在加工过程中节省板材，也可以减少激光的切割路程，从而达到保护切割机的效果；组装搭建最关键的是要注意搭建顺序，零件与零件之间是有关联的，在组装之前要根据图纸考虑应该如何搭建，这个过程也能促进我们思考。对于新手来说，组装可以让我们真实感受到设计过程中没有想到的问题。我们写制作总结的时候，要将遇到的问题和注意点写出来，避免下次设计的时候再犯同样的错误。

经过一段时间的制作，我虽然完成了这辆越野车，但它仍有很多可以改进的地方，例如这辆车没有前车门，也没有倒车镜和车灯等，相信经过一番改进，这辆越野车会更好。

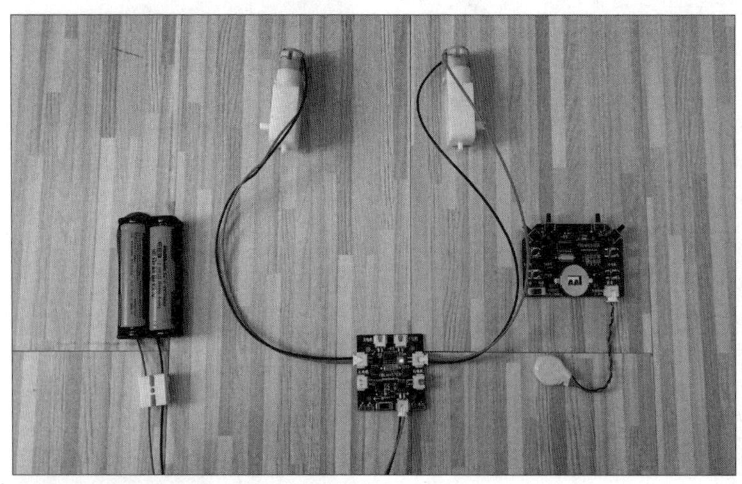

图 28 连接示意图

OSHWHub 立创开源硬件平台 立创课堂

基于 ESP07S 的微型环境检测仪器

贺易栋

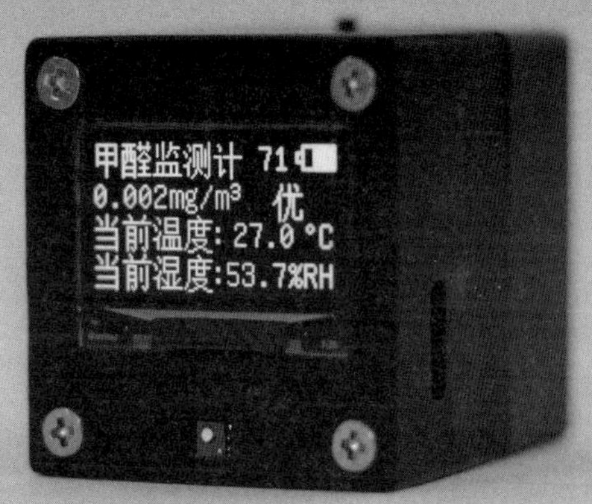

项目介绍

随着社会发展，人们的生活水平不断提高，人们对生活环境的质量要求也在提高。现如今市场上有各种各样有关环境参数的传感器售卖，我们可不可以自己设计并制作一台小巧、实用的环境检测仪器呢？在这个想法的基础上，我设计了一款以 ESP07S 模组为主控的微型环境检测仪器，该检测仪有 4 个传感器，可以采集 7 种不同的环境参数，并且该仪器拥有一块 0.96 英寸的黄蓝双色 OLED 显示屏，清晰地展示各项参数的采集数值以及评判指标。

应用场景

- 对新装修的房屋进行有害气体检测，自己就能测量，无须高价请他人来测量。
- 对封闭室内场馆的空气质量监测，监测室内空气的各项指标，防止超标。
- 作为小巧可爱的桌面小摆件，让人赏心悦目。

功能介绍

- 可以显示温 / 湿度、VOC（挥发性有机化合物）指数、NOx（氮氧化物）指数、甲醛浓度、大气压的实时数值和累计均值。
- 可以显示内置锂电池的电量百分比。
- 拥有低电量提示功能。
- 内置充电管理芯片以及电源自动切换电路。
- 使用 USB Type-C 接口烧录程序以及充电。
- 拥有充电状态指示灯。
- 可以通过大气压力数值计算两个平面之间的高度。
- 保留了 Wi-Fi 功能并引出了 Wi-Fi 天线。

帮你找东西的机器人

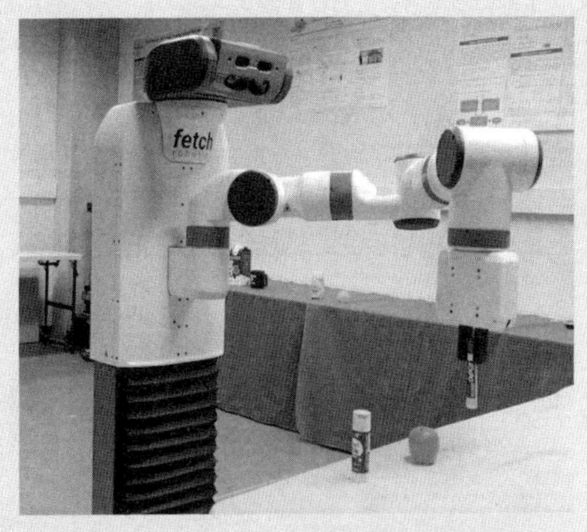

加拿大滑铁卢大学的工程师们发现了一种新方法，可对机器人进行编程，帮助阿尔茨海默病患者找到药品、眼镜、电话和其他他们需要但忘记放在哪儿的物品。研究最初的重点是帮助特定人群，相信总有一天，任何人都可使用这项技术来寻找他们放错地方的东西。

阿尔茨海默病是一种限制大脑功能的疾病，会导致患者认知混乱、记忆力减退和残疾。工程师们认为，在这种情况下，具有情景记忆的伴侣机器人可能会改变这种情况。他们成功地利用人工智能创造了一种新型的“人工记忆”。研究团队首先从一个名为 Fetch 的移动机械手机器人开始，利用它的摄像头来感知周围的世界。然后，研究人员使用对象检测算法，对机器人进行编程，使其能通过存储的视频检测、跟踪并在其相机视图中保存特定对象的记忆日志。机器人能够区分不同的物体，可记录物体进入或离开其视野的时间和地点。研究人员随后开发了一个图形界面，使用户能够选择他们想要跟踪的对象，输入对象名称后，在智能手机应用程序或计算机上搜索它们，机器人就可指出它最后一次观察到特定物体的时间和地点。测试表明，该系统非常准确。

总体设计方案

本设计采用了一块380mAh的3.7V型号为902025锂电池作为整个设计的总供电源，通过5V升压模块先将电池电压升至5V给甲醛传感器供电，再通过DC-DC降压电路降至3.3V为其余电路供电。BMP280大气压传感器、SHT45温/湿度传感器、SGP41 VOC传感器、NOx传感器以及OLED显示屏都通过一路I^2C与主控模组相连。甲醛传感器通过一路UART与主控模组相连，主控模组使用ADC引脚通过分压电路监测电池电压，实现对电池电量的估算，电池拥有独立的充电管理电路以及充电自动切换电路，基本的电路框架如图1所示。

硬件介绍与电路原理解析

为了缩小整个检测仪器的体积，我采用了类似“三明治”的设计结构，共有4片PCB（见图2）。整个检测仪器大致分为3个部分，分别是顶层OLED显示屏、中层控制板、底层电源板。其中，顶层OLED显示屏由传感器盖板和顶层OLED扩展板两片PCB构成，其他部分均由一片PCB构成。这些PCB上集成了各个重要的运行电路，接下来让我逐一介绍各个PCB上都有哪些电路以及这些电路是起什么作用的。

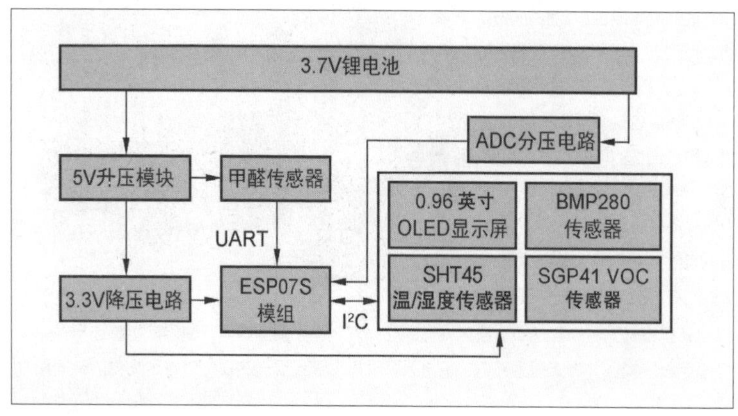

图1 微型环境检测仪器基本电路框架

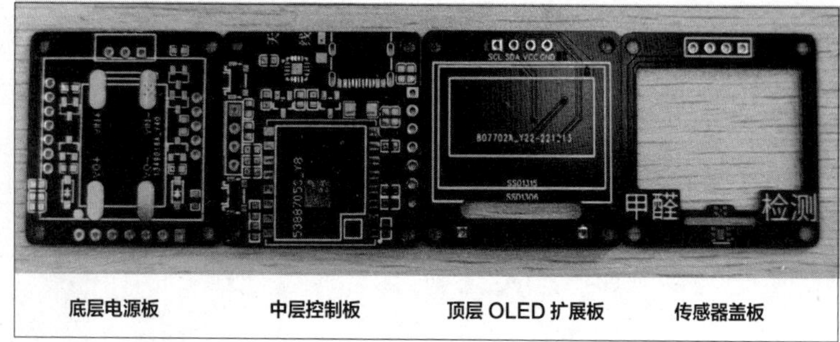

图2 PCB实物展示

传感器盖板上的硬件

这层的PCB用到的元器件是最少的，仅有3个元器件，包含2个传感器（SHT45和SGP41）和1个4Pin排针焊接的连接器，它们都采用I^2C协议与主控进行通信，再加上这两个传感器的外围电路非常简洁，所以非常适合精密小巧的设计。

为了保证这片PCB的平整度，我把这两个传感器所需的退耦电容、滤波电容以及I^2C信号线的上拉电阻都放在其他PCB上，保证了这片PCB的绝对简洁，2个传感器的连接电路如图3所示。

顶层OLED扩展板上的硬件

这层PCB主要集成了0.96英寸的黄蓝双色OLED显示屏的驱动电路，该电路包括OLED的外围驱动电路、3.3V稳压电路、上电自动复位电路。不同品牌的OLED显示屏对应的外围驱动电路和上电自动复位电路的电容和电阻有些许区别，要根据显示屏品牌做出调整。

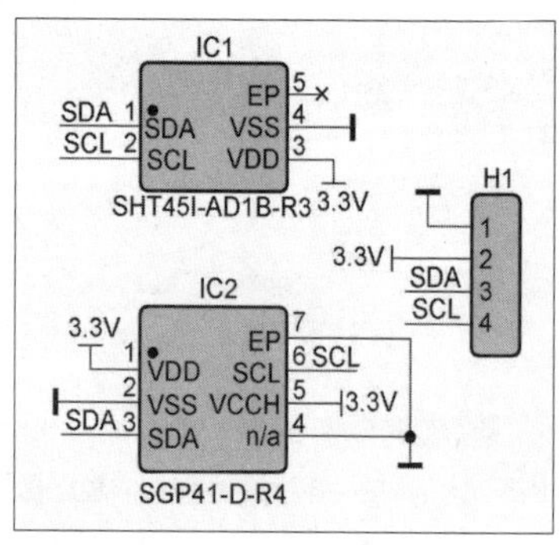

图3 传感器盖板PCB电路

1. OLED显示屏外围驱动电路

OLED显示屏的外围驱动电路不算复杂，都是一些常见的电容和电阻，OLED外围电路如图4所示。

需要注意的是，不同厂商生产的显示屏在R1、R2、R3这3个位置所选择的电阻阻值有所不同，其中，R1和R2为显示屏I^2C地址选择电阻，两个电阻只需焊接其中之一即可，详细的阻值选择见表1。

2. 上电自动复位电路

该电路用于配合OLED复位引脚RES#使用，仅使用3个元器件，实现了上电自动拉低复位，复位之后将会持续拉高让显示屏正常运行，上电自动复位电路如图5所示。

在图5中，V_{CC}上电时，由于电容C7两端的电压V_{C7}不能突变，所以V_{C7}持续保持低电平，但随着电容C7持续充电，V_{C7}持续上升，最终达到V_{CC}，显示屏开

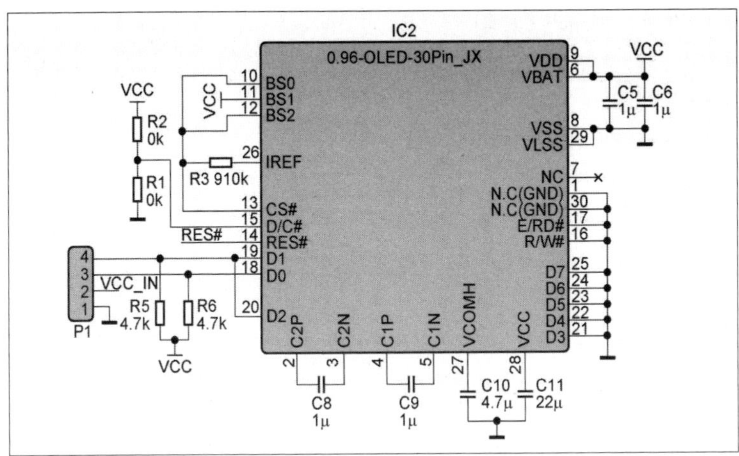

▌图 4 OLED 外围驱动电路

表 1 电阻阻值选择

I^2C 通信地址	显示屏生产商	R1/kΩ	R2/kΩ	R3/kΩ
0x78	金逸晨	0	悬空	910
	中景园	4.7	悬空	620
0x7A	金逸晨	悬空	0	910
	中景园	悬空	4.7	620

表 2 电容容值和电阻阻值选择

显示屏厂商	C7/nF	R4/kΩ
金逸晨	100	10
中景园	4.7	4.7

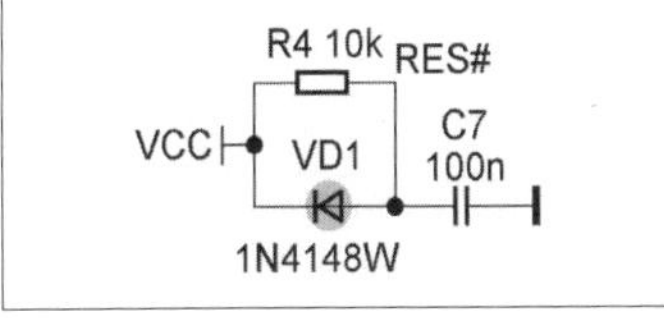

▌图 5 上电自动复位电路

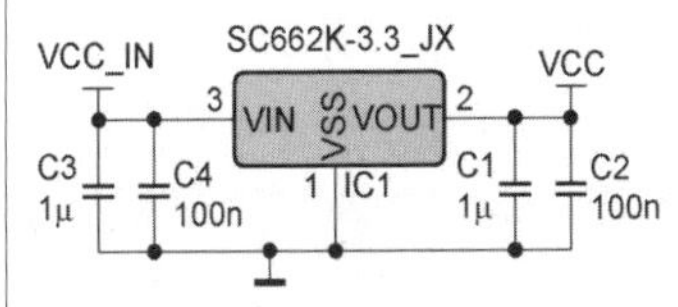

▌图 6 3.3V 稳压电路

始正常工作。只要选择合适的限流电阻 R4 和电容 C7，V_{C7} 电压就可以在显示屏复位电压以下持续足够的时间使显示屏复位。这样就相当于在显示屏上电时，自动产生了一个一定宽度的低电平脉冲信号，使得显示屏复位。C7 电容和 R4 电阻的选择根据不同厂商生产的显示屏也是不同的，详细的 C7 电容的容值和 R4 电阻的阻值选择见表 2。

3. 3.3V稳压电路

在本检测仪器上的显示屏供电电压为 3.3V，所以该电路更多的是对 3.3V 电压的纹波进行抑制，并且还有过流保护和短路保护的能力，3.3V 稳压电路如图 6 所示。

完整的顶层 OLED 扩展板电路如图 7 所示。

中层控制板上的硬件

这一层 PCB 是元器件最多、最复杂、布局最紧凑的，不仅包含主控模组以及外围电路，而且还有充电电路与充电状态检测电路、DC-DC 降压电路、自动下载电路等，真可谓麻雀虽小，五脏俱全。

1. 串口转换芯片电路

商业化产品其实是可以去掉串口转换芯片的，因为产品在出厂时，基础固件已经烧录在主控中了，后期更新多数以优雅的无线 OTA 方式进行，不过为了便于调试和提高可玩性，我保留且优化了串口转换芯片电路，该电路采用了外设简洁、功能较全的 CH343P 串口转换芯片，该芯片可以在 USB 未接入的情况下自动休眠，几乎不消耗电能，对低功耗应用较为友好，串口转换芯片电路如图 8 所示。

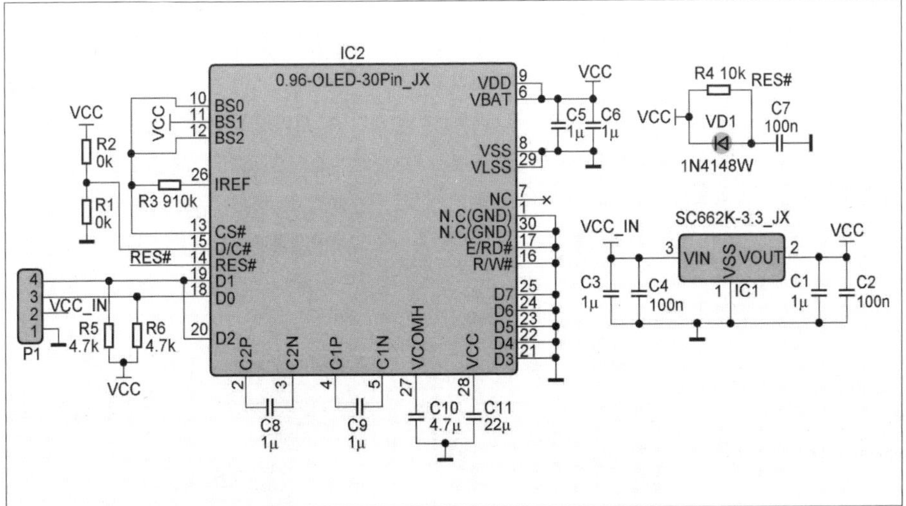

▌图 7 完整的顶层 OLED 扩展板电路

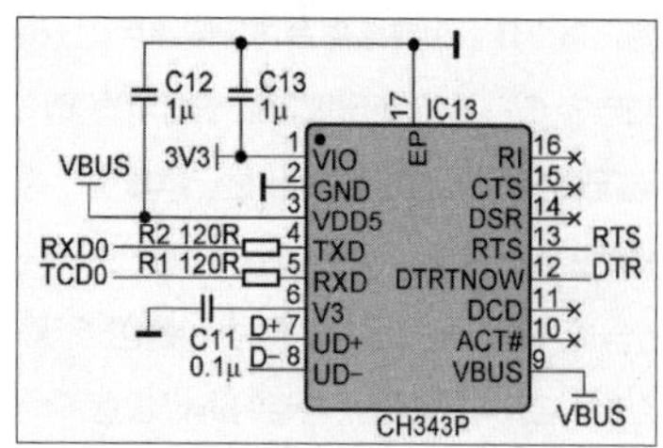

图 8 串口转换芯片电路

CH343P 芯片的转换方法有很多种，上述电路仅为其中一种转换方法，该种方法使用起来在休眠状态不消耗内部电源。使用逻辑为：CH343P 芯片的第 9 引脚用于检测 USB 插入电源 VBUS，当未检测到 USB 电源时，CH343P 芯片将关闭 USB 并睡眠；当检测到 USB 电源存在时，电源 VBUS 通过 CH343P 芯片的第 3 引脚为芯片进行供电，并且连接 1Ω 的外部电源退耦电容。除此之外，CH343P 芯片的第 1 引脚用于配置串口 I/O 的电平，并且也需要连接 1Ω 的退耦电容，CH343P 芯片的第 6 引脚连接 0.1Ω 的电容，用于内部 3.3V 电源节点退耦。需要注意的是退耦电容 C11、C12、C13 容值一定要正确，否则 CH343P 芯片会无法正常工作。

2. 自动下载电路

不管是 ESP8266 还是 ESP32 系列的微处理器，在使用串口进行程序烧录时，都要先进入串口下载模式，也就是 BOOT 模式。进入这个模式的方法有 2 种：一种是拉低 GPIO0 并为芯片上电，另一种是在芯片上电的情况下先拉低 GPIO0 再复位芯片。因此我们只需要控制复位引脚和 GPIO0 的电平状态就可以实现自动下载。这里我使用了 CH343P 芯片的 DTR 引脚和 RTS 引脚作为控制引脚，自动下载电路如图 9 所示。

进行自动下载时，计算机端的下载软件打开串口，DTR 引脚和 RTS 引脚会先被设置为低电平，然后 RTS 引脚会被设置为高电平，主控自动复位进入下载（BOOT）模式下载程序，下载完成后，需要恢复 DTR 引脚为高电平，RTS 引脚先为低电平再为高电平，主控自动复位后正常运行应用程序。

3. 充电电路与充电状态检测电路

内置锂电池的设备都会考虑设计一套完备的充电管理电路，为了满足小体积、低发热量、高效率的充电管理电路要求，本检测仪器采用了英集芯的 IP2312U_VSET 单节锂电池同步开关降压充电 IC，IP2312U-VSET 集成功率 MOS，采用同步开关结构，使其在应用时仅需极少的外围器件，并有效减少整体尺寸方案，非常适合本检测仪器。其次，IP2312U 支持 2 颗 LED 充电状态指示灯，我们可以将 LED 指示灯换成连接主控的 GPIO 引脚，这样就可以完美实现对充电状态的检测，充电电路与充电状态检测电路如图 10 所示。

IP2312U-VSET 还支持可编程充电电流，通过改变 RMIN1 电阻的阻值，就可以对充电电流实现控制，最大可以达到 3A 的充电电流，但是本检测仪器内置的锂电池容量较小，没有必要使用如此大的电流，所以使用 135kΩ 左右的电阻作为 RMIN1 电阻即可，RMIN1 电阻的阻值与对应的充电电流见表 3。

表 3 电阻阻值与充电电流的对应关系

RMIN1/kΩ	充电电流 /A	*R*4/kΩ
135	1	10
91	1.5A	4.7
45	3	–
NC（不接）	2.1	–

表 4 电阻阻值与电池电压的对应关系

电阻阻值 /kΩ	电池电压 /V
NC（不接）	4.2
43	4.3
75	4.35
100	4.4

IP2312U_VSET 还可以通过在引脚 D1 上接不同的电阻到地（GND），来选择电池充满电时的电压（电池类型），该电阻的阻值与对应电池电压的关系见表 4。

IP2312U-VSET 的 D1 引脚和 D2 引脚是 LED 指示灯引脚。在连接 LED 的情况下，处在充电状态时 D1 所接的 LED 亮起，D2 所接的 LED 熄灭；当处在充满状态时，D1 所接的 LED 熄灭，D2 所接的 LED 亮起。起初我以为这就是简单的高低电平输出，但深入研究后发现，不管是 D1 还是 D2 都在可以点亮 LED 时，输出一段固定频率的方波，这给主控检测高电平状态造成了困难。最终我使用了二极管配合电容的方式，将方波进行过滤，并通过三极管的导通特性实现了主控检测充电芯片当前充电状态的功能。检测逻辑为：当 USB 电源接入时，三极管 VT3 导通，GPIO16 引脚被拉低，此时如果 IP2312U-VSET 为正在充电状态，D2 输出固定频率方波，经过二极管 VD1 和电容

图 9 自动下载电路

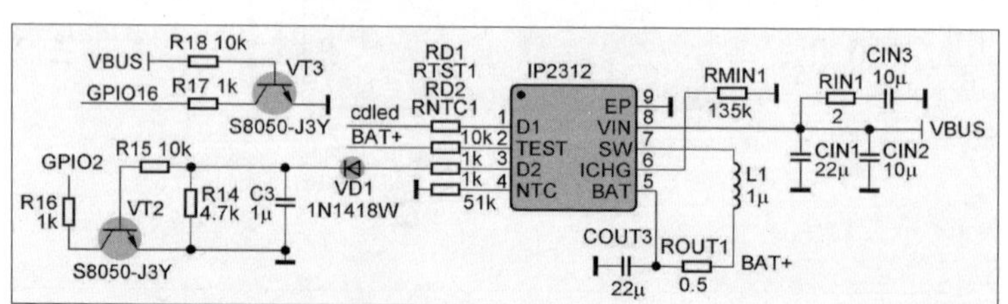

图 10 充电电路与充电状态检测电路

C3 整流滤波后，使得三极管导通，GPIO2 引脚被拉低；如果 IP2312U-VSET 为充满状态，D2 输出低电平，三极管 VT4 截止，GPIO2 不被拉低，这样就可以通过检测 GPIO2 和 GPIO16 两个引脚的高低电平状态完成对充电状态的检测了。

4. 5V转3.3V降压电路（DC-DC）

5V 降压转换到 3.3V 最简单的方法是使用低压差线性稳压器（Low Dropout Regulator，LDO），但是由于底层电源板上的电源自动切换电路中的二极管压降，到达本层 PCB 的 5V 电压实际只剩 4.7V 左右，而常见的 5V 转 3.3V 的 LDO 输入电压多数大于 4.75V，例如 AMS1117-3.3，看似 0.05V 左右的压差很小，但长时间运行或者瞬间大电流时，就可能造成主控重启，所以在这种情况下就不太适合使用 LDO 器件了。为了保障小体积、高效率，我使用了 AOZ1282CI DC-DC 降压电源芯片，该芯片最低输入电压为 4.5V，最大输出电流 1.2A，开关频率 450kHz，5V 转 3.3V 降压电路如图 11 所示。

AOZ1282CI 支持可编程输出电压，通过改变 QR3 和 QR4 电阻的阻值可以实现对输出电压的调节，但是输出电压不会大于输入电压，其输出电压 Vout 的计算公式为：

$$Vout = 0.8 \times \left(1 + \frac{QR3}{QR4}\right)$$

常见的输出电压所匹配的 QR3 电阻的阻值和 QR4 电阻的阻值见表 5。

表 5 QR3 和 QR4 的标准阻值对应的常用输出电压

Vout/V	QR3/kΩ	QR4/kΩ
1.8	80.6	64.2
2.5	49.9	23.4
3.3	49.9	15.8
5.0	49.9	9.53

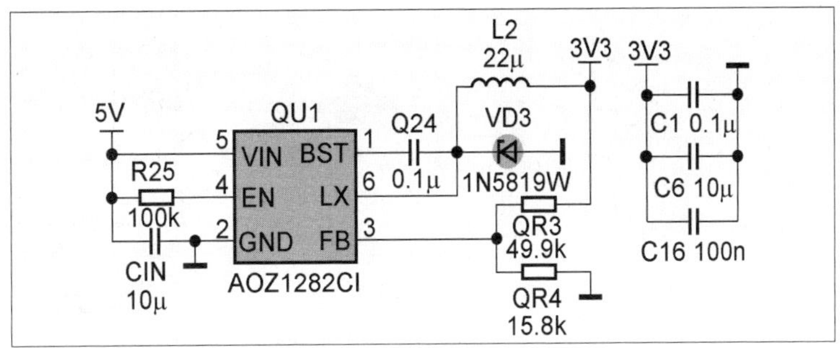

图 11 5V 转 3.3V 降压电路

值得注意的是，AOZ1282CI 芯片的第 5 引脚（也就是 VIN 电源输入引脚）上必须接一颗电容，并且其容值需要大于 4.7μF，容值过小或者不接会导致 AOZ1282CI 芯片无法正常工作。

5. BMP280传感器连接电路

BMP280 是一款绝对气压传感器，其小尺寸和低功耗的特点特别适用于移动应用，其通信方式有两种，一种是 SPI 通信，另一种是 I²C 协议通信。本检测仪器使用 I²C 协议与 BMP280 传感器进行通信，BMP280 传感器连接电路如图 12 所示。

6. USB Type-C接口电路

USB Type-C 接口使用方便而且普及率高，许多充电产品的充电接口都采用了 USB Type-C 接口，常见的 USB Type-C 接口有 3 种不同引脚的封装，其分别是 24Pin 的全功能 USB Type-C 接口、16Pin 的 USB 2.0 Type-C 接口、6Pin 的仅有充电功能 USB Type-C 接口。本检测仪器采用的是 16Pin 的 Type-C 接口，电路如图 13 所示。

需要注意的是 USB Type-C 接口的 CC1 和 CC2 引脚的配置，将 CC1 和 CC2 引脚分别使用 5.1Ω 电阻接地，这样就可以配置当前 USB Type-C 接口所属设备为从机模式，不正确的配置或是悬空 CC1 和 CC2 引脚，会导致本检测仪器使用双 USB Type-C 接口的数据线连接充电器或是计算机的 USB Type-C 接口时无法正常供电。

7. ESP07S模组电路

ESP07S 模组与其他 ESP8266 模组相比，去掉了板载天线和板载 LED，使得其模组体积进一步缩小，使用模组的好处是不用另外添加复杂的主控芯片外围电路，

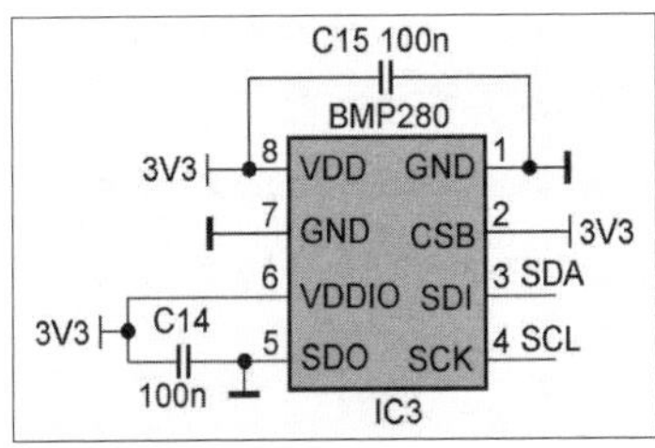

图 12 BMP280 传感器电路

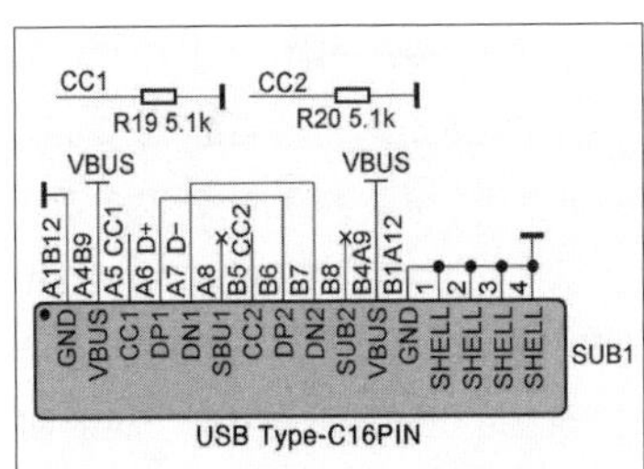

图 13 USB Type-C 接口电路

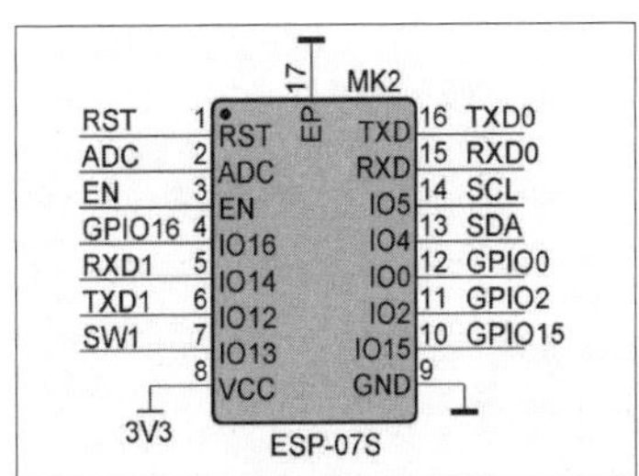

图 14 ESP07S 模组电路

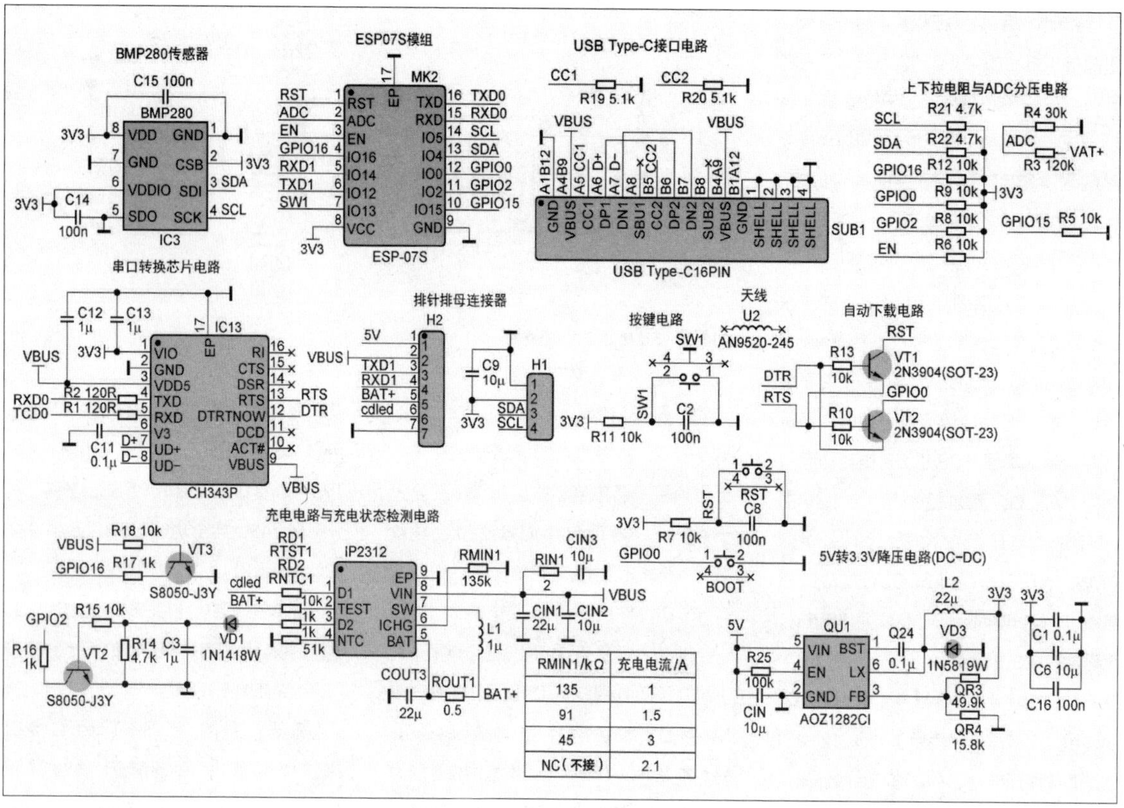

RMIN1/kΩ	充电电流/A
135	1
91	1.5
45	3
NC（不接）	2.1

图 15 中层控制板电路

基本上确定好各个引脚之间的连接就可以正常使用了，非常简单便捷，ESP07S 模组电路如图 14 所示。

8. 其他外围电路

除了上述的一些重要电路，还有一些其他常规的附属电路，例如：上下拉电阻与 ADC 分压电路、按键电路、天线、排针排母连接器这些基础电路，有了这些电路的配合，整个中层控制板才能正常运行。由于这些电路都是常见电路，就不再赘述，详细的中层控制板电路如图 15 所示。

底层电源板上的硬件

底层电源底板作为整个检测仪器的能源供给板，不仅集成了 5V 升压模块、甲醛传感器，还集成了充电自动切换电路以及其他外围电路。

1. 5V升压模块电路

该电路使用了致哲的 DM13-5 升压电压模块将锂电池输出电压升至 5V，该模块体积小、工作电压宽、功率大，5V 升压模块电路如图 16 所示。

电阻 R7 是为了配合充电自动切换电源电路设计的断电电容泄放电阻，阻值选取 4.7Ω 左右即可，阻值过大会导致电容泄放速度过慢，阻值过小会导致耗散功率过大。

2. 充电自动切换电源电路

如何在外部电源接入时，内部系统自动使用外部电源并且使外部电源自动为内置电池充电？设计一种自动切电源的电路就显得尤为重要了，这个电路不仅要实现电源的切换，还要保证在切换时内部系统不会因为电压跌落导致复位重启。经过我的多次修改与试验，充电自动切换电源电路终于满足了各项要求与指标，充电自动切换电源电路如图 17 所示。

在图 17 中，当 +5V 输入电源存在时，

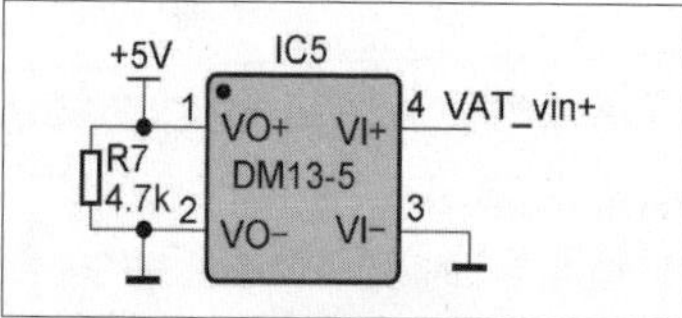

图 16 5V 升压模块电路

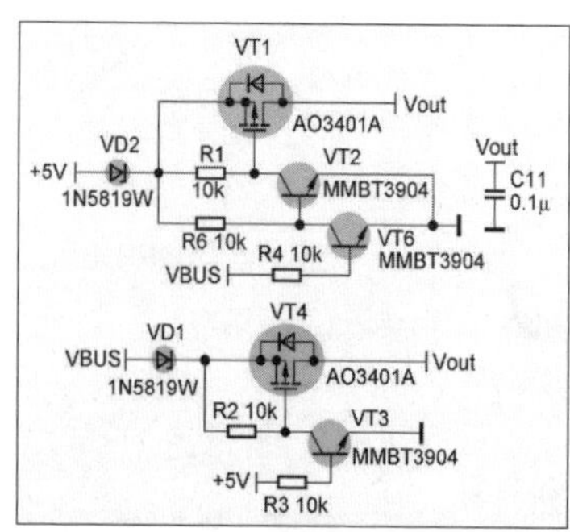

图 17 充电自动切换电源电路

三极管 VT3 导通，则 MOS 管 VT4 开启。若 VBUS 输入电源存在时，则 VT6 和 VT2 三极管导通，MOS 管 VT1 关断，此

时输出电压 V_{out} 由VBUS输入电源供给。若VBUS输入电源不存在时，则VT6和VT2三极管截止，MOS管VT1开启，此时输出电压 V_{out} 由+5V输入电源供给。当+5V输入电源不存在时，三极管VT3截止，则MOS管VT4关断。无论VBUS输入电源存在还是不存在，输出电压 V_{out} 始终不存在。这样的设计既保证了充电时电源的自动切换，又保证了输出电压 V_{out} 控制的合理性。

3. 其他外围电路

其他外围电路就是一些常见的连接器以及拨动开关等基础电路。拨动开关用于控制整个检测仪器的电源开关。在该层PCB上还有一颗充电状态的指示灯，该指示灯连接至中层控制板的充电管理芯片上，无论检测仪器的电源开关处于哪种状态，在充电状态下该充电状态指示灯会亮起，在充电完成状态时该充电状态指示灯会熄灭。完整的底层电源板电路如图18所示。

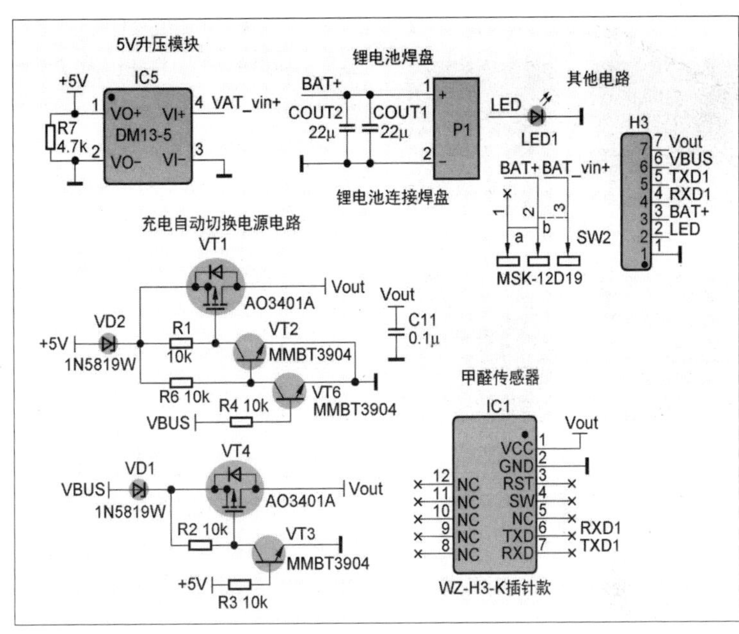

图18 底层电源板电路

PCB设计注意事项

PCB边框外形

4片PCB的大小都为30mm×30mm的圆角矩形，圆角半径为1.5mm，四角都开了大小与M2装配固定的通孔，通孔孔心与相邻两边的距离都为2.0mm的，4片PCB的边框外形与厚度区别如图19所示。

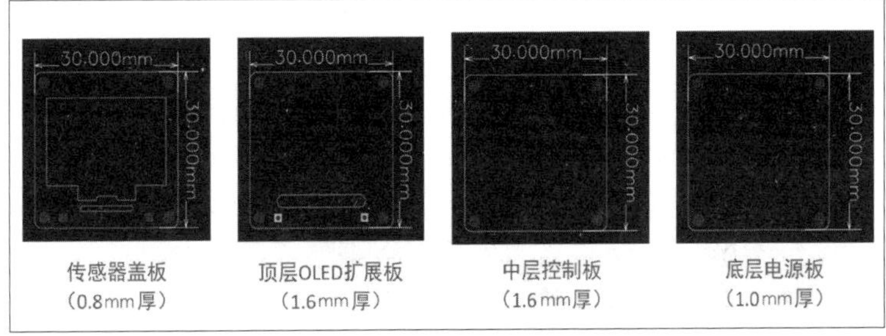

图19 4片PCB边框外形与厚度参考

PCB布局

确定好PCB的边框大小，接下来就要对元器件进行布局了，合理的元器件布局不仅会提高PCB的利用率，而且还会提高电路的可靠性与稳定性，其中较难布局的PCB是中层控制板，这层PCB元器件最多，多达70个元器件，必须采用双面布局。4层PCB的元器件的布局参考如图20所示。

需要注意的是元器件的布局需要合理合规，布局时要考虑元器件的性质，例如温/湿度传感器不宜放置在距离发热器件附近、元器件放置的方向要便于走线、退耦电容或滤波电容尽可能靠近芯片电源引脚等。

PCB走线

更多时候走线和布局是在同时进行的，根据不同元器件走线的方向确定最终的布局，在进行PCB走线时也会微调元器件的位置与方向，对于电源走线，为了保证较大电流的通过性，可以

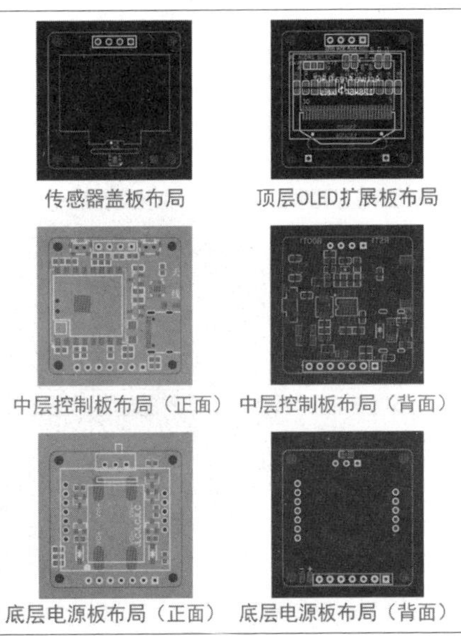

图20 4层PCB上的元器件参考布局

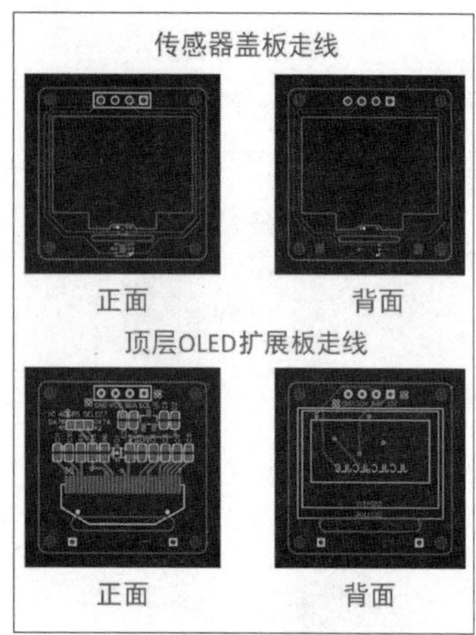

图 21 4 层 PCB 上的元器件走线参考

采用实心填充的方式进行大面积走线，4 层 PCB 上的走线参考如图 21 所示。

外壳设计注意事项

外壳整体设计

外壳采用 Fusion360 软件进行设计，外壳设计需要考虑开关孔位、固定孔位、传感器采集窗开孔、散热开孔、结构尺寸、模型精度、外壳制作方式、外壳材料等重要因素，我选择了 3D 打印这个入门门槛较低的外壳制作方式，打印的材料为光敏树脂材料，为了便于装配，我将外壳一分为二，通过 M2 平头螺丝固定前壳和后壳至 PCB 的组装铜柱之上，前壳的大小为 33mm × 33mm × 24.5mm，后壳的大小为 33mm × 33mm × 15.5mm，前后壳的各壁厚均为 1.5mm，这样前壳和后壳内部的长宽都为 30mm × 30mm，刚好与 PCB 的长宽相同，安装时可谓严丝合缝，外壳的设计参考如图 22 所示。

外壳按键

本检测仪器保留一个实体交互按键，为了保证按键的正常使用，在外壳上设计一个好的按键触发结构就显得尤为重要。起初我本想采用外壳开孔配合定制按键键帽的方式，实现按键触发结构的设计，但是定制键帽较为复杂，并且装配该结构更加复杂，所以我最后采用了在外壳上直接设计按键触发的结构。该结构属于单摇臂的连体按键的一种，摇臂的连接部位宽度需要根据材料韧性进行调整，该结构的按键不仅完美解决了按键触发的问题，而且降低了外壳的制造与装配难度，外壳按键设计示意图如图 23 所示。

需要注意的是，在单条摇臂的按键结构中，摇臂的周长为 5~8mm，厚度在 0.7~1.2mm，宽度在 2.0~3.0mm，镂空宽度在 0.7~1.5mm，具体根据材料结构和空间结构而定义。

图 23 外壳按键设计示意图

结语

本项目是以小型化、微型化、多参数的思想进行设计的一款环境参数检测仪器，设计的重点在于怎么将体积进行最大程度的缩小而不会损失应该具有的功能和性能，这种设计理念也在微电子设计领域保持着较高的热度，现今人们都在追求小而美的设计，电子电路结构也是如此。

有兴趣了解本项目完整的细节与制作过程以及想复刻本项目的读者朋友们，你们可以前往立创开源硬件平台搜索“基于 ESP07S 的多参数微型环境质量检测仪器”，查看本项目的工程，其内部详细介绍了制作过程、制作细节、PCB 以及外壳注意事项、程序烧录指南等保姆级别制作方法。

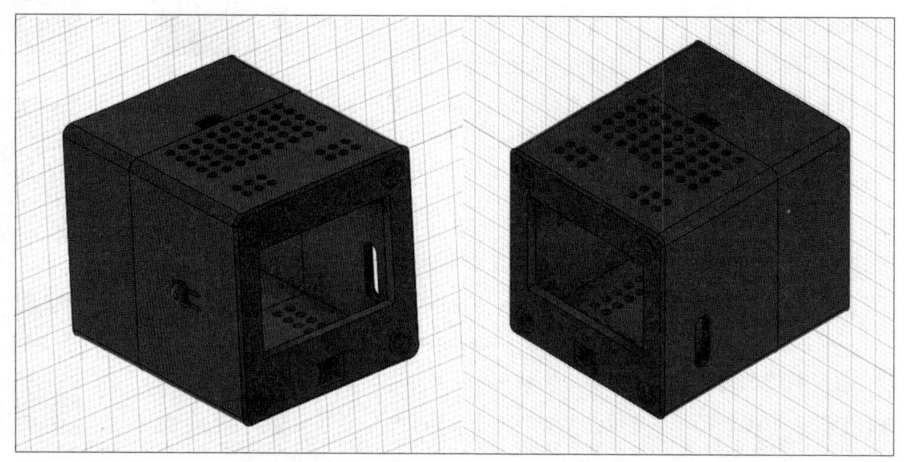

图 22 外壳的设计参考

低成本 MOSS 触摸灯

▌朱国超

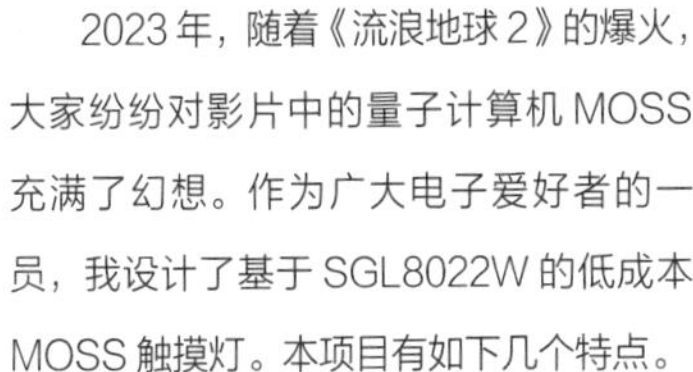

2023 年，随着《流浪地球 2》的爆火，大家纷纷对影片中的量子计算机 MOSS 充满了幻想。作为广大电子爱好者的一员，我设计了基于 SGL8022W 的低成本 MOSS 触摸灯。本项目有如下几个特点。

● 复刻难度低：本项目未使用编程语言，只需简单焊接即可。

● 成本低：项目使用的国产 SGL8022W 触摸芯片每个仅 0.5 元，其中最贵的充放电管理模块每个仅 2 元。

● DIY 空间大：大家可根据自己的需求自由选择焊接的 LED 类型，以达到不同的效果。

准备工作

首先我简单介绍一下项目使用到的材料。

SGL8022W

SGL8022W 触摸芯片如图 1 所示，可以实现 LED 的开关控制和亮度调节，灯光亮度可根据需要随意调节，选择范围宽，操作简单方便；可以在有介质（如玻璃、亚克力、塑料、陶瓷等）隔离保护的情况下实现触摸功能，安全性高。SGL8022W 触摸芯片应用电路简单，外围元器件少，加工方便，成本低。SGL8022W 的引脚如图 2 所示，引脚功能见表 1。

▌图 1 SGL8022W 触摸芯片

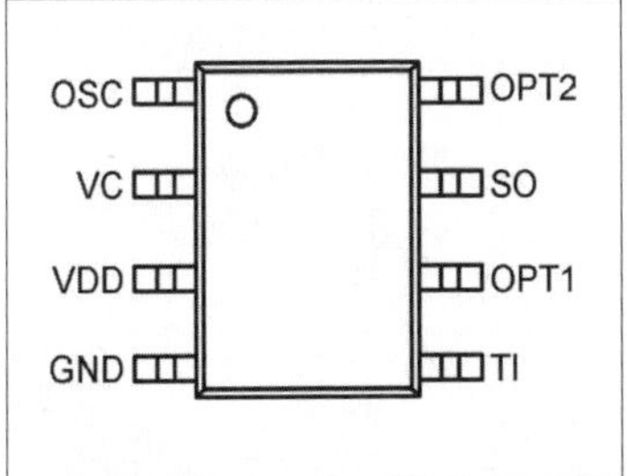

▌图 2 SGL8022W 的引脚

表 1 SGL8022W 的引脚功能

序号	名称	输入 / 输出	功能描述
1	OSC	输入	电阻接入引脚
2	VC	输入	采样电容接入引脚
3	VDD	电源	电源正极
4	GND	电源	电源负极
5	TI	输入	触摸输入引脚
6	OPT1	输入	选项输入引脚 1
7	SO	输出	灯光控制输出
8	OPT2	输出	选项输入引脚 2

TP4056锂电池充电模块

TP4056 锂电池充电模块如图 3 所示，输入电压为 4.5~5V，最大充电电流为 1000mA，充电截止电压为 4.2V，电池过放保护电压为 2.5V，刚好满足本项目的需求。TP4056 锂电池充电模块引脚如图 4 所示。

▌图 3 TP4056 锂电池充电模块

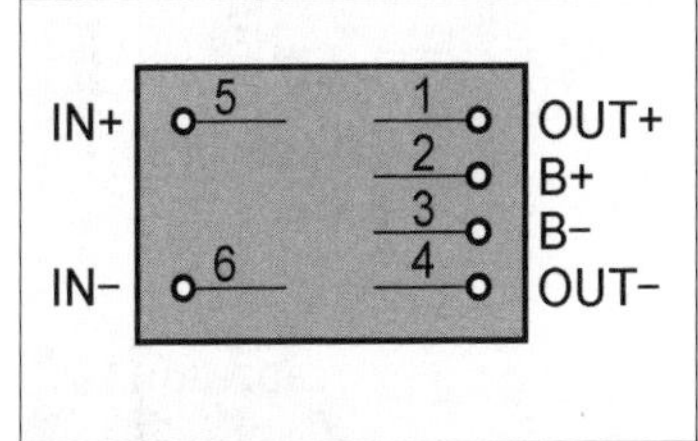

▌图 4 TP4056 锂电池充电模块的引脚

其他元器件

项目中使用到的其他材料见表 2。

表 2 元器件清单

序号	名称	数量
1	10nF 电容	1 个
2	100nF 电容	2 个
3	10μF 电容	1 个
4	XH2.54 2Pin 接插件	1 个
5	LED2835 灯珠	4 个
6	S8050 三极管	1 个
7	47kΩ 电阻	1 个
8	20Ω 电阻	5 个
9	1kΩ 电阻	1 个
10	USB Type-C 16Pin 全贴连接器	1 块
11	MP2451DT 降压芯片	1 块

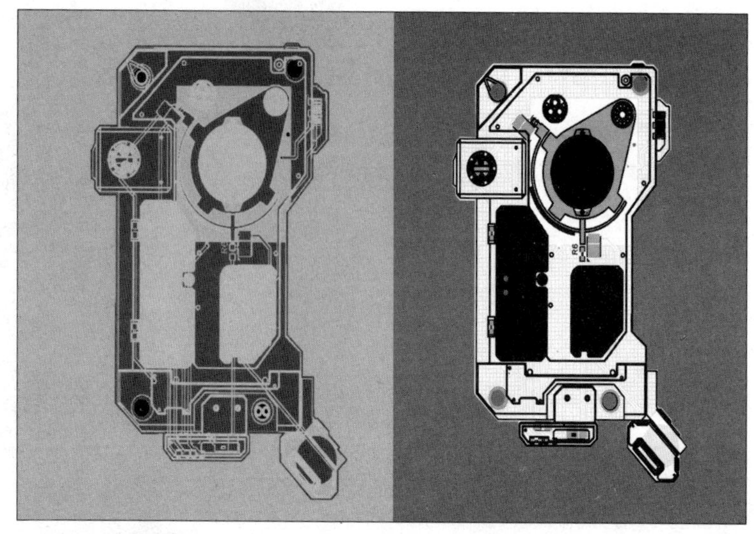

图 6 PCB 渲染

PCB设计

本项目PCB使用立创EDA平台设计，项目以SGL8022W为主控芯片，绘制完成的电路如图5所示。需要注意的是，我在电路中分别给OPT1、OPT2高电平和低电平，实现亮度记忆无极调光。大家也可以根据自己需求自由选择电平的高低，进而实现不同的效果。我用CAD绘制了MOSS的外形结构，PCB以MOSS外形为板框，本着尽量还原电影中MOSS外观为原则，合理布局各个元器件位置，最终达到了不错的效果（见图6）。

注意事项

由于本项目使用了较多的贴片元器件，建议使用焊锡膏搭配加热台对PCB正面进行焊接，这样焊接完成后的效果比较好。焊接背面的充放电管理模块时，需要准备好电烙铁和焊锡丝。将电烙铁调到合适的温度，先在焊盘上植上均匀的焊锡，再把模块放到合适的位置，稍微调高温度进行焊接，焊接电池时一定要注意安全！

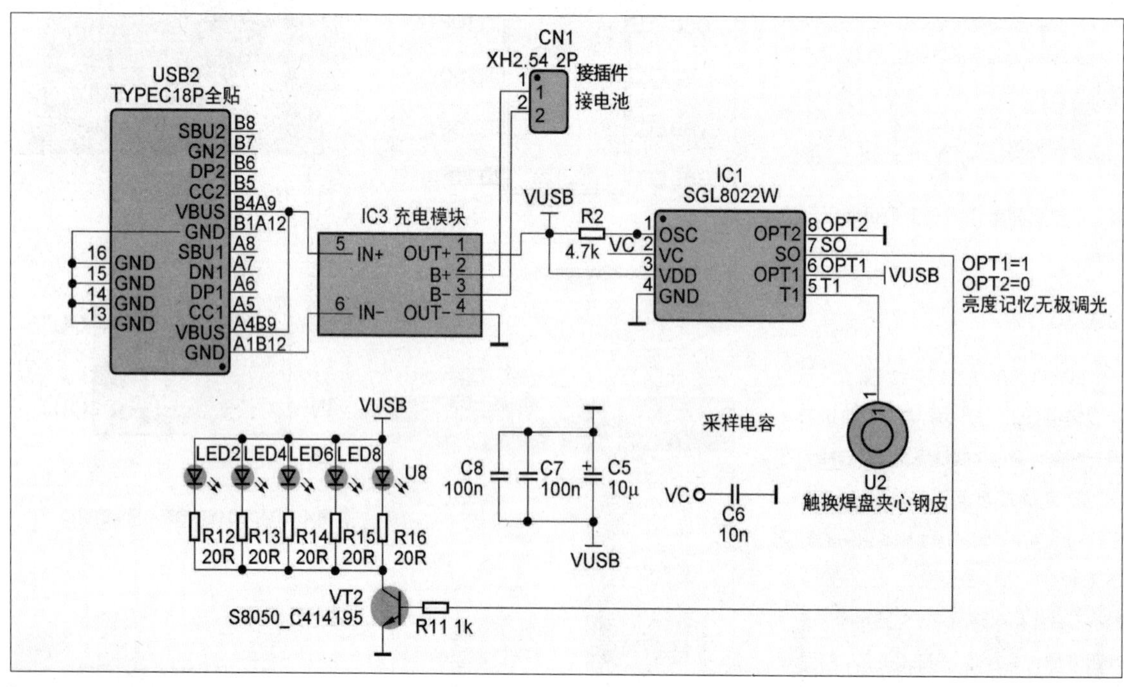

图 5 绘制完成的电路

制作过程

1 将准备好的元器件焊接到合适的位置，正面焊接完成后，焊接背面的充放电模块。

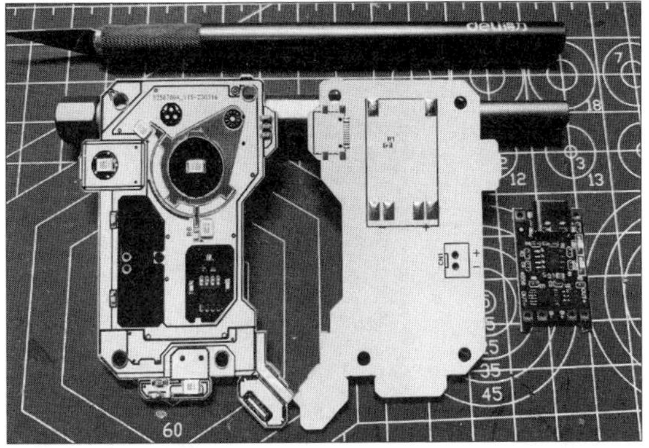

2 将充电模块摆放在正确的位置，先在一个焊盘上用焊锡固定，再焊接对角位置的焊盘，确定焊接无误后，再将剩余的 4 个焊盘正确焊接。

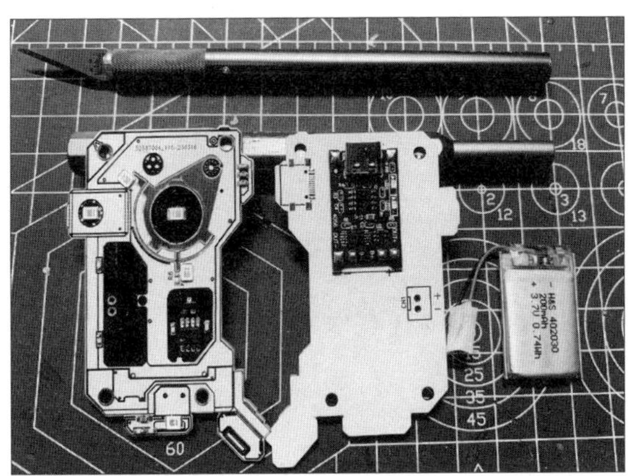

3 分别将电池的红、黑两根线焊接到充电模块的 B+、B- 焊盘上，在焊接过程中确保极性正确，防止危险情况的发生。焊接完成后，在电池背面贴上长度合适的双面胶固定电池。

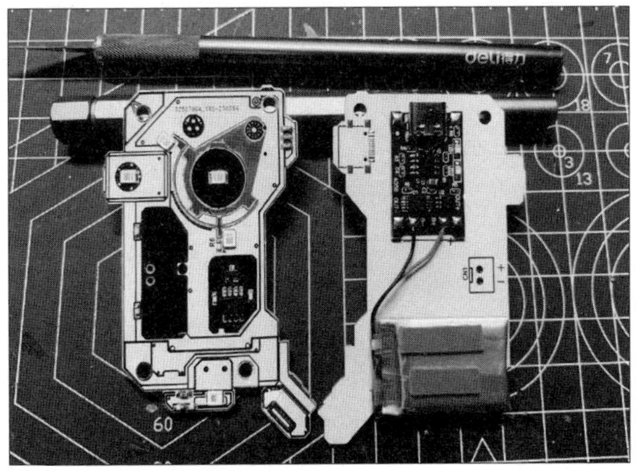

4 所有焊接步骤完成后，轻触 MOSS 触摸灯柄处，检查功能是否正常。

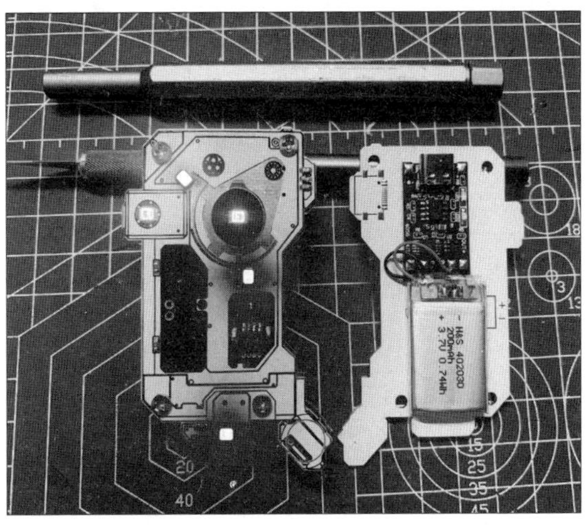

5 将准备好的亚克力背板用 4 个 M3 铜柱、平头螺栓以及透明螺母正确装配，MOSS 触摸灯制作完成。

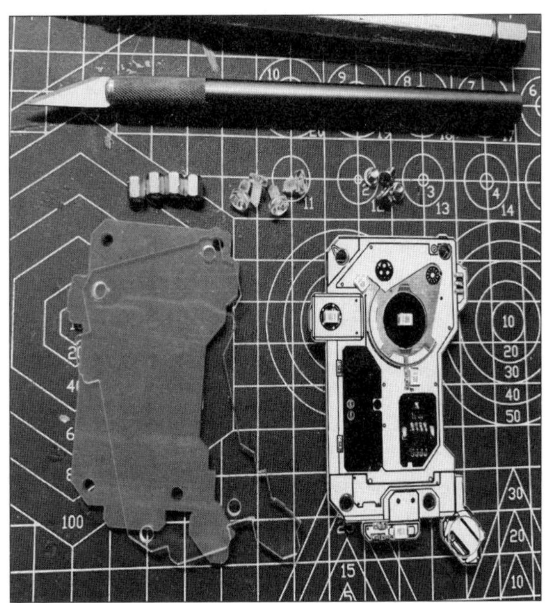

结语

至此，MOSS 触摸灯（见题图）就制作完成了，轻触手柄部分即可点亮或者熄灭 MOSS 触摸灯，长按可以调节亮度。我们可以根据自己的喜好自由搭配 5 个 LED 的颜色，实现不同的效果，我想这便是 DIY 的乐趣。最后祝大家复刻成功！

使用 SenseCAP A1101 训练水表数字识别模型

李可为

Python 程序二维码

概述

在传统的仪表行业中，轮盘表发挥了重要作用。然而，随着数字时代的到来，轮盘表逐渐被数字表所取代。部分老旧建筑由于结构设计等原因，无法直接升级为数字表。

我们制作了一个识别传统轮盘表的 AI 模型，使用它识别仪表上的数字，再将识别到的数据通过 LoRa 信号传输到云端。这样即使在装有轮盘表的建筑物中也能实现数字化转型。

硬件准备

- SenseCAP A1101 - LoRaWAN 视觉人工智能传感器。
- USB Type-C 数据线。
- 计算机（可访问互联网）。

软件准备

我们将在本文使用以下软件。

- Roboflow：Roboflow 是一款在线标注工具。该工具能让你轻松地标注图像，并将标记的数据集导出为不同格式的文件，例如 YOLOV5 PyTorch、Pascal VOC 等，Roboflow 还拥有可供用户随时使用的公共数据集。
- EdgeLab：EdgeLab 是一个专注于嵌入式 AI 的开源项目。其针对真实场景，优化了 OpenMMLab 的优秀算法，使算法实现更加人性化，在嵌入式设备上实现更快、更准确的推理。
- TensorFlow Lite：TensorFlow Lite 是一种开源、产品就绪的跨平台深度学习框架，可将 TensorFlow 中的预训练模型转换为可针对不同速度或不同大小存储进行优化的特殊格式。特殊格式模型可以部署在边缘设备上，如 Android 或 iOS 的手机、基于 Linux 的嵌入式设备、树莓派或微控制器等，以在边缘进行推理。

现在让我们设置软件。Windows 或 Linux 系统计算机与 Intel Mac 的软件设置是一样的，而 M1/M2 Mac 则不同。

Windows或Linux、Intel Mac软件安装步骤

1 确保计算机上已经安装了 Python。如果没有，请先下载并安装最新版本的 Python。

2 命令行安装以下依赖项。

```
pip3 install libusbl
```

M1/ M2 Mac安装步骤

1 安装 Homebrew。

2 安装 conda。

```
brew install conda
```

3 下载 libusb。

4 安装 libusb。

```
conda install libusb-1.0.26-h1c322ee_100.tar.bz2
```

收集图像数据

1 使用 USB Type-C 数据线将 SenseCAP A1101 连接到 PC。

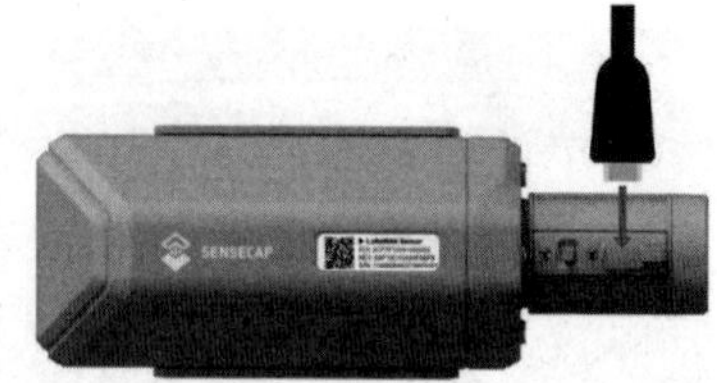

2 双击启动按钮进入启动模式。

在此之后，你将在文件资源管理器中看到一个新的驱动器，显示为SENSECAP。

3 将.uf2文件拖放到SENSECAP驱动器中。一旦.uf2文件复制到驱动器中，驱动器就会消失。这意味着.uf2文件已成功上传到模块中。

4 将Python脚本（扫描文章开头二维码获得）复制并粘贴到名为capture_images_script.py的新创建文件中。

5 执行Python脚本以开始捕获图像。

```
python3 capture_images_script.py
```

默认情况下，每300 ms捕获一次图像。

如果你想改变这个，你可以运行下面的脚本，每秒捕捉一张图像。

```
python3 capture_images_script.py
--interval <time_in_ms>
python3 capture_images_script.py
--interval 1000
```

执行上述脚本后，SenseCAP A1101开始连续从内置摄像头捕获图像（见图1），并将所有图像保存在名为save_img的文件夹中。

此外，它会在录制时打开一个预览窗口。捕获足够的图像后，单击终端窗口并按以下组合键停止捕获过程。

- Windows系统计算机：Ctrl + Break。
- Linux系统计算机：Ctrl + Shift。
- Mac：CMD + Shift。

当完成数据集的图像录制后，需要确保将SenseCAP A1101内部的固件更改回原始版本，以便可以再次加载物体检测模型进行检测。

1 在SenseCAP A1101上进入启动模式。

2 将此.uf2文件拖放到SENSECAP驱动器中。一旦.uf2文件复制到驱动器中，驱动器就会消失。这意味着.uf2文件已成功上传到模块中。

图1 捕获的图像

使用Roboflow生成数据集

Roboflow是一款在线标注工具。我们可以直接将录制好的视频导入Roboflow中，导出为一系列图片。这个工具非常方便，它可以帮助我们将数据集分发到“训练集、验证/测试集”。此外，该工具还允许我们在标记这些图像后，对其进行进一步处理。此外，它可以轻松地将标记数据集导出为COCO格式，这正是我们所需要的！

1 登录Roboflow网站并注册账户。

2 单击“Create New Project”开始我们的项目。

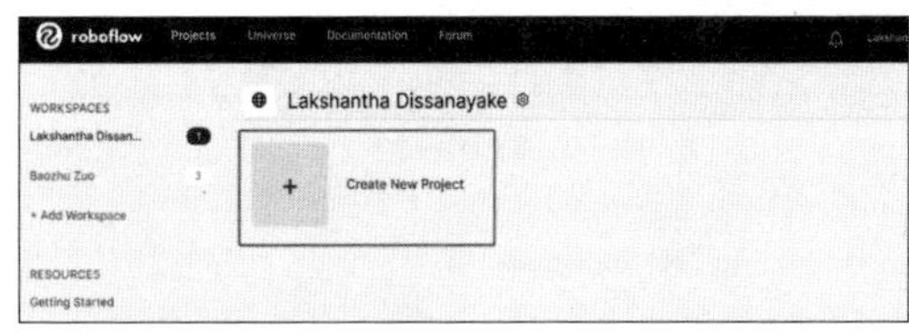

3 填写项目名称，保持“Project Type”和“License”为默认值。单击“Create Public Project”。

Create Project ×

Kewei / New Public Project

Project Type — What is This?

Object Detection (Bounding Box)

What Are You Detecting?

E.g., `dogs` or `cars` or `words`

Project Name

E.g., `Dog Breeds` or `Car Models` or `Text Finder`.

License

CC BY 4.0

Cancel — Create Public Project

4 将捕获的图像图片拖放到 SenseCAP A1101 中。

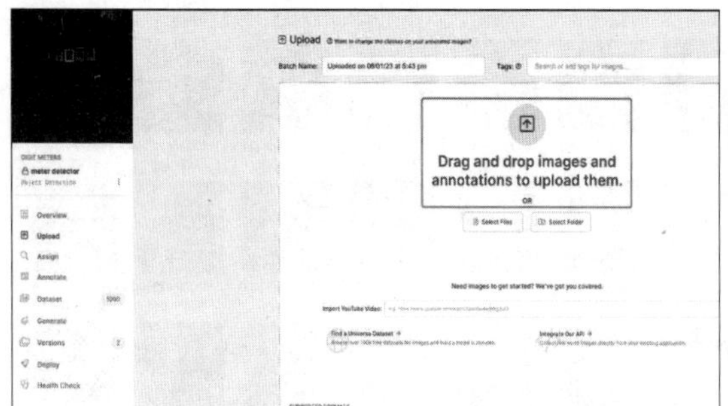

5 图像处理完成后，单击“Finish Uploading”。耐心等待图片上传完毕。

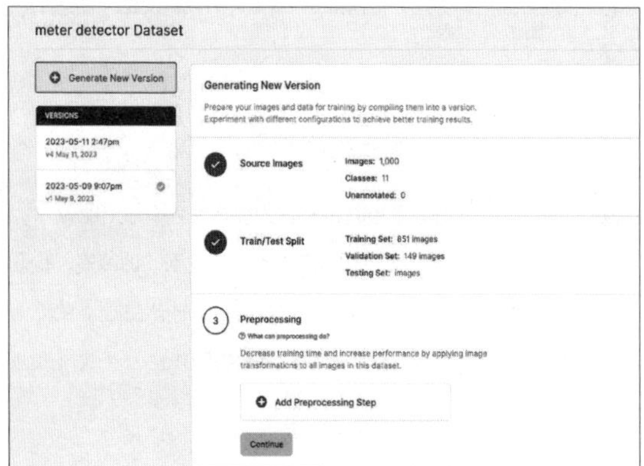

6 图片上传后，单击“Assign Images”。

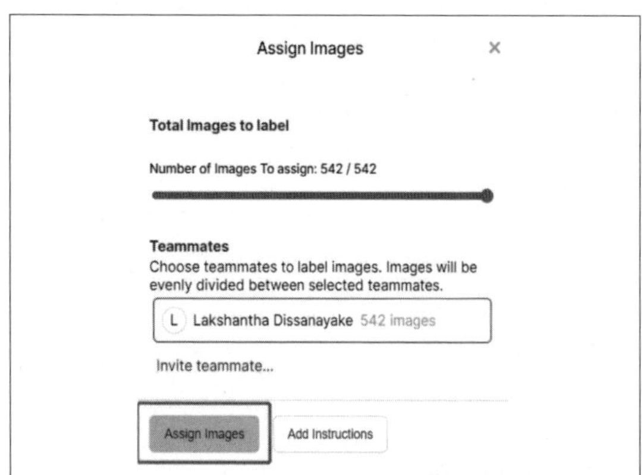

7 选择图像，在数字周围画一个矩形框，选择标签为数字，然后按 Enter 键。

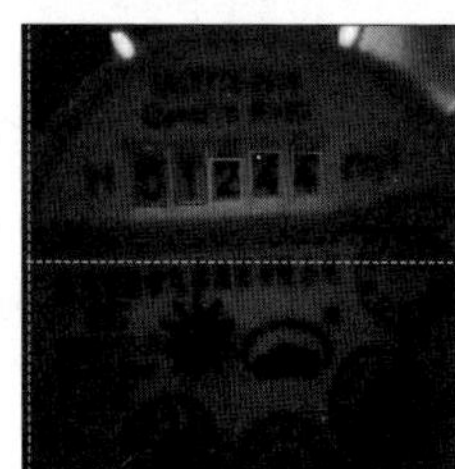

8 对其余图像重复相同的操作。

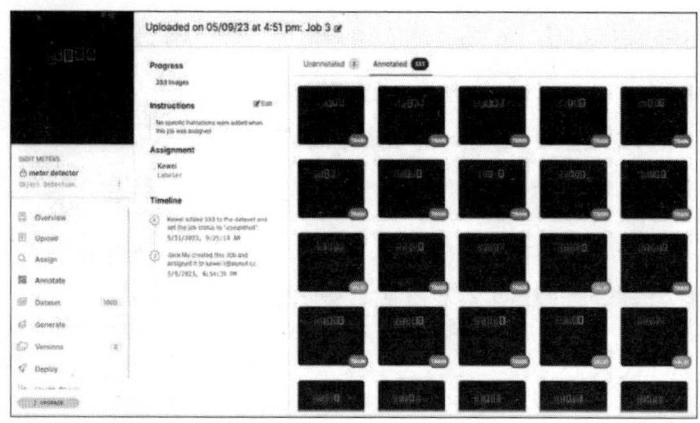

9 继续标注数据集中的所有图像。

10 标记完成后，单击“Add 545 images to Dataset”。

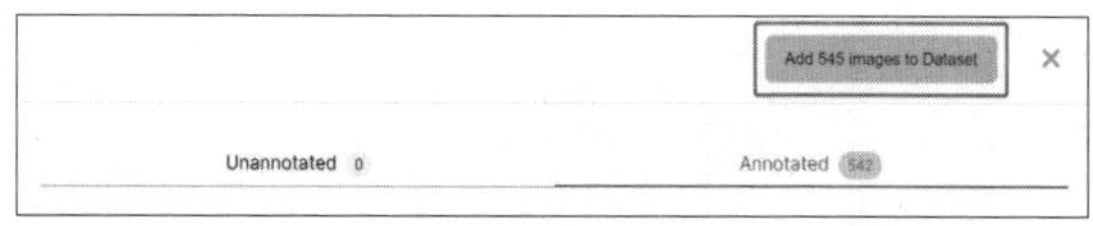

11 接下来我们将图像集为 2 部分：训练集、验证 / 测试集。如果有较多的数据，则训练集占 80%，验证 / 测试集占 20%。如果数据集较少，则训练集占 85%，验证 / 测试集占 15%。请注意训练集不应小于 80%。

12 单击“ Generate New Version”。

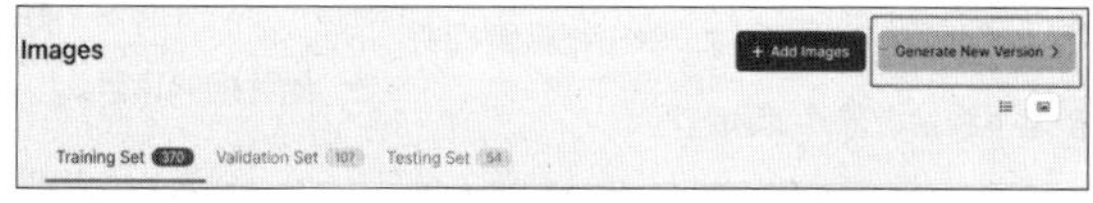

13 现在可以根据需要添加预处理和增强。

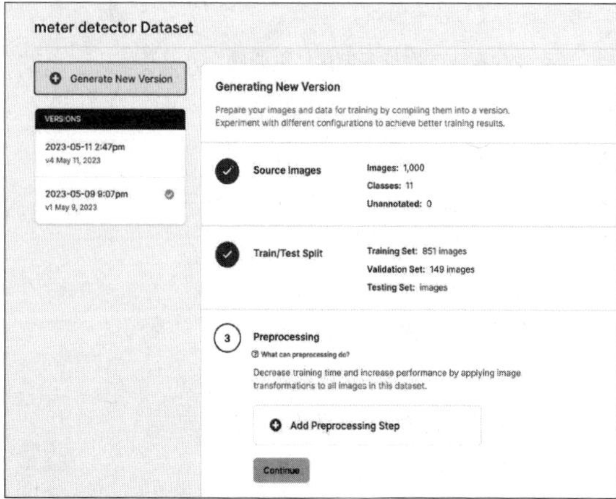

这里我们将图像大小更改为 192 像素 ×192 像素，因为使用该大小，训练速度更快。否则，需要在训练过程中将所有图像转换为 192像素 ×192像素，这会消耗更多的 CPU 资源并使训练速度变慢。

14 其余项选择默认值，单击“Generate”。

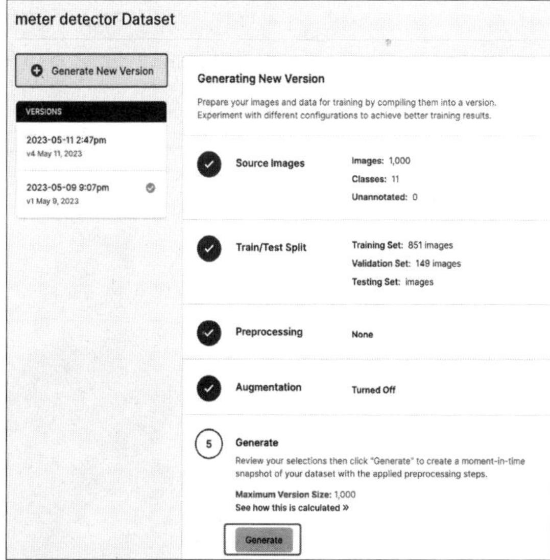

15 单击“Export Dataset”，Format 为 COCO，选择“show download code”，单击“Continue”。

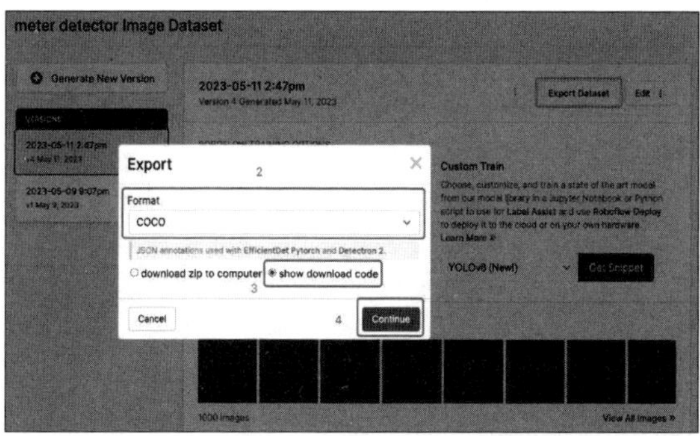

16 这将生成我们在 Google Colab 中使用的程序片段，这个窗口在后台打开。

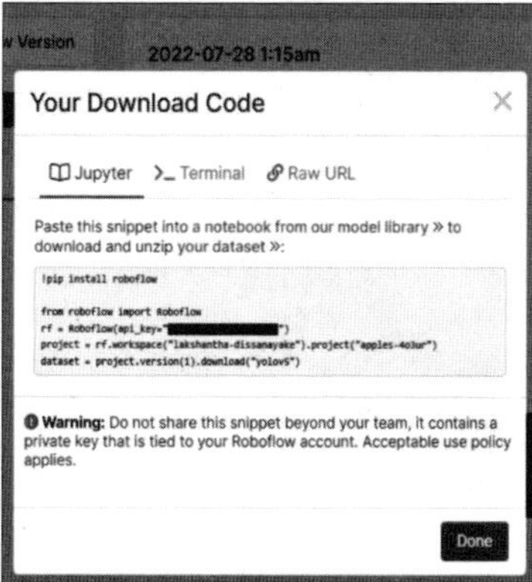

在 Google Colab 上使用 EdgeLab 进行训练

我使用 Google Colab 环境在云端进行数据训练。此外，我们在 Colab 中使用 Roboflow API 下载数据集。

打开一个已经准备好的 Google ColAP 工作区，按照工作区中提到的步骤一步一步运行程序单元。

部署训练好的模型并进行推理

现在我们将在训练结束时获得的 firmware 和 model-1.uf2，先后移动到 SenseCAP A1101 中。

1 安装最新版本的 Google Chrome 或 Microsoft Edge 浏览器并打开它。

2 通过 USB Type-C 数据线将 SenseCAP A1101 连接 PC。

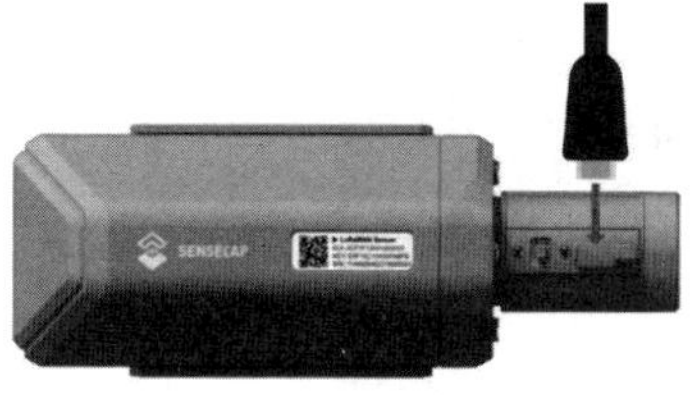

3 双击 SenseCAP A1101 的开机键进入启动模式。

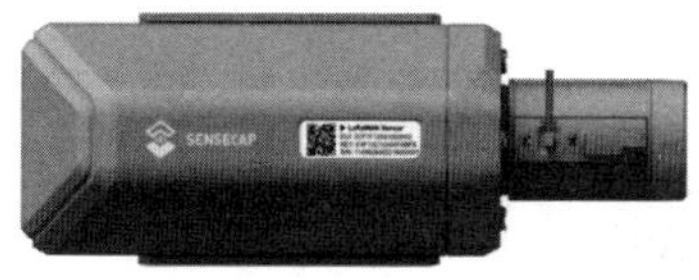

在此之后，将在文件资源管理器中看到一个新的驱动器，显示为 SENSECAP。

4 将 model-1.uf2 文件拖放到 SENSECAP 驱动器中。一旦 .uf2 文件复制到驱动器中，驱动器就会消失。这意味着 .uf2 文件已成功上传到模块。

5 打开摄像头的预览窗口。

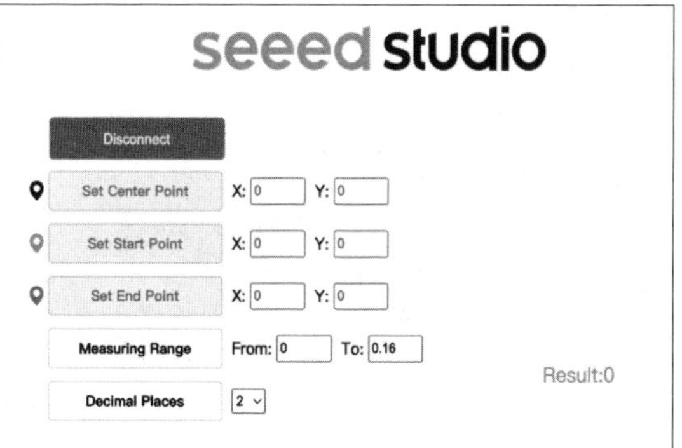

6 单击“Connecting”按钮。你会在浏览器上看到一个弹出窗口，选择“SenseCAP Vision AI - Paired”并单击“Connecting”。

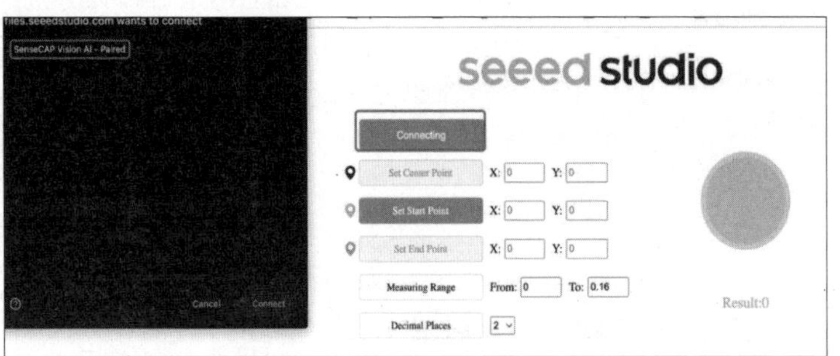

7 使用预览窗口查看实时识别结果。

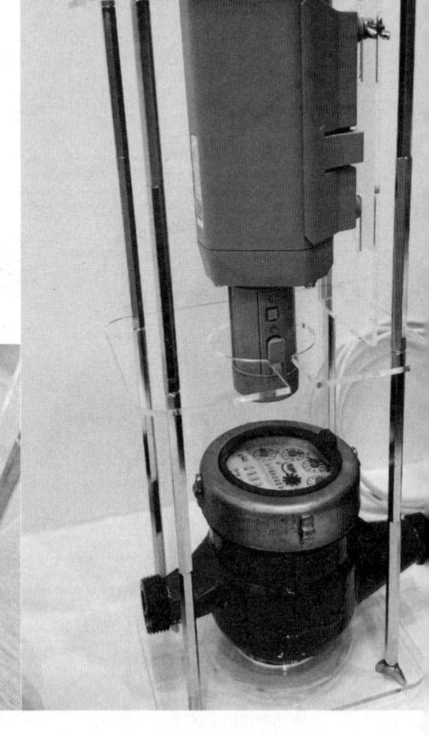

可以从视频中学习的机器人

卡耐基梅隆大学的一项新研究使机器人能够通过观看人们在家中做日常工作的视频来学习做家务，可以帮助提高机器人在家庭中的应用。计算机科学学院机器人研究所助理教授 Deepak Pathak 和他的学生在过去研发了一种训练机器人方法 WHIRL，即机器人通过观察人类完成任务来学习。Pathak 在此基础上改进并推出了视觉机器人桥（VRB）。新模型消除了人类演示的必要性，也不需要机器人在相同的环境中操作。机器人仍然需要练习来掌握一项任务，可以在短短 25min 内学会一项新任务。

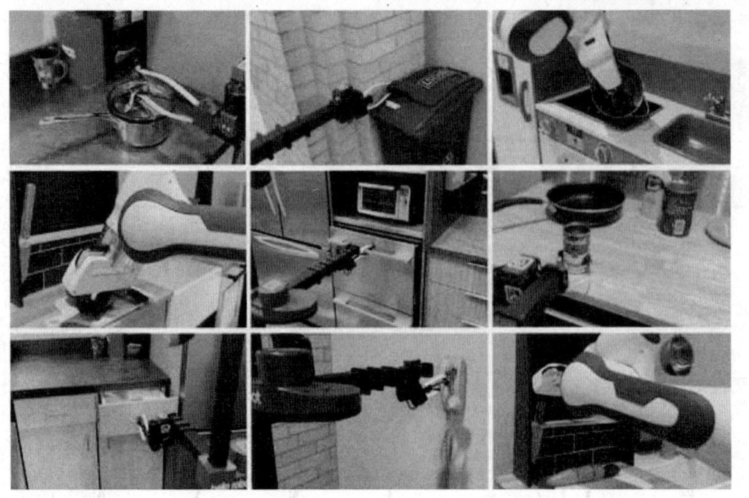

为了教机器人如何与物体互动，该团队应用了启示的概念。对于 VRB 来说，可视性定义了机器人在哪里以及如何基于人类行为与物体进行交互。例如，当一个机器人看着一个人打开一个抽屉时，它识别几个关键点和移动方式。在观看了几个人类打开抽屉的视频后，机器人可以确定如何打开任何一个抽屉。

用 SenseCAP A1101 视觉 AI 传感器零基础体验机器学习

温燕铭

本项目通过介绍一个目标分类的模型训练过程，可以让一个对机器学习没有概念的小白轻易上手，体验机器学习模型训练中数据采集、数据标记、模型训练、设备部署的完整模型训练流程（见图1）。如果你正在寻找一种简单的方法来获得关于机器学习的一些想法，并想要找到一种简单的方法开始学习，或者想了解目前的机器学习设备和应用，又或者是对图像识别领域有兴趣，我希望这个项目对你有帮助。也希望这个项目为对人工智能领域感兴趣的开发者，打开人工智能学习的大门。

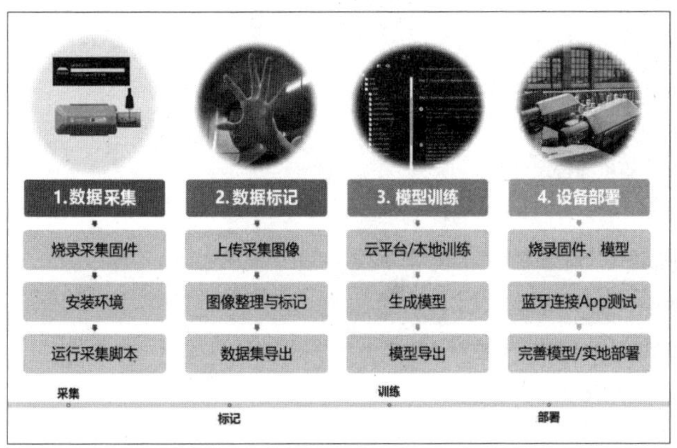

图 1 模型训练流程

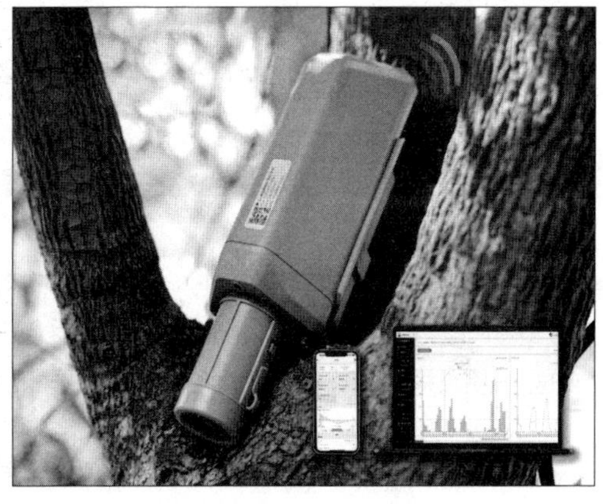

图 2 SenseCAP A1101 视觉 AI 传感器

什么是机器学习

提到人工智能、机器学习、模型训练这些概念，大家可能会觉得这些是需要人工智能专家才能搞懂的领域，其实机器学习离我们并没有那么远的距离。机器学习属于人工智能的子集，人工智能基于数据处理来做出决策和预测。在机器学习中，通过给计算机输入经过人为标记的数据集，算法会不断进行训练，从数据集中发现模式和相关性，然后根据数据分析结果做出最佳决策和预测。机器学习就是让计算机拥有了像人类一样的自我学习能力，它们获得的有效数据越多，准确性会越高。

机器学习包含多种使用不同算法的学习模型，基于这些模型进行判断和预测，因此，模型训练就是机器学习重要的一环。

项目介绍

这个项目将展示如何使用 SenseCAP A1101 视觉 AI 传感器，拍摄、收集图像数据，从 Roboflow 进行数据标注并生成数据集，通过谷歌 Colab 和 TensorFlow Lite 训练出一个剪刀、石头、布手势识别模型，最后部署 AI 模型到设备并验证结果。如果有数据展示和分析需要，还可以将数据通过 LoRaWAN 无线传输到网关，并通过 Wi-Fi 上传到 SenseCAP 云平台。

项目准备

1. 硬件介绍

SenseCAP A1101视觉AI传感器（见图 2）是矽递科技新推出的一款人工智能视觉传感器，带有一个 30 万像素 82° 广角摄像头，支持 1~5m 范围内的图像识别，可以通过 USB 连接计算机，实时显示图像识别结果。它内置 Wio-E5 LoRa 模组，

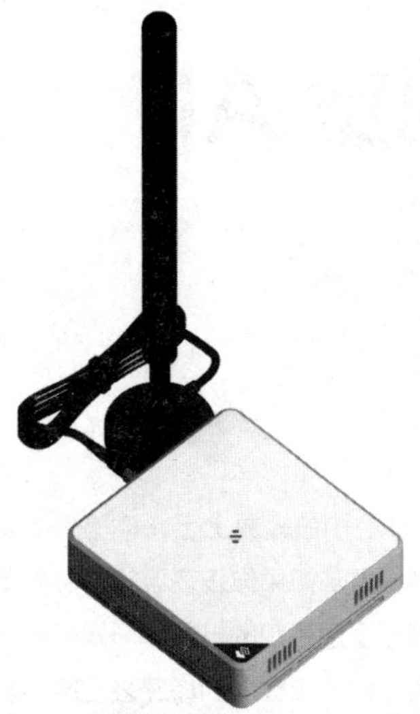

图3 SenseCAP M2

支持将图像识别结果通过低功耗、远距离传输方式上传到SenseCAP Cloud或第三方云平台。它支持TensorFlow Lite和PyTorch，开发者可以通过TensorFlow Lite训练模型，也可以用官方提供的文档体验整个模型训练流程。和SenseCAP系列的所有工业传感器一样，SenseCAP A1101自带IP66等级防水外壳，适用于部署在户外环境，19Ah大容量锂电池可以让设备长时间免充电。

LoRa是一种低功耗、长距离的无线传输技术，适用于低带宽、数据量小、长期免维护场景下的户外部署，可以做到长达数千米的网络覆盖。SenseCAP M2（见图3）是一个高性能的可提供LoRa信号覆盖的LoRaWAN网关，支持连接Helium LongFi网络，能够为远程LoRaWAN设备提供数千米的无线网络覆盖范围和数据传输能力，并通过Helium获得别的用户利用网关进行数据传输产生的数据收益。SenseCAP M2目前有868MHz和915MHz两种版本可选，因为SenseCAP A1101支持860~930MHz频段，所以可以选择任意一个版本进行测试。SenseCAP暂时还没在国内推出470MHz版本的A1101。

2. 软件介绍

（1）计算机环境安装

图像采集需要通过USB将设备连接到计算机，运行程序来实现，在此之前，我们需要给计算机安装好环境。确保计算机上已经安装了Python，如果没有，请访问Python官方网站下载并安装，然后安装libusb依赖库。

（2）下载SenseCAP Mate

SenseCAP Mate是矽递科技推出的针对SenseCAP LoRa系列产品的设备添加、配置、管理和展示数据的手机端App，在本案例中用于连接SenseCAP A1101，配置设备和进行数据显示。在手机中安装好SenseCAP Mate并下载SenseCAP A1101固件。

模型训练过程

1. 图像采集

我们需要让计算机拥有学习的能力，并学会识别和判断。首先我们要给计算机输入学习的数据集，告诉计算机需要识别的内容。用于模型训练的数据集可以来自设备采集，也可以是网上现有公开数据集，但是为了识别准确和体验完整的模型训练流程，这里我们会用SenseCAP A1101直接进行数据采集。

（1）烧录图像采集固件

通过USB Type-C连接线将SenseCAP A1101连接到计算机（见图4），双击设备上的配置按钮进入大容量存储模式，此时计算机会弹出一个命名为“VISIONAI”的驱动器。将下载好的SenseCAP A1101图像采集固件“capture_images_A1101_firmware.uf2”文件拖放到计算机弹出的“VISIONAI”驱动器，复制完成后，驱动器就会自动消失，说明固件已经成功上传到设备中。

（2）运行图像采集程序

图像采集程序如程序1所示。

程序1

```
import os
import usb1
from PIL import Image
from io import BytesIO
import argparse
import time
import cv2
import numpy as np
from threading import Thread
# 常量定义
WEBUSB_JPEG_MAGIC = 0x2B2D2B2D
WEBUSB_TEXT_MAGIC = 0x0F100E12
# 厂商和产品 ID
VendorId = 0x2886  # seeed studio
ProductId = [0x8060, 0x8061]
class Receive_Mess():
  def __init__(self, arg, device_id):
    self.showimg = not arg.unshow
# 是否显示图片
    self.saveimg = not arg.unsave
# 是否保存图片
    self.interval = arg.interval
```

图4 将SenseCAP A1101连接到计算机

```
# 图片保存的时间间隔
    self.img_number = 0  # 保存的图片数量
    self.ProductId = []
    os.makedirs("./save_img", exist_ok=True)  # 创建保存图片的文件夹
    self.expect_size = 0  # 期望接收的数据长度
    self.buff = bytearray()  # 接收数据的缓冲区
    self.device_id = device_id
    self.context = usb1.USBContext()
    self.get_rlease_device(device_id, False)
    self.disconnect()
    self.pre_time = time.time() * 1000
    time.time_ns()
  def start(self):
    while True:
      if not self.connect():
      continue
      self.read_data()
      del self.handle
      self.disconnect()
  def read_data(self):
  # 设备未连接或者用户无权限访问设备
    with self.handle.claimInterface(2):
  # 在已声明的接口上执行操作
      self.handle.setInterfaceAltSetting(2, 0)
      self.handle.controlRead(0x01 << 5, request=0x22, value=0x01, index=2, length=2048, timeout=1000)
   # 创建传输对象列表并将其提交以准备接收数据
      transfer_list = []
      for _ in range(1):
        transfer = self.handle.getTransfer()
        transfer.setBulk(usb1.ENDPOINT_IN | 2, 2048, callback=self.processReceivedData, timeout=1000)
        transfer.submit()
        transfer_list.append(transfer)
  # 只要至少有一个传输对象已提交，就循环读取数据
    while any(x.isSubmitted() for x in transfer_list):
  # 处理数据
      self.context.handleEvents()
      def pare_data(self, data: bytearray):
  # 根据数据长度判断数据类型
        if len(data) == 8 and int.from_bytes(bytes(data[:4]), 'big') == WEBUSB_JPEG_MAGIC:
          self.expect_size = int.from_bytes(bytes(data[4:]), 'big')
          self.buff = bytearray()
          elif len(data) == 8 and int.from_bytes(bytes(data[:4]), 'big') == WEBUSB_TEXT_MAGIC:
          self.expect_size = int.from_bytes(bytes(data[4:]), 'big')
          self.buff = bytearray()
        else:
          self.buff = self.buff + data
  # 如果接收到的数据长度达到了期望的长度
        if self.expect_size == len(self.buff):
          try:
          Image.open(BytesIO(self.buff)) # 尝试打开图像
          except:
          self.buff = bytearray()
# 图像打开失败，清空缓冲区
          return
          # 保存图像
        if self.saveimg and ((time.time() * 1000 - self.pre_time) > self.interval):
          with open(f'./save_img/{time.time()}.jpg', 'wb') as f:
f.write(bytes(self.buff))
          self.img_number += 1
          print(f'\r{self.device_id}):{self.img_number}', end='')
  # 已保存的图像数量、设备
          self.pre_time = time.time() * 1000
          # 显示图像
          if self.showimg:
            self.show_byte()
            self.buff = bytearray()
      def show_byte(self):
        try:
          img = Image.open(BytesIO(self.buff))
          img = np.array(img)
          cv2.imshow('img', cv2.cvtColor(img, cv2.COLOR_RGB2BGR))
          cv2.waitKey(1)
        except:
          return
      def processReceivedData(self, transfer):
        if transfer.getStatus() != usb1.TRANSFER_COMPLETED:
          return
          data = transfer.getBuffer()[:transfer.getActualLength()]
        # 处理数据
          self.pare_data(data)
        # 处理完数据后重新提交传输对象
          transfer.submit()
      def connect(self):
        # 获取打开的设备
        self.handle = self.get_rlease_device(self.device_id, get=True)
        if self.handle is None:
          print('\r请插入设备!')
          return False
          with self.handle.claimInterface(2):
            self.handle.setInterfaceAltSetting(2, 0)
            self.handle.controlRead(0x01 << 5, request=0x22, value=0x01,
```

```
index=2, length=2048, timeout=1000)
            print('设备已连接')
            return True
    def disconnect(self):
        try:
            print('正在重置设备...')
            with usb1.USBContext() as context:
                handle = context.getByVendorIDAndProductID(VendorId, self.ProductId[self.device_id],skip_on_error=False).open()
                handle.controlRead(0x01 << 5, request=0x22, value=0x00, index=2, length=2048, timeout=1000)
                handle.close()
                print('设备已重置!')
                return True
        except:
            return False
    def get_rlease_device(self, did, get=True):
        # 打开或关闭设备
        tmp = 0
        print('*' * 50)
        print('查找设备中...')
        for device in self.context.getDeviceIterator(skip_on_error=True):
            product_id = device.getProductID()
            vendor_id = device.getVendorID()
            device_addr = device.getDeviceAddress()
            bus = '->'.join(str(x) for x in ['Bus %03i' % (device.getBusNumber(),)] + device.getPortNumberList())
            if vendor_id == VendorId and product_id in ProductId and tmp == did:
                self.ProductId.append(product_id)
                print('\r' + f'\033[4;31mID {vendor_id:04x}:{product_id:04x} {bus} Device {device_addr} \033[0m', end='')
                if get:
                    return device.open()
                else:
                    device.close()
                    print('r' + f'\033[4;31mID {vendor_id:04x}:{product_id:04x} {bus} Device {device_addr} CLOSED\033[0m', flush=True)
            elif vendor_id == VendorId and product_id in ProductId:
                self.ProductId.append(product_id)
                print(f'\033[0;31mID {vendor_id:04x}:{product_id:04x} {bus} Device {device_addr}\033[0m')
                tmp = tmp + 1
            else:
                print( f'ID {vendor_id:04x}:{product_id:04x} {bus} Device {device_addr}')
def implement(arg, device):
    rr = Receive_Mess(arg, device)
    time.sleep(1)
    rr.start()
if __name__ == '__main__':
    opt = argparse.ArgumentParser()
    opt.add_argument('--unsave', action='store_true', help='是否保存图片')
    opt.add_argument('--unshow', action='store_true', help='是否显示图片')
    opt.add_argument('--device-num', type=int, default=1, help='需要连接的设备数量')
    opt.add_argument('--interval', type=int, default=300, help='ms,保存图片的最小时间间隔')
    arg = opt.parse_args()
    if arg.device_num == 1:
        implement(arg, 0)
    elif arg.device_num <= 0:
        raise '设备数量至少为1!'
    else:
        pro_ls = []
        for i in range(arg.device_num):
            pro_ls.append(Thread(target=implement, args=(arg, i,)))
        for i in pro_ls:
            i.start()
```

该程序默认每300ms采集一张图片，也可以根据需要修改采集时间间隔。程序运行后，就可以用SenseCAP A1101摄像头对准要采集的目标进行图像采集。此时计算机会自动新建一个名为“save_img”的文件夹，采集到的照片会实时存储在该文件夹内（见图5），同时也可以实时获得摄像头数据（见图6）。

图5 实时存储采集的照片

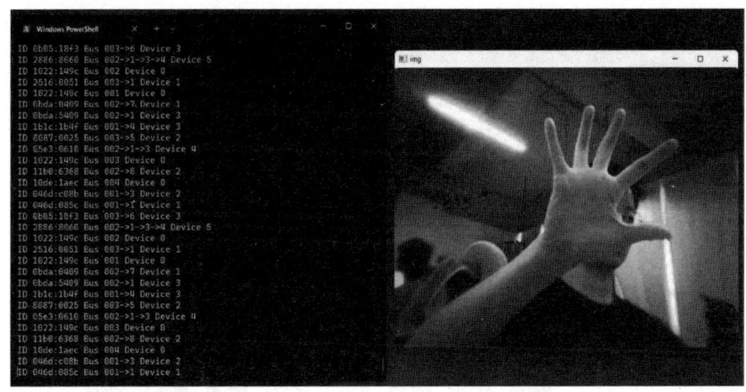

图 6 实时获得摄像头数据

本项目是想让设备分辨剪刀、石头、布的手势，所以我分别对剪刀、石头、布的手势各自做了一定数量的图像采集。办公室的背景比较繁杂，灯光效果也不好，这些对于数据集的质量都会有一定影响，但是这里为了示范，也同时想验证不同采集质量下模型的识别率，就简单地在办公室环境进行了采集。

拍摄完足够的图像后，停止拍摄，退出图像采集。

（3）重新烧录原始设备固件

因为图像采集固件是单独的固件，和 SenseCAP A1101 设备出厂固件不一致，在完成图像采集后，需要将 SenseCAP A1101 内部的固件更改回原始状态，以便再次加载对象检测模型进行检测。参照前文烧录图像采集固件的步骤，不再赘述。

2. 图像标记

Roboflow 是一款在线标注工具，可以很方便地上传图像，对所有图像进行标注，生成数据集，将数据集导出为 .zip 文件或程序，在使用前，我们需要注册一个账号并新建一个项目。

（1）创建项目

首先新建一个项目，设置项目名称，项目类型选择“Object Detection（Bounding Box）”（见图 7）。

（2）上传图片

我们可以在“Upload”栏目里将设备采集到的图像数据用直接拖曳或文件夹选取的方式上传到 Roboflow（见图 8）。

图片上传完成后，可以根据需要，调整“Train”“Valid”“Test”数据的比例（见图 9），分别用于训练、验证和测试。

（3）进行标记

在“Annotate”栏目对每张图片中需要识别的地方进行框选，然后打上设定好的数据标签，这里我设置的是

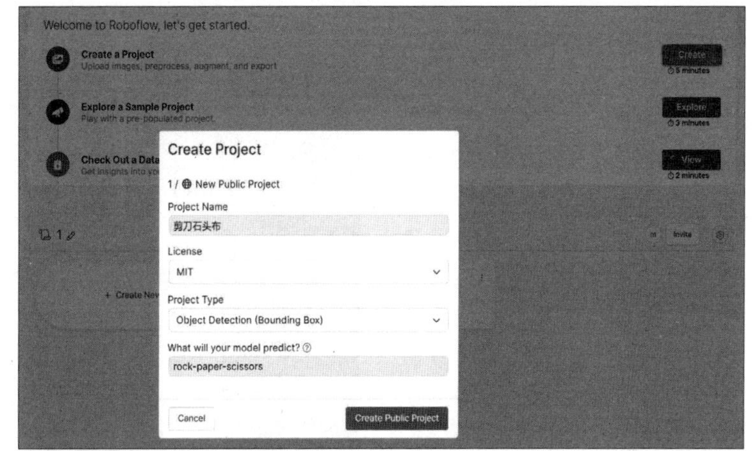

图 7 创建项目

图 8 上传图片

“Scissors”“Rock”“Paper”分别对应“剪刀”“石头”“布”。因为图片数量较多，标注起来需要有耐心，更多的数据输入才能保证更高的准确度，这里只是演示，我只采集和标注了 296 张图片（见图 10），对于模型训练来说，这是一个非常小的数据集。

在“Preprocessing”一栏，建议将

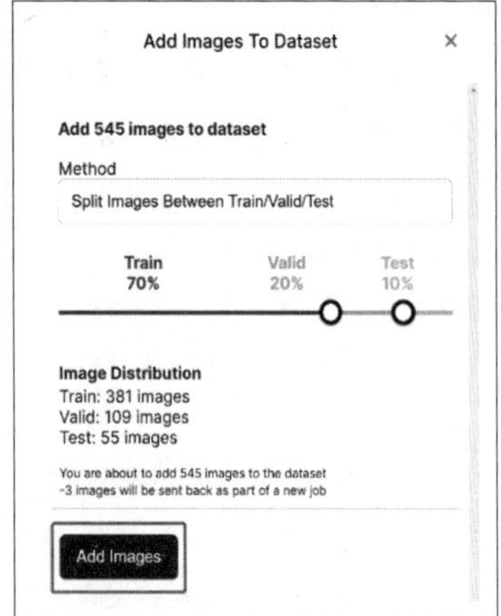

图 9 调整“Train”“Valid”“Test”数据的比例

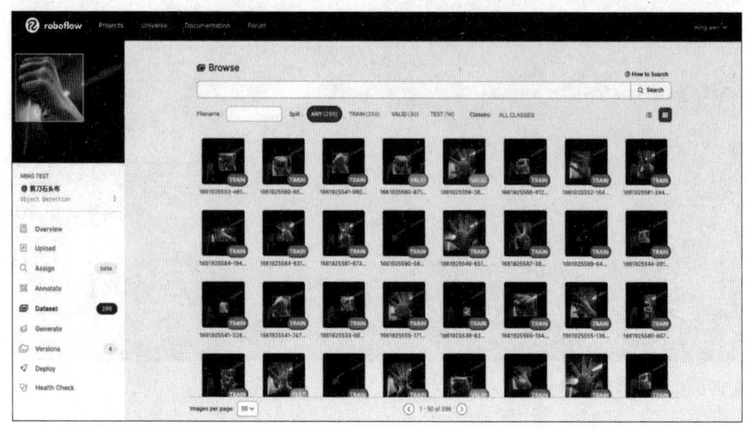

图 10 采集和标注图片示例

图像大小更改为 192 像素 ×192 像素，因为后续将使用这个大小进行训练，并且训练速度很快。否则需要在训练过程中将所有图像转换为 192 像素 ×192 像素，这会消耗更多的 CPU 资源，使训练过程变得缓慢。

（4）导出模型

完成数据集设置后，就可以在“Generate”栏目生成数据集了，可以根据不同的图片设置生成不同的数据集版本，生成后可以导出为程序，也可以直接导出为 .zip 文件。在这里，我们需要导出为程序，选择“YOLO v5 Pytorch”格式，最后单击“Continue”，模型导出过程如图 11 所示。

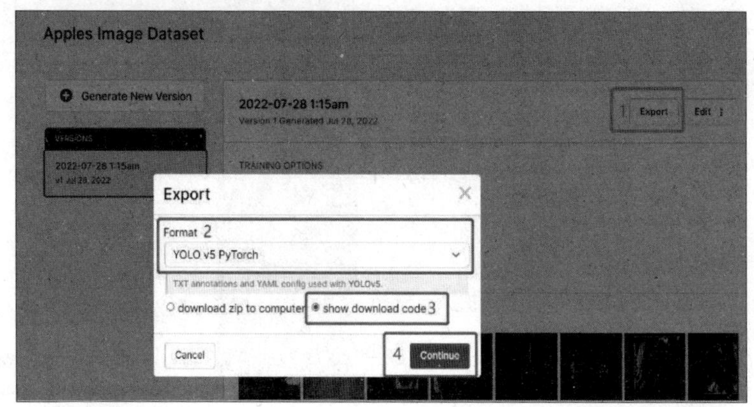

图 11 模型导出过程

在导出程序的页面，我们需要将整段程序复制下来，在下一步训练模型的时候将会用到。你会得到一个被遮盖的 api_key（见图 12），请不要和别人分享。

3. 模型训练

模型训练可以在本地计算机进行，也可以在云服务器上进行，提供模型训练的云服务平台有很多，我们这里选择 Google Colab 和矽递官方提供的训练程序，不需要自己编写程序，导入数据集后，跟着程序运行就可以完成一站式训练流程。

Google Colab 主要完成以下内容。

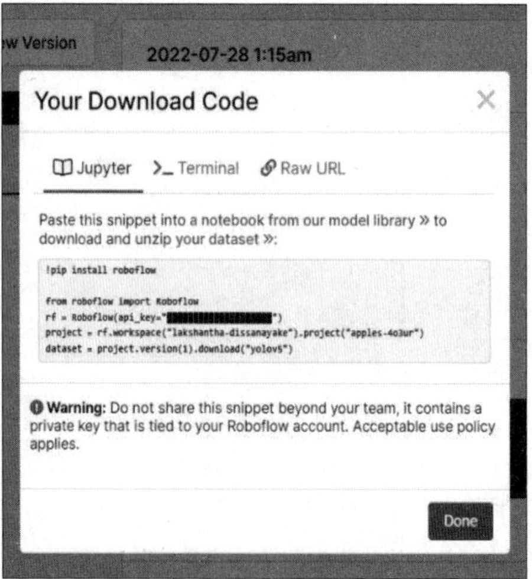

图 12 被遮盖的 api_key

- 建立训练环境。
- 导入数据集。
- 采用 YOLOv5 算法进行模型训练（见图 13）。
- 下载训练好的模型。

单击每一段的程序，我们会直接看到运行的过程和结果。

在“Step4”的程序框里，我们将刚才在 Roboflow 导出的模型程序全部复制进去，替换掉原有内容，然后单击左侧运行按钮，替换程序步骤如图 14 所示。

最后，我们将得到一个名为 model-1.uf2 的模型文

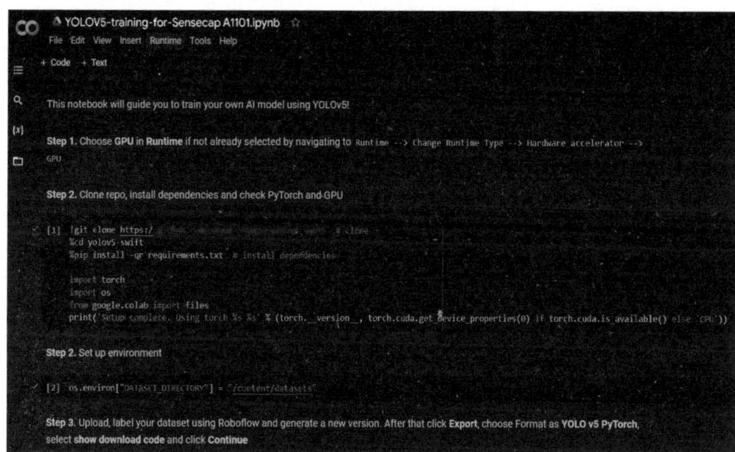

▌图 13 采用 YOLOv5 算法进行模型训练

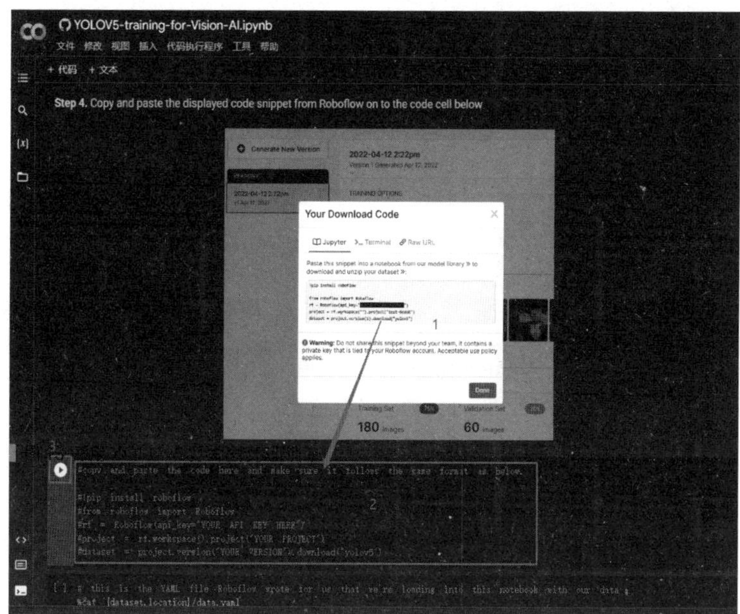

▌图 14 替换程序步骤

件，这时，我们就可以将训练好的模型部署到 SenseCAP A1101 设备中了。

4. 设备部署

设备部署包含两个步骤，将模型部署到设备上，再将设备部署在实际使用场景里。这里我们缺乏实际可部署的场景，只作为模型验证使用。

烧录模型的过程和烧录固件流程是一样的，通过 USB Type-C 将 SenseCAP A1101 连接到计算机，双击设备上的配置按钮进入大容量存储模式，将模型文件直接拖到弹出的 VISIONAI 的驱动器，驱动器闪退就代表模型烧录成功。SenseCAP A1101 一共支持添加 4 个模型，如果用户有多个模型需要烧录，只需要重复上述步骤即可。

验证模型

一切准备就绪，我们可以通过计算机和手机 App 来测试我们的模型输出的结果了！

1. App连接

首先打开下载好的 SenseCAP Mate App。如果没有 SenseCAP 的账号，需要先注册。在 Config 配置页，选择 Vision AI Sensor，长按设备配置按键 3s，蓝灯闪烁进入蓝牙模式，在 Select Device 页面选择搜索到的对应的设备 SN 进行连接。

2. 设备配置

App 连接设备后，在设置页面进行以下配置。

- Platform 指数据传输到的云平台，选择“SenseCAP for Helium”。
- Algorithm 指选择算法类型，选择“Object Detection”。
- AI Model 选择“User Defined”，即用户自定义的模型。
- Frequency Plan 指频段计划，这里任意选择一个，频段和网关使用的频段对应即可。
- Uplink Interval 指设置每隔多久上传一次数据到云平台，根据 LoRa 的低功耗特性，一般设置在 5min 以上。
- Packet Policy 选择默认“2C+1N”模式即可。

设置完成后，单击“Send”发送，然后回到 General 页面，单击“Detect”按钮开始检测（见图 15）。

3. 网页端显示

将 SenseCAP A1101 通过 USB Type-C 数据线连接到计算机，此时计算机会弹出一个弹窗。单击这个弹窗，即可进入实时检测的预览界面。

我们可以观察到，在图像识别的界面（见图 16）中，红色框中就是设备识别到的被检测目标，第一个数字 1、2、3 分别代表数据标签，第二个数字代表置信度百分比。实时检测预览中不会显示数据集中定义的数据标签，只会显示数值作为区分，从结果看到，1对应“石头”，2对应“布”，3对应“剪刀”。一些特殊的、不在数据集内的手势，设备根据其特征，也做出了一个判断并给出一个置信度，但置信度较低，只有77%。

将数据上传到云平台

除了可以在本地直接连接计算机查看实时检测数据，这些数据还能以App配置的时间间隔上传到SenseCAP云平台或第三方云平台，在SenseCAP云平台上，我们可以通过手机端或计算机端查看周期内的数据并进行图表化显示。SenseCAP的云平台和SenseCAP Mate App用的是同一个账号系统。

因为本项目重点在于讲述模型训练过程，就此略去云平台数据展示的部分，有兴趣的读者可以到SenseCAP云平台尝试添加设备和查看数据。

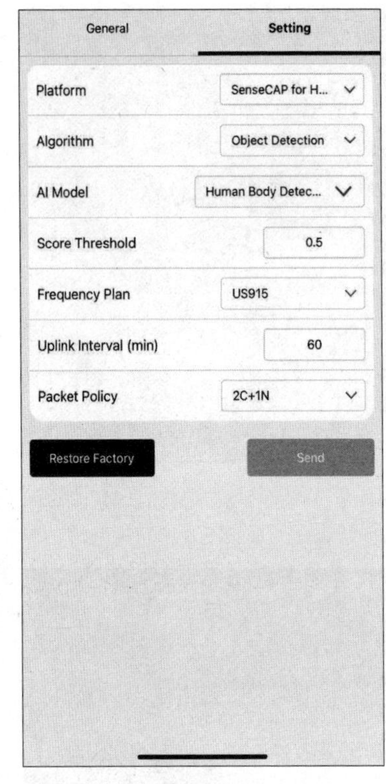

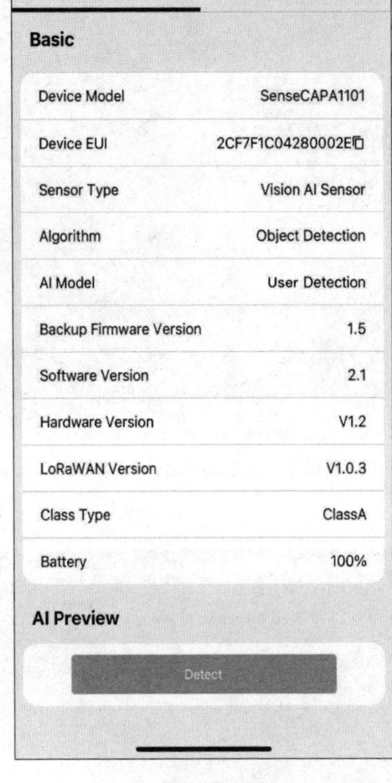

图15 设置完成后检测

结语

总的来说，这次训练得到的模型基本能够判断出我们想要识别的3个主要目标，但未能实现非常高的精确度，会对一些相似的目标产生误判，总结原因如下。

- 数据集数量相对较小，不足以让算法深入学习并给出可靠的模型和高精度的结果。
- 数据采集的环境不理想，强光反射、繁杂背景等因素对数据集的质量产生影响。
- 识别的两个目标共同特征多，区分度不够明显，如“布”实际包含了“剪刀”的大部分特征。
- 仅通过通用算法进行了一次简单的训练，未通过后续的判断结果继续多次训练优化模型以得到理想效果。

通过这次案例，我们一起体验了机器学习模型训练中数据采集、数据标记、模型训练、设备部署的完整模型训练流程，相信即使是以前从未接触过机器学习的读者，也会对机器学习和图像识别有了初步了解。希望这个项目会为对人工智能感兴趣的开发者打开人工智能学习的大门！

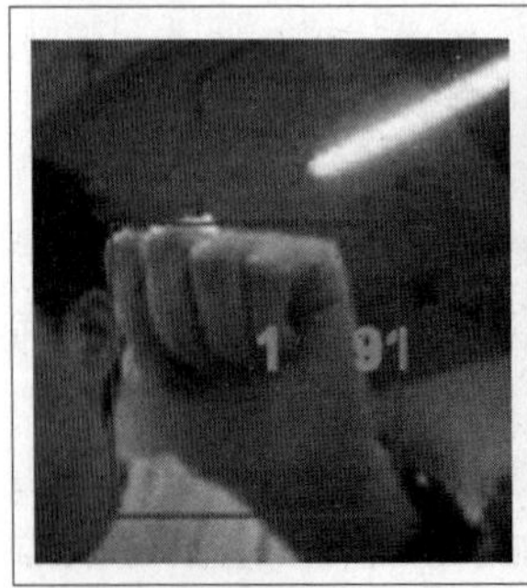

图16 图像识别的界面

智能移动助手

张浩华 柴欣 程骞阁 胡煦

这是一款基于Arduino设计的智能移动助手，智能移动助手可以承担材料运输、搬运、组装等任务，有效提高生产效率，减少人力成本。同时，智能移动助手的自主导航和避障功能，可以保证设备安全。

功能介绍

本文介绍了智能移动助手的控制方式和功能，控制方式包括两种：红外遥控和手机蓝牙控制。另外智能移动助手还具有四大功能：避障功能、寻光功能、跟随功能和 AI 物体识别功能，这 4 种功能可以让移动助手在复杂的环境中实现自动化的移动和操作。

硬件介绍

主控板

主控板选择的是 Arduino UNO 的兼容板（见图 1），它是一块功能强大的开发板，拥有 ATmega328 PMCU。它还支持 USB 调试、扩展 I/O 端口、5V 正电压输出。

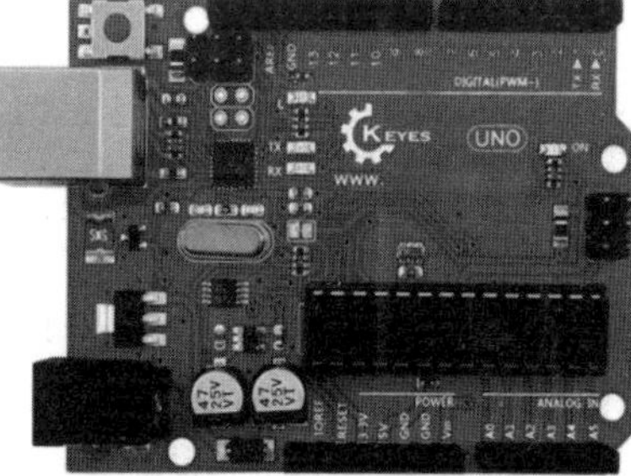

图 1 Arduino UNO 的兼容板

图 2 Keyes brick L298P 电机驱动扩展板

扩展板

Keyes brick L298P 电机驱动扩展板（见图 2）是专为 Arduino 和其他主控板开发的电机驱动板，可通过 PWM 控制电机的速度和正反转，有效地控制交流电机。此外，它还具备 EMC 抗干扰功能，可以非常稳定地运行，是一款非常优秀的电机驱动扩展板。

哈士奇识图（HuskyLens）和蜂鸣器

哈士奇识图（见图 3）是一款面向 Arduino 的智能视觉传感器，自带 2.0 英寸 IPS 显示屏，操作简便，并且内置多种视觉感知回路，能够以最简单的程序开发出复杂的物体识别功能。蜂鸣器（见图 4）是一种能发出类似蜂鸣声音的元器件，可进行声音提示。

超声波传感器、光敏电阻和舵机

超声波传感器（见图 5）是一种通过发射超声波并检测反射回来的超声波测量物体之间距离的传感器，可以检测环境中物体的间距。光敏电阻（见图 6）是一种

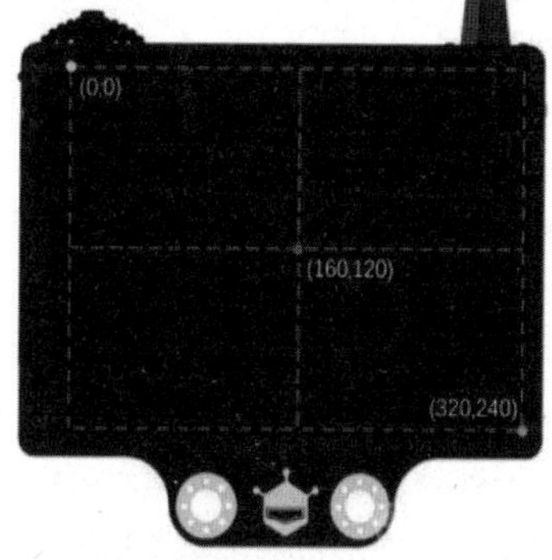

图 3 哈士奇识图

图 4 蜂鸣器

▌图5 超声波传感器

▌图6 光敏电阻

▌图9 红外接收传感器

用来感知光照变化的元器件，它可以检测环境光照强度，让智能移动助手朝着强光的方向移动。智能移动助手采用舵机（见图7）进行方向控制。

蓝牙模块、红外接收传感器和LED灯板

蓝牙模块（见图8）用来连接手机App，通过手机控制智能移动助手的运动状态和模式。红外接收模块（见图9）搭配遥控器（见图10）一起使用，也可以对智能移动助手进行操纵。LED灯板（见图11）用来显示停止、前进、左转、右转等图案。

▌图7 舵机

▌图8 蓝牙模块

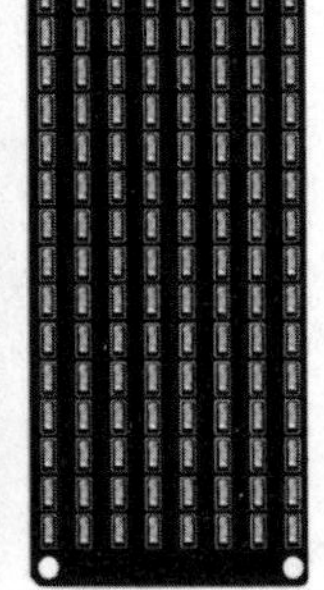

▌图10 红外遥控器 ▌图11 LED灯板

硬件连接

首先将主控板和扩展板连接在一起，再将设备所使用的各个传感器都连接在相应的引脚上（见图12）。

LED灯板有4个引脚，在扩展板上分别将GND接至G引脚，VCC接至5V引脚，SDA和SCL分别接至A4和A5引脚。哈士奇识图有4个引脚，分别是正、负、T、R引脚，其中将正、负引脚分别连接到扩展板的5V和G引脚上，T和R分别与另外两个A4、A5引脚相连接。舵机有3个引脚，相对应连接在A0、5V、G引脚上。

红外接收传感器有3个引脚，将S接至D3引脚，VCC接至5V引脚，GND接至G引脚。智能移动助手有两个光敏电阻，左边的光敏电阻接至A1引脚，右边的光敏电阻接至A2引脚，VCC接至5V引脚，GND接至G引脚。蜂鸣器有3个引脚，I/O接至D11引脚，GND和VCC接至G、5V引脚。超声波传感器有4个引脚，GND接至G引脚，Echo接至D13引脚，Trig接至D12引脚，VCC接至5V引脚。蓝牙模块的4个引脚RX、TX、GND、VCC分别接至扩展板TX、RX、G、5V引脚。

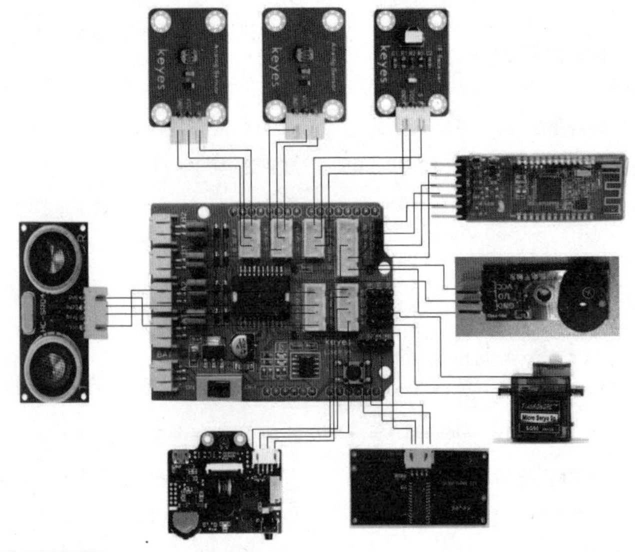
▌图12 电路连接图

图13 App图标

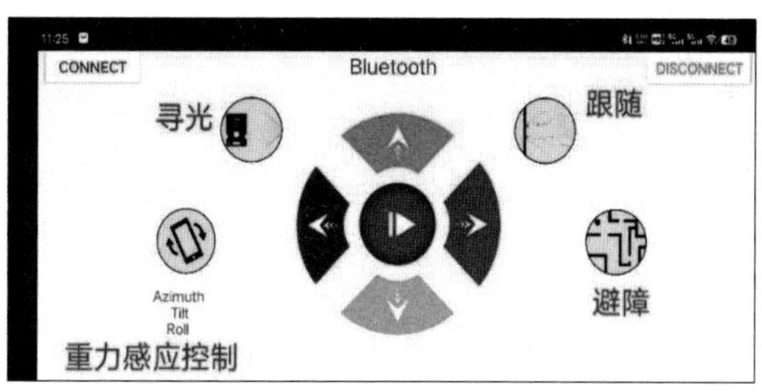

图14 App打开界面

软件系统

在手机上下载Tank Car App（见图13），App打开界面如图14所示，连接蓝牙后，蓝牙模块的红灯会停止闪烁，在手机上就可以对智能移动助手进行状态操控和模式选择，在这个界面可以看到寻光、跟随、避障和重力感应控制功能，Azimuth 重力感应控制是无线远程控制，可通过重力感应传感器获取控制信号，从而实现远程控制。

智能移动助手搭载了一块LED灯板，通过控制LED的亮灭，设计想要的图案。一个字节有8位，每一位的值可以是0或1，值为0时熄灭LED，为1时点亮LED，一个字节就可以控制点阵一列的LED亮灭，16个字节就可以控制16列LED。按照这个原理，我们需要对前进、后退、左转、右转、停止等图案进行建模，将相关的数据应用到程序中。

程序编写

本作品采用Arduino IDE编写程序，选择正确的开发板和端口，对智能移动助手进行初始化设置后，对智能移动助手设置控制方式，蓝牙控制和红外遥控程序如程序1所示。

程序1

```
void loop( ) {
  if (Serial.available() > 0) {
//接收到蓝牙信号
    blue_val = Serial.read();
//将接收到的信号赋给blue_val
    Serial.println(blue_val);
//串口监视器显示蓝牙信号
    switch (blue_val) {
      case  'F':  advance();
        break;    //接收到F前进
      case  'B':  back();
        break;    //接收到 B后退
      case  'L':  turnL();
        break;     //接收到L左转
      case  'R':  turnR();
        break;    //接收到R右转
      case  'S':  stopp();
        break;   //接收到S电机停止转动
      case  'Y':  follow();
        break;  //接收到U，进入跟随模式
      case  'U':  avoid();
        break; //接收到 Y，进入避障模式
      case  'X':  light_follow();
        break;   //接收到X，寻光模式
      if (irrecv.decode(&results)) {
        //是否接收到红外遥控信号
   IR_val = results.value;
   Serial.println(IR_val, HEX);
//串口打印数据
   switch (IR_val) {
      case 0xFF629D:  advance();
       break;  //前进
      se 0xFFA857:  back();
       break;  //后退
   case 0xFF22DD:  turnL();
        break;  //左转
    case 0xFFC23D:  turnR();
      break;  //右转
    case 0xFF02FD:  stopp();
  break;  //停止
```

智能移动助手的超声波传感器在检测到前方有障碍物时，如果处于跟随模式，在与障碍物的距离小于8cm时后退，在与障碍物的距离为8~13cm时停止，在与障碍物的距离为13~35cm时跟随物体前进，具体如程序2所示。

程序2

```
distance = get_distance();
//调用测距函数
  if (distance < 8 ) {//如果与障碍物的距离小于8cm    back();//后退 }
      else if (distance >= 8 &&
distance < 13) { //如果与障碍物的距离大于等于8cm，小于13cm
      stopp();//停止  }
      else if (distance >= 13 &&
distance <= 35 ) { //如果与障碍物的距离大于等于13cm，小于35cm
      advance();//跟随  }
      else {//如果以上都不是
          stopp();//停止
```

如果处于避障模式，与障碍物的距离在0~20cm，舵机旋转测量左右两侧障碍物距离，及时修正道路方向。在紧急情况下，智能移动助手可以自动停止，具体如程序3所示。

程序3

```
if (distance > 0 && distance < 20) {
//如果距离小于20cm且大于0cm
  stopp();//停止
  delay(100);
  myservo.write(180); //舵机转到180°
  delay(500);
  distance_l = get_distance();
//获取超声波与左侧障碍物的距离
  delay(100);
    myservo.write(0); //舵机转到0°
    delay(500);
    distance_r = get_distance();
//获取超声波与右侧障碍物的距离
    delay(100);
  if (distance_l > distance_r) {
//比较距离，如果左边大于右边
 turnL();  //向左转
```

通过左右光敏电阻检测智能移动助手左右的光照强度，读取对应的模拟值，然后控制两个电机转动，可以让智能移动助手跟随光源方向移动，实现智能寻找和定位，具体如程序4所示。

程序4

```
while (light_flag) {
  left_light = analogRead(A1);
//左边光敏电阻接A1
  right_light = analogRead(A2);
//右边光敏电阻接A2
  if (left_light > 650 && right_light
> 650) { //左右数值超过650
  advance();   //前进   }
    else if (left_light > 650 &&
    right_light <= 650) {
    turnL(); //左转 }
    else if (left_light <= 650 &&
right_light > 650) {
    turnR(); //右转  }
    else if (left_light <= 650 &&
right_light <= 650) {
      stopp();//停止
```

哈士奇识图是一款简单易用的AI视觉传感器，在物体识别功能下，默认设置为只标记并识别一个物体，在这里我们可以训练为识别多个物体。当显示屏顶部显示“物体识别”时，长按“功能”按键，进入物体识别功能的二级菜单参数设置界面，设置为学习多个物体，如图15所示，

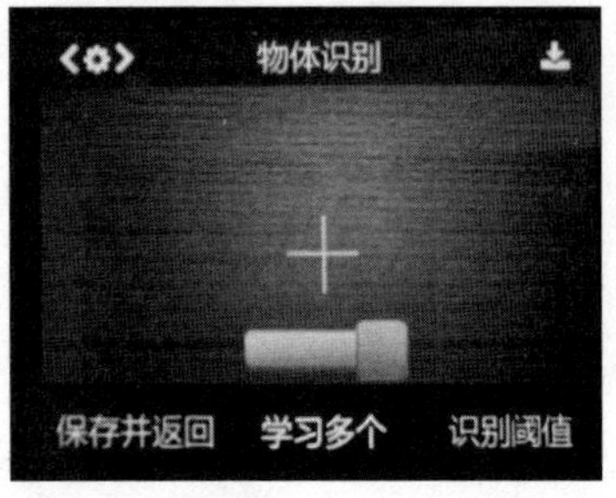

图15 设置学习多个

然后保存并返回，即可学习多个物体。在这里我们将哈士奇识图与蜂鸣器相结合，在检测到学习过的物体时，智能移动助手可以进行声音提示。

成品展示

最终制作完成的智能移动助手如图16所示。

结语

实验结果表明，本项目的运动跟踪方法有效可靠，且能够达到较高的准确度和稳定性，具有便于操作、智能化程度较高等特点，让智能移动助手能够通过自动跟踪、自动避障等功能实现智能控制。

图16 智能移动助手

传统的电路板制作工艺——热转印法

王霞燕 胡元

热转印法是目前制作少量电路板的最佳选择，它利用了激光打印机墨粉的防腐蚀特性，具有制板速度快、精度高、成本低等特点。下面向大家介绍一下以热转印法印制电路板的过程。

推荐参数

建议线宽不小于0.5mm，线间距不小于0.25mm。为确保安全，线宽推荐为0.89mm，大电流一般要再加宽。为布通线路，局部线宽可以小到0.5mm，但要谨慎使用。导线间距、焊盘间距要大于0.25mm。

布线原则

印制电路板在布线时尽量布成单面板，无法布通时可以考虑跳接线，仍然无法布通时可以考虑使用双面板，但考虑到焊接时要焊两面的焊盘，并排双列或多列封装的元器件，在顶层不要设置焊盘（不要在顶层有连线）。布线时要合理布局，甚至可以调换多个单元器件（比如6非门）的单元顺序，以有利于布通。尽量使用手工布线，自动布线往往不能满足要求。

焊盘参数

在实验室进行以热转印法制作印制电路板时，内径为0.8mm孔的焊盘，外径要在1.8mm以上，推荐设为2mm，否则会因为打孔精度不高损坏焊盘。孔的内径可以全部设在0.38 ~ 0.76mm范围内，不必是实际大小，以利于钻孔时钻头对准。

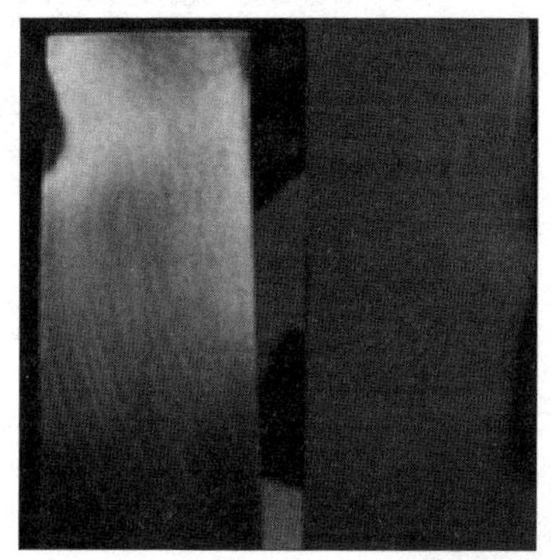

图1 打磨好（左）与未打磨（右）的覆铜板

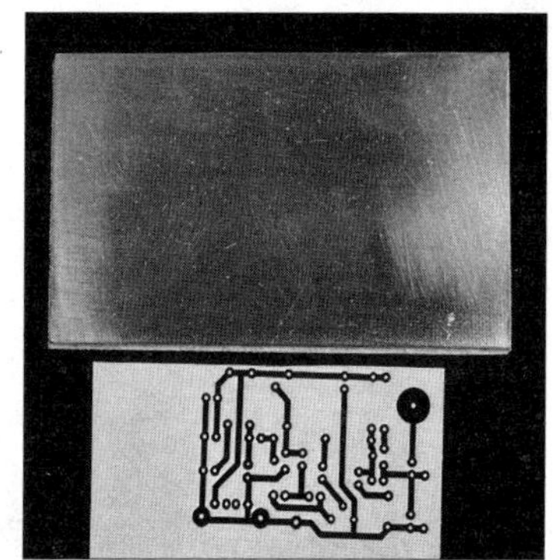

图2 电路板与热转印纸

电路板上的文字方向

电路板底层的字要设置镜像，顶层的文字不需要镜像，这样制作完成的电路板上的字的方向才是正的。

制作过程

以热转印法印制电路板方法简单，但是为了提高我们制作的质量和效率，需要注意的事项和技巧较多，制作步骤如下。

打印

打印时需要将我们画好的电路打印在热转印纸的光面上，这里只能用激光打印机打印，不能用喷墨打印机。

打磨

将覆铜板按照电路的需要裁剪好，然后将边缘的一些毛刺用砂纸打磨，使其光滑，加强油墨的附着性。打磨时要轻，只需要磨去覆铜板表层氧化膜，尽量不要伤害到铜，避免打磨过度使覆铜板上的铜皮太薄。最后用水清洗，用干净、柔软的布擦干。图1所示为打磨好与未打磨的覆铜板。

转印

需要先把热转印机的温度调节到195℃ ~ 200℃，热转印纸上的电路四周的空白处只保留一边约为3cm的白边，其他3边裁剪掉，这样可以方便对齐覆铜板。热转印机的温度到达195℃之后，将

图 3 热转印过程

图 5 腐蚀覆铜板

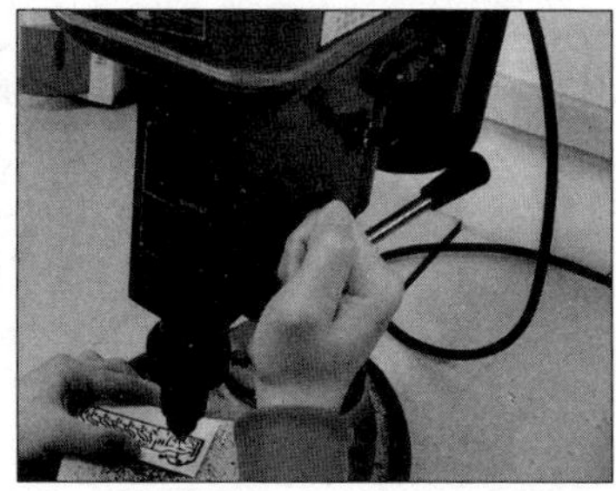

图 7 给电路板钻孔

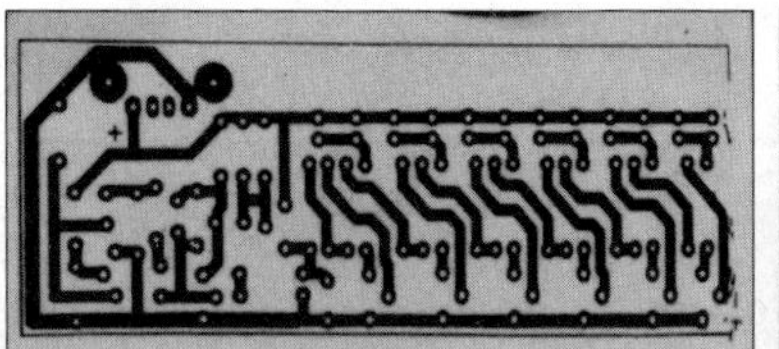

图 6 冲洗干净的电路板

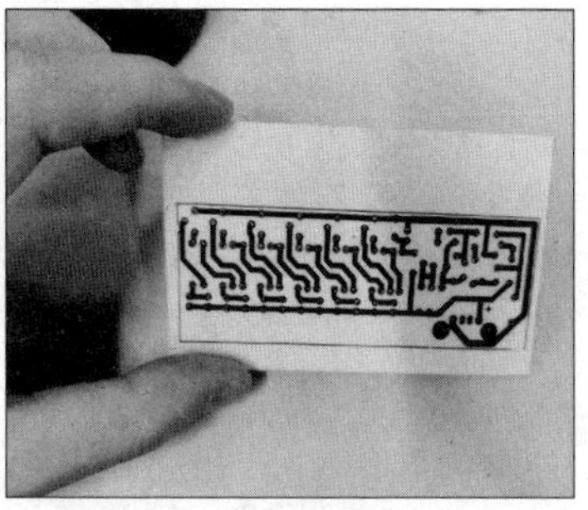

图 8 钻完孔的电路板

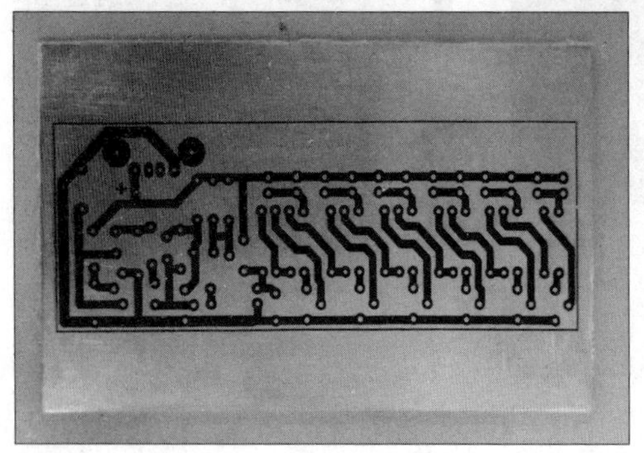

图 4 转印好的覆铜板

热转印纸有电路的一面贴到覆铜板上（只将热转印纸上约 3cm 空白的一边折叠包裹），用手指摁住板子与转印纸，小心地送入热转印机中，直至其进入热转印机约三分之一时松手，一般只要转印一遍即可，电路板和热转印纸如图 2 所示，热转印过程如图 3 所示。

热转印完成后的电路板很烫，等待它自然冷却，然后揭开热转印纸的一个角，观察电路是否完整地转印到了覆铜板上。如果没有完全转印，可以再转印一遍。但一般不超过 5 遍，这样 PCB 线路就转印到覆铜板上了。图 4 所示为转印好的覆铜板。

修图

对于覆铜板上断掉和不完整的油墨线，可以使用油性笔来填涂完整。这里需要注意不能使用易溶于水的水性笔。在用油性笔填涂补线时，可以稍微少涂一点，也不要造成不必要的连接短路。如果断线不是很严重，这一步也可以暂时不做，腐蚀后断掉的少量铜线可以用金属线补上。

腐蚀

配制三氯化铁饱和溶液进行腐蚀。往温水中倒入三氯化铁固体，直到刚好不再溶解则溶液饱和，且配置的溶液能淹没电路板即可。将转印成功后的覆铜板铜箔面朝上，放入饱和溶液中，注意观察蚀刻进程，直到腐蚀完成，立即取出。腐蚀覆铜板如图 5 所示。

冲洗

使用流水冲洗腐蚀完成后的覆铜板，若不马上清洗干净，还会继续反应，将电路腐蚀断线。清洗干净后擦干即可。冲洗干净的电路板如图 6 所示。

钻孔

我们一般准备直径 0.8mm、1.0mm、1.2mm 这 3 种规格的钻头给电路板钻孔。先将所有焊盘用 0.8mm 的钻头钻孔，然后再观察元器件引脚的粗细情况，分别用 1.0mm 或 1.2mm 的钻头将需要的焊盘孔扩大。在安装螺丝的位置，我们还可能会用到直径 3.0mm 的钻头。给电路板钻孔如图 7 所示，钻完孔的电路板如图 8 所示。

可焊性处理

钻完孔后，此时黑色的油墨还附着在电路板上，暂时没必要清除，它能够保护下面的铜线免遭氧化。等到焊接前，再用水砂纸在流水中将上面的墨粉清除，擦干后需立即涂上松香或焊锡膏（见图 9），这样可以避免焊盘因氧化而“不吃锡”。

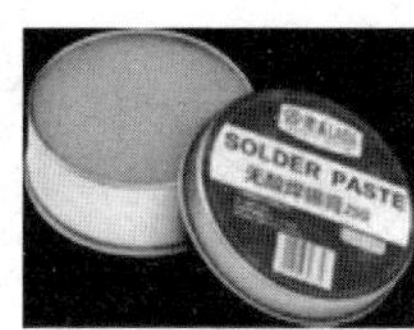

图 9 松香或焊锡膏

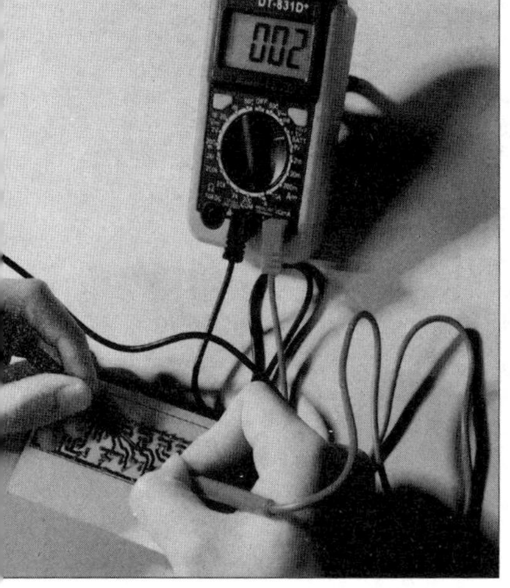

图 10 电测法检测

电路板质量检测

在打印、热转印、腐蚀等过程中有可能造成电路板断线，所以在焊接之前还需要检测一下电路板的质量，主要检查断线和短路等情况。将电路板上的铜线和正确的电路进行比对，找出错误的地方，并将其修复。检测方法主要有目测法和电测法。目测法就是用眼睛观察，有条件的也可以借助放大镜。电测法通常是指借助万用表的电阻挡或者蜂鸣挡来进行检测，如图 10 所示。电路板制作完成以后，就可以进行焊接了。

电路板焊接方法

（1）准备施焊：电烙铁头和焊锡靠近被焊工件，并认准位置，处于随时可以焊接的状态，此时保持电烙铁头干净、可沾上焊锡。

（2）加热焊件：将电烙铁头放在焊接位置进行加热，电烙铁头接触热容量较大的焊件。

（3）熔化焊锡：将焊锡丝放在被焊接的工件上，熔化适量的焊锡，在送焊锡过程中，可以先将焊锡接触电烙铁头，然后移动焊锡至与电烙铁头相对的位置，这样做有利于焊锡的熔化和热量的传导。注意焊锡一定要润湿被焊工件表面和整个焊盘。

（4）移开焊锡丝：待焊锡充满焊盘后，迅速拿开焊锡丝，待焊锡用量达到要求后，应立即将焊锡丝沿着工件引线的方向向上提起。

（5）移开电烙铁：焊锡的扩展范围达到要求后，拿开电烙铁，注意撤电烙铁的速度要快，要沿着工件引线的方向向上提起。焊接过程如图 11 所示。

我们利用热转印法制作了一块电路板，最终成品如图 12 和图 13 所示。

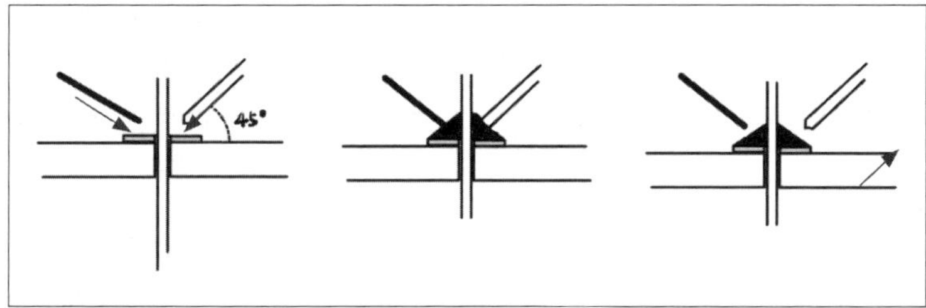

图 11 焊接过程

结语

在掌握了热转印法制作电路板的步骤和技巧之后，用不到半个小时，我们就可以做出高质量的电路板了。大家都可以自己尝试制作属于自己的第一块电路板！

图 12 电路板正面

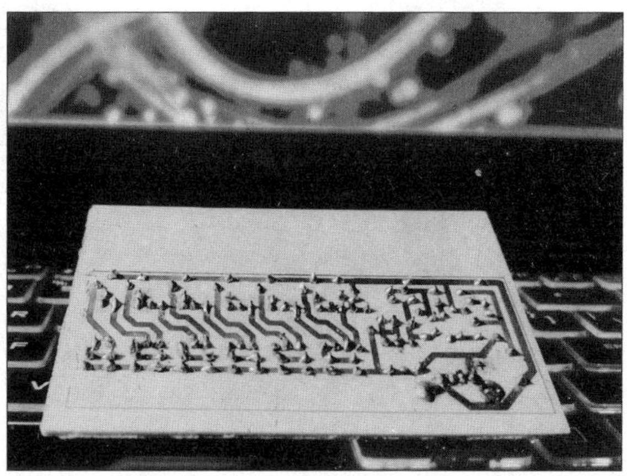

图 13 电路板背面

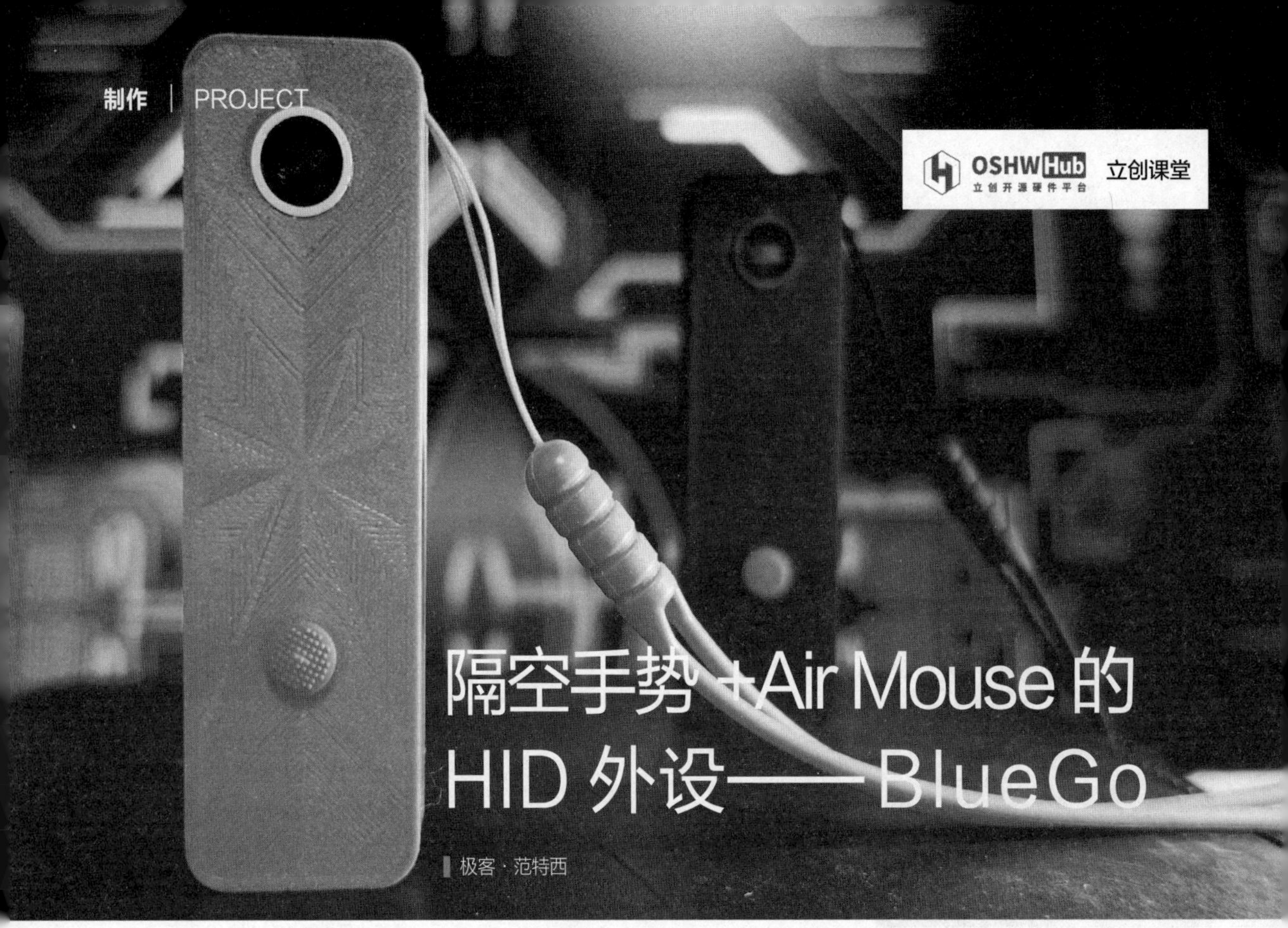

隔空手势+Air Mouse的HID外设——BlueGo

极客·范特西

BlueGo是一款功能丰富的HID（人机接口设备），它基于ESP32芯片开发，集成了手势识别模块、惯性传感芯片和一个5向按钮。此外，它还配备了锂电池和充电管理芯片，具备便携性。通过低功耗蓝牙，BlueGo可以与智能手机、平板计算机、电视机或计算机连接，提供空中鼠标（Air Mouse，简称空鼠）、手势交互和键盘宏等多种功能。用户还可以通过配套的Android App自定义手势和按键的功能。BlueGo的设计和实现为使用者带来了全新的交互体验，使人机交互更加便捷和灵活。最终产品效果如图1所示，左侧为软件渲染效果，右侧为实物图。

复刻BlueGo所需的硬件、软件及其他资料可从立创开源平台获取，搜索关键词“空鼠”“手势操控”“BlueGo”。

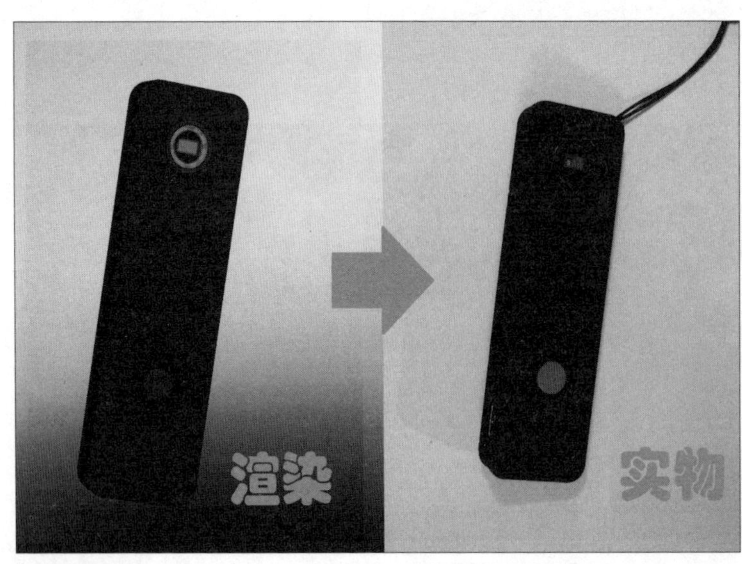

图1 BlueGo

设计起源

华为从Mate 30 Pro开始，在旗舰手机上引入了一项人机交互“黑科技”。手机可使用前置的姿态传感器，实现AI隔空操控的功能。此功能开启后，手掌只要离手机大约20cm，显示屏上就会出现一个小手的图标。用户可以通过上下挥动手腕来上下滑动页面，握拳则可实现截图操作等，整个过程非常流畅自然。

这项功能既炫酷又实用，可以解决许多使用场景中的痛点。举例来说，在学习烹饪过程中，当手上沾满水或油时，频繁触碰手机会不方便且不卫生，此时通过AI隔空操控，用户可以轻松查看菜谱，省去了烦琐的擦拭步骤。此外，在享用小龙虾或螃蟹等美食时，想要浏览短视频也可轻松实现，无须手动接触手机。

作为一个短视频重度用户，我对华为这项隔空交互技术充满艳羡，但作为小米手机用户，只能无奈地望洋兴叹。不过，作为一个电子 DIY 爱好者，我并没有完全放弃。

之前为方便躺在床上浏览短视频，我购买了一个蓝牙设备，通过其按钮可以控制视频页面上下滑动和点赞。配合手机支架，可以实现极佳的躺床浏览短视频体验。有一次在浏览购物网站时，我意外发现了一个隔空手势识别模块，它可以识别 9 种手势，简直让我如获至宝。我突然想到一个绝妙的点子——将这个模块和浏览短视频神器组合在一起，这样不就能实现隔空操控了？于是，我立刻开始着手将这个创意变为现实。

设计思路

我设想的是制作一个集成多种功能于一体的智能设备。首先，它是一个蓝牙外设，考虑到续航时间问题，我计划使用低功耗蓝牙（BLE）技术。其核心功能是识别各种手势，并将手势转换为手机的操控指令。同时，也需要保留实体按钮，用于其他场景下的操作。如果仅局限于操控手机，功能会过于单一。所以，我计划融合空鼠的功能，这样不仅可以控制手机，也可以操控支持鼠标操作的其他设备，如计算机、电视机、平板计算机等。

实现原理

对于所需的功能，我有了清晰的构想，但具体的实现方案还不是很明确，我决定从研究浏览短视频神器的工作原理入手。一开始，我猜想这款神器能浏览短视频，可能是通过调用统一的接口来实现的。然而，通过一番搜索后，我并没有找到抖音、快手等短视频应用有统一的接口供使用。因此，我推测它是通过模拟手指触摸操作来实现的。为验证这一猜想，我在相册应用中尝试使用浏览短视频神器，结果确认相册列表确实会响应它的操作。为了清楚地看到操作细节，我在手机（Android）开发者选项中打开了“显示点按操作反馈”和“指针位置”。这下，所有的操作触摸轨迹都清晰可见，因此我可以如法炮制。首先获取手势传感器设备信号（例如上下左右方向的挥手），然后转化成相应的触摸操作发送到手机上。方向按键操作也同理。

隔空手势的实现原理已经搞定，接下来是空鼠的实现。空鼠与普通鼠标的不同之处在于，它需要将设备在空间的运动转化为鼠标指针的运动，而后者仅在平面上运动。一种思路是使用陀螺仪，另一种思路是使用加速度计。通过陀螺仪，设备可以采样其在某两个维度上的旋转角速度，然后乘以采样间隔时间，近似地计算出角度的变化，并将其转化为鼠标在 X 和 Y 轴上的位移。例如，如果采样间隔为 10ms，设备获取到陀螺仪在 X 轴的角速度是 10(°)/s，近似角度变化为：$10\times0.01=0.1°$，相应地，我们将其转化为鼠标在 X 轴上移动 1 个像素。类似地，使用加速度计时，设备采样在某两个维度上的移动加速度，再乘以采样间隔时间，近似地计算出设备的移动距离，然后再将这个距离转化为鼠标在 X 轴和 Y 轴上移动的像素数。虽然这两种方法都可行，但我决定采用使用陀螺仪的方案，因为它操作更轻松便捷，只需晃动手腕即可移动指针。而使用加速度计时，则需要移动设备的位置来操控指针，相对比较费力。

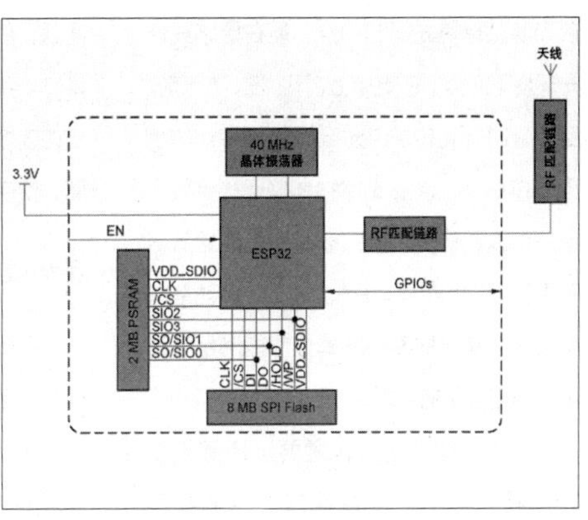

图 2 ESP32-PICO-V3-02 封装内容

芯片选型

手势操控和空鼠的实现原理已经理清了，现在让我们来考虑使用什么芯片来实现这些功能。

首先从主控芯片入手，我希望选择一款主流且功能丰富的芯片，这样市面上可以找到更多的参考资料和程序，而且最好还集成了低功耗蓝牙功能。因此，ESP32 系列芯片似乎成为不二的选择。ESP32 系列芯片经过几年的发展已经非常成熟和丰富。经过仔细筛选，我最终选择了 ESP32-PICO-V3-02。这款芯片基于 ESP32（ECO V3）设计，是一款系统级封装（SiP）产品，提供了完整的 Wi-Fi 和蓝牙功能。它在一个封装内集成了晶体振荡器、Flash、PSRAM、RF 匹配链路等外围元器件，不需要额外的外围元器件即可工作，具体封装内容如图 2 所示。这种设计省去了很多电路设计和测试的麻烦，对于第一次设计电路的人来说，这绝对是最保险和可靠的选择。

对于手势识别传感器，市面上的选择相对较少，而 PAJ762U2 是其中比较出众的一款。GY-PAJ7620U2 是由原相科技公司开发的一款手势识别芯片，内部集成了光学数组式传感器单元，可以快速准确地对输入信号进行感应和输出处理。内置光源和环境光抑制功能，能在黑暗或低光环境下工作。它支持上、下、左、右、前、后、顺时针旋转、逆时针旋转和挥动的手势动作识别，以及支持物体接近检测等。用户可以通过 I^2C 接口获取目标原始数据和手势识别的结果。PAJ762U2 的功能非常强大，其灵敏度和准确性都能满足我对隔空操控设备的要求。

要实现空鼠功能，需要选用高精度的陀螺仪芯片，经过比较，我选择了 MPU6500。它集成了 3 轴 MEMS 陀螺仪、3 轴 MEMS 加速度计，以及一个可编程的数字运动处理器（DMP）。该芯片的陀螺仪拥有可编程感测范围为 ±250、±500、±1000 和 ±2000，单位为 (°)/s，噪声率低至 0.01(°)/(s · Hz)。它通过 I^2C 接口与 MCU 通信，时钟频率高达 400kHz。这完全能满足空鼠对精度和响应速率的需求。

功能介绍

BlueGo 主要包含四大功能：空鼠、手势操控、键盘宏和功能自定义。

空鼠

相比普通鼠标，空鼠在某些场景下可以作为很好的补充。使用时，手握设备，上下左右转动手腕控制末端指向即可移动显示器上的鼠标指针。红色按钮为 5 向拨杆式按钮，可以上下左右拨动或向下按压。我把向下拨设为左键，上拨设为右键，向下按压设为中键，这样可以减少左右拨动对指针位置的干扰。

起初我忘记了设计滚轮，考虑到新增硬件的成本，而且滚轮用得比较少，就暂时放弃了。但编写指针控制程序时，我突然意识到 Z 轴和 X 轴数据控制指针移动，是不是可以利用 Y 轴数据实现滚轮？简单验证了一下，这种方案确实可行，逆时针和顺时针转动手腕，就可以控制滚轮上下滚动，操作感觉也不违和。这样虽可用，但存在误操作问题，移动指针时会轻微转动手腕，误触发滚轮。我设置了转速阈值过滤，只有超过一定速度才触发滚轮。这个方案轻松解决了问题，使空鼠具备了完整的鼠标功能。

手势操控

在前文中，我已经介绍了很多关于手势操控的内容。理论上，我可以使用这种方式来实现手机所有的触摸手势。然而，在当前的设计中，我主要将手势操控对象定位为短视频应用。因此，我使用了 GY-PAJ7620U2 传感器的 7 个手势，并将它们映射为在浏览短视频时常用的操作，具体对应关系见表 1。

表 1 手势与手机操作对应关系

序号	手势	手机操作
1	向上挥手	下一条视频
2	向下挥手	上一条视频
3	向左挥手	向左滑动显示屏
4	向右挥手	向右滑动显示屏
5	顺时针转手	在显示屏上双击（点赞）
6	逆时针转手	从显示屏边缘向内滑动（返回）
7	向下按压	在显示屏上单次点击（暂停或播放）

键盘宏

设备还支持简单的键盘宏功能，其内预设了多种键盘按键和组合键操作。这些操作可以映射到 5 向按钮或 7 种手势上，用来操控手机或计算机。

举几个常用的例子。

- 将 5 向按钮的上下方向键映射为键盘上的上下方向键，设备就可以作为 PPT 遥控器使用，通过方向键灵活切换 PPT 页面。
- 将 5 向按钮的中键映射为手机音量键 + 或 - 键，打开手机相机应用，设备就可以遥控拍照。
- 将左右挥手绑定为向左右切换虚拟桌面快捷键（Win+Ctrl+ 左 / 右箭头键），这样可以通过手势快速切换桌面，无须在键盘上寻找快捷键。

通过键盘宏，你可以组合出各种创意的手机或计算机操作方式，提高使用效率。

功能自定义

前面提到的空鼠、手势控制和键盘宏功能并不能同时工作，需要通过配套的 Android App 进行模式切换和设置。设备通过蓝牙连接到 App 后，可以自由切换各功能模式，也可以自定义模式设置。手势和按钮可以映射到各种预设的操作上，实现很多的玩法。现在设备里只预设了一部分手机触摸手势、键盘按键、快捷键组合和电子设备操作。有能力的读者可以自行设计更多的触摸手势，添加更多快捷键，来实现更多有趣的功能。App 主功能界面如图 3 所示。

图 3 App 主功能界面

App 主功能界面包含模式切换列表和同步按钮。系统预设了空鼠、手势控制、按键控制 3 种模式，还预留了 2 种可供用户自行设置的模式“定制 1”和“定制 2”。通过上下滑动，用户可以选择不同的模式，中间高亮显示的即为当前选中的模式。选中模式后，点击右下角的同步按钮，选中的模式即可同步到设备上，并立即生效。此外，点击右上角的 3 个点，然后选择“模式设置”，即可进入模式设置界面。

在模式设置界面上方的 Tab 栏中，用户可以切换到不同模式的设置界面。每种模式的设置选项完全相同，选项的具体说明见表 2，App 模式设置界面如图 4 所示。

5 向按钮和 7 个手势可绑定的操控选项可以分为四大类，见表 3，操控选项界面如图 5 所示。其中手机手势、键盘和电

表 2 选项的具体说明

序号	选项名称	功能解释
1	惯性传感器	此选项控制惯性传感器（IMU）的打开和关闭。此选项打开时其子选项可用，关闭时其子选项不可用
2	陀螺仪	设置陀螺仪可操控的选项，当前只能绑定鼠标指针和滚轮
3	多功能按键	此选项控制 5 向按钮的打开和关闭。此选项打开时其子选项可用，关闭时其子选项不可用
4	上键	设置 5 向按钮上键的操控选项
5	下键	设置 5 向按钮下键的操控选项
6	左键	设置 5 向按钮左键的操控选项
7	右键	设置 5 向按钮右键的操控选项
8	中键	设置 5 向按钮中键的操控选项
9	手势识别传感器	此选项控制手势传感器的打开和关闭。此选项打开时其子选项可用，关闭时其子选项不可用
10	向上挥手	设置向上挥手手势的操控选项
11	向下挥手	设置向下挥手手势的操控选项
12	向左挥手	设置向左挥手手势的操控选项
13	向右挥手	设置向右挥手手势的操控选项
14	手掌接近	设置手掌接近（向下按压）手势的操控选项
15	顺时针转手	设置顺时针转手手势的操控选项
16	逆时针转手	设置逆时针转手手势的操控选项

图 4 模式设置界面

图 5 操控选项界面

表 3 操控选项

序号	操控分类	操控选项
1	手机手势	从显示屏中间开始上滑
		鼠标
		键盘
		电子设备
		在显示屏中间单击
		在显示屏中间双击
		返回键（返回上一级）
2	鼠标	左键
		右键
		中间
3	键盘	上方向键
		下方向键
		左方向键
		右方向键
		空格键
		Enter 键
		切换应用
		下一个虚拟桌面
		上一个虚拟桌面
		最小化所有窗口
4	电子设备	音量加
		音量减
		静音
		电源
		重启
		睡眠

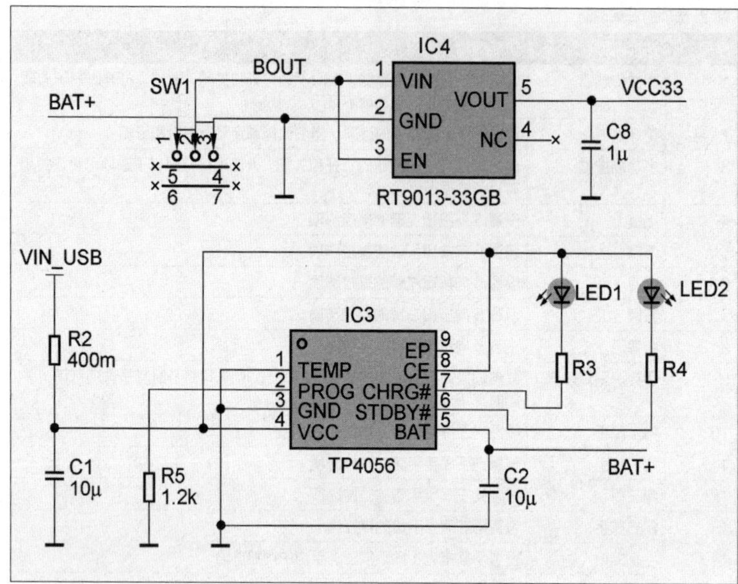

▌图 6 供电电路

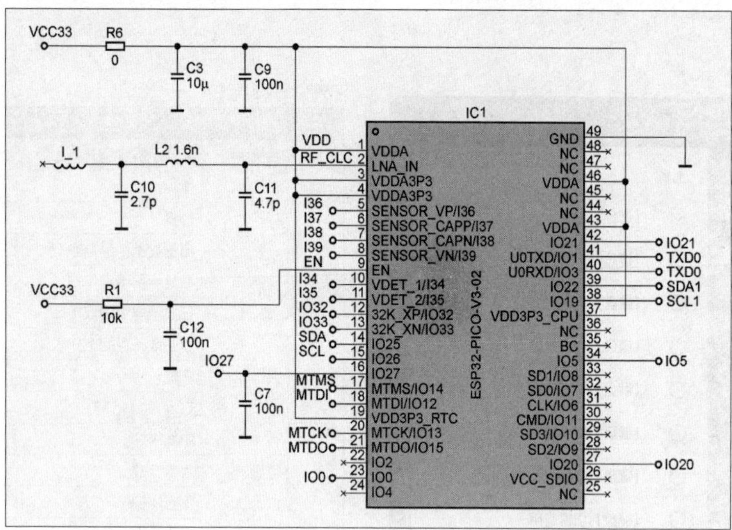

▌图 7 MCU 主控电路

子设备操控只提供了比较常用的选项，有能力的读者可以通过修改源码自行扩充。

电路原理

供电电路

供电电路如图 6 所示。

本设备采用单个 3.7V 锂电池作为电源，经过 LDO 芯片（U4RT9013-33GB）降压至 3.3V 后给各个模块供电。锂电池正极连接 BAT+ 引脚，通过一个滑动开关与 LDO 的电流输入引脚 VIN 和芯片使能 EN 引脚连接，滑动开关可控制电流输入和芯片的使能状态。降压后的 3.3V 电流经 VOUT 输出，经过 C8 滤波后供给各模块。电池的负极可连接至任意 GND 引脚。

锂电池的充电使用了 TP4056，一款性能优异的单节锂离子电池恒流 / 恒压线性充电芯片。通过 USB 接口输入的 5V 电流，经过 R2 和 C1 滤波后输入到芯片的 VCC 引脚。当 USB 接口插入后，充电即可自动开始。芯片输出 4.2V 恒压电流，通过 BAT 引脚输出，经过 C2 滤波后流入电池的正极。PROG 引脚用来控制充电电流，此处使用 1.2kΩ 电阻接地，使芯片可输出 1000mA 电流。TEMP 引脚用来检测电池温度，此处没有使用，直接接地。CHRG# 和 STDBY# 是两个漏极开路状态指示输出端。当充电器处于充电状态时，CHRG# 引脚被拉到低电平，LED1 亮，在其他状态下 CHRG# 为高阻态， LED1 灭；当电池充电结束后，STDBY# 引脚被拉到低电平，LED2 亮，在其他状态下 STDBY# 为高阻态，LED2 灭。

MCU主控电路

MCU 主控电路如图 7 所示。

由于 ESP32-PICO-V3-02 芯片已经高度集成了晶体振荡器、Flash、PSRAM 和 RF 匹配链路，其外部电路设计可以非常简洁高效。以下是供电部分、天线部分和 IMU 等电路的具体设计。

（1）供电部分

LDO 输出的 3.3V 电流经过两个滤波电容（C3 和 C9）后分别连接到 VDDA、VDDA3P3、VDD3P3_CPU 和 VDD3P3_RTC 引脚，从而满足芯片的供电需求。为了确保芯片在上电时供电正常，EN 引脚处采用了 RC 延迟电路。根据官方文档的建议值，使用了 R = 10 kΩ 和 C = 1 μF 的元器件。这样的设计可以稳定地使芯片上电后启动。

（2）天线部分

虽然芯片内部已经集成了 RF 匹配链路，可以直接连接各种天线，但为了增强稳定性，我额外添加了一个 π 形匹配电路，将其连接至一片陶瓷天线。这样的设计在

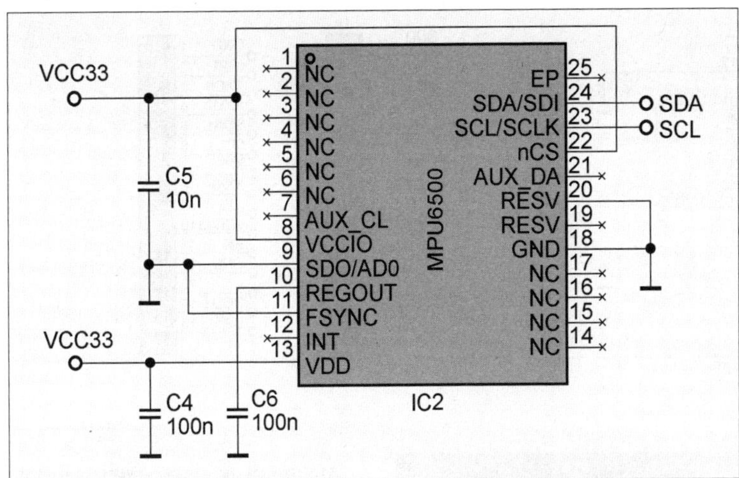

图 8 IMU 电路

保证天线性能的同时，有效节省了 PCB 空间。

其他功能引脚用于连接外围芯片或引出，方便后续功能扩展。以上简洁高效的电路设计，确保了 ESP32-PICO-V3-02 芯片的供电稳定和天线性能，使整个设备的性能得到了优化。

（3）IMU电路

IMU 电路如图 8 所示。

LDO 输出的 3.3V 电流连接到 MPU6500 的供电引脚 VDDIO，同时也通过连接至 nCS 引脚来使能芯片。另外，AD0 引脚用于设置芯片的地址最低位，这里将其接地，将芯片的 I²C 地址设置为 1101000。为了满足芯片的要求，要在 REGOUT 引脚附加一个旁路电容，这里选择 100nF 的容值。最后，SDA/SDI 和 SCL/SCLK 引脚需要与主芯片的 SDA 和 SCL 引脚相连，用于 I²C 通信。通过这些连接，MPU6500 可以与主芯片进行稳定和高效的通信。

（4）手势识别电路

手势识别采用了现成的模块 GY-PAJ7620（见图 9），其与主模块的引脚连接如下。

图 9 GY-PAJ7620

VIN（供电引脚）：可直接接主模块的 VCC33 供电，为手势识别模块提供电源。

I²C 通信引脚：SCL 和 SDA 分别连接至主模块的 SCL1 和 SDA1，实现与主模块之间的 I²C 通信。

INT（中断输出引脚）：连接至 MCU 的 13 引脚，在手势被识别时，输出低电平来触发中断，通知主模块有手势动作发生。

GND（地线）：连接至主模块的任意 GND 引脚即可。

凭借这样的连接方式，主模块能够通过 I²C 通信与手势识别模块进行交互，而中断引脚的连接则使得主模块能够实时感知手势，从而对手势进行相应的操作和处理。

（5）5向按钮电路

5 向按钮电路如图 10 所示。

按钮电路采用 ADC 方案，仅使用了 MCU 的一个引脚。通过采样按钮按下时的电压，设备可以识别出 5 个按键的状态。按钮的公共引脚 (COMM) 连接到 MCU 的 IO27 引脚，作为 ADC 采样输入。5 个方向的按钮引脚分别连接到 6 个等值串联电阻的不同节点。当不同的按键按下时，MCU 可以通过采样到的电压值来判断按键状态。没有按键时，IO27 通过 R13 接地。这种简单的分压电路，既实现了 5 键的区分，又可节省 I/O 资源，布线简单而且有效。

（6）外部接口电路

外部接口电路如图 11 所示。

设备采用 Type-C 型的 USB 接口，由于 USB Type-C 接口无须区分接口方向，充电更加方便。USB 接口只使用 VBUS 和 GND 两个引脚用于供电功能，其他引脚则并未使用。另外，主芯片的所有引脚都通过两个 15Pin 的排针引出，便于连接外设。排针的设计使得设备可以扩

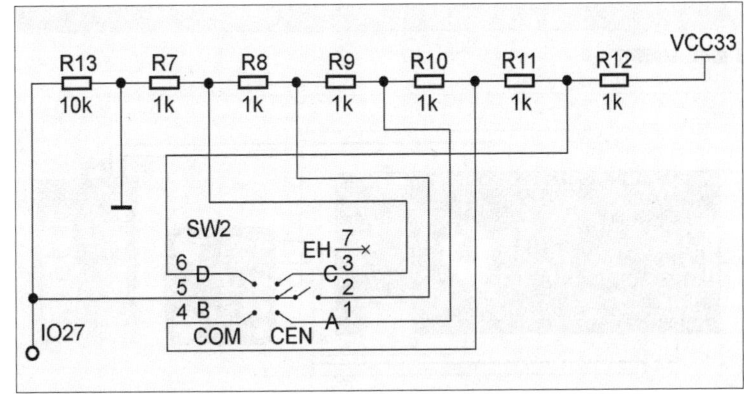

图 10 5 向按钮电路

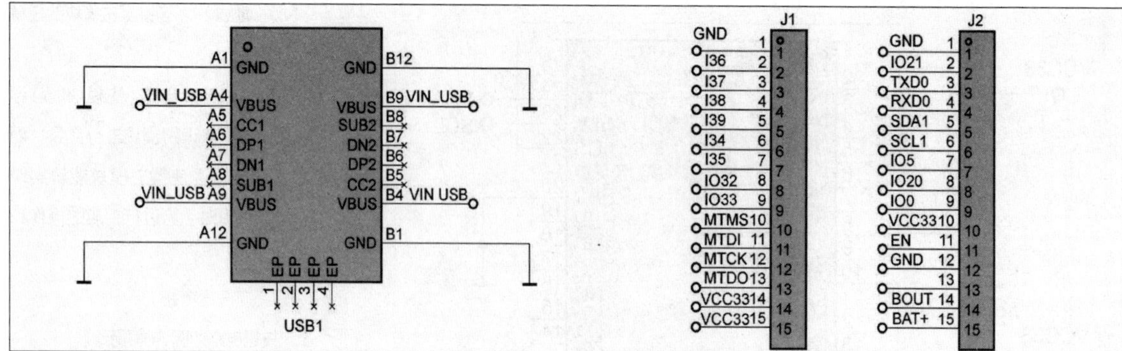

图 11 外部接口电路

表 4 手势与手机操作对应关系

序号	材料	说明
1	底壳和上壳	使用 PLA 材料的 3D 打印
2	主板	使用嘉立创的 PCB 打印和 SMT 服务制作
3	GY-PAJ7620 手势识别模块	型号为 GY-PAJ7620
4	锂电池	3.7V 锂电池，长 × 宽 × 厚为 30mm×20mm×4mm
5	镜头玻璃和镜头圈	iPhone 11 Pro/Max 的同款
6	按钮	Thinkpad 上经典的红点导航键，建议选用底部是小开口版本
7	螺丝	5 个 M1.6 × 8mm 的内六角螺丝

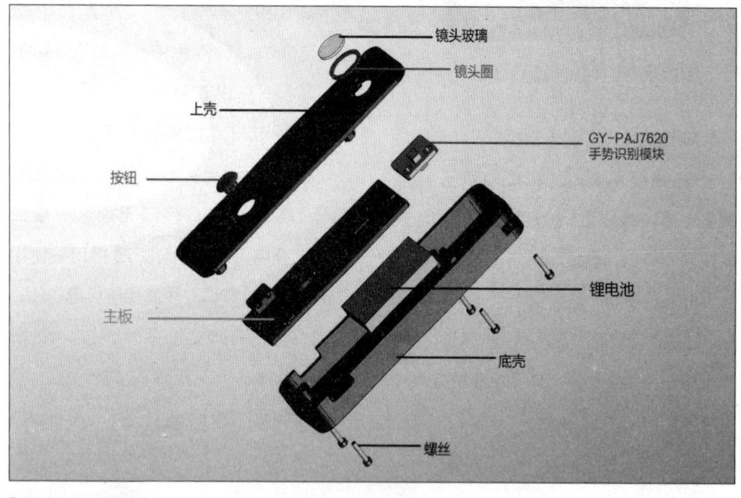

图 12 装配顺序

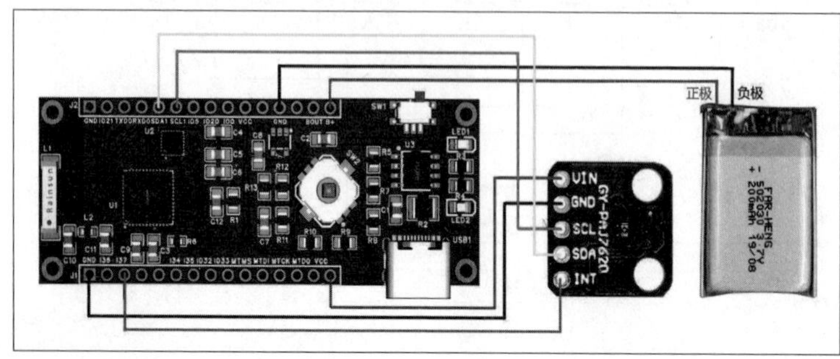

图 13 硬件连接

展更多功能，连接各种外部模块或传感器，从而增加设备的灵活性和可扩展性。

材料与组装

组装设备所需的模块和材料见表 4。

装配顺序如图 12 所示。

主模块和 GY-PAJ7620 模块可用细信号线连接，硬件连接如图 13 所示。

固件烧录

固件烧录是将设备的固件程序加载到主控芯片中，使设备能够正常运行和实现预定的功能。固件烧录需要用到 USB 转 UART 的设备（用户需自备），烧录时设备的 Tx、Rx 和 GND 引脚分别连接设备的 RXD0、TXD0 和 GND 引脚。烧录主要有两种方案。

（1）使用 VSCode + ESP-IDF 工具链编译设备源码并烧录。

（2）使用乐鑫官方的烧录工具烧录固件。

注意事项

如使用我提供的固件，设备开机后需要立刻把设备静止放置几秒钟，让 MPU6500 自行校准。这样做可以避免空鼠在使用时出现指针漂移现象，保证设备的准确性和稳定性。

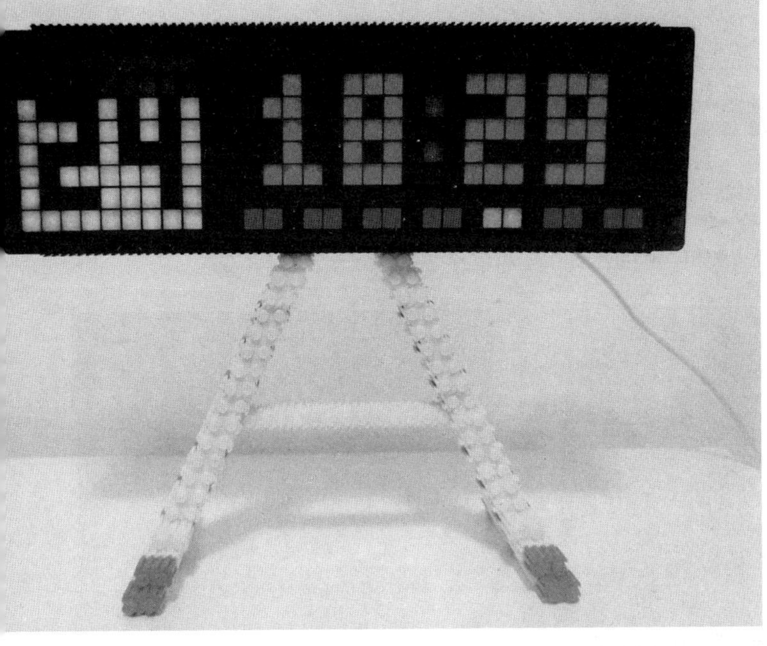

像素风格 RGB 时钟

▌肖锦涛

演示视频

这款像素风格 RGB 时钟借鉴了互联网上一个名为“AWTRIX 像素时钟”的开源项目，这个开源项目使用了 RGB 贴片灯珠组成矩阵，通过控制不同区域灯珠的亮灭和颜色变化来让灯珠矩阵显示不同的数字和图案，除了显示时间，还可以通过外接温 / 湿度传感器模块来显示室内的温 / 湿度。

虽然互联网上开源的“AWTRIX 像素时钟”可以显示丰富的图案，但是它需要连接作者搭建的服务器，程序比较复杂，如果后期想要自己增加显示的内容以及其他功能，在原作者程序框架下实现起来比较复杂，所以，我决定按照原项目重新制作一个不用服务器的像素风格 RGB 时钟，程序实现起来比较简单，简单学习就可以上手，后期还可以自己修改或增加功能，打造属于自己专属的像素风格 RGB 时钟。

材料介绍

主控板

本项目主控采用 ESP-12S 模块（见图 1），该模块在较小尺寸封装中集成了 Tensilica L106 超低功耗 32 位微型 MCU，带有 16 位精简模式，主频支持 80 MHz 和 160 MHz，用户可以使用该模块为现有的设备添加联网功能，也可以构建独立的网络控制器，以最低成本提供最大实用性。

▌图 1 ESP-12S 模块

RGB灯珠

本项目采用的是雾状 WS2812b 灯珠（见图2）。这款 RGB 灯珠内置了驱动芯片，简单的外部接口、特有的级联方案便于利用 MCU 完成对多个 LED 的控制，极大简化了 LED 控制接口。相比于传统的单片机 LED I/O 接口复用控制方案，使用这款灯珠更加简单，灯珠有 4 个引脚，对手工焊接比较友好。雾面的灯珠可以对光线起到很好的发散效果，让光更加柔和。

▌图 2 雾状 WS2812b 灯珠

温/湿度传感器模块

温 / 湿度传感器模块型号为 AHT10（见图 3），该模块配有一个 ASIC 专用芯片、一个经过改进的 MEMS 半导体电容式湿度传感器和一个标准的温度传感器，响应迅速、抗干扰能力强、性价比高、稳定性好，广泛应用于空调、除湿器等相关设备。

人体存在传感器模块

本项目使用的人体存在传感器模块型号是 LD2410（见图 4），这是一款高灵

▌图 3 AHT10 温 / 湿度传感器模块

敏度，工作频率为 24GHz 的人体存在传感器模块。工作原理是利用 FMCW（调频连续波）对设定空间内的人体目标进行探测，结合雷达信号处理、精确人体感应算法，实现高灵敏度的人体存在状态感应，可识别运动和静止状态下的人体，并可计算出目标距离等辅助信息。该模块主要应用在室内场景，感知区域内是否有人体，实时输出结果。最远感应距离可达 6m，分辨率为 0.75m，模块可配置感应距离范围、不同区间的感应灵敏度和无人延迟时间等，支持 GPIO 和 UART 输出接口，即插即用，可灵活应用于不同的智能场景和终端产品。

亚克力面板

本项目使用一块 3mm 厚的黑色亚克力面板（见图 5）作为前板，在美观的同时可以让灯光更加柔和。

格栅

本项目使用了一个 3D 打印的黑色格栅（见图 6），格栅材料为光敏树脂，表面喷涂黑色油漆。格栅用于把每个 RGB 灯珠单独分隔开，使相邻的 RGB 灯珠颜色互不干扰，每个灯珠的光线边界清晰。依靠格栅的分隔作用，时钟的像素风格才能更加完美。

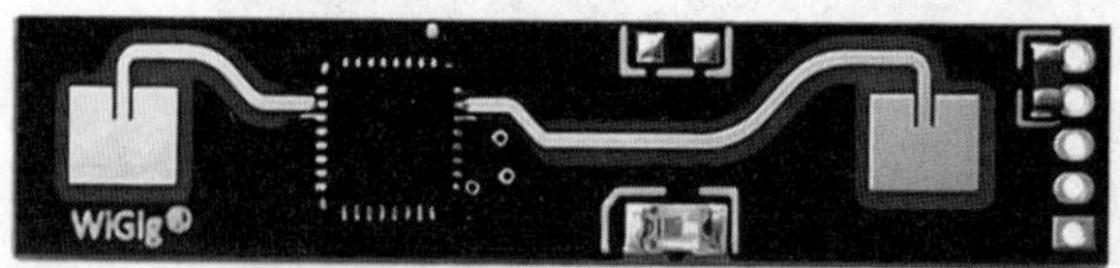

▌图 4 人体存在传感器模块

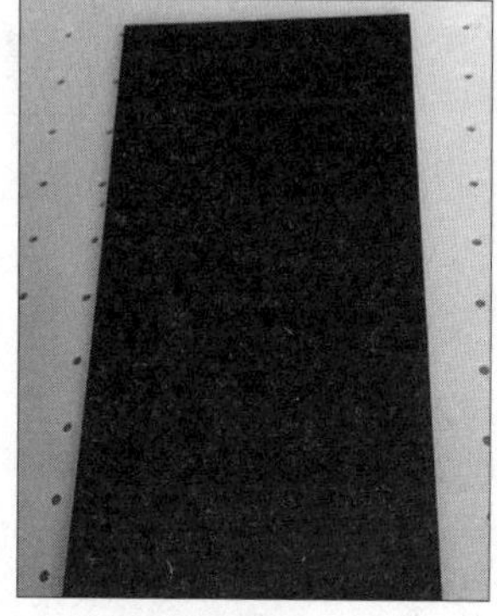

▌图 5 黑色亚克力面板

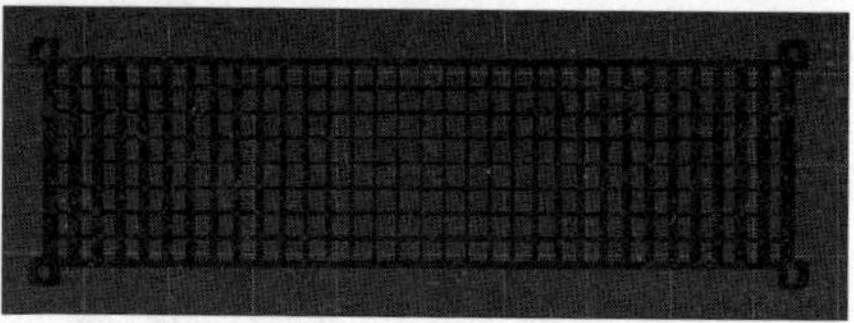

▌图 6 格栅

A4纸

将一张 A4 纸裁剪成 272mm × 80mm 大小，放在亚克力面板和格栅之间，A4 纸在这里起到匀光膜的作用，让灯光更加均匀柔和。

电路设计

主控电路

ESP-12S 模块提供了丰富的 I/O 接口，其中 WS2812IN 引脚作为 RGB 灯珠的控制引脚，主控电路使用了一路 ADC 采集，读取环境光亮度，通过采集电路的电压变化来控制 RGB 灯珠亮度。除用于模块启动和程序烧写的必要引脚，其他引脚全部引出，方便后续增加新的功能。主控电路如图 7 所示。

下载电路

本项目使用 CH340C 芯片，该芯片内置晶体振荡器，可以省去晶体振荡器电路，配合三极管可实现 ESP-12S 自动下载功能，下载电路如图 8 所示。

供电及稳压电路

供电电路使用了 3 个 Micro USB 接口和 3 个 USB Type-C 接口，方便后期从时钟的左、右、后 3 个方向给时钟供电，两种供电接口可以兼容大部分充电器。我使用了一个 MSK-12D19 拨动开关实现对电源的通断控制。

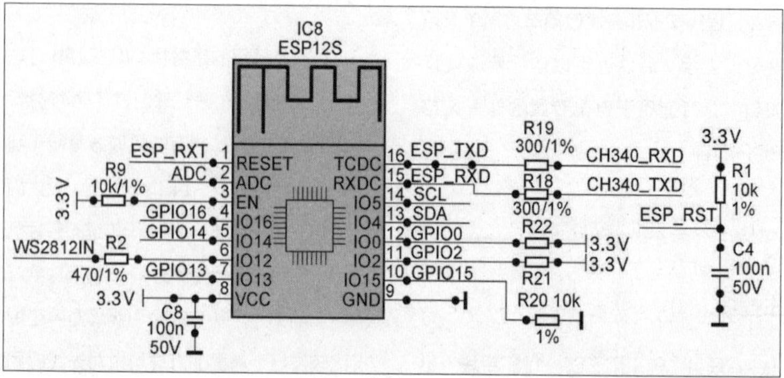

▌图 7 主控电路

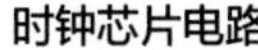

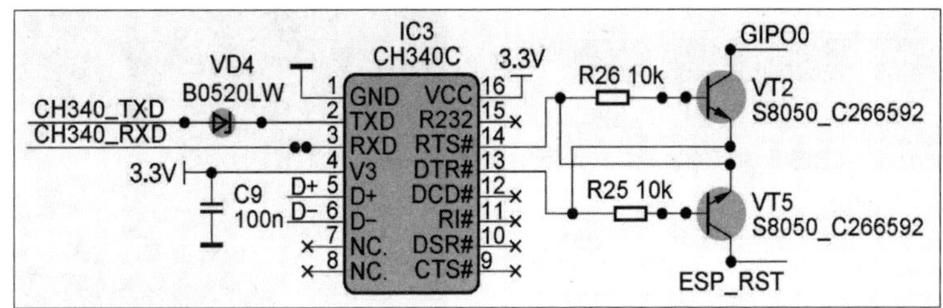

▌图 8 下载电路

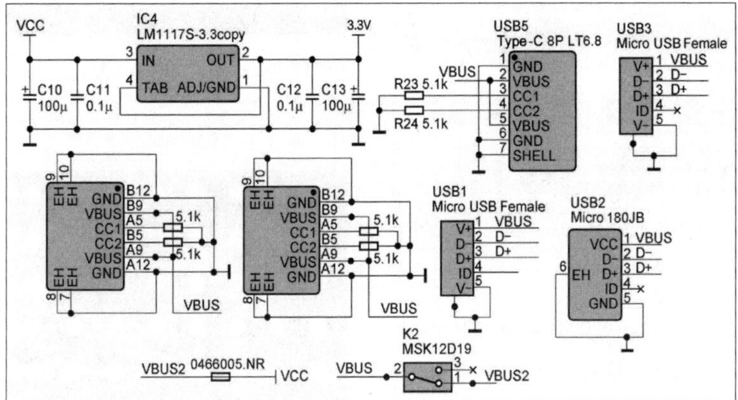

▌图 9 供电及稳压电路

稳压电路使用 LM1117-3.3 芯片，这是一种常见的稳压芯片，价格便宜，电路简单，供电及稳压电路如图 9 所示。

温/湿度传感器模块电路

温/湿度传感器模块使用的是 I²C 总线，模块集成度高，仅有 4 个接口，温/湿度传感器模块电路如图 10 所示。

环境光亮度采集电路

光敏电阻在不同光强度下阻值不同，光照变强，阻值变小。该电路采集的是与光敏电阻串联阻值为 1kΩ 的定值电阻两端的电压。因为光照变强，光敏电阻阻值变小，环境光亮度采集电路中的电流变大，1kΩ 定值电阻两端电压会变大，ESP-12S 模块采集到的电压与光照强度呈正相关，方便后期程序调试，环境光亮度采集电路如图 11 所示。

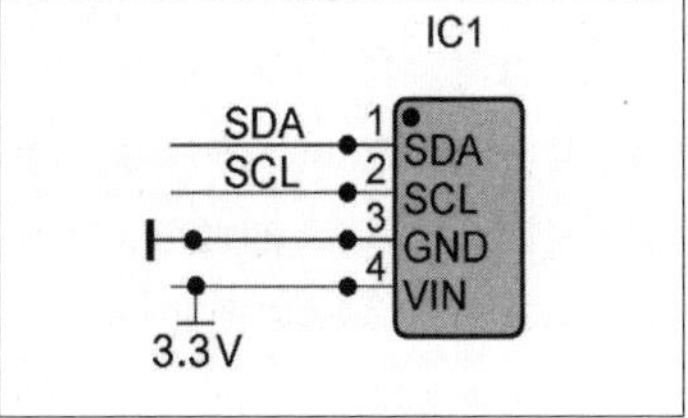

▌图 10 温 / 湿度传感器模块电路

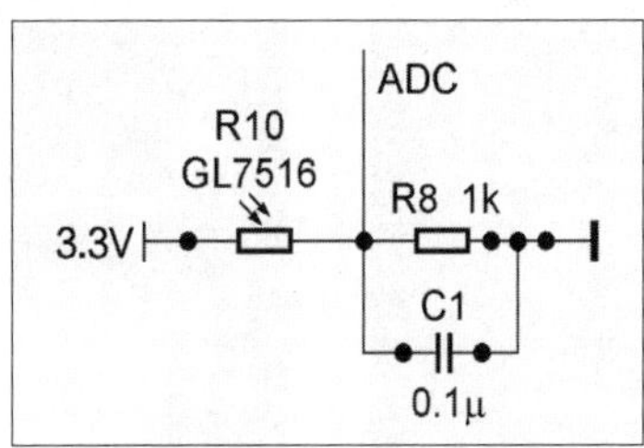

▌图 11 环境光亮度采集电路

时钟芯片电路

时钟芯片使用的是 PCF8563，是一款内含 I²C 总线接口功能的、具有极低功耗的多功能时钟和日历芯片，性价比很高。电路中增加了一个 CR1220 电池座，主电源断电后，可采用备用纽扣电池供电。这里时钟芯片精度不做要求，因为 ESP-12S 模块有 Wi-Fi 功能，在有 Wi-Fi 的条件下，完成配网后，程序启动时可以获取网络时间，并对本地时间进行校准，时钟芯片电路如图 12 所示。

蜂鸣器电路

本项目使用了一个 9mm×5.5mm 的有源蜂鸣器用于整点报时和闹钟功能，有源蜂鸣器内部带振荡源，一触发就会发出声音，发声频率固定，程序控制起来比较简单。蜂鸣器电路如图 13 所示。

RGB矩阵灯板电路

每块 RGB 矩阵灯板使用 64 个 RGB 灯珠级联排列成 8×8 的矩阵，然后将 4 块 RGB 矩阵灯板拼接做成 8×32 的矩阵显示屏。RGB 矩阵灯板电路如图 14 所示。

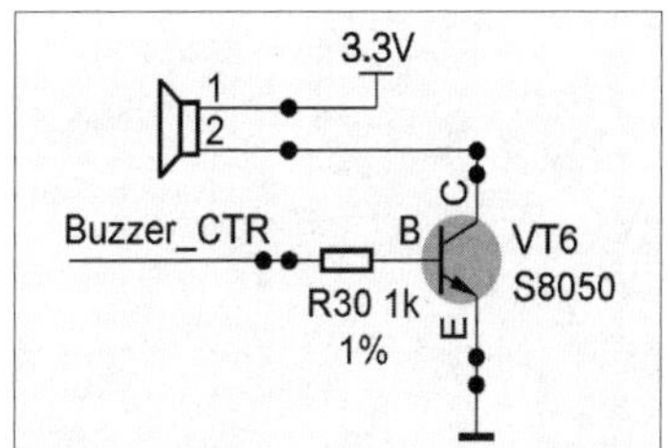

▌图 13 蜂鸣器电路

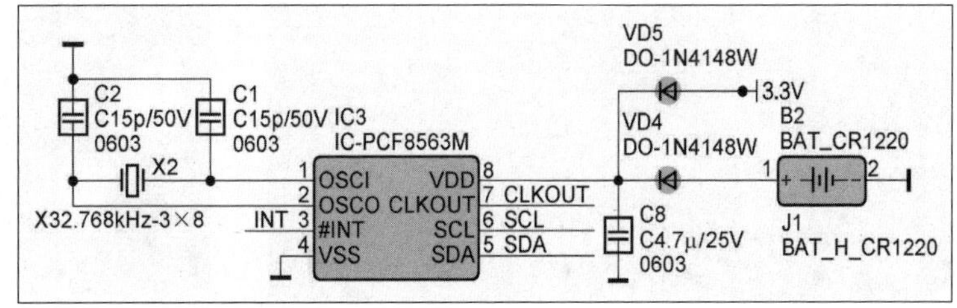

▌图 12 时钟芯片电路

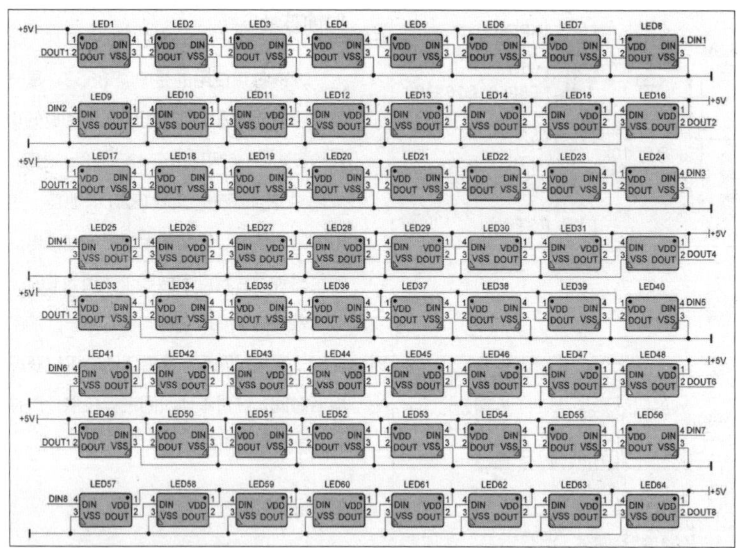

图14 RGB 矩阵灯板电路

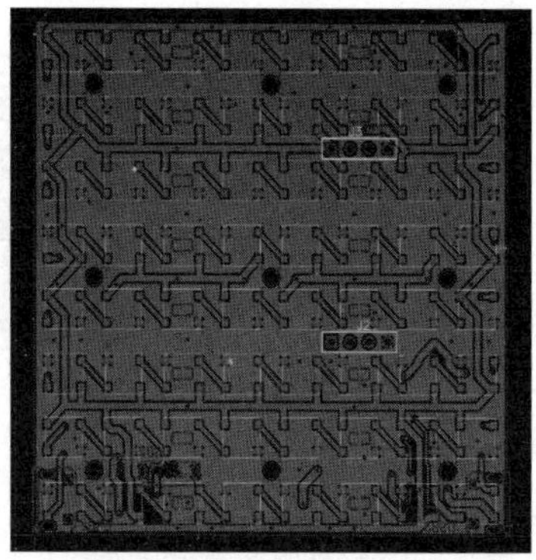

图17 RGB 矩阵灯板 PCB 布局

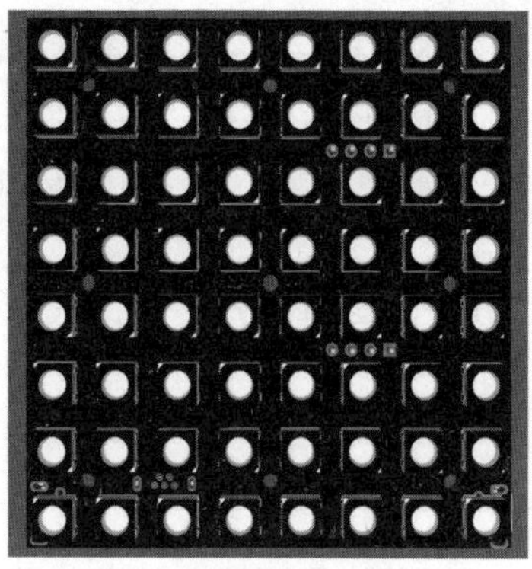

图18 RGB 矩阵灯板 PCB 效果

PCB设计

因为本项目中的RGB灯珠是级联的，所以只占用ESP-12S 模块的一个引脚，在设计主控PCB的时候，考虑到后期的扩展性和与亚克力面板的组装配合，最终主控PCB的大小定为80mm×80mm的圆角矩形，主控PCB整体布局如图15所示，主控PCB整体效果如图16所示。在ESP-12S 模块天线下方区域不覆铜，防止PCB铜箔层对信号产生干扰。

整个时钟显示屏是通过4块相同的RGB矩阵灯板拼接完成的，RGB矩阵灯板底层留出焊盘用于供电、通信和拼接时固定，RGB矩阵灯板PCB布局如图17所示，RGB矩阵灯板PCB效果如图18所示。

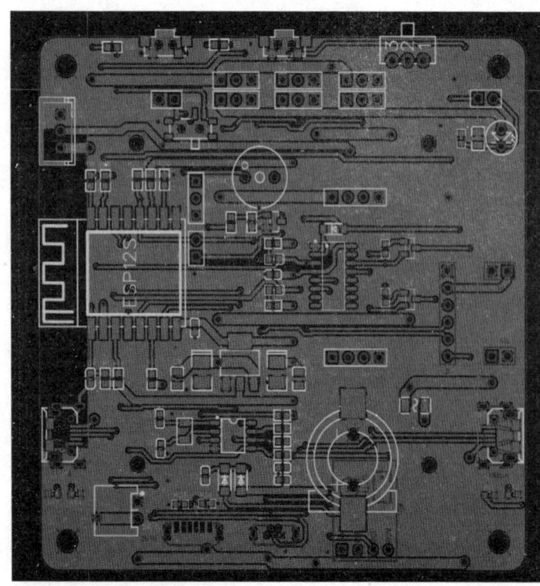

图15 主控PCB整体布局

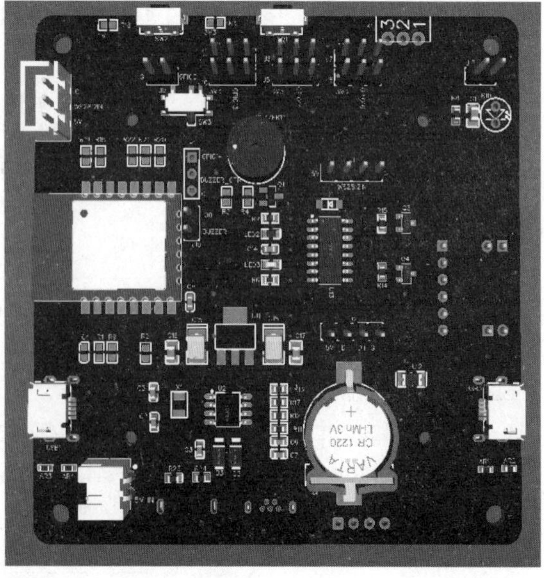

图16 主控PCB整体效果

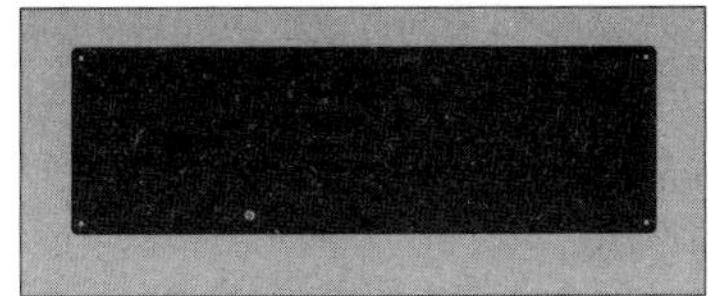

图 19 亚克力面板效果

亚克力面板和格栅设计说明

1. 亚克力面板设计说明

亚克力面板采用一块 3mm 黑色亚克力面板，大小为 272mm × 80mm，四角做圆弧处理并配有螺丝孔，方便后期通过铜柱与主控 PCB 进行固定。亚克力面板效果如图 19 所示。

2. 格栅设计说明

为了把 RGB 矩阵灯板上每个灯珠单独分隔开，这里设计了格栅隔离使相邻的灯珠的颜色互不干扰，这样时钟具有边界清晰的像素风格。格栅使用了 3D 打印的树脂材料，网格壁厚 1mm，四角留有安装孔，格栅效果如图 20 所示。

程序介绍

编程环境

编程使用 Arduino IDE 1.8.16 版，软件中的开发板管理器 ESP8266 开发板版本为 2.6.3（见图 21）。

程序编写

1. 导入库

Arduino 自带很多库文件，可以直接在“库管理器”中安装使用，本项目用到了支持时钟芯片、实现 ESP-12S 模块 Wi-Fi 功能和驱动 RGB 灯珠的相关库文件。

2. 配网功能

这里采用的是乐鑫提供的SmartConfig 方案，配合手机 App EspTouch 使用。在当前设备没有和其他设备建立通信连接的状态下，可以一键配置该设备接入 Wi-Fi，如程序 1 所示。

程序1

```
WiFi.mode(WIFI_STA);
Serial.println("\r\nWait for Smartconfig...");
WiFi.beginSmartConfig(); //执行配网
 if (WiFi.smartConfigDone()) {
    Serial.println("SmartConfig Success");
 }
```

3. 时间、日期同步

配网完成后，程序会从网络服务器获取当前时间和日期，然后同步给时钟芯片，完成时间和日期同步，如程序 2 所示。

程序2

```
void STE_TIME() {
  time_t now = time(nullptr);
//获取当前时间
  Serial.println(ctime(&now));
//打印并换行
struct tm* timeInfo;//声明一个结构体
  timeInfo = localtime(&now);
  I2C_BM8563_TimeTypeDef timeStruct;
//同步时间
    timeStruct.hours = timeInfo->tm_hour;
    timeStruct.minutes = timeInfo->tm_min;
    timeStruct.seconds = timeInfo->tm_sec;
    rtc.setTime(&timeStruct);
    I2C_BM8563_DateTypeDef dateStruct;  //同步日期
    dateStruct.weekDay = timeInfo->tm_wday;
    dateStruct.month = timeInfo->tm_mon + 1;
    dateStruct.date = timeInfo->tm_mday;
    dateStruct.year = timeInfo->tm_year + 1900;
    rtc.setDate(&dateStruct);
}
```

4. 获取时间和温度

（1）获取时间

参考 I2C_BM8563.h 库文件的示

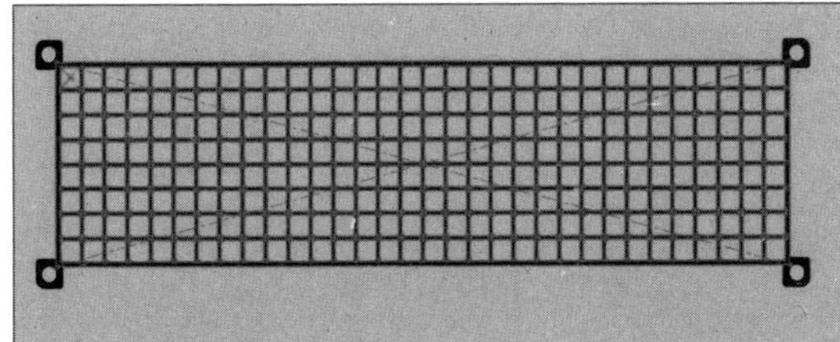

图 20 格栅效果

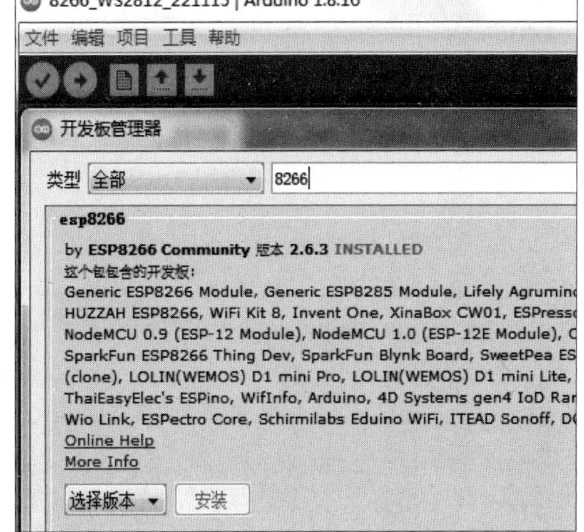

图 21 Arduino IDE 版本以及 ESP8266 开发板版本

例程序，获取时间芯片里的时间和日期，将时、分、秒分别赋值给变量，如程序3所示。

程序3

```
I2C_BM8563 rtc(I2C_BM8563_DEFAULT_
ADDRESS, Wire);
I2C_BM8563_DateTypeDef dateStruct;
I2C_BM8563_TimeTypeDef timeStruct;
// 获取时间
rtc.getDate(&dateStruct);
rtc.getTime(&timeStruct);
hours1 = timeStruct.hours;
//将小时赋值给变量
minu1 = timeStruct.minutes;
//将分钟赋值给变量
sece1 = timeStruct.seconds;
//将秒赋值给变量
```

（2）获取温/湿度

参考Adafruit_AHT10.h库文件的示例程序，获取温/湿度传感器模块检测到的温度和湿度，将温度和湿度分别赋值给变量，如程序4所示。

程序4

```
Adafruit_AHT10 aht;
Adafruit_Sensor *aht_humidity, *aht_
temp;
sensors_event_t humidity;
sensors_event_t temp;
aht_humidity->getEvent(&humidity);
aht_temp->getEvent(&temp);
wendu = temp.temperature;
//将温度赋值给变量
shidu = humidity.relative_humidity;
//将湿度赋值给变量
```

5. RGB矩阵灯板初始化控制程序

使用FastLED_NeoMatrix.h库实现对RGB矩阵灯板控制，在程序中定义好灯珠数量，控制信号引脚和灯珠类型等关键参数，在setup()函数中对RGB矩阵灯板相关参数进行初始化，如程序5所示。

程序5

```
#include <Adafruit_GFX.h> //绘图库
#include <FastLED_NeoMatrix.h>
//显示屏
#include <Fonts/TomThumb.h>
//字体库
#define NUM_LEDS 256
// LED灯珠数量
#define DATA_PIN 12
// Arduino输出控制信号引脚
#define LED_TYPE WS2812
// LED灯珠型号
#define COLOR_ORDER GRB
// RGB灯珠中红色、绿色、蓝色LED的排列顺序
Adafruit_NeoPixel pixels(NUM_LEDS,
DATA_PIN, NEO_GRB + NEO_KHZ800);
// 矩阵设置
CRGB leds[NUM_LEDS];
// 建立光带LEDS
FastLED_NeoMatrix *matrix;
uint8_t max_bright = 255;
// LED亮度控制变量，可使用数值为0～255，数值越大则光带亮度越高
// 初始化矩阵显示屏相关参数
matrix = new FastLED_NeoMatrix(leds,
32, 8, NEO_MATRIX_TOP + NEO_MATRIX_
RIGHT + NEO_MATRIX_ROWS + NEO_MATRIX_
ZIGZAG);
FastLED.addLeds<NEOPIXEL,
12>(leds, NUM_LEDS).
setCorrection(TypicalLEDStrip);
matrix->begin(); //显示屏初始化
matrix->setTextWrap(false);
//文字换行
matrix->setBrightness( max_bright);
//亮度
matrix->setFont(&TomThumb); //字体
matrix->clear(); //清屏
matrix->show(); //显示回调，将内容显示到RGB矩阵灯板上
```

6. RGB矩阵灯板显示控制程序

在loop()函数中，可以通过不同指令来让RGB矩阵灯板显示不同的内容，如程序6所示，了解控制RGB矩阵灯板的几条关键指令后，只需要更改相应的参数和显示内容，就可以让RGB矩阵灯板显示出时间、温/湿度、日期、图案甚至动画等丰富的内容。

程序6

```
matrix->clear(); //清屏
matrix->setBrightness( max_bright);
//亮度
matrix->setTextColor(colour_wifi);
//文本颜色
matrix->setTextSize(1);
//设置文本大小
matrix->setCursor(x , y);
//设置文本位置（横坐标，纵坐标）
matrix->print("W");// 文本内容
matrix->drawPixel(x,  y, matrix-
>Color(255, 0, 0)); //绘制像素（横坐标，纵坐标，像素颜色）
matrix->drawFastVLine(x, y, h,
matrix->Color(255,255,255)); //绘制垂直线（横坐标，纵坐标，垂直高度，颜色）
matrix->drawFastHLine(x, y, h,
matrix->Color(255,255,255)); //绘制水平线（横坐标，纵坐标，水平宽度，颜色）
matrix->fillRect(x, y, w, h, matrix-
>Color(255,255,255)); //绘制填充矩形（横坐标，纵坐标，宽度，高度，颜色）
matrix->drawRect(x, y, w, h, matrix-
>Color(255,255,255)); //绘制空心矩形（横坐标，纵坐标，宽度，高度，颜色）
matrix->fillCircle(x, y, r, matrix-
>Color(255,255,255)); //绘制填充圆形（横坐标，纵坐标，半径，颜色）
matrix->drawCircle(x, y, r, matrix-
>Color(255,255,255)); //绘制空心圆形（横坐标，纵坐标，半径，颜色）
matrix->show(); //显示回调，将内容显示到RGB矩阵灯板上
```

这里以显示时间为例，从时间芯片中获取时间，把时间显示到RGB矩阵灯板，如程序7所示。

程序7

```
matrix->clear(); //清屏
matrix->setBrightness( max_bright);
```

```
//亮度
matrix->setTextColor(colour_hour);
//文本颜色
matrix->setTextSize(1); 设置文本大小
matrix->setCursor(x + 3, y + 6);
//文本位置
matrix->print(hours1_1);
//显示小时第一个数字
matrix->setCursor(x + 7, y + 6);
//文本位置
matrix->print(hours1_2);
//显示小时第二个数字
matrix->setTextColor(colour_maohao2);
//文本颜色
matrix->setCursor(x + 11, y + 6);
//文本位置
matrix->print(":");
//显示冒号
matrix->setTextColor(colour_min);
//文本颜色
matrix->setCursor(x + 13,y + 6);
//文本位置
matrix->print(minu1_1);
//显示分钟第一个数字
matrix->setCursor(x + 17,y + 6 );
//文本位置
matrix->print(minu1_2);
//显示分钟第二个数字
matrix->setTextColor(colour_maohao2);
//文本颜色
matrix->setCursor(x + 21, y + 6 );
//文本位置
matrix->print(":");
//显示冒号
 matrix->setTextColor(colour_sec);
//文本颜色
matrix->setCursor(x + 23, y + 6);
//文本位置
matrix->print(sece1_1);
//显示秒第一个数字
matrix->setCursor(x + 27,y + 6 );
//文本位置
matrix->print(sece1_2);
//显示秒第二个数字
matrix->show();//显示回调，将内容显示到
RGB 矩阵灯板上
```

7. RGB矩阵灯板亮度控制程序

ESP-12S 模块从环境光亮度采集电路获取电压值，计算 10 次的平均数作平滑处理，防止亮度受外界干扰忽高忽低，然后将此数值转化为 0~255 赋值给控制 RGB 矩阵灯板亮度的变量，如程序 8 所示。

程序8

```
const int numReadings = 10;
int readings[numReadings];
// 定义从引脚读取数值的变量
int readIndex = 0;
int total = 0;
int average = 0;
 total = total - readings[readIndex];
// 减去最后的读数
  readings[readIndex] = analogRead(A0);
// 从传感器读取电压值
  total = total + readings[readIndex];
//  将读数加到总数中
  readIndex = readIndex + 1;
//  前进到阵列中的下一个位置
   if (readIndex >= numReadings) {
// 判断是否在阵列的末端
     readIndex = 0;  //回到开头
  }
if (light_i<10){
  light_read=analogRead(inputPin);
  light_i++;
  }
if (light_i>=10){
   light_read = total / numReadings;
// 计算环境光亮度平均值
  light_i=11;
}
//将环境光亮度平均值进行换算，赋值给亮度
控制变量
if ( light_read <= 550.00) {
   max_bright = 0.072727*light_read;
//550-40
}
if ( light_read > 550.00) {
  max_bright = 0.3376*light_read-
145; //1024 200
}
if ( max_bright <= 20.00) {
  max_bright = 20;
}
if ( max_bright >= 255.00) {
  max_bright = 255;
}
```

8. 蜂鸣器控制程序

我在程序里增加了一段蜂鸣器控制程序，在电路中将蜂鸣器控制端引脚和 ESP-12S 模块的引脚 14 连接，通过控制引脚 14 电平来驱动蜂鸣器发声，如程序 9 所示。这个项目中，当切换按键被按下或整点到来时，蜂鸣器会发声提示。

程序9

```
void Buzzer2() {
  digitalWrite(14,HIGH); //使蜂鸣器发声
  delay(10);
  digitalWrite(14,LOW);
  delay(150);
  digitalWrite(14,HIGH); //使蜂鸣器发声
  delay(10);
  digitalWrite(14,LOW);
}
```

9. 人体存在传感器模块控制程序

程序里包含了一段人体存在传感器模块控制程序，在电路中人体存在传感器模块和 ESP-12S 模块的引脚 13 连接，ESP-12S 模块通过读取引脚 13 高低电平来控制 RGB 矩阵灯板的亮度。当有人出现在人体存在传感器模块感应范围内，人体存在传感器模块信号引脚会输出高电平，此时 RGB 矩阵灯板的亮度为 RGB 矩阵灯板亮度控制程序中得到的亮度。当人体存在传感器模块感应范围内没有人时，人体存在传感器模块信号引脚会输出低电平，此时 RGB 矩阵灯板的亮度为 0，达到省电目的，如程序 10 所示。

物联网拟辉光频谱灯 音乐的视觉冲击!

▌娴能智造

拥有一张干净整洁的桌面，可以大大提升工作效率，很多人都会选择在布置桌面时，放置一些摆件、氛围灯，喜欢科幻的人大概率会选择赛博朋克风的辉光灯，辉光灯的主要发光元器件辉光管如图 1 所示，辉光管属于电子管的一种，在一个真空管里，放置一个金属丝网制成的阳极和 10 个阴极，形状为数字 0~9，某些还有小数点。在管内充入氖气、汞气或氩气，再通上高压后，每一个阴极可以发光。由于混合气体的不同，可以发出红橙色、绿色、蓝色或紫色的光。辉光管内部的阴极在通电时，会产生散发电子的溅射现象，而溅射出的电子会将阴极的金属离子转移到周围的阴极或玻璃管外壳内壁上，这就会出现外壳内部发黑，遮挡显示，或阴极部分无法正常放电的情况，产生阴极中毒的现象。如今已经很少有厂商生产辉光管，市面上的辉光管多为库存品，因此辉光管的价格十分昂贵。我们尝试制作了拟辉光管，通过橙红色 LED、套钢网和玻璃管（见图 2）模拟辉光管的显示效果。我们将此设计用在了频谱灯上面，一款赛博朋克风的拟辉光频谱灯谁会不喜欢呢？下面我们将详细介绍此频谱灯的制作过程。

▌图 22 制作完成的像素风格 RGB 时钟

▌图 23 显示温度和时间的界面

程序10

```
read13pin= digitalRead(13); //读取引脚 13 电平
 if (read13pin==1){  //高电平
  light(); //执行亮度控制程序
 }
 if (read13pin==0){  //低电平
   max_bright = 0;//将亮度设置为 0
 }
```

成果展示

制作完成的像素风格 RGB 时钟如图 22 所示，显示温度和时间的界面如图 23 所示，其他功能不再赘述，大家可以扫描文章开头的二维码观看演示视频。

结语

我在制作这款像素风格 RGB 时钟的过程中，学习到了如何控制 RGB 矩阵灯板，了解其中原理后，自己可以将喜欢的图案和文字绘制到 RGB 矩阵灯板上，还可以利用 RGB 矩阵灯板播放动画，这款时钟的可玩性和可扩展性非常高。

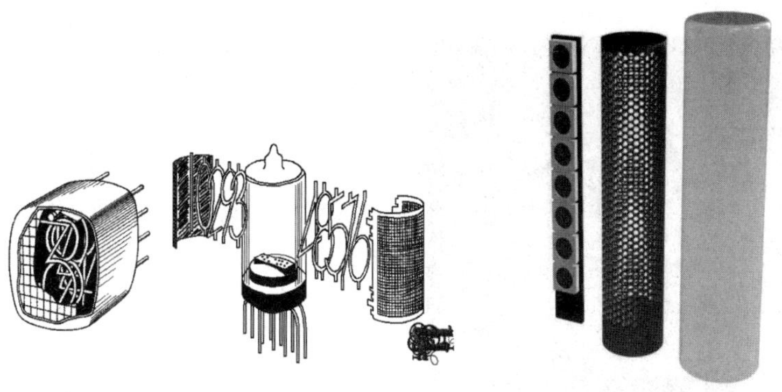

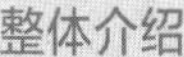

图 1 辉光管

图 2 橙红色 LED、套钢网和玻璃管

图 3 胡桃木外壳

整体介绍

外壳使用了树脂材料，由光固化 3D 打印制作而成，13 根 WS2812-5050 灯条焊接到 PCB 上，主控板再通过排针插到 PCB 的排母上，PCB 使用螺丝固定到外壳上。主控芯片采用的是乐鑫科技 ESP32-PICO-D4-PICO-D4，该模块已将晶体振荡器、Flash、滤波电容、RF 匹配链路等外围元器件封装，不再需要其他元器件即可工作，具备体积小、性能强及功耗低等特点。灯珠选用 WS2812-5050，内部集成控制电路和 RGB LED 芯片，形成完整像素控制，256 级亮度，刷新频率不低于 400Hz，传输距离不超过 5m，无须添加额外电路，性价比非常高。话筒采用了 I^2S 协议的 ICS-43434，集成了 MEMS 传感器、ADC、抽取和抗混叠滤波器，具有高精度 24 位数据。

外壳设计

最初版本外壳只有一块长方体，上面插着 13 个灯条，经过考虑后发现该版本对玻璃管不是很友好，所以我们在原有的基

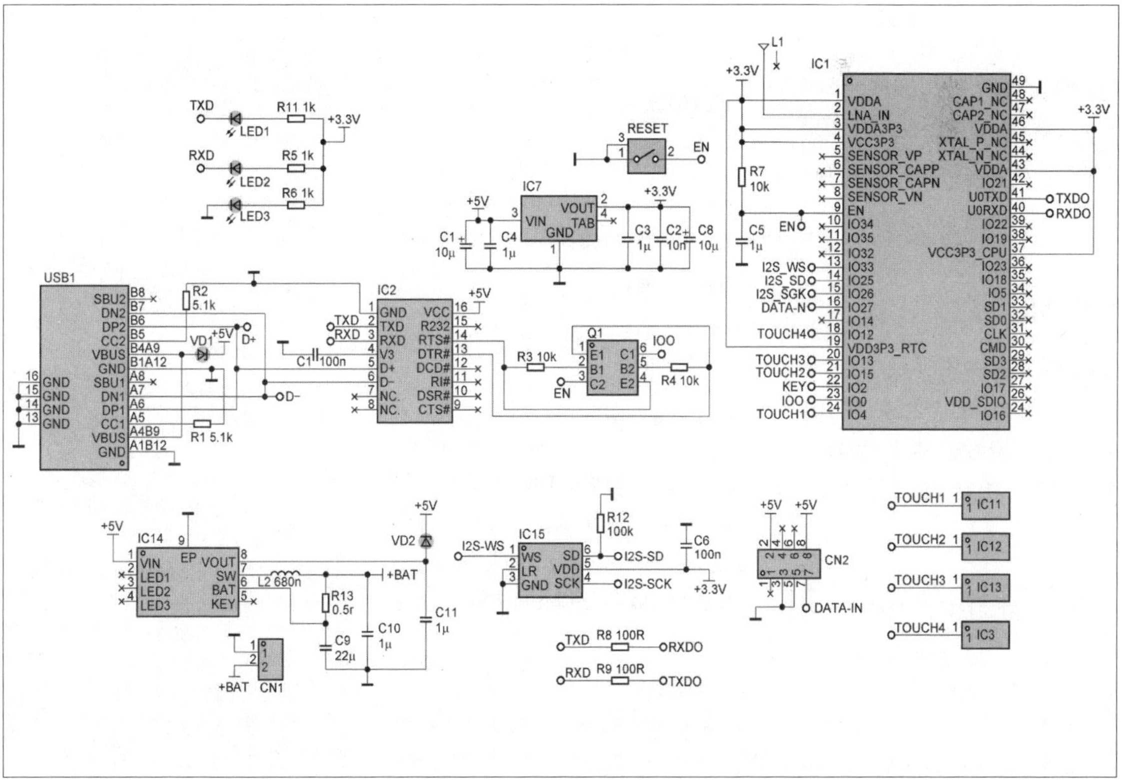

图 4 核心电路

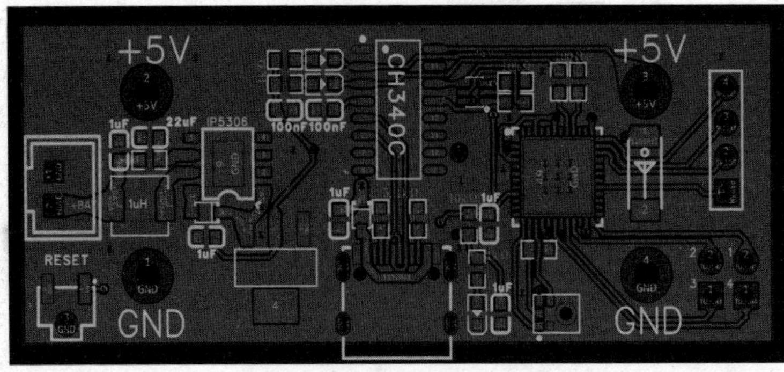

▌图 5 PCB 预览

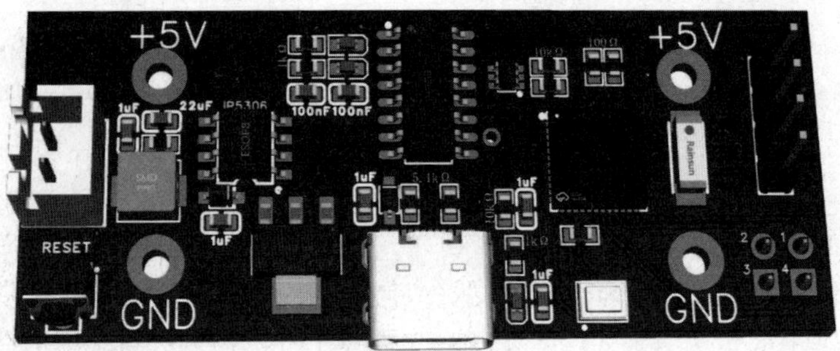

▌图 6 PCB 3D 渲染

础上增加了边框。最开始设想使用胡桃木外壳（见图 3），但是由于打样价格昂贵，最终使用了嘉立创的光固化 3D 打印服务。

PCB设计

软件介绍

我们采用嘉立创 EDA 进行 PCB 设计，这是一个比较容易上手的国产 PCB 设计软件，我们设计的核心电路如图 4 所示，PCB 预览和 3D 渲染如图 5 和图 6 所示。

烧录部分

我们采用 CH340C 模块搭配三极管 BC847BS，实现自动烧录功能。

充电部分

我们采用了 IP5306 模块，充电功率达到 10W，最大电流为 2.4A。

扩展部分

我们在 PCB 右下角引出 4 个 ESP32-PICO-D4 触摸引脚，用作模式切换开关，右侧的另外 4 个排针为 4 个 I/O 接口，方便后期扩展。

程序设计

傅里叶变换程序

程序 1 对话筒接收的音频信号进行傅里叶变换，变换为 13 级不同的信号，每段信号都代表相应的频率。如果喜欢听低音或者高音的歌曲，也可以自行更改程序里的参数。

程序1

```
#include <arduinoFFT.h>
#include <driver/i2s.h>
#define I2S_WS     33
#define I2S_SD     25
#define I2S_SCK    26
const i2s_port_t I2S_PORT = I2S_NUM_0;
const int SAMPLE_BLOCK = 64;
const int SAMPLE_FREQ = 10240;
int gain=60;  //调整它设置增益
uint16_t audio_data;
const uint16_t samples = 512;
unsigned int sampling_period_us;
unsigned long microseconds;
double vReal[samples];
double vImag[samples];
double fft_bin[samples];
double fft_data[13];
int fft_result[13];
//调整单个频率曲线
double fft_freq_boost[13] = {1.06,1.08,1.11,1.15,1.17,1.20,1.30,1.51,2.22,3.26,3.55,5.55,6.55};
//13个不同等级
TaskHandle_t fft_task;
arduinoFFT FFT = arduinoFFT( vReal, vImag, samples, SAMPLE_FREQ);
double fft_add( int from, int to) {
  int i = from;
  double result = 0;
  while ( i <= to) {
    result += fft_bin[i++];
  }
  return result;
}
void fft_code( void * parameter) {
  for(;;) {
    delay(1);
    microseconds = micros();
    for(int i=0; i<samples; i++) {
      int32_t digitalSample = 0;
        int bytes_read = i2s_pop_sample(I2S_PORT, (char *)&digitalSample, portMAX_DELAY);
// 没有超时
      if (bytes_read > 0) {
```

```
        audio_data = abs(digitalSample
>> 16);
      }
        vReal[i] = audio_data;
        vImag[i] = 0;
        microseconds += sampling_
period_us;
    }
      FFT.Windowing( FFT_WIN_TYP_
HAMMING, FFT_FORWARD );
    FFT.Compute( FFT_FORWARD );
    FFT.ComplexToMagnitude();
    for (int i = 0; i < samples; i++)
    {
      double t = 0.0;
      t = abs(vReal[i]);
      t = t / 16.0;
      fft_bin[i] = t;
    }
     fft_data[0]  = (fft_add(6,7))/2;
// 120~160Hz
    …
      fft_data[12] = (fft_
add(170,194))/25;  // 3400~3900Hz
  //调整单频曲线
    for (int i=0; i < 13; i++) {
      fft_data[i] = fft_data[i] *
fft_freq_boost[i];
    }//调整总频率曲线
    for (int i=0; i < 13; i++) {
      fft_data[i] = fft_data[i] *
gain / 50;
    }//约束函数
    for (int i=0; i < 13; i++) {
      fft_result[i] = constrain((int)
fft_data[i],0,255);
    }
  }
}
void audio_receive() {
  esp_err_t err;
  const i2s_config_t i2s_config = {
      .mode = i2s_mode_t(I2S_MODE_
MASTER | I2S_MODE_RX),
      .sample_rate = SAMPLE_FREQ * 2,
      .bits_per_sample = I2S_BITS_PER_
SAMPLE_32BIT,
      .channel_format = I2S_CHANNEL_
FMT_ONLY_LEFT,
      .communication_format = i2s_comm_
format_t(I2S_COMM_FORMAT_I2S | I2S_
COMM_FORMAT_I2S_MSB),
      .intr_alloc_flags = ESP_INTR_FLAG_
LEVEL1,
      .dma_buf_count = 8,
      .dma_buf_len = SAMPLE_BLOCK
  };
  const i2s_pin_config_t pin_config =
{
      .bck_io_num = I2S_SCK,
      .ws_io_num = I2S_WS,
      .data_out_num = -1,
      .data_in_num = I2S_SD
  };
  err = i2s_driver_install(I2S_PORT,
&i2s_config, 0, NULL);
  if (err != ESP_OK) {
      Serial.printf("Failed installing
driver: %d\n", err);
      while (true);
  }
  err = i2s_set_pin(I2S_PORT, &pin_
config);
  if (err != ESP_OK) {
      Serial.printf("Failed setting
pin: %d\n", err);
      while (true);
  }
  Serial.println("I2S driver
installed.");
  delay(100);
  sampling_period_us =
round(1000000*(1.0/SAMPLE_FREQ));
  xTaskCreatePinnedToCore(
      fft_code, //任务功能
      "FFT", //任务名
      10000,  //任务堆栈大小
（单位：字节）
      NULL, //传递给任务函数的参数
      1, //任务优先级
    &fft_task, //任务句柄
      0);
//指定要运行该任务的核心
}
```

配网设置

我们采用了网页配网的模式，首先打开手机或计算机的 Wi-Fi，搜索到一个叫作 ESP32-PICO-D4-192.168.4.1 的 Wi-Fi，初始密码为 12345678，连接后自动进入配网页面，如图 7 所示，下方会显示出附近的 Wi-Fi 名称。

显示和TCP部分

接下来设计显示部分，需要使用 FastLED 库，通过调用函数加上循环函数进行显示；TCP 部分采用巴法云的免费方案。首先要在巴法云平台注册一个账号，

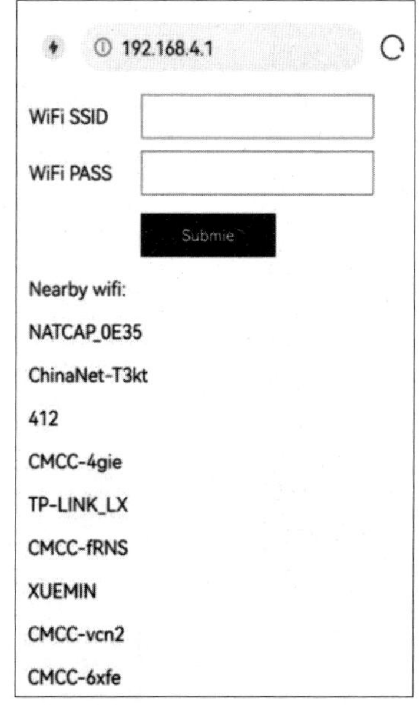

图 7 配网界面

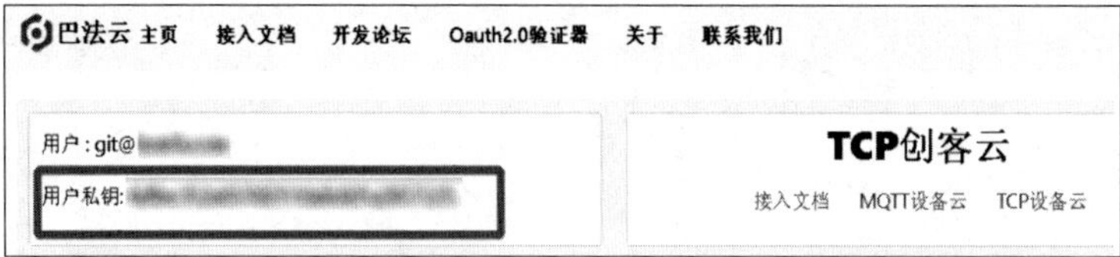

图 8 用户私钥

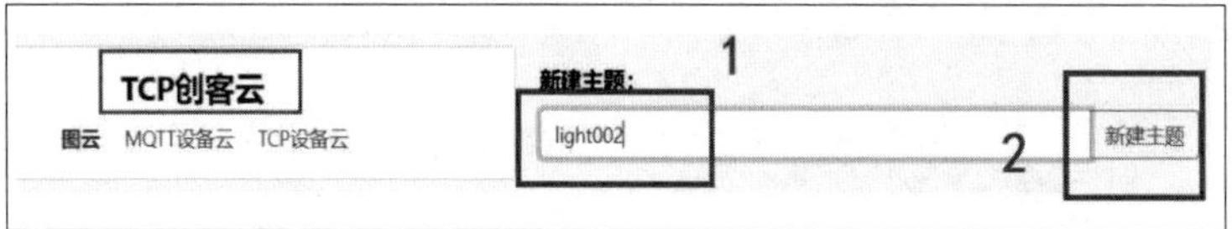

图 9 新建主题示例

每个账号都会有一个独立的用户私钥，如图 8 所示。

然后我们选择 TCP 创客云，新建一个主题，主题名称采用字母加数字的方式，如图 9 所示。

只需在程序中修改主题名称与私钥即可，核心程序如程序 2 所示。

程序2

```
#include "data.h"
#include <FastLED.h>
#include <LEDMatrix.h>
#include <LEDText.h>
#include <Arduino.h>
#include "WiFiUser.h"
#include <WiFiClient.h>
#define TCP_SERVER_ADDR "巴法云网站"
//服务器端口，TCP 创客云端口 8344
#define MAX_PACKETSIZE 512
//最大字节数
#define KEEPALIVEATIME 20*1000
//设置心跳值 20s
String UID = "1233275687563124124";
//用户私钥，修改为自己的 UID
String TOPIC ="E7BBEC002";
//主题名字，可在控制台新建
String type = "002"; //设备类型，001为插座设备，002 为灯类设备，003 为风扇设备，005 为空调，006 为开关，009 为窗帘
String Name= "频谱灯";
//设备昵称，可随意修改
void setup() {
   pinMode(TOUCH_PIN3, INPUT_PULLDOWN); // 设置为上拉输入
  FastLED.addLeds<WS2812B, DATA_PIN, GRB>(leds[0], NUM_LEDS);
  FastLED.setBrightness(20);  //0~255
  Serial.begin(115200);
  Serial.print("ok_setup");
  audio_receive();
attachInterrupt(digitalPinToInterrupt(TOUCH_PIN3), btn_scan, RISING);
  WRITE_PERI_REG(RTC_CNTL_BROWN_OUT_REG, 0);
//关闭低电压检测，避免无限重启
  xTaskCreatePinnedToCore(Task1, "Task1", 10000, NULL, 1, NULL,  1);
  xTaskCreatePinnedToCore(Task2, "Task2", 10000, NULL, 1, NULL,  0);
}
void Task1(void *pvParameters){
  while(1){
  doTCPClientTick();
  FastLED.clear();
  for (int i = 0; i < 14; i=i+1)
  { //获取 FFT (快速傅里叶变换) 运算的结果
    uint8_t fft_value;
    fft_value = fft_result[i];
    fft_value = ((prev_fft_value[i] * 3) + fft_value) / 4;
     bar_height[i] = fft_value / (255 / (MATRIX_HEIGHT-1));
    if (bar_height[i] > peak_height[i])
      peak_height[i] = min ((MATRIX_HEIGHT-1), (int)bar_height[i]);
      prev_fft_value[i] = fft_value;
   }
   button_start();
   FastLED.show();
  }
}
void Task2(void *pvParameters){
  if(WiFi.status() != WL_CONNECTED)
{
    connectToWiFi(connectTimeOut_s);
}
  while(1){
    vTaskDelay(500);
    dnsServer.processNextRequest();
    //检查客户端 DNS 请求
    server.handleClient();
    //检查客户端 HTTP 请求
    checkConnect(true);
    //检测网络连接状态，参数 true 表示如果断开则重新连接
  if(WiFi.status() == WL_CONNECTED){
      while(i){
        configTime(gmtOffset_sec, daylightOffset_sec, ntpServer);
        Serial.print(" 获取了一次时间 ");
         i=0;
      }
  }
  delay(300);
 }
}
```

烧录方法

在 Arduino 中选择“工具”选项，选择开发板型号和端口，如图 10 所示，单击烧录，等待即可。

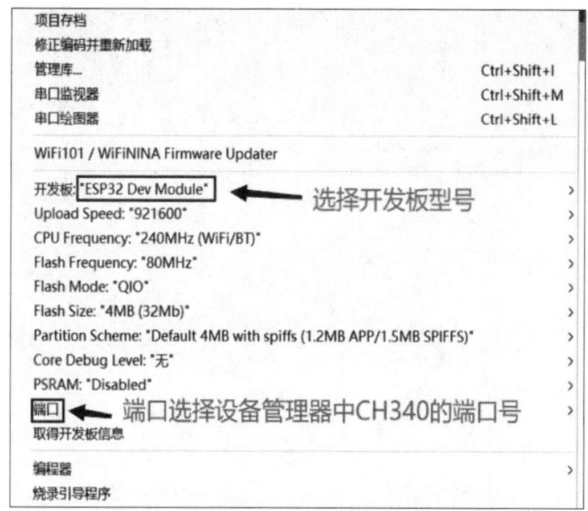

图10 选择开发板型号和端口

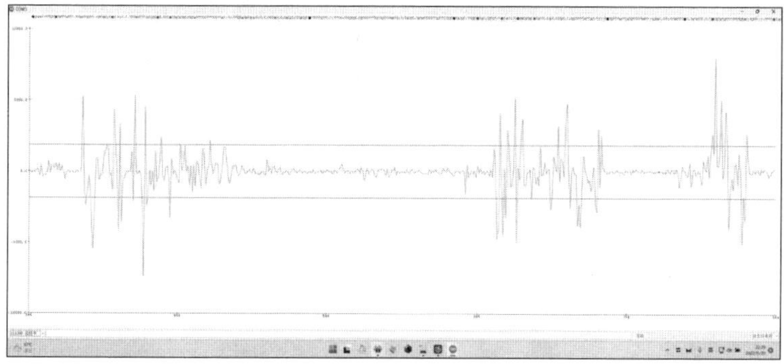

图11 串口绘图

图14 巴法云 App 界面

自检方法

当我们在播放过程中遇到问题时，大家可以打开串口监视器，对输出的内容进行检查，话筒输入可以用串口绘图器查看（见图 11）。

成品展示

制作完成的拟辉光频谱灯彩虹律动模式如图 12 所示，时钟显示模式如图 13 所示，大家可以通过巴法云小程序或巴法云 App（见图 14）随时控制频谱灯。

结语

至此，我们便完成了拟辉光频谱灯的制作，欢迎大家可以自己动手制作一个属于自己的频谱灯！

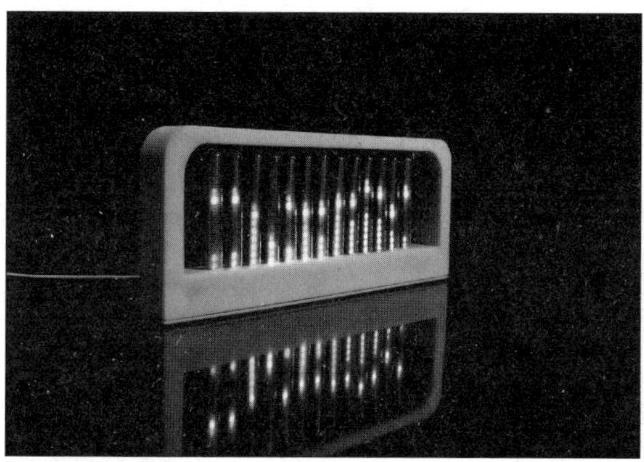

图12 彩虹律动

图13 时钟显示

感受穿越 40 年的荧光之美

孙健

演示视频

项目介绍

荧光数码管是 20 世纪 70 年代被大量应用的电子器件，它具有自发光、响应速度快、亮度高、温度范围宽、抗干扰能力强等优点。它的驱动电压比辉光管更低，且寿命比辉光管更长，不再需要 10 层的阴极数字排列，而是采用现代的 7 段数码显示排列，在家电、仪器仪表等领域应用广泛。

本文将使用 YS27-3 荧光数码管来制作一个互联网时钟，YS27-3 有风光和南昌两个品牌的，都是 20 世纪 70 年代国营电子管厂仿照苏联厂商 IV-22 制造的产品，也是目前市面上能够找到的国产最便宜的荧光管。

设计特点

● 驱动通用：使用常用的 5V USB 接口供电，使用小尺寸芯片生成驱动荧光数码管所需的高压和低压，转换效率高，显示效果可以根据可变电阻的阻值进行调整。原则上，国产的 IV-11、YS9-3、YS9-4、YS30-1等型号均可以匹配这个驱动电路。

● 尺寸小巧：为了压缩项目的整体尺寸，我在设计上将驱动板和荧光管分离成上、下两块电路板。全板采用贴片元器件制作，除接插件外，其余全部元器件都藏于模块中，整体模块外观简洁。

● 制作简单：无须特殊调试，仅用一只普通万用表测量相关电压即可，适合初级电子爱好者自制，源程序使用 Arduino 平台开发并且开源，在扩展适配其他型号的荧光数码管时修改相关参数即可，板子自带串口芯片，不需要额外的下载器即可实现程序的烧录。

硬件构架

灯管部分

荧光数码管灯管内部构造（见图 1）比辉光管复杂很多，荧光数码管内部真空，管子顶部的黑色物质是吸气剂，吸气剂的作用是处理在抽真空过程中的残余气体，提高荧光管内部的真空度。最前端有 2 条金属丝，是荧光管的阴极，也叫灯丝。灯丝是钨丝，表层附着一层钡、锶、钙的氧化物，在低电压作用下会向外射出电子。同时荧光管内部有一个栅极，栅极覆盖整个荧光管的显示区域，显示区域由陶瓷基板制造，在基板上蚀刻出图案，并在图案上涂上荧光粉，由导线连接至荧光数码管的引脚。给阴极通电后，阴极会向外发射电子，电子在栅极的吸引下会加速射向阳极。当电子撞击到覆盖在基板上的荧光粉后，即发出青色的可见光。荧光数码管的每一个段码就是一个阳极，我们使用动态扫描的方式控制阳极是否施加正向电压，

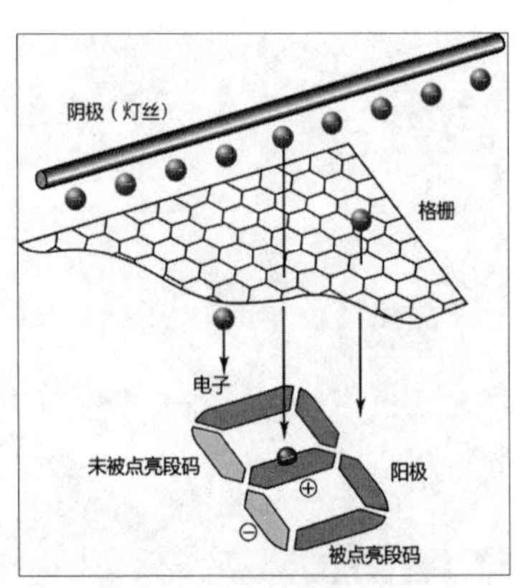

图 1 荧光数码管灯管内部构造

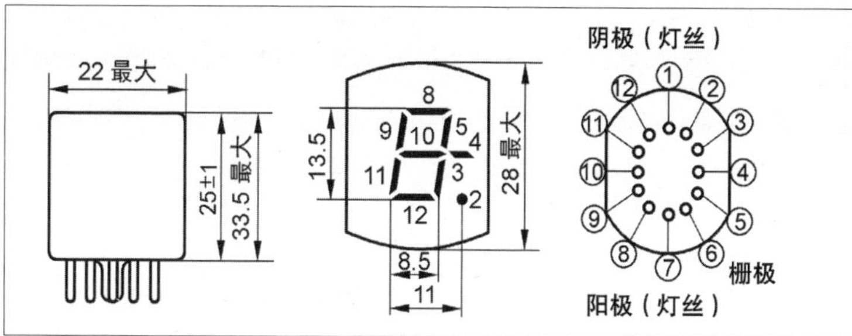

图 2 YS27-3 引脚

这样即可按照我们的需求来显示相应的段码。

YS27-3 一共有 12 个引脚：引脚 6 是栅极，工作电压为 20~25V；引脚 1、7 是阴极，工作电压为 1~1.2V；如图 2 所示，2、3、4、5、8、9、10、11、12 引脚分别对应段码的不同位置，其中 2 引脚对应的是小数点，在这里我们不使用，此引脚悬空。

从 YS27-3 说明书中的电气参数可以看到，阳极和栅极电压为 20V，MCU 和周边芯片工作电压为 3.3V，这就表示，做这个项目我们需要 3 种电压，即 20V、3.3V、1.2V。

升压部分

在芯片的选择上，我使用 MT3608 作为 20V 升压芯片，这颗芯片支持 2~24V 输入电压，输出电压最高达 28V，并有限流和热过载保护。这里按照官方元器件手册上给出的升压电路来进行电路设计，如图 3 所示。MT3608 采用固定频率，用峰值电流模式升压调节器结构调节反馈引脚的电压。

荧光管的极限工作电压为 24V，最好保持在 20V 左右，通过测试，18V+1.0V 适用于普通情况或较暗的房间，21V+1.2V 适用于高亮度。我个人在使用 20V+1.2V 或 22V+1.0V 时效果良好。使用额定值为 2A 或更高的 10~20μH 电感器，10μH ±20% 电感或类似电感器也应可以正常工作。

降压部分

降压芯片选择 RT8059，这颗芯片内部的低 RDS(ON) 同步整流组件降低了在 PWM 模式的导通损耗，且不需外加肖特基二极管。当电感电流进入 PWM 不连续导通模式时，RT8059 自动关闭同步整流开关以增加在轻载时的效率。当 PWM 连续导通，P-MOSFET 调节输出电压至设定的稳定值时，RT8059 进入低压降模式。当 EN 引脚为低电位时，进入关机模式，电流小于 0.1μA。采用 TSOT-23-5 的小型封装可应用于较小的 PCB 设计中。

在这里，我们为使荧光管亮度均衡一些，使用 1.2V 电压输出电路，如图 4 所示。

值得注意的是，较低的灯丝电压节省功率，但也意味着格栅 + 阳极需要更高电压。此外，当占空比较低时，大部分功率流向灯丝，灯丝始终通电。一般情况下，5V 电源供电时钟消耗的电流应在 0.3 ~ 0.45A。至此，本项目所需要的电压部分完美解决。

驱动部分

驱动部分由 4 颗级联的 8 位串行移位并行输出寄存器（74HC595D 和 TD62783）组成。

74HC595D 是常用的寄存器，这里不作过多介绍。TD627838 是通道高电压电源驱动芯片（TD627838 内部功能如图 5

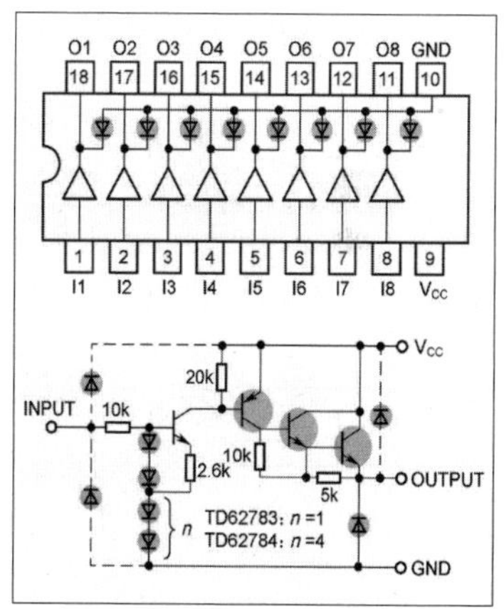

图 5 TD627838 内部功能

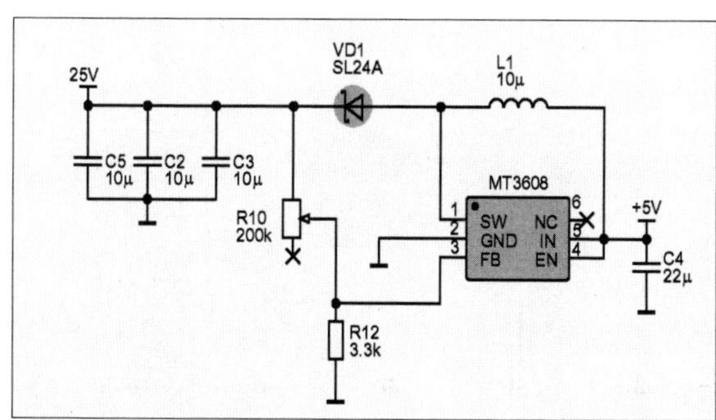

图 3 MT3608 升压电路

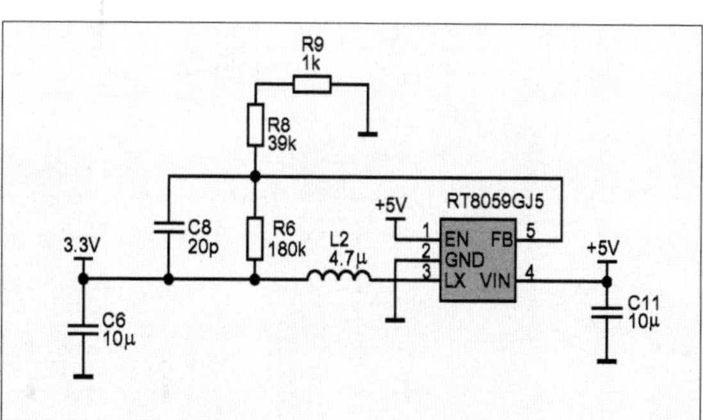

图 4 1.2V 电压输出电路

所示），是早些年专门为荧光显示器设计的。

值得注意的是，这颗芯片不集成过电流和过电压保护器等保护电路。因此，如果过量的电流或电压被施加到TD627838，则可能被击穿。UDN2982、TBD62783AFG是东芝引脚兼容的替代品，功耗更低。

结合灯管部分的介绍，除了1、6、7这3个引脚，控制段码部分的引脚一共有9个，这势必要牺牲1个引脚来适配TD62783的8个通道，舍弃了引脚2（小数点）。

主控部分

接下来是主控部分，为了节省空间，我选择了ESP-M2作为主控，这颗MCU拥有15mm×12.3mm的超小尺寸，核心处理器芯片是ESP8285。该芯片拥有完整的Wi-Fi网络功能，在较小尺寸中封装了增强版的Tensila's L106钻石系列32bit内核处理器，可带片上SRAM。这颗芯片完全兼容ESP8266，可使用Arduino IDE开发，除了I/O接口少一点，其他参数完美适用于本项目。

氛围灯部分

氛围灯选择了4颗2835封装的WS2812灯珠放在荧光数码管的下方，秒针计时使用2颗，并且这两组灯珠分别接入不同引脚以方便独立控制。YS27-3引

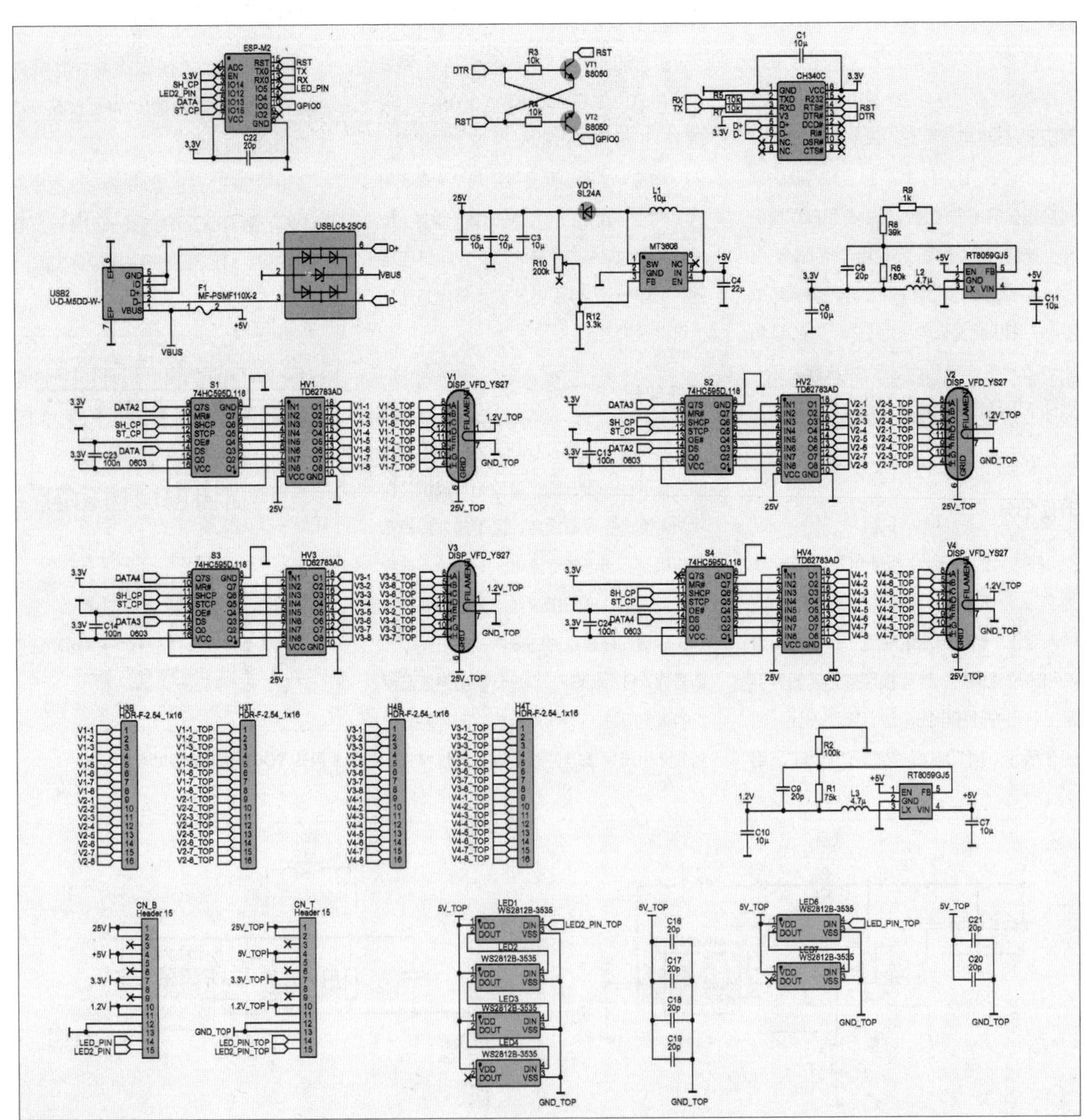

图6 整体电路

脚使用两组 2.54mmx16Pin 的排针连接，电源使用 15Pin 排针连接。

在 USB 电源输入后端，我们接入一个 ESD 保护芯片来防止静电串入电路。至此，整体的电路（见图 6）设计完成。

PCB设计

PCB 设计采用上下插板结构（见图 7）。上层为荧光数码管的插座部分，信号、电源使用排针对插到下层 PCB；下层 PCB 为时钟的电源、驱动和控制板。电源使用 Micro USB 接口。

PCB 板厚为 1.6mm，因空间有限，上层 PCB 在走线上未按照段码的每一个笔画规律顺序设计，而是本着就近就便的原则进行连接，后期可通过程序的调整来实现段码的点亮次序。下层 PCB 则按照扫描顺序对元器件进行排列。

程序设计

程序使用 Arduino IDE 开发，整个程序用了两个库。

ShiftRegister74HC595库

这个库可以用一种很简单的方式控制 74HC595 移位寄存器，在我们的设计中，使用了 4 个 74HC595 串联，单个 74HC595 有 8 个驱动引脚，4 个串联也就是有 32 个引脚。

以我们的程序为例，首先初始化库引脚，如程序 1 所示。

程序1

```
ShiftRegister74HC595<4> sr(13, 14, 15);
//74HC595 接口定义，其中<4>表示共有 4 颗芯片串联
```

用程序 2 设置高低电平。

程序2

```
sr.set(i, HIGH); // 设置 74HC595 的第 i 个引脚高电平
```

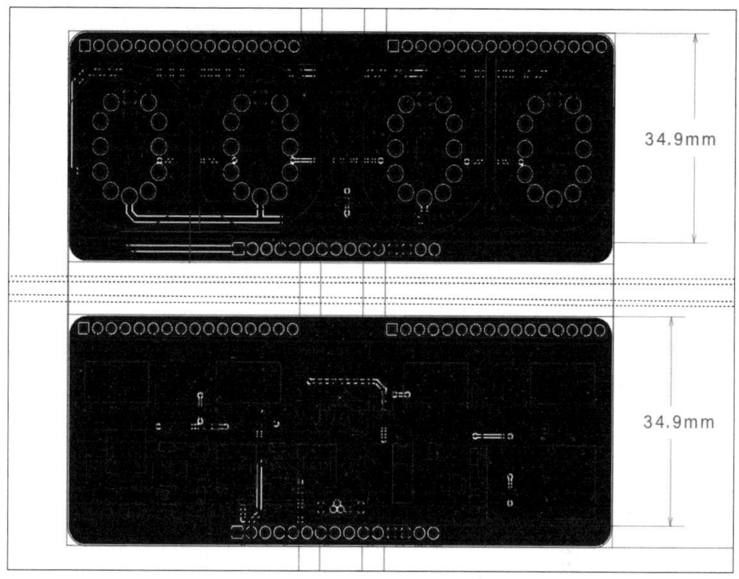

图7 PCB 设计

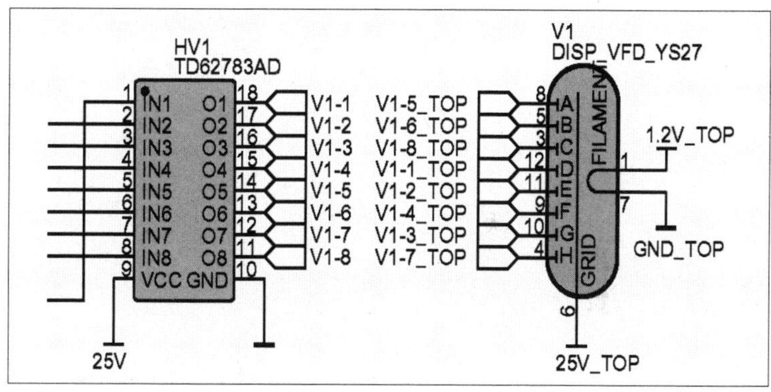

图8 74HC595 与荧光管引脚之间的接线

```
sr.set(i, LOW);  // 设置 74HC595 的第 i 个引脚低电平
```

根据 74HC595 与荧光管引脚之间的对应关系（见图 8），74HC595 的 1 ~ 8 引脚（在程序里对应为 0~7）分别对应灯丝的 5、6、8、1、2、4、3、7 引脚。我们可以根据灯丝排列设计出数组来控制显示哪个数字。

如显示数字 0（见图 9），引脚 3、7（程序中的编号从 0 开始，对应的则为 2、6）对应低电平，其他引脚对应高电平，在数组中的对应关系见附表。

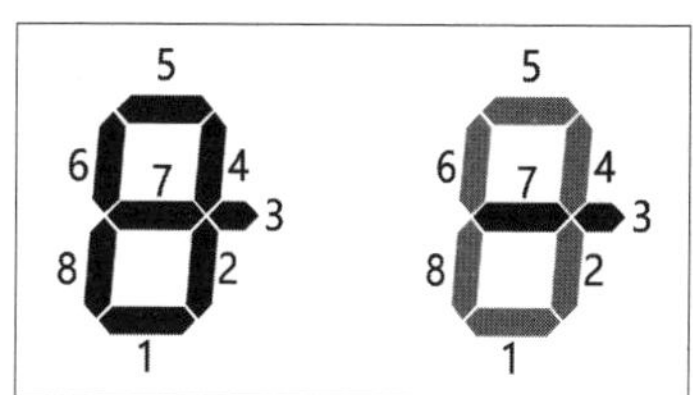

图9 荧光管段码与引脚布局

附表 显示数字 0 灯丝引脚与数组对应关系

灯丝引脚	1	2	3	4	5	6	7	8
对应数组	0	0	1	0	0	0	1	0

利用以上对应关系创建数组，如程序3所示。

程序3

```
//建立数字灯丝对应数组
int Numbers[10][8] = {
  {1, 1, 0, 1, 1, 1, 0, 1},//0
  {0, 1, 0, 1, 0, 0, 0, 0},//1
  {1, 0, 0, 1, 1, 0, 1, 1},//2
  {1, 1, 0, 1, 1, 0, 1, 0},//3
  {0, 1, 0, 1, 0, 1, 1, 0},//4
  {1, 1, 0, 0, 1, 1, 1, 0},//5
  {1, 1, 0, 0, 1, 1, 1, 1},//6
  {0, 1, 0, 1, 1, 0, 0, 0},//7
  {1, 1, 0, 1, 1, 1, 1, 1},//8
  {1, 1, 0, 1, 1, 1, 1, 0},//9
};
```

再利用ShiftRegister74HC595库的相关函数即可顺利点亮相应段码，如程序4所示。

程序4

```
void showThousands( int a ) {
  for (int i = 0; i < 8; i++) {
    if ( Numbers[a][i] == 1) {
      sr.set(i, HIGH);
    } else
    {
      sr.set(i, LOW);
    }
    delay(20);
  }
}
```

以上是通过分别定义不同数字的方法点亮数码管，也可以通过固定32个引脚的电平来进行控制。

WS2812FX库

本项目使用了两组全彩灯珠，第一组用来显示当前的秒计数，第二组用来当作氛围灯。

WS2812FX库的具体的用法如程序5所示。

程序5

```
//引用库
#include <WS2812FX.h>
//初始化灯引脚
WS2812FX ws2812fx_second = WS2812FX(NUM_LEDS_second, DATA_PIN_second, NEO_GRB + NEO_KHZ800);
//定义秒闪烁
WS2812FX ws2812fx_aura = WS2812FX(NUM_LEDS_aura, DATA_PIN_aura, NEO_GRB + NEO_KHZ800); //定义氛围灯
void setup() {
  ws2812fx_second.init();
  ws2812fx_second.setBrightness(50);
  ws2812fx_second.setSpeed(2000);
  ws2812fx_second.setColor(BLUE);
  ws2812fx_second.setMode(FX_MODE_BLINK); //内置效果参数
  ws2812fx_second.start();
  ws2812fx_aura.init();
  ws2812fx_aura.setBrightness(150);
  ws2812fx_aura.setSpeed(10);
  ws2812fx_aura.setMode(FX_MODE_RAINBOW_CYCLE); //内置效果参数
  ws2812fx_aura.start();
```

这个库使用起来非常简单，只用了少量程序就可以实现56种幻彩效果，具体的效果参数如程序6所示。

程序6

```
/* 灯效
  FX_MODE_STAT芯片
  FX_MODE_BLINK
  FX_MODE_BREATH
  FX_MODE_COLOR_WIPE
  FX_MODE_COLOR_WIPE_INV
  FX_MODE_COLOR_WIPE_REV
  FX_MODE_COLOR_WIPE_REV_INV
  FX_MODE_COLOR_WIPE_RANDOM
  FX_MODE_RANDOM_COLOR
  FX_MODE_SINGLE_DYNAM芯片
  FX_MODE_MULTI_DYNAM芯片
  FX_MODE_RAINBOW
  FX_MODE_RAINBOW_CYCLE
  FX_MODE_SCAN
  FX_MODE_DUAL_SCAN
  FX_MODE_FADE
  FX_MODE_THEATER_CHASE
  FX_MODE_THEATER_CHASE_RAINBOW
  FX_MODE_RUNNING_LIGHTS
  FX_MODE_TWINKLE
  FX_MODE_TWINKLE_RANDOM
  FX_MODE_TWINKLE_FADE
  FX_MODE_TWINKLE_FADE_RANDOM
  FX_MODE_SPARKLE
  FX_MODE_FLASH_SPARKLE
  FX_MODE_HYPER_SPARKLE
  FX_MODE_STROBE
  FX_MODE_STROBE_RAINBOW
  FX_MODE_MULTI_STROBE
  FX_MODE_BLINK_RAINBOW
  FX_MODE_CHASE_WHITE
  FX_MODE_CHASE_COLOR
  FX_MODE_CHASE_RANDOM
  FX_MODE_CHASE_RAINBOW
  FX_MODE_CHASE_FLASH
  FX_MODE_CHASE_FLASH_RANDOM
  FX_MODE_CHASE_RAINBOW_WHITE
  FX_MODE_CHASE_BLACKOUT
  FX_MODE_CHASE_BLACKOUT_RAINBOW
  FX_MODE_COLOR_SWEEP_RANDOM
  FX_MODE_RUNNING_COLOR
  FX_MODE_RUNNING_RED_BLUE
  FX_MODE_RUNNING_RANDOM
  FX_MODE_LARSON_SCANNER
  FX_MODE_COMET
  FX_MODE_FIREWORKS
  FX_MODE_FIREWORKS_RANDOM
  FX_MODE_MERRY_CHRISTMAS
  FX_MODE_FIRE_FL芯片KER
  FX_MODE_FIRE_FL芯片KER_SOFT
  FX_MODE_FIRE_FL芯片KER_INTENSE
  FX_MODE_CIRCUS_COMBUSTUS
  FX_MODE_HALLOWEEN
  FX_MODE_B芯片OLOR_CHASE
  FX_MODE_TR芯片OLOR_CHASE
*/
```

以上就是程序设计的核心内容，设计这个时钟的初衷就是用来当作桌面的摆件，所以没设计任何物理按键，程序的构架上也相对简单。

外壳设计及装配方法

1 外壳使用 Autodesk Fusion 360 设计，壁厚为 1.5mm，分外壳、隔板、背板 3 个部分，每个实体之间预留 0.2mm 公差，可使用 3D 打印机直接打印。

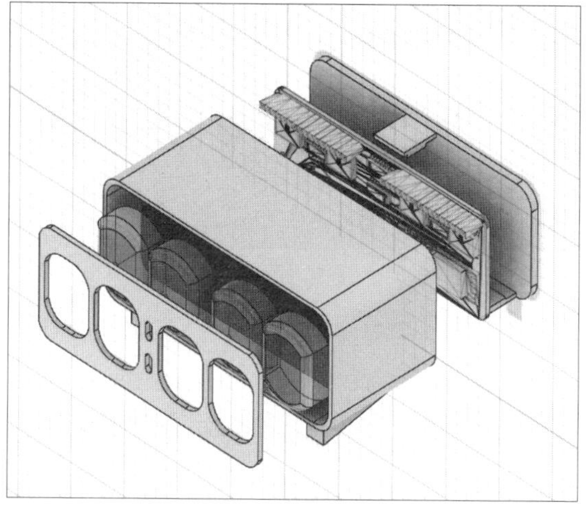

2 下图为准备组装的所有部件。

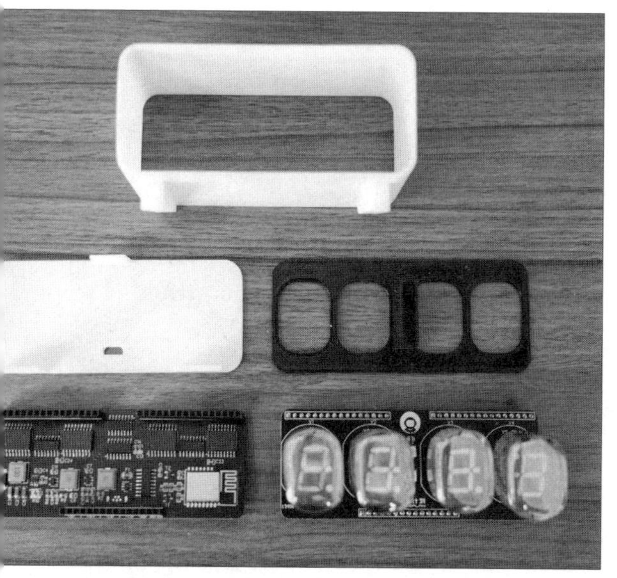

3 先将荧光管插入上层 PCB 插针，再将上、下两层主板对插起来。将灯管之间的隔板扣上，秒针的位置内部，可以内嵌一层白色的薄塑料片，这样做，秒针的光线可以更柔和一些。

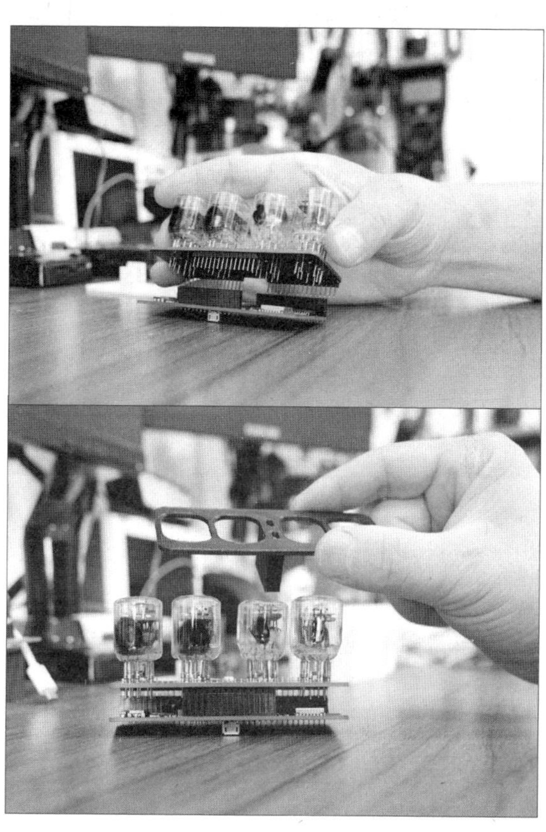

4 后盖的装配需要先对准 USB 接口的位置，再将后盖两侧的卡扣卡进下层 PCB 两侧空余的位置。

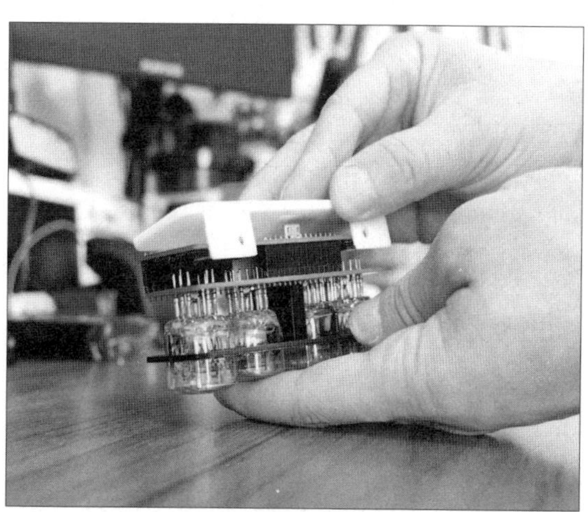

5 将主板整体以倒垂的方式卡入外壳，并在外壳下方拧 2 颗 M3×6mm 的自攻螺丝。

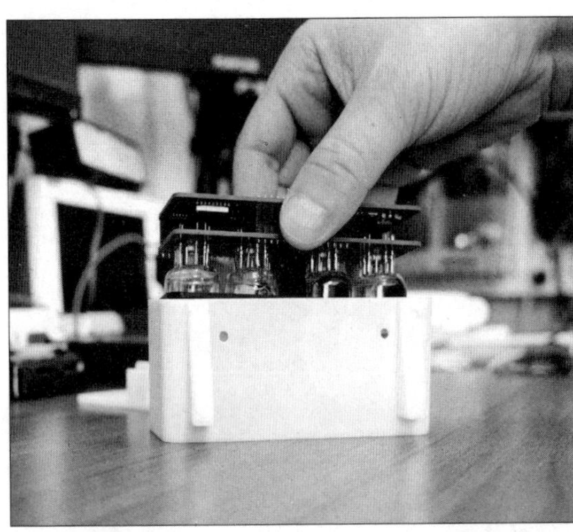

6 整体装配完成后，用 Micro USB 数据线将荧光钟与计算机连接，安装 CH340 驱动，通过 Arduino IDE 将源程序烧录进去。烧录完毕后，重新上电，会看到一个 YS27_XXXX 的网络，通过 smartConfig 的方式用手机配置一下网络，配网完毕，荧光钟段码会有一个旋转点亮的动画，网络连接正常，时钟即可正常工作。

结语

制作好的荧光数码时钟不仅透露着怀旧的气息，还有现代光影的灵动，曾几何时，它曾被安插在冷冰冰的工具里，肩负着电子工业技术发展的使命。而如今，我们将它重新摆在书桌前，透过充满历史的纵深感，给这个 40 年前的电子器件蒙上一层真实的人间烟火气。

基于云雀气象仪与 Mind+ 数据面板的大屏可视化校园气象站

▌狄勇 王碧芳

念念不忘，必有回响，我有幸获得了云雀气象仪和Mind+数据面板这两项创客圈人气产品的内测机会。那么这个组合是否符合老师们的期待呢？让我们先睹为快。

前瞻组合，契合课标

云雀气象仪与 Mind+ 数据面板高度契合 2022 版义务教育信息科技课程标准，是一项颇具前瞻性的组合。该组合不但能作为落实“身边的算法、过程与控制、物联网实践与探索”等内容的载体，还能为 2022 版义务教育科学课程标准中的地球系统模块提供数字化探究的有力支撑，是一个兼具广度和深度的跨学科主题项目。

虽然信息科技课标中“在线数字气象站”是面向 7~9 年级互联智能设计方向的跨学科主题项目，但经过教学切入点的差异化调整，实际上可以向下兼容新课标不同层级的内容模块。例如面向高年级学生，可以实施设计制作气象站的项目；面向中年级学生，可以涉及程序调试、显示效果改良等项目；面向高年级的学生，可以安排记录、分析数据的项目。这种处理方式还具备一个独到的优势，那就是在面向中低年级学生时，还能为学有余力的孩子提供向上攀爬的阶梯。

作为跨学科项目，云雀大屏可视化校园气象站在科学课上也大有可为。科学新课标在 3~4 年级的活动建议中要求学生使用仪器测量气象数据，在 5~6 年级要求学生利用校园气象站观测和记录气象数据。目前小学科学课堂上常用的气象仪器多为玻璃温度计以及学生自制的风旗，不但简陋而且检测项目匮乏，对于湿度、风向、风速等重要气象数据的精准获取与长时间记录更是束手无策。云雀气象仪和 Mind+ 数据面板的组合可有效弥补科学课堂传统仪器的上述短板，还能为学生在自制仪器的过程中渗透工程设计与物化的课标内容，助力 2022 版科学新课标的扎实落地。

云雀虽小，五脏俱全

出于面向大班教学的需要，云雀气象仪体积小巧，集成度很高，如果只使用基础功能，需要自行装配的部件极少。其主体为铝合金材质，大小与一罐可乐接近。配备可插拔风向标和便携式三脚架。线材方面，内测版提供了一条 4Pin 连接线（见图 1）。

风向标的插拔方式类似 Micro SD 卡槽，第一次按压，卡扣锁紧；第二次按压，卡扣松脱（见图 2）。

▌图 1 云雀气象仪及配件

三脚架可根据需要伸缩调节，其底部的螺纹孔可匹配相机的三脚架快装板（见图3），必要时可安装到其他大型三脚架上。

图2 云雀气象仪风向标

U盘 (I:)
名称
修改日期
config.txt

Communication:I2C
Sample rate:1
Record:OFF
Radial:23.75
Delay record:10
Light Switch:ON

图4 config.txt 文件

操作简便，效果惊艳

离线工作方式

云雀气象仪支持离线、在线两种工作方式。如采用离线方式，可将气象仪与计算机通过USB Type-C接口连接，此时计算机会弹出一个16MB的U盘，U盘中有config.txt文件（见图4），config.txt文件内字段具体含义见附表。经过配置、重启计算机后即可实现数据存储，工作时可通过RGB指示灯的色彩变化观察设备的状态（见图5）。

虽然近乎开箱即用的离线方式简便易用，但配合大屏的在线方式更能让全校师生共同投入到活动中。

以下重点介绍云雀气象仪配合Mind+数据面板的在线工作方式。

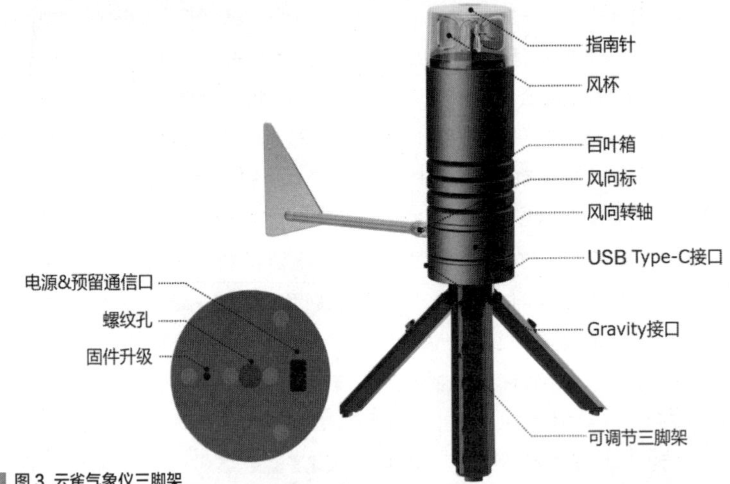

图3 云雀气象仪三脚架

在线工作方式详解

1. 电路连接

整个装置只需用一条4Pin连接线连接气象仪和行空板的I^2C接口。

气象仪附带的连接线其中一头是杜邦线母头，适合I/O扩展板，无法直接插入行空板。我们可以用行空板附带的双头PH2.0-4Pin白色硅胶绞线连接两个设备（见图6）。

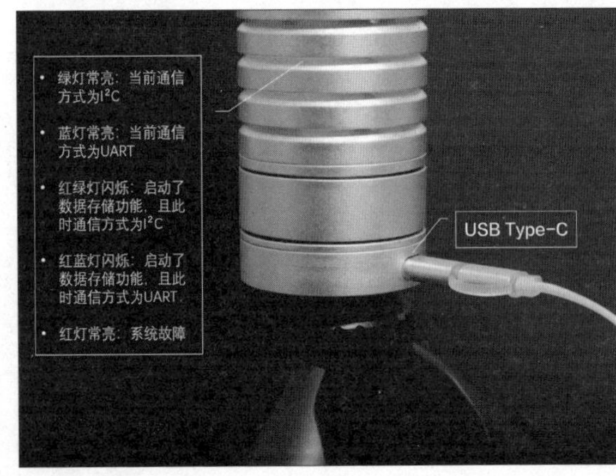

图5 气象仪与计算机通过USB Type-C接口连接

附表 字段含义

名称	功能	可选项	默认
Communication	设置通信方式	I²C/UART（固定115200波特）	I²C
Sample rate	设置数据采样率，单位为秒	1~43200（12h）	1
Record	设置存储功能是否开启	ON/OFF	OFF
Radial	预留功能，勿动	–	–
Delay record	设置存储功能延时启动时间，单位为秒	10~60	10
Light Switch	设置RGB指示灯是否开启	ON/OFF	ON

图7 升级SIoT服务器

图6 气象仪与行空板连接

2. 升级行空板SIoT服务器

在行空板新固件发布前，需要手动升级板载的SIoT服务器到V2版本。连接行空板与计算机，运行DFRobot提供的SIOTV2.py即可完成升级（见图7）。

3. 程序设计

对于行空板而言，其在整个项目中的任务就是在板载显示屏上显示信息，同时发送气象仪各项数据给SIoT服务器，具体如程序如图8所示。

通过远程桌面可以预览显示屏显示效果（见图9）。

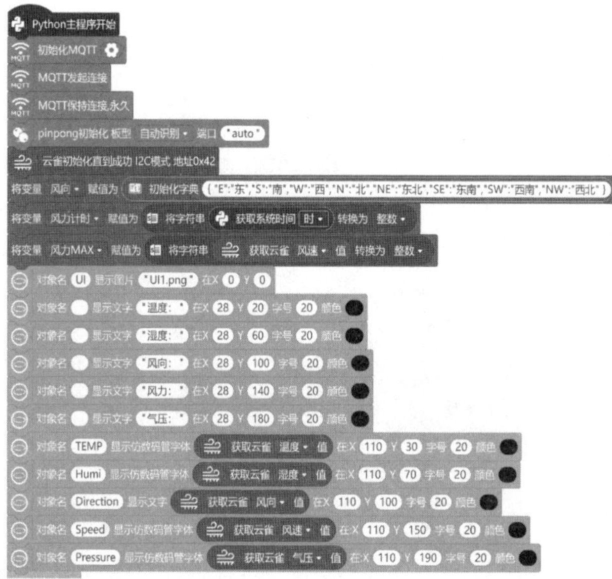

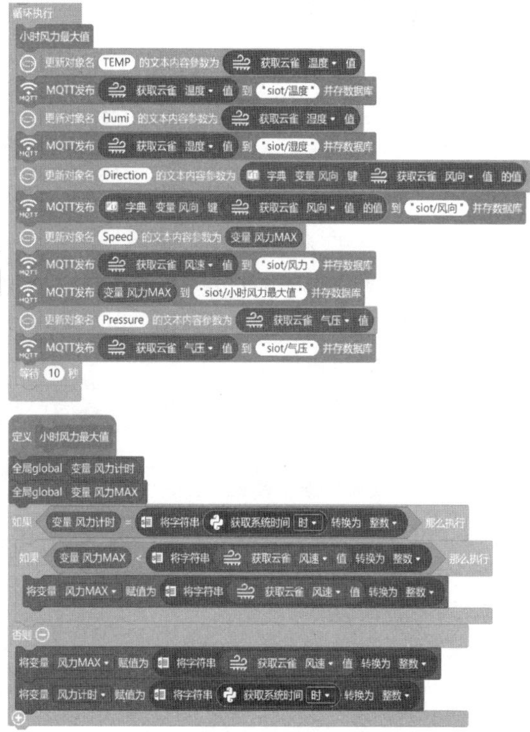

图8 具体程序

▌图 9 显示屏显示效果

▌图 10 气象仪与行空板连接效果

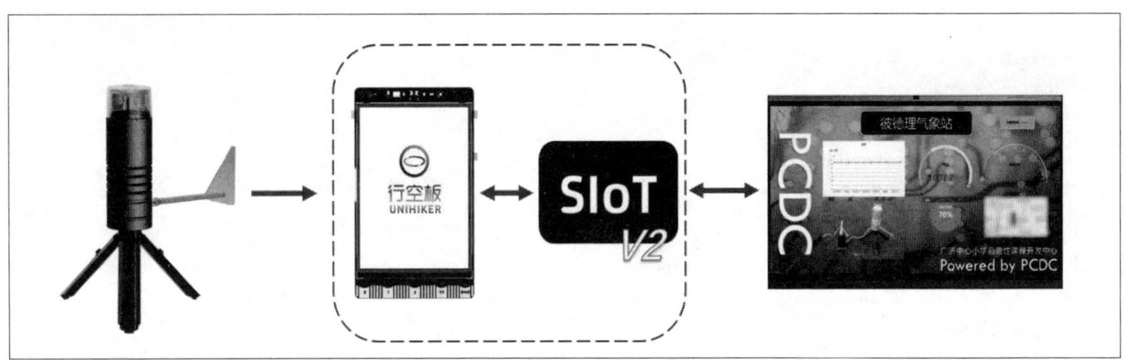

▌图 11 功能示意

气象仪与行空板连接的整体效果如图 10 所示。

4. 定制数据面板

首先我们来了解下 Mind+ 数据面板的工作原理。本项目使用同一块行空板承担了连接气象仪的主控和 SIoT 服务器的功能，功能示意如图 11 所示。

其中，SIoT 服务器也可安装在第二块行空板或者计算机上。

Mind+ 数据面板实质上是一个独立的模块，并不与当前的程序关联。你甚至可以在打开 A 项目程序的状态下，进行配套 B 项目的数据面板编辑。

单击 Mind+ 菜单栏上的“可视化面板”按钮后（见图 12），会弹出项目管理窗口。

▌图 12 单击“可视化面板”

图13 管理窗口

可以新建空白项目，也可以导入本地项目或编辑已有项目（见图13）。

新建项目后的第一步是要进行数据源设置。针对本项目而言，要将服务器地址设定为行空板在局域网的IP地址（见图14）。

完成配置后，数据面板会尝试连接服务器，如果连接成功（见图15），便可以开始编辑面板了。

数据面板分为组件栏、编辑区、设置栏3部分。

组件栏包含按钮、输入框、开关等基础组件，还有文本、图片、图表、地图等显示组件，可按需拖放到编辑区。选中编辑区中的组件对象后，可以在设置栏设置组件属性。除了外观部分的调整，最重要的设置信息是该组件对应的Topic（主题），单击下拉菜单会呈现服务器上所有可选的Topic供你选择（见图16）。

图14 设置服务器地址

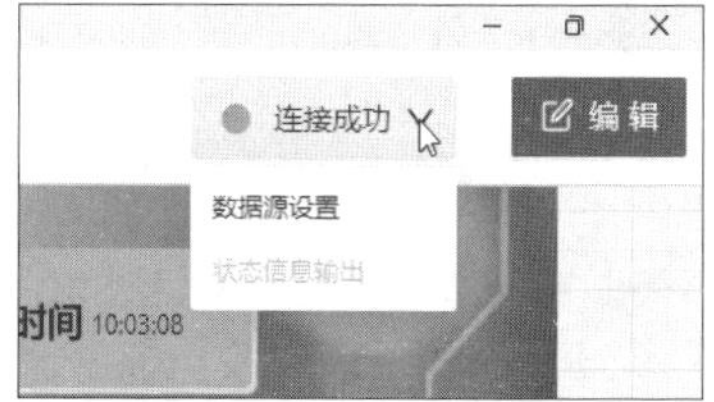

图15 连接成功界面

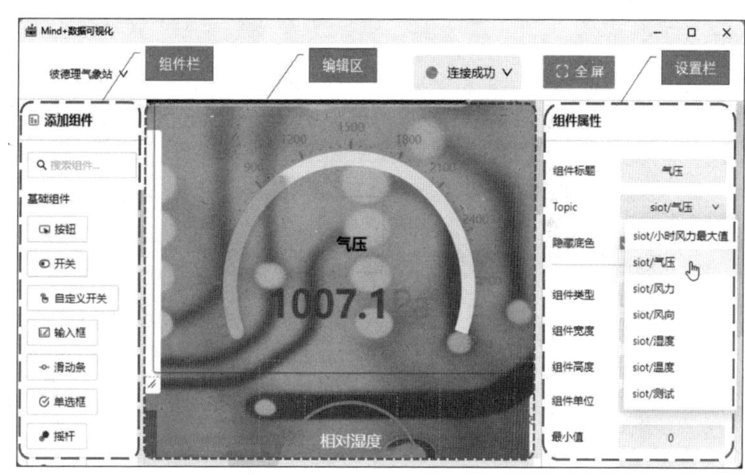

图16 数据面板

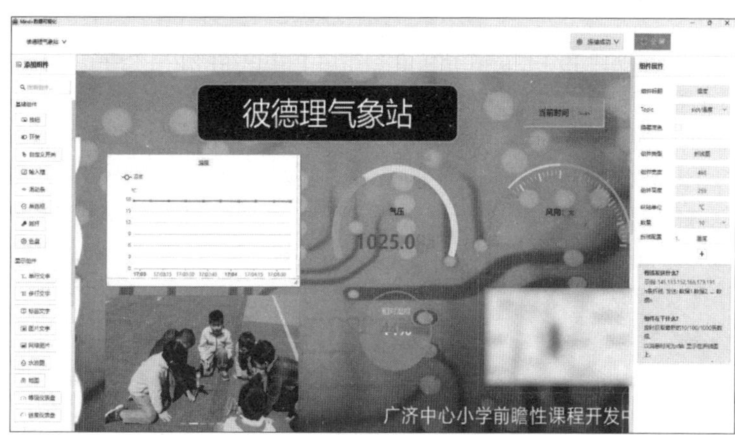

图17 全屏预览

完成布局后，单击全屏可以预览效果（见图17）。

我尝试了让学校前瞻性课程开发中心（PCDC）的一名四年级“小研究员”在只看到一个组件的编辑样例后独立完成整个面板的设计，他不到半小时就编辑完毕了，反馈非常容易上手。

5. 测试与部署

学校天井走廊上有一台75英寸交互式显示屏，日常用于播放一些宣传视频。将新版Mind+安装到它的PC模块上，加载编辑好的数据面板文件，一个大屏校园气象站就呈现在孩子们面前了（见图18），这台交互式显示屏也进一步体现了使用价值。

得益于校园无线网络的覆盖，从操场

图 18 大屏校园气象站

到校门，学校各个位置的气象数据都可以在一楼天井的大显示屏上直观呈现。云雀大屏气象站的出现也成功引起了小朋友们的好奇心。

结语

在线气象站作为一个优质的跨学科主题项目出现在新课标中毫不让人意外。但在教学实践中，老师们一直缺乏能适应大班教学的器材。尤其对于风力、风向两个气象参数的观测，很难实现在大班教学中进行数字化探究。云雀气象仪的出现大幅度降低了该项目的实施门槛。

可能有观点会认为这种高度集成化的装置不够“创客”，但我们要明确信息科技跨学科主题并非是面向尖子生的拔高课程，而是要面向全体学生的普适课程。这应是学具而非创客作品，门槛的降低意味着更多的学校有条件配备，更多的老师有能力带领学生实践，更多的孩子能投入其中，更多的课堂能达成教学目标。

培养具有数据意识、数字化逻辑思维、终身学习能力和社会共同体责任感的数字公民，是数字教育的重要职责，也应当是数字校园建设、数据驱动教育教学改进的重要维度。有了 Mind+ 数据面板，学生运用数据的羽翅将变得丰满，校园气象站、物联网植物园、智能鱼池都可以让孩子们来建设，上述维度就可以更好地建立起来。孩子们可以通过便捷的数据可视化手段呈现观点、实证猜想、记录过程、展示成果，从“观”的浅层步入“做”的深层。

2022 版新课标背景下，DFRobot 对云雀气象仪、Mind+ 数据面板的研发，以及我和 PCDC 小研究员们在这个项目上的探索都只不过是信息科技跨学科主题方向的微小努力。虽是粗浅的尝试，却让我们有了更多的期待与确信！

自动感应输液管液位提示器

▌程立英 谷利茹 刘祖琛 江龙涛 车小磊

在日常生活中，生病之后去医院输液是经常发生的事，然而可能因为疏忽，忘记观察输液进度，这种情况对于患者是十分危险的。基于这种情况，我们制作了自动感应液位高度的提示器，这款提示器可以提示液位高度，提醒医护人员某位患者的输液情况，既能够减少医护人员的工作量，又能够降低出现意外的概率，对于患者和医生来说都是有益的。

功能描述

●液位传感器通过液位判断是否输出高电平。

●从板可以显示本设备编号，并向主控板发送信号。若检测到液位传感器出现高电平，则向主控板发送信息；如若没有检测到高电平，则进行重复检测。

●主控板可以接收信号，显示发送信息的从板编号。

材料清单

本项目所用的材料清单如附表所示。

附表 材料清单

序号	名称	数量
1	Micro:bit 控制板	2 块
2	智能液位传感器	1 块
3	Micro USB 接口数据线	1 条
4	电池	1 块

编程环境

micro:bit 是一款专为青少年编程教育设计的微型计算机开发板。micro:bit 大小只有 4cm×5cm，正面包含两个可编程按钮和由 25 个单色 LED 组成的点阵，背面集成了加速度传感器、磁力传感器、蓝牙模块等，采用 Micro USB 接口连接电源，可外接电池盒，在底部还有多个金手指和环孔连接器，可用于控制外部设备，micro:bit 正面和背面如图 1 所示。

▌图 1 micro:bit 正面和背面

BBC 官方同时提供了在线编程网站，可以通过图形化的编程界面或通过 Python、JavaScript 等编程语言进行程序编写，最后把编写好的程序上传到 micro:bit 上查看实际效果。

智能型非接触式液位传感器采用了先进的信号处理技术，突破了容器壁的影响，实现对封闭容器内液位高度的真正非接触式检测。

制作过程

我们先通过外部电池盒给 micro:bit 和液位传感器供电，连接示意如图 2 所示。

▌图 2 连接示意

接下来对 micro:bit 进行“无线设置组”的设置，只要保证两块 micro:bit “无线设置组”设置一致，就可保证两板之间的无线连接。然后设置从板的程序，从板初始状态显示自身编号（见图 3），并且不断检测传感器端口是否为高电平，如果是高电平则向主控板传递信息，并且等待接受主控板的反馈信息，没有收到反馈信息则会一直向主控板发送信号。如果检测液位传感器端口为低电平，则循环进行检测，液位传感器如图 4 所示。

最后设置主控板程序，主控板初始状

图 3 从板初始状态

图 4 液位传感器

图 5 主控板初始状态

态显示爱心图案，如图 5 所示。主控板等待接收从板输入的信号，收到信号后，主控板显示从板编号，并向从板反馈是否接收到信息。

程序设计

从板引脚 P0 接收液位传感器的信号，如果为高电平，向主控板传输信息，并且等待接收反馈信号。利用 micro:bit 进行程序设计，具体如图 6 所示。

主控板接收从板传输的信号后，显示从板的编号，并反馈信号。利用 micro:bit 进行程序设计，具体如图 7 所示。

结语

至此，整个自动感应输液管液位提示器项目制作完成。作为应用于生活中提示输液管液位的工具，它对于医院的医护人员和病人可能有一定的帮助，但是项目也有很多需要改进的地方，比如经过实验发现，主控板显示从板的编号时是静态显示，不能及时引起医护人员的注意，后续可以通过添加偏轴电机产生振动等方式引起医护人员注意。如果你觉得这个项目很有趣，对项目进行了复现或优化，欢迎随时与我分享。

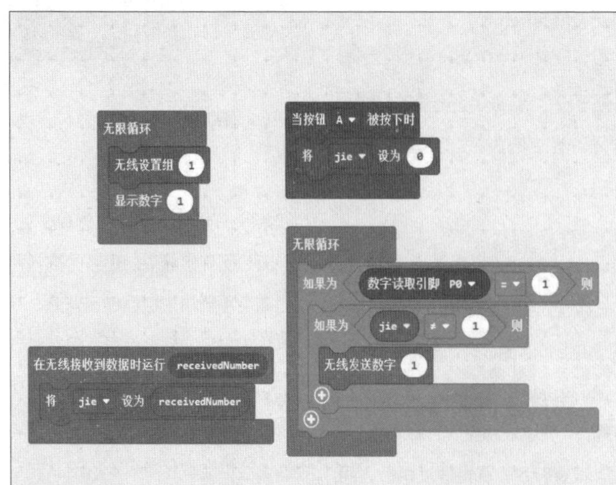

图 6 从板程序

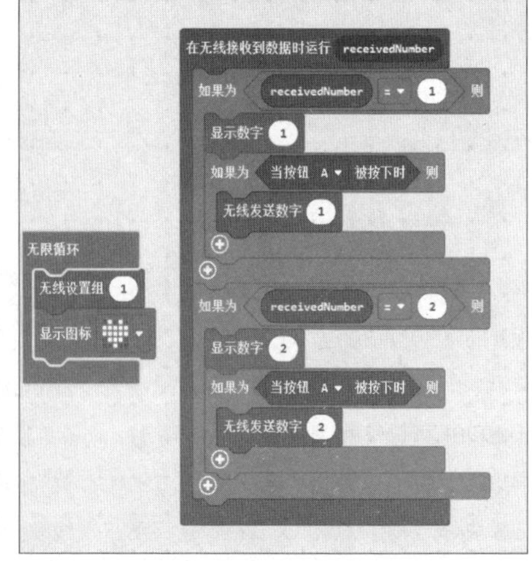

图 7 主控板程序

智能地铁导航系统

杨竣斐

演示视频

我想做一个特殊形状的流水灯来锻炼我的制板技艺，地铁站里的线路图给了我灵感，作为一个交通迷，我决定做一个智能地铁导航系统。该系统采用Arduino Pro mini作为控制板，由地铁站点LED、OLED显示屏、语音识别模块和扬声器等组成，可以实现多种点亮模式，并可自动为旅客规划行程，计算其需要乘坐的时间，模拟显示途经的站点，在作为装饰的同时也具有一定实用性。

电路设计

首先设计电路。我选择了Arduino Pro mini作为控制板，通过显示驱动芯片MAX7219，实现对64个LED的控制。整个系统使用了4种串行通信模式：CLK(10)、CS(11)、DIN(12)引脚3线SPI控制MAX7219，进而驱动地铁站点LED；SCL(A5)和SDA(A4)引脚组成的I²C总线，控制OLED显示屏；异步串口RXI引脚与语音模块TX引脚连接，用于接收语音模块发送的指令；USB 2.0接口实现程序下载和电路供电。设计的电路如图1所示。

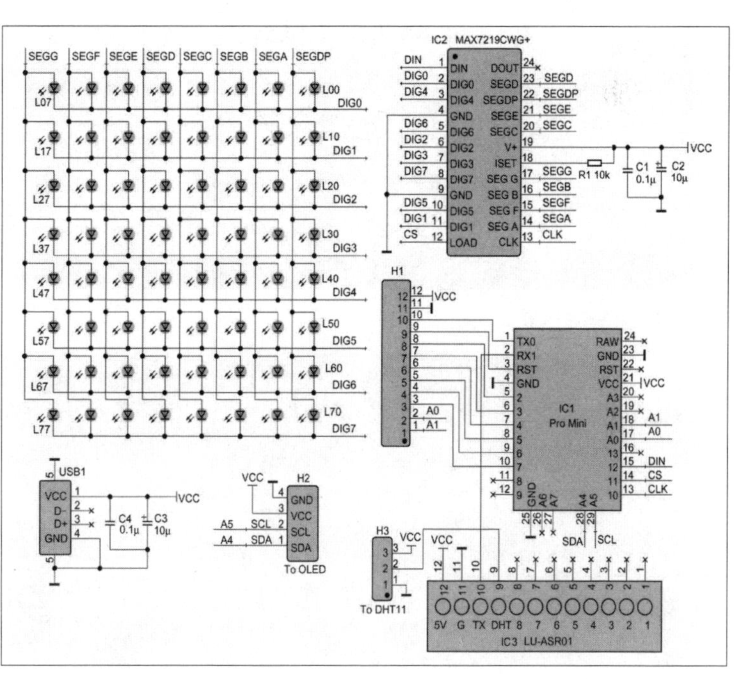

图1 设计的电路

PCB布局

接下来设计PCB布局。首先需要选定电路中使用的元器件的规格与封装。我使用嘉立创EDA进行设计，如果你已初步掌握Multisim、Proteus等电路仿真软件，入门过程可能会更快。在使用中，无论是语音识别模块，还是Arduino Pro mini主控板，都有着封装完毕的模块可供选用，大大减少了我在PCB布局中花费的精力。

绘制完成的PCB如图2所示，PCB 3D渲染如图3所示，我先将57个LED排布成徐州市3条地铁线路的形状。为了使电路板更加美观，我选用了富有科技感的蓝色作为底色，并在顶层丝印层绘制了徐州著名的山脉湖泊以及徐州地铁的标志。剩余的7个LED，我将其环绕在徐州地铁的标志旁边，形成一组可以逐个点亮的流水灯，在系统没有进入任何模式的情况下，可以循环点亮，使系统待机时不再那么单调。此外，我将Arduino Pro mini主控板上没有使用的10个引脚外加1组电源引脚(VCC、GND)，通过一个12引脚排针引出，以备不时之需。

程序编写

基础点亮程序

对于基础的点亮程序，我设计了3种点亮模式。

- 逐线点亮模式（RUN_1），即从一号线始发站开始，按照由西向东，自北向南的顺序逐站点亮。
- 同时点亮模式（RUN_2）：按照与RUN_1相同的点亮方向，3条线同时点亮。

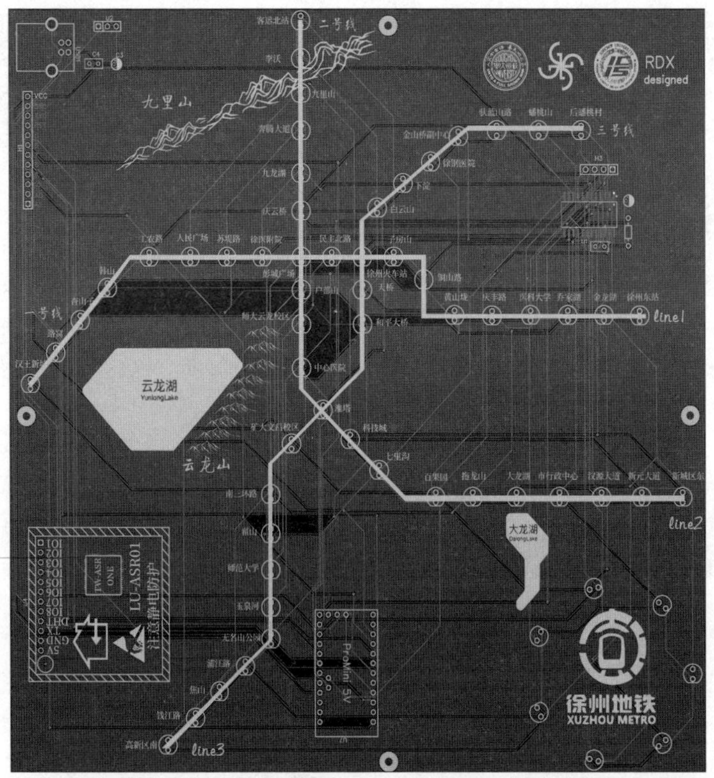

图2 绘制完成的PCB

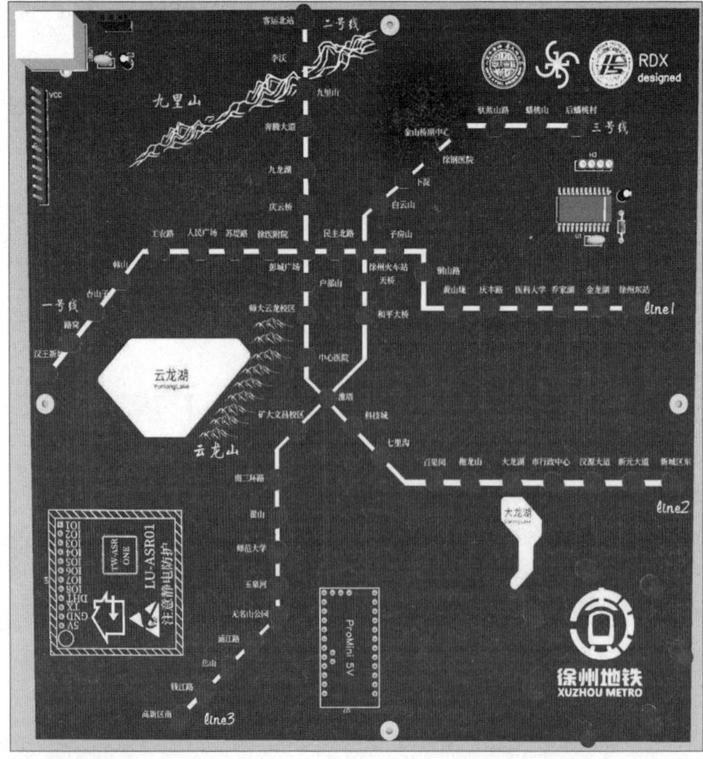

图3 PCB 3D渲染

● 模拟行车模式（RUN_3）：模拟地铁行车过程中站台提示屏的显示方法，3条线路同时点亮，且已点亮的站点不再熄灭。

地铁站点LED的控制，我采用Arduino中的LedControl库，它可以用于MAX7219驱动的SPI总线8×8 LED点阵显示屏和7段数码管。前面的电路设计中，已将64个LED组成一个8×8点阵，就是为了方便使用此库函数进行控制。我先定义了4个二维数组：L1_VALUE、L2_VALUE、L3_VALUE和M_VALUE，分别代表3条地铁线路站点和环绕地铁标志的8×8 LED点阵，其中换乘站在其所在线路数组中重复出现，方便连续控制。模拟行车模式的程序相对简单，如程序1所示。

程序1

```
void RUN_3(void)
  {
  int i = 0;
  for(i=0;i<21;i++)
    {
      lc.setLed(0, L1_VALUE[i][0], L1_VALUE[i][1], true); //点亮一号线站点LED
      lc.setLed(0, L2_VALUE[i][0], L2_VALUE[i][1], true); //点亮二号线站点LED
      lc.setLed(0, L3_VALUE[i][0], L3_VALUE[i][1], true); //点亮三号线站点LED
      delay(delaytime); //延时500ms
    }
    lc.clearDisplay(0); //熄灭所有LED
  }
```

其中setLed()为LedControl库函数，它的4个参数分别表示设备号、行号、列号和LED状态（true为点亮，false为熄灭）。系统只用了一个8×8 LED点阵，设备号为0，行号和列号分别是二维数组

图 4 模拟行车模式运行效果

图 5 同时点亮模式的运行效果

中子数组的第 0 个和第 1 个元素，控制状态为点亮。模拟行车模式运行效果如图 4 所示。

参照程序 1，很容易写出逐线点亮、同时点亮模式的运行函数，其中同时点亮模式的运行效果如图 5 所示。

语音模块程序

语音模块选择的是好好搭搭的 LU-ASR01。它有图形编程和字符编程两种模式，通过云端训练生成模型，然后编译下载至终端模块。

首先录入唤醒词，唤醒词的作用是通过指定的唤醒词语音将模块唤醒。我一共录入了 4 种唤醒词，可分别进入 4 种不同运行模式。输入每个唤醒词后，模块都会通过扬声器进行语音回复。接下来是录制智能导航模式下的命令词。命令词分为两类，每个命令词也有对应的语音回复及串口输出。此外，我为每个地铁站点命令词都录入了不同的回复语音，用于提醒使用者站点附近的环境以及标志性建筑。语音模块的唤醒词和部分命令词程序如图 6 所示。

```
播报音设置 云儿-温柔女声 音量 20 语速 10
唤醒模式选择 语音唤醒
温度传感器选择 DHT11
串口波特率选择 9600 输出方式 16进制
添加欢迎词 欢迎使用徐州地铁小助手，请说出你需要进入的模式。
添加识别词 进入逐线点亮模式 类型 唤醒词 语音回复词 逐线点亮模式已启动 I/O选择 - I/O方式 - I/O执行 - 串口输出 42
添加识别词 进入同时点亮模式 类型 唤醒词 语音回复词 同时点亮模式已启动 I/O选择 - I/O方式 - I/O执行 - 串口输出 4D
添加识别词 进入模拟行车模式 类型 唤醒词 语音回复词 模拟行车模式已启动 I/O选择 - I/O方式 - I/O执行 - 串口输出 58
添加识别词 进入智能导航模式 类型 唤醒词 语音回复词 智能导航模式已启动，请问你在哪里 I/O选择 - I/O方式 - I/O执行 - 串口输出 63
添加识别词 播报当前温度 播报类型 温湿度 I/O选择 P1_1 I/O方式 - I/O执行 - 串口输出
添加识别词 我在汉王新城 类型 命令词 语音回复词 收到，请问你要去哪 I/O选择 - I/O方式 - I/O执行 - 串口输出 64
添加识别词 我在路窝 类型 命令词 语音回复词 收到，请问你要去哪 I/O选择 - I/O方式 - I/O执行 - 串口输出 65
添加识别词 我在杏山子 类型 命令词 语音回复词 收到，请问你要去哪 I/O选择 - I/O方式 - I/O执行 - 串口输出 66
添加识别词 我在韩山 类型 命令词 语音回复词 收到，请问你要去哪 I/O选择 - I/O方式 - I/O执行 - 串口输出 67
添加识别词 我在工农路 类型 命令词 语音回复词 收到，请问你要去哪 I/O选择 - I/O方式 - I/O执行 - 串口输出 68
添加识别词 我在人民广场 类型 命令词 语音回复词 收到，请问你要去哪 I/O选择 - I/O方式 - I/O执行 - 串口输出 69
添加识别词 我在苏堤路 类型 命令词 语音回复词 收到，请问你要去哪 I/O选择 - I/O方式 - I/O执行 - 串口输出 6A
添加识别词 我在徐医附院 类型 命令词 语音回复词 收到，请问你要去哪 I/O选择 - I/O方式 - I/O执行 - 串口输出 6B
添加识别词 我在彭城广场 类型 命令词 语音回复词 收到，请问你要去哪 I/O选择 - I/O方式 - I/O执行 - 串口输出 6C
添加识别词 我在民主北路 类型 命令词 语音回复词 收到，请问你要去哪 I/O选择 - I/O方式 - I/O执行 - 串口输出 6D
添加识别词 我在徐州火车站 类型 命令词 语音回复词 收到，请问你要去哪 I/O选择 - I/O方式 - I/O执行 - 串口输出 6E
添加识别词 我在子房山 类型 命令词 语音回复词 收到，请问你要去哪 I/O选择 - I/O方式 - I/O执行 - 串口输出 6F
添加识别词 我在铜山路 类型 命令词 语音回复词 收到，请问你要去哪 I/O选择 - I/O方式 - I/O执行 - 串口输出 70
添加识别词 我在黄山垅 类型 命令词 语音回复词 收到，请问你要去哪 I/O选择 - I/O方式 - I/O执行 - 串口输出 71
添加识别词 我在庆丰路 类型 命令词 语音回复词 收到，请问你要去哪 I/O选择 - I/O方式 - I/O执行 - 串口输出 72
添加识别词 我在医科大学 类型 命令词 语音回复词 收到，请问你要去哪 I/O选择 - I/O方式 - I/O执行 - 串口输出 73
添加识别词 我在乔家湖 类型 命令词 语音回复词 收到，请问你要去哪 I/O选择 - I/O方式 - I/O执行 - 串口输出 74
添加识别词 我在金龙湖 类型 命令词 语音回复词 收到，请问你要去哪 I/O选择 - I/O方式 - I/O执行 - 串口输出 75
添加识别词 我在徐州东站 类型 命令词 语音回复词 收到，请问你要去哪 I/O选择 - I/O方式 - I/O执行 - 串口输出 76
```

图 6 语音模块的唤醒词和部分命令词程序

OLED显示程序

在进入智能导航模式时，当确定地铁的起始站点与目的站点后，OLED 显示屏主要用来显示 2 个站点间需要乘坐的站数、换乘的次数，以及预计所需的时间。首先我使用 PCtoLCD2002 取模软件生成了“您需要经过 XX 站换乘 XX 次需要 XX 分钟”的字模，然后在 setup() 函数中让显示屏显示“您需要经过 XX 站”“换乘

图7 OLED显示屏显示效果

XX次”“需要XX分钟”3行汉字，对应位置留出两位数字的间距，用于显示系统计算出的数字。系统运行时，OLED显示屏显示效果如图7所示。

智能导航模式程序

此部分为系统中最为核心的功能。首先在setup()函数中将串口初始化，并将波特率与语音模块输出的波特率统一。智能导航模式RUN_4()函数中定义了若干变量，其中变量sta保存的是串口接收的起始站点命令词，变量ter保存的是串口接收的目的站点命令词，全局变量Rec_command用来保存串口接收到的数据。使用2个do-while语句确保接收到的是起始站点和目的站点的串口数据，避免起始站点与目的站点相同。接着将变量sta和ter的值整除100，判断起始与目的站点属于哪条线路，然后进入主选择语句，具体如程序2所示。

程序2

```
void RUN_4(void)
{
  byte sta,ter,a,b,c,d;
  do{if( Serial.available() > 0) Rec_
command=Serial.read();}
  while(Rec_command==99);
  sta=Rec_command;//接收起始站点串口数据
do{if( Serial.available() > 0)
Rec_command=Serial.read();}
while(Rec_command==sta)
  ter=Rec_command;//接收目的站点串口数据
  a=sta/100;
  b=ter/100;
…
}
```

显然，函数RUN_4()中的变量a和b的取值可为1、2、0，其含义分别代表地铁一号线、二号线、三号线。主选择语句的第一类情况是a等于b，即起始站点与目的站点位于同一条线路上，这时不需要换乘，包含3种子情况，如程序3所示。

程序3

```
if (a==b)
// 起始站、目的站在同一条线路上
  {
   switch(a)
   {
    case 0: c=sta; d=ter-30; break;
    case 1: c=sta-100; d=ter-130;
    break;
    case 2: c=sta-200; d=ter-230;
    break;
    default: break;
   }
  Cal_Dis_inf(a, b, c, d);
// 计算、显示站点数据信息
  Lig_On_station(a, c, d);
// 点亮同一条线路上站点c与d间的LED
  }
```

程序中将sta和ter的值分别减去某一固定数字(sta：-0、-100、-200，ter：-130、-230、-30)，就可得到站点在相应线路中的“真实”序号值c和d，变量c和d的值分别代表起始站点和目的站点。通过传递参数a、b、c和d，分别调用计算与显示函数和站点点亮函数，完成从起始站到目的站的LED逐个顺序点亮。具体如程序4所示。

程序4

```
void  Lig_On_station(byte line, byte
c4, byte d4)
 {
  byte  k;
  if(d4>c4)  //加1逐个点亮
  { for(k = c4; k<=d4; k++)
    {
    switch(line)
     {
       case 0:  lc.setLed(0, L3_
VALUE[k][0], L3_VALUE[k][1], true);
break;
       case 1:  lc.setLed(0, L1_
VALUE[k][0], L1_VALUE[k][1], true);
break;
       case 2:  lc.setLed(0, L2_VALUE
[k][0], L2_VALUE[k][1], true); break;
       default: break;
     }
   delay(delaytime);
   }
}
else //减1逐个点亮
  { for(k = c4; k>=d4; k--)
…
}
}
```

接下来就是需要换乘的复杂情况了。通常我们乘坐地铁时能少换乘，尽量少换乘。徐州地铁目前共有3条线路、3个换乘站，经过仔细分析，首先是换乘1次，共有4种子情况，分别是1→2、1→3、2→1与3→1。经一号线换乘二号线如程序5所示，其他3种1次换乘线路点亮的原理与此类同，不再赘述。

程序5

```
if ((a==1)&&(b==2))
// 起始站：一号线；目的站：二号线
 {
    c=sta-100;
    d=ter-230;
    Cal_Dis_inf(a, b, c, d);
// 计算、显示站点数据信息
```

```
    Lig_On_station(1, c, 8);
// 点亮一号线路上站点c与换乘站间的LED
    Lig_On_station(2, 6, d);
// 点亮二号线路上换乘站与站点d间的LED
  }
```

接下来是换乘2次的情况，我们以二号线换乘三号线为例介绍程序设计，具体如程序6所示，其他情况与此类似，不再赘述。

程序6

```
if ((a==2)&&(b==0))
// 起始站：二号线；目的站：三号线
  {
  c=sta-200;
  d=ter-30;
  Cal_Dis_inf(a, b, c, d);
// 计算、显示站点数据信息
   if ((c<=6)&&(d<=7))
{
  Lig_On_station(2, c, 6);
// 点亮二号线路上站点c与一号线换乘站间的LED
  Lig_On_station(1, 8, 10);
// 点亮一号线上两个换乘站之间的LED
  Lig_On_station(0, 7, d);
// 点亮三号线路上换乘站与站点d间的LED
}
else
{
  Lig_On_station(2, c, 10);
// 点亮二号线路上站点c与换乘站间的LED
  Lig_On_station(0, 10, d);
// 点亮三号线路上换乘站与站点d间的LED
}
}
```

最后是如何获得液晶屏显示数据的？主要通过调用计算与显示函数Cal_Dis_inf(a, b, c, d)实现。首先，定义一个全局数组inf[3]，数组中的3个元素分别代表乘车站数、换乘次数和所需时间。所需时间按进站计时3min，换乘计时7min，中间乘坐每一站计时2min计算。显示数据的获取与站点LED点亮同步，具体如程序7所示。

程序7

```
  if(aa==bb)// 无须换乘：1-1、2-2、3-3
    {  if(cc>dd) // 计算 |c-d|
         e=cc-dd;
       else
         e=dd-cc;
       inf[0]=e;
       inf[1]=0;
       inf[2]=3+inf[0]*2;
    }
…
inf[0]=t;
  if(v2>d3)
// tran_v2 为换乘站在目的站线中的序号
    t= v2-d3;
// 计算换乘站到目的站间的站点数
  else
    t= d3-v2;
  inf[0]+=t;
  inf[1]=1;
  inf[2]=3+7+inf[0]*2;
// 进站：3min；换乘：7min；乘车：每站2min
  if (c3== v1)      // 起始站为换乘站，换
乘次数、乘车时间修正
   {
    inf[1]-=1;
    inf[2]-=7;
   }
…
    if ((cc<=6)&&(dd<=7)) // 2→3
```

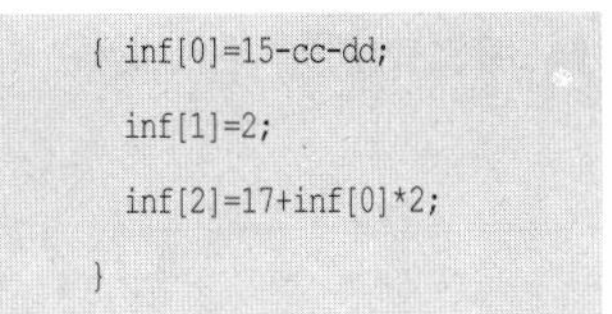

```
    { inf[0]=15-cc-dd;
      inf[1]=2;
      inf[2]=17+inf[0]*2;
    }
```

系统将在主循环中，等待语音唤醒，然后执行相关功能。在等待时，会循环点亮地铁标志周围的LED。程序执行时，先通过Serial.available()函数判断是否有唤醒，如果有则根据唤醒词，调用其他相关函数，执行对应功能。对于流水点亮LED程序的编写，借助loop()函数实现某一个LED连续点亮或熄灭200次，从而在视觉上形成明显的点亮或熄灭效果。

成果展示

把元器件焊接到PCB上，将程序烧录到Arduino Pro mini，一个智能地铁导航系统就完成了。智能导航模式下从二号线市行政中心站到三号线焦山站的运行、显示效果如图8所示，大家可以扫描文章开头的二维码观看演示视频。

图8 智能导航模式运行、显示效果

结语

虽然这个项目还是有许多不完善的地方，但是作为我的第一个从制板、焊接到编程全部自己完成的“小玩意儿”，在制作过程中我还是收获到不少宝贵的经验。下一步，我准备尝试制作线路更多、更繁杂，换乘更频繁的地铁导航小助手。这时巨量的信息处理显然不能人工一一列举了，可以尝试采用K210或瑞芯微RK3399PRO等AI芯片训练人工智能去解决。最后感谢苏州大学国家级大学生创新创业训练计划(No.202210285003Z)为本项目的实施提供支持。

OSHWHub 立创开源硬件平台 立创课堂

基于 CW32 的指夹式血氧仪

▌八木

需求分析

工作原理

血液中有血红细胞，其中氧合血红蛋白（HbO_2）和还原血红蛋白（Hb）这两种血红蛋白对红光（波长 660nm）和红外线（波长 900nm）有不同的吸收能力。还原血红蛋白（Hb）吸收的红光较多，红外线较少。而氧合血红蛋白（HbO_2）则相反，它吸收红光较少，红外线较多。在指夹式血氧仪的同一位置设置红光 LED 和红外线 LED，当光线从手指的一面穿透到另一面，被光敏二极管接收后，可产生对应比例的电压，经过算法转换处理，结果被显示在液晶显示屏上，作为衡量人体健康的指数，工作原理如图 1 所示。

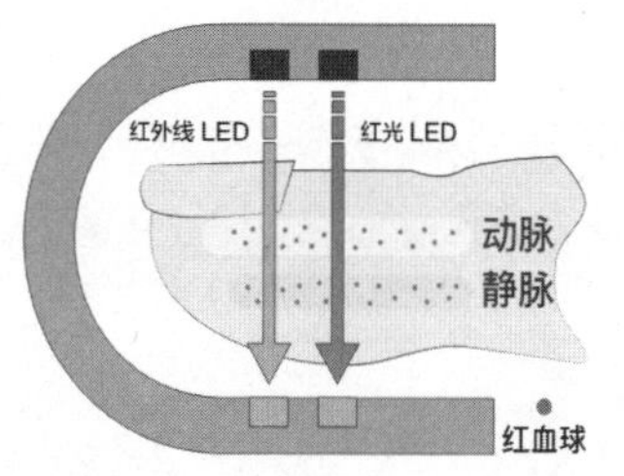

▌图 1 工作原理

设计需求

整体上，血氧仪采用透射式方案，与传统的反射式方案（常见于智能手表）相比，采样准确度提高数倍。

根据设计要求和实际性能需求，我选择采用武汉芯源半导体有限公司推出的 CW32L031C8T6 芯片作为项目主控，该芯片除支持低功耗特性外，集成了主频达 48MHz 的 ARMCortex-M0+ 内核及高速嵌入式存储器（ 64KB Flash 和 8KB SRAM），提供 3 组 UART、一组 SPI 和一组 I^2C 通信接口，提供 12 位高速 ADC 和 5 组通用、基本定时器以及一组高级控制 PWM 定时器，外设资源完全满足项目需求。

显示屏选择采用 0.96 英寸 TFT 显示屏，接口方式需要满足硬件及结构设计要求。

供电方面，需要设计 USB Type-C 和锂电池两种供电方式，并支持动态路径管理功能，锂电池大小及电量需要满足性能和结构设计要求。

为满足低 / 弱灌注性能要求，需要设计信号多级滤波和放大电路，放大倍数以测试数据为依据合理选择。灌注性能通过灌注指数 PI 反映。

根据病人的手指大小自动调节发射光强，需要设计可以通过 PWM 信号控制电压，进而控制恒流电流的光信号发射电路。

设计专门的遮光机制，以应对强环境光场景信号采集需求。

设计血氧饱和度 SpO_2 计算模型：先计算 R 值：R=（RED:AC/DC）/（IR:AC/DC），再通过 R 值计算血氧饱和度：SpO_2=（110-R×25）×100%； 脉率 PR 可通过 PPG 信号的 AC 部分过滤获得；设计灌注指数 PI 计算模型：PI=AC/DC ×100%，范围为 0.2%~20%。

设计通过按键完成横屏、竖屏切换功能。

CW32L031C8T6 的高效数据处理能力可满足信号采样和 FFT 计算等任务要求，可在 5s 内快速得出测量结果。

设计超限报警机制，采用蜂鸣器和显示屏显示红色醒目数值，在声光两方面即时提醒用户数据异常。

通过程序监测采样信号，达到阈值自动关机，以节约电池电量。

设计电池电压监测功能，实现低电量报警及电压达到阈值以下自动关机功能。

设计方案

硬件设计

由于本方案涉及的功能模块和元器件较多，为保证各部分设计的准确性，采用两个阶段设计方式进行。第一阶段设计了基于 CW32L031C8T6 的核心板和外部电路扩展板，对各部分电路及软件程序进行了独立测试和联合调试；第二阶段根据前期调试结果，设计了适合正式环境使用的电源板和主控板。限于篇幅，以下主要阐述第二阶段设计方案。

1. 电源板

（1）设计思路

电源支持 USB 外接供电、电池供电

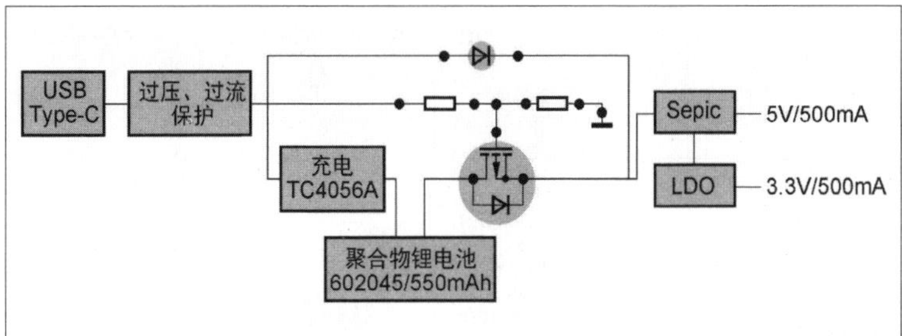

图 2 电源架构

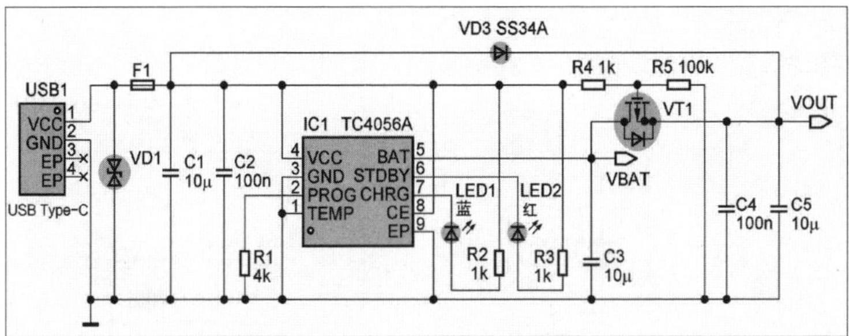

图 3 电源路径管理及电池充电电路

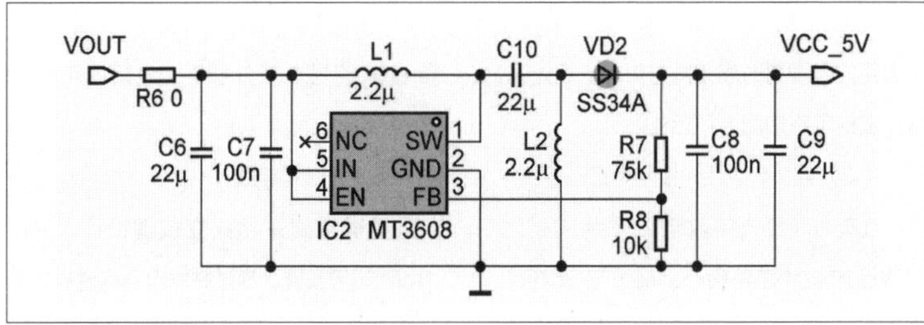

图 4 直流 5V 输出电路

及电池充电等功能，整体架构包括电源路径管理及电池充电电路、5V 供电电路和 3.3V 供电电路 3 个部分，电源架构如图 2 所示。

（2）电源路径管理及电池充电电路

电源路径管理及电池充电电路采用 P-MOS 作为开关，通过 G 端电压与 S 端电压实现 USB 供电与电池供电的动态切换功能。电池充电电路采用 TC4056A 芯片作为主控，依托其可编程充电电流控制、充电状态指示等功能，实现单节锂电池充电功能。USB 接口增加过压、过流保护电路设计，防止插入瞬间尖峰电压对后级电路的冲击。增加 VD3 二极管的目的是加速

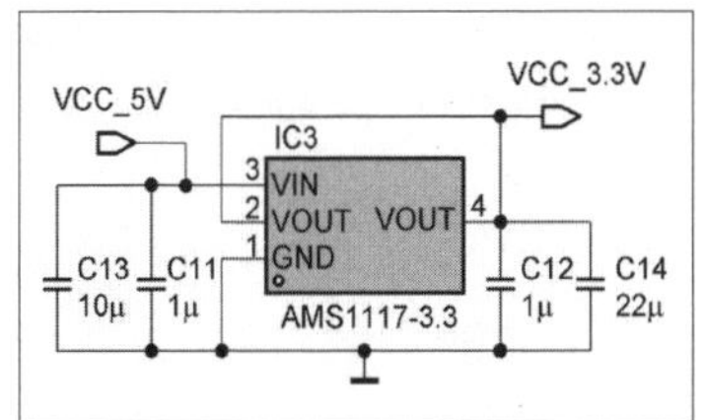

图 5 直流 3.3V 供电电路

P-MOS 导通，防止供电方式切换导致主控掉电复位等问题。电源路径管理及电池充电电路如图 3 所示。

（3）直流 5V 供电电路

直流 5V 供电电路采用 MT3608 芯片搭建 Sepic 电路，确保在电池电压下降时也能稳定提供 5V 电压。直流 5V 输出电路如图 4 所示。

（4）直流 3.3V 供电电路

直流 3.3V 供电电路采用 AMS1117-3.3 芯片构建 LDO 降压电路，稳定提供 3.3V 电压，电路如图 5 所示。

（5）PCB 设计

电源 PCB 如图 6 所示。

2. 主控板

（1）设计思路

主控板包括 MCU 电路、红外线 / 红光发射电路、红外线 / 红光接收电路、按键电路、蜂鸣器电路及 TFT 显示屏电路等部分，用于实现血氧仪主要功能。

（2）MCU 电路

MCU 电路采用 CW32L031C8T6 作为主控芯片，设计 BOOT 电路、SWD 烧录接口及复位按钮（不焊接），受空间限制，取消外部晶体振荡器电路。MCU 电路如图 7 所示。

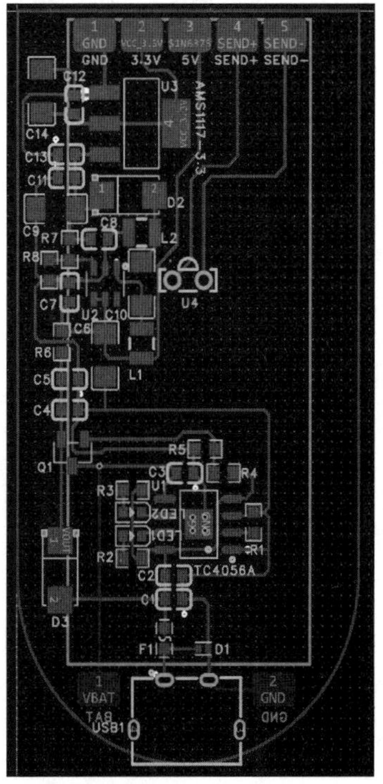
图 6 电源 PCB

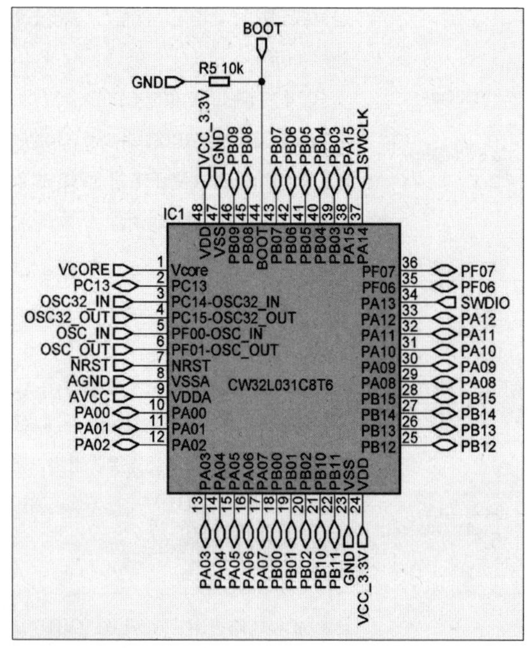

图 7 MCU 电路

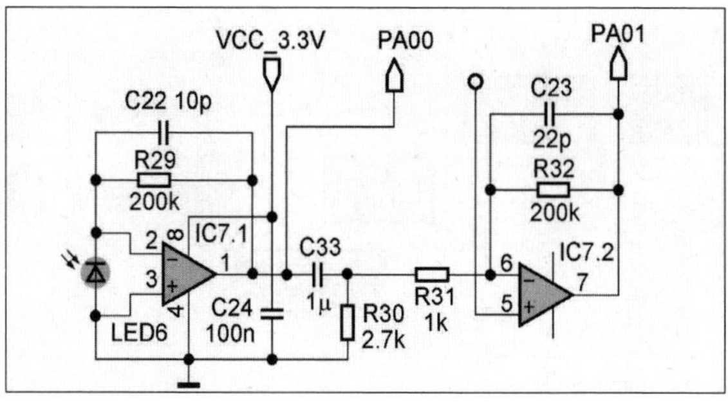

图 9 红外 / 红光接收电路

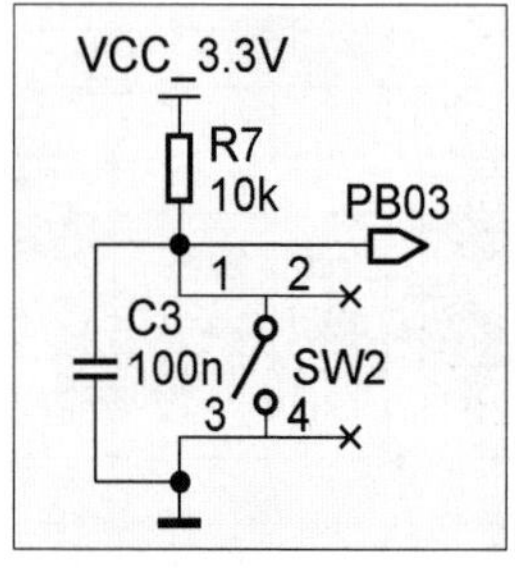

图 10 按键电路

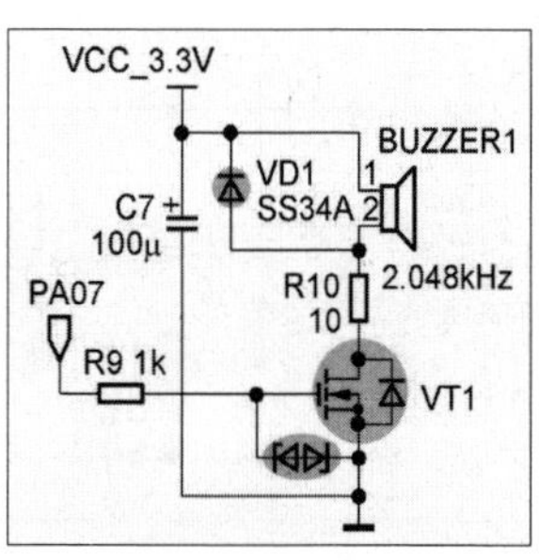

图 11 蜂鸣器电路

（3）红外线 / 红光发射电路

红外线 / 红光发射电路采用 RS2105+RS622 设计方案。由 RS2105 电子开关芯片构成双路开关电路，用于控制发射时序；由 RS622 芯片所包含的两路运算放大器搭配 N 沟道 MOS 管形成恒流源电路，通过 PWM 信号控制电流大小，以实现控制发射信号强弱的目的。采用 660nm 红光 +900nm 红外线的双波长发射管，内部反向并联连接，通过上述 H 桥电路控制发射时序和发射功率。红外线 / 红光发射电路如图 8 所示。

（4）红外线 / 红光接收电路

红外线 / 红光接收电路采用 RS622 双路运放芯片作为核心。前级与 200kΩ 电阻及电容构成跨阻放大电路，采集并放大直流和交流混合信号；后级通过负反馈 200kΩ 电阻构成信号放大电路，放大交流信号；前后级之间通过电容耦合，并与电阻构成高通滤波器，有效滤除直流信号。红外线 / 红光接收电路如图 9 所示。

（5）按键电路

按键电路采用独立按键设计，采用 1mm 超薄按键，通过并联电容构成硬件消抖电路，通过电阻接入 MCU 的 PB03 引脚，按键被按下为低电平（低电平有效）。按键电路如图 10 所示。

（6）蜂鸣器电路

蜂鸣器电路采用 2kHz 无源蜂鸣器作为核心元器件，以 N 沟道 MOS 管作为开关，通过输出一定频率的 PWM 信号驱动蜂鸣器发声。蜂鸣器电路如图 11 所示（当前版本 PCB 受空间限制已取消）。

（7）TFT 显示屏电路

TFT 显示屏电路用于驱动 0.96 英寸全彩 LCD 显示屏，设计 8Pin 抽屉式下接 FPC 接口，用于连接带软排线接口的显示屏。同时以 PNP 三极管作为开关，通过 MCU 输出一定占空比的 PWM 信号实现显示屏背光控制。TFT 显示屏电路如图 12 所示。

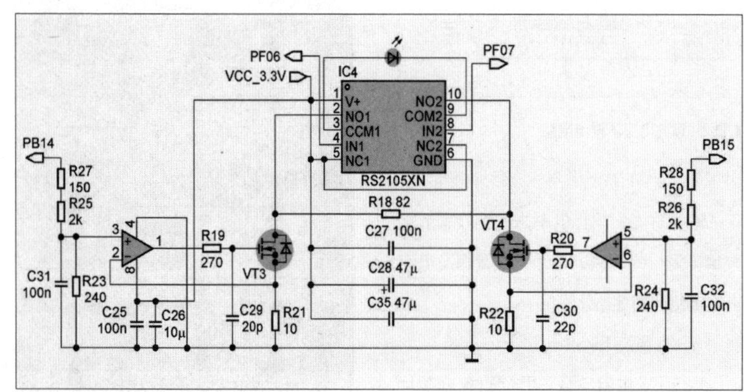

图 8 红外 / 红光发射电路

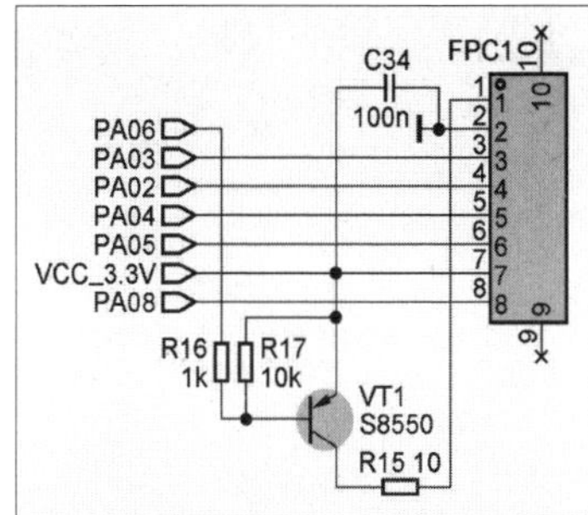

图 12 TFT 显示屏电路

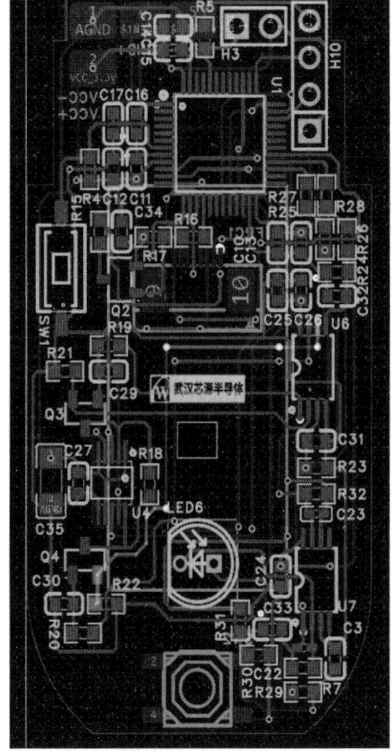

图 13 主控 PCB

（8）PCB 设计

主控 PCB 如图 13 所示。

软件设计

1. 主控及外设

主控采用武汉芯源半导体出品的 CW32L031C8T6 芯片。本项目中主要用到了 RCC、GPIO、UART、BTIM、GTIM、DMA、SPI 等片上外设资源及 LCD 显示屏设备，受篇幅所限，该部分程序从略。需要完整程序的读者可以通过嘉立创硬件开源平台下载。

图 14 信号发射控制时序

2. 时序控制

双波段发射管的工作遵循以下控制时序：每次发射（采样）包括 4 个阶段（红外线（IR）发射、停止发射、红光（RED）发射、停止发射），每阶段 3ms，共计 12ms；完整发射（采样）周期包括 128 次发射循环，共计 1.536s。信号发射控制时序如图 14 所示。具体如程序 1 所示（在 BTIM1 定时器中断回调函数中实现）。

程序1

```
void BTIM1_IRQHandlerCallback(void)
{
  if(SET == BTIM_GetITStatus(CW_BTIM1, BTIM_IT_OV))
  {
    BTIM_ClearITPendingBit(CW_BTIM1, BTIM_IT_OV);
    if(IsCycleEnd == 1)
      //128 次采样周期结束标志：1 为采样中，0 为采样结束
    {
      if(BTIM1_counter3 > 2)// 计时达到（3ms）
      {
        BTIM1_counter3 = 0;
        switch(SEND_status)
        {
          case 0: // 发射红外线信号(3ms)
          {
            SEND_status ++;
            GPIO_WritePin(bsp_IN1_port,bsp_IN1_pin, GPIO_Pin_RESET);
            GPIO_WritePin(bsp_IN2_port,bsp_IN2_pin, GPIO_Pin_SET);
            DAC1_PWM = 0;
            DAC2_PWM = 300 + DAC_PWM_PLUS;
            GTIM_SetCompare1(CW_GTIM2, DAC1_PWM);
              // 设置 DAC1 占空比为 0
            GTIM_SetCompare2(CW_GTIM2, DAC2_PWM);
              // 设置 DAC2 占空比为 300+ 调整值
            GTIM_Cmd(CW_GTIM2, ENABLE);
            IRorRED = 0;  // 设置红外线或红光标志：红外线
            ADC_SoftwareStartConvCmd(ENABLE);// 启动 ADC 转换
            break;
          }
          case 1:// 关闭信号发射（3ms）
          {
            SEND_status ++;
            GPIO_WritePin(bsp_IN1_port, bsp_IN1_pin, GPIO_Pin_RESET);
            GPIO_WritePin(bsp_IN2_port,bsp_IN2_pin, GPIO_Pin_RESET);
            DAC1_PWM = 0;
            DAC2_PWM = 0;
            GTIM_SetCompare1(CW_GTIM2, DAC1_PWM);
              // 设置占空比为 0
            GTIM_SetCompare2(CW_GTIM2, DAC2_PWM);
              // 设置占空比为 0
            GTIM_Cmd(CW_GTIM2, DISABLE);
            //ADC_SoftwareStartConvCmd
```

```
(DISABLE);
            break;
        }
        case 2:   //发射红光信号(3ms)
        {
            SEND_status ++;
            GPIO_WritePin(bsp_IN1_port,bsp_IN1_pin, GPIO_Pin_SET);
            GPIO_WritePin(bsp_IN2_port,bsp_IN2_pin, GPIO_Pin_RESET);
            DAC1_PWM = 300 + DAC_PWM_PLUS;
            DAC2_PWM = 0;
            GTIM_SetCompare1(CW_GTIM2, DAC1_PWM);
             //设置DAC1占空比为300+调整值
            GTIM_SetCompare2(CW_GTIM2, DAC2_PWM);
             //设置DAC2占空比为0
            GTIM_Cmd(CW_GTIM2, ENABLE);
            IRorRED = 1;//设置红外线或红光标志：红光
            ADC_SoftwareStartConvCmd(ENABLE);//启动ADC转换
            break;
        }
        case 3:   //关闭信号发射(4ms)
        {
            SEND_status = 0;
            GPIO_WritePin(bsp_IN1_port, bsp_IN1_pin, GPIO_Pin_RESET);
            GPIO_WritePin(bsp_IN2_port, bsp_IN2_pin, GPIO_Pin_RESET);
            DAC1_PWM = 0;
            DAC2_PWM = 0;
            GTIM_SetCompare1(CW_GTIM2, DAC1_PWM);
              //设置占空比为0
            GTIM_SetCompare2(CW_GTIM2, DAC2_PWM);
             //设置占空比为0
            GTIM_Cmd(CW_GTIM2, DISABLE);
            //ADC_SoftwareStartConvCmd(DISABLE);
              break;
            }
          }
        }
      else
      {
        BTIM1_counter3++;
      }
    }
  }
}
```

算法设计

1. FFT算法原理

FFT（快速傅里叶变换）是一种DFT（离散傅里叶变换）的高效算法。傅里叶变换是时域—频域变换分析中最基本的方法之一。在数字处理领域应用的离散傅里叶变换是许多数字信号处理方法的基础。FFT算法可分为按时间抽取算法和按频率抽取算法。

2. FFT算法实现

（1）计算三角函数表，如程序2所示。

程序2

```
//保存SIN值
signed char SIN_TAB[128]={
0x00,  0x06,  0x0c,  0x12,  0x18,
0x1e,  0x24,  0x2a,
…};
//以下是放大128倍后的余弦函数数组表格，这里注意事项与上面相同，只不过选择余弦来生成
signed char COS_TAB[128]={
0x7f,  0x7e,  0x7e,  0x7d,  0x7c,
0x7b,  0x79,  0x77,
…};
unsigned char LIST_TAB[128]={
0,64,32,96,16,80,48,112,
…};
```

（2）FFT函数如程序3所示。

程序3

```
void Fft_Imagclear(void) //虚部清零函数，在运行FFT函数之前需要先运行这个函数
{
  unsigned char a; //注意这里如果是256点以上要改成u16，下面的a<128条件也要相应地修改
  for(a=0;a<128;a++)
  {
    Fft_Image[a]=0;
  }
}
signed short Fft_Real[128]; //FFT实部
signed short Fft_Image[128];//FFT虚部
void FFT(void)
{
  unsigned char  i,j,k,b,p;
  signed short Temp_Real,Temp_Imag,temp; //中间临时变量，名称是自己定义的，但要与FFT函数里面的对应
  //unsigned short TEMP1;//用于求功率的，可不使用
  nsigned char N=7;//128是2的7次方；如果是计算256点，则是2的8次方，N就是8；如果是计算512点则N = 9，以此类推
  unsigned short NUM_FFT=128;//这里要算多少点的FFT就赋值多少，值只能是2的N次方
  for( i=1; i<=N; i++) /* for(1) */
  {
    b=1;
    b <<=(i-1);  //蝶式运算
    for( j=0; j<=b-1; j++)/* for (2) */
    {
      p=1;
      p <<= (N-i);
      p = p*j;
      for( k=j; k<NUM_FFT; k=k+2*b)
      {
        Temp_Real = Fft_Real[k];
Temp_Imag = Fft_Image[k]; temp = Fft_Real[k+b];
        Fft_Real[k] = Fft_Real[k] + ((Fft_Real[k+b]*COS_TAB[p])>>7) + ((Fft_Image[k+b]*SIN_TAB[p])>>7);
```

```
        Fft_Image[k] = Fft_Image[k]
- ((Fft_Real[k+b]*SIN_TAB[p])>>7) +
((Fft_Image[k+b]*COS_TAB[p])>>7);
        Fft_Real[k+b] = Temp_Real -
((Fft_Real[k+b]*COS_TAB[p])>>7) -
((Fft_Image[k+b]*SIN_TAB[p])>>7);
        Fft_Image[k+b] = Temp_Imag
+ ((temp*SIN_TAB[p])>>7) - ((Fft_
Image[k+b]*COS_TAB[p])>>7);
        //移位，防止溢出。结果已经是本值
的 1/64
        Fft_Real[k] >>= 1;
        Fft_Image[k] >>= 1;
        Fft_Real[k+b]  >>= 1;
        Fft_Image[k+b]  >>= 1;
      }
    }
  }
}
///注意：以上已经把 128 点的实部和虚部求完，
下一次运算前需要把所有虚部重新清零
signed short Get_fft_value(int n,int
m)//获取 FFT 结果的实部或虚部
{
  if(n==0) return Fft_Real[m];
  else return Fft_Image[m];
}
```

FFT结果运用

（1）直接用某个频率点的值，可以作音频频谱强度显示。

第 n 个频率点的值是数组上的 Fft_Real[n] 和 Fft_Image[n]。

（2）求某个频率点的模。

模值 $=\sqrt{实部平方+虚部平方}$，即 sqrt((Fft_Real[n]×Fft_Real[n])+(Fft_Image[n]×Fft_Image[n]))。

（3）清除特定频率的分量，一般用于数字滤波算法，如程序 4 所示。

程序4

```
Fft_Real[0]=Fft_Image[0]=0;
//去掉直流分量，即将第 0 项的值清零
```

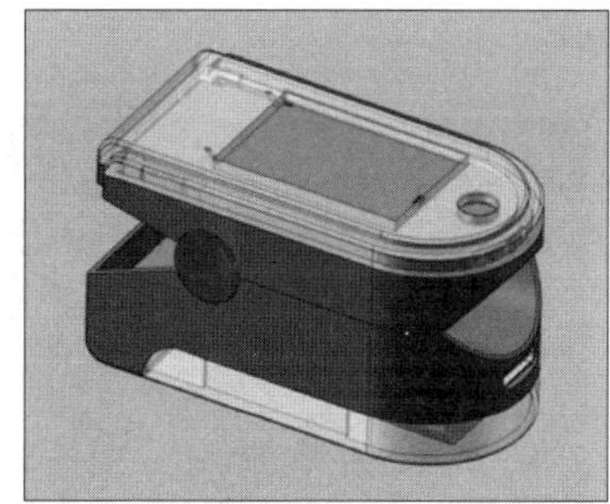

图 15 外壳设计效果

图 16 CW32L031C8T6 芯片

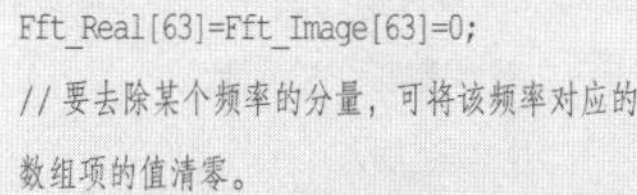

```
Fft_Real[63]=Fft_Image[63]=0;
//要去除某个频率的分量，可将该频率对应的
数组项的值清零。
```

Fft_Real[0] 是直流分量；Fft_Real[1] 是最低频率点，也是最小频率分辨率值。

说明：分辨率 = 采样率 / N，波形峰值大小 = 模值 /(N/2)，N 为采样点数。

外观设计

本次设计充分参考了主流品牌指夹式血氧仪外壳方案，通过对现有公模外壳的 3D 建模（见图 15）完成本作品的外观设计。

制作过程

核心物料选择

1. 主控

主控采用武汉芯源半导体出品的 CW32L031C8T6 芯片（见图 16），能提供丰富的片上资源，低功耗特性十分适合电池供电产品。

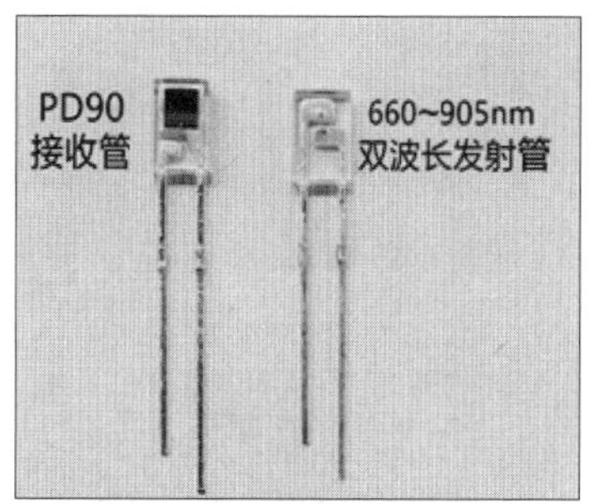

图 17 接收管与发射管

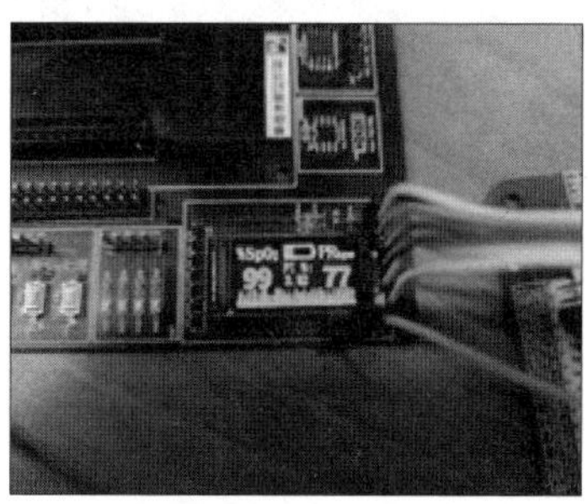

图 18 横屏显示效果

图 19 竖屏显示效果

2. 发射管、接收管

血氧仪红外对管分别采用 660~905nm 双波长发射管和 PD90 接收管（见图 17）。其中发射管正接可发射 905nm 红外线，反接则可发射 660nm 可见红光。

3. TFT显示屏

人机交互方面，考虑到指夹式血氧仪实际大小，需要显示红色醒目字体以更好地提醒用户数值异常，故采用瀚彩 0.96 英寸插接式的 TFT 显示屏（分辨率为 160 像素 ×80 像素），并且支持横竖屏两种 UI 展示，如图 18 和图 19 所示。

▌图 20 LQFP 封装焊接

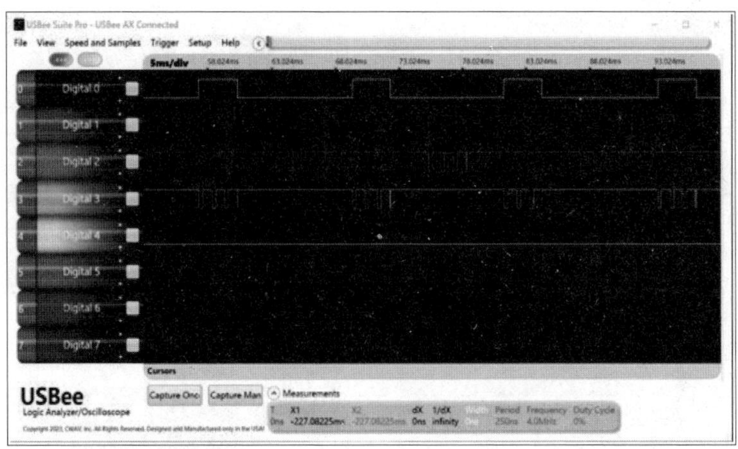

▌图 23 发射信号测量结果

PCB制作

本项目所有 PCB 大小均在 10cm × 10cm 范围内，因此可以通过嘉立创每月两次免费打样的机会进行制作。只需将利用嘉立创 EDA 软件绘制的 PCB 文件导出为 Gerber 制板文件，然后通过下单助手发送给嘉立创即可完成。

贴片焊接

1. 焊接方法

受设备及 PCB 空间限制，我采用大量 0402 及 0603 贴片封装元器件，主要通过加热台进行焊接。对于部分排针、发射管、接收管、USB 接口等直插元器件，在贴片元器件焊接完成后，通过电烙铁手工焊接。

2. 焊接难点与注意事项

焊接难点主要集中在 0.5mm 引脚间距的各类芯片、USB Type-C 接口及 0402、0603 封装的贴片元器件上。对于 LQFP 封装的芯片，可以先通过加热台焊接。如果焊接后引脚存在连锡的情况，可以在引脚部位涂一点助焊剂，然后使用小刀口的电烙铁沿着引脚自内向外的方向多刮几下，即可顺利去除多余的焊锡。LQFP 封装焊接如图 20 所示。

3. 焊接成品展示

电源板焊接效果如图 21 所示，主控板焊接效果如图 22 所示。

功能测试与参数调试

1. 功能测试

（1）发射功能

我利用逻辑分析仪对发射管控制信号进行了测试，第 0 通道和第 1 通道分别为 RS2105 的两路开关信号，第 2 通道和第 3 通道分别为两路控制电流大小的 PWM 信号，波形如图 23 所示。从图 23 中可以看出，当第 0 通道为高电平（开关开启）时，第 3 通道输出 PWM 波形，然后所有通道关闭；当第 1 通道为高电平（开关开启）时，第 2 通道输出 PWM 波形，然后所有通道关闭，如此持续循环。上述信号符合设计方案要求，具体时序控制逻辑详见软件设计部分。

（2）接收功能

在弱光环境下，通过示波器测量接收管接收到的信号波形如图 24 所示。

进一步放大后，得到如图 25 所示信号波形，符合预期采样效果。

（3）其他功能

受设备及 PCB 空间限制，初步版本去除了蜂鸣器报警、电池电压监测等功能，待后续版本补充设计并完善。

▌图 21 电源板焊接效果

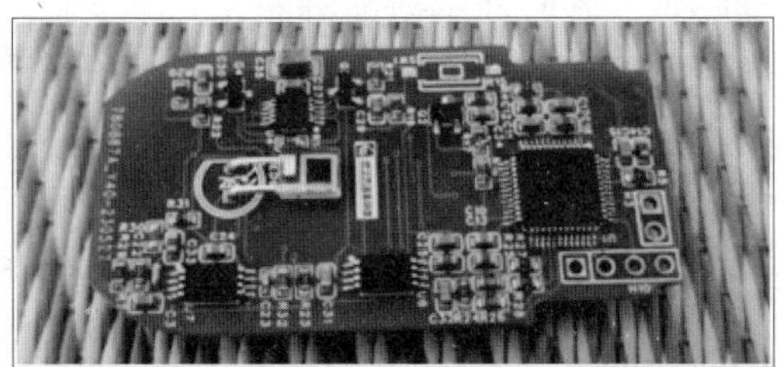

▌图 22 主控板焊接效果

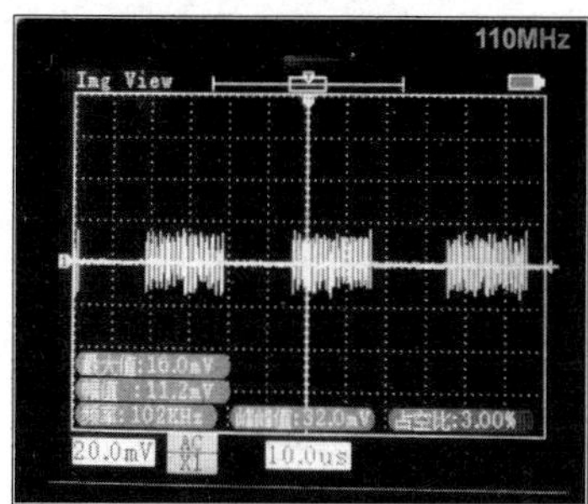

▌图 24 接收信号波形

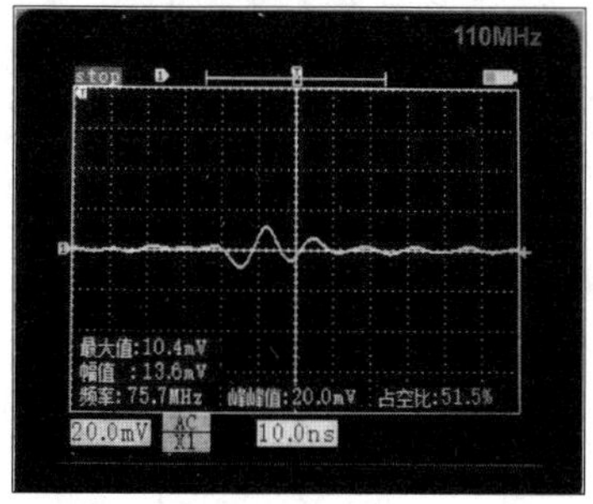

▌图 25 接收信号波形（放大）

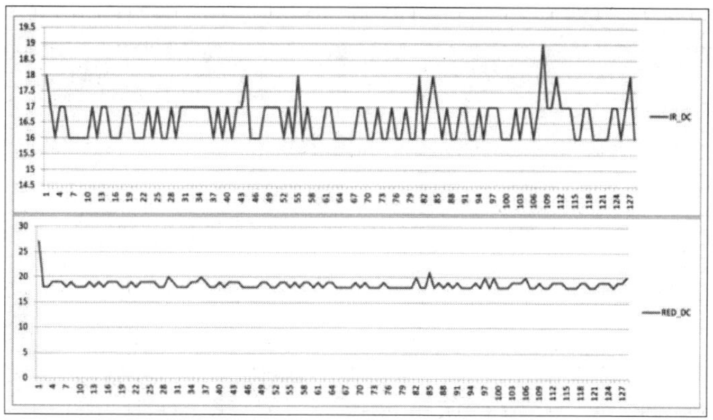

▌图 26 DC 采样波形

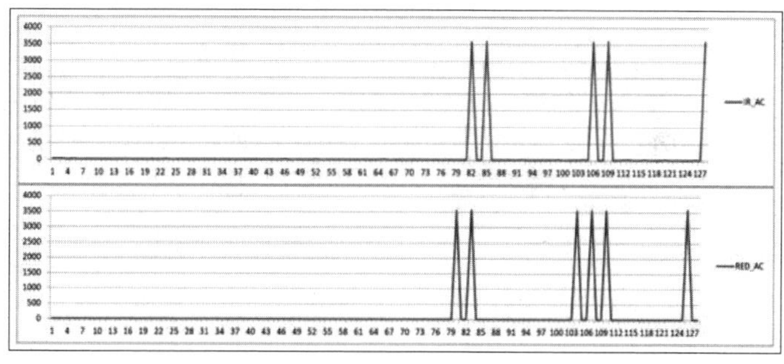

▌图 27 AC 采样波形

2. 参数调试

上述接收波形经放大、ADC 采样、滤波等处理，得到一系列采样值。对这些采样值通过 Excel 处理并可视化后，得到如图 26 和图 27 所示采样波形图。在 AC 信号图上可以清晰看出脉冲信号的波形。

以 128 个采样数据为一组，经过 FFT 及相关公式计算，最终可以获得脉搏、PI 及 SPO_2 等计算结果，并在显示屏上显示出来（见图 28）。

成品展示

最终成品如图 29 所示。

结语

我第一次参与由嘉立创和武汉芯源半导体发布的星火计划项目——指夹式血氧仪。刚看到该项目时，我感觉日常可见的血氧仪没那么复杂，于是凭借着一时冲动报了名。在项目制作过程中，各种硬件、软件问题层出不穷，从电路设计、PCB 制板、贴片元器件焊接，到程序编写、信号调试、外壳制作、组装、文档编写，每一步都经历着对放弃和坚持的选择，每一个难题都需要通过大量查阅资料、认真学习研究和反复动手实践才能彻底解决。正是这样一步一步走来，才有了这篇文章和真正的收获。目前，该项目只是完成了最初的版本，还有一些进阶功能尚未实现，性能和准确性还有待提高，距离项目要求还有差距。在此，我真诚地感谢主办方提供了这么好的学习平台和项目资源，我也将继续对血氧仪的功能和性能进行迭代完善。

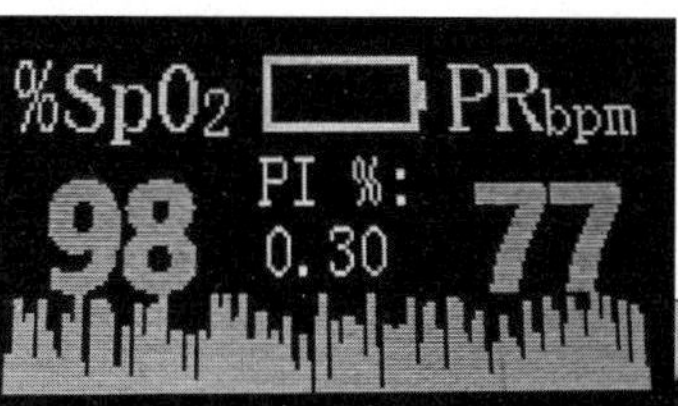

▌图 28 实测显示效果

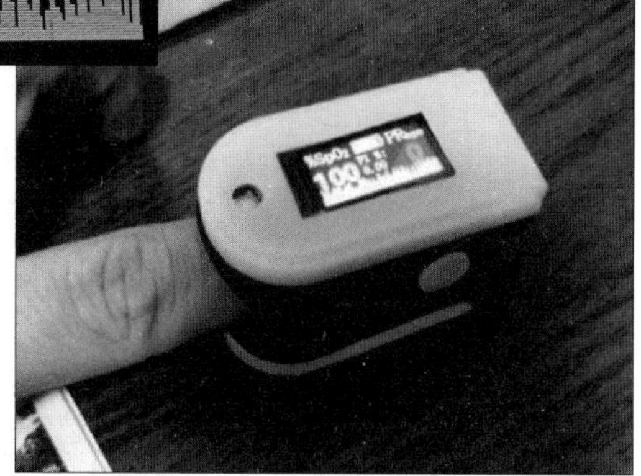

▌图 29 最终成品

THUNDER
雷宇激光

原文件

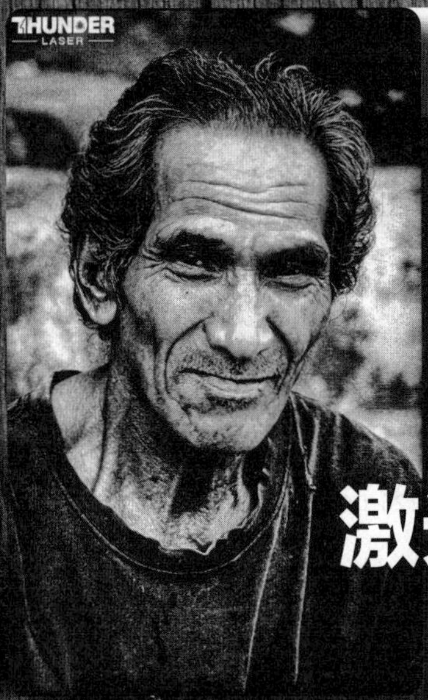

打印实物

激光切割机照片雕刻教程

雷小宇

注：本文肖像照片，作者已取得使用权

都说“雕凿点刻，以物传神”，这话一点都不假。有时候，一件雕刻艺术品的美学价值甚至会超出其本身的外在价值，因为它融入了艺术家的审美，被赋予了各种各样的灵魂和寓意，是艺术与现实的集中体现。民间流传的一句俗语：“玉必有工，工必有意，意必吉祥”，便是一个很好的例子。

进入工业社会后，生产领域对雕刻提出了更高的要求，于是便出现了各种机械雕刻机，与传统的机械雕刻工艺相比，激光雕刻不仅精度更高、速度更快、功能更强大，而且节能环保，容错率也更高。凭借着这些技术优势，激光加工正在逐步取代传统加工工艺，推动着制造业的转型升级。

实际上，激光技术已经应用在了现在生活的方方面面，激光打标、激光焊接、激光切割、激光内雕、激光美容、激光医疗、激光雷达等，应用非常广泛。

在一些手工艺店中，我们经常能看到精致的水晶雕刻纪念照片摆件。今天我们就介绍一种用激光雕刻机雕刻照片的方法。

应用场景

照片雕刻的效果除了与雕刻的材料、功率和速度等因素有关外，还与照片的质量有关。因此，我们在做照片雕刻制品时，选择照片的分辨率、颜色对比度尽可能要高。有时候需要对照片进行处理，以便雕刻出更好的效果。常用的软件有Photoshop、美图秀秀等。我们将需要调整的照片对比度，图片处理为“素描特效”后方可加工。

图片雕刻可以选择的材料有很多种，双色板、玻璃、布料、皮革、石材、木制品、水晶、纸张等，本次我们使用双色板。

项目分析

● 作品外形：照片雕刻多为平面结构，外形可自由设计。

● 作品尺寸：可根据自己的喜好确定尺寸。

● 加工材料：可根据实际情况选择材料，本案例中使用的是1.5mm厚的双色板。

● 工艺设计：通过边框形状以及倒圆角等设计，完成作品的个性化升级，提高作品美观度。

材料清单

1.5mm厚双色板。

测试出合适的参数

双色板灰阶主要展现形式是黑白变化，激光影响双色板颜色变化的因素是温度，想让样品的效果好，首先要做灰度图的测试，速度、功率和分辨率都会影响双色板的效果，测试出来的参数需要选择从均匀变化开始到完全变黑。

为了能使双色板呈现最好的效果，可以选择在正式打样之前进行速度、功率以及分辨率的测试。

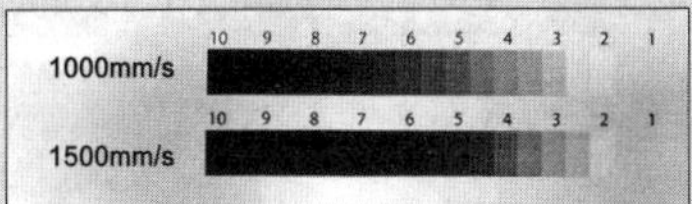

图 1 功率和速度测试

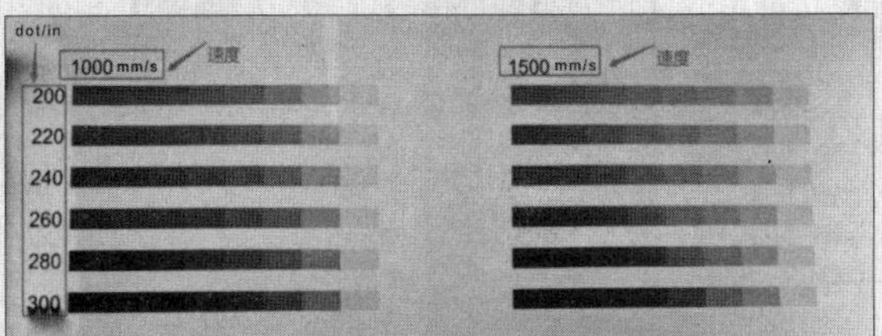

图 2 分辨率测试

图 3 测试效果

激光加工设备最关键的部件是激光器，激光器按照增益介质可分为气体、液体、固体、光纤等类型。气体激光器中具有代表性的是 CO_2 气体激光器。固体激光器中具有代表性的有红宝石激光器、半导体激光器。

本次我们使用的激光加工设备为 CO_2 射频激光器，功率为 55W。注意：本文中提到的功率单位一律为 W，例如功率 2%，即 55W×2%=11W。

速度和功率测试效果

我们测试的速度分别是 1000mm/s 和 1500mm/s。测试功率为 0~10%，测试文件一共有 20 个小方格，从 0 开始算起，每一个小方格代表增加 0.5%。最佳的打印功率为从均匀变化开始的功率，和开始完全变黑的功率（最小功率和最大功率）。从图 1 可见 1000mm/s 的速度，从 2.5% 开始均匀变化，从 8% 开始完全变黑，所以我们选择 2.5% 作为测试打样的最小功率，8% 作为测试打样的最大功率。

分辨率测试效果

我们测试的速度分别是 1000mm/s 和 1500mm/s，测试分辨率为 200~300dot/in，测试文件一共有 6 个小长条，从 200 开始算起，每一个小方格代表增加 20。分辨率越高，线条越多，雕刻越深，耗时越长，在时间和效果都能达到一个相对平衡的点，最佳的打印分辨率以在显微镜的观察下线条与线条之间没有明显缝隙位为准。图 2 可见以 1000mm/s 的速度，300dot/in 的分辨率雕刻没有明显的缝隙，所以我们选择 300dot/in 作为接下来打样的参数。

测试结果显示速度 1000mm/s，功率为 2.5% ~ 8%，分辨率为 300dot/in 效果较佳，取较佳参数作为后面打样的参数，测试效果如图 3 所示。

软件绘图

我们使用 LaserMaker 来完成设计及绘制工作，LaserMaker 是一款国产自主研发的激光绘图建模软件，将激光工艺与模拟造物融为一体，便于快速建模，能让使用者加深对激光工艺和加工原理的认识，是一款简单易上手的建模软件。下面我们尝试使用 LaserMaker 软件设计图纸。

1 打开软件，在功能区单击“文件”，单击“打开”，找到存放图片的文件夹，单击图片，打开。

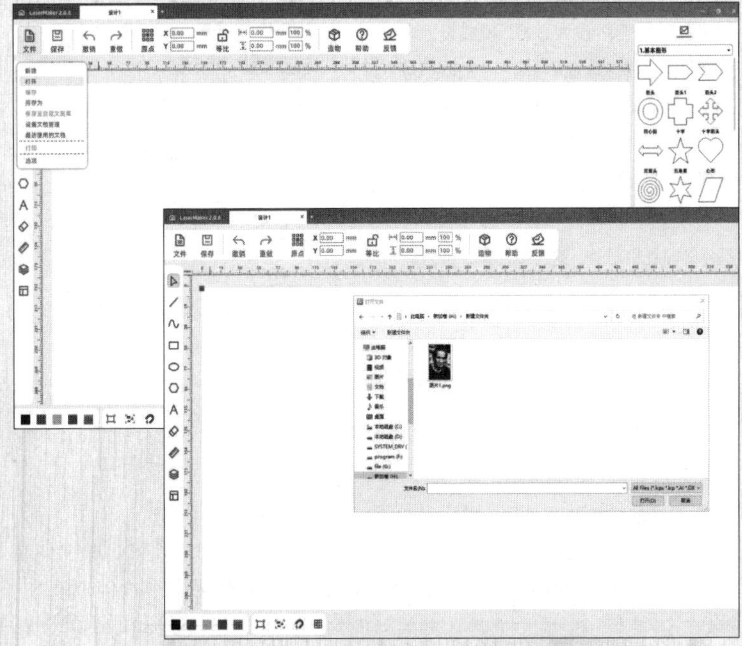

2 在功能区单击“矩形”工具，沿图片绘制矩形，单击“圆角”工具，将矩形的4个直角导成圆角。

工艺参数设置

通常根据加工速度和激光功率的不同，会把激光切割机的加工工艺分为雕刻和切割。为了方便大家理解，这里我们把激光切割加工工艺分为2种，分别是“描线”“切割”，把激光雕刻加工工艺分为2种，分别是“浅雕”“深雕”。下面我们就来设置照片雕刻的工艺参数。

1 单击选中黑色图层，按住鼠标左键，将其拖到图层下方，双击右下方“加工面板”的黑色图片图层，将材料、厚度、工艺分别设置为双色板、1.5mm、深雕，双击“深雕”进入参数设置面板设置合适的参数。

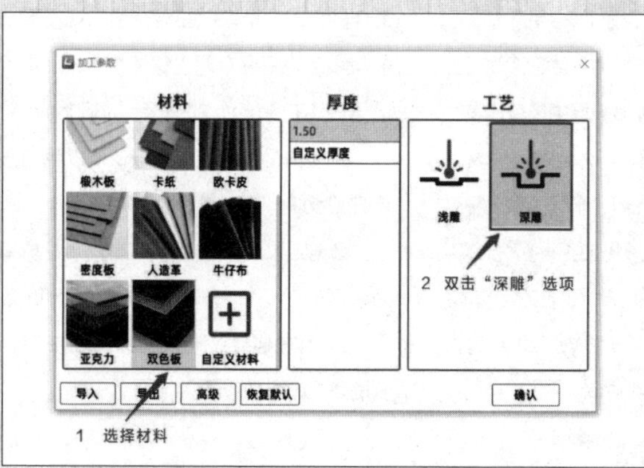

2 打开参数锁定开关，选择3D浮雕模式，设置雕刻参数，速度设为1000mm/s，最小功率设为2.5%，最大功率设为8%，DPI设为300，模式设为水平单向，吹气辅助选择“弱”（弱吹气可以保证尽可能将少量粉尘吹到作品表面）。

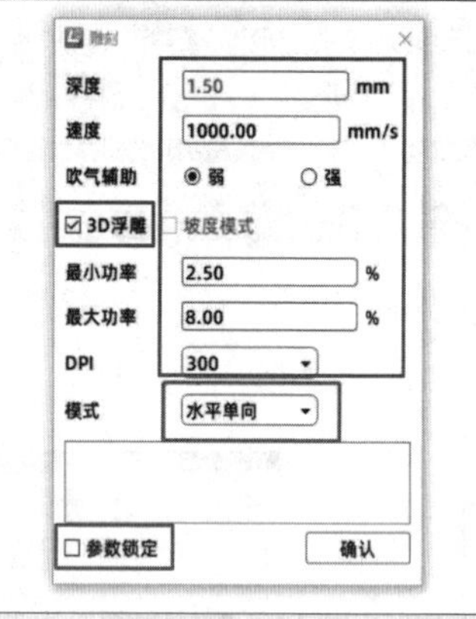

3 设置切割工艺参数。所有参数都设置好后，单击“确认”按钮，文件就会传输到机器上，这样图片文件部分就设计完成了。

机器操作部分

图纸设置完成，下面我们使用激光切割机将设计图加工出来，不同的激光切割机操作步骤大同小异，下面我们以雷宇激光的Odin32为例进行讲解。

1 要确保蜂窝板的平台相对平整。

测试蜂窝板是否达到一个相对水平的状态，可以在切割/雕刻之前，将材料上的四角进行对焦。假如四角的焦距都没出现很大的问题，那么蜂窝板就处在一个相对水平的状态，对测试打样结果不会造成很大的影响，如果四角对焦差距较大，就会直接影响测试打样效果。

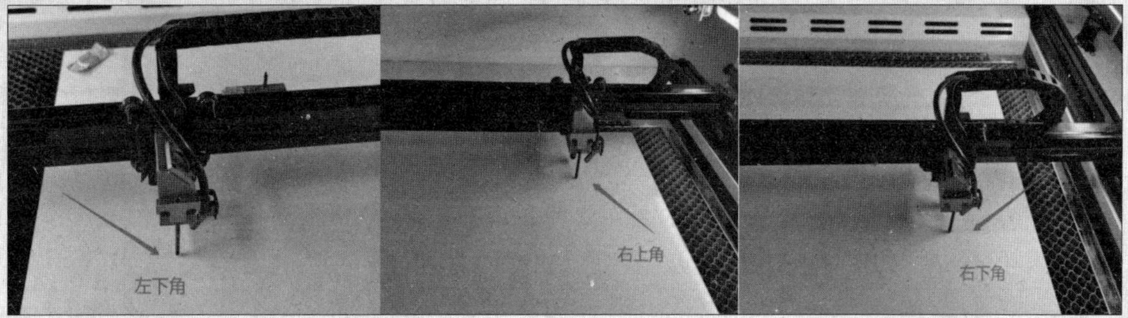

2 调节焦距（焦距是指激光头距材料平面的距离，正常为6cm）。

可自动对焦，建议手动对焦，使用T字形的调焦尺，让其与平台刚好接触，保持自然下垂。

3 选择文件，确认文件。

（1）点击激光切割设备控制板的“File（文件）”按钮，进入文件选择页面。

（2）寻找到之前命名的文件，确认是正确的文件，仔细观察文件图案有没有缺失，以免雕刻文件缺失。

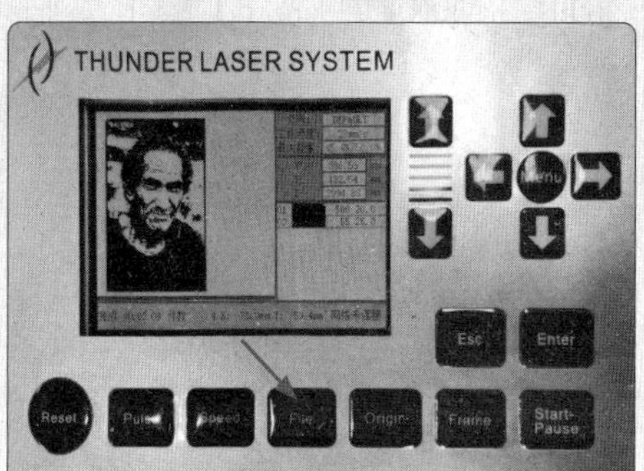

4 样品确认定位。

（1）将激光头移动到材料合适的位置后点击“Origin（定位）”按钮。

（2）之后点击“Frame（边框）”按钮，激光头会模拟走边框以确定大小。

（3）点击“Start-Pause（开始-暂停）”按钮即可开始加工。

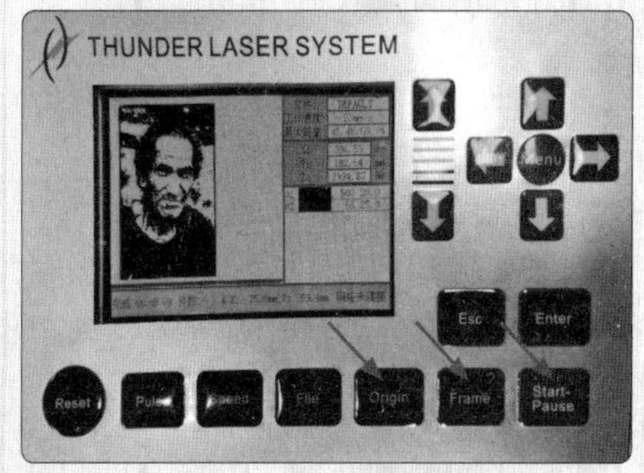

附表 机器参数

模式	速度 /mm·s^{-1}	最大功率 /%	最小功率 /%	分辨率 /dot·in^{-1}	单双向	吹气辅助
雕刻	1000	8	2.5	300	单	弱吹
切割	45	60	10	–	–	强吹

注意事项：

● 为了避免发生突发事件，机器运行时尽量不要离人；

● 在机器雕刻过程中尽量不要打开保护盖或者中断切割/雕刻，切割/雕刻过程中断会导致样品有错位的情况；

● 由于双色板的材料比较敏感且不稳定，容易受到各种因素的影响，所以我们在换板材或者换机器切割/雕刻的情况下需要重新再测试（重复第一步）；

● 使用机器ODIN32，推荐参数见附表。一般情况下需要重新测试（重复第一步）。

结语

双色板雕刻是一种高精度、持久耐用，具有独特艺术感和多样性的雕刻技术。通过激光技术的精细处理，无论是细节还是层次，都能够被完美地呈现，不受时间和环境的影响，能够长时间保持，呈现独特的纹理和质感，使得作品更具艺术性和观赏性。激光雕刻为我们呈现了更加精美和具有观赏性的照片作品。

有了激光雕刻技术，雕刻这项原本精细繁杂的工艺瞬间变得像打印、复印一般简单，这在很早以前，可是想都不敢想的。新型的数字化加工设备的出现，让传统手工业坐上了高速列车，希望在先进技术的加持下，我国传统手工艺术能够传承发展、光辉灿烂、熠熠生辉。

ESP32-CAM图传小车

王龙

演示视频

随着网络通信技术的发展，无线通信与视频传输技术逐渐普及，远程图传小车的制作成本与难度也相应降低。本文将以ESP32-CAM作为控制板，搭配上位机App实时传输小车画面。借助图传小车的视角，你将以一种全新的方式去接触这个世界，充满了新奇感。该项目也可以用于区域勘探等领域，众多新奇玩法期待你的探索！

所谓图传，就是把相机模块捕捉到的画面，实时传输到另一个可接收该数据的设备上，并且在该设备上进行实时播放。图传小车便是将无线图传与小车运动结合起来，实现多自由度的视角观察。本项目的图传小车使用麦克纳姆轮作为驱动轮，实现更高自由度的运动。上位机采用App Inventor进行制作，通过TCP抓取视频流，利用UDP下发控制指令，对小车进行控制，图形化的开发方式极大缩短了开发周期。本项目所使用的材料清单见表1。

表1 材料清单

序号	名称	数量
1	3D打印机	1台
2	麦克纳姆轮	4个
3	ESP32-CAM控制板	1块
4	TC118S驱动芯片	4个
5	GA12-N20电机	4个
6	5V锂电池	1块

模块介绍

ESP32-CAM控制板

ESP32-CAM控制板（见图1）是安信可发布的摄像头模块。该模块可以作为最小系统独立工作，大小仅为27mm×40.5mm×4.5mm，深度睡眠电流最低为6mA。ESP32-CAM可广泛应用于各种物联网场合，例如家庭智能设备、工业无线控制、无线监控、QR无线识别、无线定位系统等，是物联网应用的理想解决方案。本项目使用ESP32-CAM的摄像例程作为程序基础框架，实现ESP32-CAM自身IP地址的视频流图传，使用4组GPIO引脚通过PWM调节去控制麦克纳姆轮实现运动学控制。

TC118S驱动芯片

TC118S驱动芯片通常作为玩具车、电动牙刷、美容仪等的专用电机驱动芯片，其内置整流桥驱动，且装置支持热效应过流保护。最大连续输出电流可达1.8A，峰值2.5A，不需要外围滤波电容，TC118S电机驱动电路如图2所示。项目中使用4组TC118S驱动电路来驱动4个GA12-N20电机，通过TC118S驱动电路驱动电机的正转、反转和停止来实现对小车的运动学控制。

图1 ESP32-CAM控制板

GA12-N20电机

GA12-N20是一款全金属结构、配

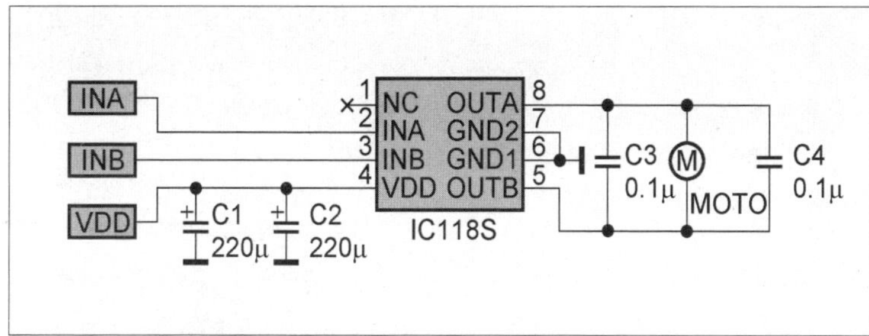

图 2 TC118S 驱动电路

图 3 GA12-N20 电机

图 4 麦克纳姆轮

备铜质减速箱、精密微型齿轮的减速电机（见图 3）。其凭借优秀的稳定性与低廉的成本，被广泛用于制作各种精密机器人模型。该电机属于小型驱动电机，电压通常在 3~6V，电机转速可进行特殊定制。项目中我将 4 个 GA12-N20 电机与麦克纳姆轮连接，通过 ESP32-CAM 控制板输出 PWM 信号对电机进行速度调节，通过引脚输出的电平控制电机的转动。

麦克纳姆轮

麦克纳姆轮（见图 4）是瑞典麦克纳姆公司的专利产物，轮体的圆周分布了许多鼓形辊子，这些辊子的外廓线与轮子的理论圆周相重合，这样确保了轮子与地面接触的连续性，并且辊子能自由地旋转，辊子的轴线与轮子轴线通常成 45°。通过不同方式去安装麦克纳姆轮，其驱动方案也大不相同。在正确安装麦克纳姆轮和正确编写控制程序的前提下，麦克纳姆轮小车可以实现多自由度运动。在此基础上，项目所制作的图传小车将更具可玩性。

项目制作

程序框架

为了降低开发难度，程序的基本框架采用 Arduino IDE 提供的 ESP32-CAM 的示例教程。打开 Arduino IDE，选择“工具”→“开发板：“ESP32 Wrover Module””→“esp32”→“ESP32 Wrover Module”，如图 5 所示。

再重新打开 Arduino IDE，选择“文件”→“示例”，选择到“ESP32”的示例，找到其中“Camera”下的“CameraWebServer”示例程序，如图 6 所示。成功打开程序后，仅需将 ssid 和 password 这两个变量修改为自己手机热点的名称与密码，即可通过手机浏览 ESP32-CAM 自身的 IP 地址，实现摄像头的无线图传。

程序编写

1. 库文件引入与变量定义

项目小车所用的是安可信公司的 ESP32-CAM，所以需要将其他版本的

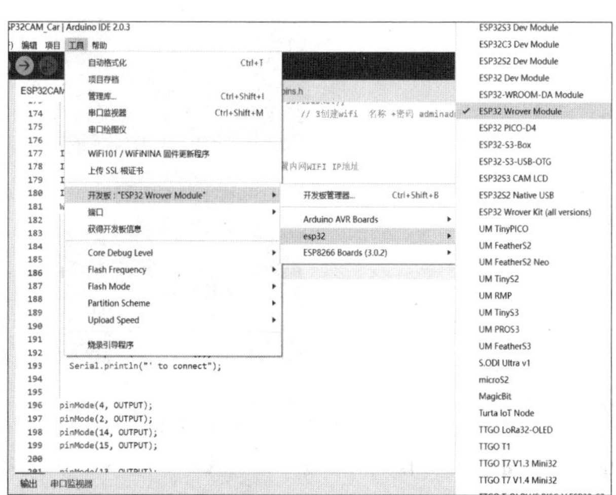

图 5 选择 ESP32 Wrover Module 示例

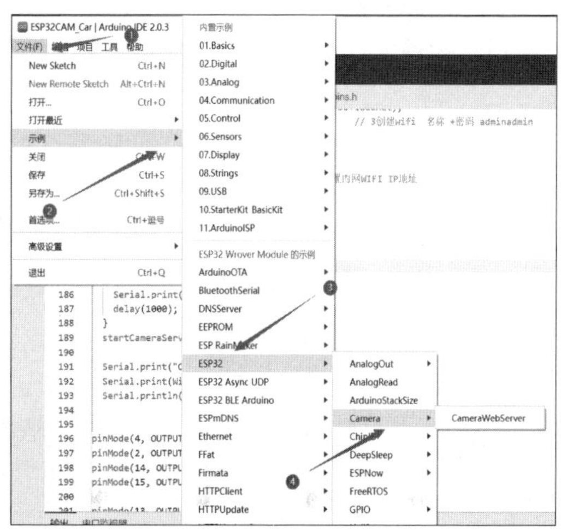

图 6 CameraWebServer 示例程序

ESP32-CAM 的配置定义给注释掉，同时引入 UDP 的库文件，方便后续上位机 App 通过 UDP 控制小车运动，具体如程序 1 所示。

程序1

```
#include "esp_camera.h"
#include <WiFi.h>
#include <AsyncUDP.h>
#include<Arduino.h>
#include "camera_pins.h"
//摄像头型号、引脚配置
#define CAMERA_MODEL_AI_THINKER
//选择安可信的ESP32-CAM
AsyncUDP udp;
//UDP网络协议导入
AsyncUDP Rudp;
const char* ssid = "**********";
//Wi-Fi名称
const char* password = "**********";
//Wi-Fi密码
char rBuff[18]; //UDP接收缓存
void startCameraServer();
//摄像头视频流服务函数
String inputString;
//定义字符串变量
```

2. 图传小车电机驱动程序

项目小车的 4 个麦克纳姆轮采用 4 个 GA12-N20 电机连接，为了保证可以每个电机的减速尽可能保持一致，可以用 PWM 调节电机转速（电机品控以及安装轴距的细微误差，可能导致车轮转速不一致）。大家可以根据自己的实际情况去设置一下 PWM 值，通过 setpin_pwm() 函数设置好输出的引脚以及输出的 PWM 占空比。将 4 个轮子的 3 种状态封装成一个函数，方便后续直接调用，具体如程序 2 所示。

程序2

```
void setpin_pwm(uint8_t Pinport,uint8_t pwmchannel,uint8_t pwmcnt) //设置引脚进行PWM输出
{
  ledcAttachPin(Pinport, pwmchannel);
  ledcSetup(pwmchannel, 1000, 8);
  ledcWrite(pwmchannel, pwmcnt);
}
#define motopwm 110 //PWM占空比数值
#define right_back {ledcDetachPin(15);
setpin_pwm(14,1,
motopwm);digitalWrite(15,0);}
//digitalWrite用于引脚电平的写入
#define right_forward {ledcDetachPin(14);
setpin_pwm(15,1,motopwm);digitalWrite
(14,0);}
#define right_stop {ledcDetachPin(14);
ledcDetachPin(15);digitalWrite(15,0);
digitalWrite(14,0);}
#define right2_back{ledcDetachPin(13);
setpin_pwm(12,2,motopwm);digitalWrite
(13,0);}
#define right2_forward
{ledcDetachPin(12);
setpin_pwm(13,2,motopwm);digitalWrite
(12,0);}
#define right2_stop {ledcDetachPin(12);
ledcDetachPin(13);digitalWrite(13,0);
digitalWrite(12,0);}
#define left_back {ledcDetachPin(4);
setpin_pwm(2,3,motopwm); digitalWrite
(4,0);}
#define left_forward  {ledcDetachPin(2);
setpin_pwm(4,3,motopwm); digitalWrite
(2,0);}
#define left_stop {ledcDetachPin(4);
ledcDetachPin(2);digitalWrite(2,0);
digitalWrite(4,0);}
#define left2_forward
{ledcDetachPin(33);
setpin_pwm(32,4,motopwm); digitalWrite
(33,0);}
#define left2_back  {ledcDetachPin(32);
setpin_pwm(33,4,motopwm); digitalWrite
(32,0);}
#define left2_stop {ledcDetachPin(32);
ledcDetachPin(33);digitalWrite(32,0);
digitalWrite(33,0);}
```

3. 麦克纳姆轮的驱动与UDP控制

麦克纳姆轮因结构独特性，其安装方式也有一定讲究。麦克纳姆轮一般是 4 个一组使用，两个左旋轮，两个右旋轮，左旋轮和右旋轮呈手性对称。常见的安装方式有：X- 正方形、X- 长方形、O- 正方形、O- 长方形。其中 X 和 O 表示 4 个轮子与地面接触的辊子所形成的图形，正方形与长方形指的是 4 个轮子与地面接触点所围成的形状。

本项目采用 O- 长方形安装方式，安装后的俯视图如图 7 所示。采用此方式安装，麦克纳姆轮小车运动方向控制见表 2（前轮编号为 1，后轮编号为 2）。

项目中将使用 UDP 对麦克纳姆轮小车进行控制，通过 Arduino IDE 提供的 UDP 通信库文件，利用 Rudp.listen() 函数监听 ESP32-CAM 的 IP 地址的 10011 端口。当通信信息校验成功后，使用定义的 rBuff 数组去装载上位机下发的数据指令，利用多个同级 if 语句实现小车运动状态的切换，具体如程序 3 所示。

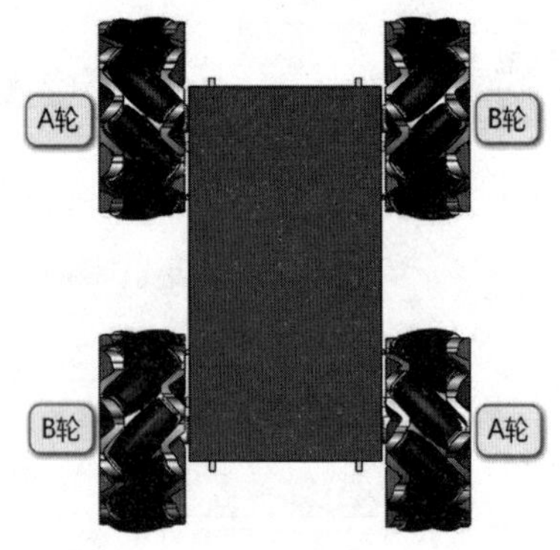

图7 O- 长方形安装后小车俯视图

表 2 麦克纳姆轮小车运动方向控制

运动方向	A1	B1	B2	A2
向前 FF	向前	向前	向前	向前
向后 BB	向后	向后	向后	向后
左横 LL	向前	向后	向后	向前
右横 RR	向后	向前	向前	向后
左上 LF	向前	停止	停止	向前
右上 RF	停止	向前	向前	停止
左下 LB	停止	向后	向后	停止
右下 RB	向后	停止	停止	向后
左旋 ll	向前	向后	向前	向后
右旋 rr	向后	向前	向后	向前

程序3

```
while (!Rudp.listen(10011)) // 等待本机 UDP 监听端口设置成功，用于接收上位端发送过来的数据
{
  Serial.println("waiting");
}
Rudp.onPacket([](AsyncUDPPacket Rpacket)
{// 注册一个 10011 端口的数据包接收事件，可异步接收数据，用于接收上位机发送过来的数据
  Serial.println("Camera data ");
  if(LedFlash)  // 通过 LED 闪烁确定程序正常运行
  {
    LedFlash = 0;
  }
  else
  {
    LedFlash=1;
  }
   for (int i = 0; i < Rpacket.length(); i++)
    {
       rBuff[i] = (char) * (Rpacket.data() + i);
    }
    inputString = String(rBuff);
    if (inputString.indexOf("are you here") != -1)
    {
      if (udp.connect(Rpacket.remoteIP(), 10000)) // 检查网络连接是否存在，如果有连接则处理，否则进入下一次循环
      {
        udp.print("ok,it is me");
        //udp.write(fb->buf, max_packet_byte); // 将图片分包发送
      }
    }
// 利用 UDP 发送的指令得到的缓存数组数值，选择麦克纳姆轮的运动方式
  if ((rBuff[0]=='F')&&(rBuff[1]=='F'))// 向前
  {
    Serial.print("FF/r/n");
    left_forward;
    left2_forward
    right_forward;
    right2_forward;
  }
  if ((rBuff[0]=='R')&&(rBuff[1]=='F'))// 右上
   {
       Serial.print("RF/r/n");
       right2_forward;
       left2_stop;
       left_stop;
       right_forward
  }
  if  ((rBuff[0]=='L')&&(rBuff[1]=='F'))// 左上
{
  Serial.print("LF/r/n");
       right2_stop;
       left_forward;
       left2_forward;
       right_stop;
    }
    if  ((rBuff[0]=='R')&&(rBuff[1]=='B'))
// 右下
    {
       Serial.print("RB/r/n");
       right_stop;
       left_back;
       left2_back;
       right2_stop;
    }
    if ((rBuff[0]=='L')&&(rBuff[1]=='B'))// 左下
    {
       Serial.print("LB/r/n");
       right_back;
       left2_stop;
       left_stop;
       right2_back
    }
   if ((rBuff[0]=='r')&&(rBuff[1]=='r'))// 右旋
    {
       Serial.print("rr/r/n");
       left_back;
       left2_forward;
       right_forward;
       right2_back
    }
    if  ((rBuff[0]=='l')&&(rBuff[1]=='l'))// 左旋
    {
       Serial.print("ll/r/n");
       left_forward;
       left2_back;
       right_back;
       right2_forward;
    }
    if  ((rBuff[0]=='R')&&(rBuff[1]=='R'))// 右横
    {
       Serial.print("RR/r/n");
       left_back;
       left2_back;
       right_forward;
       right2_forward;
    }
    if  ((rBuff[0]=='L')&&(rBuff[1]=='L'))// 左横
    {
```

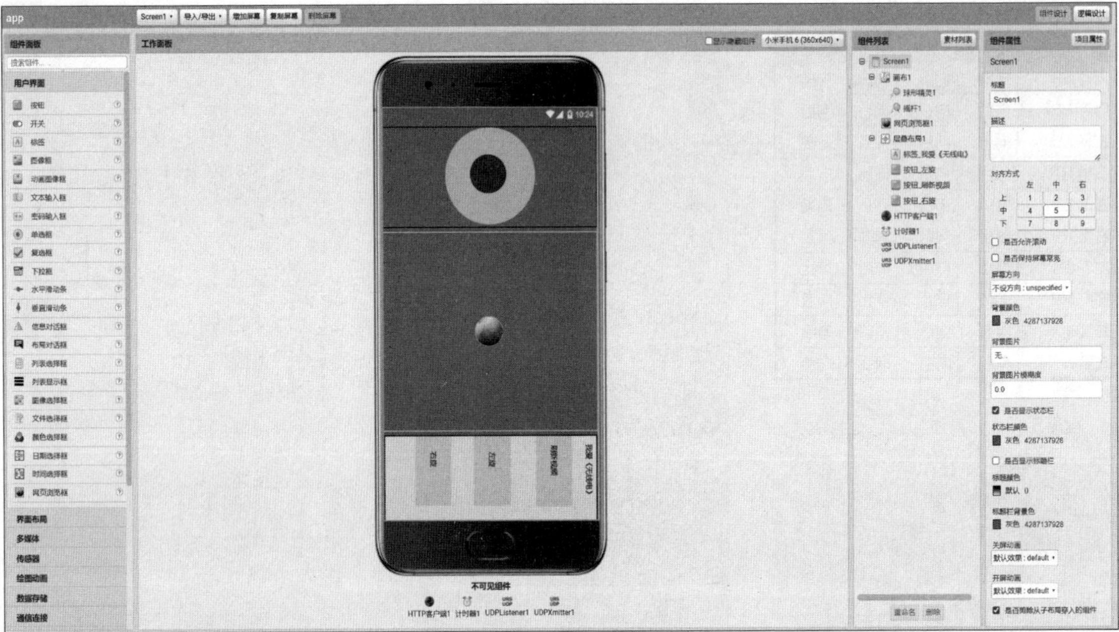

图8 App Inventor 操作界面

```
        Serial.print("LL/r/n");
        left_forward;
        left2_forward;
        right_back;
        right2_back;
    }
    if  ((rBuff[0]=='B')&&(rBuff[1]==
'B'))// 向后
    {
        Serial.print("BB/r/n");
        left_back;
        right_back;
        left2_back;
        right2_back;
    }
    if  ((rBuff[0]=='S')&&(rBuff[1]=='S'))
//停止
    {
        Serial.print("SS/r/n");
        left_stop;
        right_stop;
        left2_stop;
        right2_stop;
    }
```

4: 网络连接程序

为了防止图传小车运行过程中受到不可抗因素的干扰，导致网络断开连接，在主循环中需要定时检测网络是否断开，如果断开则重连，具体如程序4所示。

程序4

```
// 防止网络连接中断，超时后再次连接网络
void loop() {
  unsigned long currentMillis
= millis();   // 获取当前机器运行时间
// 定时检查 Wi-Fi 是否连接，如果无连接则重连
  if ((WiFi.status() != WL_CONNECTED)
&& (currentMillis - previousMillis
>=interval)) {
    WiFi.disconnect();
    WiFi.reconnect();
    previousMillis = currentMillis;
  }
}
```

App制作

项目中上位机的App使用App Inventor进行制作。App Inventor是图形化编程软件，操作简单，搭配自带的在线调试助手，可以轻松帮助开发人员实现简单App的制作。App Inventor操作界面如图8所示。

按照图8所示的内容布置组件，分别从左方的组件面板中选择球形精灵组件、摇杆组件、网页浏览框组件、3个按键组件、计时器组件、UDP监听和接收组件。大家可以根据自己需求美化一下App的界面，App Inventor的自由度还是很高的。布置完界面上的组件后，单击逻辑设计按钮，进入后端的逻辑开发。

1. 上位机初始化程序

定时器间隔设置为20ms触发一次，初始化摇杆组件的整体位置，赋值摇杆中心的位置坐标，通过UDP给下位机10011端口发送校验信息，打开浏览器通过TCP串流读取视频流（特别注意：设置的设备IP变量其实就算是ESP32-CAM产生的IP地址，端口号默认为10011），具体如图9所示。

2. 按钮组件程序

视频刷新按钮作用是再次打开浏览器的视频流，左旋和右旋按钮使用UDP向

下位机发送指定命令，按钮被按下时需要将转向标志位置 1，松开时置 0，避免和摇杆装置控制起冲突，具体如图 10 所示。

3. 摇杆程序

当摇杆发生位移时，根据摇杆当前的坐标 (x,y)，通过 arctan() 函数反向求解摇杆移动后形成的角度，当摇杆被松开后，摇杆恢复原位的坐标状态，具体如图 11 所示。

4. 麦克纳姆轮控制程序

将摇杆的圆盘划分为 8 个区域，每个区域分别对应小车的一种运动状态。使用之前计算得到的摇杆角度控制上位机下发控制指令（IP 地址、端口号与之前发送校验信息保持一致，同时 App Inventor 中的 arctan() 函数的取值在 -180° ~180° ）。需要注意的是，由于 arctan() 函数的特殊性，右横运动与停止状态的判别需要结合

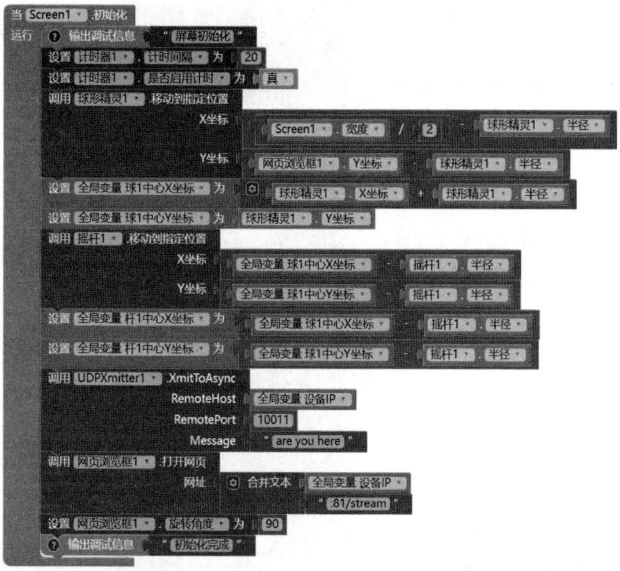

图 9 上位机初始化程序

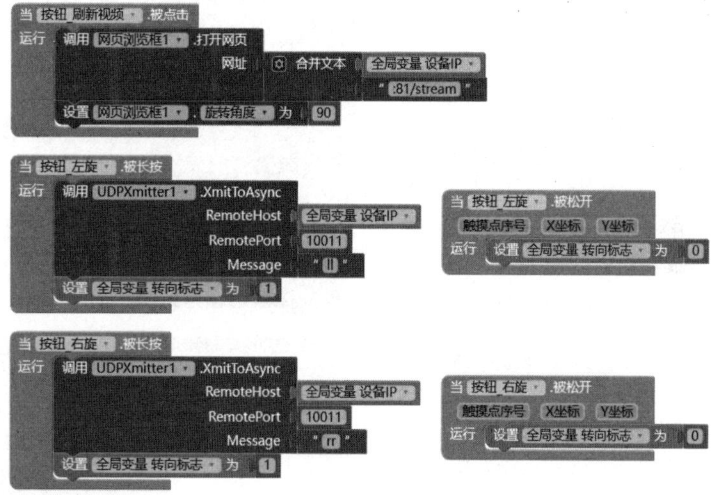

图 10 按钮组件程序

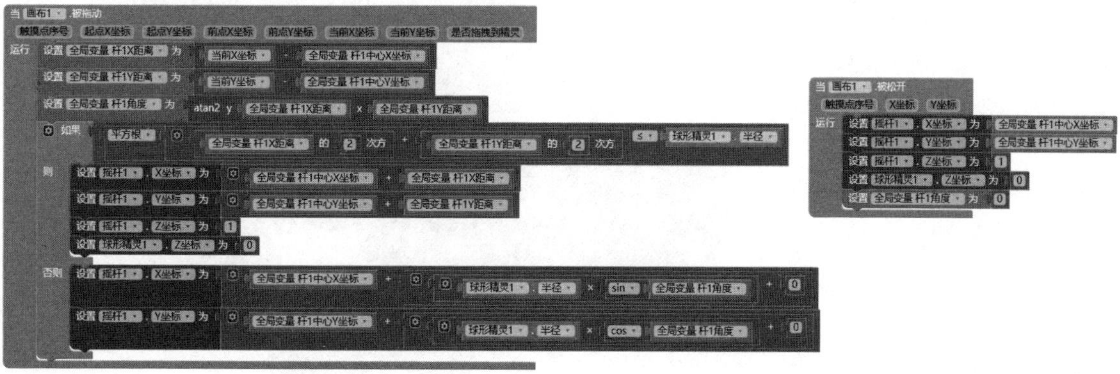

图 11 摇杆程序

转向标志来考虑，具体程序如图 12 所示。

通过该上位机 App 可以轻松控制小车，完成图传任务，本项目最终上位机 App 界面如图 13 所示。

成品展示

图 14 所示为本项目最终成品，本次共为图传小车设计了 11 种运动状态，分别为向前、左上、右上、左横、右横、左下、右下、向后、左旋、右旋和停止。大家可以扫码文章开头的二维码观看图传小车的操作视频，从视频中可以看出安装麦克纳姆轮后的小车灵活度非常高，可以自由实现各种运动方式。视频流的传输也相对较为稳定，当然受限于硬件成本，传输的画面清晰度一般。

本项目小车满功率下的负载还是比较高的，大家选择锂电池的时候尽量选择高电流锂电池。在有条件的情况下，可以使用 ESP32-CAM 一个引脚连接照明灯，让图传小车具有夜视能力，同时也可以借助照明灯增强视频传输的清晰度。当然，缩小上位机的视频流图片也可以提高整体的清晰度，大家可以根据实际情况进行调整。

结语

本项目以较低的成本成功制作了一辆高性能的麦克纳姆轮图传小车，通过上位机 App 可以轻松控制小车的运动状态，并进行实时图像传输。目前图像传输和小车控制范围比较小，有效距离在 30m 以内，后续考虑加入 4G 模块或网络服务器，实现真正的超远程图传小车。如果将图传小车与人工智能技术相结合，也可以胜任简单的自动驾驶、目标跟踪等任务，相信在不久以后就会实现。

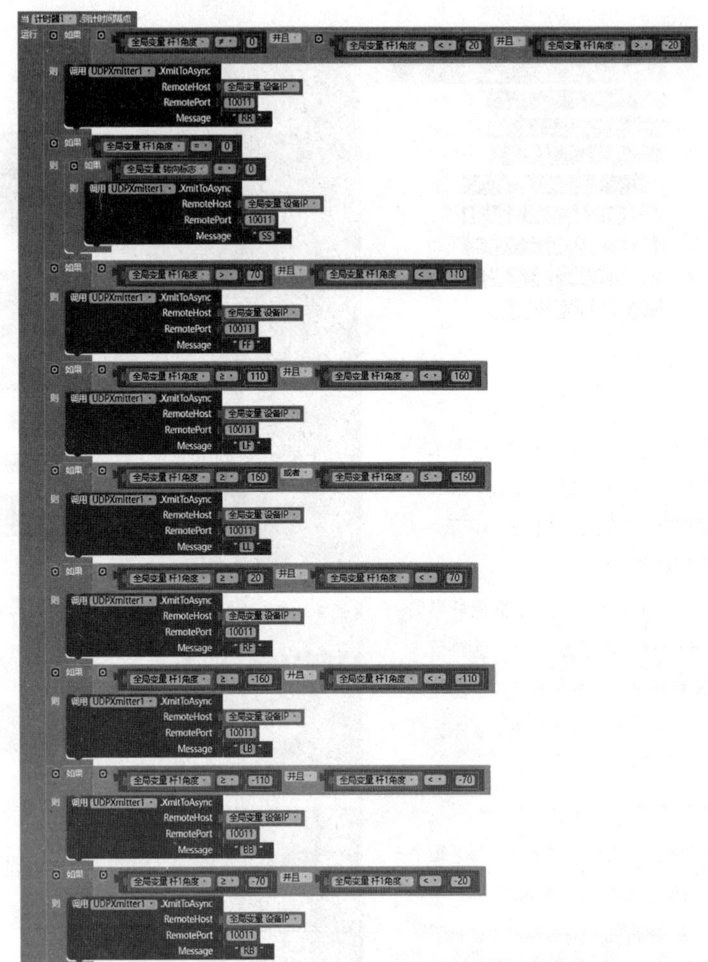

图 12 麦克纳姆轮控制程序

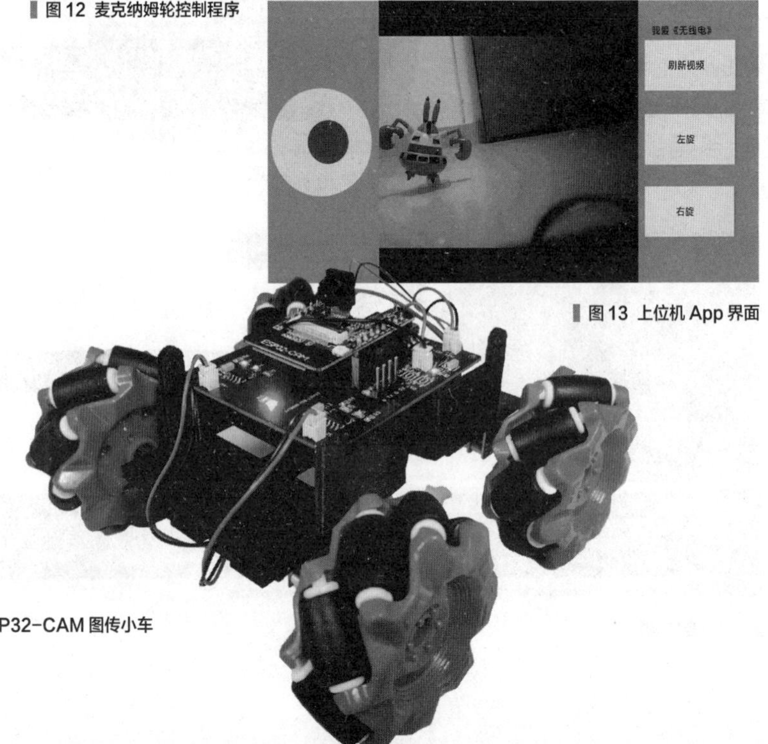

图 13 上位机 App 界面

图 14 ESP32-CAM 图传小车

朝花夕拾的龙崖门号

黎翠盈 吴显扬

我们设计了一款桌面摆件——朝花夕拾的龙崖门号，以澳门5元硬币上的老闸船形象为基础（见图1）。

朝花夕拾的龙崖门号是一个拥有多种功能的创意作品，创作初稿如图2所示。这个作品有如下功能。

功能1：船身上的LCD显示屏会实时显示当前的温度和湿度，使用者能够实时了解周围环境的变化。

功能2：当温度过高时，船舱的4个窗户会亮起红灯，提醒使用者当前天气炎热。这种警示设计可以帮助使用者更好地应对高温天气，提醒他们注意防暑降温。

功能3：当湿度过高时，甲板上的3个船帆会随着舵机的摇摆而摇晃，仿佛遇到风浪一般。这个功能旨在提醒用户即将下雨，让他们能够及时做好防雨准备。

功能4：朝花夕拾的龙崖门号具备亮度感应功能。提灯的亮度会根据周围环境光线的变化而调节。这样的设计使提灯能够自动适应不同的环境，保持适宜的亮度，为使用者提供舒适的照明体验。

功能5：提灯会根据模拟角度传感器的角度变化，切换不同的灯光模式。它设有白光模式和多色模式两种选择。在多色模式下，提灯会根据颜色识别传感器识别到的颜色改变灯光的颜色，呈现丰富多彩的效果。

功能6：朝花夕拾的龙崖门号具有语音控制功能。用户可以通过语音指令控制提灯的开启和关闭。用户可以使用语音指令让作品广播实时的温度和湿度情况。

图1 澳门五元硬币

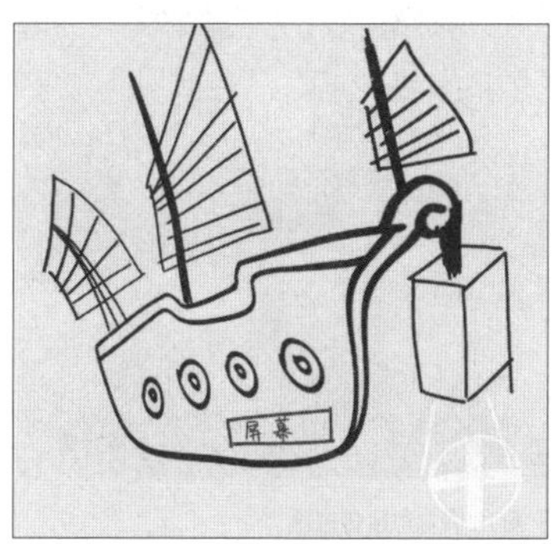

图2 创作初稿

总之，朝花夕拾的龙崖门号是一个集温/湿显示、亮度感应、颜色变改、语音控制等多种功能于一身的创意作品。通过这些功能的结合，它不仅能提供温/湿度信息和照明功能，还能提醒用户环境的变化，让他们更好地适应和享受周围的环境。功能分布如图3所示。

所用硬件及介绍

Arduino UNO（见图4）是一款非常受欢迎的开源主控板，被广泛用于电子原型开发和物联网应用。它具有易于使用的接口和丰富的功能等优点，使创建交互式电子项目变得简单而有趣。

I/O传感器扩展板（见图5）是一个附加模块，可连接到Arduino UNO的输入和输出引脚。它扩展了Arduino UNO的

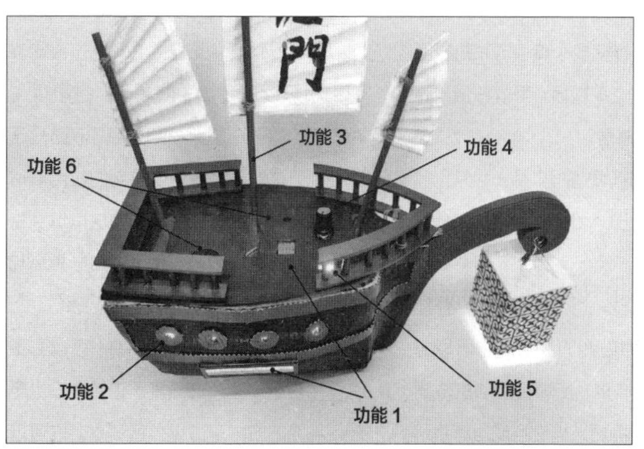

图3 功能分布

图4 Arduino UNO

图7 语音合成模块

图10 I²C 级联扩展器

图5 I/O 传感器扩展板

图8 语音识别模块

图11 模拟环境光线传感器

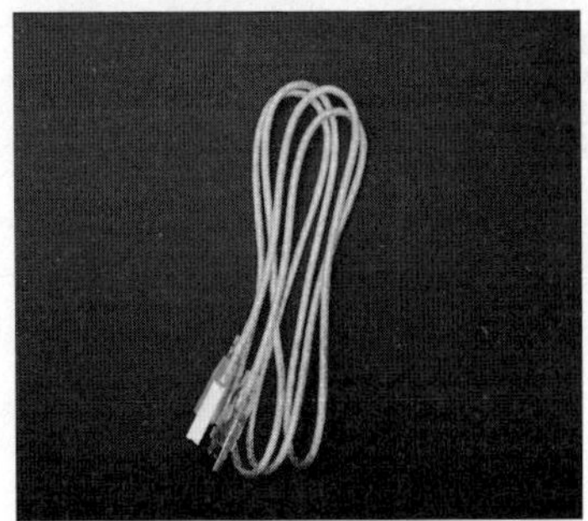
图6 USB 数据线

图9 模拟角度传感器

功能，可以同时连接多个传感器和执行多个任务。通过这个扩展板，可以方便地连接数字和模拟传感器。

USB 数据线（见图 6）是一种常见的数据传输线，用于 Arduino UNO 和计算机之间的通信。

语音合成模块（见图 7）是一种能够将文字转换为语音的装置。它可以与 Arduino UNO 连接，使项目能够生成语音输出。这对于需要人机交互或语音提示的应用非常有用。

语音识别模块（见图 8）是一种能够识别和解析语音指令的装置。它可以与 Arduino UNO 连接，使项目能够通过语音控制。这对于需要语音控制的应用非常有用。你可以训练语音识别模块以识别特定的语音指令或单词，然后将这些指令与 Arduino UNO 的相应操作关联起来。

模拟角度传感器（见图 9）可以测量物体相对于参考点的角度。它通过输出电压或电流的方式来提供角度信息。你可以将模拟角度传感器连接到 Arduino UNO 的模拟输入引脚，以获取物体的角度数据。

I²C 级联扩展器（见图 10）是一款用于扩展 Arduino UNO 的 I²C 接口的模块。它允许通过 I²C 接口同时连接多个设备，如传感器、显示屏等。I²C 级联扩展器可以有效地扩展 Arduino UNO 的连接能力，实现更多的功能。

模拟环境光线传感器（见图 11）用于测量周围环境的光线强度。你可以将模拟环境光线传感器连接到 Arduino UNO 的模拟输入引脚，以获取环境光线强度的数值。

颜色识别传感器（见图 12）是一种能够识别物体颜色的传感器。它使用光学技术和色彩检测算法，可以识别不同物体的颜色。颜色识别传感器通常具有红、绿、蓝 3 种基本颜色的感测组件，以及相应的色彩识别电路。你可以将颜色识别传感器连接到 Arduino UNO 的模拟输入引脚，以获取物体的颜色数据。

图 12 颜色识别传感器

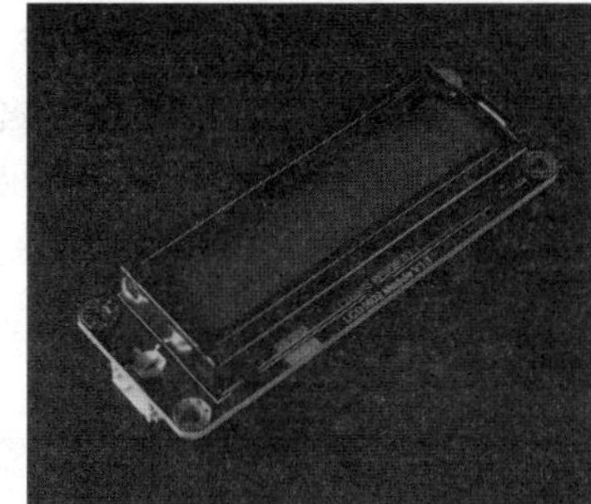
图 15 LCD1602

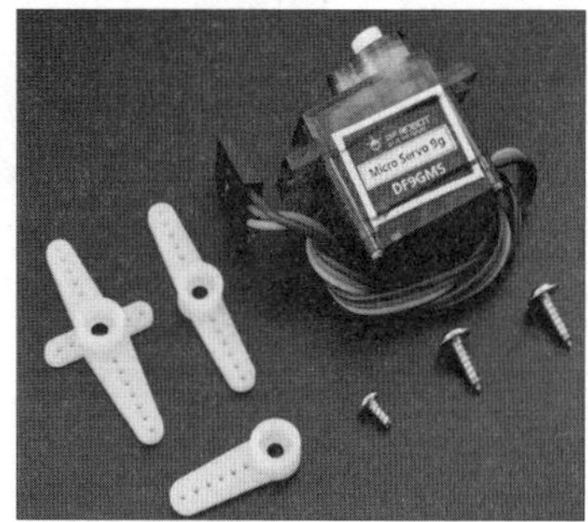

图 16 舵机

图 13 温 / 湿度传感器

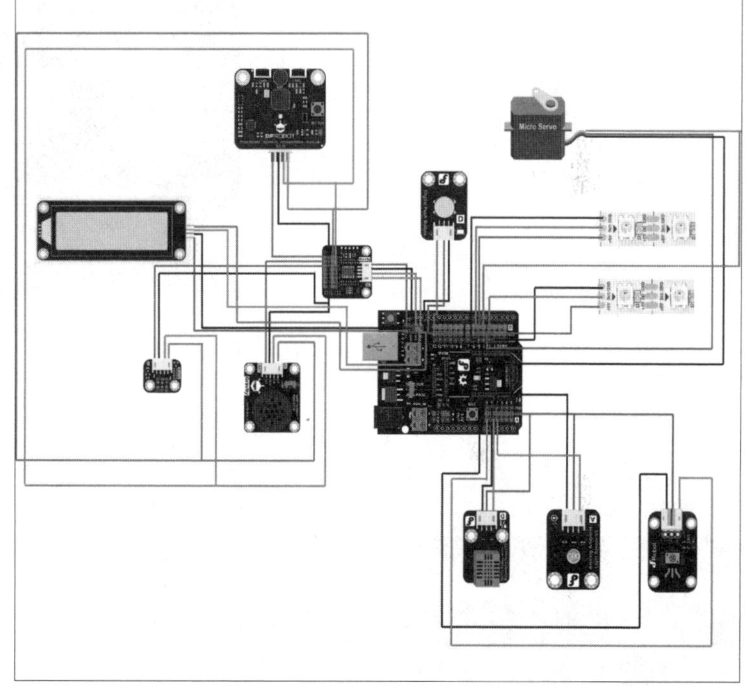

图 17 硬件连接

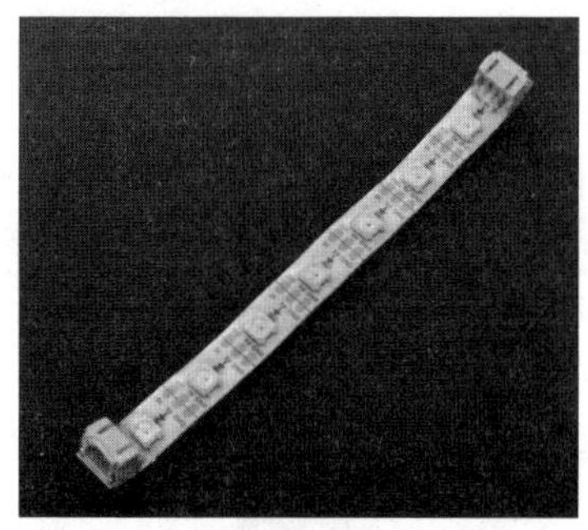
图 14 WS2812 RGB 灯带

温 / 湿度传感器（见图 13）是一种用于测量周围环境温度和湿度的传感器。它通常由温度感测组件和湿度感测组件组合而成。温 / 湿度传感器可以将温度和湿度数据转换为电压或数字信号，你可以将其连接到 Arduino UNO 的数字输入引脚，以获取温 / 湿度数据。

WS2812 RGB 灯带（见图 14）是一种集成多个可独立控制的彩色 LED 的灯带。每个 LED 都带有一个 WS2812 控制芯片，这意味着可以通过单个数字引脚控制整个灯带的颜色和亮度。你可以将 WS2812 RGB 灯带连接到 Arduino UNO 的数字引脚，实现丰富的灯光效果。

LCD1602（见图 15）是一种常见的字符型液晶显示屏。它具有 16 列、2 行的字符显示区域，可以显示文字和一些简单的图形。你可以通过将 LCD1602 连接到 Arduino UNO 的 I^2C 引脚，使用相应的库和函数控制显示内容。

舵机（见图 16）是一种能够控制旋转角度的电机。它通常用于控制机械臂、机器人和模型等项目中的运动部件。你可以将舵机连接到 Arduino UNO 的数字引脚，使用 PWM 输出信号来控制舵机的旋转角度和运动速度。

这些电子组件的组合和连接可以实现各种有趣和实用的项目。我们可以使用 Arduino UNO 作为主控，通过连接和编程这些组件，来创建交互式的电子设备、传感器系统或机器人等应用。本项目硬件连接如图 17 所示。

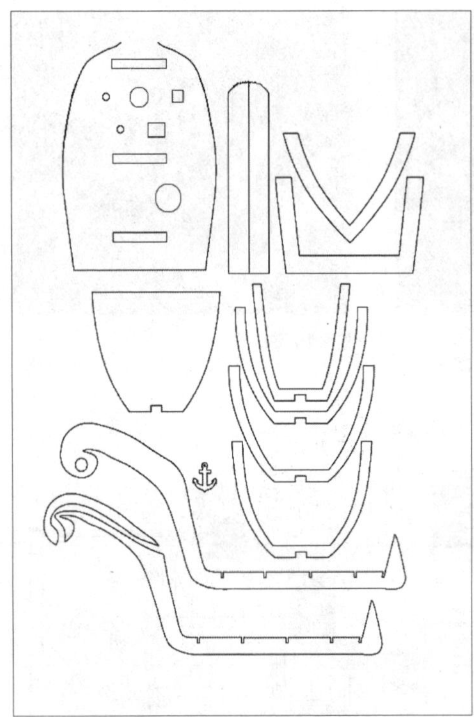

▌图 18 骨架及甲板切割设计

制作过程

我们参考了帆船的结构设计这艘模型船的结构，使用 2mm 厚的椴木板和瓦楞纸进行组装。首先使用激光切割机将椴木板切割成所需的形状和大小，骨架及甲板切割设计如图 18 所示，然后开始组装船的骨架部分、拼接船面等。我们参考了一艘在澳门博物馆展出的老闸船模型，如图 19 所示。

▌图 19 老闸船模型

组装步骤

1 拼装骨架。

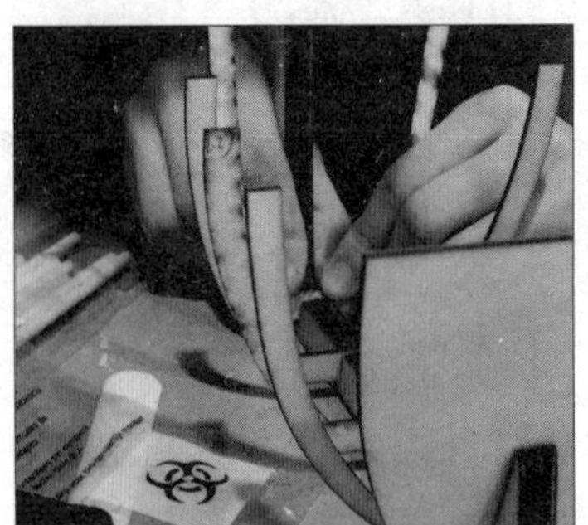

2 给船身上色。

3 使用花草宣纸、细棉绳和不同粗细的棍子进行船帆的拼贴。

4 根据船帆的轮廓贴上已上色的竹签，然后在另一面贴上花草宣纸。

5 在指定的位置使用已上色的细棉绳绑两个双套结，以增加装饰效果。

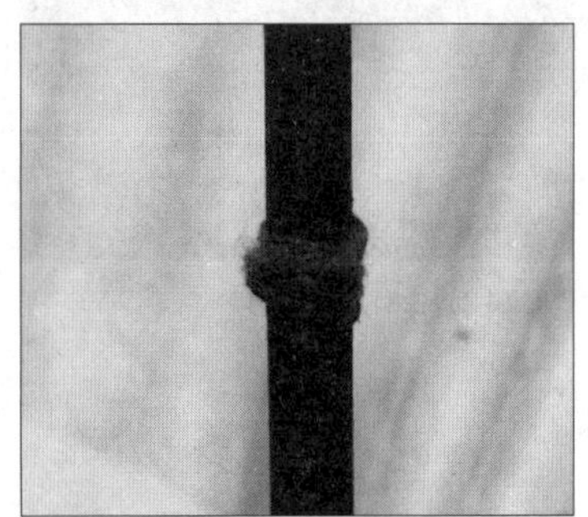

6 将桅杆和船帆黏合在一起。

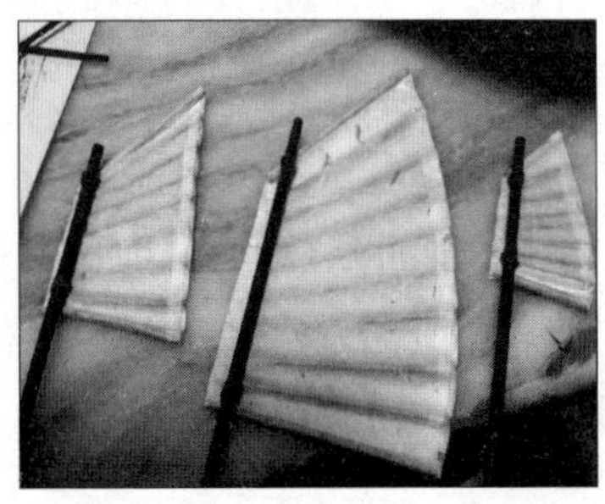

7 完成船帆后，我们开始切割甲板，并给它上色。

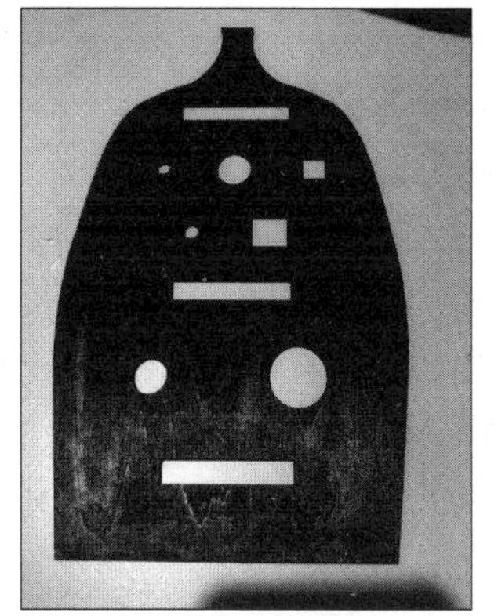

8 将船帆穿过甲板，并使用十字结和方回结将桅杆与竹筷固定在一起。

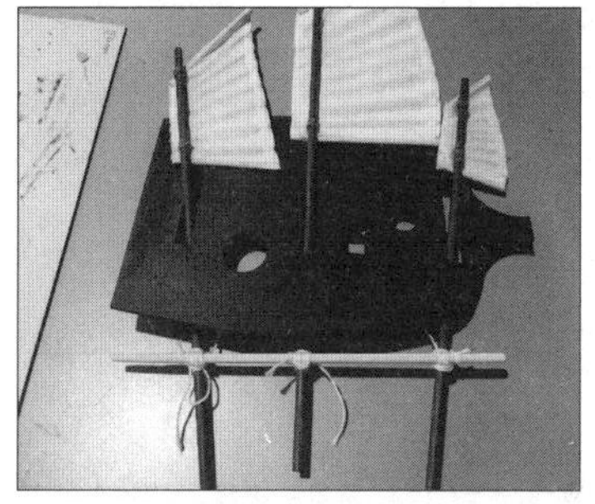

9 使用切割好的椴木板和木棍组成栅栏，并对其上色。

10 将切割好的船锚固定在栅栏上，并将已上色的细棉绳绑在上面。

11 在船身上贴上装饰条后，再进行上色。

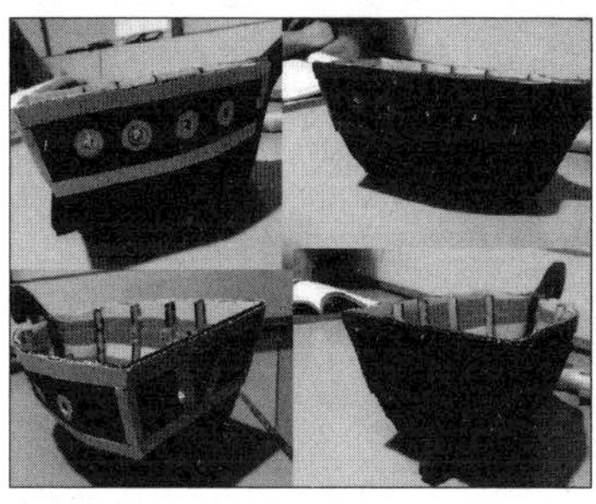

12 提灯是这个模型船的一个亮点。提灯是一个长方体，内部放置一张印有澳门回忆的正片底片。我们使用3D打印技术制作了灯罩，并给提灯上色。然后，将打印好的正片底片与灯罩组合在一起。

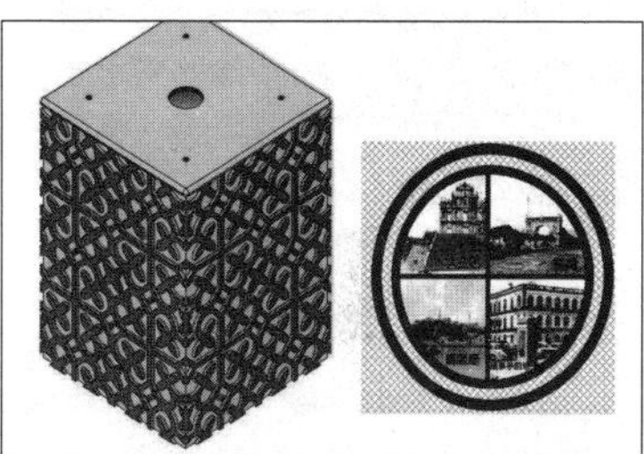

13 最后，我们将提灯的硬件安装在组装好的框架内。

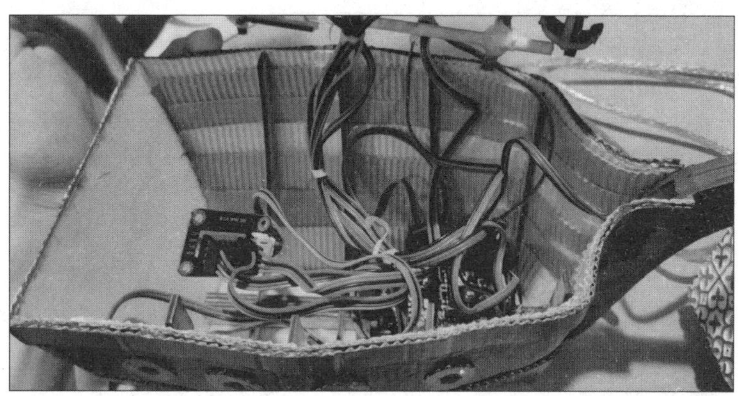

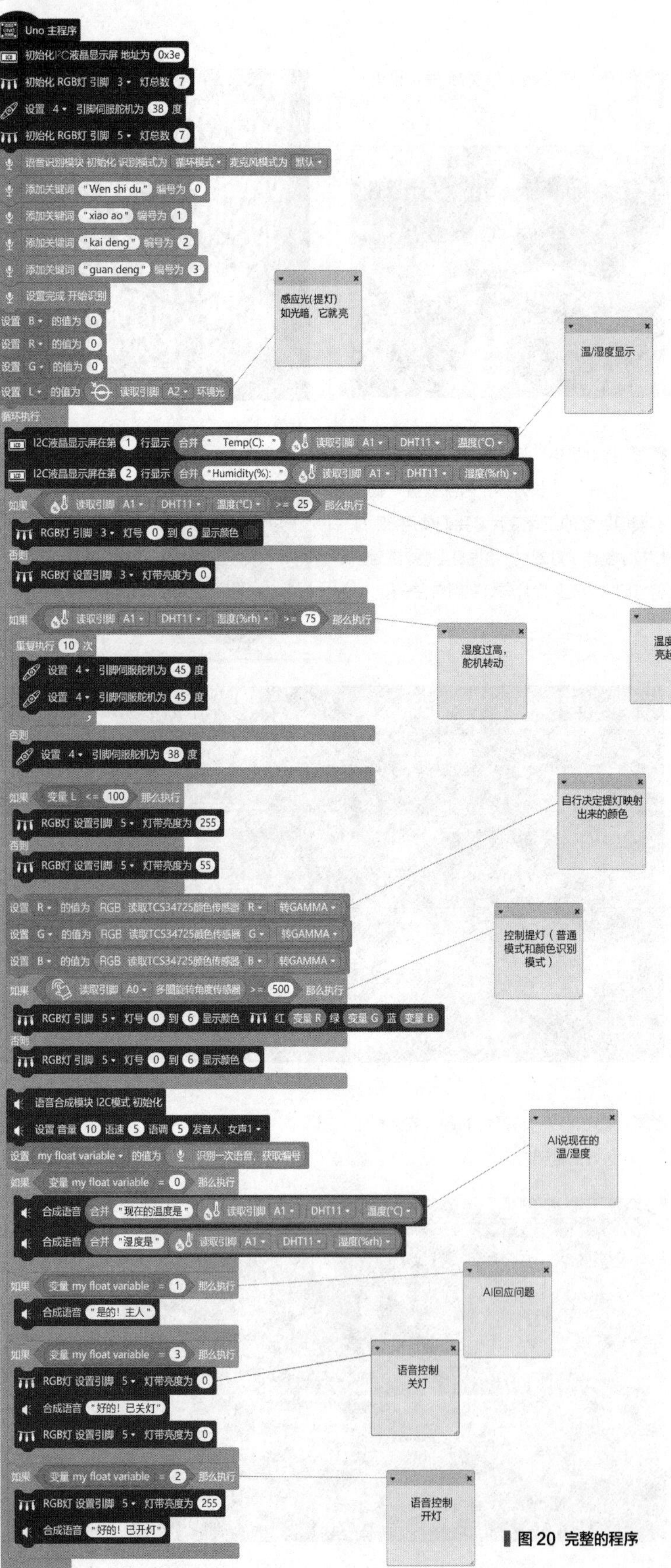

图 20 完整的程序

程序设计

我们使用 Mind+ 进行编程。具体的编程内容涉及控制船身灯光等方面，以增加作品的互动性和视觉效果。完整的程序如图 20 所示。

这个模型船的制作过程充满了挑战和创造力，包括骨架组装、船面拼接、船身上色、船帆制作、甲板切割和上色、栅栏制作、船锚固定、提灯制作和编程等。

结语

在本次创作中，我们致力于展示传统文化与当代共同发展的进程，并在作品中融入了多种功能，为作品增添了多样性。然而，在技术方面，我们尚未达到理想水平，因此在设计初期遇到了不少困难。例如，我们原本计划在作品中添加物联网功能和天气预报等特色，但由于硬件及时间问题，无法如期完成，这是我们在本次创作中的一个遗憾之处。我们期待着未来的创作旅程，并希望能够继续为大家呈现更多令人惊艳的作品。

立创课堂

基于 QMK 固件的小键盘设计

任虎

项目介绍

作为日常输入工具，人们对键盘的功能需求越来越高，市面上大多数键盘是大键盘，以满足最基本的输入需求为设计目标，大多数键盘按键的功能是固定的，无法进行宏定义等高级设置。那么我们为什么不设计制作一个完全能够自定义的小键盘作为对大键盘的补充来满足我们的需求呢？基于这个想法，我设计了这款以 APM32F103CBT6 为主控的键盘，该芯片在价格合适的情况下保证了性能足够强大！软件采用开源的 QMK 固件并且适配了 VIAL 功能，如此一来，在修改按键功能的时候只需打开对应软件即可。

总体设计方案

本设计使用了国产 APM32F103CBT6 芯片作为键盘的主控，凯华热插拔轴座来实现轴体的热插拔功能，并且配有 RGB 灯珠使键盘更加炫酷，接口采用 USB Type-C 有线连接，使用开源 QMK 固件，并支持 VIAL，可以在线改建，支持全键无冲（即同时按下多个键，每个键都能被计算机准确识别，没有冲突）。

结构设计

设计一个键盘最开始肯定要设计它的配列，即这个键盘有多少个按键，每个按键的位置、大小等。在本次设计中我们使用在线网站 Keyboard Layout Editor 进行设计。

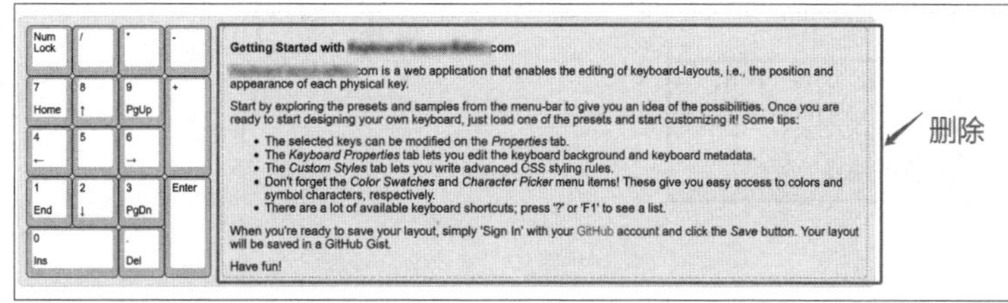

图 1 配列设计界面

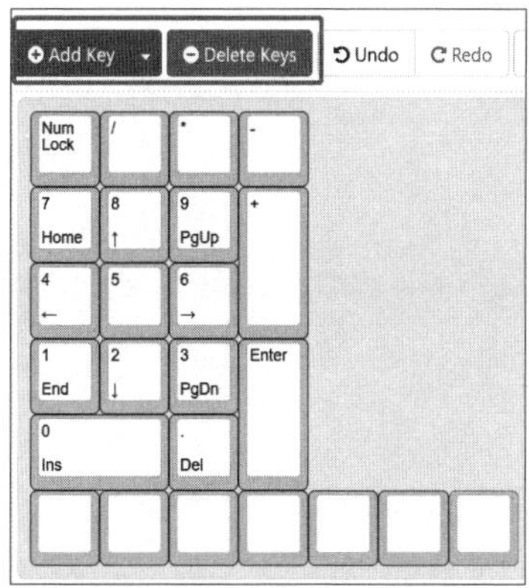

图 2 编辑配列示意图

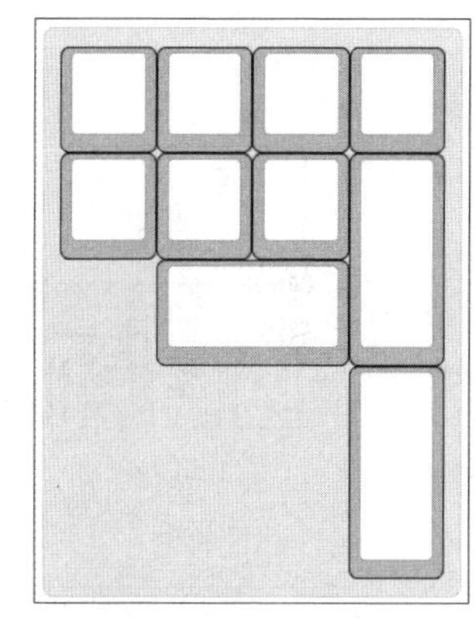

图 4 空白的键盘

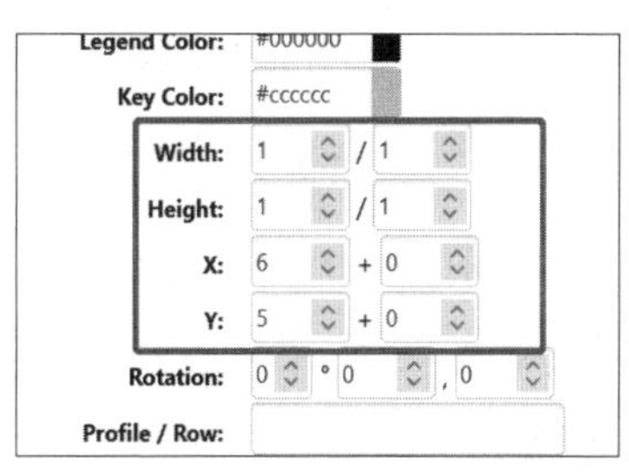

图 3 调整按键大小和位置

配列设计

（1）打开网站，删除设计界面的文字说明，如图 1 所示。

（2）通过添加和删除按钮进行键盘的设计，编辑配列示意图，如图 2 所示。

（3）通过选项卡调节按键的大小和位置，如图 3 所示。

（4）删除键盘上的相关文字，最后得到一个空白的键盘，如图 4 所示。

（5）导出相关文件，如图 5 所示。

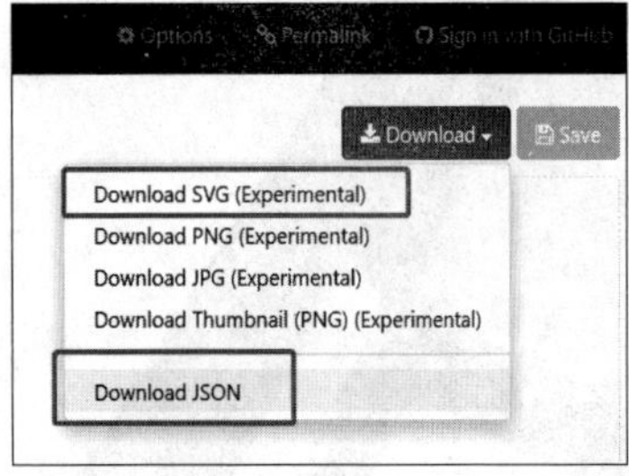

图 5 导出相关文件

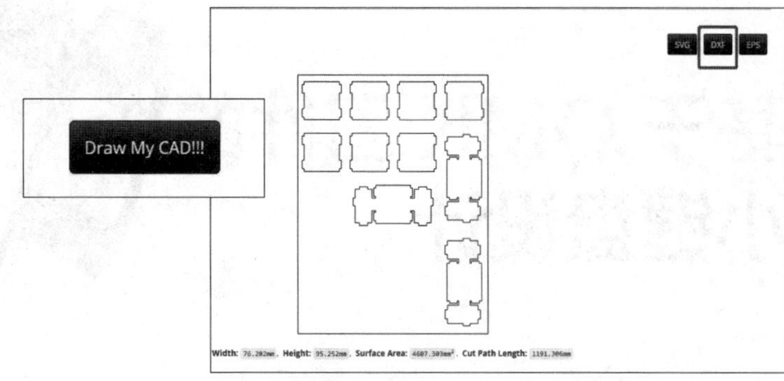

图 8 生成的 CAD 图纸

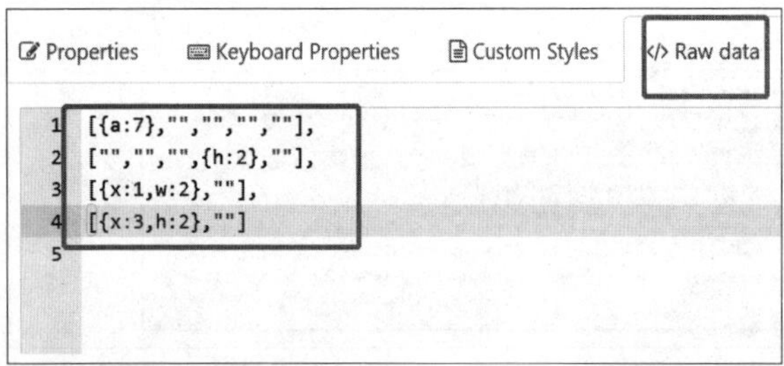

图 6 需要导入的数据

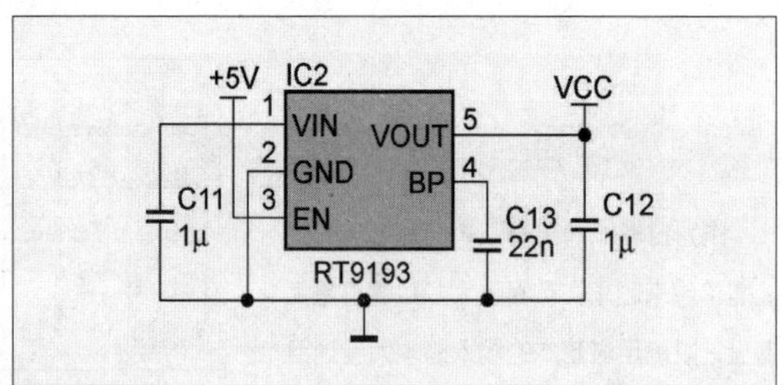

图 9 电源电路

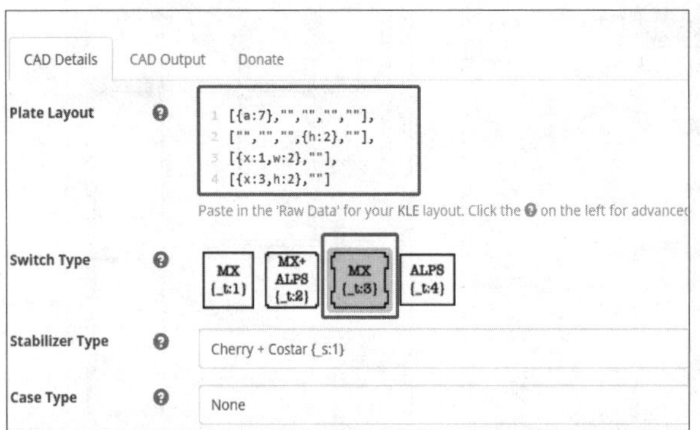

图 7 配置项选择

CAD图纸设计

还需要制作关于键位的 CAD 图纸。该图纸不仅能帮我们在 PCB 布局的时候更轻松，同时能在设计键盘定位板时使用。

（1）打开制作网站 Builder Swillkb。

（2）将 Keyboard Layout Editor 网站生成的数据填入当前网站，需要导入的数据如图 6 所示。导入后的配置项选择如图 7 所示。

（3）单击 DXF 按钮，生成图纸，保存为 DXF 格式。DXF 文件可以帮助我们在 PCB 设计时布局，且根据图纸能方便地设计定位板。生成的 CAD 图纸如图 8 所示。

硬件设计

主要介绍键盘的硬件设计及元器件选型。

电源输入

电源是给整个系统提供电能的重要组成部分。在电源的选用上，考虑到键盘体积小，选用外围电路少、体积小的 RT9193 芯片。电源电路如图 9 所示。

单片机最小系统

考虑到键盘要支持 VIAL 固件和多种灯效，主控芯片选择性能较强的 32 位单片机：国产 APM32F103CBT6。APM32 的最小系统比较简单，只需要必要的供电、时钟（晶体振荡器）以及复位按键。需要注意的是在制作完成、烧录固件程序时，为了每次更新固件不需要重新烧录 Bootloader，需将 boot0 接地。这点在设计的时候非常重要。单片机最小系统电路如图 10 所示。图 10 中展示了复位电路与晶体振荡器电路。复位功能在引脚 7，设计上给出了用一个 10kΩ 电阻和 100nF 的电容组成的按键复位电路，晶体振荡器功能在引脚 5 和引脚 6，一般选用 8MHz 的晶体振荡器。

USB Type-C接口设计

键盘采用主流的 USB Type-C 接口，方便连接。因为键盘通过 USB 与计算机通信，根据设计需求，需要将 USB D+ 通

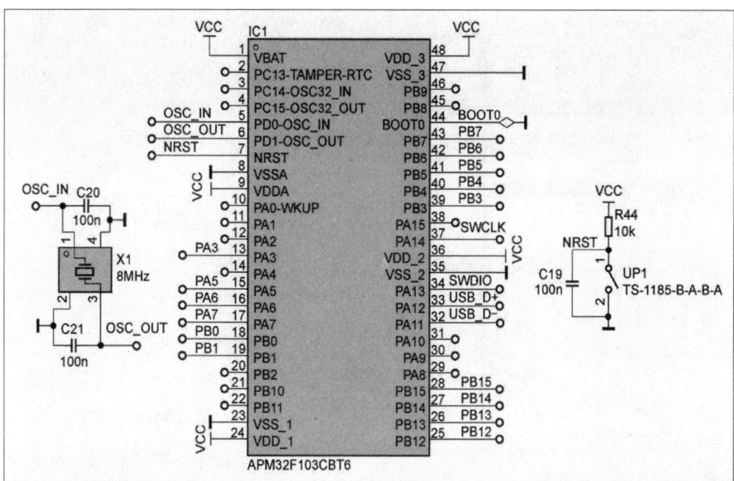

▌图 10 单片机最小系统电路

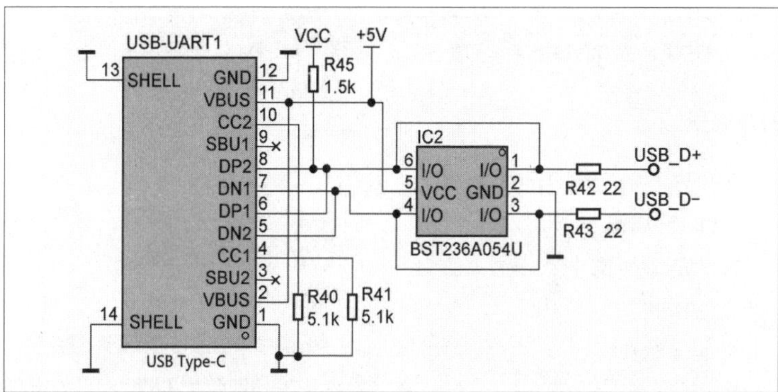

▌图 11 USB Type-C 接口电路

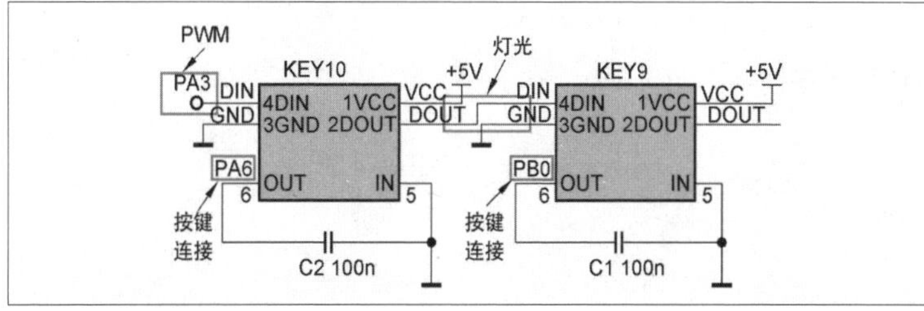

▌图 12 按键和灯珠电路

过 1.5kΩ 电阻进行上拉。USB Type-C 接口电路如图 11 所示。

为什么一定要上拉，而且是 1.5kΩ 的电阻?

解释：USB 主机如何检测到插入的设备呢？在 USB 集线器每个下游端口的 D+、D- 上，分别接了一个 15kΩ 的下拉电阻到地。这样，当集线器的端口悬空时，输入端就被这两个下拉电阻拉到了低电平。而在 USB 的设备端，在 D+ 或者 D- 上接一个 1.5kΩ 的上拉电阻到 3.3V 的电源。其中，1.5kΩ 的上拉电阻是接在 D+ 还是 D- 上，由设备的速度来决定，全速设备和高速设备的上拉电阻是接在 D+ 上的，低速设备的上拉电阻则是接在 D- 上的。

当设备被插入集线器时，接上拉电阻的数据线电压由 1.5kΩ 的上拉电阻和 15kΩ 的下拉电阻分压决定，结果大概在 3V，这对集线器的接收端来说，是一个高电平信号。集线器检测到这个状态后，报告给 USB 主控制器，这样就检测到设备的插入了。集线器根据检测到的被拉高的数据线是 D+ 还是 D-，判断插入的设备速度类型。USB 高速设备先被识别为全速设备，然后通过集线器和设备的通信确认类型。

按键和灯光设计

按键采用热插拔形式，使用的是凯华热插拔轴座。键盘的按键连接一般分为两种形式：矩阵连接和独立连接。

灯光采用 WS2812B 通过 PWM 信号驱动。灯珠之间相互串联，在设计时记得将信号输入引脚接入单片机能输出 PWM 信号的引脚。

本次目标为设计一个小配列键盘，并且 AMP32 的 I/O 接口数量足够，因此采用独立连接的形式，按键和灯珠电路如图 12 所示，用此方法可以省去二极管，降低成本。

键盘固件设计

针对一开始的键盘需求，我没有采用自己编程开发的形式，而是选择开源的键盘固件 QMK，并且使用 VIAL。

注意因为用到的是 VIAL，因此需要下载对应 VIAL 分支的程序，而不是主仓库程序。

QMK 的网站有详细的说明，支持多种键盘，支持旋钮、显示屏显示等功能。本次设计只用到最基本的按键功能。因为是小配列，以实用为主。

开发环境

（1）首先安装 QMK MSYS 软件。

QMK 有一套基于 MSYS 的软件包，所有命令行程序和依赖都是齐备的。通过

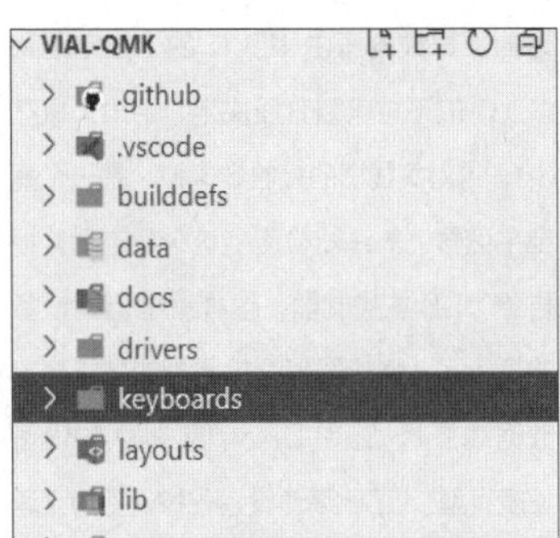

▌图 13 QMK 工程结构

QMK MSYS 快捷命令可以快速启动开发环境。

（2）获取 QMK 源码。

在获取源码过程中，因源码工程里含许多子模块，并不推荐通过 Git 一个个单独下载子模块。注意在 Github 网页端直接打包下载 Zip 的方式也会导致子模块下载不全。推荐使用Github的桌面端进行下载，此下载方式无须考虑子模块的影响。

（3）获取源码后，通过 QMK MSYS 进行测试开发环境，如程序 1 所示。

程序1

```
qmk compile -kb clueboard/66/rev3
-km default
```

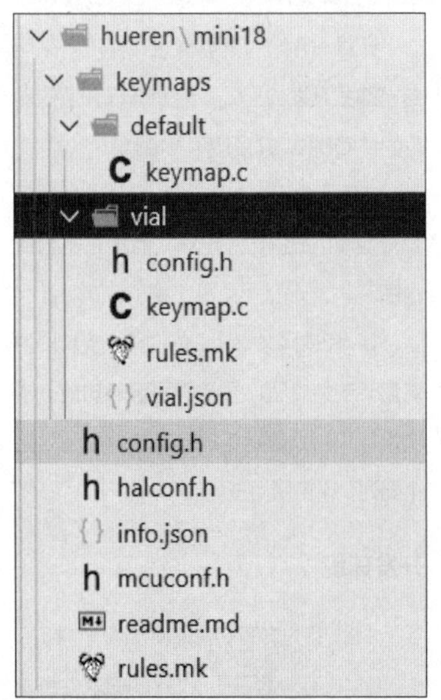

▌图 14 keyboards 文件夹结构

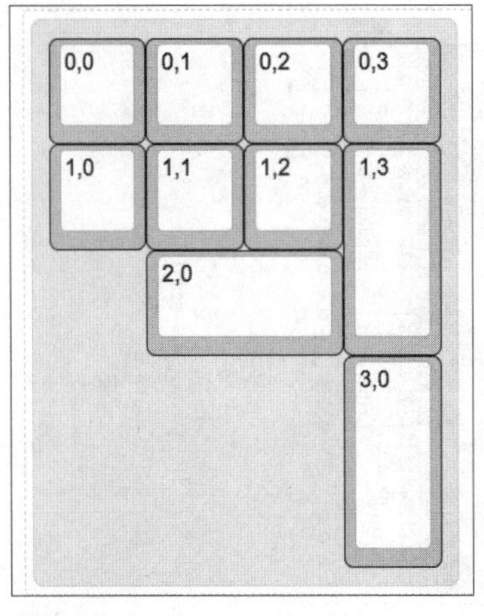

▌图 15 填入坐标后的键盘

没有报错，并且成功生成了.hex 文件，表示环境搭建完成，可以进行后续开发。

程序编写

使用任意程序编辑器打开QMK源码。QMK 工程结构如图 13 所示。

在 keyboards 文件夹下建立如图 14 所示的文件结构。

1. default文件夹

在该文件夹下建立 keymap.c 文件，主要内容是填入你想要的默认键值。键值可以先随便填写，最后通过 VIAL 软件修改。如程序 2 所示。

程序2

```
#include QMK_KEYBOARD_H
#include "quantum.h"
const uint16_t PROGMEM keymaps[]
[MATRIX_ROWS][MATRIX_COLS] = {
  [0] = LAYOUT(
  KC_P7,  KC_P8,  KC_P9,  KC_BSPC,
```

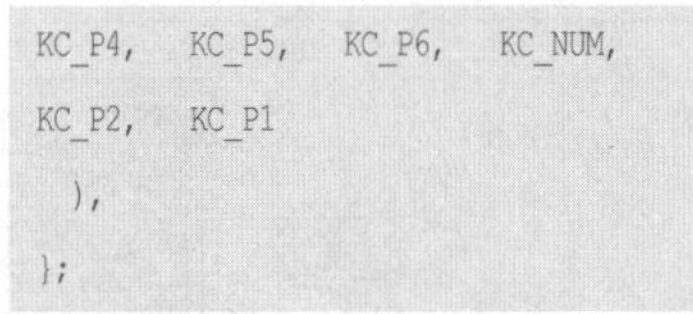

```
KC_P4,  KC_P5,  KC_P6,  KC_NUM,
KC_P2,  KC_P1
  ),
};
```

2. vial文件夹

该文件夹主要完成对 VIAL 的支持工作，详细教程可参考官方文档。

（1）config.h

此文件主要用来配置键盘的 ID。生成的 ID 对于键盘类型和固件型号来说是唯一的；对于每个单独的键盘或编译的固件来说，它不需要是唯一的。从 vial-qmk 的根目录运行 python3 util/vial_generate_keyboard_uid.py 生成唯一的小键盘 ID。如程序 3 所示。

程序3

```
#pragma once
#define VIAL_KEYBOARD_UID {0x9A, 0x27,
0xBD, 0x85, 0x42, 0xBD, 0x97, 0x56}
```

（2）keymap.c

该文件同default文件夹下的keymap.c。

keymap.c 的内容需要回到键盘设计网站，在空白键盘上填入对应坐标，如图 15 所示；然后复制 Raw data 中的内容（见图 16），填入即可。

（3）rules.mk

该文件用于在规则下启动 VIAL，具体如程序 4 所示。

程序4

```
VIA_ENABLE = yes
VIAL_ENABLE = yes
VIAL_INSECURE = yes
VIALRGB_ENABLE = yes
```

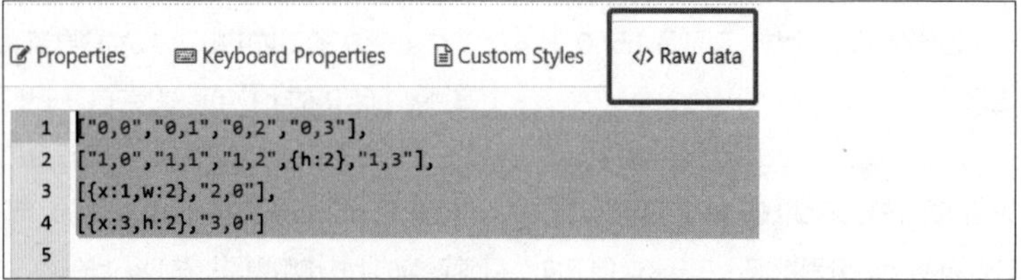

▌图 16 键盘坐标相关数据

（4）vial.json

创建 VIAL 端口的第一步是准备键盘定义，它是描述键盘布局的 JSON 文件。

按照程序5所示模板填写对应内容即可。

程序5

```
{
  "lighting": "vialrgbe",
  "matrix": {
    "rows": 4,
    "cols": 4
  },
  "layouts": {
    "keymap":
  }
}
```

3. config.h

此文件用于配置灯珠数量、DMA 通道等，如程序6所示，具体配置可以参考手册。

程序6

```
#pragma once
#define BOOTMAGIC_LITE_ROW 0
#define BOOTMAGIC_LITE_COLUMN 3
#define WS2812_PWM_DRIVER PWMD2
#define WS2812_PWM_CHANNEL 4
#define WS2812_DMA_STREAM STM32_DMA1_STREAM2
#define WS2812_DMA_CHANNEL 2
#define RGB_MATRIX_LED_COUNT 15
#define RGB_MATRIX_FRAMEBUFFER_EFFECTS
#define RGB_MATRIX_KEYPRESSES
#define NO_USB_STARTUP_CHECK
```

4. halconf.h

此文件用于开启 STM32 功能，如程序 7 所示。

程序7

```
#define HAL_USE_PWM TRUE
#define HAL_USE_PAL TRUE
#define STM32_HAS_USB  TRUE
#include_next <halconf.h>
```

5. info.json

此文件是键盘主要的配置文件。

（1）对应按键和单片机引脚的物理连接，写成矩阵的形式，没有按键的位置用 NO_PIN 补全。如程序 8 所示。

程序8

```
"matrix_pins": {
  "direct":[
    ["B14","B15","B5","B3"],
      ["B13","B12","B1","A7"],
         ["B0","NO_PIN","NO_PIN","NO_PIN"],
         ["A6","NO_PIN","NO_PIN","NO_PIN"]
  ]
},
```

（2）键盘布局的定义，布局应该与前面设计的布局一致，如程序 9 所示。

程序9

```
"layouts": {
  "LAYOUT": {
    "layout": [
      {"matrix": [0, 0],"x": 0,"y": 0},
      {"matrix": [0, 1],"x": 1,"y": 0},
      {"matrix": [0, 2],"x": 2,"y": 0},
      {"matrix": [0, 3],"x": 3,"y": 0},
      {"matrix": [1, 0],"x": 0,"y": 1},
      {"matrix": [1, 1],"x": 1,"y": 1},
      {"matrix": [1, 2],"x": 2,"y": 1},
      {"matrix": [1, 3],"x": 3,"y": 1,"h": 2},
      {"matrix": [2, 0],"x": 0,"y": 2,"w": 2},
{"matrix": [3, 0],"x": 0,"y": 3,"h": 2}
        ]
    }
  }
```

（3）RGB 相关配置：灯效配置，将你想开启的灯效在这里填写。灯效越多，固件体积越大，因此一开始选用性能好点的单片机，如程序 10 所示。

程序10

```
"animations": {
  "alphas_mods": true,
  "gradient_up_down": true,
  "gradient_left_right": true,
  "breathing": true,
  "band_sat": true,
  "band_val": true,
  "band_pinwheel_sat": true,
  "band_pinwheel_val": true,
  "band_spiral_sat": true,
  "band_spiral_val": true,
  "cycle_all": true,
}
```

（4）灯珠位置的编写。具体方法请参考官方文档，如程序 11 所示。

程序11

```
"center_point": [32,32],
  "layout": [
    {"flags": 4, "matrix": [1,0], "x": 0, "y": 0},
    {"flags": 4, "matrix": [1,1], "x": 21, "y": 0},
    {"flags": 4, "matrix": [1,2], "x": 43, "y": 0},
    {"flags": 4, "matrix": [1,3], "x": 64, "y": 0},
    {"flags": 4, "matrix": [2,3], "x": 64, "y": 21},
    {"flags": 4, "matrix": [2,2], "x": 43, "y": 21},
    {"flags": 4, "matrix": [2,1], "x": 21, "y": 21},
    {"flags": 4, "matrix": [2,0], "x": 0, "y": 21},
    {"flags": 4, "matrix": [3,0], "x": 0, "y": 43},
    {"flags": 4, "matrix": [3,1], "x": 21, "y": 43}
  ]
```

（5）RGB 驱动信号输出引脚，如程序 12 所示。

程序12

```
"ws2812": {
  "driver": "pwm",
  "pin": "A3"
}
```

6. mcuconf.h

主要开启 STM32 需要用到的外设，具体如程序 13 所示。

程序13

```
#include_next <mcuconf.h>
#undef STM32_PWM_USE_TIM2
#define STM32_PWM_USE_TIM2 TRUE
#undef STM32_PWM_USE_TIM1
#define STM32_PWM_USE_TIM1 TRUE
```

到此，键盘固件基础功能程序已经实现，通过 QMK MSYS 编译后即可生成 BIN 和 HEX 格式的固件了。

PCB设计

边框外形

设计完原理图就可以进行 PCB 设计了，PCB 外形是设计过程中第一步需要确定的。注意键盘 PCB 的大小要比按键大一点，给键帽预留出部分空间。如果设计外壳，还要注意留好安装孔位。使用立创 EDA 里面的边框层进行设计，边框大小控制在 10cm × 10cm 之内，这样可以免费打样。使用绘图工具中的直线和圆弧工具进行设计，也可以充分利用网格大小和栅格尺寸辅助画线帮助我们更加精准地设计外框。键盘可以根据自己的喜好进行设计，不拘泥于参考图，主要是适合自己的手感即可。每个人需要的键盘是不一样的，我们所做的就是需要把心中所想表达出来。我的键盘设计外形如图 17 所示。

PCB布局

PCB 边框外形确定之后就可以进行元器件布局了，将 DXF 文件导入 PCB，即将按键摆放到 DXF 上标记的地方即可。元器件布局中需要考虑几个原则。

- 按电路模块布局，每个电路的核心元器件和外围元器件放到一起。
- 按电路功能布局，特殊元器件布局时周边不能放置元器件，避免干扰等。

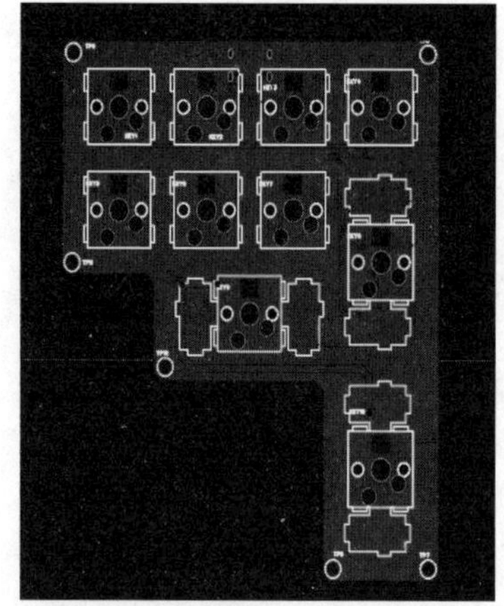

图 17 键盘外形设计

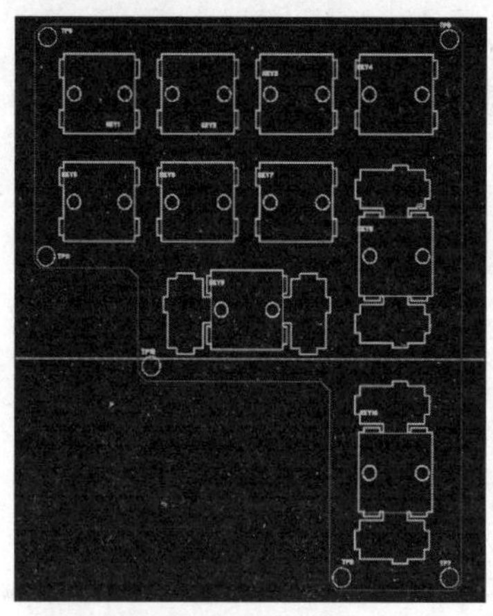

图 18 PCB 元器件布局

- 按元器件特性布局，输入 / 输出接口应放到板子边缘，方便操作。

PCB 元器件布局如图 18 所示。

PCB走线

一个好的元器件布局已经完成了整个 PCB 设计的大半工作，但是前面的布局也只是大概布局，实际还需要在 PCB 走线时进行调整，边画边调，直到完成我们脑海中的样子。PCB 背面走线如图 19 所示，PCB 正面走线如图 20 所示。

结语

以上就是我设计的 QMK 固件的小键盘的全部内容，主要应用场景和功能如下。

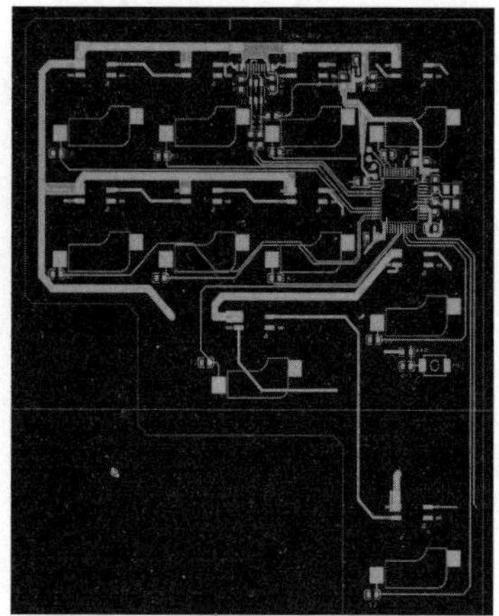

图 19 PCB 背面走线

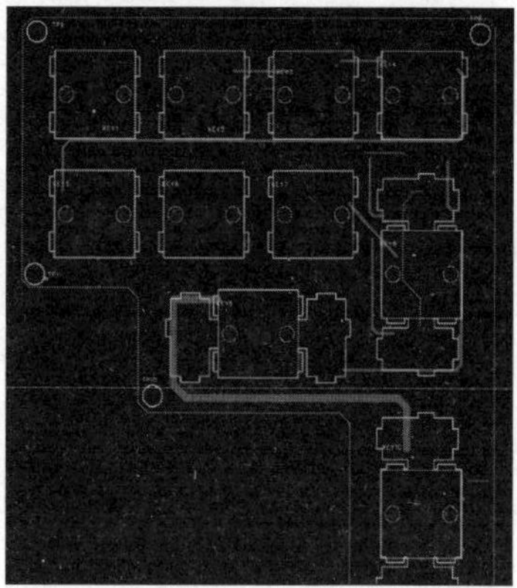

图 20 PCB 正面走线

应用场景

- 日常文字输入。
- 提供某些特定操作的快捷键。
- 完成基于按键能实现的其他功能。

功能介绍

- 每个按键都是独立可配置的。
- WS2812B 灯珠提供炫酷的灯效，且灯效可选择。
- 支持宏定义。
- 支持组合按键。
- 可自行编程，实现任何你想要的功能（前提：需要硬件支持）。
- 支持按键热插拔，可以方便地更换自己喜欢的轴体。

基于行空板的虚拟语音助手

张浩华 程骞阁 柴欣 马世军

演示视频

智能语音技术已经成为了科技热门话题，其应用范围涵盖了多个领域。本项目以行空板为载体，打造一款让人们生活更智能、更便利的虚拟语音助手。

功能简介

目前，智能语音技术已经取得了很大的进展，在语音识别、语义理解、语音合成等领域都有广泛的应用。本项目将语音识别、语音合成技术与计算能力较强的行空板相结合，设计了一款拥有中英翻译、智能对话、语音点歌、天气查询等功能的语音助手。

硬件介绍

行空板

行空板是一款自带 Linux 操作系统和 Python 编程环境，并集成多种传感器的开源硬件（见图 1）。行空板内置 LCD 彩色显示屏，让显示界面更加美观，显示屏为触摸屏，大大提高了使用的便利性和智能性。行空板自身集成了话筒和 I/O 接口，可外接其他传感器。同时，行空板预装了常用的 Python 库，便于用户创作更多精彩的作品。

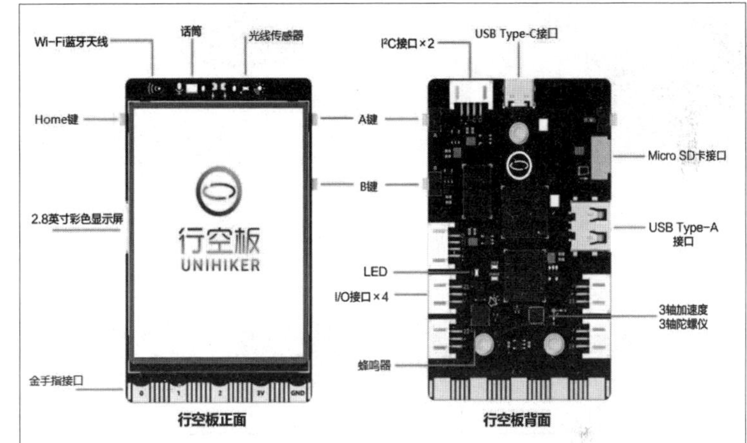

图 1 行空板

USB免驱动扬声器

由于行空板上没有发声装置，因此本项目需要连接一个扬声器或者蓝牙音箱，我们选用 USB 免驱动扬声器（见图 2），功率为 3W，使用方便并且音质良好。

图 2 USB 免驱动扬声器

声音传感器

本项目选用 LY-S0001 声音传感器（见图 3），既能检测声音强度大小，也能检测声音的波形。本项目利用声音传感器检测是否有人说话，减少不必要的录音工作，提高工作效率。

图 3 LY-S0001 声音传感器

外观设计

本项目采用 3D 打印技术打造外壳，为保证发声清晰以及行空板显示功能，要将扬声器以及 LCD 彩屏露出，且达到外观简洁美观的要求，安装完成的虚拟语音助手如图 4 所示。

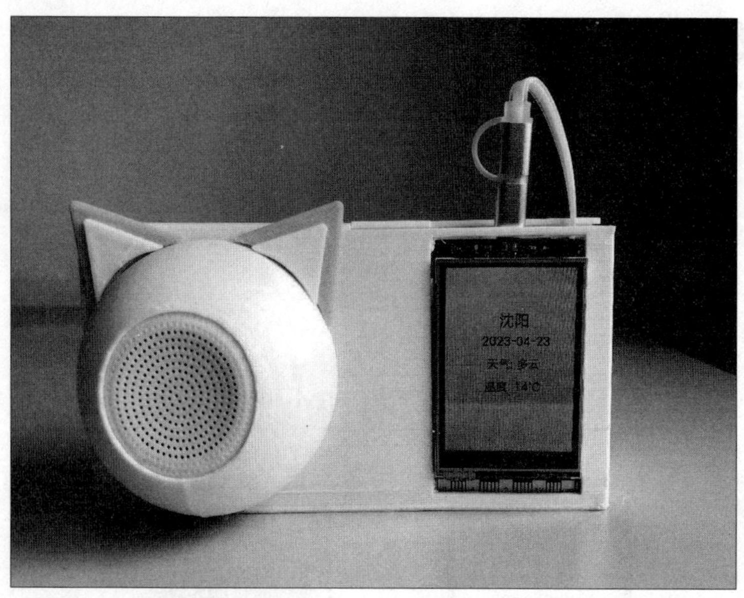

图 4 安装完成的虚拟语音助手

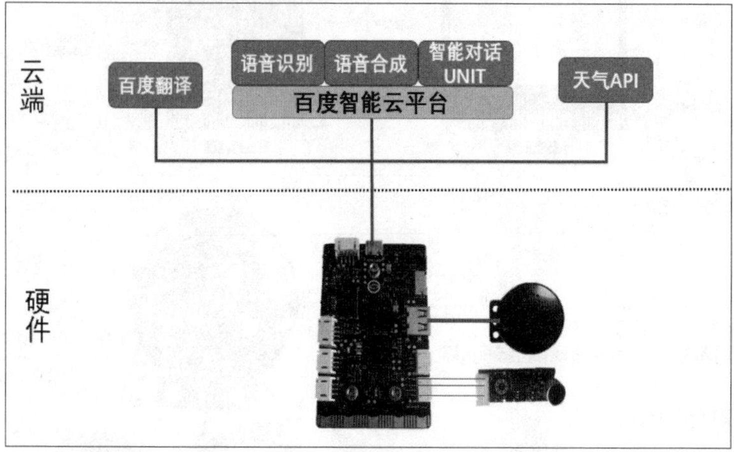

图 5 项目系统构成

系统搭建

本项目系统分为两大部分：硬件部分和云端部分，如图 5 所示。

硬件部分

利用 USB Type-C 接口将行空板与电源连接在一起，行空板 24 引脚连接声音传感器的 DO 引脚。

云端部分

为实现翻译功能，本项目借助百度翻译平台（见图 6）。百度翻译 API 调用方便、翻译准确，在注册账号得到密钥后即可使用。如果用户需要将翻译功能变得更加个性化和准确，也可以自己添加术语库（见图 7）。

语音识别、合成功能借助百度智能云平台实现（见图 8）。百度智能云平台提供多种服务，比如人工智能、智能大数据、智能视频、元宇宙等。用户可在注册账号后创建新应用（见图 9），通过应用的 API Key 和 Secret Key 获取 Access_token 来调用百度 AI 服务。

功能详述

当设备开机后，声音传感器开始检测声音，当声音到达某个阈值后，行空板开始录音 3s，此录音文件通过语音识别转换为文字，如果文字符合我们所设置的唤醒词，行空板会给出操作提示，具体功能

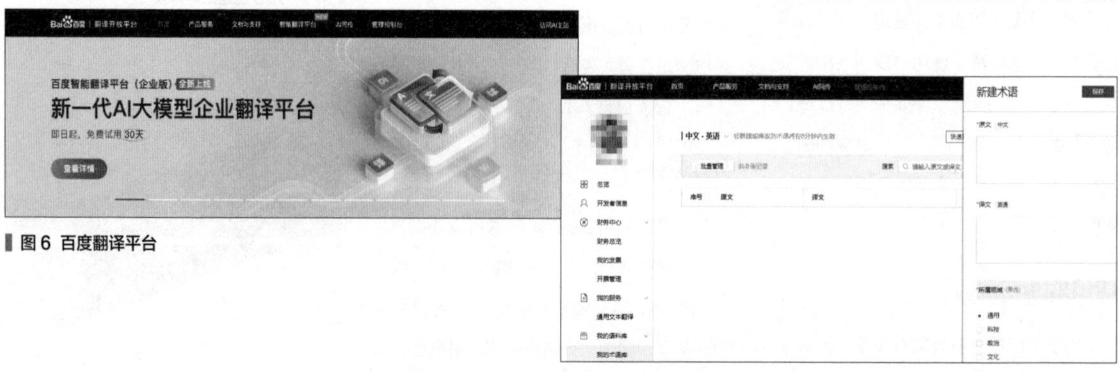

图 6 百度翻译平台

图 7 添加术语库

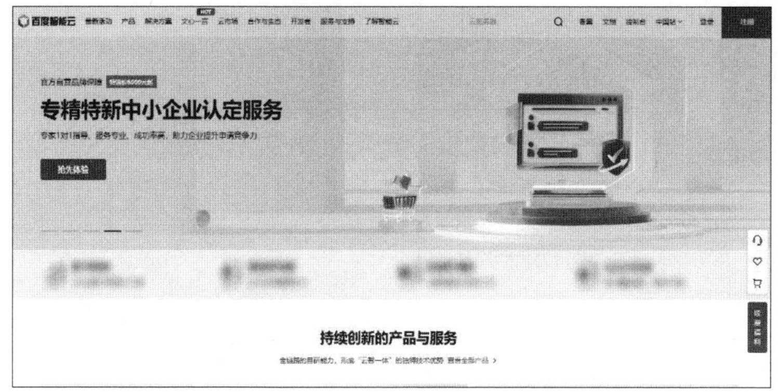

图 8 百度智能云界面

图 9 创建新应用

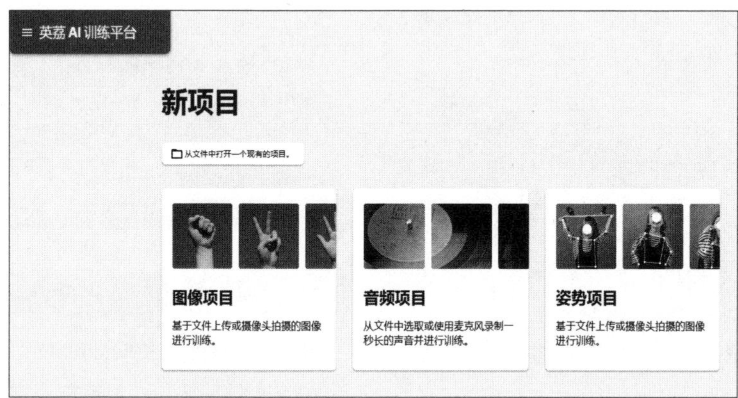

图 10 英荔 AI 训练平台界面

如下。

中英翻译

用户可以说出想要翻译的句子，行空板录音 5s，通过语音识别转为文字后，通过百度翻译平台进行翻译，将翻译后的文本通过百度智能云的语音合成功能转化为音频，并通过扬声器播放出来。停留 5s 后，返回主界面，用户可点击再次翻译按钮，进行下一次的翻译。

智能对话

智能对话运用了语音识别、自然语言理解、知识图谱等技术，借助百度智能云的智能对话 UNIT 实现。首先创造你的机器人，然后为你的机器人添加你想要的技能，就能够实现与机器人智能对话的功能。如果用户对已有的技能不满意，还可以自创技能，以此来训练你的机器人。语音识别会将用户的问题转为文字传入云端，机器人回答后，语音合成功能会将此文本转为音频回答用户。

语音点歌

将需要的歌曲下载至行空板中，用户只要说出歌曲的名字，行空板就会播放对应的歌曲。

天气查询

用户说出“天气”二字时，行空板访问天气 API 得到实时天气情况。本项目还使用了一种更快捷的方式，敲击语音助手“猫头”的位置，行空板识别到有敲击声，显示实时天气页面 3s。

为实现行空板识别特定声音的功能，我们运用英荔 AI 训练平台（见图 10）训练一个模型，将声音转化为对应频谱图，当频谱图符合敲击的模型，行空板则显示天气界面 3s。

程序设计

文字、音频的转换

本项目要解决的核心问题之一便是语音识别和语音合成。我们借助百度智能云平台，得到对应的 APP_ID、API_KEY 和 SECRET_KEY 参数，然后定义两个函数：语音转文字函数 a_t() 和文字转语音函数 t_a()。

1. 语音识别

在创建一个对象后，连接百度云平台，打开录音文件并读取信息，向百度智能云平台发送请求后，便可获得其反馈回的文本信息，具体如程序 1 所示。

程序1

```
def a_t(luyin):
    client = AipSpeech (APP_ID,
API_KEY, SECRET_KEY)
with open(luyin,'rb') as fp:
  file_context = fp.read()
  res = client.asr (file_context, 'pcm',
16800, ('dev_pid': 1537, })
  st=res.get ("result") [0]
  print("成功:",st)
  return st
```

2. 语音合成

连接百度云平台后，调整音量、语调、语速和声道等参数，合成语音，具体如程序 2 所示。

程序2

```
def t_a (data,APP_ID, API_KEY, SECRET_KEY):
  synth_file = "synth.mp3"
  client = AipSpeech (APP_ID, API_KEY,
SECRET_KEY)
  synth_context = client.synthesis
(data, "zh", 1, {
   "vol": 5,
  "spd": 4,
  "pit": 3,
  "per": 4
  })
  with open(synth_file, "wb") as f:
    f.write(synth_context)
  return synth_file
```

中英翻译

先将用户需要翻译的录音文件转为文本，再将翻译好的文本转为音频文件，具体如程序 3 所示。

程序3

```
t1.config(text="请说出需要翻译的句子")
u_audio.record("record.wav",4)
print("结束录音")
t2.config(text="正在翻译...")
data=xunfeiasr.xunfeiasr(r"record.wav")
if (data == ""):
  data = "数据错误"
t1.config(text=data)
egli = baidufanyiformind.
baiduFanyi(data,'en')
u_audio.play(text_to_audio(egli,APP_
ID, API_KEY, SECRET_KEY))
```

智能对话

在获得 ID、APP_ID、API_KEY 和 SECRET_KEY 后，便可以获得平台回答，再通过 t_a() 函数将文本转为音频，实现智能对话的功能，具体如程序 4 所示。

程序4

```
def get_f(q,service_id,client_
id,client_secret):
   access_token = get_token.fetch_
token(client_id,client_secret)
  url = 'https://******.com/
rpc/2.0/unit/service/chat?access_
token=' + access_token
  post_data  = {
      "session_id": "",
      "log_id": "UNITTEST_10000",
      "request":{
        "query": "",
        "user_id": "88888"
        },
        "dialog_state":{
          "contexts":{"SYS_REMEMBERED_
SKILLS":["1057"]}
        },
          "service_id": "",
          "version": "2.0"
    }
    post_data["request"]["query"]=q
    post_data["service_id"]=service_id
     encoded_data = json.dumps(post_
data).encode('utf-8')
    headers = {'content-type':
 'application/json'}
    response = requests.post(url,
data=encoded_data, headers=headers)
    f_zero_dict=response.json()
    f=get_value.get_target_
value("say",
    f_zero_dict,[])
    print(f_zero_dict)
    print(f[0])
    F=str(f[0])
F=F.replace('~','。')
return F
```

天气查询

设备访问天气 API，得到所在城市的日期、天气、温度，具体如程序 5 所示。

程序5

```
url = (str("https://www.****.com/
freeday?appid=19116531&appsecret=
gzq861j5&unescape=1&city=") + str("沈阳
"))
response = requests.get(url)
shuju = response.json()
```

结语

本项目通过利用先进的语音识别技术、语音合成技术和自然语言处理技术，让虚拟语音助手实现了多种实用的功能，大家可以扫描文章开头的二维码观看演示视频，希望未来它可以应用在更多的场景。

语音控制小车
——基于开源大师兄内置模块

乌刚

语音识别技术近年来取得了显著进步，开始从实验室走向市场，离线语音识别模块也被电子爱好者广泛使用。本文为大家分享一款基于开源大师兄开发板内置的云知声语音识别芯片制作的语音控制小车。

项目简介

制作语音控制小车的材料清单见附表。

需要使用的编程软件为 PZstudio 图形化编程软件，结构件使用雷宇激光的 LaserMaker 激光建模软件设计。

开源大师兄开发板

开源大师兄是由青少年创客联盟、江苏润和软件股份有限公司、广州多边形部落、恩孚科技、蜀鸿会发起的一个开源项目，可以为中小学生提供图形化编程、Python 编程环境，学生可以利用开源大师兄的软 / 硬件进行数据与编码、身边的算法、物联网、人工智能等内容的学习。

开源大师兄开发板（见图 1）是基于华为海思 Hi3861 芯片，面向青少年编程教育的微型计算机，大小为 4.5cm×5.16cm，集成了按键、蜂鸣器、话筒、语音识别模块、温 / 湿度传感器、OLED 显示屏、加速度传感器、光线传感器、NFC 芯片等功能配件，拥有金手指，可与扩展板搭配使用，适用于各类编程教学及相应实验课程，也可广泛应用于电子游戏、声光互动、机器人控制、可穿戴设备开发等场景。开源大师兄开发板内置了云知声语音识别模块，包含开门、开灯、关灯、播放等 30 多条命令词，可以实现常见场景的离线语音识别控制。

附表 材料清单

序号	名称	数量
1	开源大师兄开发板	1 块
2	扩展板	1 块
3	RGB 发光二极管	2 个
4	TT 电机	2 个
5	万向轮	1 个
6	电池盒	1 个
7	螺丝 / 螺母	若干
8	隔离柱	6 个
9	电池	3 节
10	激光切割结构件	1 套

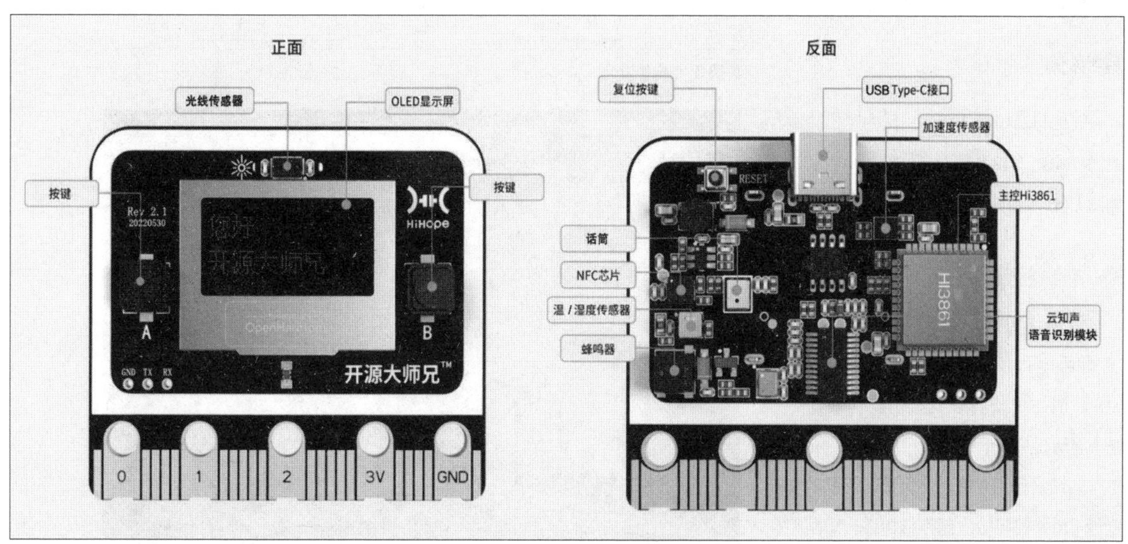

图 1 开源大师兄开发板

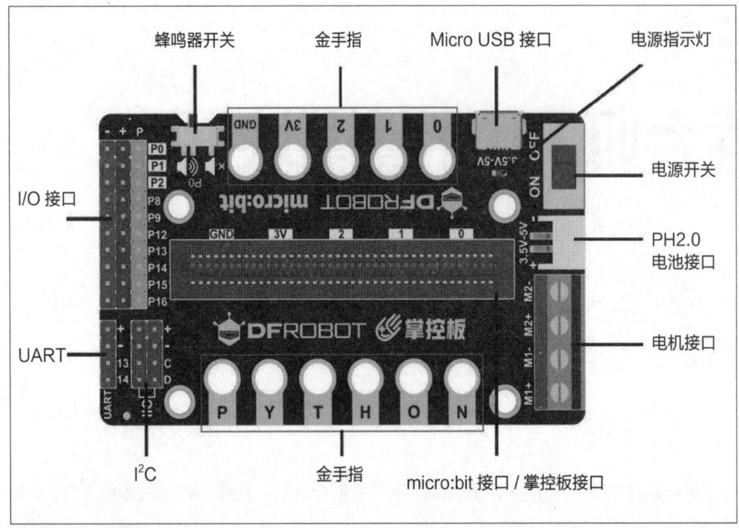

图 2 扩展板

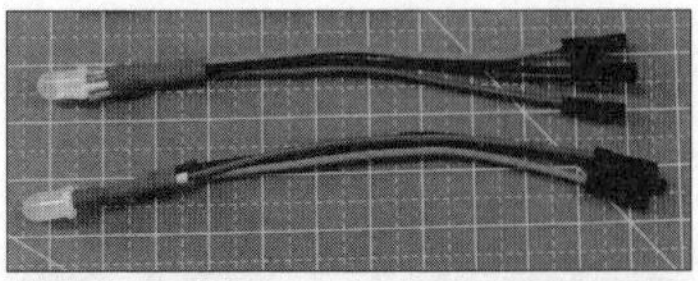

图 3 RGB 发光二极管

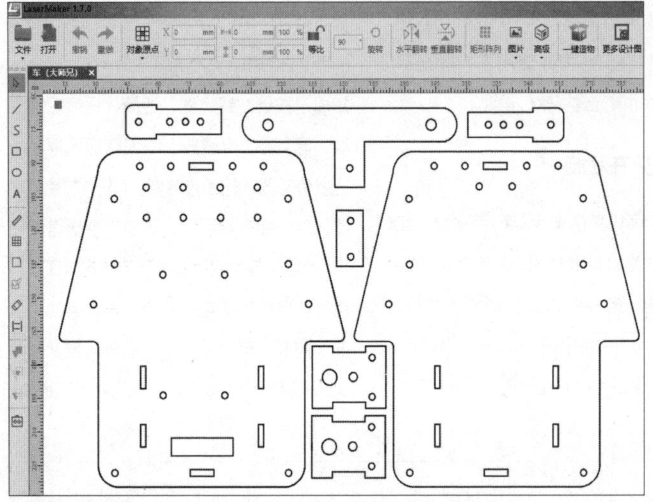

图 4 其他材料

扩展板

DFROBOT 生产的扩展板（见图 2）兼容开源大师兄开发板，该扩展板引出了 10 路数字 / 模拟接口、两路 I²C 接口以及一路 UART 接口，板载两路电机驱动芯片，且不占用额外引脚；板载 PH2.0 电池和 Micro USB 两种供电接口。

RGB发光二极管

我自制了 2 个共阴极 RGB 发光二极管（见图 3），主要用于小车动作指示。

其他材料

其他材料如图 4 所示，其中电机转速比为 1:48，车轮直径为 65mm，供电装置为带 PH2.0 母头的 3 节 5 号电池电池盒。

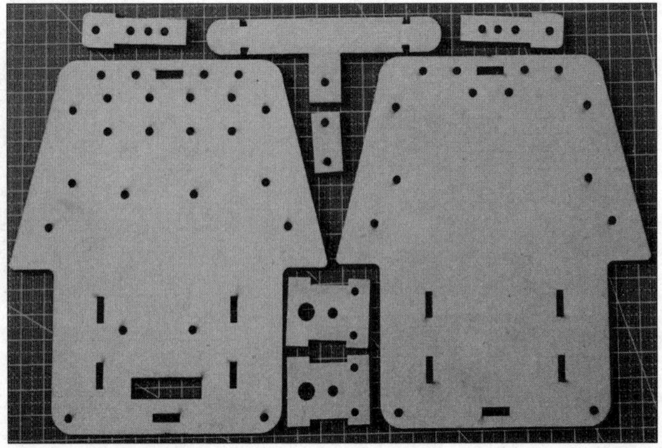

图 5 结构件设计

结构件设计

结构件设计只要满足本项目的需求即可，我使用雷宇激光建模软件 LaserMaker 进行设计，结构件设计如图 5 所示。

图纸设计完成后，使用激光切割机切割厚 3mm 的奥松板制作结构件，切割完成的结构件如图 6 所示。

图 6 切割完成的结构件

小车组装

1 将万向轮安装在小车底层板上。

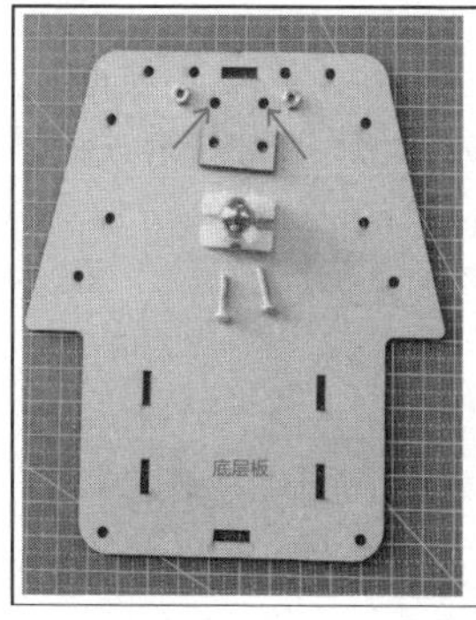

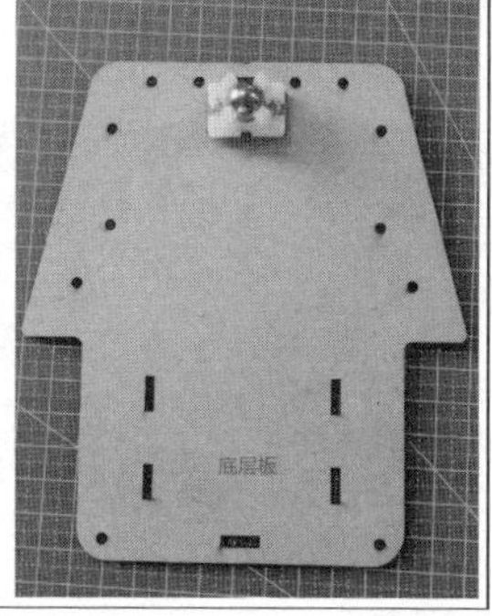

2 将扩展板安装在小车上层板上。

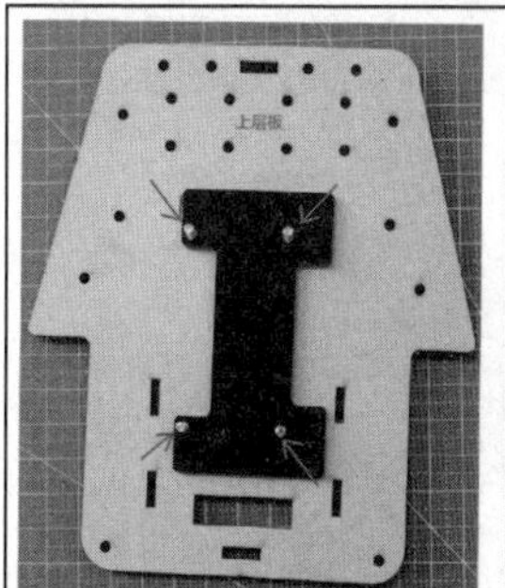

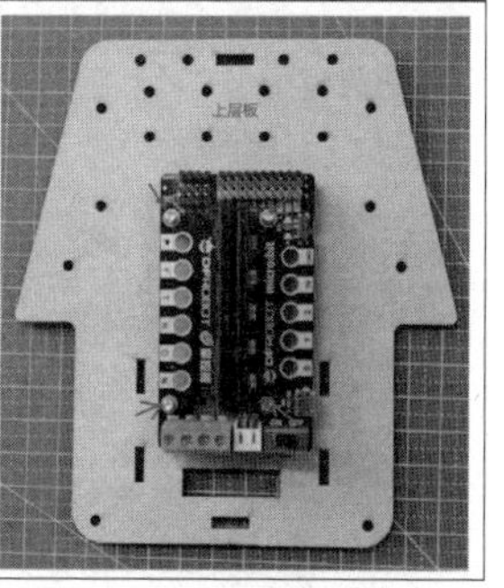

3 安装 TT 电机的固定件。

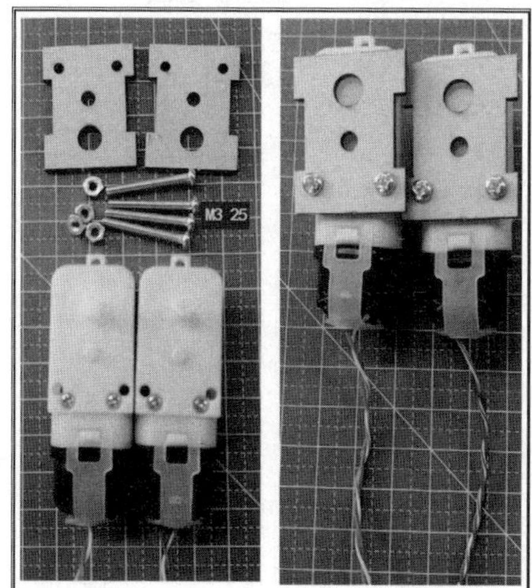

4 固定 RGB 发光二极管。

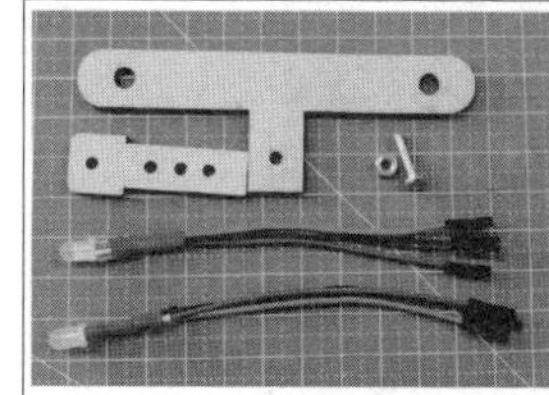
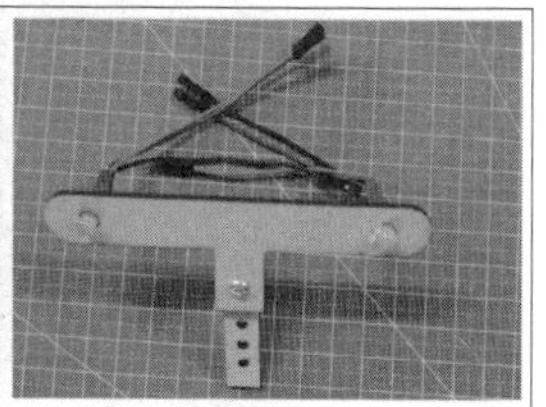

5 借助固定件将 TT 电机固定到相应位置，并用螺丝和隔离柱固定小车上层板和底层板。

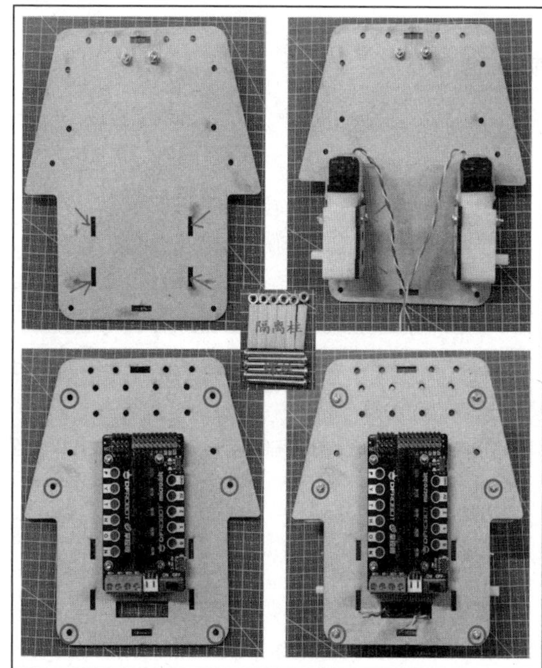

6 将车轮装到车轴上，然后将 RGB 发光二极管和电池固定到指定位置，并与扩展板连接在一起。

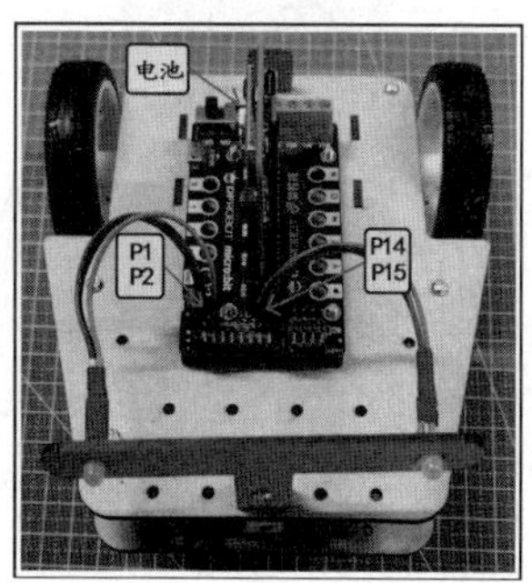

7 将右侧电机接在扩展板电机 M1 接口，左侧电机接在扩展板电机 M2 接口，插上开源大师兄开发板，语音控制小车组装完成。

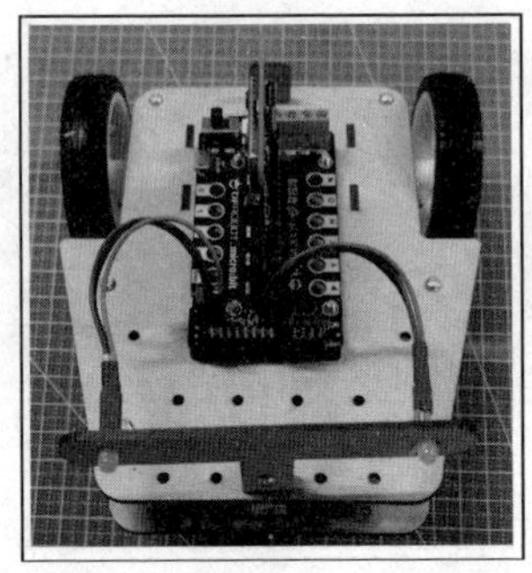

程序设计

项目任务

（1）唤醒小车的唤醒词为“你好，大师兄”，唤醒后左右两个 RGB 发光二极管以绿色交替闪烁 3 次，最后都变为红色。

（2）语音命令词共计 5 组，命令词和相应的动作如下。

“前进”：小车向前运动，同时 RGB 发光二极管以绿色点亮。

“后退”：小车向后运动，同时 RGB 发光二极管以黄色点亮。

“停止”：小车停止运动，同时 RGB 发光二极管以红色点亮。

“右转”：小车向右转动，同时 RGB 发光二极管右边以红色点亮，左边以绿色点亮。

“左转”：小车向左转动，同时 RGB 发光二极管左边以红色点亮，右边以绿色点亮。

硬件连接

根据任务要求，将左右侧电机分别接在扩展板的 M1、M2 电机接口，右侧 RGB 发光二极管接在扩展板 P1、P2 接口，左侧 RGB 发光二极管接在扩展板 P14、P15 接口，电路连接如图 7 所示。

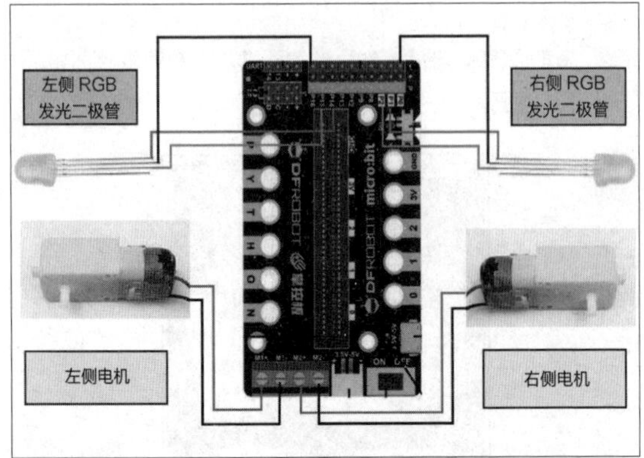

图 7 电路连接

程序编写

首先定义变量 m，用于保存语音识别的结果，然后利用电平控制左右 RGB 发光二极管的状态，当小车识别到唤醒词“你好，大师兄”后，左右 RGB 发光二极管按顺序变化，具体唤醒程序如图 8 所示。

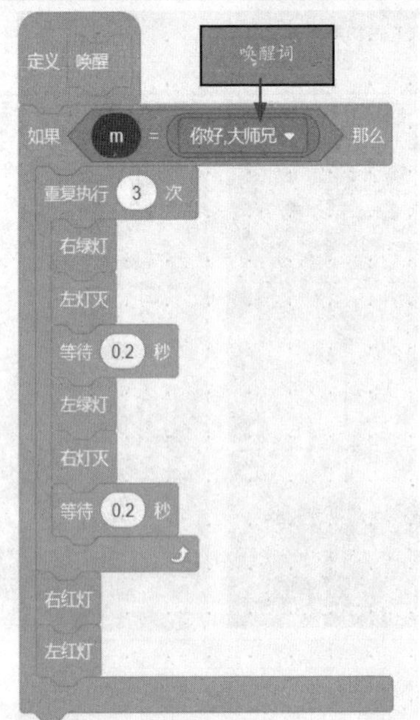

图 8 唤醒程序

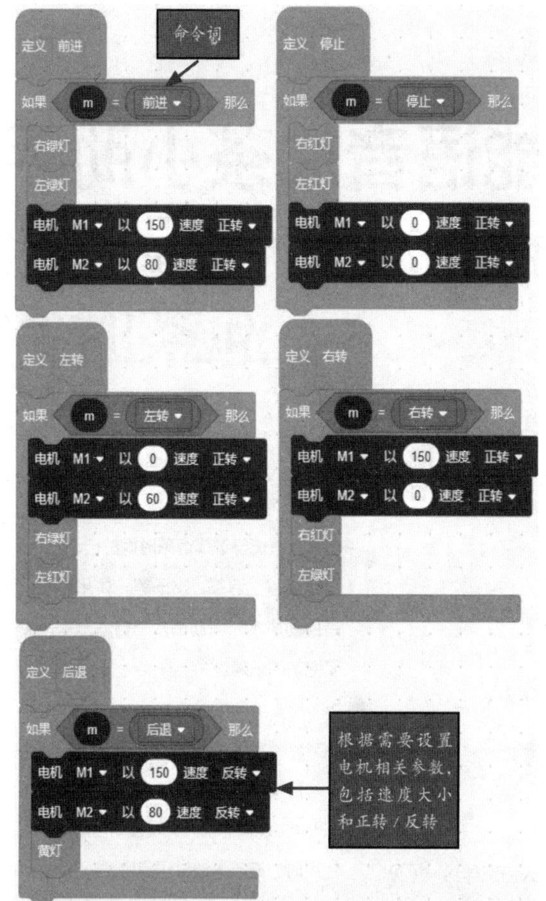

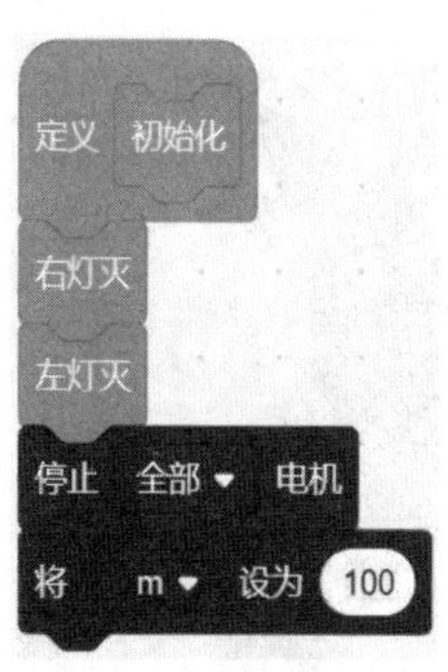

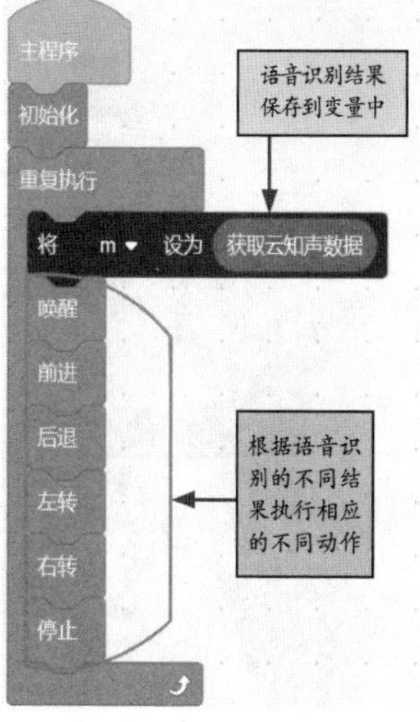

图 9 语音命令控制程序

接下来设置电机相关参数，然后将变量 m 的值初始化为 100，将语音识别到的结果保存到变量 m 中，根据不同的指令，小车完成对应的动作，语音命令控制程序如图 9 所示。

程序测试

编写好程序后，将其上传到开源大师兄控制板中，通电后进行测试。通过测试发现，在具体使用时，我们需要注意以下几个问题：语音识别模块被唤醒后，如果没有使用唤醒词，大约 20s 后退出唤醒模式；两个电机的转速不太一致，可通过调整转速参数，使两个电机实际转速接近；电机在运行时噪声比较大，语音识别能力有所下降。

图 10 制作完成的语音控制小车

成果展示

制作完成的语音控制小车如图 10 所示，通过内置语音命令，小车可以完成唤醒、前进、后退、停止、左转、右转的功能。

智能语音泡茶小助手——爸爸再也不会忘记泡茶时间

相博严

图 1 懒人泡茶神器

经过千年的发展，中国沉淀出了独特的茶文化，喝茶不仅仅可以解渴，对人的身体还有很多好处。中国人喝茶对泡茶时间非常讲究，如果泡茶的时间太短，茶汤就会寡淡无味，香气不足；如果时间太长，茶汤太浓，苦涩难喝。

中国茶文化历史悠久，茶叶品种也有很多，按照茶的色泽与加工方法分类可以分为红茶、绿茶、乌龙茶、黄茶、黑茶、白茶六大茶类。不同类型的茶叶对泡茶时间的要求是不同的，普通人泡茶很难记住这些精细的时长要求。于是我设计了一个智能语音泡茶小助手，希望利用电子信息技术设计泡茶辅助计时装置，能够帮助喝茶人解决忘记泡茶时间的问题。

现状调研

伴随茶文化的发展，中国的茶具也不断地演进，发展出各式各样的泡茶器具。最近比较流行一种“懒人泡茶神器”（见图 1），这种泡茶器将泡茶盖碗进行改造，盖碗下方设置一个可以流出茶水的出水孔，平时利用一个小钢珠堵住出水孔，当需要出水时，利用特制公道杯手柄上的磁铁靠近小钢珠，并吸引其离开出水孔，使得茶水流出，非常方便。

通常泡茶、喝茶的流程可以分为倒水、等待、出汤、喝茶 4 个步骤，其中泡茶人比较重视的是水温和泡茶时间。通常泡茶人都有专用的烧水壶，保证水温合适，泡茶时间则由自己控制。泡茶时间短则 10s，长的可以达到 120s，甚至更长。往往等待茶泡好的过程中容易分神，导致泡茶时间过长，非常懊恼。

智能语音泡茶小助手是在“懒人泡茶神器”的基础上制作的，依靠智能语音模块识别命令，并根据命令、茶种类以及次数计算泡茶时间，实现自动泡茶。市面上也有一些能够选择泡茶时间的自动泡茶机，具备烧水、泡茶、出汤等一体化功能，但是自动烧水、自动倒水、自动出水，失去了泡茶的乐趣。

功能概述

智能语音泡茶小助手可以自动计算泡茶时间，代替泡茶人实现自动出汤的功能。使用时，泡茶人通过语音唤醒词“小茗同学”“小茗小茗”“你好小茗”唤醒智能语音泡茶小助手。

智能语音泡茶小助手工作流程如图 2 所示。

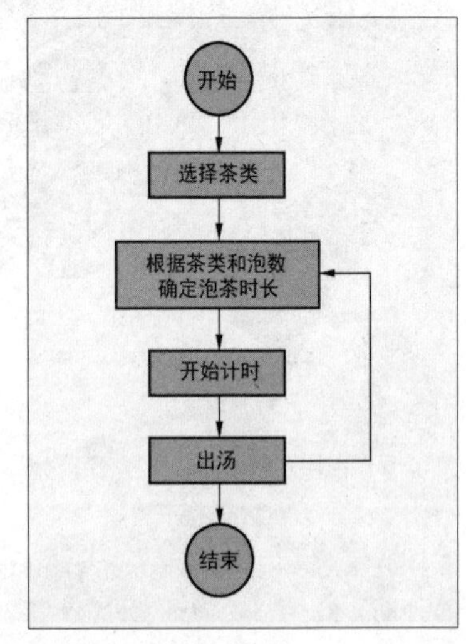

图 2 工作流程

表 1 不同种类茶不同泡数的泡茶时间

种类＼泡数 时间 /s	1	2	3	4	5	6	7	8
绿茶	20	25	30	35	45	55	60	65
红茶	15	15	15	35	55	75	90	110
乌龙茶	15	20	30	40	50	60	70	80

图 4 Arduino Nano

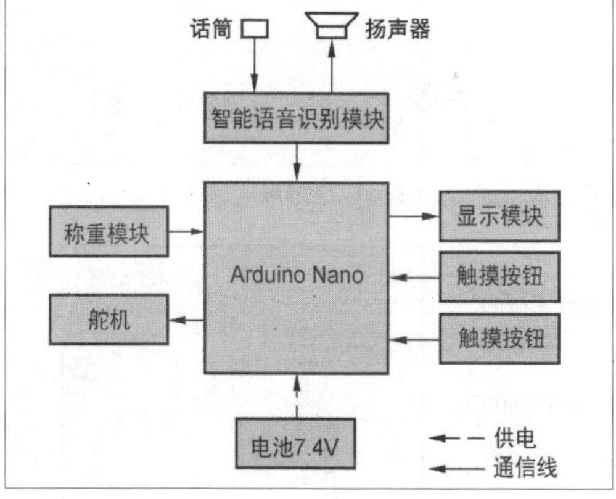

图 3 模块连接

图 5 SU-03T 智能语音识别模块

表 2 材料清单

序号	硬件名称	数量	说明
1	Arduino 开发板	1 块	–
2	SU-03T 智能语音识别模块	1 块	用于语音识别
3	舵机	1 块	用于执行出汤操作
4	OLED 显示屏	1 块	用于显示泡茶提示
5	触控按钮	2 个	用于手动切换茶种、开始计时和操作出汤的命令
6	电源模块	1 块	用于 7.4V 转 5V 供电
7	XFW-HX711 称重模块	1 块	包含压力传感器和压力解析器，用于识别水量
8	7.4V 电池	1 个	用于供电
9	话筒	1 个	–
10	扬声器	1 个	–
11	磁铁	1 块	–

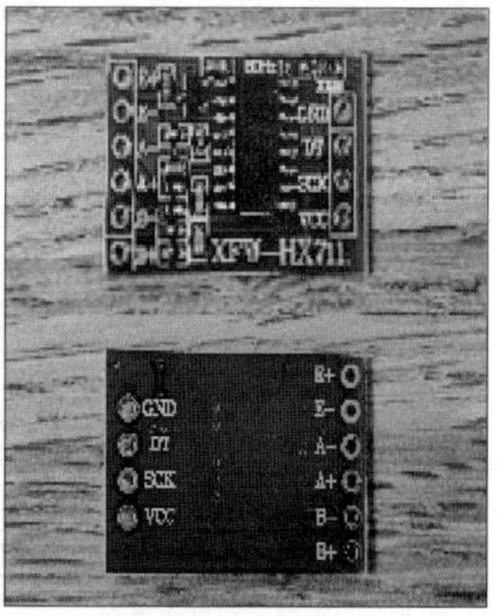

图 6 XFW-HX711 称重模块

项目设计

时长设计

泡茶时间与所泡的茶叶种类、泡茶水温、投茶量以及饮茶习惯有关，还与茶叶的新鲜程度和外观形态有关。泡茶时间应该适中，时间短，茶汤寡淡无味，香气不扬；时间长，茶汤太深，茶香也会受影响。这主要是因为茶叶一经冲泡，茶中可溶于水的浸出物就会随时间的延续而不断浸出并溶解于水中。所以茶汤的滋味总是随着冲泡时间的延长而逐渐增浓的。试验表明，用沸水泡茶首先浸出的是维生素、氨基酸，接着是咖啡碱，此后随着时间的增加，茶多酚等带有苦涩味道的物质也会逐渐增加。因此，为能冲泡一杯既鲜爽又甘醇的茶汤，对泡茶时间的把控尤为重要，不同种类茶不同泡数的泡茶时间见表 1。

硬件设计

本项目用到的材料清单见表 2，模块连接如图 3 所示。

项目采用 Arduino Nano（见图 4）作为系统的主控板，负责系统主程序的运行和各模块的接入。

智能语音识别模块型号为 SU-03T（见图 5），可以通过一个话筒和一个扬声器达成一问一答的效果，并且利用串口发送识别到的命令的编码。

称重模块型号为 XFW-HX711（见图 6），可以识别水的重量。

舵机（见图 7）可以带动一个磁铁，吸引小钢球，做到自动出水的效果。

显示模块采用一个OLED显示屏（见图8），可以显示茶种、计时时间、状态、泡数等数据。

两个触控按钮（见图9）分别用于切换茶种、开始计时和操作出汤。

外壳设计

本作品使用了亚克力板作为外壳材料，利用AutoCAD绘图，并且在上盖加入了对按钮的解释，制作完成的外壳如图10所示。

图7 舵机

图8 OLED显示屏

结构设计

智能语音泡茶小助手分为主机和执行器两部分。主机为控制部分，包括Arduino Nano、语音识别模块、称重模块、OLED显示屏、话筒、扬声器、触控按钮和电源模块。执行器为执行部分，包括舵机、舵机臂上的磁铁以及手动泡茶器。

主机布局

主机采用亚克力板制作的盒子作为容器，分为上盖和下盖两部分。

上盖布局如图11所示，包含OLED显示屏和触控按钮。

下盖布局如图12所示，包含Arduino Nano、SU-03T语音识别模块、称重模块（压力解析器和压力传感器）、扬声器、话筒和电源模块。

执行器设计

执行器整体结构如图13所示，与支架相结合，利用舵机带动磁铁转动90°，用于吸引盖碗底部的小钢球离开出水口，使得茶汤流出。

程序设计

本作品使用Mixly图形化编程环境进行程序开发，程序经过编译后上传至Arduino Nano主控板执行。本项目主要控制流程如图14所示。

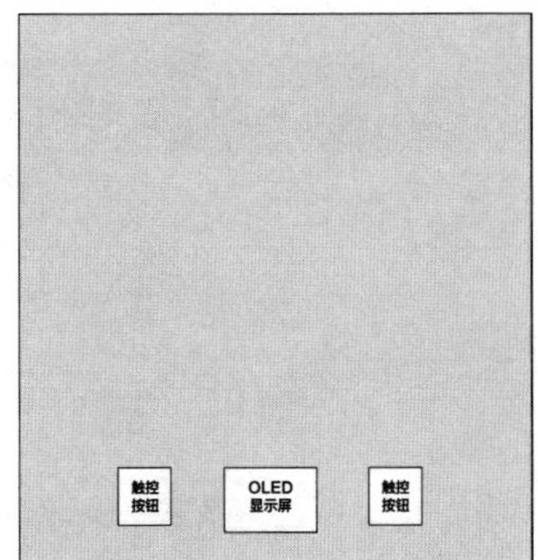

图11 上盖布局

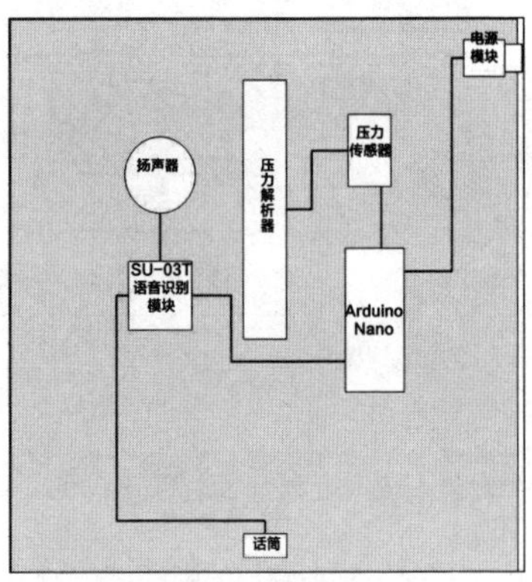

图12 下盖布局

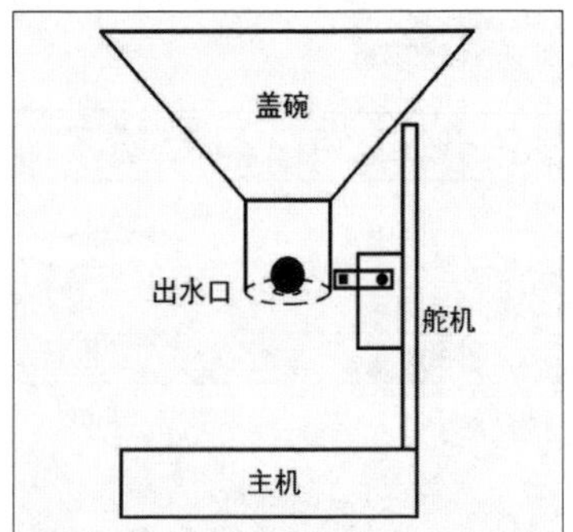

图13 执行器整体结构

图9 触控按钮

图10 制作完成的外壳

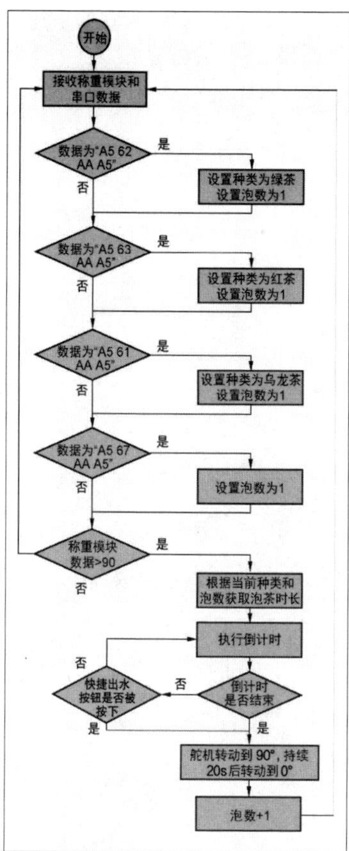

▌图 14 主要控制流程

以乌龙茶为例，将时间、状态和泡数等信息渲染到显示屏上，具体如程序 1 所示。

程序1

```
void Olong(int time, int zhuang,
int num_pao) {
  if (zhuang == 1) {// 判断状态
    Serial.println(zhuang);
    u8g2.drawXBMP(70 + 12, 5, 24,
13, bitmap411d);
  } else if (zhuang == 2) {
    u8g2.drawXBMP(70 + 12, 5, 24,
13, bitmap411c);
  } else if (zhuang == 3) {
    u8g2.drawXBMP(70 + 12, 5, 24,
13, bitmap411j);
  }
  // 将信息渲染至 OLED 显示屏
    u8g2.setFont(u8g2_font_ncenB10_
tf);
   u8g2.setFontPosTop();
    u8g2.drawXBMP(5, 5, 36, 13,
bitmapaa);
    u8g2.drawXBMP(35 + 12, 20, 24,
13, bitmap111);
    u8g2.drawXBMP(35 + 12, 35, 24,
13, bitmap211);
    u8g2.drawXBMP(35 + 12, 5, 24,
13, bitmap311);
   u8g2.setCursor(70 + 12,35);
   u8g2.print(String(time));
   u8g2.setCursor(100 + 12,35);
   u8g2.print("s");
   u8g2.setCursor(70 + 12,24);
   u8g2.print(String(num_pao));
    u8g2.drawLine(30 + 12,5,30 +
12,55);
}
```

procedure() 函数用于查看 SU-03T 通过串口发来的信息，wolcome() 函数用于显示欢迎界面，具体如程序 2 所示。

程序2

```
void procedure() {
  if (mySerial.available() > 0) {
    for (int i = 1; i <= 4; i = i
+ (1)) {
      SoftwareSerial = String
(SoftwareSerial) + String(String
(mySerial.read(), HEX));
      SoftwareSerial.toUpperCase();
    }
  }
}
void wolcome() {
   u8g2.drawXBMP(5, 5, 48, 13,
bitmap1111);
   u8g2.drawXBMP(5, 20, 60, 13,
bitmap11111);
}
```

setup() 函数是在进入 loop() 循环函数之前运行的函数，主要为已经定义但未赋值的变量赋值，并且进行一些必要的设置，具体如程序 3 所示。

程序3

```
void setup(){
  u8g2.begin();
  Serial.begin(9600);
  mySerial.begin(9600);
  isw = 1;
  pao = 1;
  daley = 0;
  cha_zhong = 1;
  SoftwareSerial = " ";
  weight_num = 0;
  sleeptime = 0;
  i = 0;
  flag = 0;
  servo_4.attach(4);
  servo_4.write(0);
  delay(0);
  u8g2.firstPage();
  do
  {
    wolcome();
  }while(u8g2.nextPage());
  pinMode(6, INPUT);
  pinMode(5, INPUT);
   scaleA5_A4.setOffset(scaleA5_
A4.getAverageValue(30));
  scaleA5_A4.setScale(415);
  u8g2.enableUTF8Print();
}
```

程序会循环执行 loop() 函数，实现图 14 所示程序流程中的功能，具体如程序 4 所示。

程序4

```
void loop(){
  Serial.println("ok");
  procedure();// 获取 SU-03T 的串口信息
  sleeptime = sleeptime + 10;
// 处理 SU-03T 的串口信息，并做出反应
   if (String(SoftwareSerial).
equals(String(" A561AAA5"))) {
// 当收到切换至乌龙茶模式的命令
```

```
  cha_zhong = 3;
    Serial.print(SoftwareSerial);
    SoftwareSerial = " ";
    pao = 1;
    isw = 0;
    u8g2.firstPage();
    do
    {
      Olong(15, 1, pao);
    }while(u8g2.nextPage());
  } else if (String(SoftwareSerial).
equals(String(" A562AAA5"))) {
//收到切换至绿茶模式的命令
    cha_zhong = 1;
    Serial.print(SoftwareSerial);
    SoftwareSerial = " ";
    pao = 1;
    isw = 0;
    u8g2.firstPage();
    do
    {
      green(20, 1, pao);
    }while(u8g2.nextPage());
  } else if (String(SoftwareSerial).
equals(String(" A563AAA5"))) {
//收到切换至红茶模式的命令
    cha_zhong = 2;
    Serial.print(SoftwareSerial);
    SoftwareSerial = " ";
    pao = 1;
    isw = 0;
    u8g2.firstPage();
    do
    {
      red(15, 1, pao);
    }while(u8g2.nextPage());
  }
  if (sleeptime >= 100) {//每过一
段时间后，查看称重模块的数据
   weight_num=scaleA5_A4.getWeight(1);
    sleeptime = 0;
  }
  if (digitalRead(6)) {//用户按下切
换茶种按钮
    isw = 0;
    pao = 1;
    cha_zhong++;
    if (cha_zhong == 4) {
      cha_zhong = 1;
    }
    if (cha_zhong == 1) {
      u8g2.firstPage();
      do
      {
        green(20, 1, pao);
      }while(u8g2.nextPage());
    } else if (cha_zhong == 2) {
      u8g2.firstPage();
      do
      {
        red(15, 1, pao);
      }while(u8g2.nextPage());
    } else if (cha_zhong == 3) {
      u8g2.firstPage();
      do
      {
        Olong(15, 1, pao);
      }while(u8g2.nextPage());
    }
  }
  if ((String(SoftwareSerial).
equals(String("A564AAA5")) ||
round(weight_num) >= 90) ||
digitalRead(5)) {//用户按下开始泡茶
按钮，或说出“开始泡茶”命令
    delay(1000);
    isw = 0;
    Serial.print(SoftwareSerial);
    Serial.println(pao);
    if (pao < 8) {
      daley = mylist[cha_zhong-1]
[(pao + 1)-1];
    } else {
      daley = mylist[cha_zhong-1]
[9-1];
    }//开始泡茶
    for (int i = (daley); i >=
(0); i = i + (-1)) {
      for (int j = 1; j <= 1000;
j = j + (1)) {
        delay(1);
        if (digitalRead(5)) {
          i = 0;
          j = 1000;
          break;
        }
      }
      if (cha_zhong == 1) {
        u8g2.firstPage();
        do
        {
          green(i, 3, pao);
        }while(u8g2.nextPage());
      } else if (cha_zhong == 2)
{
        u8g2.firstPage();
        do
        {
          red(i, 3, pao);
        }while(u8g2.nextPage());
      } else if (cha_zhong == 3)
{
        u8g2.firstPage();
        do
        {
          Olong(i, 3, pao);
        }while(u8g2.nextPage());
      }
      Serial.println(i);
    }
    SoftwareSerial = " ";
    weight_num = 0;
    servo_4.write(90);
    delay(0);//开始出水
    for (int j = 20; j >= 0; j =
j + (-1)) {
      for (int k = 1; k <= 1000;
k = k + (1)) {
        delay(1);
```

```
    }
    if (cha_zhong == 1) {
      u8g2.firstPage();
      do
      {
        green(j, 2, pao);
      }while(u8g2.nextPage());
    } else if (cha_zhong == 2)
{
      u8g2.firstPage();
      do
      {
        red(j, 2, pao);
      }while(u8g2.nextPage());
    } else if (cha_zhong == 3)
{
      u8g2.firstPage();
      do
      {
        Olong(j, 2, pao);
      }while(u8g2.nextPage());
    }
  }
  servo_4.write(0);
  delay(0);
  pao = pao + 1;// 设置下次泡茶的泡
数和泡茶时间
  if (pao < 8) {
    if (cha_zhong == 1) {
      u8g2.firstPage();
      do
      {
        green(mylist[cha_zhong-1]
[(pao + 1)-1], 1, pao);
      }while(u8g2.nextPage());

    } else if (cha_zhong == 2)
{
      u8g2.firstPage();
      do
      {
        red(mylist[cha_zhong-1]
[(pao + 1)-1], 1, pao);
      }while(u8g2.nextPage());
    } else if (cha_zhong == 3)
{
      u8g2.firstPage();
      do
      {
        Olong(mylist[cha_
zhong-1][(pao + 1)-1], 1, pao);
      }while(u8g2.nextPage());
    }
  } else {
    if (cha_zhong == 1) {
      u8g2.firstPage();
      do
      {
        green(mylist[cha_zhong-1]
[9-1], 1, pao);
      }while(u8g2.nextPage());
    } else if (cha_zhong == 2)
{
      u8g2.firstPage();
      do
      {
        red(mylist[cha_zhong-1]
[9-1], 1, pao);
      }while(u8g2.nextPage());
    } else if (cha_zhong == 3)
{
      u8g2.firstPage();
      do
      {
        Olong(mylist[cha_zhong-1]
[9-1], 1, pao);
      }while(u8g2.nextPage());
    }
  }
}
if (String(SoftwareSerial).
equals(String(" A567AAA5"))) {
// 用户说出“泡数清零”
  Serial.print(SoftwareSerial);
    isw = 0;
    SoftwareSerial = " ";
    if (cha_zhong == 3) {
      SoftwareSerial = " A561AAA5";
    } else if (cha_zhong == 1) {
      SoftwareSerial = " A562AAA5";
    } else if (cha_zhong == 2) {
      SoftwareSerial = " A563AAA5";
    }
    pao = 1;
  } else if (String(SoftwareSerial).
equals(String(" A566AAA5"))) {// 用户
说出“重新开始”
    isw = 0;
    Serial.print(SoftwareSerial);
    SoftwareSerial = " A564AAA5";
  }
  if (0 != 0) {
    if (false && scaleA5_A4.
getWeight(10)) {
    }
  }
}
```

遇到问题和解决办法

显示屏

为了更直观，我为小助手配备了显示屏，在第一次调试中就遇到了问题，显示屏一直无法显示字符，是因为没有使用刷新模块。后来又遇到了由于供电电流较小，显示屏不能持续显示字符的问题，通过更换接线解决了这个问题。

电源

为了提供更便捷的使用体验，我采用了USB外接供电，但是经过一段时间调试后，我发现USB供电的功率较小，舵机、显示屏、扬声器同时工作会导致供电不足，于是我将USB供电换成外接7.4V电源供电，解决了这个问题。

语音识别模块

我利用智能公元提供的在线开发平台进行语音识别部分的开发。所有智能语音类的产品都有自己的名字，泡茶小助手也不例外，它叫作“小茗同学”，这也是它的唤醒词，我们也可以通过“小茗小茗”“你好小茗”来唤醒它。泡茶小助手的语音模块主要实现语音接收、语音识别，识别出预设命令后通过串口的 TX 引脚发送给 Arduino Nano 主控板。

调试模块智能语音对我来说比较困难，在第一次调试中，主控板无法收到智能语音模块的信息，最后经过排查发现是信号线接触不良导致主控板无法正常接收信息，于是我更换了整根数据线解决了这个问题。接着在第二次的调试中，虽然主控板成功收到了信息，但是每次发来的数据只有一个字节，而我需要的是 4 个字节，后来我查阅了资料，发现这是串口的一个特性，于是我在程序上进行修改，重复接收 4 次信息再拼接在一起，就得到了一个完整的命令。

结语

制作完成的智能语音泡茶小助手如图 15 所示，经过测试，它能够正确地执行选择茶类的功能，并根据茶类和泡数选取合适的时长。当泡茶人下达开始计时命令时，泡茶小助手能够正确地按照预计时间计时，并驱动舵机完成出水操作，可以很大程度地提升泡茶效率。

图 15 制作完成的智能语音泡茶小助手

新型铁电材料

美国科学家领导的一个国际研究小组研制出的一种新型铁电聚合物，能高效地将电能转化为机械应变，有望被制作成一种高性能的运动控制器，在医疗设备、先进机器人和精密定位系统中大显身手，例如作为机器人的“肌肉”等。

铁电材料是一类在施加外部电荷时表现出自发电极化的材料。一般而言，大部分致动器很坚硬，但铁电聚合物等软致动器具有更高的灵活性和环境适应性。铁电聚合物的机械应变比陶瓷等其他铁电材料高得多。此外，铁电聚合物更柔韧、成本更低、质量更轻，因此在软机器人和柔性电子产品等领域更有前景。研究团队开发出了一种渗透性铁电聚合物纳米复合物 PVDF/TiO_2，这是一种附着在聚合物上的微型贴膜。通过将纳米颗粒掺入聚合物聚偏二氟乙烯内，研究人员在聚合物内创造了一个相互连接的极网络，使铁电聚合物的相变能在比通常所需低得多的电场下被诱导，因此可用于医疗设备、光学设备和软机器人等需要低驱动场的领域。这种新材料更接近人类肌肉，除了能承受大的应变，还能承受高负荷。

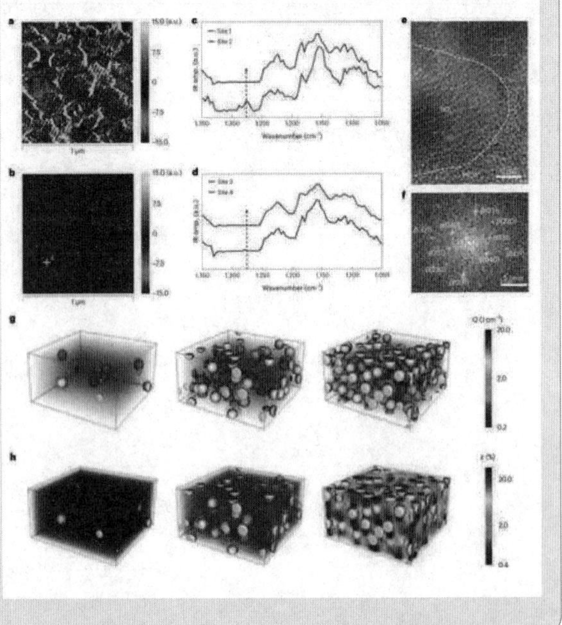

用三极管制作 4 位加法器

俞虹

加法器是计算机系统中必不可少的部件，没有它，就没有计算机CPU的存在。计算机离不开这种最基本的加法器，同时加法器是乘法器的基础。这里介绍用三极管制作4位加法器，通过制作，我们能加深对加法器的理解。

工作原理

半加器

二进制加法是算术运算，不是逻辑运算，如 1+1=10，而不是 1+1=1。半加器只求本位数的和，而不考虑低位送来的进位数，所以逻辑电路比较简单。半加器的逻辑状态如图 1 所示，其中 A 和 B 是相加的两个数，S 是和数，C 是进位数。半加器由一个异或门和一个与门组成，半加器逻辑电路如图 2 所示，逻辑符号如图 3 所示。

全加器

全加器有两个相加的数 A 和 B，还有一个来自低位的进位数 C_i，这 3 个数相加得到本位的和数 S 和进位数 C_O。全加器逻辑状态如图 4 所示，逻辑符号如图 5 所示，其电路有多种形式。

1. 由异或门、与门、或门组成的全加器

由异或门、与门、或门组成的全加器逻辑电路如图 6 所示，下面以加数 A、B、C 都是 1 为例，分析这种电路的运算过程。当 A、B 都为 1 时，G1 输出为 0，C_i 为 1，G5 输出为 1，即 S 为 1。G2、G3 和 G4 为 3 个与门，由于输入都为 1，3 个与门输出都为 1，异或门 G6 输出也为 1，即进位 C_O 为 1，完成运算。

2. 由与非门组成的全加器

由与非门组成的全加器逻辑电路如图 7 所示，下面以加数 A、B 为 1，C_i 为 0 为例，分析一下电路的运算过程。当 A、B 都为 1 时，G1 输出为 0，相当于 G2 和 G3 有一个输入为 0，G2 和 G3 的另一个输入为 1，G4 的两个输入为 1，输出为 0。由于 C_i 为 0，所以 G5 输出为 1，即 G6 和 G7 的一个输入为 1，G6 的一个输入为 0，输出为 1。G7 的一个输入为 1，一个输入为 0，输出为 1。G8 的输出为 0，即 S 为 0。G9 的一个输入为 1，另一个输入为 0，输出为 1，即 C_O 为 1，完成运算。

3. 由异或门、与非门组成的全加器

由异或门、与非门组成的全加器逻辑电路如图 8 所示，下面以加数 A 为 1、B 为 0、进位数 C_i 为 1 为例，分析一下电路

半加器逻辑状态

A	B	S	C
0	0	0	0
0	1	1	0
1	0	1	0
1	1	0	1

图 1 半加器的逻辑状态

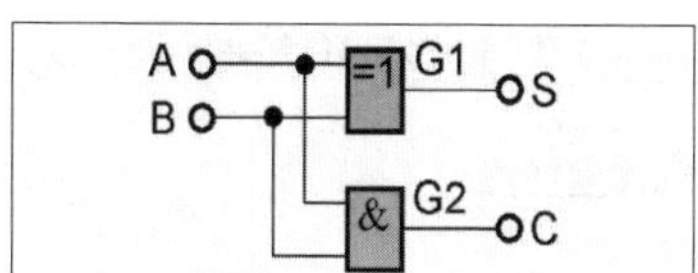

图 2 半加器逻辑电路

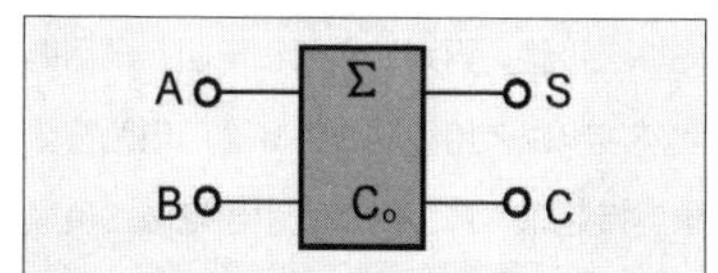

图 3 半加器逻辑符号

全加器逻辑状态

A	B	C_i	S	C_o
0	0	0	0	0
0	0	1	1	0
0	1	0	1	0
0	1	1	0	1
1	0	0	1	0
1	0	1	0	1
1	1	0	0	1
1	1	1	1	1

图 4 全加器逻辑状态

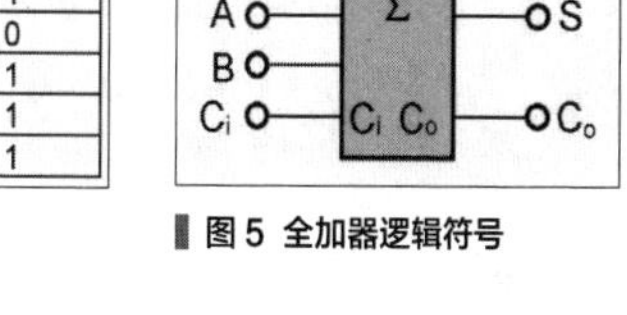

图 5 全加器逻辑符号

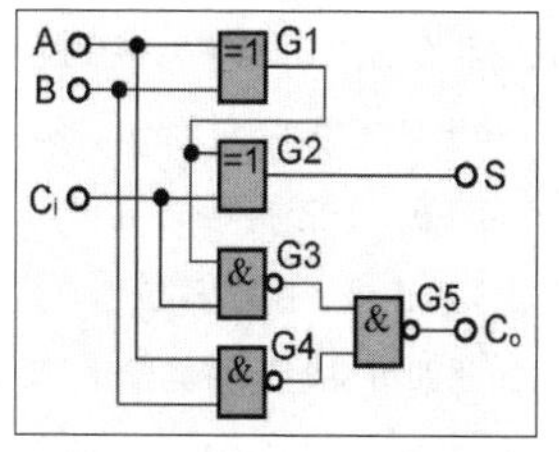

图 6 由异或门、与门、或门组成的全加器逻辑电路

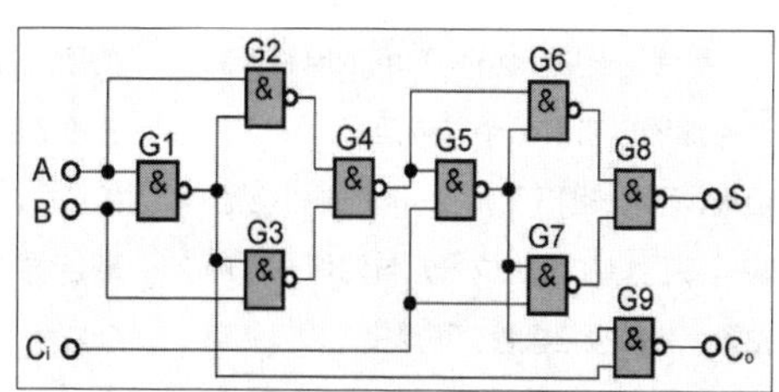

图 7 由与非门组成的全加器逻辑电路

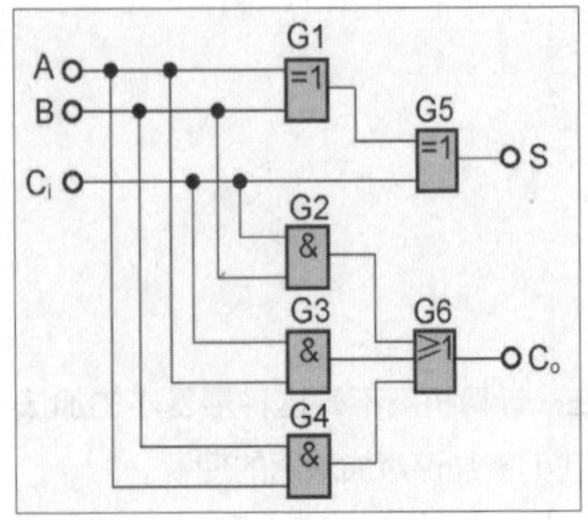

▌图 8 由异或门和与非门组成的全加器逻辑电路

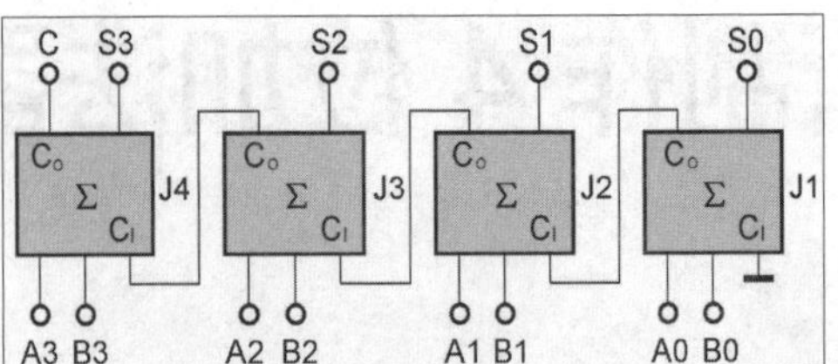

▌图 9 4 位全加器逻辑电路

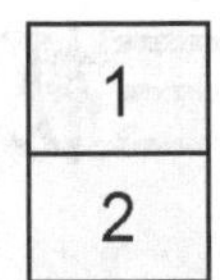

▌图 10 半加器门电路排列位置

运算过程。当 A 为 1、B 为 0 时，G1 输出为 1，G2 的一个输入为 1，由于 C_i 为 1，G2 输出为 0，即 S 为 0。由于 G3 有两个输入为 1，输出为 0。而 G4 的两个输入一个为 0，一个为 1，输出为 1。所以 G5 输出为 1，即 C_O 为 1，完成运算。

4. 4位全加器

一个全加器运算位数较低，我们可以用 4 个 1 位全加器来构成 4 位全加器，它的逻辑电路如图 9 所示。从逻辑电路中可以看出，全加器前 1 位进位输出 C_O 和后 1 位的进位输入 C_i 连接在一起。同时，最低位进位 C_i 接地。它可以完成 4 位加法运算，输出的数还是 4 位，同时能输出进位数 C。

材料清单

制作 4 位加法器用到的材料清单见附表。

▌图 11 制作完成的半加器电路板

附表 材料清单

序号	名称	值	数量
1	三极管	9013	140 个
2	二极管	1N4148	30 个
3	电阻	1kΩ	5 个
4	电阻	10kΩ	24 个
5	电阻	2kΩ	8 个
6	电阻	3.9kΩ	12 个
7	电阻	1.6kΩ	20 个
8	电阻	1kΩ	20 个
9	电阻	130Ω	20 个
10	拨动开关	1×2	8 个
11	发光管	3cm	5 个
12	电路板	9cm×15cm	2 块
13	电路板	5cm×7cm	1 块
14	螺丝	2cm	4 个

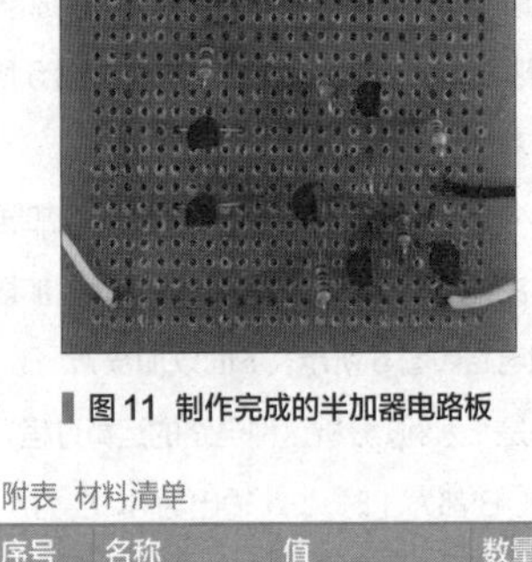

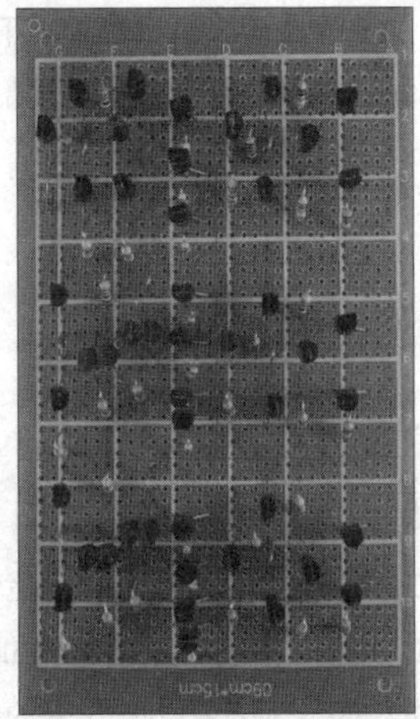
▌图 12 制作完成的全加器正面

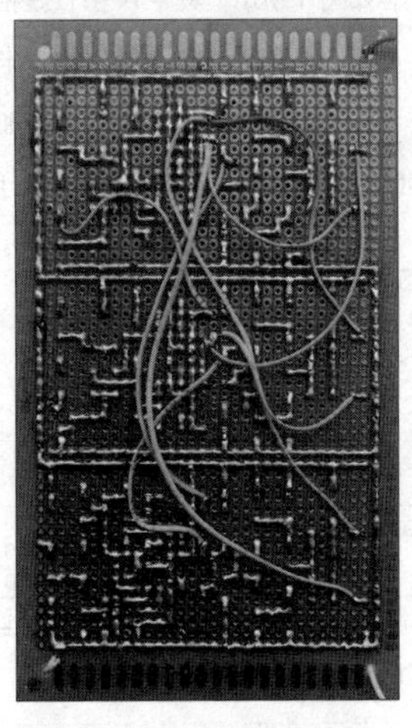
▌图 13 制作完成的全加器反面

制作过程

制作半加器

我使用一块 7cm×9cm 的电路板制作半加器，它由一个异或门和一个与门组成，可以按图 10 所示门电路排列位置，将异或门焊在 1 的位置，与门焊在 2 的位置。先焊接三极管，再焊接二极管和电阻，制作完成的半加器电路板如图 11 所示。检查元器件焊接无误后，可进行测试。将电路板接 5V 电源，输入 A、B 接电源负极，输出 S 和 C 应为 0；再将 A 接正极，B 接负极，输出 S 应为 1，C 为 0；将 A 接负极，B 接正极，应该有同样的输出；最后将 A、B 接正极，输出 S 应为 0，C 应为 1。如此即可说明运算结果正常，否则应检查电路是否有虚焊、错焊等情况。

制作全加器

1. 制作异或门、与门、或门组成的全加器

将元器件焊在 9cm×15cm 电路板上，先焊三极管，再焊二极管和电阻，再用锡线连接电路，用细软线将 6 个门电路按要求连接起来，最后用软线引出电源正负极和输出输入。制作完成的全加器正面如图 12 所示，反面如图 13 所示。检查元器件

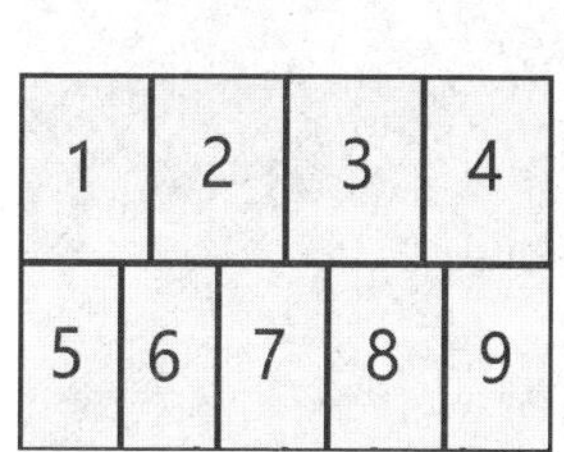

图 14

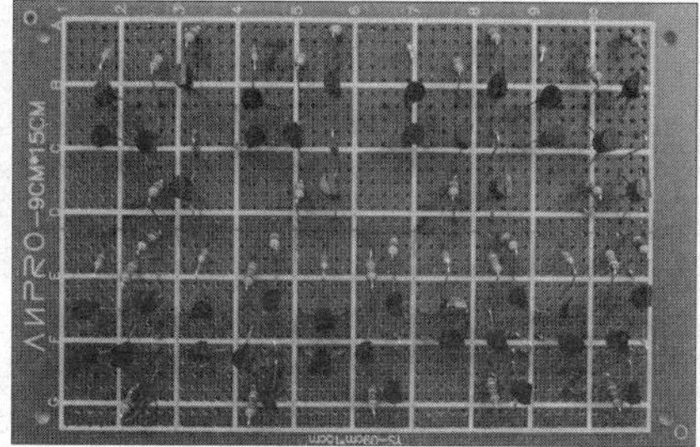

图 15 焊接完成的电路板正面

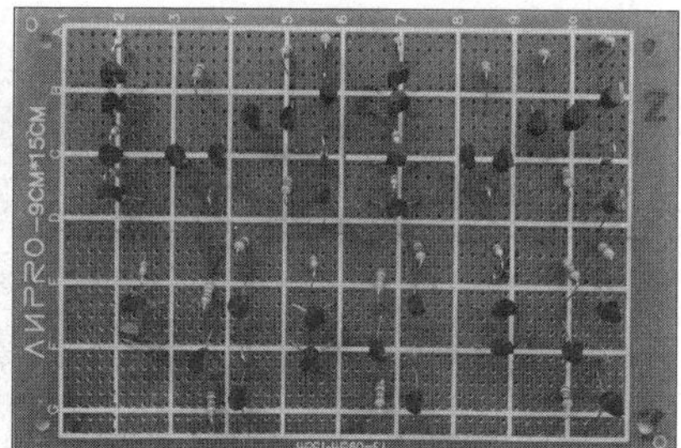

图 18 全加器正面

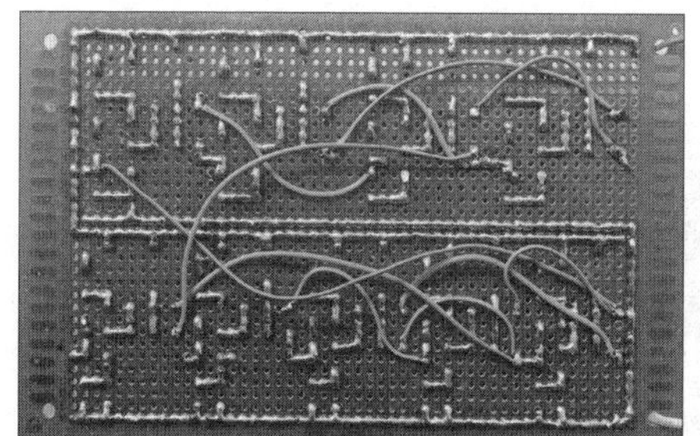

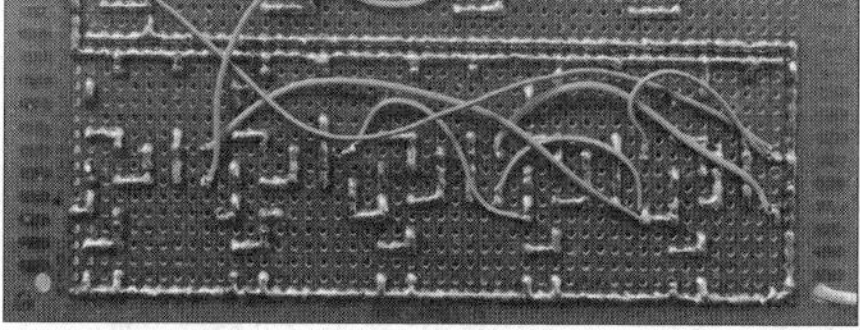

图 16 焊接完成的电路板反面

图 17 门电路排列

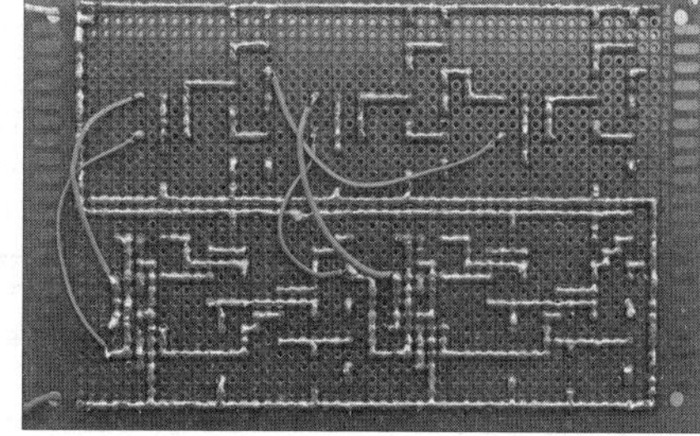

图 19 全加器反面

焊接无误后，将电路板接 5V 电源，按图 4 所示输入加数和进位数，测试输出的数和进位数，看是否运算正常。如有问题应检查相应的门电路和电路连线。

2.制作由与非门组成的全加器

按图 14 所示的门电路位置，将 9 个与非门电路元器件焊在 9cm × 15cm 电路板上，先焊三极管，再焊二极管和电阻，用锡线连接电路，再用细软线和锡线将 9 个与非门连接起来（较近的与非门用锡线，较远的用细软线），焊接完成的电路板正面如图 15 所示，反面如图 16 所示。检查元器件焊接无误后，电路板接 5V 电源。同样按制作异或门、与门、或门组成的全加器时的测试方法对电路测试。如有问题，应该检查相关门电路和连线。

3.制作异或门、与非门组成的全加器

先根据图 17 所示的门电路排列，将元器件焊接在 9cm × 15cm 电路板上。先焊异或门电路元器件，再焊与非门电路元器件。元器件焊接完成后，用细软线连接 5 个门电路，制作完成的全加器正面如图 18 所示，反面如图 19 所示。检查元器件焊接无误后，可以将电路板连接 5V 电源，先对每个门电路进行测试，没有问题后，再根据图 4 输入加数测试输出运算结果，要能正常。

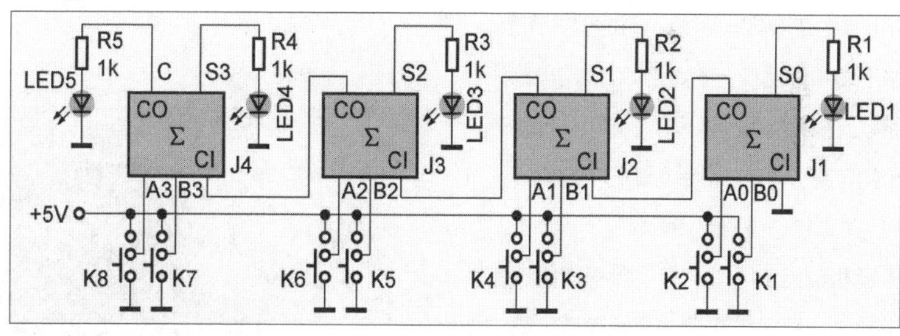

图 20 4 位全加器完整电路

4. 制作4位全加器

我们介绍了 3 种方法制作全加器，考虑到电路要求简单，使用异或门、与非门组成的全加器来制作 4 位全加器（前面介绍的第 3 种），4 位全加器完整电路如图 20 所示。由于输入加数的位数较多（4 位），所以用拨动开关切换输入加数 1 和 0，用发光管来显示结果以及进位数。先用一块 5cm × 7cm 的电路板，将 8 个拨动开关、5 个发光管和电阻焊接在电路板上，并连接电路，制作完成的显示和切换电路板如图 21 所示。接着制作 4 位全加器电路板，4 个全加器的电路是完全一样的，这样就可以将 4 个全加器焊在两块电路板上。4 个全加器的排列如图 22 所

图 21 制作完成的显示和切换电路板

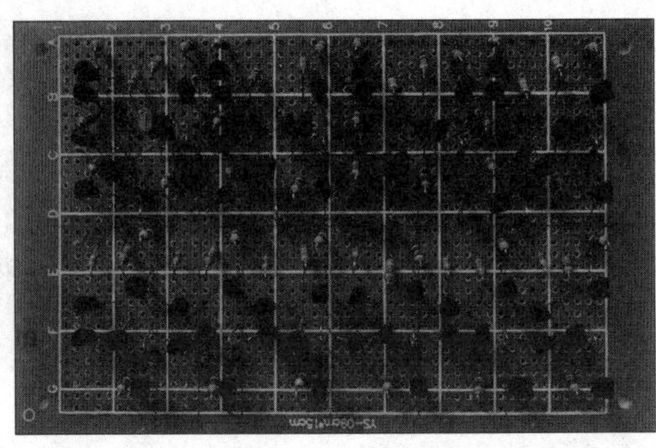

图 24 4 位全加器电路板正面

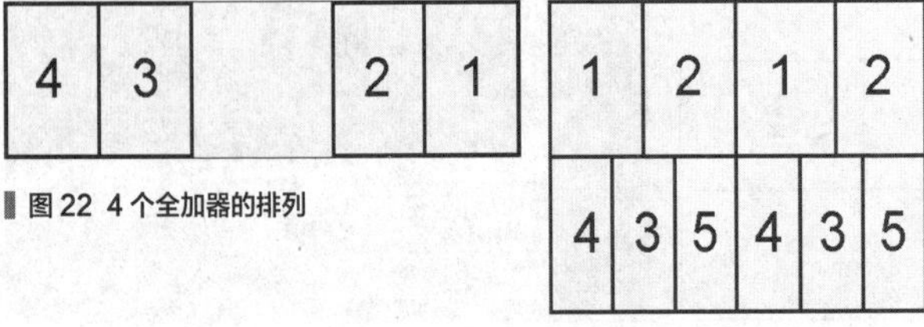

图 22 4 个全加器的排列

图 23 每个门电路的位置

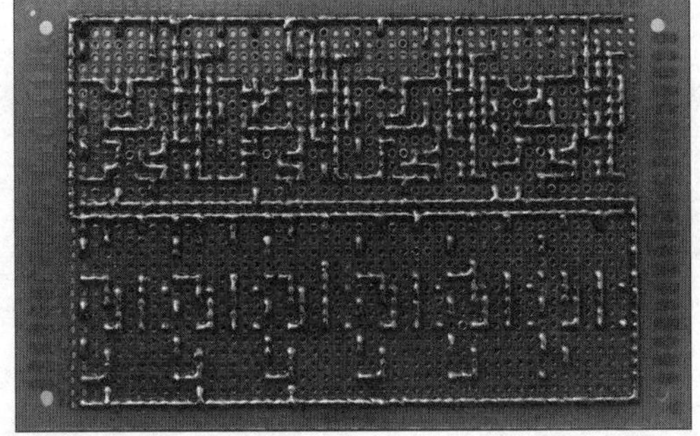

图 25 4 位全加器电路板正面

示，其中每个门电路的位置如图 23 所示，由于每块电路板上要焊接 10 个门电路，所以元器件的排列要紧凑。可以先焊接一个门电路，再推广到后面的门电路焊接。

具体制作是先焊接三极管，再焊接二极管和电阻（可以一次焊接同样阻值的电阻），用锡线连接 4 个全加器电路，用细软线连接各个全加器之间的连接电路。制作完成的 4 位全加器电路板正面如图 24 所示，反面如图 25 所示，这样的电路板需要制作两块。记得检查元器件焊接情况，对每个门电路进行测试，防止门电路进入异常工作状态。门电路检查正常后，将两块电路板用细软线连接起来，在每块电路板上引出正负极引线，再用 4 个螺丝将两块电路板固定在一起，并连接上显示和切换电路板，接着将 4 位全加器电路板接 5V 电源进行测试，测试没有问题即完成制作。制作完成的 4 位全加器如图 26 所示。

图 26 制作完成的 4 位全加器

演示视频

鹌鹑小筑
——基于树莓派 RP2040 的宠物箱

▌朱广俊

女儿喜欢小动物，但是养小猫、小狗的成本太高，养小鱼又缺乏互动，最终，我选择了养鹌鹑和芦丁鸡（蓝胸鹑）。一开始我使用铁笼子饲养这些鹌鹑和芦丁鸡，可是清理粪便很麻烦，然后我购买了芦丁鸡饲养箱（见图1），但是夏天饲养箱内的温度比较高。于是，我决定制作一个宠物箱。

设计需求

经过几天的观察，我归纳整理了以下几点主要需求并简单画了个3D结构图（见图2）。

● 宠物箱要尽量长一些，让鹌鹑和芦丁鸡可以奔跑，宽度和高度适中即可，基于此设定宠物箱大小为1200mm×300mm×300mm。

● 宠物箱需要通风良好。宠物箱两侧增加换气孔，可以实现空气对流；额外加装的换气扇和活性炭纤维棉，不仅可以加速空气流通，减少粉尘污染，还可以简单地过滤排泄物的异味。

● 宠物箱可以加装暖光灯条，利用时间和光照度控制开关，避免长明灯的问题。

● 可以利用显示屏查看当前宠物箱的状况。

● 在底部设计12cm高的柜脚，方便扫地机器人打扫卫生。

机械结构

宠物箱的整体框架是用15mm厚的白色免漆板制作的，可以在家具市场定制组装。两侧各开了3个换气孔，并在内外两侧都安装了直径为35mm不锈钢透气孔，有效避免杂物飞溅。底部安装4个12cm高铝合金柜脚，顶部安装2个30cm×60cm的烧烤网，配合4个合页，方便开关。前板使用的是5mm厚的透明亚克力板，还加装了合页、磁碰和小把手。不过根据我实际使用来看，前板并不经常开启，平时都是打开烧烤网操作，所以后来索性把合页都去掉了。6cm换气扇由12V电源供电的，安装在其中一个透气孔外侧。30cm的LED灯条由12V电源供电，安装在前板底部的内侧。箱内铺设了大概4cm厚的核桃砂和干草，还放置了用黏土手工制作的泥巴筒，方便鹌鹑和芦丁鸡穿梭玩耍。

后来经过半个多月的使用，我发现了很多不合理的地方，其间对软硬件做了多次的调整和迭代。结构方面对前窗和上盖进行了更新，主要是降低粉尘污染和改善美观性，最终的宠物箱如图3所示。

硬件设计

硬件选型基本上有两种方案：一种是树莓派RP2040外接LCD显示屏，另一种是树莓派RP2040集成LCD显示屏。因为没有太多需要显示的内容，对显示屏大小并无要求，所以我选择了后者，后者显示屏一般比较小巧，集成度比较高。这

▌图1 芦丁鸡饲养箱

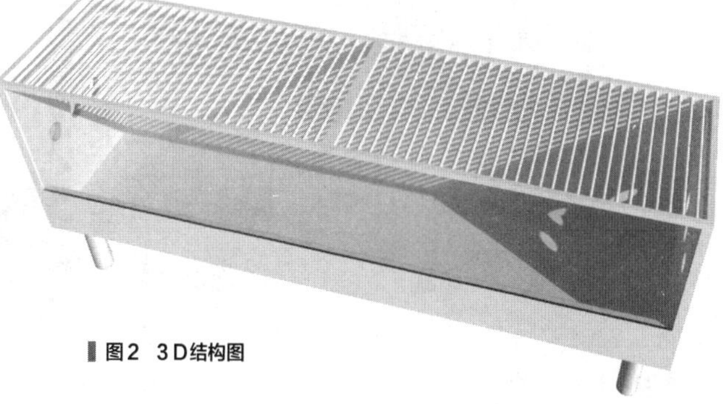

▌图2 3D结构图

图3 最终的宠物箱

里最终我选择了LILYGO的T-Display RP2040（见图4），它集成了1.14英寸LCD，分辨率为135像素×240像素。虽然微雪的RP2040-LCD-0.96-M也不错，但是T-Display RP2040胜在显示屏大一点，集成了两个按钮，还有塑料外壳方便组装。

图4 T-Display RP2040

我在官网上查到了有关硬件信息，显示屏用的是SPI总线的ST7789V驱动（占用GPIO0~5引脚），两个按键用的是GPIO6和GPIO7引脚。左边一排的I/O引脚可使用数字量和模拟量，可以用于外围电路的控制。角落里还有LED状态指示灯，不过太小可以忽略。

整套硬件包括一个集成显示屏的T-Display RP2040、用于控制换气扇和LED的3路MOS驱动、温度传感器BMP280、光照度传感器和人体热释电红外传感器。因为对于光照度指标和时间控制并没有严格的要求，这里直接使用光敏电阻，只需要判断是否天黑即可。同时也取消了RTC时间模块，直接用内置的定时器来计算时间。硬件连接示意如图5所示。

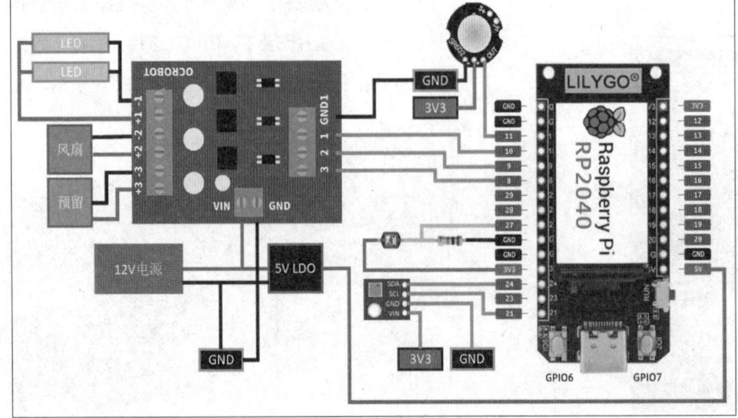

图5 硬件连线示意

供电方面采用220V转12V开关电源，然后通过MOS来管理LED和风扇供电，还有一路预留功能，考虑在冬天增加电加热器或卤素灯。RP2040由5V的LDO供电，外围传感器都由RP2040内部的3.3 V电源输出引脚供电。组装之后的硬件效果如图6所示。

我还设计了一个3D外壳（见图7）用来保护这些电路模块。面板增加了15°倾斜，方便操作和观察显示屏。里面有一个显示屏开槽，还有一个开孔预留给人体热释电红外传感器。光照传感器就在人体热释电红外传感器旁边，所以开孔外圈做薄，方便光照检测。下边设计了一个固定孔和3个出线口。底壳比较简单，只有电路板固定孔和螺丝固定槽，配合上盖组成稳定的三角固定结构。

然后将所有模块固定在3D打印的外

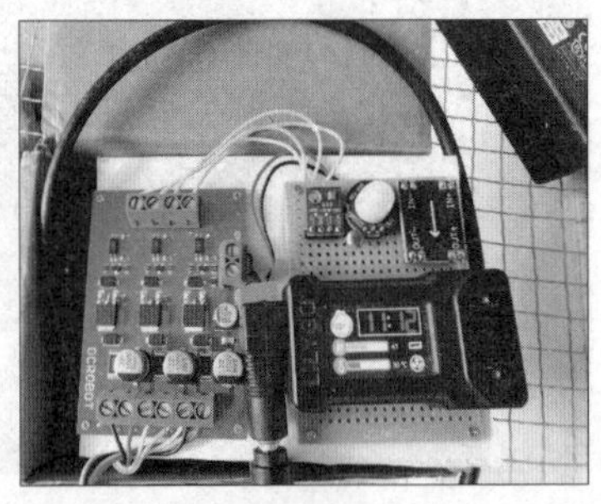

图6 组装之后的硬件效果

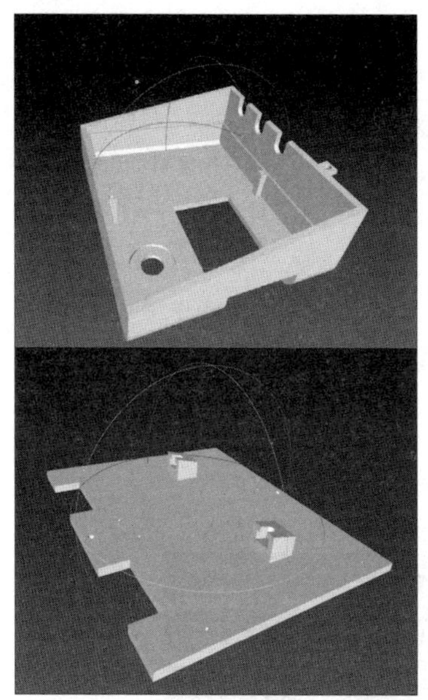
图7 3D外壳

壳中。最终的交互终端如图8所示，人体热释电红外传感器的探头是外露的。光照传感器隐藏在外壳内部。

换气扇安装在侧面，内置滤棉可以过滤空气中的粉尘，用线槽把全部布线都隐藏在宠物箱的底部。箱体前板内侧固定两个LED灯条，如图9所示，方便观赏的同时还可以增加空间层次感。

开发环境准备

正常来说，RP2040比较适合用MicroPython来开发，但我比较熟悉Arduino IDE，所以依然使用Arduino IDE开发RP2040。不过MicroPython能够更好地发挥RP2040的性能，提高开发效率，以后有机会会考虑移植一下。这里我们要用到TFT_eSPI库，这个库本来是给ESP8266和ESP32的ST7735开发的，我们这里用它来驱动ST7789V。

首先，我们需要让Arduino IDE支持RP2040，之前常用的Arduino UNO等都集成在Arduino AVR Boards选项卡里面了，这个清单里并没有LILYGO的有关主板，所以这里我们只能选择Raspberry Pi RP2040 Boards下的Raspberry Pi Rico，因为它们用的都是相同的CPU。因为是默认选项，Flash的容量只能选2MB，而我们这个主控本体有4MB的Flash，损失了2MB的存储空间。

然后，下载TFT_eSPI库，把里面的TFT_eSPI文件夹复制到Libraries的文件夹下，打开Arduino IDE，选择“文件”→“样例”，查看已有的TFT_eSPI库即可。

在正式开始之前，我们最好更新一下固件，我们需要先按住BOOT按钮，然后按一下RESET重启按钮，再松开BOOT按钮，稍等片刻系统就会进行初始化，然后将树莓派与计算机连接，在计算机的资源管理器中创建一个新盘符，把之前下载的Firmware中的固件firmware.uf2复制到刚才新建的盘符里面。复制完成后，树莓派的系统会自动重启。我们就可以在“工具”→“端口”中找到我们的树莓派了，当前我们占用端口是COM6。这里除了需要选择树莓派和端口号，其他配置都保持默认设定即可。如果大家不清楚自己的端口，也可以在计算机的资源管理器中查看串口，通过插拔模块的方式确认自己需要的端口。

最后，下载固件文件夹中的测试程序，稍等片刻，我们的显示屏上就会循环播放一些图片，如图10所示，说明我们的测试环境搭建完成了。其实我们之前复制固件文件的时候，里面已经包含这个测试程序了。

界面设计

1.14英寸显示屏比较小，所以需要做好布局，简单来说就是能用图标就不用文

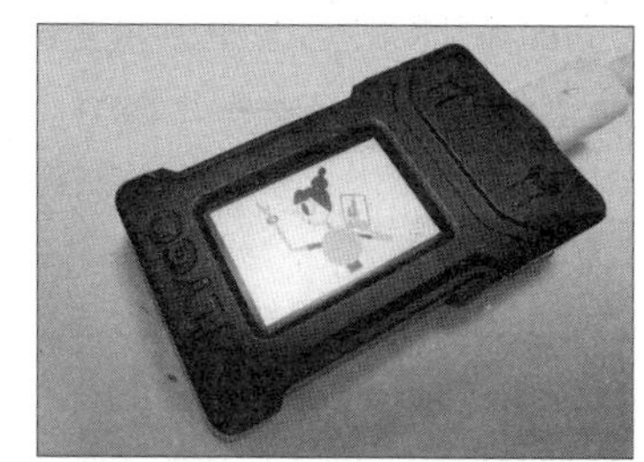
图10 显示图片

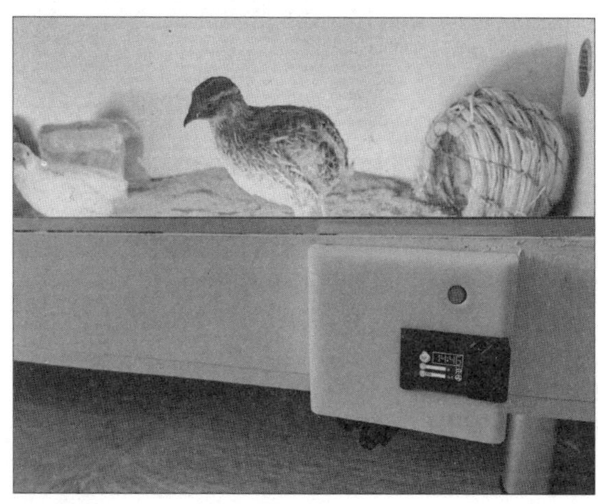
图8 最终的交互终端

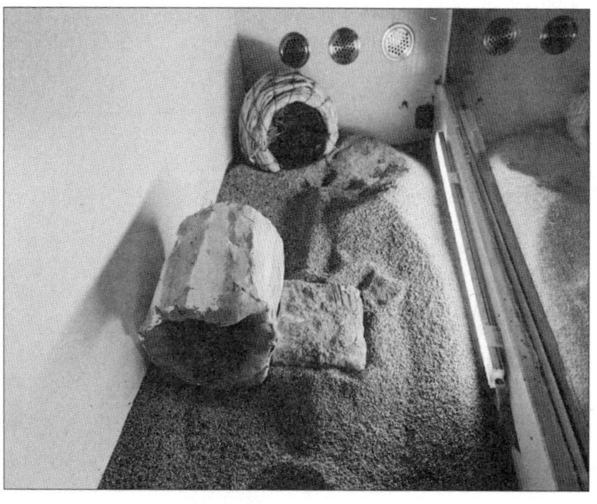
图9 箱体内部的LED灯条

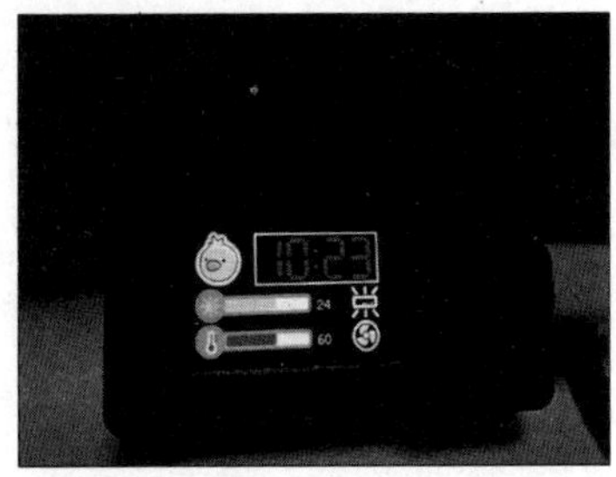

▌图 11 设计的界面布局

字，设计的布局如图 11 所示，左上角是个可爱的小鸡头像图标，右上角显示时间，左下角显示光照强度和温度，右下角显示 LED 和换气扇的状态。

这些图标都是我设计的，如图 12 所示，大家也可以根据需要，替换成自己喜欢的图标。

图片转换

由于 Arduino IDE 并不支持文件管理，因此这里需要对这些图标进行转换处理，让 Arduino 能识别它们。这里我们需要用到一款名叫 LcdImageConverter 的软件，它可以帮我们很好地把图片文件转换成我们需要的数据。

LcdImageConverter 安装完成后，双击图标运行，先新建一个空白图像，然后选择导入我们之前设计的小鸡图标 iconChick.bmp。这里说明一下，建议图标的格式是 .bmp 或者 .png，不要使用 .jpg 格式，因为 .jpg 格式在压缩的过程中

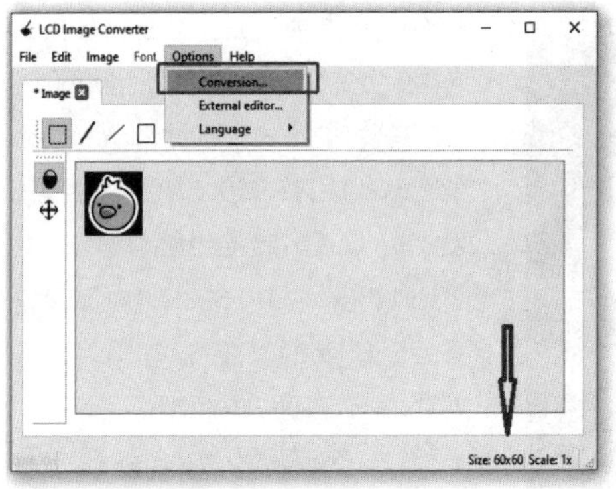

▌图 13 检查右下角显示的图标大小

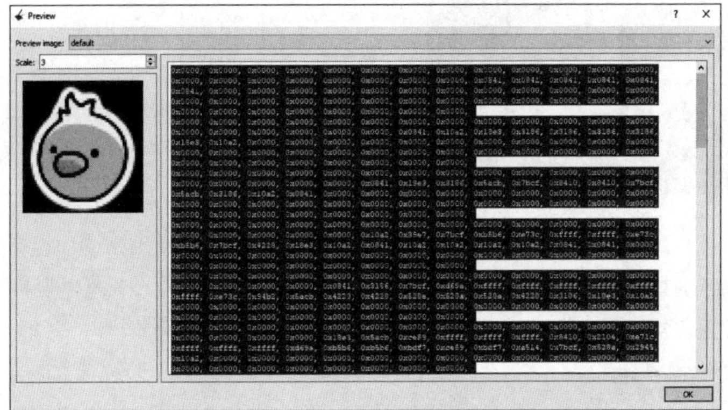

▌图 14 复制全部字符串

会增加很多杂色，显示屏分辨率比较低，如果恰好杂色被显示出来，那么小鸡图片看起来就会像存在雀斑一样。还要注意检查右下角显示的图标的大小（见图 13），之前我们已经说过，小鸡图标的大小为 60 像素 ×60 像素，这个大小在后续程序中非常重要。

在窗口的 Preset 中，选择 Color R5G6B5，在图形选项卡下，选择 16bit，然后单击左下角的 Show Preset，将编辑框中的全部字符串复制（见图 14），这些字符串由十六进制数组组成，然后在 Arduino IDE 的 picoimage.h 中粘贴全部字符串（见图 15），并命名为数组 iconChick[ ]。

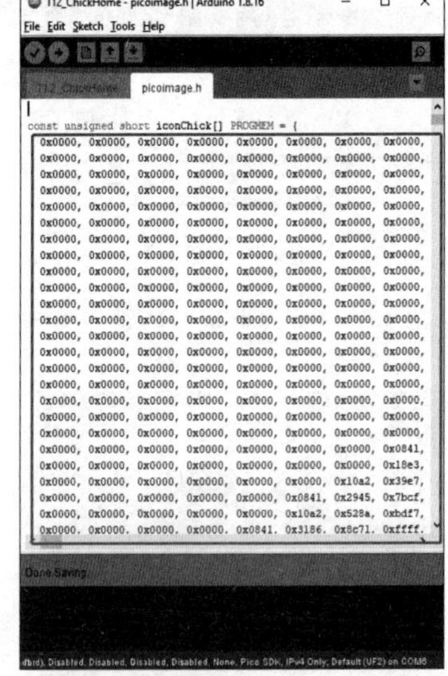

▌图 15 粘贴全部字符串

iconChick.bmp iconFAN1.bmp iconFAN2.bmp
iconFAN3.bmp iconFAN4.bmp iconLAMP0.bmp
iconLAMP1.bmp iconSun2.bmp iconTemp2.bmp

▌图 12 设计的图标

图形驱动

在图形转换中，有一个关键的参数 Color R5G6B5。它刚开始让我困惑了很久，经过很长时间才摸索明白，它是一种

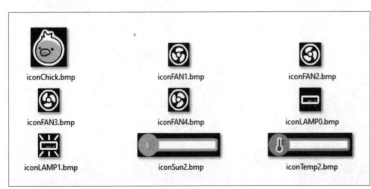

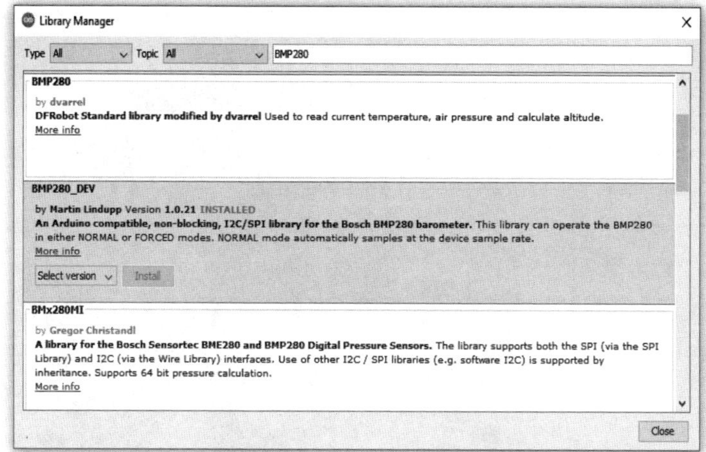

▌图 16 安装 BMP280_DEV 库

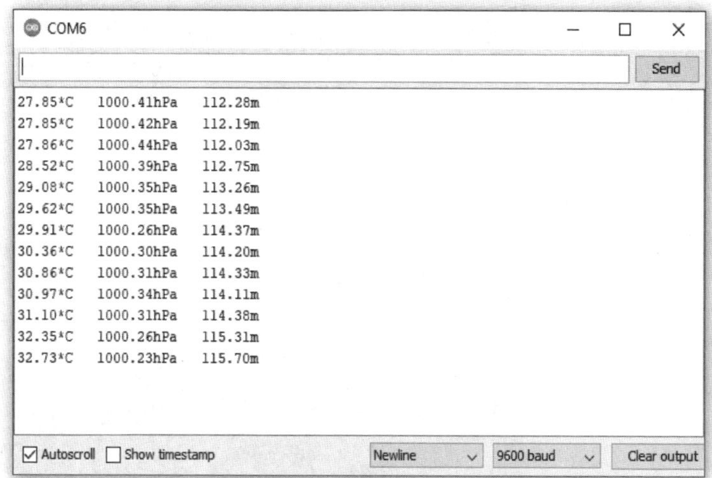

▌图 17 打开串口监视器

颜色格式，也称 RGB565，这种格式在计算机端并不常见。如果我们打开计算机自带的画图软件，它的编辑颜色窗口右下角会有红、绿、蓝 3 个参数。它们的取值范围是 0~255，这也是我们最常见的颜色模式 RGB。 用十六进制表示也就是 0xFF，用二进制就是 8 位。也就是说，对于计算机而言，每个颜色都是由 3 个 8 位的二进制数组成的，称为 RGB888。而红框左边的色调、饱和度和亮度，这 3 个数值是另外一种颜色模式 HSL。RGB 与 HSL 存在特定的对应关系，不过为了直观理解，我还是更喜欢 RGB888 的格式。另外还有一种常用于印刷行业的CMYK，每个字母代表一种颜色，这里就不过多介绍了。

那么为什么使用 RGB565 呢？ 这是因为 RGB565 用于 LCD 显示屏时，可以以有限的位数表示各种颜色。 该格式的特点是颜色深度相比 RGB888 减半，但内存效率更高，数据吞吐量更低。这对于一些内存小的单片机来说，简直就是雪中送炭，不但解决了内存紧张，还能有效避免画面刷新率低的问题。RGB565 中绿色要比其他两个颜色通道多一位，这是因为我们肉眼对绿色更加敏感。但 RGB565 也不是万能的，它是靠着牺牲了很多颜色来换取低内存占用和运行速度的，所以如果有渐变颜色，RGB565 的表现就不是很好。不过对于我们的显示屏来说，RGB565 完全可以轻松驾驭。

硬件驱动

硬件接口上除了普通 I/O 和 ADC 接口，我们还用到了 I^2C 总线的 BMP280。所以我们需要先安装该传感器的库才能正常使用。我们先用 I^2C 扫描程序，发现这个 BMP280 的总线地址是 0x76。和普通 Arduino 不同，RP2040 的 I^2C 是需要设定引脚的，因为 RP2040 有好多引脚都可以用于 I^2C，而不像 Arduino UNO 只有 A4 和 A5 引脚就可以，因此我们在启用 I^2C 总线之前，先要对 SDA 和 SCL 的引脚进行定义。

下面来安装 BMP280 传感器的库文件，打开库管理器并搜索 BMP280，安装 BMP280_DEV 库（见图 16），我测试过几款不同的库，这个库功能比较丰富，同时支持 I^2C 和 SPI 接口。

因为这个库是为 Arduino 设计的，我们没办法直接用，需要和之前 I^2C 扫描程序一样，对 I^2C 的引脚进行定义。这里可以发现，在 bmp280.begin(BMP280_I2C_ALT_ADDR) 中，它的总线地址已经被注册成 0x76。所以直接编译、下载即可。下载完成后打开串口监视器（见图 17）看看检测数据，我把传感器靠近计算机的散热风扇，温度也随之增高，说明测试成功，剩下的就是把这段样例移植到我们的程序中。

程序设计

程序控制流程如图 18 所示，先对硬件和画面进行初始化，然后每秒刷新一下画面。为了不打扰鹌鹑和芦丁鸡休息，在 8 点到 21 点之间才允许系统运行。风扇的启动条件是定时触发或者手动触发，LED 灯条的触发条件是人体探测、亮度检测或手动触发。

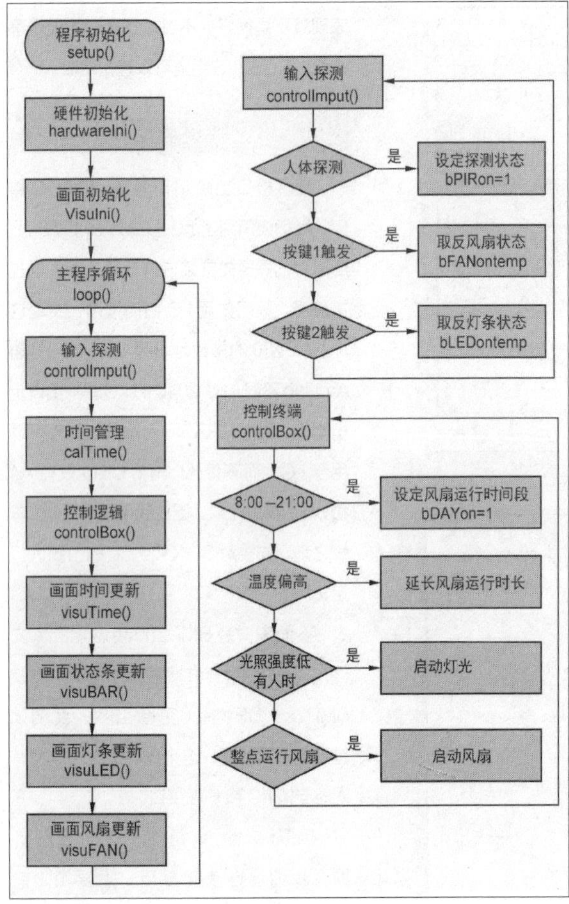

图 18 程序控制流程

图 19 用黏土捏的食碗

图 20 鹌鹑和芦丁鸡的蛋

简单来说，这套系统主要完成以下几个功能。

- 控制系统画面刷新周期 1s，内置两个定时器管理风扇和 LED 灯条的运行时间。
- 两个按键可以手动开启或关闭风扇和 LED 灯条。
- 常温时每小时开启 5min 换气扇，高温时每小时开启 20min 换气扇。
- 当无阳光直射时，人体感应触发 LED 灯条开启 5min。
- 夜间禁用换气扇。

结语

之前我一直用基于 ATmega328 的 Arduino 做应用开发，如果不显示图像，对于 MCU 的运行速度还算满意。这个项目是我第一次使用树莓派 RP2040 做应用开发，也是第一次尝试使用彩色显示屏。整体感觉树莓派不仅简单好用，而且扩展性很强，更拥有着强大的性能和丰富的接口。对于近期进口 USB 驱动芯片价格居高不下的现状，是一个非常理想的选择。不过用 Arduino IDE 来开发 RP2040 是对其硬件资源极大的浪费，后期我可能会考虑更多地使用 MicroPython 来开发。

在整个开发期间，我查阅了大量的资料，同时尽量详尽地记录下来，也算是对这段时间的一个沉淀。女儿用黏土捏了一个食碗（见图 19），上面绘制了 4 只可爱的小鸡，最近食物供给比较充足，鹌鹑和芦丁鸡基本上日产一蛋（见图 20），收获满满。没事儿的时候，看着 4 只毛茸茸的“小可爱”悠闲地窝在一起，互相帮忙清理清理羽毛，打发打发时间也不错哦！大家可以扫描文章开头的二维码观看演示视频。

基于 NB-IoT 无人水质监测船

Magic_β 团队

项目介绍

水质监测是生态环境保护的重要内容。同时，《“十四五”生态环境监测规划》明确提出要开展自动为主、手动为辅的融合监测，支撑全国水环境质量评价。而由固定监测点组成的水质监测系统，存在成本高、覆盖率不足等缺陷。为提高水质监测的智能化和灵活性，呼应产业发展需求和政策，本团队基于 NB-IoT 物联网技术，设计了一款无人驾驶的水质监测小船。

应用场景

- 河湖水域治理。
- 安全监管、流域“排污排查”。
- 水产养殖区域的水质收集。

功能介绍

- GPS 和北斗双模定位获取实时经度、纬度信息。
- 能通过电子罗盘和 GPS 配合 PID 算法和贪心算法实现自主巡航。
- 能够监测多种水质与气象信息，包括水温、pH 值、浑浊度、TDS(溶解性总固体)、气压、海拔、环境温/湿度、光照强度等。
- 使用 NB-IoT 实现数据的远程传输与交互。
- 使用 2.4GHz 模组或微信小程序进行无线遥控，二者可随意切换。
- 使用 4G 网络实时传输摄像头视频信息。
- 有电量显示、船体当前状态提示和低电量报警等功能。

总体设计方案

系统以 STM32F405RGT6 为控制核心，感知层通过 TDS 传感器、浑浊度传感器、水温传感器、pH 传感器采集水质数据，通过电子罗盘获取船体航线角，配合 BC20 北斗 /GPS 定位模块实现航线控制与自动巡航。传输层采用 NB-IoT 技术连接基站，并通过 MQTT 协议实现船体与华为云平台及微信小程序之间的数据传输。软件上，系统搭载 FreeRTOS 实时操作系统，通过 PID 算法控制和航向角度卡尔曼滤波器抑制 GPS 漂移实现自动导航和返航，并基于贪心算法规划多点水质采集的最短路径。

无人水质监测船系统框架如图 1 所示。

硬件介绍

本项目中，控制层实现了对系统各部分之间的通信与控制。船体主控使用 STM32F405RGT6 芯片，通过 I²C、UART 和 ADC 等接口获取各个传感器监测的水质数据，以及利用电子罗盘和 GPS 获取姿态与位置信息。通过数据处理，对舵机进行控制，实现无人水质监测船自动驾驶。同时，基于 STM32F405RGT6 主控平台运行 FreeRTOS 操作系统，实现多线程并行处理任务，使得系统的运行更加高效。

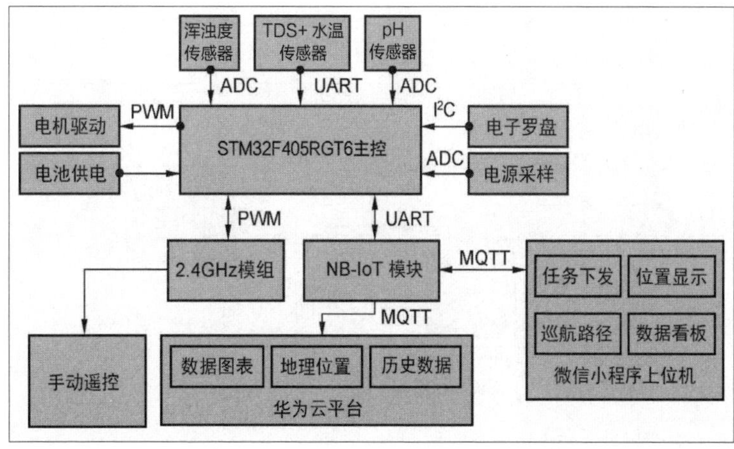

图 1 无人水质监测船系统框架

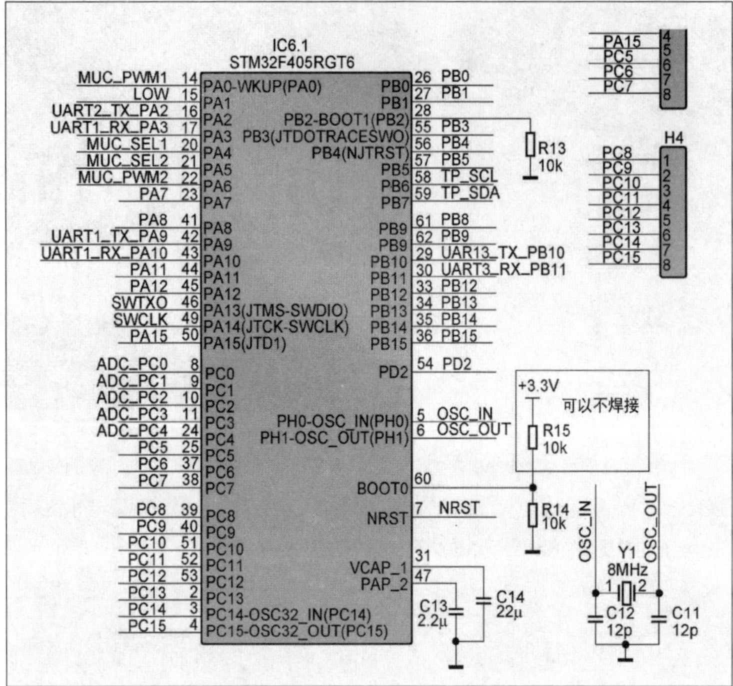

▌图 2 STM32F405RGT6 最小系统电路

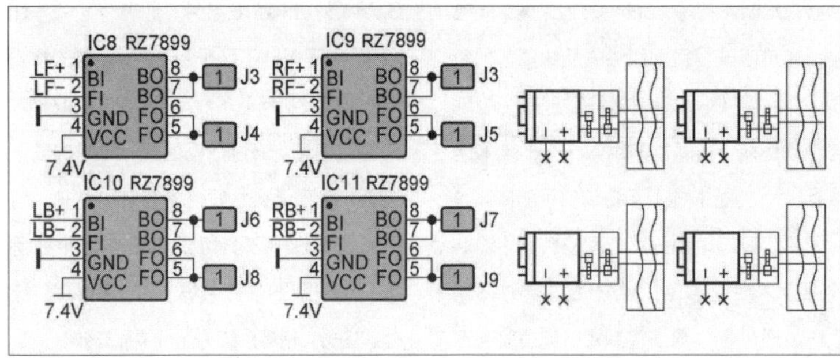

▌图 3 电机控制电路

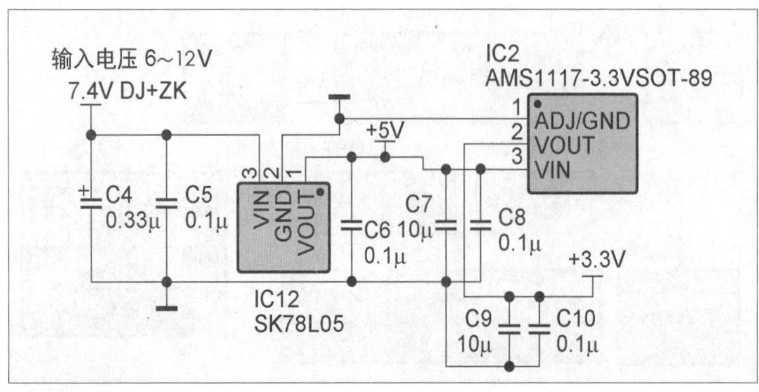

▌图 4 供电电路

STM32F405RGT6最小系统电路

MCU 为 STM32F405RGT6（电路见图 2），其基于高性能 ARM Cortex-M4 32 位 RISC 内核，工作频率达 168MHz，Cortex-M4 核心具有浮点处理单元（FPU），支持所有 ARM 单精度数据处理指令和数据类型，它还具备一整套 DSP 指令和增强应用安全性的存储保护单元（MPU）。

电机控制电路

电机控制电路如图 3 所示，其采用了两路 PWM 控制有刷双向电调，精确控制电机的转速。当 PWM 信号的脉冲宽度增加时，电机的转速也会增加；当脉冲宽度减小时，电机的转速也会减小。通过 RZ7899 芯片两通道选择器来切换控制设备的 PWM 信号，其中一路 PWM 信号来自遥控器接收机，另外一路 PWM 信号来自单片机的定时器。

电源电路

供电模块输入电压为 6~12V，输入电压通过 SK78L05 稳压芯片输出 5V 电压给部分传感器模块供电，采用 AMS1117-3.3V 将 5V 电压转为 3.3V，给 MCU 以及其他电路供电，供电电路如图 4 所示。

其他电路

pH 传感器和 TDS 传感器采用模块化设计，对 pH 传感器的输出电压先分压，最大电压值为 2.5V，再接入 MCU 的 ADC 通道。TDS 传感器连接到 STM32F405RGT6 的 USRAT2 上。pH 传感器和 TDS 传感器电路如图 5 所示。

NB-IoT 模块与电子罗盘也采用模块化设计，NB-IoT 模块具有 4G 和 GPS 功能，连接 MCU 的 USART3。电子罗盘用于测量和指示地球磁场方向，它帮助无人水质监测船确定物体的方向和位置，与 MCU 的通信方式为 I^2C。NB-IoT 模块与电子罗盘电路如图 6 所示。

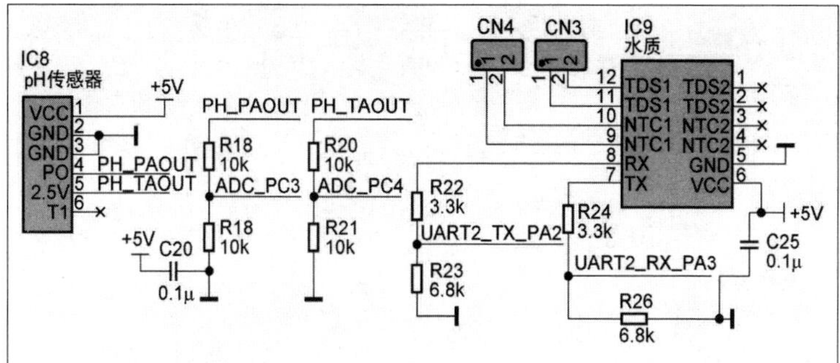

▍图 5 pH 传感器模块和 TDS 传感器电路

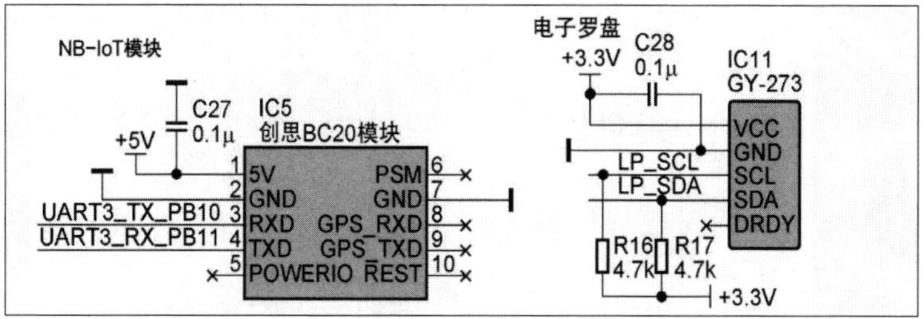

▍图 6 IoT 模块与电子罗盘电路

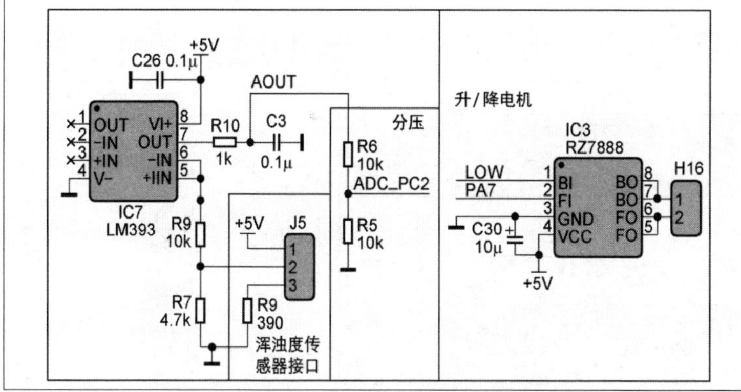

▍图 7 浑浊度传感器与升 / 降电机电路

浑浊度传感器电路采用典型 LM393 芯片的方案，浑浊度传感器的电压最大是 5V，采用分压的形式将其最大值降至 2.5V 左右，再接入 MCU 的 ADC，这样 MCU 可以读取到浑浊度传感器的数值。升 / 降电机主要用于将传感器升 / 降到水的表面进行水质数据的采集，芯片采用 RZ7888，控制简单，两个信号引脚设置为一个高电平和一个低电平，可以实现正转和反转，两个信号同时为低电平则停止转动。浑浊度传感器与升/降电机电路如图7所示。

无人船整体电路整理后如图 8 所示。

软件系统架构

STM32F405RGT6 上搭载了 FreeRTOS 实时操作系统，设备初始化后，操作系统开始任务调度运行。软件系统架构如图 9 所示。

任务流程

（1）航行任务流程设计

航行任务的软件设计由坐标转换、路径规划、航向角更新与航向控制 4 部分组成，具体航行任务流程如图 10 所示。

利用贪心算法控制无人船的航迹，进行多点路径规划。无人船从起始点出发，首先计算与所有目标点的距离，确定第一个目标点（目标点 1）；然后，根据目标点计算出航方向，进行自主巡航。当无人船驶入目标点 1 的范围后，继续根据贪心算法确定下一个目标点，以此类推遍历所有导入的航行目标点。

（2）水质监测任务流程设计

水质监测程序流程如图 11 所示。相关硬件接口初始化完成后，MCU 发送 AT 指令进行设备在线检查与网络配置。其中，网络配置操作包括检查网络附着情况、获取网络信号强度与卡号。上述基本配置完成后，利用 MQTT 协议的 AT 指令集在微信小程序平台上创建实例与订阅资源。NB-IoT 模块接收到 MCU 上传的数据集后，通过特定的指令将数据上报给微信小程序平台，同时 MCU 不断检测网络的情况与状态，并等待下次数据上报。

关键技术

本项目涉及的关键技术如下。

- 搭载 FreeRTOS 实时操作系统。
- NB-IoT MQTT 数据收 / 发处理。
- 电子罗盘数据的获取与矫正计算。
- 航向角 PID 控制。
- 卡尔曼滤波器抑制 GPS 漂移。
- 华为云平台连接，华为大屏数据分析显示。
- 搭建 MQTT 服务器，云端进行 MQTT 数据桥接。
- 通过微信小程序控制船体，坐标点间自动导航。
- 使用贪心算法规划最短路径。

设计实现

（1）整体设计

无人水质监测船整体设计如图 12 所示，涵盖了结构设计、硬件设计和软件设

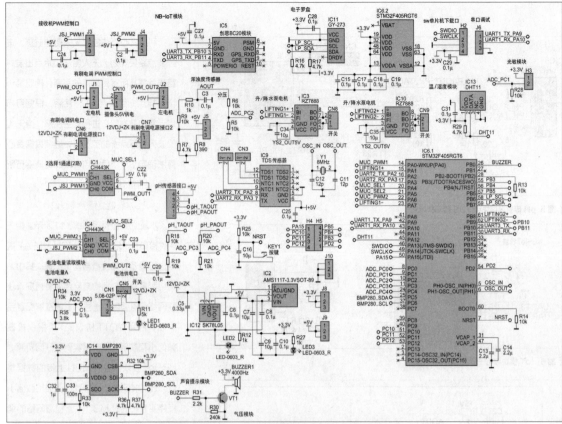

图 8 无人水质监测船整体电路

计。软件设计涉及微信小程序、云平台界面的设计。此外，还包含贪心算法、卡尔曼滤波算法、PID 算法等，系统较为复杂，功能完整。

（2）船体运动控制

无人水质监测船运动控制流程如图 13 所示。

1）PID 角度控制

获取准确的期望航向角与实际航向角后，系统采用 PID 算法对无人水质监测船进行自主航行控制。PID 算法的思路主要是通过比较期望航向角与实际航向角获取航向角偏差，将航向角偏差作为 PID 算法的输入。通过理论分析

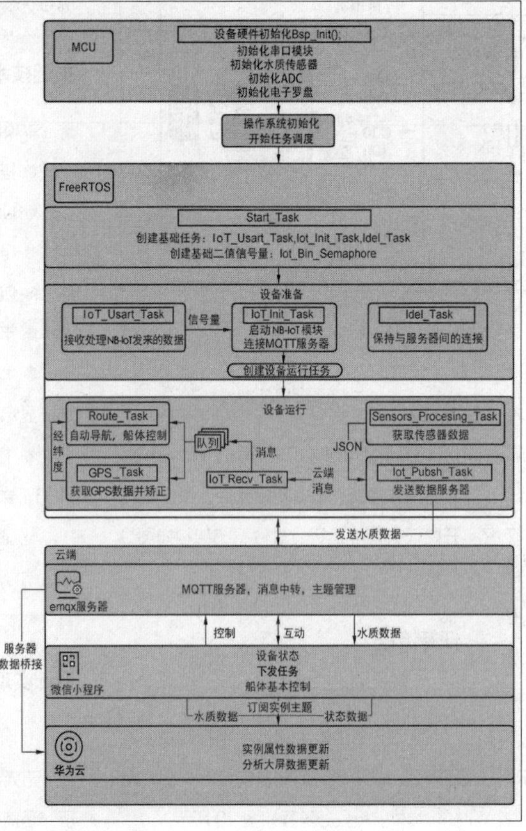

图 9 软件系统架构

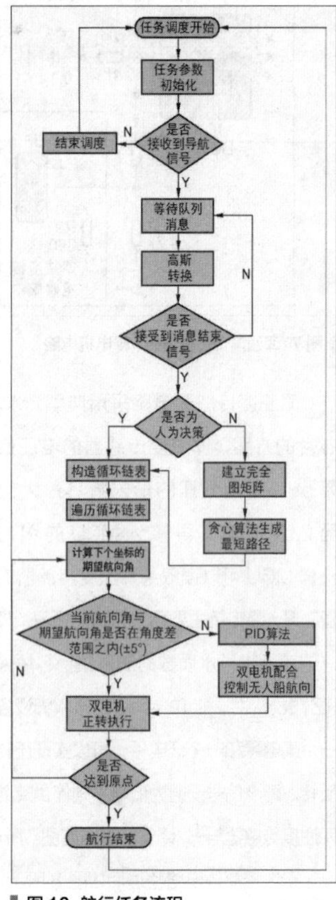

图 10 航行任务流程

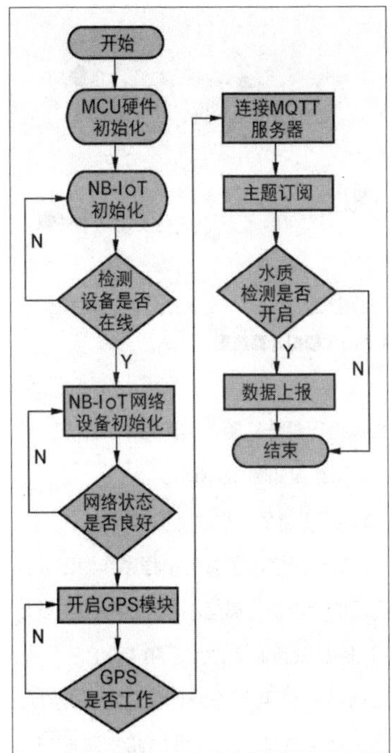

图 11 水质监测任务流程

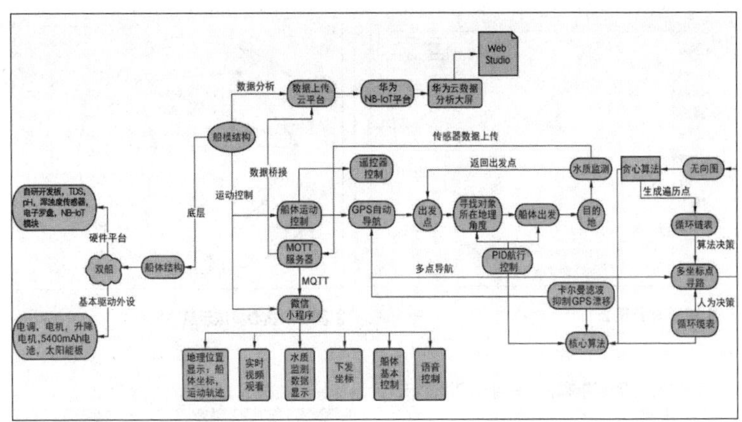

图 12 无人水质监测船整体设计

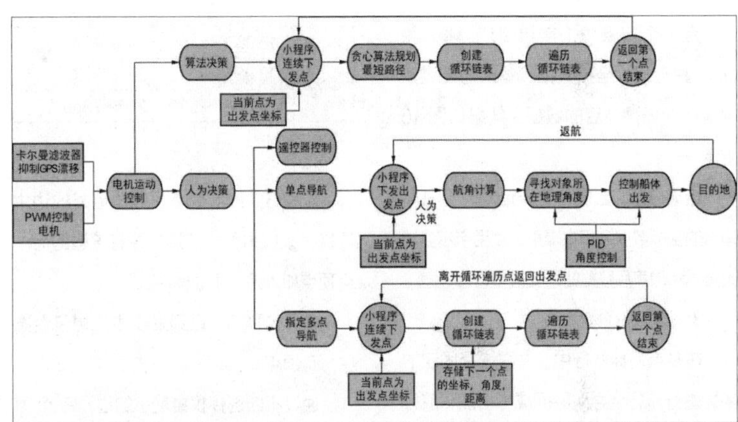

图 13 无人水质监测船运动控制流程

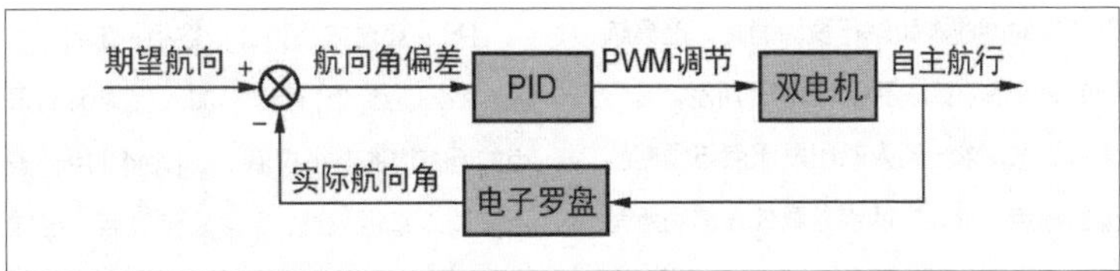

图 14 无人水质监测船运动的 PID 控制框架

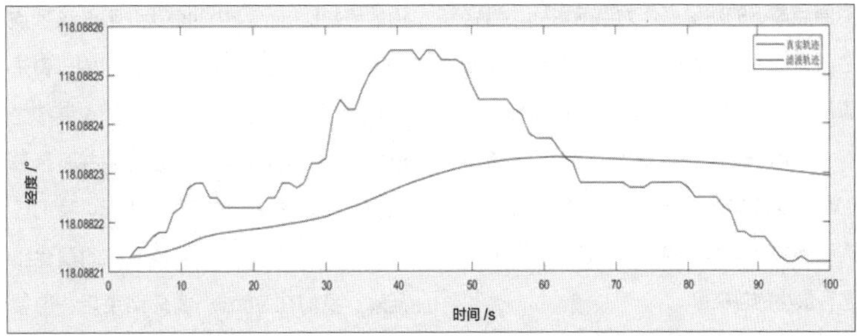

图 15 实验结果 1

与实验，合理设置 PID 控制参数，最终对驱动电机的电调 PWM 信号进行调节，实现无人水质监测船的航行控制。无人水质监测船运动的 PID 控制框架如图 14 所示。

2）卡尔曼滤波器抑制 GPS 漂移

GPS 漂移使用卡尔曼滤波器进行抑制。卡尔曼滤波器分为两个部分：时间更新方程和测量更新方程。时间更新方程负责及时推算当前状态变量和协方差估计值，以便为下一个时间状态构造先验估计。测量更新方程负责反馈，它将先验估计值和新的状态变量结合，构造后验估计。

时间更新方程可视为预估方程，测量更新方程可视为矫正方程，最后的估计算法成为一种具有数值解的预估 - 矫正算法。

使用 MATLAB 进行卡尔曼滤波器数据处理实验（实验 1），输入为 GPS 静止时 y 坐标数据，输出为经卡尔曼滤波器滤波后的数据，实验结果如图 15 所示。

结果分析：当船体处于静态时，GPS 输出的坐标数据会产生较大的噪声，使坐标

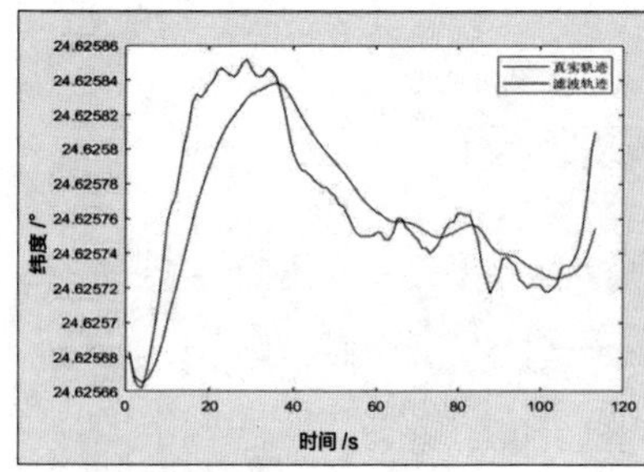

▌图 16 实验结果 2

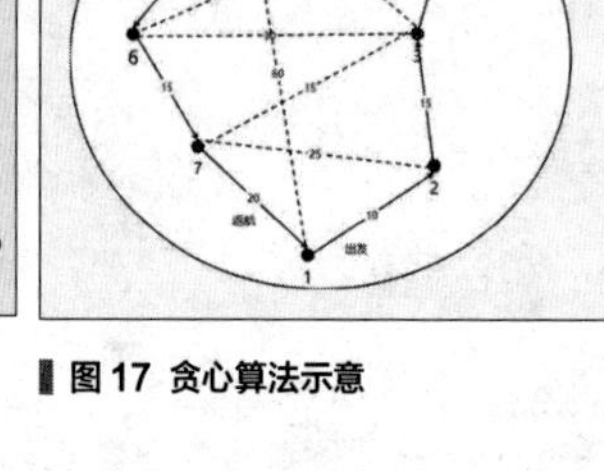

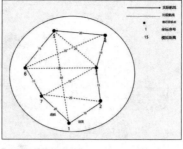

▌图 17 贪心算法示意

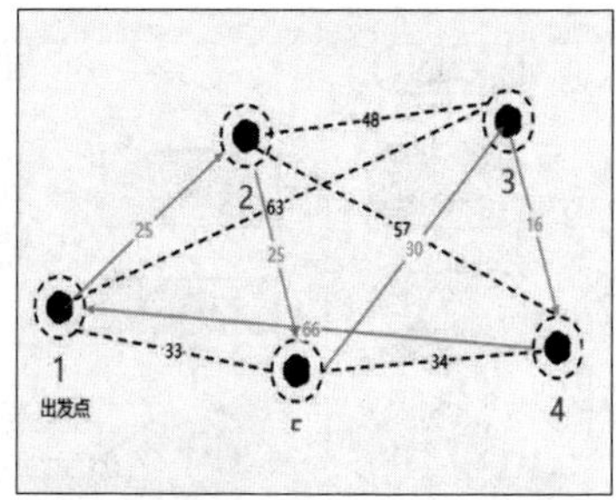

▌图 18 模拟计算结果

数据产生 0~30m 的漂移，使用卡尔曼滤波器滤除噪声后，数据曲线趋近直线，漂移抑制在 0~3m。

另一个实验中（实验 2），输入为 GPS 移动时 *x* 坐标数据，输出为经过卡尔曼滤波器滤波后的数据，结果如图 16 所示。

结果分析：当船体处于运动时，GPS 输出的坐标数据会产生噪声，使用卡尔曼滤波器滤除噪声后数据曲线变得平滑。

3）巡航路径择优

在多点目标航行中，每次选择固定的坐标进行航行会导致时间成本增加、航行资源消耗增大和航行效率降低，使用贪心算法规划路径，选择最优的航行路径，可以节省时间成本和航行资源消耗，提高航行效率。贪心算法示意如图 17 所示。

首先，求出无人船出发原点与预期航行目标点坐标，由两点距离公式得到所有目标点之间的距离矩阵，画出完全图。无人船航行开始后，首先从原点开始选择距离原点最近的期望点作为当前目标，当到达该目标后再将目标点切换至距离当前位置最近的期望点，以此类推，直至返航。

Prim 算法是一种寻找加权无向连通图的最小生成树的算法。最小生成树是一个连通图中所有顶点的子图，它是一棵树且具有最小的总权重。

Prim 算法的过程如下。

步骤 1：选择任意一个顶点作为起始点。

步骤 2：将起始点加入最小生成树中。

附表　随机输入 5 个坐标进行算法实验

坐标	经度 /°	纬度 /°
1	118.086474	24.623113
2	118.086706	24.623186
3	118.087044	24.622879
4	118.086985	24.622737
5	118.086752	24.622955

步骤 3：从与最小生成树相邻的边中选择一条权重最小的边，并将该边的另一个顶点加入最小生成树中。

重复步骤 3，直到最小生成树包含图中所有顶点。

通过不断选择权重最小的边，Prim 算法逐步生成最小生成树，直到包含了图中所有的顶点。

Prim 算法核心为 2 个数组：dist[ ] 和 adjvex[ ]。dist[ ] 存储已加入生成树的顶点的所有边的最小权值，adjvex[ ] 用于表示该顶点是否被选，1 代表该顶点已经被选中为最小边的顶点。

在 Prim 算法中，如果当前顶点的所有边的值都比 dist[ ] 中的值大，那么该顶点的所有边将不会加入 dist[ ] 数组中，算法将回退到上一个顶点选择最小边，继续生成树。这个机制在实际的航行中并不是最优的，它会重复走过相同的坐标。我们修改了 Prim 算法以实现多点巡航的最优路径解。我们在 Prim 小循环结束后，也就是 dist[ ] 更新后，将当前被选中的顶点的边的权重设置为理论最大值，只留下已被选中的边的最小权重的值。随机输入 5 个坐标进行算法实验，实验结果见附表，模拟计算结果如图 18 所示。

（3）微信小程序上位机设计

本项目使用了微信小程序作为无人监测船的上位机，微信小程序的开发主要使用 JavaScript、WXML 和 WXSS，以微信开发者平台作为 IDE 开发。WXML 是一种由微信团队开发的超文本标记语言，其作用对标 Web 开发中的 HTML，WXSS 则对标 CSS。通过 WXML 和 WXSS 两种语言就能设计出微信小程序的页面结构，再通过 JavaScript 进行设计，就能使页面具有交互能力。

1）MQTT 收 / 发信息

微信小程序要想控制船体工作就需要通过 MQTT 传输数据与指令，原生的微信小程序并不具备处理 MQTT 信息的能力，我们通过调用 mqtt.min 的函数库使微信小程序具备处理数据的基本能力。通过 WebSoket 网络传输协议连接 MQTT 服务器订阅主题，便完成了信息的收 / 发与处理功能。通过这个方法，我们在微信小程序的首页设计了简易的调试界面，使得我们的开发速度更快。微信小程序上位机首页如图 19 所示。

2）经 / 纬度数据读取

微信小程序本身自带地图组件，通过函数调用这个组件，就可以在小程序页面上绘制一张地图。当用户需要为无人水质监测船设置目标监测点时，可以通过这个地图精确选中目标点。当用户单击地图时，小程序会

获取该点的经 / 纬度信息并通过 MQTT 链路上报给服务器，驱动无人水质监测船自动巡航。小程序中还带有智能语音识别功能，

图 19 微信小程序上位机首页

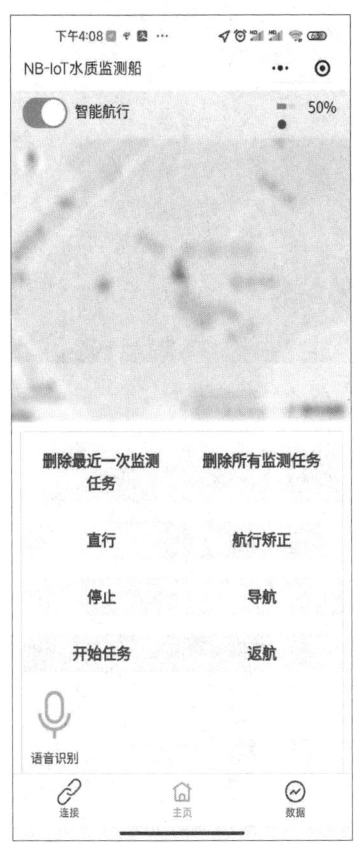

图 20 微信小程序控制页面

用户可以通过语音下达指令控制无人船。微信小程序控制页面如图 20 所示。

云应用

本项目使用了华为云平台，通过云平台的 Web 界面实现无人水质监测船数据监控，即船体能够通过 MQTT 协议将数据发送至云平台，云平台将数据通过华为云 Astro 显示在 Web 应用显示屏上，并能对数据做一些基本分析。华为云平台功能框架如图 21 所示。

设备接入 NB-IoT 数据中心的规则是在数据库与弹性公网 IP 绑定完成后进行。创建规则的目的是连通 NB-IoT 与数据库。规则设置后，数据可以正常从 NB-IoT 端上传到华为云数据库中。Astro 轻应用显示屏连接到华为云数据库，读取数据，最终显示在显示屏上。Astro 轻应用显示屏如图 22 所示。

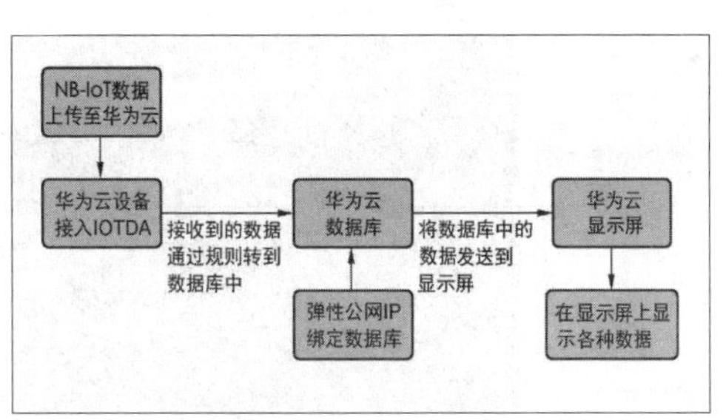

图 21 华为云平台功能框架

成品设计注意事项

船体钻孔与改造

船体部分通常基于市面上现有的船体模型进行改造，为了让船体具备水质采样与检测能力，必须在现有的船体框架上进行钻孔并安装相应的传感器和采样装置。

原型机部件布局如图 23 所示，原型机盖板上安装了一个亚克力平台，平台上放置了一个密封的采样盒，将传感器插入采样盒中。当进行水质采样时，水泵会抽水到采样盒内部，进行相应的参数读取后将水排出。

当然，这只是其中一种布局方案，你可以根据自身的喜好调整布局。

添置浮力棒

船体内部放有各种器件，使船体质量变大，在无人水质监测船航行的过程中可能会因为速度过快而沉船，故需要在船体两侧加装浮力棒增加船体浮力。

电路组装

按照作品的电路原理

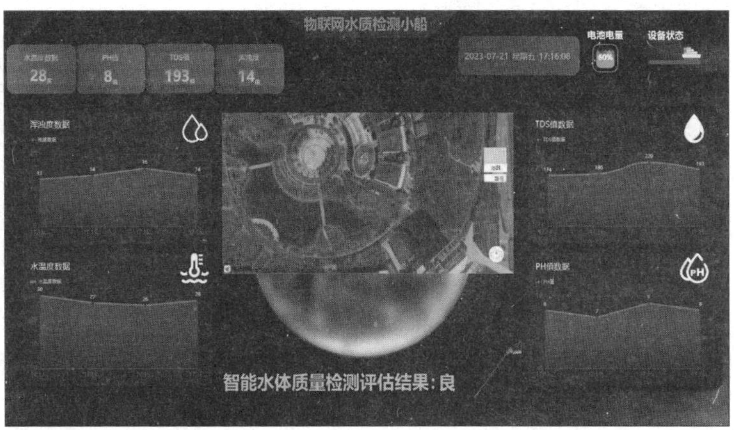

图 22 Astro 轻应用显示屏

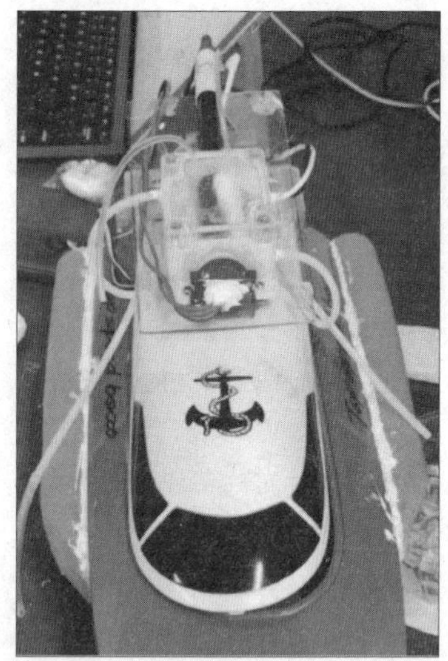

图 23 原型机部件布局

图进行焊接，并将电路板放入船体内，连接电源和各种线缆，船体上方的盖子一定要盖好。PCB 接口示意如图 24 所示，无人水质监测船顶部走线和无人船底部走线如图 25 和图 26 所示。

电子罗盘容易受到电磁干扰，在安装过程中需要注意它的位置，建议将它的接线延长，安装在船体尾部中间。电子罗盘位置示意如图 27 所示。

传感器需要放置在采样盒子里，将 pH 传感器、浑浊度传感器、TDS 传感器等使用防水胶粘好。抽水系统由 2 个水泵组成的，一个是抽水进盒子的水泵，一个排水的水泵。为了便于抽水，盒子不能完全封闭，所以在盒子上方开了两个孔，并连接管道用来让空气流通。抽水泵电机方向的正负极需要注意一下，不能接反，否则也无法抽水。原型机采样盒子安装参考如图 28 所示。

电源开关在船体尾部，下水时船体上方的盖子一定要盖好，下水后开盖时也需要小心，不要让水溅到主控板上或者电路连线上。建议准备好纸张擦一下船壳上方的水。原型机开关安装位置如图 29 所示。

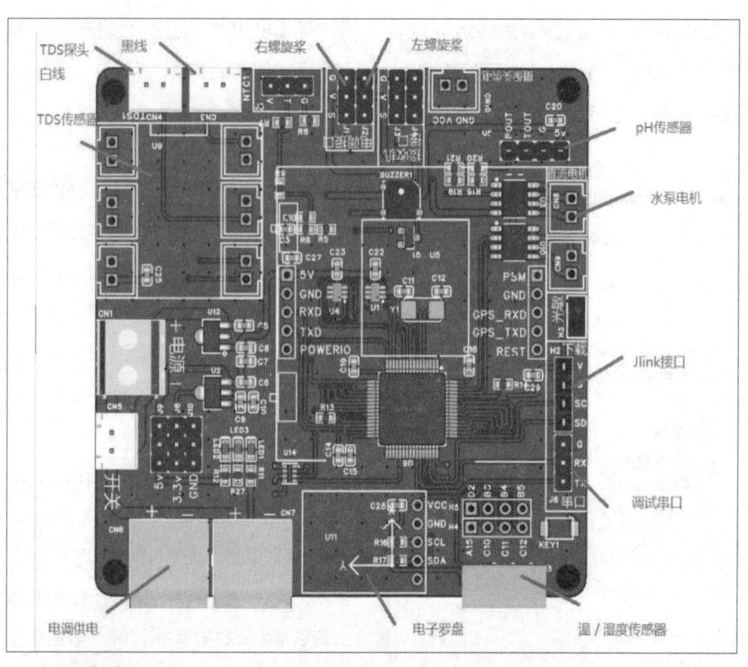

图 24 PCB 接口示意

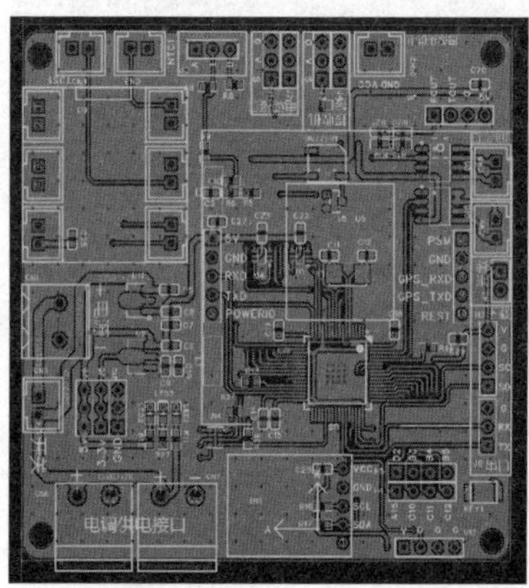

图 25 无人船顶部走线

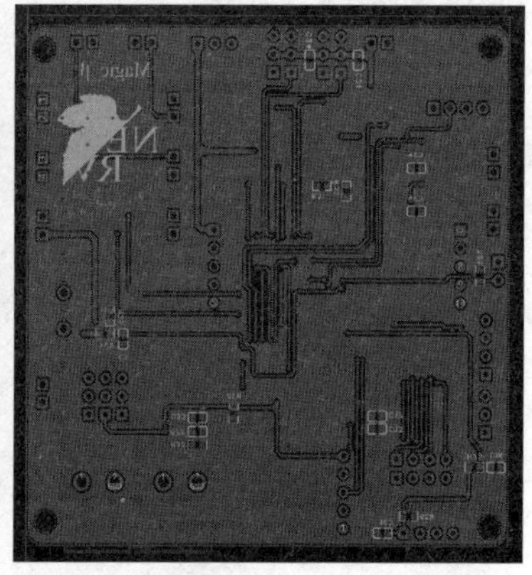

图 26 无人船底部走线

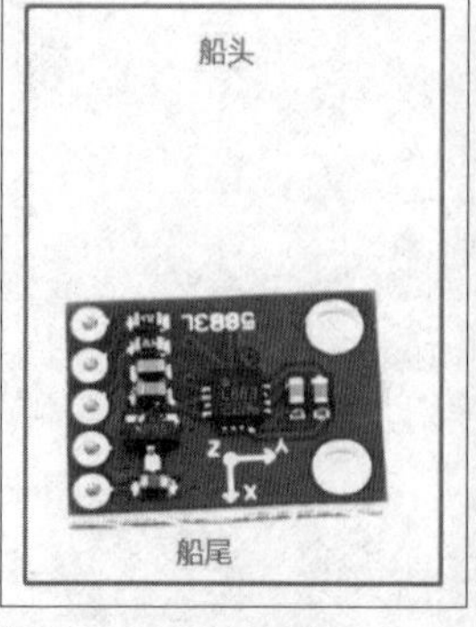

图 27 电子罗盘位置示意

图 28 原型机采样盒子安装参考

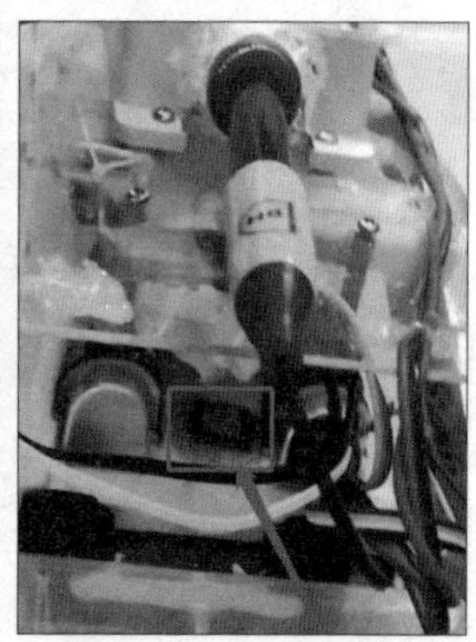

图 29 原型机开关安装位置

LATTENTOSH DIY 迷你计算机

Arnov Sharma[印度] 翻译：DF 创客社区

一切要从最初的Macintosh 128k说起，我来自印度，在20世纪90年代末人们才知道计算机这个东西。我父亲买了一台旧的Macintosh 128k用来处理文件，我大多数时候会用它来玩游戏。我的第一台计算机是Windows 98系统的康柏台式机。对我而言，苹果计算机从黑白界面到全彩界面是一次难以言说的巨变。Macintosh颜值更高，因为它是早期的一体式计算机，真的很酷，硬件可能没有我之后买的计算机好，但它至今仍对我的审美产生深刻影响。因此我决定制作一台复古又新潮的迷你计算机。

制作原理

LATTENTOSH DIY 迷你计算机基于 Latte Panda（熊猫拿铁）3 Delta 制作。显示屏选择的是一个 7 英寸高清显示屏。外壳方面，我用 Fusion360 做了计算机外壳模型，并用我“老当益壮”的 Ender3 3D 打印机把每个部件用白色和橙色的 PLA 材料打印出来。

这个不太精致的小计算机可以运行各种东西，甚至可以运行《DOOM》游戏！下面我将详细描述这台 LATTENTOSH 计算机的制作过程，我们一起来看看吧。

制作过程

Latte Panda 3 Delta

这个项目中，我使用 Latte Panda 3 Delta（见图 1）运行 LATTENTOSH 计算机。

Latte Panda 3 Delta 是 Latte Panda 的新型单板机，采用主频为 2933MHz 的第 11 代英特尔赛扬。N5105 4 核处理器、8GB 内存，并板载 64GB eMMC 存储器。它默认运行 Windows 10 系统，也可以切换运行 Linux 系统，这点真的很棒！

图1 Latte Panda 3 Delta

图2 3D模型（正面）

图3 3D模型（背面）

Latte Panda 3 Delta 使 用 M.2 B Key接口而不是M.2 E Key，可以连接4G或5G模块，甚至可以通过NVMe Key M延长线转PCI-E x16显卡适配器来添加显卡。

它还板载了ATmega32U4 MCU和许多其他功能件，如扬声器和能输出5V/12V电压的电源等。

此外，它还有USB Type-C接口，可以用作电源输入接口或显示接口，甚至可以再加个多接口集线器，方便连接其他模块。

我使用Latte Panda的原因很简单，它可以代替低功率上网笔记本计算机或i3台式计算机，运行各种软/硬件。我想用它运行一些游戏软件，以及运行谷歌浏览器访问YouTube。对于这种应用，树莓派性能不足，Latte Panda则表现更好。

3D打印部件

因为这个项目工程量很大，需要进行大量的3D打印工作，所以我把模型分为3部分：主体（前盖）、中间部分和底盖。前盖镶嵌着显示屏，中间部分安装单板机等，底盖上安装风扇。最终成品的3D模型如图2和图3所示。

导出每个部件的3D文件，并在3D打印机适配的切片软件中打开。

我使用的软件是Cura，参数设置如下。

- 喷嘴：1mm。
- 层高：0.32mm。
- 填充：50%立体。
- 风扇：20%的速度。
- 材料：PLA。

需要打印的部件如下。

- 基底。
- 中部主体。
- 后盖。
- 通风道。
- 手柄。
- 内部支撑柱1 × 2个。
- 内部支撑柱2 × 1个。
- 中间主体支架 × 1个。
- Logo（橙色PLA）× 1个。
- 软盘（橙色PLA）× 1块。
- 适配器支架 × 1个。
- 后盖上的盖子(橙色的PLA)× 1块。

组装

1 前盖的组装

准备前盖，用热熔胶把7英寸的液晶显示屏固定在前盖上，添加一个按钮用于开启和关闭Latte Panda。之后用强力胶在正面贴上LATTENTOSH标志和软盘罩。前盖组装完成后效果如右图所示。

2 中间部分的组装

因中间部分的主体太大，所以分为两部分打印以缩短打印时间。之前打印主体需要至少20h，分割中间部分后，每个部分打印时间不到10h。

我们将中间部分的主体放置在前盖上，用 M3 螺钉将这两个部分组装在一起。

准备两个 4Ω 的扬声器，在每个扬声器上添加两根电线，将两根电线的一端连接到 SIP4-CON4 排针上。将每个扬声器放在中间部分的机身上（CAD 设计中已经制作了中间部分机身的网格和安装孔）。

把 Latte Panda 放在相应位置上，用 4 个 M3 螺丝钉固定。在中间部分机身内部添加支撑柱，先将水平支撑柱放在靠近扬声器的地方，然后再加两个与之垂直的支撑柱。这些支撑柱是必不可少的，因为它们可以避免机身弯曲或压缩，能够让迷你计算机在结构上变得更坚固。

将 HDMI 线连接到 Latte Panda 的显示接口。将显示器的 VCC 和 GND 引脚连接到 Latte Panda 的 5V 和 GND 接口。将两个扬声器的正极和负极连接到 Latte Panda 的音频输出端。最后将开关连接线到 Latte Panda 的 SW 接口。

到目前为止，我们已经将前部和中部机身组合在一起，准备好了计算机基本结构。我们将显示屏的 VCC 和 GND 引脚连接到 Latte Panda 的 5V 和 GND 接口为显示屏供电。

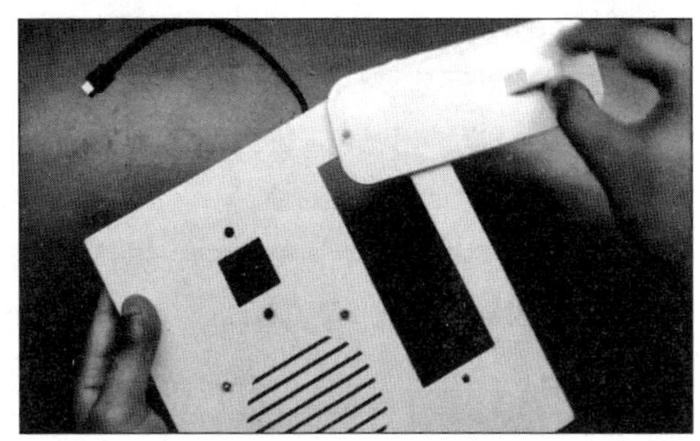

3 准备底盖

首先使用 4 个 M3 螺丝钉在空气出口处添加风扇。将 Latte Panda 的电源适配器放在合适位置，并用两个 M2 螺丝钉将其固定。使用 1 个 M2 螺丝钉将底盖盖上，并使用两个正方形磁铁固定。如果需要查看 Latte Panda 的内部，移动底盖即可。

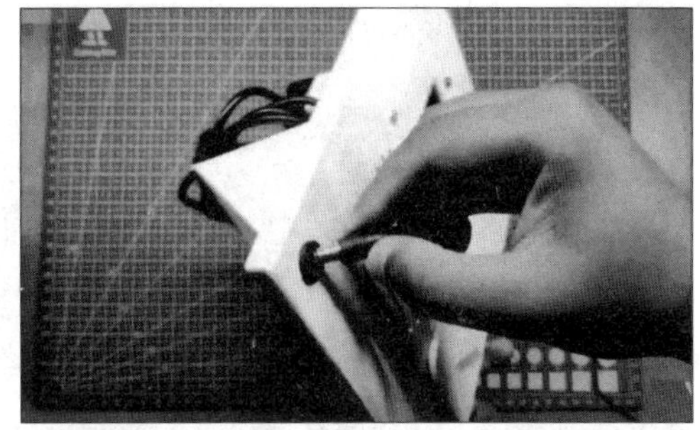

4 整体组装

整体组装时，我们将组装好的中间机身与组装好的后盖合并，先将 USB Type-C 数据线连接 Latte Panda 接口，再合并机身和盖子。再用 6 个 M2 螺丝钉固定盖子，每侧用 3 个。现在计算机已经完全组装好了，可以开机了。对于 I/O 操作，我用计算机的 2 个 USB 3.0 接口连接键盘和鼠标，目前我使用的是戴尔键盘和惠普标准鼠标。对于供电问题，我使用 Latte Panda 的适配器来为整个系统供电。

运行游戏和播放视频

经过努力，现在这台类似 Macintosh 128k 的小计算机终于组装好了。它运行的是 Windows 10 系统，能运行各类软件，从视频编辑软件到 Photoshop 都不在话下。它还可以运行配置较低的游戏，最重要的是，它能运行谷歌 Chrome 看 YouTube，甚至还能玩《我的世界》。

这个小计算机可以运行大多数不需要显卡的游戏，因为我喜欢复古的东西，所以加载了一个 PlayStation 的模拟器 PPSSPP，运行《龙珠：真武道会 2》游戏（见图 4）。我还没有用它玩过大型游戏，但我之后会在 Latte Panda 上加一块固态硬盘，然后通过 STEAM 平台在计算机上运行《反恐精英：全球攻势》进行压力测试。

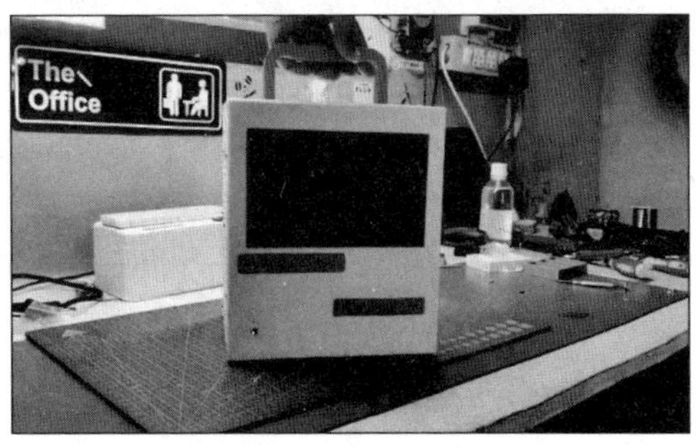

它也能流畅地播放视频，画面不是很亮（见图 5），但确实能看。

无线网络气象站

常席正

相信大多数人都有忘记带伞，被大雨堵在某个地方的经历。事实上，现在有很多方法了解天气，比如在手机上安装一个天气App，但有没有什么更直观的方法呢？比如用一块显示屏持续显示并更新当前的天气状况，包括温度、湿度、降雨概率、风速等。这就是我做这个无线网络气象站的初衷。

无线网络气象站需要从网络中获取数据。查找相关资料后，我选择用气象网站的API来获取天气状况，气象网站可以提供全国各个城市的天气数据，并提供多种不同的API供调用，比如“当前天气”“未来4天预报(每小时)”“未来16天预报(每天)”“紫外线参数预报”等，还可根据地理坐标进行查询，以JSON格式返回数据，方便嵌入式程序解析结果。有了这种成熟的网络API之后，我们开发相关应用无疑会更加灵活方便。

我选择了树莓派RP2040作为MCU，选择GC9A01这款1.28英寸圆形显示屏作为显示，WizFi360用于传输气象数据。软件方面，除了和天气API的接口程序需要重新开发，其他组成部分在Arduino中都有相关的库可以调用，开发过程还算顺畅，无线网络气象站电路如图1所示。

图4 运行游戏

图5 播放视频

待改进部分

总的来说，这台迷你计算机能像普通的台式计算机一样工作。它支持很多功能，因为它使用的是真正的Windows 10操作系统，不是任何修改或编辑的版本。它的尺寸很小，所以很便携，还能用交流电供电。我们也可以用12V电源供电，但设计上需要做一些改变，加一个12V Barrel Jack接口来连接Latte Panda的12V IN接口就可以了。

这个项目中，我还需要升级一下固态硬盘，同时也可以换个新的显示屏，因为目前的显示屏亮度不太够。

在USB Type-C接口上我会再加一个适配器，用于扩展USB接口和HDMI接口以连接外部显示器，并为该系统添加更多的I/O接口。

此外，这个设备目前是通过Latte Panda的官方适配器供应交流电的。我会再添加一个板载电源让设备更加便携，这样在户外也能使用。

结语

以上就是我制作LATTENTOSH的全过程，制作这个项目对我而言是一段充满挑战和乐趣的旅程。从儿时对Macintosh 128k的记忆出发，我终于在现实中打造了这台复古又现代的迷你计算机。我久违地感受到了技术带来的乐趣与成就感。它不仅是一台实用的小计算机，更是我对过去回忆的致敬，也是对未来探索的一次有趣尝试。我期待着看到更多人参与其中，发挥他们的创造力，打造出属于自己的LATTENTOSH。

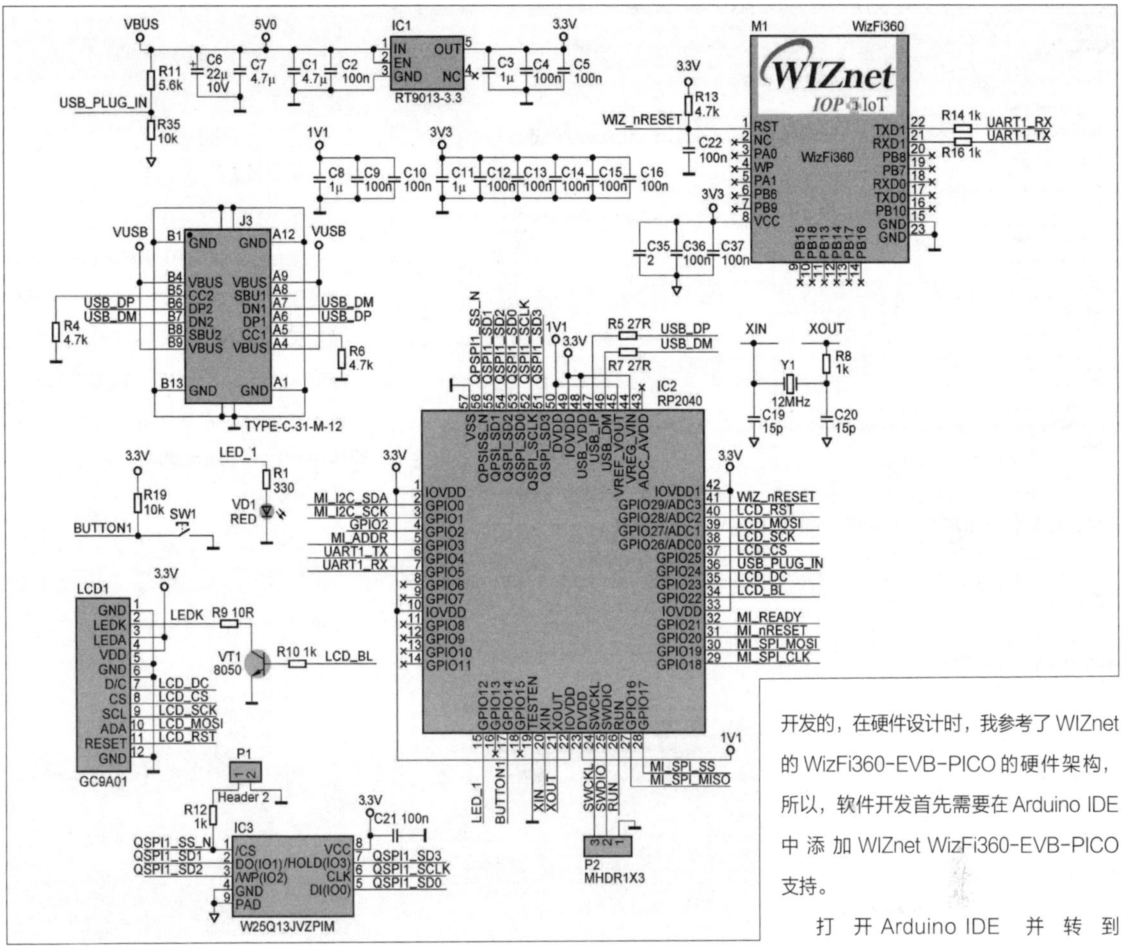

图 1 无线网络气象站电路

制作过程

整个制作流程大致分为在气象网站上创建新账户并获取个人账户的 API Key、在 Arduino IDE 中安装库文件、气象网站的 API 的接口程序编写和数据处理、显示屏（GC9A01）显示等。接下来，我将分步骤详细介绍开发过程。

创建新账户

创建账户之后，可以在“My API keys”中看到被分配的 Key，请确认 Key 的状态是否为激活状态。申请之后，可能需要等待一段时间才能使用。申请 Key 的界面如图 2 所示。

我使用的是气象网站提供的免费预报服务有一定限制，比如每分钟只能接受 60 次请求，每月只能接受 100 万次请求，不过作为个人使用，完全不受影响。

库文件安装

无线网络气象站是基于 Arduino IDE 开发的，在硬件设计时，我参考了 WIZnet 的 WizFi360-EVB-PICO 的硬件架构，所以，软件开发首先需要在 Arduino IDE 中添加 WIZnet WizFi360-EVB-PICO 支持。

打开 Arduino IDE 并转到“File”→“Preferences”，弹出对话框后，在 Additional Boards Manager URLs 字段中添加 arduino-pico 库的软件源 URL（通过搜索 Earle Philhower 和 arduino-pico 两个关键词可获得 Github 源地址链接），如图 3 所示。

然后，在 Board Manager 中搜索 WizFi360 安装树莓派 Pico/RP2040。

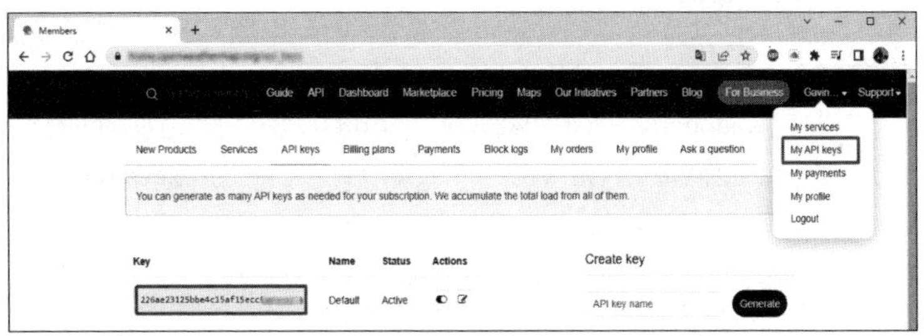

图 2 注册账户并申请 API Key

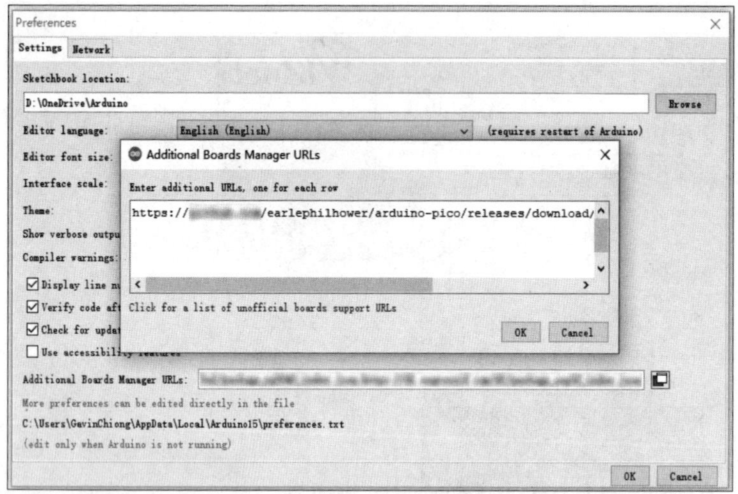

图3 在Arduino IDE中增加Additional Boards Manager URLs

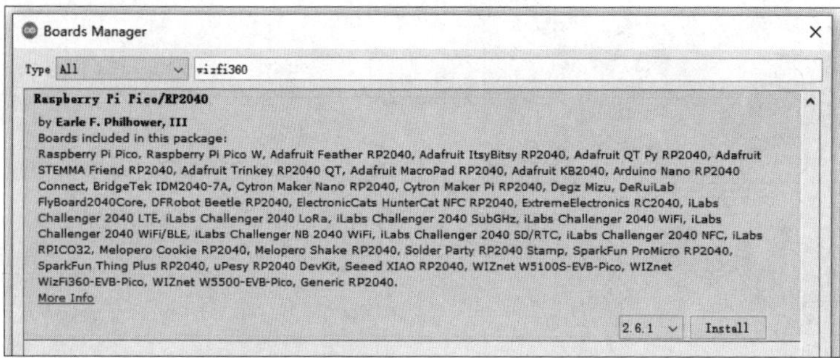

图4 Board Manager中增加模块支持

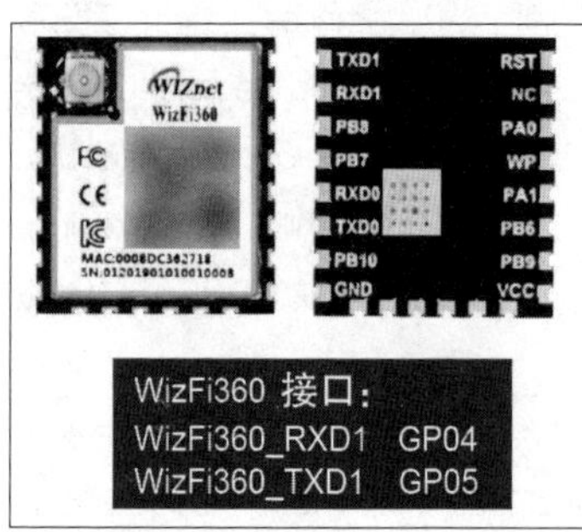

图5 WizFi360接口定义

安装完成后，通过“Tool”→“Board: “***””→“Raspberry Pi RP2040 Boards(2.6.1)”选择WIZnet WizFi360-EVB-PICO，在Board Manager中增加模块支持（见图4）。

此后，就可以在Arduino IDE中开发RP2040了。在Library Manager中安装GFX Library for Arduino库，以支持圆形显示屏(GC9A01)。最后添加PNGdec库以支持PNG图片解码。至此，开发的准备工作便完成了。

天气预报API程序和数据处理

首先，我们将WizFi360连上Wi-Fi，WizFi360的接口定义如图5所示。如要变更I/O定义，可以在WIZnet WizFi360-EVB-PICO库中的I/O定义文件中进行更改。

库中已经有WizFi360的接口函数，这部分很方便实现，具体如程序1所示。

程序1

```
#include "WizFi360.h"
// Wi-Fi 信息
char ssid[] = "WIZFI360";
// Wi-Fi 网络的 SSID
char pass[] = "********";
// Wi-Fi 网络的密码
int status = WL_IDLE_STATUS;
// Wi-Fi 网络的状态
WiFiClient client;
```

初始化WizFi360模块串口并将波特率更改为2000000波特，这样才能尽快得到天气数据。设置串口FIFO为3072字节，这样可以降低串口丢失数据的概率。最后在setup()函数中查看WizFi360的Wi-Fi状态，具体如程序2所示。

程序2

```
// 初始化 WizFi360 模块，设置串口 FIFO 为
3072 字节
Serial2.setFIFOSize(3072);
Serial2.begin(2000000);
WiFi.init(&Serial2);
// 检查硬件是否连接好
if (WiFi.status() == WL_NO_SHIELD)
{
  // 如果硬件没有连接好，不再继续
  while (true);
}
// 尝试连接到 Wi-Fi 网络
while ( status != WL_CONNECTED)
{
  // 连接到 Wi-Fi 网络
  status = Wi-Fi.begin(ssid, pass);
}
Serial.println("You're connected to
the network");
```

连上Wi-Fi之后，我们通过WizFi360与服务器的80端口建立TCP连接，并发送天气数据HTTP GET请求，API请求格式说明如图6所示。

其中mode选择默认的JSON格式即可。lang可以选择中文，但嵌入式对中文支持不太友好，所以我用的英文。appid就是申请账户得到的Key。lat、lon是所在地的地理坐标，可以通过百度地图获取。

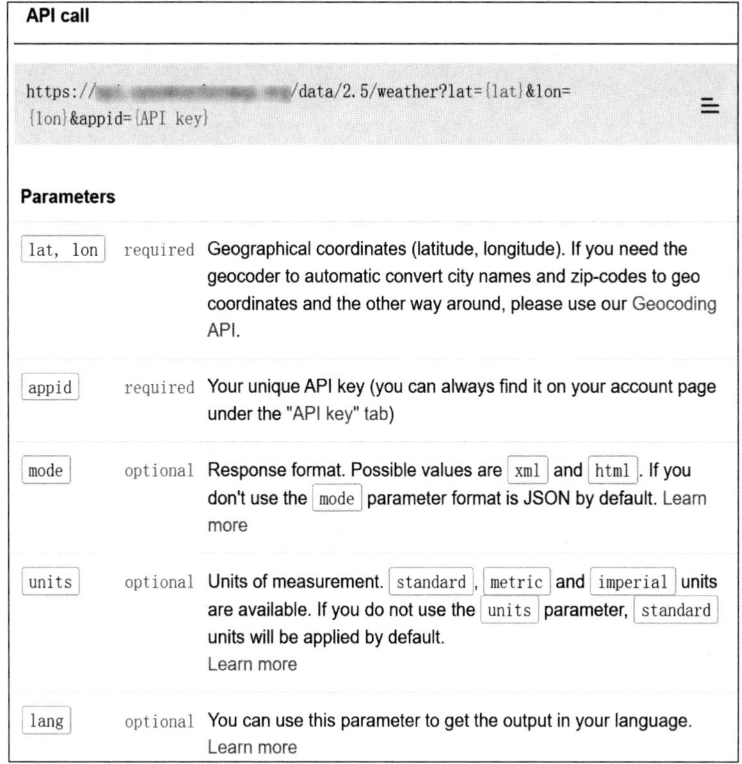
API call

```
https://[blurred]/data/2.5/weather?lat={lat}&lon={lon}&appid={API key}
```

Parameters

`lat, lon`	required	Geographical coordinates (latitude, longitude). If you need the geocoder to automatic convert city names and zip-codes to geo coordinates and the other way around, please use our Geocoding API.
`appid`	required	Your unique API key (you can always find it on your account page under the "API key" tab)
`mode`	optional	Response format. Possible values are `xml` and `html`. If you don't use the `mode` parameter format is JSON by default. Learn more
`units`	optional	Units of measurement. `standard`, `metric` and `imperial` units are available. If you do not use the `units` parameter, `standard` units will be applied by default. Learn more
`lang`	optional	You can use this parameter to get the output in your language. Learn more

图6 API 请求格式说明

接下来使用 WizFi360 发送 GET 请求，具体如程序 3 所示。

程序3

```
//连接到服务器
if(client.connect(weather_server,80))
{
    Serial.println("Connected to server");
   // 发送一个 HTTP GET 请求
    client.println(String("GET /data/2.5/weather?lat=22.428&lon=114.210&appid=") + String(weather_appid) + String("HTTP/1.1"));
    client.println(String("Host:") + String(weather_server));
    client.println("Connection: close");
    client.println(); //HTTP HEADER 需要以两个\r\n 结束
   data_now = 0;
```

发送 GET 请求后，服务器会以 JSON 格式返回地理坐标所在地的天气信息，如程序 4 所示。

程序4

```
{ "coord": { "lon": 10.99, "lat": 44.34 }, "weather": [ { "id": 501, "main": "Rain", "description": "moderate rain", "icon": "10d" } ], "base": "stations", "main": { "temp": 298.48, "feels_like": 298.74, "temp_min": 297.56, "temp_max": 300.05, "pressure": 1015, "humidity": 64, "sea_level": 1015, "grnd_level": 933 }, "visibility": 10000, "wind": { "speed": 0.62, "deg": 349, "gust": 1.18 }, "rain": { "1h": 3.16 }, "clouds": { "all": 100 }, "dt": 1661870592, "sys": { "type": 2, "id": 2075663, "country": "IT", "sunrise": 1661834187, "sunset": 1661882248 }, "timezone": 7200, "id": 3163858, "name": "Zocca", "cod": 200 }
```

其中比较重要的参数如下所示。

weather.main：天气参数。

weather.icon：天气图标 ID。

main.temp：温度，单位：开尔文。

main.humidity：湿度，单位：%。

main.temp_min：本日最低温度，单位：开尔文。

main.temp_max：本日最高温度，单位：开尔文。

wind.speed：风速，单位：m/s。

rain.1h Rain：未来 1h 降雨概率。

rain.3h Rain：未来 3h 降雨概率。

我将天气数据存储在json_String中，数据接收和存储过程如程序 5 所示。

程序5

```
while (client.available())
{
  myBuffer.push(client.read());
//将获取到的数据存储在一个 Ring buffer 中
  data_now =1;
}
if (data_now)
{
  json_String = "";
  json_start = false;
  while (myBuffer.pop(value)) {
    Serial.print((char)value);
    if (value == '{') {
//遇到“{”表示 JSON 格式的开始
      json_start = true;
    }
    if (json_start) {
       json_String += (char)value;
//将 JSON 数据存储在 json_String 中
    }
}
```

获得数据之后，进行数据处理，可以调用 Arduino 的 JSON 库来处理，也可以按照查找字符串 indexOf() 函数的方式来处理，我用的是后者，具体如程序 6 所示。

程序6

```
//查找 ICON 图标文件的 ID，关键词 icon
```

```
dataStart = json_String.
indexOf("icon") + strlen("icon") + 3;
dataEnd = json_String.indexOf("}",
dataStart) - 1;
dataStr = json_String.substring
(dataStart, dataEnd);
weather_icon_num = dataStr;
//查找天气概况，关键词 main
dataStart = json_String.indexOf
("main") + strlen("main") + 3;
dataEnd = json_String.indexOf(",",
dataStart) - 1;
dataStr = json_String.substring
(dataStart, dataEnd);
weather_main = dataStr;
//查找当前温度，关键词 temp
dataStart = json_String.indexOf
("temp") + strlen("temp") + 2;
dataEnd = json_String.indexOf(".",
dataStart);
dataStr = json_String.substring
(dataStart, dataEnd);
weather_temperature = dataStr.
toInt()-272;
//查找今天最低温度，关键词 temp_min
dataStart = json_String.
indexOf("temp_min") + strlen("temp_
min") + 2;
dataEnd = json_String.indexOf(".",
dataStart);
dataStr = json_String.substring
(dataStart, dataEnd);
weather_temperature_min = dataStr.
toInt()-272;
//查找今天最高温度，关键词 temp_max
dataStart = json_String.
indexOf("temp_max") + strlen("temp_
max") + 2;
dataEnd = json_String.indexOf(".",
dataStart);
dataStr = json_String.
substring(dataStart, dataEnd);
weather_temperature_max = dataStr.
toInt()-272;
//查找当前湿度，关键词 humidity
dataStart = json_String.
indexOf("humidity") +
strlen("humidity") + 2;
dataEnd = json_String.indexOf(",",
dataStart);
dataStr = json_String.
substring(dataStart, dataEnd);
weather_humidity = dataStr.toInt();
//查找当前风速，关键词 speed
dataStart = json_String.indexOf
("speed") + strlen("speed") + 2;
dataEnd = json_String.indexOf(",",
dataStart)-1;
dataStr = json_String.substring
(dataStart, dataEnd);
weather_wind = dataStr.toInt();
//查找当前降雨概率，关键词 rain
dataStart = json_String.indexOf
("rain") + strlen("rain") + 3;
dataEnd = json_String.indexOf("\"",
dataStart);
dataStr = json_String.
substring(dataStart, dataEnd);
weather_rain = dataStr;
```

我们不但获得了各种天气数据，还获得了一个天气图标ID，图标列表如图7所示，其中图标ID之后加@2x代表需要的是100像素 ×100像素的.png图片，而@4x代表需要的是200像素 ×200像素的.png图片。

ICON文件的获取和存储过程如程序7所示。返回数据的HTTP头文件的Content-Length中包含了图片的长度，需要判断是否接收完毕。

程序7

```
// 与图标服务器建立链接
if (client.connect(weather_icon_
server,80))
{
  Serial.println("Connected to
weather_icon_server");
  // 发送 .png 图标文件 GET 请求
  client.println(String("GET /img/
wn/") + String(weather_icon_num) +
  String("@2x.png HTTP/1.1"));
  client.println(String("Host:") +
String(weather_icon_server));
  client.println("Connection:
close");
  client.println();
  data_now = 0;
}
while (client.available())
{
  json_String += (char)client.read();
  data_now =1;
}
if (data_now)
{
  dataStart = json_String.
indexOf("Content-Length: ") + strlen(
"Content-Length: ");
  dataEnd = json_String.indexOf("\
n", dataStart);
  dataStr = json_String.
substring(dataStart, dataEnd);
  weather_icon_len = dataStr.toInt();
  dataStart = json_String.
indexOf("Accept-Ranges: bytes")+
strlen( "Accept-Ranges: bytes")+4;
  dataStr = json_String.
substring(dataStart, json_String.
length());
  uint16_t weather_icon_cnt;
  weather_icon_cnt = weather_icon_len
+ dataStart - json_String. length();
  while (weather_icon_cnt>0) {
    while (client.available()) {
      dataStr += (char)client.read();
      weather_icon_cnt--;
    }
  }
  client.stop();
```

```
    data_now = 0;
}
```

至此，天气数据和天气图标的获取就处理完成了。

显示屏（GC9A01）部分

得到气象数据之后，需要在显示屏上显示，我使用的GC9A01是一个SPI接口显示屏，分辨率是240像素 ×240像素。我们之前已经添加了Arduino_GFX_Library，需要实例化一个接口方便调用，如程序8所示。

程序8

```
#include <Arduino_GFX_Library.h>
Arduino_GFX *tft = create_default_Arduino_GFX();
```

显示屏的接口和引脚定义如图8所示，需要注意的是，需要在libraries\GFX_Library_for_Arduino\src\Arduino_GFX_Library.h中指定GC9A01使用的I/O接口，更改后如程序9所示。

程序9

```
#elif defined(ARDUINO_RASPBERRY_PI_PICO) ||defined(ARDUINO_WIZNET_WIZFI360_EVB_PICO) ||defined(ARDUINO_WIZNET_5100S_EVB_PICO)
#define DF_GFX_SCK   26
#define DF_GFX_MOSI  27
#define DF_GFX_MISO GFX_NOT_DEFINED
#define DF_GFX_CS    25
#define DF_GFX_DC    23
#define DF_GFX_RST   28
#define DF_GFX_BL    22
```

通过显示屏显示图像，首先需要初始化显示屏，并在setup()函数中开启显示屏背光。

显示界面的生成步骤如图9所示，分为4个步骤：当连接Wi-Fi时，只显示Wi-Fi的图标（灰）；连接上Wi-Fi后，显示系统界面的框架；获得数据后填充在相应位置；获得图标文件后通过Arduino

图标列表

Day icon	Night icon	Description
01d.png	01n.png	clear sky
02d.png	02n.png	few clouds
03d.png	03n.png	scattered clouds
04d.png	04n.png	broken clouds
09d.png	09n.png	shower rain
10d.png	10n.png	rain
11d.png	11n.png	thunderstorm
13d.png	13n.png	snow
50d.png	50n.png	mist

图7 图标列表

库中的图片处理函数，显示相应内容。

系统框架只显示所有后续步骤中不变化的内容，这样可以减少刷新动作，具体如程序10所示。

程序10

```
void display_dashboard()
{
   //tft->fillRect(119,30,2,180,DARKGREY);
  tft->setCursor(173, 29);
  tft->setTextSize(2);
  tft->println("o");
  tft->setCursor(182, 41);
  tft->setTextSize(3);
  tft->println("C");
   tft->drawRoundRect(125,69,70,14,7,DARKGREY);
   tft->drawRoundRect(126,70,68,12,6,DARKGREY);
  tft->setTextColor(DARKGREY);
  tft->setTextSize(1);
  tft->setCursor(128, 85);
  tft->print("min max");
  tft->fillRect(30,110,180,2,DARKGREY);
```

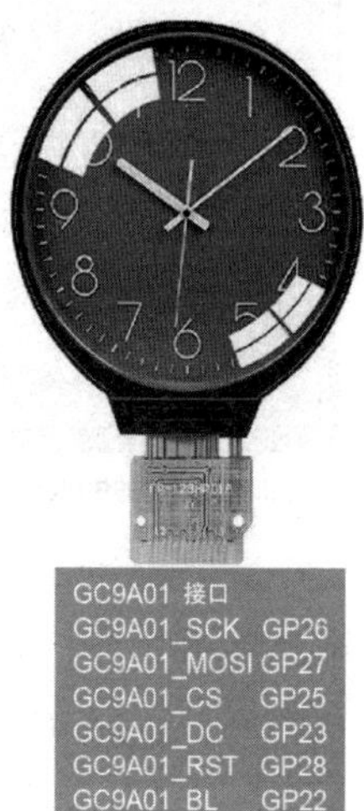

GC9A01 接口
GC9A01_SCK GP26
GC9A01_MOSI GP27
GC9A01_CS GP25
GC9A01_DC GP23
GC9A01_RST GP28
GC9A01_BL GP22

图8 GC9A01接口及引脚定义

```
  tft->setTextColor(DARKGREY);
  tft->setTextSize(2);
  tft->setCursor(43, 117);
  tft->print("humidity:    %");
  tft->setCursor(48, 137);
  tft->print("wind:    km/h");
  tft->fillRect(30,160,180,2,DARKGREY);
  tft->setCursor(71, 167);
  tft->print("Hong Kong");
  tft->setCursor(65, 189);
  tft->print(ip);
   tft->fillArc(120,120, 118, 120, 0, 360, GREEN);
}
```

在获得天气数据后，按程序11所示填写进相应位置。

程序11

```
tft->fillRect(35,90,90,20,LIGHTGREY);
tft->setTextColor(WHITE);
if (weather_main.length()==4)
 {
  tft->setCursor(40, 90);
} else
{
  tft->setCursor(37, 90);
```

图 9 显示界面的生成步骤

```
}
tft->setTextSize(2);
tft->println(weather_main); //更新天气状态
tft->drawRoundRect(129,72,64,8,5,LIGHTGREY);
uint8_t temp_uint8 = (weather_temperature*64)/(100*(weather_temperature_max-weather_temperature_min));
tft->fillRoundRect(129,72,temp_uint8,8,8,DARKGREY); //更新温度状态
tft->fillRect(125,34,45,30,LIGHTGREY);
tft->setCursor(125, 34);
tft->setTextSize(4);
tft->println(weather_temperature);
//更新温度显示
tft->fillRect(156,117,20,20,
LIGHTGREY);
tft->setTextColor(WHITE);
tft->setTextSize(2);
tft->setCursor(156, 117);
tft->print(weather_humidity);
//更新湿度显示
tft->fillRect(113,137,30,20,LIGHTGREY);
tft->setCursor(113, 137);
tft->print(weather_wind);//更新风速显示或降雨概率
```

最后是显示天气图标的 .png 文件，这部分是我在 Arduino_GFX_Library 的 imgviwer 示例程序基础上修改而来，具体如程序 12 所示。

程序12

```
int rc = png.openRAM((uint8_t *)dataStr.c_str(), weather_icon_len, PNGDraw);
if (rc == PNG_SUCCESS)
{
  char szTemp[256];
  sprintf(szTemp, "image specs: (%d x %d), %d bpp, pixel type: %d\n", png.getWidth(), png.getHeight(), png.getBpp(), png. getPixelType());
  Serial.print(szTemp);
  rc = png.decode(NULL, 0);
  png.close();
} // .png 图片成功打开
else
{
  Serial.println("ERROR");
}
```

至此，显示部分就完成了。考虑到天气数据在短时间内很少剧烈变化，我设置的是每 6min 更新 1 次数据。细心的小伙伴可能注意到了，显示屏边缘有一个绿色的圆，它就是 6min 的倒计时，每秒走动一度，6min 正好是 360°。

结语

无线网络气象站成品和效果如图 10 所示，至此，这个无线网络气象站就开发完成了，经过一段时间的使用，天气数据显示正常，美中不足的是显示屏有点小，只能显示有限的天气参数，以后有机会换个大一些的显示屏，显示效果会更好。

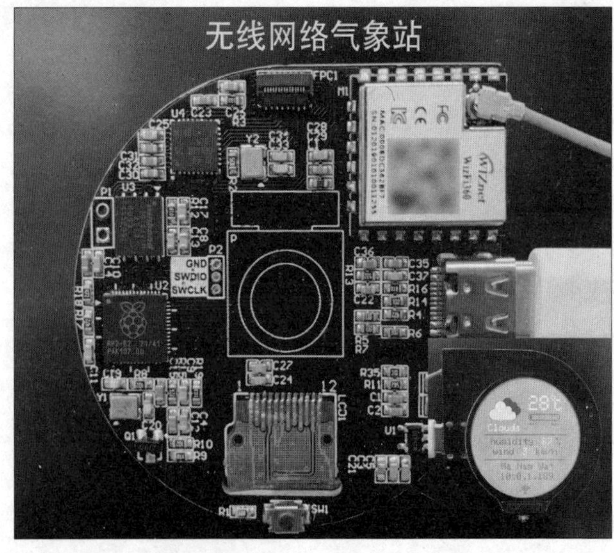

图 10 无线网络气象站成品和效果

RP2040 3D 打印机控制板

▎八木

项目介绍

本项目为 3D 打印机控制板，MCU 使用树莓派 RP2040，且为上、下位机一体控制板，上、下位机均使用开源 Klipper 固件。板载 6 路 TMC2209 驱动芯片，可驱动 6 路步进电机，热床、热端、热敏电阻、风扇均具备，同时板载 USB 接口，可接工具板、摄像头等外部设备。

应用场景

- 作为 3D 打印机的控制板。
- 作为写字机控制板。
- 作为激光雕刻机控制板。

设计原理

本项目下位机 MCU 基于 RP2040 设计，通过连接电机驱动芯片、MOS 管等，控制步进电机、热床、热端和风扇。通过芯片 ADC 接口采集温度。上位机通过串口连接下位机 MCU，通过 Klipper 控制 3D 打印机。

MCU

本项目下位机 MCU 使用性价比极高的树莓派 RP2040，其配合简单的外围电路即可使用。

本项目使用一颗 12MHz 晶体振荡器为 MCU 提供参考时钟，使用一颗 W25Q128 Flash 芯片为 MCU 提供 128MB 的存储空间，配合电容、电阻组成最小单片机系统， MCU 电路如图 1 所示。

电源

本项目电源需要使用 12V 及 5V 电源，12V 电源作为主电源，给步进电机、热床、热端及风扇供电；5V 电源作为辅助电源，给上位机、USB Hub 等供电，并通过 AMS1117 降压为 3.3V 给 MCU、串口芯片等供电，电源电路如图 2 所示。

上位机

本项目提供 1 路 USB 接口用于连接上位机，可直接接入随身 Wi-Fi， 电路如图 3 所示。同时板载有 USB Hub 芯片，可扩展 4 路 USB，USB Hub 电路如图 4 所示，其中 1 路连接串口芯片用于连接下位机，1 路作为 XH2.54 接口，2 路作为 USB 接口（见图 5），可用于接入摄像头、显示屏、震动检测仪等。

上、下位机使用串口连接，如图 6 所示，可以使用硬件复位，避免使用 USB 连接出现复位后断连的问题。

步进电机

本项目板载 6 路 TMC2209 步进电机驱动芯片，使用 UART 模式，可方便地设置电流、驱动模式等参数，且 *X*/*Y*/*Z* 三轴支持跳线选择无限位模式，步进电机驱动电路如图 7 所示。

热端、热床及热敏电阻

本项目使用 MOS 管控制热端及热床通 / 断，且热端、热床具有对应的指示灯，在加热时指示灯会闪烁。热敏电阻使用常见的 100kΩ 热敏电阻，上拉电阻为 4.7kΩ，同时放置了 100nF 的电容，解决温度漂移问题，使得温度更加准确。热端、热床及热敏电阻电路如图 8 所示。

风扇

本项目具备 3 路风扇接口，其中 2 路

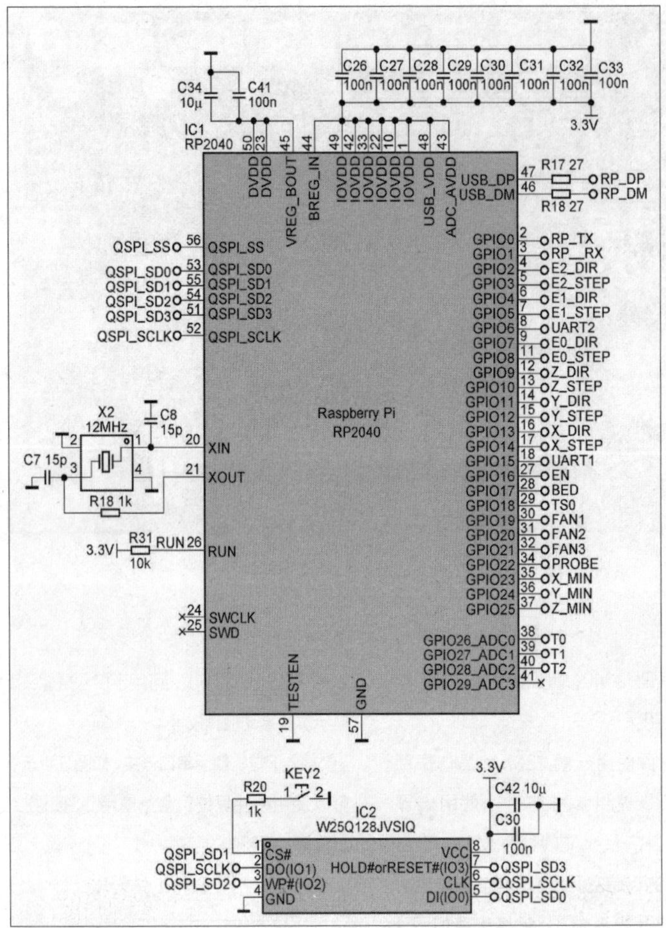

■ 图 1 MCU 电路

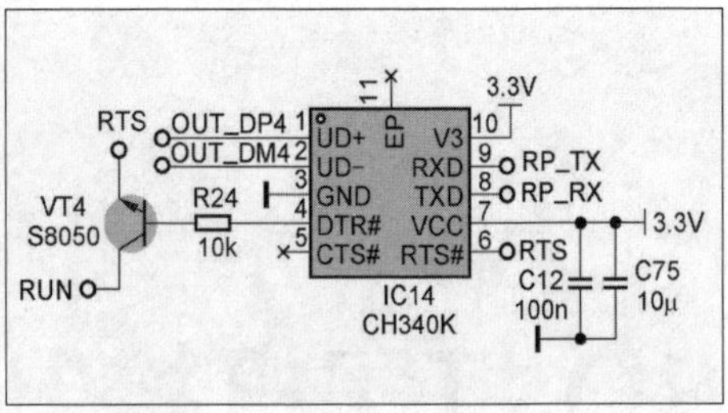

■ 图 6 串口电路

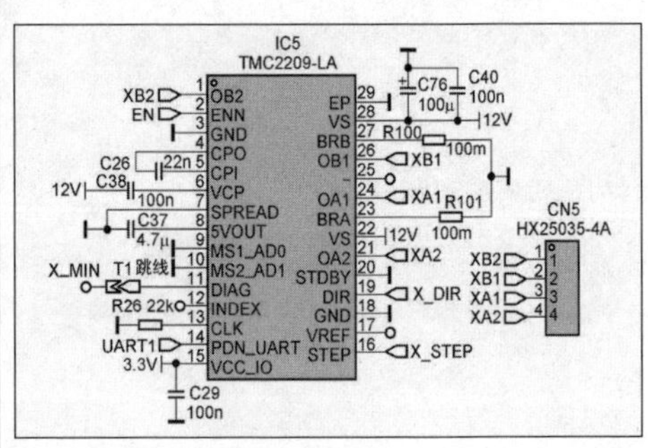

■ 图 7 步进电机驱动电路

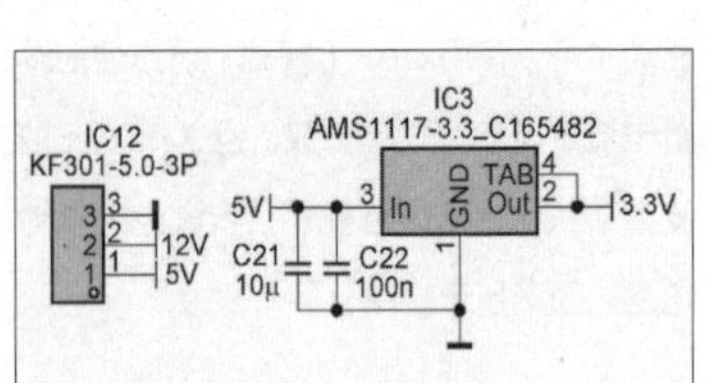

■ 图 2 电源电路

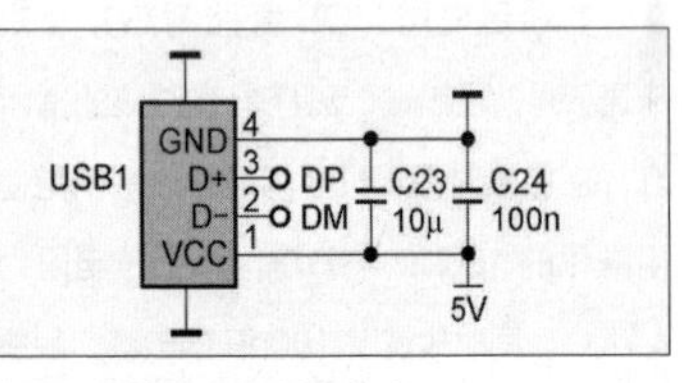

■ 图 3 随身 Wi-Fi 接口电路

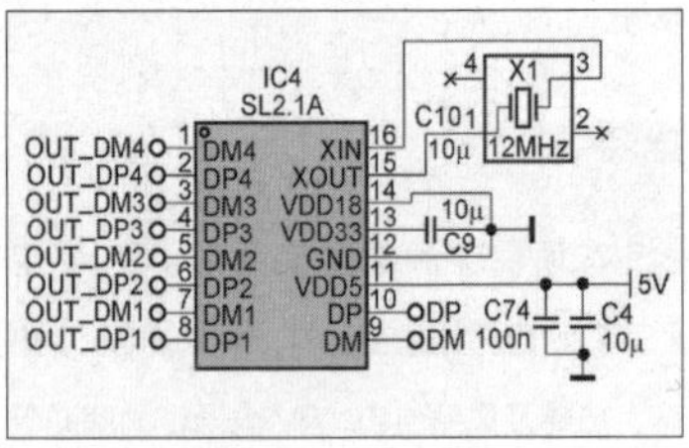

■ 图 4 USB Hub 电路

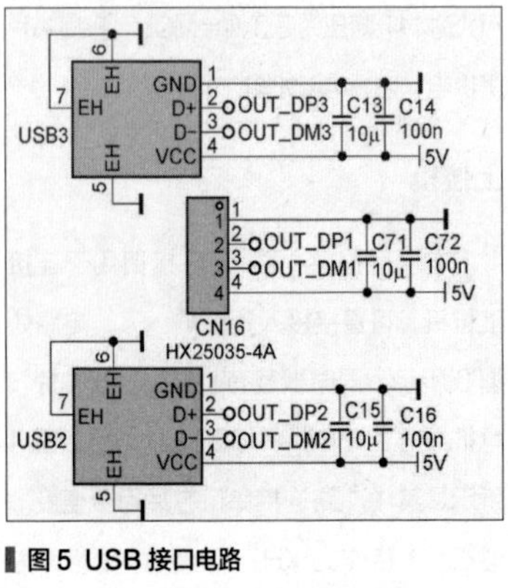

■ 图 5 USB 接口电路

分别连接喉管和模型散热风扇，另 1 路连接主板散热风扇，以确保上、下位机在合适的温度运行。本项目使用小功率 MOS 管，上位机可直接控制风扇功率。风扇电路如图 9 所示。

限位

本项目设计 3 路物理限位接口，可连接微动开关作为限位开关，同时设计 1 路 3Pin Probe 接口，可作为探针、焊材检测等接口。限位接口电路如图 10 所示。

固件刷写

本项目控制板固件使用 3D 打印机主流的开源系统 Klipper，目前 Klipper 系统比较成熟、功能丰富、配置灵活，支持的硬件比较丰富。

下位机固件编译

Klipper 下位机固件需要在上位机上完成编译，根据控制板的硬件配置选择合适的编译选项，本项目控制板 MCU

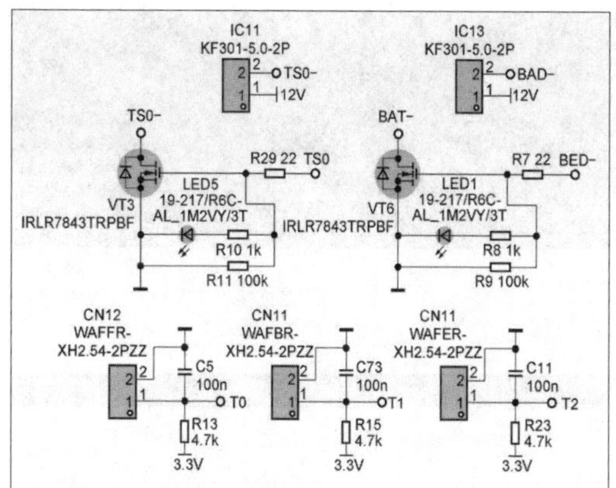

图 8 热端、热床及热敏电阻电路

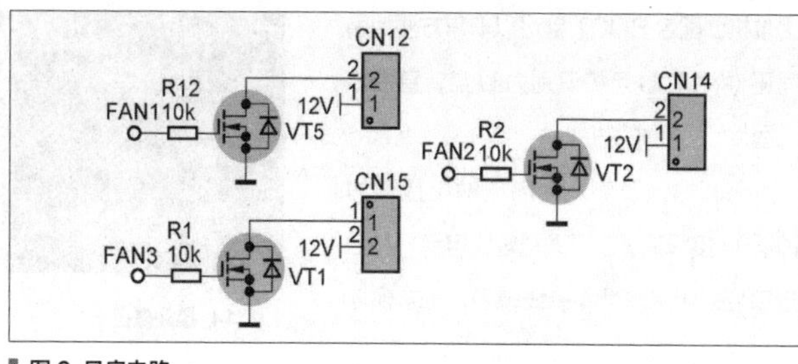

图 9 风扇电路

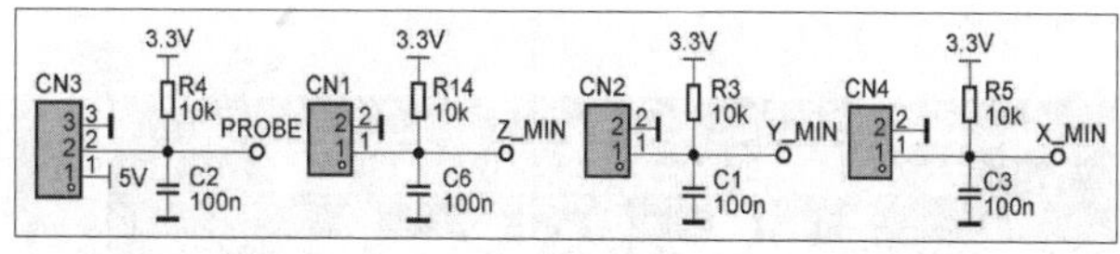

图 10 限位接口电路

使用的芯片为 RP2040，使用串口模式连接，编译选项如图 11 所示，修改完编译选项之后就可以开始编译固件，复制固件如图 12 所示。

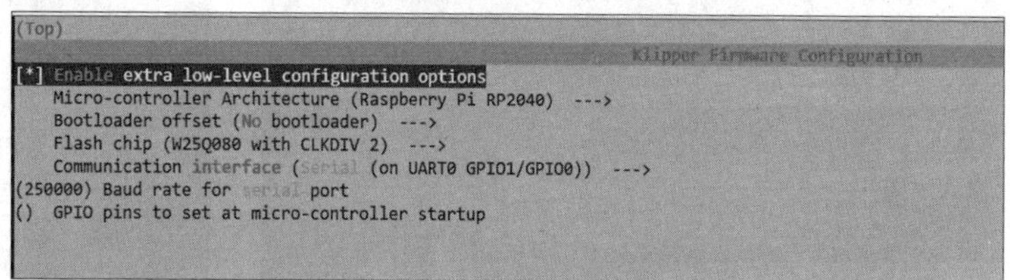

图 11 编译选项

```
root@openstick:/home/klipper/klipper# make
  Creating symbolic link out/board
  Building out/autoconf.h
  Compiling out/src/sched.o
  Compiling out/src/command.o
  Compiling out/src/basecmd.o
  Compiling out/src/debugcmds.o
  Compiling out/src/initial_pins.o
  Compiling out/src/gpiocmds.o
  Compiling out/src/stepper.o
  Compiling out/src/rp2040/i2c.o
  Building out/compile_time_request.o
fatal: detected dubious ownership in repository at '/home/klipper/klipper'
To add an exception for this directory, call:

        git config --global --add safe.directory /home/klipper/klipper
Version: ?-20230907_164730-openstick
  Building rp2040 stage2 out/stage2.o
  Preprocessing out/src/rp2040/rp2040_link.ld
  Linking out/klipper.elf
  Building out/lib/rp2040/elf2uf2/elf2uf2
  Creating uf2 file out/klipper.uf2
```

图 12 编译固件

通过计算机刷写固件

RP2040 刷写固件的方式比较简单，将 USB 数据线连接到计算机，按住主板上的 BOOT 键，即可在计算机上识别到一个磁盘，将上一步编译好的固件拖入磁盘中，即可完成固件刷写（见图 13）。

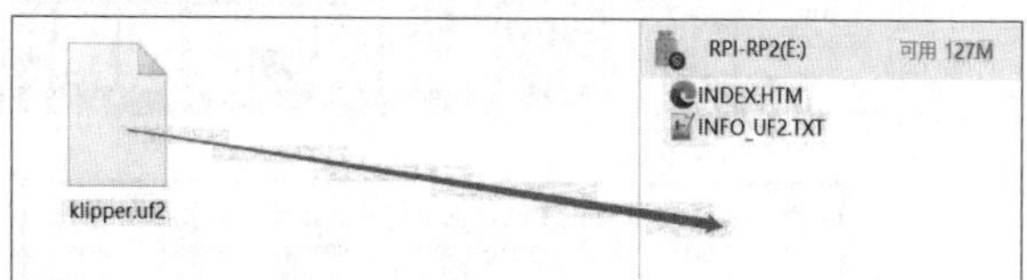

图 13 通过计算机刷写固件

通过上位机刷写固件

使用 USB 数据线将控制板连接到上位机 USB 接口，在上位机上挂载 RP2040 磁盘，如图 14 所示，将编译好的固件复制到挂载好的磁盘中（见图 15）即可完成固件编译。

硬件介绍

本项目主要元器件及接口均分布在PCB正面，方便使用加热台焊接，同时MCU芯片、驱动芯片、MOS管周围空间较大且无遮挡，可以贴上散热片加强散热，配合主板散热风扇，确保不会出现过热断连现象。

USB Type-C 接口可连接计算机或者

上位机，配合 BOOT 键可以非常方便地刷写固件，MCU 可被识别为 U 盘，直接拖入固件即可完成刷机。

电源输入及热端、热床输出接口为 KF301 接线端子，可通过较大电流，其他接口均采用 XH2.54 接线端子，可方便地插拔设备。PCB 正面和背面分别如图 16 和图 17 所示。

```
root@openstick:~# mount /dev/sda1 /rp2040/
root@openstick:~# df -h
文件系统          容量  已用  可用 已用% 挂载点
udev             170M     0  170M    0% /dev
tmpfs             38M  1.3M   37M    4% /run
/dev/mmcblk0p14  3.3G  2.3G  733M   76% /
tmpfs            190M     0  190M    0% /dev/shm
```

图 14 挂载磁盘

```
root@openstick:/home/klipper/klipper# cp out/klipper.uf2 /rp2040/
```

图 15 复制固件

接线指导

图 16 PCB 正面

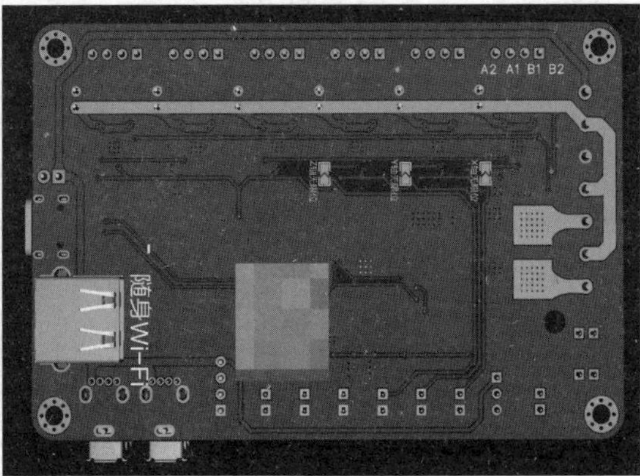

图 17 PCB 背面

硬件连接及各接口引脚编号如图 18 所示，根据打印机实际需求使用合适的接口，特别注意 6 路步进电机驱动分为两组 UART 引脚，*X*/*Y*/*Z*/*E*0 使用同一个 UART 引脚，地址依次为 0/1/2/3；*E*1/*E*2 使用同一个 UART 引脚，地址依次为 0/1。接口定义仅作为参考，可根据自己喜好接线，对应好配置文件就可以。

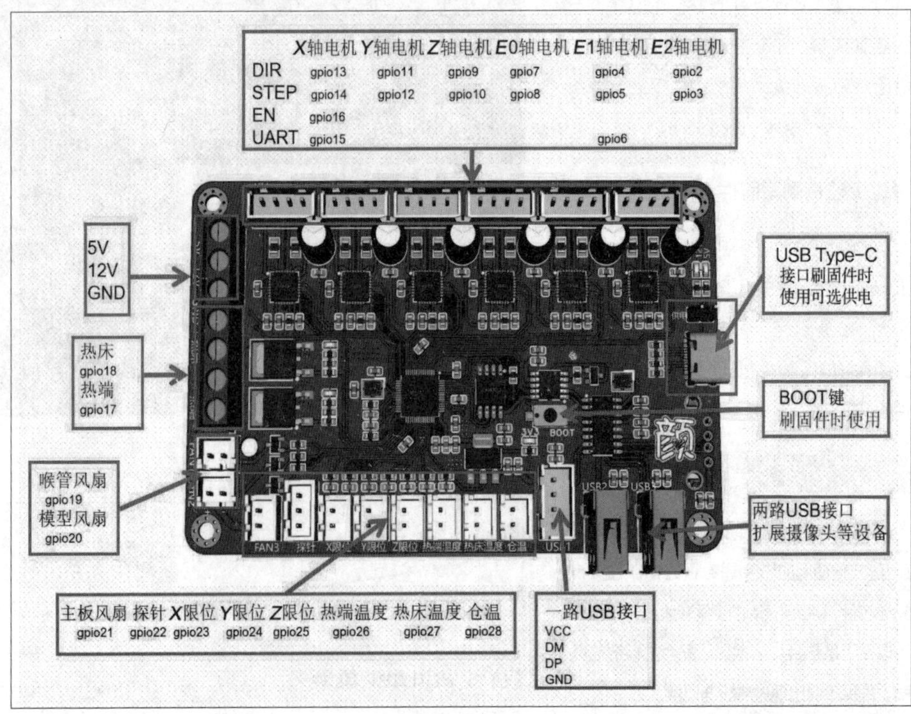

图 18 连接指导

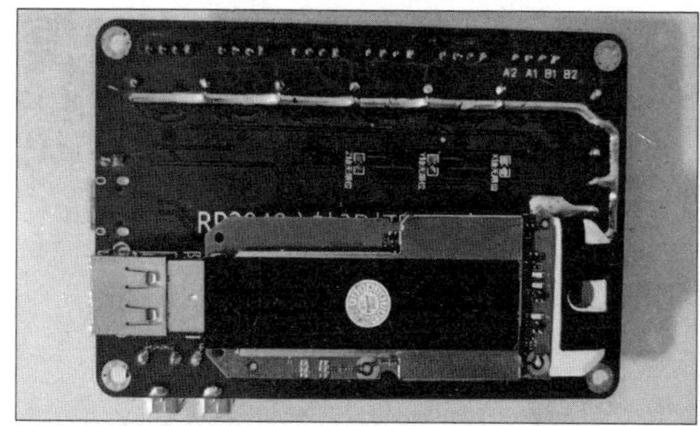
图19 连接上位机

图20 安装进外壳

连接上位机

上位机使用随身WIi-Fi时，可直接插入控制板背面的USB接口（见图19），此接口连接USB Hub后通过串口芯片连接下位机。

安装进外壳

我为此控制板单独设计了一个外壳，可将控制板安装于内，同时安装一个4020风扇用于主板散热（见图20）。外壳设计有安装支架，可方便地安装到3D打印机上。

线路连接

控制板安装好之后就可以开始连接了，外壳左侧留有3个走线孔，步进电机线从上面的走线孔穿进来连接到对应的接口，电源输入线及热床、热端线通过中间的走线孔连接到接线端子上，热敏电阻、风扇、限位接线从下方走线孔穿入，连接到对应的接口上。主板下面留有足够的空间用于安装随身Wi-Fi，且外壳左侧上、下均有通风孔，线路连接如图21所示。

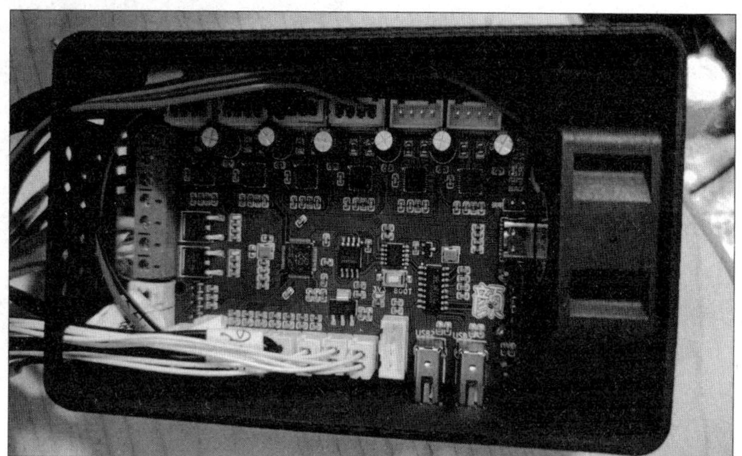
图21 线路连接

安装到3D打印机上

线路连接好后就可以将其安装到3D打印机上了，外壳底部设计有支持结构，通过侧面一颗螺丝固定到3D打印机上，如图22所示，上盖和外壳采用卡扣式设计，安装好外壳后，将上盖卡入外壳即可完成安装，如图23所示。

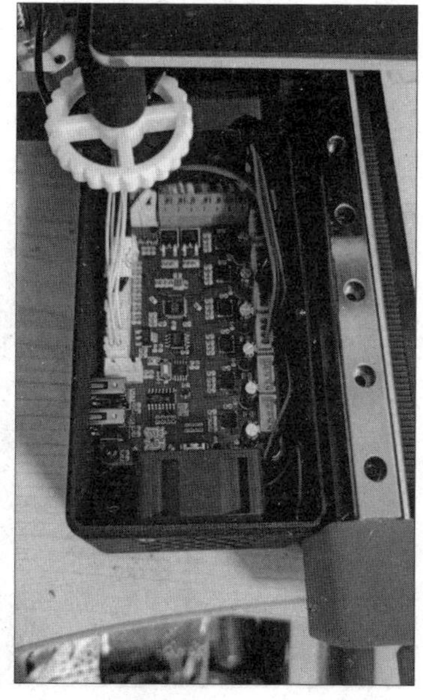
图22 安装到打印机

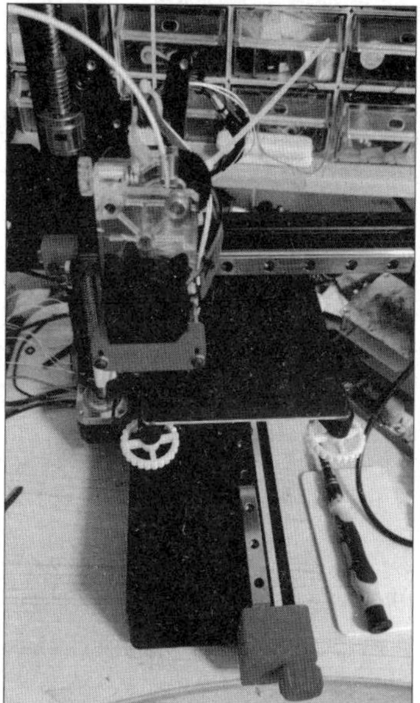
图23 安装上盖

基于 STC15 单片机和 Open Hardware Monitor 的计算机监控副屏

演示视频

▌李志远 黄泓瑞 郑程恩

设计初衷

不知道程序员是否有过和我一样的经历：当有亲戚朋友购买计算机时，都会征求作为程序员的我的意见，好像在他们眼中，一个每天用计算机的人，组装计算机、修理计算机自然也不在话下。

刚巧我确实喜欢折腾计算机主机，平时没少帮朋友出谋划策和装机。这些年来，计算机主机硬件更新迭代频繁，相关周边外设也层出不穷。近期有个主机外设引起了我的注意——机箱副屏，它可以显示主机硬件运行时的状态数据，如 CPU、GPU 使用率、温度、功耗和内存使用情况等。它可以由闲置显示器改造，也可以定制化显示屏显示，配置好显示模板后输出到显示屏即可，如图 1 所示。

早期只有软件能显示计算机主机硬件运行状态数据，如 AIDA64、Open Hardware Monitor、MSI Afterburner 等。一些装机玩家和单机游戏玩家尤其喜欢这类软件。这些软件和前文提到的副屏相比，部分软件的缺点是在游戏中无法实时观测到数据；有的软件（如 MSI Afterburner）可以在游戏中实时显示硬件数据，但往往会和一些游戏的画面有冲突，需要调整显示位置。

主机监控副屏显示与软件显示相比，解决了上述缺点，但需要占用一个显卡输出端口，且需和 AIDA64 绑定。AIDA64 是一款付费软件，目前网上基于 AIDA64 和液晶屏的显示方案，大多数使用的是试用版或破解版。

出于对监控副屏的兴趣，工作室设计了一款 OLED 监控副屏。它使用开源库获取主机硬件状态数据，通过 USB 转串口发送数据到 OLED 显示屏。不仅节约了显卡输出端口，也规避了使用盗版软件的风险。同时它也是开源的，任何人都可以改造它，做出适合自己的监控副屏。

▌图 1 某品牌机箱内置的机箱副屏

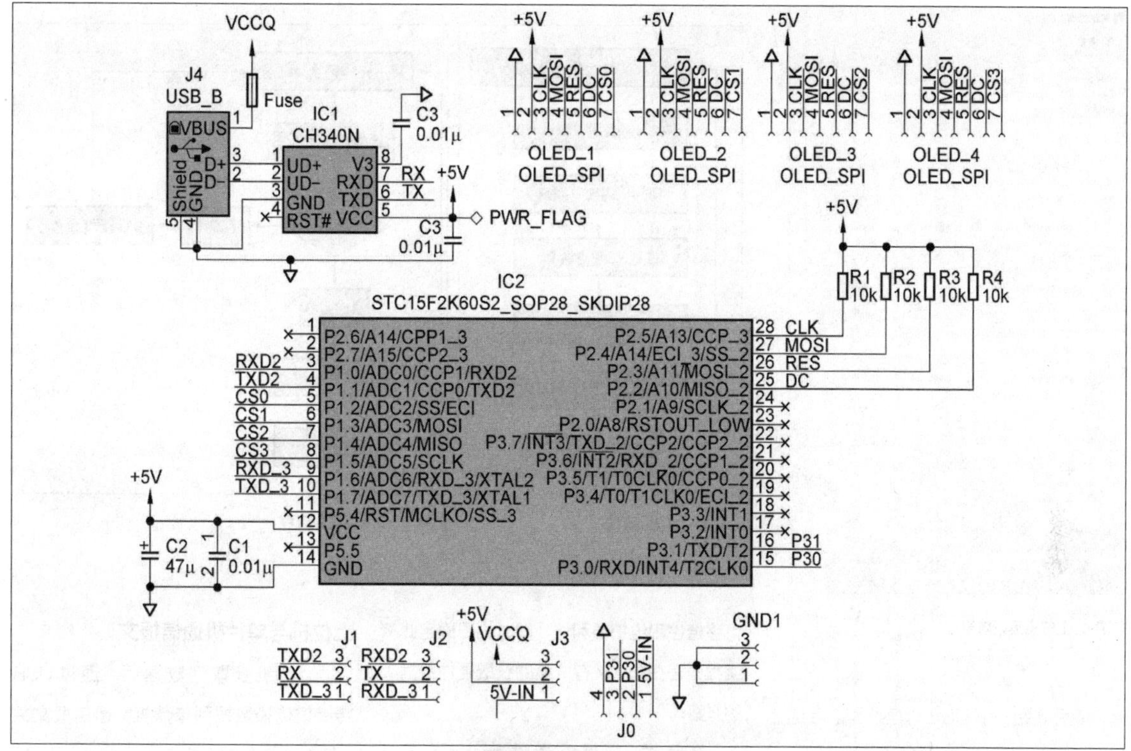

▌图 2 整体电路

硬件设计方案

基于实用性和扩展性，当前版本选用OLED而非TFT显示屏。目前网购平台已有串口加全彩液晶屏的方案，无须单片机做数据转发。工作室也曾尝试全彩屏方案，技术实现上并不复杂。但最后选择OLED显示屏，是因其可视角度更大，光线柔和，比一般的TFT显示屏更“养眼”。这也是与装机玩家沟通后的结果，喜欢侧透机箱的玩家，机箱摆放的角度并不固定，OLED显示屏的大可视角度能更好地让使用者观测到副屏数值。

电路介绍

整体电路如图2所示，硬件结构精简，仅由一颗宏晶STC15系列单片机、一颗沁恒CH340芯片、4块中景园1.3英寸SPI总线OLED显示屏和若干阻容元器件组成，OLED显示屏分辨率为128像素×64像素，主控为SS1306。

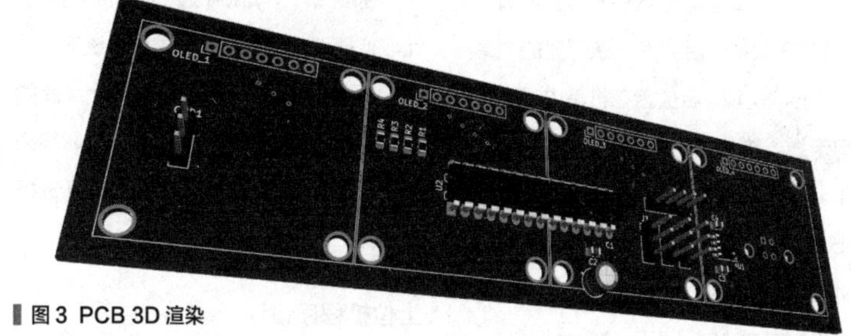

▌图 3 PCB 3D 渲染

PCB设计和元器件封装选择

在第一版的PCB设计中（PCB 3D渲染见图3），元器件都是贴片封装的，在焊接好测试PCB后，我拿给一位喜欢装机的同事演示，希望得到一些优化建议。当首位体验用户看到实物时，问我的第一个问题是：“我也很有兴趣，这些我能自己焊接吗？难不难？”

这不经意的一句话却启发了我。焊接贴片电子元器件对我和其他电子爱好者固然没有任何难度，但这个设计的受众更为广泛，那就应该对“用户”友好。用户既包括单片机爱好者、学习者，也包括主机玩家。对于主机玩家，只有把焊接部分做得尽可能简单，他们才有可能去尝试自己制作，甚至喜欢上单片机。基于以上种种原因，最终我将PCB中的元器件调整为便于焊接的直插件。

这样设计后，可能有读者会提出另一个疑问：这样确实满足了新手，但有经验的人就是想用贴片元器件，你怎么满足这部分人呢？这确实是一个难以两全其美的方案，我也曾短暂地陷入是否要全直插件设计这个问题。最终我发现，这个问题并不存在，此设计开源后，DIY玩家可以更换自己喜欢的元器件封装形式。

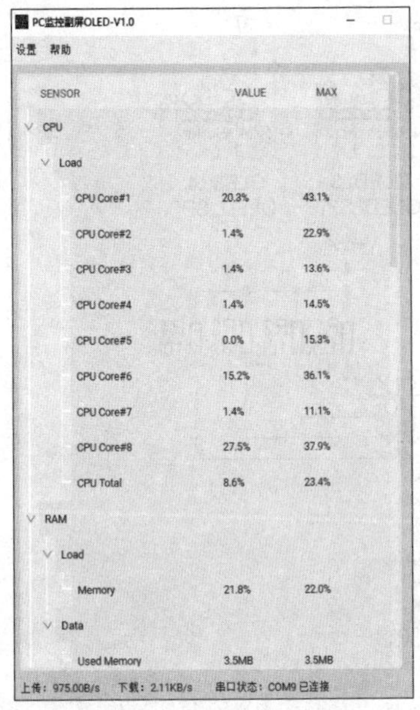

图4 上位机运行效果

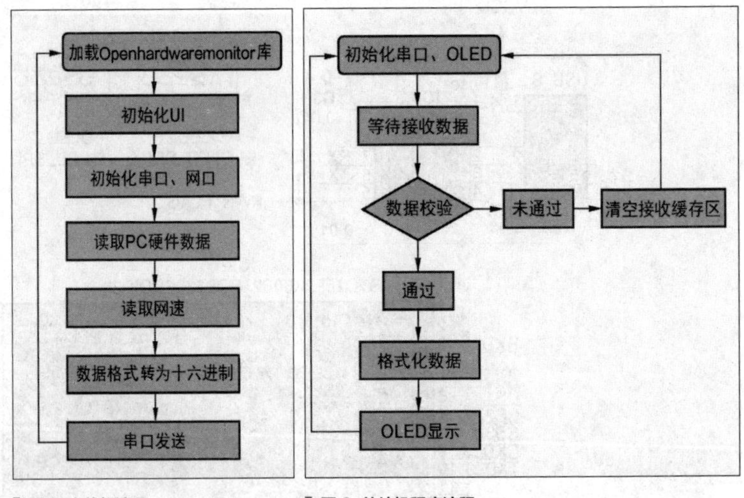

图5 上位机流程

图6 单片机程序流程

最后介绍一下USB母座选型。若选用卧式母座，母座需布局在PCB的两侧，插入USB数据线后会有一条明显的“尾巴”，影响美观。若放置在机箱内，也会影响走线，故此处选择180° 立式USB母座。近年鲜有见到Mini USB和Micro USB数据线，USB Type-C已成为主流。但此处选择USB Type-B接口，是因为180° 立式Mini USB、Micro USB、USB Type-C母座在手工焊接时，很难保证焊接牢靠，在拔插几次数据线后，容易脱落。读者可根据自己的实际情况更换合适的USB母座。

软件设计

在上位机设计初始阶段，我最先接触Open Hardware Monitor开源项目，其提供的openhardwaremonitorlib.dll可供Python直接调用获取数据。考虑到有DIY玩家会基于Linux操作系统或使用类似TrueNas（基于Linux内核）镜像搭建NAS，为了让这一部分玩家也能使用上位机，上位机的编程语言就要考虑上位机的可移植性和维护便利性，同时也要确定此编程语言在Linux有成熟的获取硬件数据的方案。

经测试，Python通过pustuil库能比较便捷地获取到Linux操作系统下的硬件相关数据，且Python的pyserial库能很好地支持USB转串口通信。故最终确定上位机编程语言使用Python，UI选择Pyside。上位机运行效果如图4所示。

上位机程序设计

目前上位机可获取到的计算机硬件数据同Open Hardware Monitor基本一致，屏蔽了不常用的数据，增加了网速（上行/下行）数据和串口状态。

上位机调用Openhardwaremonitorlib.dll初始化需要读取的硬件数据。需要说明的是，该开源项目支持主板、CPU、GPU、RAM、硬盘的数据读取。本项目中未读取主板数据，有兴趣的读者可以尝试读取主板数据，可获取到主板的风扇的转速等数据。读取到硬件数据和网速后，需要转换为十六进制再发送到串口。为了调试方便，部分数据转换为BCD码格式。上位机流程如图5所示。

上位机与单片机通信报文

上位机获取到数据后，通过USB转串口传输数据到单片机，通信报文共77byte，有效数据字节为72byte，共12组数据，每组6byte。每组数据首字节的固定值为数据标识符，第2字节为显示位置程序，决定当前数据显示在第几个显示屏的第几行，在当前显示情景下，一个OLED显示屏只能显示3行内容。随着上位机的不断完善，后期可通过配置文件（config.json）来修改需要显示到OLED显示屏的数据内容；第3至6字节为数据，Float型。CPU数据与内存、显卡不同，有4组数据，即使用率、温度、功耗和频率；网速只有上行和下行2组数据，基于psutil库读取。

单片机程序设计

单片机程序流程如图6所示。单片机通过串口获取上位机数据，经校验后对进行格式化处理，最终通过SPI总线驱动OLED显示屏显示。

OLED厂商给出的程序中只提供了8像素 ×6像素和16像素 ×8像素的英文字库，为了显示美观，本项目程序中已经集成了32像素 ×16像素的英文字库。

核心程序解读

单片机程序设计较为简单，串口初始化和 OLED 显示引用了 STC 和中景园官方提供的样例程序。为节约篇幅，此处仅介绍程序中的核心数据处理函数：data_process()，如程序 1 所示。

程序1

```
void data_process(unsigned char tab[])
{
  xdata unsigned char buf[4];
  unsigned char i;
  float temp;
   unsigned char n, screen, line, dis = 0; /*n: 数据标识符，screen: 显示在第几个显示屏（1～4），line: 显示在第几行（1～3），dis: 切换 KB 和 MB 单位的修正变量 */
  for(i = 2; i < 74; i++)
    {
        frame_data[i - 2] = tab[i];
    }
    for(i=0; i < 12; i++)
    {
    if(frame_data[6 * i + 1] != 0x00)
      {
       n = ((frame_data[6 * i] & 0xf0) >> 4) * 10 + (frame_data[6 * i] & 0x0f);
        screen = ((frame_data[6 * i + 1] & 0xf0) >> 4) - 1;
        line = (frame_data[6 * i + 1] & 0x0f) - 1;
        memcpy(buf, & frame_data[6 * i + 2], 4);
        temp = *(float *)buf;
        if(n == 11 || n == 12 )
        {
        if(temp >= 1024)
          {
            temp = temp / 1024;
                  dis = 2;
          }
          else
          {
              dis = 0;
          }
        }
          sprintf(display_buf[screen][line], val_format[i], temp, unit_format[i + dis]); /* 此处显示摄氏度（℃）符号 */
          if(n == 2 || n == 9)
          {
                      OLED_show_Chinese(102, 4, 0, 16);
          }
      }
    }
}
```

显示数据须确认 3 个参数，即显示在第几个显示屏（对应变量 screen），显示在第几行（对应变量 line），显示哪一个数据（对应变量 *n*）。变量 screen 和 line 分别是每组数据中第 2 字节的高 4 位和低 4 位；变量 *n* 代表当前处理的是哪一项数据，其值通过查表（val_format、unit_format）可获得不同硬件对应的数据类型和单位，显示到 OLED 显示屏。当变量 *n* 的值为 11、12 时，代表当前在处理第 11、12 组数据，即网速数据。上位机发送的网速数据单位为 KB/s，当大于 1024 KB/s 时，单位换到 MB/s，网速的值可直接除以 1024 获得，随之而变的还有显示到 OLED 显示屏的单位字符。变量 dis 的作用便是切换 KB/s 和 MB/s 单位字符。同理，当变量 *n* 的值为 2、9 时，代表当前在处理第 2、9 组数据，即 CPU 和 GPU 温度，因“℃”符号在 OLED 显示屏上无法直接显示，此处“℃”符号是由点阵编码软件生成的 16 像素 ×8 像素的中文字符，故此时调用的显示函数为汉字字符显示函数。

软件运行环境和部分功能说明

经验证，基于 Python 3.7 编译的 .exe 程序可在 Windows 7 及以上系统正常运行，需安装 C++ 2012 版（或更高）运行库、CH340 驱动。

上位机中的网速，计算的是所有产生流量的网卡。如果一台笔记本计算机有有线网卡和无线网卡，分别连接了互联网和工作内网，只要产生了流量，上位机将计算两张网卡的流量之和。

CPU 频率和 GPU 功率在部分硬件上可能存在显示问题，如 CPU 频率和 GPU 功率始终显示为 0。大部分设备在使用管理员身份运行后可解决，但仍有一部分设备无法读取到数据。

未来版本规划

当前设计的 1.0 版本是一次尝试，主要目的是验证软 / 硬件方案可行性，后面我将设计 2.0 和 3.0 版本。2.0 版本上位机将会基于开源项目 Libre Hardware Monitor 重构，它的更新周期更短且支持近年来新发布的硬件。当前使用的 Open Hardware Monitor 库并不能获取到最新硬件的部分数据。经测试，Open Hardware Monitor 不能获取到英特尔 11 代处理器、AMD 7000 系列处理器及更高平台同时期发布的 CPU、显卡等运行数据，只能获取到使用率等基础数据。后续的 2.0 版本将会支持 ARGB 协议，可根据硬件运行数据改变 ARGB 风扇或灯带颜色，如 CPU 温度偏低时，灯带显示冷色光，偏高时显示暖色光，让机箱的灯光实用起来；3.0 版本则是另外一个分支，显示方案为全彩 TFT 显示屏，同时优化 PCB 大小和电路方案，让 DIY 玩家有更多的可玩性。

最新 FT-80C 电台用数据通信盒

▍陈铁石（BA2BA） 宋琦（BG2AQJ） 崔庆海（BD2CO）

FT-80C业余电台在我国无线电爱好者（HAM）群体里有一定占有率，该设备音质较好，功率足，深受广大爱好者的喜爱。不过，因为该设备出厂年代比较早，机内CPU性能并不是很好，无法和现在常用的通联日志软件（以下称日志软件）N1MM+、Logger32及FT8模式使用的JTDX等联机，使用时需要手动更改日志软件频率，再更改FT-80C的频率，比较麻烦。FT-80C电台无法和日志软件联机的原理我已经在《无线电》2019年第2期《为YAESU FT-80C电台制作专用数据盒》一文中进行了阐述，这里不再赘述。经过这几年的使用，我发现原来做的数据盒功能不是很理想，尤其是现在盛行FT8模式，在使用JTDX软件时，程序中的bug就凸显了出来。因此，我们决定对数据盒的电路和程序进行升级，增加数据盒的功能，同时完善数据盒应用的程序。

电路设计

与 FT-80C 相比，新的电台在与计算机日志软件联机后，能互相按协议传送数据，通过软件改变电台的频率、模式时，日志软件也会同步改变。这次制作的新数据盒在电路中增加了键盘和编码器，目的是让其代替 FT-80C 电台给日志软件发送波段频率数据，而不是仅靠日志软件控制 FT-80C 电台。数据通信盒前面板电路如图 1 所示，主板电路如图 2 所示，本设备所用元器件清单见附表。

STC8G2KS4 采用 LQFP 封装，体积比 DIP 封装得小，更适合我的电路要求。前面板电路中的 K10~K160 是矩阵键盘，与 STC8G2KS4 的 P2.0~P2.2、P2.4~P2.6 引脚相连，按键编号即代表所对应的波段，例如：K40 表示此按键被按下后，通过相应的端口分别给 FT-80C 电台和日志软件发送 40m 波段数据。EC11 编码器的 A 端、B 端与 STC8G2KS4 的 P0.3、P0.2 引脚相连，当旋转编码器旋钮时，A 端和 B 端输出不同相位的脉冲，STC8G2KS4 根据脉冲的相位顺序判断是编码器旋钮正转还是反转，从而对 FT-80C 电台的工作频率进行加减操作，同时同步改变日志软件的频率数值。频率步进分为 10Hz 和 1kHz 两挡，由编码器开关控制。编码器开关 E 端与 STC8G2KS4 的 P0.1 引脚相连，当按下编码器旋轴时，开关接通，STC8G2KS4 的 P0.1 引脚为低电平，每按一次旋钮，频率步进改变一次。在 10Hz 挡位时，STC8G2KS4 的 P1.7 引脚为低电平，VD_H 发光二极管亮；在 1kHz 挡位时，STC8G2KS4 的 P1.5 引脚为低电平，VD_k 发光二极管亮。

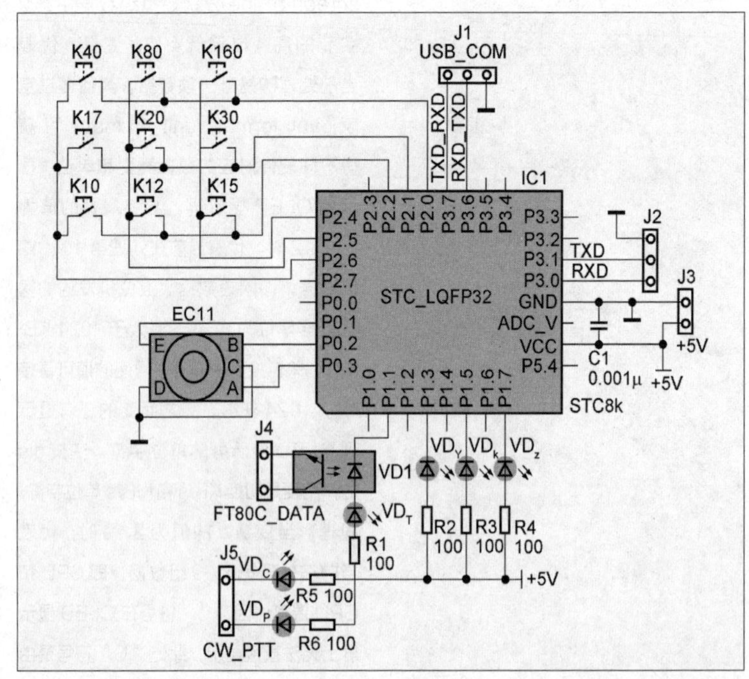

▍图 1 前面板电路

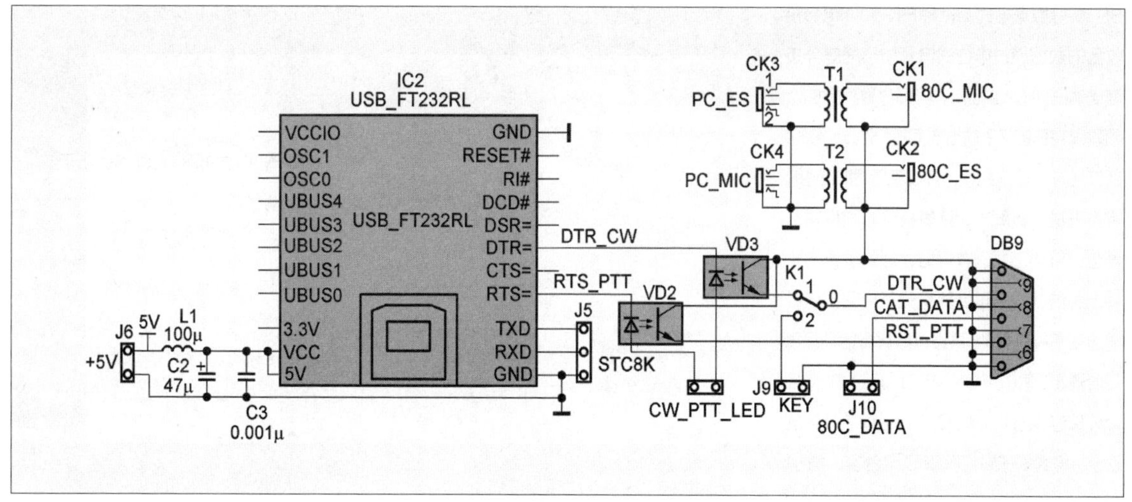

图 2 主板电路

J1（USB_COM）与 STC8G2KS4 的 P3.6、P3.7 引脚相连，通过主板 J7 插针与 FT232RL 串口模块 TXD、RXD 引脚连接，用于 STC8G2KS4 与计算机串口收 / 发数据。J2 插针与 STC8G2KS4 的 P3.0、P3.1 引脚连接，专用于给芯片写程序，J3 插针与主板 J6 插针相连，J6 插针与 FT232RL 模块的 +5V、GND 引脚连接，提供电路所需的电源。STC8G2KS4 的 P1.1 引脚与光电耦合器 VD1 内部的光电二极管负极连接，光电耦合器内部的三极管 C 极接 J4（FT80C_DATA），J4 插针与主板 J10 插针相连，J10 插针连接 BD9 插座，通过外接连线和 FT-80C 电台的 CAT 插座第 3 引脚连接，这样，STC8G2KS4 通过 P1.1 引脚、光电耦合器 VD1 再到 J4 插针，给 FT-80C 电台发送数据，从而控制 FT-80C 的频率、模式，发送数据的同时，VD_T 发光二极管闪亮。J5（CW_PTT）与主板 J8 连接，在 CW 模式时，主板上的 FT232RL 模块 DTR 引脚电平随着 CW 信号高低而变化，光电耦合器 VD3 则随着 CW 信号导通或截止，VD3 内部的三极管 C 极输出的控制信号经 BD9 第 4 引脚，通过外接连线将 CW 控制信号送入 FT-80C 后面板的 KEY 插口，从而让 FT-80C 执行 CW 模式拍发，VD_C 发光二极管则随着 CW 信号闪亮。PTT 模式（数据模式）下，FT232RL 模块 RTS 引脚为低电平，光电耦合器 VD2 导通，VD_P 发光二极管被点亮。FT232RL 的 DTR、RTS 引脚受控于计算机端的日志软件，VD_Y 用于运行指示，程序正常运行时该发光二极管闪亮。

附表 元器件清单

序号	位号	名称	备注
1	IC1	单片机	STC8G2KS4
2	IC2	串口模块	FT232RL
3	C1	瓷片电容	0.01μF（103）
4	C2	电解电容	47μF（470）
5	C3	瓷片电容	0.01μF（103）
6	L1	色码电感	100uH
7	R1~R6	1/16W 碳膜电阻	100Ω
8	VD1~VD3	光电耦合器	JC817
9	VD_Y、VD_K、VD_Z、VD_T、VD_C、VD_P	发光二极管	红、蓝
10	EC11	编码器	带开关
11	K160、K80、K40、K30、K20、K17、K15、K12、K10	微动开关	柄长 9mm
12	K1	钮子开关	单刀双掷
13	J1、J7	插针座	3Pin 间距 2.54mm
14	J2~J10	插针座	2Pin 间距 2.54mm
15	T1	隔离音频变压器	晶体管收音机输出变压器
16	T2	隔离音频变压器	晶体管收音机输入变压器
17	DB9	串口插座	9Pin 公座
18	CK1、CK2	二芯插座	3.5mm
19	CK3、CK4	三芯插座	3.5mm

主板电路比较简单，DB9 插座通过外接连线与 FT-80C 电台的 CAT 插座和 KEY 电键插座相连，控制电台的频率、模式、CW 拍发以及 PTT 动作。接收数据时（数据信号指 FT8、RTTY、PSK31、

SSTV 等数据模式），将 FT-80C 电台接收到的数据通过电台的音频输出插座外接连线输出到 CK2 插口，再经过数据盒的音频隔离变压器 T2 输出到 CK4 插口，CK4 插口通过外接连线与计算机话筒插口连接，将数据送入计算机，计算机日志软件对数据进行解码。发送数据时，计算机日志软件产生的数据通过计算机的耳机插口连线发送至 CK3 插口，再通过数据盒音频隔离变压器 T1 输出到 CK1 插口，通过 CK1 插口外接连线与 FT-80C 电台话筒航空插座连接，将数据送到 FT-80C 电台里，同时，计算机的日志软件通过串口给 FT232RL 模块传达指令，控制 FT232RL 的 RTS 引脚，继而控制 FT-80C CAT 端口的 PTT 引脚，让 FT-80C 电台将数据发射出去。K1 是单刀双掷开关，刀端接 DB9 座的 4 引脚，通过外接连线连接 FT80C 电台 KEY 插座。用手键拍发时，K1 刀掷接 J9 插针，J9 插针接数据盒后面板的 6.5mm 二芯插座，手键插入 6.5mm 插口进行拍发操作；自动拍发时，K1 刀掷接光电耦合器 VD3 内部的三极管 C 极，日志软件通过计算机控制 FT232RL 模块 DTR 引脚，控制光电耦合器 VD3 通断，实现自动拍发 CW 功能。

程序设计

数据盒功能需要 STC8G2KS4 运行程序来实现，程序是数据盒的精髓，对 STC8G2KS4 引脚功能所需的数组值进行设置，具体如程序 1 所示。

程序1

```
sbit fLight = P1^3;// 运行指示，复位为1（高电平）
sbit U2TxD  = P1^1;// 用P1.1端口模拟串口2的TXD向外发送数据
sbit stp10Hz = P1^7;// 编码器步进10Hz指示灯，0（低电平）亮
sbit stp1KHz = P1^5;// 编码器步进1kHz指示灯，0（低电平）亮
sbit ecA=P0^2;// 编码器A端，平时为高电平，旋转为低电平
sbit ecB=P0^3;// 编码器B端，平时为高电平，旋转为低电平
sbit ecK=P0^1;// 编码器开关，平时为高电平，按下为低电平
sbit keyA=P2^0;// 键盘扫描线
sbit keyB=P2^1;// 复位时均为高电平
sbit keyC=P2^2;// 扫描时A、B、C依次拉低
sbit key1=P2^4;// 扫描1、2、3线状态
sbit key2=P2^5;// 确定哪个键被按下
sbit key3=P2^6;// 查表返回扫描码
unsigned char ecKFlg=0;// 编码器Key的状态。1代表被按，0代表未被按下
unsigned short ecOt=0;//编码器超时计数器
unsigned char ecFlg=0;//编码器操作标志，0表示没有转动
// URAT2发送时用来测试位用
unsigned char code sendBit[8] =
{0x01,0x02,0x04,0x08,0x10,0x20,
0x40,0x80};
// 全局变量
unsigned char comFlag;//命令处理标志，1表示有命令待处理
unsigned char sTime=0;//定时计数器，打开中断0，此变量的值将每50ms减1
unsigned char inStr[20];//串口输入的字符串
unsigned char otStr[10];//串口发送的字符串
unsigned char Ft80C[5]=
{0x57,0x23,0x70,0x00,0x0A};
unsigned char Md80C[5]=
{0x55,0x55,0x55,0x01,0x0C};
unsigned char Bd80C[9][4]={
  0x00,0x05,0x18,0x00,
  0x00,0x73,0x35,0x00,
  0x00,0x74,0x70,0x00,
  0x00,0x36,0x01,0x01,
  0x00,0x74,0x40,0x01,
  0x00,0x00,0x81,0x01,
  0x00,0x74,0x10,0x02,
  0x00,0x74,0x40,0x02,
  0x00,0x00,0x96,0x02 };
unsigned char FT80CBD=1;//FT80C的当前波段
```

定时器工作的函数如程序 2 所示。

程序2

```
void sfmTime(unsigned int fMs)// 启动计时器fMs×50ms
{
  sTime=fMs;// 设定时时间×50ms，
  sTime=0 计时结束，可在循环中查询
  TR0=1;// 启动定时器0
  return;
}
void fmTime(void) interrupt 1
// 定时器0中断处理
{
  sTime--;// 定时计数器-1，减到0计时结束
  if(sTime==0) TR0=0;// 关闭定时器0
  return;
}
```

串口输出字符串子函数如程序3所示。

程序3

```
void comOut(unsigned char os)
// 串口1输出字符串
{
  int i1;
  TI=1;
  for(i1=0;i1<os;i1++)
  {
    putchar(otStr[i1]);
  }
    while(TI==0);
    TI=0;
    return;
}
void comOut2(unsigned char oc)
// 串口2输出字符串
{
  int i1;
  if(oc==1)// 置频
    {
    for(i1=0;i1<5;i1++)
```

```
        {
          putchar2(Ft80C[i1]);
        }
    }
    if(oc==2)// 置模式
    {
      for(i1=0;i1<5;i1++)
    {
      putchar2(Md80C[i1]);
        }
    }
      return;
}
```

这里的串口1用于STC8G2KS4与FT232RL模块间的通信，串口2实际是用程序模拟串口工作，没有用STC8G2KS4的串口2，当定时器2作为波特率发生器时，定时器2定时时间需要根据不同厂商串口模块参数进行调整，如果串口2也共用定时器2的波特率发生器，会导致送给FT-80C的串口数据发生错误，这让FT-80C无法识别。

向串口2发送一个字符的函数如程序4所示。

程序4

```
void putchar2(unsigned char ch)
{
  unsigned char i1;
  unsigned char sendVal[11];
  sendVal[0]=0;
  for(i1=1;i1<9;i1++)
    sendVal[i1] = ch & sendBit[i1-1];
    sendVal[9]=1;
    sendVal[10]=1;
  for(i1=0;i1<11;i1++)
    {
      U2TxD = sendVal[i1];
      mdelay();
    }
  return;
}
```

串口1接收字符串的函数如程序5所示。

程序5

```
unsigned char comIn(void)
{
  unsigned char i1=0,otf=0;
  while(1)
    {
      inStr[i1]=_getkey();// 接收字符
      i1++;
      sfmTime(2);// 超时接收，打开计时器0
      while(RI==0)// 等下一个字符
      {
        if(sTime==0)// 超时
        {
          otf=1;
          break;
        }
      }
      if(otf==1)// 超时，没有后续字符
      {
        otf=0;
        break;
      }
    }
    inStr[i1]=0;
    return i1;
}
```

利用串行中断读串口1接收到的数据函数如程序6所示。

程序6

```
void comCome(void) interrupt 4
// 串行中断处理
{
  ES=0; // 关串行中断
  comFlag=1; // 有数据待接收
  return;
}
```

矩阵键盘扫描函数如程序7所示。

程序7

```
unsigned char getKey()
{
  unsigned char rtKey=0;
  if( !ecKFlg )// 检查是否有按键被按下
  {
    keyA=0;
    keyB=1;
    keyC=1;
    if( !key1 )
    {
      rtKey=1;
    }
    else if( !key2 )
    {
      rtKey=2;
    }
    else if( !key3 )
    {
      rtKey=3;
    }
    keyA=1;
    keyB=0;
    keyC=1;
    if( !key1 )
    {
      rtKey=4;
    }
    else if( !key2 )
    {
      rtKey=5;
    }
    else if( !key3 )
    {
      rtKey=6;
    }
    keyA=1;
    keyB=1;
    keyC=0;
    if( !key1 )
    {
      rtKey=7;
    }
    else if( !key2 )
    {
      rtKey=8;
```

```
    }
    else if( !key3 )
    {
      rtKey=9;
    }
    if(rtKey)
    {
       ecKFlg=1;
      mdelay();   // 防抖延时
    }
    }
    else// 等待释放
    {
      keyA=0;
      keyB=0;
      keyC=0;
      if( key1 && key2 && key3 )
      {
        ecKFlg=0;
      }
      kkeyA=1;
      kkeyB=1;
      keyC=1;
    }
    return rtKey;
}
```

检测编码器按钮的函数如程序8所示。

程序8

```
unsigned char ecKey(void)// 按下动作
{
  if( !ecKFlg && !ecK )// !ecKFlg表示非按下状态，!ecK表示低电平（键被按下）
  {
    ecK mdelay(); // 按下时消抖
    return 1;// 按键被按下
  }
  if( ecKFlg && ecK )//ecKFlg为按下状态，ecK为高电平（键抬起）
  {
    ecKFlg=0;
  }
  return 0;
}
```

检测编码器是否旋转的函数如程序9所示。

程序9

```
unsigned char ecTurn(void)
{
  ecOt++;// 全局变量
  if( ecOt > 40000 ) // 旋转超时
  {
    ecFlg=0;
    ecOt=0;
  }
    if( ecFlg==0 )// 没旋转时进入
    {
      if( !ecA )
      {
        ecFlg=1;// 编码器开始顺时针旋转s1挡位
        mdelay();// 消抖
      }
      if( !ecB )
      {
        ecFlg=11;// 编码器开始逆时针旋转n1挡位
        mdelay();// 消抖
      }
    }
    else if( ecFlg==1 )
    {
      if( !ecB )
      {
        ecFlg=2;
        mdelay();
      }
    }
    else if( ecFlg==11 )
    {
      if( !ecA )
      {
        ecFlg=12;
        mdelay();
      }
    }
    else if( ecFlg==2 )
      {
       if( ecA ) ecFlg = 3;
      }
    else if( ecFlg==12 )
    {
      if( ecB ) ecFlg = 13;
      }
    else if( ecFlg==3 )
    {
      if( ecB ) ecFlg = 4;// 顺时针旋转一个挡位结束
    }
    else if( ecFlg==13 )
    {
      if( ecA ) ecFlg = 14;// 逆时针旋转一个挡位结束
    }
    else if( ecFlg==4 )
    {
      ecFlg=0;
      ecOt=0;
        // 顺时针旋转处理
      return 1;
          // 处理结束
      }
      else if( ecFlg==14 )
      {
      ecFlg=0;
      ecOt=0;
      // 逆时针旋转处理
      return 2;
      // 处理结束
    }
  return 0;
}
```

频率步进函数如程序10所示。

程序10

```
void adVD10Hz(void) // 步进+10Hz
{
  unsigned char A;
  Ft80C[0]+=1;
  if( (Ft80C[0]&0xf)>9 ) // 0xxA
  {
```

```
    Ft80C[0]+=6;// 0xx0
    A=Ft80C[0]; // >>=会直接操作变量
    if( (A>>=4)>9 )// 0xAx
    {
      Ft80C[0]-=160;        // 0x0x
      Ft80C[1]+=1;
      if( (Ft80C[1]&0xf)>9 )// 0xxA
      {
         Ft80C[1]+=6;// 0xx0
      }
    }
  }
}
void dec10Hz(void)// 步进-10Hz
{
  unsigned char A;
  Ft80C[0]-=1;
  if( (Ft80C[0]&0xf)>14 )// 0xxF
    {
      Ft80C[0]-=6;// 0xx9
      A=Ft80C[0];
      if( (A>>=4)>14 )// 0xFx
      {
        Ft80C[0]-=96; // 0x9x
        Ft80C[1]-=1;
        if( (Ft80C[1]&0xf)>14 )
        // 0xxF
        {
           Ft80C[1]-=6; // 0xx9
        }
      }
    }
}
void adVD1kHz(void)// 步进+10kHz
{
  unsigned char A;
  Ft80C[1]+=1;
  if( (Ft80C[1]&0xf)>9 )    // 0xxA
  {
    Ft80C[1]+=6;
    A=Ft80C[1];
    if( (A>>=4)>9 )// 0xAx
    {
    Ft80C[1]-=160;
    Ft80C[2]+=1;
    if( (Ft80C[2]&0xf)>9 )// 0xxA
    {
      Ft80C[2]+=6;
      }
    }
  }
}
void dec1kHz(void)// 步进-10kHz
{
  unsigned char A;
  Ft80C[1]-=1;
  if( (Ft80C[1]&0xf)>14 )// 0xxA
  {
    Ft80C[1]-=6;
    A=Ft80C[1];
    if( (A>>=4)>14 )// 0xAx
    {
      Ft80C[1]-=96;
      Ft80C[2]-=1;
      if( (Ft80C[2]&0xf)>14 )// 0xxA
      {
     Ft80C[2]-=6;
     }
   }
  }
}
```

最终的主程序如程序11所示。

程序11

```
void main()
{
  unsigned short sysfl;// 系统运行闪灯变量
  unsigned char i1,il;// 循环用变量
unsigned char stpN=1;// 频率步进标识,1=10Hz，2=1kHz，...
  unsigned char stpT=0;// 步进方向,1=加，2=减
  unsigned char key=0;// 键盘编码
  // 8G芯片的设置
P0M0 = 0;
  P0M1 = 0;
  P1M0 = 0;
  P1M1 = 0;
  P2M0 = 0;
  P2M1 = 0;
  P3M0 = 0;
  P3M1 = 0;
  P5M0 = 0;
  P5M1 = 0;
  stp10Hz=0; // 编码器默认步进10Hz灯亮
  TH0=0x4C;// 给T0定时器自动重装用
  TL0=0x00;
  // 初始化串口
  T2H=0xFF;// 给T2波特率发生器用
  T2L=0xD0;// 此值需要根据所用串口模块性能进行调整
  // STC8G2KS4 串口及定时器设置
  AUXR=0x11;// 定时器0做12分频，UART1用T2作波特率发生器
  P_SW1=0x40;// 将UART1的收发引脚设为Rxd=P3.6、TxD=P3.7
  TMOD=0x00;//定时器控制寄存器，T0为定时器Mode0即16位自动重装定时器
  SCON=0xC0;// UART1模式3(9位)，不允许接收，TB8=0作校验位
  TCON=0x00;// 定时器控制寄存器
  EA=1; // 所有中断允许
  ET0=1;// 定时器0溢出中断允许
  // 这里发送命令给FT-80C置默认频率和模式
  comOut2(1); // 置频率
  comOut2(2); // 置模式
  REN=1;// 串行接收允许，要接收应答，这条放在发送之前
  ES=1; // 开串行中断，等待串行数据到来
  while(1)// 主循环开始，等待命令
  {
    // 运行指示灯
    sysfl+=1;
    if(sysfl>50000)
    {
      sysfl=0;
      fLight^=1; // 异或运算，开灯关灯
    }
    // 串口有数据到来
```

```
    if(comFlag)//有数据待接收，这时中断
已被中断关闭
    {
      i1=comIn(); //从串口读入数据到
inStr
      if(i1==5 || i1==10 || i1==15)
// 只处理第一个命令
      {
      if(inStr[4]==0x03)//查询电台当前
状态，返回当前频率和模式
      {
        otStr[0]=Ft80C[3];
        otStr[1]=Ft80C[2];
        otStr[2]=Ft80C[1];
        otStr[3]=Ft80C[0];
        otStr[4]=Md80C[3];
        comOut(5);
       }
       else if(inStr[4]==0x81)
// 切换 VFO-A/B，返回 00
       {
        otStr[0]=0x00;
        comOut(1);
       }
       else if(inStr[4]==0xF7)
        // 读 Tx 状态，返回 FF
       {
         otStr[0]=0xFF;
         comOut(1);
       }
      else if(inStr[4]==0xBB)
// 返回 00 00
{
  otStr[0]=0x00;
  otStr[1]=0x00;
  comOut(2);
  }
else if(inStr[4]==0x01)
// 置 FT80C 频率并返回 00
{
  Ft80C[0]=inStr[3];
  Ft80C[1]=inStr[2];
  Ft80C[2]=inStr[1];
  Ft80C[3]=inStr[0];
  // 修改各波段当前频率
  for(i1=0;i1<4;i1++)
  {
    Bd80C[FT80CBD][i1]=Ft80C[i1];
   }
   comOut2(1);
   otStr[0]=0x00;
   comOut(1);
   }
   else if(inStr[4]==0x07)
   // 置 FT80C 模式并返回 00
   {
     Md80C[3]=inStr[0];
    // 897 的模式在 0 位
       comOut2(2);
       otStr[0]=0x00;
       comOut(1);
   }
   else
   {
     strcpy(otStr,"ErrCM");
     comOut(5);
   }
  }
  else
  {
   strcpy(otStr,"ErrIL");
   comOut(5);
  }
  comFlag=0; // 命令处理完毕，清命令标志
   ES=1; // 开串行中断，等待命令串
}
// 检查键盘是否有按键被按下
key=getKey();
if( key )// 按键被按下
{
  // 改变频率
  key--;
  if( FT80CBD!=key )// 去除重复按键
  {
   FT80CBD=key;
   for(i1=0;i1<4;i1++)
     {
       Ft80C[i1]=Bd80C[key][i1];
     }
     comOut2(1);
   }
}
// 检查编码器按钮是否被按下
if( ecKey() ) // 按钮被按下
{
  // 被按下处理
  stpN++;
  if( stpN==3 )
  {
    stpN=1;
    stp10Hz=0;
    stp1KHz=1;
  }
  if( stpN==2 )
  {
    stp1KHz=0;
    stp10Hz=1;
  }
}
// 检查编码器是否旋转
stpT=ecTurn();
if( stpT==1 ) // 顺时针增加
{
  if( stpN==1 )   // 10Hz
  {
    adVD10Hz();
  }
    if( stpN==2 ) // 1kHz
    REN=1;
}
    else if( stpT==2 )// 逆时针减少
    {
    if( stpN==1 ) // 10Hz
    {
    dec10Hz();
    }
    if( stpN==2 ) // 1kHz
    {
      dec1kHz();
```

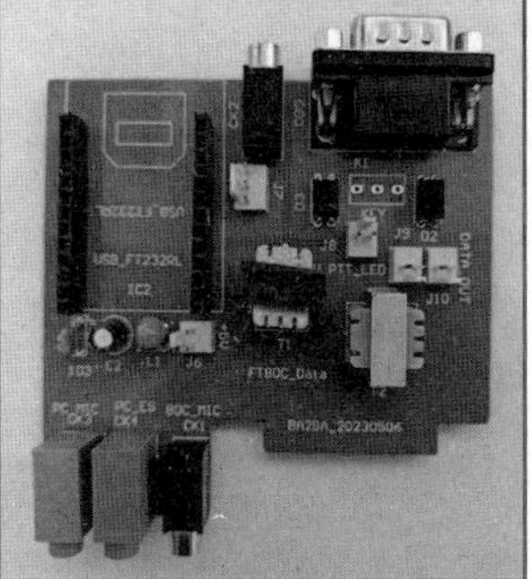

▌图 3 焊接完成的 PCB

▌图 4 组装完成后前面板

```
    }
    REN=0;
    comOut2(1);
    REN=1;
    }
  }
}
```

程序中还有一个延时子函数mdelay()，是最常用的延时程序，这里就不再赘述。对于程序的含义，比较重要的部分已在注释中给出，不再进一步解释。

制作过程

接下来根据电路图设计 PCB，设计 PCB 时可根据自己实际使用的机壳来确定 PCB 大小，我也是经过反复修改才确定下来。设计完成后，上传给 PCB 厂商打板，一周左右 PCB 就可以到手，根据电路图焊接各元器件，然后将程序写入 STC8G2KS4 中，上电测试运行，只要 VD_Y 运行灯正常被点亮，就说明程序运行起来了。再把电路板装到机壳中，组装完成后，把数据盒、电台、计算机用连接线连接起来，就可以使用了。焊接完成的 PCB 如图 3 所示，组装完成的前面板如图 4 所示，组装完成的数据通信盒如图 5 所示。

▌图 5 组装完成的数据通信盒

▌图 6 工作中的电台和数据通信盒

结语

工作中的电台和数据通信盒如图 6 所示，本数据盒电路经过多次修改，程序也耗时半个多月才调试完成，如果有读者进行仿制，可能会发现一些电路不合理的地方，程序运行时也可能出现 bug，欢迎大家交流，提出宝贵意见。

喵~
OpenAI
OSHWHub
立创开源硬件平台
立创课堂
你好
猫猫

GPT 语音对话猫猫

喵喵的帕斯

总体设计方案

GPT 语音对话猫猫是一款基于 GhatGPT 的桌面语音助手。它提供了一个可爱的猫猫形象，该猫猫可以与用户进行有趣的对话，未来还可以执行各种任务，如通过语音控制实体设备。该版本使用香橙派作为终端设备，它可以成为家庭自动化系统的核心，也可在办公室充当语音助手。用户可以与猫猫互动，提出问题，寻求建议，或仅仅享受友好的交流。

系统设计方案

香橙派版本猫猫由一个基本的香橙派 Zero 和语音扩展模块组成，香橙派是猫猫的“大脑”。猫猫的 PCB 采用香橙派 Zero 的扩展板，通过修改 PCB，理论上可以支持绝大多数的“派”，选择香橙派主要是因为其体积小，价格和性能也不错。语音扩展模块提供了一个基本的输入设备（话筒）和一个功率放大器（以下简称功放），同时提供锂电池充放电系统，达到便携的目的。

这个作品的电路非常简单，制作难度很小。整体框架如图 1 所示。

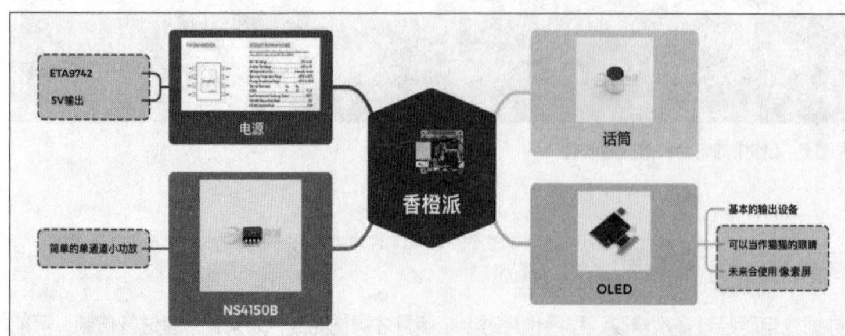

图 1 整体框架

硬件设计

接下来我们介绍一下 GPT 语音对话猫猫的硬件构成。

香橙派核心板

香橙派是一款开源的单板计算机、新一代的 ARM 开发板，它可以运行 Android 4.4、Ubuntu 和 Debian 等操作系统。香橙派 Zero 使用全志四核 A7 高性能处理器 Allwinner H2/H3+，同时拥有 256MB/512MB DDR3 内存。香橙派 Zero 如图 2 所示。

图 2 香橙派 Zero

扩展板

1. 电源

就像人类需要食物和水一样，猫猫也需要电力来维持它的活动。香橙派 Zero 需要 5V 的电力供应。这也意味着如果我们想要使用 3.7V 的锂电池，需要考虑如何将电压升至 5V。

有一种神奇的芯片叫 ETA9742，它就像是一位电子魔法师，可以帮助我们解决这个问题。ETA9742 是一个移动电源芯片，可以处理 5V 的充放电任务，它带有充电指示灯、充满指示灯和放电指示灯。

ETA9724 充放电电路如图 3 所示，ETA9742 的精妙之处在于，如果有 5V 电压可用，ETA9742 会自动给电池充电。当没有 5V 电压时，内置的 Boost 电路就像一个魔法口袋，可以输出 5V 电压。它仅需要 1 个电感，即可实现双向的电源路径管理，可以进行自动模式检测和切换。

2. 音频采集

话筒是猫猫的耳朵。香橙派提供了 MIC_N 、MIC_P 、MIC_BIAS 这 3 个引脚，根据这个 3 个引脚设计话筒电路。图

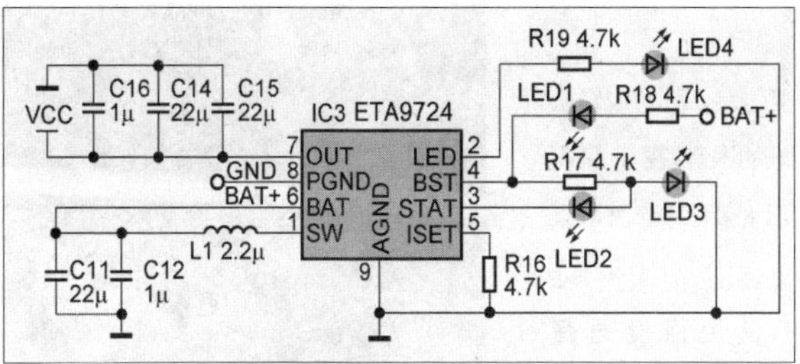

▌图 3 ETA9724 充放电电路

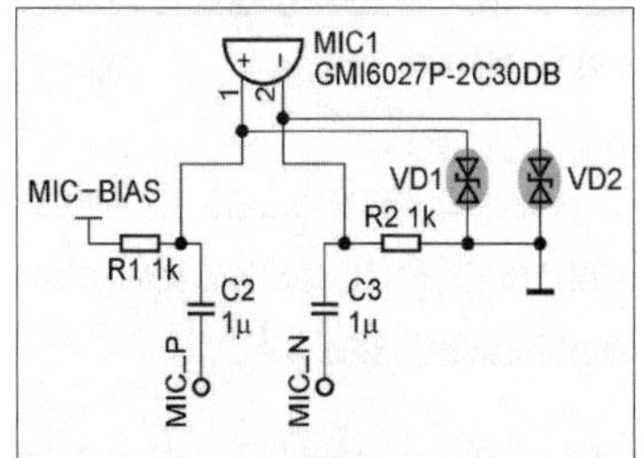

▌图 4 话筒电路

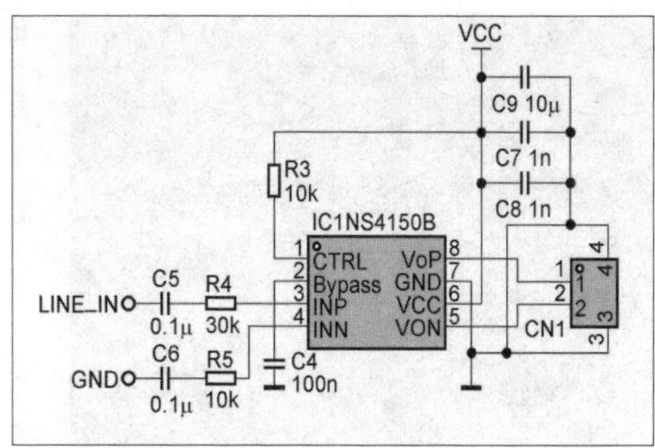

▌图 5 NS4150B 功放电路

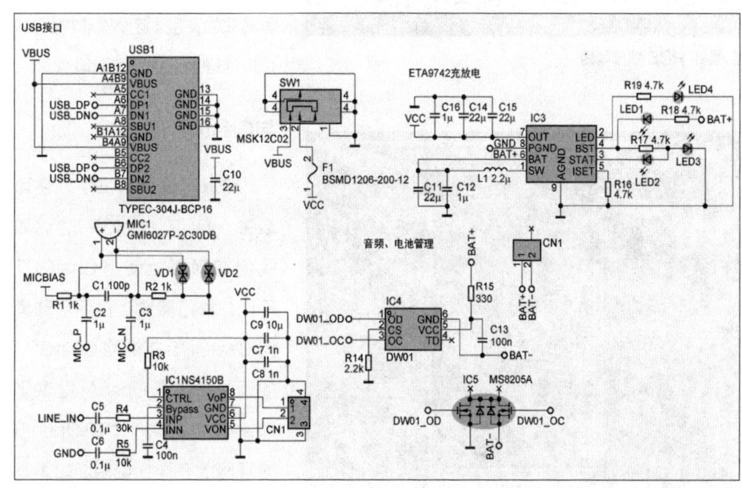

▌图 6 整体电路

4 所示是简单设计的话筒电路，MIC_BIAS 提供了适当的偏置电压，话筒的 MIC_P 和 MIC_N 引脚经过电容接地。如有需要，可在话筒引脚与地之间接入 33pF 电容，话筒两端串联 100pF 电容进行滤波。

3. 扬声器

就像猫猫通过它的嘴巴发出声音来回应我们一样，扬声器通过 NS4150B 这个小而强大的单路功放芯片，将来自香橙派的音频信号放大。NS4150B 是一款超低 EMI（电磁干扰）的芯片，采用先进的技术，在全带宽范围内极大地降低 EMI 干扰，最大限度地减少对其他部件的影响。NS4150B 功放电路如图 5 所示。

4. 整体电路

当我们深入了解香橙派扩展板的整体电路时，就像是在猫猫的脑海中探索一样。整体电路如图 6 所示，这个图看起来只是一堆电路元器件，实际上，它们就像是猫猫的思维线索，用于让它理解世界并做出响应。

香橙派接口电路如图 7 所示，关于香橙派输入双声道信号的问题，它就像是猫猫的两只耳朵。但为了让事情变得简单，我使用了一些电阻，将双声道混为单声道，就像是猫猫在思考时将不同的声音整合到一个思维中，以更好地理解用户的需求和指令。所以，整体的电路图就像猫猫的思维图，它是整个项目的核心，帮助猫猫理解和回应用户的声音和指令。

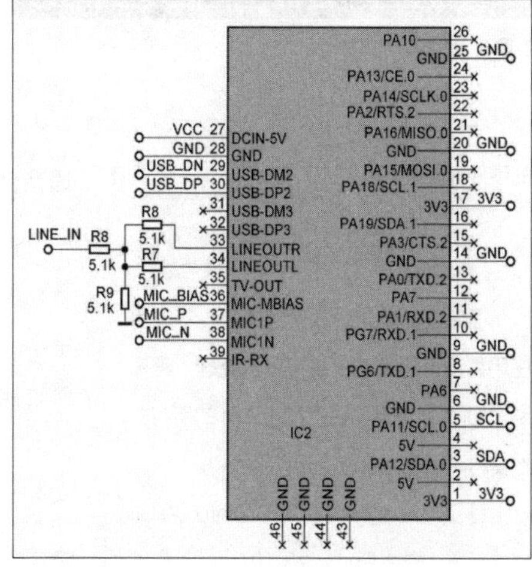

▌图 7 香橙派接口电路

5. PCB设计

完成电路设计以后，接下设计 PCB。我使用的是立创 EDA 专业版 PCB 设计软件。总体的电路非常简单，适合硬件初学者。但需注意 PCB 的大小要和香橙派 Zero 匹配。PCB 底部线路如图 8 所示，扩展板顶部线路如图 9 所示，注意，这两个图都省略了 GND 的覆铜。

最后使用嘉立创打板服务，焊接好元器件就完成了硬件部分，来看一下完成后

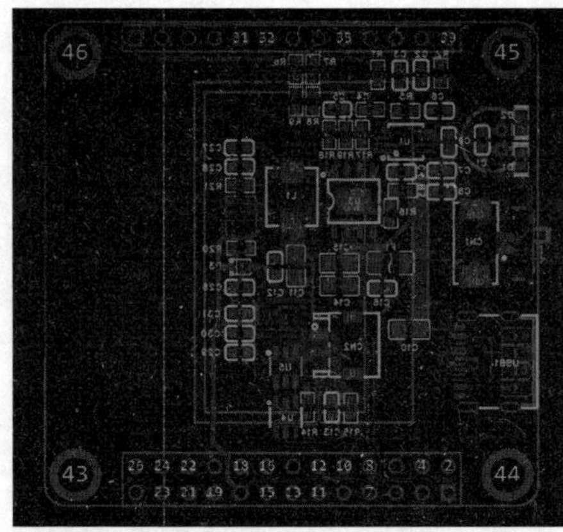

图 8 PCB 底部线路

图 9 PCB 顶部线路

的硬件实物吧（见图 10）。

程序设计

程序设计是这个项目的核心。本项目使用百度智能云 API 进行语音处理，程序逻辑如图 11 所示。百度语音 API 的所有文档资料可以在百度智能云官网找到。

香橙派基本环境使用 Ubuntu 20.04 操作系统，安装 Python 3.10。

程序中要完成 3 件事：

- 语音识别，也就是语音转文字；
- 与 ChatGPT 交互；
- 语音合成，即文字转语音。

语音识别

调用百度语音 API 可以轻松实现效果很好的语音识别，只需要给相关接口上传音频，就可以返回字符串。

如果不使用百度语音 API，可以依靠 Python 的 SpeechRecognition 库，它就像是猫猫的听觉神经，可以将语音转化为文字。这个库非常强大，可以准确地识别日常语句。

与ChatGPT交互

完成了语音转文字，便可以去“询问”ChatGPT，这和我们在网页上使用 ChatGPT 不同，我们需要让程序自动询问 ChatGPT 并返回 ChatGPT 的回复。好在 OpenAI 提供了 ChatGPT 的 API，在 OpenAI 的官网上有详细说明。如果不使用 API，可以使用一些逆向库模拟我们的操作去访问网页版 ChatGPT，然后获取 ChatGPT 的回复，但是这个方法不稳定。

语音合成

我们得到了 ChatGPT 的回复，它是文本类型的，需要将其转换为语音并播放出来。百度的语音 API 是选择之一，当然也能用 VITS，指的是 Voice In Text Out，这是一种语音合成技术，也被称为文本—语音转换（TTS），这种技术可以使计算机将文本转换为语音。通过训练好的语音模型，便可以输出声音文件，最终通过香橙派播放出来。

图 10 硬件实物

结语

这个项目的灵感来自于一个游戏，它讲述了一个机器少女寻找“心”的故事。这是一个令人深思的故事，反映了 AI 技术的快速发展，以及 AI 与人类情感和意识之间的关系。或许，那个机器少女寻找“心”的世界已并不遥远。

通过 ChatGPT 的函数调用能力，项目具有了无限的可能性，例如，可以实现更智能的家居模型。通过与各种传感器互动，可以将参数传递给 ChatGPT，ChatGPT 根据自然语言或与用户的对话，判断如何控制终端设备，实现复杂且人性化的家居自动化。需要本工程的更多详细信息以及关于 ESP32 版本的内容，读者朋友可以前往立创开源硬件平台搜索“GPT 语音对话猫猫（ChatMeow）”。

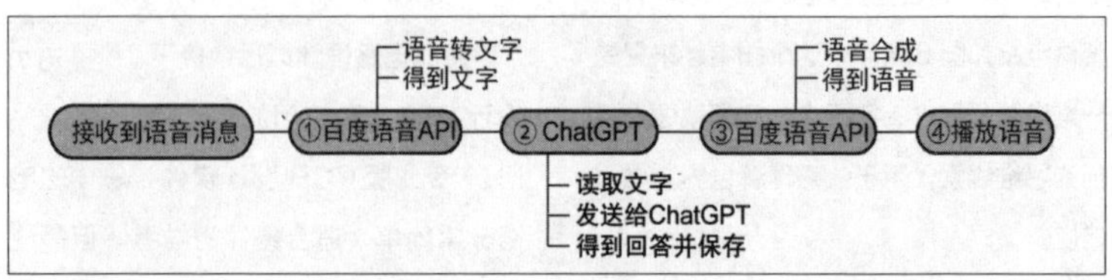

图 11 程序逻辑

太阳能自动浇水器

丁望峰

现在喜欢在家或办公室养绿植的人还真不少，可是对于这些平时被精心照料的植物而言，主人每次长期离开都意味着“灾难”。对于学校办公室的绿植，每年为期两个月的暑假简直就是“灭顶之灾”。

市面上出现了许多形形色色的“浇水神器”，这些产品主要可以分成两类：机械调节的滴灌装置和电子控制的定时浇水器。根据我的使用经验，机械调节的滴灌装置结构不够精密，通常连基本的均匀出水都做不到，出水量往往一开始比较大，后面越来越小，直至无法出水。而电子控制的定时浇水器虽然可以做到定时浇水，但因为土壤的水分蒸发流失是随环境而改变的，所以往往无法做到按需浇水。另外，电子装置还要考虑供电的问题，在一些场合并不是很方便，有时还会有安全隐患。一些更高级的自动浇水装置会配备土壤湿度传感器，判断土壤是否需要浇水。不过当面对多盆植物时，这类装置就变得相对复杂，而且传感器这样的电子元器件长期处于潮湿的环境中，也容易被腐蚀而损坏。

鉴于找不到令人满意的自动浇水器，我打算自己动手做一个，目标很明确，能按需浇水，越省事越好。

供电方面，我很自然地想到了太阳能电池，直接利用太阳光发电的半导体元器件，优点是结构简单、使用寿命长、不易损坏；缺点是输出功率较低，想要直接带动功率较大的电机，需要一块面积很大的太阳能电池板，同时还要保证较强的光照。所以目前的太阳能电池板通常和充电电池配合使用给电子设备供电。

不过我想到了一种比充电电池更好的选择，那就是超级电容，又称法拉电容，其容量比普通电容要大很多，通常在法拉量级而得名。由于不涉及化学反应，超级电容具有充放电速度快、使用寿命长、温度特性好等优点，不过超级电容的储电量仅为同体积锂电池的几十分之一。

我初步的设想是，利用太阳能电池给超级电容充电，当电容达到设定的电压时开始放电，驱动水泵供水。由于水泵的工作功率大于太阳能电池板的输入功率，所以电压会持续下降；当电压达到下限时，放电截止，超级电容恢复到充电状态。这里的超级电容只是起到临时储能的功能，水泵的供水量由太阳能电池板的输出决定：在没有阳光时，太阳能电池板无法提供足够的电压给电容充电，浇水器不工作；而有阳光时，光照越强，太阳能电池板储能越多，电容充放电次数越多，浇水量也越大，这样就在一定程度上实现了按需浇水的目的。

在对比了几种方案并反复试验后，我选择了图 1 所示的太阳能浇水器电路。该电路结构并不复杂，而且使用的都是很常见的元器件，非常适合个人 DIY。图 1 中的控制电路按功能可分为左右两部分：VT1、VT3 及外围元器件控制超级电容放电的起始电压和截止电压；VT2 和 VT4 及外围元器件用于驱动水泵的电机。

下面简单介绍一下电路工作原理。当超级电容的电压逐渐上升并接近稳压二极管 VD2 的稳压值时，通过 VD2 的电流增大，VT1 的基极电压升高，使 VT1 集电极到发射极的通道被打开。于是 VT1 集电

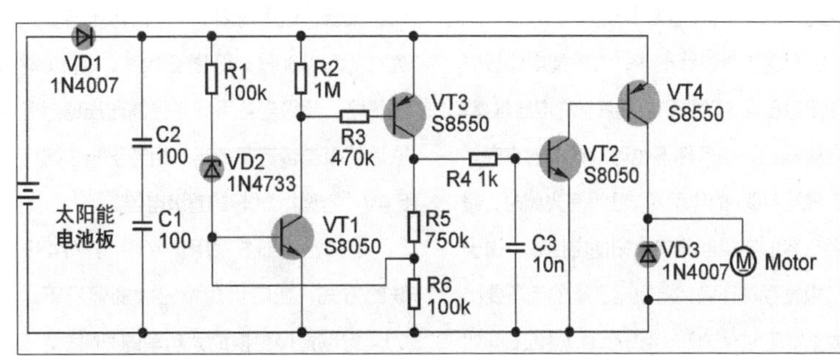

图 1 太阳能浇水器电路

附表 R5、R6与放电起始电压、截止电压的关系

R5/kΩ	R6/kΩ	起始电压/V	截止电压/V
750	100	4.7	3.9
750	130	4.5	3.5
680	220	4.1	2.0
470	470	3.9	1.0

图2 (a)太阳能电池板(b)超级电容(c)水泵

极电压下降，从而使VT3基极电压下降，VT3导通。当VT3导通后，VT2和VT4也会相继导通，水泵电机开始工作。

由于电机功率较大，一旦电机开始工作，超级电容的电压会马上下降，此时电压刚过临界点的稳压二极管VD2就会重新回到截止状态。为了让电容继续放电，就需要保证VT1持续导通，所以在R5与R6之间引出一个分压到VT1的基极以维持其导通状态。因此，在保持图1中其他元器件参数不变的情况下，只改变R5和R6的阻值就能有效地改变放电的截止电压，与此同时，放电起始电压也会有相应的变化。R5、R6与放电起始电压、截止电压的关系如附表所示（由于元器件工艺误差，实际数值会有0.1V的上下浮动）。

值得注意的是，尽管型号为IN4733的稳压二极管VD2的稳压值是5.1V，但它并非理想型元器件，即在到达5.1V之前电流就开始缓慢上升，虽然一开始这个电流非常小，但是经过三极管VT1的放大，就足以使后面的电路导通了。所以整个控制电路的起始放电电压虽然主要由VD2决定（同时也受R5、R6的影响），但数值会比VD2的标称值要小一些。

根据电路设计要求，太阳能电池板的输出电压至少需要6V，而其标称电压越高，在较弱的光照条件下也可以给电容充电。二极管VD1的作用是防止没有光照时，超级电容的电流回流向太阳能电池板，由于二极管存在压降，所以电容端的电压要比太阳能电池板的输入电压低0.7V左右。如果有必要，可以使用肖特基二极管来减小此压降。实际上，太阳能电池板的输出功率往往是过剩的，所以我更注重弱光时能否给超级电容充电。这里将两块标称5V、0.5W的太阳能电池板（112mm×58mm）串联使用（见图2(a)），目的就是使之在光照不足的条件下也能有效地充放电。另一种办法是使用非晶硅太阳能电池板，用这种材料制成的太阳能电池板能够在弱光下输出较高的电压，常用于计算器、ETC等小功率设备上。

要保证电路能被正常触发放电，太阳能电池板的输入功率是有最低要求的。虽然在触发之前电路功耗可认为几乎为零，但是随着超级电容电压增加，在接近触发而未触发时，电路的功率会有少量增大，而此时太阳能电池板的输入功率已经与电路功率相当，超级电容的电压就不会再增加，放电也就不会被触发。可以看到图1中VT1和VT3外围电阻的阻值都非常大，其目的就是降低临触发之前的电路功耗。实测表明，在5mA的输入电流下，电路依然能被正常触发，说明了本电路有着较为理想的充放电性能。

由于工艺的原因，超级电容耐压值通常比较低。这里所用的单个超级电容参数为2.7V、100F（见图2(b)），所以需要将两个超级电容串联来提高耐压值。串联后超级电容容量减半，相当于一个耐压5.4V、容量为50F的超级电容。

电机驱动部分采用了VT2与VT4级联的方式，在电机功率较大的情况下，VT4可以直接更换成大功率的PNP型三极管。这里所用的水泵额定电压为5V，满负载时电流为0.3A左右（见图2(c)），所以普通的S8550就能完全应付了。与电机并联的二极管VD3起到续流的作用，防止放电截止的瞬间，电机线圈产生的反向电动势对电路产生破坏。

按照太阳能浇水器电路制作电路板，再把电路板装进防水盒，搭配其他元器件，并将各个接线处做好防水处理，就得到了一套完整的太阳能自动浇水器。实际测试发现，当超级电容电压达到4.6V时开始放电，水泵开始工作；当电容电压降至3.9V时放电停止，水泵停止工作，整个过程水泵供水量大约为2000mL。而从3.9V到4.6V所需要的充电时间则取决于光照条件：在正午阳光直射的情况下，该时间为1～1.5h，一个天气晴朗的白天，浇水装置能被触发4～5次，多云天气会触发1～2次，阴雨天则不能触发。由于太阳能电池板通常朝南固定安放，到了傍晚阳光就会变弱且无法直射太阳能电池板，但是串联的方式仍能保证输出较高的电压，确保在一天结束前浇最后一次水。

当然，一天共8000mL的浇水量对于室内盆栽来说还是太大了。除了挑选合适功率的太阳能电池板，还可以适当地选择太阳能电池板的摆放位置和朝向，比如朝西南方向放置，就能保证只在下午浇水。这款浇水器制作完成后，考虑到它较大的供水量，我把它用在了天台的一小块菜地上（见图3）。天台夏天气温高，水分蒸发得快，而我种的南瓜需水量也比较大，这款浇水器正好满足需求。

安顿好天台的菜地，面对着办公室的

图3 室外浇水器应用场景

几盆绿植，我又有了新的想法，既然一小块太阳能电池板所采集的太阳能远大于浇水需要的能量，那只利用室内的自然光是否可以给植物浇水呢？水分流失与阳光照射有直接关系，不同于天台的土壤直接曝晒在阳光下，办公室里的植物很多时候不会直接暴露在阳光下，所以室内的植物还需要另外定制一款浇水器。

为了更有效地采集光能，我找来一块较大的非晶硅太阳能电池板（大小约20cm×20cm），标称参数为8.5V、5W（见图4(a)）。由于没有专业设备，我只能对它进行一些简单的测量，发现室内只有日光灯照射时，它可以产生5V的电压；多云天放在离窗2m且正对窗户的位置时，它可以产生6.5V的电压。将它用于室内供电，电压应该是没问题的。至于功率，还是通过实践来检验吧。

为了配合室内较少的光照，需要把之前5.4V、50F的超级电容换成了容量更小的超级电容，否则电压上升太慢，一整天都可能达不到触发电压。这里我用5.5V、1F的超级电容（见图4(b)）替换原有超级电容后进行测试，发现之前的电路并不能正常触发。经检查，发现由于超级电容容量太小，电机启动使电压瞬间掉到了3.9V以下，放电截止。解决的办法是改变R5和R6的阻值，降低截止电压。根据附表所示，把R5和R6阻值分别设为750kΩ和130kΩ后，电路就恢复正常了。

按上述情况重新做了一套装置，我把太阳能电池板放在离窗1m的位置，尽可能减少户外阳光变化的影响。实测发现，水泵每隔5~15min工作一次，工作时间10s左右，浇水量50~80mL。对于室内的绿植来说，流水量还是太多了。虽然缩小出水口就可以减少浇水量，不过我不想浪费能量，于是打算给装置增加一个显示装置，用来显示超级电容的电压。

这是一个相当“奢侈”的想法，因为太阳能电池板在弱光下本来就只有几毫安的电流输出，而用于点亮一颗普通LED的电流就是毫安量级的。如果用多颗LED来显示超级电容的电压，无疑会消耗掉太阳能电池板的大部分能量。这时我想起市面上有一种无须供电的电池电量检测器，此类产品的功耗非常低，还能实时显示电压值，非常理想。

我同时买了指针型和液晶型两款电量检测器（见图4(c)），用它们检测电压，发现指针型电量检测器的满偏电流大于100mA，而液晶型电量检测器在检测5V电压时电流仅为2.5mA，果断选择了液晶型电量检测器。

电量检测器内部的电路板和液晶屏是一体的，只需要整体移植到本电路上，与超级电容并联，就可以实时显示电容的电压了，电量检测器和浇水器控制盒的内部

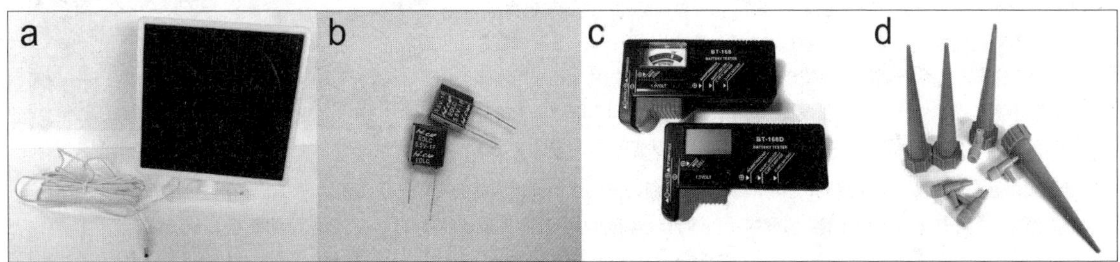

图4 (a) 非晶硅太阳能电池板 (b) 电容 (c) 指针型和液晶型电量检测器 (d) 简易浇水器

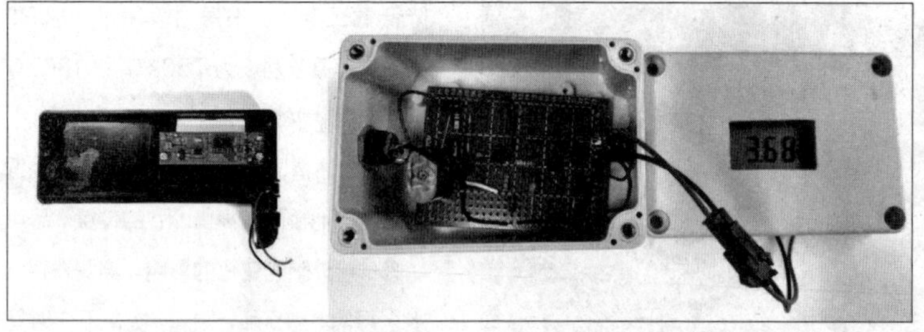

图 5 电量检测器和浇水器控制盒的内部结构

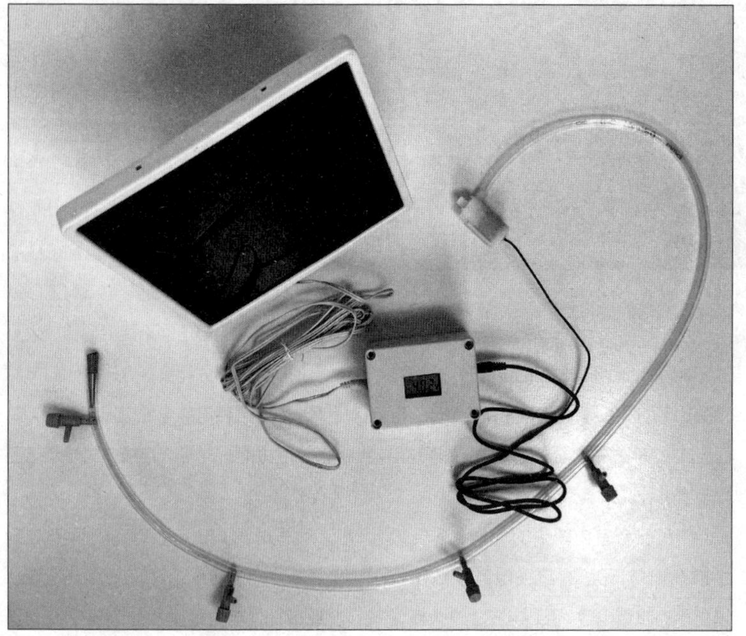
图 6 适用室内的自动浇水器

结构如图 5 所示，电压显示模块的最低显示值为 0.5V。

有了电压显示，当我把太阳能电池板放到某一位置时，可以通过超级电容电压的上升速度来判断此处光照是否满足要求，从而做出相应调整。同时它也是装置工作状态的显示器，当装置出现故障时能够提醒用户及早发现。

为了同时给多盆绿植浇水，我又买了一些利用重力滴水的简易浇水器（见图 4(d)），把它的滴嘴安装到水泵软管上，同时堵住管口的末端，最终得到图 6 所示的适用于室内的自动浇水器。旋转滴嘴的螺帽，可以单独给每盆植物调节供水量。

最后，把太阳能电池板安装在一个光线合适的位置后，剩下的就只需要一个大水箱了。

事实上，这种利用超级电容把微弱的太阳能收集起来再集中释放的方案，还有很多其他应用场景。比如一些野外简易的环境监测站、太阳光跟踪系统、太阳能玩具等，它们运行时电流比较大，但通常只需要间歇性工作，这时采用本文的方案可以在满足需求的同时，大大降低成本。对此，各位读者又有一些什么样的创意和想法呢？

帮助渐冻症患者的脑机接口

美国约翰斯·霍普金斯大学开发出一种治疗渐冻症的脑机接口。今年 62 岁的蒂姆·埃文斯于 2014 年被诊断出患有渐冻症后，有严重的言语和吞咽问题。2022 年夏天，研究人员在埃文斯的大脑表面放置了两个皮质电图（ECoG）网格。ECoG 网格是一块薄薄的电极，其覆盖面积相当于一张邮票的大小，放置在大脑上可记录数千个脑细胞产生的电信号。BCI 与经过训练的特殊计算机算法一起，将大脑信号转换为计算机命令，这让埃文斯能够自由使用一组 6 个基本命令，在通信板上的选项之间导航，并控制智能设备，如房间灯和流媒体电视应用程序。

在整个测试过程中，研究人员发现，使用来自大脑运动和感觉区域的信号会产生最佳结果。与嘴唇、舌头和下颌运动相关的大脑区域对 BCI 的表现影响最大，且这一效果在 3 个月的研究中保持一致。新方法使用不穿透大脑的电极，研究团队可以记录来自大脑表面的大量神经元的电信号，而不是单个神经元的。研究显示，随着时间的推移，患者的反应非常稳定，不必重新训练 BCI 算法。

海绵宝宝天气台

▌姚家煊

演示视频

海绵宝宝天气台结合实用性和装饰性于一体，不仅是一个可爱的桌面小摆件，而且是一个功能强大的天气信息台，除了能够显示时间、当前天气，还能够切换页面显示未来18h的逐小时天气预报、未来7天的每日天气预报以及当月日历，具有一定的可玩性。

硬件介绍

主控芯片

本项目采用ESP8266模块作为主控芯片（见图1），该模块集成了TCP/IP协议栈，可以直接连接Wi-Fi，不需要额外的外部芯片，具有低功耗、低成本、易于编程等特点，应用场景广泛。

触摸芯片

本项目采用TTP233H-HA6模块作为触摸检测芯片，该模块内建稳压电路，给触摸感应电路提供稳定的电压，可配置外部电容调整灵敏度，触摸检测效果可以满足广泛应用不同的需求。

显示屏

显示屏选用1.54英寸IPS LCD彩色显示屏（见图2），分辨率为240像素×240像素，采用ST7789驱动芯片、4线SPI串口通信，具有像素密度高、色彩鲜艳、所需接口少等特点。

▌图1 ESP8266模块

▌图2 IPS LCD彩色显示屏

电路设计

主控电路

主控电路如图3所示，主要包括ESP8266模块、上拉/下拉电阻和滤波电容。根据ESP8266模块和显示驱动ST7789的使用手册，对EN、RST、GPIO0、GPIO2引脚进行上拉处理，对GPIO15进行下拉处理，由于本项目不涉及模数转换，因此对ADC引脚也做了下拉处理。另外，为避免电压噪声对芯片工作的影响，在3.3V电源处加了100μF和100nF两个滤波电容。

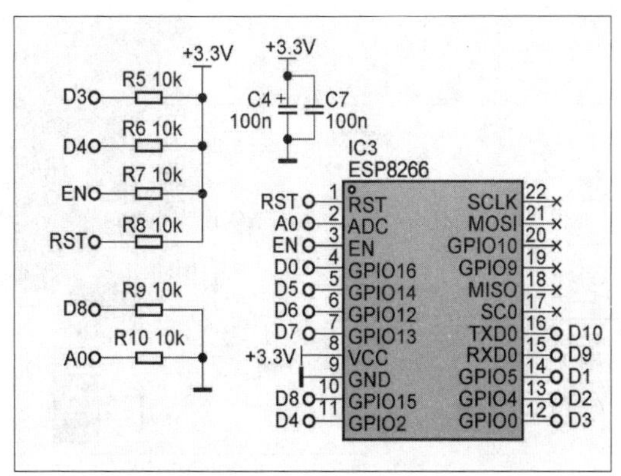

▌图3 主控电路

稳压及下载电路

本项目设计的输入电压为5V，可以使用常规的手机充电器进行供电。电源通过USB Type-C接口连接到底板，再通过Pogo pin弹簧顶针磁吸式连接器（见图4）连接到主板上。使用一个AMS1117线性稳压器作为3.3V的供电芯片，该芯片可输出1A电流，电压精度高，价格便宜，应用场景较为广泛。此外，由于主板面积较小，因此

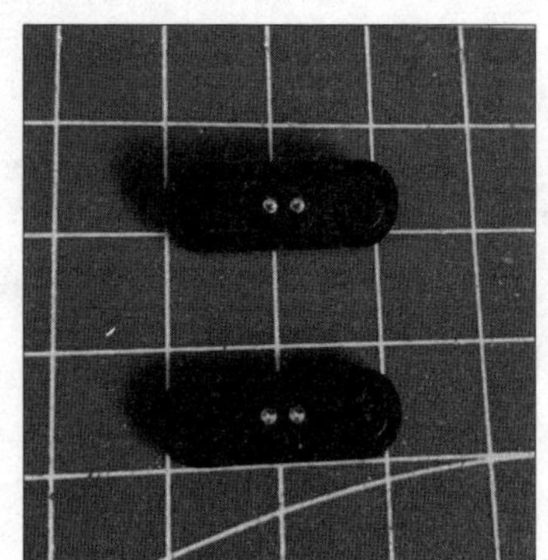

图 4 弹簧顶针磁吸式连接器

仅保留外部烧录接口用于下载程序。稳压及下载电路如图 5 所示。

触摸电路

TTP233H-HA6 是单按键触摸检测芯片，它可以通过 TOG 引脚配置直接输出模式或锁存输出模式，通过 AHLB 引脚来配置输出高电平有效或低电平有效。TOG 和 AHLB 引脚已在芯片内部拉低，因此，只要在外部电路按需配置上拉电阻即可。本项目需要的输出模式为直接模式、低电平有效，即感应到触摸时输出为 0，其余时间输出为 1，因此这里将 AHLB 引脚接至 3.3V，TOG 引脚悬空。此外，该芯片还可以通过调整 C_s 电容大小来调整触摸的灵敏度，当 C_s 未接电容时，灵敏度最高；C_s 电容值越大，其灵敏度越低，电容的范围为 1~50pF。本项目从引脚 I 引出一小段导线放在壳体顶部，作为触摸感应的“天线”，经过测试，C_s 不接电容时灵敏度较为合适。触摸电路如图 6 所示。

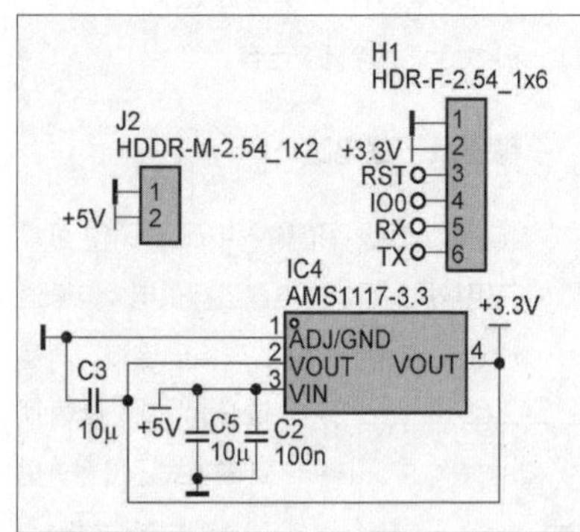

图 5 稳压及下载电路

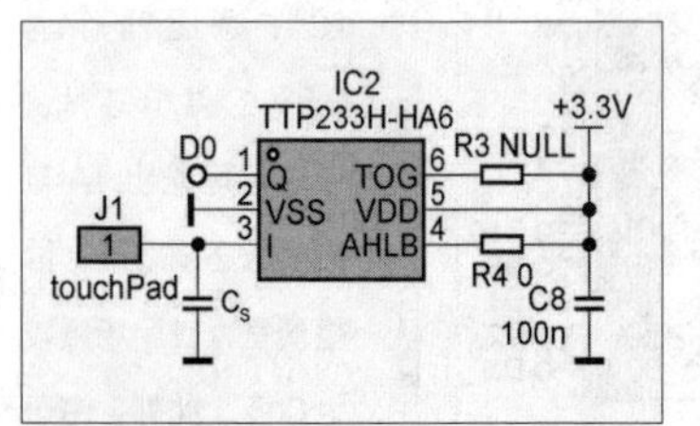

图 6 触摸电路

显示驱动电路

显示驱动电路中使用一个三极管对显示屏背光进行控制，可以通过控制器输出不同占空比的 PWM 波对显示屏的亮度进行调节。此外，只需要将显示屏对应的引脚与控制器连接即可，显示驱动电路如图 7 所示。需要注意的是，显示屏的片选信号 CS 需要接地处理，以保证显示屏的正常显示。

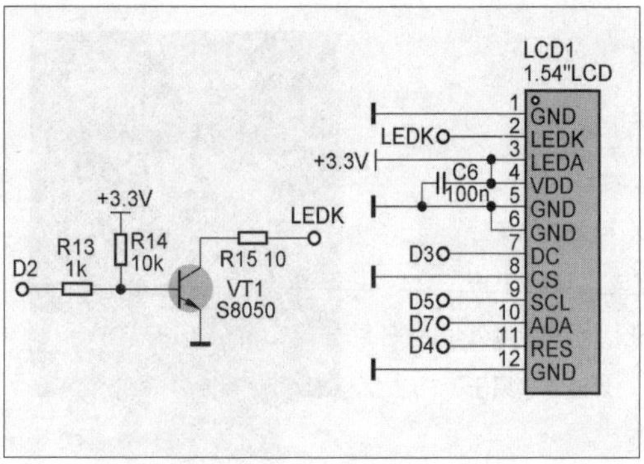

图 7 显示驱动电路

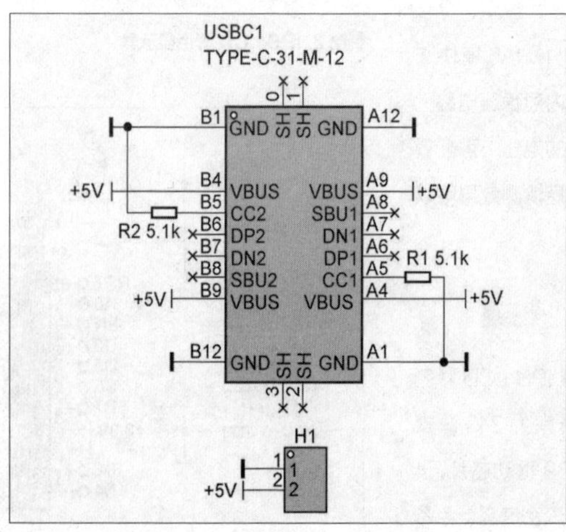

图 8 底板电路

底板电路

底板的作用就是将 USB Type-C 接口电源引到磁吸式连接器上，因此只需放置 USB Type-C 母座和磁吸式连接器，加上配置电阻后，把电源连接起来即可。底板电路如图 8 所示。

PCB设计

为了尽可能提高天气台的屏占比，我限制 PCB 的大小不能超过显示屏，同时上下各留出一些空隙用于走电源线和安放触摸芯片的“天线”，最终 PCB 大小设计为 3.35cm × 2.85cm。主板 PCB 设计如图 9 所示，右侧为稳压电路，中间为显示屏驱动电路，左下方为外部烧录接口。为了防止显示屏屏蔽无线信号，我将 ESP8266 模块放置在背面，同时保证 Wi-Fi 天线区域没有金属走线。此外，为了触摸信号采样更加准确，我将触摸芯片及其外围电路统一放置在左上角，且使模拟信号走线尽量短。

底板 PCB 设计比较简单（见图 10），正面放置磁吸式连接器，背面放置 USB Type-C 母座，并在底板左右挖两个小孔用于固定即可。

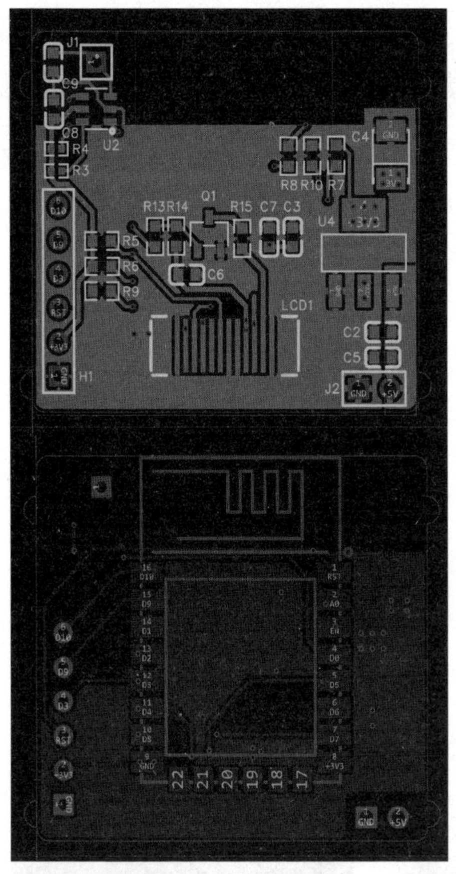

▌图 9 主板 PCB 设计

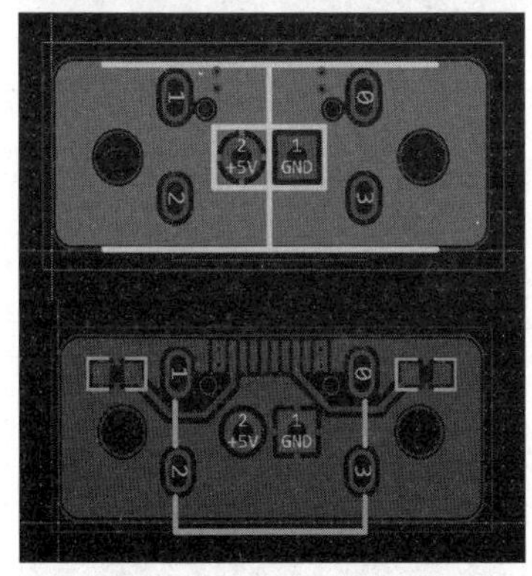

▌图 10 底板 PCB 设计

外观设计

本项目在进行外观样式设计时，为了让正方形的显示屏能够更好地融入外壳中，便以海绵宝宝的形象为原型进行设计。海绵宝宝天气台分为主体和底座两个部分。

主体部分以显示屏的大小为基础，正面挖出一个正方形以露出显示屏，背面设计一个可拆卸的后盖以便安装内部零件，边缘用一条波浪线勾勒出海绵宝宝的形象，同时在底部挖孔，留出磁吸式连接器的位置。最终主体部分渲染如图 11 所示，大小为 3.85cm × 3.60cm × 1.30cm。

底座的设计就比较简单了，其内部只有一块底板 PCB，因此只需在上方挖孔留出磁吸式连接器的位置，在背面留出 USB Type-C 接口即可，并结合主体部分的大小来设计外形轮廓，最终底座部分渲染如图 12 所示，其大小为 3.06cm × 1.05cm × 0.66cm。

▌图 11 主体部分渲染

▌图 12 底座部分渲染

程序设计

本项目使用 Arduino IDE 进行开发。程序设计思路是连接 Wi-Fi 后从互联网获取当前的时间、位置以及气象信息，并按照一定频率进行更新，随后分别设计启动页、主页、逐小时天气预报页、每日天气预报页和日历页，用于显示不同的时间或气象信息，除了启动页，其余页面都可以通过触摸按键进行切换。

联网获取信息

ESP8266 连接 Wi-Fi 并获取时间的程序有许多开源资料可以学习，在此不再赘述。气象信息通过和风天气 API 获取，和风天气为免费订阅用户提供实时天气信息、逐小时天气预报（24h）、每日预报（3~7 天）、地理信息、空气质量等信息，非常适合个人开发者使用。和风天气网站上提供了基于 ESP8266 获取和风天气的第三方库，只需几行简单的程序即可获取各类气象信息，大家可以自行学习。需要注意的是，该库文件只获取了未来 3 天的天气预报，并且没有获取逐小时天气预报，因此本项目对该库进行了扩展，根据和风天气开发文档的说明将每日预报的天数改为 7 天，并新增了获取逐小时天气预报的库文件。

制作图标

本项目在显示界面中会用到多种不同的气象图标，由于气象类型繁多，因此制作图标也有不小的工作量。在制作气象图标时，我选择了 14 种不同的天气，并将气象图标分别做成 80 像素 ×80 像素的大图标和 30 像素 ×30 像素的小图标，分别用于当前天气和未来天气的显示。除此之外，我还制作了启动页的图片以及日出日落图标，本项目制作的所有图片如图 13 所示。

准备好图片后，使用 LCD Image Converter 工具将所有图片转换成

图 13 本项目制作的所有图片

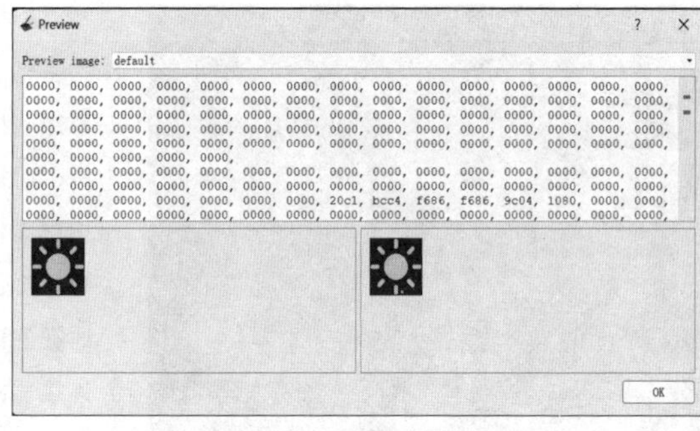

图 14 将图片转换成二进制编码

R5G6B5 编码的二进制格式（见图 14），并以静态常量的方式保存在头文件中，以便程序调用（见图 15）。

显示屏显示

在主页的设计中，我将显示屏分为上、中、下 3 块区域，其中上方区域大小为 240 像素 ×80 像素，左侧用于显示当前所在位置、当前气温和日期，右侧显示当前天气的图标；中间区域大小为 240 像素 ×70 像素，用于显示当前时间和空气质量；下方区域大小为 240 像素 ×90 像素，用于显示未来 3 天的天气预报，包括天气情况、最低气温、最高气温和表示温度范围的柱形图。具体如程序 1 所示。

程序1

```
void WeatherDisplayTop(){
// 显示所在位置和当前气温
  clk.createSprite(160, 40);
  clk.fillSprite(TFT_BLACK);
  clk.setTextDatum(TC_DATUM);
  clk.loadFont(normalfont24_1);
  clk.setTextColor(TFT_WHITE, TFT_
BLACK);
  clk.drawString(Geoapi.locationname()
 + "  " + weatherNow.getTemp() +
"℃",80,5);
  clk.unloadFont();
  clk.pushSprite(0,0);
  clk.deleteSprite();
// 显示日期
  clk.createSprite(160, 40);
  clk.fillSprite(TFT_BLACK);
  clk.setTextDatum(TC_DATUM);
  clk.loadFont(normalfont24_1);
  clk.setTextColor(TFT_WHITE, TFT_
BLACK);
  clk.drawString(num2strmd(month())
+ "月" + num2strmd(day()) + "日" +
"周" + weeks(0),80,0);
  clk.unloadFont();
  clk.pushSprite(0,40);
// 显示当前天气图标
  int icon = weatherNow.getIcon();
  clk.createSprite(80, 80);
  clk.fillSprite(TFT_BLACK);
  displayiconbig(weatherNow.getIcon(),
0, 0);
  clk.pushSprite(160,0);
  clk.deleteSprite();
  clk.deleteSprite();
}
void digitalClockDisplay(){
// 显示当前时间和空气质量
  String hh = num2str(hour());
  String mm = num2str(minute());
  String ss = num2str(second());
```

```
// 天气图标
#include "icon/wea1.h"
#include "icon/wea1_30.h"
#include "icon/wea2.h"
#include "icon/wea2_30.h"
#include "icon/wea3.h"
#include "icon/wea3_30.h"
#include "icon/wea4.h"
#include "icon/wea4_30.h"
#include "icon/wea5.h"
#include "icon/wea5_30.h"
#include "icon/wea6.h"
#include "icon/wea6_30.h"
#include "icon/wea7.h"
#include "icon/wea7_30.h"
#include "icon/wea8.h"
#include "icon/wea8_30.h"
#include "icon/wea9.h"
#include "icon/wea9_30.h"
#include "icon/wea10.h"
#include "icon/wea10_30.h"
#include "icon/wea11.h"
#include "icon/wea11_30.h"
#include "icon/wea12.h"
#include "icon/wea12_30.h"
#include "icon/wea13.h"
#include "icon/wea13_30.h"
#include "icon/wea14.h"
#include "icon/wea14_30.h"
#include "icon/wea15_30.h"
#include "icon/wea16_30.h"
// 启动页图标
#include "icon/hmbb1.h"
#include "icon/hmbb2.h"
```

图 15 声明的头文件

```
  clk.createSprite(240, 70);
  clk.fillSprite(TFT_BLACK);
  clk.setTextDatum(ML_DATUM);
  clk.loadFont(timefont80_4);
  clk.setTextColor(TFT_WHITE, TFT_BLACK);
  clk.drawString(hh, 0, 29);
  clk.setTextColor(TFT_ORANGE, TFT_BLACK);
  clk.drawString(mm, 94, 29);
  clk.unloadFont();
  clk.loadFont(timefont40_4);
  clk.setTextColor(TFT_WHITE, TFT_
BLACK);
  clk.drawString(ss, 193, 43);
  clk.unloadFont();
   clk.fillRoundRect(191, 3, 48, 24,
5, aircolor);
  clk.setTextDatum(TC_DATUM);
  clk.loadFont(normalfont20_1);
  clk.setTextColor(TFT_BLACK,
aircolor);
  clk.drawString(airCategory, 215, 0);
  clk.unloadFont();
  clk.pushSprite(0,80);
  clk.deleteSprite();
}
void WeatherDisplayDown(){
// 显示未来3天天气预报
  int TempMax = weatherNow.getTemp();
  int TempMin = weatherNow.getTemp();
  for (int i = 0; i < 3; i++) {
    if (WeatherForecast.getTempMax(i)
> TempMax)
    TempMax = WeatherForecast.
getTempMax(i);
    if (WeatherForecast.getTempMin(i)
< TempMin)
        TempMin = WeatherForecast.
getTempMin(i);
  }
  int totaldiff = TempMax - TempMin;
  int lenth[3];
  int start[3];
  for (int i = 0; i < 3; i++) {
      lenth[i] = (WeatherForecast.
getTempMax(i) - WeatherForecast.
getTempMin(i)) * 74 / totaldiff;
    start[i] = (WeatherForecast.
getTempMin(i) - TempMin) * 74 /
totaldiff + 129;
  }
  int now = (weatherNow.getTemp() -
TempMin) * 74 / totaldiff + 129;
  String text[7] = {"今天", "周" +
weeks(1), "周" + weeks(2), "周" +
weeks(3), "周" + weeks(4),"周" +
weeks(5), "周" + weeks(6)};
  for (int i = 0; i < 3; i++) {
    clk.createSprite(240, 30);
    clk.fillSprite(TFT_BLACK);
    clk.setTextDatum(ML_DATUM);
    clk.loadFont(normalfont20_1);
     clk.setTextColor(TFT_WHITE, TFT_
BLACK);
    clk.drawString(text[i],0,13);
    clk.setTextDatum(MR_DATUM);
    clk.drawString(WeatherForecast.
getTempMinstr(i) + "°",121,14);
    clk.drawString(WeatherForecast.
getTempMaxstr(i) + "°",240,14);
    clk.unloadFont();
    clk.fillRoundRect(129, 12, 74, 5,
1, TFT_DARKGREY);
    clk.fillRoundRect(start[i], 12,
lenth[i], 5, 1, TFT_SKYBLUE);
    clk.fillCircle(now + 120*i, 14,
5, TFT_BLACK);
    clk.fillCircle(now + 120*i, 14,
2, TFT_WHITE);
    displayicon(WeatherForecast.
getIconDay(i), 51, 0);
    clk.pushSprite(0,150 + 30*i);
    clk.deleteSprite();
  }
}
```

在逐小时天气预报页中，受限于显示屏大小，只能显示未来18个小时的天气预报。这里将显示屏平均分为3行，每行显示6个小时的天气预报，包括预报时间、天气图标和气温，两行之间用横线隔开，以提高易读性。具体如程序2所示。

程序2

```
void HourForcastDisplay() {
  String ForcastHour[18];
  for (int i = 0; i < 18; i++) {
      ForcastHour[i] = HourForecast.
getfxTime(i).substring(11,13);
      if (ForcastHour[i].
startsWith("0"))
        ForcastHour[i] = HourForecast.
getfxTime(i).substring(12,13);
  }
  for (int j = 0; j < 2; j++) {
    clk.createSprite(240, 83);
    clk.fillSprite(TFT_BLACK);
    clk.setTextDatum(TC_DATUM);
    clk.loadFont(normalfont18_1);
      clk.setTextColor(TFT_WHITE,
TFT_BLACK);
    for (int i = 0; i < 6; i++) {
      clk.drawString(ForcastHour
[i+6*j] + "h", 16+41*i, -2);
      clk.drawString(HourForecast.
gettempstr(i+6*j) + "°", 16+41*i,
50);
      displayicon(HourForecast.
geticon(i+6*j), 1+41*i, 22);
    }
    clk.unloadFont();
    clk.drawFastHLine(14, 77, 210,
TFT_DARKGREY);
    clk.pushSprite(0, 83*j);
    clk.deleteSprite();
  }
}
```

每日天气预报页可以显示未来7天每天的天气情况、最高气温和最低气温，并根据气温画出柱状图，直观地展示气温变化情况。在画柱状图时需要先得到未来7

天的最高气温和最低气温，并以此为基准画出每日气温的范围。此外，我在当天的气温柱状图上还添加了一个小白点，表示当前气温在全天气温中的高低。显示完7天天气预报后，显示屏底部还留出了240像素 ×30像素的区域没有内容，我利用这块区域来显示当天的日出时间和日落时间。具体如程序3所示。

程序3

```
void DayForcastDisplay() {
// 显示7天天气预报
    int TempMax = weatherNow.getTemp();
    int TempMin = weatherNow.getTemp();
   for (int i = 0; i < 7; i++) {
     if (WeatherForecast.getTempMax(i) > TempMax)
        TempMax = WeatherForecast.getTempMax(i);
     if (WeatherForecast.getTempMin(i) < TempMin)
        TempMin = WeatherForecast.getTempMin(i);
   }
   int totaldiff = TempMax - TempMin;
   int lenth[7];
   int start[7];
   for (int i = 0; i < 7; i++) {
      lenth[i] = (WeatherForecast.getTempMax(i) - WeatherForecast.getTempMin(i)) * 74 / totaldiff;
      start[i] = (WeatherForecast.getTempMin(i) - TempMin) * 74 / totaldiff + 129;
   }
   int now = (weatherNow.getTemp() - TempMin) * 74 / totaldiff + 129;
   String text[7] = {"今天", "周" + weeks(1), "周" + weeks(2), "周" + weeks(3), "周" + weeks(4),"周" + weeks(5), "周" + weeks(6)};
   for (int i = 0; i < 7; i++) {
     clk.createSprite(240, 30);
     clk.fillSprite(TFT_BLACK);
     clk.setTextDatum(ML_DATUM);
     clk.loadFont(normalfont20_1);
      clk.setTextColor(TFT_WHITE, TFT_BLACK);
     clk.drawString(text[i],0,13);
     clk.setTextDatum(MR_DATUM);
     clk.drawString(WeatherForecast.getTempMinstr(i) + "°",121,14);
     clk.drawString(WeatherForecast.getTempMaxstr(i) + "°",240,14);
     clk.unloadFont();
     clk.fillRoundRect(129, 12, 74, 5, 1, TFT_DARKGREY);
     clk.fillRoundRect(start[i], 12, lenth[i], 5, 1, TFT_SKYBLUE);
     clk.fillCircle(now + 120*i, 14, 5, TFT_BLACK);
     clk.fillCircle(now + 120*i, 14, 2, TFT_WHITE);
     displayicon(WeatherForecast.getIconDay(i), 51, 0);
     clk.pushSprite(0, 30*i);
     clk.deleteSprite();
   }
// 显示日出日落时间
     clk.createSprite(240, 30);
     clk.fillSprite(TFT_BLACK);
     clk.setTextDatum(ML_DATUM);
     clk.loadFont(normalfont20_1);
      clk.setTextColor(TFT_WHITE, TFT_BLACK);
     clk.drawString(WeatherForecast.getSunRise(0),45,15);
     clk.drawString(WeatherForecast.getSunSet(0),165,15);
     clk.unloadFont();
     clk.pushImage(0,0,30,30,wea15_30);
     clk.pushImage(120,0,30,30,wea16_30);
     clk.pushSprite(0,210);
     clk.deleteSprite();
}
```

日历页可以显示本月的日历，并且当天日期会以红色高亮显示。在设计程序时，首先计算本月的天数和上月的天数，接着计算本月的日期在日历中的位置，将本月的日期用白色显示，上月和下月的日期用灰色显示作为区分，最后用红色矩形将当天日期覆盖即可。具体如程序4所示。

程序4

```
int totaldays(int mon, int i) {
//计算每个月的天数
  int days;
  int month = (mon + i)%12;
  if (month == 1 || month == 3 || month == 5 || month == 7 || month == 8 || month == 10 || month == 0)
    days = 31;
  else if (month == 4 || month == 6 || month == 9 || month == 11)
    days = 30;
  else if (month == 2 && year()%4 == 0)
    days = 29;
  else
    days = 28;
  return days;
}
void CalendarDsiplay() {
  int thisdays,lastdays;
   thisdays = totaldays(month(), 0);
   lastdays = totaldays(month(), -1);
  int d[42];
  int k = (weekday() + 7 - day()%7)%7;
  for (int i=0; i<k; i++) {
    d[i] = lastdays - k + i + 1;
  }
```

```
  for (int i=0; i<(42-k); i++) {
    d[i+k] = i%thisdays + 1;
  }
  String wk[7] = {"日","一","二","三","四","五","六"};
  clk.createSprite(240, 35);
  clk.fillSprite(TFT_BLACK);
  clk.setTextDatum(TC_DATUM);
  clk.loadFont(normalfont20_1);
  clk.setTextColor(TFT_WHITE, TFT_BLACK);
  for (int i = 0; i < 7; i++) {
    clk.drawString(wk[i], 14+35*i, 0);
  }
  clk.unloadFont();
  clk.pushSprite(0, 0);
  clk.deleteSprite();
  for (int m = 0; m < 3; m++) {
    clk.createSprite(240, 70);
    clk.fillSprite(TFT_BLACK);
    clk.setTextDatum(TC_DATUM);
    clk.loadFont(normalfont20_1);
    for (int j = 0; j < 2; j++) {
      for (int i = 0; i < 7; i++) {
    clk.setTextColor(((i+7*j+14*m)<k ||(i+7*j+14*m)>(k+thisdays-1))?TFT_DARKGREY: TFT_WHITE, TFT_BLACK);
// 本月日期显示白色，上月和下月日期显示灰色
    clk.drawString(num2strmd(d[i+7*j+14*m]), 15+35*i, 35*j);
      }
    }
    clk.unloadFont();
    clk.pushSprite(0, 35+70*m);
    clk.deleteSprite();
  }
// 当天日期红色高亮显示
  clk.createSprite(30, 30);
  clk.fillRoundRect(1, 2, 28, 27, 5, TFT_RED);
  clk.setTextDatum(TC_DATUM);
  clk.loadFont(normalfont20_1);
  clk.setTextColor(TFT_WHITE, TFT_RED);
  clk.drawString(num2strmd(day()), 14, 1);
  clk.unloadFont();
  clk.pushSprite(35*(weekday()-1)+1, 34+35*((day()+k-1)/7));
  clk.deleteSprite();
}
```

至此，每页的显示程序已经完成，最后在loop()函数中写一个状态机，每个状态对应一个显示页面，收到触摸芯片的低电平信号后会切换到下一个状态，即完成页面的切换。同时，在每个状态中都加入两个计时器，用于每10min更新一次实时天气、空气质量和逐小时天气预报，每小时更新一次每日天气预报，并在更新后刷新显示屏上的天气信息。对应的loop()函数如程序5所示。

程序5

```
void loop() {
  switch (dstate) {
    case 0:  // 显示主页
      if (timeStatus() != timeNotSet){
        if (now() != prevDisplay) {// 更新主页时间
          prevDisplay = now();
            WeatherDisplayTop();
            digitalClockDisplay();
          }
        }
        if(millis() - short_reftime > 600000){ // 每10min更新一次实时天气
          short_reftime = millis();
          getweatherNow();
          getAirQuality();
          getHourForecast();
          WeatherDisplayTop();
          WeatherDisplayDown();
        }
        if(millis() - long_reftime > 3600000){ // 每1h更新一次逐日天气预报
          long_reftime = millis();
          getWeatherForecast();
          WeatherDisplayDown();
        }
        if (!digitalRead(buttonPin)){ // 接收按键信号后切换状态
          if (millis() - buttontime > 500) {
            buttontime = millis();
            dstate = 1;
            HourForcastDisplay();
          }
        }
      break;
      case 1:  // 显示逐小时天气预报
        // 获取和风天气信息
        if(millis() - short_reftime > 600000){ // 每10min更新一次实时天气
          short_reftime = millis();
          getweatherNow();
          getAirQuality();
          getHourForecast();
          HourForcastDisplay();
        }
        if(millis() - long_reftime > 3600000){ // 每1h更新一次逐日天气预报
          long_reftime = millis();
          getWeatherForecast();
        }
        if (!digitalRead(buttonPin)){ // 接收到按键信号后切换状态
          if (millis() - buttontime > 500) {
            buttontime = millis();
            dstate = 2;
            DayForcastDisplay();
          }
        }
      break;
```

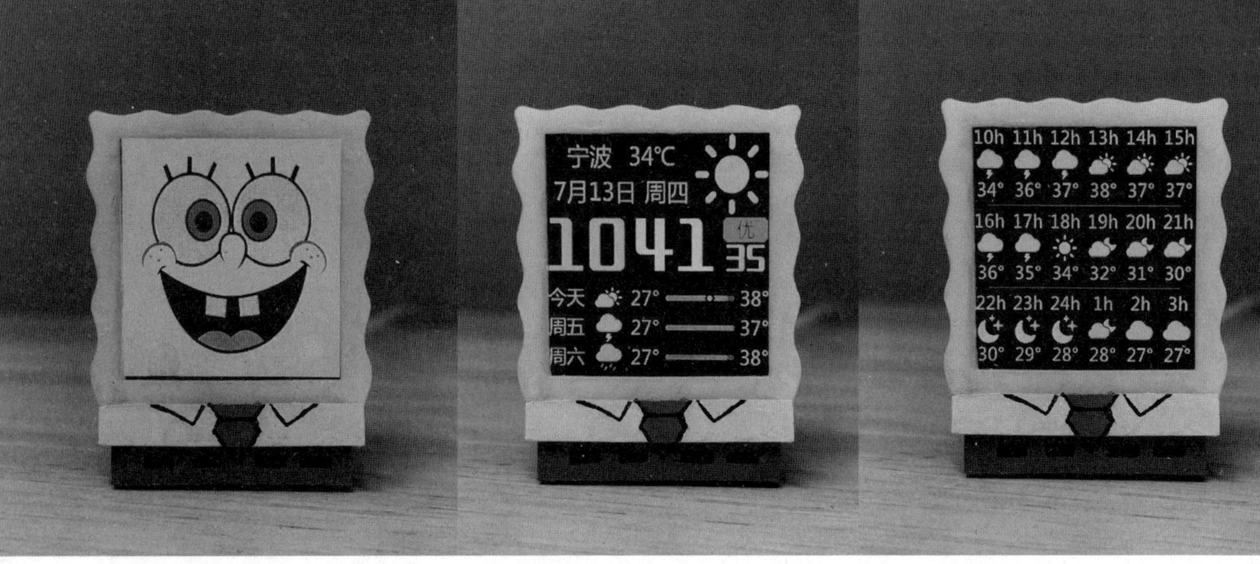

图 16 最终的成品

```
    case 2:  // 显示每日天气预报
      if(millis() - short_reftime > 600000){ // 每 10min 更新一次实时天气
        short_reftime = millis();
        getweatherNow();
        getAirQuality();
        getHourForecast();
        DayForcastDisplay();
      }
      if(millis() - long_reftime > 3600000){ // 每 1h 更新一次逐日天气预报
        long_reftime = millis();
        getWeatherForecast();
        DayForcastDisplay();
      }
      if (!digitalRead(buttonPin)) { // 接收到按键信号后切换状态
        if (millis() - buttontime > 500) {
          buttontime = millis();
          dstate = 3;
          CalendarDsiplay();
          day_temp = day();
        }
      }
    break;
    case 3:  // 显示日历
      if(day_temp != day()){
        day_temp = day();
        CalendarDsiplay();
      }
      if(millis() - short_reftime > 600000){ // 每 10min 更新一次实时天气
        short_reftime = millis();
        getweatherNow();
        getAirQuality();
        getHourForecast();
      }
      if(millis() - long_reftime > 3600000){ // 每 1h 更新一次逐日天气预报
        long_reftime = millis();
        getWeatherForecast();
      }
      if (!digitalRead(buttonPin)) { // 接收到按键信号后切换状态
        if (millis() - buttontime > 500) {
          buttontime = millis();
          dstate = 0;
          WeatherDisplayTop();
          digitalClockDisplay();
          WeatherDisplayDown();
        }
      }
    break;
  }
}
```

成品展示

完成所有的软硬件设计后，还需进行硬件焊接、组装和外壳上色等工作，最终的成品如图 16 所示，大家可以扫描文章开头的二维码观看演示视频。

结语

本项目从开始到最终完成大约花费 3 个月，其间几度遇到难以解决的问题，好在最终通过不断地尝试解决了问题，没有留下遗憾。其中最大的一个问题是 ESP8266 的内存太小，在解析 JSON 格式的逐小时天气预报和未来 7 天天气预报时，会因内存不足解析失败，于是我删除了库文件中不需要的变量，同时在 Arduino IDE 工具中将 MMU 设置为“16KB cache + 48KB IRAM and 2nd Heap (shered)”，尽量加大内存容量，才勉强把所需的天气预报信息解析出来。同样，当我使用 Sprite 来绘制图像时，也会受到内存不足的限制，这里的解决方法是将图像拆分成几块来显示，例如在图 12 中，我将启动页的海绵宝宝图片一分为二，通过推送两次的方式来显示完整的图片。

在项目推进过程中，我还制作了一款基于触摸屏的天气台，它可以通过点击显示屏相应的区域来实现页面的切换，操作更加方便，这也将成为本项目的一个改进方向。

行空板灯光画

演示视频

▌宋秀双

最近网上流行制作灯光画，摆在相框里的画看上去平平无奇，给相框通电以后，画立刻被赋予生命力。灯光画样式多种多样，有3D打印版、亚克力版、多层灯光版，还有的使用硫酸纸或者菲林纸。我们欣赏灯光画可以获得身临其境的感受。光线的流动和变化带给我们视觉上的愉悦，同时也激发了我们的想象力和创造力。本项目使用普通A4纸打印，整个制作过程比较简单。本项目使用行空板触屏控制灯光颜色，也可以使用手机App结合物联网平台实现远程控制。

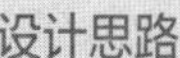

设计思路

本项目自制“手机App+行空板+LED灯光控制”系统，用纸鞋盒制作灯箱，以一张A4纸打印前景素描稿、一张A4纸打印遮光轮廓图，用学生考试垫板(半透明)作挡板实现柔光处理。

材料清单如附表所示。

附表 材料清单

序号	名称	数量
1	行空板	1块
2	手机	1个
3	WS2812 LED灯带	120个灯珠
4	充电宝	2个
5	鞋盒	1个
6	A4纸	若干

结构设计与搭建

1 成人的纸鞋盒大小一般是220mm×320mm，稍大于A4纸的大小(210mm×297mm)，可用于制作灯箱。

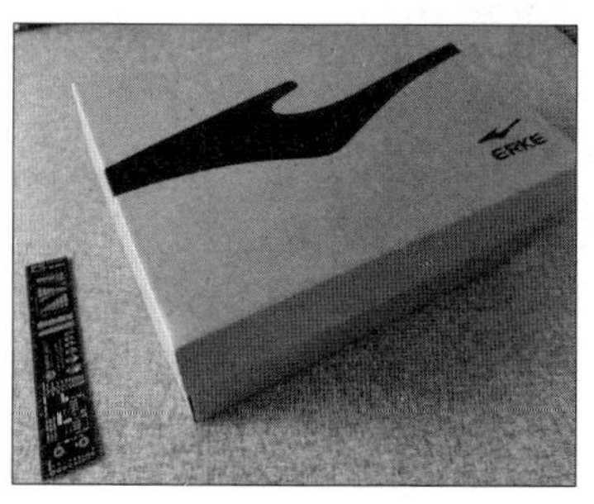

2 背板箱高4cm，为安装灯带留出空间，在背板上放一张空白A4纸，起反光作用。

3 用热熔胶将LED灯带固定在背板箱内侧，位置尽量靠下。

4 连接USB线，用充电宝为LED灯带单独供电。

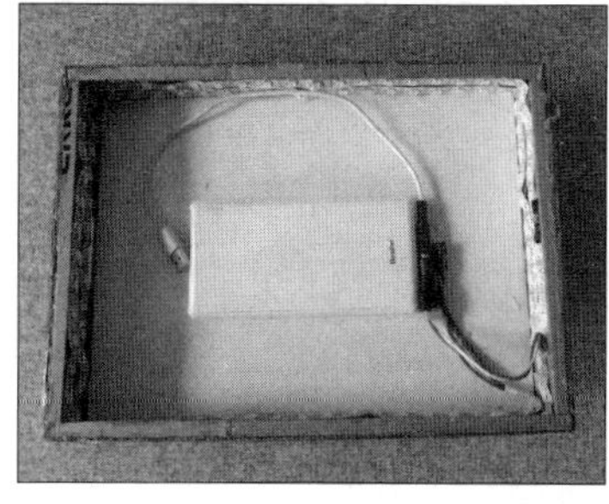

5 使用半透明塑料板(学生考试垫板)作挡板，产生柔光效果。

6 使用打印机分别把前景素描稿、遮光轮廓图分别打印在A4纸上。

7 将遮光轮廓图在下，前景素描稿在上，叠加放在挡板上；以鞋盒盖作前框，挖出大小适宜的相窗；将行空板放在前框侧面。

8 硬件连接如下图所示。

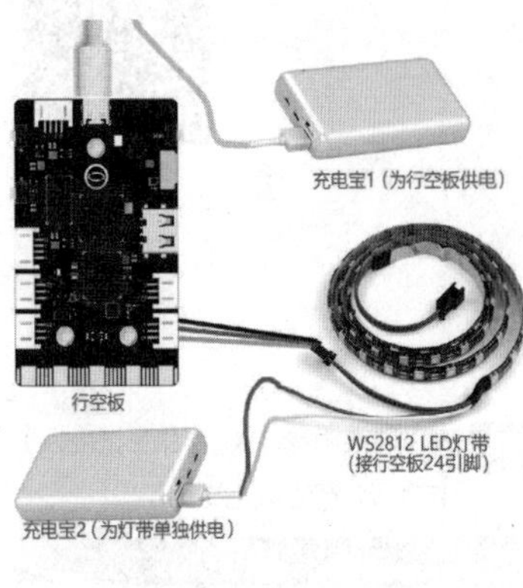

行空板程序

使用 Mind+ 软件 Python 模式图形化编程，在显示屏绘制 6 个颜色块，程序如图 1 所示，效果如图 2 所示。程序通过回调函数控制 LED 灯带颜色，灯光画效果如图 3 所示。

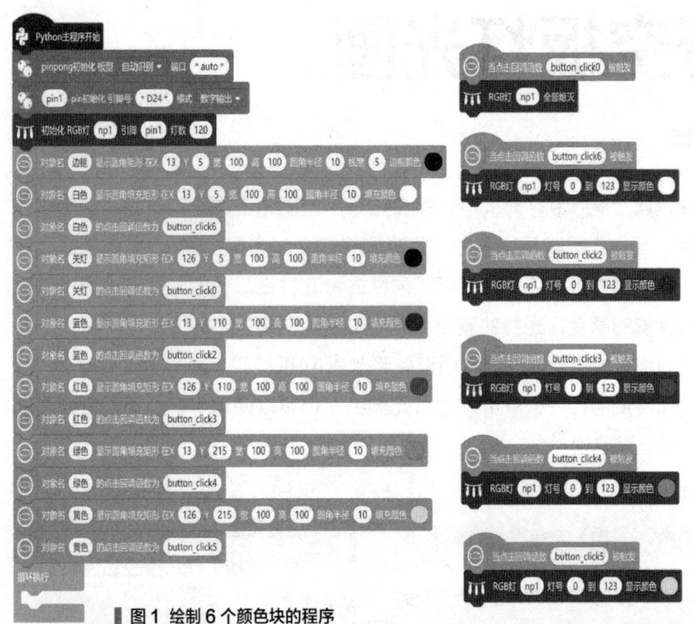

图 1 绘制 6 个颜色块的程序

图 2 显示屏上 6 个颜色块

图 3 灯光画效果

手机App控制灯光画

行空板与手机 App 通过 Easy IoT 物联网平台相互通信，实现在手机 App 上点击按钮向行空板发送指令，控制 LED 灯带变换颜色。

1 配置 Easy IoT 物联网平台，获取 Iot_id、Iot_pwd、Toptic。

2 使用 Iot_id、Iot_pwd、Toptic 物联网模块参数，增加物联网控制功能，接收 Easy IoT 物联网平台发来的指令，控制 LED 灯带变换颜色。

3 使用 Iot_id、Iot_pwd、Toptic 配置 MQTT 客户端，服务器 URL 为 tcp://iot.DF 官网 :1883。

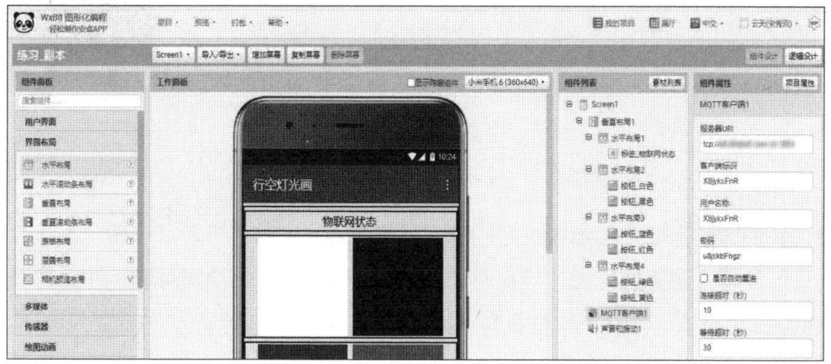

4 逻辑设计。当颜色按钮被点击，调用“MQTT 客户端 1”，向 Easy IoT 物联网平台发送指令，并调用“声音和振动 1”，振动 1s 提示按钮已被按下。

结语

我使用行空板及手机 App，结合物联网平台，利用生活中容易得到的材料，制作了一幅简易的灯光画。如条件允许，可使用硫酸纸或菲林纸打印彩色窗景，放在前景素描稿和遮光轮廓图中间。场景线稿与风景搭配上灯光，灯光与画完美结合，让人仿佛身临其境，在室内感受光与影的艺术，白描式的场景与色彩丰富的风景对比强烈，引人无限遐想。大家可以扫描文章开头的二维码观看演示视频。

```
当 Screen1 初始化
运行 输出调试信息 "屏幕初始化"
     调用 MQTT客户端1 .连接

当 MQTT客户端1 .已连接
运行 设置 标签_物联网状态 . 文本 为 "物联网连接已成功"

当 按钮_白色 .被点击
运行 调用 MQTT客户端1 .发布
         主题 "1DXAmWJ4g"
         消息 "W"
         是否在服务器保留消息 真
         消息可靠性级别 1
     调用 声音和振动1 .震动
         毫秒数 1000

当 按钮_黑色 .被点击
运行 调用 MQTT客户端1 .发布
         主题 "1DXAmWJ4g"
         消息 "C"
         是否在服务器保留消息 真
         消息可靠性级别 1
     调用 声音和振动1 .震动
         毫秒数 1000

当 按钮_黄色 .被点击
运行 调用 MQTT客户端1 .发布
         主题 "1DXAmWJ4g"
         消息 "Y"
         是否在服务器保留消息 真
         消息可靠性级别 1
     调用 声音和振动1 .震动
         毫秒数 1000

当 MQTT客户端1 .出错
  函数名称 错误编号 消息
运行 设置 标签_物联网状态 . 文本 为 "物联网连接已断开，点击重新连接！"

当 MQTT客户端1 .连接中断
  消息
运行 设置 标签_物联网状态 . 文本 为 "物联网连接已断开，点击重新连接！"

当 标签_物联网状态 .被点击
运行 如果 标签_物联网状态 . 文本 等于 "物联网连接已断开，点击重新连接！"
     则 调用 MQTT客户端1 .连接

当 按钮_红色 .被点击
运行 调用 MQTT客户端1 .发布
         主题 "1DXAmWJ4g"
         消息 "R"
         是否在服务器保留消息 真
         消息可靠性级别 1
     调用 声音和振动1 .震动
         毫秒数 1000

当 按钮_蓝色 .被点击
运行 调用 MQTT客户端1 .发布
         主题 "1DXAmWJ4g"
         消息 "B"
         是否在服务器保留消息 真
         消息可靠性级别 1
     调用 声音和振动1 .震动
         毫秒数 1000

当 按钮_绿色 .被点击
运行 调用 MQTT客户端1 .发布
         主题 "1DXAmWJ4g"
         消息 "G"
         是否在服务器保留消息 真
         消息可靠性级别 1
     调用 声音和振动1 .震动
         毫秒数 1000
```

一个具有视觉识别功能的留言管家

演示视频

▌章明千

老年人记忆力减退是正常的生理现象，我们时常需要提醒老人关好门窗、关闭电源、携带手机等。一般情况下，我们可以通过打电话、发短信、发微信、写纸条等方法提醒老人，但有时老人可能眼神不好、不会操作智能机、不认识字，有没有什么好的方法提醒老人呢？我以此为灵感，设计了这个具有视觉识别功能的留言管家。

功能介绍

留言管家通过 AI 视觉传感器进行人脸识别，根据不同的人调用相对应的留言。用户触摸相应的图标可以收听对方的留言，收听结束后可以对留言进行删除。触摸留言图标后，可以选择对他人进行留言，在录制留言前选择相应的对象可以收听前一条对他的留言内容，收听结束后可以删除该条留言或重新录制留言。整个操作过程都有相应的语音提示和指示灯指示，指示灯亮红色表示选择了该项功能，亮蓝色表示有留言，亮绿色表示正在播放，指示灯灭表示没有留言。

材料清单

本项目所用到的材料清单如附表所示。

附表 材料清单

序号	位号	名称
1	Arduino 主控板	1 块
2	AI 视觉传感器	1 块
3	I^2C 录 / 放音模块	1 块
4	MP3 语音模块	1 块
5	触摸开关	8 个
6	RGB LED	8 个
7	扬声器	2 个
8	杜邦线	若干
9	激光切割结构件	若干

设计组装

结构设计及切割

1 设备外壳的结构件采用的是 3mm 厚的椴木板，根据硬件组装的需求及作品外壳的设计，利用 LaserMaker 在计算机上设计出其外壳，再用激光切割机切割出来。

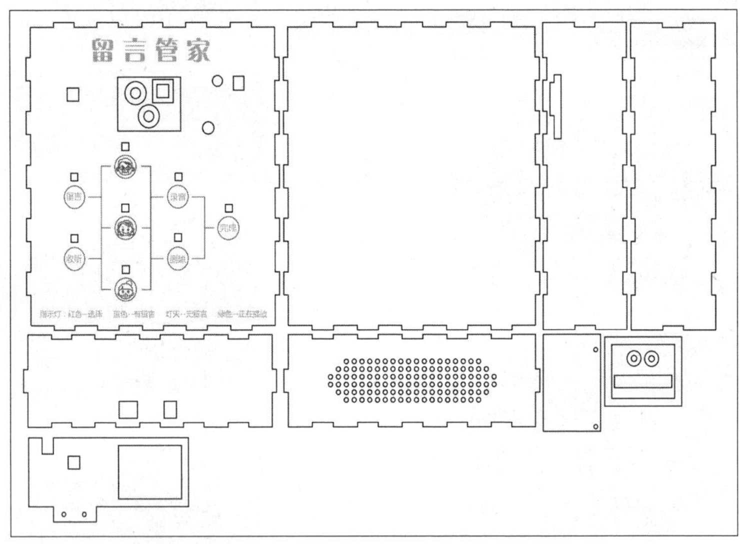

2 把 AI 视觉传感器和部分结构件按下图所示组装在一起。

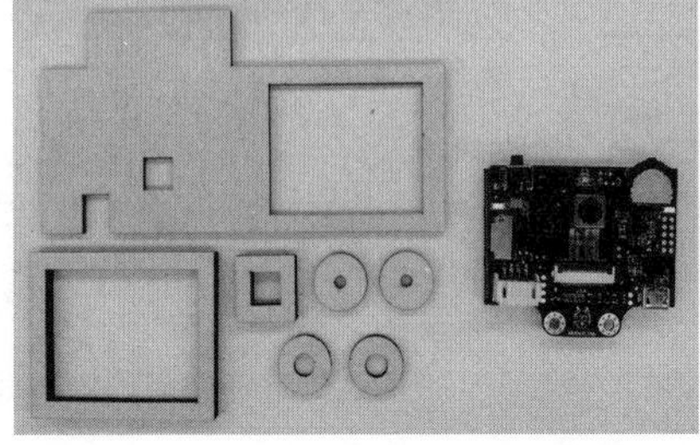

3 用热熔胶把 8 个触摸开关和 8 个 RGB LED 固定在面板的背面。

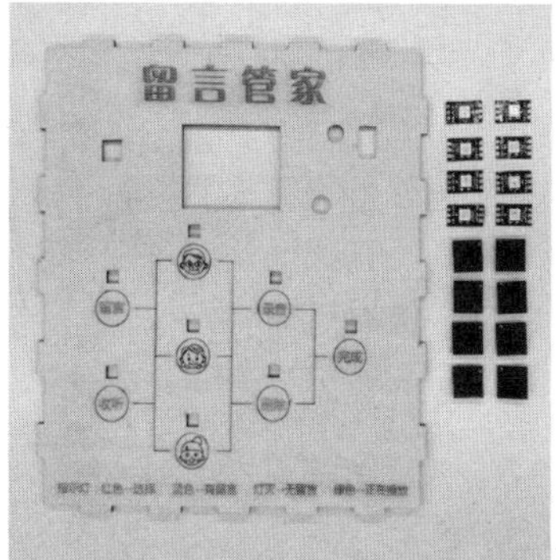

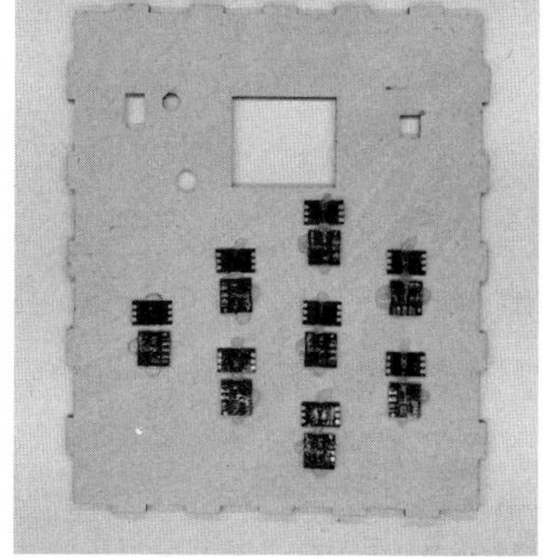

4 焊接好 RGB LED 和触摸开关的连接线，将 8 个 RGB LED 串联起来形成一条灯带，所有的 GND、VCC 引脚连接在一起，共 11 根引线，分别是 1 根 GND、1 根 VCC、1 根灯带信号线、8 根触摸开关信号线。

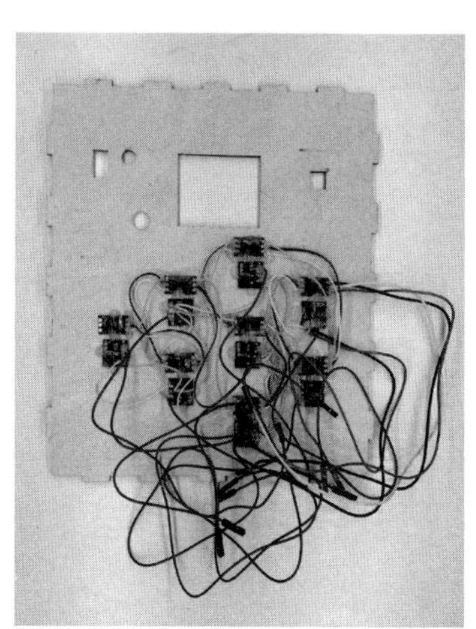

5 把组装好的 AI 视觉传感器部分也安装在面板上。

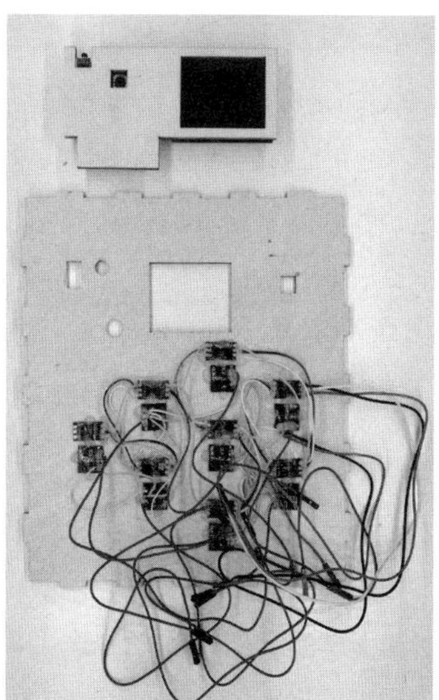

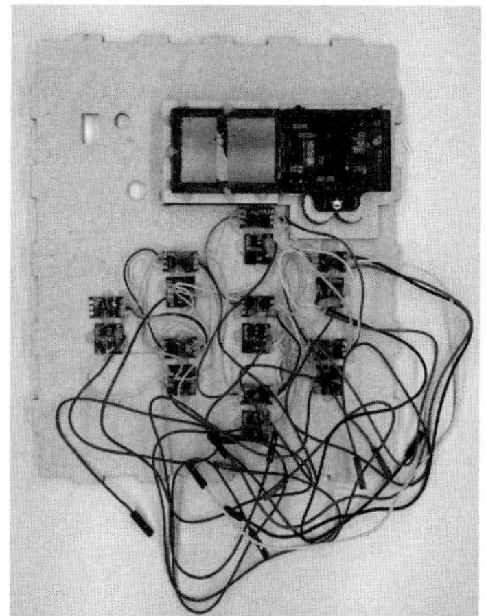

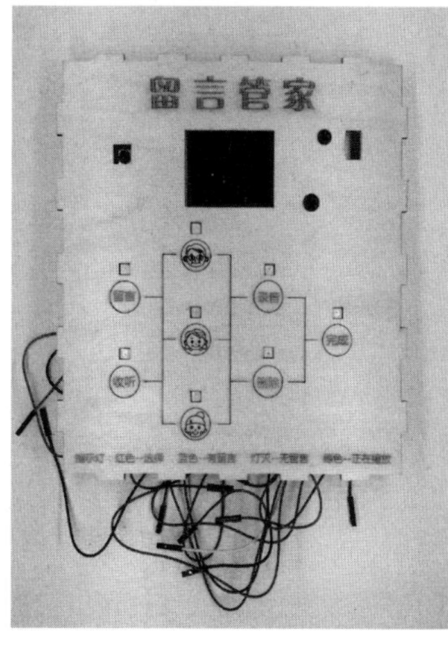

6 把 I^2C 录 / 放音模块安装到面板上。

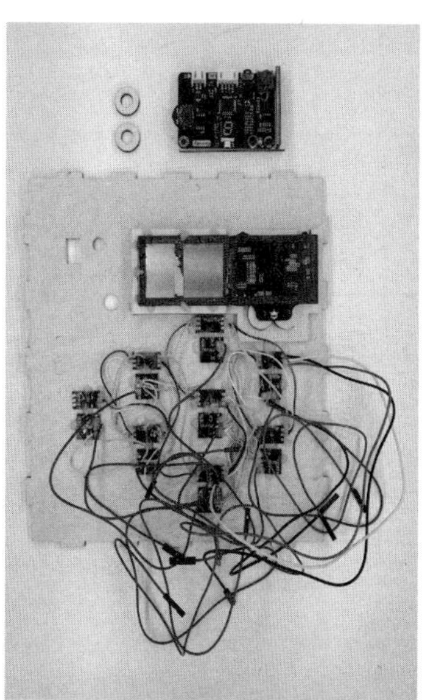

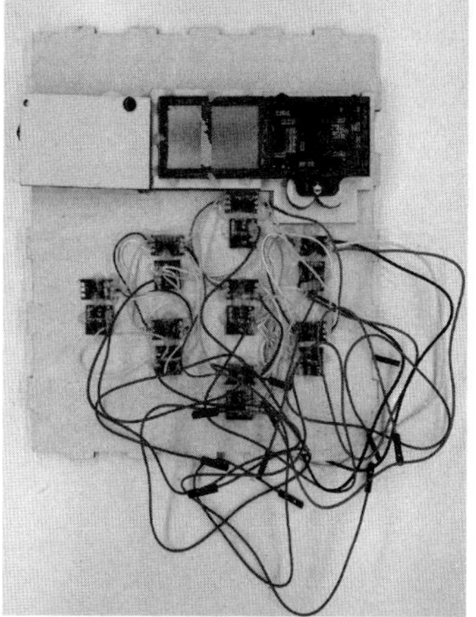

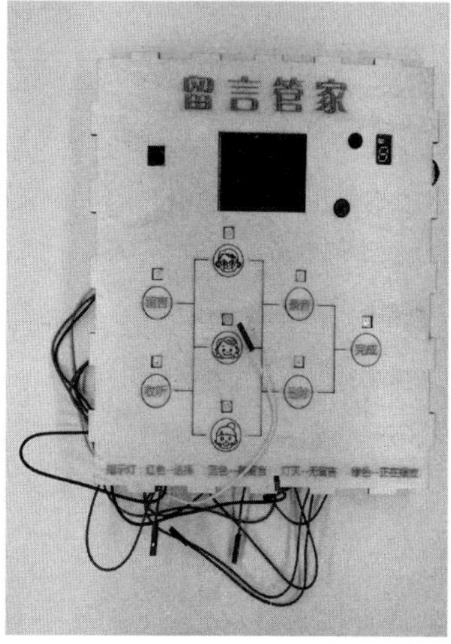

7 用热熔胶把两个扬声器固定在底部侧面板上。

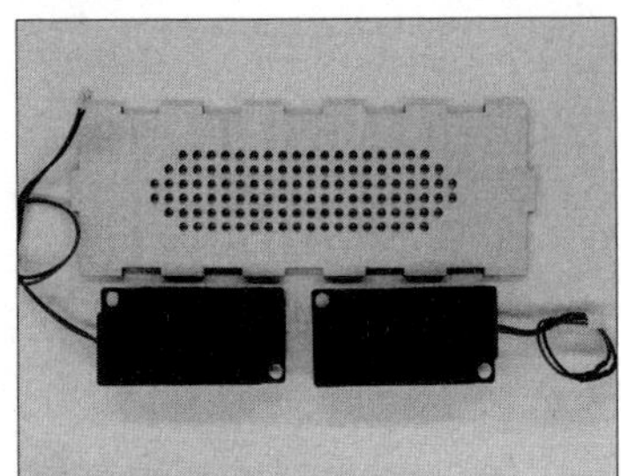

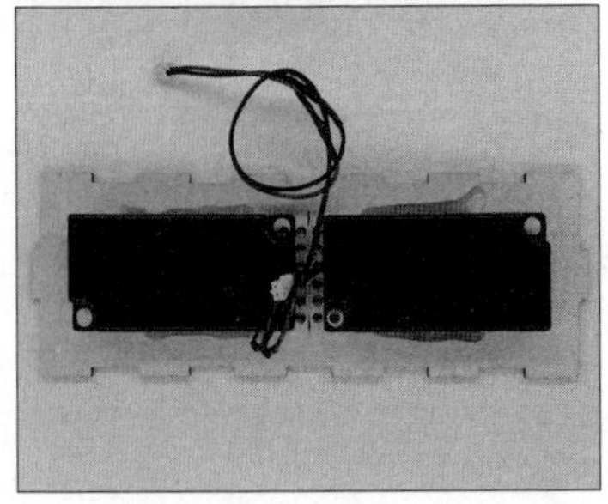

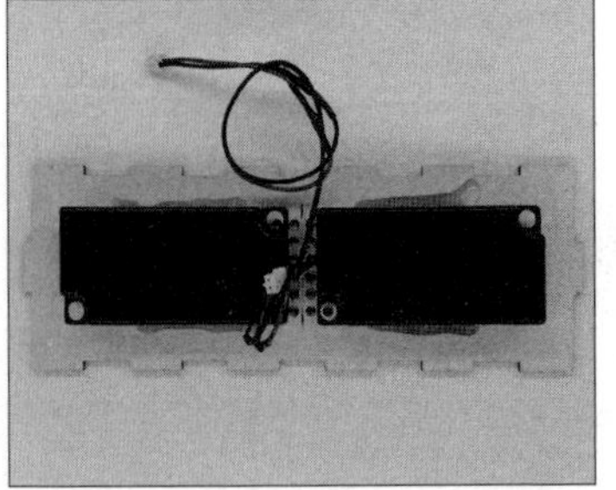

8 把主控板和 MP3 语音模块固定在底板上。

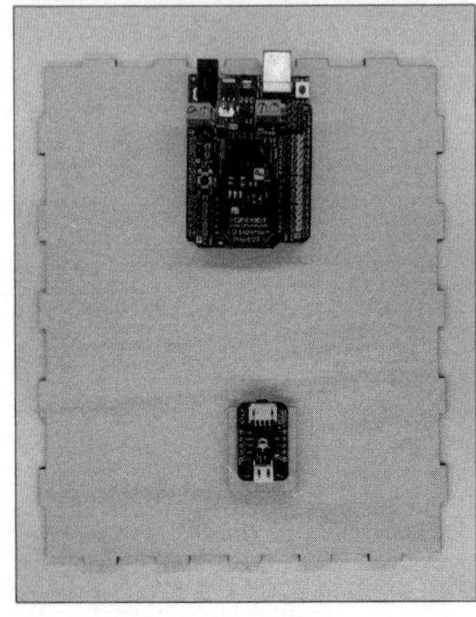

9 把上面板和侧面板组装在一起。

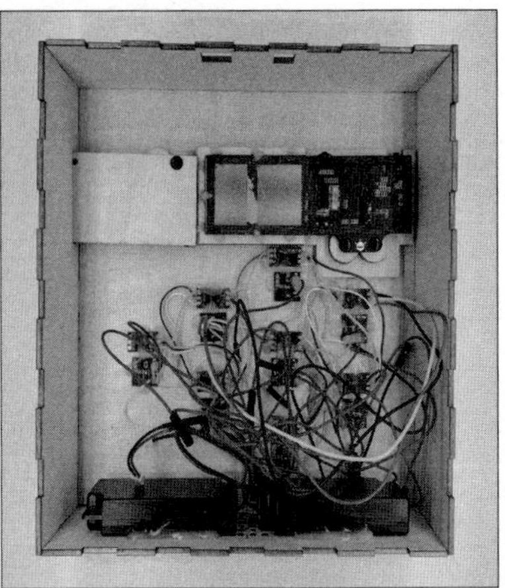

10 按照留言管家连接示意图把各个传感器与主控板接在一起。

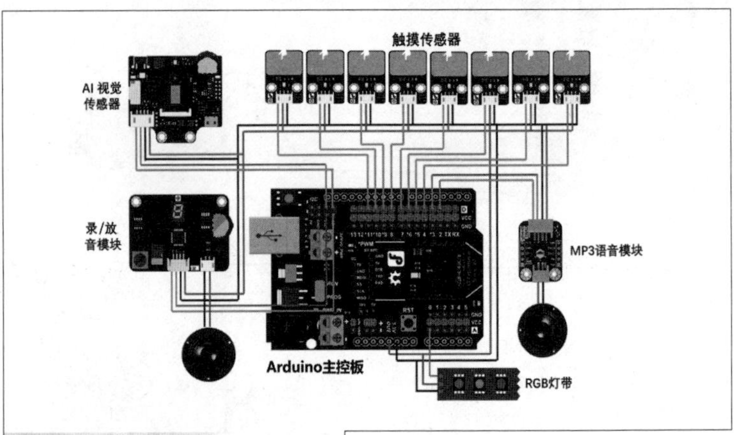

11 最后再把底板安装上，这样作品组装就完成了。

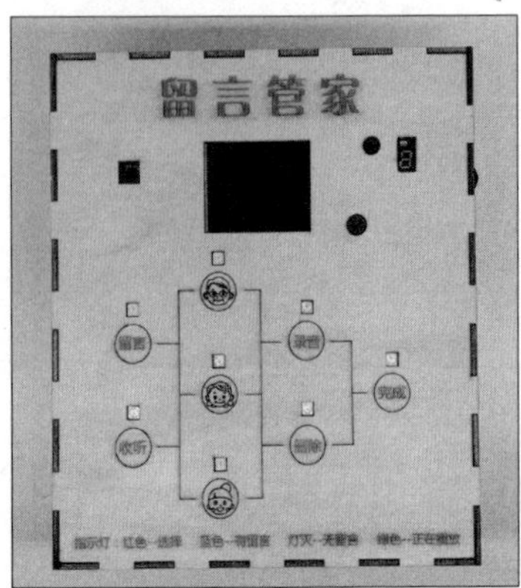

程序设计

1 编程软件是 Mind+。打开 Mind+，切换到“上传模式”，接着单击“扩展”。

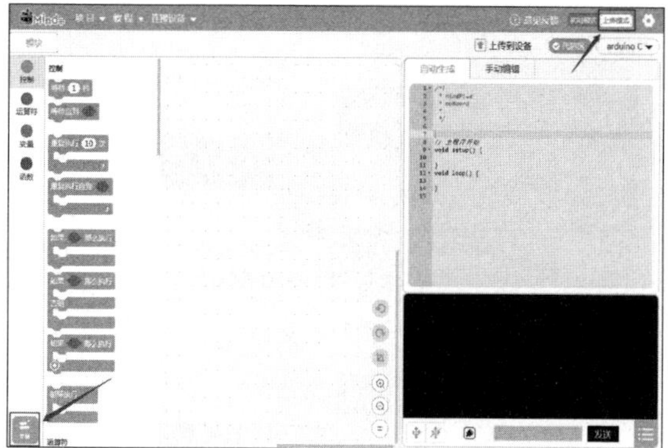

2 选择“主控板”选项卡中的“Arduino Uno”。

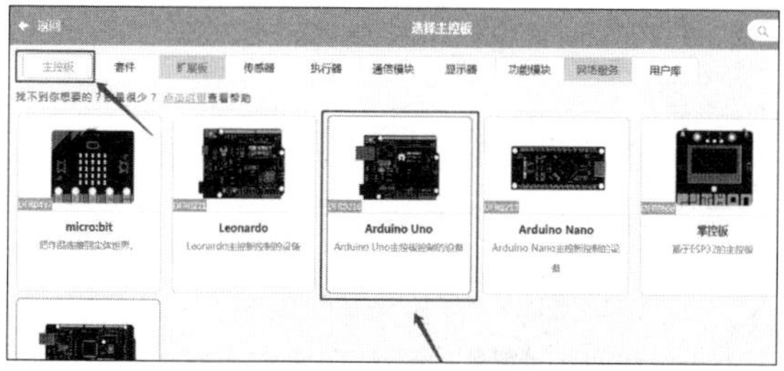

3 添加“传感器”选项卡中的“HUSKYLENS AI 摄像头”传感器。

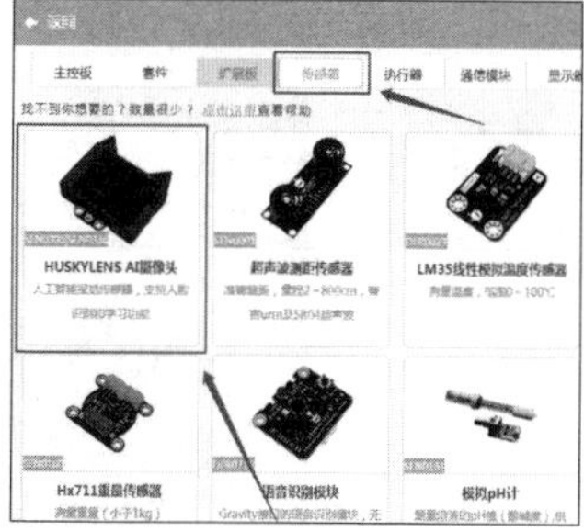

4 添加“执行器”选项卡中的“串口 MP3 模块”。

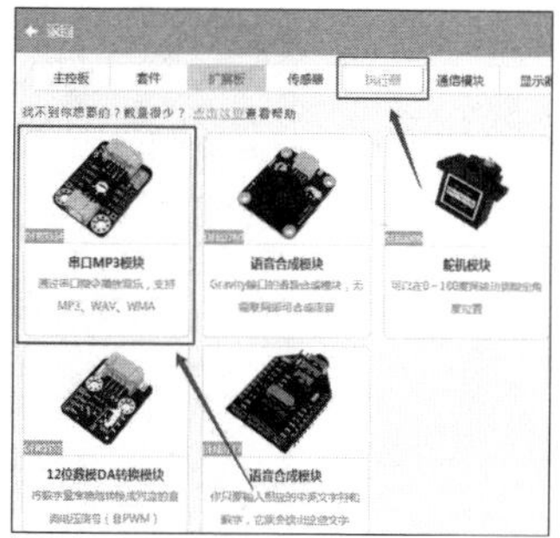

5 添加“显示器”选项卡中的“WS2812 RGB 灯”。

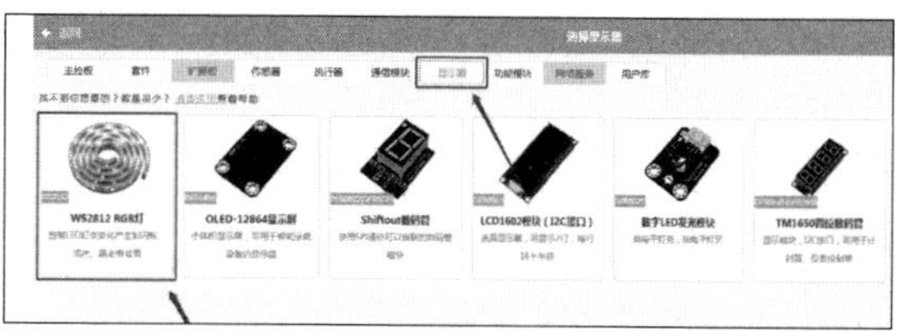

6 添加“用户库”中的“音频录放模块”，如果没有，可以在查找框中输入地址：https://gitee 平台官网网址 / chenqi1233/ext-dfrobot_-voice-recorder，然后再单击后面的“放大镜”查找，找到后单击“音频录放模块”即可，最后单击“返回”回到编程界面。

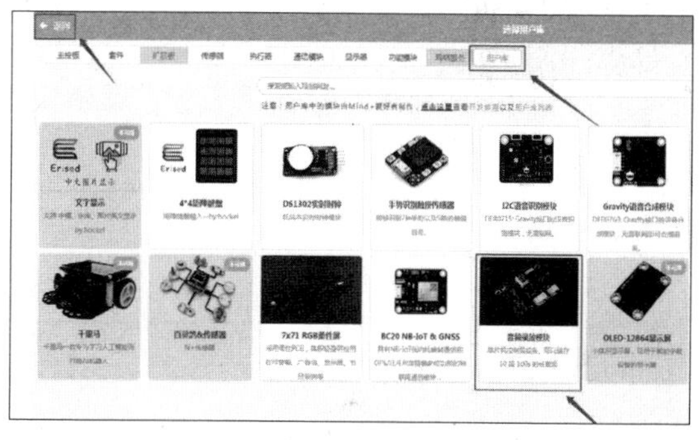

7 接下来添加一个“初始化”函数，在这个函数中添加一些指令，这一部分程序主要是对各模块进行初始化设置，再定义了收听与留言、留言检测、录音状态、人物、人物检测 5 个变量。

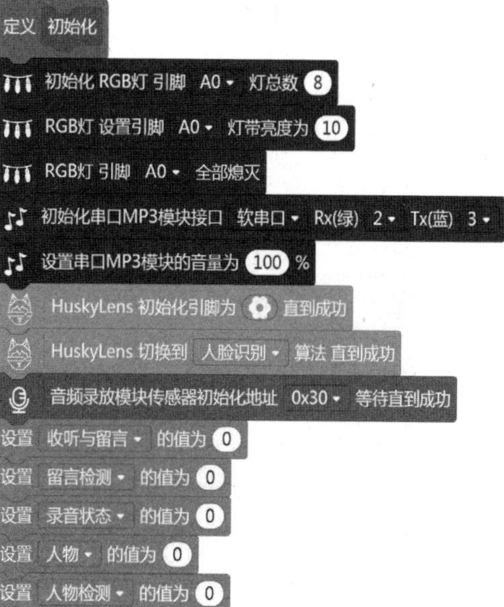

8 添加“人脸识别”函数，在这个函数中，先进行人脸识别，如果 5s 内没有相关的人员，则面板上的指示灯全灭，所有操作都不起作用；如果识别到事先录入的人脸，就用人物这个变量来记录识别到的人。

```
定义 人脸识别
HuskyLens 请求一次数据 存入结果
如果 HuskyLens 从结果中获取 方框 是否在画面中？ 那么执行
    如果 HuskyLens 从结果中获取ID 1 方框 是否在画面中？ 那么执行
        设置 人物 的值为 1
        设置 人物检测 的值为 0
    否则 如果 HuskyLens 从结果中获取ID 2 方框 是否在画面中？ 那么执行
        设置 人物 的值为 2
        设置 人物检测 的值为 0
    否则 如果 HuskyLens 从结果中获取ID 3 方框 是否在画面中？ 那么执行
        设置 人物 的值为 3
        设置 人物检测 的值为 0
否则
    如果 变量 人物检测 <= 5 那么执行
        等待 1 秒
        将 人物检测 增加 1
    否则
        设置 人物 的值为 0
        设置 人物检测 的值为 0
        设置 收听与留言 的值为 0
        设置 留言检测 的值为 0
        RGB灯 引脚 A0 全部熄灭
```

9 把“初始化”函数放到主程序中，在循环执行指令里先运行“人脸识别”函数，在这里只定义了 3 个人物，所以建立了“人物 1”“人物 2”“人物 3”这 3 个函数，根据不同识别的结果运行相应函数中的程序。

```
Uno 主程序
初始化
循环执行
    人脸识别
    如果 变量 人物 = 1 那么执行
        人物1
    否则 如果 变量 人物 = 2 那么执行
        人物2
    否则 如果 变量 人物 = 3 那么执行
        人物3
```

10 在“人物 1”函数中，通过判断触摸开关的值确定执行收听留言还是给别人留言程序，并让相应指示灯亮红色，以及播放相应的提示语音。如果是收听留言则调用“人物 1 收听”函数，如果是给别人留言则调用“人物 1 留言”函数。

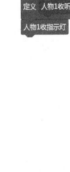

11 在“人物 1 收听”函数中，先执行“人物 1 收指示灯”函数，让收听指示灯亮红色，表示当前处于收听留言状态中，再执行一次查询，看是否有留言，如果有留言则相应指示灯亮蓝色；如果没有留言，指示灯不亮。

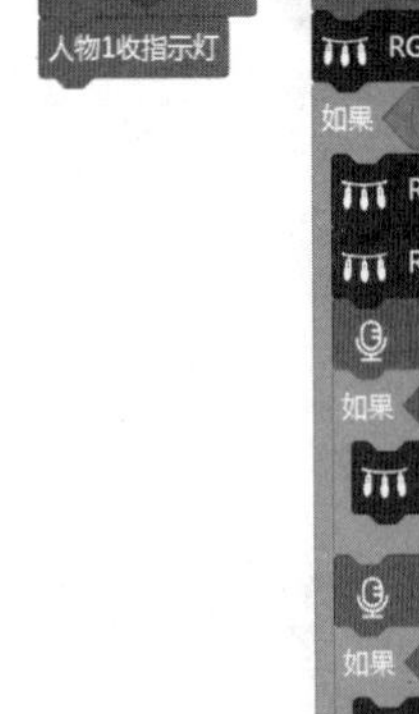

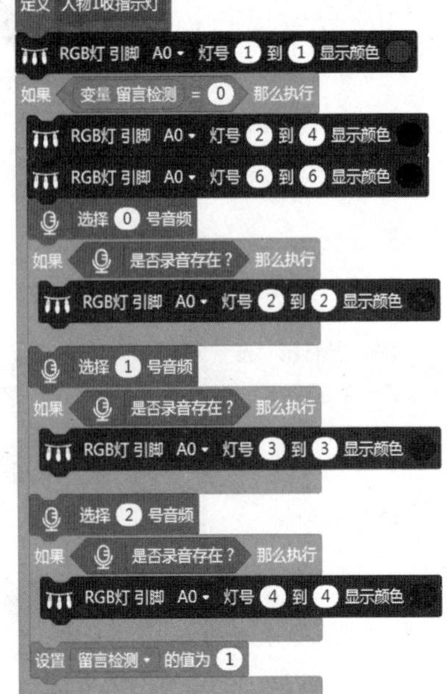

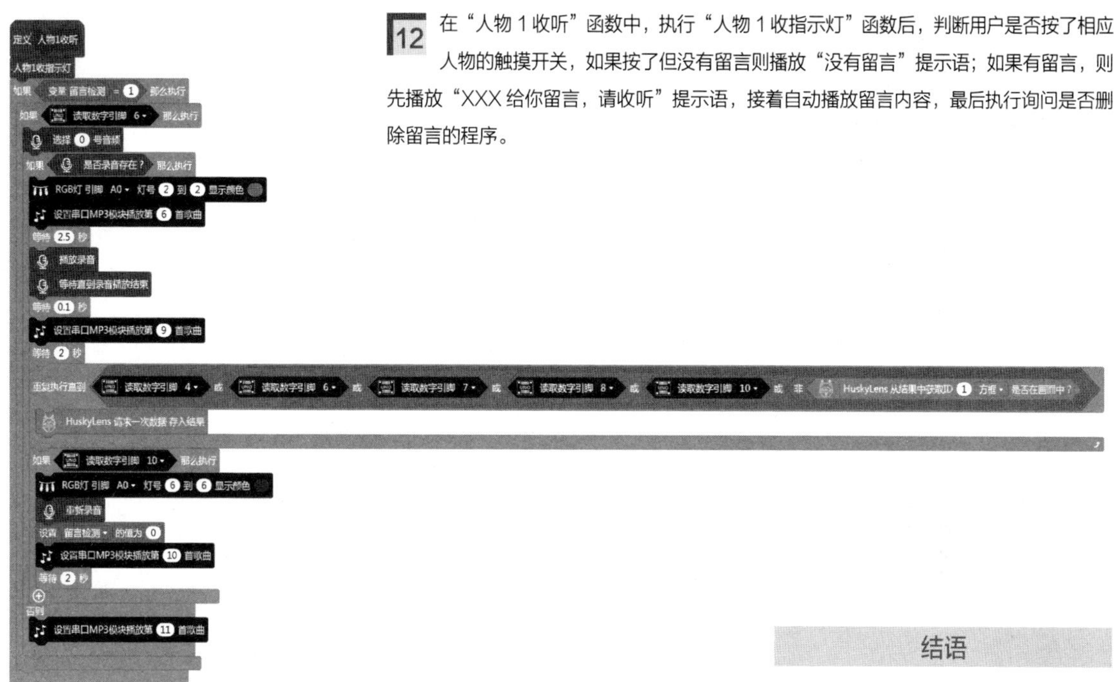

12 在“人物 1 收听”函数中，执行“人物 1 收指示灯”函数后，判断用户是否按了相应人物的触摸开关，如果按了但没有留言则播放“没有留言”提示语；如果有留言，则先播放“XXX 给你留言，请收听”提示语，接着自动播放留言内容，最后执行询问是否删除留言的程序。

13 在“人物 1 留言”函数中，也是先判断一次你有没有给其他人留言，如果有则相应指示灯亮蓝色，没有则不亮。想要给别人留言，只要按一下相应人物的触摸开关。这里有两种情况，一种是原来已经有留言，我们可以收听到提示语“你给 XXX 留言的内容是”，接着播放留言内容，然后会播放“按删除键删除留言，按录音键录制留言”的提示语，我们可以根据情况进行选择操作；另一种情况是没有留言或留言已被对方删除，则会播放“没有留言，按录音键录制留言”提示语。如果要录制留言，按了录音触摸键后会先播放“马上开始录音，按完成键停止录音，现在开始录音”提示语，接下来就可以留言了，说完后按完成触摸键完成录音。

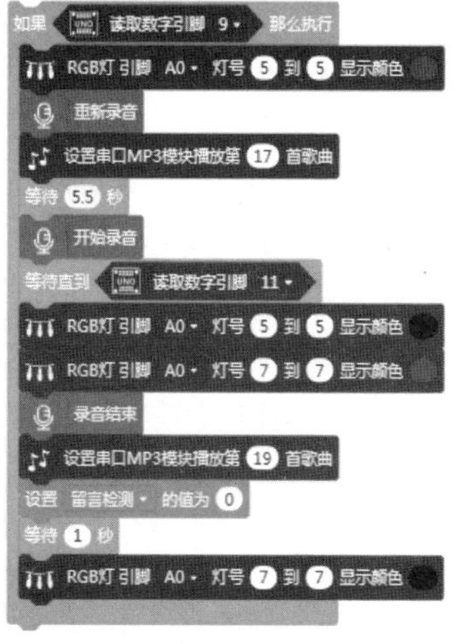

14 人物 2 和人物 3 的程序基本上与人物 1 的一样，只要更改一些相关的参数就可以了，整个作品所有函数如下所示。

结语

程序编写过程相对来说比较烦杂，要不断进行调试修改，使之符合我们的要求。这个作品的亮点是利用人脸识别功能来控制操作功能权限，针对不同的对象会自动调用相关的留言内容以及给指定对象录制留言，整个操作过程都有指示灯和相关的语音提示。目前录制和收听留言时，都必须在这台机器上操作，这样还不是很方便，如果子女可以通过手机或计算机远程给老人留言，甚至可以查看家里的老人有没有收到留言就更完美了，这也是我下一步需要努力实现的功能。

基于物联网视觉巡线机器人的调试工具

崔长华

巡线是机器人的基本功能之一，无论是光电巡线、电磁巡线还是视觉巡线，在项目调试阶段，都需要频繁地修改PID参数以达到最优。目前通常在计算机端修改参数，编译程序，然后下载到机器人的处理芯片中查看效果，频繁地重复操作，比较费时耗力。视觉巡线相比其他巡线方式，最大的特点是需要分析机器视觉图像，从不同情形的图像中，提炼出典型特征，并依据这些特征设计、优化算法。

当前，随着人工智能技术的发展，图像识别的应用越来越多，视觉巡线作为其中的典型案例，也迫切需要一种工具将其以容易接受的形式展示给教师和学生。我决定通过一种相对简单的方案以较低的成本解决这个难题，由此产生了这个项目。

项目设计

该视觉巡线机器人的调试工具可以联网，并与前端进行无线数据通信。视觉巡线模块把采集的视频传给计算机，计算机把相关参数传给视觉巡线模块。依据上述功能，我使用了 4 个模块，分别是 Web 前端模块、数据中转模块、视觉巡线模块、和电机驱动模块。项目的组成模块以及模块间的关系如图 1 所示。

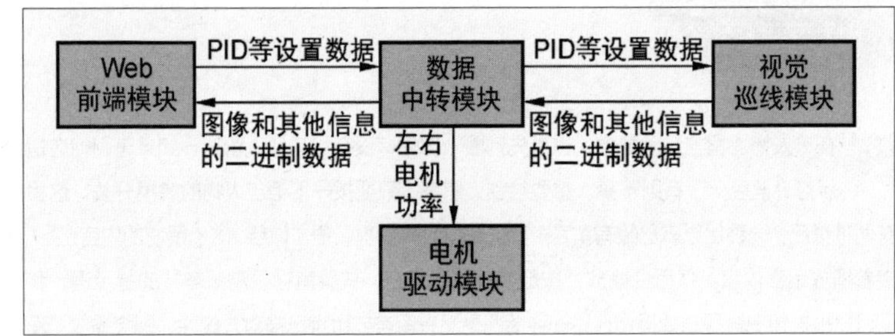

图 1 项目的组成模块以及模块间的关系

Web前端模块

在计算机浏览器中输入 WebSocket 服务器的 IP，打开网页，该网页作为视觉巡线机器人调试工具的主界面，可以实时设置 PID 参数、图传周期、电机基础功率、机器人启动和停止等，可以观察机器视觉的单帧或连续图像，同时网页中的图表也会动态显示道路中心点与图像中心点的偏离数据。该模块还会接收数据中转模块发送的二进制数据，同时向它发送设置信息数据。

数据中转模块

数据中转模块是联系其他模块的纽带，它接收视觉巡线模块的二进制数据，从中提取电机的功率数据和图像的大小信息，再转发给 Web 前端模块。电机功率被发送至电机控制模块，用于控制机器人的行进姿态。已接收图像的数量、当前帧图像的大小，以及该模块所建立 WebSocket 服务器的 IP，将通过一个 OLED 显示屏显示，作为观察系统运行状态的窗口。另外，数据中转模块也接收 Web 前端模块发来的设置参数和控制信号，然后进行相应的操作或者转发给视觉巡线模块。

视觉巡线模块

该模块的主要功能是拍摄并提取每帧图像的特征，识别图像，通过巡线算法计算得到左 / 右电机的输出功率。然后把图像和电机功率等信息转换成二进制数据，传送至数据中转模块，并实时接收、设置 PID 等参数。

电机控制模块

该模块使用数据中转模块传递的左 / 右电机功率，对机器人的行进姿态进行控制。

图 2 ESP32 开发板、扩展板和 OLED 显示屏

通信协议和通信数据

Web 服务器与客户端，常用的通信协议是 HTTP 和 WebSocket。HTTP 基于请求响应的轮询方式，客户端定时向服务器发送 Ajax 请求，服务器接到请求后马上返回响应信息并关闭连接。如果客户端要连续取得图像数据，就要不停地发送请求，中间产生大量的无效数据，增加额外时间，效率比较低。WebSocket 协议的最大特点是服务器可以主动向客户端推送信息，客户端也可以主动向服务器发送信息，省略了请求和响应的步骤，更加符合本项目的需求，所以无线传输采用了 WebSocket 协议。

当前常用的视觉巡线模块，如 OpenMV、Maix Bit K210 等并不具备无线通信功能，需要连接带有 Wi-Fi 模块的单片机或扩展板。嵌入式系统常用的通信协议有 UART、I^{2}C、SPI、CAN 等，以 ESP32 为例，各协议对应的最高传输速率分别约为 5Mbit/s、400kbit/s、30Mbit/s、1Mbit/s。本项目每秒的数据流量为 2.6 ~ 4.6Mbit，考虑到单片机还要进行其他复杂的计算，为了保证图传的流畅性，我选择了 SPI 有线传输图像，用 UART 传输字符串格式的数据，而 OLED 显示屏采用 I^{2}C 通信协议。

硬件模块选择

Wi-Fi模块和辅助显示屏

本项目的目标是开发一个基于物联网视觉巡线机器人的调试工具，也就是在视觉巡线机器人的基础上，通过增加一个模块，使其联网并进行数据传输处理。随着物联网技术的不断发展，Wi-Fi 模块作为其中不可或缺的组成部分，也是百花齐放，出现了许多优秀的产品。ESP32 是具有 Wi-Fi 功能的国产单片机，也是最近几年比较受欢迎的物联网模块，因其具有极高的性价比，在国内外都得到了广泛使用，是物联网项目的理想选择，它有多种开发模式，我选择了 ESP32 开发板和扩展板。辅助显示屏作为系统运行状态的观察窗口，数据更新频率与图传频率基本一致，再结合通信协议，我选择了具有 I^{2}C 接口、0.96 英寸、分辨率为 128 像素 ×64 像素的 OLED 显示屏。ESP32 开发板、扩展板和 OLED 显示屏如图 2 所示。

图 3 TB6612 直流电机驱动模块和 OpenMV 视觉模块

其他模块

本项目还包括一个完整的视觉巡线机器人，要求其与 ESP32 之间可以进行 SPI 和 UART 通信。我使用 OpenMV 视觉模块进行图像的采集和处理；选择带有稳压功能的 TB6612 直流电机驱动模块，提供 5V 和 3.3V 的输出电源，方便供电。TB6612 直流电机驱动模块和 OpenMV 视觉模块如图 3 所示。

项目搭建与连接

项目搭建

基于物联网巡线机器人的调试工具需要在原有机器人结构基础上略作改动，在 OpenMV 视觉模块和 TB6612 驱动模块之间增加 ESP32 模块。机器人底盘分为两层，下层 B 面安装减速直流电机、动力轮和支撑轮，A 面固定电池；上层 A 面从前向后，依次安装 OpenMV 视觉模块、ESP32 模块和 TB6612 驱动模块。其中，OpenMV 视觉模块固定在双轴舵机云台上，方便手动或用程序调节角度以及后续扩展功能。完成搭建的视觉巡线机器人如图 4 所示。

图 4 完成搭建的视觉巡线机器人

ESP32模块连线

ESP32 模块集成了 4 组 SPI 总线。其中 SPI0 和 SPI1 为模块自身使用，用于访问内部集成的闪存。SPI2 和 SPI3 是通用 SPI 总线，分别命名为 HSPI 和 VSPI，向用户开放，这两组 SPI 具有独立的总线信号，每条总线具有 3 条 CS 线，最多能控制 6 个 SPI 从设备，能够以主机模式或者从机模式工作。OpenMV 视觉模块有一组 SPI 总线供用户使用，命名为 SPI2，允许把图像流数据传给 LCD 扩展板、Wi-Fi 扩展板或者其他控制器。

本项目通过 SPI 总线通信，OpenMV 视觉模块工作在主机模式下，ESP32 则工作在从机模式下。ESP32 使用 ESP32DMASPISlave 库接收数据，该库默认使用 HSPI 总线。然后把 ESP32 的 HSPI 连接到 OpenMV 视觉模块的 SPI 总线上，需要特别注意的是，连接一定要稳定可靠，否则可能导致画面闪烁。

电机控制引线、电源和地线

TB6612 直流电机驱动可以控制两路直流电机，每路直流电机需要 3 个控制信号，两个用于控制方向，一个用于控制功率大小，即 PWM 值，所以共需要 6 个引脚。OpenMV 视觉模块剩余 4 个引脚无法满足要求，所以需要用 ESP32 模块来控制电机。ESP32 除了 4 个仅有输入功能的引脚，其他引脚都具有 PWM 输出功能。

本项目用 TB6612 模块的 5V 输出电压为这两个模块和 OLED 显示屏供电，需要注意的是，所有模块必须共地。至此，模块之间都已连接完毕，具体如图 5 所示。

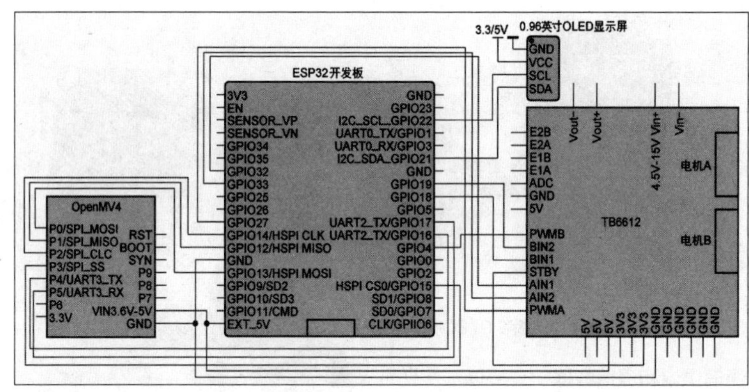

图 5 模块之间的连接

基于物联网视觉巡线机器人的调试工具功能如下所示。

- 显示机器人实时视觉画面。
- 显示目标值（图像中心）与实际值（道路中心）偏差的动态图表，用于辅助调整 PID 参数。PID 调整口诀中有一句是“理想曲线两个波，前高后低四比一”，可以让机器人在一条直线道路上巡线，通过设置不同的 PID 值观察波形，以判断 PID 参数是否接近最佳。
- 每完成一次巡线后，会把此次巡线所用时间和 PID 参数记录下来，并添加到运行结果信息区域，用于比较不同参数下的巡线效率。
- 能够实时设置和应用 PID 参数、图传周期、基本功率、图表数据采样周期。
- 能够用键盘或鼠标控制机器人启动和停止，在没有启动巡线时，可以控制其前后左右运动。
- 其他辅助功能，如无线更新 ESP32 固件、帧率显示、发送设置消息提示、断网重连后自动从机器人取得实际参数并更新界面相关的数值。

根据上述功能设计界面，把界面分为左右两大区域，左侧区域主要用于设置操作，下方为 4 个方向控制键和发送消息的文本提示区；右侧又分为上下两个区域，下方为图表显示区，上方左侧为机器视觉区，上方右侧为运行结果统计区和启动 / 停止按键区，右上角用红色字体显示图像帧率。界面采用黑色主题，整体效果如图 6 所示。

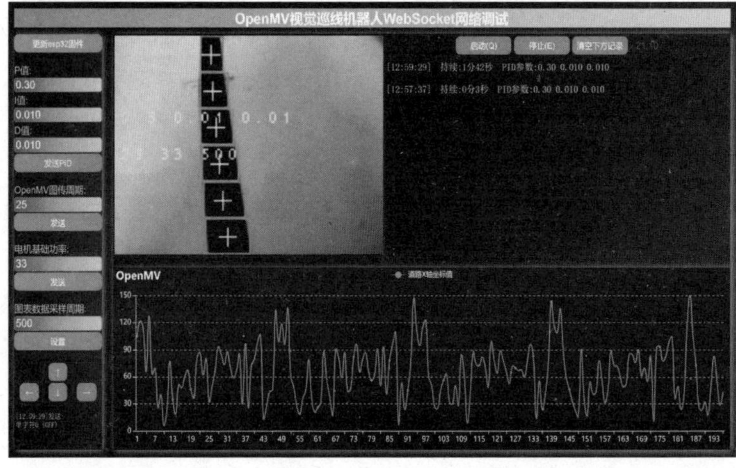

图 6 界面整体效果

界面与程序

界面设计

界面是人机交互的窗口，界面设计需要把产品功能以方便操作的方式展示出来。

程序设计

前端Web界面是一个扩展名为.html的网页文件，被内嵌到ESP32的Arduino程序中。HTML定义了网页中的内容，CSS对它们进行渲染和布局，数据的操作和与用户的交互由JavaScript完成，程序在VS Code中编写。

1. 定义WebSocket对象，搭建数据接收框架

随着HTML5的普及，现代浏览器基本上已经原生支持WebSocket，也可以在程序中用简单语句进行判断。程序1包含全局变量的定义和WebSocket对象的构建。其中对象的构建只需在页面加载时执行一次。

程序1

```
var cyc=500,onoff=0,pid=[0.3,0.01,0.01];
//需要设置的值：数据采样周期、启动停止状态，PID
var xlen=0,xdata=[],ydata=[];
//echarts：x轴辅助计算变量、x轴数组、y轴数组
var myChart = echarts.init(document.getElementById('main'),'dark');
//定义echarts对象
var newimg,actual=0;//保存接收的数据：图像、实际值
var starttime, fpstime=+new Date(),cnt=0;//绘图启动时间、帧率计算开始时间、图像计数器
var ws,setinter; //websocket对象、setInterval()的返回值
if ("WebSocket" in window) {
//判断浏览器是否支持WebSocket
ws=new WebSocket(`ws://${window.location.hostname}/`);
//建立WebSocket连接
  ws.binaryType = "arraybuffer";
//定义接收数据的类型
  ws.onopen  = function() { };
//成功建立连接时触发
  ws.onerror = function() { alert("WebSocket出现错误！"); };
//发生错误时触发
  ws.onclose = function() {
alert("WebSocket连接已经关闭！") };
//连接关闭时触发
  ws.onmessage = function(evt) {
// 收到数据时触发，从evt中提取数据，更新帧率和设置，.jpg图像流显示
  };
}
```

2. 显示图片流

Web前端收到的是二进制数据流，在网页中要把它们显示为图片，通常有两种方式，一是通过FileReader对象把它们转化为base64字符串格式的图像，优点是一次转换之后，可以重复使用这个图像，但是效率低，不太符合本项目的需求；二是用URL.createObjectURL()方法，把它们生成一个内存URL，优点是快速高效，项目使用这种方法，但需要注意内存回收，防止泄露，具体见程序2，这部分内容要放入WebSocket对象的onmessage()函数中。

程序2

```
//.jpg图像流显示
   var blob=new Blob([evt.data]);
   var blobimg=blob.slice(21,blob.size); //提取图像数据
   var createObjectURL = function(blob){
  return window[window.webkitURL ? 'webkitURL' : 'URL']['createObjectURL'](blob);
   };
   if(newimg) window.URL.revokeObjectURL(newimg); //内存回收
  newimg = createObjectURL(blobimg);
  document.getElementById("openmv").src=newimg; //显示图像
```

3. 图表动态显示

Echarts、Chart.js、Highcharts是3个常用的基于JavaScript实现的可视化图表库，在Web中用于显示各种类型的图表。Echarts的使用简单灵活，完全免费，另外两个非商用免费。本项目使用Echarts显示图表，基本步骤是：在window.onload中定义Echarts对象并对外观、数据集初始化；然后在定时执行的setInterval关联的函数中更新数据集，就可以完成图表的实时显示。具体见程序3。

程序3

```
function initEchart(){//图表初始化函数，在window.onload中执行一次
  var arylegend=[],aryseries=[]; //y轴图例、y轴数据
arylegend.push('道路X轴坐标值');
aryseries.push({name:'道路X轴坐标值', type:'line', smooth:true, data:ydata});
  var option = { title: {text:'OpenMV'},tooltip: {},legend:{data:arylegend},
  animation: false, grid: {
x:40,y:45,
x2:10,y2:30},xAxis:{data:xdata},
  yAxis: {},series: aryseries };
myChart.setOption(option);
}
function drawChart(){//setInterval定时调用，更新数据
  ydata.push(actual);
  xdata.push(++xlen);
  if(ydata.length>300) ydata.shift();
  if(xdata.length>300) xdata.shift();
  var chartoption={ xAxis:{data:xdata},
yAxis: {},series: aryseries };
  myChart.setOption(chartoption);
}
```

4. 启动和停止巡线

单击启动按钮或按下Q键后，Web前端发消息给ESP32模块，机器人开始巡线，并且清空原有图表数据，显示新数据。单击停止按钮或按下E键，机器人停止巡

线，并把巡线结果追加到右上方文本信息区的顶部，具体见程序 4。

程序4

```
function sendOn(){// 启动
  if(onoff==1) return;
  onoff=1;
  ws.send("q");
  starttime=+new Date();
  xdata.length=0;
  xlen=0;
  ydata.length=0;
 setinter=setInterval(drawChart,cyc);
// 开启绘图任务
  feedbackInfo("单字符1 (ON)");
// 反馈信息
}
function sendOff(){// 停止
  if(onoff==0) return;
  onoff=0;
  ws.send("e");
  clearInterval(setinter);
  var endtime=new Date(),tt=endtime.
valueOf()-starttime;
  var str="["+endtime.getHours()+":"
+endtime.getMinutes()+":"+endtime.
getSeconds()+"] 持续:";
   str+=parseInt(tt/60000)+" 分
"+parseInt(tt%60000/1000)+"秒  ";
  str+="PID参数:";
  for(var j=0;j<3;j++) str+=pid[j]+"
";
  str+="\n\n"+document.getElementById
("records").value;
  document.getElementById("records").
value=str;
  feedbackInfo("单字符0 (OFF)");
}
```

5.实现其他辅助功能

发送信息的功能比较简单，程序 5 实现了发送 PID 参数、帧率和数据更新，其他部分与此类似。如果首次载入页面或者断线重连，页面会用收到的设置数据更新界面中参数数值，这部分内容和帧率的更新都放在 WebSocket 对象的 onmessage() 函数中执行即可。当机器人未执行巡线任务时，可以通过鼠标、键盘遥控机器人运动，方便其进入预定位置或观察特定区域画面。这需要把键盘响应函数在 window.onload 中进行绑定，参考程序 5 中的第一条语句。

程序5

```
document.onkeydown=doKeyDown;// 绑定键
盘响应函数
function sendPid(){   //JSON格式
{"pid":[0.3,0.1,0.1]}
  pid[0]=document.
getElementById("pval").value;
  pid[1]=document.
getElementById("ival").value;
  pid[2]=document.
getElementById("dval").value;
  var jsonstr="{\"pid\":["+pid[0]+","
+pid[1]+","+pid[2]+"]}";
  ws.send(jsonstr);
  feedbackInfo(jsonstr);
}
// 更新帧率和设置，放在WebSocket对象的
onmessage () 函数中执行
if(cnt%21==0) {
  document.getElementById("fps").
innerHTML=((20000/((new Date()).
valueOf()-fpstime)).toFixed(2));
  fpstime=+new Date();
  var f=new Float32Array(evt.data.
slice(9,21));
   for(var i=0;i<3;i++)  pid[i]=f[i].
toPrecision(2);
   if(cnt==0){ /* 更新PID、delay、
base_duty设置，与openmv保持一致 */ }
}
cnt++;
```

6. 定义WebSocket服务器，搭建数据接收框架

把前面已经编写的网页文件保存到一个字符串变量中，用于响应客户端的主页申请。编写程序的步骤是：定义服务器相关的全局变量和函数，在 setup() 函数中，完成 Wi-Fi 连接、绑定 WebSocket 事件回调函数、关联主页申请响应函数、启动服务器。WebSocket 事件回调函数中包含了数据的接收框架，并在此处把接收的数据保存到变量中，而数据的发送在程序 loop() 主循环中，尽可能保证图传的流畅性，具体见程序 6。

程序6

```
#include <ESPAsyncWebSrv.h>
//包含异步Web服务器库
AsyncWebServer server(80);
//定义WebServer对象，默认端口号为80
AsyncWebSocket ws("/");
//定义WebSocket对象，url为/
AsyncWebSocketClient *theclient;
//定义客户端的对象，不使用群发功能
//定义连接Wi-Fi函数
void linkWiFi(){
  WiFi.mode(WIFI_STA);
  WiFi.setSleep(false);
  WiFi.begin("WiFiName","WiFiPsw");
   while(WiFi.status()!=WL_CONNECTED)
{
    delay(500);
    /*省略OLED显示连接提示信息*/
}
  g_str=WiFi.localIP().toString();
  oledPrintStr(0,0,g_str);//显示IP
}
//定义WebSocket事件处理函数，搭建通信框架
void onEventHandle(AsyncWebSocket
*server, AsyncWebSocketClient
*client, AwsEventType type, void
*arg, uint8_t *data, size_t len) {
   if (type == WS_EVT_CONNECT){
theclient=client;} // 有客户端建立连接触发
  else if (type == WS_EVT_DISCONNECT)
{} // 有客户端断开连接触发
   else if (type == WS_EVT_
```

```
ERROR)    {} // 发生错误时触发
    else if (type == WS_EVT_PONG)
{} // 收到客户端 Ping 时进行应答
  else if (type == WS_EVT_DATA)
//收到客户端数据时触发
  { data[len] = 0;
    if(len==1) {//收到启动停止信号或控制信号
      switch(data[0]){
        case 'q':
          cs=GO;
          break;
        case 'e':
          cs=STOP;
          break;
        //此处省略对W、a、s、d这 4 个控制信号的处理
}
else if(len>1){//收到的是 JSON 格式的字符串
newset=true;
          g_str_json=String((char*)data);
    }
  }
}
void setup(){
  linkWiFi();//连接 Wi-Fi 并显示 IP
  ws.onEvent(onEventHandle);
//绑定回调函数
  server.addHandler(&ws);
//将 WebSocket 添加到服务器中
//定义主页申请响应，homepage 字符串保存了网页文本
  server.on("/", HTTP_GET, [](AsyncWebServerRequest *request) {
    request->send(200, "text/html", homepage); });
  server.begin(); //启动服务器
  Serial2.print("{\"ready\":1}");
//通知 OpenMV 视觉模块已经就绪
}
```

7. 收发图像流数据

首先定义以从机模式工作的ESP32对象，然后在setup()函数中，为其分配收发数据所需的缓存，设置数据模式等，然后启动。Loop()函数的主要功能就是在SPI的框架下收发信息。收到OpenMV视觉模块通过SPI发来的数据后，从中提取出左/右电机功率和图像大小，再由WebSocket转发出去。完成这些后，检查是否有新的设置参数需要发送，如果有，则用串口发送，使用串口比较简单，只需注意通信双方的波特率设置一致即可。最后控制电机运动，每收到一帧图像，就会执行一遍这些动作。在实际测试中，如果WebSocket对图像进行群发，可能会出现频繁掉线的问题，所以这里采取只对单个用户发送图像的策略，具体见程序7。

程序7

```
#include <ESP32DMASPISlave.h>
ESP32DMASPI::Slave slave;
static const uint32_t BUFFER_SIZE = 20*1024;
uint8_t* spi_slave_tx_buf;
uint8_t* spi_slave_rx_buf;
void setup(){
//分配接收、发送数据的缓存
   spi_slave_tx_buf = slave.allocDMABuffer(BUFFER_SIZE/100);
   spi_slave_rx_buf = slave.allocDMABuffer(BUFFER_SIZE);
  slave.setDataMode(SPI_MODE0);
   slave.setMaxTransferSize(BUFFER_SIZE);
  slave.begin(HSPI);
}
void loop() {
   if (slave.remained() == 0) {
slave.queue(spi_slave_rx_buf, spi_slave_tx_buf, BUFFER_SIZE);
  }
  // 主机完成数据发送后，available() 返回数据的大小，在此处理接收的数据
  while (slave.available()) {
  size_t i,len=0;
  for(i=19;i<30;i++){
    if (spi_slave_rx_buf[i]==0xFF&&spi_slave_rx_buf[i+1]==0xD8&&spi_slave_rx_buf[i+2]==0xFF){
     len =((spi_slave_rx_buf[i-16] << 8) | spi_slave_rx_buf[i-15]);
//图像大小
        uint8_t * jpg_buf = &(spi_slave_rx_buf[i]);
        if(theclient) theclient->binary(spi_slave_rx_buf,len+19);
//发送数据
        leftduty=uint8_t(spi_slave_rx_buf[i-18])-100; //left_duty
        rightduty=uint8_t(spi_slave_rx_buf[i-17])-100;//right_duty
        g_str=String(temp++)+" "+String(len);
       oledPrintStr(0,2,g_str);//OLED显示屏发送图像数据的字节数
        //发送到 OpenMV 视觉模块
          if(newset && g_str_json.length()>0){
          leftduty=0;//停车等待 OpenMV视觉模块处理数据，收到下一帧图像再启动
          rightduty=0;
          Serial2.print(g_str_json);
          g_str_json="";
          newset=false;
        }
        //控制电机运动
        if(cs==GO) run(leftduty,rightduty);
        else run(0,0);
        break;
      }
    }
   slave.pop();
```

```
    }
}
```

8. 辅助功能

在OLED显示屏上，当Wi-Fi连接成功后，第一行输出WebSocket服务器的IP，具体可查看程序6中linkWiFi()函数；第二行输出收到的图像数量和当前图像的字节大小，中间用空格隔开，具体见程序7。需要注意，为了防止快速刷新时显示屏闪烁，应该采用局部刷新的策略。实际OLED显示屏输出信息如图7所示。

只有ESP32模块联网成功并启动服务之后，才具备接收OpenMV视觉模块数据的条件，所以在setup()函数末尾，通过串口发送一个JSON格式的字符串，告诉它已经就绪。更新ESP32固件（OTA功能）使用AsyncElegantOTA库实现，在setup()函数中添加语句“AsyncElegantOTA.begin(&server)”，便可启动这个功能。使用时，首先在Arduino中单击菜单“项目”，选择“导出已编译的二进制文件”，然后打开Web前端页面的“更新ESP32固件”链接，上传此文件后重启系统。

9. 实现视觉巡线模块程序

OpenMV视觉模块的集成开发环境是OpenMV IDE，使用的编程语言是MicroPython。利用struct对象把左/右电机功率、PID值等数据打包成二进制流，把原始图像压缩为.jpg格式的数据，然后再依次发送。程序8中列出了程序所需的Python模块、全局变量和对象。在实际测试中，图像最下方经常会缺失大约1/12的内容，我在查阅Arduino中所使用的ESP32文档时发现，“如果DMA与SPI从设备一起使用，则缺少最后4个字节”，即接收不到最后4个字节的数据，所以需要多发送4个字节，才能规避这个Bug。

图7 OLED显示屏输出信息

程序8

```
import image, time, json, struct
from pyb import Pin,SPI,UART
para=[0.3,0.01,0.01,25,33,500] #读取setting.txt文件、UART收到设置后都要更新元组
#串口通信
uart3 = UART(3,4500000, timeout_char = 1000)
#SPI通信
cs  = Pin("P3", Pin.OUT_OD)
spi  =  SPI(2,  SPI.MASTER, baudrate=39000000, polarity=1, phase=1)
#定义PID类
pid0=PID(para[0],para[1],para[2], target=80,bduty=para[4])
def sendImg(img,offset_turn,left_duty,right_duty):
    global para,spi,cs
    img.drawstring(2,40,str(para[0])+" "+str(para[1])+""+str(para[2]),200)
    img.drawstring(2,60,str(para[3])+" "+str(para[4])+""+str(para[5]),200)
     espframe = img.compressed(quality=100)
    buf1=struct.pack("<BBBBB",int(offset_turn%256),int((left_duty+100)%256),\
    int((right_duty+100)%256),espframe.size()//256, espframe.size()%256)
    buf2=struct.pack("<BBBfff",para[3]%256,para[4]%256,para[5]//256,para[5]%256,para[0],para[1],para[2])
    cs.low()
    spi.send(buf1)
    spi.send(buf2)
    spi.send(espframe) #SPI发送图像
    #多发4个字节规避Bug
    for i in range(4):
        spi.send(0x85)
    cs.high()
    time.sleep_ms(para[3])
```

10. 接收和应用参数设置数据

该部分功能实现的步骤是定义UART类对象，检查串口有无数据，接收数据并对JSON字符串解码，把设置数据保存到setting.txt文件中。由于在巡线过程中可能需要实时调整PID参数，所以可以单独定义一个类，并在其中定义调整这些参数的接口函数。程序9定义了PID类、等待ESP32就绪的函数和串口数据接收函数。

程序9

```
class PID:
  def __init__(self,p,i,d,target=80,bduty=50):
    pass
   def getPid_P(self,actual): #位置式PID计算函数
    pass
   def getPid_I(self,actual): #增量式PID计算函数
    pass
  def setPid(self,p,i,d): #改变PID参数
    pass
#等待ESP32就绪函数
def waitEsp32():
  global uart3
  while(True):
```

```
    if uart3.any():
        data=json.loads(uart3.read().
decode())
        if "ready" in data:
          break
        else:
          time.sleep_ms(5)
          continue
#从串口接收 JSON 数据
def getSettingFromUart():
  global uart3,para,pid0
  if (uart3.any()):#检查串口是否发来数据
    data = json.loads(uart3.read().
decode()) #JSON 字符串解码
    if "pid" in data:
      pid0.setPid(data['pid']
[0],data['pid'][1],data['pid'][2])
        for i in range(3):
          para[i]=data['pid'][i]
        elif "delay" in data:
          para[3]=data['delay']
        elif "baseduty" in data:
          para[4]=data['baseduty']
        elif "cyc" in data:
          para[5]=data['cyc']
        writePara() #把数据写入文件
```

11. 视觉巡线主程序

在主程序中，首先完成变量和对象的定义，然后读取 setting.txt 文件的设置参数，调用 waitEsp32() 函数等待 ESP32 模块就绪；最后开启主循环，循环的开始部分调用 getSettingFromUart() 函数接收串口数据，中间是巡线算法，循环末尾调用 sendImg() 函数发送数据。

ESP32 有一个 LEDC 对象，原本设计用来控制LED，可以实现PWM的输出。LEDC 总共有 16 路通道（0 ~ 15），分为高速低速两组，高速通道（0 ~ 7）由 80MHz 时钟驱动，低速通道（8 ~ 15）由 1MHz 时钟驱动。此处选择 9、10 通道，设置频率为 2000Hz，分辨率 8 位（最高 20 位），电机 A、B 的 PWM 引脚分别绑定到这两个通道上。由于电机输入功率为百分比格式，所以在 ledcWrite() 函数中，需要对其进行转换。PWM 有关的设置在 setup() 函数中完成，单独定义 run() 函数控制电机运动，具体见程序 10。

程序10

```
void setup(){
  //定义 4 个方向引脚的 pinMode 为 OUTPUT
  //定义 PWM 通道并绑定
    ledcSetup(CHANNELA,2000,8);
    ledcAttachPin(PIN_MAPWM, CHANNELA);
    ledcSetup(CHANNELB,2000,8);
    ledcAttachPin(PIN_MBPWM, CHANNELB);
}
void run(int left,int right){
  //设置电机 A 方向
    ledcWrite(CHANNELA,255*abs(left)
/100);  //设置功率
   //设置电机 B 方向
ledcWrite(CHANNELB,255*abs(right)/100);
//设置功率
}
```

项目的联合调试

上述每个功能程序测试都通过后，便可以进行项目的联合调试。

首先进行功能测试。通电、等待 ESP32 模块连接 Wi-Fi，OLED 显示屏第一行显示出 IP，说明连接成功；此时第二行显示出两组数字，第一组表示接收图像的帧数，是从 1 开始不断增加的整数，第二组表示当前帧的大小，并在 10000 左右不停地变动，说明 OpenMV 视觉模块的图传、ESP32 模块的 SPI 接收功能正常，否则需要逐一排查这两个功能模块。下一步，打开计算机浏览器，输入 IP，进入 Web 前端界面，观察图像显示以确定 WebSocket 服务器图传功能是否正常，在此过程中出现的图像闪烁、图像缺失问题在上文已经说明如何解决。依次对各功能按键进行测试，为了观察参数是否正确发送到 OpenMV 视觉模块，在程序 8 中，已经把这些参数打印到图像上。设置图传周期参数时，发现 25 是一个合适的值，帧率能稳定在 30 帧 / 秒左右，高于或低于这个数，帧率都会有不同程度的下降。关闭网页或断开网页与服务器的连接，再重新进入，观察原先设置的参数是否能正确地显示在页面中。关闭并启动机器人，观察上次设置的参数是否得到正确的保存和调用。

其次测试系统的稳定性。启动视觉巡线功能，在机器人运行过程中，不断改变参数，观察运行情况，其中，机器人持续巡线，最长测试时间为 40min，满足实际调试的需求。测试中，由于网络因素，可能会出现 Web 界面断开连接的小概率事件，并不影响实际使用。

最后测试系统的兼容性。分别在笔记本计算机、iPad、手机等常用的终端上，用不同的浏览器打开 Web 界面进行功能测试，都可以正常运行。

结语

在项目的测试中，我已经深刻体会到这个调试工具带来的便利性。ESP32 的 OTA 功能、机器人运行中的实时调参功能，都能节约大量的时间。该工具可以帮助用户更加方便地观察巡线时的视觉画面，发现、总结道路的特征，改进和优化算法，提高巡线效率。这个基于物联网视觉巡线机器人的调试工具，是物联网和人工智能结合应用的一个尝试，经过简单修改，可以用在许多需要调参的项目中，能够为学生实践、创客创作、课堂教学和培训等提供较大的帮助。

Q&A 问与答

读者若有问题需要解答，请将问题发至本刊邮箱：radio@radio.com.cn或者在微博@无线电杂志，也可以在《无线电》官方微信公众号评论中留言。如果读者不能通过网络途径投送自己的提问，请将来信寄到本刊《问与答》栏目，信中最好注明您的联系电话。

Q 神经网络为什么需要激活函数，没有激活函数为什么不行？激活函数必需的要素有哪些？

A 首先需要说明，神经网络没有激活函数肯定不行。激活函数的本质，就是增加变换中的非线性，可以理解为增加其复杂性。我们知道，神经网络不管其内部多复杂，最终就是实现*n*维向量空间到*m*维向量空间的映射，如果没有激活函数，不过是输入数据经过反复的线性变换，得到输出结果，但这样变换的结果，只经过一次线性变换就能得到，那么再复杂的网络结构也等同于单层结构，根本没能力进行复杂处理。因此，激活函数必须具备连续可导、非线性、计算成本低的特点。（闫石）

Q 小型设备上是否可以实现AI应用？

A 虽然现代大模型需要海量算力支撑，但小型化、便携化的AI设备也极具市场潜力，正在逐步走进我们的生活。AI发展早期，芯片运算能力不够，也缺乏基于小型设备的软件支撑，导致便携性AI供应不足。现阶段芯片足够强劲，而且谷歌推出了TensorFlow Lite，软件开发框架有了基石，软硬件兼备，因此该领域突然蓬勃发展起来。国外的Edge Impulse网络平台，可以在线收集数据、提取特征、设计模型、迭代训练并完成部署，一站式实施芯片级AI功能，极大程度地支撑了小型设备的AI功能，非常有前景。（闫石）

Q 有没有比较直观的方法演示深度学习的工作过程？

A 深度学习使用的工具是神经网络，这个结构可以实现复杂功能，但具体实现流程并不能直观获得，为了便于理解深度学习工作原理，很多同行做了诸多努力，其中最典型的就是谷歌公司的“游乐场”项目，该项目采用JavaScript，利用浏览器实现本地运算，避免了服务器负载。演示使用二维图示，动态模拟深度学习的训练过程，上手极为容易，通过设定各种参数和网络结构，在实现分类、回归任务过程中，直观了解机器学习的工作机理，对于入门人员极其适合。当然，要充分发挥这一工具的优势，还是要理解底层工作机理，否则乱试参数，还是无法理解其本质。（闫石）

Q 现在人工智能课程有很多，可否推荐一下优秀内容？

A 现在网上很多人工智能课程，这里推荐几个质量优异的课程供大家选择。

- Machine Learning by Stanford University
（斯坦福大学的机器学习课程）
- IBM Applied AI Professional Certificate
（IBM推出的AI应用认证课程）
- IBM AI Engineering Professional Certificate
（IBM推出的AI专业认证课程）
- IBM Data Science Professional Certificate
（IBM推出的数据科学认证课程）

这4个课程都发布在大型公开在线项目Coursera上，课程学完之后，通过考试可以获得认证证书，课程总体难度不是很大，但方方面面涉及的知识点很多，最终通过也并非易事。IBM的课程，案例非常接近商业实战，讲述得很清晰，的确非常棒。强调一下，数据科学和AI并不是一回事，虽然AI基于大数据，但数据科学更强调数据的筛选、清洗以及展示，AI倾向于建立模型对数据进行深层次挖掘，因此数据科学的难度要低于AI。（闫石）

Q 关于人工智能的书籍很多，可否推荐一下优秀的入门书籍？

A 市面上很多书销量大、知名度高，其实只是作者名气大，并不适合读者入门学习，大量公式的使用让读者望而却步，下面这两本书是我极力推荐的，认真阅读一定有收获，最主要是可以读得懂。《深度学习的数学》，人民邮电出版社出版，作者涌井良幸，该书以Excel作为演示工具，深入浅出地讲解了深度学习本质，既没有避开数学原理，又尽可能讲清楚了内涵，是入门的第一读物。《Python深度学习》，人民邮电出版社出版，作者是Keras开发者肖莱，该书讲解透彻，结合大量实例，足显作者功力，是实战进阶的优秀书籍。（闫石）

Q&A 问与答

读者若有问题需要解答，请将问题发至本刊邮箱：radio@radio.com.cn或者在微博@无线电杂志，也可以在《无线电》官方微信公众号评论中留言。如果读者不能通过网络途径投送自己的提问，请将来信寄到本刊《问与答》栏目，信中最好注明您的联系电话。

Q 深度学习只是机器学习的一种方法，为什么现在深度学习比较火热?

A 机器学习在业界已经被研究了很多年，也有诸多比较成熟的算法，但在关键问题上，传统机器学习算法很难达到预期。

相对而言，深度学习在以下两个方面表现优异。

●数据量越大、数据维度越高，深度学习表现出的效果越好。

●机器学习需要人为提取数据特征，但提取哪些数据特征对最终结果有帮助，这是不确定的；深度学习的解决方式很简单，大大提高了数据规模（见附图），极大程度弥补了这方面缺陷，当然这也付出了巨量算力的代价，但对于发展日新月异的芯片领域，算力已经不是关键问题，潜在问题很大程度得到了解决。（闫石）

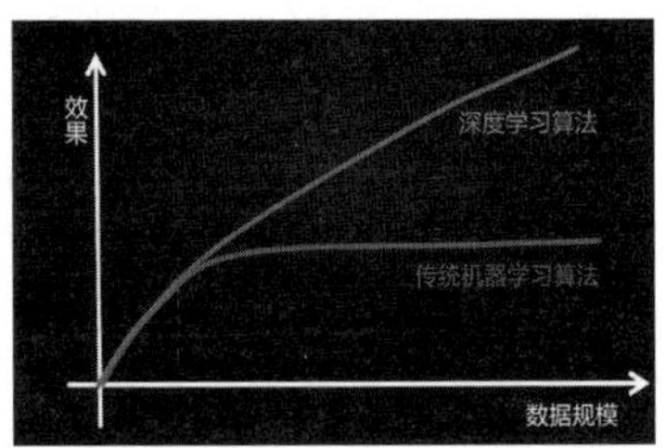

附图 数据规模对比

Q 训练集、验证集、测试集有何区别?

A 深度学习依托海量数据，训练模型通常需要训练集、验证集、测试集综合使用。

训练集：带有标签的数据，每一条数据都有明确的答案，告诉模型什么样的数据对应什么样的结果。

验证集：训练结束后，使用验证集验证之前的结果，并对超参数进行调整，对模型的能力进一步验证评估。

测试集：对模型使用全新数据，测试其泛化能力。

模型复杂度不同，实际需求也不一样，有时可以省略验证集，但训练集和测试集是必需的。（闫石）

Q 参数初始化为什么非常重要?

A 参数初始化又称为权重初始化。深度学习模型训练过程的本质是对参数进行更新，这需要每个参数都有相应的初始值。模型参数的初始化对于网络训练十分重要，不好的初始化参数会导致梯度过小而降低训练速度；而好的初始化参数能够加速收敛，并且更可能找到较优解。在深度神经网络中，随着层数的增多，我们在梯度下降的过程中，极易出现梯度消失或者梯度爆炸的现象，好的初始化参数虽然不能完全解决上述问题，但是可以极大程度改善，有利于模型性能提升和收敛速度加快，在某些神经网络结构中甚至能够提高准确率。（闫石）

Q 数据科学和数据分析是一回事吗?

A 现在国外很多认证考试中有数据科学和数据分析两种，有的人以为这是文字游戏，其实并不是一回事。数据科学倾向于算法分析，就是设计架构，喂入大量数据，最终获得可用模型。这种工作需要很强的理论知识和创新精神，通常要求数学基础扎实、理论水平优异。使用的工具包括Python、Pytorch、TensorFlow等，还会使用数学工具，例如MATLAB和Mathematica，这个工作挑战很大。数据分析更倾向于利用现有工具发现数据内在规律，并利用现有软件将其展现，通常使用的工具是Excel、TableAU、Power BI等，也会涉及一些编程工作。因此，如果需要参加认证考试或者选择就业方向，要清楚自己想要学的是什么，并为之努力。（闫石）

Q 如果入门深度学习，最好从哪个领域入手?

A 深度学习目前可以在很多领域发挥作用，例如机器视觉、语音识别、机器翻译等，但通常来说，以机器视觉作为学习切入点最好，因为这个领域的前置知识相对较少，例如图片分类，只需要了解RGB颜色和像素知识，即可探寻算法原理。其他领域的前置知识较多，例如语音识别，需要了解波形，然后要进行特征提取，进而对语音进行数字化、傅里叶变换、频谱分析、倒谱分析等操作，这样的专业知识足以劝退绝大多数学习者，从图像分析入手是最便捷的探寻人工智能的途径。（闫石）

Q 什么是超参数?

A 超参数是深度学习模型中需要人为设定的参数，这些参数的值完全由设计者指定，而不是由训练迭代生成。因为超参数有这个特性，所以其设置非常依赖设计者的实践经验，目前常见的超参数有模型的结构、学习率、迭代次数、卷积核大小、激活函数选择、批大小等。（闫石）

Q&A 问与答

读者若有问题需要解答，请将问题发至本刊邮箱：radio@radio.com.cn或者在微博@无线电杂志，也可以在《无线电》官方微信公众号评论中留言。如果读者不能通过网络途径投送自己的提问，请将来信寄到本刊《问与答》栏目，信中最好注明您的联系电话。

Q 现在人工智能模型大多基于密集运算，有没有快速、便捷、低成本的实现方式？

A 近期ChatGPT火遍全球，引爆了大众对人工智能的极大关注，但是这种模型的巨大能力，是以海量运算作为代价获得的。小公司乃至个人爱好者不具备这样的物理条件，但也需要好用、够用的人工智能产品，能否鱼和熊掌兼得呢？目前出现的边缘设备，可以满足人们的这种需求，最常见的例子就是智能音箱，它在本地可以实现有限关键词识别，例如小爱同学、开始、停止等，更多其他功能需要将客户语音上传至云端，利用大型服务器运算解析后返回结果。有限的设备实现够用的功能，慢慢会普及到生活中的方方面面。（闫石）

Q 能否在常见的开源硬件上实现AI功能？

A 一般而言，人工智能需要成熟的算法模型加上密集计算，常见的开源硬件性能薄弱，很难胜任人AI技术。随着科技的飞速发展，尤其是软件平台支撑的日益成熟，在开源设备上实现人工智能已经崭露头角。软件框架首推谷歌公司的TensorFlow Lite，它可以在移动设备、微控制器和其他边缘设备上部署模型，并实现相应功能。（闫石）

Q 可否提供一些人工智能的应用案例？

A 人工智能有很多实际应用，下面列举一些常见的应用案例。

- 老人防摔：项目使用加速度传感器，判断出老人摔倒的姿态，并瞬间弹出气囊进行防护。
- 车门报警：在下车打开车门时，可能导致后方骑车人员与车门发生碰撞事故，该项目在车内观察后视镜判断后方行人，一旦后方有骑行人员，车门暂时锁紧，这个项目具备很强的实用性。
- 安全护栏：对学校、商场、大桥等周边的护栏进行监控，发现有人攀爬超越安全高度，立刻发出警报。
- 动物救助：野外环境缺乏电力供应，边缘设备可以利用太阳能供电，将野生动物的活动数据分析上传。（闫石）

Q 有没有比较简单的平台，可以一站式实现全部AI功能？

A 总体来说，训练一个AI模型需要很多准备，首先是数据搜集、标注；其次是模型搭建并推理运行；最后对结果进行评估。最终模型可用、好用并不容易。国外的Edge Impulse平台就是针对边缘设备，一站式解决以上诸多困难，完全在线运行。Edge Impulse的核心目标是让设备上的机器学习变得简单、高效和专业，这样工程师和开发者可以将注意力集中在解决关键的问题上，而不是浪费在处理技术上的细节。（闫石）

Q Edge Impulse的应用场景包括哪些？可以实现哪些AI应用？

A Edge Impulse可以应用于多个领域，并针对行业特定的问题提供定制化解决方案，具体如下所示。

- 工业物联网：用于数据采集和分析，旨在提高生产效率、诊断设备故障、降低维护成本等。
- 智能家居：用于实现智能家居功能，例如通过声音和可见光识别特定事件。
- 健康监测：用于采集和分析人体生理数据，帮助医生诊断和监测患者身体健康状况。
- 安全监控：用于监控行人、车辆等场景，识别不安全或违反规则的行为。

目前Edge Impulse可以实现图像分类、目标检测、语音分类、动作识别。（闫石）

Q 可否对Edge Impulse的实现方式做简单介绍？

A **数据采集阶段：**图像分类和目标检测可以直接上传图像数据，也可以利用板载摄像头实时采集；语音识别可以上传语音，也可以利用板载话筒采集音频；动作识别通常利用板载陀螺仪、加速度传感器等采集数据并上传。以上数据采集期间要完成标注。**模型搭建运行：**不同的应用采用不同的机器学习模型，针对边缘设备，要对原始数据进行优化降维、预处理，图像数据要缩减大小，音频数据要进行频谱分析和倒谱分析，运动数据要在傅里叶变换后进行特征提取。一切动作都是为了减轻硬件的负荷。**结果评估优化：**进行推理结果比对、分析混淆矩阵，评估模型的实用性，并调整超参数获取更优结果。（闫石）

Q&A 问与答

读者若有问题需要解答，请将问题发至本刊邮箱：radio@radio.com.cn或者在微博@无线电杂志，也可以在《无线电》官方微信公众号评论中留言。如果读者不能通过网络途径投送自己的提问，请将来信寄到本刊《问与答》栏目，信中最好注明您的联系电话。

Q 利用智能硬件，现在有哪些方式可以实现AI功能？

A 现在基于智能硬件，通常有两种方式实现AI功能，一种是通过云端计算返回计算结果，另一种是通过本地运算直接返回计算结果。两种方式各有优缺点，只要有充足的计算资源，前者计算能力几乎不受限制，但需要网络支持，这对于野外作业来说就有很多限制；后者不需要联网，但硬件本身的运算能力和架构导致其应用上限受限，也很难追求完美的运算结果，通常够用即可。（闫石）

Q 本地实现AI功能，如何解决芯片能力和海量计算之间的矛盾？

A 智能硬件受限于大小和成本，只能在运算能力上进行取舍，但即便硬件资源依然，依然可以完成一些实用功能，方法主要有3种，一是降低模型大小，例如神经网络，可以减少网络层数，减少神经元数量；二是优化算法，例如使用卷积来降低参数量；三是使用整数数值，避免浮点运算，这样也能提高运算效率，对存储要求也降低了很多。经过这些方法优化后，虽然精度会有所降低，但可以满足一些实际需求，而牺牲的性能通常可以忽略不计。（闫石）

Q 现在有哪些智能硬件适合开发人工智能类应用？

A 嘉楠科技的K210芯片因其高性能、低功耗、低价格而引起广泛关注，相应的开发板也很多。K210的核心神经网络加速器可以本地处理人脸检测与识别、人脸防伪、图像分类、目标检测等机器视觉任务，在很多场景都可以部署和应用。另一类是NVIDIA（英伟达）的Jetson平台，其常见的开发板有Nano、Orin Nano和 Orin NX这3种，差别主要在存储容量和运算能力。因为英伟达的GPU算力非常强悍，因此开发板的价格相比K210系列贵很多，对于实现复杂的本地AI应用项目，Jetson开发板也不会让人失望，如果应用于人工智能比赛，则还是K210系列更加适合。（闫石）

Q 学习AI技术时，有哪些比较实用的数据集？

A **AI类应用，通常需要特定的数据集，这些数据集自己制作费时费力，到哪里寻找呢？下面提供一些常见的数据集。**

- Kaggle：一个知名的数据科学竞赛平台，提供了许多开放数据集，你可以在该平台上找到各种领域的数据集，包括计算机视觉、自然语言处理、机器学习等。
- UCI 机器学习库：一个常用的数据集资源，包含多个用于机器学习和数据挖掘的数据集，涵盖医疗、金融、社交等诸多领域。
- ImageNet：一个大型图像数据集，适用于计算机视觉任务，它包含数百万张图像，涵盖了数千个类别。
- NLP：自然语言处理数据集，如NLP Datasets和Hugging Face Datasets。
- GitHub：一些数据集以开源的方式托管在GitHub上，可以在GitHub的数据仓库中搜索，找到适合的数据集。
- 官方机构：一些政府部门和研究机构提供公共数据集，如气象数据、人口统计数据等，可以到相应官网获取。
- 百度飞桨：包含大量用户上传的数据集，可以搜索关键字获取。（闫石）

Q 除了常见的智能家居、智能机器人，AI在其他领域还有哪些比较实际的应用？

A

- 便携式诊断设备：快速诊断疾病、监测健康状态。
- 健康追踪：整合传感器和AI技术，追踪用户的健康数据，如心率、睡眠质量等。
- 自动驾驶：开发能够实现自动驾驶的智能汽车。
- 交通管理：使用数据分析和预测技术，优化城市交通流动性，提升交通效率。
- 智能生产线：将AI算法应用于生产线中，实现质量控制、设备预测性维护等，提高生产效率和稳定性。
- 农业管理：使用传感器数据和AI分析，优化农作物种植、灌溉和施肥等过程，提高农作物产量。
- 病虫害预测：基于图像分析，识别和预测植物病虫害，及早采取措施保护农作物。（闫石）

Q&A 问与答

读者若有问题需要解答，请将问题发至本刊邮箱：radio@radio.com.cn或者在微博@无线电杂志，也可以在《无线电》官方微信公众号评论中留言。如果读者不能通过网络途径投送自己的提问，请将来信寄到本刊《问与答》栏目，信中最好注明您的联系电话。

Q 人工智能类项目方向很多，建议从哪个方向入手？

A 现在人工智能技术在很多领域都取得了不俗的成绩，以往是无法想象的，但很多领域需要大量前置知识储备，只有计算机视觉领域需要的前置知识最少，也很容易理解，只需要了解RGB、像素、图像等基础概念，就可以切入项目中，因此对于初学者，计算机视觉领域是最适合的。相对而言，强化学习难度最大，成功训练出一个模型并非易事，尽管这个领域十分有趣，但也要做好足够准备。（闫石）

Q 我对编写程序很熟悉，可以顺利完成人工智能项目吗？

A 人工智能项目的本质是算法，编程只是其实现方式之一，因为计算机性能太过强大，使用编程是最佳选择，但如果你手头只有一张纸、一支笔，只要具备扎实的数学理论功底，也可以完成人工智能项目，只是整个过程很慢，大量计算要手工完成，但理论上完全可行。因此编程并不是从事人工智能项目的决定性条件，而是入门的条件之一，最主要还是要擅长数学。此外就是基于开发框架实现自己的AI项目，熟悉编程语言可以让开发少走弯路，效率相对会高一些。（闫石）

Q 学习人工智能，必须要配置高档显卡吗？

A 对于学习而言，硬件永远不是最重要的，复杂的AI模型的确可以加速程序运行、加快迭代频率，但如果不具备硬件条件，我们设计小模型，通过优化算法，并不影响学习本质，从这个角度而言，高档显卡不是必选项。具体硬件的使用取决于算法设定。对于一些简单的机器学习任务，如线性回归或简单的分类问题，您可以在普通的计算机上运行程序。许多机器学习框架，如Scikit-learn和TensorFlow，可以在标准的CPU上运行。然而，对于一些复杂的深度学习任务，尤其是涉及大规模数据和深层神经网络的任务，拥有高性能的显卡可以极大地加快训练过程。深度学习模型的训练通常需要大量的计算，GPU可以提供并行计算的能力，从而加快训练速度。如果预算有限，也可以考虑使用云计算平台，如Amazon AWS、Microsoft Azure、Google Cloud等，这些平台提供虚拟机，可以租用GPU实现计算密集型任务。（闫石）

Q 可否介绍一下学习人工智能项目的完整路线？

A 学习路线因人而异，以下是一般性学习人工智能项目的路线示例，涵盖了从基础到高级的不同阶段，读者可以根据自己的实际情况进行调整。

① 编程基础和数学基础

在开始学习人工智能之前，建议您掌握一些基本的编程知识和数学知识，特别是线性代数、概率与统计、微积分。深度学习本质就是多次线性变换之后加入非线性激活，最终得出符合数据集的概率分布，而更新参数本身需要反向求导。如果没有数学基础，也可以照猫画虎完成浅显的AI项目，但无法真正了解其本质，数学基础必须打牢。

② 机器学习基础

学习机器学习的基本概念、算法和方法。理解监督学习、无监督学习和强化学习等不同类型的区别。

③ 深度学习入门

了解神经网络的基本原理和结构。学习激活函数、优化算法、正则化等深度学习中的关键概念。掌握常见的深度学习架构，如卷积神经网络（CNN）和循环神经网络（RNN）。

④ 深度学习进阶

学习更深层次的深度学习架构，如残差网络（ResNet）。掌握使用深度学习框架进行模型构建、训练和评估。了解迁移学习、生成对抗网络（GAN）等前沿技术。

⑤ 领域专精

根据兴趣选择特定的领域，如计算机视觉、自然语言处理或强化学习，不管哪个领域，都有机会做出成绩。

⑥ 持续学习和更新

人工智能领域快速发展，持续学习新的技术、方法和研究成果是关键，大量新技术新算法层出不穷。

⑦ 实践和项目经验

参与竞赛、开源项目或实际应用开发，积累实际项目经验。（闫石）

Q&A 问与答

读者若有问题需要解答，请将问题发至本刊邮箱：radio@radio.com.cn或者在微博@无线电杂志，也可以在《无线电》官方微信公众号评论中留言。如果读者不能通过网络途径投送自己的提问，请将来信寄到本刊《问与答》栏目，信中最好注明您的联系电话。

Q 什么是生成式人工智能？

A 生成式人工智能是一种AI技术，它利用深度学习算法和大量数据来生成新的内容，目前该技术在自然语言处理、图像生成、音乐创作等领域开始崭露头角。生成式人工智能的目标是模仿人类的创造力和想象力，以产生高质量、新颖的内容。以往人工智能技术可以判断和预测，现在则是可以创造，可以“无中生有”。尽管受训练数据和算法的制约，呈现的结果还能看出数据训练的痕迹，但目前取得的成果是以往根本无法想象的。（闫石）

Q ChatGPT是什么意思？

A 首先，GPT的意思是生成式预训练变换模型，它基于大量数据训练好一个基础模型，而ChatGPT则基于GPT3.5模型进行延伸，通过监督学习和强化学习再进行训练。其实原本的GPT，就可以实现还不错的对话功能，但对于人类来讲，还是能感觉到对话生硬、不自然，ChatGPT引入了人类的评价体系，使回复内容越来越好，虽然回答结果不一定完全正确，但的确最大程度让人感觉到自然，图灵测试第一次被彻底攻破。（闫石）

Q 生成式人工智能目前存在哪些问题？

A ① 数据需求：生成式AI严重依赖于海量数据，如果数据集过小或者不够完备，生成的内容就有失偏颇。

② 训练时间和计算资源：生成式AI模型通常需要大量训练时间和计算资源才能达到良好的性能，因此目前大模型的训练成本很高，短期内还没有更好的办法。

③ 前后连贯：生成式AI在处理复杂的多轮对话时可能会遇到困难，准确性会有所下降。

④ 缺乏创意和判断力：生成式人工智能虽然可以生成新的内容，但通常缺乏真正的创意和判断力，本质上是一种“伪智能”，它只是基于现有的数据和模式生成内容，没有真正理解，更谈不上进行创新。

⑤ 伦理问题：生成式AI可能会生成有害或不当内容，这取决于训练数据集。（闫石）

Q 生成式人工智能是如何训练的？

A ① 数据收集：收集大量训练数据，可以是文本、图像、音频或其他形式的内容。传统训练是人工喂入标签数据，这种方式成本高、效率低，而且也很难投入海量数据，怎么解决呢？人们想到利用互联网现有的内容，将内容转换成输入和输出，例如“中国的首都是北京”，那么输入就是“中国的首都是”，答案就是“北京”，用这种方式将海量互联网资源转化成带标签的数据。

② 数据删减：对收集到的数据进行清洗和删减，包括去除噪声、格式标准化、分割语句或词汇等，这有利于提升模型的训练效果和泛化能力。

③ 模型选择：选择适合生成式任务的模型架构，如循环神经网络（RNN）和转换模型等。任务不同，选择的架构也有所区别。

④ 模型训练：使用互联网数据训练基础模型，这部分称为预训练。

⑤ 监督学习：喂入人工生成的标签数据再次进行训练，增强模型性能。

⑥ 强化学习：经过前面的训练，其实模型可以进行对话接龙了，但给出的内容尚显生硬，此时人工对机器的回答进行优劣评判，这样可以最大程度降低人力投入成本，实践证明效果很好。

总结一下，经过预训练、监督学习、强化学习3个步骤，模型得到极大完善，因为有了人的评价参与，最终结果正如现在看到的那样自然流畅。（闫石）

Q 生成式人工智能的常见应用有哪些？

A ① runwayml：输入关键字和短语，生成简短视频。

② stable diffusion：输入关键字，生成图片。

③ ostagram：将两张照片进行风格融合。

④ PhotoShop：基于AI的智能填充。

⑤ Email/Doc：谷歌邮件/文档自动撰写。

⑥ QRcraft：输入关键字和链接，即可生成特定风格的二维码。

⑦ reface：对视频进行换脸。

⑧ WORLDS：输入关键字生成三维场景。

⑨ TRANSFORMATION：将视频里的人物替换成卡通形象，视频里人物的动作全部保留。

⑩ DiffusionBee：输入关键字和特定风格，生成艺术图片。（闫石）

让人工神经网络学习语音识别（1）

话说语音识别

▌赵竞成（BGFNN） 胡博扬

语音识别早已不是稀罕之物，计算机操作系统中有语音助手，手机中有Siri、小艺、小爱等。各大互联网平台提供语音识别服务，本刊也刊登过多篇文章介绍各种语音模块的应用。爱刨根问底的无线电、电子爱好者可能并不满足仅仅应用，甚至也不满足关键环节总要将数据上传到云端处理，希望更深入地了解机器是如何“听懂”人类语言的。买几本书系统学习语音识别是必要的，但通过一项实际制作就可以体验到相关技术，不是更符合业余爱好者的性格吗？现在就请有兴趣的读者跟随我们一起探索语音识别的奥秘吧！

语音识别以语音为研究对象，是数字信号处理的一个重要研究方向，也是模式识别的一个分支，涉及生理学、心理学、语言学、计算机科学以及信号处理等诸多领域，甚至还涉及人的形体语言，最终目标是实现人与机器进行自然语言通信。首先我们先看看短语“播放音乐”的语音波形（见图1）。

图1所示语音波形与无线电、电子爱好者从示波器上看到的波形本质上并无区别，只是这段波形是通过PC声卡采样和变换得到的，技术上并无困难，且与人耳听到声音时发生的生理现象基本类似。其后的处理是如何识别得到语音信号并将其正确解释为某种语言符号，这是一个复杂过程，语音识别就是实现这个过程的技术集成。

语音识别的研究可以追溯到20世纪50年代。1952年，贝尔实验室实现了对数字元音频谱特征的识别；20世纪60年代初，日本研究者开发出特殊硬件对元音进行识别；20世纪60年代中期，斯坦福大学尝试用动态跟踪音素方法进行连续语音的识别；20世纪70年代，学界在孤立词语音识别方面已经取得了不少成果，并开始尝试由模式匹配模型转换为基于统计模型的连续语音识别研究；20世纪80年代基于统计模型的连续语音识别技术取得重要突破，其中的隐马尔可夫模型（HMM）至今仍是语音识别的主流方法。20世纪80年代后期，人工神经网络被用于语音识别研究，并出现了一些不错的产品。21世纪深度学习DNN进入语音识别研究，最早的成功应用当属多伦多大学与微软研究院提出的DNN-HMM识别框架，显著提高了识别率，并引发了基于深度人工神经网络实现语音识别的研究热潮。目前的研究方向是希望彻底摆脱传统的HMM框架，实现端到端的语音识别。由此可见，语音识别很早就是人工智能追求的主要目标之一，新理论、新技术的不断加入推动着它不断取得新的进展，但面临的困难依然很多。

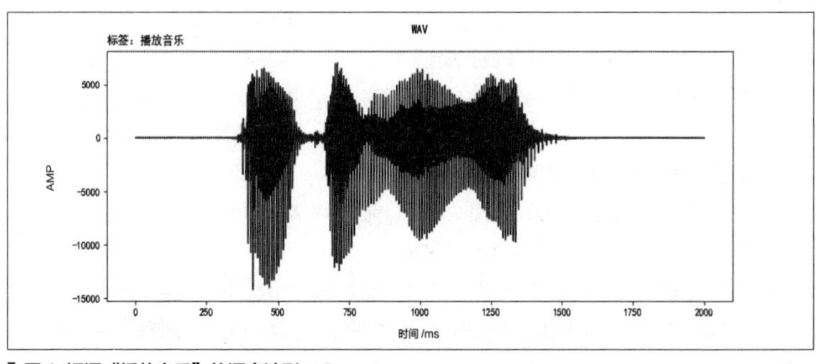

▌图1 短语“播放音乐”的语音波形

发声和感知声音是人类与生俱来的本能，也是人类从婴儿时就要学习的本领，因此语音识别在计算机、智能手机等电子设备广泛应用的时代，毫无悬念地成为最方便、最理想的人机交互手段，应用前景十分广泛。对于无线电爱好者、电子爱好者而言，声控技术和声控装置曾经是广受追逐的热门研究制作项目，其中的声控走廊灯、声控卫浴灯至今仍被广泛应用，但普通声音的信息量很有限，尚无法实现稍复杂的控制。语言能直接表达人的复杂意图，因此“语音控制”指令的丰富程度是声控技术无法企及的，实现语音控制就要实现语音识别，别无他途。

语音识别一般分为孤立词识别和连续语音识别，用于语音控制的语音识别一般属于前者，语音助手、聊天机器人等的语音识别则属于后者。按覆盖的词汇量，语音识别又可分为小词汇量、中词汇量以及大词汇量语音识别，语音控制一般属于小词汇量语音识别，即语音命令不超过100条。不同类型语音识别的复杂程度相差很大，适用的技术也不完全相同。本文针对无线电、电子爱好者的兴趣和条件，主要介绍语音控制涉及的语音识别技术，构建一个小词汇量的孤立词语音识别框架。为方便更多读者学习和实践，首先在Windows下实现，再移植到Linux系统和硬件树莓派上，最终打造一个智能音箱。另外，考虑到知识的完整性，也将介绍连续语音识别的关键技术，构建一个学习、体验连续语音识别的示范性模型。对于性急的读者来说，这个过程可能有些长，大家可以先看看下载包video目录下的视频文件，体验一下完成这项制作的乐趣，或许能增强学习下去的决心。

图1所示的波形表示语音信号的幅值和相位随时间变化的过程，包含该语音的全部信息，理论上可以直接输入一个经过训练的人工神经网络进行识别，但遗憾的是识别效果并不理想。就如同你戴着口罩、墨镜站在人脸识别门禁前一样，识别系统难以“透过现象看本质”，无法准确识别。语音波形数据的相位关系对于语音识别而言同样是种干扰。另外，从生物学的角度看，语音是气流通过声带、咽喉、口腔、鼻腔等发出的声音；从信号的角度看，不同位置的振动频率并不一样，最后的信号是由基频和众多谐波构成的，即幅值的成分比较复杂，直接拿来识别也有些难为识别系统。因此，任何一个语音识别系统，第一步都要提取语音特征，即把音频信号中最具有辨识性的成分提取出来。这部分技术的基础是数字信号处理，涉及比较多的专业知识和较复杂的数学基础，对于业余爱好者并不友好。所幸人工智能语言Python的成功，带动了第三方共享库雨后春笋般地发展，已经出现了不少功能非常强大的语音信号处理库，只要调用几个封装好的函数就可轻松提取所需要的特征。

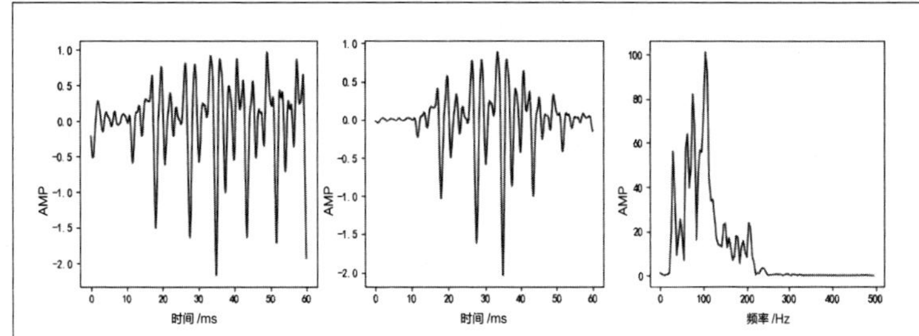

图2 时域波形图到频域频谱图

librosa是一个非常强大的Python音频信号处理第三方库。可以方便实现读/写音频数据、获取过零率、显示波形图等基本功能，并可实现短时傅里叶变换和逆变换、生成频谱图和梅尔频谱图、提取音纹特征和MFCC等。另外TensorFlow也提供了配套的语音特征提取函数，用于支持其神经网络的语音识别。前者的特点是功能全面，感觉更“专业”些，但需要使用者处理与神经网络的连接。后者的特点是提供完整的人工神经网络开发支持，语音信号处理函数只是作为数据预处理使用，与神经网络的衔接无须使用者操心。此外，Python本身也提供一些对音频信号处理的支持，只不过对语音处理而言尚不够充分。本文制作的技术路线是通过构建人工神经网络实现语音识别，主要程序依赖于TensorFlow框架，故语音特征提取也尽量使用其提供的函数，但为了保持知识的完整性，在介绍语音信号处理方法时也会适当展示librosa等其他框架提供的功能。

获取频谱特征

语音信号由声门的激励脉冲形成，经过声道（即人的咽喉、口腔、鼻腔）的调制，最后由口唇辐射而出，是一个非平稳的时变信号，因而难以处理。但语音信号在短时间（例如几十毫秒）内可以认为是平稳、时不变的，基于这样的认识可以建立起语音信号的“短时分析技术”。图2所示是短时傅里叶变换的时域波形图到频域频谱图。

图2中左侧子图为从图1所示波形开始部分截取的60ms时长的一段波形数据图，中间子图为加窗后的波形数据图，右侧子图为这段波形数据的短时傅里叶变换图。短的时间片称为“帧”，时间长度称为帧宽度，因此图2表示宽度为60ms的一帧数据的波形和频谱。从左侧的波形图可以看出其并非纯音，而是由多个纯音复合而成的复音，凭经验大致可识别出基波和二次谐波，但对更高次的谐波就无能为力了。从右侧的频谱图不但可以识别出基波和各次谐波，而且可以直接得到基波和各次谐波的频率和幅度，这些特征远比波形图更容易区分不同的语音。程序1所示为实现短时傅里叶变换的程序。

程序1

```
data_hann = data_slice * np.hamming(window_size_samples)
data_fft = np.fft.rfft(data_hann, window_size_samples)
data_fft_amp = np.abs(data_fft) # 取幅值
data_fft_length = len(data_fft_amp[0])
plt.figure(figsize=(8, 4.0))
display = plt.subplot(1,3,1) # 子图1
…
display = plt.subplot(1,3,3) # 子图3
data_fft_length = data_fft_length
// 子图4
freqs = np.arange(data_fft_length)
```

```
/ data_fft_length * sample_rate / 2
plt.title('freq spectrum '+str(i+1))
data_fft_amp_0 = data_fft_amp[0]
[0:data_fft_length]
display.plot(freqs, data_fft_amp_0)
display.set_xlabel("Freq(Hz)")
display.set_ylabel("Amp(dB)")
plt.show()
```

第 1 句是给截取的数据帧 data_slice 加个汉明窗，目的是消减帧首尾数据间断的影响（即频谱泄漏），对比图 2 的中间子图和左侧子图，应该可以想象出与原始波形数据相乘的 hamming() 是怎样的函数吧？没错，函数值两边为 0，中间为 1。第 2 句调用 NumPy 函数实现傅里叶变换，获取频域数据就这么简单！但转换结果是个复数，除幅值外还包含相当于时域相位的幅角，故由第 3 句提取幅值，以避免幅角的干扰。第 5 句及以下程序基于 matplotlib 库实现波形图和频谱图的显示：首先定义了一幅画布，第 1 幅、第 2 幅子图显示波形，第 3 幅子图显示频谱。需要说明的是，程序 data_fft_length = data_fft_length 修改了数据长度，即仅使用帧数据前 1/4 的数据，目的仅仅是更清楚地显示频谱的主要部分（频率低端），便于目测基波和低次谐波。

细心的读者一定会提出：短短的 60ms 绝不可能表达一个完整语义，那么短时傅里叶变换又有何用呢？如果你正在计算机前，那应该知道显示屏上丰富多彩的画面就是由一个个很小的像素构成的，同样只要截取足够数目的数据帧就可以忠实映射出连续的语音序列。其实在显示屏上“欺骗”人的眼睛还是比较容易的，但在计算上“欺骗”人工智能系统就不那么容易了，它仍会“感觉”到帧与帧之间的抖动。为此，还引入了一项重要技术“帧移”，即相邻帧的距离并非等于帧时长，而是等于帧移，而帧移比帧时长要小些，就是说相邻数据帧之间有重叠，保证帧之间平滑衔接，做到了“天衣无缝”。图 3 所示就是连续 3 幅数据帧短时傅里叶变换（帧时长为 60ms，帧移为 30ms）的结果。

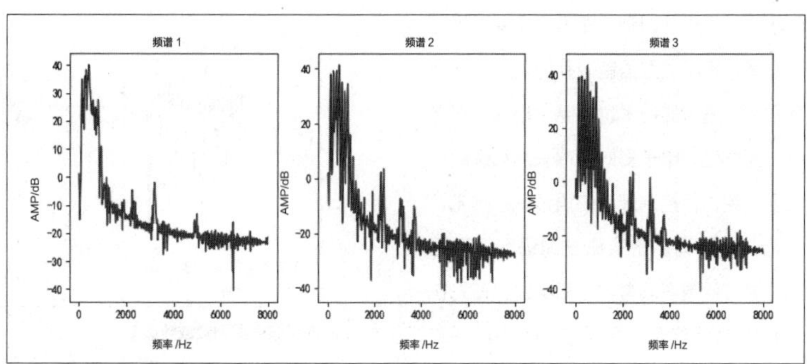

图 3 连续的短时傅里叶变换结果

但与图 2 右侧子图相比差异明显，除幅度最大的基波和二三次谐波外，多出很多成分。细看其实纵坐标也不同，由强度（例如伏特等）变成了无线电爱好者熟悉的分贝（dB）。无线电技术使用分贝单位是为了便于表示强弱相差很大的信号，有意将强信号“压缩”，将弱信号“提升”。同样，语音识别中使用分贝也是为发挥语音频谱中弱成分的作用，要知道人耳既能承受很强的声音也能识别很弱的声音。仔细比较 3 幅子图不难看出，尽管强信号的基波和二三次谐波似乎变化不大，但弱信号的高次谐波的变化还是很明显的，这就是变换为分贝的贡献。至此疑问应该打消了，连续数据帧的短时傅里叶变换确实可以表达完整的语义。

获取语谱特征

短时傅里叶变换可以有效提取语音特征，但按上述帧移，表示一段 10s 时长的语音需要 332 帧，数量太多，而且帧特征的细微变化也不易区分。能否将这 332 帧甚至更多数量的特征反映在一张图上呢？答案是肯定的，这就是语谱图，更广义地则称为声谱图。图 4 所示为由频谱图到语谱图的变化过程。

图 4 左侧子图是一帧频谱图，横坐标是频率，纵坐标是强度，表示基波和各次谐波的谱线占据整个图面。中间子图是把坐标和图线逆时针转 90°，横坐标变为强度，纵坐标变为频率。右侧子图用一条不同色彩或灰度的宽线表示不同频率的强度，结果是将占据整个图面的谱线变成一个不同色块堆叠的“谱柱”。这样一来横坐标腾出来了，图面也腾出来了，如果把各帧的“谱柱”按时间顺序排列整齐会得

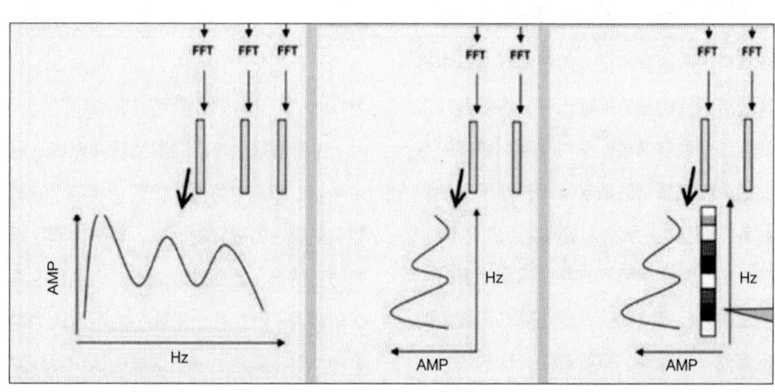

图 4 频谱图到语谱图的变化过程

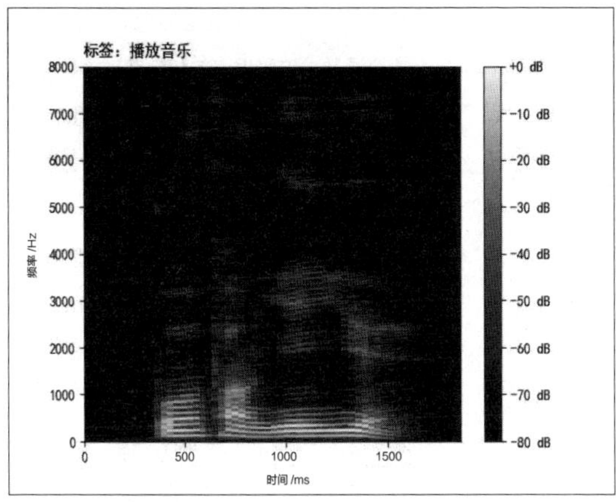

图 5 短语“播放音乐”基于 TensorFlow 库的语谱

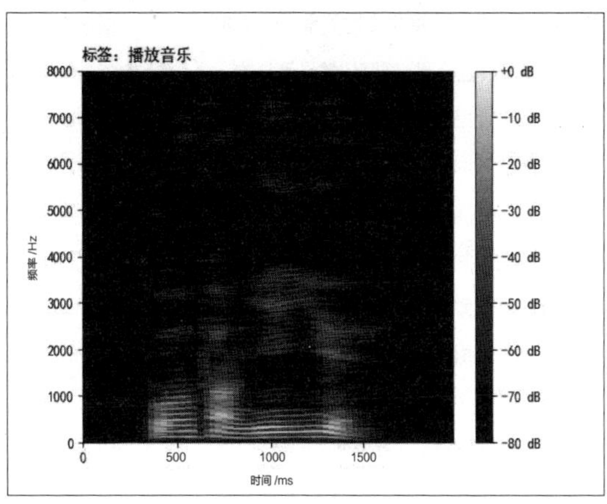

图 6 短语“播放音乐”基于 librosa 库的语谱

到什么呢？别不敢相信自己的眼睛，得到的就是图 5 所示的短语“播放音乐”基于 TensorFlow 库的语谱。

图 5 中横坐标是时间，单位为 ms；纵坐标为频率，单位 Hz；右侧多出一个图例，用颜色表示某时刻、某频率成分能量的分贝。语谱图综合了时域和频域的特点，清楚显示出来了语音各频率成分随时间变化的过程。

生成语谱图的程序如程序 2 所示。

程序2

```
spectrogram = get_mfcc_simplify(wav_
file, fg = 'spec')
spectrogram = np.squeeze
(spectrogram,axis=0)
...
spectrogram = spectrogram.T
logspectrogram = librosa.amplitude_
to_db(spectrogram, ref=np.max)
plt.figure()
plt.title('spectrogram' + '\n')
plt.title('标签: ' + str(wav_
filepaths_list[i]), loc ='left')
librosa.display.
specshow(logspectrogram, sr=16000,
x_axis="ms", y_axis='linear')
plt.colorbar(format = '%+2.0f dB')
plt.show()
```

第 1 句通过调用 get_mfcc_simplify() 函数获取语谱特征，需要传递的参数是音频文件路径，该自定义函数基于 TensorFlow 的 audio_ops.audio_spectrogram()函数获取并返回语谱特征。第 2 句删除多余的维度。接下来的程序用于矩阵转置以及将强度转换为分贝。图像显示程序需要说明两点，一是倒数第 3 句使用了前面介绍的 librosa 库的 display.specshow() 函数生成语谱图，二是倒数第 2 句用于生成表示分贝值的图例。

其实 librosa 库也有获取语谱特征的函数，transform_speech_command.py 程序中也给出相关程序供参考。完全基于 librosa 库获取的语谱如图 6 所示，与图 5 相比并无明显差别。

细心的读者可能注意到语谱图具有明显的横向纹理，不错，这种纹理被称为音纹，而且不同讲话人的音纹是不一样的，讲话人识别就是基于音纹识别技术的，这也是语音识别的重要内容之一，但本文只能点到为止，否则就要跑题了。你可能很想知道自己的语音特征，这个愿望不难实现，只要继续阅读下去很快将学会如何准备自己的语音数据，借助 transform_speech_command.py 程序即可给看不见、摸不着的语音“拍个片子”。

获取MFCC

MFCC 意思为梅尔频率倒谱系数，通常认为它是一种更贴近人类听觉系统的音频信号特征，在各种音频信号的处理中有着重要意义。讲解语谱图时曾提到人耳既能承受很强的声音也能识别很弱的声音，其实人耳还有一个更神奇的特性，即对不同频率声音的分辨能力明显不同，对高频声音的分辨力差，对低频声音的分辨力强。显然，在长期进化过程中，人类的语音特点不会与听力向不同方向发展，结果只能是人类语音的低频成分包含着更多信息，而高频成分包含的信息量相对要少。这就意味着采用图 5、图 6 所示线性频率坐标，高频端的分辨能力是浪费的，而低频端的分辨能力又显得不足。为此科学界提出了梅尔频率，它与无线电、电子爱好者熟知的赫兹频率的转换关系如下所示。

$$F_{mel} = 2595\lg\left(1 + \frac{f_{Hz}}{700}\right) \qquad (1)$$

$$f_{Hz} = 700 \times \left(10^{\frac{F_{mel}}{2595}} - 1\right) \qquad (2)$$

由式（1）根据赫兹频率 f_{Hz} 范围，即可确定梅尔频率 F_{mel} 范围；将梅尔频率 F_{mel} 坐标按线性分割，再由式（2）又可映射回赫兹频率坐标。由此可见，梅尔频率与赫兹频率之间是非线性关系，但梅尔坐标本身按线性分割，刻度依然是等分的。有点儿绕？还是通过实例计算进一步认识梅尔频率吧。例如 8000Hz 对应的梅尔频率为 2840，而其 1/2 的 4000Hz 对应的梅尔频率为 2146，占 2840 的 3/4 还多，可见通过赫兹频率到梅尔频率的转换，高频端被大大压缩以减少信息容量，低频端则被大大扩展以增加信息容量。

为了在语谱特征上按梅尔频率提取信号能量，还需要定义一组带通滤波器，其通带呈等腰三角形，即对其中心频率无衰减，对两侧直线衰减。这个滤波器组通常有 40 个滤波器，带通滤波器组的幅频特性如图 7 所示。

显然这组滤波器的带宽是变化的，高频端带宽宽、分辨率低，低频端带宽窄、分辨率高，模仿了人类听觉系统的特征。你可能要吐槽低频端太拥挤了，但别忘记在梅尔坐标中它们的尺度却是均匀的，并不存在谁宽谁窄的问题，这里似乎真要“穿越”一下了。

需要准备的知识就是这些，现在终于可以编程获取 MFCC 了。获取 MFCC 的原理确实有点复杂，是不是编程也很复杂呢？程序 3 所示为基于 TensorFlow 获取 MFCC 的程序。

程序3

```
wav_loader = io_ops.read_file(wav_filename)
wav_decoder = audio_ops.decode_
wav(wav_loader,
desired_channels=1, desired_
samples=desired_samples)
spectrogram = audio_ops.audio_
spectrogram(
   wav_decoder.audio, window_
size=window_size_samples,
   stride=window_stride_samples,
magnitude_squared=True)
mfcc_ = audio_ops.mfcc(
   spectrogram,wav_decoder.sample_
rate,dct_coefficient_count=dct_
coefficient_count)
```

第 1 句读取音频文件，其中参数 wav_filename 为语音波形文件的路径；第 2 句进行音频解码，其中参数 desired_samples 是要求的采样点数；第 3 句获取语谱特征，其中参数 window_size_samples 是帧尺寸，window_stride_samples 是帧移；第 4 句生成 MFCC 矩阵，其中参数 wav_decoder.sample_rate 是由音频文件自动获取的采样率，dct_coefficient_count 表示应用离散余弦变换（DCT）去除滤波器组系数的相关性，避免在某些机器学习算法中出现问题。

就这么简单，只是调用了 TensorFlow 的 4 个函数。这段程序放在自定义函数 get_mfcc_simplify() 中，供主程序调用并返回 MFCC。这里仍以“播放音乐”的语音为例，得到的 MFCC 特征图如图 8 所示。

MFCC 特征图的横坐标是由帧序号表示的时间（这段录音时总长 4000ms，分为 132 帧，取其中有效信号语音段 66 帧，时长 2010ms），纵坐标是 MFCC 序号表示的梅尔频率（取 40 个 MFCC），图 8 中色块表示对应帧序号和 MFCC 序号的 MFCC 数值。细心的读者可能已经注意到单个色块的大小是相同的，这也进一步验证了尽管梅尔滤波器的赫兹频率带宽有大有小，但 MFCC 特征的坐标在梅尔频率坐标中是呈线性的。

人类听觉系统分辨不同频率声音并不需要绕这么一个大弯，完全可以通过不同听觉细胞的不同进化实现，遗憾的是目前机器还做不到这一点，需要人类来安排。除有效提取语音信号特征外，从语音的波形数据转换为 MFCC 的另一个好处是大大降低了数据维度，采样率 16000Hz、时长 2s 语音的数据量为 32000 个，对应的 MFCC 的数据量仅为 2640 个，不足原数据量的 9%。

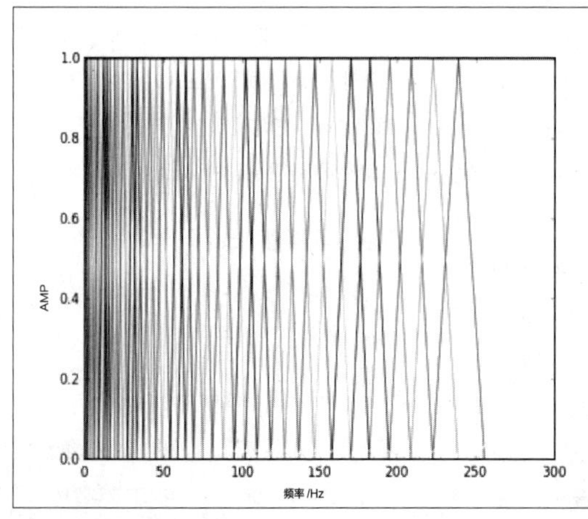

图 7 带通滤波器组的幅频特性

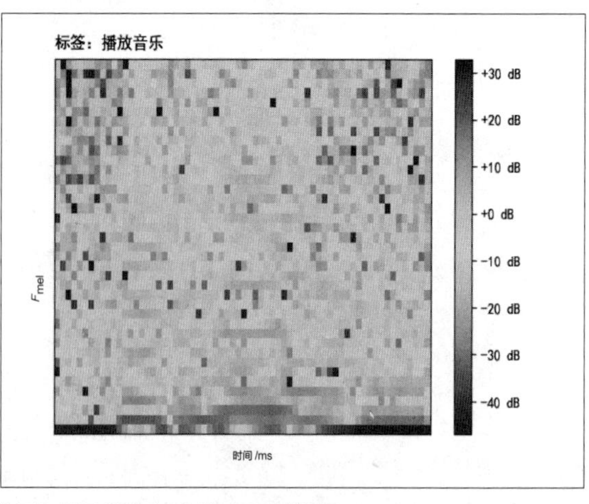

图 8 短语“播放音乐”的 MFCC 特征图

行空板图形化入门教程（4）

情绪卡片

演示视频

▌薛金 赵琦

灵感来源

你是否经历过情绪的高低起伏：情绪低落的时候不想被人打扰，情绪激昂渴望有人能够分享。但遗憾的是，很少有人能看出你的情绪。此时，情绪卡片就能很好地帮你表达当前的情绪。本文我们使用行空板来制作一个情绪卡片（见图 1），帮助分享你的情绪。

此项目主要使用行空板显示屏按钮、动态表情等积木，实现在显示屏上显示并切换表情（见图 2）。

▌图 1 情绪卡片

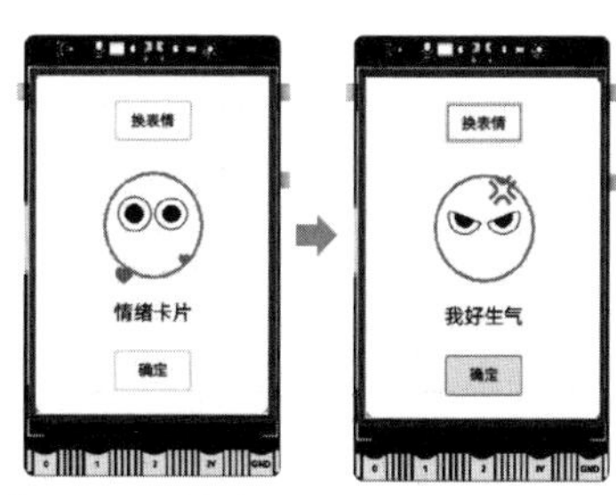

▌图 2 显示并切换表情

功能原理

函数和回调函数

函数是用于实现特定功能，可重复使用的程序，常用于将复杂的程序分解为更小、更易于管理的程序片段。回调函数是函数的一种，后面我们会学习如何自定义函数。

你可以把回调函数理解为由一个事件触发执行的函数。行空板相关积木中常见的事件有单击，图 3 和图 4 分别展示了按钮和图片添加回调的方法。在这个项目中，要使用的就是单击按钮后，触发更新表情内容的回调函数。

程序在执行时，会一直检测回调函数是否被触发，回调函数被执行，并不会影响函数主程序中其他程序的执行。回调函数的执行过程如图 5 所示。

行空板基准点

基准点概念的出现是由于要显示在行空板上的元素基本上都是有形状的，如果用坐标描述位置，必须确认坐标代表的是元素形状上的哪个位置，这个位置就是“基准点”。行空板显示屏上显示的文字、按钮、图片等控件元素的基准点都可以被修改，而矩形、圆形等形状的基准点是不可修改的，基准点可修改与不可修改的元素如图 6 所示。

行空板一共设定了 9 个基准点，即上、下、左、右、中心、左上角、左下角、右上角、右下角。也就是说，如果要在行空板显示屏的中间位置，即图 7 中的红点位置，坐标为（120，160）显示一张图片，根据基准点的不同，会出现如图 7 所示的 9 种位置情况。一般情况下，元素的默认基准点

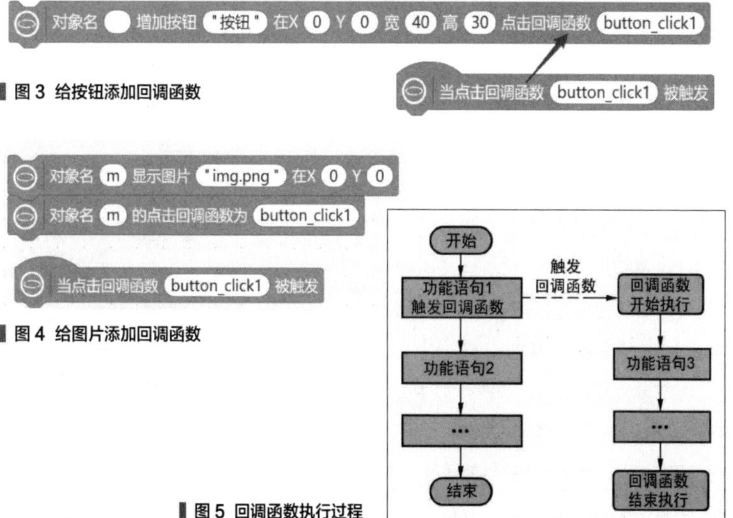

▌图 3 给按钮添加回调函数

▌图 4 给图片添加回调函数

▌图 5 回调函数执行过程

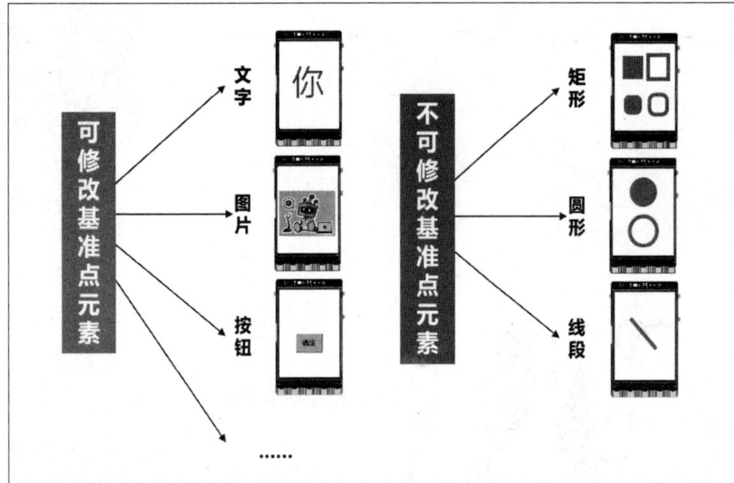

▌图 6 基准点可修改与不可修改的元素

在左上角，修改基准点积木为 更新对象名 XX 的基准点为 XX（见图 8）。

行空板的内置动态表情

行空板本身内置了愤怒、紧张、平静等 9 个动态表情，我们可以使用图 9 中的积木设置表情的内容、位置以及切换间隔，图 10 中的积木则可以用于更换表情。

材料准备

我们用到的材料清单见附表。

附表 材料清单

序号	设备名称	备注
1	行空板	1 块
2	USB Type-C 接口数据线	1 根
3	计算机	1 台

连接行空板

在开始编程之前，按如下步骤将行空板连上计算机。

第一步：使用 USB Type-C 接口数据线将行空板连接到计算机（见图 11）。

第二步：打开 Mind+，按图 12 所示标注顺序完成编程界面切换（Python 图形化编程模式），然后保存好当前项目，就可以开始编写项目程序了。

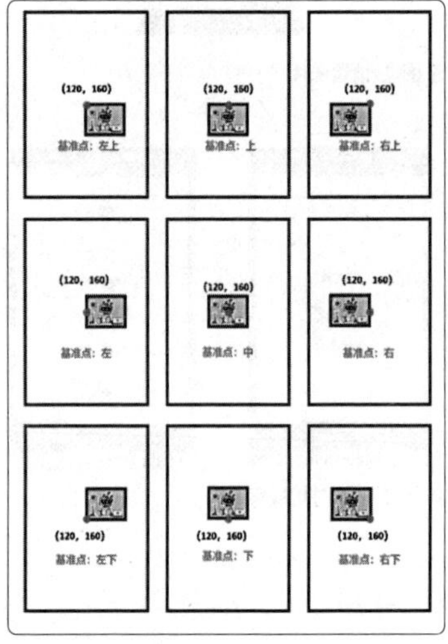

▌图 7 行空板元素基准点

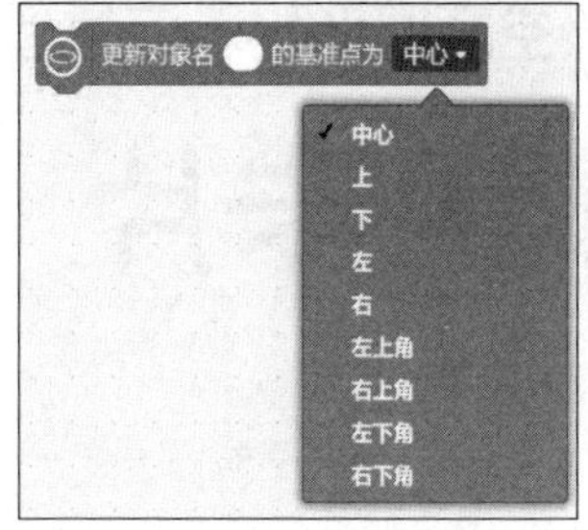

▌图 8 行空板元素基准点

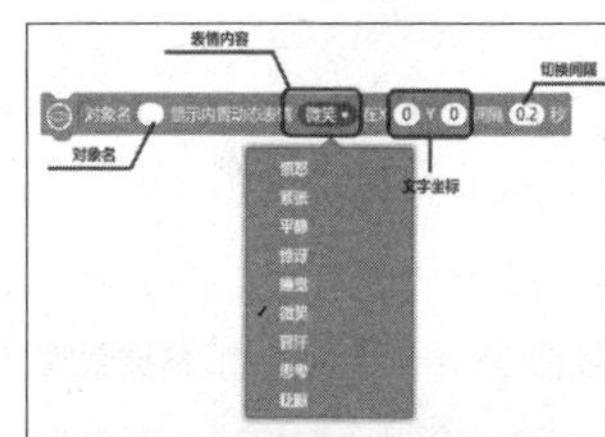

▌图 9 行空板内置动态表情显示积木

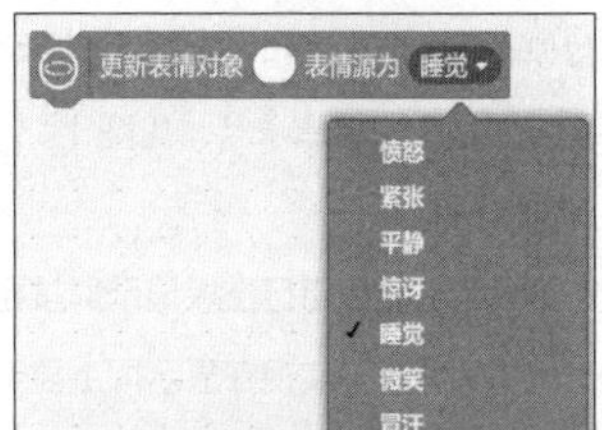

▌图 10 更换表情积木

▌图 11 使用数据线连接行空板和计算机

▌图 12 编程界面切换

项目实现过程

本项目可以使用显示屏按钮修改卡片内容，并通过“确认”按钮，生成最终的情绪卡片。接下来我们将分为显示情绪卡片以及修改卡片表情两个任务来完成。

任务一：显示情绪卡片

在此任务中，我们将使用行空板动态表情和圆形元素，完成情绪卡片的显示。

任务二：个性化修改情绪卡片

在此任务中，我们将学习行空板显示屏按钮的相关操作，利用对象的修改删除积木，完成表情的更换和最终情绪卡片的生成。

任务一：显示情绪卡片

观察一下，情绪卡片组成如图 13 所示，由圆形表情框、动态表情和文字构成，接下来我们逐个完成它们的显示吧。

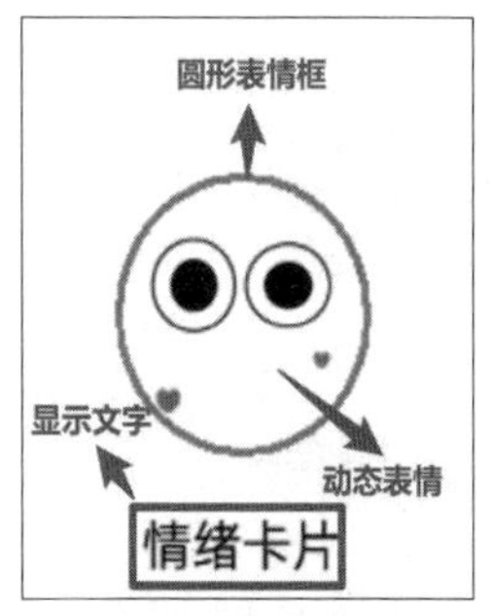

图 13　情绪卡片组成

（1）显示表情框

表情框是橙色圆形，圆形的显示积木在积木区“行空板”分类下的“屏幕显示”里，你可以寻找含有“圆形”关键词的积木，拖出 对象名 XX 显示圆形在 X120 Y100 半径 50 线宽 1 边框颜色蓝 积木，然后设置对象名、线宽和颜色，将积木放在预设程序 Python 主程序开始 的下面（见图 14）。

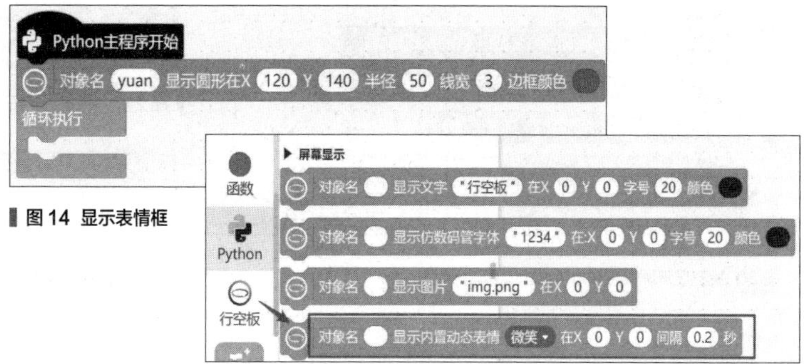

图 14　显示表情框

图 15　找到内置表情显示积木

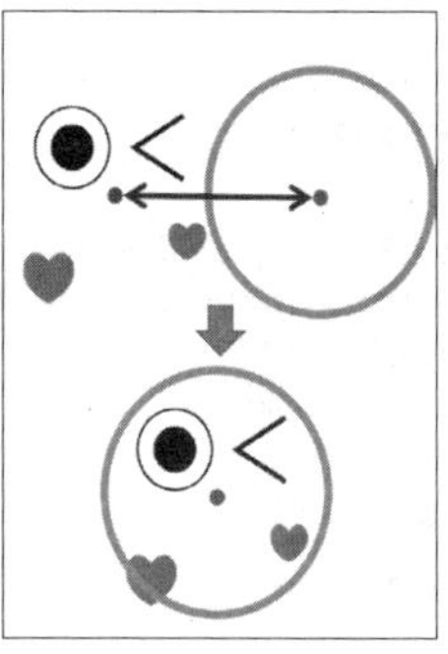

图 16　将图片放入程序文件夹

图 17　设置表情基准点

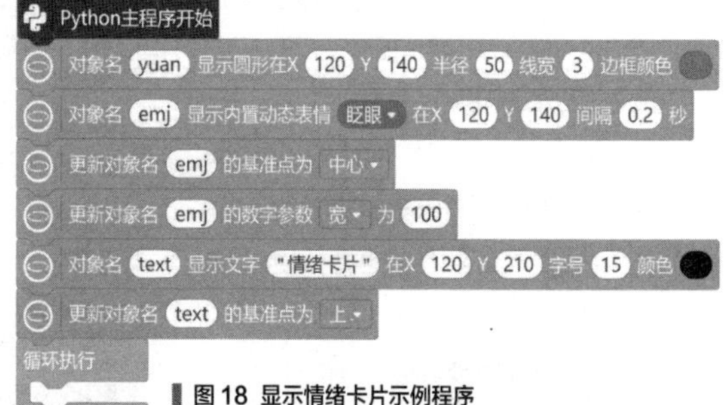

图 18　显示情绪卡片示例程序

注意：圆形的坐标，表示的是圆心的位置。

（2）加入动态表情

查找“动态表情”关键词，找到并拖出 对象名 XX 显示内置表情 微笑 在 X0Y0 间隔 0.2 秒 积木（见图 15），然后我们就可以开始设置表情的位置和大小了。

设置表情位置，表情要和圆形表情框中心对齐，表情的中心要和圆形表情框的圆心位置一致（见图 16），此时只要修改表情的基准点为中心即可（见图 17）。

设置表情大小，使用上节课学习过的 更新对象名 XX 的数字参数 XX 为 XX 积木，去修改表情图片的宽度或高度。最后，别忘了加上居中对齐的“情绪卡片”装饰文字，完整示例程序如图 18 所示。

图 19　情绪卡片效果

程序运行

单击运行，观察行空板显示屏显示效果（见图 19）。

任务二：个性化修改情绪卡片

通过上一个任务，初始情绪卡片显示

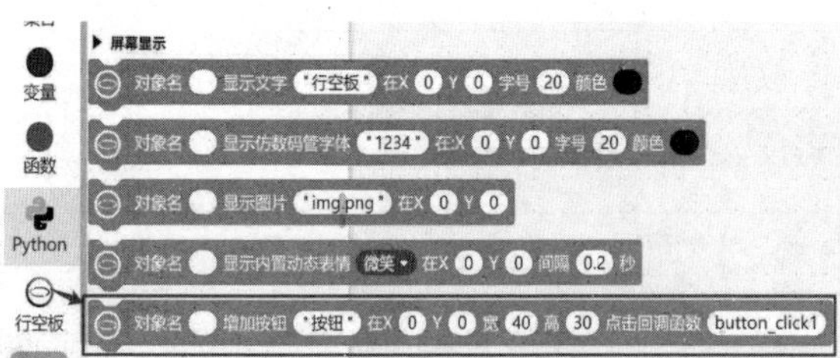

图20 找到显示屏按钮积木

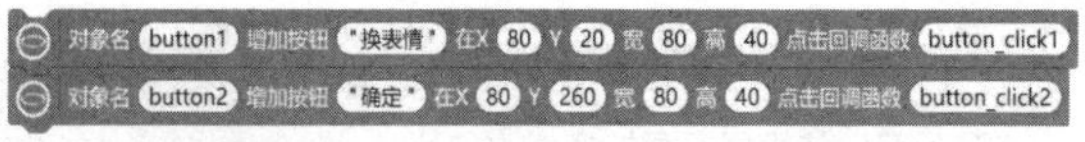

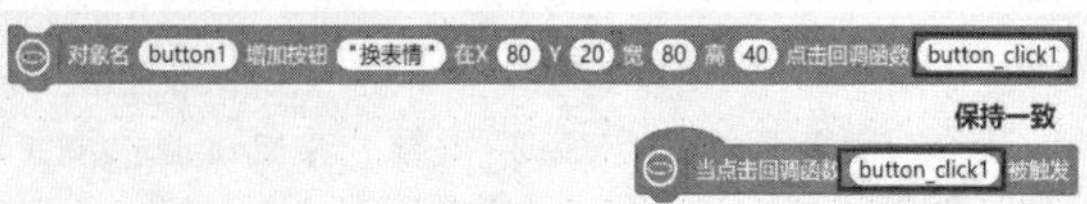

图21 “换表情”和“确定”按钮设置

图22 设置“换表情”按钮回调

完成，接下来我们就利用显示屏按钮修改卡片内容。

（1）添加显示屏按钮

在行空板显示屏上添加按钮的积木是对象名 XX 增加按钮“按钮”在 X0Y0 宽 40 高 30 点击回调函数 button_click1，你可以寻找含有“增加按钮”关键词，找到并拖出对应的积木（见图 20）。

接下来可以根据剩下的行空板显示屏空间，参考图 21 所示设置“换表情”“确定”按钮的对象名、显示名称、位置以及回调函数名。

（2）设置按钮功能

按钮功能是通过按钮显示积木中的“回调函数”实现的，具体实现需要用到回调函数积木——当点击回调函数 button_click1 被触发，你可以通过“回调函数”关键词寻找积木，拖出并修改回调函数名。回调函数需与已添加按钮积木中的回调函数名保持一致，设置“换表情”按钮回调如图 22 所示。

完成按钮对应回调函数设置后，就可以在它们下方逐个编写按钮的功能了。“换表情”按钮的功能是修改情绪表情。需要使用更换表情对象 XX 表情源为 XX 积木，并修改积木中的“表情对象名”和“表情源”，然后放在对应按钮的回调函数积木下。当然，同时修改装饰文字，也会让卡片更有趣。“换表情”按钮功能如图 23 所示。

“确定”按钮的功能是让按钮消失，生成最终的情绪卡片。按钮消失要使用的是删除对象 XX 积木（见图 24），寻找含有“删除对象”关键词积木，并写明要删除的对象。例如要删除“换颜色”按钮，它的对象名为 button1，则修改积木为删除对象 button1（见图 25），“确定”按钮对象的删除方法相同。情绪卡片的完整程序如图 26 所示。

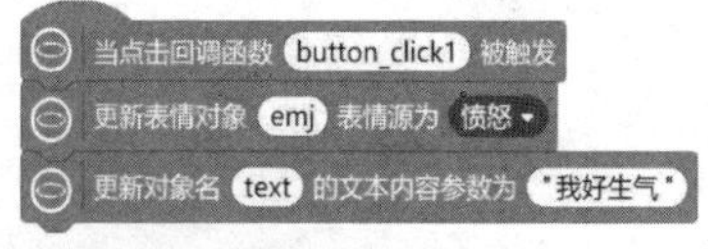

图23 “换表情”按钮功能

图24 删除对象积木

程序运行

检查行空板连接，单击“运行”，观

图25 删除对象 button1

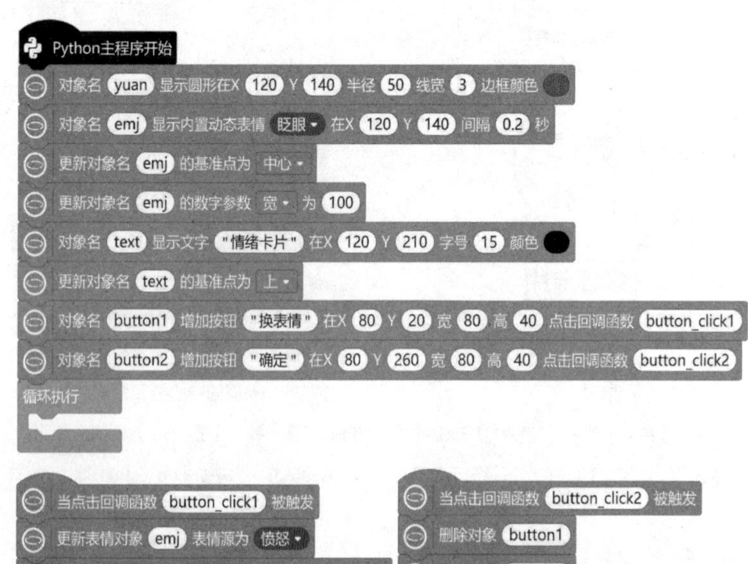

图26 情绪卡片的完整程序

▌图 27 演示效果

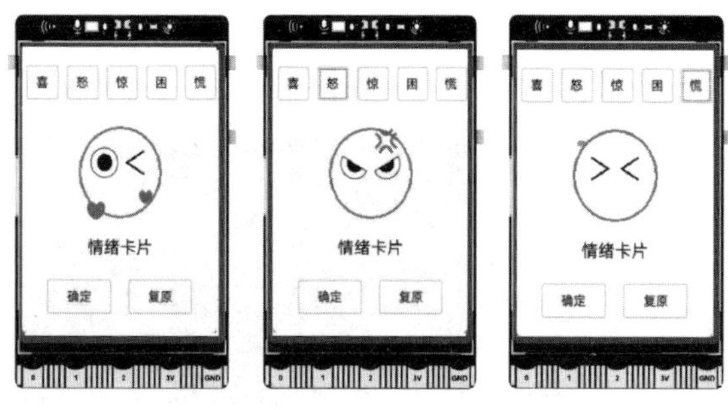

▌图 28 "挑战自我"效果

察行空板显示屏，可以看到初始情绪卡片以及"换表情"和"确定"两个按钮。按下"换表情"，切换动态表情；按下"确定"，生成最终情绪卡片，演示效果如图 27 所示，大家可以扫描文章开头的二维码观看演示视频。

挑战自我

目前，我们已经实现情绪卡片的基本功能，但是卡片中可以切换的表情还不够丰富，请使用今天学习的内容，丰富一下你的"情绪卡片"项目（见图 28）。

（1）增加其他按钮，切换更多的动态表情。

（2）增加"复原"按钮，单击后使卡片回到初始状态。

受动物启发研发的变形机器人

加州理工学院和美国东北大学联合研究团队研发了一个名为"Morphobot"（M4）的变形机器人，受到禽类、狐獴和海豹等动物的启发，这个机器人能通过轮子、螺旋桨、腿部和手部间的附件运动。该机器人可根据地形需要，通过变换不同的运动模式，在陆地和空中实现 6 种不同类型的运动，包括飞行、旋转、爬行、匍匐、平衡和翻滚。M4 拥有 4 条腿，每条腿有两个关节，腿的末端还配有固定的涵道风扇。这个机器人的质量为 6kg，长度为 70cm，高度为 35cm，宽度为 35cm。涵道风扇的功能可以在腿、螺旋桨推进器和轮子之间进行切换。同时，M4 能够适应在崎岖地面行走、攀越陡坡、滚过大型障碍物、在高处飞行以及在低矮通道中匍匐前进。

研究人员通过模拟动物改变四肢用途的能力，设计了具有多功能附肢的移动机器人，以适应不同的地形环境。这项研究成果或有助于设计出能够穿越各种环境的机器人，用于自然灾害搜救、太空探索和自动包裹递送等领域。

新机器人视觉方法

昆士兰科技大学研究人员开发出独特的机器人视觉方法，旨在为服务机器人和通用自动驾驶汽车系统等应用制造价格低廉且可靠的定位系统。研究人员提出的新系统可以在现有的不同技术之间切换，以应对环境中的不同问题。新系统可以预测需要添加哪些其他技术以获得最佳性能。当车辆驶过环境时，研究人员审查了连续图像，并标记了这些图像，说明哪些特定技术适用于该特定图像。然后开发出神经网络训练系统，学习针对特定图像哪种技术最有效。人工智能系统正在学习它必须考虑的这些条件，无论是外观、照明条件还是季节变化的差异。

研究人员使用的很多测试和数据集都来自自动驾驶汽车应用程序。该系统可在不同的技术之间切换，但以一种计算成本非常低的方式完成。实际执行此操作并不需要大量硬件资源，所需的时间非常短。实验表明，该方法在各种具有挑战性的环境条件下，都能很好地发挥作用。

STM32 物联网入门30 步（第4步）

STM32CubeMX图形化编程（下）

STM32

▍杜洋　洋桃电子

系列（3）介绍了STM32CubeMX图形化编程的前期准备，本文继续介绍相关的内容。

按开发板电路图设置全部端口

学会了PB0端口的设置，其他端口也能如法炮制，只是每个端口需要按电路原理进行设置。要想让所有端口都符合洋桃IoT开发板的电路，就必须先了解开发板的各功能电路（见图1），弄清楚电路与端口怎样互动。这里需要了解电子电路相关的基础知识，对数字信号、模拟信号、电平、电压、电流都有清晰的认识。接下来，我将快速地讲解电路原理图中的每个功能模块，然后按原理逐一设置单片机的所有端口。请在洋桃IoT开发板资料中找到“洋桃1号核心板电路”和“洋桃IoT开发板电路”文件。

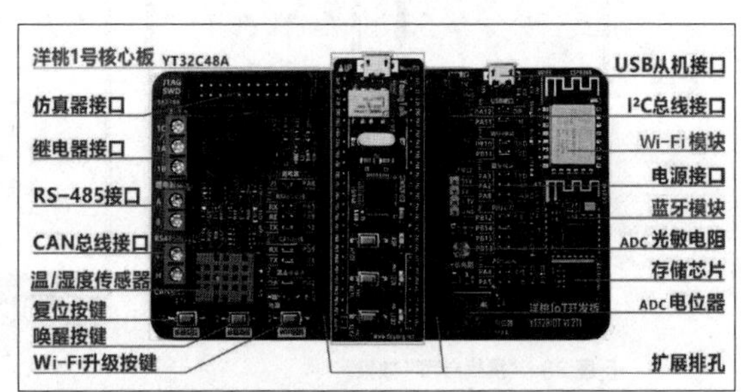

▍图1 洋桃IoT开发板上的各功能电路

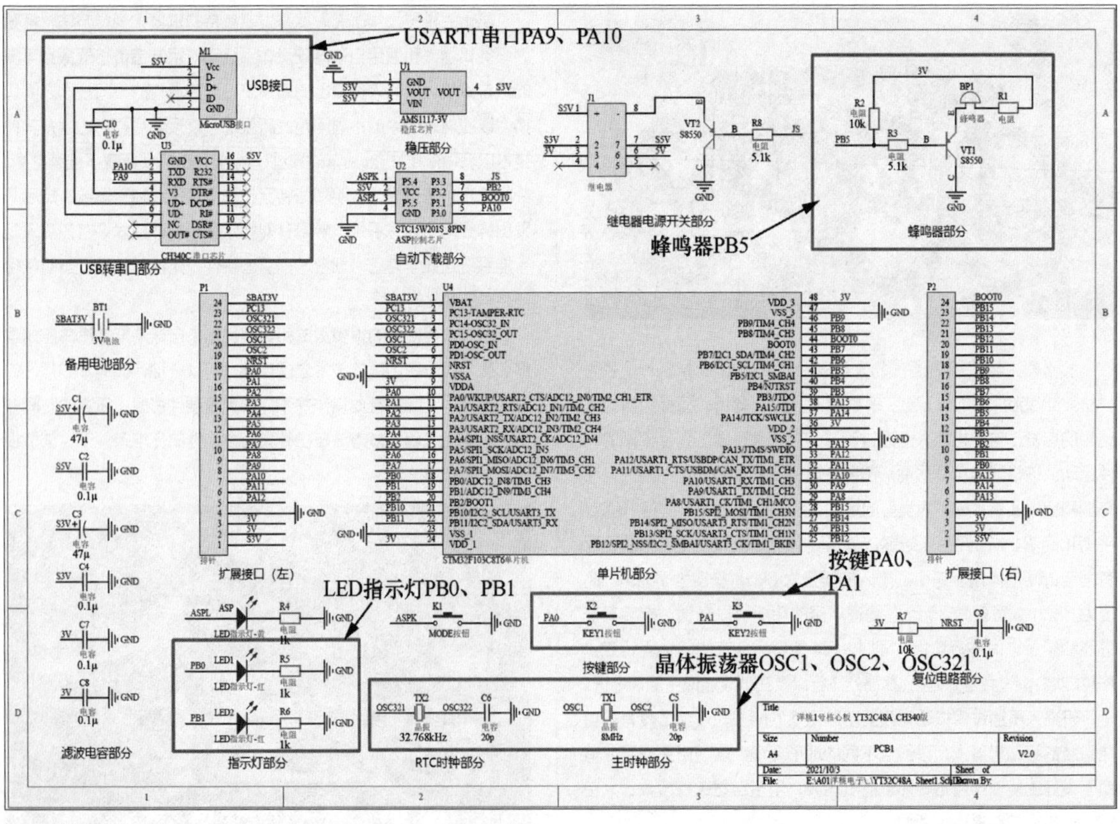

▍图2 洋桃1号核心板电路

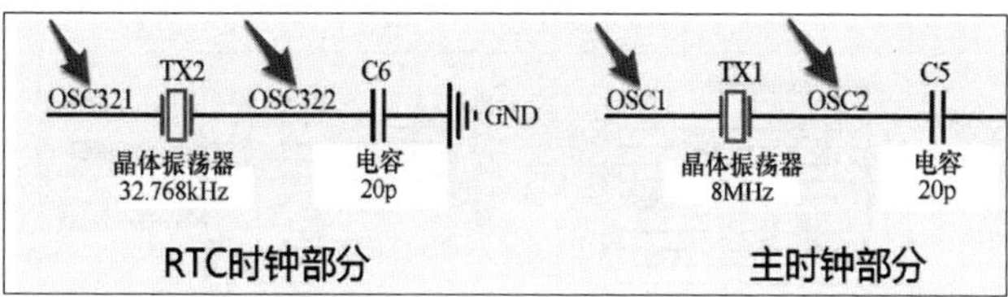

图3 晶体振荡器电路

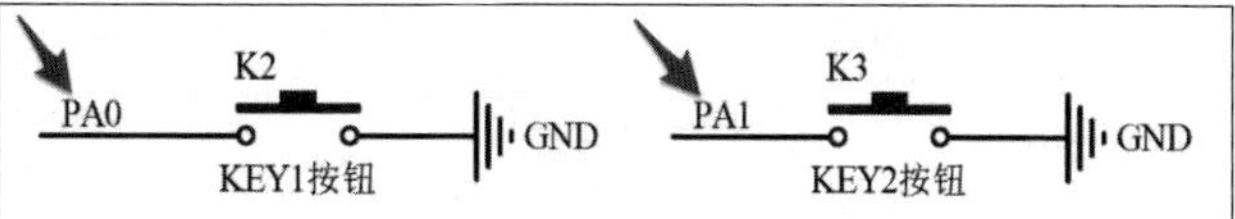

图5 按键电路

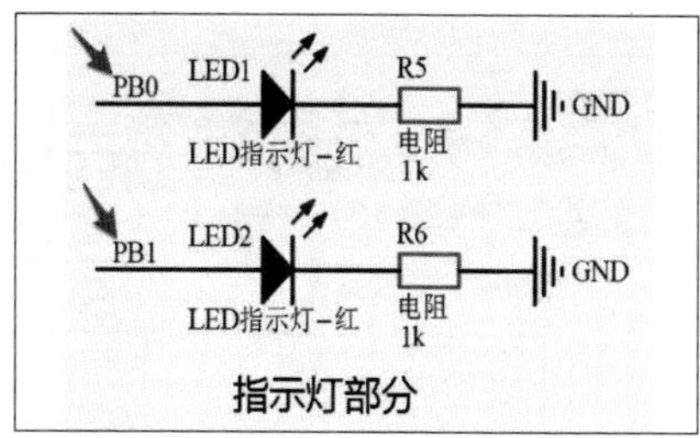

图4 LED指示灯电路

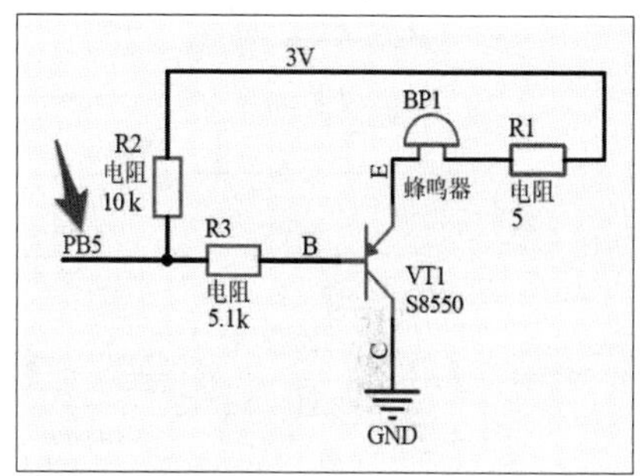

图6 蜂鸣器电路

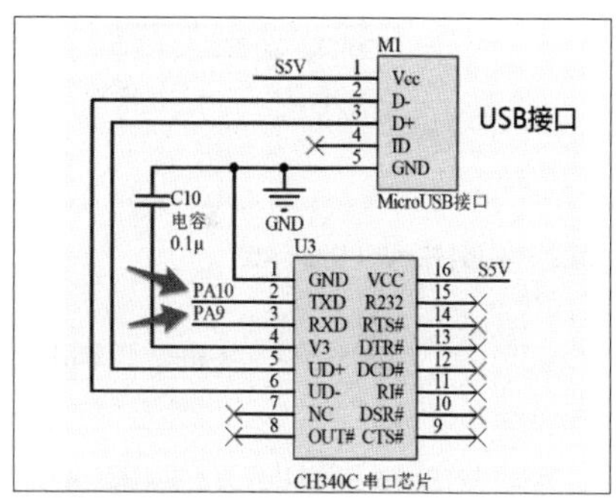

图7 USART1串口电路

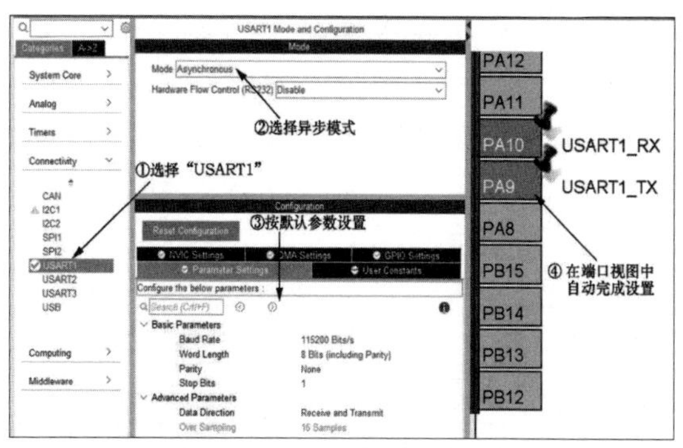

图8 USART1的设置

首先打开“洋桃1号核心板电路”文件，如图2所示，设置核心板用到的端口。其中GPIO端口包括LED1、LED2两个指示灯，KEY1、KEY2两个按键，一个蜂鸣器。功能端口包括高速外部时钟、低速外部时钟、USART1串口。对于USART1串口之类的功能端口，只需要在端口视图中设置端口模式，不需要在模式与参数窗口中操作。因为STM32CubeMX会自动分配此功能对应的参数，模式与参数设置等到后续介绍该功能时再细讲。

洋桃1号核心板电路中有5个部分涉及端口设置，分别是USART1串口、蜂鸣器、LED指示灯、按键和晶体振荡器电路。如图3所示，晶体振荡器电路连接单片机3～6引脚，对应着高速时钟和低速时钟输入端口，时钟源在RCC功能中已经开启了，所以不需要再考虑这个部分。然后看LED指示灯部分，如图4所示，LED1连接单片机的PB0端口，我们已经在举例中设置过了。LED2连接单片机的PB1端口，设置方法与LED1相同，参数设置为输出模式、初始高电平、推挽输出、无上/下拉、高速，PB0的用户标注是“LED1”，PB1的是“LED2”。再看两个按键，如图5所示，KEY1连接单片机的PA0端口，KEY2连接单片机的PA1端口，两个按键的另一端都连接GND。当按键被按下时对应端口变成低电平，单片机只要读取端口的电平状态就能判断按键是否被按下。所以PA0和PA1应该设置为输入模式、初始高电平、内部上拉，PA0的用户标注是“KEY1”，PA1的是“KEY2”。

再看蜂鸣器部分，如图6所示，蜂鸣器连接单片机的PB5端口。核心板上的是无源蜂鸣器，需要单片机输出一定频率的脉冲信号才能使它发出不同音调。也就是说，蜂鸣器端口应该设置为输出模式，产生音频脉冲需要高速输出模式。为了在蜂鸣器空闲时不让电路工作，初始电平应设置为高电平。电路中已有上拉电阻R2，所以端口内部为无上/下拉模式，用户标注为“BEEP1”。最后看USART1串口部分，如图7所示，串口涉及的端口是PA9和PA10。这部分是单片机内部的USART1功能，不是GPIO端口。如图8所示，所以需要在左侧的功能选项中选择“USART1”，在右侧弹出的模式窗口中选择“Asynchronous”（异步）模式，参数窗口按默认设置。设置完成后，在单片机端口视图中会显示

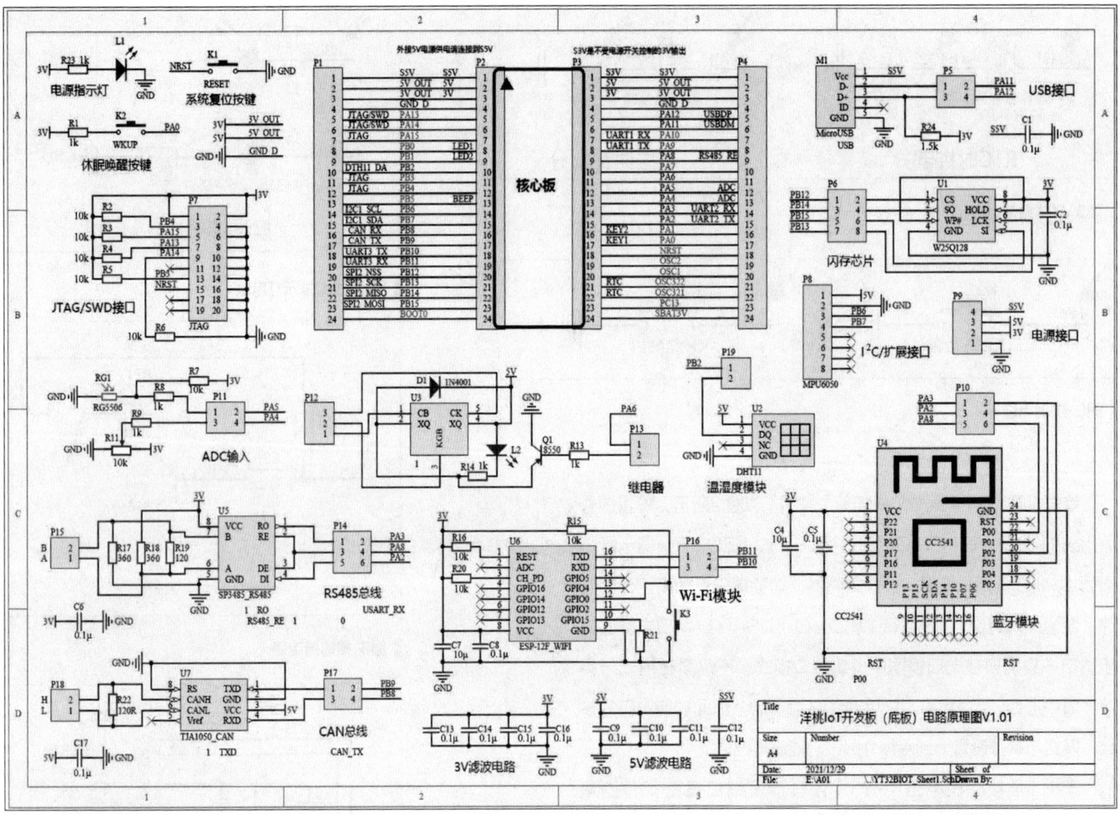

图9 洋桃IoT开发板（底板）电路

USART1接口被自动分配给PA9和PA10端口。至此，洋桃1号核心板电路部分设置完毕。

用同样的方法设置洋桃IoT开发板底板，打开“洋桃IoT开发板电路”文件，如图9所示，我们分区块找到需要设置的GPIO端口和各功能接口。图10所示，电路的中上部分是核心板的连接排孔，洋桃1号核心板由此与底板连接。这里给出的PA0～PA15、PB0～PB15都将以网络标号的方式与其他功能电路连接，接下来只要找到各功能电路中的网络标号，根据标号来设置对应的端口。

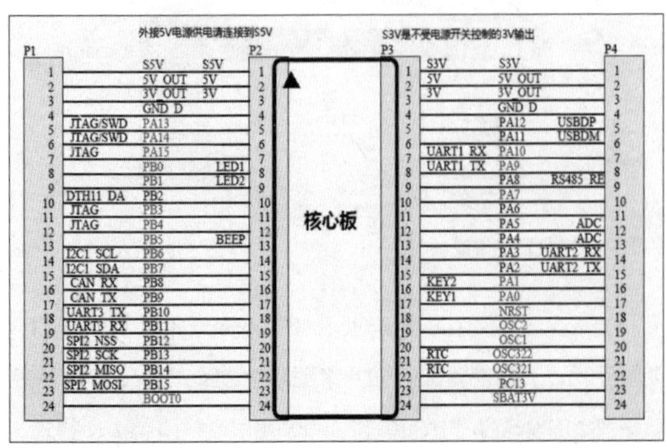

图10 核心板连接排孔

如图11所示，电路左上角的区块有电源指示灯、复位按键、唤醒按键和JTAG接口。其中出现GPIO网络标号的有唤醒按键和

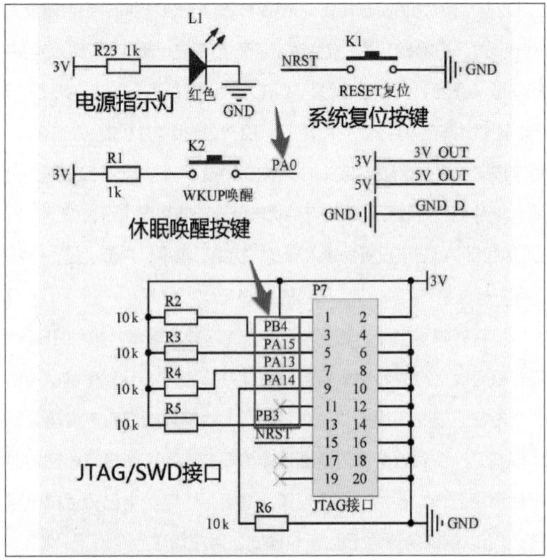

图11 唤醒按键与JTAG接口电路

JTAG接口。唤醒按键与核心板上的KEY1按键复用PA0端口。当多个功能复用一个端口时，要按单片机启动后最先用到的功能来设置，如果中途需要改用其他功能，可在程序里根据新功能再初始化设置一次。PA0端口最先使用的是KEY1按键功能，KEY1已经在核心板部分设置过了，所以唤醒按键不需要设置。JTAG接口并不普通，它是ARM核心的标配功能，所有ARM内核的单片机都有JTAG接口。如图12所示，由于它的特殊性，在设置时需要在功能分组中展开“System Core”（系统内核）组，选择“SYS”，在模式设置里面选择“JTAG（5 pins）”，这是5线式JTAG标准接口，可以完成全功能调试。如图13所示，在完成设置后，在单片机端口视图中会显示有5个端口被分配给JTAG使用。JTAG没有进一步的参数设置，只需开启即可。

如图14所示，电路的左侧和中间部分有ADC、继电器和温/湿度传感器3个电路。ADC输入功能占用PA4和PA5端口，这是旋钮电位器和光敏电阻的模拟信号输入。将两个端口都设置为模拟输入模式，在单片机端口视图中将PA4设置为“ADC1_IN4”（ADC1的通道4），再把PA5设置为“ADC2_IN5”（ADC2的通道5）。将端口设置成模拟输入模式后，参数中的初始电平、端口上/下拉、输出速度等项将消失，因为这些参数只适用于数字信号模式。

继电器电路占用PA6端口，控制继电器的吸合与断开，当端口输出高电平时，继电器处于断开状态，当端口输出低电平时，继电器吸合，控制用电器工作。按此原理，PA6端口应该设置为输出模式、初始高电平、开漏输出、无上/下拉、高速，用户标注为“RELAY1”。

温/湿度传感器电路占用PB2端口，温/湿度数据就通过PB2端口进行单总线通信读取。由于单总线通信并不是单片机内置功能，所以通信协议需要用GPIO端口模拟。模拟通信协议时，此端口涉及输出和输入两种状态，我们在初始化设置里先设置为输出模式，等程序中需要输入时再用程序切换到输入模式。所以此端口要设置为输出模式、初始高电平、推挽输出、无上/下拉、高速，用户标注为“DHT11_DA”。

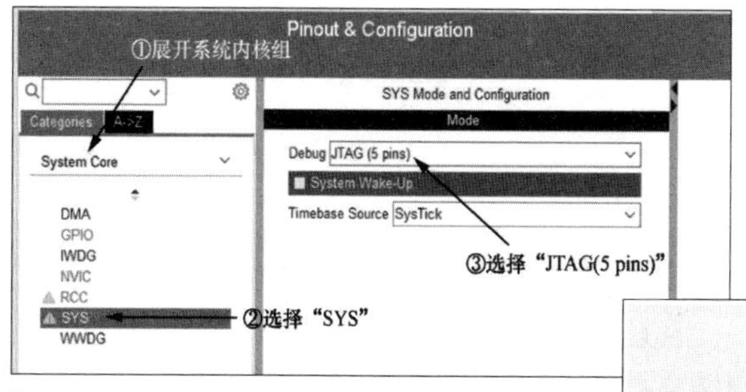

图12 JTAG接口设置

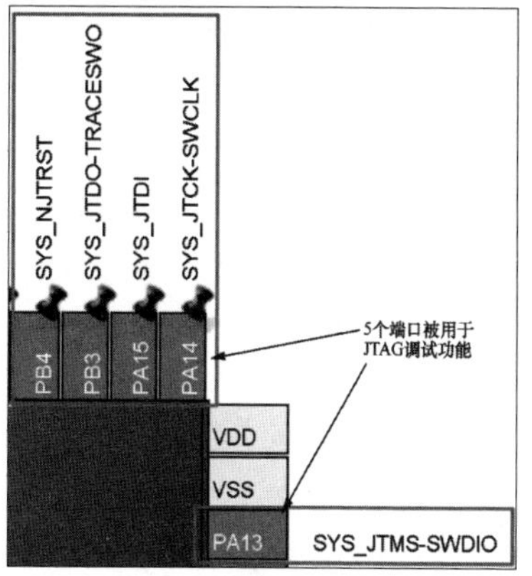

图13 单片机端口视图中的JTAG接口

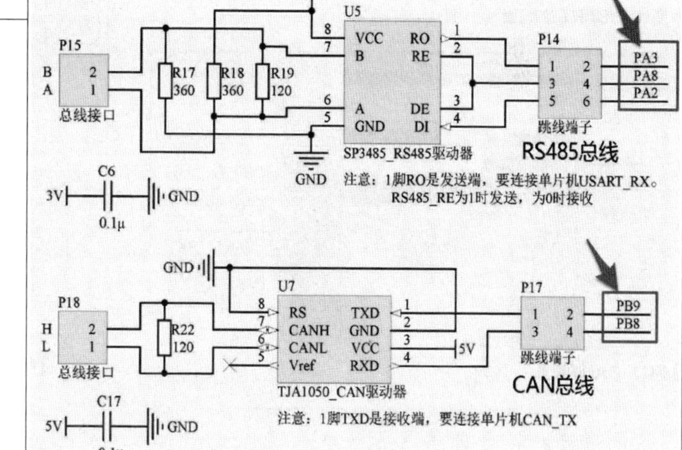

图15 RS485和CAN总线电路

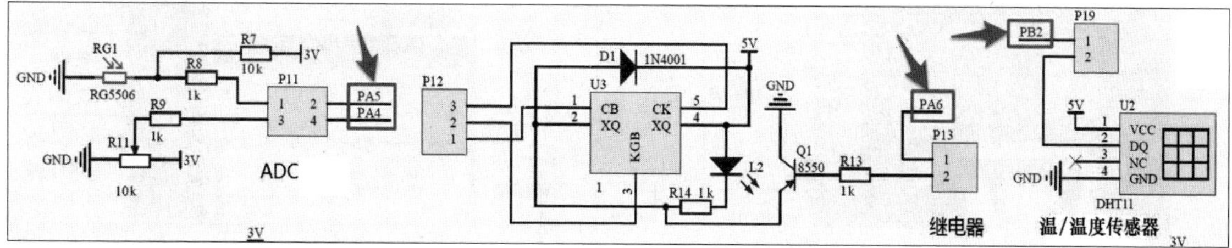

图14 ADC、继电器、温/湿度传感器电路

如图15所示，电路的左下角是RS-485总线和CAN总线电路。其中RS-485总线的通信直接使用了单片机内部的USART2串口功能，但RS485总线还需要一个收发选择接端口RE，因此还要再占用一个GPIO端口。当RE为高电平时，RS485处于发送状态；当RE为低电平时，RS485处于接收状态。所以把PA8端口再设置为输出模式、初始低电平、推挽输出、上拉、高速，用户标注为“RS485_RE”。如图16所示，在左侧的功能选项中找到“USART2”，并在模式窗口中选择“Asynchronous”（异步）模式。设置完成后，单片机端口视图中会显示USART2接口被自动分配给PA2和PA3端口。再将PA8端口设置为输出模式、初始低电平、推挽输出、上拉、高速，用户标注为“RS485_RE”。CAN总线电路占用PB8和PB9两个端口，这是单片机内部CAN功能专用端口。如图17所示，在左侧的功能选项中选择“CAN”，在模式窗口中勾选“Activated”（激活）。如图18所示，单片机端口视图中会显示CAN接口被自动分配给PA11和PA12端口，但这是错误的。我们还需要在端口视图中单击“PB8”，在下拉列表中选择“CAN_RX”，此时CAN接口将被切换到PB8和PB9端口，这样才能和硬件电路所连接的接口相匹配。

如图19所示，电路右上角的区块包括USB接口、闪存芯片、I²C/扩展接口和电源接口。其中后两个是预留的排针，并没有连接器件，不需要考虑。USB接口是单片机内部的USB从设备功能，可以让单片机通过USB连接到计算机，实现USB键盘、USB转串口、U盘等的功能。如图20所示，在功能选项中选择“USB”，

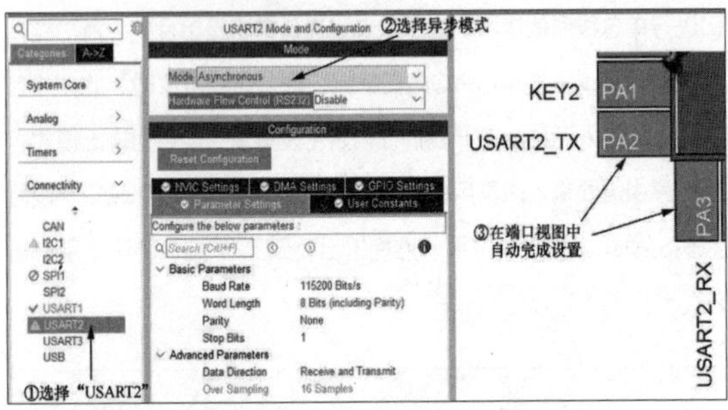

图16 USART2的设置

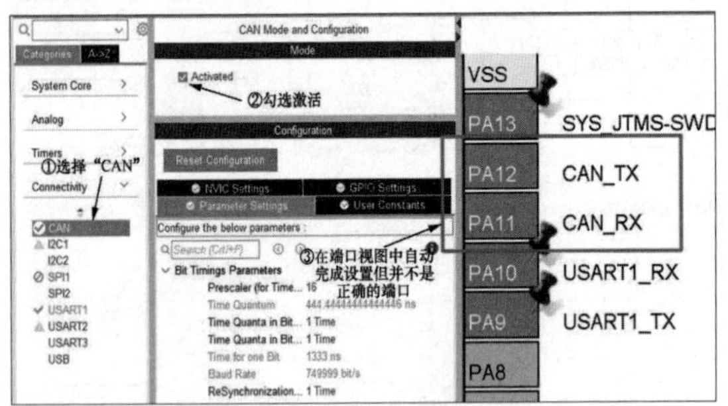

图17 CAN的设置

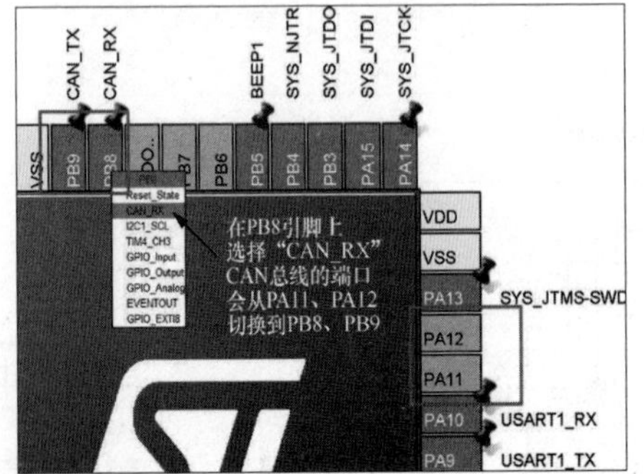

图18 切换CAN复用端口

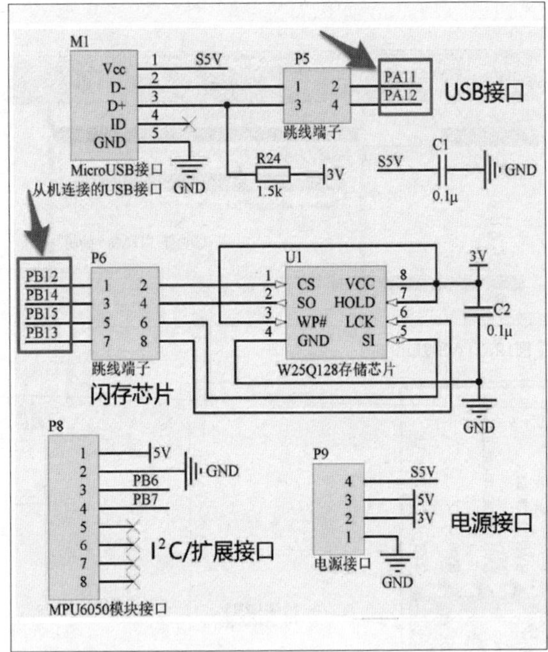

图19 USB接口和闪存芯片电路

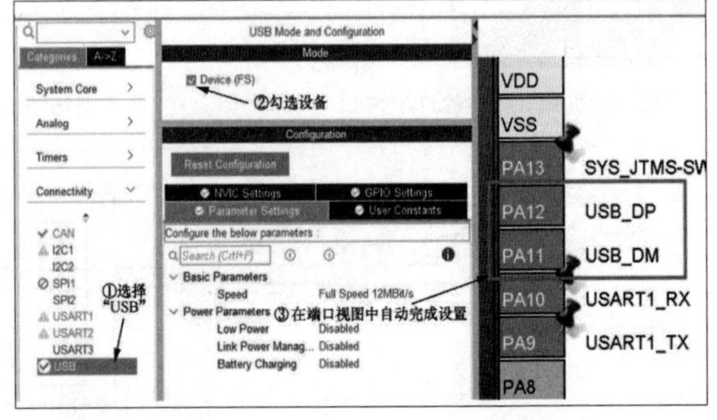

图20 USB的设置

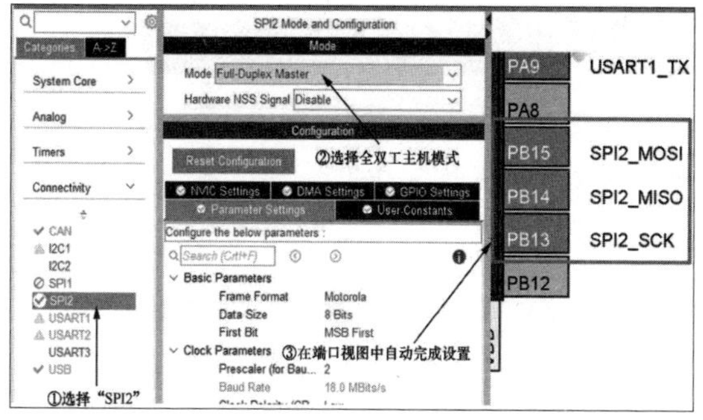

图21 SPI2的设置

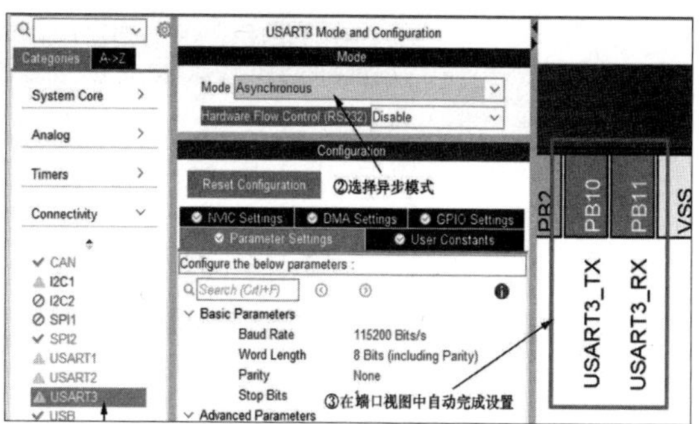

图23 Wi-Fi模块的设置

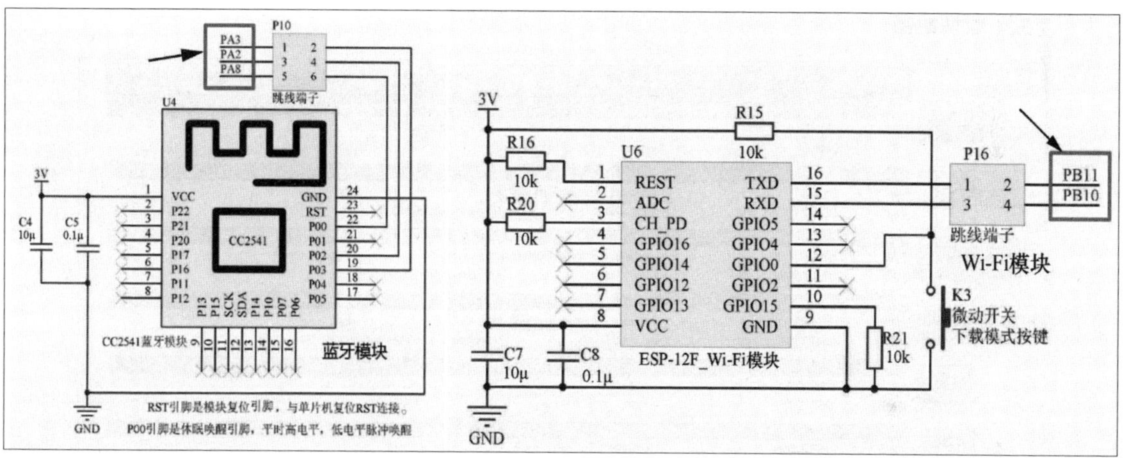

图22 蓝牙模块与Wi-Fi模块电路

在模式窗口中勾选“Device（FS）”（设备），此时端口视图中会显示USB接口被自动分配给PA11和PA12端口。

闪存芯片是指开发板上的W25Q128存储芯片，它通过SPI总线与单片机通信。这个芯片的通信并非采用GPIO模拟协议，它采用单片机内部的SPI协议，开启SPI功能就能通信。如图21所示，在功能选项中选择“SPI2”，在模式窗口中设置模式为“Full-Duplex Master”（全双工主机），此时端口视图中会显示SPI2接口被自动分配给PB13、PB14、PB15端口。另外，连接到SPI总线上的每个设备都必须再独立连接一个使能控制端口CS，W25Q128存储芯片的CS端口连接在PB12端口，当PB12端口输出低电平时，闪存芯片被激活。所以在单片机端口视图中将PB12端口设置为输出模式、初始高电平、推挽输出、上拉、高速，用户标注为“W25Q128_CS”。

电路原理图的右下方是蓝牙模块和Wi-Fi模块，如图22所示。其中蓝牙模块电路与RS485电路复用PA2、PA3、PA8端口。之前说过，多个功能复用同一组端口时，只要设置最先使用的功能，已经设置了RS485就不再设置蓝牙模块。关于蓝牙模块的设置我会在讲到蓝牙模块功能时讲解。Wi-Fi模块电路占用PB10和PB11两个端口，单片机与Wi-Fi模块使用USART3串口通信。如图23所示，在功能选项中选择“USART3”，在模式窗口中选择“Asynchronous”（异步）模式，此时在端口视图中会显示USART3接口被自动分配给PB10和PB11端口。

到此就完成了洋桃IoT开发板上所有端口的初始化设置。如图24和图25所示，我把所有项目的设置列为表格，请大家展开各功能的列表校对一遍，确保准确无误。如图26所示，在单片机端口视图中，每个完成设置的端口都有用户标注，端口颜色变成绿色。仔细观察会发现PA7、PB6、PB7、PC13端口没有被设置，可以将这些空置的端口扩展成你想要的模式。PC13端口比较特殊，尽量别用，其他3个端口可以正常使用。如图27所示，我们设置的JTAG接口为5线式，你也可以在SYS功能中改成“JTAG（4 pins）”或“Serial Wire”。这样可以空出几个端口，对于引脚少的单片机来说，能预留些端口是至关重要的。

顺便说一下，STM32F103单片机有一个特殊设计，CAN功能与USB功能共用一组RAM空间，导致两个功能不能同时使用。虽

名称	端口信号	初始电平	端口模式	上下拉状态	输出速度	用户标注	是否改动

GPIO

Pin Name	Signal on Pin	GPIO output level	GPIO mode	GPIO Pull-up/Pull-down	Maximum output speed	User Label	Modified
PA0-WKUP	n/a	n/a	Input mode	Pull-up	n/a	KEY1	☑
PA1	n/a	n/a	Input mode	Pull-up	n/a	KEY2	☑
PA6	n/a	High	Output Open Drain	No pull-up and no pull-down	High	RELAY1	☑
PA8	n/a	Low	Output Push Pull	Pull-up	High	RS485_RE	☑
PB0	n/a	High	Output Push Pull	No pull-up and no pull-down	High	LED1	☑
PB1	n/a	High	Output Push Pull	No pull-up and no pull-down	High	LED2	☑
PB2	n/a	High	Output Push Pull	No pull-up and no pull-down	High	DHT11_DA	☑
PB5	n/a	High	Output Push Pull	No pull-up and no pull-down	High	BEEP1	☑
PB12	n/a	High	Output Push Pull	Pull-up	High	W25Q128_CS	☑

时钟

Pin Name	Signal on Pin	GPIO output level	GPIO mode	GPIO Pull-up/Pull-down	Maximum output speed	User Label	Modified
PC14-OSC32_IN	RCC_OSC32_IN	n/a	n/a	n/a	n/a		☐
PC15-OSC32_OUT	RCC_OSC32_OUT	n/a	n/a	n/a	n/a		☐
PD0-OSC_IN	RCC_OSC_IN	n/a	n/a	n/a	n/a		☐
PD1-OSC_OUT	RCC_OSC_OUT	n/a	n/a	n/a	n/a		☐

ADC

Pin Name	Signal on Pin	GPIO output level	GPIO mode	GPIO Pull-up/Pull-down	Maximum output speed	User Label	Modified
PA4	ADC1_IN4	n/a	Analog mode	n/a	n/a		☐
PA5	ADC1_IN5;ADC2_IN5	n/a	Analog mode	n/a	n/a		☐

▌图24 端口设置列表1

名称	端口信号	初始电平	端口模式	上下拉状态	输出速度	用户标注	是否改动

CAN

Pin Name	Signal on Pin	GPIO output level	GPIO mode	GPIO Pull-up/Pull-down	Maximum output...	User Label	Modified
PB8	CAN_RX	n/a	Input mode	No pull-up and no pull-down	n/a		☐
PB9	CAN_TX	n/a	Alternate Function Push Pull	n/a	High		☐

USART1

Pin Name	Signal on Pin	GPIO output level	GPIO mode	GPIO Pull-up/Pull-down	Maximum output speed	User Label	Modified
PA9	USART1_TX	n/a	Alternate Function Push Pull	n/a	High		☐
PA10	USART1_RX	n/a	Input mode	No pull-up and no pull-down	n/a		☐

USART2

Pin Name	Signal on Pin	GPIO output level	GPIO mode	GPIO Pull-up/Pull-down	Maximum output speed	User Label	Modified
PA2	USART2_TX	n/a	Alternate Function Push Pull	n/a	High		☐
PA3	USART2_RX	n/a	Input mode	No pull-up and no pull-down	n/a		☐

USART3

Pin Name	Signal on Pin	GPIO output level	GPIO mode	GPIO Pull-up/Pull-down	Maximum output speed	User Label	Modified
PB10	USART3_TX	n/a	Alternate Function Push Pull	n/a	High		☐
PB11	USART3_RX	n/a	Input mode	No pull-up and no pull-down	n/a		☐

USB

Pin Name	Signal on Pin	GPIO output level	GPIO mode	GPIO Pull-up/Pull-down	Maximum output speed	User Label	Modified
PA11	USB_DM	n/a	n/a	n/a	n/a		☐
PA12	USB_DP	n/a	n/a	n/a	n/a		☐

SPI

Pin Name	Signal on Pin	GPIO output level	GPIO mode	GPIO Pull-up/Pull-down	Maximum output speed	User Label	Modified
PB13	SPI2_SCK	n/a	Alternate Function...	n/a	High		☐
PB14	SPI2_MISO	n/a	Input mode	Pull-up	n/a		☑
PB15	SPI2_MOSI	n/a	Alternate Function...	n/a	High		☐

▌图25 端口设置列表2

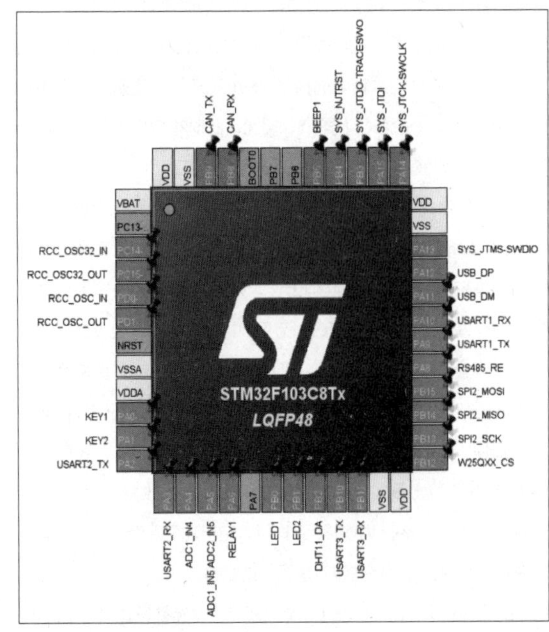

▌图26 端口设置完成后的效果

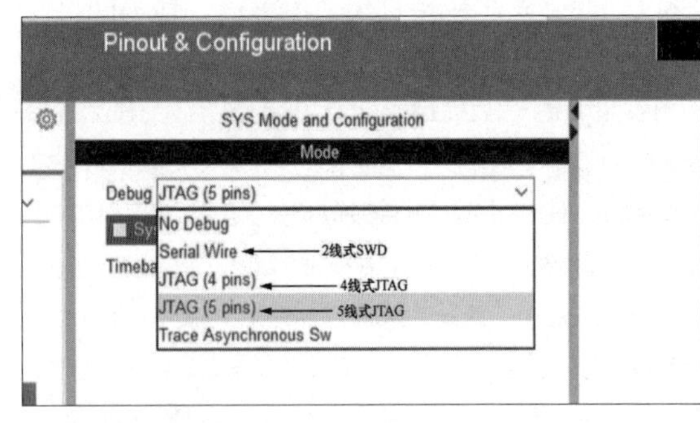

▌图27 JTAG接口的3种模式

然它们所使用的端口并不冲突，但也有类似复用的效果，这一部分在之后的学习中还会细讲。请大家按照我的设置方法完成所有端口的设置，并观察单片机端口视图中每个端口都有多少种设置项目，选择不同项目时模式与参数窗口会有哪些变化。深刻理解端口设置是必须掌握的基本功。

让人工神经网络学习语音识别（2）

搭建语音命令识别框架

▌赵竞成（BGFNN） 胡博扬

掌握了语音识别的关键技术，我们可以挑战一些具体项目了。本系列（1）已介绍过，语音识别一般分为孤立词识别和连续语音识别，用于语音控制的语音命令识别通常属于前者，而前者也相对容易些，我们就从孤立词识别开始探索之旅吧。

孤立词

孤立词是一个什么概念呢？常用的控制指令“启动”“停止”“前进”“后退”等无疑是孤立词，那上期一直使用的语音示例“播放音乐”是否也属于孤立词呢？答案是肯定的。其实从语音识别的角度看，“启动”“停止”并非单个发音，而是包含两个音节，“播放音乐”无非是包含的音节更多些而已，并无本质区别。所以这里的孤立词可以是字，也可以是词、短语、短句等，只要把它们看作一个整体均可视为“孤立词”。如果还有另一个短语“停止音乐”，那么这里的“音乐”与“播放音乐”中的“音乐”并无关系。这样的识别系统，可以识别“播放音乐”，但并不会单独识别“播放”或“音乐”；反过来，可以识别“播放”和“音乐”，但也不会识别“播放音乐”。

孤立词识别相对容易，原因是训练和应用时不必对齐语音命令的每个发音和对应的文字，回避了语音识别的一大技术难题。但缺点也显而易见，就是命令数量多时，冗余的字、词会显著增加，不适用于大、中词汇量的识别系统。

语音语料

语音语料用于训练人工神经网络必不可少，一般是到有关共享社区网站下载。但对于特定的语音控制项目，往往很难凑齐完整的指令集，而且大多数指令是英语发音，对汉语使用者并不友好。语音控制使用的命令数量有限，但要训练针对“非特定人”的语音识别系统，至少需要几十位不同性别、不同年龄、不同口音的人提供语音语料，即便如此训练，识别系统泛化能力仍不可保证。但对于业余爱好者而言，语音控制系统只“认识”它的主人也不是什么坏事，无须拘泥于“非特定人”的藩篱，完全可以在力所能及的范围内自行解决语音语料问题。本文仅使用了如程序1所示的12个语音命令。

程序1

```
command_list = ['小叶','播放音乐','停止播放','第1曲','下一曲','上一曲','重复播放','连续播放','欢快类型','抒情类型','忧郁类型','退出']
```

这组命令可以用来控制音乐的播放，而且可以按照“情感”分类点播，当然你也可以按歌手分类，前提是要有这些歌手的作品。

自定义录音函数record_audio()通过第三方模块PyAudio实现录音功能，具体如程序2所示。

程序2

```
def record_audio(record_second):
    p = pyaudio.PyAudio()
    stream = p.open(format=FORMAT,
channels=CHANNELS,
    rate=RATE,input=True,frames_per_
buffer=CHUNK)
    data_wav = []
    for i in tqdm(range(0, int(RATE *
record_second / CHUNK))):
        data = stream.read(CHUNK)
        data_wav.append(data) # 连接对象
    stream.stop_stream() # 暂停
    stream.close() # 关闭音频数据流
    p.terminate() # 终止 PyAudio 会话
    return data_wav
```

函数第1句实例化一个PyAudio会话，第2句打开一个音频数据流，其参数由程序3定义；第4句构建一个循环录制音频，循环变量i是tqdm模块的函数值，可实现进度条提示功能，录制的每一个音频数据块按先后顺序保存在二维列表data_wav中；最后一句返回录制的音频数据。

语音识别中采样频率RATE一般取值为16000Hz（见程序3）；带宽受限制时，甚至可降低到8000Hz，与音乐处理时常取值为11025Hz、22050Hz、44100Hz等并不一致。

程序3

```
CHUNK = 4096 # 音频块大小
FORMAT = pyaudio.paInt16
# 编码格式(Int、Flot)
CHANNELS = 1 # 单声道
RATE = 16000 # 采样频率
```

语音命令的时长取2s，正常语速大约可容纳8个汉字，语音命令长度可以在较大范围内灵活选择。另外，录音时难免留下静音段，故录音时长增加了 2s，看到“开始录音”的提示后，只要在 2s 内开始录音即可。但这样一来，就需要对录音进行适当剪裁，提取记录语音信号的有效部分。程序 4 即用于剪裁掉录音首部的静音段。

程序4

```
for i in range(len(data_wav)):
    datause = np.frombuffer(data_wav[i],dtype = np.short)
    for j in range(len(datause)):
        if datause[j] > 1000:
            mid = sum(abs(datause[j:])) / len(datause[j:])
            if mid > 500:
                frameswav_begin = j # 保存起点
                break
...
data = data_wav[i:]
```

程序 4 中第 1 句遍历音频块；第 2 句根据声道数和量化单位，将读取的二进制数据转换为波形信号数据 datause；第 3 句和第 4 句搜索波形信号起点；第 5、6 句检查信号起点后面信号幅度的平均值是否大于给定阈值，以避免短时干扰信号引起的误判；最后一句剪裁掉录音首部的静音段。录音尾部静音段同样需要剪裁，但很简单，不再赘述。需要说明的是：程序中采用的阈值应根据计算机声音系统的实际增益进行调整，为此 record_command.py 中专门有一段用于显示剪裁后语音信号波形的程序，必要时可用于观察实际波形。

运行 record_command.py 程序会出现如下信息。

```
请用不同语速和音量说 10 次：播放音乐
准备好请选择：录音 --w，重录 --r，跳过—f，退出 --e ：
```

程序提示本次录制的语音命令名称，并等待使用者进一步操作。不用急，清清嗓子，看清要求再行动。为什么一条语音命令要用不同语速和音量说 10 遍呢？因为同一个人说同一句话，每次的发音并不完全相同，可能有快有慢，也可能稍有停顿，而识别网络对此比较敏感，简单对策就是适当增加语料重复甚至人为加噪。选择“录音”则开始指定语音命令的录制，途中会有进度条帮助控制时间，还会重放录音和在必要时显示波形，如果不满意可选择“重录”。录制的语音数据自动保存在 dataset_chinese 子目录下，按照语音命令名称分类归并。强烈建议使用计算机播放器随时检查录音质量，避免无效劳动。

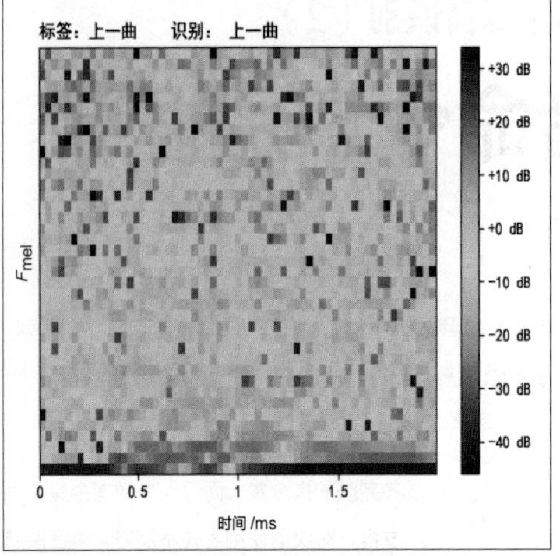

图 1 短语“上一曲”的 MFCC 特征图及语音识别结果

需要说明的是，这个程序仅用于学习 Python 编程环境下的语音录制和播放，并未追求功能齐全和界面如何，欢迎有兴趣的读者加以改进。

人工神经网络

train_speech_command_cnn.py 是用于训练神经网络的程序，其中包括用于验证训练结果的程序，且默认注释掉了用于训练的程序，不必担心会无意中重新训练。先运行这个程序看看识别结果，给自己增加些继续探索的信心。

图 1 所示就是前面介绍过的梅尔倒谱系数图，也是识别对象的语音特征数据汇总图，语音命令的标签是“上一曲”，识别结果也是“上一曲”，与标签相同。结果还不错，看来学习投入还是有回报的。

你可能认为用于语音命令识别的神经网络很复杂，但其实很普通，本文使用的就是一个多层结构的 CNN（卷积神经网络）。程序 5 所示为构建 CNN 的程序。

程序5

```
inputs = tf.keras.Input(shape=(framing_count, dct_coefficient_count))
conv1 = tf.keras.layers.Conv1D(filters=256,kernel_size=5,strides=2)(inputs)
pool1 = tf.keras.layers.MaxPooling1D(pool_size=2)(conv1)
norms1 = tf.keras.layers.LayerNormalization()(pool1)
conv2 = tf.keras.layers.Conv1D(filters=128,kernel_size=5,strides=2)(norms1)
pool2 = tf.keras.layers.MaxPooling1D(pool_size=2)(conv2)
norms2 = tf.keras.layers.LayerNormalization()(pool2)
conv3 = tf.keras.layers.Conv1D(filters=64,kernel_size=5,strides=2)(norms2)
pool3 = tf.keras.layers.MaxPooling1D(pool_size=2)(conv3)
norms3 = tf.keras.layers.LayerNormalization()(pool3)
flatten = tf.keras.layers.Flatten()(norms3)
outputs = tf.keras.layers.Dense(40,activation=tf.nn.softmax)(flatten)
model = tf.keras.Model(inputs,outputs)
```

这里简单说明如下：网络按卷积层、池化层、标准化层组成卷积处理单元并堆叠3次，再加上输入层、展平层、输出层，共12层。比较少见的是标准化层，它的作用是对卷积和池化处理后的数据进行“归一化”处理，就是把数据按相同比例压缩到0~1的范围内，以避免后续处理中出现过大数值。我尝试过删除标准化层，结果训练收敛速度明显下降，看来设置标准化层确实有效。有兴趣的读者也可试试，对于爱好者而言，实践往往是最好的学习方法。当然做数据标准化的时机还有别的选择，例如在数据预处理阶段做，效果也不错。

神经网络输入数据的格式为(framing_count, dct_coefficient_count)，其中framing_count是语音数据帧数（本例为132），dct_coefficient_count是梅尔倒谱系数的数目（本例为40）。网络输出数据宽度为40，即最多可以支持40条语音命令。想增加语音命令数量？这里只要更改数字就行，但要录制更多的语音语料，训练时间也要明显增加，故还是根据项目实际需要确定为宜。

训练和测试

训练数据是我在不同设备上的录音，远远达不到针对“非特定人”的要求，就是说这个神经网络虽然经过了训练，但目前还不认识诸位，所以需要把诸位的语音命令加入训练数据中并重新训练。你可以保留原有语音数据，相当于“加噪”数据，或许能帮助提高识别系统的泛化能力；当然也可以完全删除原有语音数据，强化识别“特定人”语音的特点。录音程序record_command中定义了如程序6所示的3个参数。

程序6

```
wav_number = 10
prefix = "a0"
index = 0
```

第1个参数规定录音时每条语音命令的录制次数，即对应的.wav文件数，一般无须修改。第2个参数是语音命令对应的.wav文件名的前缀，可任意选择，但如果此前使用过该前缀，则原有同名.wav文件将被覆盖，故希望保留原有语音数据时应修改这个参数，可取b0、b1、c0、c1等。第3个参数是本次录音对应.wav文件名的开始序号，一般由0开始，但如果希望保留已有同名数据，也应避免序号发生重叠。

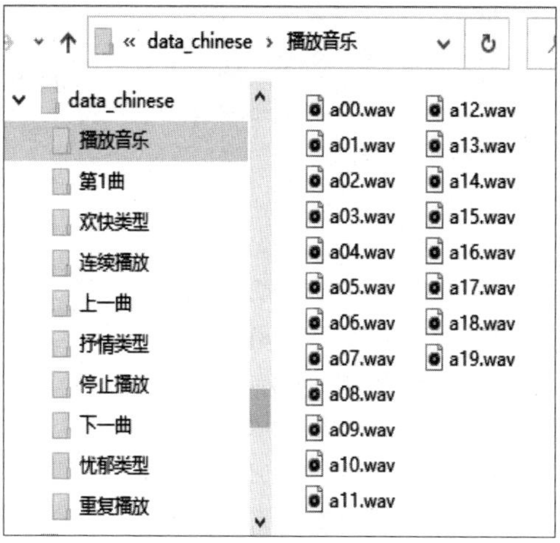

图2 语音命令及其语音数据的目录结构

语音命令因控制项目而异，语音数据又因人而异，造成数据并不固定，难以打包成规范的数据集，故采用子目录结构保存。即录音时在目录dataset_chinese下自动建立以语音命令名称命名的子目录，语音文件.wav则分别保存在对应的子目录下，具体如图2所示。

训练程序train_speech_command_cnn.py中并未定义语音命令集，语音命令名称及对应的语音波形数据文件均需由上述文件目录读取。为此训练使用了读取训练数据的程序，如程序7所示。

程序7

```
label_name_list = []
mfcc_wav_list = []
wav_filepaths = "./dataset_chinese"
wav_filepaths_list = os.listdir(wav_filepaths)
for i in range(len(wav_filepaths_list)):
    wav_filepath = wav_filepaths_list[i]
    wav_filepath = wav_filepaths + "/" + wav_filepath
    wav_filepath_os = os.listdir(wav_filepath)
    for wav_file in wav_filepath_os:
        wav_file = wav_filepath +"/"+ wav_file
        mfcc = get_mfcc_simplify(wav_file)
        mfcc = np.squeeze(mfcc,axis=0)
        mfcc_wav_list.append(mfcc)
        label_name_list.append(i)
```

程序7的第3句指定训练数据的目录；第4句利用Python的操作系统接口模块os获取语音命令名称列表，也就是语音波形数据的标签；第5句遍历语音命令名称列表；第6、7、8句获取语音命令对应的.wav文件列表；第9句遍历.wav文件列表；第10～13句获取具体.wav文件路径，调用get_mfcc_simplify()获取梅尔倒谱系数，删除axis指定的多余维度，并加入输入数据列表中；最后一句将语音命令序号加入标签列表，构成完整的训练数据集。这样的训练数据获取方式对于更改命令或是增减语音文件都比较灵活，也是比较常用的数据组织方式。

另一个需要说明的是关于喂入训练数据的方式。神经网络训练语句往往使用fit()函数，但train_speech_command_cnn.py的训练语句使用如程序8所示的fit_generator()函数。

程序8

```
batch_size = 8 # 批大小
model.fit_generator(generator=generator(batch_size),steps_per_epoch=train_length//batch_size,epochs=10)
```

二者的区别是：fit() 函数直接使用训练数据集，而 fit_generator() 函数则使用 Python 生成器逐批生成的训练数据，并按批次喂入和训练模型，由于生成器与模型可并行运行，效率更高，对于训练数据量巨大的“非特定人”语音识别系统具有特殊意义。生成器是程序 9 定义的函数。

程序9

```
def generator(batch_size = 32):
  batch_num = train_length
    while 1:
    for i in range(batch_num):
      start = batch_size * i
      end = batch_size * (i + 1)
      yield mfcc_wav_list[start:end],label_name_list[start:end]
```

函数第 1 句计算批大小；第 2 句定义一个无限循环，当第 3 句的 for 循环结束后，可继续执行；最后一句返回一个批次的训练数据，其中 yield 语句类似 return 语句，但下次调用时并非从头开始，而是继续执行 yield 语句后的程序，即执行第 3 句的 for 循环，保证批次数据的延续性。这个自定义函数的缺省批次数为 32，但因目前数据量很小，实际调用时取 8。

尽管本文制作针对“特定人”，但同一个人在不同环境下的语音也存在差异，故对识别模型的泛化能力仍有必要进行验证，通常做法是划分出部分训练数据用于测试和验证，但训练数据量很小时势必影响训练效果。为此，discriminate_speech_command.py 程序专门用于测试模型的泛化能力，可实时录制语音命令，彻底摆脱与训练数据的关联，语速、连贯性、音量等均可在更大范围内变化。

应用

我的最终目标是基于树莓派开发一个智能音箱，我的经验是尽可能先在计算机环境下编程并实现项目的主要功能，然后再移植到目标机上。application_speech_command.py 程序实现一个基于计算机的智能音箱模型，但它并不复杂，只是在测试程序 discriminate_speech_command.py 的基础上增加了语音命令执行功能，其主要内容如程序 10 所示。

程序10

```
if command == '播放音乐':
  play_fg = 1
elif command == '停止播放':
  play_end = 1
elif command == '下一曲':
  music_index += 1
   if music_index >= len(wav_file_list[music_type]):
  music_index = 0
  play_fg = 1
...
elif command == '抒情类型':
  music_type = 1
  music_index = 0
  play_fg = 3
elif command == '忧郁类型':
  music_type = 2
  music_index = 0
  play_fg = 3
```

这是一个多分支条件控制结构，每个分支处理一条语音控制命令。按执行特点将语音命令分为 2 类：“播放音乐”“停止播放”“下一曲”等属于播放控制命令，将立即执行播放任务或停止任务；“欢快类型”“抒情类型”“忧郁类型”则属于设置命令，仅改变待播放乐曲类型的选择，并不立即执行播放任务。程序中变量 music_typez 用于设定乐曲库序号；music_index 用于设定乐曲序号；play_fg 标记命令属性，取值 1 为单曲播放，取值 2 为连续播放，取值 3 为设置命令；play_end 被置位则停止播放并退出程序。

智能音箱可播放音乐、有声读物，也可用于定时唤醒、控制智能家居等，本制作仅用于控制播放音乐。乐曲是 AI 创作的钢琴曲，分为欢快、抒情、忧郁 3 个类型，各 20 首，对此感兴趣的读者可参考本刊 2022 年刊登的《让人工神经网络学习音乐》系列文章，这里不再赘述。都说人工智能很难理解人类情感，此话虽然不假，但就音乐创作而言，体现不同风格似乎还是有可能的。不喜欢也没关系，网上可以下载各式各样的音乐，完全可以重新分类并更换为自己喜欢的作品。

现在终于可以体验一把语音控制了！运行 application_speech_command.py 程序，在 Python 的 IDLE 窗口会出现如下“等待语音命令”和进度条提示。

```
等待语音命令...
  0%|          | 0/15 [00:00<?, ?it/s]
  7%|█         | 1/15 [00:00<00:03, 4.47it/s]
 13%|██        | 2/15 [00:00<00:03, 4.08it/s]
 20%|███       | 3/15 [00:00<00:02, 4.04it/s]
...
语音命令: 播放音乐
```

接下来下达“播放音乐”命令。如果这条语音命令能被系统正确识别，则会开始播放默认类型（欢快）的第 1 首乐曲；如果这条语音命令不能被系统正确识别，则会提示“请重复语音命令”。由于录音时长仅为 4s，故在进度条出现后应及时发出语音命令，如果错过可等待下次“等待语音命令”提示。首战告捷后，可继续试试其他语音命令，特别推荐听听 AI 创作的“忧郁类型”乐曲，也许它最能体现 AI 作曲的魅力。

OSHWHub 立创开源硬件平台 立创课堂

逐梦壹号四驱智能小车（4）

模拟车灯与模式切换实验

▌莫志宏

本文内容将继续带来逐梦壹号四驱智能小车制作四驱的内容，这次的学习要点主要有STC32单片机开发环境的搭建与输入/输出模式的配置。这次内容作为软件学习的内容，需要大家熟练掌握单片机I/O接口的配置，为以后编写复杂逻辑程序打下基础。

开发环境准备

逐梦壹号智能小车采用 STC32 单片机作为主控，使用 Keil 软件的 C251 版本进行软件开发，同时配套 STC 官方推出的 STC-ISP 下载软件（见图 1），用于程序的烧录。

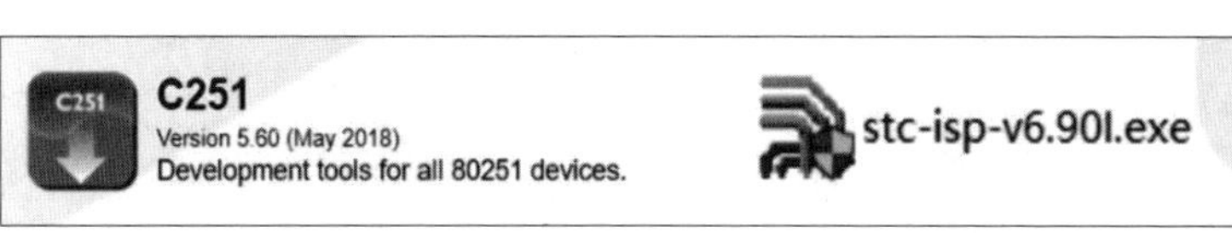

▌图 1　下载软件

Keil-C251版本下载

Keil-C251 版本软件可以直接在其官网进行下载，以下简单介绍如何从官网中下载最新版本的软件。打开官网后，选择“Product Downloads”进入下载页面，选择“C251”版本进行安装（见图 2）。

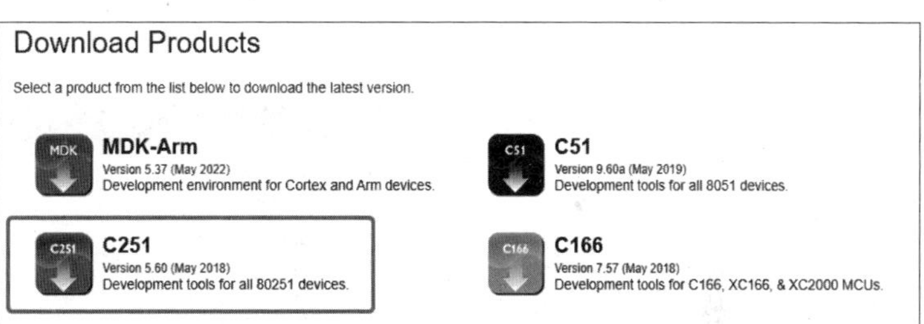

▌图 2　Keil-C251 软件下载页面

填写个人信息并提交后，才能将软件下载下来。下载后以管理员身份进行安装即可。

烧录软件STC-ISP

STC-ISP 是针对 STC 系列单片机专门设计的一款单片机下载烧录软件，可以将编译后的 .hex 文件下载到单片机中，STC-ISP 除了支持程序下载，还可以进行串口调试，内置大量的程序示例也可供开发者学习和参考。

可以直接到 STC 官网，下划页面，在网站右侧找到最新版的软件进行下载（见图3）。

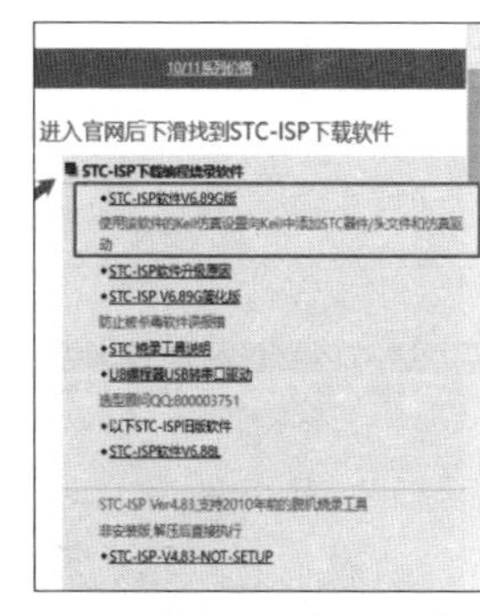

▌图 3　STC-ISP 软件下载页面

下载后得到一个压缩文件，将文件解压出来可以看到以下几个文件（随着软件版本更新，文件内容可能有所改变），如图 4 所示。

● Driver for STC MCU without HW USB 文件夹：模拟 USB 驱动文件。

主页　共享　查看

› 未来电子工作室 › stc-isp-15xx-v6.89G

名称	修改日期	类型	大小
Driver for STC MCU without HW USB	2014/8/29 18:17	文件夹	
USB to UART Driver	2014/10/9 11:54	文件夹	
readme (VERY IMPORTANT).pdf	2022/5/25 15:51	看图王 PDF 文件	61 KB
stc-isp-v6.89G.exe	2022/6/16 20:55	应用程序	2,282 KB

▌图 4　STC-ISP 软件资源包

● USB to UART Driver：USB 串口连接驱动，包括 CH340 和 PL2303。

● readme（VERY IMPORTANT）：驱动使用说明文件。

● stc-isp-v6.89G 程序下载软件，无须安装，直接使用。

逐梦壹号四驱智能小车的主控核心板中使用了 CH340 进行串口通信，初次使用时先打开“USB to UART Driver”文件夹中的“CH340_CH341”文件，双击安装 ch341ser 驱动文件，按流程一步步安装即可。

驱动安装成功后，使用 USB Type-C 数据线将核心板与计算机连接，双击打开 stc-isp-v6.89G 软件（第一次打开的时候需要等待软件初始化）。如果串口状态栏显示“USB-SERIAL CH340(COM3)”（不同计算机显示 COM 端口可能不同），那么恭喜你，现在已经可以使用 STC-ISP 软件与单片机进行通信了。

单片机头文件的导入

目前我们已经把 Kile-C251 和 STC-ISP 软件安装好了，接下来要将它们建立联系。

1 打开 STC-ISP 软件，找到右侧工具栏中的“Keil 仿真设置”，然后单击“添加型号和头文件到 Keil 中、添加 STC 仿真器驱动到 Keil 中”。

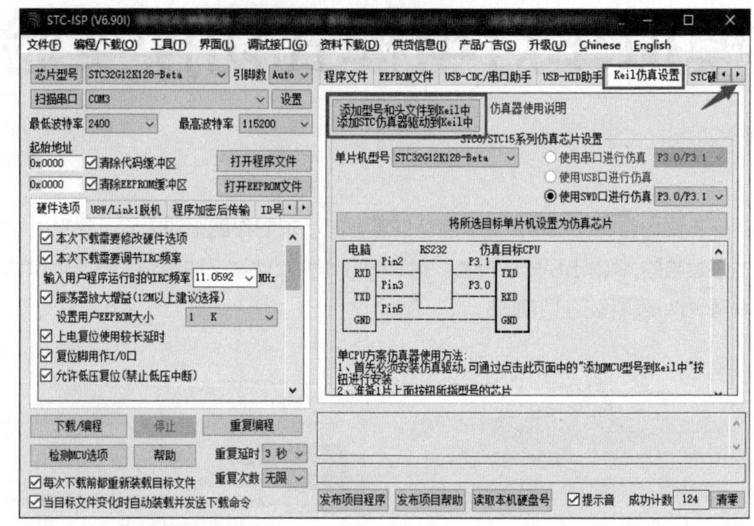

2 在弹出的浏览文件夹对话框中，找到前面安装 Keil 软件目录下的“C251”文件夹，根据自己安装时的路径进行查找。找到“C251”文件夹后选中它，然后单击“确定”。此时弹出“添加成功”对话框，表明型号与头文件成功添加到 Keil 软件中。

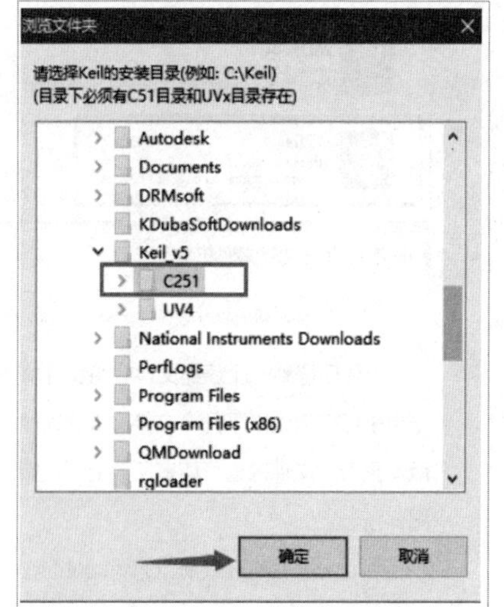

3 打开 Keil 软件，在顶部菜单栏中的“File”中单击“Device Database...”，在弹出的对话框中选择下拉，如若看到“STC MCU Database”，代表 STC 单片机的头文件已经导入成功，可以愉快地在 Keil 软件里编写 STC32 单片机的程序了。

至此，我们已经完成了编程环境与下载环境的安装，正所谓工欲善其事，必先利其器。学会工具的使用可以帮助我们大大地提升学习的效率，接下来我们将开始进行程序的编写。

新建单片机工程

1 打开 Keil 软件，选择“Project”→“New μVision Project”创建一个工程文件。在弹出的窗口选择一个保存工程的文件夹，建议专门创建一个文件夹用于存放单片机学习文件，然后输入工程名称，比如我这里输入的是“STC32-Template”，代表的是STC32的模板工程，单击保存按钮。

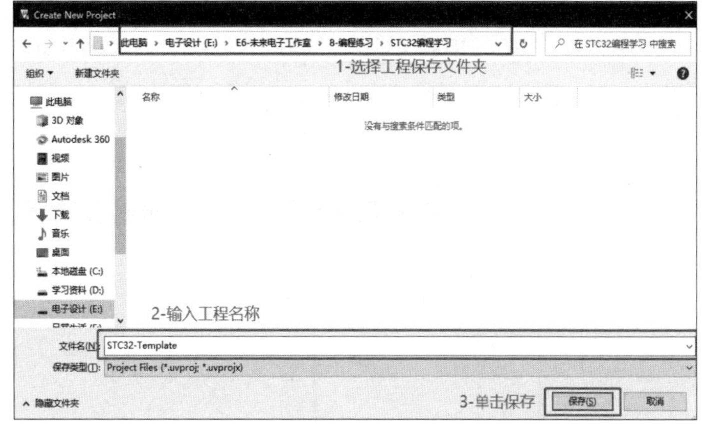

2 在驱动选择的选型框下拉选择“STC MCU Database”，然后可以在“Search”处输入 STC32，选择“STC32G128K128 Series”芯片，然后单击“OK”。

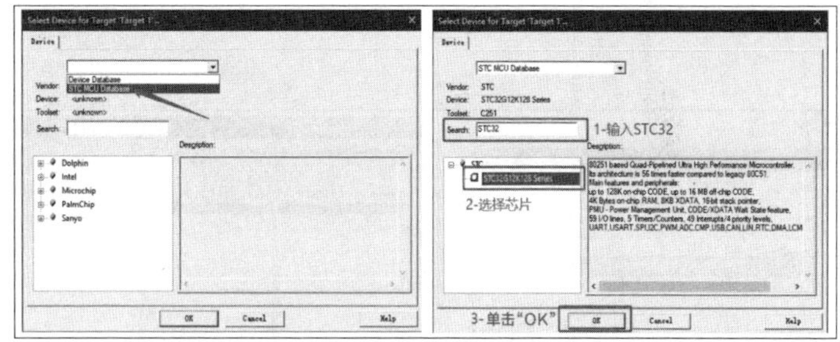

3 这时就生成了一个工程文件，但此时文件夹中还是空的，所以下一步需要新建一个文件用于编写程序。选择顶部菜单栏中的“File”→“New”，或者是使用组合键“Ctrl+N”新建文件。

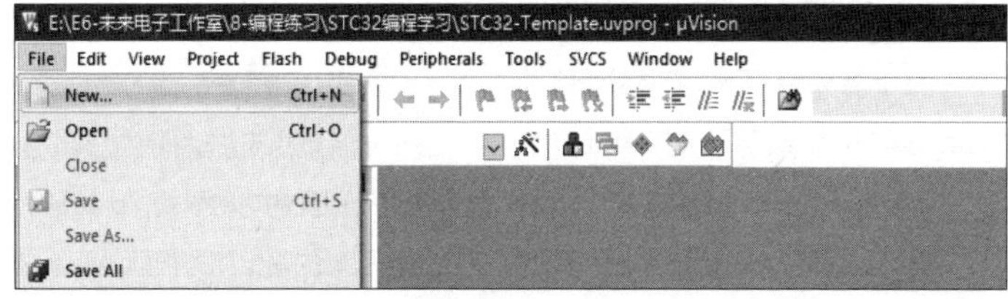

4 单击软件上的保存按钮或组合键“Ctrl+S”，将文件保存到我们开始创建的工程文件夹内，并给文件命名，这里需要使用英文命名，并以“.c”结尾，代表为 C 语言的文件，我将这个文件命名为 main.c，代表主函数的意思，单击“保存”。

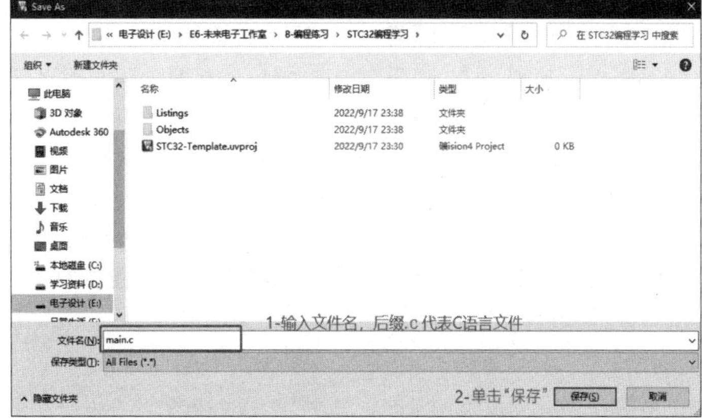

5 把创建好的C语言文件添加到工程里。单击工程管理的图标，俗称“红绿灯”，也可以双击工程文件夹下的“Source Group1”选择导入文件，找到目标文件导入即可。

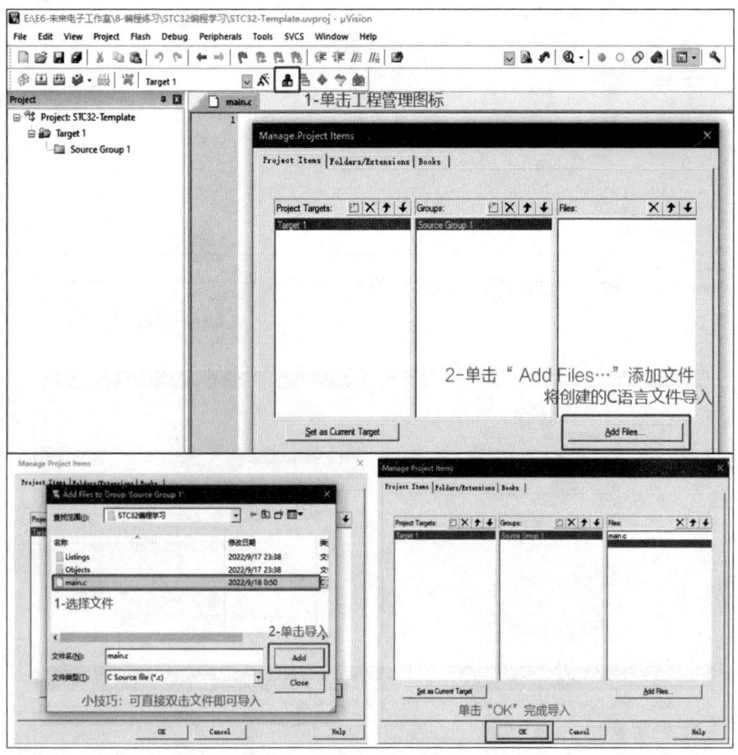
1-单击工程管理图标
2-单击“ Add Files…”添加文件
将创建的C语言文件导入
1-选择文件
2-单击导入
小技巧：可直接双击文件即可导入
单击“OK”完成导入

至此，工程文件系统就创建好啦。下面我们开始在这个工程里写程序吧。

LED点亮实验

学习单片机就从点灯开始。在逐梦壹号四驱智能小车中，这里的灯不仅是普通的LED，它还是小车的两个车灯。通过点灯实验，可以模拟汽车车灯单闪以及双闪、左转弯闪烁以及右转弯闪烁的功能。两路车灯对应单片机的两个引脚，当单片机控制引脚输出一个高电平信号时，车灯点亮。我们第一步要做的是让单片机知道我们的车灯是接到哪几个引脚上的，如程序1所示。

程序1

```
sbit LED_L=P3^4; //重定义左前车灯 LED
sbit LED_R=P0^5; //重定义右前车灯 LED
```

程序1意思是用LED_L来代表P3^4这个引脚，用LED_R来代表P0^5这个引脚。这种操作在单片机里面叫作重新定义，也可以理解为用LED_L代表这个P3^4引脚。我们想要让左侧车灯亮起，只需要写一句代码，如程序2所示。

程序2

```
LED_L=1;  //高电平点亮左前车灯
```

在对单片机的引脚进行控制时，还需要考虑这个引脚的功能模式，比如默认状态下这个引脚的输出能力很弱，即使它输出了一个高电平，但是这个灯很暗。这是由于驱动能力有限，有什么办法可以解决这个问题，让我们能够正常点亮灯？这只需要我们对需要控制的引脚进行模式配置，STC32单片机的引脚有4种模式：准双向口、推挽输出/强上拉、高阻输入以及开漏输出模式。要想让引脚的输出能力变强，只需要配置引脚为推挽输出/强上拉模式即可，如程序3所示。

程序3

```
P3M0 = 0x10; //将P3.4接口单独设置为推挽输出模式 0001 0000
P3M1 = 0x00;
P0M0 = 0x20; //将P0.5接口单独设置为推挽输出模式 0010 0000
P0M1 = 0x00;
```

实现车灯的点亮后，我们要控制车灯进行闪烁，闪烁的原理是每间隔一段时间进行亮灭，在这里需要引入一个延时函数的概念。延时函数可以很方便地使用STC-ISP软件延时计算器（见图5）得出一个延时500ms的程序，如程序4所示。

程序4

```
#include <STC32G.H>
#include "intrins.h"
#define MAIN_Fosc  24000000UL
//定义主时钟
sbit LED_L=P3^4; //重定义左前车灯 LED
sbit LED_R=P0^5; //重定义右前车灯 LED
/*函数声明 */
void Delay500ms();/*函数 */
void main()
{
  P3M0 = 0x10; //将P3.4接口单独设置为推挽输出模式 0001 0000
  P3M1 = 0x00;
  P0M0 = 0x20; //将P0.5接口单独设置为推挽输出模式 0010 0000
  P0M1 = 0x00;
  while (1)
  {
    LED_L=1;//高电平点亮左前车灯
    LED_R=1;//高电平点亮右前车灯
    Delay500ms(); //延时 500ms
    LED_L=0; //低电平熄灭左前车灯
    LED_R=0; //低电平熄灭右前车灯
    Delay500ms();  //延时 500ms
  }
}
void Delay500ms()  //@24.000MHz
{
  unsigned long i;
  _nop_();
  _nop_();
```

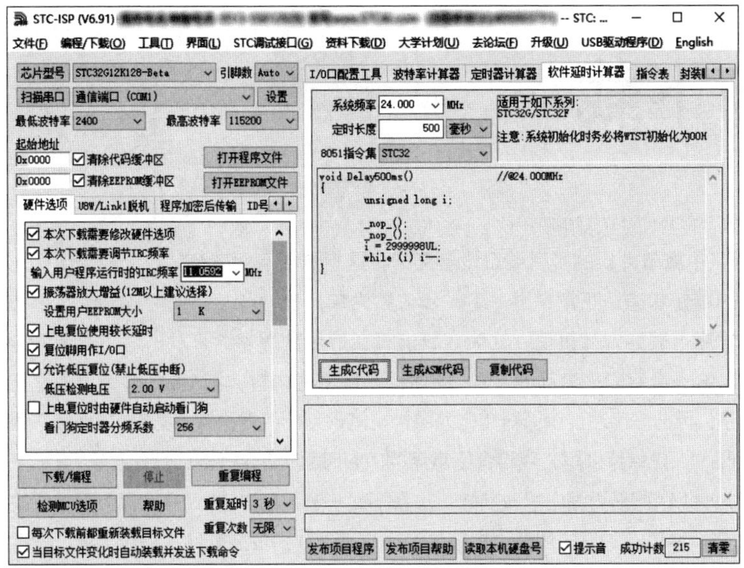

图5 STC-ISP 软件延时计算器

```
    i = 2999998UL;
    while (i) i--;
}
```

按键模式切换功能

了解基础的点灯操作之后，接下来引入单片机输入检测的功能，即按键检测，通过按键进行车灯功能的切换。

在车灯点亮实验中，我们将单片机引脚设置为推挽输出模式，但是如果要用来做按键输入检测，引脚的模式就要对应设置为高阻输入模式，同时还应打开该引脚内部的上拉电阻，如程序5所示。

程序5

```
P3M1=0x80;  //1000 0000  配置 P3^7 接口为高阻输入模式
P3PU=0x80;  //1000 0000  配置 P3^7 接口为内部上拉模式
```

对按键引脚进行配置后，我们还需要了解按键控制的原理。当按键被按下时，该电路对应的引脚就被拉到低电平，单片机检测到这个引脚的低电平信号后就可以去执行其他操作。由于按键属于机械按键，在被按下时可能会产生一些误触发信号导致单片机检测异常，为此我们在软件编写的时候要设计一个简单的消抖程序解决这个问题（见程序6）。我们可以先检测按键是否被按下，然后延时20ms后再次检测按键有没有被按下。如果都被按下方可确定按键真的被按下，相当于进行两次检测，将前面不稳定的状态给消除，这种方法是最简单粗暴的了。

程序6

```
if(KEY==0)
{
  Delay_ms(20);   //20ms 防抖检测
  if(KEY==0)   //再次检测按键情况
  {
  LED=!LED;  //LED 翻转状态
  }
  while(KEY==0);  //当按键没有被放开时，不跳出循环
}
```

除了使用延时解决消抖的处理方法，还可以采用效率更高的办法，比如状态机或者中断的方式检测按键是否被按下，对此感兴趣的朋友也可以自行研究一下。该项目完整的测试如程序7所示。

程序7

```
#include <STC32G.H>
#include intrins.h
#define MAIN_Fosc  24000000UL //定义主时钟
sbit KEY=P3^7;      //重定义按键引脚功能
sbit LED_L=P3^4;    //重定义左前车灯 LED
sbit LED_R=P0^5;    //重定义右前车灯 LED
/* 函数声明 */
void Delay20ms();  /* 函数 */
void main()
{
  P5M0 = 0x08;  //将 P5.3 接口单独设置为推挽输出模式  0000 1000
  P5M1 = 0x00;
    P3M0 = 0x10;  //将 P3.4 接口设置为推挽输出模式  0001 0000
    P3M1 = 0x80;  //将 P3.7 接口设为高阻输入模式 1000 0000
    P3PU = 0x80;  //将 P3.7 引脚内部上拉电阻打开  1000 0000
   while (1)
   {
    if(KEY==0)
    {
     Delay20ms(); //20ms 防抖检测
     if(KEY==0) //再次检测按键情况
     {
      LED_L=!LED_L;//LED 翻转状态
      LED_R=!LED_R;//LED 翻转状态
     }
     while(KEY==0); //等待松开
   }
  }
}
void Delay20ms() //@24.000MHz
{
  unsigned long i;
  _nop_();
  _nop_();
  i = 119998UL;
  while (i) i--;
}
```

关于逐梦壹号智能小车的车灯闪烁与按键输入检测功能就讲到这里，熟悉完单片机的输入/输出也就完成了单片机入门的一小步，后续我们将介绍无源蜂鸣器驱动音乐播放实验，了解PWM输出的方法。

STM32 物联网入门30 步（第5步）

工程的编译与下载

▌杜洋　洋桃电子

本系列（4）我们在STM32CubeMX中将单片机的所有端口设置完毕，这意味着我们拥有了单片机的初始化程序，能让单片机在上电后进入工作前的准备状态。正常来讲，下一步应该为单片机编写工作的内容，也就是应用程序。但在此之前，我想先把当前的程序下载到单片机里，让大家既能真实感受到程序给开发板赋予灵魂的过程，又能提前学会程序下载的方法。所以这一步我们来讲程序下载，包括3个部分的内容：第1部分编译工程是把STM32CubeMX设置好的参数转化为程序，再把程序通过编译器转化为单片机能识别的机器语言。第2部分程序下载是把编译出来的HEX机器语言文件下载到STM32单片机里，我将介绍常用的3种下载方法。第3部分修改参数重新下载是在完成下载后回到起点，在STM32CubeMX图形界面中修改参数，重新下载一遍，在洋桃IoT开发板上观察修改前后的效果差异。虽然差异细微，但能达成一种科学验证的闭环。也就是说，之前完成的安装软件、新建工程、设置端口等操作，终于要在开发板硬件上看到操作结果了。

编译工程

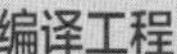

我们在STM32CubeMX中完成的设置，既没有变成程序，也没有变成单片机可识别的机器语言，所以我们必须一步一步地将其转化。转化过程分为生成程序、编译设置、编译工程3个部分，生成程序是把STM32CubeMX中的参数转化成C语言程序，并和HAL库程序合并成完整可用的程序。编译设置是在软件里设定好编译类型和输出文件的格式。编译工程是将STM32CubeMX生成的C语言程序联合HAL库中的程序共同编译成可下载到单片机里的机器语言文件。

生成程序

如图1所示，在STM32CubeMX界面里单击工具栏中的“生成程序”图标，或者单击“保存”图标。STM32CubeIDE会将STM32CubeMX界面里设置的参数转化成程序，转化过程需要一段时间。如图2、图3所示，转换中途可能会弹出对话框，询问是否生成程序，是否打开程序编辑界面，可勾选“Remember my decision”（记住我的决定），然后单击“是”按钮。如图4所示，

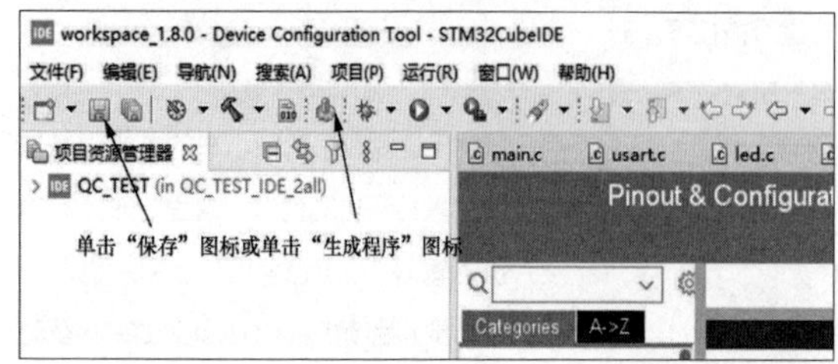

▌图1 生成程序按钮

▌图2 询问是否生成程序的对话框

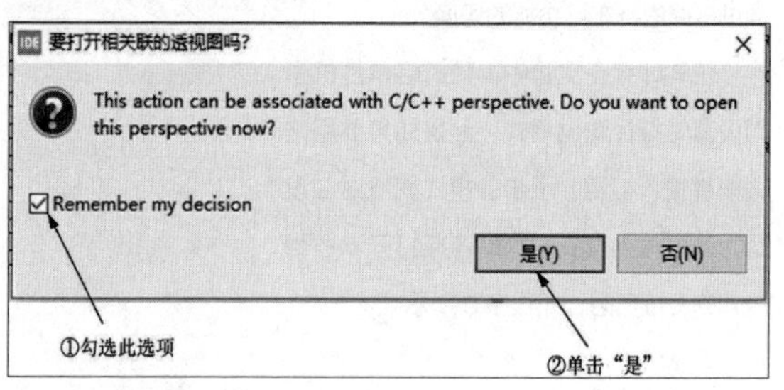

▌图3 询问是否打开程序编辑界面的对话框

生成程序结束后会退出STM32CubeMX界面，进入程序编程界面。正常情况下这时应该编写应用程序，但我们暂时按默认状态，不做修改，直接进入编译操作。

编译设置

开始编译之前，我们需要对编译器进行设置，使编译结果符合下载要求。操作方法如图5所示，单击菜单栏中的“项目”，在弹出的下拉列表中选择“属性”。如图6所示，在属性窗口中展开左侧文件树中的“C/C++ Build”（C/C++编程），在子选项中选择

▌图4 生成程序后的界面

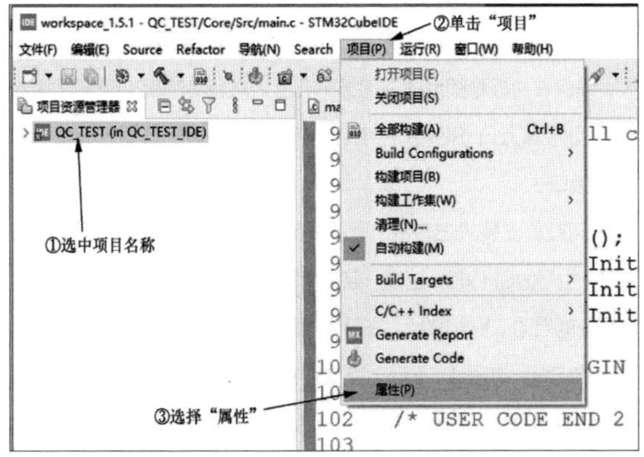

▌图5 选择项目属性

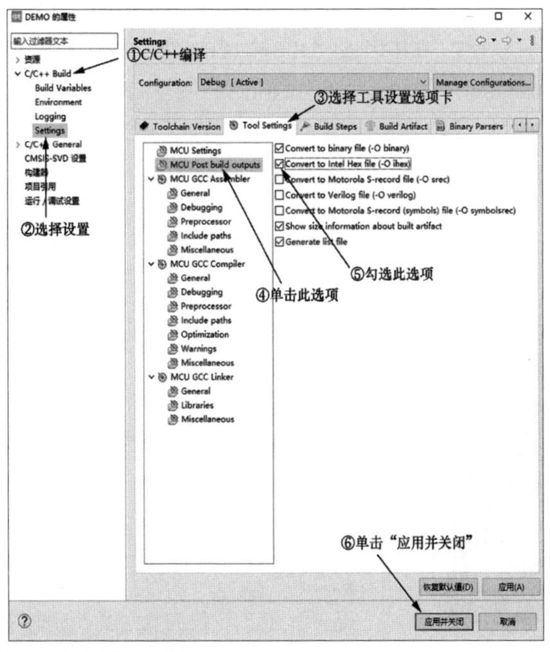

▌图6 勾选生成HEX文件

“Settings”（设置），接下来选择“Tool Settings”（工具设置）选项卡，在选项卡左侧的文件树中选择“MCU Post build outputs”（单片机编译输出），然后在右侧复选框中勾选“Convert to Intel Hex file（-O ihex）”（转化成英特尔HEX文件），其他项按默认设置，最后单击“应用并关闭”按钮。之所以要转化成HEX文件，是因为在后续下载操作中，下载给单片机的机器语言就是以“.hex”为扩展名的文件。每个工程只需设置一次，后续重新编译时，每次编译都会重新转化成HEX文件，覆盖之前的文件。也就是说，要想得到最新版本的HEX文件，只要重新编译即可。

编译工程

编译设置完成后开始编译工程。如图7所示，在工具栏中单击“编译”图标，默认以Debug模式发起编译。如图8所示，单击图标右边的三角号打开下拉菜单，弹出的两个选项中，Debug（调试）表示生成调试版文件，Release（发布）表示生成正式版文件。如附表所示，调试版本是面向开发者的，会在输出文件中保留调试信息，并允许调试功能，编译过程以速度优先，转化的文件中语句并不精炼；发布版本是面向客户的，是发给甲方的，所以输出的文件中不包含调试信息，不允许调试功能，编译过程以质量优先，编译时间长，但转化的文件语句精练、体积小。由此可知，在学习和实践期间可用Debug调试模式进行编译。

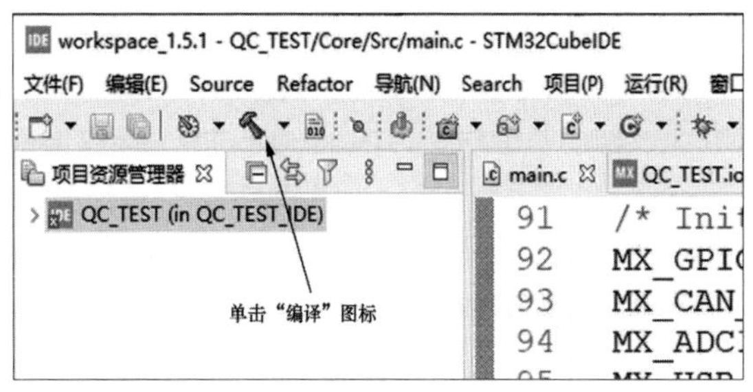

▌图7 单击“编译”图标

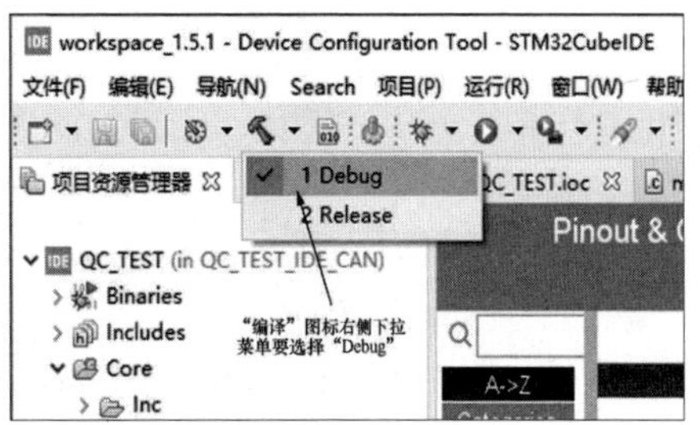

▌图8 “编译”的两个选项

附表 调试与发布版本的区别

序号	名称	解释	用途	特点
1	Debug	调试版本	开发调试	编译速度快、带调试信息、编译语句粗略
2	Release	发布版本	发给客户	编译语句精致、文件小

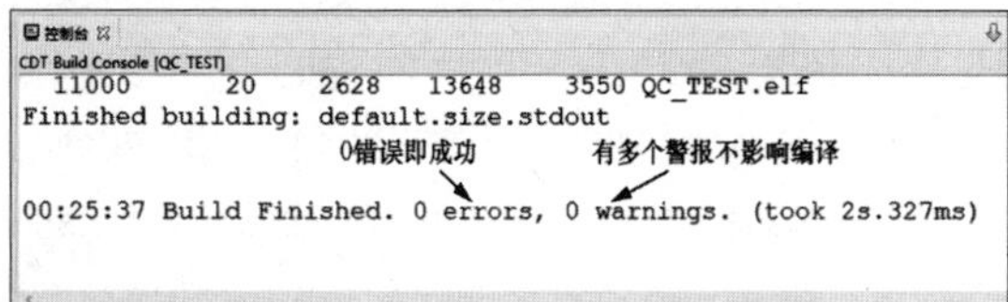

图9 编译结果显示

如图9所示，单击“编译”图标后编译器开始工作，软件界面下方的控制台窗口会显示编译状态信息。编译过程需要一段时间，最后显示“0 errors, 0 warnings”（0错误，0警告）时停止，表示编译结束。结果是0个错误，0个警告，编译成功。如图10所示，编译成功之后在工程文件夹下的Debug文件夹里会出现名称与工程同名，扩展名是“.hex”的文件。如果程序中有明显的单词、语法、规则的错误，则会出现多个“errors”（错误）提示。如果程序中有一些不影响编译的小问题，则会出现多个“warnings”（警告）提示。出现任何一个错误都表示编译失败，没能转化成HEX文件。但如果没有错误，只出现多个警告，则表示编译成功，可正常转化成HEX文件。

程序下载

完成编译后的工作是把程序写入单片机，写入过程有很多种说法，下载、编程、写入、烧写、烧录等，意思都一样。下载程序的方法有很多种，我这里举出常用的3种方法，分别是FlyMcu下载、STM32CubeIDE仿真器下载、ST-LINK Utility下载。其中第1种使用USB转串口实现下载，在洋桃1号核心板上自带USB转串口电路，所以将核心的USB接口插到计算机上就能完成下载。第2种和第3种使用ST-LINK仿真器下载，需要另外配一款ST-LINK V2仿真器，将仿真器连接在洋桃IoT开发板的JTAG接口，才能完成下载。使用串口下载的成本低，但下载速度较慢。仿真器成本高，但下载速度快，还能实现在线调试等功能。大家可以根据自己的需求选择下载方案，方案本身没有优劣之分，适合的才是最好的。不论你决定使用哪种下载方式，都请按顺序把这3种方式的讲解都看一遍，这不仅能使你在未来需要时很快掌握，还能通过不同方式的对比，使你更好地理解“下载”背后的逻辑。

FlyMcu下载

FlyMcu使用洋桃IoT开发板上自带的USB接口进行程序下载，不需要连接其他下载工具。程序下载的过程如下。

步骤1：连接开发板硬件。如图11所示，准备好洋桃IoT开发板，确保核心板稳固地插在底板排孔上。然后将Micro USB线插入核心板的Micro USB接口，Micro USB线的另一端插入计算机的USB接口。

步骤2：安装USB转串口驱动程序。核心板上集成了USB转串口芯片，型号为CH340。这是一款常用的芯片，Windows 7/8/10/11操作系统能自动识别此芯片，在计算机联网的情况下可自动完成驱动程序的安装。如图12所示，首次连接硬件后，可查看计算机中的“设备管理器”，在窗口中展开“端口”，看看有没有“CH340”串口。如果有，可跳转到步骤4；如果没有，请看步骤3。

步骤3：安装CH340驱动程序。在开发板资料中找到“工具软件”文件夹，在其中找到“USB串口驱动程序”，将压缩文件解压缩后运行其中的.exe文件。如图13所示，在安装界面中单击“安装”按钮，驱动程序会自动被安装到计算机上，重启计算机，再次查看“设备管理器”，会出现CH340串口设备。

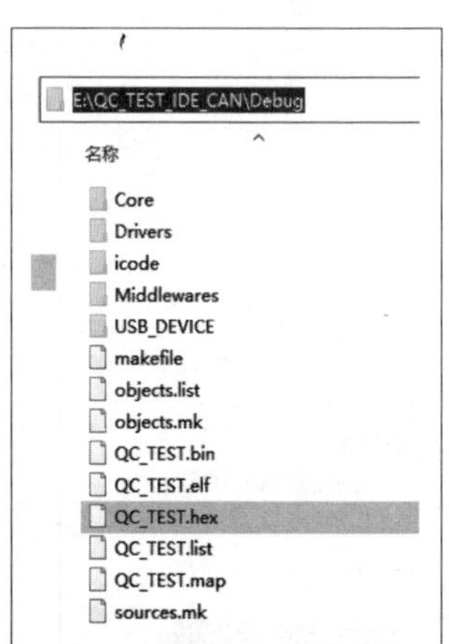

图10 生成的HEX文件

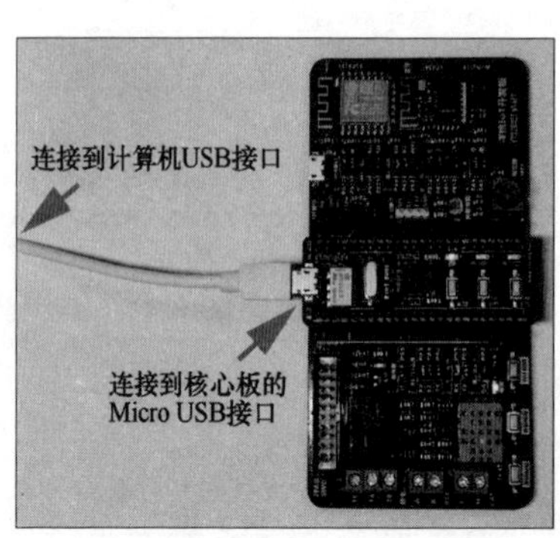

图11 连接开发板

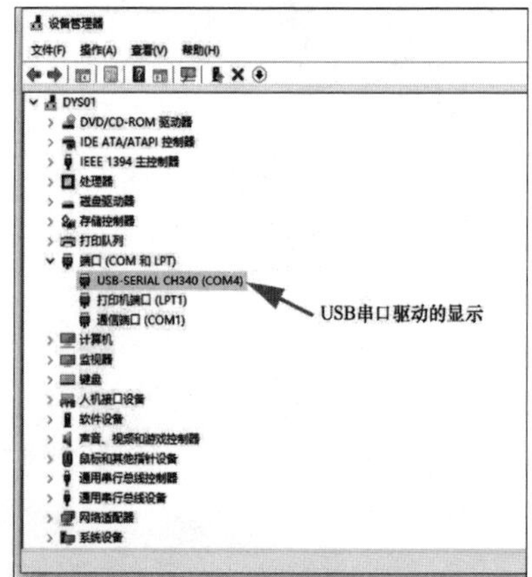

图12 展开“设备管理器”中的“端口”

步骤4：在开发板资料中找到“工具软件”文件夹，在其中找到“FlyMcu”，解压缩后运行“FlyMcu.exe”文件。

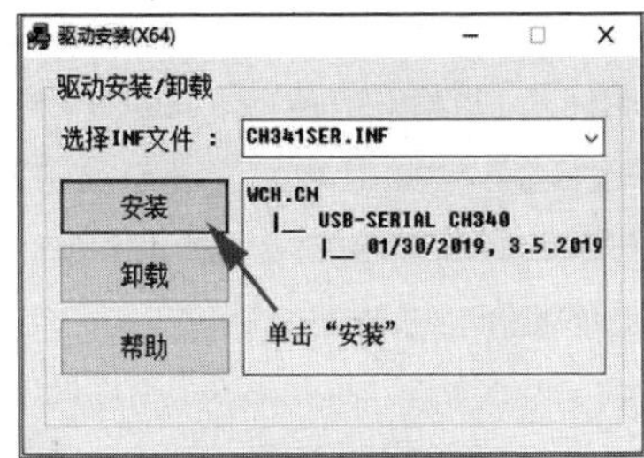

图13 CH340驱动程序的安装

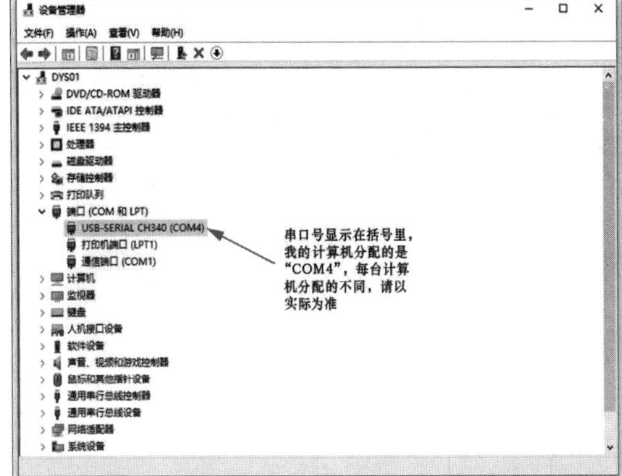

图14 记住分配的COM号

步骤5：在“设备管理器”中找到CH340对应的串口号。每台计算机分配的串号不同，我的计算机分配的是“COM4”，如图14所示，找到你的串口号并记住。

步骤6：如图15所示，打开FlyMcu，在菜单栏中单击“搜索串口”，然后单击“Port”，在下拉菜单中选择“COM4”。在菜单栏下方的“联机下载时的程序文件：”一栏中单击“...”按钮。在文件浏览窗口中选择工程文件夹下Debug文件夹里的“QC_TEST.hex”文件。按图中方框里的选项设置参数，最后单击“开始编程”按钮。这时开发板会配合软件自动完成下载。在窗口右侧的信息框里出现“一切正常”，即表示下载成功。如图16所示，下载完成后可以看到核心板上的LED1和LED2点亮，表示程序已经在单片机中运行。

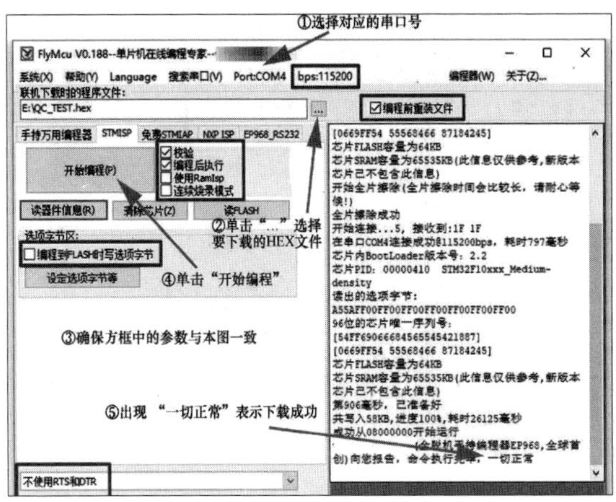

图15 FlyMcu中的操作

图16 开发板上的程序运行效果

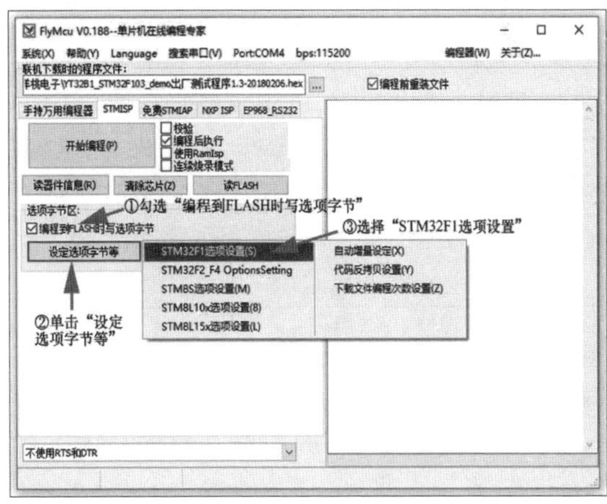

图17 选项字节设置

在此顺便介绍一下FlyMcu软件中的设置选项，以满足大家的不同需要。如图17所示，要开启特殊设置需要先在“选项字节区：”里勾选“编程到FLASH时写选项字节”，这样才能写入选项字节的设置。然后单击下方的“设定选项字节等”按钮，在弹出的子菜单中选择“STM32F1选项设置”。

如图18所示，在弹出的设置窗口中设置读保护、硬件选项字节和写保护，其中常用的是读保护。一般情况下写到单片机的程序会用于量产产品，我们不希望别人把程序读出来，转写到其他单片机里，盗取我们的劳动成果，所以可以在读保护部分单击“设成FF阻止读出”按钮，再单击“采用这个设置”按钮，然后再按步骤6重新下载一次，此时单片机里的程序将只能写入、无法读出。如果写入的程序很重要，不希望再写入别的程序，可以设置为Flash写保护。勾选写保护部分对应地址的选项，就能设置此地址区块禁止写入。

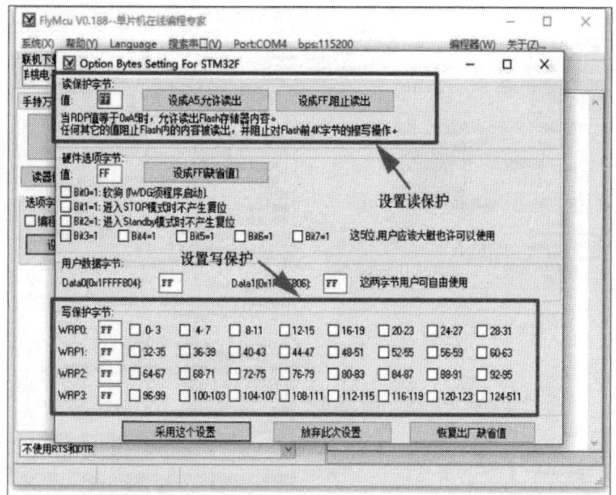

图18 选项设置窗口

另外需要特别说明的是，在软件主界面中有一项“使用RamIsp”，如图19所示。RamIsp模式是不把程序写入Flash，而保存在RAM中运行。这种模式的下载速度快，不减少Flash的写入寿命。但缺点也很明显，因为RAM空间小于Flash空间，能写入的程序有限。而且如果程序中有操作Flash存储的内容将无法执行，还会出现意想不到的问题。另外RAM中的数据在断电后会丢失。一旦断电重启，单片机将无法运行通过RamIsp写入的程序。所以RamIsp适用于临时操作，并需要频繁调试的场合，初学者请不要使用。

STM32CubeIDE仿真器下载

接下来我们学习在STM32CubeIDE里直接下载程序的方法，这个方法适用于产品开发过程，用STM32CubeIDE编写程序时能随时下载程序、检验运行效果，而且不需要麻烦地导出HEX文件，再切换到其他软件进行下载程序。使用STM32CubeIDE直接下载，要比使用FlyMcu方便，但需要另外添加一台ST-LINK V2仿真器。

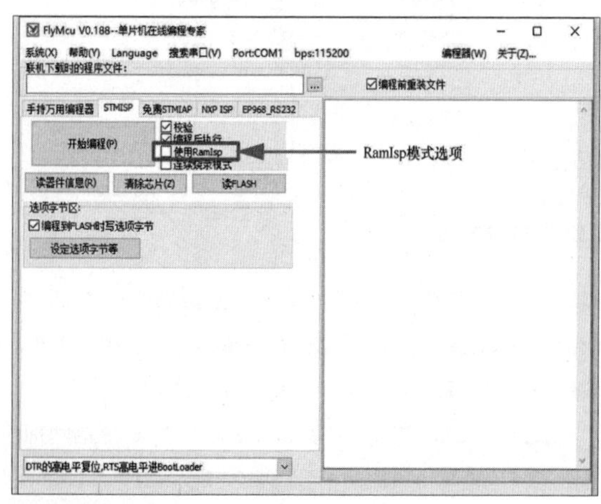

图19 RamIsp选项

步骤1：连接硬件。如图20所示，将仿真器的USB接口连接到计算机上，仿真器正面的20针排针通过附带的排线连接在洋桃IoT开发板的JTAG接口。由于仿真器无法给开发板供电，所以还需要把Micro USB线连接在核心板的USB接口，另一端连接计算机，让计算机给开发板供电。

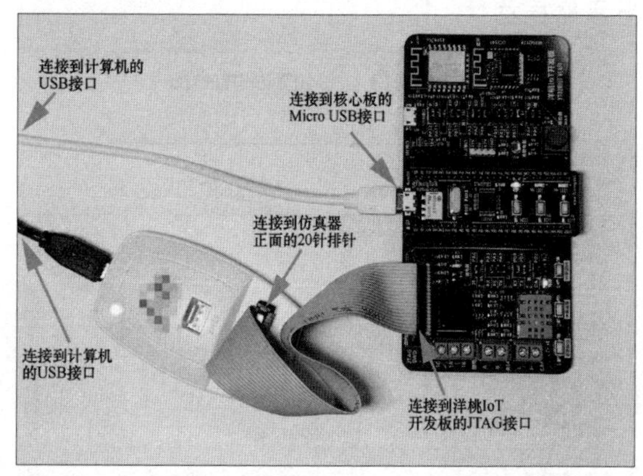

图20 开发板连接说明

步骤 2：清除芯片。使用仿真器前先确认上一次下载到单片机的程序是否禁用JTAG接口。如果禁用JTAG接口或连接仿真器失败，可先用FlyMcu软件对单片机进行清除芯片，操作过程如图21所示。

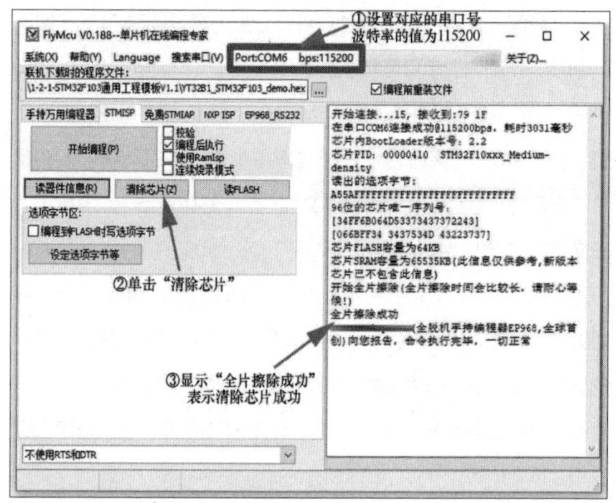

图21 使用FlyMcu清除芯片

步骤3：设置JTAG接口。如图22所示，打开STM32CubeIDE，在图形界面中选择“System Core”（系统内核）组的“SYS”。在模式窗口中可设置JTAG接口，根据需求选择Serial Wire、JTAG（4 pins）、JTAG（5 pins）模式。一般情况下选择JTAG（5 pins）。

步骤4：仿真器设置。首次使用时需要先在STM32CubeIDE中设置仿真器。如图23所示，单击菜单栏中的“运行”，在弹出的下拉菜单中单击“运行配置”。

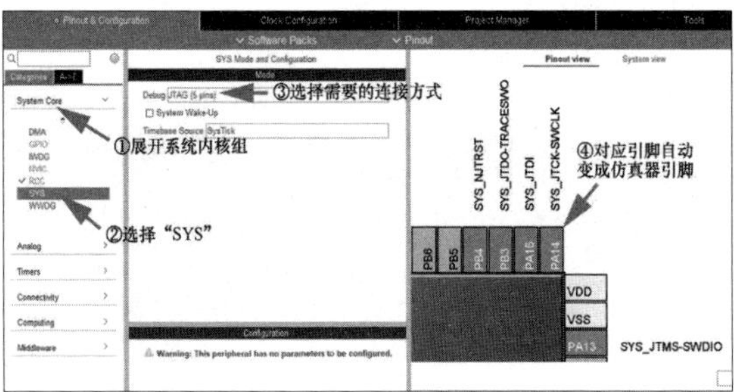

▌图22 STM32CubeIDE中设置JTAG接口

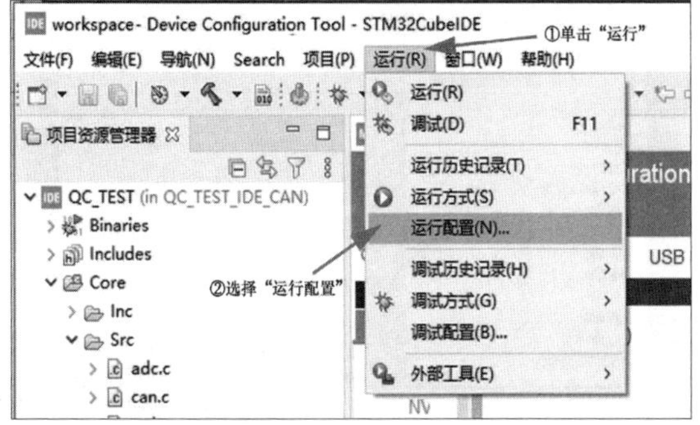

▌图23 运行菜单下的运行配置

步骤5：如图24所示，在弹出的运行配置窗口中展开左侧的“STM32 Cortex-M C/C++ Application”（STM32内核C/C++应用），选择“QC_TEST Debug”，在右侧弹出的设置项目中选择“调试器”选项卡。如图25所示，在 “调试探头”中选择“ST-LINK（ST-LINK GDB server）”。在下方“接口”中选择与SYS功能中的模式相同的选项。如果模式为Serial Wire，这里选择“SWD”；如果模式为JTAG（4 pins）或JTAG（5 pins），这里选择“JTAG”。最后单击“确定”按钮。

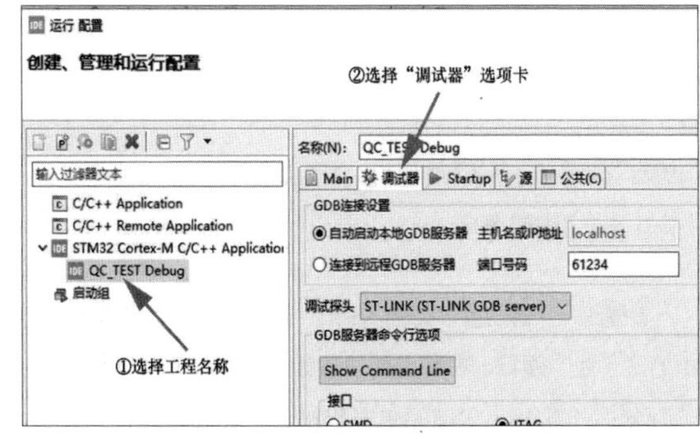

▌图24 调试器设置

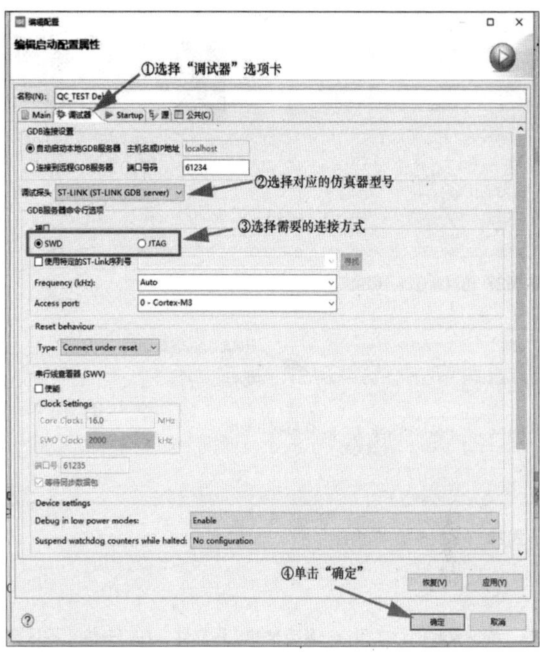

▌图25 仿真器设置

步骤6：开始下载。如图26所示，单击工具栏中的“运行”图标。软件将重新编译工程，自动用仿真器下载，这个过程需要一段时间。

▌图26 单击“运行”图标

步骤7：如果是首次使用，可能会弹出仿真器在线升级窗口，如图27所示。建议将仿真器内置的软件升级到最新版本。方法是先给仿真器重新上电，单击窗口中的“Open in update mode”（打开更新模式）按钮，然后再单击“Upgrade”（升级）按钮。升级需要几分钟，完成后单击右上角的“关闭”按钮。

升级完成后软件会继续完成下载任务，如果没有完成，可重新尝试一次。如图28所示，下载完成后在控制台窗口会显示下载成功的信息。下次只要修改程序内容，直接单击工具栏中的“运行”按钮，便可一键完成编译和下载，非常方便。

ST-LINK Utility下载

在STM32CubeIDE里使用仿真器下载程序的方法有一个局

图27 仿真器在线升级窗口

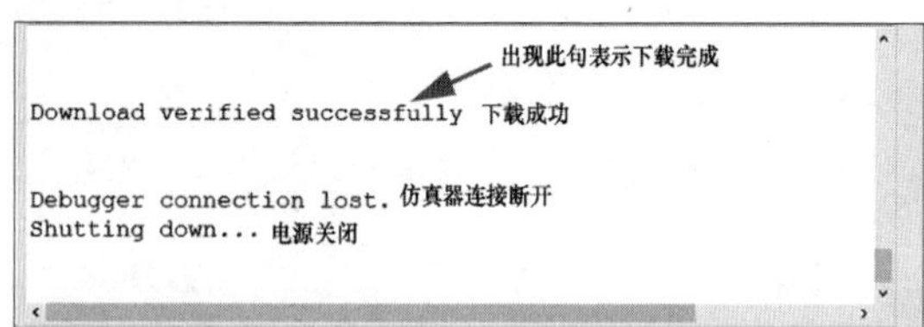

图28 下载完成显示的内容

限，那就是我们必须拥有一套完整的工程文件，在打开的工程里完成编译后才能下载。如果只有HEX文件要如何用仿真器下载呢？这就要用到ST-LINK Utility，它可以将编译输出的HEX文件直接下载到单片机中，不需要STM32CubeIDE工程文件。只要将仿真器连接到单片机的对应引脚，就能完成下载。这种方式特别适合在产品生产阶段给单片机批量下载程序。接下来介绍下载过程，如果已经在之前的方法中完成步骤1和步骤2，则可直接跳到步骤3。

步骤1：连接硬件。如图20所示，将仿真器的USB接口连接到计算机上，仿真器正面的20针排针通过附带的排线连接在洋桃IoT开发板的JTAG接口。由于仿真器无法给开发板供电，还需要将Micro USB线的一端与核心板的USB接口连接，另一端与计算机连接，让计算机给开发板供电。

步骤2：清除芯片。如图21所示，用FlyMcu软件先清除单片机中的程序，防止运行的程序禁用JTAG接口。如果你确定单片机里没有程序，或者程序没有禁用JTAG接口，也可不做清除芯片的操作。

步骤3：在资料包中的“工具软件”文件夹里找到“ST-LINK Utility”下载软件，下载后解压缩，双击其中的.exe文件。

步骤4：打开文件。如图29所示，在打开的软件界面中单击工具栏中的“打开文件”图标。如图30所示，在弹出的“打开”窗口中选择要下载的扩展名为“.hex”的文件，然后单击“打开”按钮。

步骤5：连接仿真器。如图31所示，打开文件后，在窗口的中间部分会显示HEX文件中的机器语言程序，在我们看来，这是一堆乱码，但单片机可以识别。接下来单击工具栏中的“连接”图标。如图32所示，在窗口下方的信息栏会显示连接状态，如果连接状态信息是蓝色或黑色字体，表示连接成功，如果是红色字体，表示连接失败。

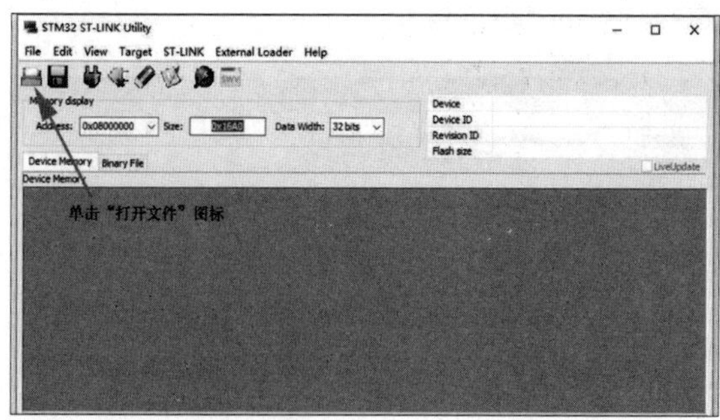

图29 ST-LINK Utility界面

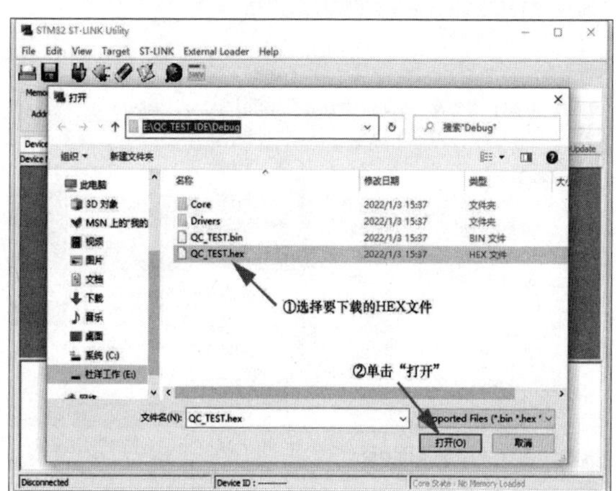

图30 ST-LINK Utility界面

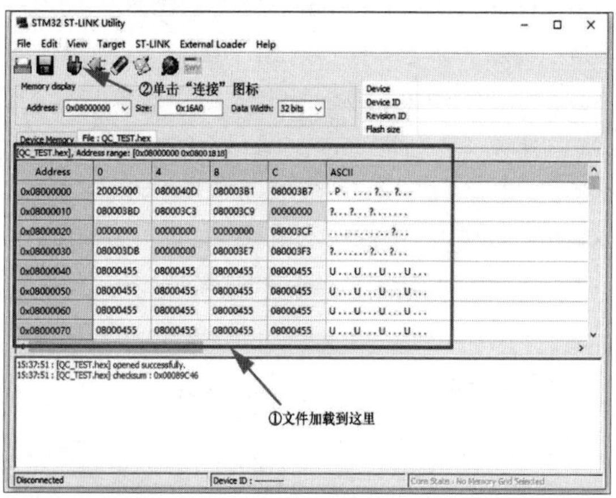

图31 单击“连接”图标

步骤6：下载设置。如图33所示，连接成功后单击工具栏中的“下载”图标。在弹出的设置窗口中可设置“SWD”和“JTAG”下载端口，确定后单击“OK”按钮。

步骤7：开始下载。如图34所示，在接下来弹出的窗口中可设置擦除方式和校验方式，这里按默认设置。在最下边的“Reset after programming”（下载后复位）一项打勾，然后单击“Start”（开始）按钮。下载过程需要一段时间。如图35所示，下载完成后在信息栏会出现绿色字体，表示下载成功。

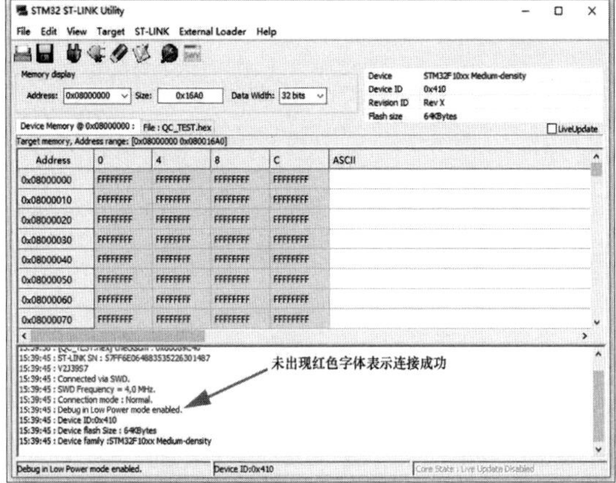

图32 连接成功显示的内容

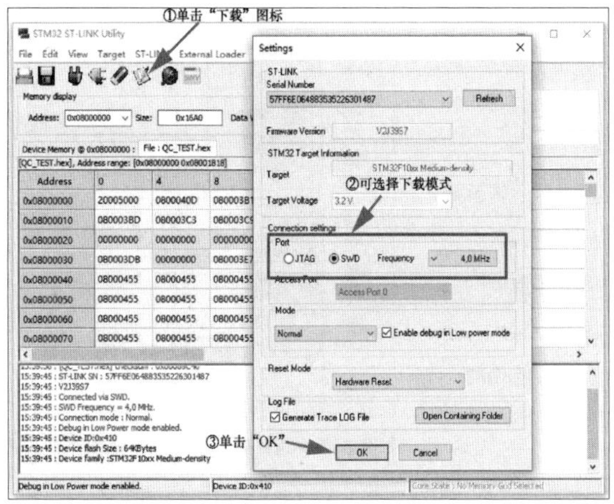

图33 下载的设置

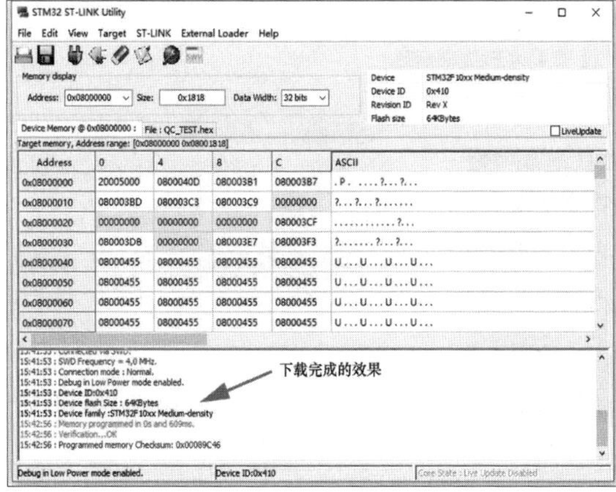

图34 设置下载模式

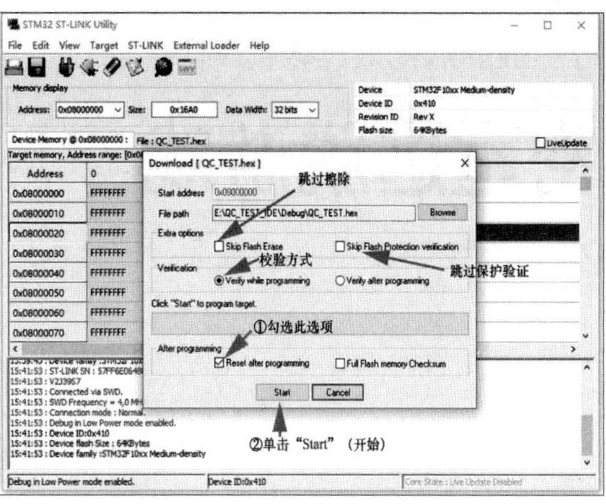

图35 下载结果的显示

修改参数重新下载

以上是给单片机下载程序的3种方法，大家可以根据实际情况进行选择。因为在上一步中将LED1的初始状态设置为点亮，如果程序下载成功并正常运行，核心板上的LED1会点亮。如果你的LED1没有点亮，请检查STM32CubeIDE图形界面中PB0端口的设置是否正确，再尝试其他下载方法，找到你的操作与我的操作之间的差异。大家千万不要害怕出错、害怕遇见问题。所谓开发高手都是经历了无数次错误，在摸爬滚打中练成的，如果你在学习中害怕遇见问题，那么到了实际开发时就会不知所措。所以请勇敢地面对问题，真正的勇士能直面失败。如果下载成功也不要骄傲，我们还要把成功的经历反复操作，形成内化到思维的“肌肉记忆”。接下来可以尝试在STM32CubeMX图形界面里修改参数、重新下载。比如把PB0端口的输出电平改成低电平，如图36所示，再重新生成程序，重新编译下载，观察核心板上的LED1是否熄灭。

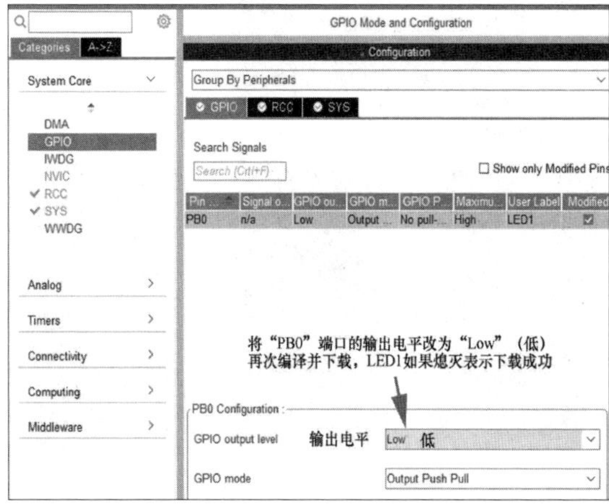

图36 修改参数设置

行空板图形化入门教程（5）

密室逃脱游戏

演示视频

▌聂凤英

灵感来源

密室逃脱——顾名思义就是从一间封闭的房子里面逃出来，玩家在游戏过程中需要保持头脑清醒，根据提示找到钥匙，打开房门，让自己脱离险境。怎么样，是不是迫不及待地想要试试这个奇妙的游戏了？本节课，我们就来学习一下如何制作一款密室逃脱的游戏（见图1），体验不一样的游戏旅程。

此项目主要利用行空板鼠标指针控制操作，实现用手指控制图片的移动以及鼠标坐标的判断，项目效果构想如图2所示。

▌图1 密室逃脱游戏

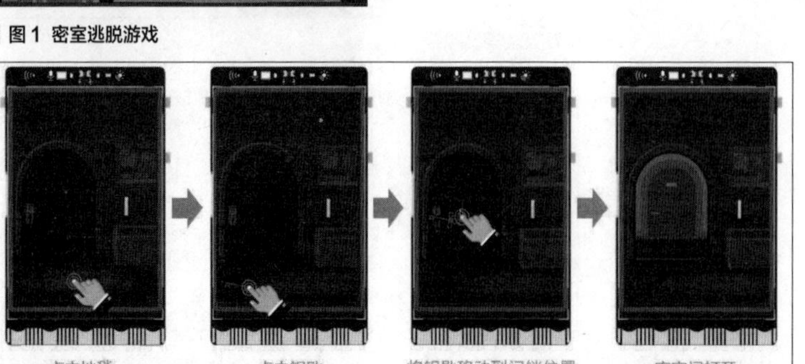

▌图2 项目效果构想

功能原理

运算符

运算符是用于执行程序运算，针对一个或一个以上的操作数进行运算的一类符号。例如3+2，其中操作数是3和2，运算符则是+。在Mind+中，运算符大致可分为6种类型（见图3）：算术运算符、位运算符、比较运算符、逻辑运算符、求字节数运算符、条件运算符。

本项目会用到比较运算符和逻辑运算符，因此重点介绍一下这两种运算符。

比较运算符在程序中是用作判断的，用于对常量、变量或表达式的结果大小进行比较。比较运算符返回的结果只有两种，True（真）和False（假）。

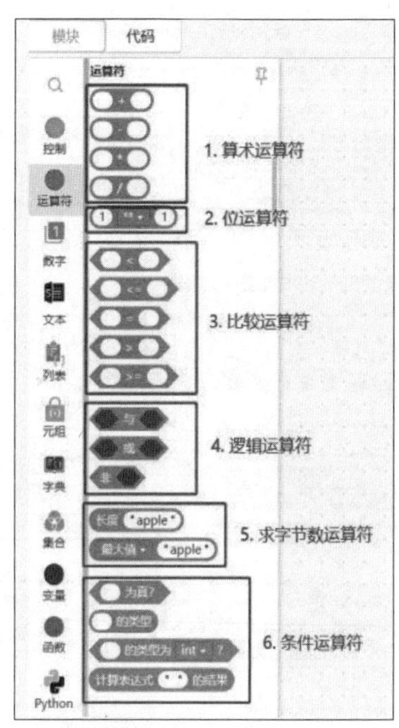

▌图3 6种运算符

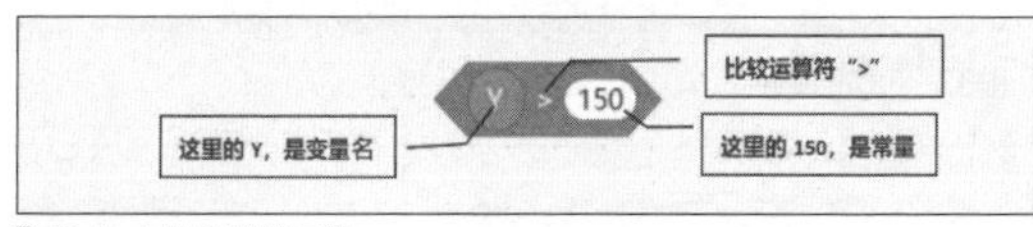

▌图4 大于运算符示例

比较运算符">"（见图4），如果变量Y的值大于150，返回True，否则返回False。

比较运算符"<"（见图5），如果变量Y的值小于200，返回True，否则返回False。

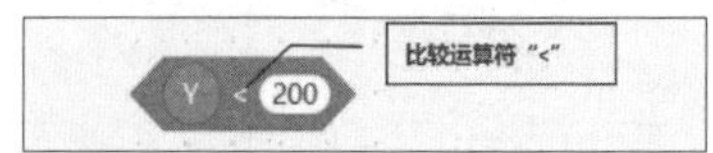

▌图5 小于运算符示例

比较运算符“=”（见图6），如果变量flag的值等于1，返回True，否则返回False。

逻辑运算符用于对程序中的逻辑值进行运算，逻辑值也只有两种，True和False。Mind+中的逻辑运算符有3个，分别为与、或、非，对应的程序模块如图7所示。

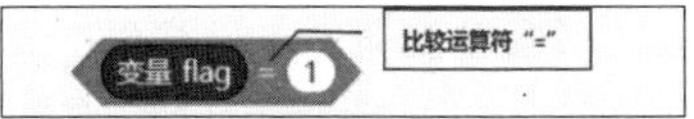

图6 等于运算符示例

图7 逻辑运算符

从图7中的模块可以看出来，逻辑运算符与和逻辑运算符或，必须要有两个操作数才能进行运算，因此逻辑与和逻辑或又被称为双目运算符。逻辑运算符非被称为单目运算符，只要有一个操作数就可以进行运算。

逻辑运算符“与”，只有当两个操作数的值都为真时，运算结果为True，否则为False。如图8所示，当Y=180时，Y>150并且Y<200，那这个逻辑表达式的逻辑值为True。这个“与”就相当于日常生活中表达的“并且”。

逻辑运算符“或”，只要其中一个操作数的值为真时，运算结果就为True，当两个操作数的值都为假时，运算结果为False。

逻辑运算符“非”，只对一个操作数的值进行运算，当操作数的值为真时，逻辑运算结果为False；当操作数的值为假时，逻辑运算结果为True。

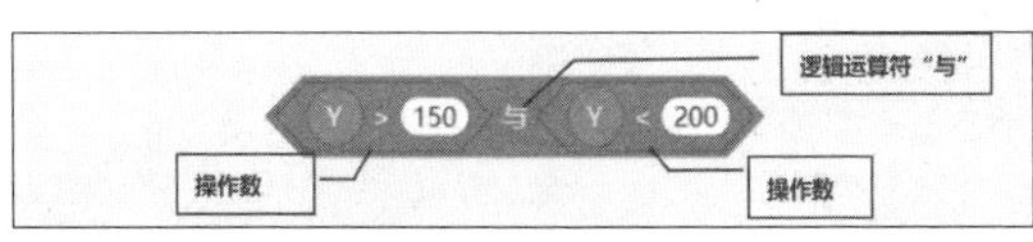

图8 逻辑运算与符示例

变量和全局变量

1. 变量

什么是变量？为了便于理解，我们可以将变量看作一个盒子，给变量赋值就相当于往这个盒子里放东西。变量可以重复地被赋值，就相当于盒子里的东西被拿出来后，再往盒子里放另一个东西。

图9 变量重复赋值示例

图9所示的程序就是给flag变量重复赋值，第一次赋值，相当于在flag这个空盒子里面放入了一个数字0，那么flag的值就为0。第二次赋值时，将0拿出来，再将数字1放入盒子，flag的值为1。变量重复赋值解释图示如图10所示。

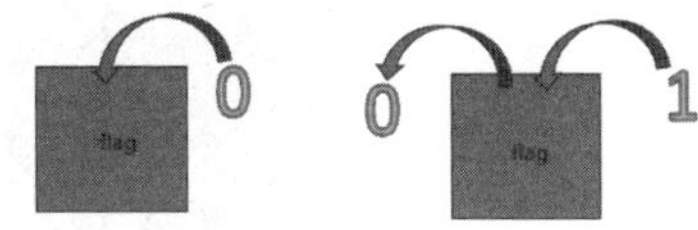

图10 变量重复赋值解释图示

注意：新建变量时，需要给这个变量进行命名，命名时严格遵守变量的命名规则。

●一般由数字、字母、下划线构成。

●命名不能使用Python的关键字，即Python中已经有特殊含义的词，如True、False、def、if、elif、else、import等。

●名称中不能包含特殊字符（\ ` ~ ! @ # $ % ^ & * ( ) + < > ? : , . / ; ‘ [ ]）。

● 命名时最好能做到见名知意。

2. 全局变量

什么是全局变量？简单地说只要将该变量定义为全局变量，在程序其他函数或者循环中，都可以使用该变量的值，一直到程序结束。

与全局变量对应的是局部变量，其只能在所在的函数或循环中使用，并且随函数或循环结束而结束。将变量放入如图11所示的积木中，就可以定义该变量为全局变量。

图11 全局变量定义积木

单分支结构

分支结构与前面用到的顺序结构和循环结构，是程序设计的三大基本结构。

单分支结构一般指如果XX那么执行XX积木实现的分支结构。在图12所示积木中，给定了判断条件，执行程序时，会判断条件是否成立，根据判断结果执行不同的操作，它的执行流程如图13所示。

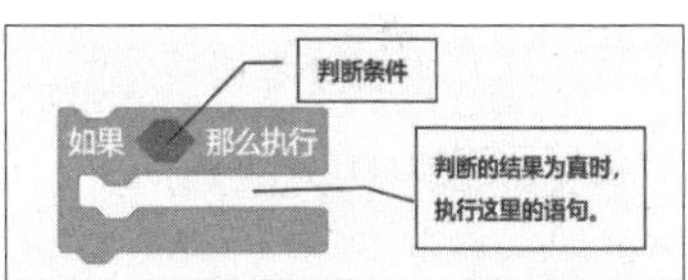

图12 “如果XX那么执行XX”积木说明

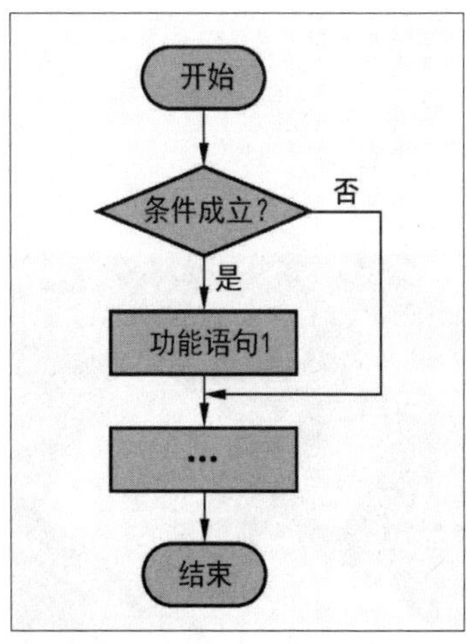

图13 “如果XX那么执行XX”积木执行流程

行空板显示屏鼠标

行空板的显示屏为电阻触摸屏，可以用手指点击显示屏，进行交互。点击显示屏时，显示屏上会出现一个黑色箭头，如图 14 所示，这就是行空板的显示屏鼠标指针。

图 14 行空板显示屏鼠标指针

行空板是可以通过如图 15 所示积木监测鼠标指针移动和鼠标指针的位置坐标。

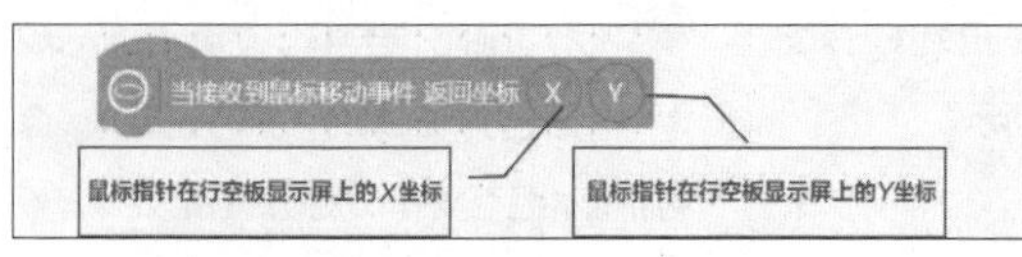

图 15 行空板显示屏鼠标移动监测积木

材料准备

本项目所需材料如附表所示。

附表 材料清单

设备名称	备注
行空板	1 块
USB Type-C 数据线	1 根
计算机	Windows 7 及以上系统
编程平台	Mind+
项目素材	素材文件夹中的图片

图 16 用数据线连接行空板和计算机

连接行空板

在开始编程之前，按如下步骤将行空板连上计算机。

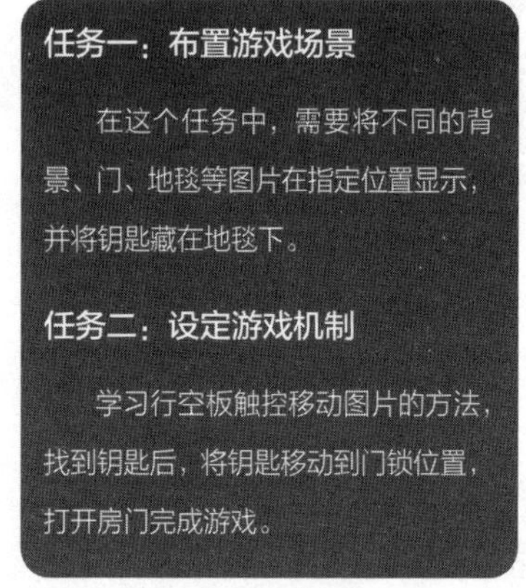

任务一：布置游戏场景
在这个任务中，需要将不同的背景、门、地毯等图片在指定位置显示，并将钥匙藏在地毯下。
任务二：设定游戏机制
学习行空板触控移动图片的方法，找到钥匙后，将钥匙移动到门锁位置，打开房门完成游戏。

第一步：硬件搭建

使用 USB Type-C 数据线将行空板连接到计算机（见图 16）。

第二步：软件准备

打开 Mind+，按图 17 所示标注顺序完成编程界面切换（Python 图形化编程模式）、行空板加载和连接。然后，保存好当前项目，就可以开始编写项目程序了。

项目实现过程

实现密室逃脱游戏的主要任务是设置游戏场景，根据不同的游戏场景设定一些游戏机制。接下来，就根据上面这两个任务，实现一个简单的密室逃脱游戏吧！

任务一：布置游戏场景

1. 编写程序

（1）观察游戏场景

为了便于理解，这里对游戏场景进行了拆分（见图 18），游戏场景可以拆分为密室逃脱背景图片、门图片、地毯图片、钥匙图片。

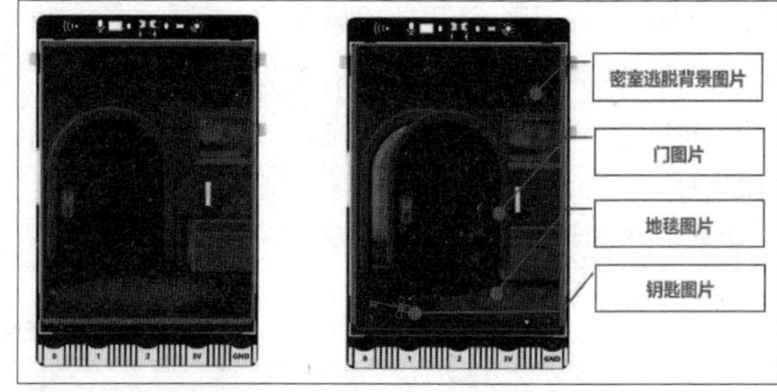

图 18 游戏场景拆分

图 17 软件准备

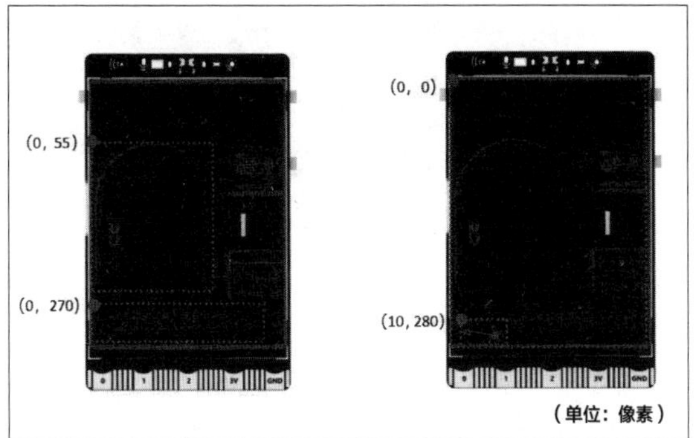

图 19 游戏场景图片位置分析

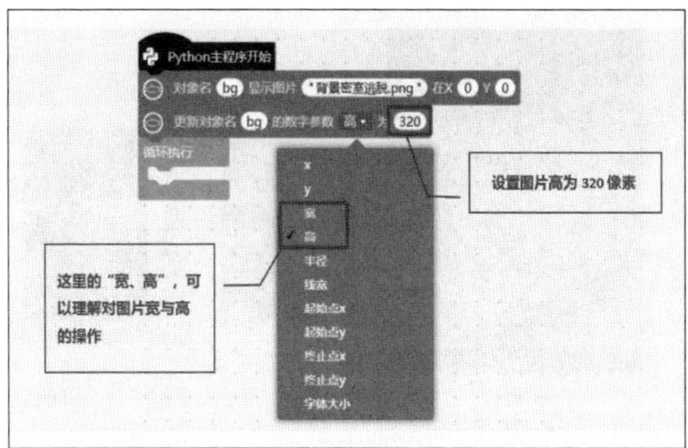

图 23 用积木修改图片显示比例

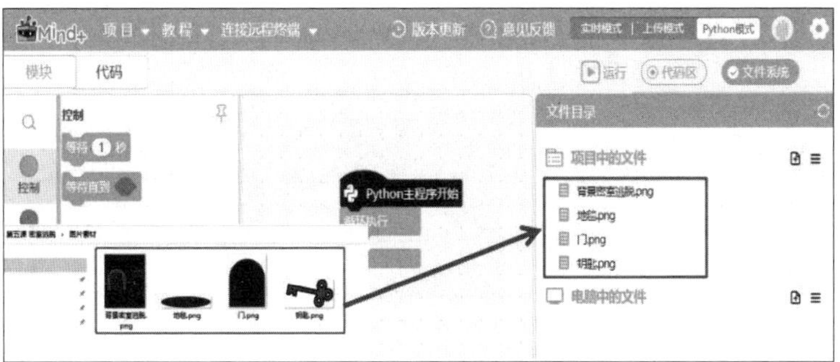

图 20 加载图片素材

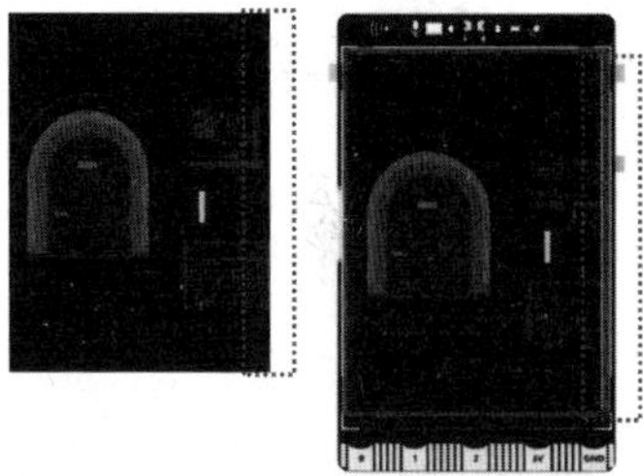

图 24 原背景图和修改后行空板显示图片对比

图 21 显示密室逃脱背景图片程序

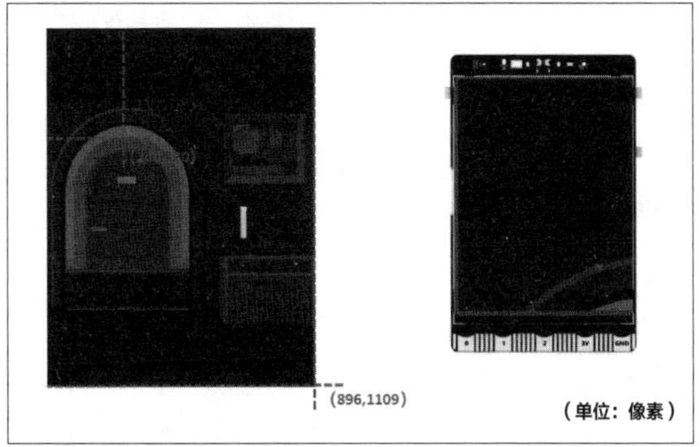

图 22 图片显示不全

接下来对图片在显示屏上的位置进行分析，在图 19 中使用虚线矩形框将图片框出来，标注红点的位置就是图片在行空板上的（*X*，*Y*）坐标。

现在，将游戏场景中要用到的图片，从图片素材文件中加载进项目（见图 20）。

经过拆分，布置游戏场景任务，其实就是设置图片在不同的位置显示。我们先来完成如图 21 所示的程序，在行空板显示屏上显示密室逃脱的背景图片。

（2）调节图片比例

运行上面的程序，发现背景并没有完全显示显示屏上，只能看到图片的一部分。如图 22 所示，因为行空板显示屏分辨率为 240 像素 ×320 像素，图片分辨率为 896 像素 ×1109 像素，行空板显示屏的分辨率比图片小，所以只能显示部分图片。

让行空板完整地显示图片有两种方法。

① 在图片处理软件中，将图片的大小调整为 240 像素 ×320 像素。

② 在显示图片积木下，添加积木 更新对象名 XX 的数字参数高为 XX 修改图片的显示比例（见图 23）。

注意观察图 24 中左侧的原背景图与右侧行空板上显示的图片的区别，为什么按照上面的方式修改了图片的显示比例后，行空板上还是不能显示完整的图片呢？

其实，我们用积木修改图片，是在等比例缩小图片，缩小比例 = 原图片（高）

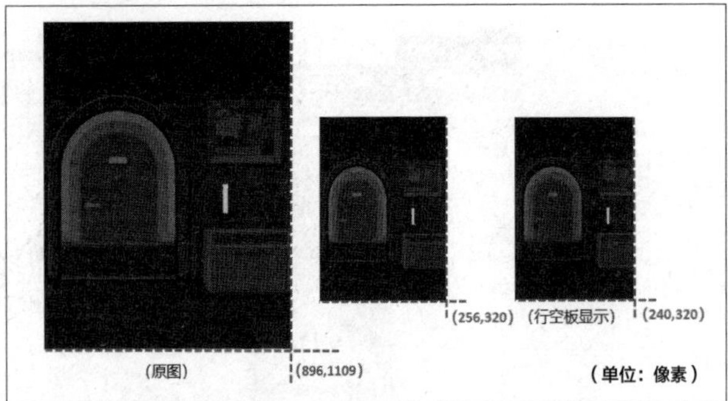

图 25 修改尺寸后图片无法完整显示的原因

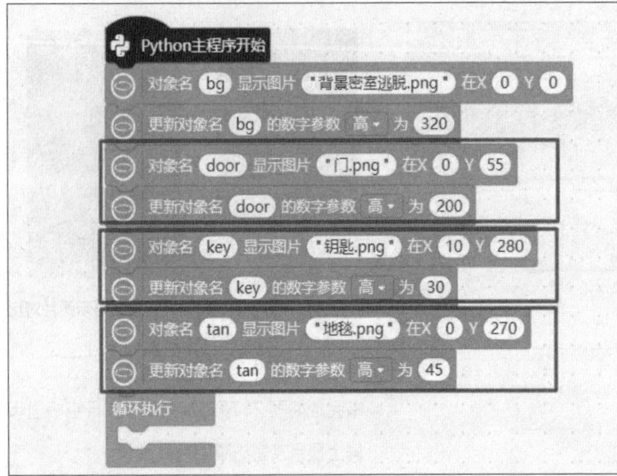

图 26 游戏场景显示完整程序

图 27 游戏场景显示效果

/行空板显示屏（高），如图 25 所示，将图片的高（1109 像素）与行空板显示屏的高（320 像素），代入公式进行换算缩小比例约为 3.5:1，缩小后的图片大小约为 256 像素 ×320 像素，因此图片右侧会有一小部分不能显示。

接下来，门、锁、地毯图片以同样的方式进行设置，完整程序如图 26 所示。

2. 程序运行

单击“运行”，观察行空板显示屏显示效果（见图 27）。

任务二：设定游戏机制

1. 编写程序

通过上一个任务，游戏场景布置好了，钥匙也藏在了地毯下。现在，设定游戏规则是找到钥匙，将钥匙移动到门锁位置，房门打开。

（1）寻找钥匙

钥匙被我们藏在了地毯下，点击地毯，才能找到钥匙。触发的对象就是地毯，需要给地毯图片增加一个被点击的回调函数，

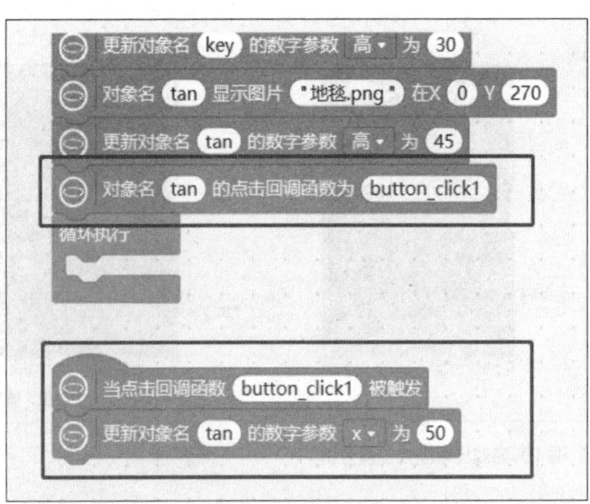

图 28 点击地毯，地毯右移程序

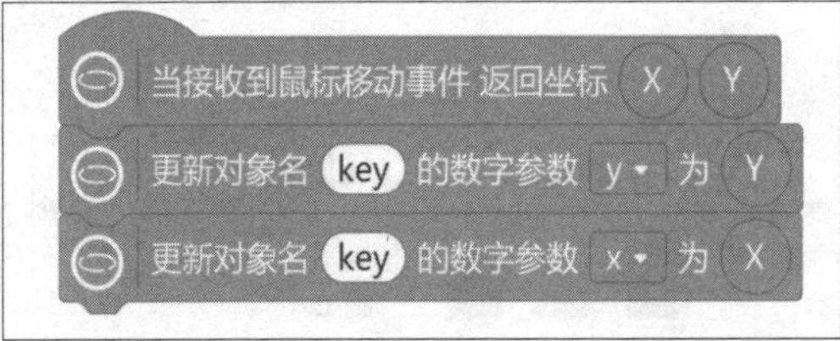

图 29 钥匙跟随图片移动程序

实现点击地毯图片后，让地毯向右移动 50 像素，将钥匙漏出来。程序设置如图 28 所示。

（2）移动钥匙

钥匙出现后，需要点击移动它，怎么实现呢？

正如前面我们关于行空板显示屏鼠标操作的介绍，控制行空板显示屏鼠标的图形化积木为 当接收到鼠标移动事件 返回坐标 XY。要实现点击后钥匙跟随鼠标一起移动，只需要当监测到鼠标移动时，钥匙的坐标和鼠标指针坐标保持一致即可，具体的实现程序如图 29 所示。

（3）判断游戏胜利

在游戏过程中，游戏胜利的标准是将钥匙成功移动到门锁位置。如何实现呢？先来分析一下门锁对应在行空板上的位置。

门锁对应行空板 *Y* 轴的坐标为 150~200（见图 30），使用单分支条件语句 如果 XX 那么执行 XX 积木，如果在 *Y* 坐标为 150~200，执行 删除对象 door 和

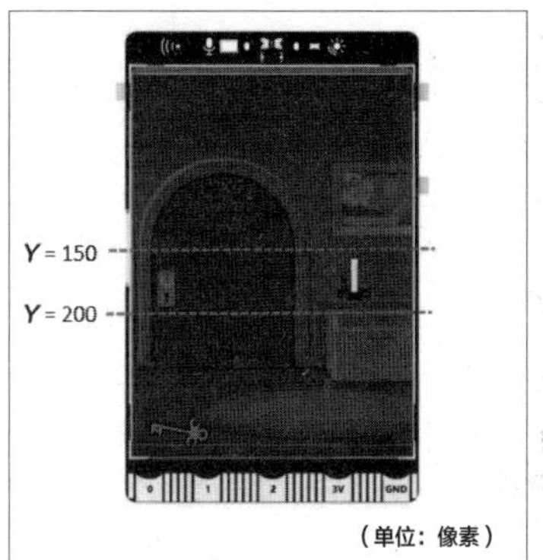

图 30 门锁 Y 坐标数值范围

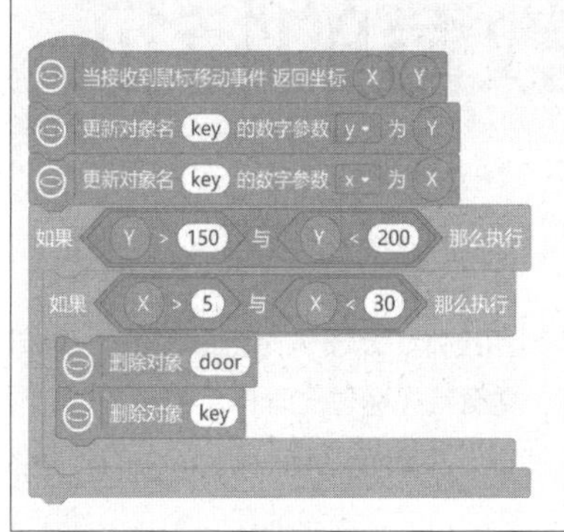

图 33 钥匙到达门锁的核心程序

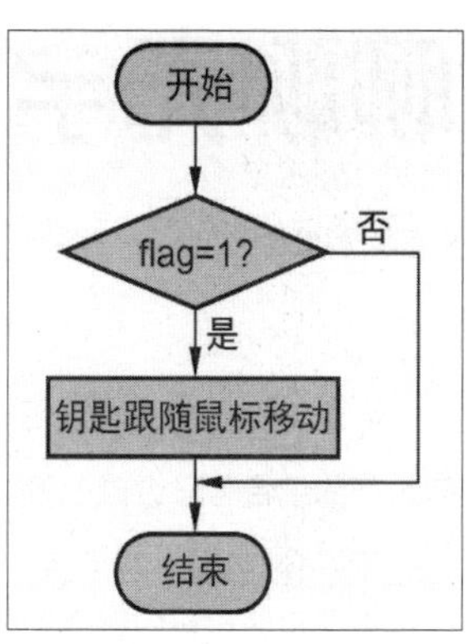

图 35 鼠标移动部分程序流程

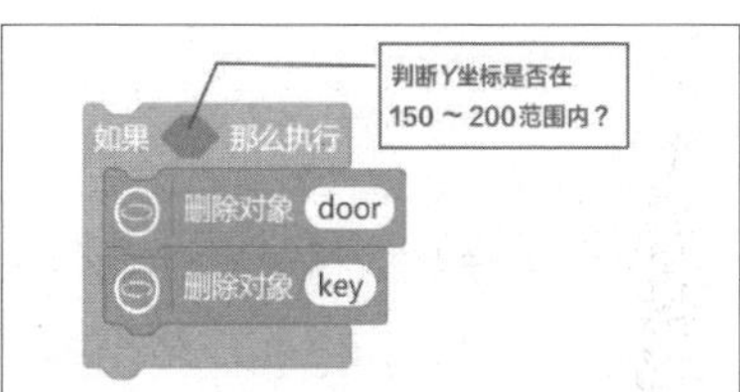

图 31 单分支语句的主要实现程序

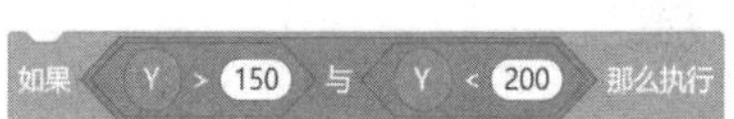

图 32 钥匙到达门锁 Y 坐标范围判断程序

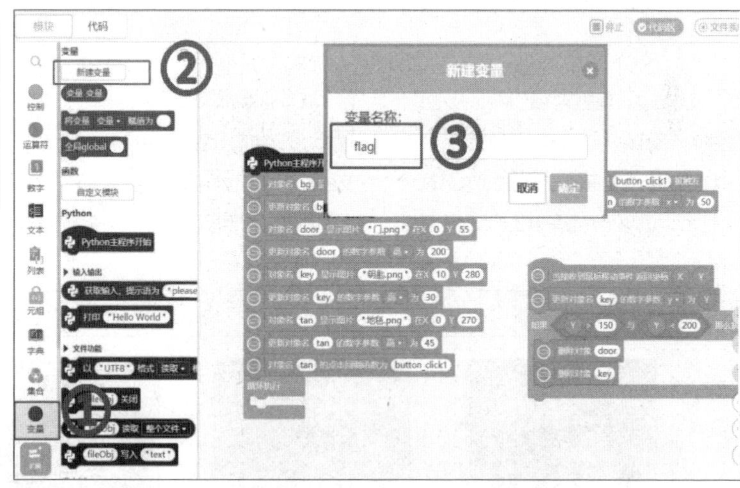

图 34 新建变量

图 36 项目完整程序

删除对象 key，主要实现程序如图 31 所示。

判断钥匙的 Y 坐标是否在 150~200 范围内，需要用到运算符中的比较运算符“>”和比较运算符“<”以及逻辑运算符“与”，具体实现如图 32 所示。

门锁对应行空板 X 轴的坐标在 5~30 范围内，用同样的方法完成 X 坐标的判断，判断钥匙到达门锁的核心程序如图 33 所示。

（4）完善游戏

现在的游戏中，点击显示屏任一位置都会出现钥匙，这是因为鼠标移动事件的程序与单击回调函数程序的执行没有先后顺序，即使游戏过程中没有触发地毯，只要点击显示屏，鼠标移动事件都会执行。

要让这两个程序的执行有先后顺序，可以通过新建变量来解决。按照图 34 所示的步骤，先新建一个名称为“flag”的变量。

限定先后顺序的基本思路是，先在主程序中将变量 flag 设为 0，点击地毯后，将 flag 设为 1，只有当 flag 为 1 时，才让钥匙图片跟随鼠标移动，鼠标移动程序流程如图 35 所示，项目完整程序如图 36 所示。

2. 运行程序

程序运行后，需要先找到钥匙，首先点击地毯，露出钥匙；然后，点击钥匙，

聊聊元宇宙教育的特征

▌程晨 吴俊杰

元宇宙可以简单理解为是整合多种新技术，基于未来互联网的，具有连接感知和共享特征的3D虚拟空间，其与教育的结合势必会改变教育的形式。文章首先通过文学作品的介绍以感性的形式引出了元宇宙的概念，然后介绍了*Roblox*提出的“元宇宙”8个关键特征。接着通过*Minecraft*中的一些教学场景，提出“元宇宙教育”绝对不仅仅是将现有的知识内容搬到虚拟的网络空间，或者简单地在一个虚拟场景中通过三维的方式来展示某些内容。“元宇宙教育”应该是指在“元宇宙”这种新的“空间”形态下，产生的服务于“元宇宙”或是“元宇宙+现实社会”的教育形态。最后归纳了元宇宙教育的4个主要特征。

元宇宙这个词的英文是“Metaverse”，是由universe（宇宙）这个词变形而来的，是将universe前面的uni变成了有超越含义的meta。这个词最早诞生于1992年尼尔·斯蒂芬森的科幻小说《雪崩》。简单理解，“元宇宙”是一个平行于现实世界，又独立于现实世界的虚拟空间，这个虚拟空间利用科技手段创造，人类通过硬件设备与之连接，能够与现实世界映射与交互，具备新型社会体系的数字生活空间。在电影《头号玩家》的场景中，人们只要戴上VR设备，就可以进入这个与现实形成强

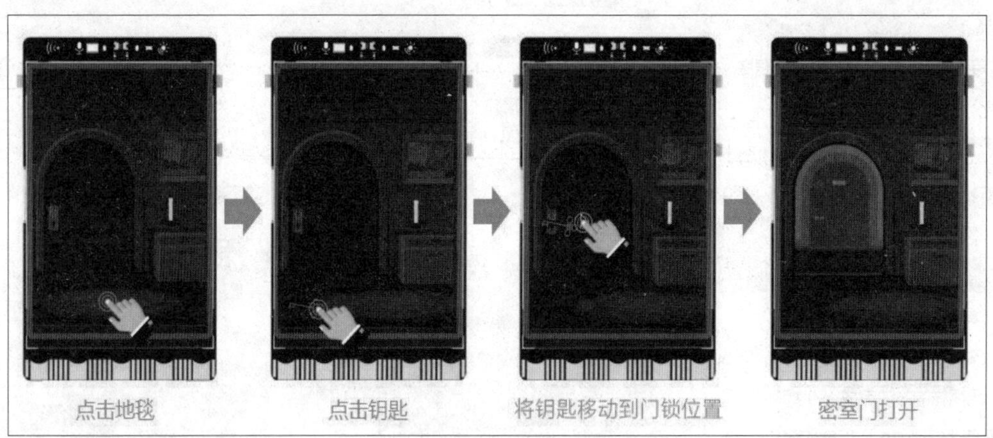

▌图37 项目操作效果

钥匙随鼠标一起移动；最后，钥匙移动到门锁位置时，密室门被打开。操作效果如图37所示。

挑战自我

接下来，大家可以使用本文介绍的方法，将时钟和钥匙串图片添加进游戏布置中，并利用它们给游戏增加难度，如图38所示的效果。墙上放置着一个时钟，将真钥匙藏在时钟后面；在门边的柜子上放一串假钥匙，用来迷惑玩家。大家可以扫描文章开头的二维码观看演示视频。

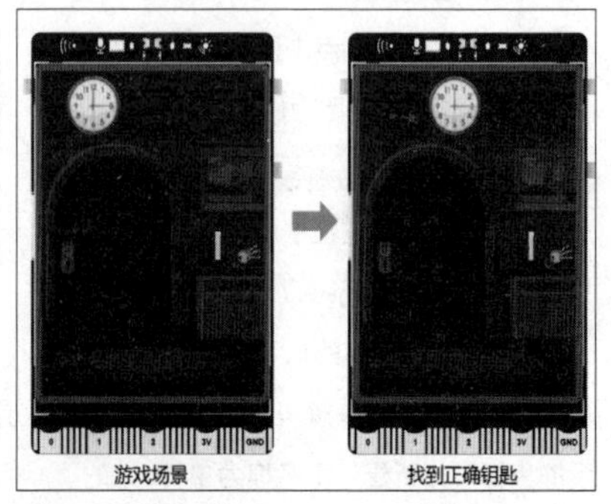

▌图38 “挑战自我”效果图示

烈反差的虚拟世界——“绿洲”。

“绿洲”有自己独立的社会经济运行体系。在这个世界中，有繁华的都市，形象各异、光彩照人的玩家，甚至还有图书馆和博物馆来记录虚拟世界和现实世界的“故事”。而不同次元的影视游戏中的经典角色也可以在这里齐聚。每天有数十亿人在“绿洲”中生活，有些人在其中相识相知，成为挚友，但他们在现实世界中可能没有见过面。

现在，元宇宙的概念已经部分地走进现实，人们已经开始探索元宇宙社会的基本形态，这样看来必然会有对元宇宙技术的教育应用，甚至从更大意义上说，由社会变革引发的教育变革的形态——元宇宙教育，但作为发轫于教育体系之外的一种技术手段，从技术转到教育是否成立，是否值得提出一种新的教育形态？本文将从不同圈层的概念谱系出发，从概念体系特征出发，去分析元宇宙教育存在的合理性。

图 1 *Minecraft* 教育版中的教学课程

图 2 *Minecraft* 教育版中的元素周期表

技术—产业圈层中的资本与想象力之间的博弈：构成元宇宙价值的8个特征

2021年3月10日，一家名为Roblox的游戏公司通过DPO（互联网直接公开发行）的方式在纽交所上市。相较于其他老牌的游戏公司，这个游戏公司只有*Roblox*这一款游戏。

Roblox是首个将“元宇宙”写进招股说明书的公司，Roblox提到，有些人把其服务范畴称为“元宇宙”，这个术语通常用来描述持久的、共享的三维虚拟空间。随着越来越强大的计算设备、云计算和大带宽网络的出现，“元宇宙”将逐步变为现实。Roblox已经构建出了元宇宙的雏形，它既提供三维游戏体验，又提供创作游戏的工具（即Roblox Studio），同时还有很强的社交属性，玩家可以自行输出内容，实时参与活动，并且还有独立的经济系统。

作为一个兼具游戏、开发、教育属性的在线游戏系统，*Roblox*中大部分内容都是由业余的游戏创建者制作的，这一点和传统的游戏公司不同，*Roblox*实际上是提供了一个大家可以以虚拟形象进行交互的游戏制作平台。如果玩家有什么有意思的游戏构思，但没有获得商业资助，就可以在*Roblox*中自主创作游戏，然后邀请*Roblox*中的其他玩家来参与。随着其他人的参与，游戏规则在玩的过程中会逐步形成与完善。

*Roblox*是多人在线创作游戏，用户可以在手机、计算机、平板计算机和VR设备上运行*Roblox*。只要你创建一个免费的虚拟形象，就可以访问绝大多数虚拟世界。按照*Roblox*自己的说法，玩家创作的游戏被称为体验（Experience），而参与其他玩家的游戏称为探索。截至2020年年底，*Roblox*用户已经创造了超过2000万种体验，其中1300种体验已经被更广泛的社区探索。这些体验都是由玩家，而非*Roblox*公司创造的。

作为第一家将“元宇宙”写进招股说明书的公司，Roblox尝试着概括描述“元宇宙”的特征，它提出“元宇宙”具有8个关键特征，即身份、朋友/社交、沉浸感、低延迟、多元化、随时随地、经济以及文明。

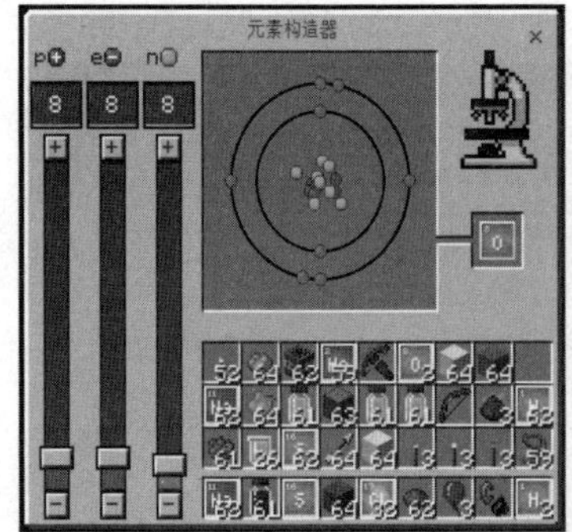

图 3 氧原子的原子构成

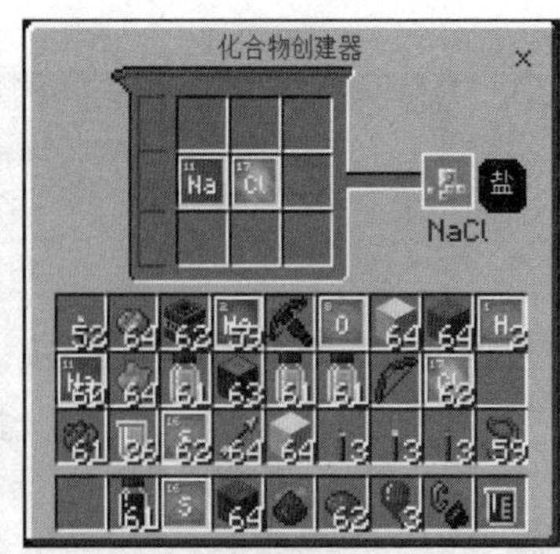

图 5 在 *Minecraft* 中合成盐

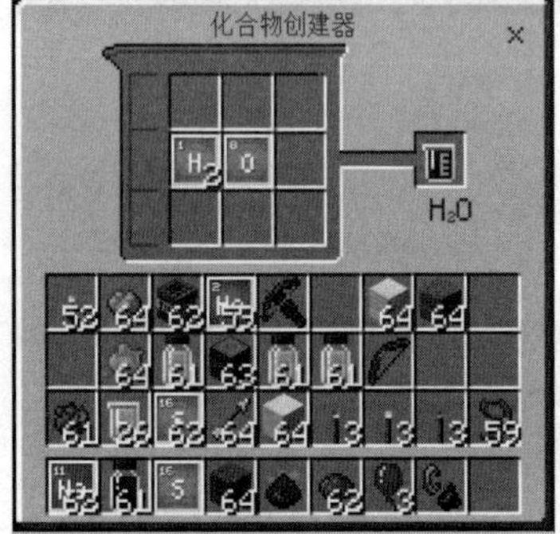

图 4 在 *Minecraft* 中用 2 个氢原子和 1 个氧原子合成水

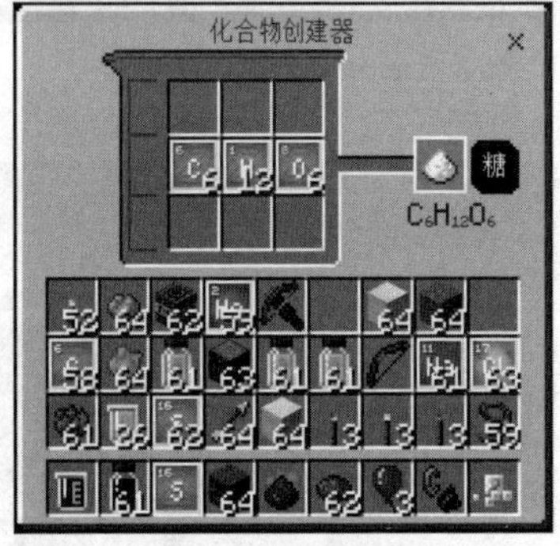

图 6 在 *Minecraft* 中合成糖

社会—教育圈层当中自由度与创造性的博弈：构成元宇宙教育的4个特征

在对“元宇宙”有了一个感性的认知之后，我们再来谈谈“元宇宙教育”。结合教育的社会属性，“元宇宙教育”绝对不仅仅是将现有的知识内容搬到虚拟的网络空间，或者简单地在一个虚拟场景中通过三维的方式来展示某些内容。“元宇宙教育”应该是指在“元宇宙”这种新的“空间”形态下，产生的服务于“元宇宙”或是“元宇宙 + 现实社会”的教育形态。

2020 年因为新冠肺炎疫情，你一定看到很多学校在 *Minecraft* 中举办毕业典礼的消息。在美国加利福尼亚大学伯克利分校举办的 2020 年毕业典礼上，典礼的主持人是学校的行政副校长 Mark Fisher 的虚拟形象，之后加利福尼亚大学伯克利分校的校长 Carol Crist 也以虚拟形象进行了正式演讲。

在这些活动中，我们能够看到，虽然大家身在四面八方，但一个虚拟的环境就能够将大家重新连接起来。虚拟的场景实际上打破了地域的限制，这种形式的连接与简单的语音或视频会议还不太一样，简单的语音或视频会议沉浸感不强，即我们是明确知道现在所处的现实环境的，这样的话有可能别人在发言，我们在忙着现实中自己的事情。但是，在一个虚拟世界中的“典礼”，大家还可以游览一下虚拟环境，与其他虚拟形象进行交互，甚至能“动手”体验某些项目，这种体验是完全不同的。

Minecraft 教育版为我们展示了在虚拟场景中开展教学的更多可能性（见图 1）。比如在 *Minecraft* 教育版中，我们也可以了解一些化学知识（见图 2）。

在 *Minecraft* 的世界中，现实世界中的元素是以方块的形式来展现的。这样其实更直观，我们可以在“元素构造器”中看到每种元素的原子构成，比如原子序数为 8 的氧原子 O（注意显微镜下面的方块，其左上角的 8 表示原子序列），其内部有 8 个质子（p）、8 个中子（n）和 8 个电子（e），如图 3 所示（这里还会显示不同的电子层）。

还可以将这些元素合成某种物质，比如 2 个氢原子和 1 个氧原子合成水（还可以通过 2 个氢原子和 2 个氧原子合成过氧化氢），如图 4 所示。再比如用 Na 和 Cl 合成盐（NaCl），如图 5 所示。复杂的还可以合成有机化合物糖（$C_6H_{12}O_6$），如图 6 所示。

注意这个糖是能够参与 *Minecraft* 本身的合成系统的，可以用来做蛋糕或者南瓜派。而在 *Minecraft* 当中，除了是通过化学合成方法，还能够利用甘蔗“制”糖。

像这样通过“学以致用”的方式来替代传统的知识传授的例子还有很多。通过这些内容能够看出来，虚拟世界中知识的展现形式是完全不一样的，我们可以充分发挥元宇宙中自由创造的特征，创造出一种更适合教学或自学的形式。

在给出“元宇宙教育”定义之前，我们可以参考元宇宙的 8 个关键特征，归纳出元宇宙教育的 4 个特征，这 4 个特征与元宇宙的 8 个特征形成一种横向的联系，构成了一个类似建筑物的四梁八柱的内在结构。

交互性更强的知识网络

元宇宙是基于未来互联网的，那么其中的知识一定是网络化和体系化的。在网络中，互联网的多媒体、超文本技术使获取信息的方式由传统的线性方式（当阅读一本书的时候从头读到尾是选择最多的形式），转变为联想式的多向网络。在这个网络中，每一段知识的背后都是一个相互交织的庞大拓扑结构。

这些知识是没有中间管理层次的，它们呈现出的是一种非中心的、离散式的管理结构。这种网络化和体系化的知识在元宇宙中交互性会更强。如果你留意一下，在所有的元宇宙影视作品或图书中，都会有一个类似图书馆的地方，这个地方就是这种体系化知识网络的具象表现。

这些图书馆中的“图书管理员”能自如地回溯并处理层层分叉的话题，可以达到无限的深度，这就好像我们在使用浏览器的搜索工具。

多样的知识展现形式

元宇宙中创造的自由性让人们可以通过多种形式来进行知识的介绍与展示。就像之前看到的化学知识一样，既可以偏重于现实化学试验的形式，又可以偏重于虚拟世界中元素组合的形式，当然我们知道 *Minecraft* 中的形式并不符合实际情况（现实世界中不可能那么轻易地合成元素以及化合物），但对于化学知识来说，在 *Minecraft* 中更易学一些。

在元宇宙中进行知识的介绍和展示应该跳出传统现实世界中固有形式的束缚，所有的内容应该可以更形象、更生动、更直观。还是以 *Minecraft* 举例，*Minecraft* 教育版借鉴了图书管理员的思路，增加了一个编程机器人 Agent。这个机器人实际上是在人工智能时代，人与机器通过编程进行沟通合作的一个具象表现。

灵活的知识价值系统

在元宇宙中，每个人既是创造者，又是消费者。同样每个人既是知识的生产者，也是知识的学习者。参与者不但可以自由地创造各种“实实在在”的东西，也可以生产供其他参与者学习的内容。这些内容同样属于数字产品，相应地也应该能够进行交易。

图 7 在 *Minecraft* 中搭建神经网络

知识类型的数字产品即可以是文字内容，也可以是视频、图片，这些内容在虚拟世界中传递起来都非常方便，可能就是虚拟形象之间的短暂接触。另外还可能是元宇宙中的一种场景、一个空间，再或者是通过 Agent 机器人实现的一个动画。所有这些内容都可以以一定的价值让其他参与者“付费”学习或体验，当然如果非常愿意分享，也可以是无偿的。

在元宇宙中，知识的价值系统应该是灵活的，除了“明码标价”，还可以是一种身份或资格，比如有的内容是无偿的，但要求是你必须学习过指定的基础内容才行。

沉浸探究式的终身学习

Roblox 的建立也是一个教育相关的故事，1989 年，David Baszucki 和 Erik Cassel 编写了一个叫作“交互式物理学”的 2D 模拟物理实验室，这为他们之后创建 *Roblox* 奠定了技术基础。通过“交互式物理学”，来自全球各地的学生可以观察两辆车是如何“相撞”的，还可以学习如何搭建房屋。这些学生的设计天马行空，千奇百怪，这真正激发了两人创建一个能够自由创造的虚拟世界的想法。

虚拟世界最大的优势就是能够有足够的空间和场地来进行多次的沉浸式探究型的测试，而每次测试完之后，如果需要重新开始，只要重新找一块新的“地方”，或者创建一个空间或世界即可。

这种沉浸式的学习体验能够让我们注意到知识中的很多细节，让我们真正从“好像知道”变为“真的知道”。在 *Minecraft* 中有很多进行计算机科学探究的例子，比如印度的 Ashutosh Sathe 在这个虚拟的世界中搭建神经网络，如图 7 所示。

微软还基于 *Minecraft* 发布了一个人工智能测试平台 *Malmo*，并推出了一个 *Malmo* 协作 AI 挑战赛（MCAC），这是多智能体协作领域的一项重要比赛，鼓励研究者们更多地研究协作 AI、解决各种不同环境下的问题。

2017 年的 MCAC 挑战问题是，如何在 *Minecraft* 中让两个智能体合作，抓住一只小猪。如图 8 所示。

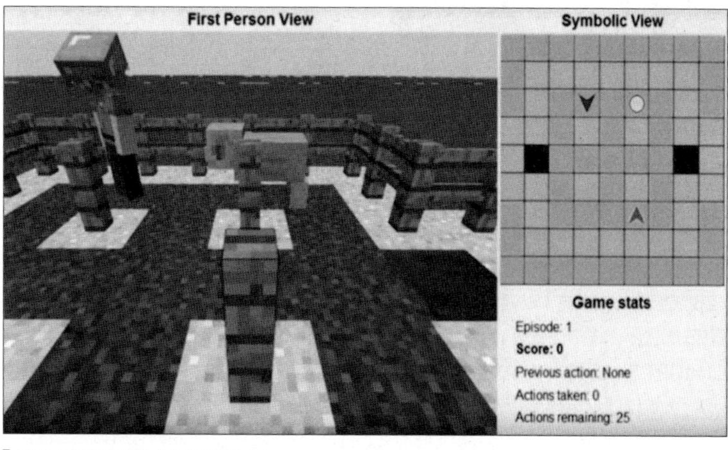

图 8 2017 年 MCAC 挑战的问题

人的知识就好比是一个圆圈，圆圈里面是已知的，圆圈外面是未知的。当你通过在虚拟环境中的沉浸探究式学习，加快、深入地学习知识，知道得越多时，圆圈也就会变得越大，但同时就会发现，你所不知道的也就越来越多。这样就会让我们开始进一步的学习之旅。所以说元宇宙中的这种沉浸的探究型的学习是终身的，而且你可以将所有的学习、探究的过程都保留下来。

网络带来了信息爆炸形式形成的信息数据的洪流。我们不应该在其中随波逐流，在这样的时代，我们应该学会如何对信息进行筛选，这一点其实也是需要学习的。要结合信息技术的发展，利用好交互性更强的知识网络，能够认识到，同样的知识在不同场景中的应用，同时也要注重知识内容版权的保护，要善于学习，喜欢探究，并成为一名终身学习者。

综上所述，我们认为元宇宙教育的特征是在元宇宙的特征之上又包含了一些特征，元宇宙教育的特征如图 9 所示。

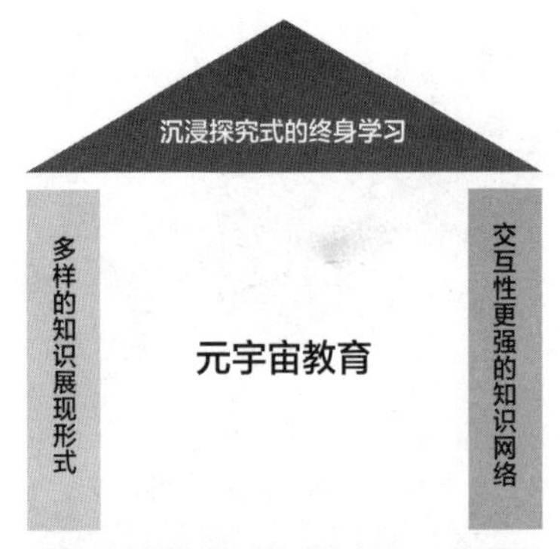

图 9　元宇宙教育的特征

其中，灵活的知识价值系统是元宇宙教育的根基，只有认可了知识内容是一种数字产品，尊重他人通过劳动创造的数字产品，才能保证整个元宇宙教育真正健康发展。沉浸探究式的终生学习是最终的形式，这就像元宇宙教育的顶，而元宇宙中自由创造的特性，会产生多样的知识展示形式，以及交互性更强的知识网络，这两个特征就像两根柱子，支撑起了中间的元宇宙教育。

综上所述，我们认为元宇宙教育是一个在高度虚实融合的社会当中，数字化的劳动催生知识生产系统和劳动价值系统的变化，产生更为灵活的、适应人的、全面发展的社会劳动和生活的组织形式，继而促进教育技术和学科知识之间在虚实空间深度融合，发展出更多样的知识展现形式和交互性更强的知识网络，产生沉浸式的劳动、协作、社会一体化的终身教育形态。

可能很多人会觉得元宇宙和元宇宙教育这个概念太虚了，或者认为元宇宙教育就是线上虚拟场景中的教育或是通过扩展现实技术对现有教学场景的补充，但由于作者很早就开始接触 *Roblox*，同时编写了 *Minecraft* 系列图书以及一系列编程图书，所以对于元宇宙教育有不同的理解，元宇宙教育会是一个能够推动教育变革的终身教育模式。

番茄采摘机器人

荷兰代尔夫特大学和瑞士洛桑联邦理工学院的科学家探索了人类与大型语言模型（LLM）之间不同程度的合作，借助 ChatGPT 设计并研制出了一款番茄收割机器人。番茄采摘是一项烦琐而耗时的任务，通常需要大量人力和时间。研究人员发现，人工智能和人类的合作积极且高效。在本项目中，ChatGPT 充当了研究员和工程师，人类则充当管理者，负责明确设计目标。

在设计阶段，ChatGPT 告知人类哪种作物最具经济价值。在实施阶段，ChatGPT 也提出了一些有用的建议：用硅胶或橡胶制作夹具，以避免压碎番茄；Dynamixel 电机是驱动机器人的最佳方式等。不过，研究团队也指出，如果 ChatGPT 等 LLM 的输出没有经过验证，可能会产生误导。此外，人类与 LLM 合作还揭示了一些其他重要问题，如剽窃、知识产权等。研究人员将继续研究 LLM，以设计出新的机器人，重点关注人工智能在设计机器人方面的自主性。

仿穿山甲微型医学机器人

磁性软体机器人和固体金属形态的机器人过去都曾被开发用于微创医学手术，但其功能和安全性有限。而穿山甲尽管有角质鳞片，通过把硬质鳞片组成重叠结构，它们还是可以灵活无碍地移动。受到穿山甲启发，德国马克斯·普朗克智能系统研究所的研究人员设计了一个微型机器人，大小为 1cm×2cm×0.2mm，拥有重叠鳞片设计和按需加热、变形、滚动的能力。在实验室的概念验证实验中，这个微型机器人能够加热物体到 70℃，对具有潜在临床应用的组织进行医疗处理，包括在难以触及区域进行癌症热疗或止血。此外，机器人能够消磁，将负载物释放到组织，这可用于递送药物。研究人员表示，受穿山甲启发研发的微型机器人还需要进一步测试，这一技术可能会是递送治疗用负载物和热疗应用的有用临床工具。

行空板图形化入门教程（6）

实景星空

演示视频

▌赵琦

灵感来源

夜幕降临，华灯初上，在城市中的你有多久没有看到过璀璨的星空了？其实，你看不到星星是因为夜晚环境光线非常亮（见图 1），环境越亮就越看不到星星。本次我们就使用行空板模拟一个星空，根据环境的亮度，控制星星的出现。

此项目主要利用光线传感器检测环境光线强度，同时根据环境的亮度，利用行空板模拟显示星空。最终实现环境亮，看不到星星；环境暗，看到星星闪烁。项目效果如图 2 所示。

▌图 1 夜晚环境

▌图 2 项目效果

判断条件
如果 那么执行
程序段1
否则
程序段2

▌图 3 双分支条件语句

判断条件是否成立
是
否
执行程序段1
执行程序段2

▌图 4 双分支条件语句的执行过程

功能原理

双分支条件语句

双分支条件语句如图 3 所示，它是条件判断语句中的一种，它的执行过程是判断条件是否成立，如果成立就执行“那么”后面的语句，否则就执行“否则”后面的语句，它的执行过程如图 4 所示。

双分支条件语句通常用于仅有两种情况的条件判断，就像我们的项目中只需要判断环境是亮还是暗。

三原色调色原理

三原色指色彩中不能再分解的 3 种基本颜色，而光的三原色是指红、绿、蓝，即 RGB。我们平时在电子显示屏上能看到各种不同的颜色，就是通过这 3 种颜色的光混合出来的。光的三原色混色如图 5 所示。

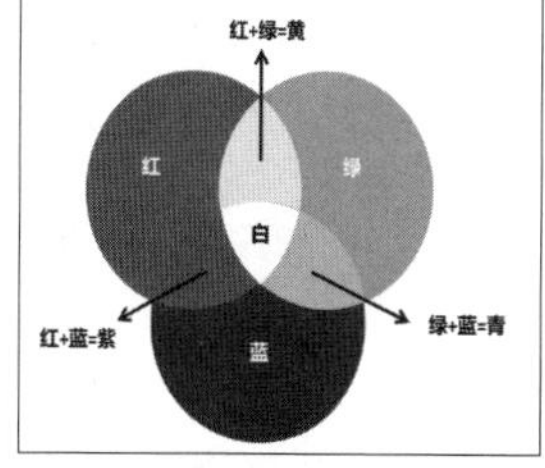

▌图 5 光的三原色混色

要利用光的三原色原理调整组件形状或颜色，可以使用如图 6 所示的三原色调色积木。

▌图 6 三原色调色积木

在积木中，红、绿、蓝 3 个颜色都可以用数值调整，不同数值混合出的颜色不相同，调色的时候你可以根据需要，调整

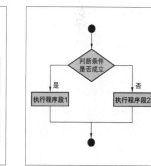

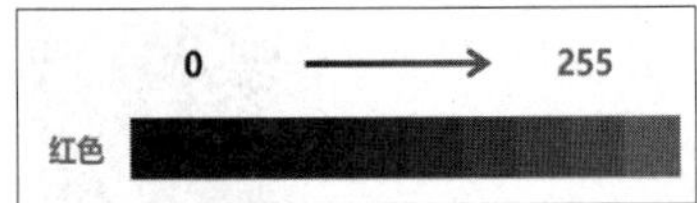

图7 红色色值变化

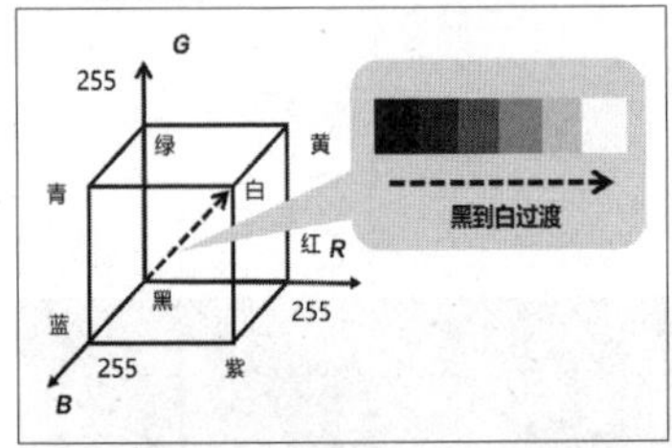

图8 变化过程

红、绿、蓝数值获得想要的颜色。需要说明的是，这3个颜色数值的有效变化范围是0~255。这里的数值表示的是每种颜色的亮暗程度，以红色为例（见图7），0表示黑色，255表示正红色。

比较特殊的混色是白色，白色是由红、绿、蓝3个颜色值都为255混合而成，如果从黑色到灰色再到白色逐渐过渡，红、绿、蓝3个颜色同步从0 ~ 255变化，变化过程如图8所示。

行空板板载光线传感器

当行空板显示屏正对你的时候，光线传感器位于行空板右上方（见图9），它是由PT0603光敏三极管构成，你可以使用图10所示积木来获得当前环境的光线强度。环境光强度是一个连续变化的数值，

图9 行空板板载光线传感器

图10 读取环境光强度积木

数值小表示当前环境暗；数值大表示当前环境亮。

另外，需要特别说明的是，如果程序中用到图11所示的板载传感器积木，当行空板断开时运行程序，程序会报错，报错信息如图12所示，Python运行弹窗不会出现。

图11 板载传感器积木

图12 报错信息

此时，如果需要在计算机显示屏展示项目效果，则可以选择使用“远程桌面连接”工具，通过行空板IP地址，将行空板显示屏显示在计算机上。详细操作方法介绍，可以进入行空板官网的“vnc显示屏共享”页面查看。

材料准备

本项目的材料清单见附表。

附表 材料清单

序号	设备名称	备注
1	行空板	1块
2	USB Type-C数据线	1根
3	计算机	Windows 7及以上系统
4	编程平台	Mind+

连接行空板

在开始编程之前，按如下步骤将行空板连上计算机。

图13 数据线连接行空板和计算机

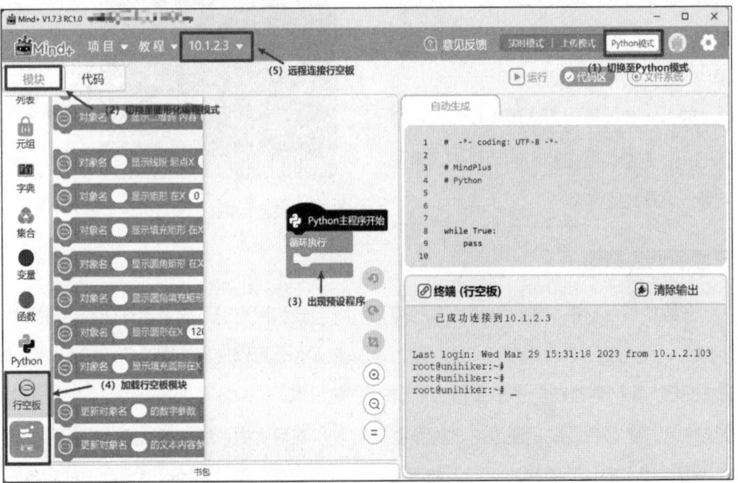

图14 软件准备

第一步：硬件搭建

使用 USB Type-C 数据线将行空板连接到计算机（见图 13）。

第二步：软件准备

打开 Mind+，按图 14 标注的顺序完成编程界面切换（Python 图形化编程模式）、行空板加载和连接。然后，保存好当前项目，就可以开始编写项目程序了。

项目实现过程

实景星空的实现需要先获取环境亮度，然后根据亮度控制星星闪烁，接下来我们就分两个任务来完成实景星空的制作。

任务一：获取并显示环境光强度

在此任务中，我们将学习获取环境亮度和数字转字符串方法，完成环境亮度在行空板显示屏上的显示。

任务二：设置星星闪烁

在此任务中，我们将学习使用三原色调色的方法，并进一步应用变量，实现由环境亮度控制星星的闪烁。

任务一：获取并显示环境光强度

1. 编写程序

首先我们要使用行空板板载的光线传感器获取环境光强度，获取积木为读取环境光强度，将它直接放入显示文字积木中，即可在行空板显示屏上显示环境光线强度（见图 15）。

为了更好地理解显示数值的含义，我们可以在环境光强度数值前添加一个说明文字，例如“环境光强度：”。然后，结合环境光强度的显示，行空板显示屏就能呈现更加完整的内容，添加说明文字积木如图 16 所示。

为了实时获取环境光强度数值，别忘了在循环执行里不断更新显示文字对象内容，完整程序如图 17 所示。

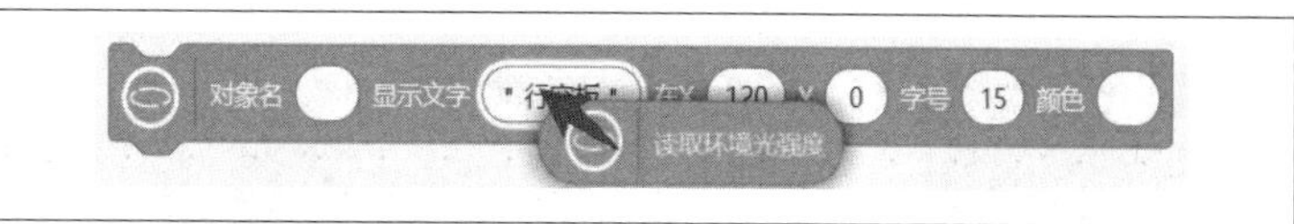

图 15 显示环境光强度积木

图 16 添加说明文字积木

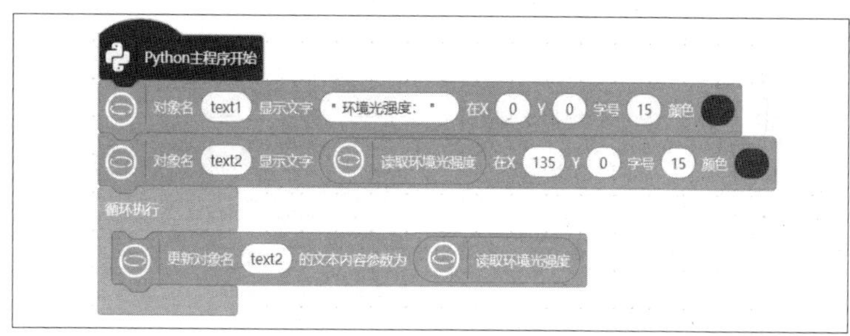

图 17 获取并显示环境光强度程序

2. 程序运行

单击“运行”，并尝试用手指捂住光线传感器位置，观察行空板显示屏显示环境光线强度数值（见图 18）。

捂住光线传感器，环境暗，光线强度较低；不捂住光线传感器，环境亮，光线强度较高。

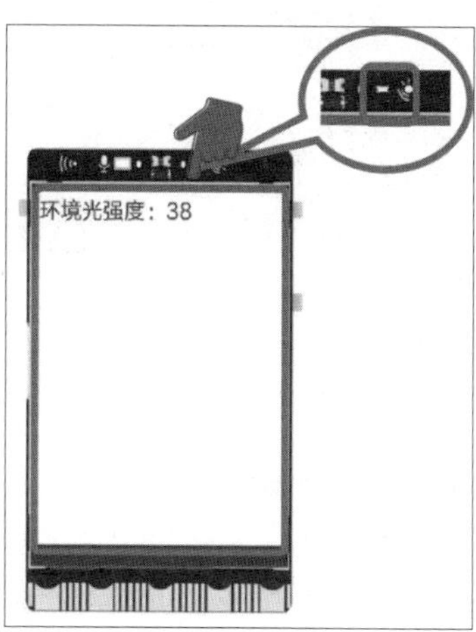

图 18 实时显示光线强度效果

任务二：设置星星闪烁

1. 编写程序

任务一已经完成了环境光强度的获取和显示，接下来我们就实现星星从亮起到闪烁，再由环境亮度控制星星，逐步实现实景星空的模拟。

2. 让星星亮起来

让星星亮起是利用镂空图片透过不同颜色的光实现的，所以项目中需要显示可以占满显示屏的白色实心矩形、镂空图片以及文字，图层关系如 19 所示。

接下来根据图层情况，依次在行空板上显示内容即可，别忘了调整图片大小，程序设计如图 20 所示。

3. 星星闪烁

星星闪烁是让星星逐渐亮起又变暗的过程，接下来我们就看看是如何实现的吧。

（1）改变星星亮度

星星的亮度变化是通过最底层实心矩

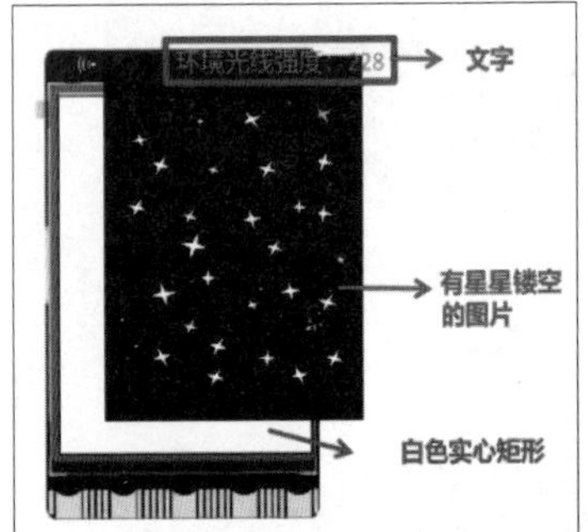

▌图 19 图层关系

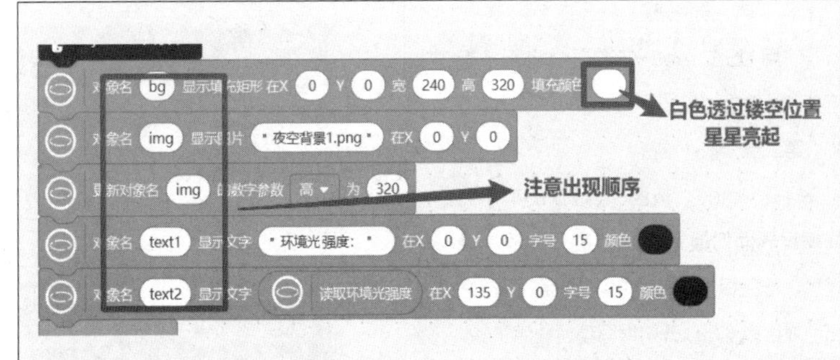

▌图 20 程序设计

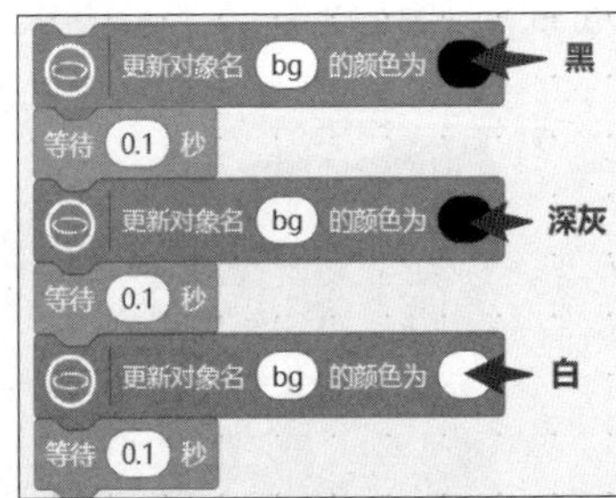

▌图 21 使用内置颜色

▌图 22 用三原色积木修改对象 bg 的颜色

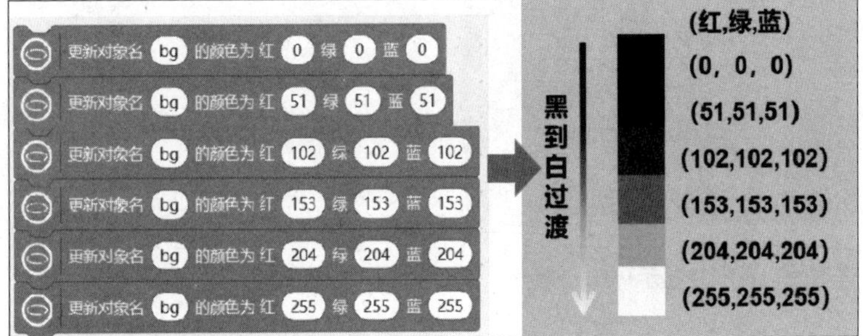

▌图 23 积木设置和对应的颜色变化

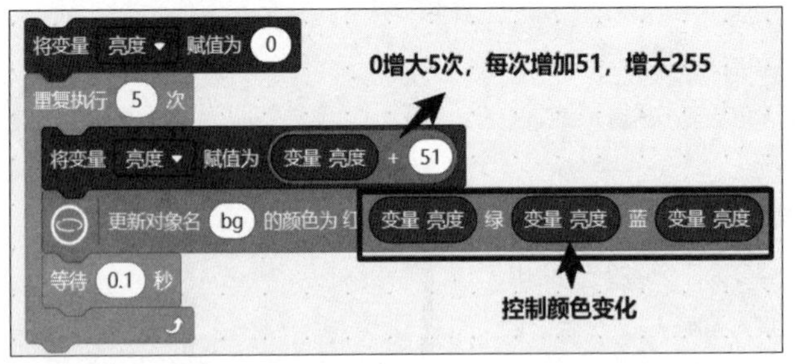

▌图 24 星星闪烁程序

形的颜色在黑色和白色间变化实现的，如何改变星星亮度呢？有两种方法。

方法一：使用 更新对象名 XX 的颜色为 XX 积木中的内置颜色（见图 21），实现底层实心矩形的颜色多次变化，但是它可选的颜色有限，无法让星星亮度连续变化。

方法二，使用三原色调色积木去改变矩形对象 bg 的颜色（见图 22）。

三原色调色积木可以通过数字的连续变化，控制星星颜色从黑色到灰色再到白色均匀变化，积木设置和对应的颜色变化如图 23 所示。

（2）实现星星闪烁

星星的闪烁，我们可以利用“控制”分类下的 重复执行 X 次 控制亮度变量的值多次变化，进而完成最底层实心矩形颜色连续变化。首先将亮度变量的值设为 0，然后让变量的值每次增加 51，并通过变量控制星星颜色从黑向灰色过渡，增加 5 次直到亮度变量的值变为 255，颜色显示为白色，每次变化的时候可以设置等待时间，让颜色变化慢一点，星星闪烁程序如图 24 所示。

4. 用环境强度控制星星闪烁

项目中，环境亮不显示星星，环境暗星星闪烁。这里需要根据当前环境光强度去做判断，在任务一中我们已经知道环境越亮，环境光强度数值越大，也就是说如果环境光强度数值大于某数值，那么不显示星星，即底层矩形显示黑色，否则星星闪烁。根据刚才的描述，用环境亮度控制星星闪烁程序如图 25 所示。

最后，为了保证行空板可以实时根据环境光强度控制星星闪烁，需要将刚才实现的积木放进 循环执行 里，完整项目积木如图 26 所示。

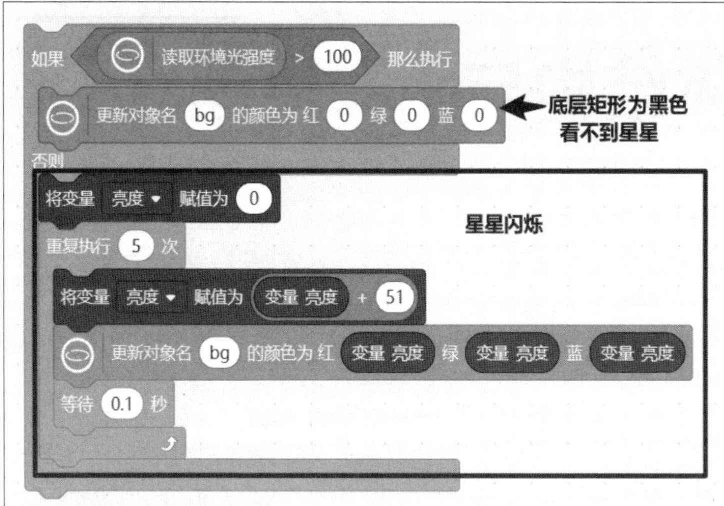

图 25 用环境亮度控制星星闪烁程序

图 26 完整项目程序

程序运行

检查行空板连接情况，单击“运行”，观察行空板显示效果，项目效果如图 27 所示，大家可以扫描文章开头的二维码观看演示视频。

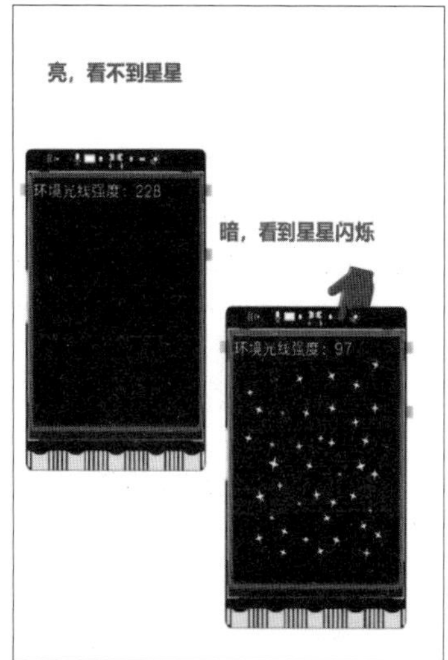

图 27 项目效果

挑战自我

漆黑的房间里有一只黑色的小猫，你能找到它在哪里吗？请你结合本节课知识，设计一个“寻找黑猫”的小游戏，挑战自我项目效果如图 28 所示。

提示：利用光线传感器来控制行空板显示屏亮度，若环境亮，行空板显示屏暗，你只能看到一双猫的眼睛；环境暗或用手指捂住光线传感器，显示屏亮起，房间里的黑猫就显示出来了。

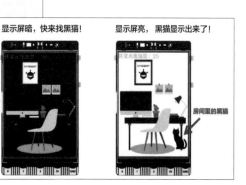

图 28 挑战自我项目效果

STM32 物联网入门30 步（第6步）

HAL 库的整体结构与函数原理

▌杜洋　洋桃电子

STM32

上一期我们学会了程序下载，能成功控制开发板上LED的点亮和熄灭。也就是说，我们已经把项目开发的全流程走通了，掌握了开发板硬件电路原理、STM32CubeIDE使用、程序编译下载。接下来我们就可以开始编写自己的应用程序，从LED点亮到串口时钟显示，从RS-485通信到Wi-Fi模块操作。不过在此之前需要先研究一下HAL库，因为HAL库是底层程序，未来要写的应用层程序需要根植于HAL库。就像在高山上建塔，必须先了解HAL库这座山，然后再编写我们的应用程序，才能有的放矢。要想讲透HAL库很困难，我只能尽量提炼大体理论，重点还需要大家自己研究，大家要仔细地观察函数内容，翻译每个函数的注释信息，理解函数的作用。HAL库的讲解分成3个部分，第1部分讲HAL库的整体结构，从文件夹结构和工程文件树结构两个角度去观察HAL库的分类和调用关系。第2部分简单介绍HAL库的函数原理，探索函数层级调用。第3部分讲解HAL库的使用方法，例如怎样禁用HAL库，怎样切换成LL库。

HAL库的整体结构

我们先从宏观上了解HAL库的结构。如图1所示，HAL库中的文件并不平等，有些文件中的函数面向用户，给应用程序调用；有些文件直接操作寄存器；还有些文件作为中间层，连接应用层和底层。我们需要认识这些文件，了解每个文件的作用。我将分两部分介绍，一是从计算机的文件结构入手，二是从STM32CubeIDE工程文件树结构入手。其实它们的结构几乎相同，但如果我只讲工程文件树，大家就可能无法将工程文件夹与工程文件树对应起来。

文件夹结构

虽然我们已经在前几期创建好了可用的工程文件，但其中还缺少面向用户的应用程序，为了能讲解完整的文件结构，我以出厂测试程序的工程为例。请在资料包中打开“洋桃IoT开发板出厂测试程序”文件夹，解压缩后打开“洋桃IoT开发板出厂测试程序”的工程。将工程保存在计算机上，路径中不要有中文，工程文件夹名称是QC_TEST_IDE_2all。

如图2所示，工程文件夹里有多个子文件夹，其中Core是内核文件夹，里面存放着应用层面的重要文件，我们熟悉的main.c文件就在此文件夹里。Debug是调试文件夹，顾名思义，里面存放着与仿真器调试相关的文件。这些文件不参与编译，一般是编译输出的文件，上一步给单片机下载的HEX文件就在这里。Drivers是驱动程序文件夹，存放着单片机内部功能的底层驱动程序。HAL库本质上是由ST公司制作的底层驱动程序，所以它就存放在这个文件夹里。icode是用户驱动程序文件夹，此文件夹不是STM32CubeIDE生成的，而是由我创建的，名字是随机命名的。之所以要创建这个文件夹，是因为在洋桃IoT开发板上有很多功能并不是单片机内置功能，比如LED、按键、蜂鸣器，这些功能需要我们自己编写驱动程序，存放到Drivers驱动程序文件夹里。但是那样容易使官方驱动程序与我们的驱动程序混淆，所以我才将它们分离出来，存放到icode文件夹里。Middlewares是中间件文件夹，这是自动生成的文件夹，在STM32CubeMX图形界面中开启中间件功能后才会出现，其中存放着与中间件相关

▌图1 HAL库的结构

▌图2 文件夹结构

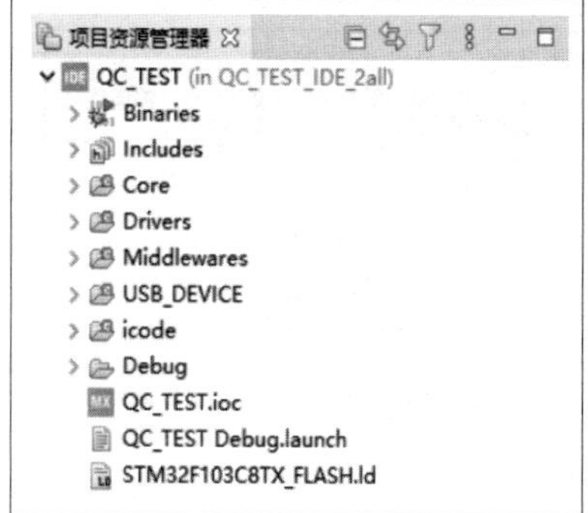

图3 工程文件树结构

的驱动程序文件，主要包括FATFS文件系统。USB_DEVICE文件夹只有在STM32CubeMX中开启USB从设备功能时才会出现，其中存放着USB从设备的驱动程序文件。

文件夹讲完了，接下来是一些文件。.project是STM32CubeIDE工程的启动文件，双击可打开STM32CubeIDE工程。QC_TEST.ioc是STM32CubeMX图形界面的启动文件，在工程文件夹里双击该文件可打开STM32CubeMX图形界面。其他的文件与我们用户无关，不多介绍。请大家快速进入每个子文件夹浏览一遍，对于整体的文件夹系统有一个印象，之后在讲工程文件树时能把工程文件树与文件系统对应起来。

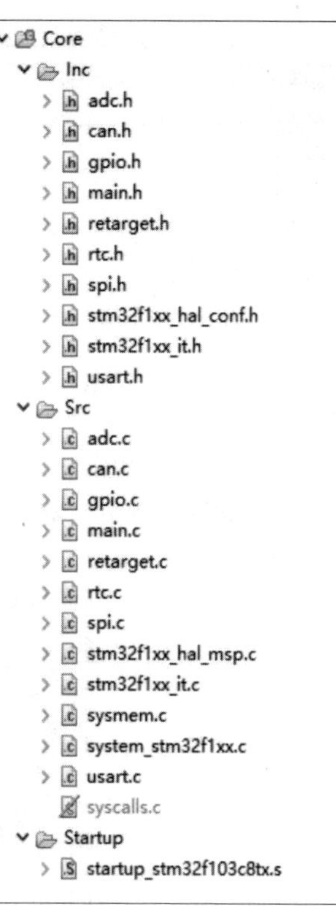

图4 Core文件夹里的文件

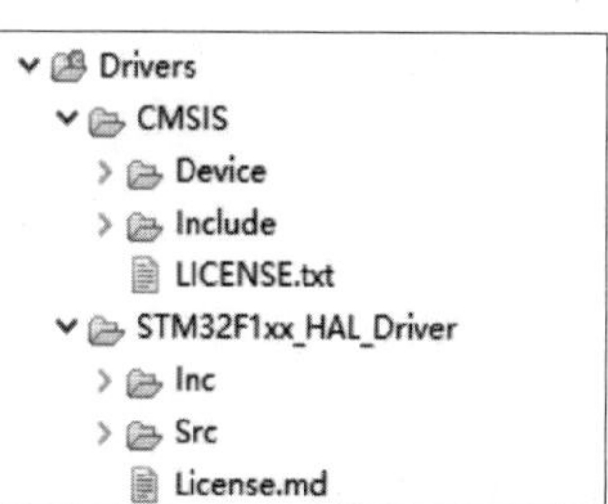

图5 Drivers文件夹里的文件

Drivers
CMSIS
Device
ST
STM32F1xx
Include
stm32f103xb.h
stm32f1xx.h
system_stm32f1xx
Source
Templates
License.md
Include
cmsis_armcc.h
cmsis_armclang.h
cmsis_compiler.h
cmsis_gcc.h
cmsis_iccarm.h
cmsis_version.h
core_armv8mbl.h
core_armv8mml.h
core_cm0.h
core_cm0plus.h
core_cm1.h
core_cm23.h
core_cm3.h
core_cm33.h
core_cm4.h
core_cm7.h
core_sc000.h
core_sc300.h
mpu_armv7.h
mpu_armv8.h
tz_context.h
LICENSE.txt

图6 CMSIS文件夹里的文件

工程文件树结构

双击.project应用程序，在STM32CubeIDE中打开工程。如图3所示，双击窗口左侧“项目资源管理器”中的工程名称QC_TEST，展开工程文件内容，这个文件结构俗称工程文件树。大家能直观地看到工程文件树中的内容与计算机系统文件夹是一样的，它们本质上是相同的。

Core文件夹中存放着内核程序，里面有3个子文件夹。如图4所示，Inc文件夹用于存放各功能的.h文件，Src文件夹用于存放各功能的.c文件，Startup文件夹用于存放汇编语言的单片机启动文件。其中Startup文件夹中的启动文件比较重要，初学期间不要修改它。Inc和Src文件夹里相同名称的.h文件和.c文件是关联的同一功能，分放在两个文件夹里。比如adc.h文件里存放着ADC功能的宏定义和函数声明，而adc.c文件里存放着ADC功能的函数内容。

除了单片机各功能的.h和.c文件，还有几个前缀是“stm32f1xx”的文件，这是芯片层面的.h文件和.c文件，它们负责STM32F1这一型号单片机的驱动，选择不同的单片机型号会有不同的芯片文件。未来学习STM32F4系列单片机时，新的芯片文件则以“stm32f4xx”开头。还有几个文件以“sys”开头，这是最底层的内核级文件，包含了所有单片机通用的配置。想了解某个文件的作用，大家可以双击将其打开，去看文件开头的说明文字。后续教学中涉及哪个文件我再详细讲解。需要特别注意Src文件夹里的main.c文件，用户应用程序由此文件开始执行，我们熟知的main()函数就在此文件里，未来的教学中会经常讲解此文件。

接下来展开Drivers文件夹，这里存放着HAL库相关的文件。如图5所示，其中有两个子文件夹，CMSIS用于存放单片机内核的软件接口标准化文件，STM32F1xx_HAL_Driver用于存放HAL库文件。CMSIS文件夹可不简单，如图6所示，其中存放

图7 STM32F1xx_HAL_Driver文件夹里的文件

图8 STM32CubeMX中的芯片包与嵌入程序设置

图9 icode文件夹里的文件

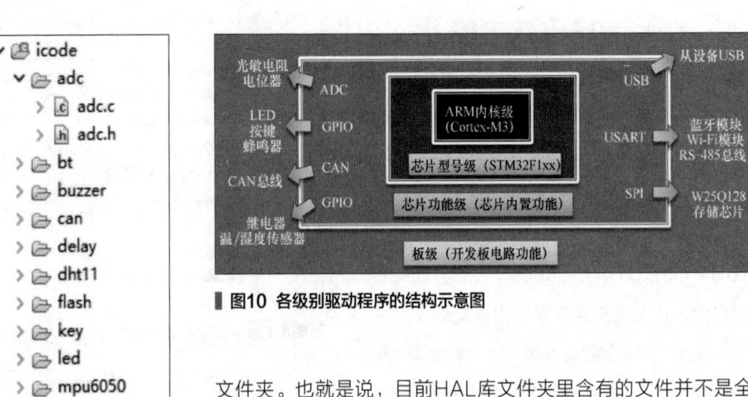

图10 各级别驱动程序的结构示意图

着Cortex内核的通用软件接口标准，大家可以在网上搜索到它的详细说明，这里仅做了解即可。简单来说，CMSIS文件夹是ARM内核与STM32F1单片机硬件之间的底层协议。

STM32F1xx_HAL_Driver文件夹如图7所示，我们学习的HAL库在这个文件夹里。还记得在STM32CubeIDE新建工程的文章吗？如图8所示，在芯片包与嵌入程序中选择只复制用到的.c和.h文件到工程文件夹。也就是说，目前HAL库文件夹里含有的文件并不是全部的HAL库文件，而是只包含STM32CubeMX中开启功能的HAL库文件，其中每项功能都由.h文件和.c文件组成，分放在两个文件夹里，如果在STM32CubeMX里关闭某项功能，HAL库文件夹里会自动删除相应功能的.h和.c文件。从文件名称可以看出它所对应的功能，文件名称中有“adc”的是模数转换功能，有“can”的是CAN总线功能。对于不认识的文件，可以双击打开，在其开头部分有英文介绍，翻译一下就了解了。

接下来是Middlewares中间层文件夹和USB_ DEVICE设备文件夹，当开启FATFS文件系统和USB从设备功能时，这两个文件夹才会出现，其中内容是这两项功能的驱动程序文件，后续讲到相应功能时再细讲。

icode文件夹是一个需要我们手动创建的文件夹，用于存放我们编写的驱动程序，除此之外，其他文件夹都由STM32CubeMX自动生成。如图9所示，icode文件夹中的每个子文件夹名称与其功能相对应。在HAL库文件夹里存放的文件是针对单片机内置功能的驱动程序，但我们最终要使用洋桃IoT开发板，需要利用单片机内置功能来写出针对开发板硬件的驱动程序。以LED的亮灭控制为例，控制LED的是单片机内部的GPIO功能，需要使用stm32f1xx_hal_gpio.c文件中的HAL库函数。

但还需要写一个针对开发板上LED的控制程序，被main()函数调用，然后LED驱动程序再调用HAL库中的GPIO驱动程序。如图10所示，在未来的开发中，针对不同硬件电路，在icode文件夹里创建和编写对应电路的板级驱动程序，再让它们去调用HAL库中的芯片级驱动程序，最后在main()函数中调用icode文件夹中的各硬件驱动程序，完成程序运行。在后续的教学中每用到一项新功能就要在icode文件夹里编写一组.h和.c文件。所谓学会某项功能就是学会3点：学会如何编写板级驱动程序；学会如何在板级驱动程序中调用HAL库中的功能函数；学会在main()函数中调用板级驱动程序。icode文件中的文件如何编写，在后续讲到对应功能时会细讲。

图11 Debug文件夹里的文件

最后是Debug文件夹，如图11所示，其中存放着调试相关的文件，包括我们熟知的HEX文件。

图12 stm32f1xx_hal_adc.h文件里的内容

HAL库的函数原理

在了解HAL库的文件结构后，我们深入文件内部看看各类文件分别包含哪些函数，函数之间如何相互调用。由于文件太多，不能各个都讲，在此只能举例说明。请大家学会之后认真把文件内容看一遍，找出它们的共同点和差异，这对于理解程序的工作原理很有帮助。

单个功能的文件内容

我以ADC功能为例，讲解它在函数层面的结构和原理。如图12所示，打开STM32F1xx_HAL_Driver文件夹，找到Inc文件夹中的stm32f1xx_hal_adc.h文件和Src文件夹中的stm32f1xx_hal_adc.c文件，单击文件名左边的三角号展开文件内容。展开内容看起来像是子文件，但这些并不是文件，而是文件包括的内容。STM32CubeIDE能识别出文件内容里哪些是宏定义，哪些是函数体，并把它们分门别类地显示在工程文件树里。这样不用翻看程序文件就能了解程序的结构，双击对应内容可以打开文件，让光标跳转到对应位置，方便查看程序。

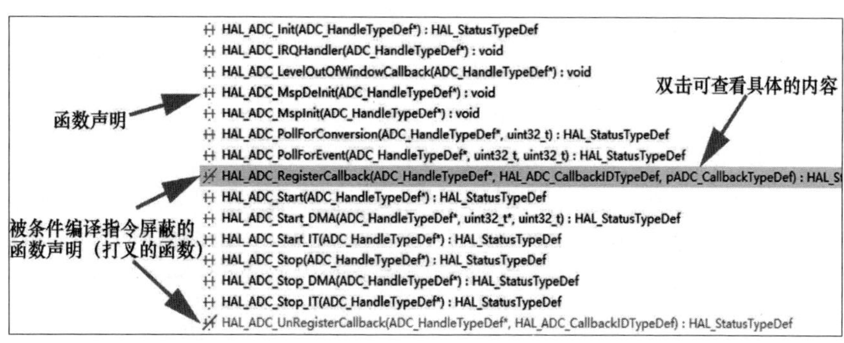

图13 文件内容中的函数声明

首先展开stm32f1xx_hal_adc.h文件，其中包括加载的.h文件、名称宏定义、句柄结构体定义、结构体定义、函数声明。加载的.h文件、名称宏定义、结构体定义比较好理解，句柄结构体是新概念。简单来说，句柄就是特殊的结构体，它里面存放着某项功能的全部参数设置，我们在STM32CubeMX图形界面中设置的参数就保存在句柄结构体中，当其他函数要调用某项功能时，不需要我们再重新设置一遍参数，只要引用现有句柄就可以了。大多数功能有对应的句柄结构体，保存着参数内容。大家可以单击句柄名称左边的三角号，展开查看句柄内容。双击其中一项可以跳转查看具体内容。

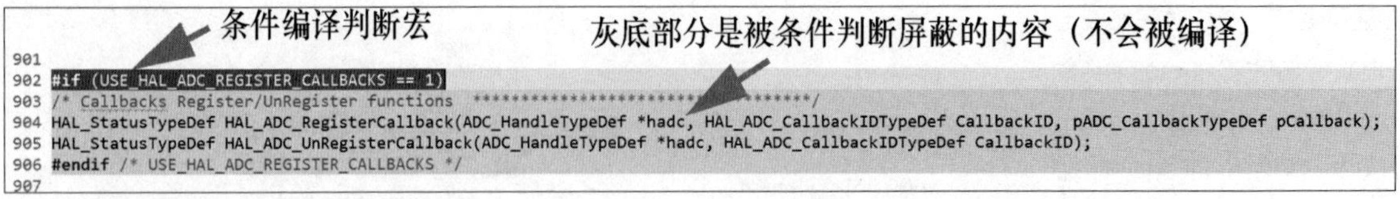

```
#if (USE_HAL_ADC_REGISTER_CALLBACKS == 1)
/* Callbacks Register/UnRegister functions  ***************************************/
HAL_StatusTypeDef HAL_ADC_RegisterCallback(ADC_HandleTypeDef *hadc, HAL_ADC_CallbackIDTypeDef CallbackID, pADC_CallbackTypeDef pCallback);
HAL_StatusTypeDef HAL_ADC_UnRegisterCallback(ADC_HandleTypeDef *hadc, HAL_ADC_CallbackIDTypeDef CallbackID);
#endif /* USE_HAL_ADC_REGISTER_CALLBACKS */
```

图14 条件编译指令

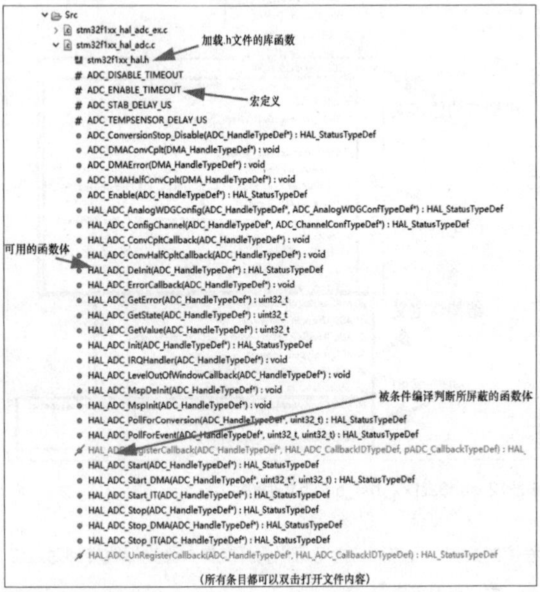

图15 stm32f1xx_hal_adc.c文件里的内容

函数声明部分如图13所示，这里列出了ADC功能在HAL库中可被调用的所有函数，可以双击其中一项跳转到对应的文件内容。但adc.h文件里存放的是函数声明，真正的函数体存放在adc.c文件里。可以注意到，不论是句柄结构体还是函数声明，有一些条目显示为灰色底纹，双击查看时文件里的对应内容也显示为灰色底纹。如图14所示，这些灰色底纹内容是被条件编译指令屏蔽了。在文件内容中明显看到在被屏蔽的内容处有#if和#endif，这是用于条件编译判断的宏语句。#if与if语句不同，#if不是程序的一部分，不会被编译，它判断括号中的内容是否成立，如果内容不成立，则#if与#endif之间的部分不会被编译。例如在STM32CubeMX中没有开启ADC功能的中断功能，在ADC文件里涉及中断的部分加入#if判断，当判断中断功能没有开启时，所有与中断有关的部分都会变成灰色底纹，不被编译。这样一来，用户不需要删减程序也能有选择性地修改编译内容。我们也可以在自己的程序里添加#if判断，提高调试效率。

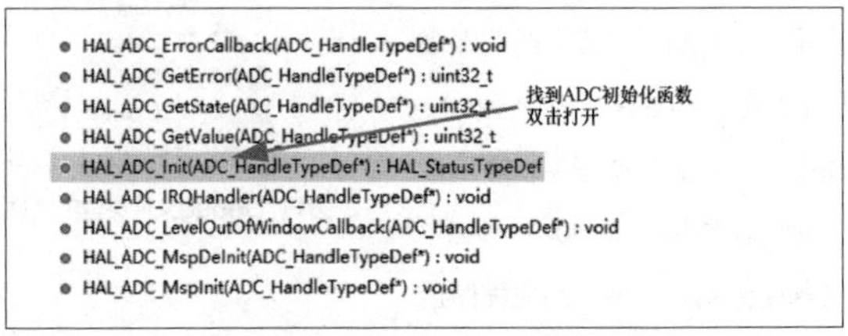

图16 找到ADC初始化函数

接下来展开stm32f1xx_hal_adc.c文件，如图15所示，其中包括加载stm32f1xx_hal.h文件、宏定义、函数体。可以双击相应条目查看具体内容。在函数体条目中也有一些条目被条件编译判断屏蔽了，显示为灰色底纹。.c文件与.h文件的内容相呼应，一般在.c文件中编写C语言函数，在.h文件中编写宏定义和函数声明。其他功能文件的编写方法大体相同。

函数调用层级

现在我们已熟悉文件结构和文件内容，接下来研究各函数之间的调用关系。由于涉及的文件太多，无法逐一讲解，而我们学习的重点是应用开发，对底层只做简单了解，所以这里只讲探索函数间调用关系的方法，具体的调用关系请大家用我的方法自行研究。还是以ADC功能为例，如图16所示，在stm32f1xx_hal_

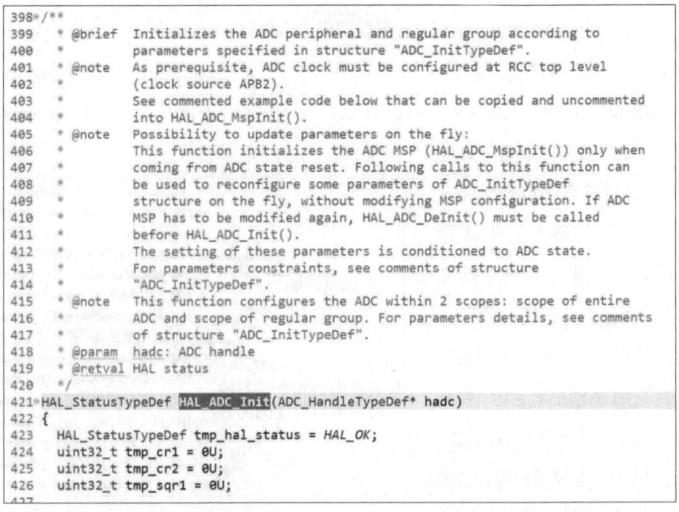

```
/**
  * @brief  Initializes the ADC peripheral and regular group according to
  *         parameters specified in structure "ADC_InitTypeDef".
  * @note   As prerequisite, ADC clock must be configured at RCC top level
  *         (clock source APB2).
  *         See commented example code below that can be copied and uncommented
  *         into HAL_ADC_MspInit().
  * @note   Possibility to update parameters on the fly:
  *         This function initializes the ADC MSP (HAL_ADC_MspInit()) only when
  *         coming from ADC state reset. Following calls to this function can
  *         be used to reconfigure some parameters of ADC_InitTypeDef
  *         structure on the fly, without modifying MSP configuration. If ADC
  *         MSP has to be modified again, HAL_ADC_DeInit() must be called
  *         before HAL_ADC_Init().
  *         The setting of these parameters is conditioned to ADC state.
  *         For parameters constraints, see comments of structure
  *         "ADC_InitTypeDef".
  * @note   This function configures the ADC within 2 scopes: scope of entire
  *         ADC and scope of regular group. For parameters details, see comments
  *         of structure "ADC_InitTypeDef".
  * @param  hadc: ADC handle
  * @retval HAL status
  */
HAL_StatusTypeDef HAL_ADC_Init(ADC_HandleTypeDef* hadc)
{
  HAL_StatusTypeDef tmp_hal_status = HAL_OK;
  uint32_t tmp_cr1 = 0U;
  uint32_t tmp_cr2 = 0U;
  uint32_t tmp_sqr1 = 0U;
```

图17 HAL_ADC_Init()函数的说明

adc.c文件中找到函数条目，这些都是可被用户应用程序调用的函数，如果我们要初始化ADC功能，就会用到HAL_ADC_Init()函数，在板级驱动程序中可直接调用此函数。那么在HAL_ADC_Init()函数里调用的是什么呢?

双击HAL_ADC_Init()条目跳转到HAL_ADC_Init()函数。如图17所示，在函数上方的绿色字体是官方对此函数的说明，包括用途、备注、输入参数和返回值。如图18所示，我通常会把整段说明复制到翻译软件，从而了解这个函数。初学期间可能看不太懂这些专业说明，大家可以先跟着我操作，实践多了自然就懂了。

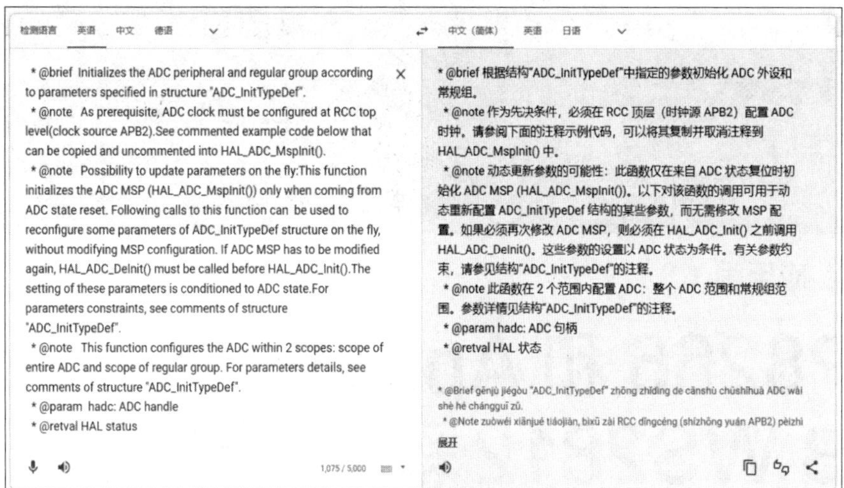

图18 使用翻译软件翻译说明（图中为软件翻译结果，可能有错或不通顺）

如图19所示，函数内的程序中有变量定义、函数语句，还调用了其他函数。我们对于这些函数名和参数的名称都不了解，接下来开始探索。如图20所示，在想了解的函数、变量或结构体处单击鼠标右键，在弹出的菜单中选择"Open Declaration"（打开声明）选项。这时软件会打开字段的声明文件，跳转到声明处，如图21所示。如果单击的是函数则会跳转到对应文件的函数内容，如果是结构体则会跳转到结构的定义部分。总之，用这个方法可以从"表面"跳转到"深层"。如法炮制，一层一层地深入，记录下各层的文件名，最后进入底层，进入寄存器操作的程序，文件的调用关系就出来了。大家可以花时间研究一下，观察都打开了哪些文件。

```
HAL_StatusTypeDef HAL_ADC_Init(ADC_HandleTypeDef* hadc)
{
  HAL_StatusTypeDef tmp_hal_status = HAL_OK;
  uint32_t tmp_cr1 = 0U;
  uint32_t tmp_cr2 = 0U;
  uint32_t tmp_sqr1 = 0U;

  /* Check ADC handle */
  if(hadc == NULL)
  {
    return HAL_ERROR;
  }

  /* Check the parameters */
  assert_param(IS_ADC_ALL_INSTANCE(hadc->Instance));
  assert_param(IS_ADC_DATA_ALIGN(hadc->Init.DataAlign));
  assert_param(IS_ADC_SCAN_MODE(hadc->Init.ScanConvMode));
  assert_param(IS_FUNCTIONAL_STATE(hadc->Init.ContinuousConvMode));
  assert_param(IS_ADC_EXTTRIG(hadc->Init.ExternalTrigConv));

  if(hadc->Init.ScanConvMode != ADC_SCAN_DISABLE)
  {
    assert_param(IS_ADC_REGULAR_NB_CONV(hadc->Init.NbrOfConversion));
    assert_param(IS_FUNCTIONAL_STATE(hadc->Init.DiscontinuousConvMode));
    if(hadc->Init.DiscontinuousConvMode != DISABLE)
    {
      assert_param(IS_ADC_REGULAR_DISCONT_NUMBER(hadc->Init.NbrOfDiscConversion));
    }
  }

  /* As prerequisite, into HAL_ADC_MspInit(), ADC clock must be configured    */
  /* at RCC top level.                                                        */
  /* Refer to header of this file for more details on clock enabling          */
  /* procedure.                                                               */

  /* Actions performed only if ADC is coming from state reset:                */
  /* - Initialization of ADC MSP                                              */
  if (hadc->State == HAL_ADC_STATE_RESET)
  {
    /* Initialize ADC error code */
    ADC_CLEAR_ERRORCODE(hadc);

```

图19 HAL_ADC_Init()函数的内容

```
  if(hadc == NULL)
  {
    return HAL_ERROR;
  }

  /* Check the parameters */
  assert_param(IS_ADC_ALL_INSTANC
  assert_param(IS_ADC_DATA_ALIGN(
  assert_param(IS_ADC_SCAN_MODE(h
  assert_param(IS_FUNCTIONAL_STAT
  assert_param(IS_ADC_EXTTRIG(had

  if(hadc->Init.ScanConvMode != A
  {
```

①在要进入的函数/声明/宏/变量/结构体处单击鼠标右键

②单击"Open Declaration"（打开声明）

撤销(U)	Ctrl+Z
还原文件(V)	
保存(S)	Ctrl+S
Open Declaration	F3
Open Type Hierarchy	F4
Open Call Hierarchy	Ctrl+Alt+H
Quick Outline	Ctrl+O
Quick Type Hierarchy	Ctrl+T
Explore Macro Expansion	Ctrl+#
Toggle Source/Header	Ctrl+Tab 键
打开方式(W)	›

图20 打开函数声明

QC_TEST.ioc　stm32f1xx_hal_adc.c　stm32f103xb.h

```
  */

/******************************* ADC Instances ********************************/
#define IS_ADC_ALL_INSTANCE(INSTANCE) (((INSTANCE) == ADC1) || \
                                       ((INSTANCE) == ADC2))

#define IS_ADC_COMMON_INSTANCE(INSTANCE) ((INSTANCE) == ADC12_COMMON)
```

图21 跳转到宏定义内容

ESP8266 开发之旅 应用篇（3）

基于 ESP8266 和 App 的炫酷 RGB WS2812 彩灯控制

▌单片机菜鸟博哥

前言

作为初学者，第一个成功的程序往往是点灯程序，点灯可以说是最简单的，也是最难的。本次我们在点灯基础上丰富它的功能——基于 ESP8266 和 App 的炫酷 RGB WS2812 彩灯控制。实现的效果是在局域网内使用 App 控制 RGB WS2812 灯带，多种颜色随时切换并附带呼吸灯效果。

涉及技术

通过本文，我们会学习到以下 4 个方面知识。

- WebSocket 协议，本文使用它来构建本地 WebSocket 服务器和客户端。
- App 应用开发。
- JSON 数据。
- ESP8266 Arduino 编程，包括 SmartConfig 一键配网等。

项目原理

项目框架如图 1 所示。

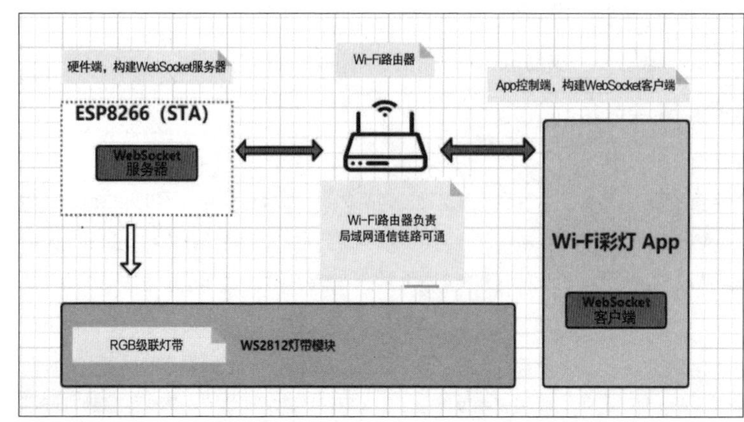

▌图 1 项目框架

具体实现原理如下。

- 手机、ESP8266 均连接同一个 Wi-Fi。
- 在 ESP8266 上构建一个 WebSocket 服务器，监听来自于 WebSocket 客户端的请求。
- 在手机上安装 Wi-Fi 彩灯 App，App 作为 WebSocket 客户端给 WebSocket 服务器发起控制命令。
- ESP8266 接收到控制命令并成功解析命令（比如 RGB 颜色控制命令）后，会把 WS2812 设置为对应状态以达到控制效果。

项目准备

这里我默认大家已经安装好 ESP8266 的软件开发环境，所以不再介绍。

软件环境准备

1. 安装 MFRC522

安装步骤：Arduino IDE →工具→管理库，搜索 Adafruit_NeoPixel，安装最新版本（见图 2）。这个库的作用就是操作 WS2812 灯带。

2. 安装 ArduinoJson 库

安装步骤：Arduino IDE →工具→管理库，搜索 ArduinoJson，安装最新版本（见图 3）。

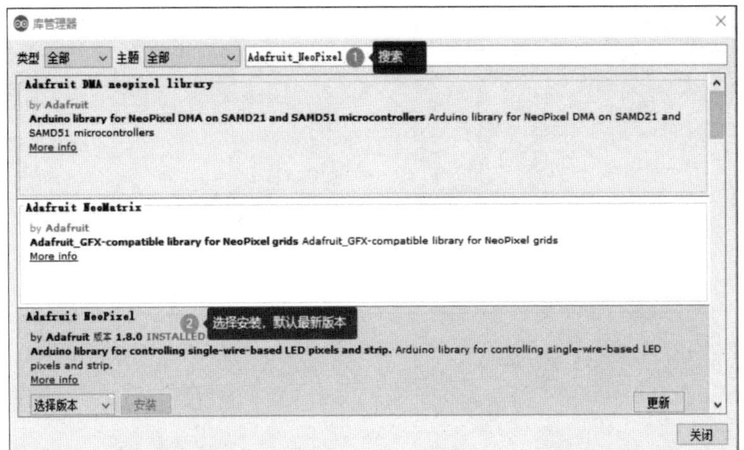

图 2 MFRC522 安装步骤

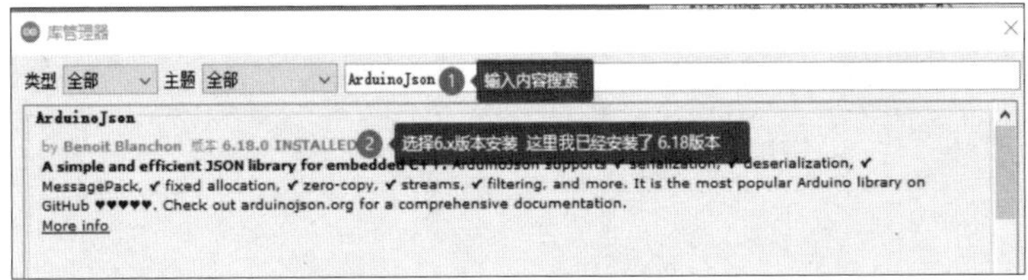

图 3 ArduinoJson 库安装步骤

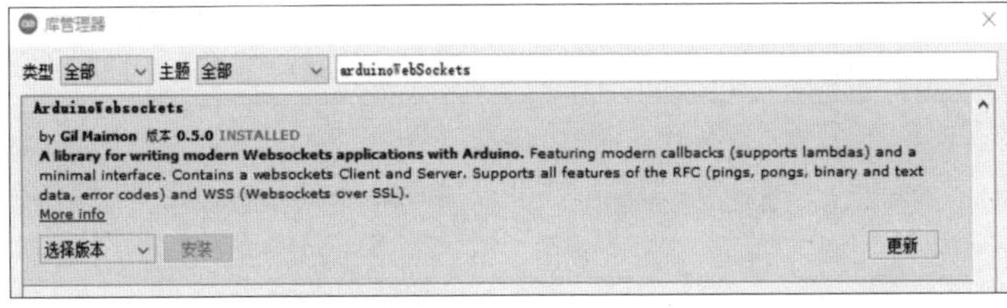

图 4 arduinoWebSockets 库安装步骤

3. 安装 arduinoWebSockets 库

安装步骤：Arduino IDE→工具→管理库，搜索 arduinoWebSockets，安装最新版本（见图 4）。

硬件准备

1. 硬件材料

硬件材料见表 1。

表 1 硬件材料

序号	名称	数量
1	ESP8266-12 NodeMCU 主控板	1 块
2	面包板	1 块
3	WS2812 模块	1 块
4	电源模块	1 块
5	杜邦线	若干

2. 硬件连线

硬件连接见表 2。

表 2 硬件连接

WS2812 模块引脚	NodeMCU 引脚
DI	D5
GND	GND
电源模块引脚	**NodeMCU 引脚**
GND	GND
电源模块引脚	**WS2812 模块引脚**
Vcc 5V	Vcc 5V
GND	GND

最终硬件连接如图 5 所示。

项目实现细节

整个项目实现分为两个部分：设备端和 App 端。

设备端程序与实现

设备端程序主要分为 3 部分。

- SmartConfig 配网部分。
- 接收并解析 App 控制命令部分。
- 控制 WS2812 部分。

1. SmartConfig配网部分

ESP8266 上电启动后，进入自动连接模式 AutoConfig（根据上一次成功连接的 SSID 和密码），最多等待 20s。在尝试连接的过程中，LED 每隔 1s 闪烁一次，表示正在连接；如果连接成功，就直接配置 ESP8266 WebSocket 服务器模式（见程序 1）。

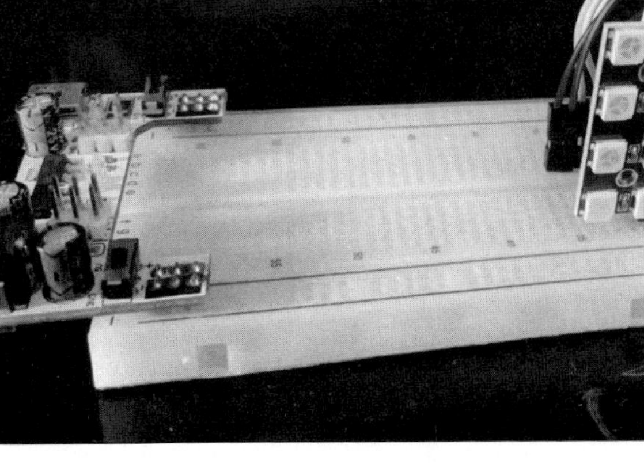

图 5 硬件连接

程序1

```
//函数功能：自动尝试连接Wi-Fi 20s，超时之后自动进入SmartConfig模式
bool autoConfig(){
  Wi-Fi.mode(Wi-Fi_AP_STA);//设置ESP8266工作模式为AP + STA模式
  Wi-Fi.begin();
  delay(2000);//刚启动模块时，延时稳定一下
  DebugPrintln("AutoConfiging......");
  for(int index=0;index<20;index++){
    int wstatus = Wi-Fi.status();
    if (wstatus == WL_CONNECTED){
      DebugPrintln("AutoConfig Success");
      DebugPrint("SSID:");
      DebugPrintln(Wi-Fi.SSID().c_str());
      DebugPrint("PSW:");
      DebugPrintln(Wi-Fi.psk().c_str());
      return true;
    }else{
      DebugPrint(".");
      delay(1000);
      flag = !flag;
      digitalWrite(LED, flag);
    }
  }
  DebugPrintln("AutoConfig Faild!");
  return false;
}
```

如果连接操作失败（可能连接的热点不存在了或者修改了密码），那么会自动进入一键配置模式SmartConfig，等待手机一键配置，这个过程是不限制时间的，LED会每隔0.5s闪烁一次，表示处在SmartConfig状态，这时大家可以去手机端开始一键配置（见程序2）。

程序2

```
//函数功能：开启SmartConfig模式
void SmartConfig(){
  Wi-Fi.mode(Wi-Fi_STA);
  delay(2000);
  DebugPrintln("Wait for SmartConfig");
  //等待配网
  Wi-Fi.beginSmartConfig();
  while (1){
    DebugPrint(".");
    delay(500);
    flag = !flag;
    digitalWrite(LED, flag);
    if (Wi-Fi.SmartConfigDone()){
      //SmartConfig配置完毕，连接网络
      DebugPrintln("SmartConfig Success");
      DebugPrint("SSID:");
      DebugPrintln(Wi-Fi.SSID().c_str());
      DebugPrint("PSW:");
      DebugPrintln(Wi-Fi.psk().c_str());
      Wi-Fi.mode(Wi-Fi_AP_STA);//设置ESP8266工作模式
      Wi-Fi.setAutoConnect(true);// 设置自动连接
      break;
    }
  }
}
```

2. 接收并解析App控制命令部分

一键配网成功后，就进入下一阶段（见程序3）。

程序3

```
//功能：初始化WebSocket服务端
void initWS(){
  WebSocket.begin();
  WebSocket.onEvent(WebSocketEvent);
}
```

我们会在WebSocketEvent()函数中监听WebSocket状态变化，包括App发送过来的控制命令（见程序4）。

程序4

```
// 处理WebSocket数据
void WebSocketEvent(uint8_t num, WStype_t type, uint8_t *payload, size_t length) {
  switch(type) {
    case WStype_DISCONNECTED:
      DebugPrintln(F("WS Disconnected!"));
      break;
    case WStype_CONNECTED:
      DebugPrintln(F("WS connected!"));
      break;
    case WStype_TEXT:
      DebugPrint(F("get Text: "));
      DebugPrintln((char*)payload);
      parseData(payload);
      break;
  }
}
```

核心方法就是parseData()，我们会在其中解析JSON字符串并提取对应的控制命令（见程序5）。

程序5

```
/**
  * 功能描述：解析App发送过来的控制命令JSON字符串，有3种
  * 1.亮度控制页面(0:暗; 1:正常; 2:亮)
  * {
  *  "t": 1,
  *  "bb": 2
  * }
  * 2.颜色控制页面
  * {
  *  "t": 2,
  *  "cr": 154,
  *  "cg": 147,
  *  "cb": 255
  * }
  * 3.呼吸灯控制页面(0:慢呼吸; 1:正常; 2:快)
  * {
  *  "t": 3,
```

```
 *  "gf": 1
 * }
 * 4.开关控制(0: 关闭; 1: 开启)
 * {
 *  "t": 4,
 *  "ss": 1
 * }
 **/
void parseData(uint8_t *content) {
  DynamicJsonDocument doc(500);
  DeserializationError error =
deserializeJson(doc, content);
   if (error) {
    // JSON 解析失败
      DebugPrintln("deserializeJson()
failed:");
      DebugPrintln(error.c_str());
      return;
  }
  type = doc["t"];
  switch(type){
    case t_bright:
         bright = doc["bb"];
         brightRGB(bright);
         break;
    case t_color:
         red = doc["cr"];
         green = doc["cg"];
         blue = doc["cb"];
         colorRGB(red,green,blue);
         break;
    case t_frequency:
         frequency = doc["gf"];
      handleBreatheAction(frequency);
         break;
    case t_switch:
         switch_status = doc["ss"];
          bool enable = switch_status
== 1;
         switchRGB(enable);
         break;
  }
}
```

3. 控制WS2812部分

从上面来看，控制命令有4类。

（1）亮度控制，对应type等于1，区分了3种亮度（见程序6）。

程序6

```
//控制灯亮度
  void brightRGB(int bright){
    DebugPrint("brightRGB:");
    DebugPrintln(bright);
    int level = bright%3;
    int bright_level;
  switch(level){
    case 0://暗  50
      bright_level = 50;
      break;
    case 1://正常 100
      bright_level = 100;
      break;
    case 2://亮  200
      bright_level = 200;
      break;
  }
  pixels.setBrightness(bright_level);
// 设置灯珠亮度
  pixels.show();
}
```

（2）颜色控制，对应type等于2，控制RGB颜色（见程序7）。

程序7

```
//控制RGB颜色
  void colorRGB(int red, int green,
int blue){
  DebugPrint("colorRGB:");
  DebugPrint(red);
  DebugPrint(",");
  DebugPrint(green);
  DebugPrint(",");
  DebugPrintln(blue);
  for (int index = 0; index < NUM_
PIXELS; index++) {
     pixels.setPixelColor(index, red,
green, blue);// 设置每个WS2812灯珠的RGB值
      pixels.show();// 给每个WS2812灯
珠发送RGB值
  }
}
```

（3）呼吸灯控制，对应type等于3，支持3种呼吸频率（见程序8）。

程序8

```
//处理呼吸灯命令，主要是控制切换延迟时间
  void handleBreatheAction(int
frequency) {
DebugPrint("handleBreatheAction:");
  DebugPrintln(frequency);
  int level = frequency%3;
   switch(level){
    case 0://慢  50
      delayTime = 200;
      break;
    case 1://正常 100
      delayTime = 100;
      break;
    case 2://快  200
      delayTime = 50;
      break;
   }
}
```

（4）开关控制，对应type等于4，单纯的开关作用（见程序9）。

程序9

```
//控制亮灭
  void switchRGB(bool enable){
  DebugPrint("switchRGB:");
  DebugPrintln(enable);
  if(enable){
    //打开
    colorRGB(red, green, blue);
  }else{
    //关闭
    pixels.clear();
    pixels.show();
  }
}
```

App端核心程序与实现

在这里，我们使用 Android Studio IED 来开发 App 应用，并且使用 Java 作为开发语言。由于 App 程序较多，我们只讲解核心部分。

- App 一键配网。
- WebSocket 客户端实现。
- 3 个控制页面，最复杂的是颜色控制。

1. App一键配网

在前面的 SmartConfig 一键配网中，我们已经提前学习了对应部分，这里直接引用乐鑫官方提供的 SDK 即可，等待配网成功（见图 6）。

注意：如果没有配置成功，一般都是没有进入 SmartConfig 模式中，最好重启一下。

对应日志信息如图 7 所示。

2. WebSocket客户端实现

这里我们导入 Java-WebSocket 开源库。

```
compile "org.java-WebSocket:Java-WebSocket:1.5.3"
```

通过继承 org.java_WebSocket.client.WebSocketClient 来实现我们自己的 WebSocket 通信，包括开启连接、接收消息、断开连接、发送消息等功能。而对应的 IP 地址会由 SmartConfig 配置成功返回，端口号默认是 81（见程序 10）。

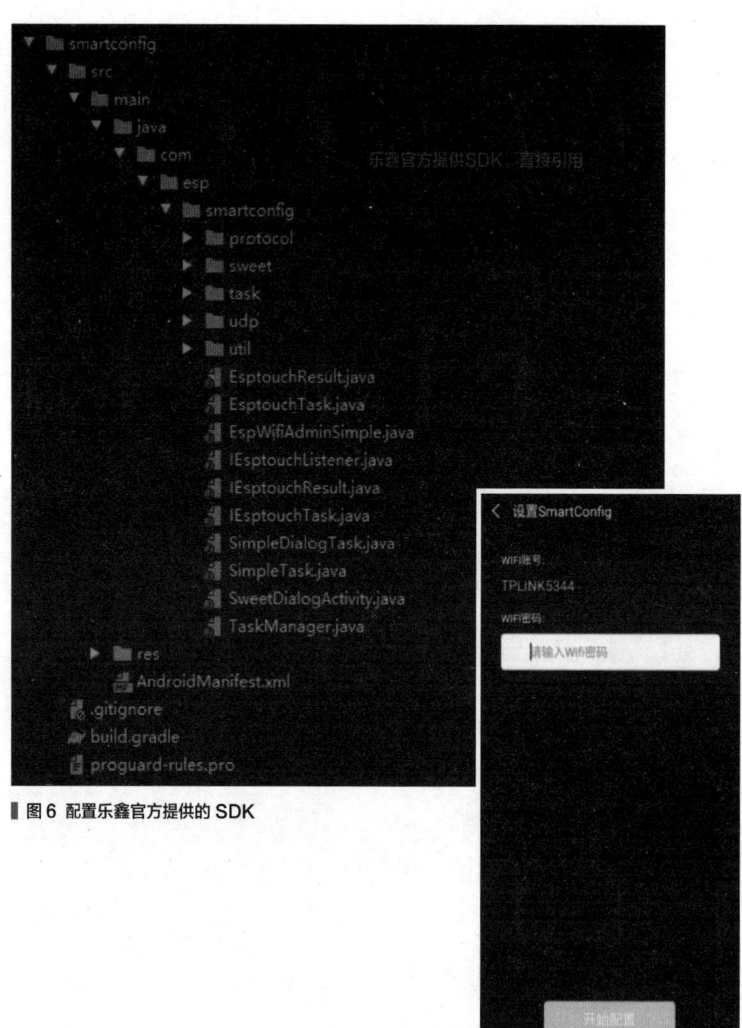

图 6 配置乐鑫官方提供的 SDK

```
20:56:19.917 -> AutoConfiging ......
20:56:19.917 -> ...................AutoConfig Faild!
20:56:42.001 -> Wait for Smartconfig
20:56:42.001 -> ......................SmartConfig Success
20:56:53.547 -> SSID:TPLINK5344
20:56:53.547 -> PSW:
20:56:53.671 -> Connecting to WiFi..IP address:
20:56:56.552 -> 192.168.0.109
20:56:56.552 ->
20:56:56.552 -> Get IP Address: 192.168.0.109
```

图 7 日志信息 1

程序10

```
public class WebSocketClient extends org.java_WebSocket.client.WebSocketClient {
  public WebSocketClient(URI serverUri)
  {
    super(serverUri);
  }
    @Override
  public void onOpen(ServerHandshake handshakedata) {
    //开启连接
      Log.d("WebSocketClient", "onOpen"+"成功连接到: "+getRemoteSocketAddress());
      isConnected = true;
      if(listener != null){
        listener.connectSuccess();
      }
      EventBus.getDefault().post(new MessageEvent(MessageEvent.ONOPEN," "
```

```
+getRemoteSocketAddress()));
    }
    @Override
    public void onMessage(String message)
    {
        //接收消息
        Log.d("WebSocketClient",
"onMessage"+message);
        EventBus.getDefault().post
(new MessageEvent(MessageEvent.
ON_MESSAGE,message));
    }
    @Override
    public void onClose(int code,
String reason, boolean remote) {
        //断开连接
        isConnected = false;
        if(listener != null){
          listener.connectFailed();
        }
        Log.d("WebSocketClient",
"onClose");
        EventBus.getDefault().post
(new MessageEvent(MessageEvent.ON_
CLOSE,reason));
    }
    @Override
    public void onError(Exception ex)
    {
    //发生错误
    Log.d("WebSocketClient","onError");
    EventBus.getDefault().post
(new MessageEvent(MessageEvent.
ON_ERROR,ex.toString()));
    }
    private static WebSocketClient
WebSocketClient;
    public static boolean isConnected
= false;
    private static ConnectStateListener
listener;
    public static void
setOnConnectStateListener
(WebSocketClient.ConnectStateListener
listener) {
    WebSocketClient.listener =
listener;
  }
  public interface ConnectStateListener
  {
    void startConnect();
    void connectSuccess();
    void connectFailed();
  }
  //发起连接
    public static boolean
connect(String hostIP, int port) {
      if (isConnected) return true;
      if(listener != null){
        listener.startConnect();
      }
      if (WebSocketClient != null)
      {
        Release();
      }
      if (WebSocketClient == null
      ) {
        Log.d("WebSocketClient ",
"ws://"+hostIP +":" + port);
        URI uri = URI.create
("ws://"+hostIP +":" + port);
        WebSocketClient = new
WebSocketClient(uri);
      }
      try {
        WebSocketClient.connect();
          return true;
      }
      catch(IllegalStateException e)
      {
          e.printStackTrace();
          return false;
      }
  }
  public static void Release() {
    Close();
      WebSocketClient = null;
      isConnected = false;
    }
    public static void Close() {
      if (WebSocketClient == null)
        return;
      if (!WebSocketClient.isOpen())
        return;
      try {
        WebSocketClient.closeBlocking();
        isConnected = false;
      }
      catch (InterruptedException e)
        {
          e.printStackTrace();
        }
    }
    //发送消息
    public static void sendMessage
(String string) {
      if (WebSocketClient == null)
      return;
      if (!WebSocketClient.isOpen())
_reconnect();
      try {
        Log.d("WebSocketClient send",
string);
        WebSocketClient.send(string);
      }
        catch(WebSocketNotConnected
Exception e) {
        e.printStackTrace();
        }
    }
    public static void _reconnect()
    {
      if (WebSocketClient == null)
        return;
      if (WebSocketClient.isOpen())
        return;
      try {
        WebSocketClient.reconnect
Blocking();
```

```
    } catch (Exception e) {
        e.printStackTrace();
    }
  }
}
```

对应日志信息如图 8 所示。这里会提示“WS connected！”，表示 WebSocket 已建立连接。

3. 控制页面

控制页面主要分为颜色控制、亮度控制、呼吸灯控制。

（1）颜色控制

这里主要关注 ColorFragment 的 onColorSelect() 方法，如程序 11 所示。

程序11

```
public void onColorSelect(int color)
{
  int red, green, blue;
  red= Color.red(color);
  green=Color.green(color);
  blue=Color.blue(color);
  view_color.setBackgroundColor (color);
  tv_color.setText("R:"+red+",
G:"+green+",B:"+blue);
  Wi-FiEvent event = new Wi-FiEvent
(LightCode.Type_Color);
  event.appendHashParam
(LightCode.Color_Red,red);
  event.appendHashParam
(LightCode.Color_Green,green);
  event.appendHashParam
(LightCode.Color_Blue,blue);
  EventBus.getDefault().post(event);
}
```

我们会从颜色值中分别取到红色（red）、绿色（green）、蓝色（blue）对应的数字，然后把这些数字发送给 ESP8266。对应日志信息如图 9 所示。

（2）亮度控制

这里主要关注 BrightFragment 的 onStopTrackingTouch() 方法，如程序 12 所示。

程序12

```
public void onStopTrackingTouch
(SeekBar seekBar) {
  int progress = seekBar.
getProgress();
  int state;
  if (progress < 25) {
    seekBar.setProgress(0);
    state = LightCode.Bright_Dark;
    } else if (progress < 75) {
      seekBar.setProgress(50);
      state = LightCode.Bright_
Normal;
    } else {
      seekBar.setProgress(100);
      state = LightCode.Bright_
Bright;
    }
  Wi-FiEvent event = new Wi-
FiEvent(LightCode.Type_Bright);
  event.appendHashParam
(LightCode.Bright,state);
  EventBus.getDefault().post
(event);
}
```

我们会从进度条中取到 3 种状态（0、50、100），分别代表暗、正常、亮的程度。然后把这些数字发送给 ESP8266。

对应日志信息如图 10 所示。

（3）呼吸灯控制

这里主要关注 GradientFragment 的 onStopTrackingTouch() 方法，如程序 13 所示。

```
20:58:31.550 -> get Text: {"t":2,"cr":230,"cg":95,"cb":90}
20:58:31.550 -> colorRGB:230,95,90
20:58:32.574 -> get Text: {"t":2,"cr":34,"cg":74,"cb":250}
20:58:32.574 -> colorRGB:34,74,250
20:58:33.181 -> get Text: {"t":2,"cr":122,"cg":245,"cb":54}
20:58:33.181 -> colorRGB:122,245,54
```

图9 日志信息 3

```
20:56:19.917 -> AutoConfiging ......
20:56:19.917 -> ...................AutoConfig Faild!
20:56:42.001 -> Wait for Smartconfig
20:56:42.001 -> ......................SmartConfig Success
20:56:53.547 -> SSID:TPLINK5344
20:56:53.547 -> PSW:
20:56:53.671 -> Connecting to WiFi..IP address:
20:56:56.552 -> 192.168.0.109
20:56:56.552 ->
20:56:56.552 -> Get IP Address: 192.168.0.109
20:57:05.466 -> WS connected!
```

图8 日志信息 2

```
20:58:20.450 -> get Text: {"t":1,"bb":0}
20:58:20.450 -> brightRGB:0
20:58:21.118 -> get Text: {"t":1,"bb":1}
20:58:21.118 -> brightRGB:1
20:58:22.669 -> get Text: {"t":1,"bb":2}
20:58:22.669 -> brightRGB:2
20:58:23.353 -> get Text: {"t":1,"bb":1}
20:58:23.353 -> brightRGB:1
20:58:24.082 -> get Text: {"t":4,"ss":1}
20:58:24.082 -> switchRGB:1
20:58:24.082 -> colorRGB:255,255,255
```

图10 日志信息 4

程序13

```
public void onStopTrackingTouch
(SeekBar seekBar) {
  int progress = seekBar.getProgress();
  int state;
  if (progress < 25) {
    seekBar.setProgress(0);
    state = LightCode.Frequency_Slow;
  } else if (progress < 75) {
    seekBar.setProgress(50);
    state = LightCode.Frequency_Normal;
  } else {
    seekBar.setProgress(100);
    state = LightCode.Frequency_Fast;
  }
   Wi-FiEvent event = new Wi-FiEvent(LightCode.Type_
Gradien);
  event.appendHashParam (LightCode.Gradien_Frequency, state);
  EventBus.getDefault().post(event);
}
```

我们会从进度条中取到3种状态（0、50、100），分别代表呼吸频率慢、中、快，然后把这些数字发送给ESP8266，对应日志信如图11所示。

```
21:00:03.954 -> get Text: {"t":3,"gf":2}
21:00:03.954 -> handleBreatheAction:2
21:00:03.954 -> breatheRGB:20
21:00:04.001 -> breatheRGB:40
21:00:04.048 -> breatheRGB:60
21:00:04.094 -> breatheRGB:80
21:00:04.126 -> breatheRGB:100
21:00:04.204 -> breatheRGB:120
21:00:04.250 -> breatheRGB:140
21:00:04.296 -> breatheRGB:160
21:00:04.343 -> breatheRGB:180
21:00:04.390 -> breatheRGB:200
21:00:04.437 -> breatheRGB:220
21:00:04.469 -> breatheRGB:240
21:00:04.563 -> breatheRGB:255
21:00:04.610 -> breatheRGB:235
21:00:04.642 -> breatheRGB:215
21:00:04.673 -> breatheRGB:195
21:00:04.766 -> breatheRGB:175
21:00:04.813 -> breatheRGB:155
```

图11 日志信息5

结语

基于ESP8266和App的炫酷RGB WS2812彩灯控制系统结合了非常多的技术，包括ESP8266开发、App开发、JSON数据等。麻雀虽小，五脏俱全，希望大家通过这个小项目能学到物联网知识。

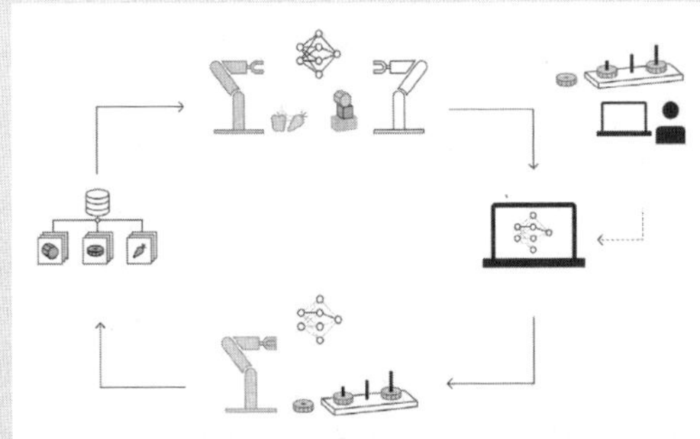

多任务AI智能体

谷歌“深度思维”公司研究人员最近将人工智能与一款名为“机器猫”的机器人结合起来。利用大型语言模型背后的相同技术研发的“机器猫”，不仅可快速学习新任务，还可通过构建自己的数据来提高性能。研究人员表示，“机器猫”具有良性的训练循环，学习的新任务越多，学习能力就越好。“机器猫”领会新任务的速度非常快，随后它还能够“基于数百万条轨迹的数据集”继续前进并执行更复杂的任务，这些数据集来自先前的任务和新的自生成数据，这类似于人类在特定领域加深学习时发展出的更多样化的技能。

“机器猫”最初在接触以前未学过的任务时，有36%的成功率，随着时间的推移，通过自我训练，它的成功率提高了一倍，目前它只需100次演示，就可完成一项新任务。随着“机器猫”技术的改进，其新学到的行为将被转移到其他机器人上，而其他机器人又能以这些技能为基础。研究人员表示，这一研发成果减少了对人类监督训练的需求，是创建通用机器人的重要一步。

物联网不求人——人工智能 So easy

▎朱盼

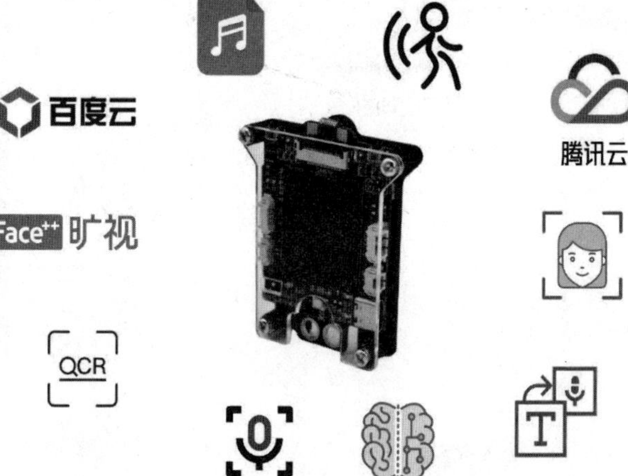

随着近几年人工智能的发展，我们的生活发生了翻天覆地的改变，任何普通的东西经过AI的加持都变得更加智能和实用。创客教育作为一门综合性极强的学科而言，需要不同学科知识相互融合才能够迸发出不一样的火花。任何单一的学科知识都不能使其发扬光大，然而想要同时涉猎多个学科取得一定成绩相当不易，那么有没有办法将腾讯、百度、旷视等各大平台进行统一接入，制定统一协议，简化人工智能的接入方式，使我们专注于创意的实现，无须理会复杂的接入协议、API文档以及其他细节问题，将人工智能封装为一个“特殊类型传感器或者执行器”来用呢？答案是肯定的，齐护机器人的AIcam Pro就是一个这样的人工智能产品，它帮我们为各大人工智能平台提供了统一格式API，我们可以很方便地使用AI技术。大家可以扫描右上方二维码观看演示视频。

初始准备

软硬件准备

- 一块齐护 AIcam Pro 开发板。
- 一张 Micro SD 卡（不超过 32GB 且为高速卡）。
- 齐护固件上传工具。

在线人工智能是什么

人工智能是让计算机像人一样思考和学习的技术。就像人类可以通过学习和经验来做出决策一样，计算机也可以通过学习和处理大量数据来做出类似的决策。比如，你可以让计算机通过识别、学习图片中的物体，或者让它通过学习自然语言来理解人类的语言（自然语言处理）。这些技术可以应用于各种领域，例如医疗、金融、交通等，帮助人们更好地解决问题和做出决策。而在线人工智能则是各大云平台为人工智能提供的一个 API，我们将原始素材通过这个 API 提交到服务器，服务器经过处理便可得到我们想要的处理结果从而实现机器辅助人类协同工作。

API如何使用

API 是一种使不同软件系统之间进行交流和数据传输的方式。就像人们通过电话进行交流一样，不同的软件系统可以通过 API 进行数据传输和交流。API 可以使不同的软件系统之间进行数据共享，从而实现更高效的数据处理和应用开发。例如人工智能的应用，我们不关心它的处理过程，只需要得到最终的处理结果，因此我们通过 API 提交图片、音频或者文字，服务器经过处理，返回我们想要的结果。想要使用 API，我们需要懂编程语言、网络协议、数据格式等知识。

串口通信交互

串口通信是一种通过串行接口进行数据传输的通信方式。串口通信是计算机和外部设备（如传感器、控制器等）之间进行数据交换的一种常见方式。串口通信具有传输距离远、传输稳定可靠、支持多种数据类型、硬件成本低、易于实现等优点。AIcam Pro 利用串口通信进行数据交互，其他开发板通过串口发送特定指令，从而控制 AIcam Pro 完成拍照上传云处理或者拍照保存等功能，并将结果发送给其他开发板，从而实现让任意开发板接入人工智能技术。

图1 AIcam Pro

齐护AIcam Pro介绍

AIcam Pro（见图1）是齐护机器人推出的一款学习人工智能的开发板，将常见的百度、旷视以及腾讯等人工智能平台进行了整合，提供了统一的接入方式，简化了人工智能的使用方法，为广大师生与爱好者提供了一种学习人工智能技术的简单方法。AIcam Pro功能思维导图如图2所示。

齐护AIcam在线功能

固件烧录

使用USB Type-C数据线连接计算机与AIcam Pro，选择所需功能的固件，使用齐护固件上传工具（见图3）将固件写入AIcam Pro。

Micro SD卡配置

使用在线AI的时候，我们需要配置AIcam Pro连接的网络，同时不同AI功能对应的平台网址也不同，某些情况下我们还需设置摄像头的水平镜像与垂直镜像，

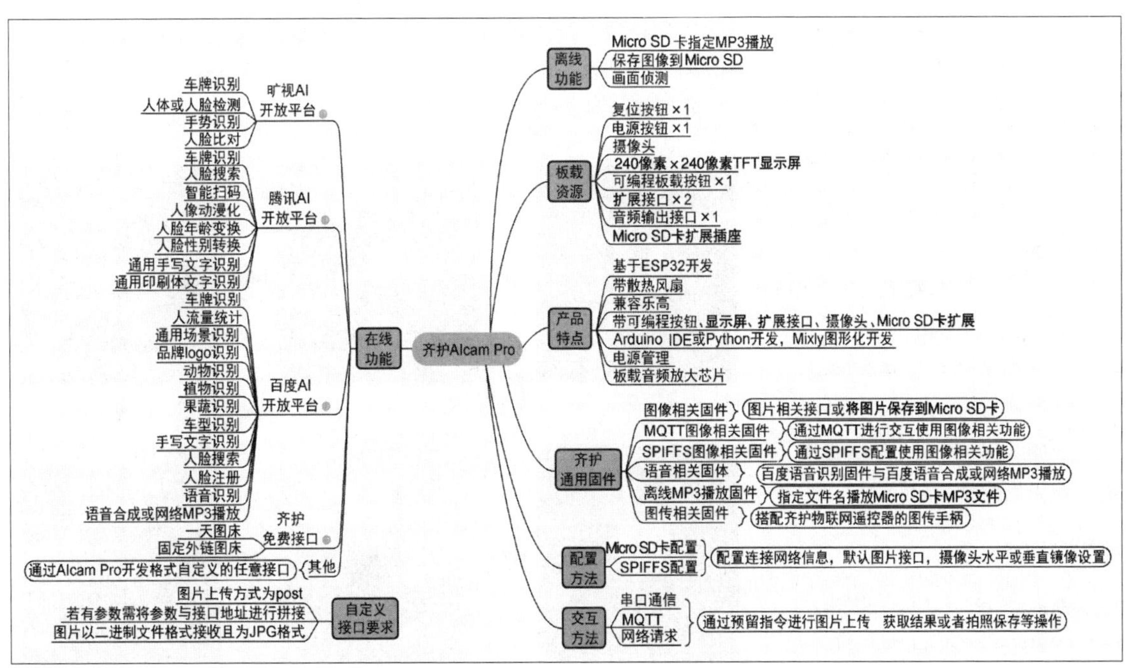

图2 AIcam Pro功能思维导图

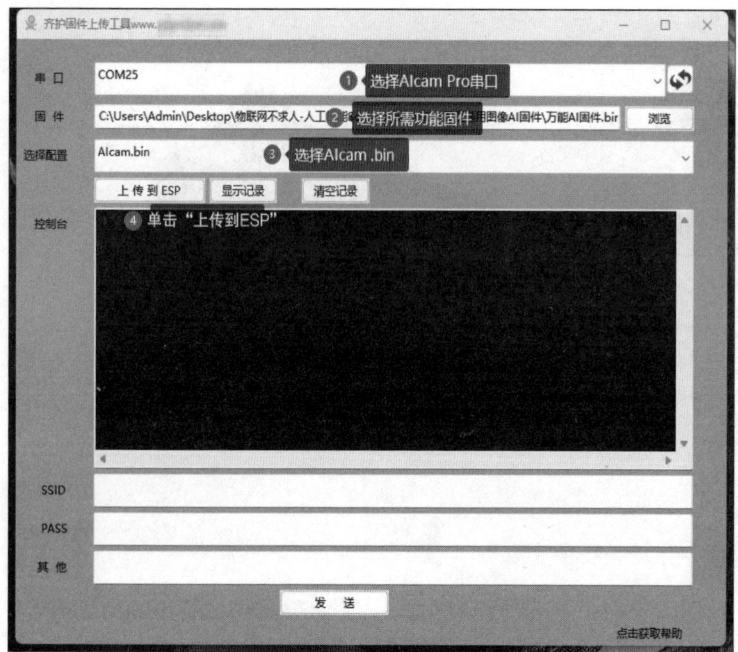

▍图3 齐护固件上传工具

以符合当前的需求。那么如何简单便利地对其进行配置呢？对此 AIcam Pro 采用了 Micro SD 卡配置的方法，新建一个命名为 admin.txt的文本文件，写入程序1进行配置。

程序1

```
{
  "ssid": "Wi-Fi 名称",
  "pass": "Wi-Fi 密码",
  "url": "AI 网址",
  "hmirror": "水平镜像",
  "vflip": "垂直镜像"
}
```

json 格式的字符串具备简洁与可读性高的特点，程序 1 中 ssid 为连接的 Wi-Fi 名称，注意不要使用中文，中文可能导致无法连接网络，pass 为 Wi-Fi 密码，url 为图片上传的网址，hmirror 为水平镜像设置，vflip 为垂直镜像设置。

腾讯车牌识别

以腾讯云车牌识别为例介绍腾讯人工智能部分，腾讯大部分接口只要注册并实名，都提供了每月一定额度的免费调用次数，这对于我们学习来说足够了。查阅齐护 AIcam Pro 开放的 API 附录，可以查到其 API 格式，齐护机器人仅作为与腾讯云之间连接的桥梁，对于其他平台也是如此。使用腾讯云相关的接口需要访问腾讯云官网在线体验功能并开通相关服务，最后创建应用获取授权信息。

按照上面的 AIcam Pro 配置文件要求查询 AIcam Pro 开放 API 附录，并获取腾讯云授权信息回后得到程序 2。

程序2

```
{
  "ssid": "Netcore-xxx",
  "pass": "1234567xxx",
  "url": "http://齐护官网网址
/qdpai/tenxun/V1.php?secretId
=AKIDve7i8ML5ZnlTv73kBMHvKTLwGLB16
xxx&secretKey=SebIjvrYy94j8HAnAH8j
49zav0qPixxx",
  "hmirror": "1",
  "vflip": "0"
}
```

将 Micro SD 卡插入计算机，打开 Micro SD 卡文件夹，新建一个 admin.txt 文件，将程序 2 复制到该文件并保存，弹出 Micro SD 卡并插入到 AIcam Pro 上，重启开发板，具体操作步骤如图 4 所示。

步骤 1：重启开发板，出现开机画面，按一下 Key 按钮。

步骤 2：出现配置文件，检查无误后，按一下 Key 按钮。

步骤 3：开始联网，联网成功后显示 IP 地址与固件功能提示，确认后按一下 Key 按钮。

步骤 4：显示 AIcam Pro API 信息与动

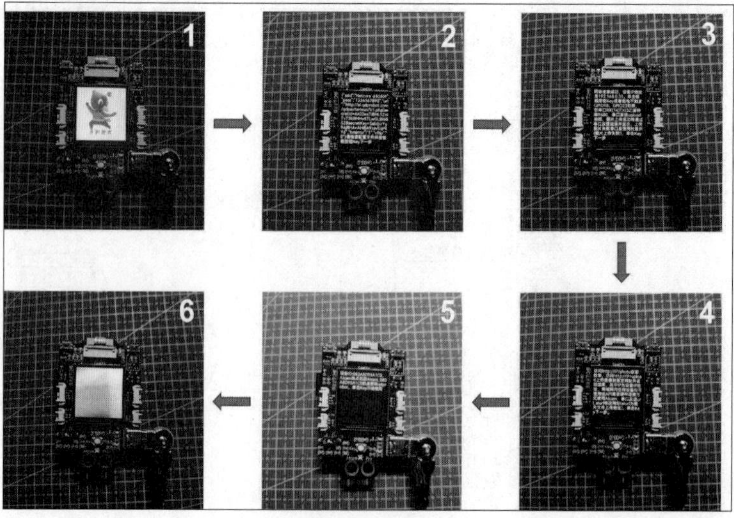

▍图4 具体操作步骤

▌图 5 识别车牌过程

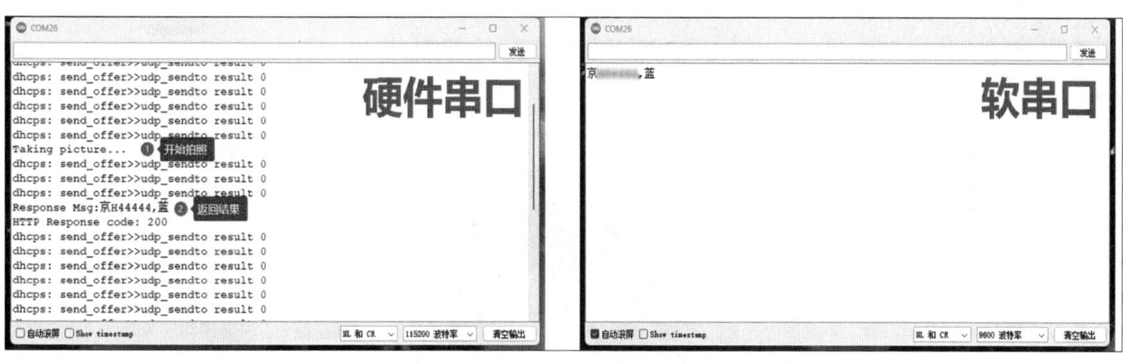

▌图 6 硬件串口和软串口监视器

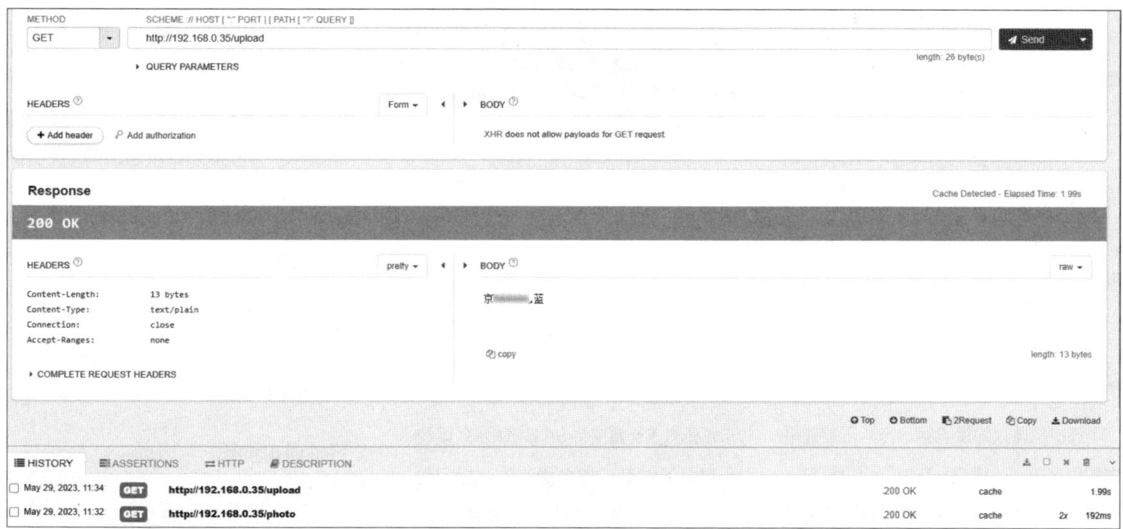

▌图 7 photo 与 upload 模式效果

态修改功能url提示,确认后按一下Key按钮。

步骤 5：显示设备 ID 与设备 AP 热点名称与密码，确认后按一下 Key 按钮，开始使用 AIcam Pro。

步骤 6：出现摄像头实时画面。

将摄像头对准想要识别的车牌，按一下 Key 按钮拍照，识别车牌过程如图 5 所示，其中标号 3 的图为软串口连接，分别打开硬件串口和软串口监视器进行查看，效果如图 6 所示。

从图 6 中我们可以发现，两者皆可以显示 AI 图片处理的结果，但硬件串口会显示一些调试信息与结果，而软串口只会输出最终结果，因此我们不需要使用任何第三方硬件，仅通过 AIcam Pro 就可以

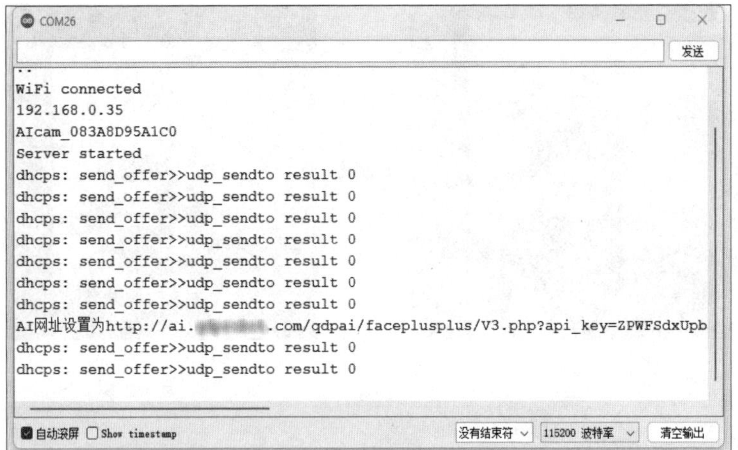

图 8 硬件串口输入后反馈

图 10 获取 access_token

体验所有相关的接口功能，而第三方硬件则可以通过串口通信的方式发送拍照识别指令，进行 AI 拍照并获得处理结果。

在局域网情况下，还可以通过 AIcam Pro 的本地接口使用 AIcam Pro，本地接口为 mode 格式，其中为局域网内路由器分配给 AIcam Pro 的 IP 地址或者 AP 模式 AIcam Pro 的 IP 地址，mode 有两种模式，分别为 photo 与 upload。效果如图 7 所示。

在图 7 中可以看到 AIcam Pro 接口均为 GET 请求模式，其中 photo 模式获取当前实时画面请求用时 192ms，upload 模式拍照上传 AI 平台并获取结果请求用时 1.99s。

旷视手势识别

齐护机器人为接入第三方人工智能平台提供了统一的接口，在摄像头设置与网络连接均正常的情况下，我们仅需要设置 admin.txt 配置文件中的 url 参数，便可使用支持的第三方平台 AI 接口。下面以旷视的手势识别接口为例进行说明。

第一步，去旷视官网注册账号并进行实名认证，旷视为开发者提供了友好的支持，一旦注册并实名成功创建相关应用该账号授权信息，就可使用旗下几乎所有接

图 9 手势识别效果

口，并不需要单独开通某一项服务。通过查阅齐护 AIcam Pro 开放 API 附录可知旷视手势识别 API 格式。注册旷视账号得到授权 api_key 与 api_secret 替换对应参数后，可得到完整接口地址。

在这里我们可以选择取出 Micro SD 卡重新修改配置文件 url 参数（永久修改），也可以通过串口指令修改本次接口地址（暂时覆盖，重启后将恢复原来的 url 参数），这里我们通过串口监视器输入指令 url_aiurl，暂时修改人工智能接口地址。硬件串口输入后反馈如图 8 所示，注意发送时不需要在末尾添加换行符与结束符，软串口设置并不会有该调试信息，无返回值，仅对外输出结果。手势识别效果如图 9 所示。

百度人流量统计

与前文一样，通过查阅齐护 AIcam Pro 开放 API 附录，可获得百度人流量统计 API 格式，同样地，我们要先注册百度的账号，并开通对应服务、创建应用后获取百度的 client_id 与 client_secret，访问齐护百度密钥生成网页填写 client_id 与 client_secret，单击“提交”获取 access_token，如图 10 所示。

接下来构造串口指令，更改配置文件 url 参数，并按下 Key 按钮识别，人流识别效果如图 11 所示。

齐护图床

某些时候，我们可能需要远程访问图片，因此齐护机器人官方提供了两个图床接口，齐护图床使用效果如图 12 所示。

齐护通知服务

使用 AIcam Pro 可以很方便地发送邮件通知，邮件通知接口如下。

http://< 齐护官网网址 >/qdpai/email/?Host=<Host>&Username=<Username>&Password=<Password>&Port=<Port>&AddAddress=<AddAddress>&Subject=<Subject>&Body=<Body>&Name=<Name>

图 11 人流识别效果

邮件通知各参数含义如下。

- 邮件 STMP 服务器地址。
- 邮箱账号。
- 邮箱 STMP 密码（非邮箱密码）。
- STMP 端口号。
- 需发送的邮件地址。
- 邮件主题。
- 邮件内容（若为 IMGDATA 则进行拍照发送，其他情况为文本通知）。
- 发送方名称。

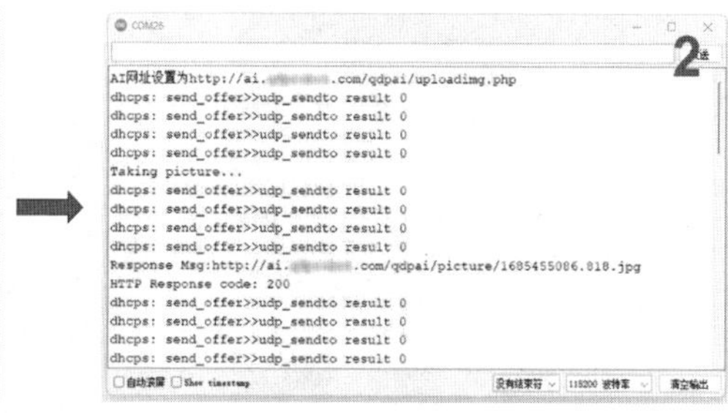

图 12 齐护图床使用效果

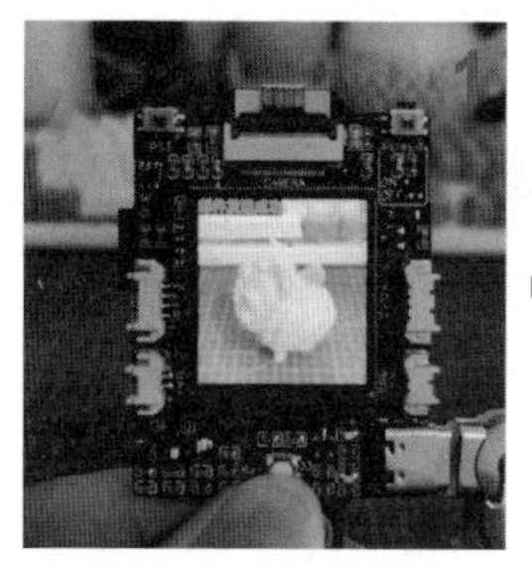

图 13 齐护邮件通知功能

图 14 自定义图像分类接口的使用

想要使用邮件通知服务，需要准备一个支持 STMP 服务的邮箱，常见的 QQ 邮箱、163 邮箱、阿里邮箱等均可，齐护邮件通知功能如图 13 所示。

自定义图像识别接口

Alcam Pro 提供了一个统一的图片上传接口，将拍摄的图片以二进制文件格式上传，通过 POST 请求的方式提交到服务器地址，任何遵循此规范的接口都可以直接使用 Alcam Pro 通用 AI 固件，图 14 所示是一个自定义图像分类接口的使用示例，该接口区分灰色马里奥与绿色马里奥，返回 JSON 格式数据，数据中描述了识别的图像标签与置信度。

语音识别

语音识别采用百度的接口，因此需要先获取百度的 access_token，想要使用语音识别功能，需要烧录 Alcam Pro 百度语音识别固件，同时将配置文件修改为程序 3。

程序3

```
{
  "ssid": "Wi-Fi 名称",
  "pass": "Wi-Fi 密码",
  "access_token": "百度 access_token"
}
```

正确填写信息并保存后，将 Micro SD 卡插入 Alcam Pro，语音识别操作过程如图 15 所示。

（1）将齐护数字拾音器连接到左侧电池接口上方的扩展接口，重启开发板。

（2）按一下 Key 按钮，观察语音识别固件的使用提示，认真查看后再次按一下 Key 按钮。

（3）检查配置文件，确认无误后按一下 Key 按钮。

（4）开始联网，联网成功后，显示准备就绪字样与绿色联网成功图标。

（5）按住 Key 按钮开始录音，左上方会显示时间单位毫秒，最长时间不超过 8000ms，即最多识别 8s 音频，松开 Key 按钮结束录音。

（6）录音结束后，将音频提交到百度服务器获取结果，并显示到显示屏上，同时软串口发送识别到的文字，其他开发板或者设备通过串口通信便可实现语音识别功能，可以将任意音频识别为文字（默认中文）。

语音合成及网络MP3文件播放

想要使用语音合成和网络 MP3 文件播

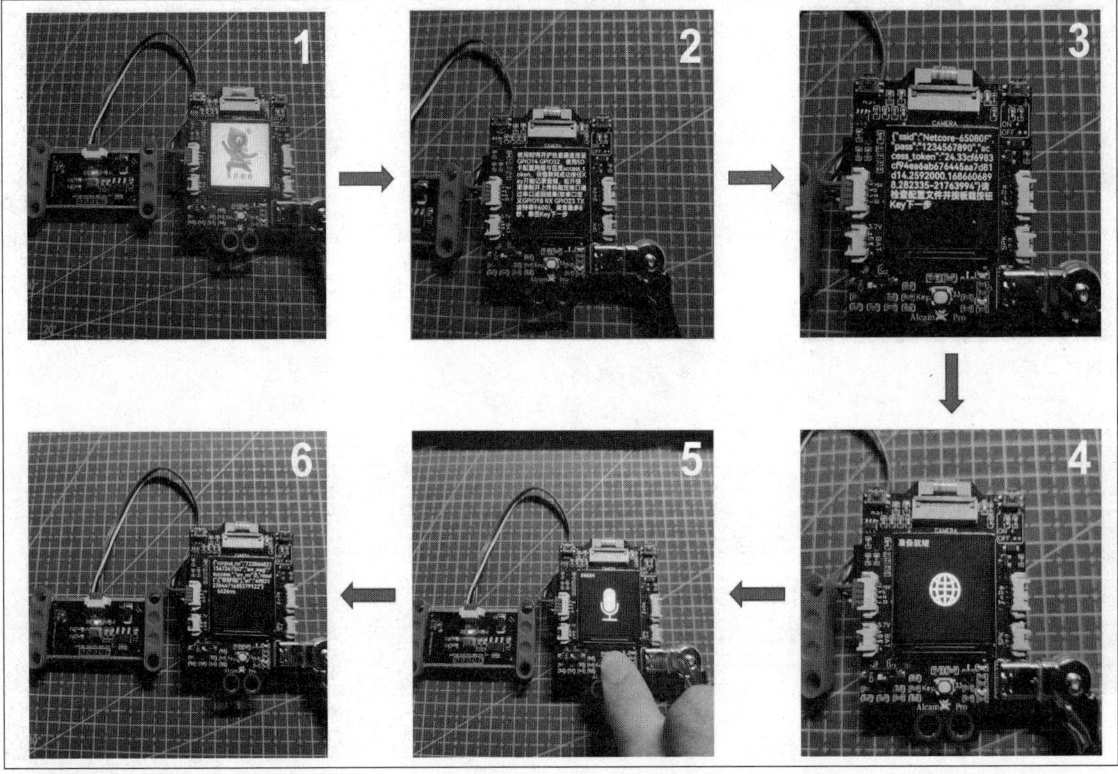

图 15 语音识别操作过程

放功能需要烧录 Alcam Pro 百度语音合成固件，采用百度语音合成接口，admin.txt 配置文件如程序 4 所示。

程序4

```
{
  "ssid": "Wi-Fi 名称",
  "pass": "Wi-Fi 密码",
  "url": "http://tsn. 百度网址
/text2audio?lan=zh&ctp=1&cuid
=PEIEN&tok= 百度 access_token&vol
=9&per=5118&spd=5&pit=5&aue=3&tex="
}
```

使用时需开通百度语音合成服务并创建相关应用，获取百度 access_token、cuid 参数必须唯一，建议为设备 MAC 地址，即 Alcam Pro 的设备 ID，以上为默认语音合成设置，语音合成及网络 MP3 播放使用步骤如图 16 所示。

（1）将配置文件写入 Micro SD 卡，并将 Micro SD 卡插入 Alcam Pro，重启开发板。

（2）按一下 Key 按钮进入语音合成固件说明页，认真查看后按一下 Key 按钮。

（3）检查配置文件，确认无误后按一下 Key 按钮。

（4）开始联网，联网成功后显示准备就绪字样与绿色联网成功图标。

（5）通过串口发送短句开始语音合成，发送的文字将拼接到百度语音合成链接作为请求地址，发送的文字不能包含 http 字样，若含有该字样将视为网络 MP3 文件链接，播放网络 MP3 文件。

（6）开始语音合成或者播放网络 MP3 文件显示绿色音乐图标，播放完成将显示红色音乐图标。第三方设备可通过串口通信判断接收到的字符串，从而获取当前语音合成或者网络 MP3 文件播放状态。

齐护Alcam离线功能

当没有网络连接的时候，我们可以使用 Alcam Pro 的离线功能，对于图像相关功能仅需在配置 Alcam Pro 通用 AI 固件时，将 ssid 参数与 pass 参数填写为空字符串即可，同时不需要 url 参数，配置如程序 5 所示。

程序5

```
{"ssid":"","pass":"","hmirror":
"1","vflip":"0"}
```

画面检测

相同硬件条件下拍摄的图片大小与环境有关，环境的复杂度与光照条件均会影响图片大小，在环境缓慢变化过程中，相邻时间两张图片的大小是相近的，绝对值差异较小。相反，在环境变化激烈的场合，突然有某个物体闯入或者光线剧烈变化都将明显影响图片的大小，利用这个特点，

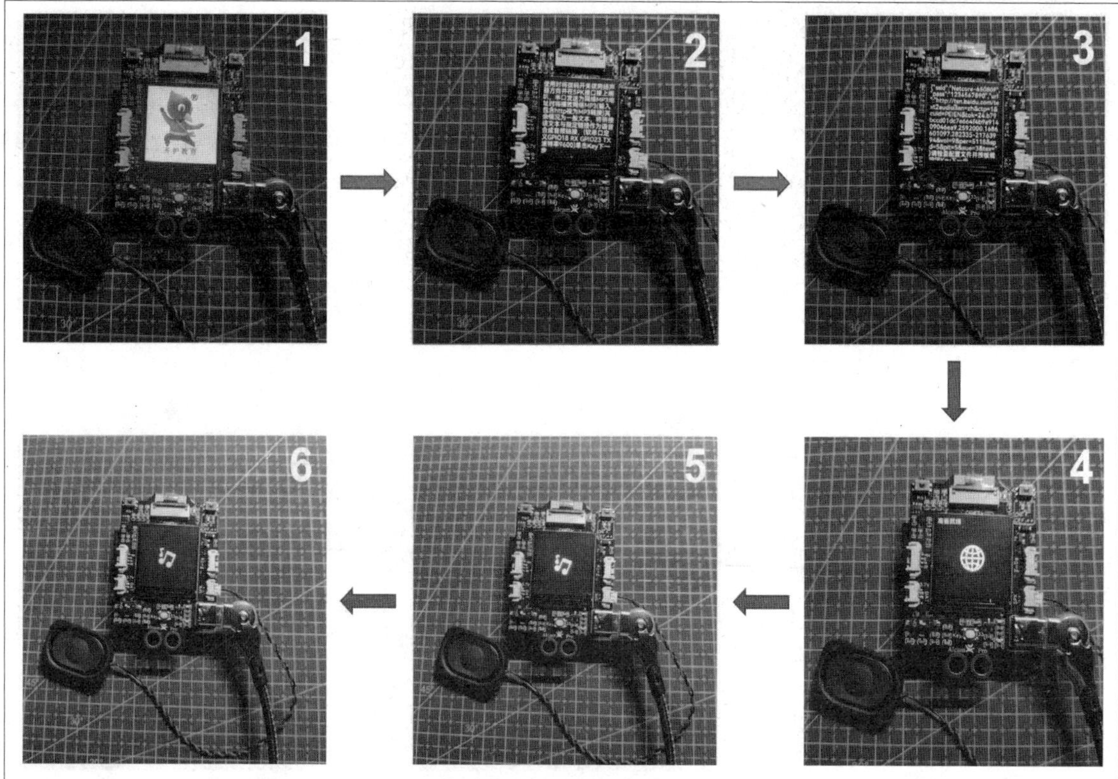

图 16 语音合成及网络 MP3 文件播放使用步骤

我们可以粗略地实现人体检测、运动检测、颜色检测等功能。

当长按 Key 按钮的时候会切换到画面检测模式或者实时视频流模式，其中画面检测模式与实时视频流模式相比，多了图片大小显示与串口打印图片大小功能，该模式会定时检测并发送图片大小，其他设备或者单片机可以使用该值进行判断。图 17 演示了画面检测模式并通过串口打印该值。

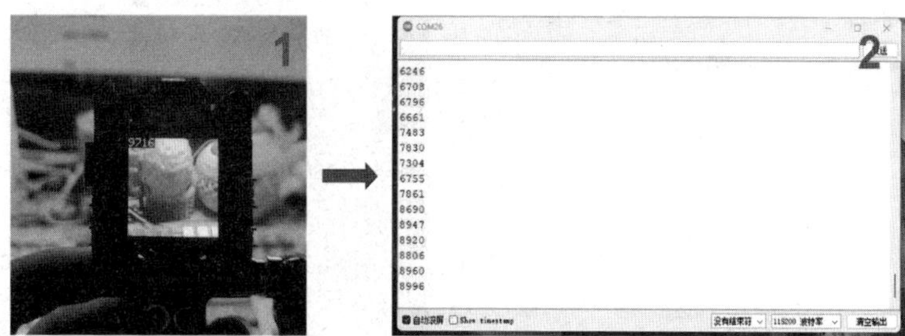

图 17 画面检测模式并通过串口打印该值

离线MP3文件播放

考虑到某些情况下离线语音交互使用范围较广，因此 AIcam Pro 准备了一个播放 Micro SD 卡 MP3 文件的固件，可以通过串口发送指定文件名进行 MP3 文件播放，离线 MP3 文件播放步骤如 18 所示。

（1）将配置文件写入 Micro SD 卡，并将 Micro SD 卡插入 AIcam Pro，重启开发板。

（2）按一下 Key 按钮进入离线 MP3 文件播放固件说明页，认真查看后按一下 Key 按钮。

（3）初始化成功显示绿色成功图标，同时提示初始化成功。

（4）通过串口发送音频文件路径。

（5）开始播放 MP3 文件显示绿色音乐图标与播放路径，播放完成将显示红色音乐图标与播放路径。第三方设备可通过串口通信判断接收到的字符串从而获取当前 MP3 文件播放状态，在播放 MP3 文件的过程中，可以打断当前播放的MP3文件，只需要通过串口重新指定播放一段简短无声的 MP3 文件即可。

拍照保存

离线模式下有两种方式可以拍照并将照片保存到 Micro SD 卡，分别是按一下 Key按钮或者通过串口指令控制拍照保存。按一下 Key 按钮的时候拍的图片将从序号 0 开始保存，同时序号递增；通过串口指令控制的时候，可以指定拍照保存的路径

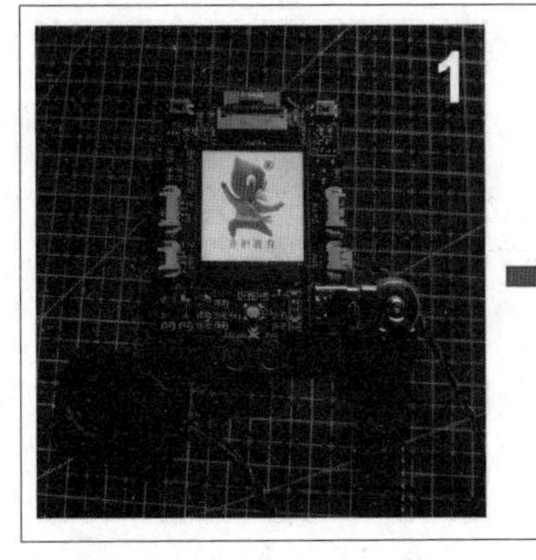

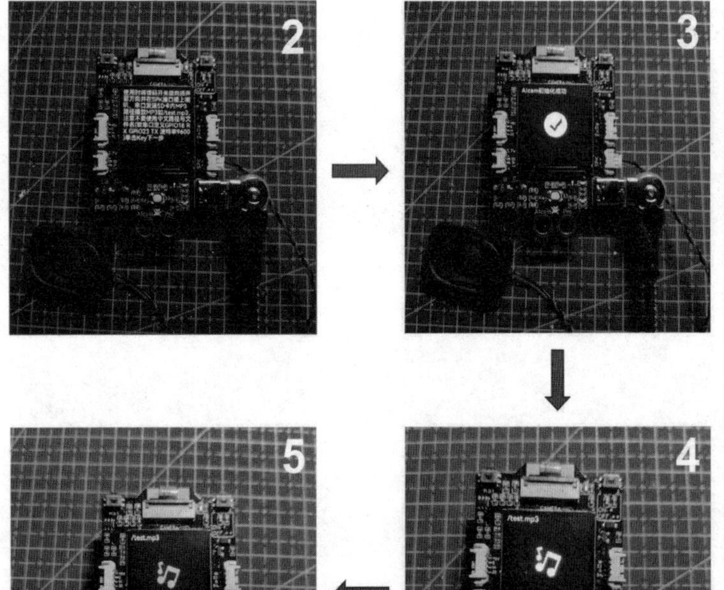

▌图 18 离线 MP3 文件播放步骤

和文件名，指令格式为 save_path，其中 path 为保存的路径和文件名，固件帮你添加图片扩展名 .jpg，通过按钮 Key 按钮拍照保存效果如图 19 所示。

无线图传

当搭配齐护物联网手柄时，可以将 AIcam Pro 视频流发送到手柄进行显示，同时 AIcam Pro 串口将定时发送手柄的按键状态，大家可以查看齐护官网物联网手柄使用教程，无线图传效果如图 20 所示。

AIcam Pro交互方式

为了让所有设备都能够使用 AIcam Pro，齐护设计了简洁的串口通信协议，只需要使用串口通信发送简单的字符串，就可以随时修改 AI 功能，对于可联网的设备，则可以通过 MQTT 或者 AIcam Pro 接口形式交互。

结语

AIcam Pro 是一款初学者友好的 AI 模块，功能上相当于视觉传感器 + 语音合成模块 + 语音识别模块 +MP3 模块 + 远程拍照模块 + 远程通知模块 + 无线图传模块，大家可以使用简单的串口通信完成需要各种技术背景以及复杂知识才能实现的功能，它为我们传统的创客作品带来了很多可能，让传统项目可以达到更高的高度。

▌图 19 通过按钮 Key 拍照保存效果

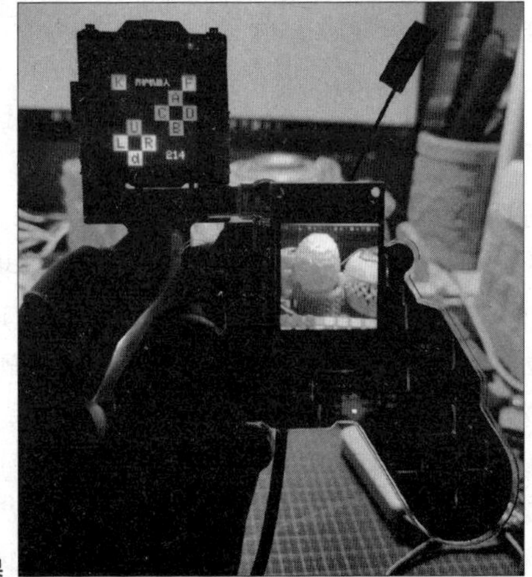

▌图 20 无线图传效果

让人工神经网络学习语音识别（3）

探索连续语音识别的奥秘

▌赵竞成（BGFNN） 胡博扬

如果不满足仅仅用语音控制机器，而是希望和语音助手、对话机器人进行语言交流，表达比较复杂的语义甚至情感，那么对基于孤立词语音识别技术的模型来说就太难了。想打造类似 Windows 操作系统或智能手机语音助手那样的语音识别系统，对于爱好者而言确实力不从心，因为获取海量语音语料就是一座不可逾越的高山。但是爱好者的求知欲望是不容忽视的，本文从知识的完整性出发，也希望弥补这一缺憾，故先重点介绍连续语音识别关键技术，并通过扩展语音控制命令，使其包含一些简单句子，示范性体验连续语音识别过程，并且最终做成一个比孤立词语音识别更具潜力的语音控制模型。

连续语音识别

连续语音识别，不是针对整句话，而是一个字一个字识别，然后再由字词分析句子含义，如同老师先教学生认字，再教学生造句一样。问题来了，说话不可能一字一字蹦出来，而是连续发声的，字之间往往没有停顿，一字一字地识别就必须正确分割语音数据序列，也就是要把语音数据序列与其对应的文字一一对齐。这是连续语音识别面临的最大技术难题。

语音语料

英语语音语料比较好找，而汉语语音语料实在难觅。我下载的是清华大学发布的 THCHS-30 语音数据集，采样频率为 16kHz，数据位数为 16bit，总时长超过 30h，容量大约 7.86GB。感谢分享之余，也深感使用这个数据集训练的模型泛化能力并不是很强，分析原因与男声语音数据较少有关，训练“非特定人”语音识别系统并不现实。另外，尽管 THCHS-30 语音数据集包含了 250 个不同语句，但内容涉及各类场景，训练通用对话系统语句数量远远不够，训练某个专门领域的对话系统，其大部分语句又派不上用场。再者，在计算机上这类系统的训练时间很长，并不是普通爱好者能够承受的。有鉴于此，我将智能音箱的语音控制命令适当扩展，例如“播放音乐”扩展为“小叶播放音乐”，“上一首”扩展为“想听上一首”“播上一首”等，既可体验连续语音识别的精髓，又可落实到具体制作项目上。当然读者也可下载并使用 THCHS-30 语音数据集进行学习，本文提供的训练程序可继续使用。

连续语音识别的资料均放在下 continuous_speech_command 目 录下，扩展语音命令的录音程序仍使用孤立词语音识别资料 speech_command 目录下的 record_command.py 程序。打开 record_command.py，找到程序 1 所示的扩展命令。

程序1

```
command_list = ['小叶播放音乐', '小叶
停止播放', '想听第 1 曲', '想听下一曲',
'想听上一曲','想听欢快类型', '想听抒情
类型', '想听忧郁类型', '播第 1 曲','播
下一曲', '播上一曲'
    ] # 用于连续语音识别
```

这段程序原本是注释掉的，现在需要使用这个命令列表录制扩展命令，同时还要将原来使用的基本命令列表注释掉。其他操作与录制孤立词语音识别时相同，录制完成后，需将上述扩展命令语音语料移动至 continuous_speech_command 目录下的 dataset 子目录，同时也需将原来录制的基本命令复制到这个子目录。

扩展命令中的“小叶”是之前制作的即兴演奏机器人的名字，我把它也作为本文智能音箱的名称。当然你可以改为自己喜欢的名字，上述列表内容都可以由读者决定，句子数量也无限制，句子可长可短，不超过 47 个字即可。作为扩展命令，唯一的要求是句子必须包含某条基本命令，这是项目目标决定的，即扩展命令是为了将生硬的命令包装成符合普通人语言习惯的说法，通过连续语音识别技术判断其核心语义，最终还是要执行某条基本命令。

语音语料用于训练还需要标注，即配上合适的标签。你可能要吐槽这难道也是问题？当然是用命令本身作为标签，孤立词识别不就是用命令名称作为标签吗？连续语音识别需要逐字识别，即使是简单的“播放音乐”也要按照语音识别出

"播""放""音""乐"4个字。汉字的特点是有大量同音字，例如与"播"同音的字就有"剥""玻""菠""拨"等，到底识别为哪个字需要根据上下文判断，这又要用自然语言处理（NLP）技术，太复杂啦！其实标注语音最常用的是拼音，汉语发音使用汉语拼音标注，英语发音使用国际音标标注，为什么舍近求远呢？就使用拼音作为语音的标签吧。dataset子目录的各命令目录不仅保存该命令的多个语音数据，而且保存它们的标注文件。这个文件的扩展名是.trn，可以使用文本编辑器打开查看或编辑。需要注意的是，修改或添加语音命令时，.trn文件也需要一并修改和添加，否则就会张冠李戴了。

CTC技术

传统语音识别训练声学模型时，对于每一帧数据需要知道对应的标签才能有效进行，但有人说话快，有人说话慢，即使同一个人在不同环境下的语速也不完全相同，训练数据即使用拼音标注也必须提前做好对齐预处理。对齐过程本身需要反复进行多次迭代，以确保每一帧数据都能与其标签对齐，这历来就是一项很耗时、费力的工作。

本文使用深度学习端到端的方法，不同于传统语音识别方法，不可能将对齐任务分离出来并预先做好。语音识别的神经网络模型输入和标签长度通常并不对等，识别模型的输入可能是几百个语音帧，而标签只有几个、几十个字的拼音，因此需要一种自动对齐算法将网络模型输入和标签进行对齐。先看一个分析示例：按采样频率为16kHz、窗口为80ms、帧移以40ms计算，语音识别网络输入为399帧（对应16s时长语音数据），但语音识别网络最终输出宽度仅为47字（拼音），而且语音数据中可能存在多处长短不一的静音段，实际包含的字数也不相同，可能

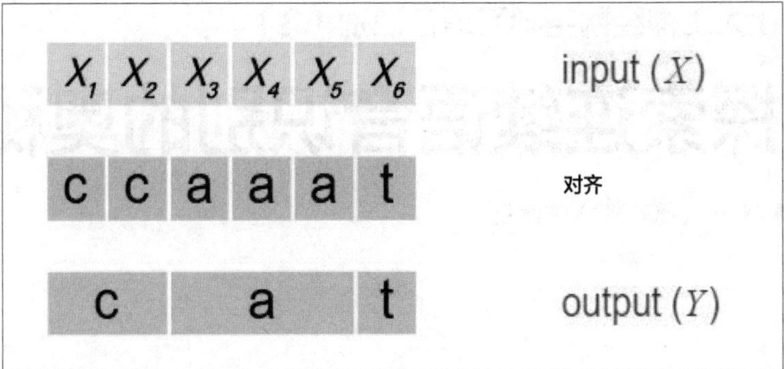

图1 输入序列与输出序列的关系

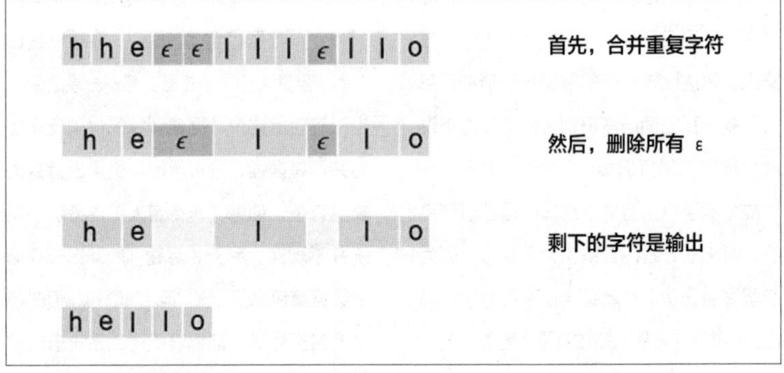

图2 基于CTC的输入序列与输出序列关系

就是几个字，也可能是47个字，完全因语句和说话人而异。把字数并不确定的标签与399帧数据自动对应，使每帧输入都具有正确的标签绝非易事。为此一项自动对齐技术——CTC技术应运而生，并成为当前连续语音识别领域的主流技术。

CTC技术加入了一个空白类"blank"。这个空白类记作 ε，通常用空格键表示。这个空白类不代表任何信息，只起到填充和分割作用，最后会从输出中移除。这些空白可以使输出和输入的长度保持一致。介绍CTC技术常使用图1和图2这2张图。

输入序列与输出序列的关系如图1所示，图中 X_n 表示语音识别网络输入的6帧数据，标签是cat，只有3个字母。对齐操作如图1中第2行所示，是为每帧数据分配对应的帧标签，识别后再如图1中第3行所示将相同帧标签合并，最终输出cat，完成整个识别。但这里有两个问题，一是如果输入帧是静音段，这帧需要用空白类 ε 标记；二是如果标签包含相同且相邻的字母，要设法避免被错误合并，避免如hello变成helo。

基于CTC的输入序列与输出序列关系如图2所示。图2中第1行表示在帧标签中加入了3个空白类 ε，前2个 ε 可以理解为对应静音段，第3个 ε 将5个标签为l的帧分割为两部分；第2行合并帧标签；第3行用空格替代留下的 ε；最后输出完美的识别结果。

图1和图2展示了CTC技术思路和基本原理，但并未涉及到底是如何自动对齐的。其实CTC是一种用于序列建模的工具，其核心是定义了特殊的目标函数和优化准则。简单理解就是结果越偏离目标，计入的损失越大，判断最有利于减少损失的方向，并向该方向调整对齐方案，一步步优化对齐方案，最终按要求接近目标。

但具体算法和编程还是相当复杂，所幸TensorFlow等开源框架提供了专门函数供我们调用，我等业余爱好者才得以尽情享受这些人工智能前沿科技成果。

人工神经网络及训练

使用连续语音识别技术同样是为了实现智能音箱项目，而且训练数据仅仅是扩容，所以除了神经网络模型，训练程序与孤立词语音识别基本相同，但考虑训练程序所用网络模型比较复杂，且需重复使用，故将这部分程序独立为speech_text_model.py模块，这里主要说明该模块的程序，具体如程序2所示。

程序2

```
def build(self, input_shape): # 在build中只定义构成和参数，并不涉及关系
    self.dense_0 = tf.keras.layers.Dense(units=1024,activation=tf.nn.relu)
    self.layer_norm_0 = tf.keras.layers.LayerNormalization() # 标准化层
    self.conv_1 = tf.keras.layers.Conv1D(filters=512,kernel_size=2,padding='SAME',activation=tf.nn.relu) # CNN层
    self.pool_1 = tf.keras.layers.MaxPooling1D(pool_size=2) # 池化层
    self.layer_norm_1 = tf.keras.layers.LayerNormalization() # 标准化层
    self.dense_1 = tf.keras.layers.Dense(units=256,activation=tf.nn.relu)
    …
    self.conv_3 = tf.keras.layers.Conv1D(filters=512,kernel_size=2,padding="SAME",activation=tf.nn.relu)
    self.pool_3 = tf.keras.layers.MaxPooling1D(pool_size=2)
    self.layer_norm_3 = tf.keras.layers.LayerNormalization()
    self.dense_3 = tf.keras.layers.Dense(units=512,activation=tf.nn.relu)
    self.bigru = tf.keras.layers.Bidirectional(tf.keras.layers.GRU(256,return_sequences=True)) # 双向GRU层，实现CTC
    self.dense = tf.keras.layers.Dense(units=1024,activation=tf.nn.relu)
    self.layer_norm = tf.keras.layers.LayerNormalization()
    self.last_dense = tf.keras.layers.Dense(units=1210,activation=tf.nn.softmax)
```

程序2的第1部分由全连接层和标准化层组成输入单元，第2部分由3个卷积单元堆叠而成，第3部分是双向GRU层，第4部分由全连接层+标准化层+全连接层组成输出单元。需要特别说明的是，最后的全连接层的参数units=1210，这一层是识别网络的输出层，1210表示识别结果的宽度，即训练用语音语料所涉及的不重复拼音总数。你一定会质疑哪有这么多！本文制作项目确实远没有用到这么多拼音，但使用清华THCHS-30语音数据集时，确实用到了如此之多的拼音。这个参数不会根据训练数据自动取值，且对运行效率影响有限，所以就取大些，也可避免读者改变语音命令时，统计拼音数量的麻烦。爱刨根问底的读者一定会问：宽度1210的输出层到底输出什么呢？其实看看另一个参数activation=tf.nn.softmax，应该能猜到输出的就是输入语音帧相对1210个拼音的预测概率，其中最大值对应的拼音就是输入语音帧的预测结果。

有编程基础的读者一定还要追问：一个语音帧的预测结果与逐字预测语音命令又是什么关系呢？这里确实看不出来，后续再作解释。另外，程序中build()函数被放在WaveTransformer类中，而WaveTransformer类继承自tf.keras.layers.Layer类，因此build()函数实际上是重载父类已经定义的构造函数。WaveTransformer类还有一个重载的成员函数call()，它定义了模型的具体前向过程。类对于熟悉C++的读者应该并不陌生，别忘了Python也是支持类的。

训练程序和测试程序都要用到WaveTransformer类，但各自还需“穿靴戴帽”。程序3所示为测试程序调用的完整网络模型。

程序3

```
def get_speech_model(): # 供测试程序调用
    model = Sequential()
    model.add(tf.keras.Input(shape=(399, 40))) # 输入层
    model.add(WaveTransformer())
    return model
```

函数get_speech_model()是供测试程序和应用程序调用的识别网络模型。函数的第1句构建一个空网络实体；第2句添加输入层，其中参数399是语音数据帧数，40是梅尔倒谱系数的数目，没有这个语句，训练数据无法与识别网络输入接口匹配，我也无法解释读者的追问。正是399这个参数“告诉”网络模型识别对象有399个语音数据帧，因此输出数据原本形状是（1,399,1210），如图2所示那样合并后，输出数据形状是（1,49,1210），平均一个字占8帧；第3句加入定义的WaveTransformer类，最终构成完整的测试网络模型。程序4所示为供训练程序调用的完整网络模型。

程序4

```
def get_trainable_speech_model(): # 供训练程序调用
    model = get_speech_model()
    y_pred = model.outputs[0] # 预测值
    model_input = model.inputs[0] # 网
```

```
络输入
  model.summary() # 显示网络形状
labels = tf.keras.layers.
Input(name='the_labels',shape=[None, ],
dtype='int32')
# 真实标签
input_length = tf.keras.layers.
Input(name='input_length',shape=[1],
dtype='int32') # 每个批次预测对应的输入
长度
label_length = tf.keras.layers.
Input(name='label_length',shape=[1],
dtype='int32') # 每个批次真实标签对应的
序列长度
loss_out = tf.keras.layers.Lambda
(ctc_lambda_func, name='ctc')
([labels, y_pred, input_length,
label_length]) # CTC 误差
trainable_model = Model(inputs=
[model_input, labels,input_length,
label_length], outputs=loss_out)
  return trainable_model
```

函数的第 1 句调用程序 3 的网络模型，由此可见这个网络模型实际上就是语音识别网络，以下程序则是为引入 CTC 技术训练这个模型而使用的；第 2 句使用该模型进行预测，y_pred 保存预测结果；第 3 句提取该模型的输入；第 5 句到第 7 句分别定义真实标签以及 CTC 的输入长度和标签长度的名称、形状和数据类型，起到占位作用，但又不涉及具体数据；第 8 句建立一个专门的 CTC 误差层，其中 ctc_lambda_func 调用程序 5 所示 CTC 损失函数，并返回 CTC 损失（即未完全对齐的代价）；第 9 句定义 CTC 模型及其输入和输出；最后一句返回完整的训练模型。

程序5

```
def ctc_lambda_func(args): # 对每个批
处理计算 CTC 损失
  labels, y_pred, input_length,label_
length = args
return K.ctc_batch_cost(labels, y_
pred, input_length,label_length)
# 返回每个批处理 CTC 损失
```

CTC 的 Tensorflow 实现程序虽然只有几句，但相互关系比较隐晦，而且训练主程序中还定义了另一个误差函数 xiaohua_loss()，也与 CTC 有关，完全搞明白其中的机制实属不易。但换个角度考虑，Tensorflow 本来就采用计算图机制，其内部肯定也有 CTC 运行机制，用户程序只要按 CTC 编程要求提供必要信息即可，很多情况并不需要写一大堆程序，这对业余爱好者不是很友好吗？

训练语音识别模型需要运行 train_speech_text_main.py 程序，但同样应在命令行下运行，否则太考验人的耐心了。训练次数大约 100 次，可先训练 60 次，视收敛情况以及测试结果确定是否继续训练，继续训练以每回 20 次为宜，过度训练可能降低模型泛化能力。测试需运行 discriminate_speech_test.py 程序，其中待测试语音命令在训练数据中选择，即按需要在程序中更改 .wav 文件的路径即可。当然有兴趣的话，也可以按照语音命令另行录音一份测试数据集进行系统测试。

应用

先运行 discriminate_speech_test.py 程序，连续语音识别的结果如下所示。

```
['xiang3', 'ting1', 'xia4', 'yi1', 'qu3',
'zhi3', 'zhi3', 'zhi3', 'zhi3', 'zhi3',
'zhi3', 'zhi3', 'zhi3', 'zhi3', 'zhi3',
'zhi3', 'zhi3', 'zhi3', 'zhi3', 'zhi3',
'zhi3', 'zhi3', 'zhi3', 'zhi3', 'zhi3',
'zhi3', 'zhi3', 'zhi3', 'zhi3', 'zhi3',
'zhi3', 'zhi3', 'zhi3', 'zhi3', 'zhi3',
'zhi3', 'zhi3', 'zhi3', 'zhi3', 'zhi3',
'zhi3', 'zhi3', 'zhi3', 'zhi3', 'zhi3',
'zhi3', 'zhi3', 'zhi3', 'zhi3']
```

别奇怪，输出的是汉语拼音，拼音中的数字表示声调。拼音 zh3 对应什么汉字笔者尚未找到确切答案，就算是“识别结果到此为止”的“止”字吧。按此理解，到输出第 1 个 zh3 为止的拼音为‘xiang3’‘ting1’‘xia4’‘yi1’‘qu3’，对应的汉字是“想听下一曲”，查看程序测试对象指定为 wav_file_0 = “./dataset/ 想听下一曲 /a0_0.wav”，正是“想听下一曲”的语音语料。居然能逐字识别出拼音，是不是有点惊喜？别急，还有更大惊喜呢。

计算所有拼音的总数，共 49 个，就是说这个模型甚至能识别由 47 个汉字组成的文本。不是应该 49 个吗？但实际就是 47 个，因为 CTC 需要“吃掉”2 个，即最后 2 个拼音不能使用。可见这个模型不仅能识别“想听下一曲”，也有能力识别“我想听下一曲”，甚至“我还想听刚才播放乐曲的下一曲，请马上播放”。太神奇了，看来只要能得到更多的训练数据，业余爱好者也能打造自己的对话机器人！

本文目标是制作语音控制智能音箱，对于“想听下一曲”这类不像命令，反而更像一句话的识别结果如何使用呢？与连续语音识别衔接的是自然语言处理（NLP）技术，首先结合上下文将拼音转换为文字，进而对识别结果进行语义分析，让机器理解语言的含义，然后根据语义做出相应操作。这个解决方案无疑优点很多，甚至可以支持一个简单的对话系统，但前提是要引入更为复杂的 NLP 技术，远水解不了近渴。再一个方案是放弃连续语音识别的优点，回到孤立词语音识别的使用方法，直接把“想听下一曲”作为一条新命令加入多分支条件处理结构。这个方案的风险是识别错误，哪怕发生在并不重要的“想”“听”等字上，这条命令也无法被正确执行，折腾半天等于画蛇添足。第三个方案需要借用“关键词语音识别”概念，关键词语音识别的原意是只对关键词进行语音识别，现在尽管已有全句的语音识别结果，但仍可只使用关键词作为判别条件。“想听下一曲”的关键词无疑是“下一曲”，“我还想听刚才播放乐曲的下一曲，请马上播放”的关键词也是“下一曲”。问题就有了解决办法，具体如程序6所示。

程序6

```
if command.find('bo1 fang4 yin yue4') > -1: # 播放音乐、小叶播放音乐
    play_fg = 1 # 单曲播放标记
elif command.find('ting2 zhi3 bo1 fang4') > -1: # 停止播放、小叶停止播放
    play_end = 1 # 退出标记
elif command.find('di4 yi1 qu3') > -1: # 第1曲、播第1曲、想听第1曲
    music_index = 0 # 乐曲序号复位
    play_fg = 1
elif command.find('xia4 yi1 qu3') > -1: # 下一曲、播下一曲、想听下一曲
    music_index += 1 # 乐曲序号加1
    ...
```

find() 函数是 Python 字符串的内置检测函数，如果检测到指定子字符串则返回其索引位置，否则返回 -1。语句 command.find('xia4 yi1 qu3') 是在已识别的命令字符串 command 中检测关键词“xia4 yi1 qu3”（下一曲），如果检测到则执行乐曲序号加 1 等处理，否则转到条件处理结构的下一分支。可以看出扩展命令完全被并入了原有命令体系，且因直接使用关键字的拼音作为判别条件，避免了从拼音到文字的复杂转换，更无须进行语义分析。

基于连续语音识别技术的智能音箱模型，与基于孤立词语音识别技术的智能音箱模型目前功能上并无多大区别，只是使用的语音命令更自然些。如果你已经使用自己的语音数据训练好识别模型，现在就可以使用连续语音识别技术控制智能音箱模型了。运行 application_speech_text.py 程序，等待小叶的“欢迎词”，在 Python 的 IDLE 窗口出现“等待语音命令”进度条提示时，对着话筒说“小叶播放音乐”，便可以听一曲由人工智能创作的钢琴曲。

受动物启发研发的变形机器人

加州理工学院和美国东北大学联合研究团队研发了一个名为“Morphobot”（M4）的变形机器人，受到禽类、狐獴和海豹等动物的启发，这个机器人能通过轮子、螺旋桨、腿部和手部间的附件运动。该机器人可根据地形需要，通过变换不同的运动模式，在陆地和空中实现6种不同类型的运动，包括飞行、旋转、爬行、匍匐、平衡和翻滚。M4 拥有 4 条腿，每条腿有两个关节，腿的末端还配有固定的涵道风扇。这个机器人的质量为 6kg，长度为 70cm，高度为 35cm，宽度为 35cm。涵道风扇的功能可以在腿、螺旋桨推进器和轮子之间进行切换。同时，M4 能够适应在崎岖地面行走、攀越陡坡、滚过大型障碍物、在高处飞行以及在低矮通道中匍匐前进。

研究人员通过模拟动物改变四肢用途的能力，设计了具有多功能附肢的移动机器人，以适应不同的地形环境。这项研究成果或有助于设计出能够穿越各种环境的机器人，用于自然灾害搜救、太空探索和自动包裹递送等领域。

新机器人视觉方法

昆士兰科技大学研究人员开发出独特的机器人视觉方法，旨在为服务机器人和通用自动驾驶汽车系统等应用制造价格低廉且可靠的定位系统。研究人员提出的新系统可以在现有的不同技术之间切换，以应对环境中的不同问题。新系统可以预测需要添加哪些其他技术以获得最佳性能。当车辆驶过环境时，研究人员审查了连续图像，并标记了这些图像，说明哪些特定技术适用于该特定图像。然后开发出神经网络训练系统，学习针对特定图像哪种技术最有效。人工智能系统正在学习它必须考虑的这些条件，无论是外观、照明条件还是季节变化的差异。

研究人员使用的很多测试和数据集都来自自动驾驶汽车应用程序。该系统可在不同的技术之间切换，但以一种计算成本非常低的方式完成。实际执行此操作并不需要大量硬件资源，所需的时间非常短。实验表明，该方法在各种具有挑战性的环境条件下，都能很好地发挥作用。

机器视觉背后的人工智能（5）

关键技术解析

▌闫石

在之前的文章中，有一些关键性术语和相关资料并没有介绍，这会导致读者感觉似懂非懂，本期我们把重要的概念单独进行讲解，希望对大家有帮助。

召回率、准确率

这两个概念在目标检测领域非常重要，是衡量检测结果的重要指标，但直接结合目标检测的案例讲解并不直观，下面我列举生活中的实例讲解，相信会更好理解。

我们以考试为例，一张试卷总共 10 道选择题，每道题有 4 个选项，只有一个是正确答案，我们允许多选（多选并不扣分），甲、乙、丙、丁 4 个考生结果如下。

考生甲采用的对策是全选，由于多选不扣分，考生甲答对了 10 道题，但总共选择了 40 个选项。召回率 = 10 / 10 = 1.00，准确率 = 10 / 40 = 0.25，因此考生甲的成绩为 1.00 × 0.25 = 0.25，即 25 分。

考生乙只挑选绝对有把握的题作答，答对了 1 道题，也只选择了 1 个选项，其余 9 道题未作答。召回率 = 1 / 10 = 0.10，准确率 = 1 / 1 = 1.00，因此考生乙的成绩为 0.10 × 1.00 = 0.10，即 10 分。

考生丙采用的策略是有把握的题单选，没有把握的题多选，一共答对了 9 道题，但总共选择了 16 个选项， 召回率 = 9 / 10 = 0.90，准确率 = 9 / 16 = 0.5625，因此考生丙的成绩为 0.90 × 0.5625 = 0.50625，即 50.625 分。

考生丁把所有题都单选，并且答对了 10 道题，总共选择了 10 个选项。召回率 = 10 / 10 = 1.00，准确率 = 10 / 10 = 1.00，因此考生丁的成绩为 1.00 × 1.00 = 1.00，即 100 分。

在这个例子中，我们不但要“选对”，还要“选准”，两个指标综合在一起，才是最终成绩。目标检测也一样，不但要把目标框选出来，位置大小也都要尽量准确，必须两者综合考虑。

- 如果只看召回率，不看准确率，算法可以生成无数个大小不一、位置不同的预测框，只要数量足够多，一定能把目标标识出来，但这样毫无意义。
- 如果只看准确率，不看召回率，只选择最有把握的，其余的一概漏选，这也不是我们想要的。

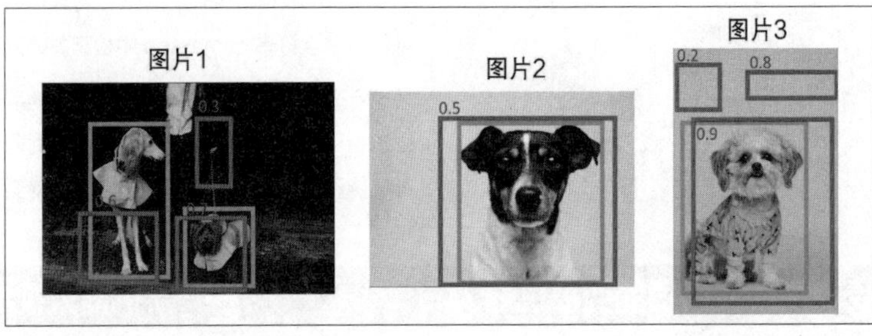

▌图1 数据集

有了这个作为基础，我们演示一下基于图像检测的实际工作流程。

现在数据集里面只有图 1 所示的 3 张图片，我们先只考虑狗这一个类别。假设我们预定的交并比（IOU）阈值是 0.5，理论上超过这个阈值的才有可能预测正确，低于这个阈值的已经被排除。

正样本就是 IOU 大于或等于 0.5 且预测正确的，反之就是负样本，在图 1 中，绿色框是真实框（GT），红色框是我们的预测框，图像检测结果见表 1。

表 1 图像检测结果

图片序号	置信度	样本	解释
1	0.3	负	无 GT，误报
1	0.6	负	与 GT 的 IOU < 0.5
1	0.7	正	与 GT 的 IOU ≥ 0.5，预测正确
2	0.5	正	与 GT 的 IOU ≥ 0.5，预测正确
3	0.2	负	无 GT，误报
3	0.8	负	无 GT，误报
3	0.9	正	与 GT 的 IOU ≥ 0.5，预测正确

表 2 重新排序并计算召回率和准确率

图片序号	置信度	样本	预测正确	GT 数量	总计选择	召回率	准确率
3	0.9	正	1	4	1	1/4	1/1
3	0.8	负	1	4	2	1/4	1/2
1	0.7	正	2	4	3	2/4	2/3
1	0.6	负	2	4	4	2/4	2/4
2	0.5	正	3	4	5	3/4	3/5
1	0.3	负	3	4	6	3/4	3/6
3	0.2	负	3	4	7	3/4	3/7

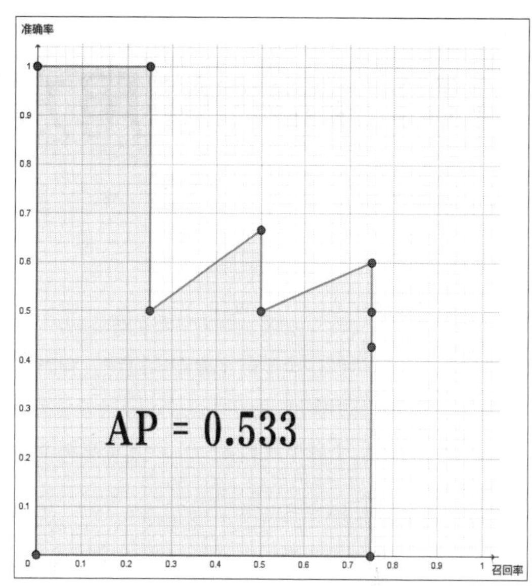

图2 P-R曲线

接下来，我们将表 1 按照置信度从高到低排序，并计算召回率和准确率，计算结果见表 2。

平均准确度（AP）、平均预测精度（mAP）

我们利用表 2 的计算结果，以召回率为 x 轴、准确率为 y 轴绘制 P-R 曲线，如图 2 所示，图中阴影面积的值就是我们需要计算的平均准确度，即针对狗这个类别网络预测的平均准确度。

我们只是统计了"狗"这单一类别的平均准确度，实际工作中，针对每一个种类都应该计算出其平均准确度，这些平均准确度的平均值，即是我们最终需要的平均预测精度。

大家在读相关文章时，可能会看到这个表达式 mAP@0.5:0.05:0.95，这是什么意思呢？通常我们设定 IOU 的阈值是 0.5，但这个值是人为设定的，并非其他值都不行。阈值越大，说明要求越严格，检测越准，但是可能漏掉很多目标；阈值越小，说明要求越宽泛，很多目标都能被检测到，但识别的精度低得多。在实际工作中，通常设定不同的阈值，在 0.50~0.95 这个区间按 0.05 的步长递进，这样一系列 AP 值（0.50、0.55、0.60、0.65、0.70、0.75、0.80、0.85、0.90、0.95）求出来之后，再把这些值取平均值，这个平均值即是 mAP，是目标检测领域最重要的评价指标。

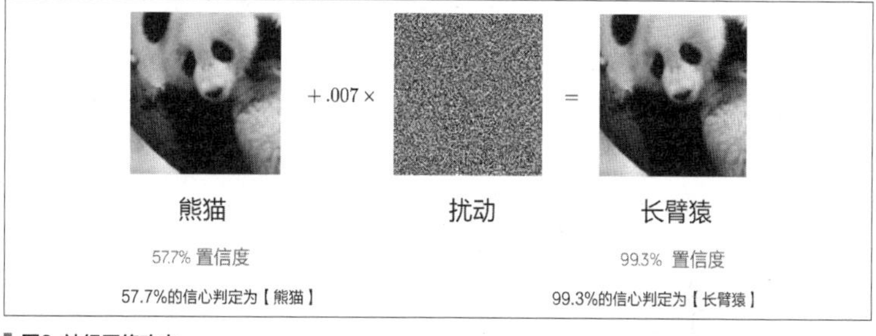

图3 神经网络攻击

网络攻击

网络攻击不是个新鲜词，我们这里提及的网络攻击，特指"神经网络"的网络攻击。

在自动驾驶领域，如果路标被恶意干扰，会造成交通事故。这里只是简单介绍一下，为什么会有漏洞呢？

系统在进行分类或者回归时，输出的概率值分布在模型对应高维空间的各个位置，虽然我们无法可视化高维空间，但可以根据三维空间类比：在起伏不定的函数表面，进行恶意攻击的程序会找到系统在不同峰值之间的微小差值，并设定干扰值，从而欺骗系统。

现在我们用专业术语阐述，讲一下对抗样本。对抗样本是指通过对输入数据添加一些人类无法感知的微小扰动，对模型的输出产生干扰，导致干扰后的结果和原先结果完全不同。在最基本的分类问题上，表现就是输出的类别发生了变化，如图 3 所示，原先分类为熊猫（panda）的图片在被添加微小扰动之后，网络模型将其识别为长臂猿（gibbon）。

目前针对特定的检测模型（R-CNN 和 YOLO 系列），攻击很容易达成，一些新的攻击技术甚至可以针对好几个模型同时进行攻击，而且对场景的改动非常少。

结语

关于机器视觉的更多内容，我们就不详细展开了，因为这部分了解一下即可，没有难以理解的内容。下期我们介绍最负盛名的 YOLOv3，敬请期待！

STM32 物联网入门30 步（第6步）

HAL 库的使用方法

▌杜洋　洋桃电子

上期了解了文件与函数，接下来我们学习HAL库的使用方法，包括3个部分。第1部分是上层应用程序如何调用HAL库，在后续讲解中会不断重复调用过程，到时我再结合实例细讲。第2部分是禁用HAL库的方法。第3部分是改用LL库的方法。禁用和改用的目的是让开发者有更自由的编程空间，不局限在官方限定范围内。也就是说，大家可以利用官方库，但不要依赖它，HAL库只是众多编程方案之一，还有标准库、LL库、寄存器操作等方案，多一种选择就多一分自由。

禁用HAL库的方法

HAL库虽好但并不完美，其中会产生一些bug，或者有些程序无法满足特殊需求，这时就要考虑禁用某项功能的HAL库，自己创建一个库文件取而代之。在实际开发中，这种情况比较少见。如图1所示，在STM32CubeMX图形化界面里选择“Project Manager”（工程管理器）选项卡，在其中选择“Advanced Settings”（高级设置）子选项卡，在显示的窗口下半部分是库生成的设置项。如图2所示，列表中的外围实例一栏是我们开启的单片机功能，函数名一栏是单片机各功能所对应的初始化函数。之所以是初始化函数，是因为一个功能的启动与基本设置都存放在初始化函数中，若在主函数中不调用某功能的初始化函数，此功能不会启动。因此禁用某项功能的HAL库，就是不在主函数中调用它的初始化函数，然后我们自己创建一个初始化函数添加到主函数中。

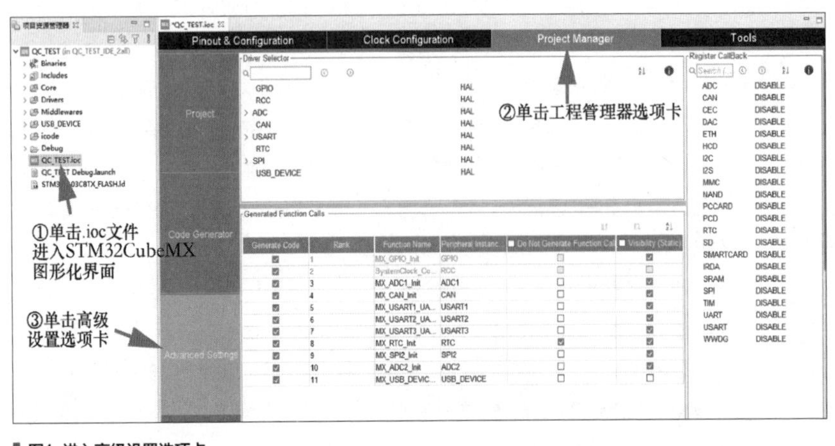

▌**图1 进入高级设置选项卡**

禁用方法是在“Do Not Generate Function Call”（不生成函数调用）一栏勾选要禁用的功能，例如勾选RTC功能，则原来在主函数中自动调用的MX_RTC_Init初始化函数将消失。如果取消“Generate Code”（生成程序）一栏的勾选，RTC驱动程序文件也将消失。一般情况下，我们会把自己创建的新驱动程序保存在自动生成的驱动程序文件里，所以“Generate Code”（生成程序）的勾选不需要取消。设置好后重新生成程序就能达到禁用HAL库的效果。后续讲到RTC功能时会结合实例讲解禁用与自建驱动程序的过程。

改用LL库的方法

有些项目对程序的运行准度有很高要求，这时可改用更精简、效率更高的LL库。LL库文件更接近STM32传统教学中的寄存器操作编程方案，直接操作寄存器的缺点是程序易学性差，开发者很难快速理解程序原理。而且LL库的移植性差，如果想把一段成熟的程序移植到其他型号的单片机上，需要修改很多内容，所以请大家根据需求来选择。改用LL库的方法如图3所示，在STM32CubeMX图形化界面里选择“Project Manager”（工程管理器）选项卡，在其中选择“Advanced Settings”（高级设置）子选项卡，在显示的窗口上半部分是库类

生成程序 Generate Code	序号 Rank	函数名 Function Name	外围实例 Peripheral Instanc...	不生成函数调用 Do Not Generate Function Call	可见（静态） Visibility (Static)
☑	1	MX_GPIO_Init	GPIO	☐	☑
☑	2	SystemClock_Co...	RCC	☐	☐
☑	3	MX_ADC1_Init	ADC1	☐	☑
☑	4	MX_CAN_Init	CAN	☐	☑
☑	5	MX_USART1_UA...	USART1	☐	☑
☑	6	MX_USART2_UA...	USART2	☐	☑
☑	7	MX_USART3_UA...	USART3	☐	☑
☑	8	MX_RTC_Init	RTC	☑	☑
☑	9	MX_SPI2_Init	SPI2	☐	☑
☑	10	MX_ADC2_Init	ADC2	☐	☑
☑	11	MX_USB_DEVIC...	USB_DEVICE	☐	☐

取消勾选则不生成此功能相关函数

勾选则main()函数中不调用此功能的初始化函数

取消勾选则此功能相关函数不可见

图2 设置程序生成的勾选

图3 改用LL库的方法

型设置项。在左边列表可选择要修改的功能，选中后在右边的下拉列表可选择HAL库或LL库。每项功能都可独立选择，但有一些功能只有HAL库有，LL库没有，比如CAN功能。选择好后重新生成程序即可。

以RTC功能为例，如图4所示，在HAL库状态下，函数中调用函数前缀是“HAL”，表示用的是HAL库；赋值方法采用结构更清晰、更易理解的结构体和枚举。如图5所示，改用LL库之后，调用函数前缀变成“LL”，表示LL库的文件和函数；赋值方法变成直接写入32位值，这是最简单、直接的方式，因为单片机程序最底层的操作就是给寄存器写入32位值，但这种方式人类无法直接理解。编程的发展方向是越来越利于开发者直接理解，HAL库是易理解的极端，LL库是难理解的极端。

请大家反复研究工程文件树，反复研究HAL库中的函数调用关系，在心中有一个文件和函数的框架，随机打开一个文件，你能知道此文件在框架中的大体位置。对文件结构的理解越深刻，未来的学习越轻松。

```
/* RTC init function */
void MX_RTC_Init(void)
{
  RTC_TimeTypeDef sTime = {0};
  RTC_DateTypeDef DateToUpdate = {0};

  /** Initialize RTC Only
  */
  hrtc.Instance = RTC;
  hrtc.Init.AsynchPrediv = RTC_AUTO_1_SECOND;
  hrtc.Init.OutPut = RTC_OUTPUTSOURCE_NONE;
  if (HAL_RTC_Init(&hrtc) != HAL_OK)
  {
    Error_Handler();
  }

  /* USER CODE BEGIN Check_RTC_BKUP */

  /* USER CODE END Check_RTC_BKUP */

  /** Initialize RTC and set the Time and Date
  */
  sTime.Hours = 0x23;
  sTime.Minutes = 0x59;
  sTime.Seconds = 0x50;

  if (HAL_RTC_SetTime(&hrtc, &sTime, RTC_FORMAT_BCD) != HAL_OK)
  {
    Error_Handler();
  }
  DateToUpdate.WeekDay = RTC_WEEKDAY_SUNDAY;
  DateToUpdate.Month = RTC_MONTH_JANUARY;
  DateToUpdate.Date = 0x2;
  DateToUpdate.Year = 0x22;

  if (HAL_RTC_SetDate(&hrtc, &DateToUpdate, RTC_FORMAT_BCD) != HAL_OK)
  {
    Error_Handler();
  }

}
```

赋值使用结构体和枚举

HAL前缀表示当前使用的是HAL库

图4 HAL库的RTC初始化函数

```
/* RTC init function */
void MX_RTC_Init(void)
{
  LL_RTC_InitTypeDef RTC_InitStruct = {0};
  LL_RTC_TimeTypeDef RTC_TimeStruct = {0};

    LL_PWR_EnableBkUpAccess();
    /* Enable BKP CLK enable for backup registers */
    LL_APB1_GRP1_EnableClock(LL_APB1_GRP1_PERIPH_BKP);
  /* Peripheral clock enable */
  LL_RCC_EnableRTC();

  /** Initialize RTC and set the Time and Date
  */
  RTC_InitStruct.AsynchPrescaler = 0xFFFFFFFFU;
  LL_RTC_Init(RTC, &RTC_InitStruct);
  LL_RTC_SetAsynchPrescaler(RTC, 0xFFFFFFFFU);
  /** Initialize RTC and set the Time and Date
  */
  RTC_TimeStruct.Hours = 23;
  RTC_TimeStruct.Minutes = 59;
  RTC_TimeStruct.Seconds = 50;
  LL_RTC_TIME_Init(RTC, LL_RTC_FORMAT_BCD, &RTC_TimeStruct);
  /** Initialize RTC and set the Time and Date
  */

}
```

LL前缀表示当前使用的是LL库

直接写入32位值

图5 LL库的RTC初始化函数

行空板图形化入门教程（7）

名画互动博物馆

演示视频

▌聂凤英

灵感来源

如果名画不只能用双眼欣赏，还可以通过点赞互动，推荐给更多的人，你是否会为喜爱的名画驻足点赞呢？通过网络上流行的点赞方式，不仅可以与作品进行互动，还能增添名画的趣味性，让名画得到更多人的关注和喜爱。

《清明上河图》是一幅举世闻名的现实主义风俗画卷（见图1），向人们展示了北宋京城繁华热闹的景象和优美的自然风光，《清明上河图》画卷长528.7cm，宽24.8cm。本期以《清明上河图》摹本（局部）为例，教大家制作一个可以点赞互动的名画博物馆。

此项目在行空板显示屏上显示原图与缩略图，在原图上，用户可以通过上、下、左、右移动查看详细的画面；在缩略图上，用户可以查看当前画面在图上的位置，还可以通过显示屏上的点赞按钮与名画进行互动。项目大致预想效果如图2所示。

功能原理

算术运算符

算术运算符就是进行数学运算的操作符。Mind+ 中主要的算术运算符有 +（加）、-（减）、*（乘）、/（除）。例如：3+2，操作数为3和2，算术运算符为“+”，返回的结果就是3+2的值，结果为5。

▌图2 项目预想效果

算术运算符“+”，求和。如图3所示，假设变量的值为10，返回和为11。

算术运算符“-”，求差。如图4所示，假设变量img_x的值为10，返回差为9。

算术运算符“*”，求积。如图5所示，假设变量img_x的值为10，返回积为20。

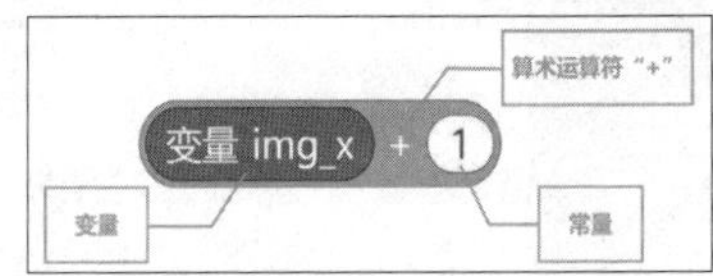

▌图3 算术运算符“+”号示例

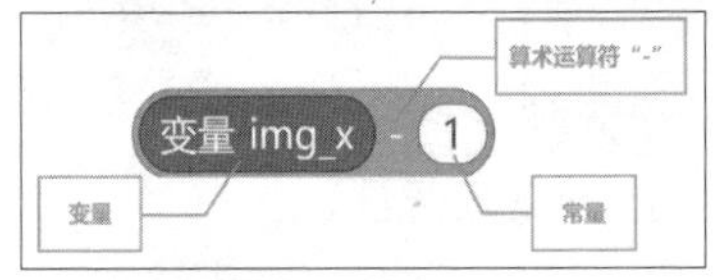

▌图4 算术运算符“-”号示例

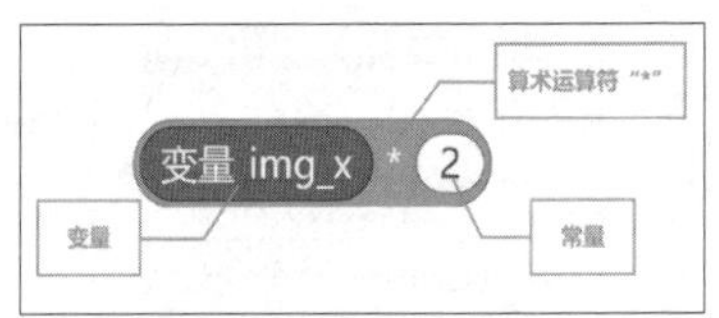

▌图5 算术运算符“*”号示例

▌图1 《清明上河图》摹本（局部）

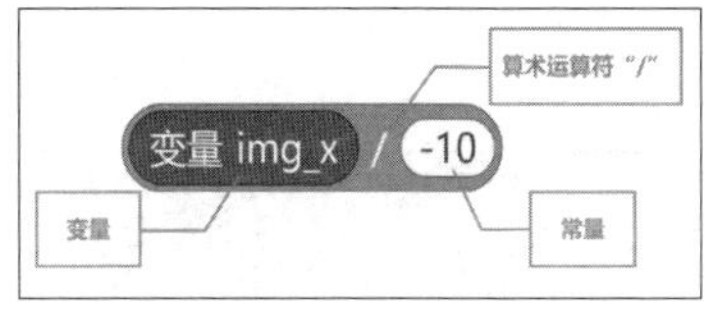

▌图 6 算术运算符"/"号示例

算术运算符"/"，求商。如图 6 所示，假设变量 img_x 的值为 10，返回商为 -1。

程序中算术运算符有两个操作数，返回的结果就是该算术运算符的计算结果。其中操作数可以是常量、变量以及运算式，并且运算规则与数学中的规则一致。

多分支条件结构

多分支条件结构是指在程序中设置不同的条件，根据条件是否成立，选择不同的执行路径。多分支条件使用 如果 XX 那么执行 XX 否则如果 XX 那么执行 XX 否则 XX 积木，是条件判断语句中的一种。它通常被用来做两个以上可能性的判断，单击"+"号增加判断情况，单击"-"号减少判断情况（见图 7）。

当为多（三）分支时，执行过程是：判断条件 1 是否成立，成立就执行程序语句 1；否则判断条件 2 是否成立，成立就执行程序语句 2；否则执行程序语句 3。执行流程如图 8 右侧图片所示。

材料准备

本项目所需材料见附表。

附表 材料清单

序号	设备名称	备注
1	行空板	1 块
2	USB Type-C 接口数据线	1 根
3	计算机	Windows7 及以上系统
4	编程平台	Mind+

连接行空板

在开始编程之前，按如下步骤将行空板连上计算机。

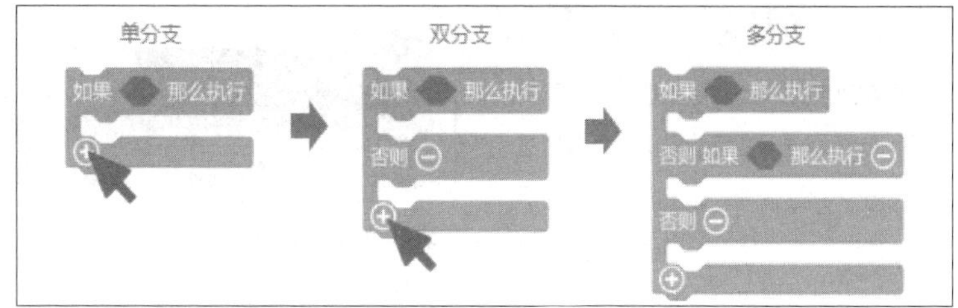

▌图 7 指令多种分支操作图示

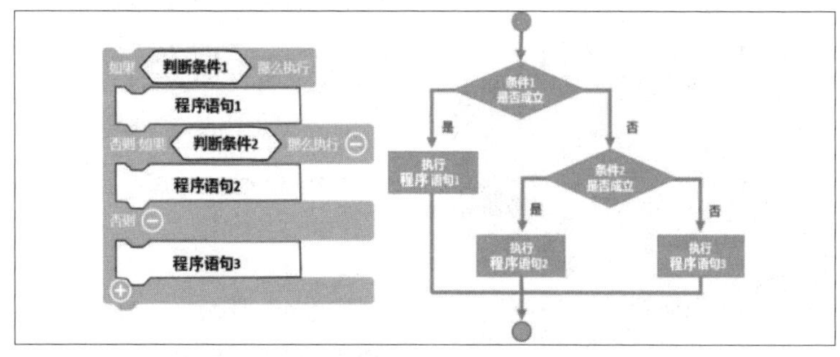

▌图 8 多（三）分支语句对应指令和执行流程

▌图 9 使用数据线连接行空板和计算机

第一步：硬件搭建

使用 USB Type-C 接口数据线将行空板连接到计算机（见图 9）。

第二步：软件准备

打开 Mind+，按图 10 所示标注顺序完成编程界面切换（Python 图形化编程模式）、行空板加载和连接。然后，保存好当前项目，就可以开始编写项目程序了。

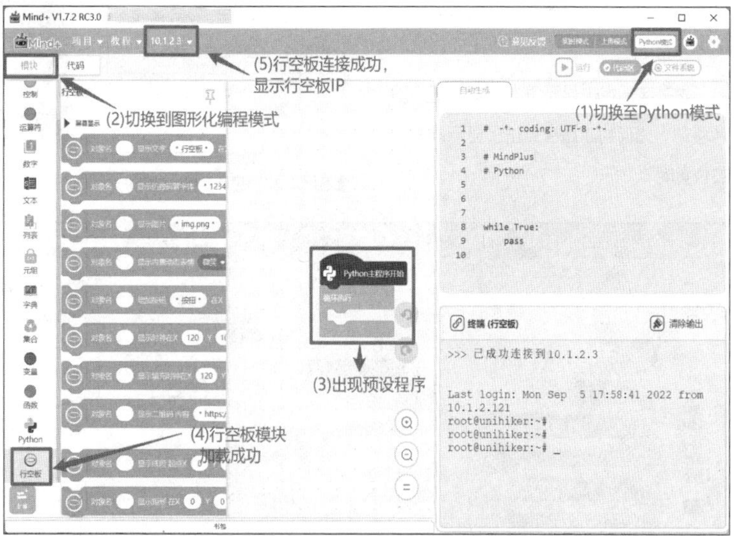

▌图 10 软件准备图示

项目实现过程

要实现与名画《清明上河图》的互动，需要设计一个便于交互的界面，具有通过点击显示屏移动图片、显示屏左上方的缩略图加矩形框帮助定位、通过按钮进行点赞互动等功能。项目可分为以下 3 个小任务实现。

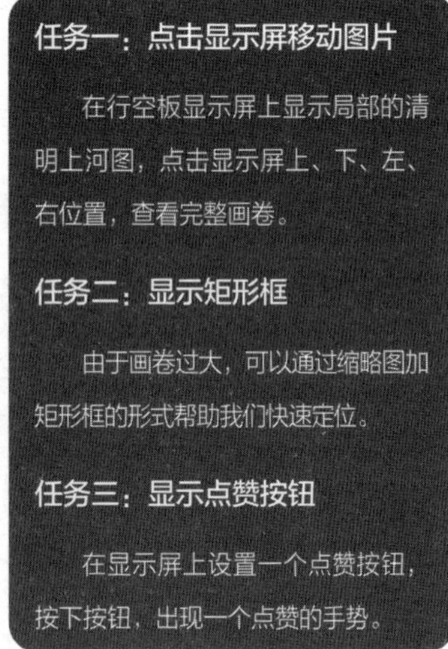

任务一：点击显示屏移动图片

在行空板显示屏上显示局部的清明上河图，点击显示屏上、下、左、右位置，查看完整画卷。

任务二：显示矩形框

由于画卷过大，可以通过缩略图加矩形框的形式帮助我们快速定位。

任务三：显示点赞按钮

在显示屏上设置一个点赞按钮，按下按钮，出现一个点赞的手势。

任务一：点击显示屏移动图片

1.编写程序

将清明上河图 .png 图片加载进项目中（见图 11）。

使用“显示图片”指令，设置图片在行空板（0，0）的位置显示，积木设置如图 12 所示。

先来实现点击显示屏左、右位置，图片移动。如何判断是否点击了显示屏左、右位置呢？

图 12 背景图片显示积木

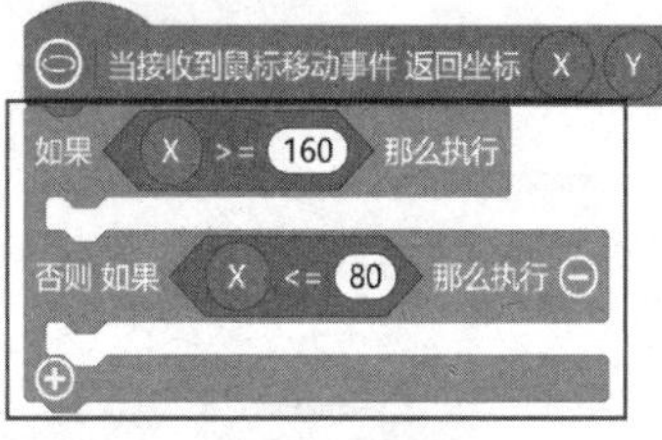

图 13 判断是否点击了显示屏左、右位置的程序

判断方法如图 13 所示，使用“鼠标移动事件”指令，获取鼠标返回的 X 坐标，再使用“多分支条件”指令，判断点击的是行空板显示屏的左侧还是右侧。如果 $X \geqslant 160$，说明在行空板显示屏右侧点击；如果 $X \leqslant 80$，说明在显示屏左侧点击。

怎么移动图片呢？控制图片左、右移动，可以通过改变图片的 X 坐标来实现。具体分析如图 14 所示。

新建一个变量 img_x 用来改变图片的 X 坐标值。完整程序如图 15 所示。

2.程序运行

运行程序，在行空板显示屏上显示清明上河图的局部。点击显示屏左、右位置，移动图片，操作示例如图 16 所示。

尝试完善程序，实现点击显示屏上、下、左、右位置，图片执行对应的移动操作。参考程序如图 17 所示。

任务二：显示矩形框

由于画卷过大，查看过程中无法准确地知道自己当前看到的画面对应在画卷中的位置，采用如图 18 所示的缩略图加矩形框的形式帮助我们快速定位。

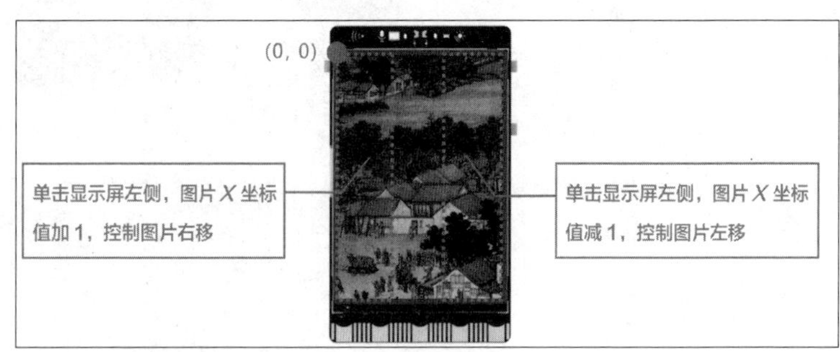

图 14 移动图片实现方法分析

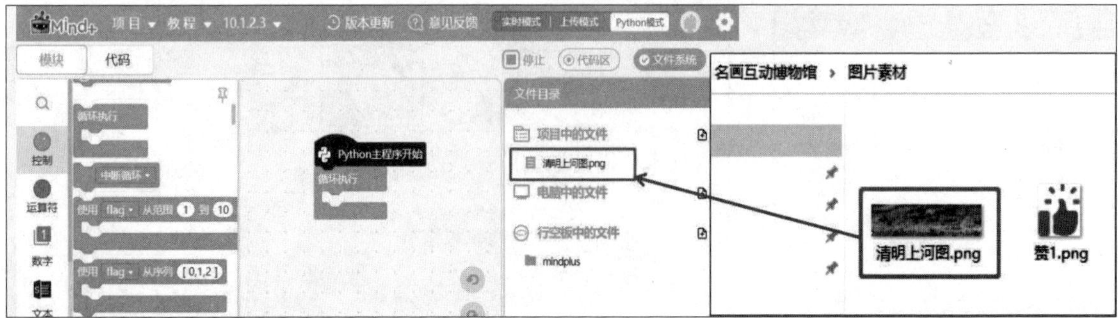

图 11 将清明上河图 .png 图片加载入项目中

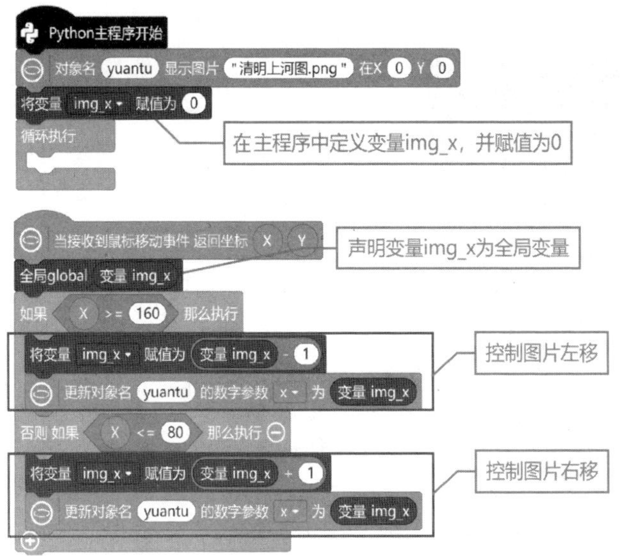

▌图 15 移动图片完整程序

Python主程序开始
对象名 yuantu 显示图片 "清明上河图.png" 在X 0 Y 0
将变量 img_x 赋值为 0
将变量 img_y 赋值为 0
循环执行
当接收到鼠标移动事件 返回坐标 X Y
全局global 变量 img_x
全局global 变量 img_y
如果 X >= 160 那么执行
将变量 img_x 赋值为 变量 img_x - 1
更新对象名 yuantu 的数字参数 x 为 变量 img_x
否则 如果 X <= 80 那么执行
将变量 img_x 赋值为 变量 img_x + 1
更新对象名 yuantu 的数字参数 x 为 变量 img_x
如果 Y >= 240 那么执行
将变量 img_y 赋值为 变量 img_y - 1
更新对象名 yuantu 的数字参数 y 为 变量 img_y
否则 如果 Y <= 120 那么执行
将变量 img_y 赋值为 变量 img_y + 1
更新对象名 yuantu 的数字参数 y 为 变量 img_y

▌图 17 点击显示屏移动图片示例程序

▌图 16 点击行空板显示屏（右边）操作图示

▌图 18 缩略图定位效果

编写程序

本项目需要用到的对象如图 19 所示。

原图宽为 1833 像素，高为 500 像素，如何才能让图片缩小为 1/10 后，显示缩略图呢？如图 20 所示，使用“更新对象名 XX 的数字参数 XX 为 XX”积木，设置图片的数字参数“高”为 50 像素。

为了让缩略图和背景原图有一个区分，使用如图 21 所示积木，给缩略图绘制一个矩形框。原图 1833 像素 ×500 像素等比例缩小为 1/10 后，分辨率变为 183.3 像素 ×50 像素，因此需要绘制一个宽为 183.3 像素、高为 50 像素的黑色矩形框。

矩形框用于缩略图上，可以通过矩形框在缩略图上的位置，判断行空板当前界面上显示的画面在原图中的位置。

缩略图与原图的大小关系是 1 ： 10，那么矩形框与行空板显示屏的大小关系一样，也是 1 ： 10。行空板显示屏的分辨率为 240 像素 ×320 像素，因此矩形框的分辨率就为 24 像素 ×32 像素。原图、缩略图与矩形框的大致位置关系如图 22 所示。

矩形框要随原图一起移动，由于矩形框是行空板显示屏缩小 1/10 的大小，所以原图移动 img_x，矩形框应该移动 img_x / (-10)，（这里是负数，因为矩形框和图片的移动方向相反，原图左移，查看右侧画面，矩形框右移）。使用“更新对象名 XX 的数字参数 XX 为 XX”积木，更新矩形框的 *X* 坐标，于是就有如图 23 所示的矩形框移动程序。

缩略图定位功能的完整程序如图 24 所示。

程序运行

运行程序，在行空板显示屏上显示《清明上河图》和缩略图。点击显示屏，移动图片，缩略图中的矩形框也会同步移动，操作效果如图 25 所示。

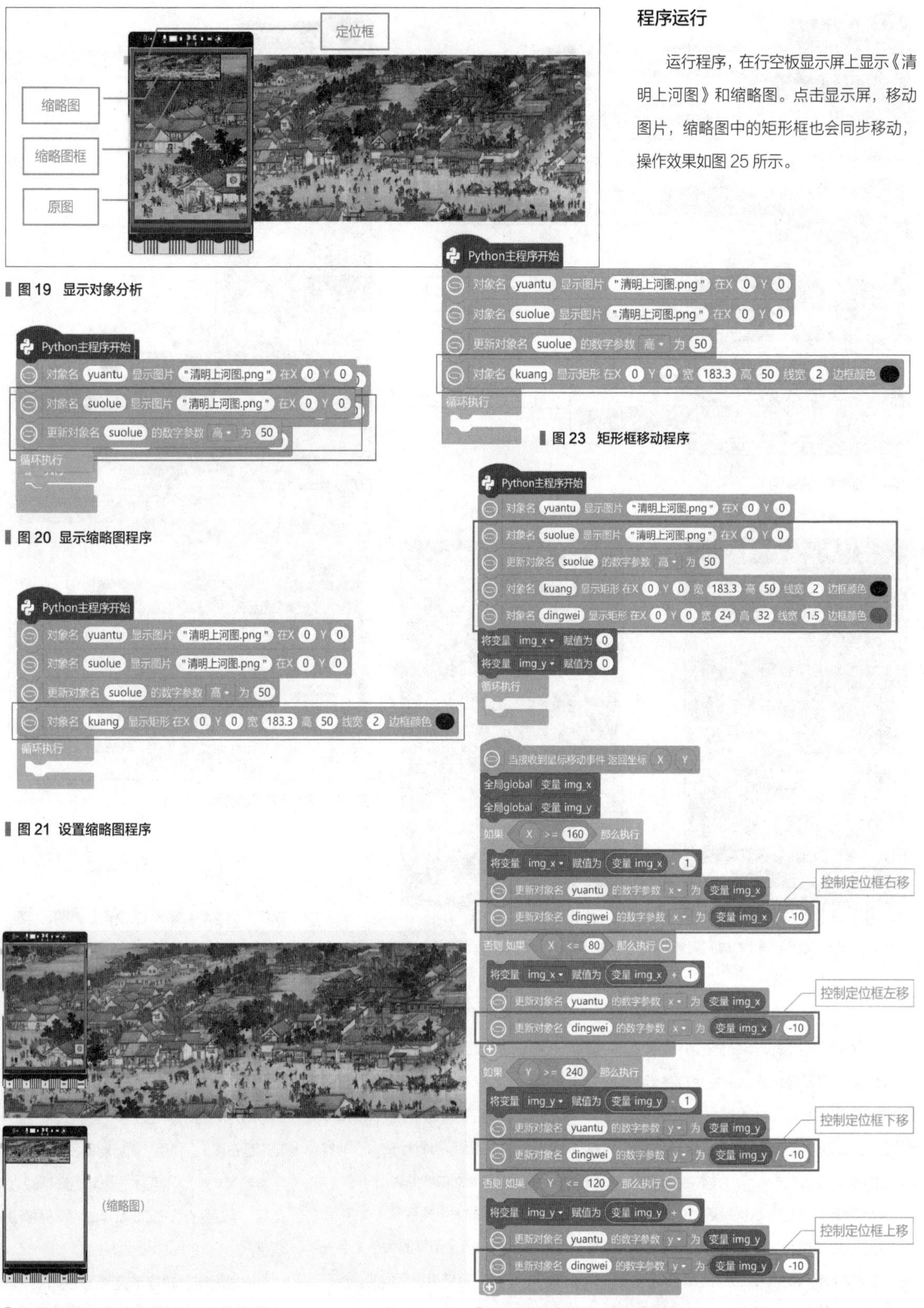

图 19 显示对象分析

图 20 显示缩略图程序

图 21 设置缩略图程序

图 22 原图、缩略图与矩形框的大致位置关系

图 23 矩形框移动程序

图 24 缩略图定位功能的完整程序

▌图 25 缩略图定位功能操作效果

▌图 26 显示屏按钮点赞效果

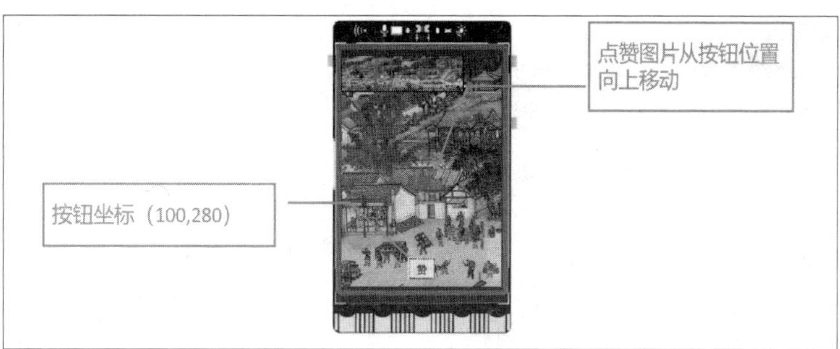

▌图 27 显示屏按钮点赞效果分析

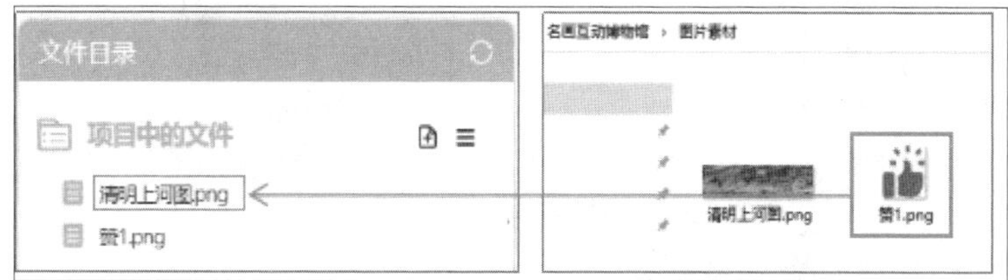

▌图 28 将素材图片加载进项目中

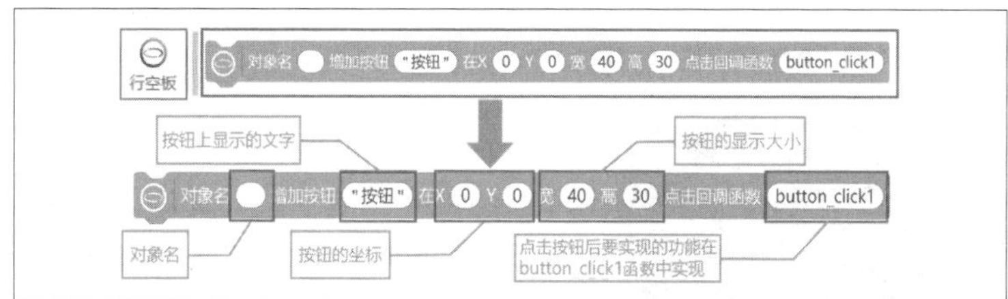

▌图 29 添加按钮积木

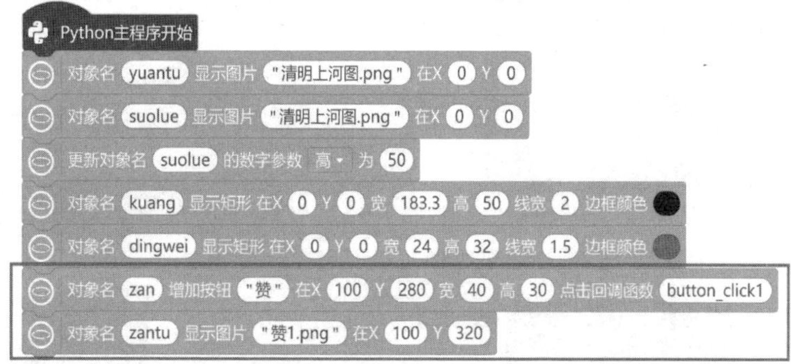

▌图 30 增加按钮和点赞图片对象程序

▌图 31 回调函数名应保持一致

任务三：显示点赞按钮

在显示屏上设置点赞按钮，点击按钮，出现一个点赞的手势，效果如图 26 所示。

编写程序

如图 27 所示，本项目首先要有一个点赞的按钮，点击按钮后，让点赞图片从按钮位置开始，自下而上移动。

将素材文件中的点赞图片，加载进项目中（见图 28）。

在行空板显示屏上添加按钮的积木如图 29 所示。

在主程序中添加按钮对象和点赞图片对象（见图 30）。

按钮功能是通过按钮显示指令中的回调函数实现的，具体实现需要用到回调函数指令，当点击按钮时，回调函数 button_click1 被触发。回调函数名需与已添加在按钮指令中的回调函数名保持一致（见图 31）。

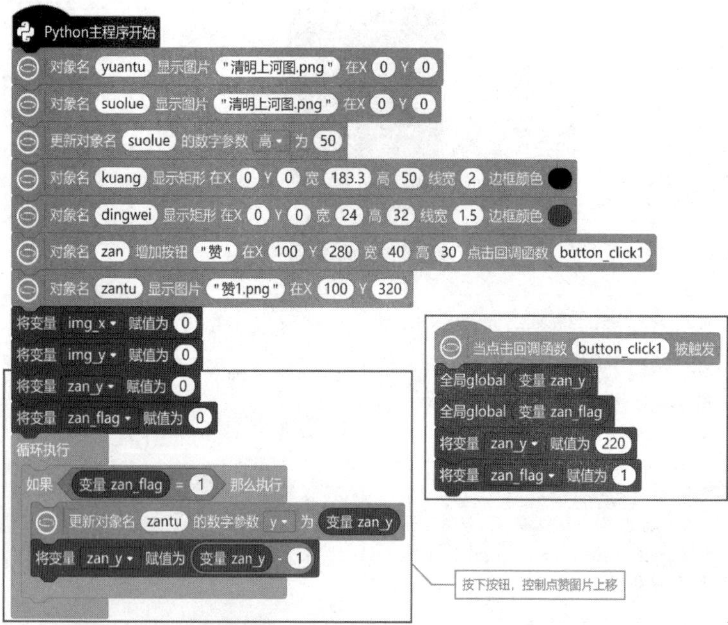

图 32 实现显示屏按钮点赞功能的重点程序

新建变量 zan_flag 用来记录按钮是否被点击，新建变量 zan_y 用来改变点赞图片的 y 坐标值。

“鼠标移动事件”指令 中的程序不变，图 32 展示了实现显示屏按钮点赞功能的重点程序。

程序运行

运行程序，效果如图 33 所示，点击按钮后，点赞图片会自下而上的移动。

图 33 点击显示屏按钮给名画点赞效果

挑战自我

当我们为喜欢的名画疯狂点赞后，怎样才能让其他人看到名画的点赞量有多少呢？尝试使用变量来计数，将点赞的数量显示在名画页面上，点赞数量统计效果如图 34 所示。

提示：点赞计数，当点赞按钮被点击，计数变量的值就加 1。

点赞数量统计功能参考核心程序，如图 35 所示。

点赞数量统计

图 34 点赞数量统计效果

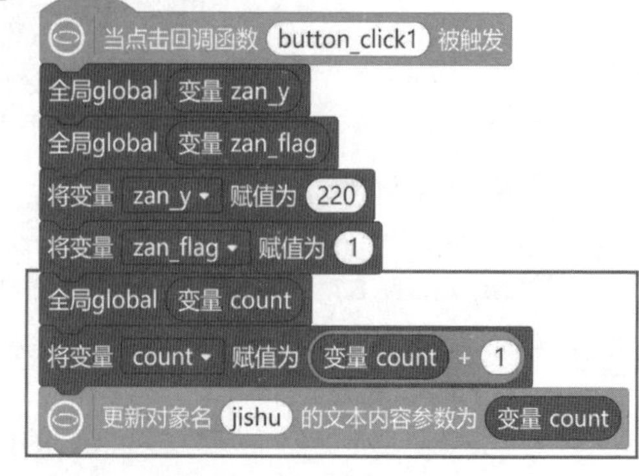

图 35 点赞数量统计功能核心程序

让人工神经网络学习语音识别（4）

让树莓派“变身”成为智能音箱

▌赵竞成（BGFNN） 胡博扬

演示视频 1

演示视频 2

智能音箱被认为是语音赛道里的标志产品，最具代表性的当属亚马逊的 Echo。但智能音箱被大众认可的同时，似乎与无线电、电子爱好者的距离越来越远，因为核心技术越来越离不开特定平台提供商的支持。有人把不过度依赖平台服务、靠近用户部署的人工智能称为边缘 AI，我倒是觉得边缘 AI 似乎距离业余爱好者更近些。那么边缘 AI 的意义又是什么呢？以智能音箱而言，一般人总不愿意被其他人窥探自己喜欢听什么歌曲，往大点儿说，无人驾驶汽车的线路规划自然可以上传云端服务器处理，但保持车道、避让车辆行人等实时操作不还是靠本地服务器处理才稳妥吗？这就是边缘 AI 的作用，同时客观上，它也会把云端 AI 推向更高技术层次发展。既然我们已经掌握了基于孤立词语音识别技术，甚至涉足了连续语音识别的主要技术，那么能不能把我们手边的树莓派变成一台基于边缘 AI 概念的专属智能音箱呢？现在就跟我一起试试吧！

树莓派的声音系统

树莓派发展到今天已经到了第 4 代，爱好者手中的产品多是 3B+ 和 4B+，它们是真正的小型计算机，可以运行多种操作系统，以及各种各样的应用程序，但与计算机相比，它的软硬件均被打了“折扣”。树莓派的声音系统只有播放功能，没有录音功能，制作成音箱没问题，做到“智能”必须要扩展。目前除免驱动 USB 接口话筒外，还有 2mic、4mic、6mic 等多种语音模块，选择余地还比较大。考虑性价比，我选择了 USB 接口话筒和 2mic 语音模块，读者如果有语音定位等特殊要求，当然也可选择 4mic、6mic 语音模块。其实本项目对音频输入装置并无特别要求，也不依赖于任何语音服务平台，只要兼容树莓派的音频输入设备即可满足需要。那么为什么要选择两种语音输入设备呢？2mic 模块推出较早，只能运行在 2019 年 10 月以前的树莓派官方系统上，但这样的系统又无法在树莓派 4B、4B+ 上运行（4mic 模块也存在同样问题）。故尝试两个方案供读者选择，一个是免驱动 USB 接口话筒 + 树莓派 4B+，另一个是 2mic 模块 + 树莓派 3B+，其应用程序并没有很大区别，但使用效果还是有区别的。2mic 语音模块需要下载、安装驱动程序，所幸商家提供的系统镜像已经配置好其应用环境，即使需要自行下载安装驱动程序，网上也可查到很多相关经验，这里不再赘述。这部分的程序和数据放在 speech_usb_mic、speech_2mic 以及 raspi_common 这 3 个文件夹下，其中 USB 接口话筒 + 树莓派 4B+ 方案使用 speech_usb_mic 文件夹下的程序；2mic 模块 + 树莓派 3B+ 方案使用 speech_2mic 文件夹下的程序；数据是通用的，放在 raspi_common 文件夹下，移植时需要复制到程序所在文件夹中。

可能有的读者对树莓派的声音系统尚不熟悉，树莓派支持 3.5mm 接口音频输出和 HDMI 音频输出，可以通过 config 界面进行配置。在计算机的 putty 终端（如果树莓派配置有较大的显示屏，也可直接在其 Linux 终端操作）输入 sudo raspi-config，调出 config 界面，选择 Advanced Options，再选择 Audio，最后选择 3.5mm 音频接口输出即可，否则默认为 HDMI 接口输出。

如果读者手里的是树莓派 4B+，可参考以下操作配置声卡。插上 USB 接口话筒，虽然无须安装驱动，但仍需进行配置。在终端输入命令 arecord -l，显示如下树莓派音频输入设备信息。

```
**** List of CAPTURE Hardware Devices
****
card 1: UACDemoV10[UACDemoV1.0],
device 0: USB Audio [USB Audio]
Subdevices: 1/1
Subdevice #0: subdevice #0
```

其中 UACDemoV10[UACDemoV1.0] 是我使用的 USB 接口话筒的型号，需要记住的是声卡号（card）和设备号（device）。当然也可以使用 aplay -l 命令获取莓派音频输出设备信息，也需要记住它的卡号和设备号。接下来需要修改配置文件，将当前插入的 USB 声卡（树莓派将音频设备都称为声卡）设置为默认录音设备，输入 nano/home/pi/.asoundrc，如果树莓派就

处于 /home/pi 用户文件夹下，也可以输入 nano .asoundrc，修改 .asoundrc 文件，具体如程序 1 所示。

程序1

```
pcm.!default {
  type asym
  playback.pcm {
    type plug
    slave.pcm "hw:0,0"
    }
    capture.pcm {
      type plug
      slave.pcm "hw:1,0"
    }
}
ctl.!default {
  type hw
  card 1
}
```

这里配置了两个默认声卡，一个是树莓派预装的声卡（播放），另一个是刚刚安装的 USB 声卡（录音），区别它们的就是卡号和设备号。现在应用程序不必特别指定声卡，即可使用默认的音频播放设备和录音设备，你甚至可以理解为把两块物理声卡合成为一块同时支持播放和录音的逻辑声卡。还有一个问题，如何控制播放和录音的音量呢？在终端输入 alsamixer 打开 AlsaMixer 实用程序，即可在图 1 所示窗口对音量等声音系统参数进行调节。

窗口中 View 选项后面的 Playback、Capture、All 分别对应播放、录制和全部。可以按键盘上的 Tab 键切换到对应的界面。使用左右方向键选择播放设备或录音设备，使用上下方向键调节音量，设置完成后按 Esc 键退出 AlsaMixer。

如果读者手里的是树莓派 3B+，而且配置了 2mic 或 4mic 语音模块，可参考以下操作配置声卡。首先应向语音模块厂商索要配置好声卡的系统镜像文件，这样既可保证树莓派正常运行，又可免去下载、安装语音模块驱动程序的麻烦。我曾尝试在树莓派 4B+ 的几个系统上安装 2mic 语音模块驱动程序，但安装后均未检测到这个声卡，尽管花费了不少时间，也只能作罢，希望大家还是少走弯路为好。烧录好系统后，安装 SD 卡和 2mic 语音模块，但一定要在断电情况下进行操作。上电后可在终端输入 alsamixer 查看并调节声音系统参数，但进入 AlsaMixer 程序窗口后，只能看到树莓派预装的 bcm2835 ALSA 声卡，因为 2mic 语音模块驱动程序并未建立 .asoundrc 配置文件。按键盘 F6 键弹出声卡列表窗口，其中 seeed-2mic-voicecard 就是刚安装的 2mic 语音模块，选择它并按 Enter 键后，出现如图 2 和图 3 所示的 seeed-2mic-voicecard 声卡信息。

其中图 2 所示为调节声卡输入增益窗口，将光标调整到最右侧 Headphon 处，即可调节耳机或扬声器音量。图 3 所示为调节声卡输出强度窗口，将光标调整到中间的 Capture 处，即可调节话筒增益。当然也可事先在用户文件夹下建立 .asoundrc 文件，并指定 seeed-2mic-voicecard 为默认声卡，进入 AlsaMixer 实用程序窗口后，即可直接看到这个声卡。

图 1 AlsaMixer 实用程序调节声卡输入、输出音量的窗口

应用程序

树莓派与计算机相比往往还有一个限制，就是显示屏很小甚至没有显示屏，就本项目而言更是不希望依赖于显示屏的任何文字提示。如果读者在计算机上已经实现并体验了语音控制，应该在显示屏上看到提示、应答文字和进度条的同时，还能听到机器发出的有点儿稚嫩的应答声音，只是对于计算机而言，语音提示并非必需的，故对此并未说明。但对于树莓派而言，机器应答和语音提示是必不可少的，确实需要对基于树莓派的智能音箱语音采集和应答功能的全貌有所了解。智能音箱首先要能实现语音命令录入功能，调试阶段最好还要有语音命令回放功能，以确认语音命令是否完整；另外，希望智能音箱同样能以语音回应使用者的要求，因此要有系统语音播放功能；再者，本项目的控制对象是音乐，当然还要有音乐播放功能。读者可能还有语音“叫早”、定时提醒等要求，这些当然也离不开系统语音播放功能。尽管项目主角是语音识别，但机器的“听”“说”能力都不可或缺。

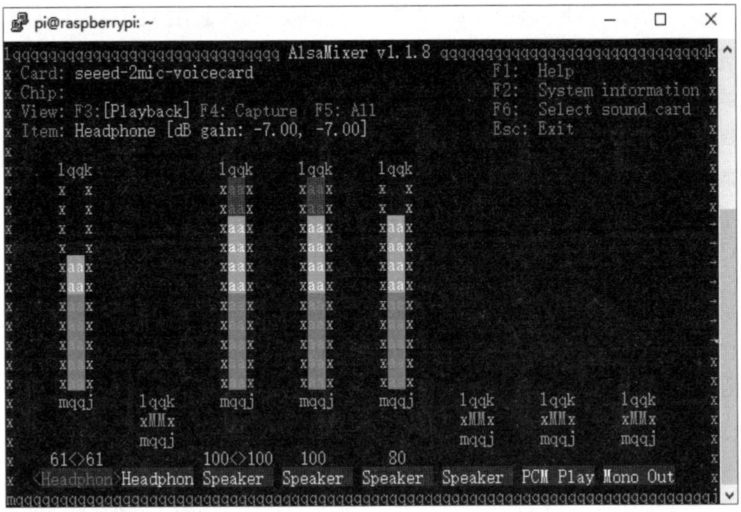

图 2 调节声卡输入增益窗口

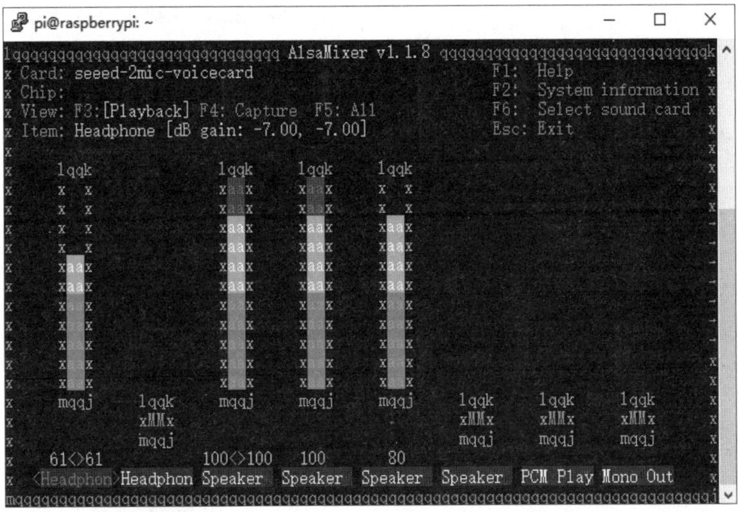

图 3 调节声卡输出强度窗口

项目确定了 USB 接口话筒 + 树莓派 4B+ 和 2mic 模块 + 树莓派 3B+ 的两个方案，这里先以前者为主进行说明，然后再补充说明后者程序的变动。语音命令实时采集（录音）如程序 2 所示。

程序2

```
def record_audio(record_second):
#p = pyaudio.PyAudio()
  stream = p.open(format=FORMAT,
  …
  data_wav = []
  chunk_number = 0
  data_0 = []
  fg = 0
  while(chunk_number < int(RATE * record_second / CHUNK)):
    data = stream.read(CHUNK) # 读取一个音频块的信号
    if fg == 0: # 自动等待状态
      data_ = np.frombuffer(data, dtype = np.short)
      for i in range(len(data_)): # 搜索该音频块
        if data_[i] > 1000: # 发现有效信号（不排除噪声，阈值可调整）
          fg = 1 # 标记有效
          break
    if fg == 1: # 开始录制有效信号
      data_wav.append(data) # 连接对象
      chunk_number += 1
    if activation == 1: # 检查无操作时间是否越限
      time_end = time.perf_counter()
      if time_end - time_start > 300: # 无操作时限 5min
        activation = 0 # 激活标记复位
```

函数第 1 句实例化一个 pyaudio 会话，但执行这句程序会引出一堆音频系统底层框架信息，往往影响语音录入正常进行，为此只能将其移出录音函数。程序中间部分增加了信号监测和待机监测处理功能。设想一下，在没有录音进度条提示的情况下，使用者发出的语音命令难免被掐头去尾，致使识别错误，如果录音进度能自动适应使用者的节奏，不就能解决问题了吗？接下来介绍如何实现这个自适应功能，程序进入录音函数 record_audio() 的 While 循环接收新的语音命令时，将监测每个输入音频块的信号强度，达不到设定阈值则放弃，出现有效信号才进入录音状态，达到规定录音长度后，返回主程序。While 循环还有一个附带功能，其最后 4 句程序监测无操作时间是否过长，超过阈值（程序中为 300s）则复位激活标记，使程序自动进入睡眠状态。当然还需要有唤醒程序功能，这部分很简单，但要记住唤醒语是“小叶”。在测控系统中进入睡眠状态要做不少必要处理，如 MPU 进入节电状态、关闭不必要设备等，本项目只是点亮待机信号灯，提示已进入睡眠状态，其他利用空间就留给读者发挥吧。语音命令回放程序同样基于第三方库 pyaudio，对此读者应该已经很熟悉了，不再赘述。

在计算机上一直使用 Python 常用的第三方音视频库 pygame 播放系统语音，在树莓派上自然希望仍沿用这个库，区别仅仅是要轮流播放采样率为 16000Hz 的系统语音提示和采样率为 44100Hz 的音乐，为此在初始化函数 init() 中设置了采样率参数。但结果出乎意料，似乎 pygame 是“先入为主”，无法在不同采样率之间自由切换，只得另作考虑。树莓派系统预装了一个功能强大的媒体播放器 VLC，它用 C 语言编程，其解码库可以调用，但需要安装 Python 语言接口。看来只能寄希望于 VLC 了，下载安装 VLC 的 Python 语言接口方法为：pip3 install python-vlc，但又出现了警告且屏蔽不掉的问题。网上有通过安装音频管理框架 pulseaudio 解决的说法，但我实测的结果是输出设备变成了树莓派预装的声卡，显然这不是希望的结果。python-vlc 封装的 VLC 函数很多，本项目只是建立一个播放器，并实现 .wav 格式音乐播放，具体如程序 3 所示。

程序3

```
def play_music_file(wav_file):
  #Instance=vlc.Instance()
  #player=Instance.media_player_new()
  player.set_mrl(wav_file)
  player.play()
  time_start = time.perf_counter()
   while time.perf_counter() - time_start < 5 or player.is_playing():
    pass
```

函数前两句程序（已被注释掉）实例化 VLC 并建立一个媒体播放器，但执行会引出警告信息，影响语音录入正常进行，为此也只能将其移出播放函数。第 6 句程序使用 VLC 的 is_playing() 函数检测播放任务是否完成，并决定是否退出 while 循环。但在调试中发现播放开始时 is_playing() 函数的返回值并不稳定，致使播放提前结束，故增加时间判断条件予以避免。尽管树莓派系统预装了 VLC，但在 Python 中使用还是有点麻烦，好处是它支持大多数多媒体格式和流媒体协议，只要改换 music_library 文件夹下的内容，就可以欣赏自己喜爱的各种格式的音视频作品，麻烦还是有回报的。此外，系统语音回应和提示仍通过 pygame 库实现，只要不交替播放不同采样率的音频文件，pygame 还是能胜任的。

那么稚嫩的系统语音又是如何生成的呢？其实系统语音完全可以使用人的正常录音，但我总觉得与智能音箱的身份不大相符。对，变声！技术上有多种变声方法，如改变播放速度、抽取或屏蔽部分频率成分等。本文采用的是之前介绍过的 librosa 数字信号处理库提供的方法，具体如程序 4 所示。

程序4

```
path_wav = "./speech_system/record/"
files = os.listdir(path_wav)
isExists = os.path.exists("./speech_system/whine")
if not isExists:
  os.mkdir("./speech_system/whine/")
path_whine = "./speech_system/whine/"
for file in files:
   data,sr = librosa.load(path_wav + file,sr=16000)
   whine = librosa.effects.pitch_shift(data, sr, n_steps=8)
   sf.write("./speech_system/whine/" + file , whine, sr+1000)
```

这段程序的第 1 句指定待变声 .wav 文件的路径，第 2 句提取该文件夹下的文件列表，第 3 ~ 5 句测试保存变声 .wav 文件的文件夹是否存在，必要时建立该文件夹，第 7 句遍历待变声 .wav 文件列表，第 8 句提取 .wav 文件和采样率，第 9 句将语音升高 8 个半音，第 10 句提高采样率为 1000Hz 并保存为变声 .wav 文件。程序中的半音升高值和采样率提高值均可适当调整，使用男生还是女生录音也可选择，只要符合读者对智能音箱语音的认可就好。whine.py 程序中还有一段通过抽取或屏蔽部分频率成分变声的试验性程序（默认被注释掉），有兴趣的读者也可试试，关键是要合理选择抽取或屏蔽的频率成分，多试几次也许有意想不到的收获。

现在看看 2mic 模块 + 树莓派 3B+ 方案应用程序遇到的麻烦。程序 1 所示的录音程序在这个方案中可以运行和正确采集语音命令，但偶尔会出现“Use stop/restart…”的提示并死机，但 pyaudio 并没有 restart() 函数。2mic 模块官方应用方案原本是在 Python 2 下运行的，故在 Python 2.7 下测试基于 pyaudio 的录音功能，令人不解的是连续调用时偶尔仍会死机。多方调整程序无果，网上求助也无结果，只好考虑改换其他第三方音频库。Sounddevice 与 pyaudio 同样底层使用 PortAudio 库接口，提供音频设备的查询、设置接口，以及音频流的输入和输出功能，输入、输出均使用 Numpy 数组。程序 5 所示是基于 sounddevice 的录音功能。

程序5

```
def record_audio(record_second):
   myrecording = sd.rec(int(RATE * record_second),
   channels= CHANNELS,
   dtype=np.int16(),
   blocking=True)
   data_wav = np.reshape(myrecording, (len(myrecording),))
   return data_wav
```

其实很简单，调用 rec() 函数所需参数与 pyaudio 的要求也基本相同。遗憾的是似乎不支持分块录音，只能将输入数据作为一个整体录入。设置 blocking=True 表示采用阻塞方式，即录音完成后再返回。另外，录音数据格式有别于 pyaudio，变换由函数的第 2 句完成，即将录音数据变换为 Numpy 的一维数组，以便后续程序使用。问题虽然得以解决，但牺牲了录音的动态性，发出语音命令的时机难以把握。从 sounddevice 的调用方式看更像是比较底层的操作，由此聪明的读者可能想到重新包装 sounddevice，即先调用 rec() 函数读取较短的输入并进行测试，判断有效时再调用 rec() 函数读取余下的输入，连接起来就是一个完整的语音命令。其实 pyaudio 的操作无外乎就是重复调用底层的 PortAudio 库接口，但调试中总是感觉树莓派处理速度不快，连续调用音频设备可能出现冲突，所以没有尝试上述方法，改善录音动态性还是选择更为稳妥的办法为好。

别忘了 seeed-2mic-voicecard 语音模块上还有 3 个 APA102 LED，总要派个用场吧？尽管系统语音应答和提示有助于把握与机器对话的时机，但在睡眠状态下并无语音提示，这个措施的效果还是被打了折扣，如果加上灯光提示，人机语音互动效果应该会更好些。seeed-2mic-voicecard 语音模块厂商提供的应用示例中有一个 apa102.py 程序，它是用 Python 写的 APA102 LED 的驱动程序，使用 SPI 接口传送数据，很有特色。本文只是使用了其初始化方法和显示方法，有兴趣的读者可以读读该程序的注释，这里不再赘述。speech_2mic 文件夹下附上了 apa102.py 程序，目的只是提示读者驱动 LED 可能需要类似程序，你应该使用所安装的语音模块或其他模块的有关驱动程序，定义 3 个 LED 如程序 6 所示。

程序6

```
def pilot_lamp(led_type):
  if led_type == 0:
    data =[[0,0,0],[0,0,0],[0,0,0]]
# 全灭：过渡状态
    show_led(data)
    elif led_type ==1:
     data =[[255,0,0],[255,0,0],[255,
0,0]] # 全红：录音状态
    show_led(data)
    …
  elif led_type ==6: # 走马灯：播放状态
    data =[[255,0,0],[0,0,0],[0,0,0]]
    show_led(data)
    time.sleep(0.3)
    data =[[0,0,0],[0,255,0],[0,0,0]]
```

共定义了 7 种 LED 信号灯组合，包括全灭、全红、全绿、单绿、单蓝、红 + 蓝以及走马灯，依次表示过渡、录音、系统应答、正常待命、睡眠、待唤醒、播放音乐 7 种状态。与 apa102.py 程序约定不同的是，3 个 LED 的数据采用二维列表表示，如红 + 蓝表示为 [[255,0,0],[0,0,0],[0,0,255]]，即第 1 个 LED 是红色，第 2 个 LED 是黑色，第 3 个 LED 是蓝色，调用 apa102 函数时再变换为 apa102.py 程序约定的一维列表数据格式。按以上定义，LED 组由单绿变为全红时，可发出语音命令，由单蓝变为红 + 蓝时，可唤醒小叶。这些信号没有明显延时，也比较醒目，只是发出语音命令前要注意观察 LED 指示的状态。遗憾的是我的树莓派 4B+ 并未配置带有 LED 的扩展模块，语音命令有时仍被掐头去尾，需重复才能正确识别，读者的系统如果有多余的 LED 还是增加状态指示功能为好，其实移植一段 LED 的驱动程序并不难，就当练练手吧。

训练和应用

还有个好消息是计算机 Windows 环境下训练的识别网络权重可以直接移植到树莓派上，免去还要在 Linux 环境下重新训练；坏消息是树莓派使用的 USB 话筒增益过低，而 2mic 语音模块在远场采集声音时，因增益高而回声显著，均不同于计算机录制语音命令数据集的环境，需要扩充数据集并重新训练。我最终使用的训练数据集共由 4 组语音命令数据组成，即分别在计算机 Windows 环境下、计算机 Linux 环境下、树莓派 +USB 话筒环境下以及树莓派 +2mic 语音模块环境下录制的语音数据。实话实说，语音识别网络本身的泛化能力似乎并不强，而是明显依赖于训练数据各项音频参数的覆盖范围，尽可能扩大语音数据来源，无疑有助于提高语音识别网络的泛化能力。对此你可能怀疑所采用语音识别网络的接纳能力，认为还是训练数据越少，训练效果越好。这话虽然也不错，但有个前提，就是每次使用智能音箱都必须保持机器状态相同，使用环境相同，说话声音大小、速度、节奏、声调等相同，这太苛刻了！其实完全没有必要怀疑语音识别网络的接纳能力，训练数据再扩大几倍、几十倍也没有问题。

现在看看树莓派“变身”成的智能音箱吧！图 4 所示是树莓派 4B+ 配置 USB 话筒制作的智能音箱工作情况，图 5 所示是树莓派 3B+ 配置 2mic 语音模块制作的智能音箱工作情况。

本系列文章开篇曾建议读者看看 video 文件夹下的视频文件，但那时的你可能除了猎奇还没有什么想法。结束本文之际再次请读者扫描文章开头的二维码，观看这两个视频，这时的你已经打开了 AI 语音识别技术的大门，有底气对视频中的角色品头论足，并开始构思自己的专属智能音箱。欣慰之余还得言归正传，video 文件夹下的视频文件 raspi_usb-mic_4b 是 USB 接口话筒 + 树莓 4B+ 组合工作状况的录像，raspi_2mic_3b 是 2mic 模块 + 树莓派 3B+ 组合工作状况的录像。视频中可以听到我发出的语音命令以及智能音箱小叶的回应，当然还有同样源自人工智能创作的钢琴曲。可能有的读者并不满足仅仅把孤立词语音识别技术移植到树莓派，还想把连续语音识别技术也移植到树莓派，因为可以将生硬的语音命令改换为较为亲切的日常用语。这个想法可以实现，实际上就是把基于连续语音识别的语音控制模型移植到树莓派，与我们已经完成的移植并无多大区别，只是改变语音命令的说法而

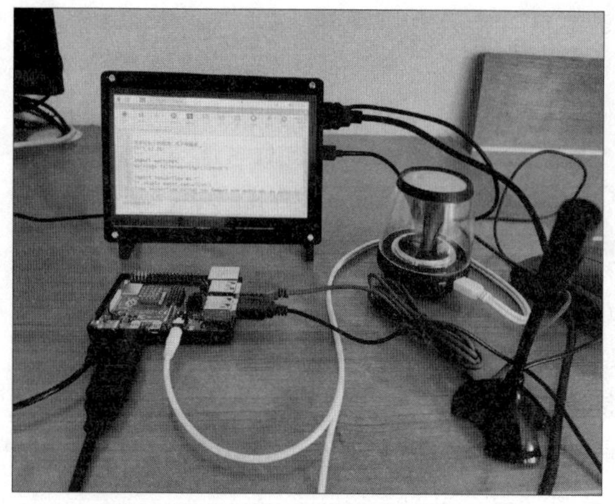

图 4 树莓派 4B+ 配置 USB 话筒制作的智能音箱

图 5 树莓派 3B+ 配置 2mic 语音模块制作的智能音箱

已，但基于连续语音识别的语音控制模型功能尚不够完整，如未编写待机功能，需要适当补充。这个任务就留给读者作为进阶语音识别的课题吧，预祝大家移植顺利！

结语

本系列文章制作涵盖了孤立词语音识别和连续语音识别的基本技术和实现方法，甚至游走了一番边缘 AI，在不求助各大语音服务平台的前提下，实现了被认为是语音赛道里的标志产品的智能音箱，但这些都还只是语音识别领域的冰山一角，能为我所用、为我所乐的知识宝藏还有很多，希望这系列拙文能拉近广大读者与语音识别技术的距离，更希望对本文制作的不足之处加以改进。

语言是人际交流最主要的方式，也必然会成为信息时代人机交互的主要途径。在人工智能突飞猛进并进入社会生活方方面面的今天，我等无线电和电子技术爱好者把自己的知识扩展到语音识别等人工智能技术领域，无异于进入了一个崭新的、更广阔的兴趣空间。有道是：存一分爱好，多十分乐趣，何乐而不为呢？

微型自动驾驶机器人

华盛顿大学的研究人员研发出了一种新型机器人 MilliMobile，它可以通过周围的光或无线电波来供电，能够在各种表面上移动。MilliMobile 是一种微小的自动驾驶机器人，它配备了类似太阳能电池板的能量收集器和 4 个轮子，可以在 1h 内移动约公共汽车的长度。这种机器人可以在混凝土或堆积土壤等表面上行驶，并携带 3 倍于自身质量的相机或传感器等设备。它利用光线传感器自动向光源移动，因此理论上可以在收集电能下无限期地运行。这种新型的机器人不仅可以在各种环境中自由移动，还可以在光线非常暗的情况下运行。这意味着，即使在阴天或者只有厨房柜台灯的情况下，它也能够缓慢前进。这种能力为部署在其他传感器难以生成细微数据的区域的机器人群开辟了新的可能性。

此外，MilliMobile 还能够操纵自己，使用机载传感器和微型计算芯片进行导航。未来，研究人员计划添加其他传感器，并改善机器人群体之间的数据共享。

空中自动变形微型飞行器

美国华盛顿大学研究人员开发出一种微型飞行器，在下降过程中，可通过折叠形式来改变它们在空中飞行的方式。这种微型飞行器质量约 400mg，当从 40m 高的空中掉落时，可飘行一个足球场的距离。每个设备都是无电池设计，仅有太阳能收集电路和控制器，以触发半空中的这些形状变化。它们还携带了机载传感器，以在飘行时测量温度、湿度和其他数据。

在展开的平面状态下，折纸结构在风中混乱地翻滚，类似于榆树叶，但是切换到折叠状态就会改变它周围的气流并实现稳定的下降，类似于枫叶落下的方式。这种高能效的方法，可对微型飞行器的下降进行无电池控制。设备的板载执行器只需 25ms 即可启动折叠，功率收集电路利用太阳光即可获取能量。目前微型飞行器只能向一个方向飞行，但允许研究人员同时控制多个微型飞行器降落。未来该设备将能够在两个方向上飞行，也将支持在湍流风条件下更精确地着陆。

STM32 物联网入门30 步（第7步）

RCC 的时钟树

▌杜洋　洋桃电子

该系列文章前6步我们把STMCubeIDE和HAL库的基础知识讲完了，现在进入下一个学习阶段，开始编写程序，把单片机内部各功能驱动起来。每项功能看似不同，但驱动方法大体相同，在反复编程的过程中你会总结出思维逻辑、一种编程规范，这是我真正想让大家学习的。这一步先来学习RCC系统时钟功能。虽然前面有内容涉及时钟设置，但现在我要从一项功能的角度正式讲解一次。我将分成3个部分进行讲解。第1部分是RCC的时钟树，我将介绍在图形化界面中如何设置时钟树和各功能时钟的作用与频率分配规范；第2部分是RCC的程序，在图形化界面中生成了程序后，接下来要研究时钟设置的程序存放在哪个文件的哪个位置，程序以什么形式表现时钟设置；第3部分是HAL库中的延时函数，延时函数作为与时间相关的函数，几乎会用在每个程序中。如果不了解RCC功能的基础知识，可以学习《STM32入门100步》中的第5步和第41步，从数据手册与标准库编程的角度理解RCC时钟。

RCC的时钟树

如图1所示，先回顾一下时钟树结构，时钟树视图的设置项目可分成3个部分，左边是4个时钟输入源；中间部分是通道选择器、预分频器和倍频器，设置频率需要调节这个部分；右边是最终频率，单片机的数据总线和各功能时钟频率会显示在这里。之前是从时钟源的角度进行讲解，现在以最终频率为核心，看看时钟有哪些用途。

如图2所示，为了讲解方便，我把时钟树中的所有功能都标注了序号，当讲到某个部分时会用序号代替。如图3所示，在设置过程中可能会出现红色高亮显示，同时在时钟配置选项卡前出现红叉，这表示设置值超出系统规定的频率范围。如果不去理会，出现红色高亮的功能将无法正常运行。所以在出现红色高亮显示时一定要重新设置，等红色高亮消失后再生成程序。

内核与外设时钟

时钟设置中的功能可以分成内核与外设时钟以及独立时钟两个部分，内核与外设时钟是指ARM内核与相关功能外设的时钟，包括SYSCLK时钟、HCLK时钟、FCLK时钟、PCLK时钟和ADC功能时钟。

1. SYSCLK时钟

SYSCLK时钟是系统时钟，SYSCLK时钟是单片机的“根时钟”，除了独立时钟，ARM内核与各功能外设时钟都由此分配而来。HCLK时钟、FCLK时钟、PCLK时钟、ADC功能时钟都由SYSCLK时钟“生发”出来。如图4所示，时钟树视图中的SYSCLK时钟就是系统时钟，标注为最终频率4。它代表着此单片机的最大频率，频率越高，运算速度越快。系统时钟作为源头分配给各内部总线和功能。通过通道选择器2可选择3个输入源，第1个HSI是内部高速时钟输入，没有经过预分频器和倍频器，直接给SYSCLK时钟8MHz频率。由于HSI采用RC振荡器，频率精度不高，不能用于对时间精度要求很高的项目。第2个HSE需要单片机外接4～16MHz晶体振荡器。外接晶体振荡器虽然增加了成本，但大大提高了时间精度，适用于对时间精度要求高的场合。选择此项后的系统时钟频率就是HSE晶体振荡器频率，洋桃IoT开发板上使用的是8MHz。第3个PLLCLK的频率是经过预分频器、倍频器和通道选择器分配后的频率。前面两个选项虽然简单直接，但得到的频率是固定值，无法超频或降频。PLLCLK选项加入了PLL锁相环电路，可以在一定范围内调整频率值。通过通道选择器3可切换HSI和HSE输入源，它们在进入通道选择器3之前还各经过一个预分频器。通道选择器3后端进入PLL锁相环电路，通过倍频器1来升高频率，最终可分配给SYSCLK时钟和USB时钟。STM32F103单片机的SYSCLK时钟的最大频率是72MHz。

2. HCLK时钟

如图5所示，SYSCLK时钟经过预分频器2到达最终频率

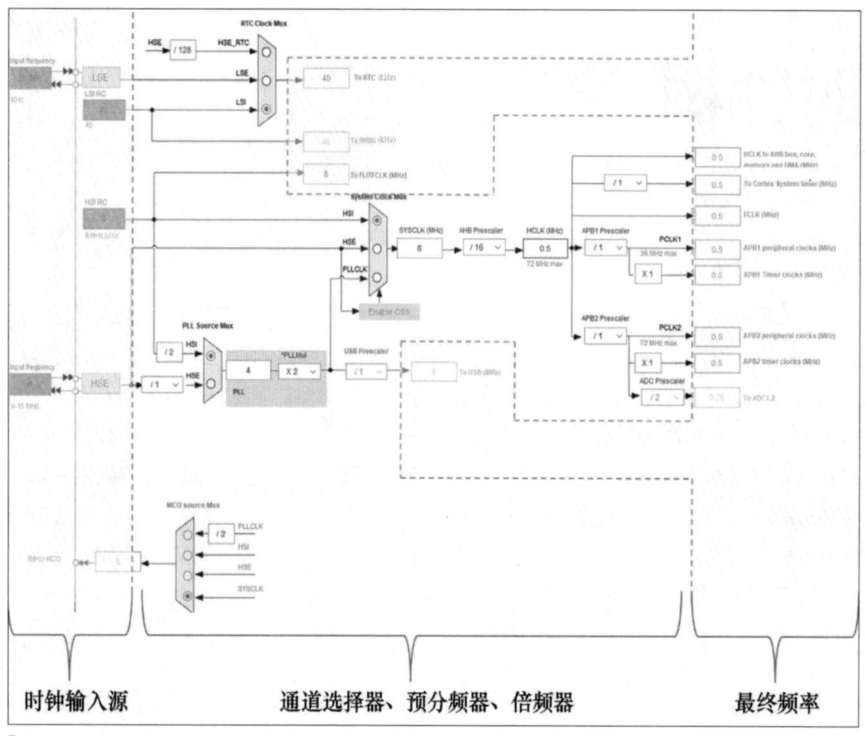

图1 时钟树结构划分

5，这是HCLK时钟频率。HCLK时钟通过内部高速数据总线AHB，把频率提供给ARM内核、存储控制器、中断控制器、DMA等内核功能。可以通过设置预分频器2来降低HCLK频率，但通常会让HCLK与SYSCLK保持一致。当你的项目中对ARM内核、RAM与Falsh存储、DMA、NVIC中断控制器等性能有所要求时，可以设置HCLK来实现。最终频率6包含HCLK时钟所控制的部分的频率，其中给系统内核定时器的频率还能通过预分频器3进一步设置，初学期间先让两个频率一致。

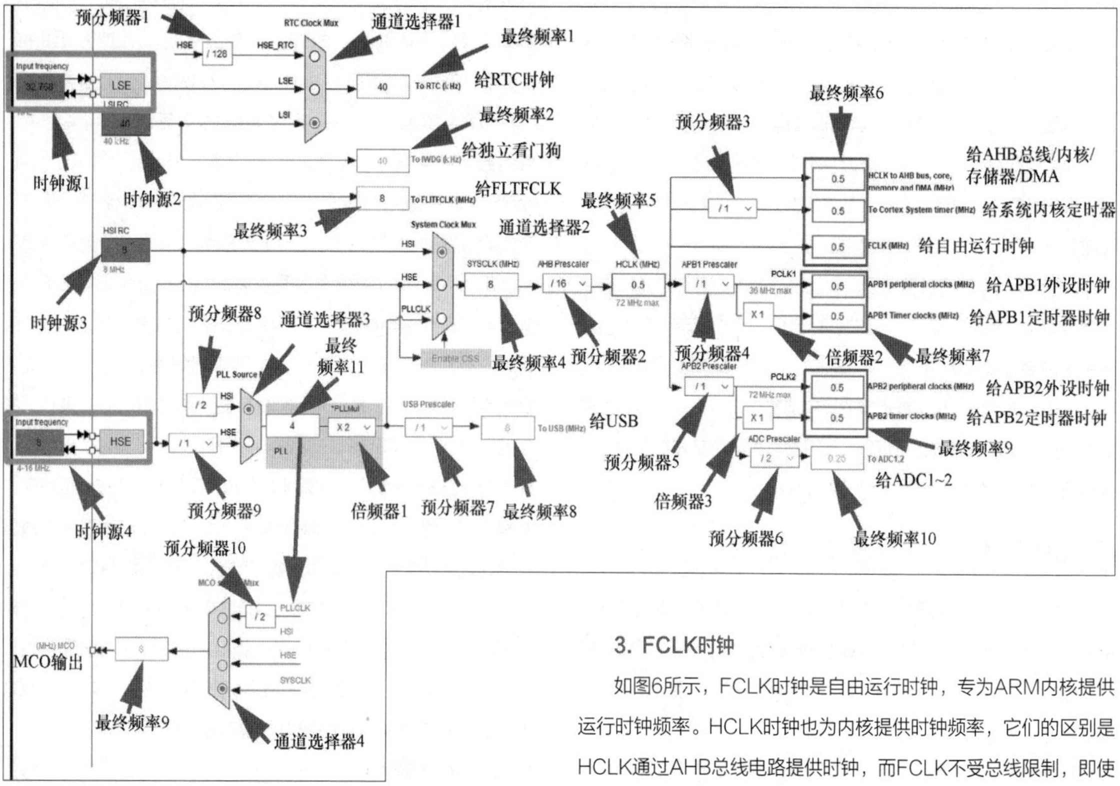

图2 时钟树标注

3. FCLK时钟

如图6所示，FCLK时钟是自由运行时钟，专为ARM内核提供运行时钟频率。HCLK时钟也为内核提供时钟频率，它们的区别是HCLK通过AHB总线电路提供时钟，而FCLK不受总线限制，即使AHB总线停止工作，FCLK时钟也能直接向ARM内核提供时钟。

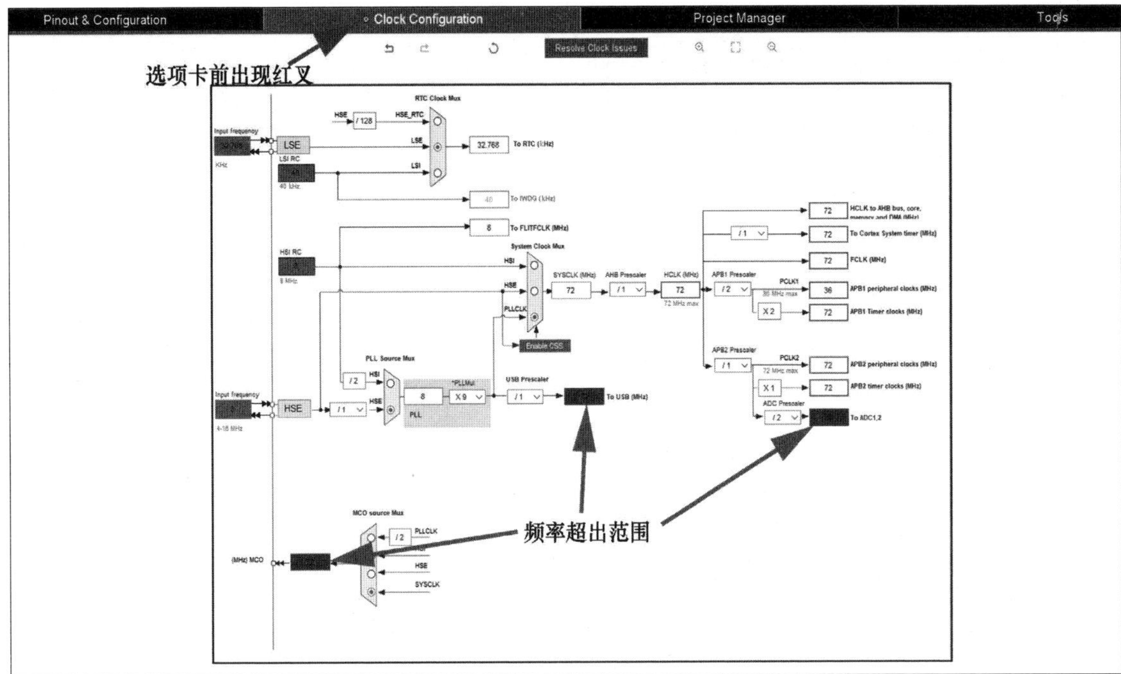

▌图3 红色高亮警告

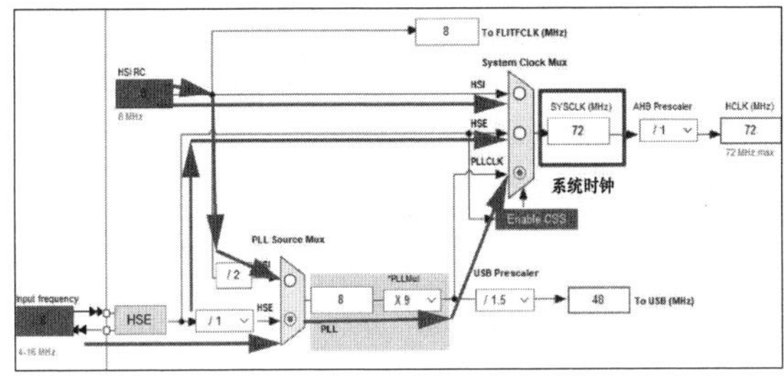

▌图4 SYSCLK时钟的通道

由于内核时钟与AHB总线时钟必须频率相同才能正常工作，所以这两个频率始终相同。

4. PCLK时钟

PCLK外设时钟的作用是给单片机外设功能提供时钟。这里所说的外设不是单片机外面的设备，而是ARM内核以外的单片机内部功能。如图7所示，PCLK时钟分配给APB1总线和APB2总线两个部分，每条总线上都挂接着不同的单片机内部功能。最终频率7是APB1总线相关时钟频率，包括APB1外设时钟和APB1定时器时钟。可通过预分频器4和倍频器2设置此频率。需要注意，APB1外设时钟的最大频率是36MHz，APB1定时器时钟的最大频率是72MHz。最终频率9是APB2总线相关时钟，包括APB2外设时钟和APB2定时器时钟。通过预分频器5和倍频器3来设置此频率，APB2外设时钟和APB2定时器时钟的最大频率是72MHz。若想知道APB1总线和APB2总线上都挂接了哪些内部功能，可以打开单片机数据手册找到时钟树结构图，如图8所示。

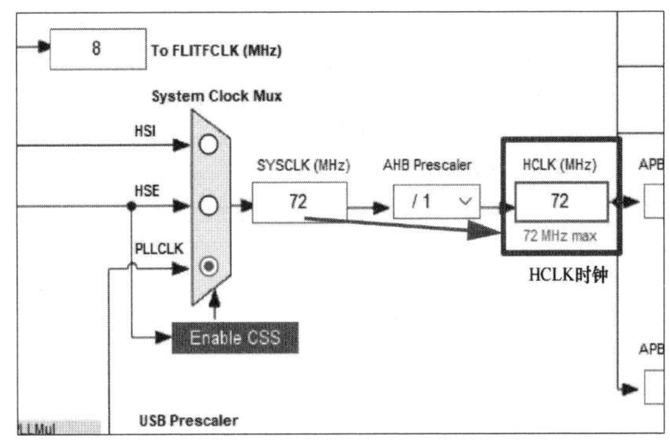

▌图5 HCLK时钟的通道

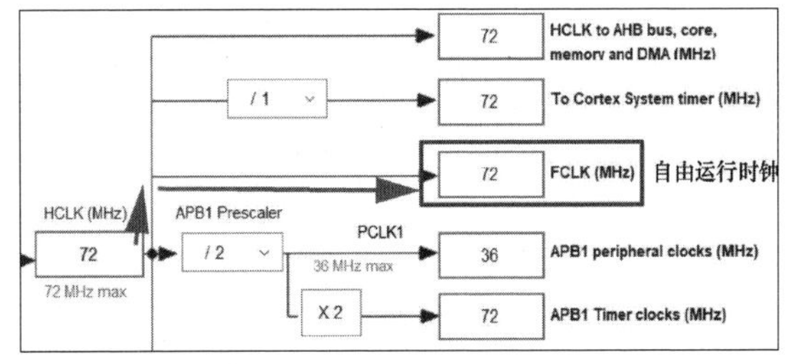

▌图6 FCLK时钟的通道

5. ADC功能时钟

如图9所示，最终频率10是外设中的ADC功能的频率，

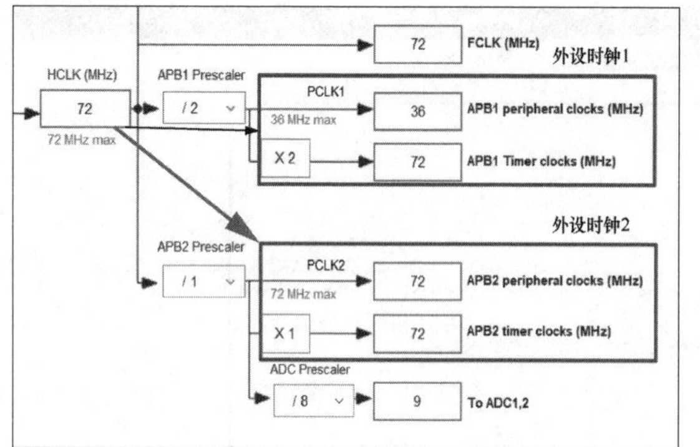

▌图7 PCLK时钟的通道

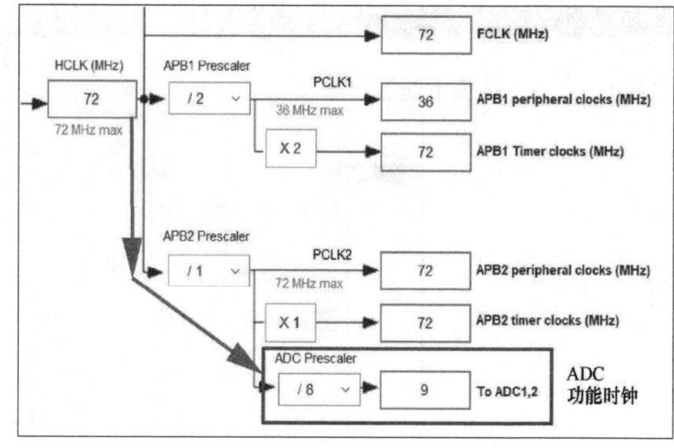

▌图9 ADC功能时钟的通道

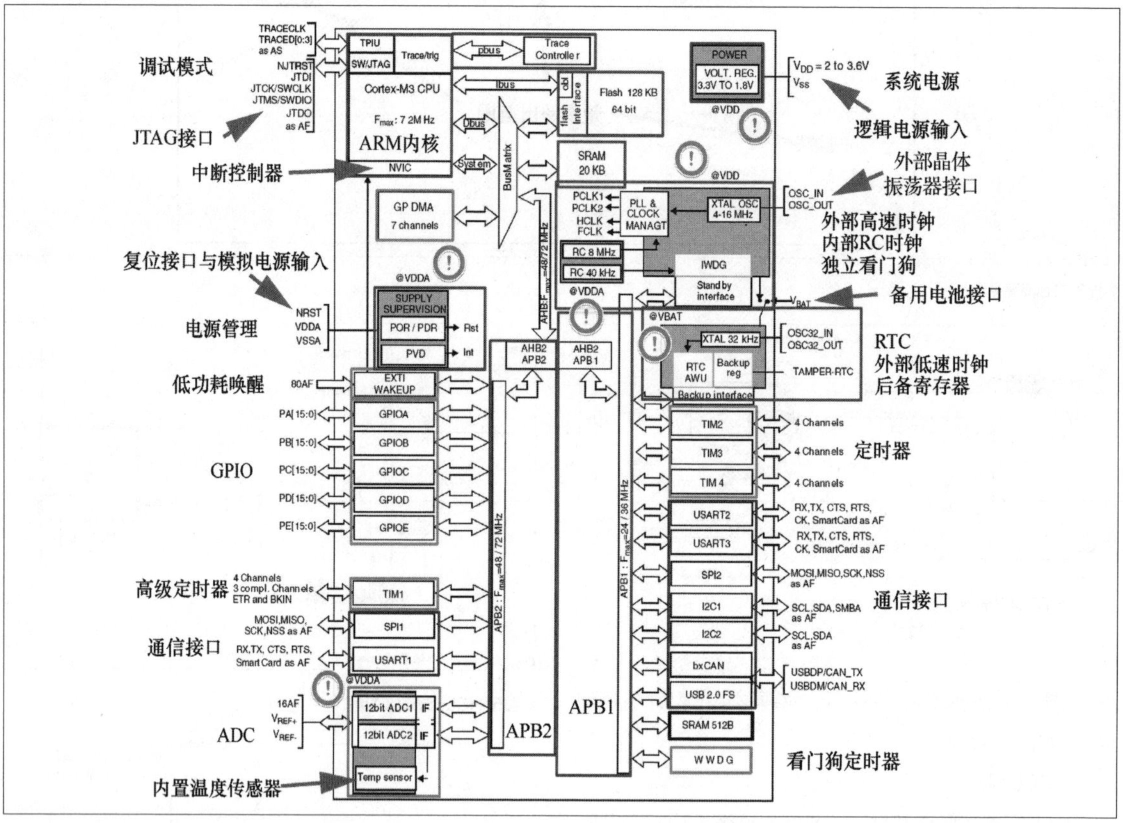

▌图8 APB1总线与APB2总线上挂接的内部功能

涉及模数转换器，它的时钟挂接在APB2总线上，同时提供给ADC1和ADC2。通过预分频器6可设置此频率，最大频率为14MHz。

独立时钟

独立时钟的频率不是由系统时钟提供，而是由时钟源直接提供，独立于系统时钟之外。独立时钟的功能包括RTC时钟、独立看门狗时钟、Flash编程时钟、USB时钟。单片机设计者把这些功能从系统时钟分离出来是有原因的。RTC是实时时钟功能，需要在系统时钟不工作时也能持续走时，所以专门为它分配了LSI和LSE时钟源。独立看门狗用于监控单片机的工作状态，当单片机程序出错时，独立看门狗能复位单片机。Flash编程时钟是在用ISP软件给单片机下载程序时用的时钟，单片机下载程序时系统时钟没有开启，所以Flash下载功能需要独立时钟。USB时钟是单片机从设备接口时钟，USB接口是独立的通信模块，必须配有独立的时钟。

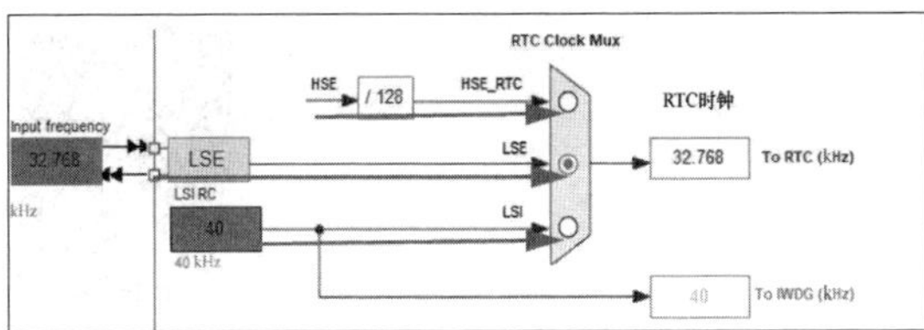

▌图10 RTC时钟的通道

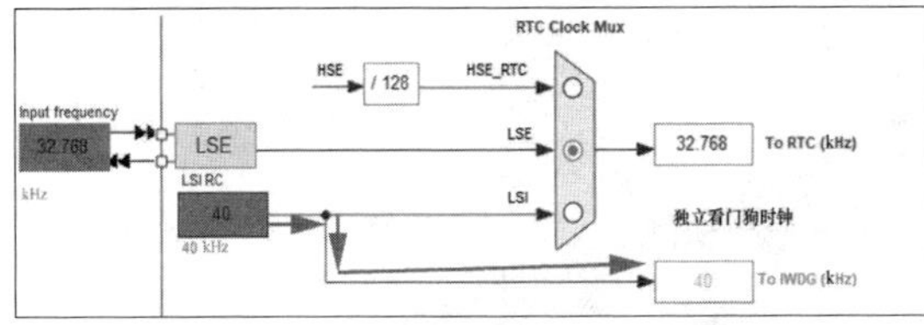

▌图11 独立看门狗时钟的通道

1. RTC时钟

如图10所示，RTC时钟在时钟树视图的左上角，通过通道选择器1切换3个输入源。第1个输入源是HSE外部高速时钟，经过了预分频器1的“/128”。当HSE晶体振荡器的频率是8MHz时，经过分频得到约62.5kHz的频率送入RTC时钟。第2个输入源是LSE外部32.768kHz低速时钟，未经过分频和倍频直接输入RTC时钟，得到32.768kHz的时钟频率。第3个输入源是LSI内部40kHz低速时钟，也未经过分频和倍频直接输入RTC时钟，得到40kHz的时钟频率。可以看出，3种输入源使RTC时钟得到不同频率，不同频率对RTC时钟功能有什么影响呢？

首先要知道RTC时钟的作用，RTC时钟把单片机当作实时时钟使用，备用电池可提供掉电走时功能。RTC时钟还能作为长时间定时器使用，比如要求单片机每小时读取一次传感器，可让RTC时钟走时并设定1h闹钟，然后单片机进入休眠状态，1h后闹钟唤醒单片机读取一次传感器。实时时钟和长时间定时器应用对RTC时钟的走时精度要求有所不同。实时时钟需要有更高的精度，走时1年的误差为几分钟，这就要在LSE上外接精度高、零点漂移小的32.768kHz晶体振荡器，通道选择器1要选择LSE输入源。如果把RTC时钟作为长时间定时器使用，则对精度要求低，定时1h可以有几分钟误差。这时就不用外接32.768kHz晶体振荡器，使用精度不高的LSI或HSI即可。如果对系统时钟的频率精度要求也不高，连HSE外部的8MHz晶体振荡器也可省去，改用LSI内部40kHz时钟源。不过二者相差不大，通常会选择LSI时钟输入源。

2. 独立看门狗时钟

独立看门狗的作用是监测单片机是否

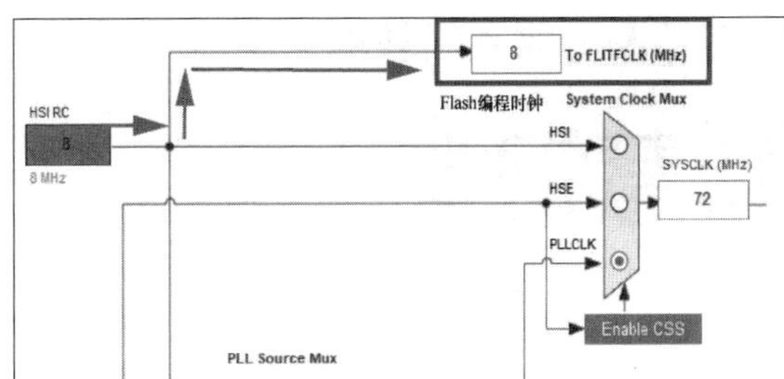

▌图12 Flash编程时钟的通道

出错，它必须独立于系统时钟之外，保持“独立第三方”地位。如图11所示，独立看门狗时钟直接引入40kHz的LSI低速内部时钟，保证输入源的稳定可靠。独立看门狗时钟的固定频率是40kHz，不允许修改。

3. Flash编程时钟

如图12所示，Flash编程时钟的作用是在给单片机下载程序时，为Flash编程操作提供时钟。在程序下载的过程中，单片机处于Bootloader模式，系统时钟没有启动，所以HSI高速内部时钟直接给Flash编程提供独立时钟输入。Flash编程时钟的固定频率是8MHz，不允许修改。

4. USB时钟

如图13所示，USB时钟是指单片机内置的USB从设备接口，此功能在单片机内部独立工作。USB时钟频率允许修改，通过通道选择器3可切换HSI和HSE两个输入源，通过预分频器7、预分频器8、预分频器9和倍频器1来调配频率值。需要注意，只有预分频器7是USB时钟专属的，其他都与系统时钟设置共享，设置时需要同时考虑系统时钟的联动变化。USB时钟的最大频率是48MHz，后续讲到USB从设备功能时再细讲。独立时钟部分大概就是这些，所谓“独立”仅仅是指时钟输入的独立，这些功能在程序开发层面上和其他功能没有区别，依然受到ARM内核的控制。

时钟输出

如图14所示，时钟树视图中的最终频率9是单片机预留的时钟输出功能，时钟输出的缩写是MCO，在STM32F103C8T6这款

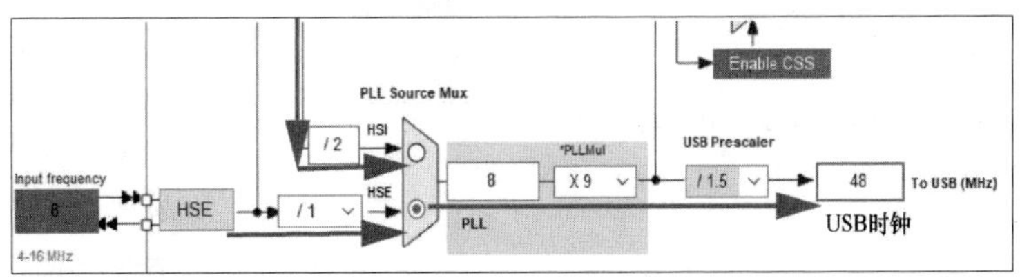

▌图13 USB时钟的通道

行空板图形化入门教程（8）

智慧钢琴

演示视频

▌聂凤英

灵感来源

大家都见过钢琴和琴谱（见图 1），你是否想象过自己成为一名钢琴家，让音符在指尖飞舞？弹钢琴的过程，如同在平静的湖面上，用指腹敲起的音符坠落在水中，荡起一阵涟漪，震撼着聆听者的心灵。我没有学习过弹钢琴，但这阻止不了我对钢琴的喜爱。接下来，和我一起利用行空板制作一台智慧钢琴吧！

我决定在行空板下半部分显示钢琴按键，并为每个琴键附上一个音符，在演奏过程中，琴键的上方琴谱可以自动移动。项目预想效果如图 2 所示。

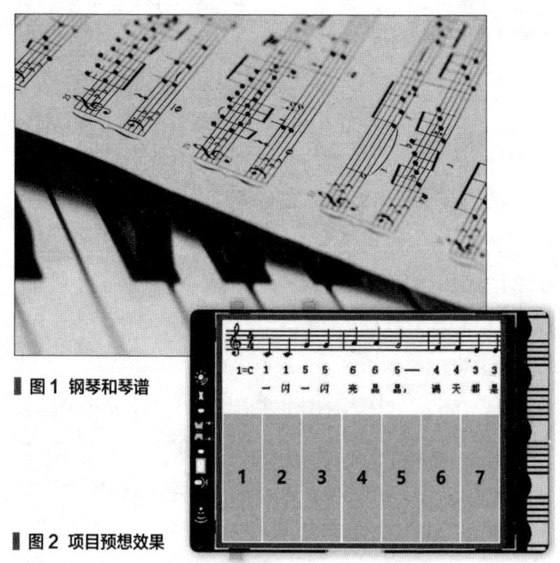

▌图 1 钢琴和琴谱

▌图 2 项目预想效果

▌图14 MCO时钟输出

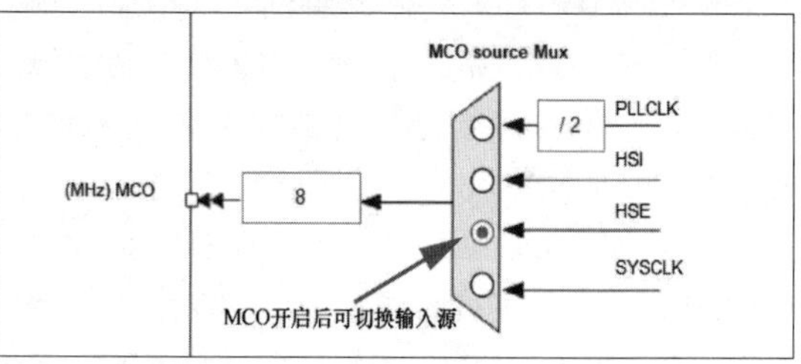

▌图16 MCO输入源的选择

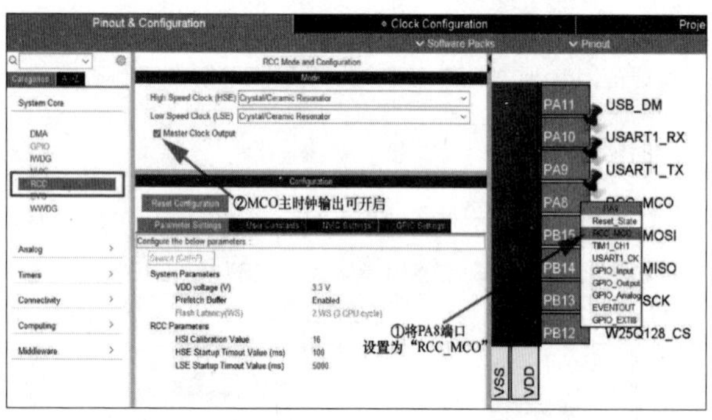

▌图15 PA8端口设置为MCO时钟输出

单片机上，MCO复用在PA8端口。如图15所示，开启MCO时钟输出功能要在图形界面中将端口视图中的PA8端口改成MCO模式，然后进入RCC功能的模式设置项，勾选“Master Clock Output”（主时钟输出）选项。这样时钟树视图中的MCO部分才能设置。如图16所示，通过通道选择器4可以切换4个时钟输入源，分别是PLLCLK锁相环时钟、HSI高速内部时钟、HSE高速外部时钟和SYSCLK系统时钟。其中PLLCLK是标注为最终频率11的锁相环频率输入。MCO时钟输出功能多基准，用于给其他芯片提供时钟基准，或者作为单片机间通信的同步频率基准，大家可以根据项目需求来设置MCO功能。由于示例中没有用到MCO功能，所以请在了解它后取消RCC模式设置中“Master Clock Output”（主时钟输出）的勾选，将PA8端口恢复到之前的设置。

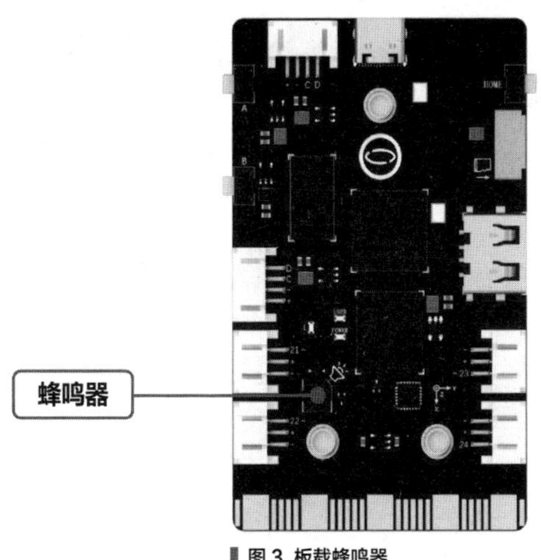

▌图 3 板载蜂鸣器

直流电源输入 → 振荡源 → 声音输出

▌图 4 有源蜂鸣器工作原理

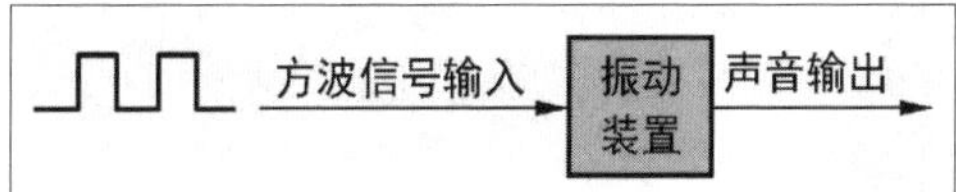

▌图 5 无源蜂鸣器工作原理

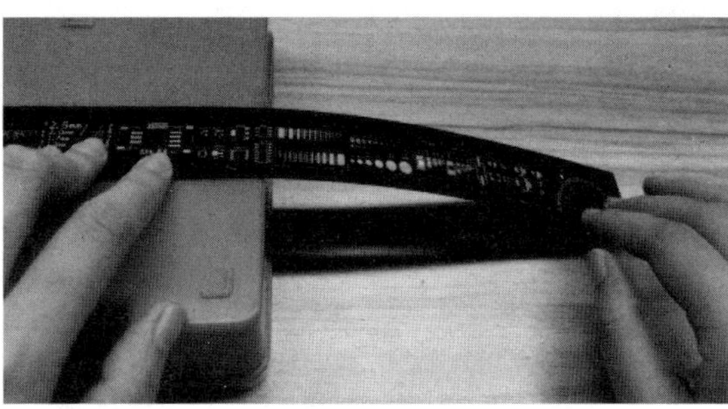

▌图 6 按压直尺使其振动

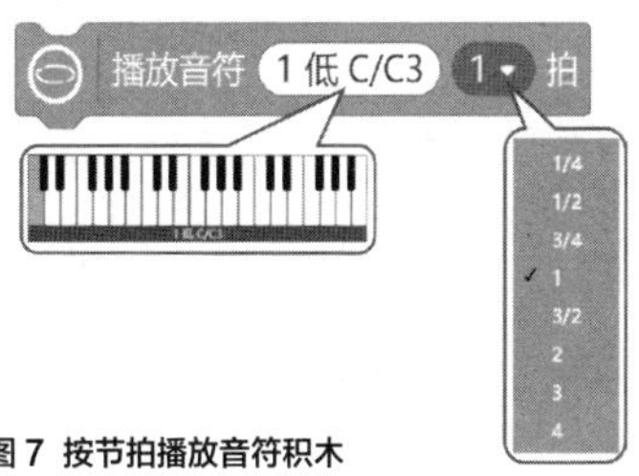

▌图 7 按节拍播放音符积木

功能原理

蜂鸣器

行空板之所以能发声，是因为背部板载了蜂鸣器（见图 3），简单地说，就是行空板板载了一个可以发声的电子元器件，写入不同的程序，就可以控制这个元器件发出声音。

为什么行空板上的蜂鸣器可以发出不同的声音，而有的蜂鸣器只能发出一种声音？蜂鸣器按驱动方式分为有源蜂鸣器和无源蜂鸣器，下面一起来了解一下这两种蜂鸣器有什么区别。

1. 有源蜂鸣器

有源蜂鸣器和无源蜂鸣器最根本的区别是输入信号的要求不一样，这里的“源”不是指电源，而是指振荡源。有源蜂鸣器内部带振荡源，只要一通电就会有声音输出，并且输出的声音频率是固定的，不能改变。有源蜂鸣器的工作原理如图 4 所示。

2. 无源蜂鸣器

无源蜂鸣器的内部没有振荡源，所以仅用直流信号是不能让它发出声音的，必须通过方波信号驱动振动装置，才能有声音输出。无源蜂鸣器的工作原理如图 5 所示。

你知道什么是方波信号吗？

大家都有直尺吧，用手将直尺的一端固定在桌面上，然后用另一只手去拨动直尺的另一端。拨动过程中你会发现拨动的力度不同，直尺的振动频率和发出的声音也不同（见图 6）。我们可以将拨动直尺的力度，理解为无源蜂鸣器中的方波信号输入。输入的方波信号不同，输出的声音也就不一样。

通过对有源蜂鸣器和无源蜂鸣器的学习，现在你是否明白了行空板上的蜂鸣器可以发出不同声音的原因？行空板上板载的就是无源蜂鸣器，在按节拍播放音符相关积木中，选择不同的音符和节拍（见图 7），其实就是在给蜂鸣器设置不同的方波信号输入，所以蜂鸣器可以输出不一样的声音。

材料准备

本项目用到的材料清单如附表所示。

附表 材料清单

序号	设备名称	备注
1	行空板	1 块
2	USB Type-C 接口数据线	1 根
3	计算机	Windows 7 及以上系统
4	编程平台	Mind+

连接行空板

在开始编程之前，按如下步骤将行空板连上计算机。

第一步：硬件搭建

使用 USB Type-C 接口数据线将行空板连接到计算机（见图 8）。

第二步：软件准备

打开 Mind+，按图 9 所示的标注顺序完成编程界面切换（Python 图形化编程模

▌图 8 连接行空板和计算机

式）、行空板加载和连接。然后，保存好当前项目，就可以开始编写项目程序了。

项目实现过程

这个项目中，主要是在行空板显示屏上显示一个简易的钢琴琴键，然后为每个琴键都赋予一个蜂鸣器的音符。按下不同的琴键，播放不同的声音。在琴键上面会有一个辅助琴谱，琴谱可以自动移动，对于初学者来说，辅助琴谱降低了演奏者的演奏难度。接下来，通过下面两项任务来实现智慧钢琴项目。

> **任务一：设计琴键布局**
> 利用素材图片，完成行空板显示屏上的琴键布局，并为每个琴键设置一个蜂鸣器音符。
> **任务二：设置辅助琴谱**
> 做一个辅助琴谱，让琴谱自动移动。

任务一：设计琴键布局

1. 编写程序

开始编写程序之前，先分析一下这个任务中具体要实现哪些功能。首先需要在行空板左侧部分显示 1~7 的琴键（见图 10），然后为每个琴键赋一个音符。

（1）确定琴键大小

将图片素材文件中的琴键图片加载进项目中（见图 11）。

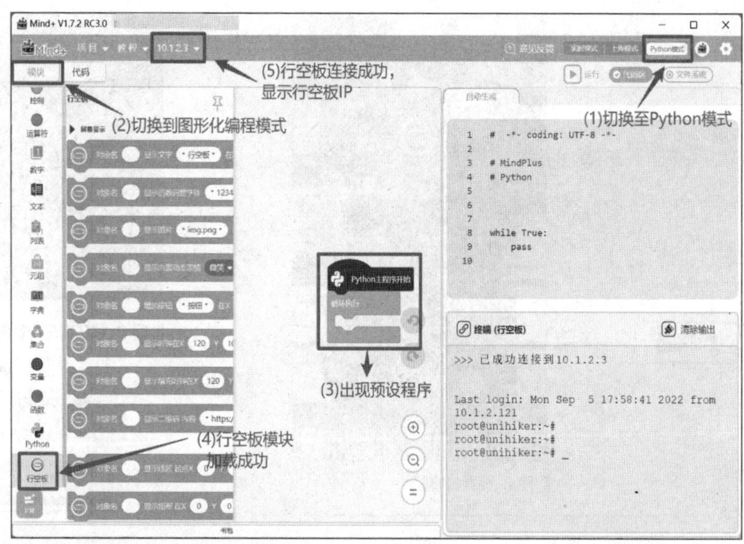

▌图 9 软件准备操作顺序

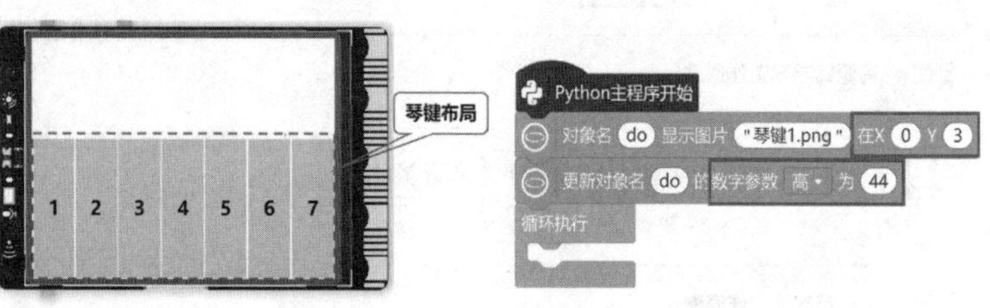

▌图 10 显示屏琴键布局分析

▌图 12 显示琴键 1 程序

▌图 11 将图片加载进项目中

行空板的显示屏高为 320 像素，要放置 7 个相同的琴键，每个琴键占的宽大约为 45 像素，每个琴键之间再留 1 像素的间距，因此将琴键的高设置为 44 像素。显示琴键 1 程序如图 12 所示，显示效果如图 13 所示。

▌图 13 琴键 1 显示效果

（2）确定琴键位置

7 个琴键的大小相同，应该从上到下依次放置，并且琴键之间需要留 1 像素的间距，因此第二个琴键的位置就是 *X* 坐标不变，在 *Y* 初始坐标 3 像素的基础上，增加琴键宽和琴键的间距。因此，第二个琴键坐标为（0,48）。显示琴键 2 程序如图 14 所示，琴键 2 显示效果如图 15 所示。

以此类推，下一个琴键的位置同样是 *X* 坐标不变，*Y* 坐标在现在的 *Y* 坐标基础上，加上琴键宽度，再加上琴键的间距，显示琴键 3~7 程序如图 16 所示。

（3）设置音符

按下琴键，触发的对象是琴键。所以要给每个琴键对象设置一个回调函数，需要使用积木 对象名 XX 的点击回调函数为 button_clickX 。

注意： 对象名 XX 的点击回调函数为 button_clickX 需要和 当点击回调函数 button_clickX 被触发搭配使用，并且回调函数名称要保持一致（见图 17）。

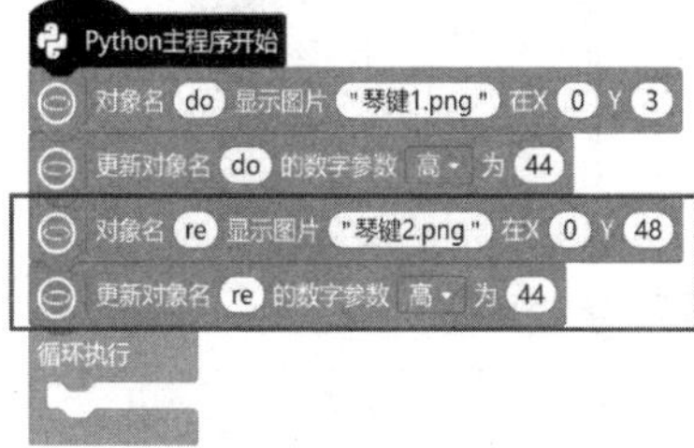

图 14 显示琴键 2 程序

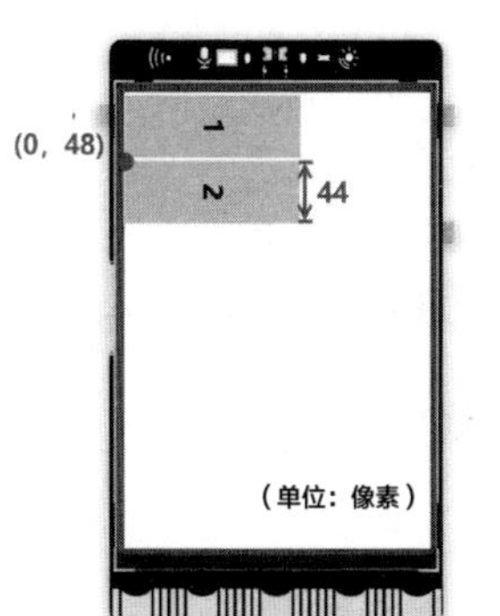

图 15 琴键 2 显示效果

图 16 显示琴键 3~7 程序

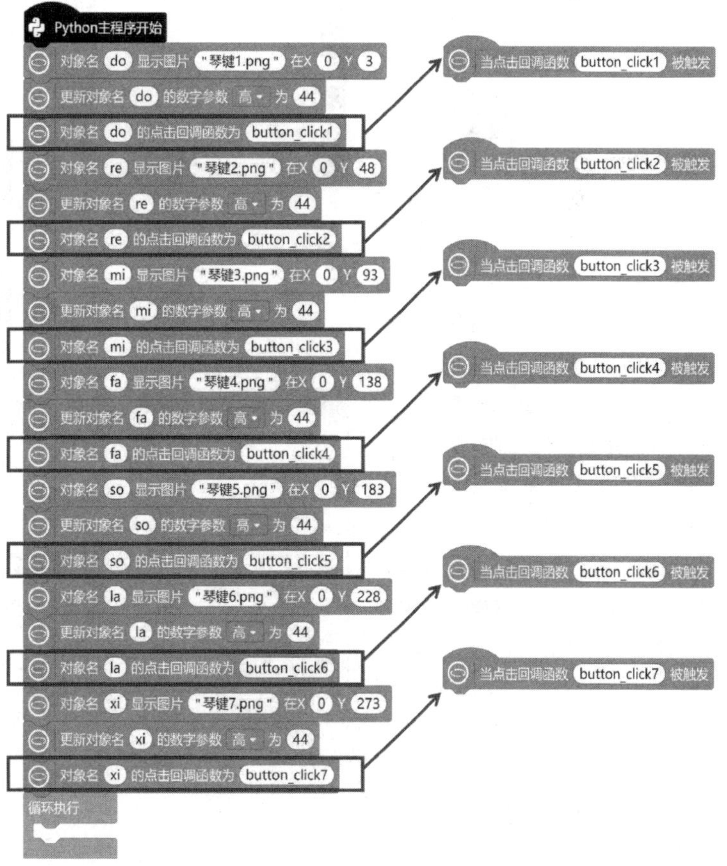

图 17 增加琴键点击对象程序

怎样才能在按下琴键后，发出对应的声音呢？这就需要用到板载蜂鸣器中的按节拍播放音符相关积木（见图 18）。

这个积木的音符下拉框中，提供低、中、高 3 个音区的音符，节拍下拉框里提供 8 种节拍。不同音区的音符使用方法如图 19 所示。

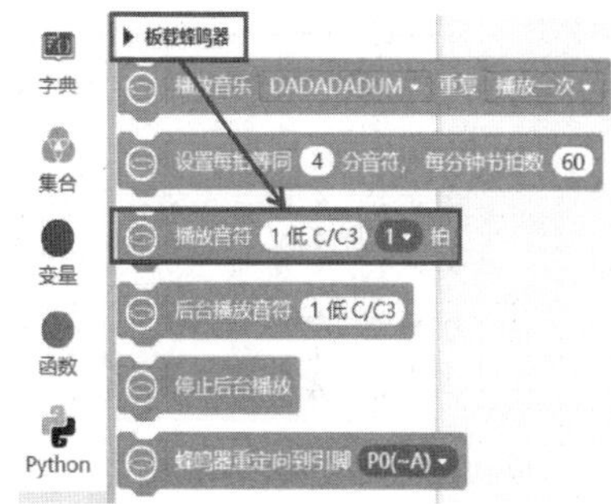

图 18 添加按节拍播放音符相关积木

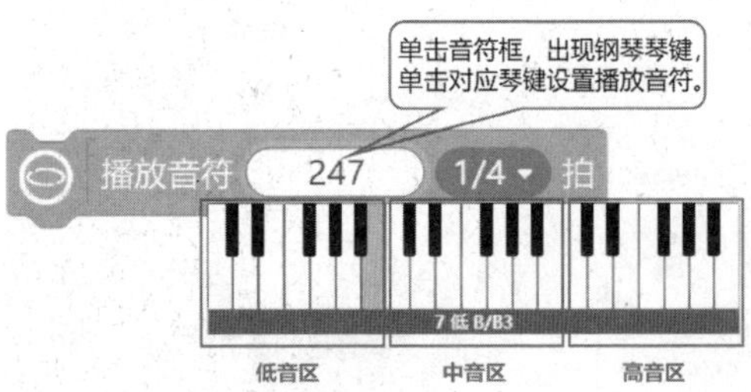

图 19 不同音区的音符使用方法

图 20 《小星星》琴谱

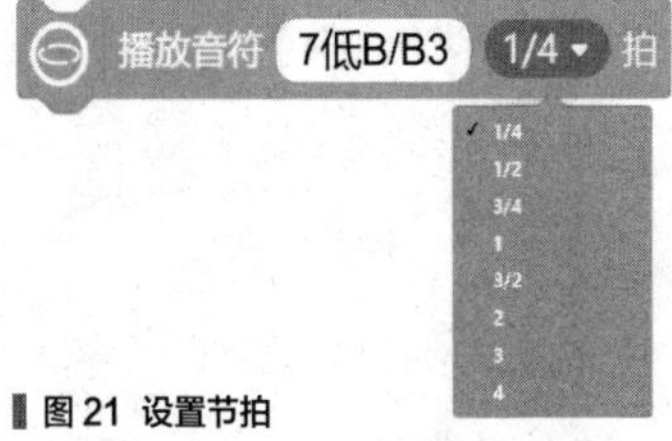

图 21 设置节拍

关于节拍的选择，一般根据琴谱的节拍进行选择，当然也可以根据自己的喜好来设置。以《小星星》琴谱为例（见图 20），琴谱中设定是 4/4 拍，意思是每小节有 4 拍，琴谱中每个节拍里面有 4 个音符，因此每个音符对应的节拍就该为 1/4 拍，所以在按节拍播放音符相关积木中选择 1/4 拍（见图 21）。

接下来就给每个琴键设置一个对应的音符吧！按下琴键后，才会发出声音，因此需要在琴键的回调函数中添加按节拍播放音符相关积木，回调函数程序如图 22 所示。

2. 程序运行

单击“运行”，程序运行成功后，行空板显示屏显示效果如图 23 所示，可点击显示屏上的琴键弹奏音乐，接下来，快根据《小星星》琴谱来演奏吧！

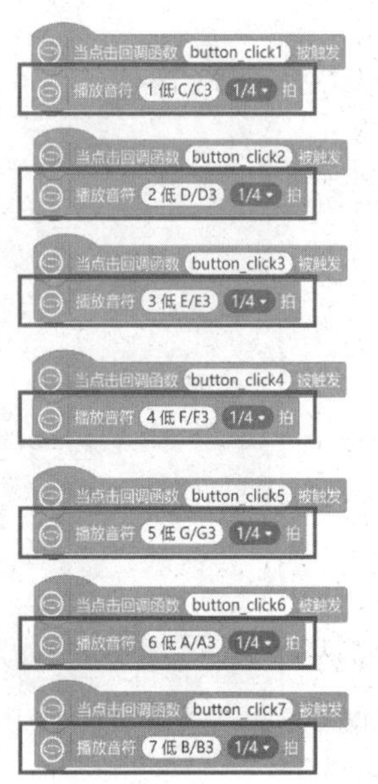

图 22 回调函数程序

任务二：设置辅助琴谱

1. 编写程序

任务一演奏过程中，要一边盯着琴键一边看着琴谱，稍不留神就忘了自己弹哪里了，对于初学者来说，弹奏一首完整的曲子简直太难了。如果在我们演奏过程中，琴谱可以在行空板的显示屏上显示，这样就变得更加容易了。在上一个任务基础上增加一个辅助琴谱的功能（见图 24），让琴谱自己在琴键上方移动。

（1）显示琴谱

将图片素材文件中的辅助琴谱图片加载进项目中（见图 25）。

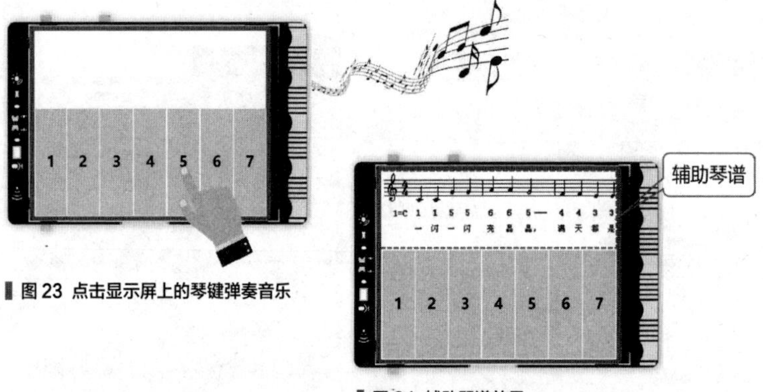

图 23 点击显示屏上的琴键弹奏音乐

图 24 辅助琴谱效果

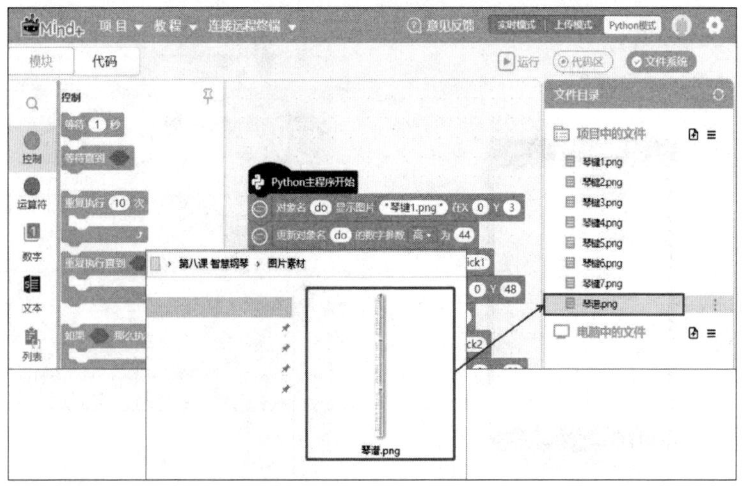

图 25 将辅助琴谱加载进项目中

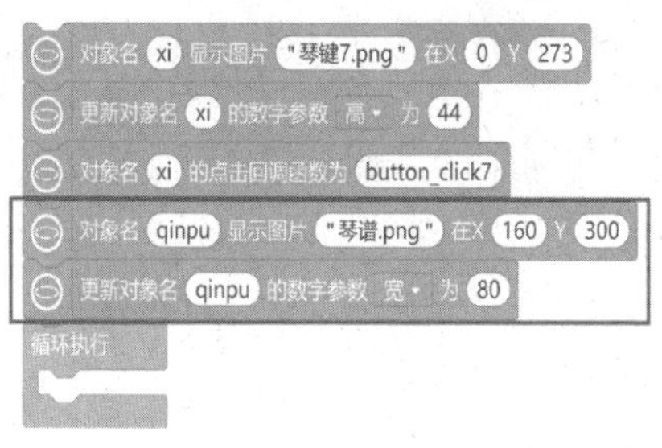

图 26 辅助琴谱显示程序

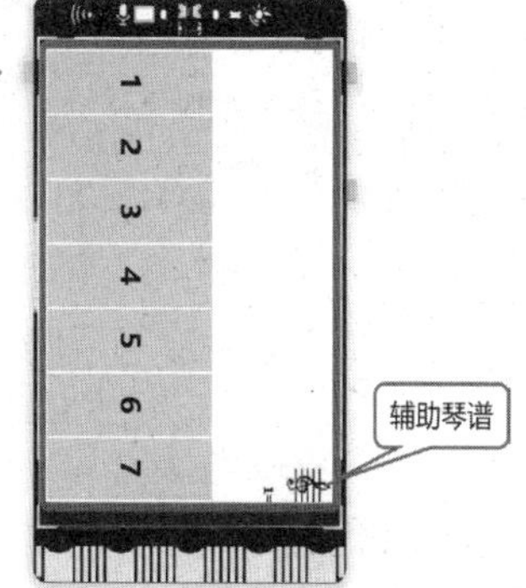

图 27 辅助琴谱显示效果

使用 显示图片 积木，设置图片在行空板（160，300）的位置显示琴谱图片。由于琴键占的宽度大约为 160 像素，因此琴谱的宽度不能超过 80 像素，所以使用 更新对象 XX 的数字参数 XX 为 XX 积木，设置琴谱图片的宽为 80 像素。辅助琴谱显示程序如图 26 所示，辅助琴谱在行空板上的显示效果如图 27 所示。

（2）琴谱移动

琴谱移动就是让图片循环向上移动，大家还记得怎样让图片向上移动吗？新建一个变量 img_y 用来改变图片的 Y 坐标值。要实现琴谱图片连续向上移动，将控制图片移动的程序放到“循环执行”里即可（见图 28）。

图 28 辅助琴谱图移动程序

图 29 辅助琴谱移动效果

2. 程序运行

单击“运行”，程序运行成功后，就可以开始演奏啦！演奏过程中，有了辅助琴谱，再也不用一边盯着琴键，一边查看琴谱啦！辅助琴谱移动效果如图 29 所示，大家可以扫描文章开头的二维码观看演示视频。

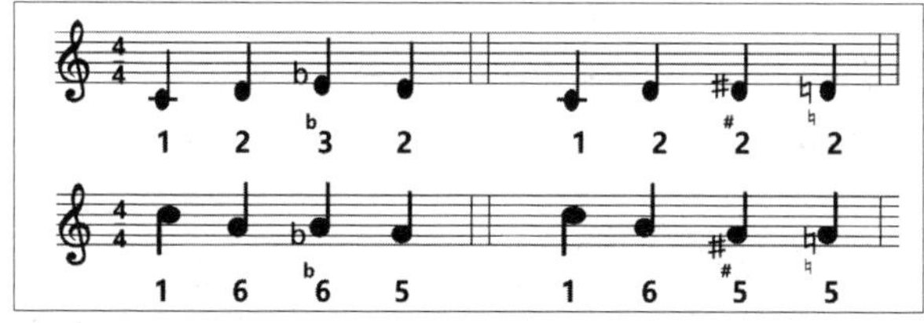

图 30 变化音琴谱

挑战自我

在一些难一点的变化音琴谱中（见图 30），会出现“#”和“b”这两种符号。“#”和“b”，代表该音符是变化音符，“#”代表升音，“b”代表降音。

而钢琴中的白色琴键用于弹奏基本音符，黑色琴键用于弹奏变化音符。变化音与黑色琴键的对应关系如图 31 所示。

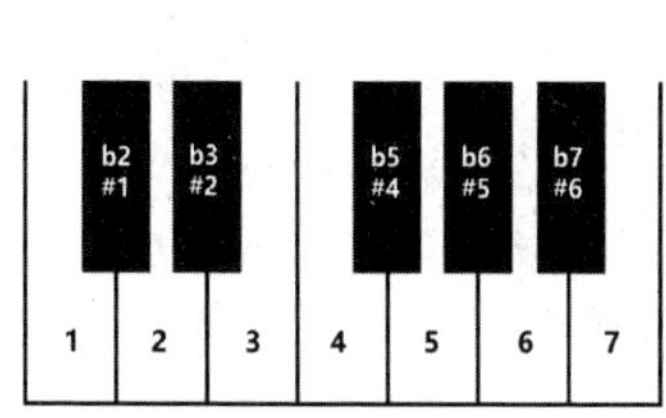

图 31 变化音与黑色琴键的对应关系

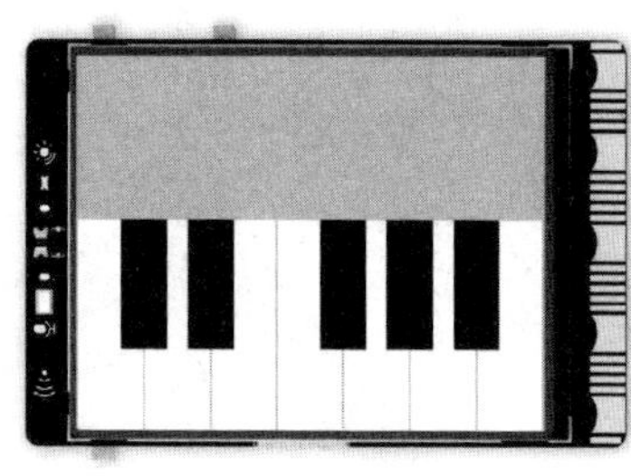

图 32 “挑战自我”效果

如果要弹奏有变化音符的琴谱，就需要将黑色琴键也加上去（见图 32）。接下来，大家一起想一想怎样才能在行空板上添加黑色琴键，并且让蜂鸣器发出变化声音呢？

提示 1： 使用绘制矩形的方式，绘制钢琴黑白琴键。

提示 2： 按节拍播放音符相关积木中，点击黑色琴键可以选择变化音符。

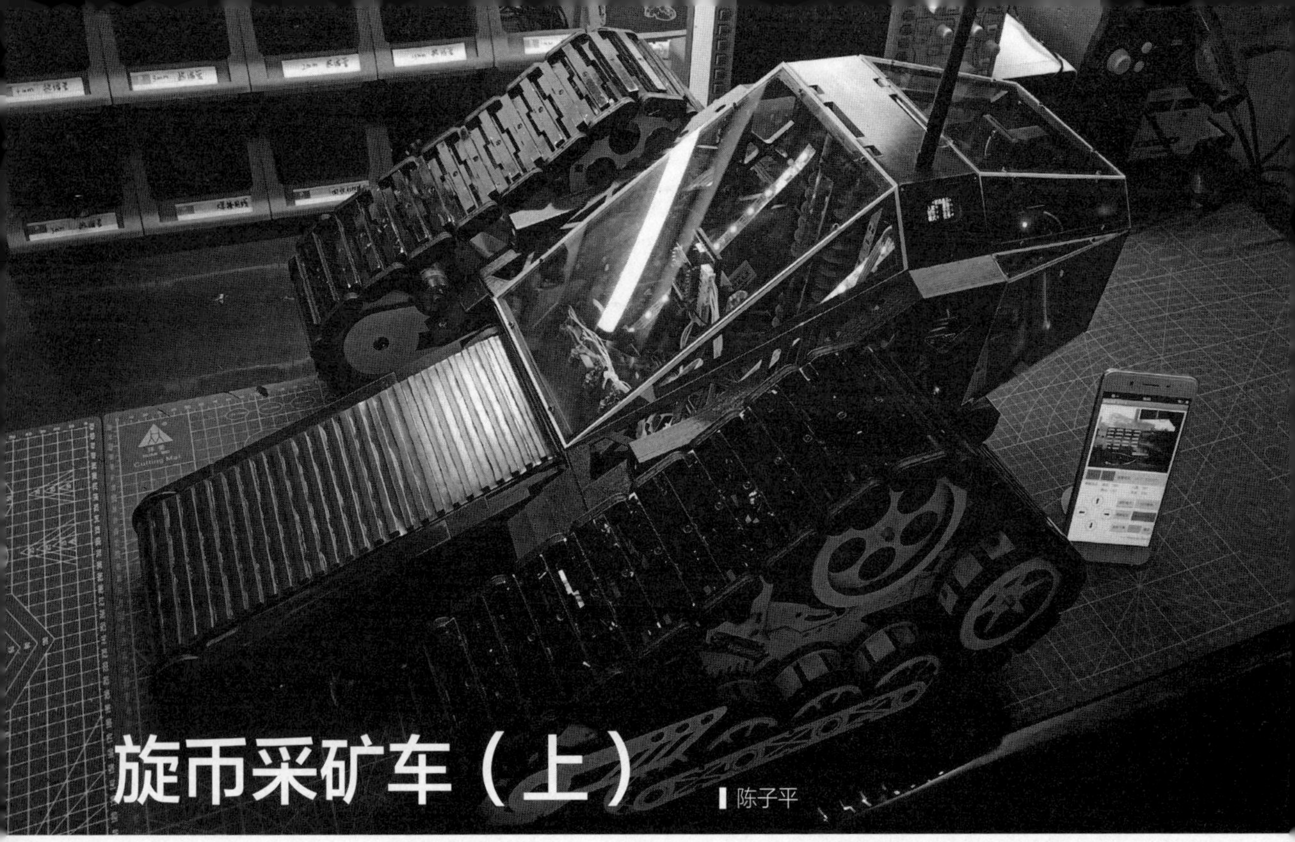

旋币采矿车（上）

▍陈子平

大家好，我们又见面了，这次我带来的项目是旋币采矿车，是一款能够实现自动化硬币采集、智能硬币储存、摄像头实时监控、手机遥控、一键执行任务的物联网视频履带车。本项目基于App Inventor、Web服务器、MQTT协议、机械自动化等技术，共有1205个零部件，矿车大小为670mm × 450mm × 390mm。最开始的时候项目命名为“弹币采矿车”，后面我觉得弹币容易被想成把硬币弹高，于是就改成了“旋币采矿车”。为什么叫采矿车呢？主要因为它与即时战略游戏里的采矿车很像，且功能类似，都是为获取矿物资源使用的，能够将硬币吸入车内部储存，还能将硬币旋转弹出，同时寓意着招财进宝、财源滚滚。

说起制作这个项目，最开始是从一个简易的旋币装置开始的。

这个简易的旋币装置内部有两个连杆将硬币夹紧，当硬币被塞进孔洞后，夹紧力会使硬币产生旋转的力量（见图1），与小时候玩旋转硬币差不多，而装置将手指弹硬币的过程省去了，实现了半自动化。玩了一段时间，我突发奇想，有了一个灵感：能不能将其做成全自动化的，然后将这个装置增加上全自动收集机构、移动机构、控制机构、摄像头实时监控，这样不就实现了全自动的旋币装置了吗？如果做出来的话一定非常酷炫。

▍图1 简易旋币装置使硬币旋转

产生想法后，我马上就着手画了一张概念图（见图2），它与完成后的装置有一些偏差，当时就是随便一想画的图，没有考虑太多技术层面和外观设计的问题。这个概念雏形包含了机械化运作的传送带模块、全自动提升模块、收集和硬币旋转模块、实时摄像模块和履带行走模块。于是我有了大致的方向，便一边做一边想，通过一个思维导

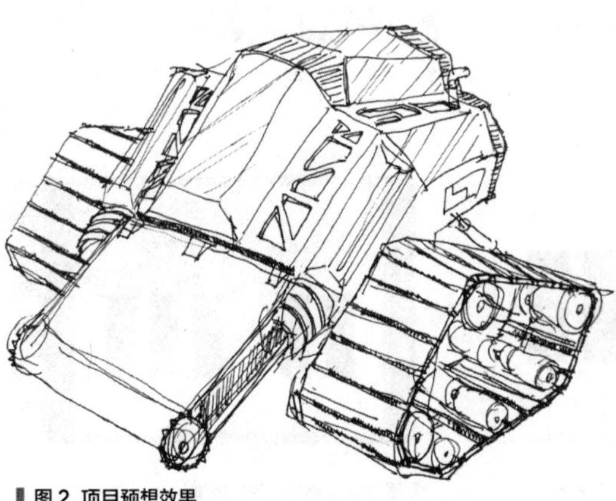

▍图2 项目预想效果

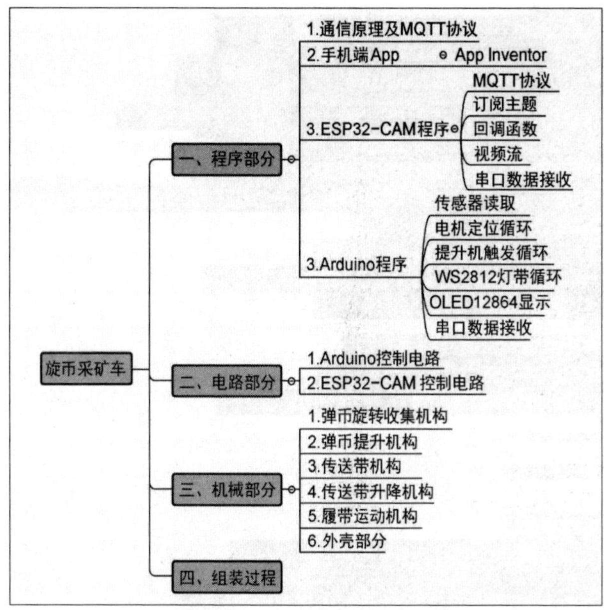

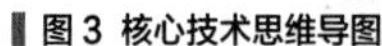
图 3 核心技术思维导图

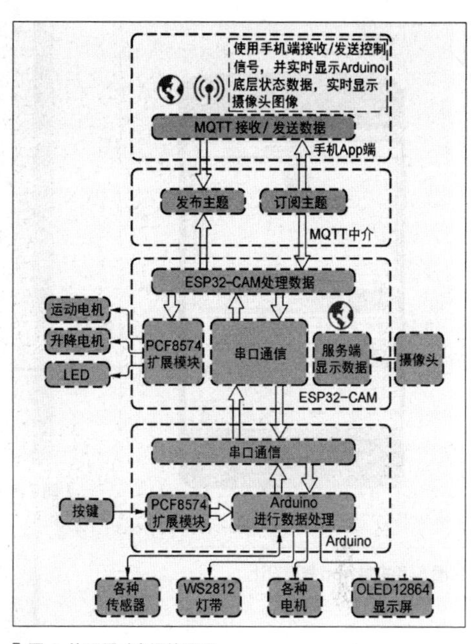

图 4 旋币采矿车通信原理

图梳理了这个项目所包含的核心技术，如图 3 所示。

项目思维导图分为 4 部分：程序部分、电路部分、机械设计部分、组装过程。程序部分涉及三大块：手机端 App、ESP32-CAM 程序、Arduino 程序。电路部分主要是 Arduino 与 ESP32-CAM 各功能模块的连接。机械部分比较复杂，为了实现流畅的运行，我经过好几次升级改造，有硬币旋转收集机构、硬币提升机构、传送带机构、传送带升降机构、履带运动机构、外壳部分，这几大模块都用了不少时间设计、制作，不像编程能够立竿见影，需要组装和调试；最后一个部分是组装过程，详细记录了整个装置的机械结构和电路设计。

程序部分

整个项目依靠机械机构执行，各个模块相互组合并实现自动化则需要用电路与程序控制。程序部分包含的方面比较多，涉及 ESP32-CAM 与 Arduino 的配合使用，因为任何单一的控制器都无法保证整个装置的完整性和实时性，所以使用一个控制器用于顶层通信，一个用于底层执行，具体的通信原理如图 4 所示。

整个控制系统中，处于指挥层面的是手机端，我们需要开发一款能实时显示摄像头画面和作为遥控器使用的手机 App，App 下达控制指令和显示实时数据。实现手机端与 ESP32-CAM 实时控制的是 MQTT 协议，通过发布和订阅主题的形式来进行通信，通信过程是双向的，可以一对一，也可以一对多。ESP32-CAM 是整个系统的中枢，一端连接手机端，一端连接 Arduino 的执行端。为了保证整个系统的实时控制，运动电机、LED、升降电机的控制将由 ESP32-CAM 完成，同时实时获取摄像头数据，发送到 Web 服务端，这样在手机上打开网页就能显示视频流数据了。ESP32-CAM 通过串口发送控制指令指挥 Arduino 执行实时性不高的指令，比如改变灯光模式、传送带运动等。Arduino 通过串口反馈底层的数据信息发送给 ESP32-CAM，再由 ESP32-CAM 通过 MQTT 协议传到手机端，数据信息包含入库数、库存数、弹出数、任务数。Arduino 同时还处理各种自动化的循环任务，如电机提升、传感器实时数据变更、电机定位等，类似人类大脑的脑干功能，控制着人的呼吸与心跳，不受外在的影响，如果出现异常会将数据传输到 ESP32-CAM，同时 LED 12864 进行显示，方便人们及时处理。这样就打通了从 Arduino 到 ESP32-CAM 再到手机端 App 的数据通道，整个系统实时且高效。

下面我着重讲解一下手机端 App 是如何实现的。

我用 App Inventor 设计制作 App，制作的版本是“弹币采矿车 V1.0”，这边再次解释一下，因为当时取名比较随意就叫做弹币采矿车，但后来又觉得不合适，弹币与硬币旋转还是差别比较大的，后面把名字改成了“旋币采矿车”。App 整体界面设计如图 5 所示，界面分为摄像头显示窗口、摄像头开启和 MQTT 开启按钮、数据显示窗口、运动控制窗口。界面设计过程是比较简单的，我就不做过多阐述了，App 的 MQTT 协议与服务端视频流是比较关键的部分，重点讲一下程序的具体实现。

MQTT 协议的原理如图 6 所示，发布

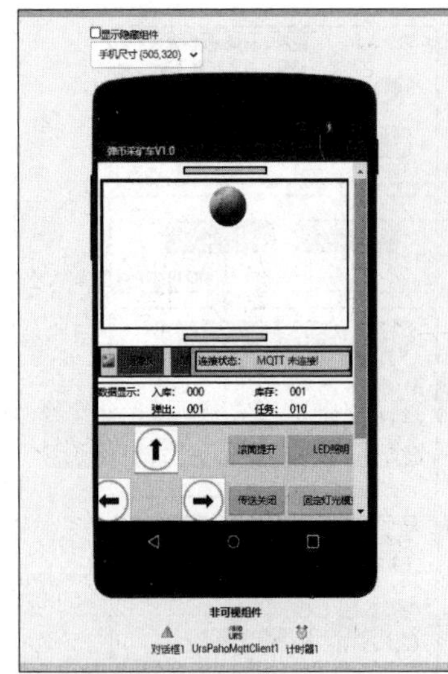

▌图 5 手机端 App 界面设计

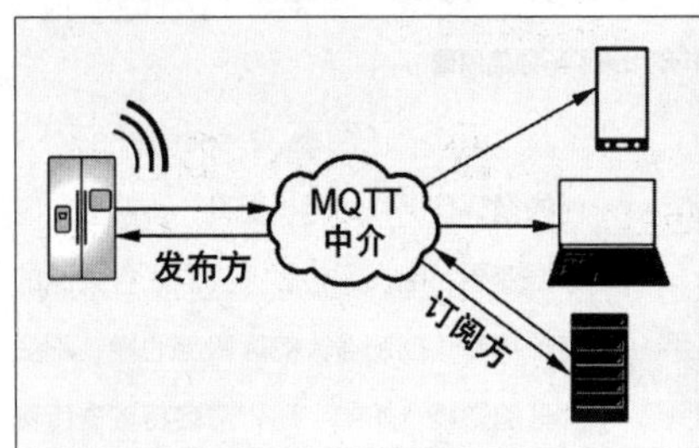

▌图 6 MQTT 原理

方传感器或监测设备先发出主题到 MQTT Broker(MQTT 中介)，经过 Broker 服务器，将被订阅的消息发给订阅方（如手机、计算机等终端设备）。此流程可以双向或一对多，可以说是非常灵活的。

连接 MQTT 服务器的程序如图 7 所示，将 Broker 设置为相应服务器名称，端口号为 1883，心跳周期（KeepAlive）为 60，客户 ID（ClientID）是唯一号，可以随机生成也可以指定，调用 UrsPahoMqttClient1 连接模块，进行服务器连接，连接成功后显示“MQTT 连接成功！”。这样就完成了连接 MQTT 服务器的操作，比较简单。

下面讲解如何发送主题信息。我用一个 LED 点灯的案例举例，调用 UrsPahoMqttClient1.Publish 模块向主题 Topic:Zipng-Maker-Sub-C8:F0: 9E:2A:XX:XX-LED，发送 Message:“1”。当 Broker 接收到主题信息，则进行消息更新，ESP32-CAM 订阅了相应主题，接收到信息，判断信息完成点亮 LED 操作，LED 点亮主题发送程序如图 8 所示。其余按钮的编程操作也是一样的。

手机端接收来自 ESP32-CAM 的数据，其中，手机端 App 需要订阅相应主题，再由 ESP32-CAM 发送主题，接下来讲一下订阅主题操作。调用

▌图 7 连接 MQTT 服务器程序

▌图 8 LED 点亮主题发送程序

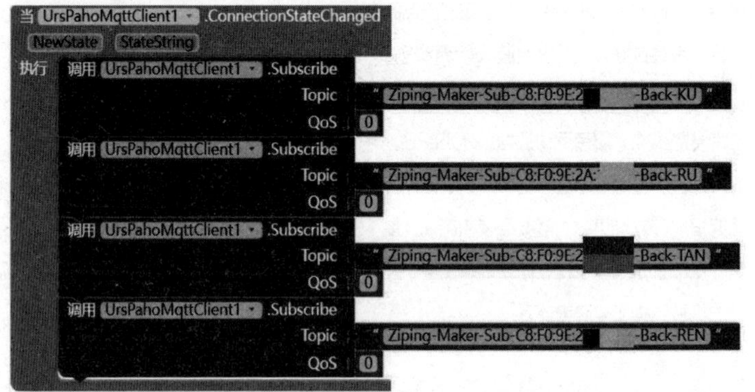

▌图 9 订阅主题程序

图 10 接收主题数据程序

图 11 设置浏览器视频流程序

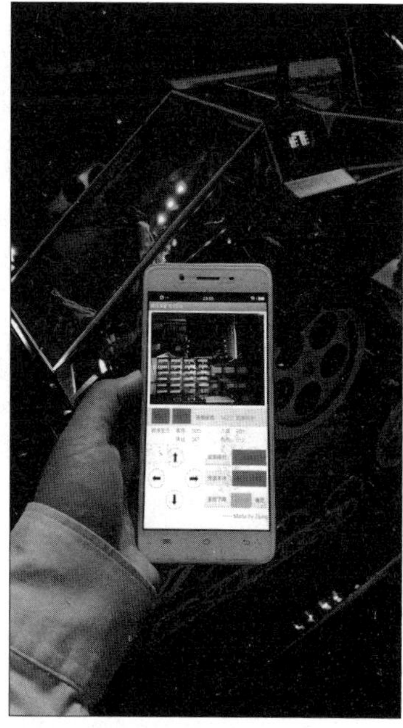

图 12 App 完成后的实际效果

UrsPahoMqttClient1.Subscribe 模块，Topic 设置订阅主题，QoS（服务质量）设置为 0，等级越高越可靠，但传输速度会变慢，这样就完成了主题的订阅操作，订阅主题操作如图 9 所示。

完成主题订阅后，需要实时接收主题数据，接收主题数据程序如图 10 所示，调用“当 UrsPahoMqttClient1 收到消息”模块，判断消息主题文本，将对应的文本标签设置为变量 Messsge 的值，完成数据显示操作。到这一步 MQTT 的基本操作就完成了，是不是很简单？

设置浏览器视频流程序如图 11 所示，在 ESP32-CAM 中已经将视频流数据发送给了网页端，所以手机端只需要获取网址就能完成摄像头的显示操作，其中的关键程序是调用 Web 浏览框访问网页，设置 URL 网址，此网址为 ESP32-CAM 返回的视频流网址。

这样 App 的关键程序就完成了，测试程序运行是否正常，修正程序中的 Bug，操作过程中需要一步一步调试，遇到的问题千奇百怪，要根据实际解决，需要一些耐心。最后检验流畅度，App 整体操作比较丝滑，反应灵敏，App 完成后的实际效果如图 12 所示。

ESP32-CAM 是 ESP32 系列中一款带有摄像头的主板，搭载的摄像头模块可以轻松地完成网络监控，经典案例教程也比较多，我主要讲一下 MQTT 协议是如何实现的。

1 第一步完成 MQTT 的服务器连接，新建 FreeRTOS 任务 mqtt_task，设置 Wi-Fi 模式为 WIFI_STA，函数 mqttClient.setServer() 设置连接的服务器名称和端口号，设置 mqttClient.setCallback() 回调函数，接收订阅主题的信息，调用 connectMQTTserver() 函数连接 MQTT 服务器。While(1) 是死循环，执行 mqttClient.loop() 心跳周期，保证连接的稳定。▼

```
//     MQTT任务
void mqtt_task(void *pvParameters) {
  pinMode(LED_BUILTIN, OUTPUT);       // 设置板上LED引脚为输出模式
  digitalWrite(LED_BUILTIN, LOW);    // 启动后熄灭板上LED
  //设置ESP32工作模式为无线终端模式
  WiFi.mode(WIFI_STA);
  // 设置MQTT服务器和端口号
  mqttClient.setServer(mqttServer, 1883);
  // 设置MQTT订阅回调函数
  mqttClient.setCallback(receiveCallback);
  // 连接MQTT服务器
  connectMQTTserver();

  while (1) {
    if (mqttClient.connected()) { // 如果开发板成功连接服务器
      mqttClient.loop();          // 处理信息以及心跳
    } else {                      // 如果开发板未能成功连接服务器
      connectMQTTserver();        // 则尝试连接服务器
    }
  }
}
```

2 拼接字符串 clientId 使其符合连接要求，格式为“esp32-”+“MAC 地址”，再将其转化为字符数组形式，赋值给 mqttClient.connect() 函数，执行连接 MQTT 服务器操作，连接成功后执行 subscribeTopic() 函数订阅相应主题。▼

```
// 连接MQTT服务器并订阅信息
void connectMQTTserver(){
  String clientId = "esp32-" + WiFi.macAddress();
  // 连接MQTT服务器
  if (mqttClient.connect(clientId.c_str())) {
    Serial.println("MQTT Server Connected.");
    Serial.println("Server Address:");
    Serial.println(mqttServer);
    Serial.println("ClientId: ");
    Serial.println(clientId);
    subscribeTopic(); // 订阅指定主题
  } else {
    Serial.print("MQTT Server Connect Failed. Client State:");
    Serial.println(mqttClient.state());
    delay(5000);
  }
}
```

3 以 LED 主题的订阅举例，先拼接字符串 topicString_LED，这个字符串可以自己设计，当然为了主题的唯一性，也可以参考我的命名方法。然后获取字符串的长度，用 strcpy() 将 topicString_LED 转化为字符串数组 subTopic_LED[ ]，再由 mqttClient.subscribe() 函数将字符数组 subTopic_LED[ ] 进行传递，订阅成功串口输出相应的订阅主题。其他的主题也是同样的操作。▼

```
void subscribeTopic(){
  String topicString_LED = "Ziping-Maker-Sub-" + WiFi.macAddress() + "-LED";
  char subTopic_LED[topicString_LED.length() + 1];
  strcpy(subTopic_LED, topicString_LED.c_str());

  // 通过串口监视器输出是否成功订阅主题以及订阅的主题名称
  if(mqttClient.subscribe(subTopic_LED)){
    Serial.println("Subscrib Topic:");
    Serial.println(subTopic_LED);
  }
}
```

4 回调函数 receiveCallback() 是接收订阅主题信息的函数，创建字符数组 msg[length+1] 用于存储字符，然后遍历每个元素将其存储起来，在数组的最后一位添加’\0’字符串结束符。以 LED 主题为例，先用 strcmp() 函数判断 topic 与相对应的主题是否一致，一致则返回 0，并执行下一步程序。if 判断 payload[0] 信息是否等于 1，等于 1 则执行 digitalWrite(LED_BUILTIN, HIGH) 亮灯操作。▶

```
// 收到信息后的回调函数
void receiveCallback(char* topic, byte* payload, unsigned int length) {
  char msg[length+1];//msg储存数组
  for (int i = 0; i < length; i++) {
    msg[i] = (char)payload[i];
  }
  msg[length] = '\0';

  if (strcmp(topic, "Ziping-Maker-Sub-C8:F0:9E:2      ED") == 0) { // 如果收到的消息来自LED主题
    if ((char)payload[0] == '1') {
      digitalWrite(LED_BUILTIN, HIGH);
    } else {
      digitalWrite(LED_BUILTIN, LOW);
    }
  }else if (strcmp(topic, "Ziping-Maker-Sub-C8:F0:9E:2      IANG") == 0) { // 如果收到的消息来自"下降"主题
    if ((char)payload[0] == '1') {
      pcf8574.digitalWrite(6, HIGH);
    } else {
      pcf8574.digitalWrite(6, LOW);
    }
  } else if (strcmp(topic, "Ziping-Maker-Sub-C8:F0:9E:2A      SHENG") == 0) { // 如果收到的消息来自"上升"主题
    if ((char)payload[0] == '1') {
      pcf8574.digitalWrite(5, HIGH);
    } else {
      pcf8574.digitalWrite(5, LOW);
    }
  }
}
```

5 新建一个任务函数 receiveSerialDataTask()，用于实时接收 Arduino 发来的串口数据，再将其转发至手机 App。实现过程是这样的，判断是否有串口数据 Serial.available() > 0，截取两个指定字符之间的数值赋值给变量，如 FS_RuKu_Num 为 r 和 K 之间的数字，再用 sprintf() 函数将其转化为字符串格式，用 mqttClient.publish() 函数发送数据到 Ziping-Maker-Sub-C8:F0:9E:2A:XX:XX-Back-KU 主题，App 接收到主题数据，完成 Arduino 数据的转移与显示操作。▶

```
// 串口数据接收任务函数
void receiveSerialDataTask(void * parameter) {
  while (true) {
    if (Serial.available() > 0) {
        dataIn = Serial.readString();
        vTaskDelay(200/portTICK_PERIOD_MS);
        Serial.println(dataIn);
        if (dataIn.startsWith("r")) {
          vTaskDelay(30/portTICK_PERIOD_MS);
          String string_FS_RuKu_Num = dataIn.substring(dataIn.indexOf("r") + 1, dataIn.indexOf("K"));
          FS_RuKu_Num = string_FS_RuKu_Num.toInt();
          String string_FS_KuCun_Num = dataIn.substring(dataIn.indexOf("K") + 1, dataIn.indexOf("T"));
          FS_KuCun_Num = string_FS_KuCun_Num.toInt();
          String string_FS_TanChu_Num = dataIn.substring(dataIn.indexOf("T") + 1, dataIn.indexOf("R"));
          FS_TanChu_Num = string_FS_TanChu_Num.toInt();
          String string_FS_RenWu_Num = dataIn.substring(dataIn.indexOf("R") + 1, dataIn.indexOf("#"));
          FS_RenWu_Num = string_FS_RenWu_Num.toInt();
          sprintf(char_RuKu_Num, "%d", FS_RuKu_Num);//转换为字符串格式
          sprintf(char_KuCun_Num, "%d", FS_KuCun_Num);
          sprintf(char_TanChu_Num, "%d", FS_TanChu_Num);
          sprintf(char_RenWu_Num, "%d", FS_RenWu_Num);
          mqttClient.publish("Ziping-Maker-Sub-C8:F0:9E:2A:      Back-KU",char_RuKu_Num);
          mqttClient.publish("Ziping-Maker-Sub-C8:F0:9E:2A:      Back-RU",char_KuCun_Num);
          mqttClient.publish("Ziping-Maker-Sub-C8:F0:9E:2A:      Back-TAN",char_TanChu_Num);
          mqttClient.publish("Ziping-Maker-Sub-C8:F0:9E:2A:      Back-REN",char_RenWu_Num);
        }

    vTaskDelay(10 / portTICK_PERIOD_MS);
    }
  }
}
```

6 接下来讲解 Arduino 的程序编写。WS2812 与 OLED12864 的显示此处略过，主要讲解数据采集和自动化触发任务。导入 FreeRTOS 操作系统，新建任务用于采集传感器数据，需要用一个传感器状态的变量 sensor1_temp，先赋值高电平，当传感器接通检测到引脚为 LOW（低电平），延时 30ms，判断是否为第一次触发，如果是则执行变量自增操作，将 sensor1_temp 置 LOW，只执行一次。当传感器断开，将 sensor1_temp 置 HIGH，开启下一个循环，这样就避免了传感器一次触发多次自增的情况。▶

```
void vTask2(void *pvParameters){              //传感器数值状态读取
  unsigned char sensor1_temp = HIGH;//保存上一次的传感器状态，初值为高电平
  unsigned char sensor2_temp = HIGH;//保存上一次的传感器状态，初值为高电平
  TanBi_Num = 0;
  JinLiao_Num = 0;
  for(;;){
    vTaskDelay(15/portTICK_PERIOD_MS);//15ms延时-------进料传感器
    if(digitalRead(JinLiao)==LOW){      //检测到传感器接通
      vTaskDelay(30/portTICK_PERIOD_MS);//30ms延时
      if(sensor1_temp == HIGH){           //判断是否已置位
        EEPROM.write(KuCun_adr,++KuCun_Num);
        JinLiao_Num++;    //叠加次数******
      }
      sensor1_temp=LOW;                   //改变传感器记录状态，不能再次连续触发信号量，只触发一次
    }else{
      sensor1_temp=HIGH;                  //重新置位
    }

    vTaskDelay(15/portTICK_PERIOD_MS);//15ms延时-------弹币传感器
    if(digitalRead(TanBi)==LOW){      //检测到传感器接通
      vTaskDelay(30/portTICK_PERIOD_MS);//30ms延时
      if(sensor2_temp == HIGH){           //判断是否已置位
        EEPROM.write(KuCun_adr,--KuCun_Num);
        Mission_Num--;
        TanBi_Num++;    //叠加次数******
      }
      sensor2_temp=LOW;                   //改变传感器记录状态
    }else{
      sensor2_temp=HIGH;                  //重新置位
    }
    vTaskDelay(50/portTICK_PERIOD_MS);                //延时去抖
  }
}
```

7 弹币电机模块凸轮上装有霍尔传感器用于电机定位，每次弹币完成后，霍尔传感器都在相同位置发送信号，检测到信号后，电机停止实现定位功能。当有任务时，执行弹币操作，就不需要电机一直运行，延长了机构的使用寿命。定位程序是关键的一环，首先新建 vTask3( )定位循环任务，判断任务数是否小于等于 0。当没有任务时开启程序，电机运动，进入 while(1) 死循环，判断霍尔传感器是否接通，如果接通则退出循环，随后关闭电机，定位完成。▼

```
void vTask3(void *pvParameters){              //弹币电机定位循环
  for(;;){
    vTaskDelay(15/portTICK_PERIOD_MS);//15ms延时
    if(Mission_Num<=0){
      digitalWrite(TanBi_Motion, HIGH);
      while(1){
        if(digitalRead(Houer)==LOW)break;//直到定位，退出循环
      }
      digitalWrite(TanBi_Motion, LOW);
      Houer_temp = 1;
    }else{
      digitalWrite(TanBi_Motion, HIGH);
      Houer_temp = 0;
    }
    vTaskDelay(100/portTICK_PERIOD_MS);
  }
}
```

其他 Arduino 的串口输出和读取程序与 ESP32-CAM 类似，参照即可完成。现在程序的关键部分已经讲解完成，进行程序测试，这是一个漫长的过程，程序调试效果如图 13 所示。下一期主要讲解电路部分的实现。

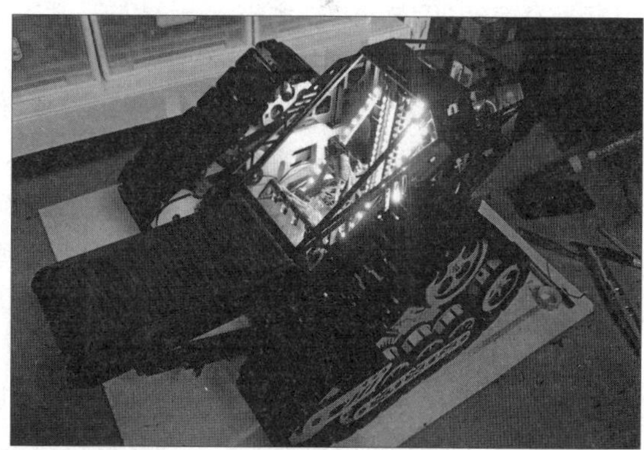

图 13 程序调试效果▲

8 要实现硬币采集流程全自动化，还需要一个触发取料提升机的循环。在传送带的末端安装 4 个光电传感器，用来检测是否有硬币通过。当有硬币通过时触发取料提升机运动。新建 vTask1() 函数，程序比较简单，对 4 个传感器的数据并行判断，延时函数 vTaskDelay() 控制电机的运动时间。▼

```
void vTask1(void *pvParameters){       //取料提升机单独循环
  for(;;){
    vTaskDelay(1);//15ms延时
    if((digitalRead(QuLiao1)==LOW)|(digitalRead(QuLiao2)==LOW)|(digitalRead(QuLiao3)==LOW)|(digitalRead(QuLiao4)==LOW)){
      digitalWrite(TiSheng, HIGH);
      TiSheng_temp = 1;
      vTaskDelay(25000/portTICK_PERIOD_MS);
    }
    digitalWrite(TiSheng, LOW);
    TiSheng_temp = 0;
    vTaskDelay(150/portTICK_PERIOD_MS);
  }
}
```

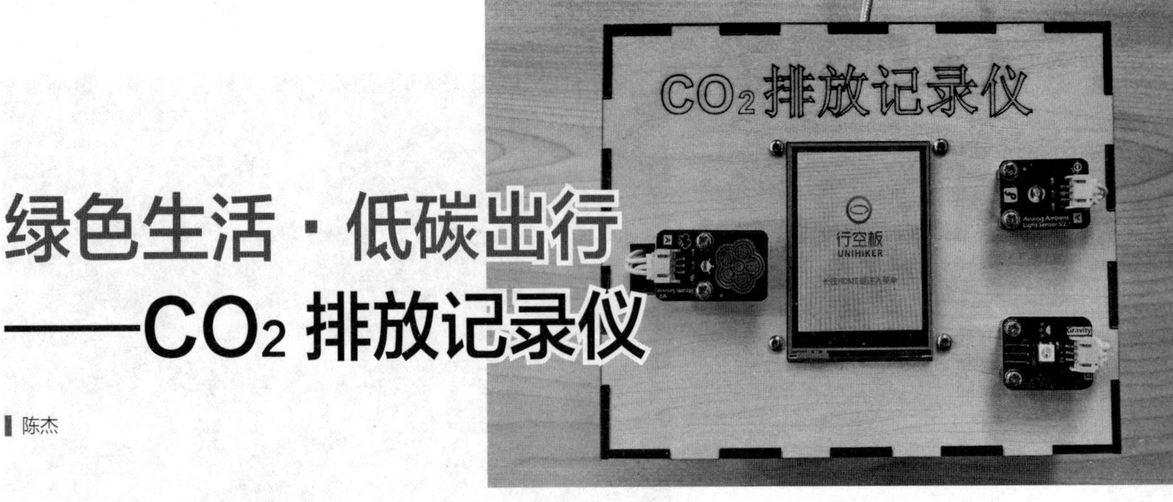

绿色生活·低碳出行——CO_2 排放记录仪

陈杰

2022 年南京市创客大赛现场赛，要求制作一套 CO_2 排放记录仪，包含智能可穿戴装置和数据服务终端。智能可穿戴装置需要实现至少 3 种不同出行方式碳排放量的计算并记录，从而获取相应的奖励等级。同时，数据服务终端也可以根据天气情况给出行者合理建议，选择适合的出行方式。

我们常见的出行方式有步行、骑自行车以及乘坐私家车 / 出租车、公交车、地铁、火车、飞机等交通工具。除了骑自行车和步行是零碳排放，其余的出行方式都会排放不同程度的 CO_2，不同出行方式的碳排放量见表 1。

设计方案

我为 CO_2 排放记录仪设计了服务器端和可穿戴端，可穿戴端用于不同出行方式的碳排放量计算，并将数据发送到服务器端，接收来自服务器端的出行建议；服务器端用于接收来自可穿戴端的碳排放数据，并对数据进行相应的评定，且可以根据天气情况给出出行建议。CO_2 排放记录仪功能架构如图 1 所示。

功能简介

本项目作品具备以下功能。

● 计步：可穿戴端具有 3 种出行方式记程功能，能按公式正确计算碳排放量数据。

● 数据上传：计算后的数据可上传至 SIoT 物联网平台，服务器端可同步显示 3 种方式的碳排放量。

● 排放评定：服务器端根据 3 种不同方式的碳排放，给出相应的评价，同步显示在可穿戴端。

● 出行预测：服务器端根据外接光线和水分传感器收集的数据，给出行者一个合理的出行建议。

材料清单

项目所使用的材料清单见表 2。

制作过程

配置行空板

本次作品中，我使用两块行空板分别作为服务器端和可穿戴端，所有数据都上传到行空板上，并同步到其中一块的 SIoT 服务器上。因此，我们需要将两块行空板连入 Wi-Fi，并记录分配的 IP 地址。

将行空板与计算机连接，行空板会虚拟为一个 RNDIS 网卡设备，此时 IP 地址固定为 10.1.2.3，在浏览器中输入这个地址，登录行空板。用鼠标单击左侧的“网络设置”，输入 Wi-Fi 的名称及密码（见图 2），连接无线网络。连接成功后，系统分配给行空板一个 IP 地址。如果这块行

表 1 不同出行方式的碳排放量

序号	名称	数量
1	私家车 / 出租车	330g/km
2	公交车	10g/km
3	地铁	1.5g/km
4	火车	10g/km
5	飞机	275g/km
6	骑行、步行	0g/km

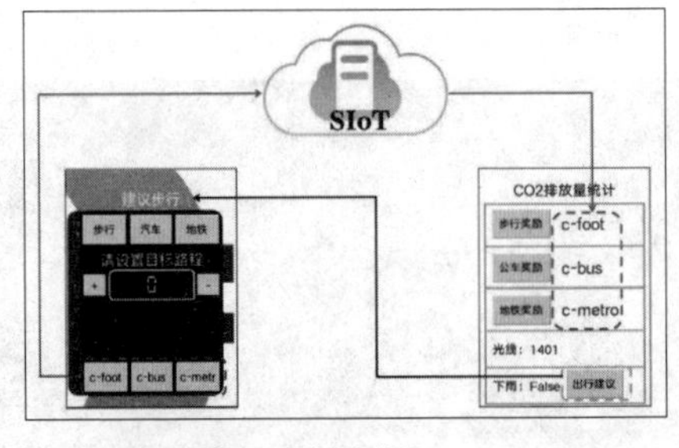

图 1 CO_2 排放记录仪功能架构

表 2 材料清单

序号	名称	数量
1	行空板	2 块
2	Gravity: 光线传感器	1 个
3	Gravity: 水分传感器	1 个
4	Gravity: 数字 RGB LED 模块	1 块
5	奥松板	若干
6	USB Type-C&Micro USB 二合一连接线	2 根
7	螺丝	若干

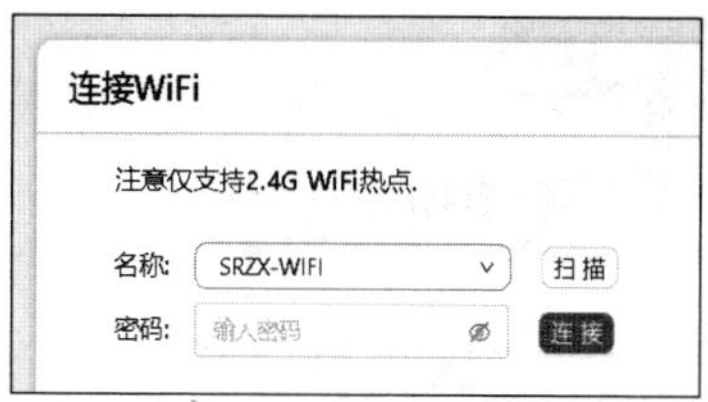

■ 图 2 连接 Wi-Fi

■ 图 3 开启 SIoT 服务器

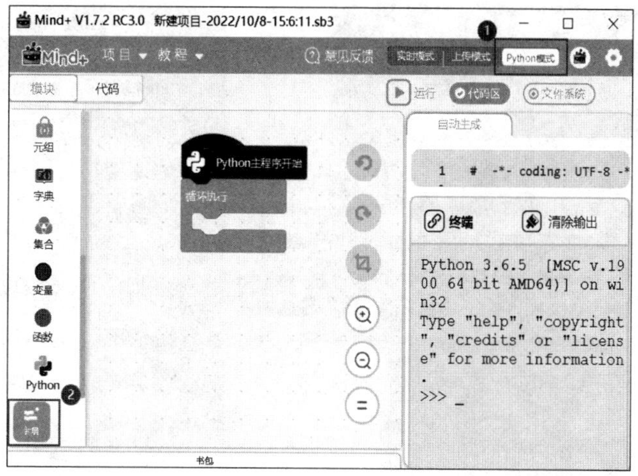

■ 图 4 切换至“Python 模式”

空板用来作为可穿戴端，并作为 SIoT 数据上传中心，那么该地址就是后续我们在服务器端配置的物联网上传的地址。

行空板自带 SIoT 服务，单击“应用开关”，进入 SIoT 开关界面，确认 SIoT 服务已经启用（见图 3），否则采集的数据无法上传。

设置编程环境

打开 Mind+ 后，将其切换至“Python 模式”（见图 4）。

单击左下角“扩展”按钮，在官方库中添加“行空板”和“MQTT-py”库，在 pinpong 库中添加“pinpong 初始化”和“WS2812 RGB 灯”库，具体如图 5 和图 6 所示。

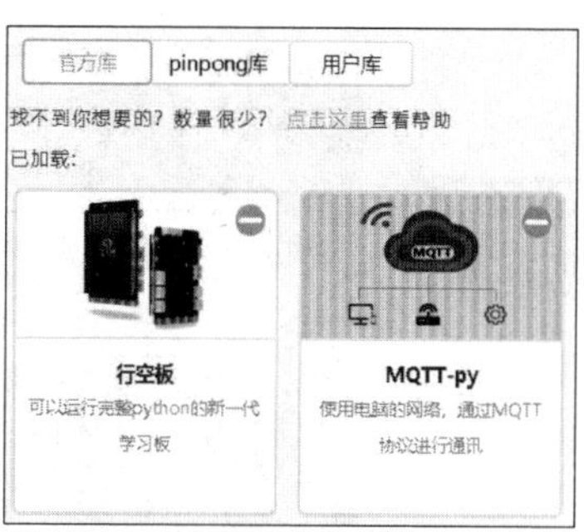

■ 图 5 在官方库中添加“行空板”和“MQTT-py”库

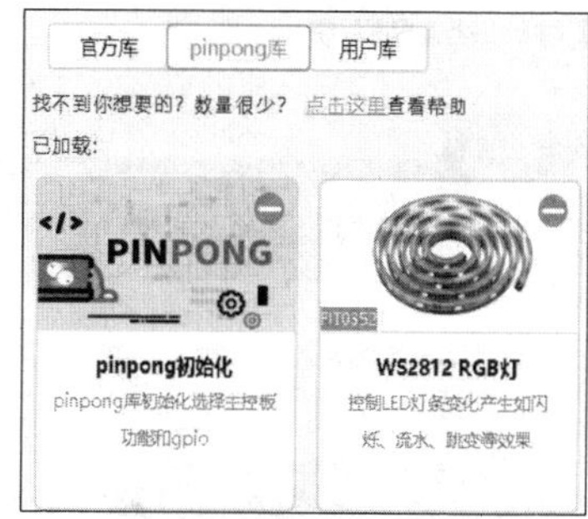

■ 图 6 在 pinpong 库中添加“pinpong 初始化”和“WS2812 RGB 灯”库

编写程序

程序初始化

从 MQTT 和二维码解码指令集中拖曳图 7 所示积木，可穿戴端和服务器端程序初始设置大致相同，MQTT 订阅消息分别为“footjl”“busjl”“metrojl”对应步行、公交、地铁的碳排放评定，“foot”“bus”“metro”对应步行、公交、地铁的碳排放数量。

服务器端程序

服务器界面程序如图 8 所示，主要由 3 部分构成，分别实现显示屏中的绿色表格、4 个按钮和文字。

服务器主程序的功能是在显示屏上显示实时采集的环境光和是否下雨的数据，如图 9 所示。

服务器端需要接收可穿戴端发送的 3 种碳排放量数据。步行方式的数据接收程序如图 10 所示，当服务器端接收到可穿戴端发送来的数据时，RGB LED 亮绿色的灯光，同时显示屏显示出相应碳排放量值。公交和地铁程序类似，这里不再赘述。

服务器端接收到可穿戴端发送来的数据后，

Python主程序开始
初始化MQTT
MQTT发起连接
MQTT保持连接,永久
MQTT订阅 “cx/footjl”
MQTT订阅 “cx/busjl”
MQTT订阅 “cx/metrojl”
MQTT订阅 “cx/foot”
MQTT订阅 “cx/bus”
MQTT订阅 “cx/metro”

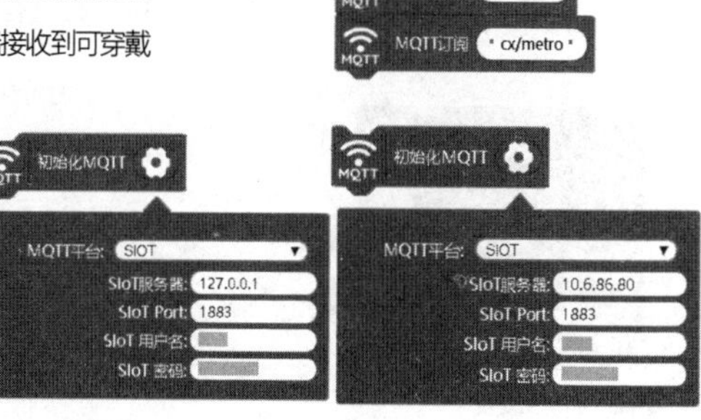

■ 图 7 初始化程序

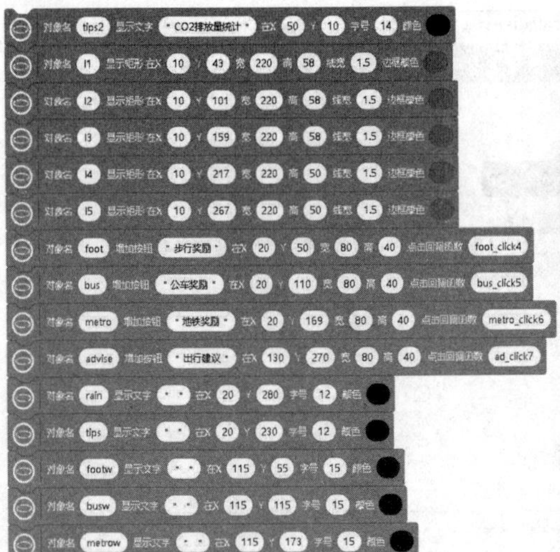

图 8 服务器界面程序

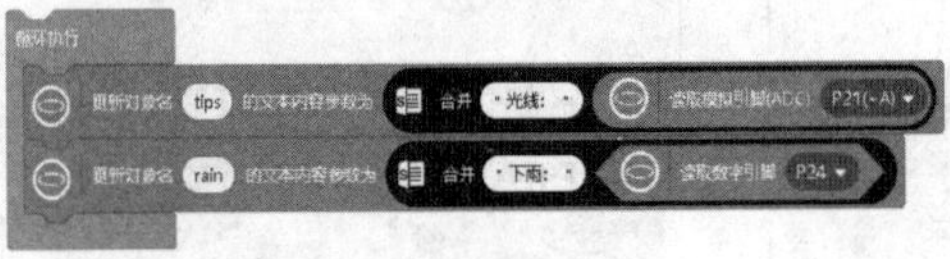

图 9 服务器主程序

图 10 数据接收部分

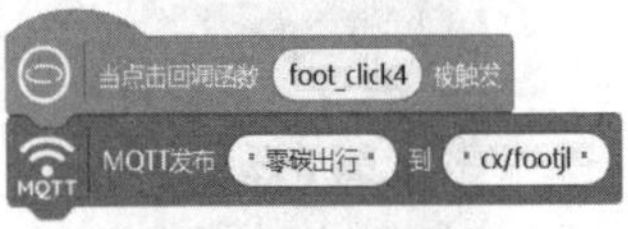

图 11 数据发送部分

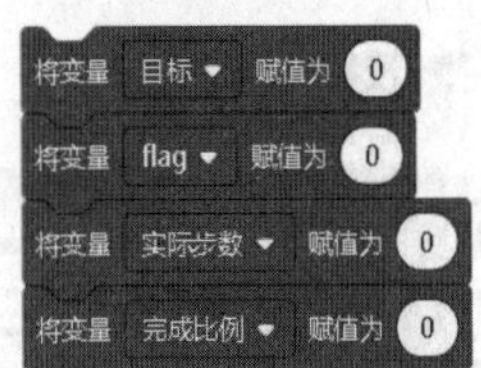

图 12 定义变量

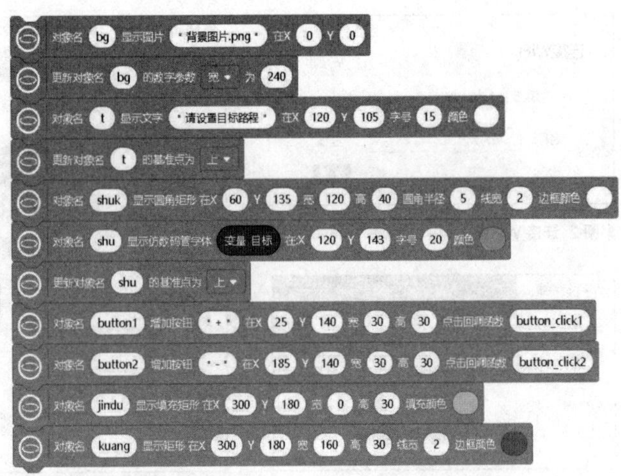

图 13 背景、按钮以及进度条程序

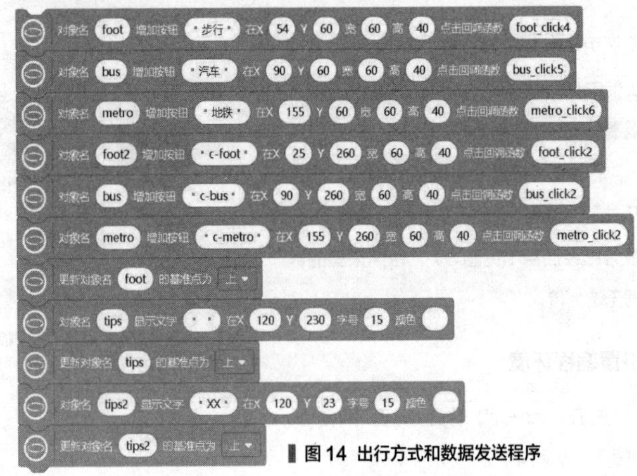

图 14 出行方式和数据发送程序

需要对不同出行方式给予评定。我们在程序中定义 3 种出行方式：零碳出行（步行）、低碳出行（地铁）、高碳出行（公交私家车 / 出租车）。图 11 所示为步行方式等级评定程序，其他方式的程序与之类似，不再赘述。

可穿戴端程序

我为可穿戴端定义了 4 个变量：目标、flag、实际步数、完成比例。其中目标为用户手动设定的距离，flag 为 3 种不同的记步方式，实际步数为目前已经行走的步数，完成比例为实际步数除以目标所得的值，具体程序如图 12 所示。

可穿戴端还包含背景、按钮以及进度条。让用户实现使用“+”“-”按钮设定目标路程，每次变化单位数值为 100。进度条则实现了在记步过程中的同步实时更新，具体程序如图 13 所示。

接下来设置6个按钮和两个提示文本。6 个按钮分两类，一类是 3 种出行方式的选择按钮，另一类为数据发送方式按钮，单击不同按钮即可发送 3 种不同出行方式的碳排放量数据，具体程序如图 14 所示。

我们要实现对碳排放数据的计算和发送，此处以发送“地铁”方式碳排放量数据为例，如图 15 所示。其他方式的程序与之类似，不再赘述。

可穿戴端需要接收来自于服务器端的出行建议和排放等级评定，具体程序如图 16 所示。

可穿戴端主程序包含 3 个部分，分别为步行、地铁、公交 3 种方式的选择，3种出行方式数据处理及进度条的变换。步行方式程序如图 17 所示，其他方式的程序与之类似，不再赘述。

图 15 发送“地铁”方式碳排放量数据

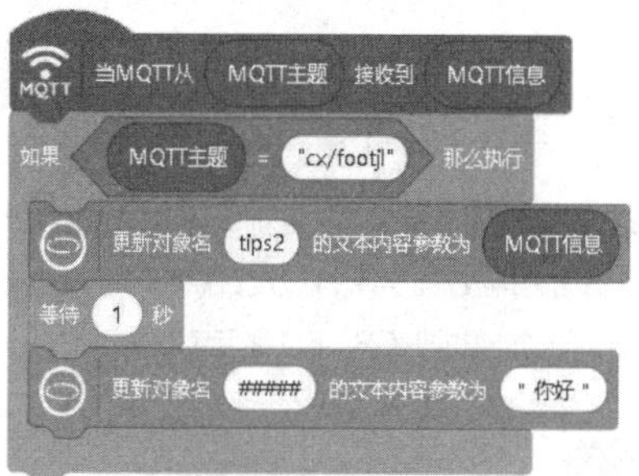

图 16 可穿戴端数据接收程序

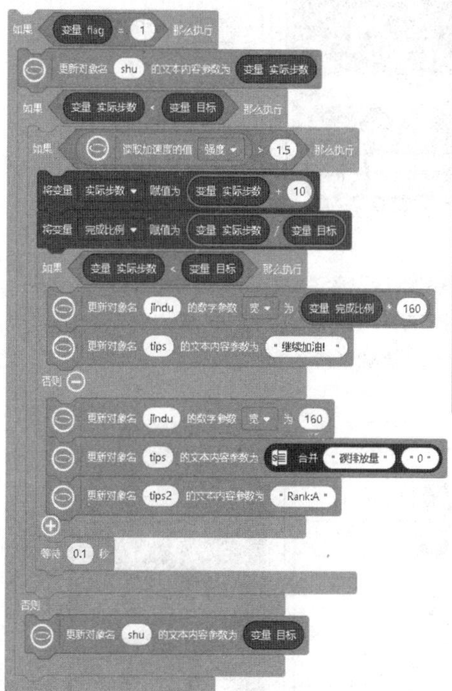

图 17 步行方式主程序

连接电路

服务器端电路连接如图 18 所示，P21 接口连接光线传感器，P22 接口连接 RGB LED，P24 接口连接水分传感器。

将行空板与计算机连接，等待行空板开机后，单击 10.1.2.3（无线连接时也可输入板子的 IP 地址连接），连接成功后，Mind+ 的终端相当于行空板的终端，单击“运行”，Mind+ 会将 Python 程序发送到行空板上。服务器端和可穿戴端分别烧录完程序后，将可穿戴端开设 SIoT 服务记录数据，此时应先开启可穿戴端程序，否则先运行服务器端程序会提示报错：没有找到对应的网络。

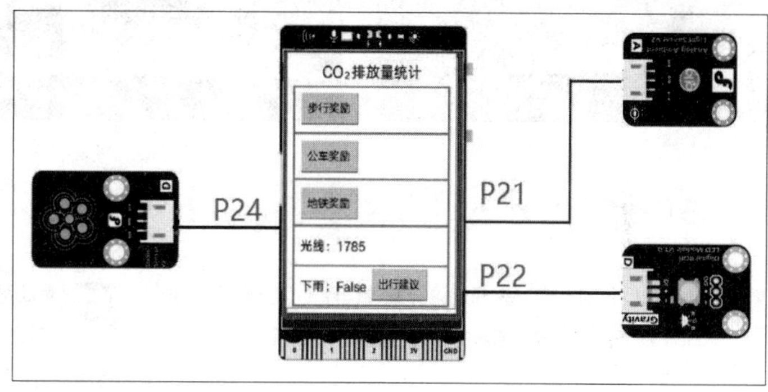

图 18 服务器端电路连接

结构组装

1 服务器端设计为一个盒体结构，我使用了 LaserMaker 中的“一键造物”功能，下图中①处为行空板固定托板，其余部分为服务器盒体结构件。

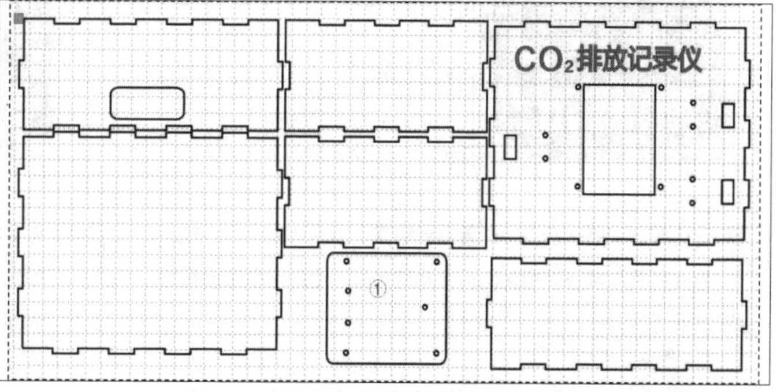

2 安装结构件，取出除顶板及托板外的结构件，组装无盖盒体。

3 取出固定托板，将行空板用螺丝固定在托板上。

4 取出顶板，将第 3 步中的托板固定在顶板上，同时使用铜柱、螺母分别固定光线传感器、水分传感器和 RGB LED。

5 将安装好的顶板与盒体结构组合在一起，完成 CO_2 排放记录仪的组装。

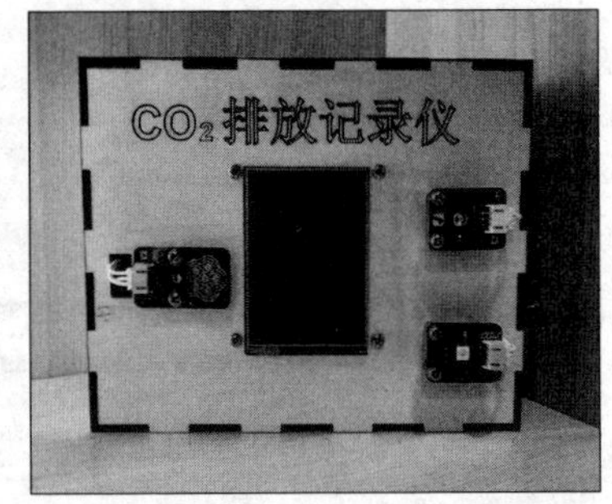

测试运行

1 将行空板分别上电，先开启可穿戴端程序（可穿戴端作为 SIoT 服务器），再开启服务器端程序。

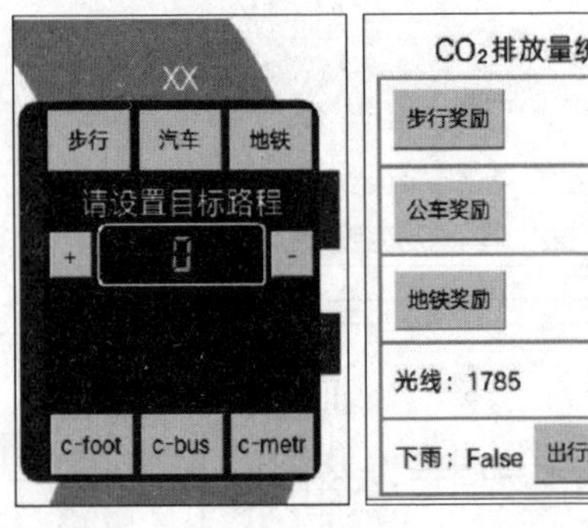

2 可穿戴端程序开启后，设置目标路程，然后选择出行方式，若服务器端发送了相关出行方式的提醒，用户可参考出行方式提醒进行选择。

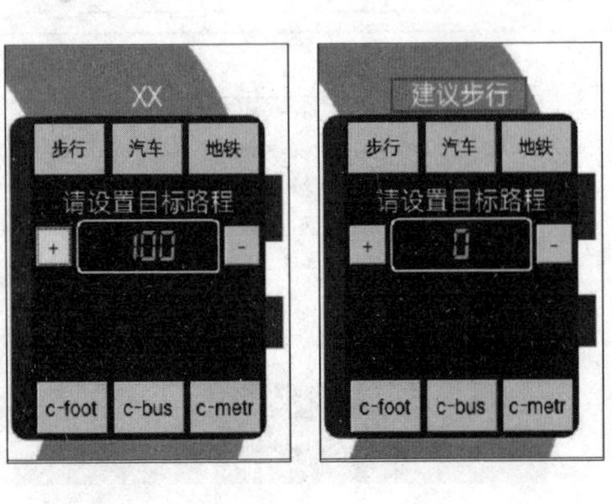

3 晃动可穿戴端行空板，进度条会同步更新，当完成设定目标路程后，会计算出碳排放量。当完成设定目标后可将碳排放量值发送到服务器端，同时外置的 RGB LED 亮蓝色。

4 服务器端启动后，除了根据获取的光线和是否下雨的数据，给出出行建议，还可以对出行碳排放量做出相应评定（零碳出行、低碳出行、高碳出行）。

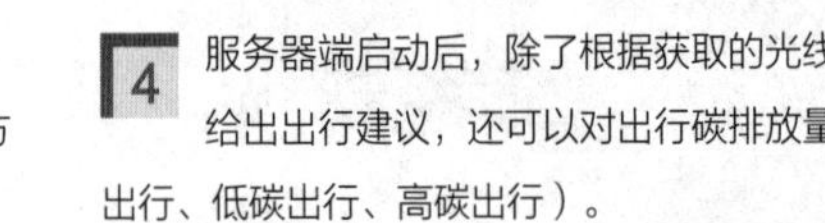

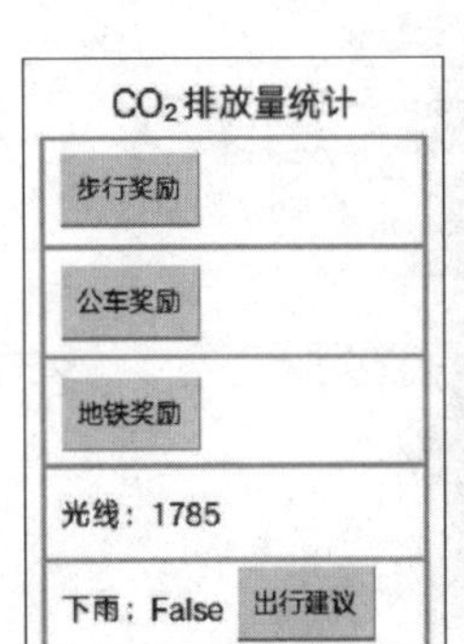

智能猫狗喂食器

▌陈哲东 宋一豪 王嘉川

现在越来越多家庭饲养双宠，既有猫又有狗，人把宠物作为伴侣动物来喂养，把它们当作自己的朋友、家人来对待。但是大部分人无法做到24h陪伴照顾。智能猫狗喂食器是学生在生活中观察生活而得来的创意，在通过社团学习人工智能和物联网相关知识后，确定制作思路，并完成制作。

我们结合信息科技、数学、美术、激光切割、人工智能、物联网等各方面相关知识设计了基于好搭Block的人工智能物联网项目制作。学生在学习和制作过程中，可以了解好搭智眼图像识别的原理，并掌握了好搭智眼、舵机模块指令的使用方法，熟悉程序中创建变量、调用函数的方法，能使用LaserMaker设计外部结构，能使用App Inventor设计手机App并完善功能，在项目制作过程中养成遇到事情能自主探索并解决问题的能力，锻炼观察力、创造力、思考力和综合运用能力。

本项目的重点在于，当宠物在设定好饭点的时间段来到喂食器旁边时，喂食器的好搭智眼会根据物体识别算法来识别宠物是小狗还是小猫。主控会控制对应的舵机转动一定时间，来确保撒出适量的狗粮或猫粮。不同宠物的投喂时间和投喂量均不同。主人也可以通过手机App控制智能猫狗喂食器进行控制猫粮狗粮投喂。

---

5 当接收到可穿戴端发送来的碳排放量数据后，服务器端外置的RGB LED会同步显示不同的颜色。

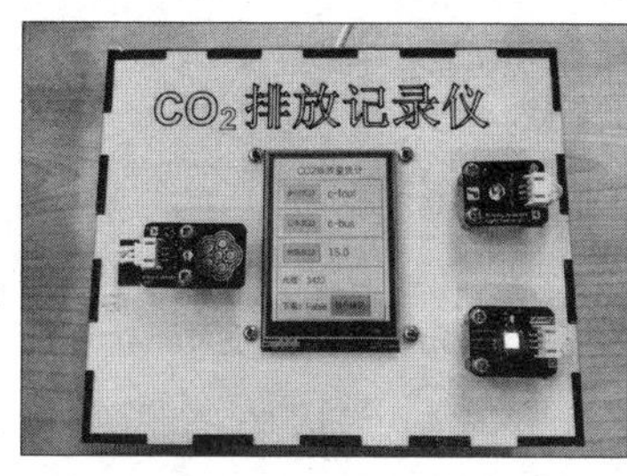

6 登录SIoT物联网平台，可查看相关出行的数据记录。

SIoT　项目列表　设备列表　发送消息

cx的设备

项目ID　设备名称　100条　查询

项目ID	名称	备注	操作
cx	foot		查看消息 清空消息 删除设备 添加备注
cx	bus		查看消息 清空消息 删除设备 添加备注
cx	metro		查看消息 清空消息 删除设备 添加备注
cx	footjl		查看消息 清空消息 删除设备 添加备注
cx	busjl		查看消息 清空消息 删除设备 添加备注
cx	metrojl		查看消息 清空消息 删除设备 添加备注

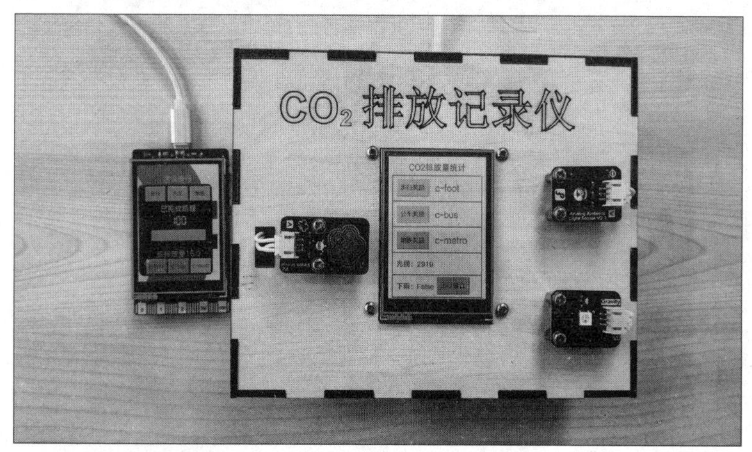

▌图19 CO_2排放记录仪

结语

制作完成的CO_2排放记录仪如图19所示，经测试，设备各个功能都达到了预期效果，具有便于操作、信息准确、智能化程度高等优势，实现了可穿戴智能终端与数据服务器之间的数据通信，同时服务器端可以为出行提供建议。由于目前使用行空板作为主控，可穿戴端无法缩小，后续可通过查找合适的主控板来替代。

项目准备

项目功能中有定时投喂以及上传物联网数据的功能，因此我们选择了拥有物联网功能的好搭掌控板，它不需要扩展板即可直接连接各种外设模块。我们选择了好搭智眼离线图像识别模块，它支持多种算法，其中的物体识别算法非常符合此次作品的需求，并能很好地与好搭掌控连接使用。项目所使用的材料清单见附表。

附表 材料清单

序号	名称	数量
1	好搭掌控板	1块
2	好搭智眼离线图像识别模块	1块
3	舵机	2个
4	椴木板	1块
5	KT板	1块
6	杜邦线	若干

项目概述

掌控板上电后初始化程序，连接网络，同步网络时间，切换离线图像识别模块的算法为物体识别，舵机转动至喂食器关闭，等待命令。

根据时间和离线图像识别模块的判断来控制投喂。在早上9:00—10:00和晚上20:00—21:00时，好搭智眼识别到小狗，舵机P0打开，喂食器投喂狗粮，默认投喂时间为15s，10:00和21:00准时关闭。

在早上7:00—8:00、中午12:00—13:00、晚上18:00—19:00识别到小猫时，舵机P1打开，喂食器投喂猫粮，默认投喂时间为8s，8:00、13:00、19:00准时关闭。

当在手机App输入投喂时间，按下投喂按钮时，可以主动控制舵机进行喂食，不受时间的制约。

制作过程

情景导入

在社团课中，老师给学生展示了各种人工智能图像识别的案例，激发学生的兴趣和创造力，让学生体会人工智能在生活中的应用，感受人工智能带给生活的便利，引导学生观察生活，并思考如果你有一个人工智能摄像头，你能做什么样的案例能给生活中带来便利，来展开小组讨论，发现生活中存在的问题并确定各自创意。本文以学生制作的猫狗投喂器来进行制作过程讲述。

知识讲授

各组确定创意后，为学生讲解主要用到的模块：人工智能摄像头——好搭智眼。好搭智眼采用先进的64位RISC-V神经网络处理器K210开发设计，集成多种先进的离线视觉处理算法，可以满足基本的视觉处理需求。支持人脸识别、色块检测、颜色识别、线条检测等多种离线视觉算法。老师带领学生尝试好搭智眼各类算法，引导学生思考应该选择什么算法来实现作品的功能，并使用好搭Block进行图形化编程，获取摄像头识别到的相关信息，以掌握区分不同物体的方法。

此外，老师要为学生讲解如何使用舵机实现定量投喂，即控制舵机等待的时间，结合结构的设计，测试投喂一次猫粮或狗粮的分量舵机分别需要停留多长时间。

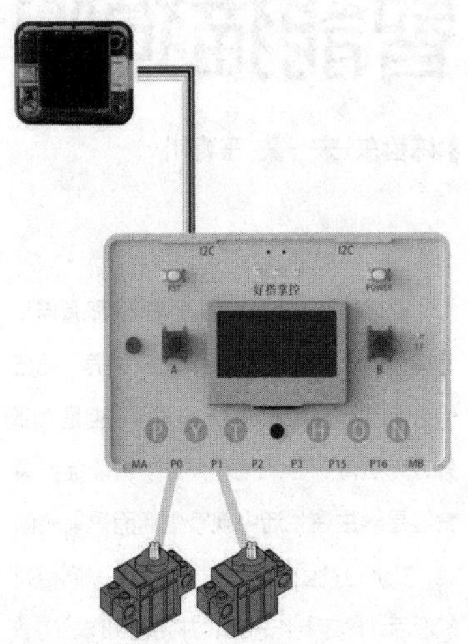

图1 硬件连接

硬件连接

猫狗投喂器使用了一个好搭智眼以及两个舵机，其中好搭智眼用于识别并区分猫狗，一个舵机用于打开小狗的食盒，另一个用于打开小猫的食盒，硬件连接如图1所示。

手机App设计

使用App Inventor设计一个手机App，将数据上传到tinywebdb网络数

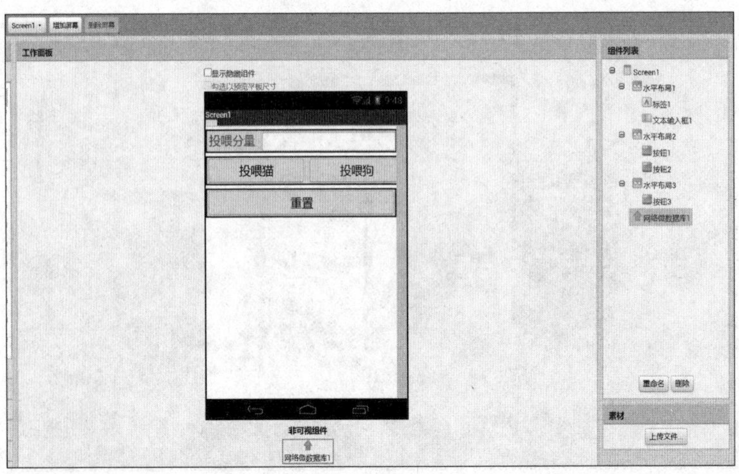

图2 App界面

当 按钮1 .被点击
执行 如果 是否为空 文本输入框1 . 文本 = 真
则
否则 调用 网络微数据库1 .保存数值
标签 " feed cat "
存储值 文本输入框1 . 文本
调用 网络微数据库1 .保存数值
标签 " feedc "
存储值 1
当 按钮3 .被点击
执行 调用 网络微数据库1 .保存数值
标签 " feedc "
存储值 0
调用 网络微数据库1 .保存数值
标签 " feedd "
存储值 0
当 按钮2 .被点击
执行 如果 是否为空 文本输入框1 . 文本 = 真
则
否则 调用 网络微数据库1 .保存数值
标签 " feed dog "
存储值 文本输入框1 . 文本
调用 网络微数据库1 .保存数值
标签 " feedd "
存储值 1

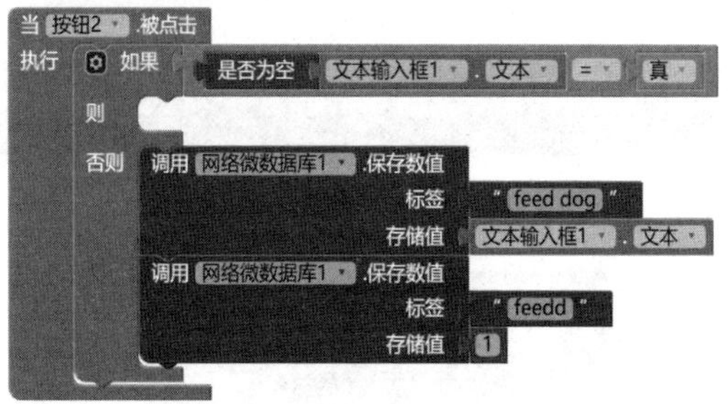

图 3 App 的按钮触发程序

标签: 值: 查询 (任意字符可以使用%) 标签: 请确认! 删除 标签: 值: 修改

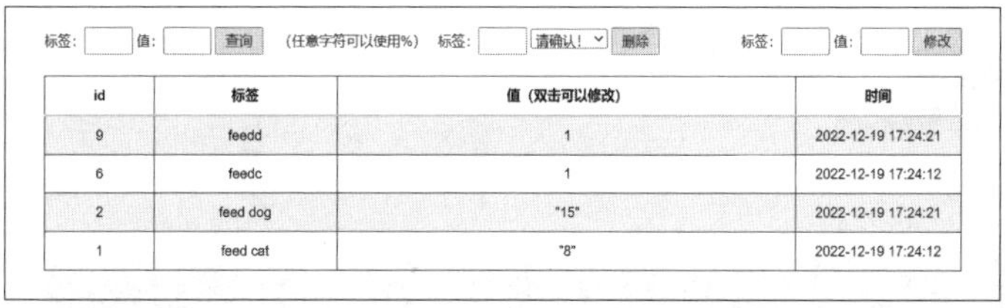

id	标签	值（双击可以修改）	时间
9	feedd	1	2022-12-19 17:24:21
6	feedc	1	2022-12-19 17:24:12
2	feed dog	"15"	2022-12-19 17:24:21
1	feed cat	"8"	2022-12-19 17:24:12

图 4 投喂情况

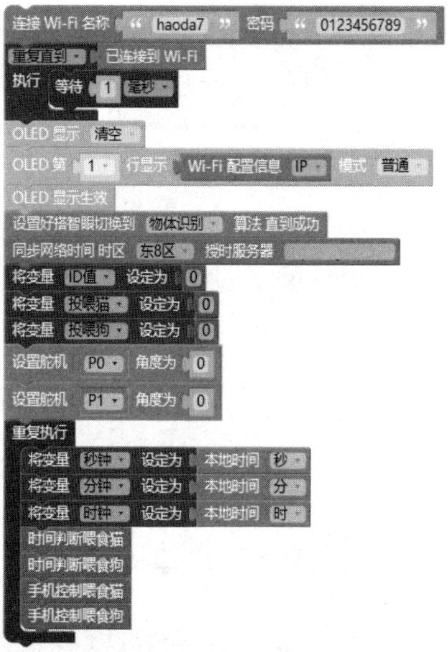

连接 Wi-Fi 名称 " haoda7 " 密码 " 0123456789 "
重复直到 已连接到 Wi-Fi
执行 等待 1 毫秒
OLED 显示 清空
OLED 第 1 行显示 Wi-Fi 配置信息 IP 模式 普通
OLED 显示生效
设置好搭智眼切换到 物体识别 算法 直到成功
同步网络时间 时区 东8区 授时服务器
将变量 ID值 设定为 0
将变量 投喂猫 设定为 0
将变量 投喂狗 设定为 0
设置舵机 P0 角度为 0
设置舵机 P1 角度为 0
重复执行
将变量 秒钟 设定为 本地时间 秒
将变量 分钟 设定为 本地时间 分
将变量 时钟 设定为 本地时间 时
时间判断喂食猫
时间判断喂食狗
手机控制喂食猫
手机控制喂食狗

图 5 联网配置及主程序

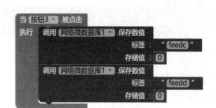

据库中，并用好搭掌控板从该网络数据库获取数据，完成对猫狗等宠物的远程投喂，摄像头在非喂食的时间实时监测宠物的安全。

App界面设计

App 界面如图 2 所示，用户可以通过输入猫粮狗粮投喂的时间来决定投喂的量，并可以通过重置按钮来确保舵机的关闭，避免重复投喂。

在 App 中需要添加 tinywebdb 网络微数据库的服务器地址。可以选择公用账号，也可以选择注册账号。注册后，登录后可以调用 API、账号、密码等。App 的按钮触发程序如图 3 所示。

当我们需要给猫或者狗进行投喂时，可以输入数值，单击“投喂猫”或者“投喂狗”，App 就会上传对应的数据到网络数据库。我们也可以实时查看投喂情况（见图 4），给狗投喂了 15s，给猫投喂了 8s，均未进行重置，不会出现重复投喂的情况。

程序设计

我们使用好搭 Block 编写智能猫狗喂食器的程序。打开软件后，选择右上角的设备，打开主控板选择界面，选择好搭掌控板。拖动左侧指令区的积木，在编程区依次编写联网获取时间程序、根据好搭智眼判断猫狗程序、根据时间自动控制舵机进行猫粮或狗粮投喂的程序、根据网络数据库上传的数据实现自定义投喂的程序，完成智能猫狗喂食器的全部功能。

联网配置及主程序如图 5 所示。

时间判断喂食猫和狗的程序如图 6 所示。

手机控制喂食猫和狗的程序如图 7 所示。

结构设计与搭建

使用 LaserMaker 设计出智能猫狗喂食器的基本造型（见图 8），再用 LightBurn 进行激光切割的布局与控制，最后用激光切割机切割 3mm 厚的椴木板，得到制作智能猫狗喂食器的激光切割结构件。

```
定义函数 时间判断喂食猫
  如果 时钟 = 7 或 时钟 = 12 或 时钟 = 18
  执行 如果 获取好搭智眼检测结果数量 > 0
       执行 将变量 ID值 设定为 获取好搭智眼识别到的ID
            如果 ID值 = 好搭智眼物体识别结果为 猫
            执行 如果 投喂猫 = 0
                 执行 将变量 投喂猫 设定为 1
                      将变量 喂食猫时间 设定为 8
                      猫咪喂食
  如果 时钟 = 8 或 时钟 = 13 或 时钟 = 19 和 分钟 = 0 和 秒钟 = 0
  执行 将变量 投喂猫 设定为 0

定义函数 猫喂食
  设置舵机 P1 角度为 45
  等待 喂食猫时间 秒
  设置舵机 P1 角度为 0

定义函数 时间判断喂食狗
  如果 时钟 = 9 或 时钟 = 20
  执行 如果 获取好搭智眼检测结果数量 > 0
       执行 将变量 ID值 设定为 获取好搭智眼识别到的ID
            如果 ID值 = 好搭智眼物体识别结果为 狗
            执行 如果 投喂狗 = 0
                 执行 将变量 投喂狗 设定为 1
                      将变量 喂食狗时间 设定为 15
                      狗子喂食
  如果 时钟 = 10 或 时钟 = 21 和 分钟 = 0 和 秒钟 = 0
  执行 将变量 投喂狗 设定为 0

定义函数 狗喂食
  设置舵机 P0 角度为 45
  等待 喂食狗时间 秒
  设置舵机 P0 角度为 0
```

▌图 6 根据时间判断喂食猫和狗的程序

```
定义函数 手机控制喂食狗
  Get 请求网址 转为文本 "http://…" "user=haoda" "&secret=400110ff" "&action=get" "&tag=feedd"
  提交字段
  将变量 feedd 设定为 int 字典 响应内容 形式 字典 键 "feedd" 的值
  Get 请求网址 转为文本 "http://…" "user=haoda" "&secret=400110ff" "&action=get" "&tag=feed dog"
  提交字段
  将变量 喂食狗时间 设定为 int 字典 响应内容 形式 字典 键 "feed dog" 的值
  如果 feedd = 1
  执行 狗子喂食
       将变量 feedd 设定为 0
  等待 2 秒

定义函数 手机控制喂食猫
  Get 请求网址 转为文本 "http://…" "user=haoda" "&secret=400110ff" "&action=get" "&tag=feedc"
  提交字段
  将变量 feedc 设定为 int 字典 响应内容 形式 字典 键 "feedc" 的值
  Get 请求网址 转为文本 "http://…" "user=haoda" "&secret=400110ff" "&action=get" "&tag=feed cat"
  提交字段
  将变量 喂食猫时间 设定为 int 字典 响应内容 形式 字典 键 "feed cat"
  如果 feedd = 1
  执行 猫咪喂食
       将变量 feedc 设定为 0
  等待 2 秒
```

▌图 7 手机控制喂食猫和狗的程序

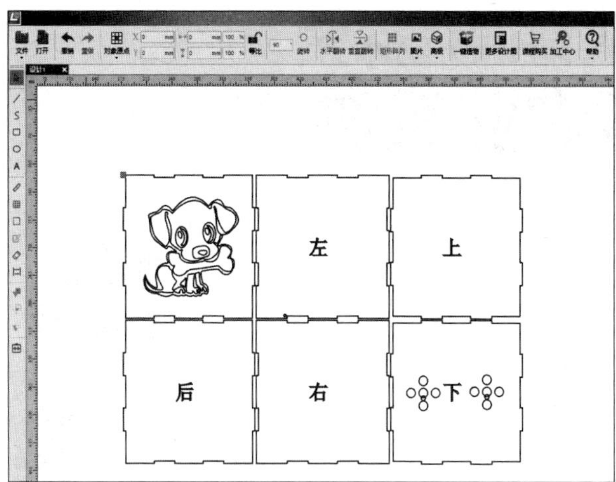

图 8 智能猫狗喂食器的基本造型

结构搭建

1 先用热熔胶对存放猫粮和狗粮的区域进行组装，在两个区域的底板处预留孔位，用于安装舵机和出粮。

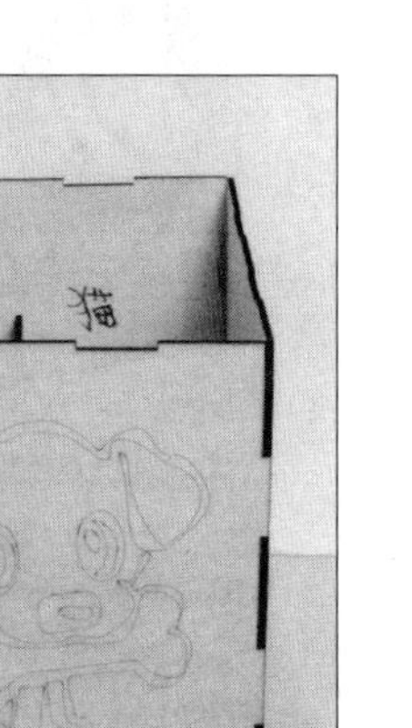

2 将舵机插入设计好的区域并卡紧。

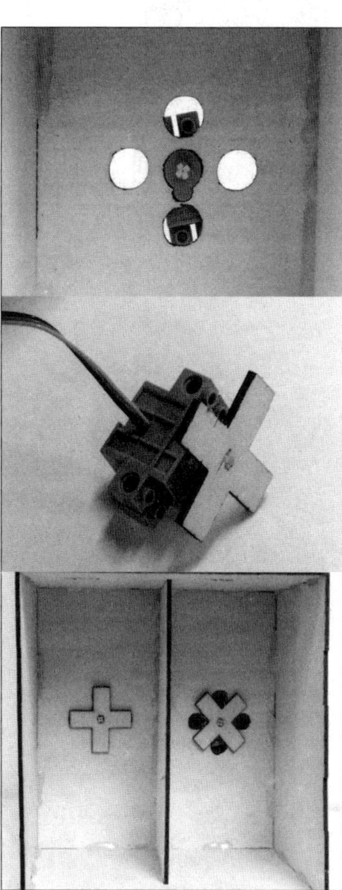

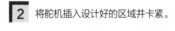

3 通过热熔胶对宠物粮食的下漏喂食区域进行组装，使用双面胶将好搭掌控板固定在作品左侧，并将离线图像识别模块好搭智眼通过螺丝固定在正前方，用于识别物体。

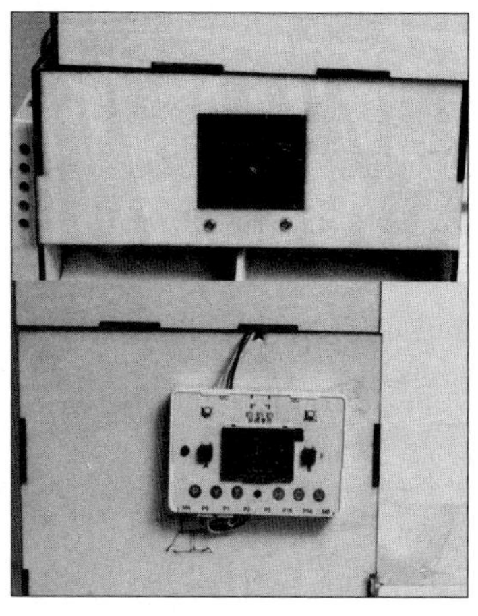

4 将宠物粮食存放区和粮食下漏喂食区组装起来，整个智能猫狗喂食器就制作完成了。

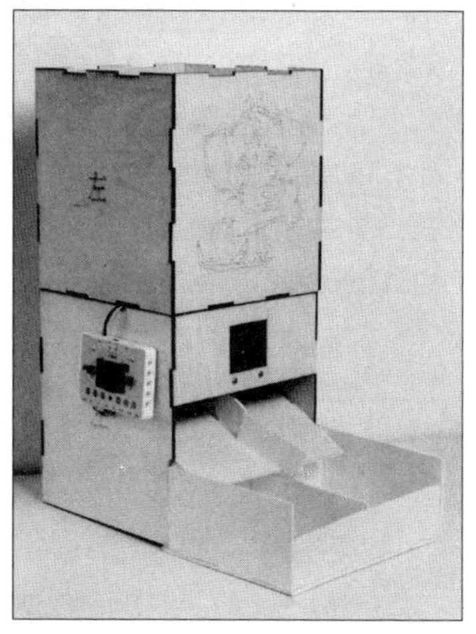

结语

通过智能猫狗喂食器的制作，学生们可以了解人工智能图像识别的原理和应用，并能使用好搭智眼的相关算法。本文案例是一个综合性的案例，不仅考验学生的编程能力，还考验了学生的团队合作能力、动手操作能力，更重要的是培养了学生发现问题和解决问题的能力。

新课标下未来劳动教育课程探索
物联网校园智慧农业系统

▌苗斌 张婷 刘宝科

劳动教育对于学生发展实际技能至关重要，特别是在农业领域。然而，传统的手工劳动可能会很烦琐。本文提出了一种基于开源大师兄和OpenBlock的校园智慧农业系统的实现方案。该系统利用开源鸿蒙生态的软/硬件平台，基于物联网功能实现了对环境温度、湿度、光线、土壤湿度等参数的实时监测和控制。同时，该系统还能够远程实现电磁阀的开关，以提高作业效率，为学生开展相关种植科学实验提供环境数据。实验结果表明，该系统具有操作简单、实时性强等优点，可开展跨学科学习。项目课程融合了信息科技、数学、劳动、工程等多个学科，为校园劳动教育开展提供了一种新的思路，让孩子在活动过程中提高对于劳动价值的认知。

服务器

系统设计

结合宝鸡高新第三小学劳动教育和学生创客活动过程中所掌握的相关资源，综合学生在劳动种植过程中需要开展的相关科学研究，我们设计了校园智慧农业系统（见题图），该系统的主要功能是对环境温度、湿度、光线、土壤湿度等参数进行实时监测和控制。在学校劳动田地中安装相关传感器，实现对环境参数的精确测量，并将数据通过物联网平台进行传输，并在远程通过微信小程序实时查看。同时，通过手机端微信小程序，用户可以轻松地实现对系统的控制。

硬件设计

该系统的硬件平台采用了开源鸿蒙生态的开源大师兄控制板（见图1），该控制板具有多个数字和模拟输入/输出引脚，可以很好地满足环境参数测量和设备控制的需求。通过与传感器和执行器的连接，开源大师兄控制板可以实现对环境参数的实时监测和控制。DHT11温/湿度传感器如图2所示，光线传感器如图3所示，土壤湿度传感器如图4所示，继电器如图5所示，电磁阀如图6所示。

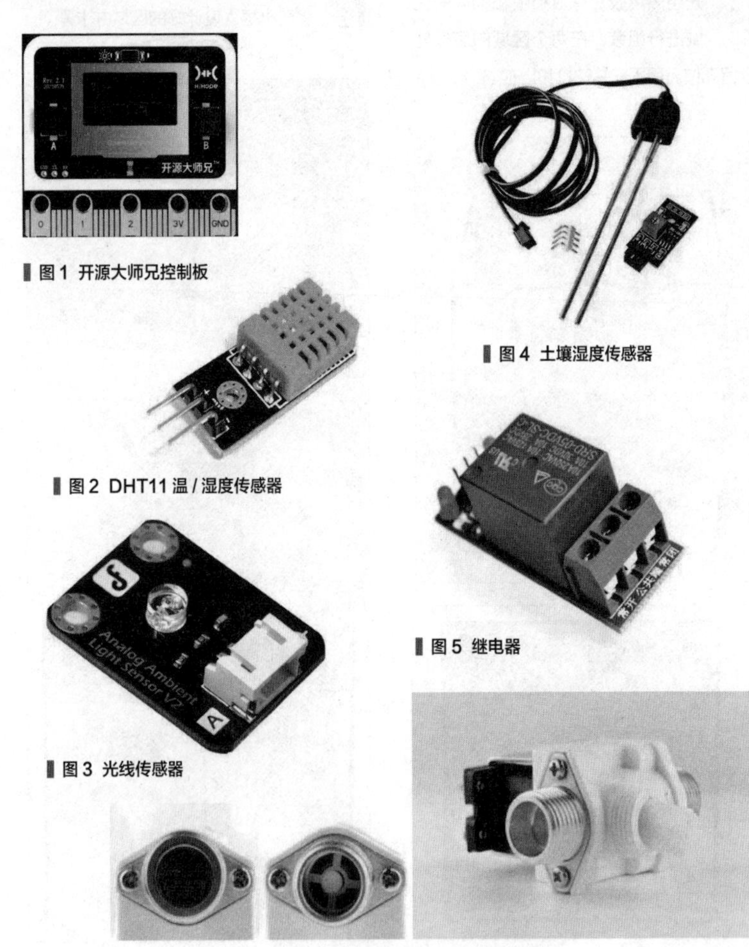

▌图1 开源大师兄控制板

▌图2 DHT11温/湿度传感器

▌图3 光线传感器

▌图4 土壤湿度传感器

▌图5 继电器

▌图6 电磁阀

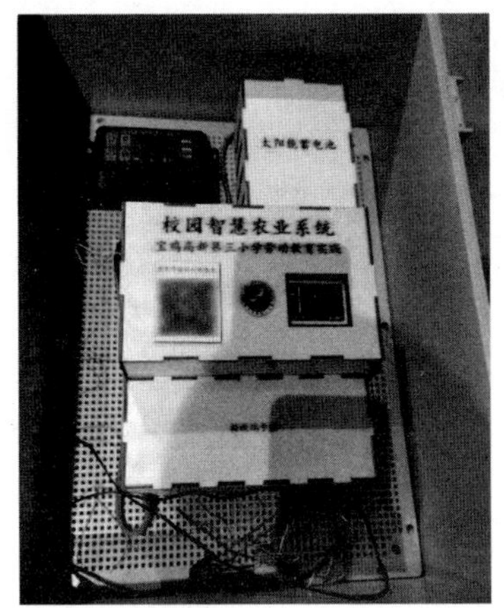

▌图 7 系统控制箱

接下来将这些硬件分别连接到控制板扩展板的接口上，接口接线次序如下。

- 土壤湿度传感器：P14。
- DHT11 温 / 湿度传感器：P15。
- 光线传感器：P13。
- 1 号继电器：P1。
- 2 号继电器：P2。
- 3 号继电器：P5。
- 4 号继电器：P8。

将每一路电磁阀分别连接到每一路继电器上，本项目中选择的是 12V 电磁阀，通过继电器对电磁阀进行开关控制，安装完成的系统控制箱如图 7 所示。

程序设计

系统的程序设计主要包括两部分，一部分是开源大师兄控制板程序的编写，另一部分是手机微信小程序的设计。开源大师兄控制板程序通过 Pzstudio 编写，主要实现传感器数据采集和继电器的控制，并通过云变量的方式与小程序端进行数据交互；手机微信小程序采用了 OpenBlock 平台开发，用户可以通过单击按钮控制电磁阀的开关，并且在小程序中实时查看温 / 湿度、光线和土壤湿度传感器的数值。

大师兄控制板程序设计

在本项目中数据交互部分，主要使用云变量功能进行数据的传送，具体程序如图 8 所示。

在程序中初始化变量，设置变量初始值并连接网络，程序分别如图 9 和图 10 所示。

接下来获取传感器数据，并通过云变量的方式将采集的数据实时发送至云服务器中，具体程序如图 11 所示。

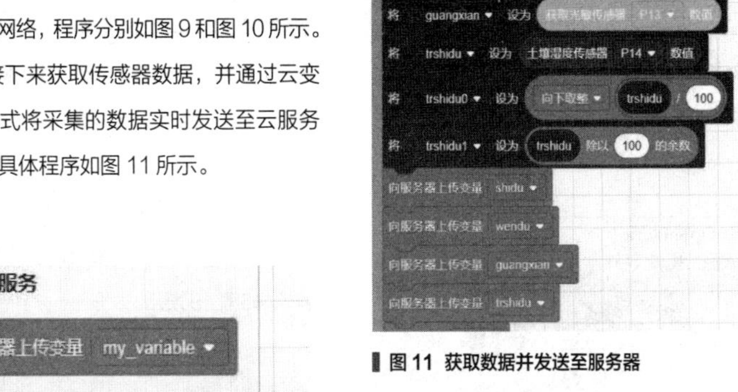

▌图 8 云变量

▌图 11 获取数据并发送至服务器

▌图 12 在显示屏中实时显示数据

▌图 9 初始化

▌图 10 设置网络连接

▌图 13 获取按钮数据控制电磁阀开关

将获取的传感器数据实时显示在显示屏中，程序如图 12 所示。

通过云变量获取远程按钮数据，并判断是否打开电磁阀，程序如图 13 所示。

微信小程序设计

在本次项目中，开发微信小程序使用 OpenBlock 完成。OpenBlock 是一种专为没有技术背景的非研发人员设计的图形化程序，以完全图形化的方式展现逻辑，并提供大量的展示内容，简单易学。OpenBlock 提供了完整 IDE 支持。OpenBlock 精简的指令集支持多宿主语言、可跨平台部署；支持高并发、多线程；内部实现了类型系统、语法树、编译、字节码、运行时等现代语言的核心技术。我们设计的微信小程序界面如图 14 所示。

▌图 14 微信小程序界面

根据微信小程序中的控制功能，数据之间的交互借助平台所提供的云变量功能完成，如图 15 所示。

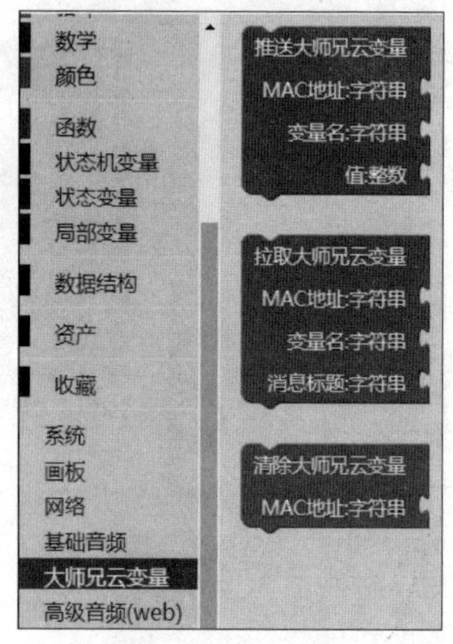

▌图 15 云变量功能

根据微信小程序界面中的各个功能，结合状态机编程的思想，可将不同的任务分别安排给不同的状态机来实现，使程序的逻辑结构更加清晰，构建如图 16 所示的图谱结构。

新建不同的状态机，不同状态机完成不同的任务，Main 作为整个系统的主状态机，对其他状态机进行控制，监测端状态机主要用于进行云端数据监测，UI 状态机主要完成界面显示，控制端状态机主要完成电磁阀控制任务。不同状态机如图 17 所示。

在主状态机中启动其他状态机，并将相关变量信息发送给不同的状态机的程序如图 18 所示。

其他状态机在初始状态时接收由主状态机发送来的消息，在监测状态中实时监测云端变量消息。初始状态程序如图 19 所示，监测状态程序如图 20 所示。

UI 状态机主要进行相关界面的显示任务，并接收由监测端发送来的数据，不同的功能分别通过不同的函数实现。程序如图 21 所示。

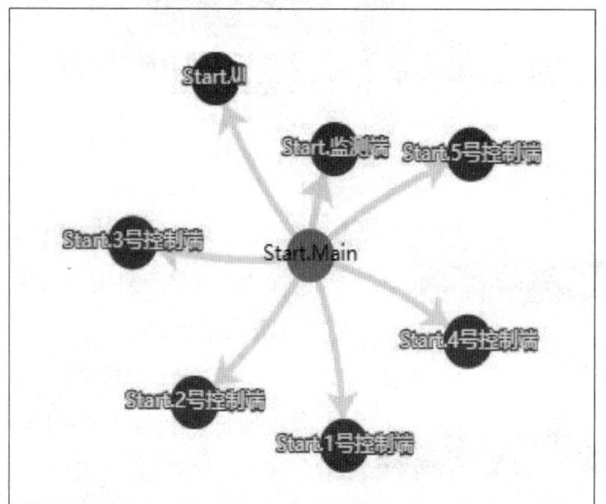

▌图 16 图谱结构

▌图 17 不同状态机

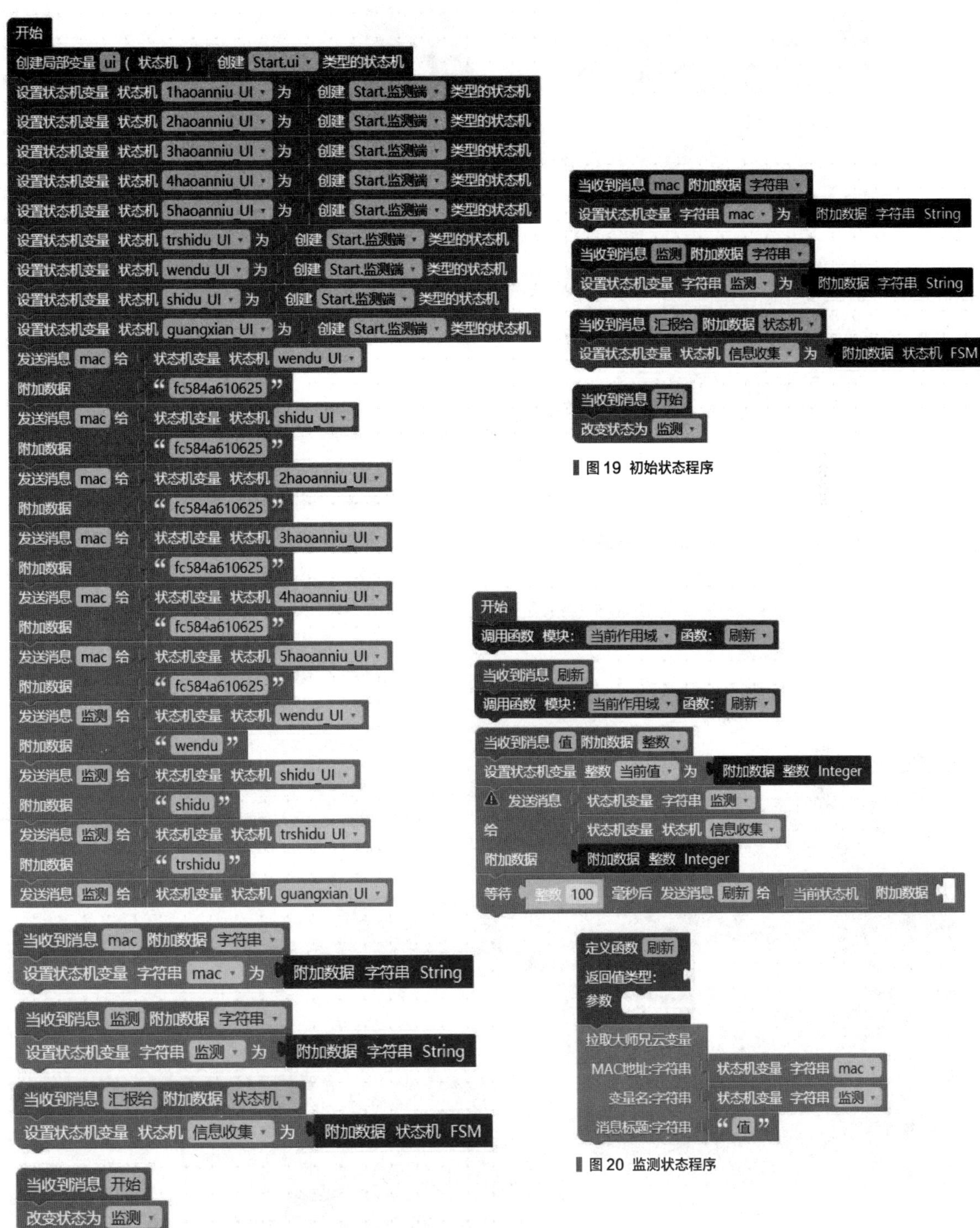

图 19 初始状态程序

图 20 监测状态程序

图 18 启动状态机并发送相关信息的程序

电磁阀按钮控制状态机程序如图 22 所示，各个不同的按钮只是位置不同，其他程序结构相同，此处只给出一个按钮的程序。

通过获取按钮被点击时的坐标，判断此时点击的是否为对应的按钮，如果是则推送云变量消息，并给广播消息，UI 状态机接收到消息后改变按钮的状态，控制状态程序如图 23 所示。

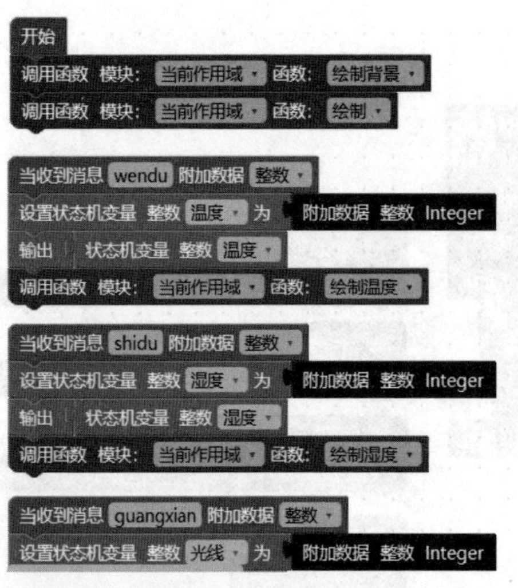

图 21 UI 状态机程序

图 22 电磁阀按钮控制状态机程序

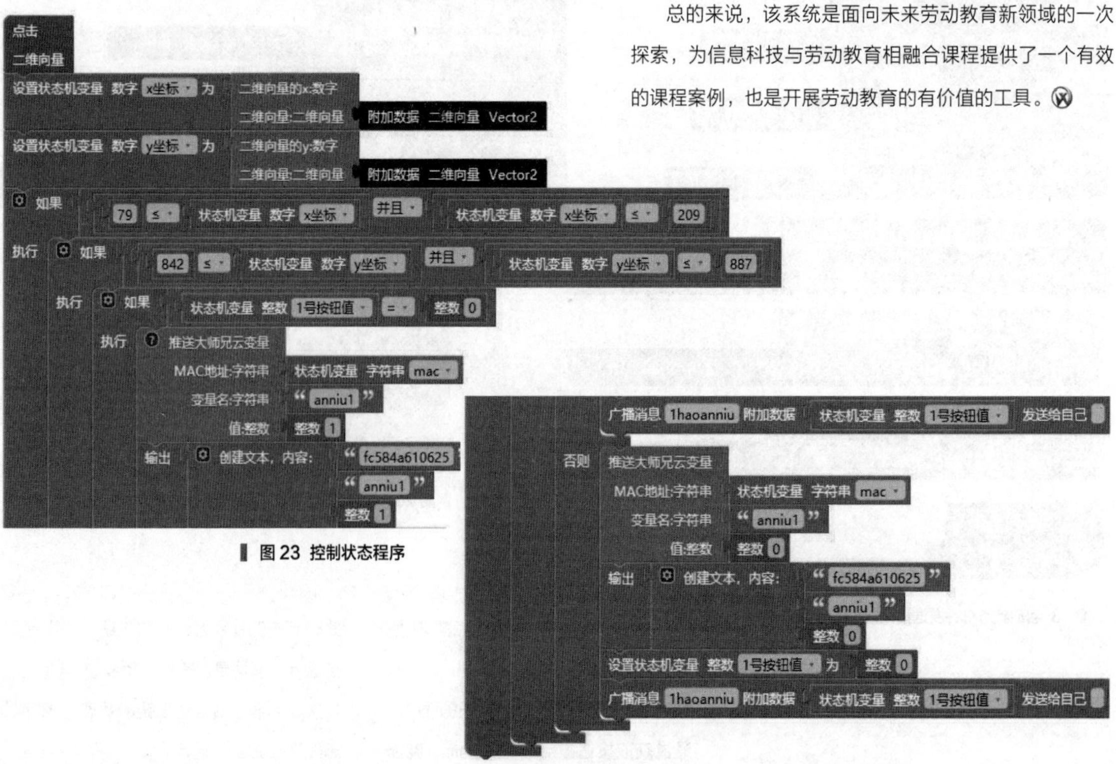

图 23 控制状态程序

结语

我们提出的基于多学科融合的、面向未来的劳动教育项目，让学生通过自己动手实践，感受其中所蕴含的学科知识，对比传统劳动教育，基于物联网的新农业模式使学生更好地投入到科技劳动中。该系统可以协助完成多种任务，如浇水、施肥和监测植物生长，还提供有关环境湿度、温度和土壤湿度等参数的实时数据，这些数据可以用于分析植物生长并优化生长条件，为科学种植提供了有效的研究数据。

总的来说，该系统是面向未来劳动教育新领域的一次探索，为信息科技与劳动教育相融合课程提供了一个有效的课程案例，也是开展劳动教育的有价值的工具。

上海人工智能实验室
Shanghai Artificial Intelligence Laboratory

新一代人工智能教师成长营

由上海人工智能实验室主办，活动旨在为一线教师、师范生提供线上公益课程和教学案例，推进新一代人工智能落地中小学课堂，打造开源开放的智能教育生态。全球高校人工智能学术联盟、中国人工智能学会教育工作委员会和中国教育技术协会信息技术教育专业委员会（创客与跨学科教育研究组）联合承办此次活动。

独居老人守护卫士

王君昊

浙教版高中信息技术选择性必修4《人工智能初步》，基于信息技术成为我国经济发展重要支柱和建设网络强国的战略支撑大背景，旨在让学生了解人工智能发展脉络，理解人工智能算法与模型，从人工智能的数据挖掘到智能部署，体验人工智能真实的运用过程。在教学过程中，我选择了面向中小学AI教育开发的完整的学习工具——XEdu。这个工具可以帮助学生体验从数据收集到AI多模态部署的全过程，从而帮助他们解决真实问题。

许多老人因为子女不在身边，在日常生活中可能遇到许多麻烦，作为新时代的学生，我们能否利用信息科技手段帮助独居老人改善生活中的安全问题呢？本项目将采用人工智能技术解决这个问题。

本项目使用面向中小学 AI 教育开发的 XEdu 作为开发工具，它将开发过程简化为“训练”和“部署”，采用整合的、一致的语法完成 AI 的训练、推理、转换和部署，降低了 AI 的开发难度；但同时又保存了模型训练中所有的常见参数，具有一定的灵活性。

项目工具

- IDE：Mind+、Thonny。
- Python 库：XEdu、onnx、smtplib。
- 硬件：行空板、摄像头、USB Type-C 连接线。

项目流程

本项目使用 Openinnolab 平台和行空板协作开发产品，项目完成后可以脱离互联网运行。通过收集整理判断老人摔倒的数据集、训练模型、转换模型，在行空板上进行多模态 AI 部署，最后进行推理。学生能够亲历一个人工智能项目的全过程，感受使用 AI 解决真实问题的全过程。项目流程如图 1 所示。

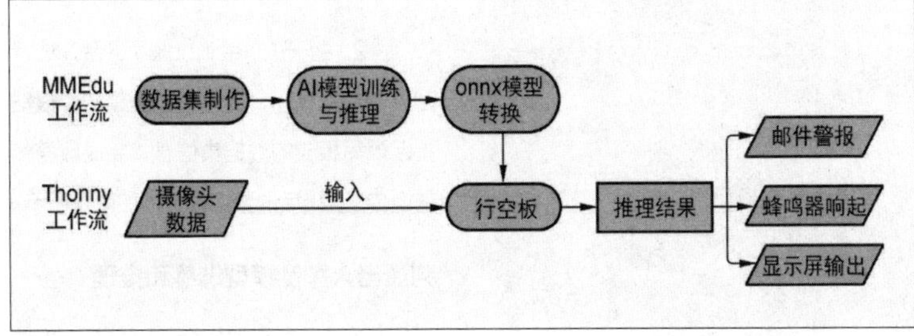

图 1 项目流程

制作判断老人摔倒数据集

1.确定数据集分类、属性及规模

本项目自行制作判断老人摔倒的数据集。使用爬虫技术在网络中爬取老人摔倒、老人正常坐姿等关键词照片，形成未清洗、未整理的数据图片。通过人为的清洗、筛选，最终整理为 ImageNet 格式数据集，共 600 张图片，各类别均为 300 张图片，并配有训练集、验证集和测试集，数据集图片比例为 8:1:1。图片均为 RGB 彩色 JPEG 图片，大小均为 480 像素 ×480 像素。图片包含老人正常（zhengchang）姿态与异常（yichang）姿态两类姿态。

（1）图像数据采集

本项目通过使用网络爬虫的方式爬取互联网中老人在家中正常坐姿与摔倒姿势两类各 400 张图片。

（2）图像数据分类

新建文件夹正常（zhengchang）和异常（yichang），将上个步骤中得到的图像数据按类别放入两个文件夹中。

（3）图像数据处理

将爬取得到的图片进行整理，人工去除掉模糊、重复等不符合标准的图片，以此为基础再筛选出在大致类别、视角和时间上都能覆盖的图片，最后筛选至 300 张图片，并将下载得到的图片格式统一为 JPEG 格式。

对整理后的图片进行批量裁剪，原因

```
>>> %Run '【程序1】制作数据集.py'
  请输入您的数据集地址，如E:\人工智能—老人守护卫士\未处理数据集E:\人工智能培训作业—老人守护卫士\未处理数据集
  请输入训练集的比例大小，范围是0-1，如0.80.8
  请输入验证集的比例大小，范围是0-1，如0.10.1
  请输入测试集的比例大小，范围是0-1，如0.10.1
  请输入需要输出的路径，默认为C:\Users\dell\Desktop\【期刊】相关文件\文件\my_dataset
  转换完成，请到C:\Users\dell\Desktop\【期刊】相关文件\文件\my_dataset查看
>>>
```

图2 数据集转换运行结果

在于在一定程度上采集得到的图片背景比较杂乱，不一致，而项目所需要的仅是老人姿态的图片，因此进行一定程度的裁剪，去除背景信息对训练造成的干扰。使用PowerToys中调整图片大小的功能，对所有图片进行480像素×480像素的裁切，使用PowerRename功能对两个类别的图片数据进行统一命名。

2.制作并上传数据集

将数据集分为训练集、验证集和测试集，图片比例为8:1:1。本项目共有图片600张，因此训练集有480张图片，验证集有60张图片，测试集有60张图片。将制作好的数据集上传至Openinnolab平台的“我的数据集”中，方便后续使用，具体步骤如下。

（1）打开Thonny，运行程序1，根据提示分别输入数据集所在位置、划分比例和数据集输出位置，数据集转换运行结果如图2所示。

程序1

```
import os
import shutil
path=input(r'请输入您的数据集地址，如E:\人工智能—老人守护卫士\未处理数据集')
train_rate=float(input('请输入训练集的比例大小，范围是0-1，如0.80.8'))
val_rate=float(input('请输入验证集的比例大小，范围是0-1，如0.10.1'))
test_rate=float(input('请输入测试集的比例大小，范围是0-1，如0.10.1'))
save_path=(input('请输入需要输出的路径，默认为'+os.getcwd()+'\my_dataset'))
# 划分脚本
# 列出指定文件夹下的所有文件名，确定分类信息
classes = os.listdir(path)
# 定义创建文件夹的方法
def makeDir(folder_path):
   if not os.path.exists(folder_path): # 判断是否存在文件夹，如果不存在，则创建为文件夹
     os.makedirs(folder_path)
# 指定文件夹
read_dir = path+'/' # 指定原始图片路径
if save_path=='':
  save_path=os.getcwd()+'\my_dataset'
else:
  save_path+='\my_dataset'
train_dir = save_path+r'\training_set\\' # 指定训练集路径
val_dir = save_path+r'\val_set\\'
# 指定验证集路径
test_dir = save_path+r'\test_set\\'
# 指定测试集路径
for cnt in range(len(classes)):
  r_dir = read_dir + classes[cnt] + '/'
# 指定原始数据某个分类的文件夹
  files = os.listdir(r_dir)  # 列出某个分类的文件夹下的所有文件名
  offset1 = int(len(files) * train_rate)
  offset2 = int(len(files) * (train_rate+val_rate))
  training_data = files[:offset1]
  val_data = files[offset1:offset2]
  test_data = files[offset2:]
  # 根据拆分好的文件名新建文件夹放入图片
  for index,fileName in enumerate(training_data):
    w_dir = train_dir + classes[cnt] + '/'
# 指定训练集某个分类的文件夹
    makeDir(w_dir)
    shutil.copy(r_dir + fileName, w_dir + str(index) + '.jpg')
    for index,fileName in enumerate(val_data):
    w_dir = val_dir + classes[cnt] + '/'
# 指定测试集某个分类的文件夹
    makeDir(w_dir)
    shutil.copy(r_dir + fileName, w_dir + str(index) + '.jpg')
  for index,fileName in enumerate(test_data):
    w_dir = test_dir + classes[cnt] + '/'  # 指定验证集某个分类的文件夹
    makeDir(w_dir)
    shutil.copy(r_dir + fileName, w_dir + str(index) + '.jpg')
print('转换完成，请到'+save_path+'查看')
```

（2）打开Openinnolab平台，选择“我的数据集”→“创建数据集”，根据提示填写相应的数据集信息，完成数据集的上传，上传后的数据集文件如图3所示。

判断老人摔倒模型训练和推理

由于本项目的训练和推理数据都是彩

| 文件

my_dataset.zip

- IKIM9F
  - my_dataset
    - classes.txt
    - test_set
      - yichang
      - zhengchang
    - training_set
      - yichang
      - zhengchang
    - val_set
      - yichang
      - zhengchang

图 3 数据集文件

色图片，因此选择 MobileNet 卷积神经网络进行训练模型。

使用 MMEdu 进行人工智能模型训练和推理，可以选择在线版本和离线版本，在线版本由 Openinnolab 平台提供编辑器和服务器，比较适合在硬件条件较差的计算机上使用。本文以在线版本的 MMEdu 进行模型的训练、推理演示。

1. 模型训练

平台中的模型训练和离线版类似，需要调用 MMEdu 中的 MMClassification 模块对数据集进行训练。打开 Openinnolab 平台，选择“我的项目”→“创建项目”→“OpenMMLab notebook 编程”，单击 main.ipynb 文件，开始编写程序，如程序 2 所示。

程序2

```
# 从 0 开始训练模型
from MMEdu import MMClassification as
cls # 导入所需库
model = cls(backbone='MobileNet')
# 实例化模型
model.num_classes = 2
# 定义类别的数量
model.load_dataset(path='/data/
08GW0S/my_dataset') # 定义数据集位置
model.save_fold = 'checkpoints/cls_
shuai/001' # 定义模型输出位置
model.train(epochs=50 ,lr=0.001,
batch_size = 2,validate=True)
# 设置模型训练超参数，epochs 为训练轮数，
lr 为学习率，batch_size 为单次传递训练的
数据量，validate 为是否开启验证
```

在模型训练中，accuracy_top-1 是非常重要的参数，它表示这个模型在验证集上的准确程度，用来判断一个模型的拟合程度。在训练中，我们需要时刻关注这个参数，决定是否继续进行训练。我们可以选择程序 2 从 0 开始训练模型，也可以选择执行程序 3 所示的基于预训练模型的训练。

程序3

```
# 基于预训练的模型
from MMEdu import MMClassification as
cls  # 导入所需库
model = cls(backbone='MobileNet')
# 实例化模型
model.num_classes = 2
# 定义类别的数量
model.load_dataset(path='/data/08GW0S/
my_dataset') # 定义数据集位置
model.save_fold = 'checkpoints/cls_
shuai/001' # 定义模型输出位置
model.train(epochs=50
,checkpoint='checkpoints/cls_
shuai/007/best_accuracy_top-1_
epoch_2.pth',lr=0.001, batch_size =
2,validate=True) # 设置模型训练超参数，
epochs 为训练轮数，lr 为学习率，batch_
size 为单次传递训练的数据量，validate 为
是否开启验证，checkpoint 为预训练模型所在
位置
```

2. 模型推理

在模型训练过后，我们可以使用模型对图片进行推理。在 main.ipynb 中添加并运行程序 4，检查识别效果。

程序4

```
from MMEdu import MMClassification as
cls
img = 'picture/0.jpg'
# 实例化模型，网络名称为 'MobileNet'
model = cls(backbone='MobileNet')
# 指定权重文件的路径
checkpoint = 'checkpoints/cls_
shuai/011/best_accuracy_top-1_
epoch_2.pth'
# 指定训练集的路径，代表训练集中所包含的所
有类别
class_path = '/data/IKIM9F/my_
dataset/classes.txt'
# 推理，show=True 表示不弹出识别结果窗口
result = model.inference(image=img,
show=True, class_path=class_
path,checkpoint = checkpoint)
# 输出结果，将 inference() 函数输出的结果
修饰后输出具体信息，结果会出现在项目文件的
cls_result 文件夹中
model.print_result(result)
```

判断老人摔倒模型转换与多模态部署

刚刚上面的步骤是在有网络支持下的计算机中进行的，判断老人摔倒这一项目则要求我们部署的项目必须是离线状态的，并且需要安装在家中。因此这里我们选择将人工智能模型下载到本地并部署在行空板中。

1. 模型转换

由于 MMEdu 生成的 .pth 文件并不能直接部署在行空板中，所以我们需要先进行模型转换，将 .pth 文件转换成能够在边缘设备上运行的 onnx 模型。具体步骤如下。

（1）在 main.ipynb 中添加并运行程序 5，获得 onnx 模型。

程序5

```
from MMEdu import MMClassification as
cls
model = cls(backbone='MobileNet')
```

```
model.num_classes = 2
checkpoint = 'checkpoints/cls_shuai/011/best_accuracy_top-1_epoch_2.pth'
out_file="out_file/shuaiv2.onnx"
model.convert(checkpoint=checkpoint, backend="ONNX", out_file=out_file, class_path='/data/IKIM9F/my_dataset/classes.txt')
```

（2）根据输出中提到的onnx模型输出路径找到模型，并下载至本地。

（3）在行空板中新建本项目文件夹，创建out_file文件夹，并将onnx模型放入其中，下载BaseData.py文件放入根文件夹中。

2. 多模态部署

得到本地的onnx模型后就可以进行多模态部署的程序编写，在这个步骤中，需要完成摄像头检测模块、判断警示模块和邮件警告模块。具体步骤如下。

（1）打开Mind+，依次安装部署程序所依赖的库：opencv-python、onnxruntime、numpy、pinpong和py-emails。

（2）打开QQ邮箱，进入设置，选择“账户”→“POP3服务”→“管理服务”→“短信验证”→“选择POP3服务”→“开启服务”→“获取授权码”。

（3）新建文件smtp.py，添加并运行程序6，完成邮件警告模块.

程序6

```
import smtplib
from email.mime.text import MIMEText
def main():
    mail_host = 'QQ邮箱网址' #QQ邮箱服务器地址
    mail_user = '9****8'
#QQ邮箱用户名
    mail_pass = 'tajctcqjdeegbeie'
#密码（部分邮箱为授权码）
    sender = '9****8@qq.com'
#邮件发送方邮箱地址
    receivers = ['9****8@qq.com']
#邮件接收方邮箱地址，注意需要用[]表示，这意味着你可以写多个邮件地址群发
    message = MIMEText('您的家人摔倒了，请及时联系或拨打120','plain','utf-8')
#设置email信息，邮件内容设置
    message['Subject'] = '【警告】您的家人摔倒了' #邮件主题
    message['From'] = sender
#发送方信息
    message['To'] = receivers[0]
#接收方信息
#登录并发送邮件
    try:
        smtpObj = smtplib.SMTP()
        smtpObj.connect(mail_host,25)
        smtpObj.login(mail_user,mail_pass)
        smtpObj.sendmail(
        sender,receivers,message.as_string())
        smtpObj.quit()
        print('success')
    except smtplib.SMTPException as e:
        print('error',e) #打印错误
```

（4）新建文件main.py，添加并运行程序7，完成剩下的模块。

程序7

```
import cv2
import BaseData
import onnxruntime as rt
import numpy as np
from pinpong.board import Board,Pin,Tone # 从pinpong.board包中导入Board、Pin、Tone模块
import smtp
Board().begin() # 初始化，选择板型和端口号，不输入则进行自动识别
tone = Tone(Pin(Pin.P26)) # 将Pin传入Tone中实现模拟输出
tone.freq(200) # 按照设置的频率播放
screen_rotation = False
cap = cv2.VideoCapture(0)  # 设置摄像头编号，如果只插了一个USB摄像头，基本上是0
cap.set(cv2.CAP_PROP_FRAME_WIDTH, 400)  # 设置摄像头图像宽度
cap.set(cv2.CAP_PROP_FRAME_HEIGHT, 200)  # 设置摄像头图像高度
cap.set(cv2.CAP_PROP_BUFFERSIZE, 1)  # 设置OpenCV内部的图像缓存，可以极大提高图像的实时性
sess = rt.InferenceSession('out_file/shuaiv2.onnx', None)
input_name = sess.get_inputs()[0].name
out_name = sess.get_outputs()[0].name
cnt = 25
global idx
idx = 0
sec = 0
tag=['yichang','zhengchang']
def onnx_cls(img):
    dt = BaseData.ImageData(img, size=(224, 224))
    input_data = dt.to_tensor()
    pred_onx = sess.run([out_name], {input_name: input_data})
    result = np.argmax(pred_onx[0], axis=1)[0]
    return result
while cap.isOpened():
    success, image = cap.read()
    cnt = cnt - 1
    if not success:
        print("Ignoring empty camera frame.")
        break
    if screen_rotation:
# 是否要旋转显示屏
        image = cv2.rotate(image, cv2.ROTATE_90_COUNTERCLOCKWISE)
# 旋转显示屏
        image = cv2.rotate(image, cv2.
```

```
ROTATE_90_COUNTERCLOCKWISE)
# 旋转显示屏
  if cnt == 0:
    idx = onnx_cls(image)
    print('result:' + tag[idx])
    print(sec)
    cnt = 25
    if idx == 0:
      sec += 1
      if sec>5:
        print('报警')
        tone.on() # 打开蜂鸣器
        smtp.main()
    if idx == 1:
        sec = 0
        tone.off()
  cv2.putText(image, tag[idx], (0,
40), cv2.FONT_HERSHEY_TRIPLEX, 0.5,
(255,255,255), 1)
  cv2.imshow('camera',image)
  if cv2.waitKey(5) & 0xFF == 27:
    break
cap.release()
```

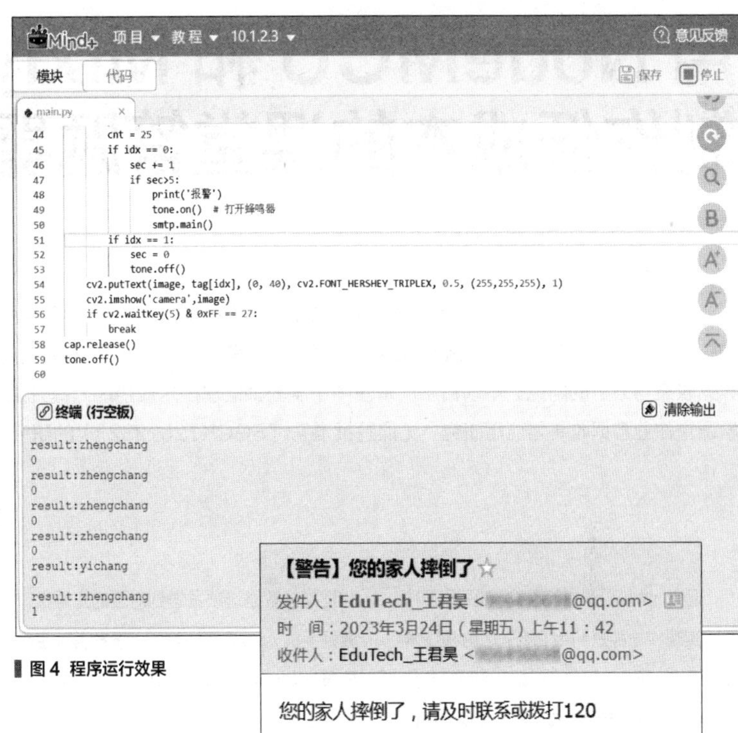

图 4 程序运行效果

【警告】您的家人摔倒了

发件人：EduTech_王君昊 <@qq.com>

时　间：2023年3月24日（星期五）上午11：42

收件人：EduTech_王君昊 <@qq.com>

您的家人摔倒了，请及时联系或拨打120

图 5 邮件警告

连接行空板并运行 main.py，程序运行效果如图 4 所示，当程序判断老人摔倒后，会持续给 QQ 邮箱发送警告邮件，邮件警告如图 5 所示。

结语

本项目主要是为了解决独居老人生活痛点而制作的，运行中的行空板如图 6 所示。我们通过独居老人守护卫士这个项目，带领学生们体验了一个人工智能项目从数据集收集到模型部署的全过程，了解了数据集制作、模型的训练、借助模型推理、模型的转换和部署等知识点。

本项目也并非完美的，所有功能齐整的项目都是由功能不齐整的项目一步步迭代而来的，因此这里可以提出一个问题，等待大家来解决：摄像头 24h 一直开启，容易导致行空板过热，运行变慢，有没有什么办法能够解决？

在生活中，我们可以多用发现问题的眼睛去观察世界，养成用有逻辑的思维思考问题，制作出更多方便人们生活的人工智能项目。

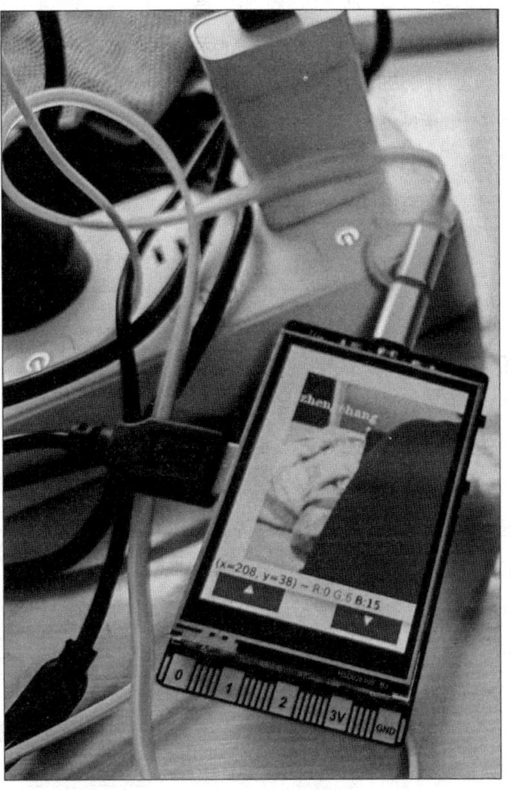

图 6 运行中的行空板

用 NodeMCU 和 Mixly 制作低成本的课堂答题器

▌刘建国

智慧课堂提出至今已有多年，但由于各地教育资源不同，智慧课堂教学所需设备很难实现普及，智慧课堂的关键功能基于数据收集与分析的教学无法实现。因此，我决定设计并制作一款低成本的课堂答题器，可以简单地解决课堂数据收集与分析的问题。本项目系广东省中小学教师信息技术应用能力提升工程2.0专项科研课题“智慧课堂环境下小学课堂作业数据收集与应用研究”（课题批准号:TSGCKT2022327）的研究成果之一。

现今，大部分课堂答题器一般采用两种形式实现：一种是利用 2.4GHz 射频技术设计而成，配上信号收发基站，实现答题数据接收，再配上专用的软件进行数据处理和结果显示；另一种是以手机卡的形式通过网络运营商以物联网的方式实现答题功能，再利用网络平台，以独立账号的方式收集相关数据。这两种形式在很多学校很难普及，因此我决定利用 NodeMCU 制作低成本的课堂答题器，再配以免费的 MQTT 云服务器实现课堂答题互动的功能。

系统设计

课堂答题器是学生使用的一个独立终端设备，它需要具备接收和发送信息两项基本功能。市面上很多答题器都需要对应的软件支撑才能使用。以低成本角度考虑本课堂答题器的功能实现，我采用了免费的巴法云 MTQQ 服务器实现信息传递、中转功能，利用手机 App 实现答题信息收集、汇总和统计功能。课堂答题器系统结构如图 1 所示。

课堂答题器系统的原理就是首先在 MQTT 云服务器上配置好各种主题，答题器连接 Wi-Fi 并订阅相关的主题，以此获取服务器上的课堂消息、题目等信息，同时把学生答题选项发送到对应的主题上，教师手机 App 也可以订阅、发布各种主题信息，以此实现与学生答题器的信息互动，统计各题目的数据。然后以希沃白板 + 手机投屏的画中画形式，向学生展示题目、答案以及学生答题的结果。

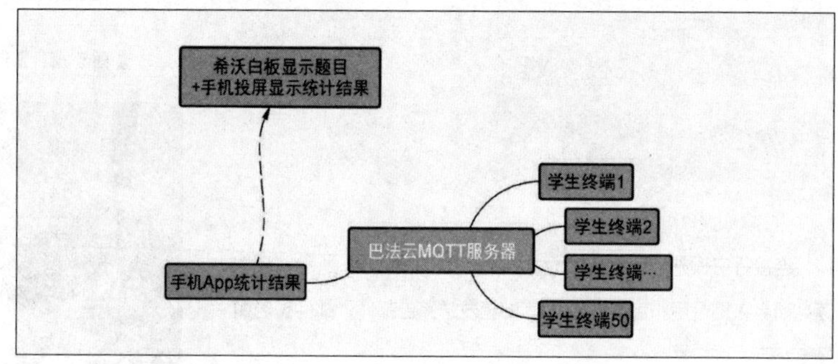

▌图 1 课堂答题器系统结构

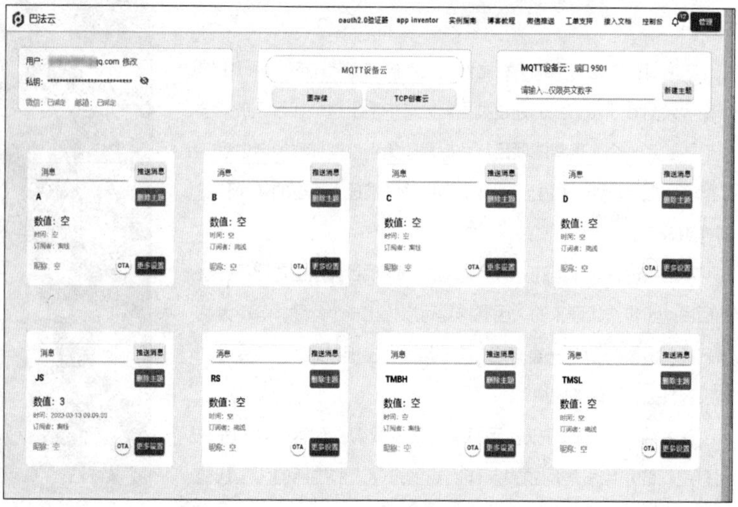

▌图 2 部分 MQTT 云设备主题

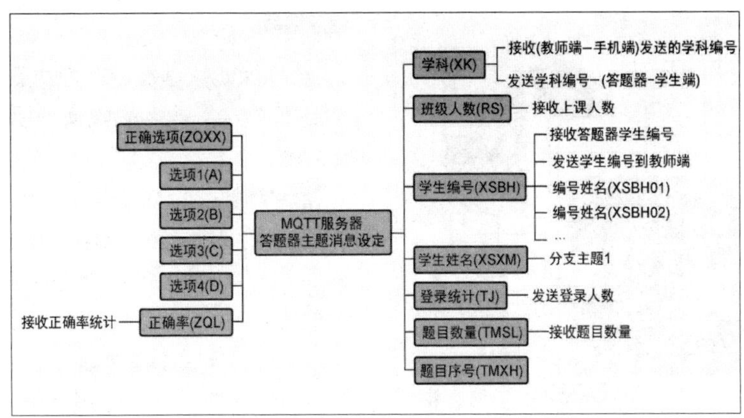

图 3 MQTT 服务器结构

巴法云MQTT服务器

巴法云是一个免费的云服务器平台，我们注册账号并登录就可以架设 MQTT 设备云。根据课堂信息的需求，在服务器上建立对应的主题，对学生答题器进行数据接收和信息推送，部分 MQTT 云设备主题如图 2 所示，由于主题较多，这里就不全部展示了，MQTT 服务器结构如图 3 所示。

教师手机App设定

教师手机 App 利用在线版 App Inventor 进行设计，教师手机 App 结构如图 4 所示。

学生答题器

材料清单

NodeMCU 主控板支持 Wi-Fi 功能，是制作物联网设备比较理想的配件，通过 Wi-Fi 登录 MQTT 服务器就能实现数据的发送和接收功能。ESP8266 具备 1.54 英寸 OLED 显示屏，可以显示学生答题相关信息。我选择 5 位按钮模块是考虑到题目通常有 4 个选项，最后一个按钮作为提交按钮，这样让学生在答题过程中可以改变选项，最后确定提交。具体材料清单见附表。

附表 材料清单

序号	名称	数量
1	NodeMCU 主控板	1 块
2	1.54 英寸 OLED 显示屏	1 块
3	500mAh 聚合物锂电池	1 块
4	5 位独立按键模块	1 块
5	KCD1-11-2Pin 船形开关	1 个
6	TP4056 充电源模块	1 块
7	3D 打印外壳	1 套

硬件组装

电路连接

本作品是我 DIY 的，暂时还未模块化生产，答题器电路连接线如图 5 所示，连接完成的答题器如图 6 所示。

外壳安装

将连接完成的答题器按顺序安装在 3D 打印的外壳（见图 7）中，然后拧上螺丝，固定好前盖，制作完成的答题器如图 8 所示。

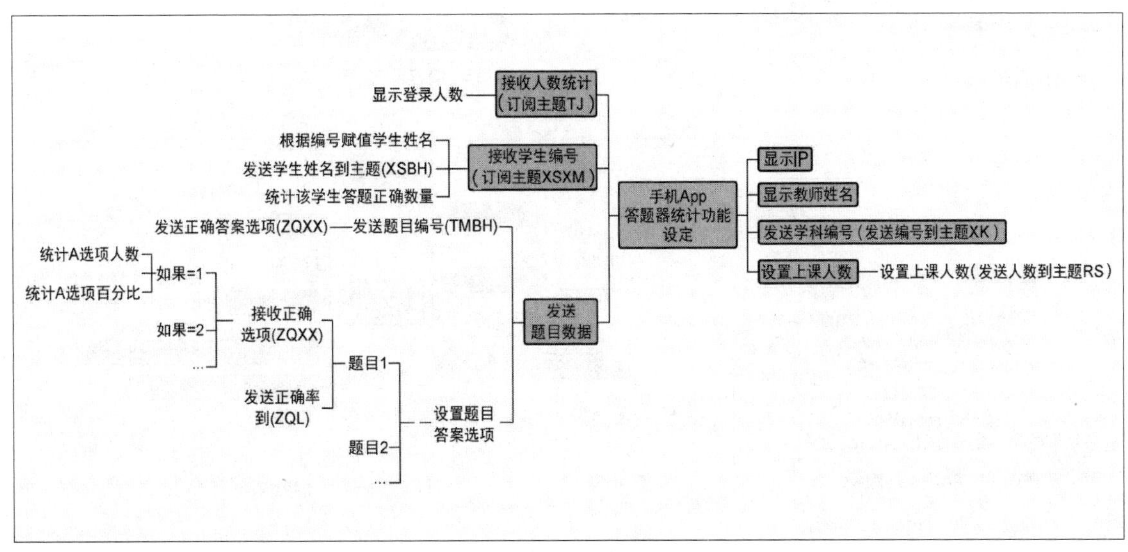

图 4 教师手机 App 结构

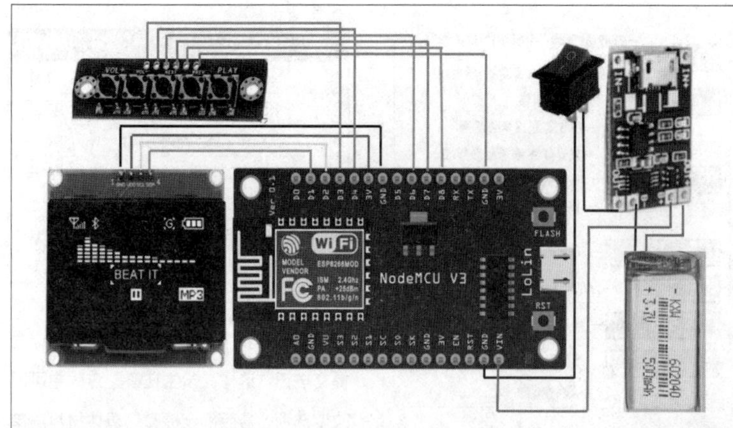

▌图5 答题器电路接线

程序编写

我使用米思齐（Mixly）图形化编程软件进行程序编写，课堂答题器功能设定如图9所示。

首先对网络连接、MQTT服务器登录以及相关变量进行初始化，然后用函数实现按钮初始化、选择页面、提交页面1（未选择答案）、提交页面2（已选择答案）、选择、订阅主题和发送答案等功能，通过

▌图6 连接完成的答题器

▌图7 3D打印的外壳

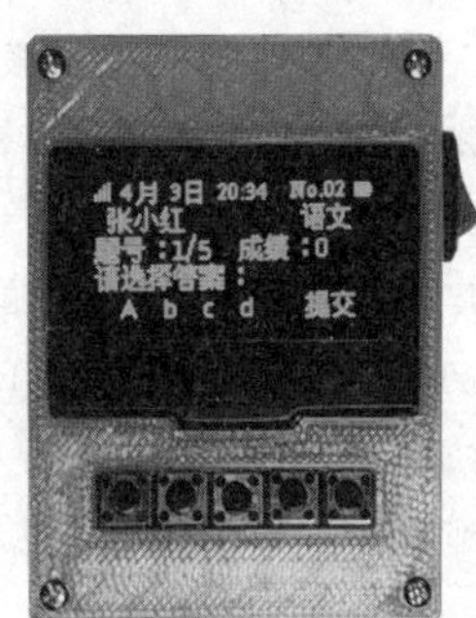

▌图8 制作完成的答题器

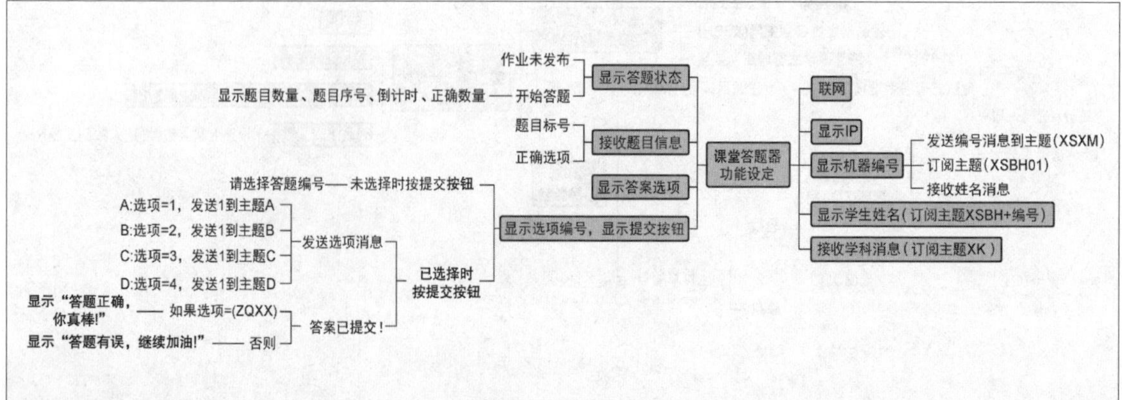

▌图9 课堂答题器功能设定

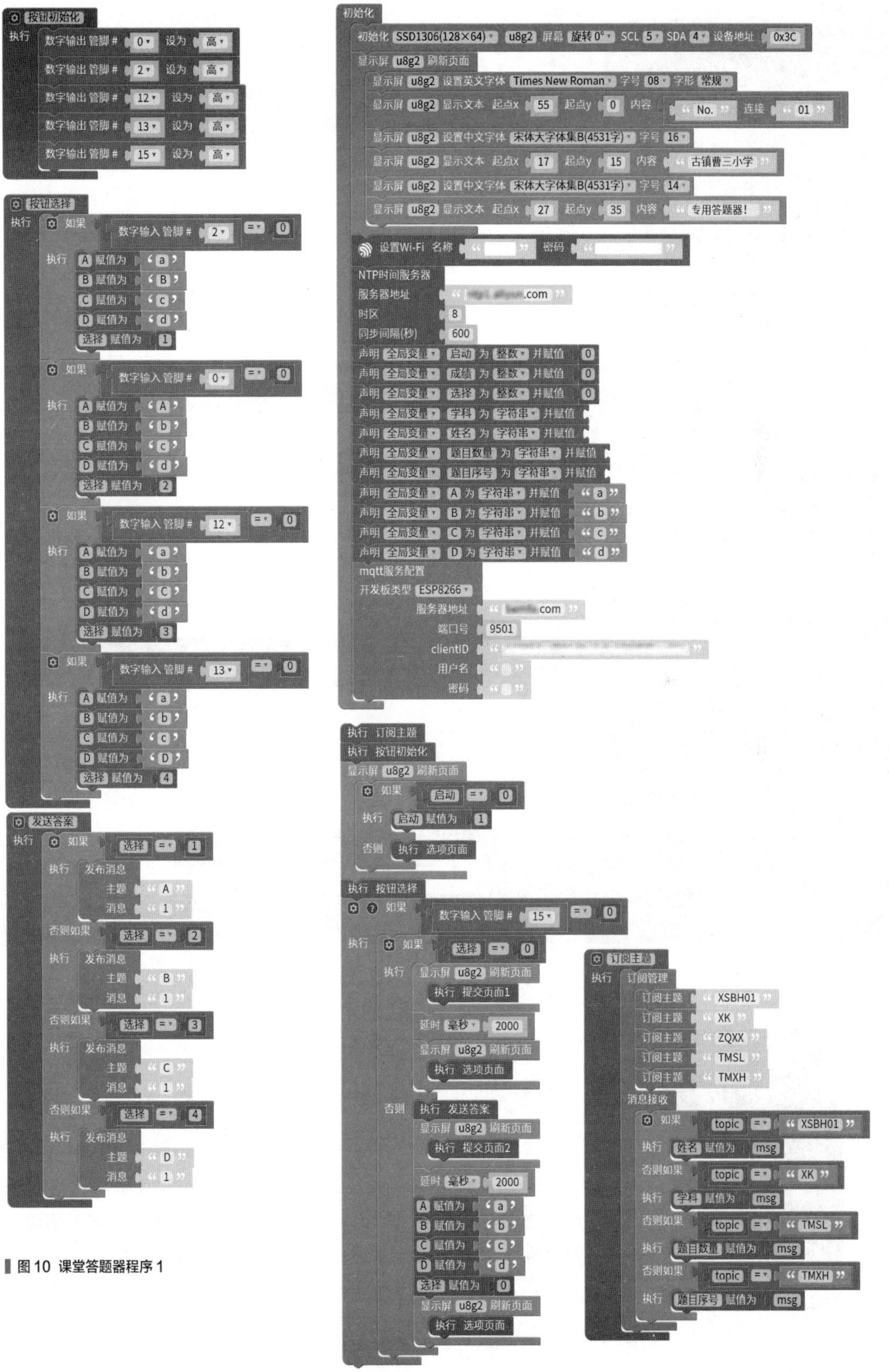

```
按钮初始化
执行 数字输出 管脚# 0 设为 高
     数字输出 管脚# 2 设为 高
     数字输出 管脚# 12 设为 高
     数字输出 管脚# 13 设为 高
     数字输出 管脚# 15 设为 高

按钮选择
执行 如果 数字输入 管脚# 2 = 0
     执行 A 赋值为 "a"
          B 赋值为 "B"
          C 赋值为 "c"
          D 赋值为 "d"
          选择 赋值为 1
     如果 数字输入 管脚# 0 = 0
     执行 A 赋值为 "A"
          B 赋值为 "b"
          C 赋值为 "c"
          D 赋值为 "d"
          选择 赋值为 2
     如果 数字输入 管脚# 12 = 0
     执行 A 赋值为 "a"
          B 赋值为 "b"
          C 赋值为 "C"
          D 赋值为 "d"
          选择 赋值为 3
     如果 数字输入 管脚# 13 = 0
     执行 A 赋值为 "a"
          B 赋值为 "b"
          C 赋值为 "c"
          D 赋值为 "D"
          选择 赋值为 4

发送答案
执行 如果 选择 = 1
     执行 发布消息 主题 "A" 消息 "1"
     否则如果 选择 = 2
     执行 发布消息 主题 "B" 消息 "1"
     否则如果 选择 = 3
     执行 发布消息 主题 "C" 消息 "1"
     否则如果 选择 = 4
     执行 发布消息 主题 "D" 消息 "1"

初始化
初始化 SSD1306(128×64) u8g2 屏幕 旋转0° SCL 5 SDA 4 设备地址 0x3C
显示屏 u8g2 刷新页面
  显示屏 u8g2 设置英文字体 Times New Roman 字号 08 字形 常规
  显示屏 u8g2 显示文本 起点x 55 起点y 0 内容 "No." 连接 "01"
  显示屏 u8g2 设置中文字体 宋体大字体集B(4531字) 字号 16
  显示屏 u8g2 显示文本 起点x 17 起点y 15 内容 "古镇曹三小学"
  显示屏 u8g2 设置中文字体 宋体大字体集B(4531字) 字号 14
  显示屏 u8g2 显示文本 起点x 27 起点y 35 内容 "专用答题器!"
设置Wi-Fi 名称 "" 密码 ""
NTP时间服务器
服务器地址 ".com"
时区 8
同步间隔(秒) 600
声明 全局变量 启动 为 整数 并赋值 0
声明 全局变量 成绩 为 整数 并赋值 0
声明 全局变量 选择 为 整数 并赋值 0
声明 全局变量 学科 为 字符串 并赋值
声明 全局变量 姓名 为 字符串 并赋值
声明 全局变量 题目数量 为 字符串 并赋值
声明 全局变量 题目序号 为 字符串 并赋值
声明 全局变量 A 为 字符串 并赋值 "a"
声明 全局变量 B 为 字符串 并赋值 "b"
声明 全局变量 C 为 字符串 并赋值 "c"
声明 全局变量 D 为 字符串 并赋值 "d"
mqtt服务配置
开发板类型 ESP8266
  服务器地址 ".com"
  端口号 9501
  clientID ""
  用户名 ""
  密码 ""

执行 订阅主题
执行 按钮初始化
显示屏 u8g2 刷新页面
  如果 启动 = 0
  执行 启动 赋值为 1
  否则 执行 选项页面
执行 按钮选择
如果 数字输入 管脚# 15 = 0
执行 如果 选择 = 0
     执行 显示屏 u8g2 刷新页面
            执行 提交页面1
          延时 毫秒 2000
          显示屏 u8g2 刷新页面
            执行 选项页面
     否则 执行 发送答案
          显示屏 u8g2 刷新页面
            执行 提交页面2
          延时 毫秒 2000
          A 赋值为 "a"
          B 赋值为 "b"
          C 赋值为 "c"
          D 赋值为 "d"
          选择 赋值为 0
          显示屏 u8g2 刷新页面
            执行 选项页面

订阅主题
执行 订阅管理
       订阅主题 "XSBH01"
       订阅主题 "XK"
       订阅主题 "ZQXX"
       订阅主题 "TMSL"
       订阅主题 "TMXH"
     消息接收
       如果 topic = "XSBH01"
       执行 姓名 赋值为 msg
       否则如果 topic = "XK"
       执行 学科 赋值为 msg
       否则如果 topic = "TMSL"
       执行 题目数量 赋值为 msg
       否则如果 topic = "TMXH"
       执行 题目序号 赋值为 msg
```

图10 课堂答题器程序1

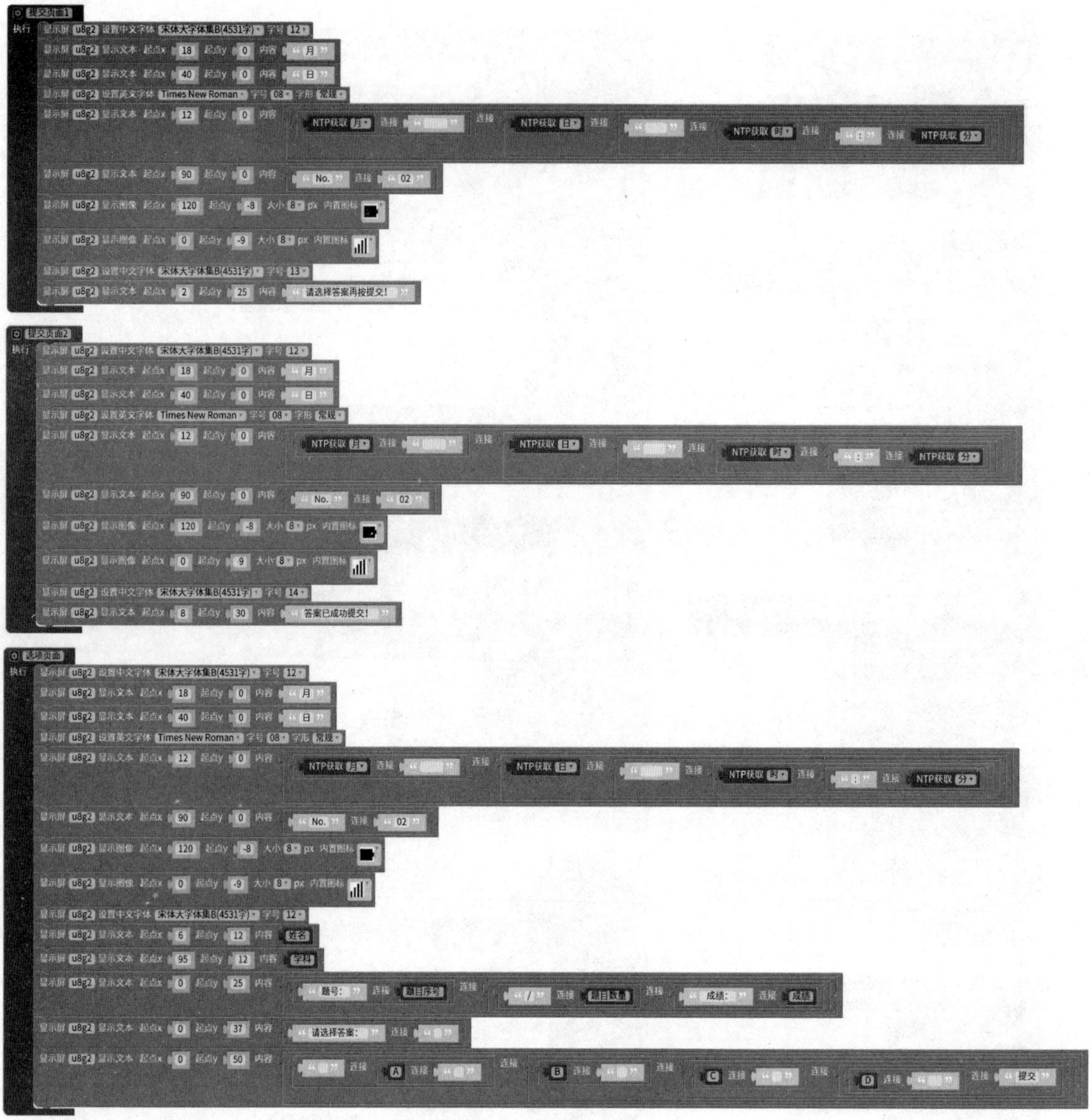

图 11 课堂答题器程序 2

图 12 答案已成功提交界面

逻辑判断实现主题消息的接收与发送，具体程序如图 10 和图 11 所示，答案已成功提交界面如图 12 所示。

结语

教师在教学过程中，要想方设法地利用数字技术对教学方式与教学设备进行改进，结合当前技术的发展趋势，设计出符合当下科技条件的、易于推广的智慧课堂互动设备，为学生的互动课堂学习提供更多便利，真正为高质量教学发挥一份力量。

信息技术与物理学科的融合——模拟观察电磁感应现象

徐慧雨

在电磁感应系列探究实验中，我们可以观察到电流表中小磁针与中心位置的偏离，从中得知当磁铁和线圈发生相对运动时，回路中有感应电流产生；当磁铁和线圈相对静止时，回路中没有感应电流。那么我们能以“电流的传导方向”为问题导向，用线圈作为“秋千”，分析磁铁与线圈发生相对运动时，电流的流动方向。该实验引导学生将物理和日常生活联系在一起，参与提出问题、设计实验的探究过程，帮助学生提升逻辑思维能力，同时也体现了从生活走向物理的教学理念，激发学生的创新意识。

模拟实验概述

该实验装置利用舵机舵盘的摆动幅度来控制“秋千”的摆动幅度，设置了从 0° 到 100° 的变化，当舵机舵盘角度发生变化时，会使灯带开始工作，灯带灯光呈现出的流动方向即表示电流的流动方向。

模拟实验准备

实验所需要的材料清单如附表所示。

附表 材料清单

序号	名称	数量
1	ESP8266 模块	1 块
2	SG90 舵机	1 个
3	WS2812 智能灯带	1 条
4	数据线	1 条
5	木板	1 块
6	杜邦线	若干
7	线圈	1 个
8	永磁铁	1 块

模拟实验目的

● 了解利用 Arduino IDE 控制 ESP8266 模块的方法，学习用 WS2812 智能灯带表示电流方向。

● 通过线圈的摆动来模拟磁铁与线圈发生相对运动的过程，理解发生相对运动时电流与磁感线的关系。

探究过程

硬件连接

将舵机、灯带与 ESP8266 等按照图 1 所示正确地连接在一起。

制作模拟实验装置

模拟实验装置结构如图 2 所示，按照图中的结构搭建模型，并将舵机和灯带固定好。组装完成的实验装置如图 3 所示。

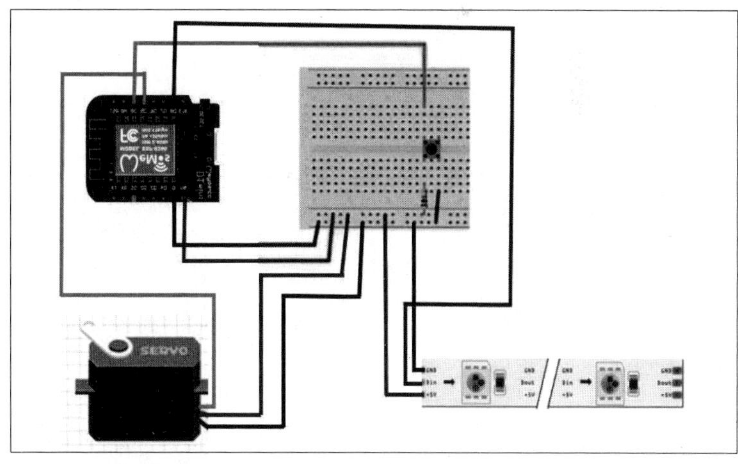

图 1 电路连接示意

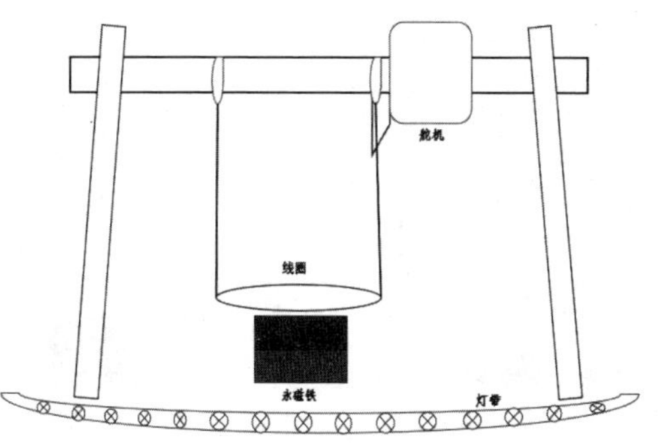

图 2 模拟实验装置结构

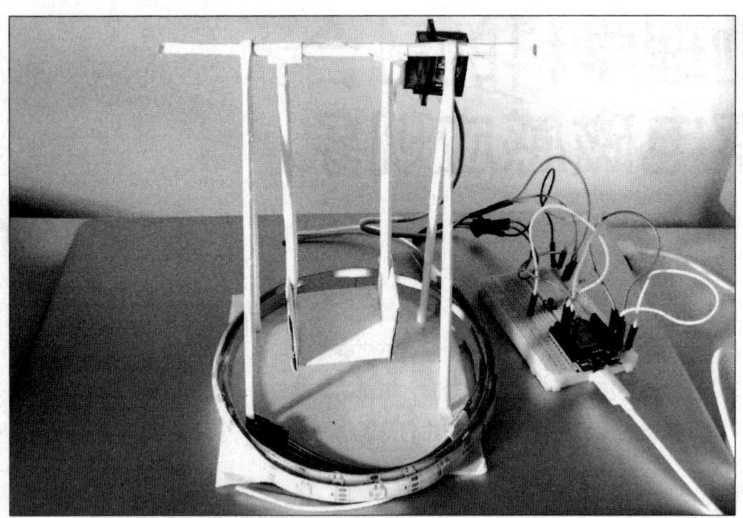

图 3 组装完成的模拟实验装置

程序设计

打开 Arduino IDE，在库管理中搜索 FastLED 和 Servo 这两个库，安装好之后，单击“文件”，在“示例”中找到“Servo”，单击“Sweep”（见图 4）。

然后选择“工具”，单击“开发板”，在“esp8266”选择“LOLIN（WEMOS）D1 R2&mini”（见图 5）。

接下来编写程序，首先编写初始化程序，在 Sweep 示例中创建控制灯带和舵机的变量并设置初始值，创建 Servo 对象，设置存储角度信号为 0，具体如程序 1 所示。

程序1

```
#include <Servo.h>
#include"FastLED.h"
#define NUM_LEDS 30
#define DATA_PIN D8
#define LED_TYPE WS2812
#define COLOR_ORDER GRB
uint8_t max_bright=128;
CRGB leds[NUM_LEDS];
Servo myservo;
int pos = 0;
int i,P=0;
int K,M,N;
int pushButton = D0;
void setup() {
  pinMode(pushButton,INPUT);
  1myservo.attach(D5);
  Serial.begin(9600);
  LEDS.addLeds<LED_TYPE,DATA_
PIN,COLOR_ORDER>(leds,NUM_LEDS);
  FastLED.setBrightness(max_bright);
}
```

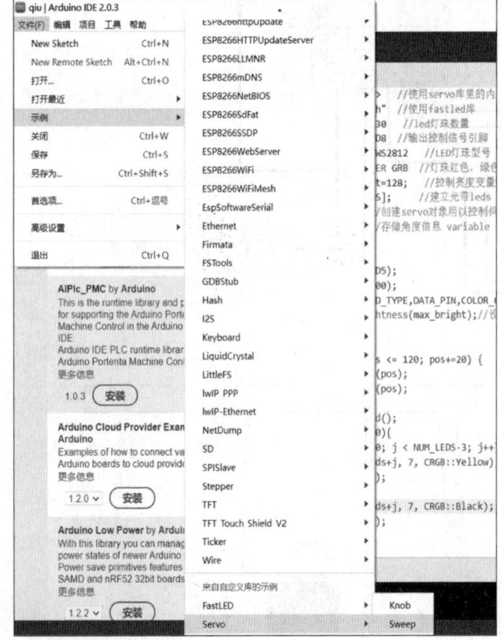

图 4 Servo Sweep 示例

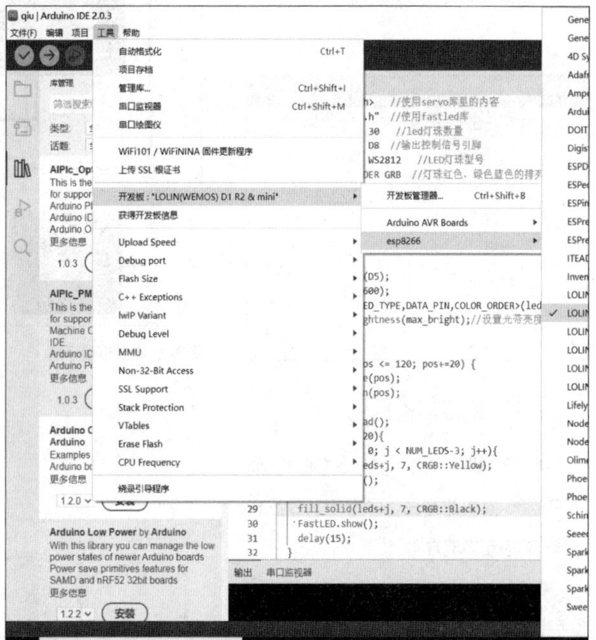

图 5 开发板选择

然后编写控制WS2812灯带灯光流动的程序，利用按键设置磁铁N极朝上和S极朝上两种状态，如果按键为高电平，设为S极向上；按键为低电平，设为N极。使用for循环，使舵机从0° 到100° 循环往复，具体如程序2所示。

程序2

```
void loop() {
  int buttonState =digitalRead
(pushButton);
   Serial.println(buttonState);
   delay(50);
   if(buttonState==HIGH)
   {
      for(pos = 0; pos <= 100;pos+=5)
      {
        myservo.write(pos);
        Serial.println(pos);
        delay(10);
        i=myservo.read();
       if(i>10&&i<100){
         for (int j= 0; j < NUM_LEDS-
3; j++){
       fill_solid(leds+j, 3, CRGB::
Blue );
        FastLED.show();
       delay(15);
        fill_solid(leds+j, 3, CRGB::
Black);
        FastLED.show();
        delay(15);}
         }
       }
      for (pos = 100; pos >= 0;pos -= 5)
      {
       myservo.write(pos);
        Serial.println(pos);
       delay(5);
        for (int K = NUM_LEDS-
3; K> 0;
K--){
          fill_solid(leds+K, 3, CRGB::
Blue);
         FastLED.show();
         delay(15);
         fill_solid(leds+K, 3, CRGB::
Black);
         FastLED.show();
          delay(15);
          }
        }
   }
   if(buttonState==LOW)
   {
     for(pos = 0; pos <= 100; pos+=5)
      {
       myservo.write(pos);
       Serial.println(pos);
      delay(10);
      P=myservo.read();
      if(P>10 && P<100){
        for (int M = NUM_LEDS-3;
M> 0; M--)
            {
              fill_solid(leds+M, 3,
 CRGB::Red);
               FastLED.show();
               delay(15);
               fill_solid(leds+M, 3,
 CRGB::Black);
              FastLED.show();
               delay(15);
            }
          }
       }
      for (pos = 100; pos >= 0; pos -= 5)
      {
        myservo.write(pos);
       Serial.println(pos);
        delay(5);
        for (int N= 0; N < NUM_LEDS-3;
N++)
          {
            fill_solid(leds+N, 3, CRGB::
Red );
            FastLED.show();
            delay(15);
            fill_solid(leds+N, 3, CRGB::
Black);
            FastLED.show();
            delay(15);
          }
       }
     }
}
```

最后保存项目，检查对应端口及开发板，将程序上传到开发板中。注意在调试程序的过程中，如果结果与想象中的不一致，可使用serial.println()函数，在串口监视器中观察程序的运行情况。

实验

教师引导学生以小组为单位完成实验，观察实验现象，得出结论并概括：根据电磁感应的定义，可知永磁铁产生磁场，线圈摆动切割磁感线产生感应电流，模拟实验通过灯带的流动方向显示电流的流动方向。所以线圈摆动引起磁通量减少时，线圈内部产生可以增加磁通量方向的感应电流；线圈摆动引起磁通量增加时，产生可以减少磁通量方向的感应电流。

结语

课程设计的关键是要让学生在实验的过程中，提出明确的问题，积极思考，并对实验现象加以归纳、总结。通过制作智能教具，学生能够认识到开源硬件编程的知识，了解一些硬件的工作原理，同时项目锻炼了学生的逻辑思维能力，提高了学生们的探索兴趣。

基于智能硬件的特雷门琴

许奕玲 陈俞锦 许艺涵 肖亮松

在学校的“创客与人工智能”课程上，我们学会了基本的电子电路和智能硬件编程等知识。课余时间里，我们无意间在网络上看到关于特雷门琴的视频，对这种乐器很感兴趣，有人利用LC振荡电路制作了特雷门琴。模拟电路的知识我们不懂，但我们从“创客与人工智能”课程上学到的知识中受到启发，打算做一个用超声波传感器测距来控制扬声器的音调和节拍的乐器，以此来实现与特雷门琴相似的演奏效果。在前期的乐器制作过程中，我们发现用超声波传感器测距很难操控，且误差较大，于是改用红外线传感器测距来控制扬声器的音调和节拍。

本项目通过 Mind+ 编程，当改变手到特雷门琴（见图 1）顶部传感器的距离时，音调会随之改变；当改变手到特雷门琴侧面传感器的距离时，节拍会随之改变，且在演奏过程中，显示屏会显示手到特雷门琴距离。

图 1 特雷门琴成品

硬件介绍

Arduino Nano 主控板（见图 2）相较于 Arduino Uno，在拥有其大部分功能的基础上，体积更加小巧，便于本项目的制作，并且可以通过 USB 端口与计算机连接，是理想的主控板。Arduino Nano 扩展板（见图 3）是为 Arduino Nano 量身打造的扩展板，解决了 Arduino Nano 在连接多款传感器时布线混乱的问题，成为我们开发本项目的利器。

图 2 Arduino Nano 主控板

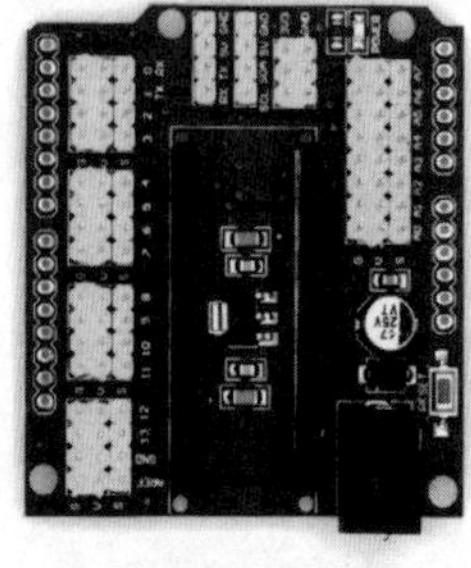

图 3 Arduino Nano 扩展板

LCD1602 是一种工业字符型液晶显示屏（见图 4），能够同时显示 32 个字符。LCD1602 液晶显示屏的原理是利用液晶显示屏的物理特性，通过电压对其显示区域进行控制，显示质量较高。LCD1602 液晶显示屏是数字式显示屏，和单片机系统的连接更加简单可靠，操作也更加方便。

4Ω、3W 扬声器如图 5 所示，红外线传感器 GP2YOA21YKOF 如图 6 所示，本项目所用的材料清单如附表所示。

附表 材料清单

序号	名称	数量
1	Arduino Nano 主控板	1 块
2	Arduino Nano 扩展板	1 块
3	LCD1602 液晶显示屏	1 块
4	4Ω、3W 扬声器	1 个
5	红外线传感器 GP2YOA21YKOF	2 个

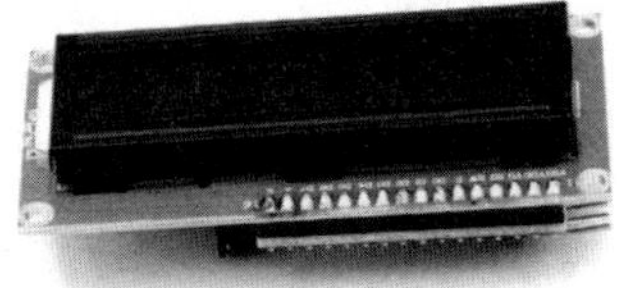

图 4 LCD1602 液晶显示

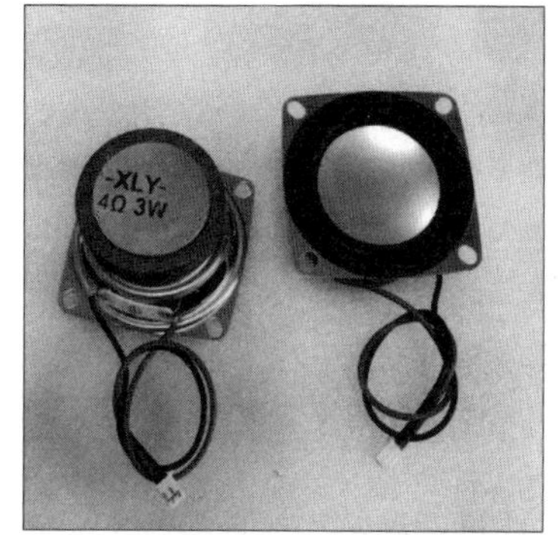

图 5 4Ω3W 扬声器

图 6 红外线传感器 GP2YOA21YKOF

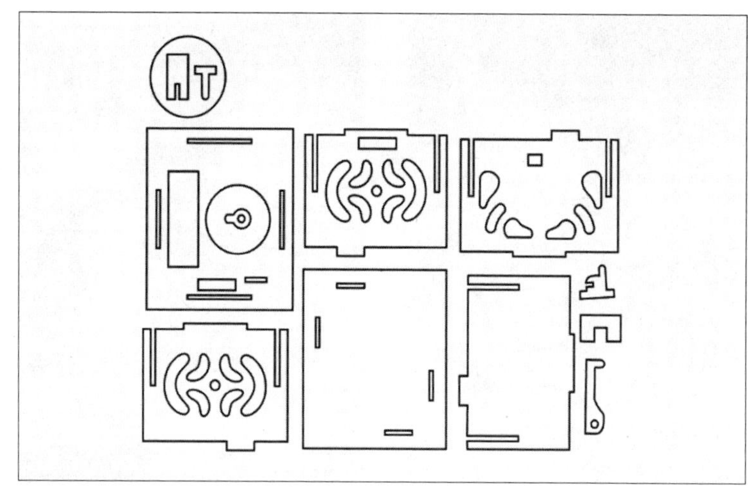

图 7 激光切割设计

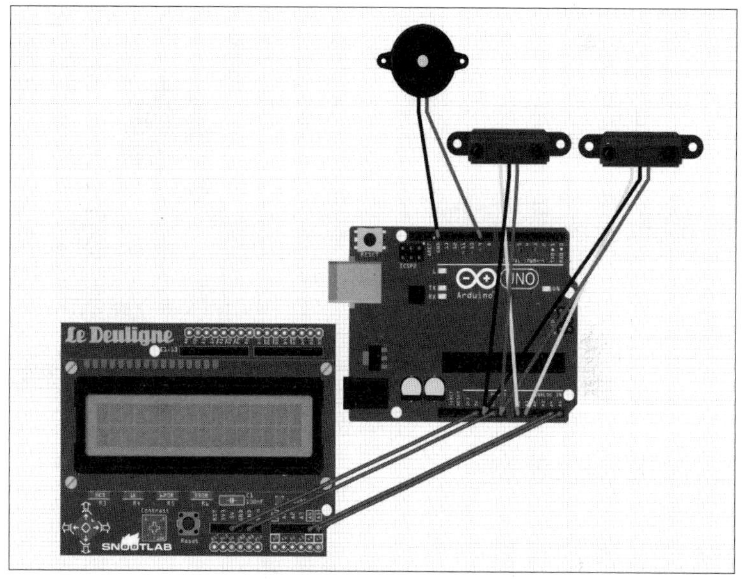

图 8 电路连接

结构设计

我们以留声机作为产品外观的基础，然后用 LaserMaker 对乐器整体进行设计，接着用激光切割机在木板上把乐器外壳制作出来，激光切割设计如图 7 所示。我们将整个乐器分为 3 个部分：显示部分、机身部分、红外线传感部分。显示部分放置液晶显示屏，机身部分放置扬声器，红外线传感部分放置两个红外线传感器。

机身部分结构件种类较多，主要包括机身结构各层和连接插片。电路连接如图 8 所示，本制作使用两个红外线传感器，每个传感器有 3 个引脚，分别与扩展板的 A0、A1 部分的 S、V、G 引脚相连接。液晶显示屏有 4 个引脚，分别接在扩展板的 SCL、SDA、5V、GND 引脚。扬声器有两个引脚，分别与扩展板 D9 的 S、G 引脚相连接。

制作过程

当一切都准备就绪后，在老师的帮助下，我们根据产品所需功能将导线焊接到红外线传感器（见图 9）、扬声器、显示屏和电池上，并把这些硬件与 Arduino Nano 主控板和扩展板连接在一起（见图 10）。一开始，我们先对两个红外线传感器分别进行测试，确保没有任何问题后，根据所需功能一步步编写程序、调试设备（见图 11），使得装置能够符合我们的预期。

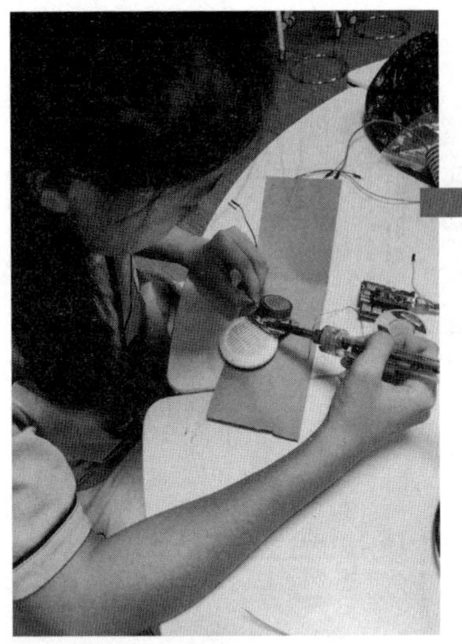

图 9 焊接红外线传感器

图 10 连接电路

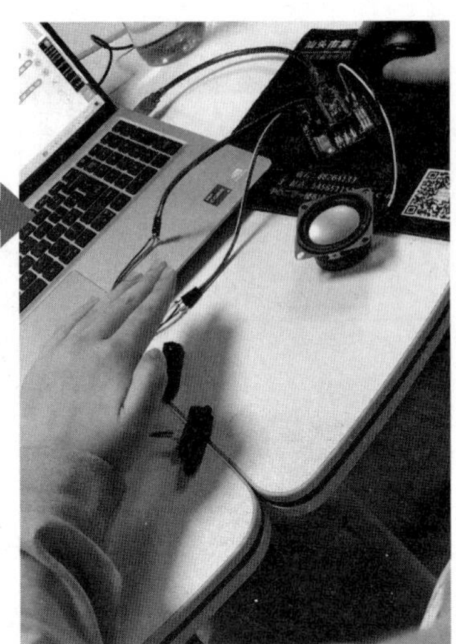

图 11 调试设备

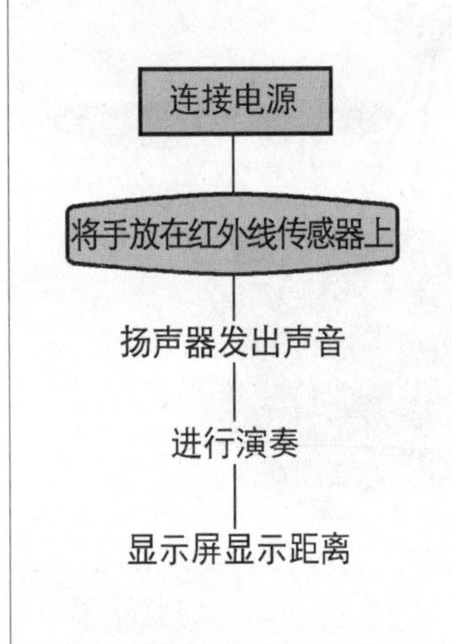

图 12 程序流程

最后，我们将连接后的电路与各个结构件安装在一起，并对整体进行美化处理。将一些线路隐藏在设备内部，我们的作品就完成了。

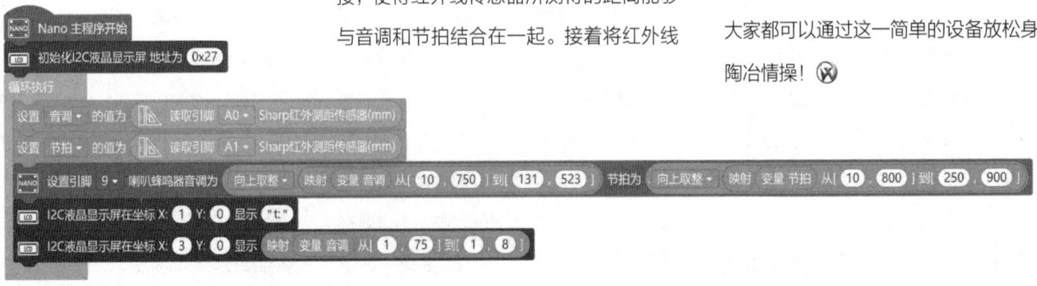

图 13 主程序

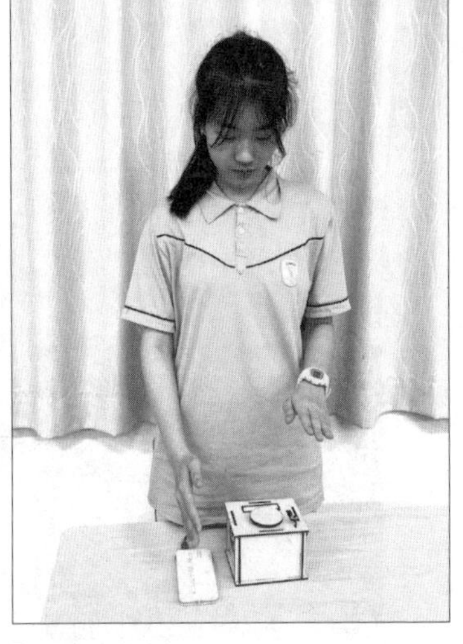

图 14 正在演奏

程序设计

首先，将调节音调和节拍的红外线传感器的引脚分别与扩展板的 A0 和 A1 相连接，使得红外线传感器所测得的距离能够与音调和节拍结合在一起。接着将红外线传感器所测得的距离按照一定比例映射到音调和节拍上，然后将映射后的音调和节拍通过扬声器发出声音，通过不断测试，将测得的距离映射成每 5cm 为一个音阶。最后，将红外线所测得的距离显示在液晶显示屏上。程序流程如图 12 所示，主程序如图 13 所示。

结语

基于智能硬件的特雷门琴是我们团队研发的一款创新设备，它能够利用两个红外线传感器分别测量使用者双手与传感器间的距离，并根据距离的不同，控制扬声器的音调和节拍，还可以通过显示屏实时显示扬声器声音的音调。小组成员正在利用特雷门琴演奏（见图 14），该设备具有操作简单、体积小巧和制作成本低等特点，大家都可以通过这一简单的设备放松身心，陶冶情操！

创新的旅程——电动汽车发展史（4）

电动汽车重获新生

▌田浩

1988 年，在用激动人心的 Sunraycer 太阳能电动赛车赢得竞赛的第二年，通用汽车公司启动了研制实用型电动汽车的宏伟计划。与此同时，在太平洋的另一边，日本企业正处于巅峰状态，其电子产品畅销全球，在电动汽车这一领域也跃跃欲试。专攻汽车研发的东京研发有限公司在东京电力公司的赞助下，也开启了电动汽车的研制之路。

▌图 1 东京研发有限公司的 IZA 电动汽车

东京研发有限公司的研究成果在 1990 年年初，以样车 IZA 的形式呈现在世人面前（见图 1）。这辆车的大小为 4.87m × 1.77m × 1.26m，总质量约 1.6t。这辆车采用了新颖的电动轮方案，在每个车轮上都安装了一台额定功率为 25kW 的直流无刷电机，可以提供总计 100kW 的整车驱动功率。这种新型电机能够以更高的效率将电能转换为动能，而且使用寿命更长、故障率更低，但需要配置相应的电力电子驱动设备，IZA 电动汽车的设备舱如图 2 所示。直流无刷电机及其电力电子驱动设备组成整车的电机驱动系统，研制这套电机驱动系统所需的技术能力，对于当时的日本企业来说不成问题。在这套驱动系统的加持下，IZA 速度达到 40km/h 的加速时间预期仅为 3.5s，最高速度可达 176km/h。这样的数据与同期的内燃机汽车相比毫不逊色。

可用于电动汽车的电池技术在近一个世纪以来终于取得了些许令人欣慰的进步，在 IZA 中安装的是储能密度比传统铅蓄电池更高一点的镍镉电池。动力电池组的总质量为 531kg，额定电压为 288V，在理想情况下能够存储 28.8kWh 电能。为了尽可能地减小 IZA 的行驶阻力，提升续驶里程，东京研发有限公司为这款车设计了低矮的流线型车身，其风阻系数仅有 0.19，这样低的风阻

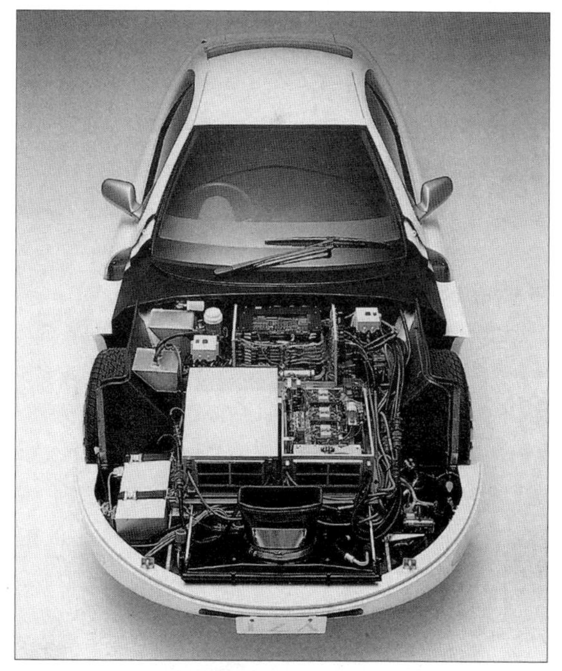

▌图 2 IZA 电动汽车的设备舱

系数迄今仍然令世界上绝大多数车型望尘莫及。更令人赞叹不已的是在这样小的车身中（见图 3），还可以乘坐 4 个人，尽管后座的两个人可能要以较为拥挤的姿势蜷缩在座位上。理论上，IZA 以 40km/h 速度匀速行驶时，续驶里程能够达到 548km，若以

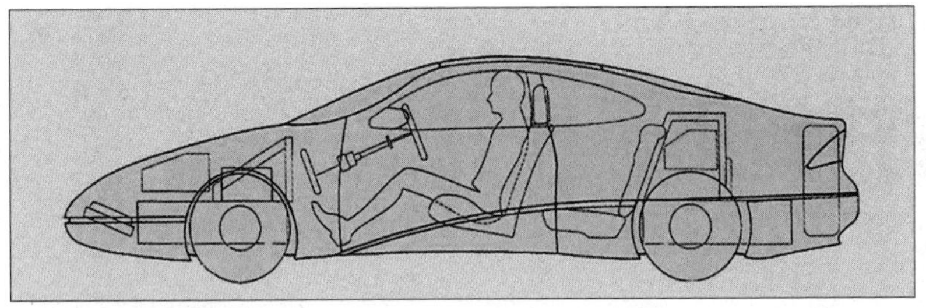

▌图 3 IZA 电动汽车内部布局

100km/h 的速度匀速行驶，理论上也可以达到 270km 的续驶里程。

IZA 电动汽车在性能上达到的成就令专业人士赞不绝口。不过，镍镉电池虽然在储能密度这一参数上高于铅蓄电池，但镍镉电池也有一个严重的缺点：具有记忆效应，如果没有完全放出储存的所有电能就充电，那么镍镉电池后续使用时的可用容量就会降低。对于随身携带的电子设备，人们可以做到放完电再充电，但对电动汽车来说，这样做就太不方便了。

通用汽车公司的工程师团队注意到了这个问题，为了研制出一款尽可能实用的电动汽车，他们没有像急于证明电动汽车极限性能的东京研发有限公司那样激进。1996 年，通用汽车公司向市场公开了 EV1 这款在电动汽车发展史上具有里程碑意义的产品。

和 IZA 一样，EV1 也具有非常流畅的车身（见图 4），其风阻系数也只有 0.19。EV1 的长度比 IZA 稍短一些，整车大小为 4.31m × 1.77m × 1.28m，1996 年版 EV1 整车总质量为 1.4t。总电量为 16.5kWh 的铅蓄电池组质量为 533kg，可以让 EV1 达到大约 100km 的续驶里程。1999 年，采用总电量为 26.4kWh 镍氢电池组的新版 EV1 问世，续驶里程超过了 200km，整车质量也降低到约 1.32t。这辆车的驱动电机系统采用了交流感应电机与 IGBT 逆变器配合的方案，逆变器等电子设备安装在车辆前部的设备舱内（见图 5）。依靠功率达到 102kW 的驱动电机提供强劲动力，EV1 的最高速度可达到 128km/h。这款车达到 100km/h 的加速时间在 8s 以内。在速度与加速性能方面，EV1 与常见的内燃机汽车相比不相上下。

▌图 4 通用汽车公司 EV1 型电动汽车

EV1 极具科技感的车内布局则比同期的大多数内燃机汽车更具时尚。这辆车的中控台集中布置了各种功能按键（见图 6）。作为一辆以先进科技为主要特色的汽车，EV1 没有采用当时普通汽车配置的指针式仪表，其剩余可行驶里程、电池电量、当前车速等状态信息全部以数字、图表、文字结合的形式显示在中控台上方的数显仪表盘上（见图 7）。

▌图 5 新版 EV1 型电动汽车的设备舱

▌图 6 EV1 型电动汽车的中控台

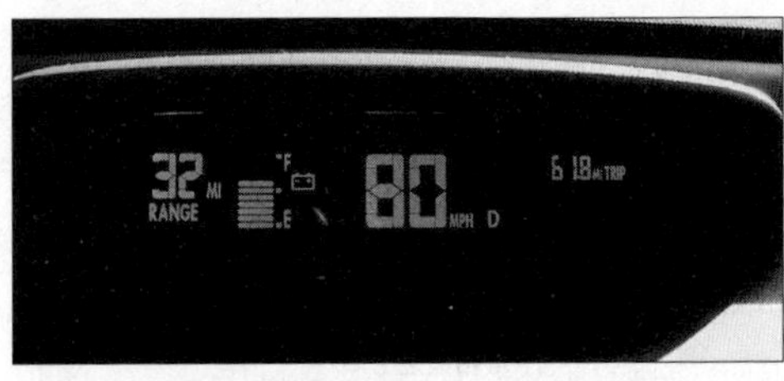

▌图 7 EV1 型电动汽车的仪表盘

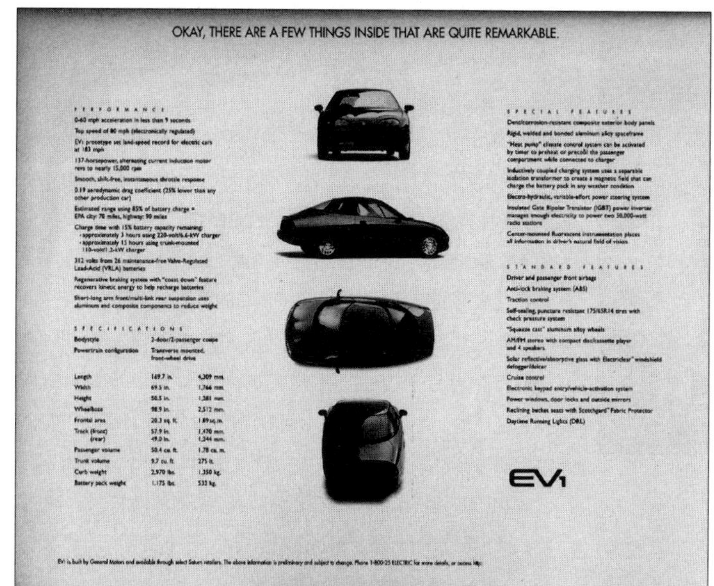

▌图 8 EV1 型电动汽车的技术资料

▌图 9 EV1 型电动汽车匹配的充电桩

当然，仅有酷炫的外形和内饰设计，对于一款在电动汽车发展史上具有重大意义的车型来说还远远不够。EV1 的革命之处主要在于，在内燃机汽车的整车布局设计理念已高度成熟的时代，以突出电动汽车动力系统特征为出发点，在整车布局和细节方案上都做出了全新设计，而不是在内燃机汽车的底盘框架上修修补补的折中产物。为了在空间有限的车身内布置尽可能多的电池，通用公司的设计团队为 EV1 专门打造了一套“工”字形的底盘，使电池组能够在这套底盘上以“T”字形布置。这样的布局方案既使整车底盘以尽可能高的承载效率承载了整车质量最大的部分（重约 0.5t 的电池组），也使电池组在底盘上得到了良好的防护。

EV1 的各项功能和性能配置都得到了精心的设计。这辆车配有制动防抱死系统、牵引力控制系统以提升驾驶安全性和操控性。作为一辆电动汽车，设计团队对于 EV1 的充电方案也进行了充分考虑，为这款车配置了多种充电方案（见图 8）。对于 1996 年的初版 EV1，与美国 110V 电网匹配的功率为 1.2kW 充电器能够在 15h 内将电量从 15% 充至 100%，这款充电器可以在用户家中使用；还有一款功率为 6.6kW，以 220V 供电的充电桩能够在 3h 内将电量从 15% 充至 100%，这款外形和内燃机汽车加油机类似的设备可以安装在商业中心等存在快速充电需求的地方（见图 9）。

通用公司为 EV1 的研发和生产投入了巨额资金。经过权衡后，通用公司决定以租赁的方式向市场投放 EV1，用户在缴纳每月 400~550 美元的租金后就可以将一辆 EV1 开回家。不过，高昂的使用成本并不是最困扰用户的问题，在开了几十千米后就要及时充电才是 EV1 在问世后市场惨淡的问题所在。在只需几分钟就能加好油的内燃机汽车和需要几小时充电的电动汽车之间，仿佛存在着一道难以逾越的鸿沟。从 1996 年到 1999 年，铅蓄电池版 EV1 和镍氢电池版 EV1 的产量之和只有 1000 多辆。

21 世纪初，通用公司在权衡后不得不忍痛让 EV1 黯然退场，这款经过精心设计却仍然未能得到市场青睐的电动汽车提醒人们：电动汽车的普及任重道远。当然，不可否认 EV1 作为一款革命性电动汽车的里程碑意义，从这款车型中，很多车企都领悟到了电动汽车的设计思路，这些宝贵的经验将在日后电动汽车普及条件成熟时发挥作用。这里的条件成熟，就是指出现了适合电动汽车使用的动力电池。

2004 年，来自日本庆应义塾大学设计团队设计的电动汽车 Eliica 就从电动轮和锂离子电池的搭配方案中受益匪浅。这款诞生于 21 世纪的电动汽车极富个性（见图 10），具备卓越的加速性能。Eliica 的设计者将 8 台功率为 60kW 的电机与 8 个轮子结合到一起——前后各 2 对电动轮，都有自己的驱动电机。这辆造型奇特的电动汽车在 8 台电机总功率为 480kW 的强劲驱动下，能够轻松达到 300km/h 以上的速度，在试车时的最高速度曾达到 370km/h。Eliica 从静止到 100 km/h 的加速时间仅需 4.2s。对于一辆长度达到 5.1m、总质量为 2.4t 的电动汽车，这样卓越的性能令人印象非常深刻，也向世人揭示了锂离子电池在电动汽车领域应用的巨大潜力。最高车速为 370km/h 的 Eliica 具有大约 200km 的续驶里程，其设计团队在 2005 年还推出了一款提升续驶里程的长续航版

图 10 采用锂离子电池的电动汽车 Eliica

Eliica，最高车速降低到 190km/h，但续驶里程增加到 320km。Eliica 虽然未能由车企实现量产，但这款汽车的诞生为锂离子电池在电动汽车中的应用吹响了前进的号角。

后来，从美国的特斯拉到中国的比亚迪等公司，纷纷推出了采用锂离子电池作为车载电源的电动汽车。在 21 世纪的第二个 10 年里，在电动汽车利好政策和锂离子电池性能不断提升的双重作用下，属于电动汽车的时代终于正式拉开了序幕。

结语

纵览电动汽车的发展历史，可以发现，电池技术的进步，特别是电池能量存储密度的提升，始终是制约电动汽车普及的关键因素。假如在 20 世纪初就有像 21 世纪初的锂离子电池这样储能密度较高的产品，那么，电动汽车的普及应用可能会被提前 100 年，很多城市及周边地区也无须承担内燃机汽车尾气排放带来的污染。从另一个角度来看，也可以说一个世纪以来，材料技术、电化学技术、电力电子技术等各科学技术的持续发展，才在 21 世纪初为电动汽车的普及提供了有利的条件。因此，当我们谈及 21 世纪的新型电动汽车时，也会用到“新能源汽车”这样的名称。21 世纪 20 年代结合了各领域新技术于一身的全新电动汽车，与 20 世纪 20 年代的电动汽车相比，在许多领域的技术上都已有了实质性的飞跃。

未来，人们将会对智能化的新能源汽车习以为常，享受新能源智能汽车带给我们的更加便捷、舒适的生活。

蜈蚣型机器人

美国佐治亚理工学院的研究人员开发出一个新的理论框架，推算节肢型机器人在崎岖路面上的通行效率，并制造出不同规格的机器人进行试验，发现腿比较多的机器人效率更高。根据这种设计思路，有望研制出适合农田作业、救灾等场合的新型搜救机器人。

研究人员用 3D 打印技术制造小型的机器人身体，每节身体都有 2 条腿，并配备数台发动机，然后让腿数不同的机器人反复通过高低不平的路面，从指定起点前往 60cm 处的终点。结果发现，具有 6 条腿的机器人表现很不稳定，每次试验耗费的时间差异较大；而有 14 或 16 条腿的机器人通行更加快速，每次耗费的时间差不多。更多的腿被安装到机器人身上，不需要传感器来解释环境，哪怕一条腿不稳，其余多条腿都会让它继续移动。

接下来，研究人员们将着重测试完成复杂任务的最少机械腿数量，得到在复杂的系统中能量、速度、功率和稳定性之间的平衡，最大化降低成本和能耗，其余使其可以在未来得到广泛应用。

仿水熊虫医用微纳机器人

由哈尔滨医科大学附属第一医院胰胆外科孙备教授团队联合哈尔滨工业大学机器人技术与系统全国重点实验室研发的科研项目取得突破性进展。研究团队借助仿生学原理，成功开发一款仿水熊虫医用微纳机器人，初步实现了在静脉血高速流环境中可控运动，在静脉血流中驻停时间达 36h 以上。

常规的药物递送都是药物分子或载体在血液等流体中扩散进行的，递运效率低下，且毒副反应比较重。有学者对最近 30 年来的药物传送方式做出了统计，发现输送 12h 后，到达目的地的药物不到 1%。这种机器人有着水熊虫一样的“爪子”，可显著提升微纳机器人的驱动效率，让机器人“跑得更快”。利用医学光学相干断层成像技术检测发现，直径为 20μm 的机器人能在 20000μm/s 的静脉血流环境中高效运动。为让机器人“停得住”，研究团队还利用多磁场复合调控技术，让微纳机器人在生物组织表面长时间停留，并释放靶向药物。

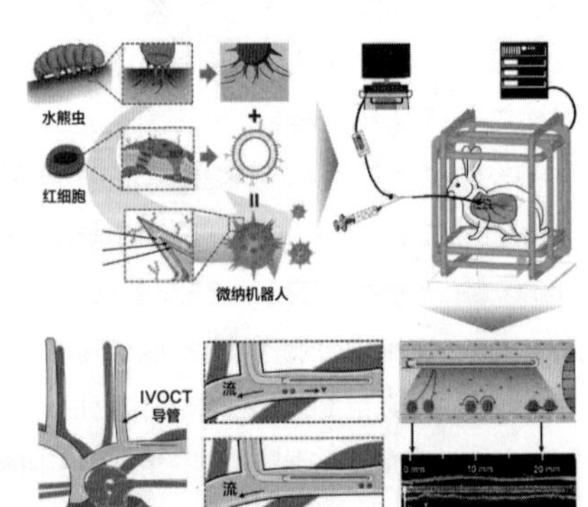

人造地球卫星的研发成就

▌田浩

在成功发射东方红一号卫星之后，中国人民的民族自信心得到了极大的鼓舞。作为一颗象征着中华民族自力更生、自强不息精神的卫星，东方红一号取得了圆满成功。接下来，中国航天科研工作者迎来了更具挑战性的任务——围绕地球飞行的人造卫星。就民用领域而言，人造地球卫星的主要类型包括：通信卫星、遥感卫星、导航卫星等。本文将以卫星的不同功能分类为主线，逐一介绍中国近年来在此领域取得的主要成就。

通信卫星

考虑到卫星在天空中围绕地球飞行的特性，人们自然而然地想到了用卫星实现无线电信号传输的功能。1964 年，美国发射了地球静止轨道（GEO）通信卫星，开展电话、电视和传真信号的传输实验。1970 年，东方红一号成功发射后，采用通信卫星实现辽阔国土上的无线电信号传输和通信计划很快被提上了中国科技工作者的研究日程。20 世纪 70 年代初，中国科研人员就在《无线电》上介绍了通信卫星的信号中继传输运用原理（见图 1），并展示出通信卫星的基本系统框架（见图 2）。数十年来，通信卫星的基本系统框架大致延续了图 2 所示的结构。20 世纪 70 年代末，虽然电视机在当时的中国尚未普及，但踌躇满志的中国科技工作者们已经开始憧憬着采用卫星通信技术，实现从陆地到海洋自由发射、接收电视节目信号进行转播（见图 3）。20 世纪 80 年代初，中国已经能够用自行设计、制造的卫星与地面设备通信，借用国际通信卫星进行信号转发，在相距数百万米的上海与乌鲁木齐之间进行电视节目的传输试验，取得了圆满成功（见图 4）。

在自主研发通信卫星时，中国航天工作者们沿用了“东方红”这个鼓舞人心的名字。1984 年 4 月 8 日，东方红二号试验通信卫星发射成功，这是中国第 1 颗地球静止轨道通信卫星，其外形是一个直径约 2.1m、高度约 1.6m，侧面铺满太阳能电池的圆柱体（见图 5）。东方红二号的设计目标是，用高增益天线接收到来自地面的信号后，再用两台 C 频段（3.4~7.075GHz）转发器予以转发，每路转发器的功放输出功率为 8W。为了保持卫星自身的稳定并保证圆柱侧面铺设的太阳能电池可以得到阳光的均匀照射，卫星在轨道上运行时以 50r/min 的速度旋转，为此需要在卫星上加装通信天线，使其指向地球上固定方向的消旋系统。东方红二号卫星发射

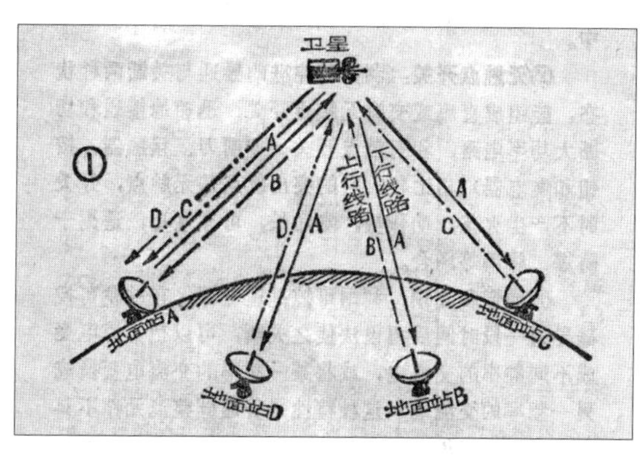

▌图 1　通信卫星的信号中继传输运用原理，在多个地面通信站之间进行微波信号转发（原载于《无线电》1973 年第 1 期）

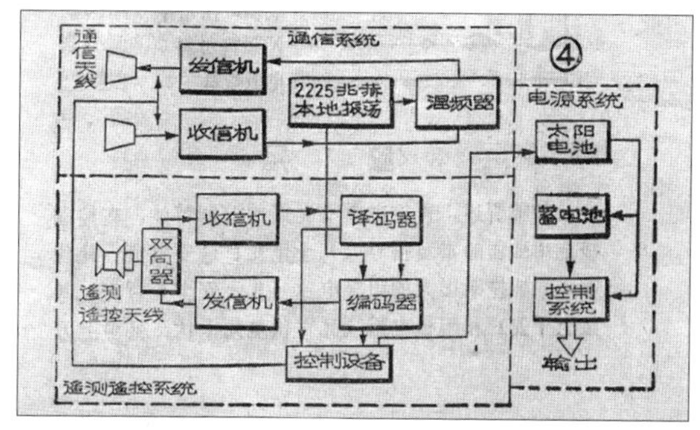

▌图 2 通信卫星系统框架（原载于《无线电》1973 年第 1 期）

后，科研工作者们成功地进行了电话、电视信号传输等各项通信试验，效果令人满意。

在东方红二号通信试验卫星取得圆满成功后，中国在 1988—1990 年相继发射了 3 颗东方红二号通信卫星，每颗卫星都配备 4

▌图 3 卫星电视广播的信号传输过程（原载于《无线电》1979 年第 2 期）

▌图 4 中国在 20 世纪 80 年代初采用国内自行设计制造的卫星通信设备，在乌鲁木齐等地区投入应用，乌鲁木齐市群众通过卫星信号传输观看上海地面站转播的电视节目（原载于《无线电》1983 年第 1 期）

▌图 5 东方红二号卫星。从 20 世纪 80 年代开始，中国的通信系列卫星沿用了“东方红”这个响亮的品牌（拍摄于中国空间技术研究院）

台功率为 10W 的 C 频段转发器，可以同时传输 4 路电视信号和 3000 路电话信号。与此同时，中国科研工作者也留意到国内电子技术水平与欧美国家同期的差距，在 1986 年开始启动东方红三号系列地球静止轨道通信卫星的研制，并采用了来自法国、德国、意大利等欧洲国家的中央处理器、姿态控制传感器等部件，历经 10 年时间成功开发出外形轮廓为长方体的东方红三号通信卫星（见图 6）。作为新一代通信卫星，东方红三号在轨质量为 1145kg，具备 24 路 C 频段转发器，配备有总功率可达数千瓦的翼式太阳能电池。1997 年 5 月中旬，东方红三号卫星首次成功发射入轨。

21 世纪，中国科技工作者再接再厉，研发出东方红四号系列通信卫星。此系列卫星的外观与东方红三号相似，都采用了长方体卫星主体结构和翼式太阳能电池。东方红四号最大质量可超过 5t，能够根据客户需求配置 22~52 台转发器，其翼式太阳能电池的翼展面积可达 $62m^2$，总功率可达 10kW 以上，与 135Ah 大容量锂离子电池组配合，向 100V 电压平台的供配电系统提供充足的电力供应。卫星配备的高精度调整控制系统能够在全寿命周期内将南北向、东西向轨道位置精度均保持在 ±0.05° 的范围内，处于国际先进水平。

东方红四号系列通信卫星的研发成功，表明中国在此领域已跻身世界前列。即使在国际上遭到某些国外势力压制，中国的通信卫星仍然在 21 世纪成功打开国际市场，为非洲、南美、亚太地区的多个国家提供了卫星通信服务，获得普遍好评。

在 21 世纪的第二个 10 年里，中国科研工作者已经踏上了新的征程，研发出全新的通信卫星系列东方红五号。此系列卫星起飞重量超过 8t，载荷承载能力可达 1800kg，整星功率 28kW 以上，

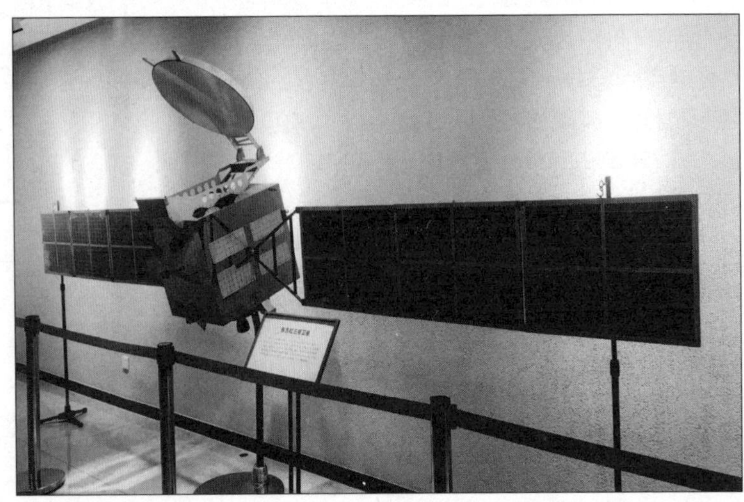

▌图 6 东方红三号通信卫星小比例模型（拍摄于中国科学技术大学）

图 7 基于东方红五号卫星平台研制的实践 20 号卫星在厂房中组装调试（拍摄于中国航天科技集团）

可提供载荷功率 18kW，能够为 120 路以上转发器和 14 副天线提供承载平台。2019 年 12 月 27 日，“东方红五号系列的首飞试验星实践 20 号（见图 7）在中国海南文昌航天发射场以长征五号火箭发射成功，并在 2020 年 1 月 5 日成功抵达工作轨道，开始开展各项在轨测试。这是自 1970 年东方红一号首飞成功半个世纪以来，中国航天事业又一个成功的里程碑。

东方红系列通信卫星的成功研制和应用，与中国的现代化科技发展相辅相成，为中国的现代化文明建设做出了巨大的贡献。当我们已经习惯于“北京卫视”“湖北卫视”等电视频道的名称时，也会记起“卫视”是“卫星电视”的简称——借助围绕地球飞行的通信卫星，从 20 世纪 90 年代开始，我们能看到的电视节目有了更丰富多样的选择。此外，从 20 世纪末开始，当我们在电视中观看天气预报时，都能看到卫星云图，也会逐渐感受到天气预报变得越来越准确。这要归功于围绕地球飞行的另一群劳模：遥感卫星。

遥感卫星

所谓“遥感”，是指在无须直接接触待观测目标的前提下，采用各种传感仪器对远距离目标辐射和反射的电磁波信息进行收集处理，从而实现对远距离目标状态的探测、识别的综合技术。有了高灵敏度、高分辨率、多频段的电子探测设备，以及相应的远程高速数据传输技术，遥感卫星就可以在数百千米到数万千米的高空对待观测目标一览无余，并及时将遥感监测到的数据传回地面数据处理中心。

经过中国科研技术人员的不懈奋斗，截止到 2023 年，中国的遥感卫星已经形成气象卫星、资源卫星、海洋卫星等几大系列，为天气预报、国土资源管理与监测、交通路网安全监测、农业与林业状态监测、洪涝干旱灾害预警与监测、地质灾害预警等领域提供有力的数据支撑，“风云”“海洋”系列卫星提供的气象与海况数据也已成为国际气候及海洋环境监测的重要数据源。气象卫星是各类遥感卫星中与民众日常生活关系最直接的一种。接下来，就以“风云”系列气象卫星为例，对中国航天产业的遥感卫星发展历程进行简要介绍。

中国的气象卫星监测系统由若干颗极地轨道气象卫星和地球静止轨道气象卫星共同组成。简单地说，极地气象卫星是一种沿着南北方向椭圆形轨道运行，轨道经过极地附近的卫星，能够周期性观察地球上的不同位置；地球静止轨道气象卫星的运行轨道相对地面静止，能够盯着地球上的一片特定区域观察。

1988 年 9 月，中国的第一颗极地轨道气象卫星风云一号 A 星发射升空。风云一号卫星（见图 8）主体是长宽均为 1.4m，高 1.2m 的长方体，总质量为 750kg，左右两侧翼状太阳能电池完全伸展开后的翼展为 8.6m。风云一号 A 星以及 1990 年

图 8 风云一号气象卫星的备份星。风云一号的发射与试运行为后续气象卫星的研发积累了宝贵经验（拍摄于国家卫星气象中心）

发射升空的风云一号 B 星，为中国研制后续气象卫星积累了宝贵经验。后续 1999 年发射的风云一号 C 星和 2002 年发射的风云一号 D 星都取得了超出预期的成功。

1997 年 6 月，中国的第 1 颗地球静止轨道气象卫星风云二号 A 星发射成功。这颗卫星搭载有一台 5 通道的可见光和红外扫描辐射计，可每隔 30min 向地面上的信号接收站传输一张分辨率为 1250 百万像素的可见光遥测图像、一张分辨率为 2500 百万像素的红外图像、一张分辨率为 2500 百万像素的水汽图像。风云一号和风云二号卫星的成功运行，奠定了中国在气象卫星应用领域的国际地位。

为了将气象预报的准确度和预报时间提高到新的水平，中国科研工作者继续奋斗前行，研发出第二代气象卫星。

2008 年 5 月，中国的第二代极地轨道气象卫星风云三号 A 星成功发射。这是一颗质量达到约 2300kg 的全谱段气象卫星，搭载的有效载荷包括可见光红外扫描辐射计、微波成像仪、紫外臭氧总量探测仪、紫外臭氧垂直探测仪、地球辐射探测仪等共计 11 台先进的遥感仪器设备，可在全球范围内实现全天候多光谱遥感探测，达到了欧美发达国家同期的新一代气象卫星水平。

2016 年 12 月，中国的第二代地球静止轨道气象卫星风云四号 A 星成功发射。这颗卫星的主体形状为六面柱体，安装有多通道扫描成像辐射计、干涉式大气垂直探测仪、闪电成像仪等先进的遥感观测设备，具备多光谱二维成像、高光谱三维探测、超窄带闪电探测等气象实时观测能力。2021 年 6 月，风云四号 B 星（见图 9）成功发射入轨。风云四号 B 星的性能在 A 星的基础上有所增强，例如多通道扫描成像辐射计的通道数量从 14 个增加到 15 个，有效地实现了新一代地球静止轨道气象卫星的观察业务目标。

图 9 研制中的风云四号 B 星（拍摄于中国航天科技集团）

历经几代中国科研工作者的不懈努力，“风云”系列气象卫星已经发展为世界上目前在轨卫星数量最多、种类最全的气象卫星系列之一（见图 10）。在当今世界上，中国、美国、欧盟是仅有的 3 个同时具备极地轨道系列和地球静止轨道系列气象卫星的国家或国家联盟。

由航天领域专家编写，人民邮电出版社出版的科普著作《星耀中国：我们的风云气象卫星》图文并茂地介绍了气象卫星的遥感原理、卫星架构组成及其研制、发射、运行过程，是航天科普领域的优秀图书，对于气象卫星有兴趣的读者可以从这本书中了解到关于气象卫星的更多知识。

在我们的日常生活中，除了通过气象卫星知道准确的天气预报信息以便计划出行，在出行时也常常会与另一系列的卫星有密切联系，这就是导航卫星。接下来，就让我们将关注的目光投向近年来中国成功研制并投入应用的导航卫星。

导航卫星

卫星导航技术是指采用导航卫星作为空间位置和时间基准，通过卫星发射的无线电导航信号，为用户提供全天时、全天候、高精度的空间位置和时间参数，使用户得以在相应时空参考系中确定自身三维位置、速度和时间的技术。无论是卫星上的信号发射装置，还是用户手中用于导航

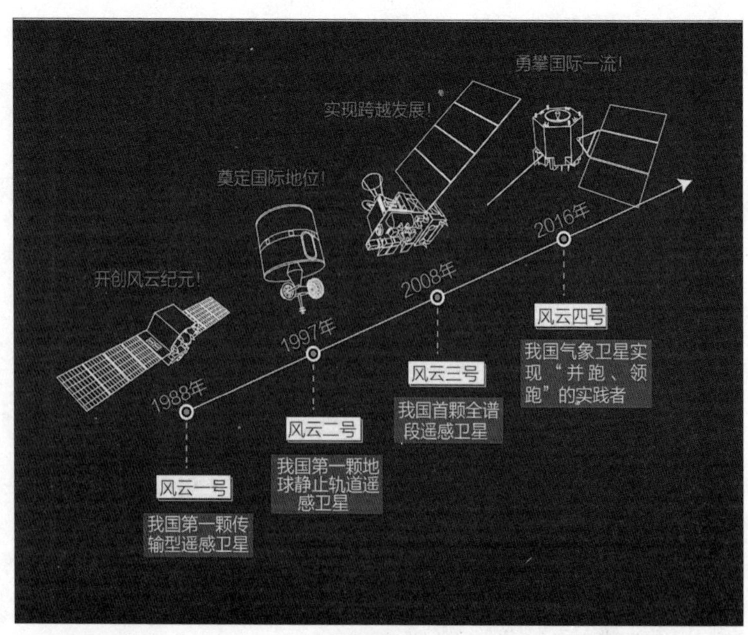

图 10 中国气象卫星的发展历程（原载于《星耀中国：我们的风云气象卫星》，人民邮电出版社，2022 年 12 月第 1 版）

定位的终端设备，都与当代成熟发达的电子技术密切相关。例如，用户的终端设备需要有足够高的灵敏度来接收数万千米以外的卫星信号，再通过快速运算解调出卫星轨道参数等数据，推算出用户所在地理位置的经纬度、高度、当前运动速度等信息。

1973 年，美国开始研制基于卫星导航的全球定位系统（Global Positioning System），这就是我们如今熟知的 GPS。1994 年，GPS 正式提供服务，该系统有足够高的全球定位精度，能够向用户连续提供三维位置、速度和精确时间，实现连续实时的导航定位。但是，GPS 的核心技术掌握在美国手中，中国需要有自己的卫星导航系统。

1994 年，中国开始研制发展独立自主的卫星导航系统。21 世纪初，具有试验性质的北斗一号系统建成，其定位服务基本覆盖中国国土所在区域，中国成为当时世界上第 3 个拥有卫星导航系统的国家。2012 年，北斗二号系统建成，能够覆盖更加广阔的陆地及海洋，为亚太地区提供定位服务。2020 年，北斗三号系统正式建成开通，实现面向全球范围的卫星导航服务。至此，中国的北斗、美国的 GPS、欧盟的伽利略（Galileo）、俄罗斯的格洛纳斯 4 套全球卫星导航系统并驾齐驱，能够为全球各地的用户提供导航定位。

目前，中国的北斗卫星星座由 5 颗地球静止轨道卫星和 30 颗非地球静止轨道卫星组成。其中，非地球静止轨道卫星包括了 27 颗轨道高度为 21500km、轨道倾角为 55° 的中圆地球轨道卫星，以及 3 颗轨道高度为 35786km、分布在 3 个倾角为 55° 倾斜轨道上的倾斜地球同步轨道卫星（见图 11）。这些卫星的运行轨迹能够密集覆盖地球表面人类活动的主要区域。目前的北斗卫星系统能够在全球范围内以高于 95% 置信度的指标，实现水平精度为 10m、高程精度为 10m（亚太地区水平精度和高程精度可提升到 5m）的定位精度，测速精度可达 0.2m/s，授时精度为 20ns。

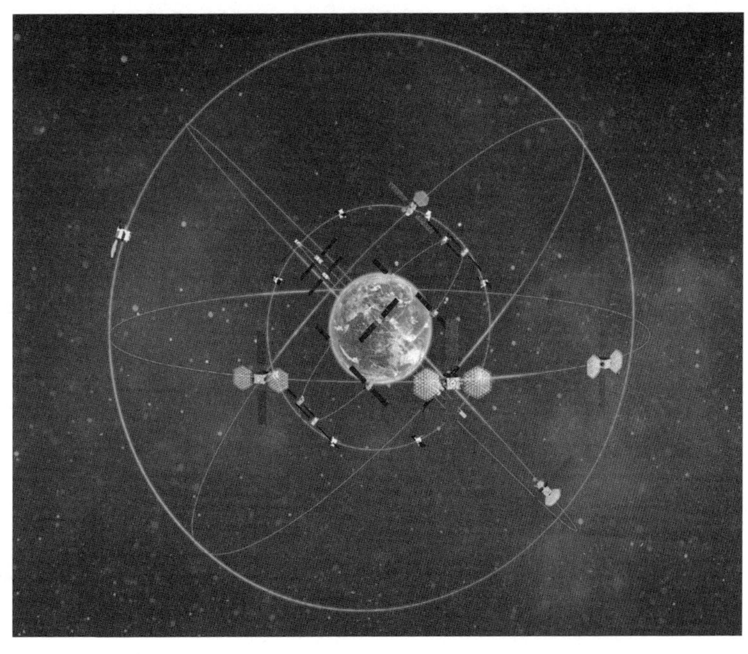

图 11 北斗卫星导航系统轨道分布示意图（来源于北斗卫星导航系统官网）

北斗卫星导航系统的成功建立，意味着中国在高精度导航定位领域已经拥有独立自主的科技实力，不会在涉及国家安全的重要领域受制于其他国家。根据 2019 年 12 月中国卫星导航系统管理办公室发布的《北斗卫星导航系统发展报告》，北斗导航系统具备下列特点：“一是空间段采用 3 种轨道卫星组成的混合星座，与其他卫星导航系统相比高轨卫星更多，抗遮挡能力强，尤其在低纬度地区性能优势更为明显。二是提供多个频点的导航信号，能够通过多频信号组合使用等方式提高服务精度。三是创新融合了导航与通信功能，具备定位导航授时、星基增强、地基增强、精密单点定位、短报文通信和国际搜救等多种服务能力。” 北斗卫星导航系统建成以来，在交通运输、农林渔业、水文监测、气象测报、通信授时、电力调度、救灾减灾、公共安全等领域，都已得到广泛应用，创造了显著的经济效益和社会效益。

除了通信卫星、遥感卫星、导航卫星这些与我们的日常生活密切相关的卫星，中国在其他类型的人造地球卫星领域也取得了举世瞩目的成绩。例如，2016 年 8 月，中国的首颗空间量子科学实验卫星“墨子”号成功发射入轨。“墨子”号投入应用后，与地球之间开展的多项量子通信实验一再刷新量子科学研究的世界纪录。中国科研人员采用“墨子”号取得的一系列科研成果，在量子通信领域已经达到国际领先的水平。

自从 20 世纪第一颗人造卫星发射成功以来，航天领域一直是人类科学研究的前沿阵地。迈入 21 世纪以后，中国在这个领域的科研探索除了围绕地球飞行的人造科学实验卫星，还有哪些令人自豪的成就呢？为了回答这个问题，本系列文章的下一篇将会介绍中国航天事业对月球与火星的探索成果。

月球与火星探索成就

田浩

自古以来，中国人民就对月亮充满了诗意的想象，将月亮与嫦娥、玉兔等美好的神话传说联系在一起。近代科学传入华夏大地后，中国人民了解到月亮是地球的球形天然卫星：月球。20世纪50年代至60年代，新中国开始踏上波澜壮阔的工业化征程，当时世界上的航天强国正在争先恐后地开展对月球的探索，将航天器送去围绕月球飞行或者降落在月球上。

通信卫星

在探索月球的征途上，中国起步较晚。1991年，中国航天专家在经过充分考虑后，提出了开展月球探测工程的建议。1998年，相关部门正式开始规划、论证月球探测工程的可行性。2004年，中国的绕月探测工程立项，被命名为“嫦娥工程”。勤劳智慧的中国人民准备以稳扎稳打的务实态度逐步推进，按照“绕、落、回”的三大步骤，实施对月球的科研考察。迄今为止，中国的探月工程已经取得圆满成功，中国探月工程的主要步骤与成果见表1。

表1 中国探月工程的主要步骤与成果

步骤名称	主要规划内容	主要实施成果
第一步：绕	研制和发射中国月球探测卫星，实施绕月探测	2007年10月，嫦娥一号月球卫星发射，配备有立体相机、成像光谱仪、激光高度计、微波探测仪、高能粒子探测器、太阳风离子探测器等多种科研仪器，在距离月球表面200km的轨道飞行近500天，获得世界上首幅三维立体全月图，分析月球表面物质元素的类型、含量等分布特点，探测月壤特性和月球附近空间环境。2010年10月，嫦娥二号月球卫星发射，绕月飞行轨道高度降低到100km，获得分辨率更高的三维影像等遥测数据，为后续降落月球的着陆点选址做好准备
第二步：落	进行月球软着陆和自动巡视勘测	2013年12月，嫦娥三号探测器携带玉兔号巡视器成功发射，并安全着陆于月球虹湾，实现了中国自主开发的月球软着陆、月球巡视勘测、地月远距通信与遥控操作等关键技术的突破。2018年5月，鹊桥中继卫星发射成功，2019年1月，嫦娥四号探测器在月球背面的冯·卡门撞击坑成功着陆，通过鹊桥中继卫星与地球实现远距通信与遥控操作，成为世界上首个在月球背面软着陆并成功巡视探测的航天器
第三步：回	进行月球样品自动取样，返回地球的探测	2014年10月，再入返回飞行试验器发射后以第二宇宙速度返回地球，对绕月飞行后高速安全返回地球的相关技术进行了成功验证。2020年11月，嫦娥五号探测器发射成功，携带月表钻岩机、采样器、机器人操作臂等设备，使用采样返回器将采集到的月球勘探样品成功送回地球

在21世纪的前20年内，中国探月工程取得的杰出成就，不仅得益于大型运载火箭研发制造与应用的突破性进展，也与中国电子科技产业在这些年里取得的成果密切相关。例如，在月球和地球之间大容量可靠数据信息的传输，以及在地球和月球之间采用中继卫星实现远距离通信与遥控，都与中国科研人员在远距无线电通信领域耕耘钻研多年取得的成果有密切联系。从嫦娥一号到嫦娥五号，这些月球探测航天器上都搭载有各种各样的电子设备。嫦娥一号的子系统分类及主要功能见表2，其中有效载荷子系统包括的子系统名称、主要功能和科研目标见表3，电子

表2 嫦娥一号的子系统分类及主要功能

序号	子系统名称	主要功能
1	结构子系统	用于安置固定卫星上的各种仪器、设备，使卫星成为一个能够承受运输、发射和空间飞行过程中各向加速度、振动和旋转的稳固整体
2	热管理子系统	管控卫星内外的热交换，使卫星上的仪器设备能够在适宜的温度范围内正常工作
3	制导子系统	对卫星飞行轨道进行偏差修正和方向控制，对卫星姿态进行调整控制，保证卫星工作期间的飞行轨道与飞行姿态稳定，太阳能电池板等部件能指向工作要求的方向
4	推进子系统	包括多台星载发动机，按照制导子系统的指令，启停不同发动机，为卫星轨道机动和修正提供动力，为卫星姿态调整提供力矩
5	供配电子系统	包括太阳能电池板、蓄电池和稳压调节电路，负责对星载仪器设备供电
6	数据管理子系统	以计算机为核心设备，处理遥测、遥控、数据传输等任务，实现各项功能的综合管理调度
7	定向天线子系统	按照制导子系统的指令，以定向天线实现对地跟踪，保证信号的正常传输
8	测控数传子系统	负责卫星和地面测控站之间的特定频段信道
9	有效载荷子系统	承担绕月飞行科研任务的仪器设备，详见表3

表 3 嫦娥一号的有效载荷子系统中包含的子系统名称、主要功能和科研目标

序号	子系统名称	主要功能	科研目标
1	CCD 立体相机	拍摄 3 个不同视角的月球二维影像	获取月球表面的三维影像
2	激光高度计	测量卫星到月球表面的高度	
3	γ 射线谱仪	探测月球表面化学元素的含量与分布特征	分析月球表面元素含量和物质类型的分布特征
4	X 射线谱仪		
5	干涉成像光谱仪	探测月球表面主要物质类型和矿物含量	
6	微波探测仪	通过月球表面的微波辐射测算月壤厚度	探测月壤厚度
7	太阳高能粒子探测器	监测卫星轨道附近空间的高能粒子成分、能谱、通量等参数特征	探测地月之间以及月球附近的空间环境
8	太阳风粒子探测器	负责卫星和地面测控站之间的特定频段信道	

设备在这些子系统中的重要性不言而喻。这些系统设备和仪器在严酷的宇宙环境中一旦出现故障，将很可能导致卫星承担的科研探索任务功亏一篑。因此，这些航天器上搭载的电子设备不仅要有强大的专业功能，也要有很高的可靠性。

嫦娥二号的子系统与嫦娥一号相比，有几个区别。其一是增加了技术试验子系统，如降落相机、监视相机等试验载荷；其二是有效载荷子系统中的部分仪器有所改进，以提高探测精度、扩展探测种类；其三是改进数据管理子系统，提高数据存储的可靠性。嫦娥二号发射后的绕月飞行探测考察工作，为后续嫦娥三号降落月球提供了重要的基础。

值得一提的是，嫦娥二号在完成绕月探测后，再度启程飞离月球，前往更远的宇宙空间。在 2012 年 12 月，嫦娥二号飞越图塔蒂斯小行星并拍摄了这颗小行星的清晰照片。随后，嫦娥二号进入绕太阳运行的轨道，成为一颗围绕太阳运行的人造行星。

在嫦娥一号和二号绕月考察成功的基础上，中国航天科研工作者们再接再厉，在 2013 年 12 月 14 日，嫦娥三号月球着陆器及其搭载的玉兔一号巡视器成功降落月球表面。随后，玉兔一号巡视器（即玉兔月球车）被释放出来，开始在月球表面的考察历程。嫦娥三号和玉兔一号在月球表面的成功着陆和运行，不仅实现了月球软着陆、月球巡视勘测、地月远距通信与遥控操作等关键技术，还承担了 3 个不同方面的科学考察探测任务：地球等离子体层探测和月基光学探测、月表地形地貌与地质构造调查、月表物质成分和可利用资源调查。

2019 年年初，中国探月工程取得了世界上前所未有的一项重大突破：嫦娥四号着陆器及玉兔二号巡视器（见图 1）成功在月球背面降落，并将玉兔二号巡视器顺利释放转移到月球表面，实现了世界航天史上首次在月球背面软着陆，并成功巡视探测。

要想了解到取得这样的成就是多么不简单，需要提到一个关于月球的基本知识：由于潮汐锁定，月球在绕地球公转一周的同时，也正好自转一周，这就使月球永远只有固定的半个球面作为正面朝向地球，另一半始终背向地球。在地球和月球之间传输信息的无线电波难以穿透月球这么大的天体。因此，要想和月球背面的航天器通信，需要在月球后方足够远的宇宙空间设置一颗中继卫星。从地球发送到航天器的信息要先发送到距离地球约 45 万千米的鹊桥中继卫星，再由鹊桥中继卫星转发至月球背面的航天器，反之亦然。中国航天科研工作者在国产航天器第二次登月时就实现了这样的空前壮举，令全世界对中国的航天事业发展刮目相看。

值得特别指出的是，虽然嫦娥系列航天器取得的探月成就达到了世界领先的水平，但对于近年来《无线电》杂志的资深读者而言，嫦娥着陆器和玉兔巡视器之间的联动与通信基本原理都是杂志中机器人小车等科技制作文章中熟悉的内容。区别在于在航天事业中，这些功能需要在数十万千米以外，以高出几个数量级的专业可靠性来执行。例如，玉兔号巡视器从嫦娥号着陆器上被释放到月球表面的过程，包括图 2 所示的 6 个步骤。

（1）初始状态时，用于转移巡视器的转移机构处于压紧收拢状态，巡视器被锁定在着陆器顶端。

（2）接到指令后，转移机构开始解锁，释放悬梯组件，转移机构在联动组件的作用下展开。

图 1 嫦娥四号着陆器承载玉兔二号巡视器时的组合体状态

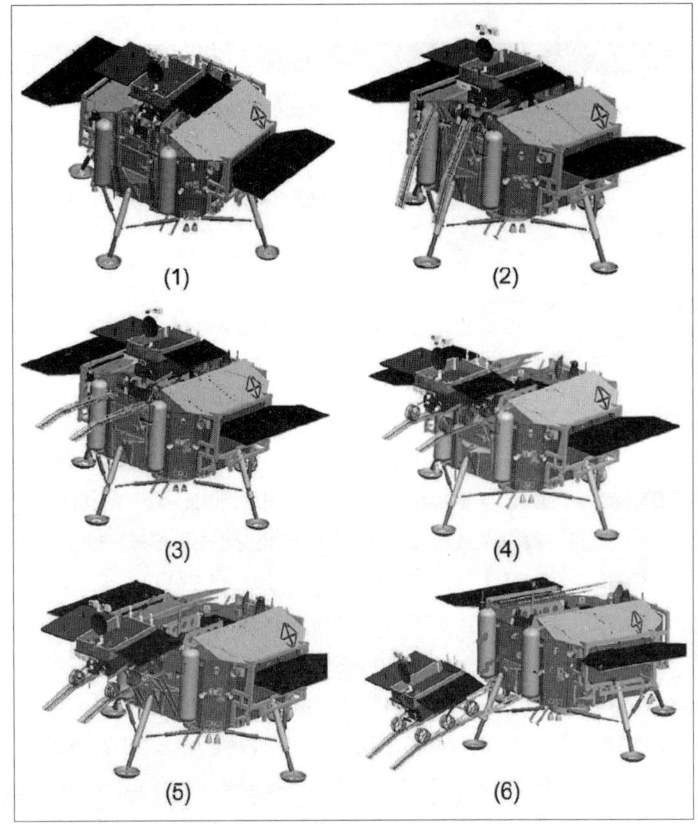

图 2 巡视器从着陆器中释放到月球表面的主要步骤

（3）悬梯组件展开后可靠锁定，其上段表面与巡视器车轮所在的着陆器顶端基本平齐。

（4）巡视器被解锁后，向悬梯上自动行驶，行驶到悬梯上的指定位置后停下。

（5）转移机构的缓释电机启动，缓慢释放连接在着陆器和悬梯之间的连杆机构，使悬梯以小倾角缓慢向前下方伸出。

（6）悬梯组件前端接触到月球表面后，巡视器驶离悬梯组件。巡视器行驶到月球表面后即成功完成释放全过程。

心灵手巧的读者可以采用步进电机等设备，与3D打印的组件相匹配，花一些时间精力加以探索尝试，就可以在家里用一辆机器人小车当成“玉兔”，复现嫦娥号着陆器（见图3）释放出玉兔号巡视器（见图4）的过程，体会航天科研工作者在月球上成功释放出玉兔一号、玉兔二号巡视器的喜悦。

当然，与电子爱好者制作的机器人小车相比，玉兔号巡视器的技术复杂度、可靠性都要高出许多。以玉兔二号为例，这台巡视器的实际体积并不小，其太阳能电池板收拢时，巡视器整体大约长1.5m，宽1.0m，高1.1m。玉兔二号的总质量也有140kg，大约相当于两个成年人的体重。和嫦娥一号、二号卫星相似，嫦娥三号、四号着陆器和玉兔一号、二号巡视器也包括多个子系统，嫦娥三号、嫦娥四号着陆器配置的有效载荷见表4，玉兔二号的子系统分类及主要功能见表5。

嫦娥与玉兔在月球表面巡视探测之后，中国航天科研工作者乘胜前进，在2020年年底，成功完成月球采样返回任务，圆满完成

图 3 玉兔二号巡视器在月球上拍摄的嫦娥四号着陆器

图 4 嫦娥四号着陆器在月球上拍摄的玉兔二号巡视器

了中国探月工程的全部计划目标。实施月球采样返回任务的航天器包括轨道器（见图5）、着陆器、上升器（见图6）与返回器，取回的月球样品质量达到1731g，超过了此前历次有人及无人登月取回月球样品质量的总和，是又一次令国人自豪的世界级航天科技成就。

将月球表面样品带回地球，就可以采用各科研机构中配置齐全的仪器设备，对样品进行全面、细致的科学研究，从化学、物理、物质结构等各方面进行深入的分析。当然，送上月球的嫦娥五号也并非只有钻取收集月球样品这样简单的功能。除了前面已经介绍过的降落相机、全景相机，嫦娥五号搭载还搭载了月壤结构探测仪、月球矿物光谱分析仪，用于获得取样现场的分析数据，以便建立起现场探测数据与地球上试验室样品分析数据之间的联系。

同在2020年，中国航天事业还有向更远的宇宙空间探索的另一个重大突破，就是“天问”系列行星探测任务的首次出征：天问一号探测器的火星探索任务。2020年7月23日，由火星卫星、着陆器、巡视器组合成的天问一号探测器成功发射。2021年3月初，天问一号探测器在围绕火星飞行时拍摄的高清火星影像正式发布。2021年5月15日，天问一号着陆器成功着陆于火星乌托邦平原南部预选区域，随后成功释放出祝融号巡视器（见图7）。祝融号巡视器在火星表面踏上了收获颇丰的科考旅程，并且在忙碌之余还抽空放下一台小巧的相机，进行了一次颇有创意的着陆器与巡视器合影（见图8）。

表4 嫦娥三号、嫦娥四号着陆器配置的有效载荷

步骤名称	主要规划内容	主要实施成果
嫦娥三号	降落相机	月球地形地貌调查研究
	地形地貌相机	月球地形地貌调查和地质构造研究
	极紫外相机	观测研究地球等离子体层和太阳爆发等现象
	月基光学望远镜	在近紫外频段（波长200~360nm）进行天文现象观测
嫦娥四号	降落相机	月球地形地貌调查研究
	地形地貌相机	月球地形地貌调查和地质构造研究
	低频射电频谱仪	通过接收地外天体发出的低频电磁波进行天文现象观测
	月球中子及辐射剂量探测仪	探测月球热中子能谱和能量、质子能谱、α 粒子能谱等数据

图5 嫦娥五号轨道器原比例模型

表5 玉兔二号的子系统分类及主要功能

序号	子系统名称	主要部件及功能
1	结构与机构子系统	包括结构部分和机构部分，总质量约34.5kg。结构部分为各设备仪器提供支撑和连接平台。机构部分包括太阳翼机械部分和桅杆。太阳翼机械部分支撑和转动翼状太阳能电池板；桅杆由展开机构、偏航机构、俯仰机构、桅杆体和云台等组成，承载导航相机、全景相机和定向天线等设备
2	移动子系统	包括6个车轮、行进驱动机构、转向驱动机构、差动机构、左摇臂和右摇臂等，总质量约20kg。每个车轮都有独立的驱动电机，其中前后4个车轮带转向功能，可以实现原地转向和行进中转向。平地最大行驶速度200m/h，最小转弯半径1.5m，爬坡能力达20°，可越过20cm高的障碍物
3	导航与控制子系统	控制巡视器运动，规划行驶路径，实施紧急避障，对行驶环境进行安全监测。配置有导航相机、避障相机、太阳敏感器、激光点阵器和惯性测量单元。导航相机用于获取周围图像信息，避障相机用于观测车轮前下方的障碍，和激光点阵器配合完成激光探测避障移动、自主规划避障移动
4	综合电子子系统	主要部件是中心计算机，还包括了移动及机构驱动模块、遥测和遥控处理模块、供配电管理模块等，实现遥测遥控、程序控制、数据管理、导航、各子系统的配电管理等功能
5	测控数传子系统	由X频段测控设备及天线、UHF频段通信设备及天线等组成，与鹊桥中继星、嫦娥着陆器或者地面测控站之间建立测控信道，接收指令并向地面发送遥测数据
6	电源子系统	包括蓄电池、太阳能电池板、唤醒负载及电源控制器，为其他子系统提供能源。兼具巡视器唤醒功能，阳光照射到太阳能电池板上，发电功率达到指定阈值后，就能实现自动唤醒
7	热管理子系统	包括放射性同位素热源、热控涂层、多层隔热组件、电加热器、温度传感器（热敏电阻）、两相流体回路系统、光学太阳反射镜、加热控制器等，在巡视器唤醒后运行时将舱内设备的温度控制在−20~55℃，在休眠期间将舱内设备的温度控制在−50~70℃。作为对比，巡视器周边的环境温度变化在−190~127℃
8	有效载荷子系统	包括全景相机、测月雷达、红外成像光谱仪、粒子激发X射线谱仪等科研仪器

图 6 嫦娥五号上升器及着陆器原比例模型

中国首次火星探索任务的顺利成功，与中国航天工作者爱国敬业的科研精神、严谨务实的科研态度密不可分，也得益于中国探月工程中嫦娥三号、嫦娥四号着陆月球积累的丰富经验。当然，作为一颗与地球差不多大小，并且距离地球比月球距离地球远得多的行星，火星探索的难度比月球探索高出不少，但中国航天工作者成功地克服了这些困难，成功实现了预期目标。

随着中国综合实力的不断增强，中国航天事业也会继续在深空探测领域不断前进，取得令人更加振奋和自豪的成就。在所有这些振奋人心的成就中，也会包括中国航天员前往更遥远宇宙进行科研探索。在本系列的最后一篇文章中，将会回顾中国载人航天工程这些年来的发展经历和成就。

图 7 祝融号巡视器从天问一号着陆器上成功释放到火星地面后，行驶到旁边拍摄的天问一号着陆器

图 8 祝融号巡视器释放相机到火星地面，从火星地面上拍摄的祝融号巡视器与天问一号着陆器合影

载人航天的探索成就

▌田浩

20世纪中期以来，是否能够实施具备高系统复杂性和可靠性的载人航天工程，是人们判断一个国家的航天科技实力是否足够强大的重要因素。载人航天也意味着对航天器有更严格的功能和性能要求。载人航天器必须具备维持人类生存所需的高安全性、高可靠性的环境控制和生命保障系统，必须有密封性足够好、内部空间足够大的舱体结构，还需要配备在不同运行阶段分别发挥作用的应急救生装置。

随着科技的发展，中国的载人航天计划在 1992 年被正式批准，采用循序渐进的三大步骤：第一步，研制和发射载人飞船，初步建立起匹配载人航天需求的配套体系，开展较简单的空间科学实验；第二步，在航天员出舱技术、航天器空间交会对接技术等方面取得可靠突破，发射空间实验室，开展有较大规模和较高复杂度，能由航天员在短期内跟进处理的空间科学实验；第三步，在绕地轨道上对接建造中国自己的空间站，开展更大规模、更高复杂度，能由航天员长期驻留空间站进行的空间科学实验。

考虑到载人航天事业高复杂、高可靠、高投入、高产出的特点，中国航天科研工作者前期在开展载人航天研究时非常慎重。每一次与载人航天相关的飞行任务都经过了充分论证和精心准备。20 世纪 90 年代末，中国研发出神舟系列载人航天器（见图 1），也就是我们现在熟知的神舟载人飞船。神舟载人飞船由轨道舱、返回舱和推进舱依次连接组成，总长 8m。神舟载人飞船的各段舱体介绍见表 1。

从 1999 年 11 月至 2002 年 12 月，中国依次发射了没有搭载航天员的神舟一号、二号、三号、四号飞船，在神舟系列

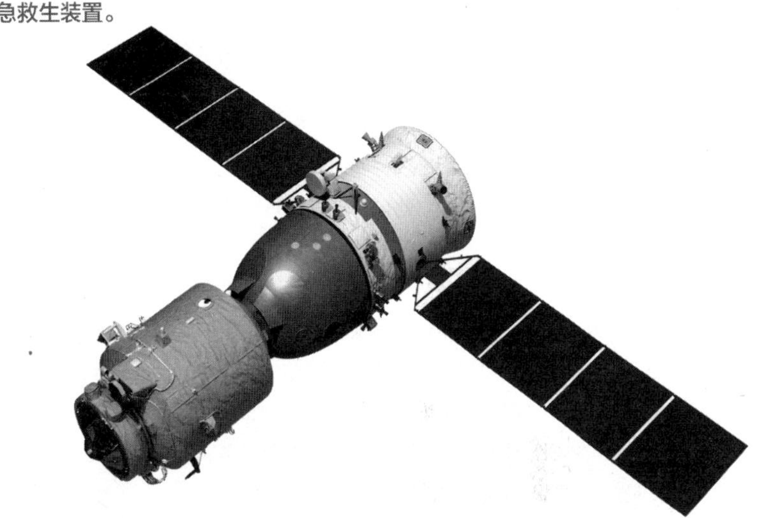

▌图 1　由轨道舱、返回舱、推进舱组成的神舟载人飞船。推进舱的两侧对称安装有太阳能电池板

表 1　神舟载人飞船的各段舱体介绍

舱体	结构	主要功能	舱体结构及内容
轨道舱	长 2.8m，最大直径为 2.25m，两端有明显倒角的圆柱。具有密封舱体	在轨道上飞行时，轨道舱是航天员生活、休息的场所。航天员返回地球后，轨道舱作为人造地球卫星继续飞行，通过搭载的仪器设备继续进行科学实验	轨道舱的圆柱侧壁安装有一个直径为 0.75m 的密封舱门。另有一个直径为 0.53m 的对外观察窗。轨道舱前端有用于交会对接的对接结构，后端与返回舱的舱门连接。轨道舱内部有宽 0.9m 的通道，通道两侧有支架，用于安装仪器设备以及存放航天员的生活用品
返回舱	长 2.5m，最大直径约 2.5m，呈钟形。具有密封舱体	返回舱采用了专门的空气动力学外形设计和热防护设计，保证航天员返回地面时能够安全着陆。航天员在飞船发射和返回阶段都必须按规定状态乘坐在返回舱内	返回舱前端安装有一个直径为 0.65m 的密封舱门，以及与轨道舱之间的电气、气液流体连接端口。前端还设置有降落伞室，用于放置降落时所需的减速伞。返回舱周围安装有用于调整姿态的旋转、俯仰、偏航调整发动机。返回舱侧面有两个直径为 0.22m 的对外观察舷窗，一个直径为 0.25m 的光学瞄准镜窗口
推进舱	长约 3m，最大直径为 2.8m 的圆柱，采用非密封舱体	推进舱能够为飞船的轨道调整和姿态控制提供动力，向其他舱体供电，提供热管理调节、氧气供应等能源和资源补给	推进舱中部两侧安装有可伸展的太阳能电池板，总面积为 $24m^2$。外部装有红外地球敏感器、太阳敏感器、短波和 C 频段天线等设备。推进舱内配置有推进剂储箱、氧气瓶、氮气瓶以及相应的管路阀件等，后部安装有 4 台变轨发动机

飞船的设计方面有了充分的技术积累。之所以要进行多次未载人的飞船发射，是因为保障航天员的生命安全在载人航天工程中至关重要。为了保证中国首次载人航天任务的安全成功，需要采用预先发射多次飞船进行试验的形式，对各系统之间的协调性、可靠性、安全性进行全面的考察与测试，对前一次试验中暴露出的问题及时采取改进措施并予以验证。2003 年 1 月 5 日，当神舟四号飞船的返回舱在内蒙古预期地点准确着陆后，科研工作者们已经充满了信心，有十足的把握将中国自己的航天员安全送上太空再让航天员凯旋。

2003 年 10 月 15 日，全国人民终于迎来了最激动人心的一次发射。神舟五号飞船搭载着中国首位航天员杨利伟顺利升空，进入近地点 200km、远地点 350km 的预期椭圆轨道。神舟五号围绕地球飞行了 21h 共计 14 圈后，按预定计划在内蒙古安全着陆，中国的首次载人航天任务取得圆满成功，实现了历史性的突破。现在，神舟五号飞船的返回舱已经在中国国家博物馆保存（见图 2）。

2005 年 10 月中旬，费俊龙和聂海胜两位航天员一起乘坐神舟六号飞船升空。这次飞行任务的时间更长，从 12 日至 17 日共计 5 天，验证了神舟飞船在多人多天载人飞行情况下的运行保障性能又一次取得成功。至此，中国载人航天计划的第一大步顺利完成。

2008 年，在举世瞩目的北京奥运会结束后不久，神舟七号于 9 月 25 日发射升空，实现了一次性将 3 位航天员送入太空的壮举，这也是首次有中国航天员出舱活动的载人航天任务。神舟飞船的性能和功能得到全面验证确认后，其载人航天任务进入常态化阶段，

图 2 神舟五号载人飞船返回舱

作为运载航天员进入绕地球飞行轨道和返回地面的交通工具，为更加宏伟的载人航天目标——建设中国自己的空间站，提供了有力支持。到 2022 年，神舟十四号和神舟十五号分别在 6 月 5 日、11 月 29 日顺利发射升空，与中国天宫空间站先后对接，顺利完成任务。接下来，就让我们来纵览中国空间站的发展历程。

遵照循序渐进的原则，中国的空间站研发建设从发射试验性的空间实验室开始。空间实验室是一种适合航天员短期（一般在 2 个月以内）生活工作的载人航天器，能够在围绕地球飞行的轨道上长期自主飞行，设计在轨寿命通常为 1~2 年。发射空间实验室希望实现的任务目标，除了一些需要较长时间有人照料的空间实验，主要是验证空间站建设所需的相关技术，如载人航天器交会对接技术、航天器在轨维护技术等。

2011 年 9 月 29 日，中国第一个试验性空间实验室“天宫一号”发射升空。2011 年 11 月 1 日，神舟八号飞船在没有搭载航天员的情况下发射升空，并于 11 月 3 日在 340km 的高空中与天宫一号成功对接，完成了中国首次空间飞行器自动交会对接任务。

我们知道飞行器绕地球飞行的第一宇宙速度大约是 7.9km/s，即 28440km/h。航天器能够完成在轨自动交会对接，两个数吨重的航天器需要在以超过每小时 2.8 万千米的速度飞行时，将速度调整到几乎完全一致，并且在对接前，各自的姿态、相对角度都要微调至满足对接精度要求，然后将对接结构可靠地贴近并连接到一起，保证对接后的舱口密封可靠，不会让舱内的空气泄露到外界真空中。

为了排除对接成功的运气因素，在第一次对接完成后，航天科研工作者安排神舟八号与天宫一号分开，然后在更强的日照环境中又一次对接成功。中国首次空间飞行器自动交会对接任务的圆满成功，是中国航天史上又一次载入史册的重大突破。

21 世纪的前 10 年高度成熟的中国电子产业，为中国航天事业的重大突破提供了有力的技术支撑。在神舟八号与天宫一号交会对接的过程中，远距离时有激光雷达、微波雷达用于辅助，近距离时有激光雷达、CCD 光学成像传感器、视频摄像机用于辅助，将多路信号输入给导航控制分系统的计算机后，实现航天器速度、姿态的精确调节，完成自动交会对接过程。当然，在有航天员控制的情况下，也可以人工操作，实现手动交会对接。2012 年 6 月，神舟九号载人飞船发射升空，与天宫一号完成了我国首次载人空间交会对接和人工手动交会对接任务。

载人航天器交会对接技术的突破，意味着中国能够将具备不同功能的多个不同舱段依次发射到绕地球飞行的轨道中，然后让这些舱段相互交会对接，组成允许航天员长期驻留、生活、工作，以及有更宽敞的科研实验场所的空间站。在具备实验舱和资源舱的双舱圆柱体结构、全长 10.4m、舱体最大直径 3.35m、舱体容积 15m^3

图 3 从右前方看去的中国空间站核心舱等比例模型

的天宫一号中，也搭载了高精度原子钟、极化伽马射线望远镜、光谱仪等科研设备，但暂不允许航天员较长时间驻留生活、工作。后续的天宫二号为满足航天员较长时间驻留需要，对宜居环境进行了改善设计，具备支持 2 名航天员在轨工作、生活 30 天的能力。2016 年 9 月 15 日，天宫二号空间实验室发射升空。一个多月之后，两位航天员乘坐神舟十一号载人飞船发射升空并与天宫二号交会对接，随后在天宫二号空间实验室和神舟十一号载人飞船组合成的航天器组合体上完成了 33 天的中期驻留任务。2017 年 4 月，天舟一号货运飞船发射升空并与天宫二号空间实验室交会对接，随后验证了推进剂在轨补加技术。至此，中国载人航天计划的第二大步顺利完成。

在各方面技术都达到预期指标，并得到充分验证的基础上，建设中国自己的空间站已指日可待。2018 年 11 月，在广东珠海举行的第 12 届中国国际航空航天博览会上，与实物相同大小的中国空间站核心舱等比例模型吸引了大量参观者的目光（见图 3 和图 4）。将核心舱模型旁边的栏杆、阶梯等物件与核心舱对比，很容易看出这是一套容积较大的舱体，其体积和质量都明显超过了此前中国发射过的任何一个航天器。看到中国即将在宇宙中拥有如此豪华的“天宫”，每一位来到展览会现场的中国人都深深地为之自豪。

中国的航天科研工作者没有辜负 14 亿人民的殷切期望。在 21 世纪的第二个 10 年后期，中国的天宫空间站天和核心舱正在高大的厂房内有条不紊地组装调试。按照预期计划，中国天宫空间站的

表 2 天宫空间站的建造过程

序号	建造步骤	建造时间
1	发射天和核心舱，进行空间站组装建造关键技术在轨验证	2021 年 4 月 29 日
2	发射问天实验舱，与天和核心舱前向对接口交会对接，形成 I 形两舱组合体	2022 年 7 月 24 日
3	问天实验舱对接位置转至天和核心舱右侧停泊口，形成 L 形两舱组合体	—
4	发射梦天实验舱，与天和核心舱前向对接口交会对接	2022 年 10 月 31 日
5	梦天实验舱对接位置转至天和核心舱左侧停泊口，形成 T 形三舱组合体，空间站建造完成	—

开拓创新，继往开来——中国航天技术发展简史（4）

图 4 从左前方看去的中国空间站核心舱等比例模型

中国航天事业取得的宏伟成功，与党和国家对航天事业的领导与支持息息相关。在新中国工业化进程刚开始的时期，党和国家的领导人就对中国航天事业的发展提出了高瞻远瞩的指示，在 1970 年以中国第一颗人造卫星的成功发射宣告了中国航天事业的起始。随后，虽然历经重重曲折，但中国航天工作者毫不气馁，克服重重困难，取得了令全世界为之瞩目的辉煌成就。

中国航天事业取得的辉煌成就，与中华民族勤奋拼搏、自强不息的精神浑然一体。当年，有千百位专家学者，放弃欧美国家的优越生活与工作条件，克服重重困难回到祖国，为祖国的航天事业发展贡献出力量；有万千名航天工作者，为祖国的航天事业而离开基础设施完善的城市，来到荒无人烟、条件艰苦的沙漠戈壁或者深山密林，为建设中国的火箭发射场而奋战在工程前线。一代又一代中国航天科研工作者的无私贡献，使中国的航天事业在起点远远落后于欧美发达国家的基础上，在短暂的几十年内实现了震撼世界、令每一位中国人为之自豪的跨越发展。

中国航天技术发展简史的系列文章至此就结束了。但是，在这里却无法写下“结束语”这样的小标题，因为中国宏伟壮丽的航天事业正发展到如火如荼的繁荣阶段，还将实施更激动人心的创新项目。无论是在月球上建设有中国航天员驻扎科考的月球空间站，还是在火星上实现无人航天器采样返回或者中国航天员登陆，或者是前往其他行星、卫星进行考察、矿产勘探和采集……更多令人振奋的目标，都将由中国航天工作者奋斗来实现，中国航天事业的未来，必将更加灿烂辉煌！

主体结构将由天和核心舱、问天实验舱和梦天实验舱 3 个舱段组成，呈 T 字构形，天和核心舱居中，问天实验舱和梦天实验分别连接于两侧。完成表 2 所示的建造步骤后，天宫空间站总质量将达到 69t，总供电功率为 27kW，其中供给有效载荷的功率为 17kW。天宫空间站共安装 25 个实验机柜，舱体外部配置了固定式和展开式的舱外暴露实验平台。天宫空间站的各舱段简介见表 3。

在不到 2 年的时间内，中国的天宫空间站就在距离地面数十万米的轨道上成功实现对接，意味着中国载人航天计划的第三大步也顺利完成。如前文提及，2022 年年中、年底分别有神舟十四号和神舟十五号顺利发射升空并与天宫空间站对接，期间最多有 6 名航天员于2022年11月底至12月初在空间站共同驻留，进行任务交接。在此期间，空间站及飞船组成了由天和核心舱、问天实验舱、梦天实验舱再加上两艘载人飞船和一艘货运飞船的“三舱三船”组合体，实现了天宫空间站迄今为止的最大构型，总质量近百吨，展现出中国载人航天工程的卓越成就。

表 3 天宫空间站的各舱段简介

舱段	结构	基本结构和系统设置	主要功能
天和核心舱	由节点舱、生活控制舱、资源舱组成，长 16.6m，最大直径为 4.2m	节点舱用于舱段连接和飞行器访问，设有前向、后向和径向 3 个对接口和 2 个侧向停泊口，分别用于对接载人飞船、货运飞船和巡天空间望远镜，节点舱也兼作航天员出舱活动的气闸舱，设有出舱活动口。生活控制舱内设置航天员睡眠区和卫生区，舱外配置大机械臂，两侧安装单自由度太阳能电池板及其驱动机构。资源舱后端设置有对接口和物资补给通道	在核心舱，可以实现空间站平台的统一管理和控制，支持来访飞行器交会对接、转位与停泊。航天员可在核心舱中长期驻留，这里有航天员在轨工作和生活的保障件。核心舱也能提供出舱活动气闸功能，支持航天员出舱，开展密封舱外空间科学实验和技术试验
问天实验舱	由工作舱、气闸舱、资源舱组成，长 17.9m，最大直径为 4.2m	配置有小机械臂，在气闸舱和资源舱外布置了舱外实验平台。尾部采用桁架结构，安装双自由度太阳能电池板及其驱动装置。设置有能源管理系统、信息管理系统、控制系统和载人环境系统等关键系统功能的备份	为开展密封舱内和舱外空间科技实验提供保障条件。保障航天员长期驻留，在需要时可接管空间站的管理与控制。提供专用气闸舱和应急避难场所，保证航天员安全
梦天实验舱	由工作舱、货物气闸舱、载荷舱、资源舱组成，长 17.9m，最大直径为 4.2m	载荷舱外设置展开式载荷实验平台，发射后在轨展开，资源舱与问天实验舱的配置基本相同	为开展密封舱内和舱外空间科技实验提供保障条件。配备货物气闸，允许载荷与设备自动进舱、出舱

钟乐之合：钟控收音机历史图鉴（上）

▌田浩

日常生活中已经普及的钟表，曾是工业革命浪潮中精密机械制造能力和精确计时需求这两者结合而生的代表性产品。人们生活中曾经熟悉的收音机，也是工业革命浪潮中电子产品制造能力和即时信息传播需求这两者结合而成的代表性产品。有洞察力的发明家很快发现了这两者之间的关联——每天定时播映的广播节目和早上某一时刻响起的闹钟铃声，能否合二为一呢？这两者的结合促成了钟控收音机的诞生。在20世纪以来的很长时间内，钟控收音机都是一种为人们的日常生活带来便利的产品。现在，虽然我们的起床闹钟早已被综合性功能更强的智能手机代替，但对曾经有着多样化外观的钟控收音机略作回顾，也不失为追忆往昔时一件颇有乐趣的事情。

电子管时代的钟控收音机

晶体管技术普及前，电子管是各种功能完善的电子产品中必不可少的核心元器件。虽然采用矿石检波的简单收音机在电台信号强的时候也能收听节目，但只有采用具备电子管的放大电路，才能让信号的接收变得稳定可靠。20 世纪 30 年代初期，美国通用电气公司就推出了一款具备钟控功能的 GE Junior S-22X 型电子管收音机，这是最早的钟控收音机，其外观具有典型的古典风格（见图 1），体积小巧的机械时钟安装在扬声器的前部，可以定时控制收音机的电源通断。

▌图 1 GE Junior S-22X 型钟控收音机外观

后来，全面爆发的第二次世界大战使世界各国民用电子产品的研制暂停下来，钟控收音机在全球战火肆虐的 20 世纪 40 年代初自然也无从发展。第二次世界大战结束后，钟控收音机在工业高度繁荣的美国得以快速发展。到 20 世纪 40 年代末 50 年代初，钟控收音机的设计方案已高度成熟，许多公司都能推出外观精致的钟控收音机。1950 年，由美国宝石无线电公司生产的 Jewel Wakemaster 5057U 型钟控收音机（见图 2）就是这样一款产品：其机械时钟安装在前部面板中间，看上去相当醒目，相对来说不那么显眼的中波刻度盘则安装在前部面板的侧上方。这款机型以时钟为主，以收音机为辅的设计理念一目了然，充分响应了其“Wakemaster”（唤醒大师）的型号名称。

▌图 2 Jewel Wakemaster 5057U 型钟控收音机外观

图 3 Crosley D-25WE 型钟控收音机外观

图 5 Telefunken Jubilate 53 型钟控收音机后部外观

图 4 Telefunken Jubilate 53 型钟控收音机前部外观

图 6 Telefunken Jubilate 53 型钟控收音机内部机件

同在美国的克罗斯利无线电公司也是钟控收音机的研制者之一，这家公司在 1951 年推出的 Crosley D-25WE 型钟控收音机（见图 3）得到了消费者的普遍欢迎。与当时其他收音机相似，这款产品拥有圆润丰满的造型风格，时钟和调谐刻度盘分别安装在机箱前部左右两个大小相同的金色圆形框内。这款机型也仅有中波段，其扬声器安装在刻度盘后面的机芯支架上。

像 Jewel Wakemaster 5057U 和 Crosley D-25WE 这样的产品，奠定了 20 世纪中期美国常见钟控收音机的基本形态：追求简洁大方的外观风格，以机械表盘式时钟为主，收音机只是用来实现传统时钟内闹钟功能的一个模块。因此，这些钟控收音机内的收音电路通常尽可能简单，以低成本实现基本的中波信号接收功能为主要设计目标，通常只有音量旋钮和调谐旋钮这两个基本的功能调节设置。不过，美国企业在这些机型的电路设计中也有细心之处，例如 Crosley D-25WE 的音量调节电位器上就设置有改善小音量时音质的低音提升电路。

需要指出，虽然美国企业在电子管技术时代生产出了数量众多，外观各式各样的钟控收音机，但欧洲等其他国家 / 地区的品牌企业在这一领域也有过尝试，如当时联邦德国的 Telefunken 和 Grundig 等。其中，Telefunken 在 1953 年推出的 Jubilate 53 型钟控收音机（见图 4）就具有与美国钟控收音机截然不同的外观风格。原始版的 Jubilate 53 采用了漆工精致的渐变双色木质机壳，搭配具有优美弧形栅条的淡黄色前部面板，看上去宛如一件精美的工艺品。钟控版 Jubilate 53 保留了这些外观元素，并且将一个具有欧洲古典风格的机械时钟安装在前部面板的中间，看上去与整机浑然天成。

不同于那些以电机驱动时钟运行的美国钟控收音机，Jubilate 53 的时钟以发条为动力，因此在整机后部留出了用于上紧发条的旋钮（见图 5）。由于其时钟是在已有机型的基础上加装的部件，因此内部的元器件布置相当紧凑，时钟和扬声器占据了机芯上方的大部分空间（见图 6）。与美国同类机型相比，Jubilate 53 具有长波、

▌图 7 Crosley JC-6WE 型钟控收音机外观

▌图 8 Motorola 56CD 型钟控收音机外观

▌图 9 RCA Victor 8-C-7 型钟控收音机外观

▌图 10 GE 912D 型钟控收音机外观

中波和调频 3 个波段的接收功能，原始版和钟控版 Jubilate 53 使用相同的收音机机芯，时钟在这款机型中是一个被增加到整机中的附加部件。从这样的角度来说，可以认为 Telefunken 这样的欧洲企业在设计钟控收音机时采取了与美国企业恰好相反的设计理念：以实现收音机的功能为重，时钟则是增加收音机功能的一个模块。

在 20 世纪 50 年代至 60 年代的机械钟控式电子管收音机时期，若以机型设计的精致程度而论，可以说 Telefunken 等欧洲企业推出的产品要胜出一筹；若以品牌和型号种类数量而论，美国企业生产的钟控式收音机则明显领先。当然，这并不是说这十多年里美国企业出品的钟控收音机会因功能单一而在外观风格方面出现千篇一律的情况。在那段时期竞争激烈的市场上，每年都会有造型新颖的钟控收音机出现。对 20 世纪 50 年代中期到 60 年代中期美国企业生产的多款钟控收音机进行一次快速的浏览，就可以让我们对这一情况深有体会。

克罗斯利无线电公司在 1955 年推出的 Crosley JC-6WE 型钟控收音机就是一款在造型设计上充分展示时钟功能的机型（见图 7）。这款机型的前部中间由一只显眼的时钟占据，收音功能旋钮、扬声器面板等部件则分居左右两侧。并非所有 20 世纪 50 年代中期美国企业推出的钟控收音机都如此以时钟为中心，1955~1956 年摩托罗拉公司出品的 Motorola 56CD 型钟控收音机（见图 8）、美国无线电公司出品的 RCA Victor 8-C-7 型钟控收音机（见图 9）就采用了让时钟和扬声器面板在整机前部所占面积平分秋色的外观方案。当然，这样的设计会因为采用口径较小的扬声器，在音质方面做出一点让步，但对于这类以时钟为主要功能的产品，客户通常对这样的让步毫不在意。

欧美石油化工产业在 20 世纪 50 年代中后期高度发达，向电子产业提供了塑料这种容易一次制成复杂形状的新型材料。以此为基础，设计师在思考新款钟控收音机的外观时，进一步释放了自己的想象力。通用电气公司在 1956 年推出的 GE 912D 型钟控收音机（见图 10）和 1960 年推出的 GE C422C 型钟控收音机（见图 11），就都充分发挥出塑料机壳容易制成复杂形状的材料优势，采用了外观风格轻松活泼的不对称造型，吸引了当时年轻一代消费者的兴趣。

当然，造型复杂并不意味着一定要采用不对称的外观。摩托罗拉公司 1959 年出品的 Motorola C4S 型钟控收音机整体轮廓就是左右对称的形状（见图 12），但也采用了大轮廓内嵌有同样形状

▌图 11 GE C422C 型钟控收音机外观

▌图 14 Arvin 52R43 型钟控收音机外观

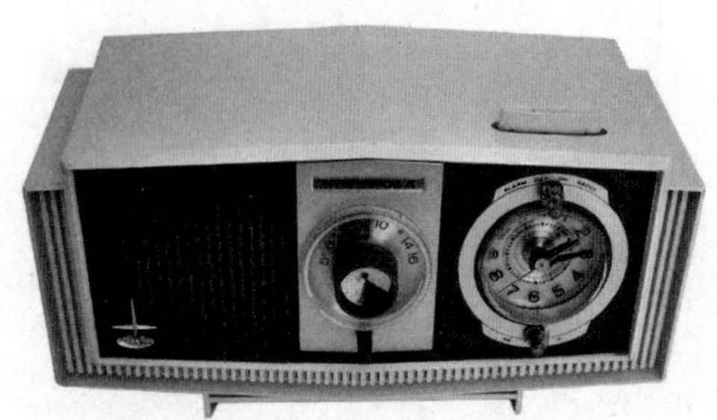

▌图 12 Motorola C4S 型钟控收音机外观

▌图 15 Silvertone 6032 型钟控收音机外观

▌图 13 Motorola C35 型钟控收音机外观

小轮廓的复杂造型。如今回顾起来，这些 20 世纪 50 年代中后期钟控收音机自由开放、不拘一格的外观设计，能够传达出欧美民众在那段经济繁荣时期的乐观情绪。

20 世纪 60 年代，航天技术和晶体管技术的快速发展，为人们带来了新的科技时尚理念。简约直观的外观形象成为新时期的时尚潮流。在这样的情况下，钟控收音机的外观轮廓收敛为长方体形态，如 20 世纪 60 年代前期的 Motorola C35 型钟控收音机（见图 13）和 Arvin 52R43 型钟控收音机（见图 14）。后者为保持整体大小不至于过高，还采用了狭长的椭圆形扬声器。到 20 世纪 60 年代中期，在晶体管技术即将在欧美国家全面取代电子管技术之际，即使是仍然采用电子管为主要元器件的钟控收音机，在外观上也与同期的晶体管机型十分相似，具备轮廓分明的长方体机身的 Silvertone 6032 型钟控收音机就是如此（见图 15）。20 世纪 60 年代中期以后的钟控收音机，将会是以晶体管或集成电路为核心元器件的机型。

在本文中列出的十多种机械钟控式电子管收音机，充分展现了电子管技术时期钟控收音机外观设计风格的丰富多样。其中，由美国企业生产的机型在收音功能方面都十分简单。在 20 世纪 60 年代音质更佳、抗干扰能力更强的调频波段广播节目已经流行于欧美各国之际，这些通常具有 4~5 枚电子管的钟控收音机依然只设置单一的调幅中波波段，这一事实也充分地表明了美国企业希望控制成本，将收音机电路做成时钟的一个附属部件的设计理念。晶体管或集成电路时代的钟控收音机，在外观形态和设计理念等方面又会出现哪些变化呢？欲知详情，请继续关注后续文章。

钟乐之合：钟控收音机历史图鉴（下）

▌田浩

晶体管和集成电路时代

当晶体管这种体积小、耗电低的电子元器件量产后，人们立即想到将其应用到收音机中。对于通常摆放在床头柜上的钟控收音机而言，晶体管体积小的优势并不明显，但也可以作为一个吸引消费者的卖点。通用电气公司在 1966 年推出了一款采用晶体管制作的钟控收音机 GE C551（见图 1），这款收音机和同期美国常见的电子管钟控收音机一样，仅有中波波段，采用机械时钟，扬声器安装在顶部。在这款机型的前部面板右下方，清晰地标明了“SOLID STATE”，表示这是一台采用晶体管制作的新款产品。

▌图 1 GE C551 型钟控收音机外观

采用机械式钟表的晶体管收音机在中国也有研制。钻石 701 型钟控收音机就是一款典型的产品，其外观充分体现出以时钟为核心的设计理念（见图 2），对称式设计简洁而美观。在这款机型中，收音机电路和时钟电路采用了不同的供电方案，对石英钟供电的 1.5V 电池盒单独安装在时钟机芯的旁边（见图 3）。这种需要用户准备两套电源的操作（时钟电路和收音机电路的耗电量不同，需要分别准备电池），充分体现出 20 世纪 70 年代到 20 世纪 80 年代中国电子企业研制产品时面临的情况：宁愿让用户操作略复杂一些，也要尽可能降低整机成本。如果让钻石 701 中的收音机和时钟共用一组电源，就需要为时钟设置一套 DC-DC 降压电路。当然，若以现在的技术，这样一套电路的成本已经能被降低到可以忽略不计的程度。钻石 701 型钟控收音机的双电源设计，也成为那段时期特有的记忆。

▌图 2 钻石 701 型钟控收音机外观

▌图 3 钻石 701 型钟控收音机内部机件

翻页式时钟是一种具有鲜明时代特色的钟控收音机技术方案，在 20 世纪中后期被欧美公司广泛采用。翻页式时钟属于机械式钟表的一种，但这种时钟没有指针，依靠机械翻动上下两片字符页实现数字显示。由德国企业推出的 Intercord Automatic DR307 型钟控收音机（见图 4）就是一款具备翻页式时钟的代表作。这款机型有中波和调频波段，其收音功能旋钮和时钟

▌图 4 Intercord Automatic DR307 型钟控收音机前部外观

图 5 Intercord Automatic DR307 型钟控收音机顶部外观

图 6 Intercord Automatic DR307 型钟控收音机内部机件俯视

功能旋钮分别布置在整机的左右两侧和顶部（见图 5），仅有的 3 个功能选择按键布置在顶部的一侧，将前部所有空间留给翻页时钟和收音机刻度盘。这种机身扁平的造型（大小为 280mm × 90mm × 160mm）和布局风格，体现出当时的钟控收音机已经很适合放置在床头柜上作为起床闹钟，其所有旋钮和按键都方便已经躺下的用户使用。

翻页式时钟的机械结构与体积小巧的晶体管电路，在技术上也适合 Intercord Automatic DR307 的扁平风格。从这款机型的内部元器件布局上（见图 6）可以充分体会到这一点。采用电机驱动的翻页式时钟在整机内部占据了大约三分之一的体积，是决定这款

图 7 Intercord Automatic DR307 型钟控收音机内部机件后方俯视

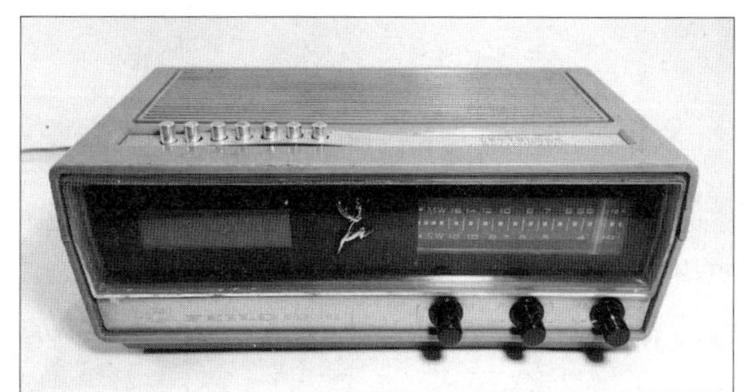

图 8 飞乐 792 型钟控收音机前部俯视

机型整机高度的主要部件（见图 7）。

出品于 20 世纪 70 年代前期的 Intercord Automatic DR307，不仅向人们展现出晶体管技术和新式机械时钟的结合为钟控收音机带来的外形变化，还从一定程度上揭示了世界经济产业格局的变迁：这款机型虽然由德国企业研发，但生产地却位于中国香港。在全球经济一体化趋势中，被称为“亚洲四小龙”的国家或地区承接欧美制造产业转移的状态，从这款欧洲设计、亚洲制造的钟控收音机即可见一斑。20 世纪 70 年代末，已经建立起工业体系基础的中国也开始加入全球经济的产业分工。

改革开放后，除了钻石 701 型钟控收音机这样采用传统时钟方案的产品，也有外观风格与 Intercord Automatic DR307 相似的产品在中国实现了研发和批量生产，飞乐 792 型钟控收音机就是这样一款产品（见图 8）。这款产品的造型风格与 20 世纪 70—80 年代欧美流行的数显钟控收音机基本相同，其时钟设置按键全部设置在底部，在整机侧面和前方安装一大三小共 4 个旋钮（见图 9）。这种布局方案的不同功能区域划分明确，方便用户日常使用。时钟电路和收音电路也被分成两个泾渭分明的模块，相互之间用导线连接（见图 10）。值得一提的是，其中的电子时钟采用了 LED 数字显示屏和集成电路，由于那时中国电子产业还缺乏用于数字电路的轻触开关，设计这款机型的工程师采用一块专用的电路板和一

图 9 飞乐 792 型钟控收音机右侧外观

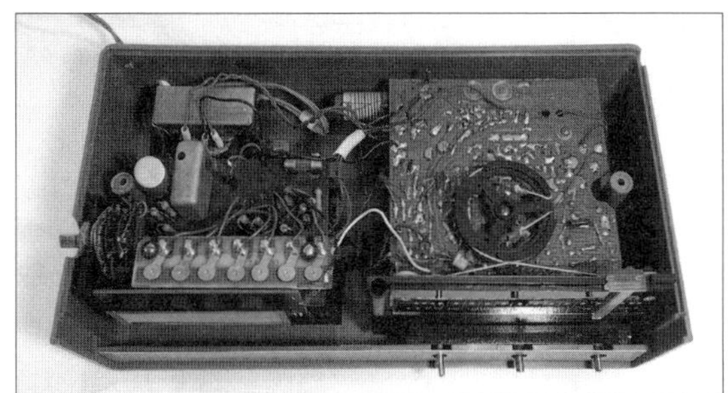

图 10 飞乐 792 型钟控收音机内部机件

图 11 飞乐 792 型钟控收音机时钟电路模块局部细节

图 12 飞乐 792 型钟控收音机内部机件底侧

组金属薄片触点相互配合实现时钟调节功能（见图 11），这是一处具有鲜明时代特征的设计细节。

不同于以电池供电的钻石 701，飞乐 792 用交流电源供电。虽然其时钟电路模块的基座中预留了电池的安装空间，但这款产品的设计并未考虑电池，也没有内置储备电源（见图 12）。这样的设计就带来一个问题：每次断电后，电子钟时间都需要重新设置。在电网技术高度成熟可靠的现代，这种断电时不能保存时间的设计不会给用户带来太多困扰。但在 20 世纪 80 年代，国内的城市电网仍在建设完善中，因供电不足或设备检修而临时停电的情况时有发生。如果半夜停电，那么在睡前设置的闹钟就会失效。因此，这是一个很容易导致飞乐 792 的用户不满意的问题，也是一个明显的产品功能缺陷。

对于飞乐 792 来说，其时钟电路基座的主要作用是将时钟电路模块抬到合适的高度（见图 13），使 LED 数字屏与收音电路模块的刻度盘实现水平对齐，为了避开安装在机箱上盖内侧的扬声器，收音电路板的安装高度受到了明显的限制。

从飞乐 792 型钟控收音机的电路图（见图 14）中，我们也可以看到时钟电路和收音电路泾渭分明的设计思路和截然不同的元器件来源。在上海无线电二厂于 1981 年印发的《红灯收音机电路图集》中（“红灯”与“飞乐”均为当时上海无线电二厂的品牌），对这款收音机有如下介绍：“电子钟部分选用最先进的进口器件，如钟控大规模集成电路、石英晶件、发光二极管显示板等。”上述的钟控大规模集成电路是 MM5387AA、振荡分频集成电路是 MM5369。这两块集成电路尚需进口，显示出那时中国电子元器

图 13 飞乐 792 型钟控收音机内部机件后侧平视

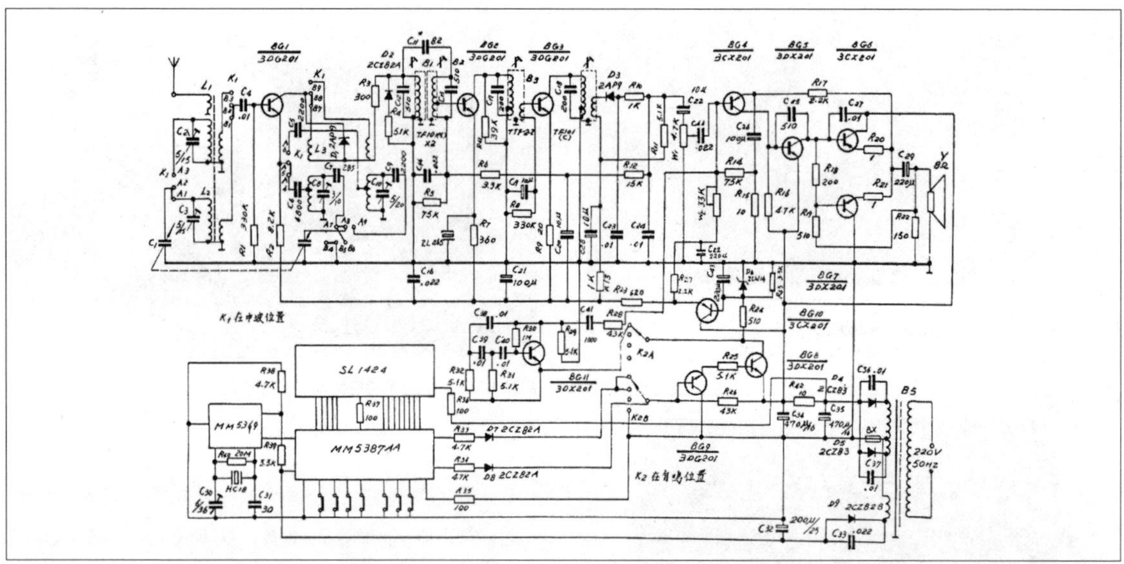

▌图 14 飞乐 792 型钟控收音机电路图。这是早期引入数字电路控制模块的国产机型之一，其功放电路采用的 OTL 方案也较先进，遗憾的是，这款产品仅采用了一只直径为 80mm 的小功率扬声器作为输出元器件

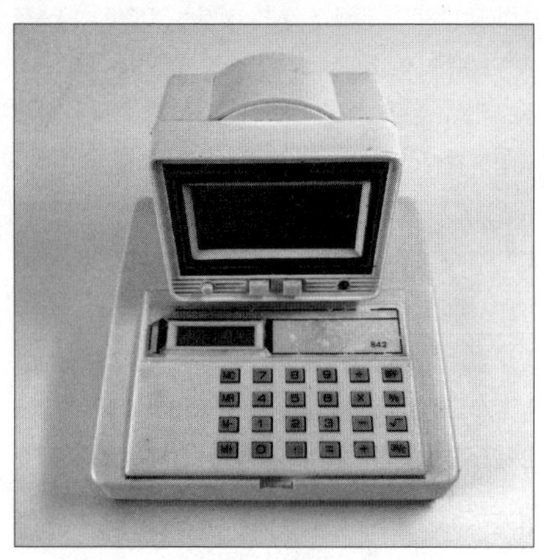

▌图 15 20 世纪 90 年代某型国产时钟收音机外观

▌图 16 20 世纪 90 年代某型国产时钟收音机内部机件

件企业在电子时钟所需集成电路的产能、质量、成本方面暂时还难以满足整机企业的量产需求。与此同时，在飞乐 792 的收音电路中，如 3DG201 高频硅三极管、3DX201 低频硅三极管等硅半导体三极管的应用，也体现出与 20 世纪 60 年代至 20 世纪 70 年代锗半导体管为主的状态相比，中国电子工业已有了明显的进步。硅三极管的热稳定性通常较好，但在早期半导体工业中，制造硅管的工艺与制造锗管相比更困难。

20 世纪 80 年代后期至 90 年代，个人计算机这种新产品的概念快速传播，使很多中国民众对计算机都产生了向往。在这样的背景下，采用个人计算机外形的时钟收音机应运而生，20 世纪 90 年代的某款国产时钟收音机就是一件外观颇为有趣的产品（见图 15）。这款收音机拥有一个能够显示时间的单色液晶屏，还有一个采用微型集成电路制作的小计算器，独立嵌装在液晶屏前面，将其取下后就能看到收音机的中短波切换开关。该收音机的音量拨钮和调谐拨钮都设置在机身的一侧。这款产品包括收音电路在内的各部分都已全面采用集成电路（见图 16）。

近几十年来，数字电子信息技术的快速发展，最终使钟控收音机成为一种历史性的产品。在人们的日常生活中，能够设置闹钟功能的电子产品越来越多，为用户提供了多样化的选择。与此同时，想要在固定时间收听广播的人越来越少。大多数情况下，人们收听广播电台的情景都出现在必须关注路况的驾驶环境中，而不是在笔记本计算机、智能手机等具有视频界面的产品随处可见的场合。在这些因素的综合作用下，钟控收音机的身影最终从人们的日常生活中消失。但是，钟控收音机各有千秋的外观造型和内部技术不断演化的那段过程，将永远是人类智慧创意和艺术灵感交相辉映的见证。